U0223588

国家出版基金资助项目

俄罗斯数学经典著作译丛

数学解析理论

SHUXUE JIEXI LILUN

[苏] 别尔曼特 著

《数学解析理论》翻译组 译

HITP

哈爾濱工業大學出版社

HARBIN INSTITUTE OF TECHNOLOGY PRESS

内容简介

本书主要介绍了实数及近似值的四则计算法，函数概念，极限概念，导函数与微分、微分学，函数的研究及曲线的研究等内容. 书中附有较多的典型例题，以供读者熟悉和掌握相应的知识点.

本书可供高等院校理工类的本科生及数学爱好者参考使用.

图书在版编目(CIP)数据

数学解析理论/(苏)别尔曼特著;《数学解析理论》翻译组译. —哈尔滨:哈尔滨工业大学出版社，2024.5

(俄罗斯数学经典著作译丛)

ISBN 978-7-5767-1435-7

Ⅰ.①数… Ⅱ.①别… ②数… Ⅲ.①数学分析 Ⅳ.①O17

中国国家版本馆 CIP 数据核字(2024)第 100107 号

策划编辑 刘培杰 张永芹

责任编辑 刘立娟

封面设计 孙茵艾

出版发行 哈尔滨工业大学出版社

社　　址 哈尔滨市南岗区复华四道街 10 号 邮编 150006

传　　真 0451-86414749

网　　址 http://hitpress.hit.edu.cn

印　　刷 辽宁新华印务有限公司

开　　本 787 mm×1 092 mm 1/16 印张 60.5 字数 1 185 千字

版　　次 2024 年 5 月第 1 版 2024 年 5 月第 1 次印刷

书　　号 ISBN 978-7-5767-1435-7

定　　价 188.00 元

◎

原序

本书经过多次修改,其目的是使本书能完全适合苏联高等教育部所颁布的《高等工业学校新教学大纲(1950年)》.

修改时著者面临下面三项总的任务:

(1)把属于哲学方法论的内容以及历史性的知识添加到本书中.

(2)讲解一些为每位工程师所必需的知识,即关于近似值计算法、实际计算以及辅助计算所用的计算机.

(3)从教学法方面来改进本书,并参照几年来的教学经验,克服书中所发现的缺点.

著者在引论里简略地讲到数学的起源问题、数学的重要任务、理论与实践间的相互关系,还讲到俄国伟大的数学家(如罗巴契夫斯基、切比雪夫)以及其他杰出学者与大工程数学家(如茹科夫斯基、恰普雷金、克雷洛夫)在科学与工程发展史上的地位.

在第〇章里,有一节主要讲关于近似值计算法的初等问题.本书后面尽可能讲到如何把理论应用到数值计算问题上.因此关于微分概念、有限增量公式、泰勒公式与级数等的各种近似值计算法的应用就讲得相对多一些.书中加了几小节关于普通方程的近似解法,函数的图解微分与积分法以及微分方程的近似积分法等的内容.此外,著者还设法让读者认识一些重要的自动计算机及计算仪器(迄今所知,这在教科书性质的文献上还是个创举)，在第○章的§3中要叙述那些处理各个数据的计算机，并且在本书后面适当的地方还要讲那些处理连续数据的仪器(积分制图器、测面器、积分计、测长计、微分及谐量分析器).

在添加这些材料时，著者会避免把技术上的细节讲得太多，只能让读者去参考关于这方面现有的专业书籍以及每件仪器上通常都附有的说明书. 著者只打算使读者对那些辅助做烦琐运算的机械工具有所了解.

现代科学与工程实践上的创造性工作都需要高深的数学知识，并且这不仅是指能够搬运公式，而且主要是需要了解数学解析中各种概念与运算的本质. 如何克服在数学中易陷入的以及在实际教学工作中易犯的"公式主义"，如何克服对数学解析的肤浅学习，是我们最重大与主要的问题. 著者认为，如果按照下列程序来设计教材结构，就可能正确地解决这个问题，这个程序是:实践—解析的基本概念—这些概念的性质(理论)—计算方法—用法—实践. 著者在本书中全部按照这种程序来讲解，这样才可能指出数学与实践的联系，揭示其中一些基本概念的物质根源，并说明在解决具体的物理与技术问题时如何应用数学理论的明显原则. 在所有这些要求下，著者当然有责任把本书中的每一部分安排得尽可能易于理解.

著者根据自身的经验以及用过本书的教师的反馈意见，从讲解方面来改进本书的行文路线. 首先，著者设法把长的以及烦琐的一些讨论分成几段. 其次，著者在内容方面重新做了各种穿插与编排，使本书的结构更有层次并且更加简单.

莫斯科航空学院高等数学教研组在关于本书初稿的讨论中，表明他们的想法，认为可以将有关定积分与不定积分的材料予以改编，以便毫无困难地按照任意次序进行这部分材料的讲授，先讲定积分，后讲不定积分，或者交换一下顺序来讲都可以. 有些工学院讲这几章内容时可能先讲不定积分，著者考虑到他们的愿望，因此也就做了这种改编. 最后，本书的全部材料都经过仔细校阅并且重写过.

除了上面所讲的内容，本书在各章节上还有如下的一些最重要的改动:

在第二章中，加上了均匀连续性概念，并证明了基本初等函数的连续性. 在第三章中，把微分概念放在全部微分法之后再讲，并加入莱布尼茨公式. 第四章的所有部分都重新编写过，里面提出了近似多项式问题，讨论了切比雪夫线性近似式(以及与零相差最小的切比雪夫多项式)，讲解了曲线的接触度问题，然后引出曲率的概念. 在第六章中，叙述了奥氏(奥斯特罗格拉特斯基)的有理分式积分法. 第七章是新增加的，讲直接应用于计算定积分的积分方法，讲(数值计算的及图解的)近似积分法及广义积分，并且关于后者的理论大为增加，这一章可以在依照第五章和第六章的次序讲完后再讲，也可以在依照第六章和第五章的次序讲完后再讲. 我们又把级数论(三角级数除外)作为第九章,其中添入级数的运算法则,扩充了关于幂级数应用问题的材料,补充了一些复数的四则运算法及复平面上的幂级数. 第十章搜集了多变量函数的导数及微分概念以及偏微分法的材料. 第十一章介绍了微分学的下列应用:对所有函数的研究、矢量解析及几何上的应用,其中最后几小节的材料增加了不少. 第十三章把关于场论(势、流及环流)的问题合并成一大节,这可以算是矢量解析的积分部分. 而第十一章 §2 中的材料则可作为矢量解析的微分部分(梯度、散度及旋度). 在第十五章中,我们导出了逐段光滑函数展开为傅里叶级数的充分条件,并叙述了具有有限个间断点及极值点的函数展开为这种级数的类似条件,此外又讲了克雷洛夫使级数收敛性加快的方法.

著　者

◎

目录

引论

读者开始研究数学解析这门课程时,应该了解(即使是很笼统的)这门课程的目标,它在自然科学与技术课程系统中的重要性,数学与现实的关系及本书中所要提到的那几位俄国数学家的功绩.我们在本书开头几页里就要讲这几个大问题,虽然我们知道读者不会都事先熟悉高等数学中的方法及所研究的对象,但希望所讲的知识能帮助读者有信心地掌握这门课程.我们也希望读者在往下研究本书的时候回过来翻阅这前几页.

在§1中,我们解释初等数学与高等数学间的差异以及这种分法的惯例性,使读者认识数学解析的主要任务是什么,弄清楚数学理论与客观现实间的关系.在§2中,我们讲了一些关于俄国数学家的历史知识.

§1 数学解析及其意义

1. 初等及高等数学

一般统称为初等数学的那几门数学学科(初等代数、初等几何及三角)起源很早,现有的整个初等几何学系统,除了一小部分,都是在公元前5世纪至公元前3世纪时就已形成了. 古代巴比伦人(公元前3世纪至公元前2世纪)对于代数变换法及方程解法也具有相当精湛的技巧,但代数作为一门科学来说,它的产生却在公元8世纪,那时有位阿拉伯著名学者穆罕默德·伊本·穆萨·阿尔·花拉子模(Muhammad ibn Musa al-Khwarizmi)在他的著作 *Hisab al-jabr w'al-muqabalah* 中讲解了代数的基本原理,并且代数"algebra"这个名称也是从该书得来的. 三角法的产生也是与更早期的天文学研究有关的,不过对于三角函数及其属性的概念,则一直到16世纪至17世纪时才研究出来.

通常统称为高等数学的那几门数学学科,是随着17世纪至18世纪时科学与工程的进步而发展起来的,应该指出,高等数学中一些个别的观点与方法是古代伟大数学家、物理学家兼工程师阿基米德(Archimedes,前287—前212)早就认识到的. 不过高等数学还是比较年轻的科学.

数学的"高等"与"初等"之分是按照惯例的,我们不可能说出任何一个决定性的准则来判定某些数学事实或某些数学定理是属于初等数学的. 但是,我们可以指出习惯上称为初等数学的、根据历史逐渐形成的那门中学课程所固有的两大特征.

初等数学的第一个特征在于其所研究的对象是不变的量或图形(或图象). 初等数学中的典型问题是:已知一个代数方程,要找出满足该方程的常数(方程的根);用初等代数中所讲的法则把已知代数式变换为其他形式;算出某些几何常量(例如长度、面积及体积)的值,或作一定的点线及图形,使其具有所需的属性.

三角法中所考虑的是三角函数随着角或弧而变化的情形,但所讲的材料是描述性质的,而不是根据某种一般理论推出来的,通常这种做法不能作为导出三角函数的属性的根据. 初等三角法中的基本问题有跟几何与代数的问题相同的性质:研究三角式子的简单变换法以及用三角函数来计算几何图形中的元素.

初等数学的第二个特征是在方法上. 初等代数与几何中的理论是各自独立构筑出来的. 初等数学中的代数法(或按广义的说法叫作解析法)与初等几何中的综合法在本质上是没有联系的. 但这里并不是说几何及三角中的计算问题不会用到最简单的代数公式. 重要的一点是,在初等数学范围内没有总的原理,使我们能唯一地解释所有代数问题的几何意义,而把所有几何问题用代数术语陈述出来并用计算法从解析上来解决.

工程与经济上的实际需要迫使人们对自然界做出比之前更深刻的研究,研究的结果使人们对周围世界中所观察到的变化过程与现象创立了学说. 这首先涉及物理现象,但要从量的方面来研究变化过程,就必须创造出新的数学,使我们能用解析来掌握参与过程的各个量的相互变化情形.

数学解析,特别是本书中所要讲的微积分法,是高等数学中极重要的部分.它与初等数学不同,是在依从关系中去研究变量的.

在方法上,高等数学也与初等数学相反,前者是在代数法(按广义说来,即解析法,亦即计算法)与几何法密切结合的基础上发展起来的,而这种结合首先出现在法国著名数学家兼哲学家笛卡儿(Descartes,1596—1650)的解析几何学中①. 坐标观念是这样的一个总的原理,有了它,我们一方面能用代数(或解析)的运算来顺利证明几何定理,而另一方面由于几何观念的显明性,使我们又能发掘及建立解析性的新定理与新论点.

但是还要注意到,数学的"初等"与"高等"之分是按照惯例的,与其说是根据原理特性来分的,还不如说是根据教学特性来分的. 所以初等数学中也渐渐越来越多地包括了触及高等数学思想的问题.

2. 量的概念、变量及函数依从关系

在任何自然科学及技术的知识领域中,我们每一步都碰到的一个基本概念,就是量的概念. 所谓量是能加以度量并用(一个或多个)数表示出来的一切. 换言之,凡是可以施行度量(形式最简单的度量或是经数学方法改进了的度量)的一切对象叫作量. 形式最简单的度量是:取一个本质跟被量对象相同的东西作为"度量单位",然后直接确定该被量对象"容纳"多少倍"单位". 经数学方法改进的度量以及上述最简单的度量的继续发展,便引出数学解析中所研究的新的重要概念——导数概念及积分概念等.

在实际生活及自然科学与技术科学的具体问题中,我们一定曾遇到各种本质不同的量. 例如:长度、面积、体积、质量、温度、速度、力等,这些东西都是量. 但是在数学中并没有具体的量. 数学(特别是数学解析)中所创造出的一般理论是可以应用到各种本质不同的量上去的. 要能创造出这个一般理论,就必须在陈述数学原理及数学规律时抽去各种量的具体性质而只注意它们的数值. 根据这个道理,数学中只考虑一般的量,并且用某种记号(字母)表示,毫不假定它可能含有什么具体的物理意义. 正因为如此,所以数学理论是可以用来研究任何具体的量,并且同样获得成功的. 数学理论的一般性或普遍性或所谓抽象性(这个名词常被人误解为脱离实际与现实)也就表现在这一点上.

在一起考察的诸量中,常有些是变化着的,而另一些量是不变的,变化与运动是通常所谓现象及过程中的首要标志. 在自然界或工程上所观察到的现象,我们都领会为参与该现象的一些量受另一些量的变化所制约而引起的变化. 例如在观察恒温下一定质量的气体时,我们就注意其体积变化时的压力变化情

---

① 苏联中等学校中不讲授解析几何,解析几何被列入高等数学范畴. ——译者注

形. 用数学方法研究过程所得的知识,结果比不用数学方法时更为深刻、完备而且准确. 但要用数学方法来研究过程,就必须在数学中引入变量的概念. 而这件事确实就在创立新数学的第一阶段时,笛卡儿及其后的牛顿(Newton)与莱布尼茨(Leibniz)时代做到了. 数学里面引用变量是数学史上的一件大事,关于这一点恩格斯曾写道:"数学中的转折点是笛卡儿的变量. 有了变量,运动进入了数学,有了变量,辩证法进入了数学,有了变量,微分和积分也就立刻成为必要的了,而它们也就立刻产生,并且是由牛顿和莱布尼茨大体上完成的,但不是由他们发明的"(恩格斯《自然辩证法》1948 年俄文版第 208 页).

凡是可取得各种数值的量叫作变量;凡是保持同一数值的量叫作常量(或常数).

如前面所讲,我们把每个现象或过程(从数量方面)看作若干变量间的相互变化情形. 这种看法使我们引出数学里的极重要的概念——函数依从关系.

如果两个变量间有下列关系:其中一个量的变化会引起另一个量的一定变化,那么这种关系就叫作这两个量之间的函数依从关系. 把已知过程中各个量之间的函数依从关系确立出来并加以描述,是自然科学及技术科学的首要任务. 变化过程的规律无非就是出现在该过程中并且刻画该过程的函数依从关系,也可以说是这个函数依从关系描述了变化过程. 例如在常温下气体压力(p)与体积(v)之间的函数依从关系是 $p=\frac{k}{v}$(k 为常量),而这个依从关系就确定出了气体在所论条件下所遵循的变化规律[波义耳-马利奥特定律(Boyle-Mariotte's law)]. 用文字表达这个函数依从关系:(在恒温下)气体压力与其体积成反比. 这便是上述规律的通常陈述法.

这个函数依从关系的观点,是由于普遍公认的因果原理而产生的. 因果原理在 17 世纪及 18 世纪中为自然科学及其他各门科学所传播着,不过这个原理与函数依从关系的数学观念是有本质上的差别的. 它需要找出引起已知结果的(一切的或只是最重要的)确实的原因,而函数依从关系则仅提供诸量间的关系,并不一定认为其中某个量的变化是使其他量变化的实际原因. 例如一昼夜间空气温度的变化是由许多原因所致的,风力的变化、太阳辐射力的强弱以及空气温度,等等. 但这里我们却可以直截了当地建立出温度与(一昼夜内)时间的函数依从关系. 尽管时间的行进绝非温度变化的"原因",但是如果我们要从量的方面去刻画温度的变化过程,并因此要了解这个变化过程的特性时,上述函数依从关系便可能是极重要的资料.

数学解析是以全面研究函数依从关系为其主要目标的. 多亏了为这种研究所发展起来的方法,人们才发现了极有力的工具,使其能对自然科学及工程上的各种各样的问题进行准确而深刻的研究. "只有微分学才能使自然科学有可能用数学来不仅仅表明状态,而且也表明过程:运动”(恩格斯《自然辩证法》1948 年俄文版第 220 页).

3. 数学解析与现实

不仅在各门自然科学的状态和过程中,而且在各门社会科学中,凡是必须从量的方面去考虑其中的状态和过程时,我们都可用数学来做研究(数学上所研究的问题不一定是关于数量性质的,也可能是属于空间形状及其关系的,但这些问题,本书中几乎不会讲到). 对于科学与工程来说,数学是其理论研究的极重要方法及实用工具. 如果没有那些初等数学与后来的高等数学中所给的工具,就不能做任何技术上的计算,所以如果没有数学,就不可能进行工程与科学技术上的任何严正的工作. 这是由于技术科学要以物理学、力学、化学等为基础,而后者中的数量性的规律必须用数学解析上的函数概念及其他概念来表示. 伽利略早就说过:“自然规律要用数学语言来记录”,恩格斯也曾说:“要辩证而又唯物地了解自然,就必须熟悉数学”(《反杜林论》见俄文版《马克思恩格斯全集》第十四卷第 8 页).

正因为物理学、力学等上的基本规律是用数学语言表达出来的,所以使我们可能在理论上借逻辑推理及计算的帮助,从已知规律性找出结果,并解决从自然界及人类实践中提出的新问题.

过程中量的规律性与其质的本性间并无厚墙相隔,量与质两个方面有密切关系,这是完全符合辩证唯物论的. 所以在科学及工程上所考虑的任何过程,如果从一切方面以及整体上去认识,那么数学是必不可省的东西. 有人说得对,数学是掌握技术的钥匙①.

如前所述,由于 16 世纪及 17 世纪中自然科学及技术科学上的需要,不可避免地产生了数学解析中的一些观念和方法,而科学与工程的蓬勃发展受到了生产的急剧变革和扩大的影响. “科学的产生和发展一开始就是由生产决定的”(恩格斯《自然辩证法》1948 年俄文版第 147 页).

在本书中,首先,我们会尽力说明其中基本的数学概念及运算的现实意义与具体的根源,要指出什么客观事实和条件产生了新的数学理论. 其次,我们要尽可能使这些理论是按数学的严格性来讲的,以便将来在提高的水平上指出其更广泛的应用. 因为归根结底理论的意义是要在实践阶段决定的.

发展数学理论时(一般对其他任何科学理论都一样),绝不可忘却该理论

---

① 由此读者可以自己体会到,如果想要灵活地掌握所选择的专门技术,那么就必须深入了解数学概念及其定理的精髓,而不能仅限于所学事物的形式方面,必须深刻而不是肤浅地研究数学解析及其应用. 一句话,如果读者全力以赴,对所学的数学解析课程深思熟虑,心有所得,当他学习别的课程及以后做科研或实际工作时,数学解析确实能成为他手中的工具,那么他的学习态度是正确的.

的根源. 我们应该记住,要判别理论的可靠与否以及有无价值,决定性的准则是能否经受住生活实践上的考验. 列宁曾写道:“生活、实践的观点,应该是认识论的首要的和基本的观点”(第四版《列宁全集》第十四卷第 130 页).

俄国大数学家帕夫努季 · 利沃维奇 · 切比雪夫(Пафнутий Львович Чебышев,1821—1894)对于数学理论与实践间的关系曾说过极有意义的话:“理论与实践结合会产生极良好的结果,而受惠的不仅是实践,科学本身就是在实践的影响之下发展起来的. 实践把新的研究对象或已知对象的新的方面揭示给科学. 近三百年来,尽管大几何学家(亦即数学家——著者注)的工作使科学有这样高度的发展,但实践指出科学在各个方面仍不够完善. 实践提供科学在本质上崭新的问题,因此促使人们导出崭新的方法(来解决它). 如果旧方法的新应用及新发展使理论得到很多改进,那么新方法的发展对于理论的贡献更大,在这种情形下,科学在实践中找到可靠的指导者”(《地图绘制问题》见《切比雪夫数学著作选集》,苏联国家技术出版社,1946 年,第 100 页). 关于数学在经验上的根源问题,我们再引用恩格斯的话:“和数的概念一样,形的概念也完全是从外部世界得来的,而不是在头脑中由纯粹的思维产生出来的. 必须先存在具有一定形状的物体,把这些形状加以比较,然后才能构成形的概念. ”在这里恩格斯更深入地讨论到数学的对象问题,由于其所讲的话深刻而又简明,故可把它看作对于数学的最准确而又令人满意的定义:“纯数学的对象是现实世界的空间形式与数量关系”. 而这,恩格斯往下说道:“……是非常现实的材料. 这些材料以极度抽象的形式出现,这只能在表面上掩盖它起源于外部世界的事实. ”

哲学上的唯心论者认为科学不是存在于我们身外的客观现实的反映,而是人类心灵所自由创造出的产物. 但科学能使人得到预见,这件事与上面的观点不可能调和. 人之所以具有预见能力,恰恰证实了数学这门科学也是由客观现实产生的,证实了它的规律与关系是以数学上特有的抽象形式正确反映出来的物质世界中的现实关系. 如果所证实的事并不如此,那么为什么凭借数学的帮助,由理论方法(由可靠的假定出发)得出的推论会是正确的? 为什么“预言”会与现实、与以后确实发生的事完全相符合呢?

科学史上充满着著名的预见性例子. 这里我们只略讲两个例子,它们足以说明数学在其中的作用:

(1)法国学者勒维耶(Leverrier,1811—1877)曾研究太阳系中的行星运动问题. 起初他根据古典力学中用已知函数关系表示出来的规律得到一些推论,但发现这些推论与观察到的事实有出入,他又发现,如果假设还存在一个具有一定质量及在一定轨道线上的行星,便可使推论与事实没有出入,不久就有人根据他的推测,在他所指定的时间和位置发现了一颗新行星,后来称为海王星.

这样就曾有人借计算而发现了新世界. 现在我们对于未来的天文事件,能做极准确的预言,已经不足为奇.

当然,天文学上之所以能推测未来,正是由于所用数学方法能正确反映客观规律.

(2)著名力学家茹科夫斯基(Жуковский,1847—1921)教授是航空学说的创立者. 在他研究航空理论的时候,曾用数学方法找出了一些公式和定理,这在过去和现今都是学者和工程师们在改善飞机设计工作中所遵循的原理. 特别是茹科夫斯基从理论方面预测了"高级飞行技术中翻筋斗"的可能性. 不久就有俄国陆军上尉涅斯捷罗夫(Нестеров,1886—1914)实现了飞机第一次翻筋斗的壮举"打环圈"(飞机在铅直平面内打圈). 因此在"具体"出现"打环圈"的事以前,"数学上"就已先发现了它.

这些例子说明了通过数学方法认识自然界的伟大成功. 但是不仅在科学与工程界的大问题上,而且在其他或大或小的任何问题中,我们每一步工作都是有了下列把握才着手进行的:事先的数学计算,即所谓"计划",给出事物发生的真实景象. 如果没有这种把握,那么就不会有科学与工程,也不能使它们有进步.

数学是在科学与技术方面获得预见的有力工具.

但是,客观现实的一切现象及关系,经由各种科学(其中包括数学),在人们意识中的反映仅仅是近似的. 科学的进步也正在于我们对于世界的认识能越来越准确. 在认识论中与其他一切科学一样,我们应该辩证地思考,也就是说,不应该认为我们的认识是完全不可变的,而应该分析怎样从不知变成知,从不完整、不准确的知变成更完整、更准确的知.

§2 一些历史知识

4. 大数学家:欧拉、罗巴切夫斯基、切比雪夫

自从微积分法在牛顿和莱布尼茨的著作中阐释成科学理论之后,数学科学就有一段灿烂持久的发展时期. 在百余年中(自17世纪末到19世纪初)数学及与其有关的各自然科学有了飞快的进展. 新的结果、整套新的学说源源不竭地出现了,鼓舞学者去继续进行数学理论的探讨和发展解决实用科学问题的数学方法. 在这段充满着丰功伟绩的时期中,伟大的数学家之一欧拉做出了许多杰出的贡献. 彼得堡科学院院士欧拉(Euler,1707—1783)是瑞士人,在彼得堡科学院工作三十余年之久,他本人和他的家庭的命运是永远与俄国分不开的.

我们可以从《欧拉全集》的分量(还没有出全)——七十卷,内含近800篇论文,其中有650篇以上是首先发表于彼得堡科学院出版物中的——略窥知这个人的著作极端丰富. 关于欧拉著作的价值,我们至少从下面的事实可以判明:现今许多自然科学的基本结果都带着欧拉的名字. 欧拉一生辛勤不断的工作,为数学解析、力学及其他许多工程与物理学分支奠定基础而努力. 以后我们将要多次讲到这位天才学者的定理和命题.

大几何学家尼古拉斯·伊万诺维奇·罗巴切夫斯基(Николай Иванович Лобачевский,1792—1856)在欧拉之后的35至40年间开始他的科学研究工作,他是科学界的大胆革新者,敢于违反数百年确立不移的以欧氏几何刻画空间的神圣传统,而创出新的非欧几何,在学者面前开辟出新型空间的世界. 除了这一点,罗巴切夫斯基在几何学上的贡献还对全部数学的方法论具有重大的意义,他的贡献是对科学的基础及所积累的大量实际材料重新加以批判的考虑,是建立数学教程时采用公理推述法的开端. 罗巴切夫斯基首先明确地指出几何公理的具体来源,驳斥了德国唯心哲学家康德(Kant)认为几何公理有先验性和天赋性的说法.

罗巴切夫斯基在解析方面的直接贡献不多,而这些东西也因天才思想家的才干预示着未来科学发展途径而受到重视. 我们在适当的地方要指出罗巴切夫斯基的这些工作.

讲到罗巴切夫斯基杰出的人品时,我们不能忘记他在教学方面以及一般启蒙和社会方面的先进活动,这对于苏联高等教育的制度有重大的影响.

大约与罗巴切夫斯基生活及工作于同一时期的科学院院士奥斯特罗格拉德斯基(Остроградский,1801—1862),是另一方面——解析方面——的大天才数学家. 解析、代数、数论及力学等许多方面都有奥斯特罗格拉德斯基的理论. 他的许多发明曾大大地推进了科学的发展,曾是其他学者开始研究的出发点,并且几乎放在全世界的教科书中很快成为经典性的东西. 我们在本书中也要研究一些奥斯特罗格拉德斯基所得的结论.

大数学家切比雪夫院士的科学研究及数学工作始于莫斯科而后在彼得堡. 他曾是彼得堡学派的奠基人,完美地发展了切比雪夫的杰出观点. 切比雪夫的研究在观点和方法上有非常独到之处,并且曾解决了他自己所提出的及其他大数学家所不能解决的问题. 同时他的研究还以其构思的简单与完整而著称. 他是一位博学多才的数学家,同时也研究应用科学上的问题. 他清晰认识到数学理论与实践间互相推进的性质,并且他用前面所引述的绝妙言词表达出这种意见. 切比雪夫的重要贡献之一是对函数的近似多项式问题有新的提法与研究(在第四章中要讲到),并因而开辟了数学解析上整个新的方向. 而这项贡献是在切比雪夫研究(力学理论中的)某些纯粹工程问题时得来的. 当时最好的计算机也是切比雪夫发明的. 这项发明是件极有意思的事,它预先指出了近代一切计算机中最重要的构件.

权威学者的工作会决定几十年以后科学发展的方向,切比雪夫也是全世界所公认的这种学者之一.

切比雪夫的学生中有一位数学家兼力学家李雅普诺夫(Лапунов,1857—1918)院士对运动的稳定性有深刻的研究;有杰出数学家马尔科夫(Марков,1856—1922)院士对切比雪夫著作中及马尔科夫本人所提出的各种问题做了相应推进;还有切比雪夫门徒中的其他许多大学者不可能在这里都讲到. 这里我们只再谈到与切比雪夫同时代的一位杰出学者柯瓦列夫斯卡娅(Ковалевская,1850—1891),她是第一位女数学教授,她在数学上(主要是数学解析方面)的成就使彼得堡科学院放弃传统而选她为通讯院士.

自苏联卫国战争之日起,数学及其在自然科学与工程上的应用开始了特别蓬勃的发展. 科学工作达到了全新的、以前所不可比拟的规模. 学者的数量增加了许多倍. 在极广阔的范围内,科学事业成为政府的事业,由政府计划和领导着科学的发展. 所有这一切都是使科学获得显著成绩的极有利条件.

5. 伟大的应用数学家:茹科夫斯基、恰普雷金、克雷洛夫

本书主要是为未来的工程师所用的,所以我们还需要再向读者讲一讲科学界的一个重要传统,那就是理论不脱离实践而又是实践的指导. 譬如大数学家欧拉及切比雪夫曾解决过困难的技术问题,又如大工程师兼力学家茹科夫斯基及克雷洛夫曾解决过困难的数学问题,便是这种传统的例子. 前一类学者在其抽象的数学结构之外还看出具体的现实问题,并且在这些结构中常常从工程问题出发;后一类在其技术研究中总以数学理论作为正确的指南针,并且也对数学理论做出了巨大的贡献.

关于"俄国航空之父"茹科夫斯基的事,我们前面已经讲过. 这里必须补充说明的是,他不仅研究航空,而且也研究工程与力学上的多种问题,总能得到重要的结论,同时又常把它们化成便于实用的形式. 茹科夫斯基的这一切研究都以他的高深数学造诣著称. 他也在数学方面完成了一些有意义的工作.

恰普雷金(Чаплыгин,1869—1942)院士是茹科夫斯基的学生,他是近代最伟大的力学家之一,在航空学方面继承了他的老师的研究,同时在组织与领导苏联流体及航空力学主要学派以及其他科学技术研究机关的工作上,也与他的老师共享其荣. 恰普雷金对于发明巧妙数学方法去解决复杂技术问题的事,具有高度的创造才能.

克雷洛夫(Крылов,1863—1945)院士是高才的工程师、力学家兼数学家. 他是一个结合着实践家及应用科学与理论科学专家于一身的例子,他是全世界学习的榜样.

克雷洛夫是个头等造船家、航海家、应用数学及数值计算法专家,是特种用途的计算机的发明者和首创者、历史学家兼天才教师,并且他还是个优秀的翻译家、科学普及工作者兼文学家. 牛顿经典著作《自然哲学的数学原理》就是克雷洛夫翻译的. 在该译作中克雷洛夫还附加了极有价值的注解.

实数及近似值的四则计算法

第

这里讲些以后所需要的,关于实数、近似值计算法以及计算机的知识.

在§1中简略叙述数学解析(微积分)的算术基础,也就是叙述实数集及其几何表示法.在§2中讲近似值计算法的初步知识以及在四则计算法中与此有关的一些规则.最后在§3中大致介绍一些做四则运算的计算机.

§1 实　　数

6. 实数、数轴

数是计算个数(自然数1,2,3,…)以及(如前面所说的)度量的时候得出的结果.在数学解析中,我们只注重各个量的数值,并且也只凭数来计算它们.因此开始学习解析时我们必须先考察实数集,这是解析的算术基础.

数分为有理数及无理数.有理数是形如$\frac{q}{p}$这一类的数,其中p及q都是整数.无理数(它在初等数学的各类问题中就已出现)可以以$\sqrt{2}$,$\sqrt{8}$,$\log_{10}3$,π,$\sin 20°$等作为例子.一切有理数及无理数集合为一类,即形成实数集,数学解析的理论是以实数集为基础逐步推演出来的.

对于我们来说,具有重要意义的是实数的几何表示法. 借几何表示法的帮助,可以使我们易于了解为什么需要引入无理数.

取一直线并在其上取一点 O 作为计算长度的起点(原点). 取好尺度(即是当作单位长度的一条线段),然后从点 O 起量出一线段,它的长度用尺度量出来,以有理数表示. 这时,设想所取直线是水平的,从点 O 起向右量出的线段,我们算作是对应于正数的,从点 O 起向左量出的线段是对应于负数的. 这样同时也定出了直线的正方向,那就是从左到右的方向①.

凡是在上面定出了计算长度的起点(原点)、尺度及正方向的直线,叫作数轴.

设有一线段,它的长度用尺度量出来是有理数 a,假定其端点与直线上的点 M 重合. 这时,我们就说点 M 表示数 a,而数 a 是点 M 的坐标. 显然,点 O 表示 0 这个数.

数轴上表示有理数的点叫作有理点,有理点在全部数轴上排得很密,我们说有理点是处处稠密的. 精确说来,在数轴上取一段任意小的线段,该线段内总有任意多个有理点.

这件事可用下面的方法证明:数轴上的每一条线段总会介于某两个点 A 及 B 之间,其中 A 及 B 的坐标各为有理数(譬如说是整数)a 及 b. 线段 AB 的中点 C 也是个有理点,因为它的坐标$\frac{a+b}{2}$是个有理数. 同样可知线段 AC 的中点 C_1 及线段 CB 的中点 C_2 也都是有理点. 把每次所得的线段继续平分下去,就可以继续得到新的有理点. 照此方法把线段 AB 分了 n 次以后,所得出的新有理点中,其相邻两点间的距离为 AB 长度的$\frac{1}{2^n}$. 故当 n 足够大时,这种邻接有理点间的距离可以任意小. 由此可知,不管已知线段多么小,我们只要把线段 AB 继续平分下去,到最后总能使从上述分法得出的一切有理点中,至少有两点会在已知线段上. 根据同样的道理,可知在那两点间,同时也在已知线段上,会有任意多个有理点.

尽管如此,有理点还不是数轴上的一切点. 数轴上还有些点并非有理点. 要证明数轴上至少有一个非有理点,可自点 O 起向右取一线段,使它与单位正方形的对角线等长. 数轴上与该线段终点相重合的点不是有理点,因为该线段的

---

① 直线上的正方向也可以取得相反,例如取从右到左的方向作为正方向,但通常在水平直线上总是取从左到右的方向作为正方向.

长度不能用任何有理数表示,这是初等数学中已证明了的事. 与非有理点相距长度为有理数的那些点,显然也都不是有理点.

这样说来,数轴上单是上面所说的那些非有理点,就已经与所有的有理点“一样多”,而这就表示它们也在数轴上是处处稠密的,但我们还可以找出任意多的其他非有理点①,而每个这种非有理点,像上面说的一样,又产生了与有理点“一样多”的新的非有理点. 这种简单的推想,可使我们易于理解非有理点在一定意义上“多”于有理点的说法(这在近世数学上是有证明的).

由此可知,单靠有理数是不可能在直线上实施坐标原则的,直线上的一切点在几何上的权利相等,但这些点在解析上就有不平等的待遇,它们之中有些点享有数的身份——坐标,但比前者多的其他一些点却得不到坐标.

这样我们自然就得创造出一些新的数,使它们也跟有理数对于有理点的作用一样,可以当作非有理点的坐标. 这些数创造出来了,在数学上已有人用有理数严格定义它们,其名叫无理数,而对应于无理数的点叫作无理点. 有理数的一般运算法则,已经完全严格地推广到全部实数(有理数与无理数)上去了. 这里我们不预备讲关于实数的理论,因为那只在纯粹数学上有意义. 对本书来说,只要着重指出:数轴上的全体点与全体实数之间有一一对应关系,换言之,数轴上的每一点表示某一个数(有理数或无理数),而反过来说,每个数(有理数或无理数)必是数轴上某一点的坐标.

数与数之间的各种关系可以在数轴上明显地表示出来. 例如,当一数 a 的代数值小于另一数 b 时,a 所对应的点显然在 b 所对应的点的左边. 由此可知,如果一数在已知两数之间,那么它的对应点位于已知两数的对应点之间. 又可知两数的差可用其对应点间的线段来表示,当差数为正时,线段的方向向右;当差数为负时,线段的方向向左.

由于数与数轴上的点之间有上述那种简单而明显的对应关系,所以对于数与点两个字将不加以区别,说到点的时候与说到数一样,说到数的时候也与说到点一样.

变量可以看作在数轴上按某种方式移动的一点,而常量则可以看作数轴上的一个定点.

如前面所说过的,在数轴上的每个任意小的线段上,特别是在一已知无理点的附近,可有任意多个有理点. 因此我们可以用有理数把无理数表示到具有任何形式的准确度. 其实,我们是靠着那些与无理数相差甚小而作为该无理数的近似值的有理数,才得到关于无理数的现实观念. 由此看出做实际计算时,单

---

① 例如可作两腰长度各为 1 与 2,1 与 4 等的直角三角形,然后从点 O 起向右作长度等于这些三角形的斜边的线段,它们的端点都不是有理点. 要作其他非有理点,还有无穷多种不同的方法.

是有理数就完全够用了.不过在精确的理论研讨上却必须引入无理数,因为唯有那样才能使数系完整,即是说使数轴上出现的点是其全部的点,无一例外,而不仅是一部分的点(例如有理点).

7. 区间、绝对值

现在我们来讲几个以后要用到的术语及概念.

Ⅰ. 区间是介于某两个数(点)之间的全体数(点),而那两个数叫作区间的端点.

以 $x=a$ 及 $x=b(a<b)$ 为端点的区间可以用不等式 $a<x<b$ 或记号 (a,b) 来表示.若把端点加在区间内的全体点上,则得闭区间,以 $x=a$ 及 $x=b(a<b)$ 为端点的闭区间可用不等式 $a\leqslant x\leqslant b$ 或记号 $[a,b]$ 来表示.与闭区间相反,(a,b) 叫作开区间①.最后,若只有一端点加入在区间内,则得一端开或半开区间.当加入的端点是 $x=a$ 时,半开区间可写成不等式 $a\leqslant x<b$,当加入的端点是 $x=b$ 时,半开区间可写成 $a<x\leqslant b$.与此相应的记号表示法是 $[a,b)$ 及 $(a,b]$(方括号总表示连端点在内,圆括号总表示把端点除外).

以后在不能辨明所论区间内是否要加入端点的地方,我们就只叫"区间".

除了刚才所讲的那些有穷区间,我们还常要碰到无穷区间,那就是指小于(或不大于)某一数 c 的全体数,或大于(或不小于)某一数 c 的全体数,或全体实数.这些无穷区间可以分别用以下的不等式来记:$-\infty<x<c$(或 $-\infty<x\leqslant c$),$c<x<+\infty$(或 $c\leqslant x<+\infty$)及 $-\infty<x<+\infty$.它们的记号写法是:$(-\infty,c)$(或 $(-\infty,c]$),$(c,+\infty)$(或 $[c,+\infty)$)及 $(-\infty,+\infty)$.

以 a 为中点且长度等于 $2l$ 的区间叫作点 a 的 l-邻域.

Ⅱ. 在数学解析上常要用到数或式子的绝对值概念.由于学生对这个概念常有不精确或错误的理解,所以这里要讲几个与这个概念有关的定理,供以后应用.

首先我们要讲定义:

数(或式子)A 的绝对值(或叫模)$|A|$ 是这样的一个数(或式子),当 A 为正数或 0 时,它等于 A 的本身;当 A 为负数时,它等于 $-A$,即

$$|A|=\begin{cases}A & (A\geqslant 0)\\ -A & (A<0)\end{cases}$$

由此可知 $|A|$ 总不是负的数(正数或 0).

就数轴上来说,$|A|$ 就是从原点到点 A 的长度.

根据绝对值的定义可知

$$-|A|\leqslant A\leqslant |A|$$

① 闭区间在数学文献上常叫线节,而区间这个术语只供闭区间使用.

若 $A>0$,则不等式的右边是等号,而左边是不等号(正数 A 大于负数 $-A$);若 $A<0$,则就要反过来,即右边是不等号(因负数 A 小于正数 $|A|$),而左边变成等号.

还要注意到

$$|A|=\sqrt{A^2}$$

又关系式

$$|A|\leqslant B \quad (B>0) \tag{1}$$

等价于

$$-B\leqslant A\leqslant B \tag{2}$$

因为关系式(1)表示点 A 与原点的距离不大于 B,而这唯有当 A 在区间 $[-B,B]$(即在原点的 B-邻域)上时才可能,而那就说明关系式(2)成立. 反过来说道理也是明显的.

现在我们来证明下面两个关于绝对值的定理:

定理 1 和式的绝对值不大于其各项的绝对值的和,即

$$|A+B+C+\cdots+D|\leqslant|A|+|B|+|C|+\cdots+|D| \tag{3}$$

证明 先来讲含两项的和式,这时可得

$$-|A|\leqslant A\leqslant|A| \text{及} -|B|\leqslant B\leqslant|B|$$

把两式逐项相加,得

$$-(|A|+|B|)\leqslant A+B\leqslant|A|+|B|$$

而这两个不等式所表示的事与下式所表示的相同

$$|A+B|\leqslant|A|+|B|$$

从含两项的和式再依次考虑到含三项、四项等的和式,就不难证明这个定理对一般的和式都成立. 关系式(3)中唯有当各项都是同一正、负号时,才可用等号.

定理 2 差式的绝对值不小于其各项的绝对值的差,即

$$|A-B|\geqslant|A|-|B|$$

证明 可设 $A-B=C$,于是 $A=B+C$,并根据上面证明的定理 1 可知

$$|A|=|B+C|\leqslant|B|+|C|=|B|+|A-B|$$

即

$$|A-B|\geqslant|A|-|B|$$

至于乘积及商,则根据这两种运算法的定义可知,乘积的绝对值等于其各因子的绝对值的乘积,即

$$|A\cdot B\cdot C\cdot\cdots\cdot D|=|A|\cdot|B|\cdot|C|\cdot\cdots\cdot|D|$$

同时商的绝对值等于被除数的绝对值及除数的绝对值两者的商,即

$$\left|\frac{A}{B}\right|=\frac{|A|}{|B|}$$

§2 近似值计算法

8. 计算法综述

在技术科学研究及实际应用中,差不多常常同数有关系,而数所表示的都是一些量的近似值.

大家知道,接连做几次情形完全相同的度量,会得出彼此各不相同的一些数值,尽管其相差是极微的. 所以,当我们说一个现实量的大小等于某一单位的多少倍时,那只能说明对该量经过几次度量所得的结果与那个已知的倍数相差足够小,可以使我们忽略这些差别罢了.

把数学解析具体应用到科学及工程作业上时,最后必须要计算. 因此我们必须善于计算. 但"善于计算"这句话含有什么意思呢? 如上所说,由于实际工作中各种运算所处理的数都是一些量的近似值,所以知道一些特殊规律,以便求出这些运算的结果而达到所需的准确度,是件很重要的事. 因此善于计算的第一个准则是算得足够精确. 第二个准则就字面意义上讲是与第一个准则的性质相反的,那就是应使所做计算只具有适当的精确度,不要那多余的,仅是表面上的精确度. 第三个准则是计算的速度,就是说应该节省所花费的时间和精力.

我们可能解出了问题(并且在原理上,解法是正确的),而解出后计算所得的数值与问题中现实量的真值不符,如果那样的话,就是计算做得不好. 例如如果我们不能保证所解出的数值与物体实际质量的差小于 1 g,但确实知道物体本身质量不会大于 3 g,那么大家都会认为所解出的数值是不可用的. 同样,当计算某一件物体(例如梁)的长度时,把它算到$\frac{1}{1\,000}$ cm,这种计算也是不好的,是"精确"得多余的. 以上述例子来说,直接测量所得的结果中,绝不会有$\frac{1}{1\,000}$ cm的长度出现,而只是由于不恰当的计算得出来的.

克雷洛夫院士在所著的《造船学》中说:"过去各工厂呈交航海技术委员会审阅的设计稿件中,有$\frac{9}{10}$甚至$\frac{34}{35}$的计算工作是白白浪费在多余的数字上的."

一个计算问题通常可用许多不同的方法来做,而其中显然只有所需时间最少而又最省力气的才可算是最好的方法.

所以上面所讲的三项准则,的确完全可以作为最好计算法的标志.

工程师所具备的数学知识中有个共同的缺点,就是不善于用合理而经济的办法解出实用而合理的数值.

关于这一点,克雷洛夫院士曾说过:"……数学家通常轻视计算工作,特别是不着重把问题计算到底,只是算出具有所需准确度(通常并不大)的数值. 但工程师对这件事的看法正相反,在用计算解决具体问题时,他们只顾及并且只重视实用的一面,并拿它作为以后在实践上解决同类问题时的参照."①

考虑到数学解析中理论与实践的联系,现在仍可以说,工程师学习数学的目标,应当是把数学上的理论基础知识与实际应用在专门技术问题研究上所需的熟练计算技巧紧密地结合在一起.

但要使工程师在他们的工作中能尽量利用数学知识,那就不仅要从形式方面学习运用规则及计算法,还应该具备心算并估计结果是否正确的能力(克雷洛夫语),应该学习迅速而正确地处理数学材料,养成估计数值的敏感性,且在有理论根据以前能预察解答的数量性质,这就是要能做到事先的"估计". 但要这样的话,他就不仅要仔细研究从实践总结出来的正确理论,同时也要去解出许多适合的问题作为练习.

应该记住,即使我们可能知道各种量的确切值或者可以取更准确一些的数值,但在数学的应用中却常常只取它们的近似值,并且在许多情形下研究或计算问题时也不需要用准确的而只要用近似的方法. 克雷洛夫院士曾说:"在实际问题上不必用绝对准确的公式把计算做得完全准确;相反,我们可以用明知是不准确的公式和方法去做,只要我们肯定知道所致误差不会超出已知问题所容许的范围."②

我们之所以要采用不准确的或近似的公式来计算问题,也是由于下面的情况:在实际应用中我们所关心的并非解决问题的运算步骤,而仅是运算的结果,因此就要以最少的劳动力与时间获得足够精确的结果.

出现于计算问题中的是各种量的近似值,而计算法本身也是近似的,这两项因素通常会一起影响到计算的整个结果.

我们在讲解本书的各章节时,总要讲些跟所讲的一般解析理论有关的以及简便的近似值计算法与近似公式,但也并不打算把数学解析中的近似值计算法讲出一个完整的轮廓. 关于这方面的知识,读者可以参考相关专著③.

我们首先研究关于四则运算的一些简单的近似值计算法以及相关的运算法则. 接下来的两小节就专门讲这个问题. 我们以后会知道,在数学解析中通常(甚至可以说在大多数情形下)都要尽全力把所遇到的任何计算化为单纯四则

---

① 见克雷洛夫院士所著的《回忆录》的第 370 页(俄文版).

② 见克雷洛夫所著的《近似值计算法》的第 6 页(1933 年).

③ 如前述克雷洛夫所著的《近似值计算法》及 Я. Безикович 所著的《近似值计算法》(1949 年俄文版),Г. Занден 所著的《应用数学解析初阶》(1932 年俄文版).

运算.

9. 近似值、误差

Ⅰ. 基本概念. 我们要把 A 当作某个量的确切值,或者就把它当作某个数.

如果

$$A-a=\alpha$$

那么数 a 叫作 A 的近似值,而 α 是其差值.

符号"≈"表示近似于(或大略等于). 因此上式可写作 $A\approx a$(差值 α 也叫绝对差值).

数 a 可能小于 $A(a<A)$,也可能大于 $A(a>A)$,在第一种情形下 $\alpha>0$,此时 a 叫作 A 的弱近似值(简称弱值);在第二种情形下 $\alpha<0$,a 便是 A 的强近似值(简称强值). 通常我们并不关心究竟是两种情形中的哪一种.

差值 α 及确切值 A 通常是不知道的,但可找出一个界限 δ,能确定差值(就其绝对值来说)不会超出它,换言之,能确定 $|\alpha|$ 总不大于 δ: $|\alpha|\leqslant\delta$.

如果有这样一个正数 δ,近似值 a 的差值 α,使绝对值 $|\alpha|$ 不大于 δ,也就是说,如果我们有

$$|A-a|\leqslant\delta$$

或

$$-\delta\leqslant A-a\leqslant\delta \quad (\delta>0)$$

那么 δ 就叫作近似值 a 的误差①(或绝对误差).

如果把数 a 作为 A 的值时,并不知道所致差值是多少,但能保证这个差值不会大于数 δ,那么可以说,δ 是近似值 a 的误差. δ 这个数显然不是唯一的,凡大于已知误差的一切数都可以当作误差,也就是当作 δ.

例如以数 3.24 作为数 3.244 7 的近似值时,绝对差值是 0.004 7,而可以以 0.005 作为绝对误差,因为 0.004 7<0.005. 当差值为已知时,用误差来代替它反而要方便些. 例如上例中指出误差 0.005 比指出差值 0.004 7 来得更便利.

下面所讲是表达上述概念的几种常用说法:

a 是 A 的近似值,其(绝对)差值是 α,(绝对)误差是 δ.

a 是 A 的近似值,准确度达 α;近似等式 $A\approx a$ 具有差值 α 或误差 δ,或者还可以说该式在准确度 δ 内成立.

δ 越小,则近似值(或近似等式)的准确性越高.

我们有时用平常的(准确)等号"="代替近似等号"≈". 这是在明知等式所定的值是个近似值或当近似值用十进制数表出时的写法. 例如我们常可见到

① 在近似值计算法中并没有严格规定差值及误差这些术语的区别. 数 α 也常叫误差,数 δ 也叫极大或临界差值(误差).

$\pi=3.14$ 或$\sqrt{2}=1.4$ 等的写法.

应该注意,我们绝不能单凭(绝对)差值或(绝对)误差的大小来判断近似值的好坏,因为要说到近似值的好坏还必须知道近似值本身的大小如何. 两个量的近似值可能具有相同的绝对差值(或误差),但其中绝对值较大的那个近似值显然是较好的近似值,也就是说它能把所论量表达得比较准确些. 例如求25 层楼及 1 棵树的高度时,假设含有相同的绝对误差. 在这种情形下,所得关于楼的高度的观念显然比树的高度的观念好,因为在第一种情形下所致误差占其本身高度的较小部分,所以在估计待定的量时,受这个误差的影响比较小. 实际上,要按(绝对)误差与近似值本身的比值来判断近似值的好坏.

(绝对)差值 α 与近似值 a 的比值 α'叫作相对差值:$\alpha'=\frac{\alpha}{a}$.

(绝对)误差 δ 与近似值 a 的比值 δ'叫作相对误差:$\delta'=\frac{\delta}{a}$.

可见要比较两个近似值的好坏,应该看它们的相对误差,而不是看它们的绝对误差.

相对差值 α'(或相对误差 δ')越小,近似值就越好且越准确.

相对误差(或差值)常用百分率(%)表示,有时也用千分率(‰)表示. 要把误差写成百分率或千分率,必须用 100 或 1 000 去乘相对误差.

这个概念的通常说法是,a 是 A 的近似值,具有相对误差 δ',或近似等式 $A\approx a$,具有相对误差 δ'.

在工程计算问题上用百分率表示相对误差已足够精确,只有在需要极大精确度的特殊情形下才用千分率来表示.

Ⅱ. 可靠数字. 近似计数法,用十进制计数法可从所计数字本身看出它的准确度,但在正式陈述这件事以前,先要讲与此有关的可靠数字概念.

十进制数中,第一个(从左向右计)异于 0 的数字叫作首位有义数字. 首位有义数字以右的一切数字(这时连 0 也在内)都叫作有义数字(或数码).

例如,数 3.141 5 以 3 为首位有义数字并具有五个有义数字;数 0.040 6 以 4 为首位有义数字并具有三个有义数字.

如果十进制数 a 的(绝对)误差等于第 n 位有义数字中的一个单位数,那么就说 a 具有 n 个真码或可靠数字.

例如,如果数 0.040 6 是 A 的近似值,且准确度达 0.000 1,那么便可说该数具有三个可靠数字. 这时该数的所有数字都是可靠的,因为表示 A 的准确值的数也含这三个数字,只有第三个数字可能与准确值的数字不同,但其相差不会大于 1. 反过来说,如果已知十进制数具有 n 个有义数字,并且知道它们与表示准确值的数字都相同,其中最后的数字与真值的数字可能有的差不大于 1,那么这个十进制数所给出近似值的绝对误差等于第 n 位有义数字上的一个单位，于是可知这个十进制数具有 n 个可靠数字.

在特殊情形下可能有具有 n 个可靠数字的近似值，而其数字并不都（甚至没有一个）与表示准确值的数字相同. 这就是当最后一个或几个数字是 9 时的情形. 例如，若数 219.9 有四个可靠数字，而准确值可能等于 220.0. 这时可知近似值的误差不大于 0.1，而实际上近似值的四个可靠数字中只有一个与准确值的数字相同，不过这终究是例外情形. 一般来说，我们几乎可以按照字面的意义来理解可靠数字这个术语（就是说只有最后一个数字可能有些差别）.

通常有个确定的习惯，就是写十进制小数时只写出可靠数字. 按照这个习惯来写十进制小数，就可从十进制小数的写法本身定出所表示的近似值的准确度. 因此我们不能把可靠数字右边的 0 随便去掉，因为它们虽不会改变数的大小，但可以指出该数作为近似值时的准确度. 以数 3.203 作为例子来说，准确度达 0.01 的近似值是 3.20，而不是 3.2，因为第一个近似值 3.20 有三个可靠数字，而近似值 3.2 却只能保证有两个可靠数字.

要表示整数的准确度，可以把它们写成一个乘积，其中一个因子是十进制小数，另一个因子是 10 的乘幂. 例如 $7\,600=7.6\times10^3$ 或 $7\,600=76.0\times10^2$. 如果我们要指出近似值 7 600 具有误差 $0.1\times10^3=100$，那么应该用第一种写法，而第二种写法所指出的误差是 $0.1\times10^2=10$. 同样，若写出（光速）$c=2.997\,92\times10^{10}$ cm/s，则就表示所给光速数值的准确度达 $0.000\,01\times10^{10}$ cm/s $=10^5$ cm/s $=1$ km/s. 当所写出的整数并不表示准确值时，我们应把它的本身看作准确度达 1 的近似值. 表示很大或很小的十进制数时，一般常分出一个 10 的适当乘幂，再用另一个因子表示准确度. 例如 $286\,000\,000=286\times10^6$ 或 28.6×10^7. 又如 $0.000\,000\,000\,174=174\times10^{-12}$ 或 1.74×10^{-10} 等.

写数字时保存一数的前 n 个有义数字，叫作近似计数法. 这时我们得到具有 n 个可靠数字的近似值，其准确度达最末第 n 位数字上的一个单位数.

用近似计数法时，若要使所致误差尽量小，应遵循以下的规律：若第 $n+1$ 位数字小于 5，则保留前 n 个数字而去掉第 n 位以后的一切数字；如果第 $n+1$ 位数字大于或等于 5，那么就要把所保留的第 n 位数字增加 1. 在第一种情形下，所得的近似值显然是个弱值，在第二种情形下，所得的是个强值. 这种十进制数近似值的写法叫作四舍五入近似计数法. 由此所致的误差等于最后一位数字的 $\frac{1}{2}$ 单位.

四舍五入近似计数法的例子如下：$5.678\,21\approx5.68$（有三个可靠数字）；$0.812\,3\approx0.81$（有两个可靠数字）；$\pi=3.141\,59\approx3.14$（有三个可靠数字）；$\pi\approx3.142$（有四个可靠数字）.

如果在计算问题中不断应用四舍五入近似计数法写出数字，那么每步计算所致的误差常可在相当程度内彼此抵消，所得结果比非四舍五入的近似计数法更准确.

Ⅲ. 相对误差及可靠数字的个数. 现在我们来讲十进制小数中可靠数字的个数与该数的准确度两者之间的关系.

定理 1 若数 a 具有 n 个可靠数字，则其相对误差等于$\frac{1}{k_1 10^{n-1}}$，其中 k_1 是该数的首位有义数字（或等于$\frac{1}{2k_1 10^{n-1}}$，当该数用四舍五入近似计数法写出时）.

证明 可把数 a 写成

$$a=k_1 10^m+k_2 10^{m-1}+\cdots+k_n m^{m-n+1}$$

其中 $k_1,k_2,\cdots,k_n$ 是十进制数中的 n 个有义数字，同时这些数里面有些可能是 0，但 $k_1\neq 0$. m 是 10 的幂数中最高的一位，而 $m-n+1$ 在任何情形下必须当作 0 或负数.

（绝对）误差 $\delta=10^{m-n+1}$（或$\frac{1}{2}10^{m-n+1}$，当该数用四舍五入近似计数法写出时），而 $a\geqslant k_1 10^m$，因此

$$\frac{\delta}{a}\leqslant\frac{10^{m-n+1}}{k_1 10^m}=\frac{1}{k_1 10^{n-1}}$$

故可取相对误差 $\delta'=\frac{1}{k_1 10^{n-1}}$（或$\frac{1}{2k_1 10^{n-1}}$，当 $\delta=\frac{1}{2}\times 10^{m-n+1}$ 时）.

定理 2 若十进制数 a 的相对误差 $\delta'=\frac{1}{10^n}$，则该数有 n 个可靠数字.

证明 因设十进制数中最高位的幂次是 m，故 $a<10^{m+1}$，于是

$$a\cdot\delta'<\frac{10^{m+1}}{10^n}=10^{m-n+1}$$

即是说可取 10^{m-n+1} 作为绝对误差 δ. 这表示数 a 的（绝对）误差是第 n 位数字上的一个单位，换言之，它有 n 个可靠数字.

注意 绝对误差取决于小数点后的位数，而相对误差则取决于所有可靠数字的个数.

利用定理 1 做出一个表（表 1），当首位有义数字 k_1 及 n 个可靠数字（这里到 $n=4$ 为止）已知时，我们可以立即由该表查出用百分率表示的相对误差. 对于后面的每一个 n 的值来说，当 k_1 为同一已知值时，所致误差显然是前一个 n 值所致误差的$\frac{1}{10}$. 因此表中 $n>4$ 的其他各列都不难继续填出.

表 1　相对误差表　　单位:%

k_1	n			
	1	2	3	4
1	100	10.0	1.00	0.100
2	50	5.0	0.50	0.050
3	33.3	3.33	0.333	0.033 3
4	25	2.5	0.25	0.025
5	20	2.0	0.20	0.020
6	16.7	1.67	0.167	0.016 7
7	14.3	1.43	0.143	0.014 3
8	12.5	1.25	0.125	0.012 5
9	11.1	1.11	0.111	0.011 1

从表 1 可知,当可靠数字只有三个时,相对误差已在 0.1%与 1%之间,那就已足够满足工程实践上相当严格的要求. 由此可知,通常在工程上的计算只要用两三个可靠数字就够了.

如果一个数的可靠数字用四舍五入近似计数法写出,那么表中的一切误差值还要小一半.

如果已知近似值 a 的相对误差 δ' 及首位有义数字 k_1,要指出可靠数字的个数,那么这个问题(反面的问题)一般也可以用同一表来解决,不过用时“方向相反”. 这时我们从对应于已知值 k_1 的那一行里找出略大而且近似于已知相对误差 δ' 的数. 该数所在列的号码就是可靠数字的个数. 在大多数情形下,把表中查得的可靠数字个数增加 1 也无大碍. 在任何情形下(譬如说当首位有义数字未知时)解这个反面问题时,根据定理 2 来做保证不会错. 如果相对误差(用百分率表示)等于$\frac{1}{10^{n-2}}$,那么近似值的前 n 个数字是可靠数字,并且这样查出的可靠数字个数通常可以增加 1.

如果把定理 2 叙述得略微精确些,那么就不难做出一个简单的表(表 2),可从已知的相对误差率查出可靠数字的个数.

注意若 δ' 及首位有义数字越小,则越可以把从表 2 所查得的可靠数字个数增加 1.

表 2　可靠数字个数查法表

δ'/%	5 ~ 10	0.5 ~ 1	0.05 ~ 0.1
n	1	2	3

例 1　令 $\pi\approx 3.142$,这里 $k_1=3$,$n=4$,数字用四舍五入近似计数法写出,自表 1 可求得 $\delta'=0.017\%$.

例 2 设求得 π 值的准确度达 0.2%. 若已知首位有义数字 $k_1=3$,则根据表 1 可查得 $n=3$,因在第三列近似而略大于 0.2 的数 0.333 位于第三行中. 用表 2 时若注意 0.2 接近于 0.1 与同时首位有义数字较小的因素,也可得到同一结果.

10. 四则运算

做近似计算时,自然会引起下列两个基本问题:

(i)若某种运算中所用诸近似值的误差已知,则所得结果的准确度有多少?

(ii)若要使某种运算所得的结果具有预先指定的误差,则做运算用的近似值应有多少准确度?

现在我们只就四则运算来讨论这两个问题.

Ⅰ. 加法. 假定要把 n 个量 $A_1, A_2, \cdots, A_n$ 的各个近似值 $a_1, a_2, \cdots, a_n$ 相加(所有的数 a_i 及 A_i 都是正的). 用 $\alpha_1, \alpha_2, \cdots, \alpha_n$ 表示和式中各项的差值,δ_1, $\delta_2, \cdots, \delta_n$ 表示各项的误差,并令

$$a=a_1+a_2+\cdots+a_n, A=A_1+A_2+\cdots+A_n$$

得

$$a+\alpha=(a_1+\alpha_1)+(a_2+\alpha_2)+\cdots+(a_n+\alpha_n)$$

其中 α 是以 a 作为 A 的近似值时的差值. 由此得

$$\alpha=\alpha_1+\alpha_2+\cdots+\alpha_n$$

及

$$|\alpha| \leqslant |\alpha_1|+|\alpha_2|+\cdots+|\alpha_n|$$

由于

$$|\alpha_1| \leqslant \delta_1, |\alpha_2| \leqslant \delta_2, \cdots, |\alpha_n| \leqslant \delta_n$$

故

$$|\alpha| \leqslant \delta_1+\delta_2+\cdots+\delta_n$$

也就是说,和数的(绝对)误差 δ 等于各项的(绝对)误差 $\delta_1, \delta_2, \cdots, \delta_n$ 的和,即

$$\delta=\delta_1+\delta_2+\cdots+\delta_n$$

从上面的等式可得

$$\begin{aligned}\frac{\delta}{a}&=\frac{\delta_1}{a}+\frac{\delta_2}{a}+\cdots+\frac{\delta_n}{a}\\&=\frac{a_1}{a}\ \frac{\delta_1}{a_1}+\frac{a_2}{a}\ \frac{\delta_2}{a_2}+\cdots+\frac{a_n}{a}\ \frac{\delta_n}{a_n}\\&=\frac{a_1}{a}\delta_1'+\frac{a_2}{a}\delta_2'+\cdots+\frac{a_n}{a}\delta_n'\end{aligned} \tag{1}$$

其中 $\delta_1', \delta_2', \cdots, \delta_n'$ 是对应于 $a_1, a_2, \cdots, a_n$ 的相对误差.

若 δ_0' 是 $\delta_1', \delta_2', \cdots, \delta_n'$ 诸数中的最大数,则

$$\frac{\delta}{a} \leqslant \left(\frac{a_1}{a}+\frac{a_2}{a}+\cdots+\frac{a_n}{a}\right)\delta_0'=\delta_0'$$

所以,和数的相对误差等于各项相对误差中的最大数:$\delta'=\delta_0'$.

这说明和数的准确度并不次于误差最大的那一项近似值的准确度.

例如,当和数中 a_1 比其他诸项大得多时,$\frac{a_2}{a_1},\frac{a_3}{a_1},\cdots,\frac{a_n}{a_1}$诸比值就很小,这时

$$\frac{a_1}{a}=\frac{a_1}{a_1+a_2+\cdots+a_n}=\frac{1}{1+\frac{a_2}{a_1}+\cdots+\frac{a_n}{a_1}}$$

接近于 1,也就是说,a_1 接近于 a,同时比值$\frac{a_2}{a},\frac{a_3}{a},\cdots,\frac{a_n}{a}$都很小. 由等式(1)可知,和数的相对误差 δ' 与最大项 a_1 的相对误差相差不大,一般来说,和数中最大项的相对误差对于和数的相对误差影响最大.

现在我们来讲近似值相加时所应遵循的实用法则.

首先要知道,所有近似值在小数点后面所取的位数都应相等,例如设和式

$$a=233.78+52.308+3.9313$$

这里并不知道第一项的千分之一位及万分之一位小数,所以把这两位小数加进去是毫无意义的. 因此可用四舍五入近似计数法把第二项及第三项写到百分之一位的近似数,得

$$a=233.78+52.31+3.93=290.02$$

最后一位的数字当然不能算作可靠数字,它可能跟准确值的那位数字相差好几个单位.

(1)和数中可靠数字的个数只可能比最大项的可靠数字个数少 1.

如果相加的项数不多(小于 10),那么可取总误差等于最后一位小数的五个单位(假定各项都按四舍五入近似计数法取近似值). 如果再把和数中的最后一位小数去掉(也按四舍五入近似计数法做),那么又要增加一些误差——也等于最后一位小数的五个单位. 这样合起来的误差不会大于所剩最后一位小数的一个单位,那时和数中的所有数字(其个数仅比最大项的可靠数字个数小 1)都是可靠数字. 譬如在上述的例子中可得 $a=290.0$.

如果相加的项数多于 10,但其中某一项比其他各项大得多,那么上述近似值加法的规则还成立,因为我们知道各小项的相对误差所产生的影响不大,不会影响到和数的相对误差,由此可知也不会影响和数中可靠数字的个数.

除了上述各点,还必须知道和数中各项的误差可能彼此抵消,因此和数的误差可能比按照本规则所确定出的误差小.

当相加的项数很多时,要确定出和数中可靠数字的个数,就必须用特别的方法估计所致的误差.

(2)要使所得和数都有 n 个可靠数字,则最大项中必须取 $n+1$ 个数字(其他各项用四舍五入近似计数法取近似值,使其小数点后最末一个数字的位数与

最大项的相同). 这时当然要假定各项小数点后的位数以最大项的为最少(如果各项具有同一相对准确度,那么情形总是如此).

Ⅱ. 减法. 设自 a_2 减去 a_1,其中 a_1 及 a_2 分别是 A_1 及 A_2 的近似值,其差值及绝对误差各为 α_1,α_2 及 δ_1,δ_2. 这时 a_1 及 a_2 在小数点后的位数显然必须相同,得

$$a=a_2-a_1$$

$$a+\alpha=(a_2+\alpha_2)-(a_1+\alpha_1)\text{或 }\alpha=\alpha_2-\alpha_1$$

于是与加法时的情形相同,得

$$\alpha=\alpha_2-\alpha_1,|\alpha|\leqslant|\alpha_2|+|\alpha_1|\leqslant\delta_2+\delta_1$$

也就是说,差数的绝对误差 δ 等于减数与被减数两者的绝对误差 δ_1 及 δ_2 的和,即

$$\delta=\delta_1+\delta_2$$

与以前一样,可得

$$\frac{\delta}{a}=\frac{a_2}{a}\frac{\delta_2}{a_2}+\frac{a_1}{a}\frac{\delta_1}{a_1}=\frac{a_2}{a}\delta_2'+\frac{a_1}{a}\delta_1'$$

其中 δ_2' 及 δ_1' 分别是 a_2 及 a_1 的相对误差. 但我们不能从此得出像在加法时的结论. 确定差数的相对误差及确定其可靠数字个数的问题,比加法时复杂得多. 当被减数比减数大到相当的程度(也就是说 $\frac{a_1}{a_2}$ 很小)时, $\frac{a_2}{a_2-a_1}=\frac{1}{1-\frac{a_1}{a_2}}$ 接近于 1,而 $\frac{a_1}{a}=\frac{\frac{a_1}{a_2}}{1-\frac{a_1}{a_2}}$ 接近于 0,所以 $\frac{\delta}{a}\approx\delta_2'$. 换言之,我们可取被减数的相对误差 δ_2' 作为差数的相对误差 δ',即 $\delta'=\delta_2'$.

这时上述近似值加法的两条规则完全适用于减法:

(1)差数的可靠数字个数只可能(而且那种情形很少)比被减数的可靠数字个数少 1.

(2)若要使所得差数具有 n 个可靠数字,则被减数必须取 $n+1$ 个可靠数字.

但若被减数与减数彼此接近,则就不能得到上述结论. 在相减的时候,前几位数字可能消失而减少可靠数字的个数,结果就使相对误差增大. 例如,设 $a=2.797-2.789=0.008$. 原有各数的(绝对)误差等于 0.001(或 0.000 5,当各数用四舍五入近似计数法写出时),于是可知差数的(绝对)误差等于 0.002(或 0.001). 原有各数的相对误差可以取作 $\frac{1}{2\times10^{4-1}}=\frac{1}{2\,000}=0.05\%$,而差数的相对

误差等于$\frac{0.002}{0.008}=25\%$. 因此,可以说所得差数的准确度是已知各数的准确度的$\frac{25}{0.05}=500$倍. 如果要求得具有多个可靠数字的差数,那么就必须增加被减数与减数的准确度.

因此,我们就必须设法避免把大小接近的数值直接相减. 在数学解析上有种特殊的方法可以使我们求得两个接近数值的差数而不致对准确度有很大的影响.

Ⅲ. 乘法. 设要把 a_1 及 a_2 两数相乘. 这里仍用以前的记号,写出

$$a+\alpha=(a_1+\alpha_1)(a_2+\alpha_2), a=a_1a_2$$

得

$$\alpha=\alpha_1a_2+\alpha_2a_1+\alpha_1\alpha_2$$

及

$$|\alpha|\leqslant|\alpha_1|a_2+|\alpha_2|a_1+|\alpha_1\alpha_2|$$

由此可知

$$\frac{|\alpha|}{a}\leqslant\frac{|\alpha_1|}{a_1}+\frac{|\alpha_2|}{a_2}+\frac{|\alpha_1|}{a_1}\frac{|\alpha_2|}{a_2}=\delta_1'+\delta_2'+\delta_1'\cdot\delta_2'$$

但已知数的相对误差 δ_1' 及 δ_2' 通常是很小的数,所以它们的乘积 $\delta_1'\cdot\delta_2'$ 更小得微不足道,因而对于估计乘积的相对误差$\frac{|\alpha|}{a}$,不会有什么影响. 这样便得 $\delta'\approx\delta_1'+\delta_2'$,也就是说:

当已知数(因子)的准确性很好时,可取因子的相对误差 δ_1' 及 δ_2' 的和作为乘积的相对误差 δ',即

$$\delta'=\delta_1'+\delta_2'$$

这个结果自然可以推广到有任意个因子的乘积上,我们可取各个因子的相对误差的和作为乘积的相对误差.

与加法不同,施行乘法的结果使准确度降低,同时若因子数越多,则乘积的准确度显然也越小.

现在我们来确定乘积的可靠数字个数. 设有两个因子的乘积,令第一个因子有 n 个可靠数字,第二个因子有 m 个可靠数字,其中 $m\geqslant n$. 这时两个因子的相对误差的和等于

$$\frac{1}{k_1'10^{n-1}}+\frac{1}{k_1''10^{m-1}}\leqslant\frac{1}{10^{n-1}}\left(\frac{1}{k_1'}+\frac{1}{k_1''}\right)$$

其中 k_1' 及 k_1'' 各为 a_1 及 a_2 的首位有义数字.

如果把误差估得大一点,便可取乘积的误差 $\delta'=\frac{1}{10^{n-1}}$,并根据定理 2 取可

靠数字的个数为 $n-1$ 或至少是 $n-2$（当因子数不多于 10 时，这个结论也成立）.

(1)迭次相乘的结果使乘积的可靠数字比因子中最少的可靠数字减少一个或至多减少两个.

(2)若要使所得的乘积有 n 个可靠数字，则因子必须取 $n+1$ 或 $n+2$ 个可靠数字.

在可靠数字个数并非最少的因子中，由于其后几位数字对于乘积影响不大，因此实际上常可用四舍五入近似计数法写出所有的因子，使它们都具有相同的可靠数字个数.

例 3 有一个长等于 23.7 cm，宽等于 17.3 cm 的平板，求其面积.

解 根据所给数值的写法，可知长、宽的准确度是 0.1 cm，可靠数字个数是 3，因此以乘积

$$23.7\times17.3=410.01\ (\mathrm{cm}^2)$$

表出的面积中仅有两个可靠数字，因而在面积中写出 $\frac{1}{100}\ \mathrm{cm}^2$，$\frac{1}{10}\ \mathrm{cm}^2$ 及 $1\ \mathrm{cm}^2$ 是毫无意义的，这个面积必须写作：$41\times10\ \mathrm{cm}^2$. 这个解答的正确性是不难验证的. 因板长介于 23.6 cm 及 23.8 cm 之间，板宽介于17.2 cm 及 17.4 cm 之间，故其面积介于 $405.92\ \mathrm{cm}^2$ 及 $414.12\ \mathrm{cm}^2$ 之间. 由此可见，已知值（板的宽与长）的准确度不能使所求值（板的面积）的误差在 $10\ \mathrm{cm}^2$ 以内. 从这个例子显然可以看出，因子中 $\frac{1}{10}$ 单位的误差可使乘积产生 1 单位甚至 10 单位之多的误差.

Ⅳ. 除法. 设要用 a_1 除 a_2，其中 a_1 及 a_2 分别是 A_1 及 A_2 的近似值，又

$$a_2+\alpha_2=A_2,\ a_1+\alpha_1=A_1$$

若已知误差

$$\delta_2\geqslant|\alpha_2|,\delta_1\geqslant|\alpha_1|$$

也就是说，已知相对误差

$$\delta_2'=\frac{\delta_2}{a_2},\delta_1'=\frac{\delta_1}{a_1}$$

要估计除法所得结果 $a=\frac{a_2}{a_1}$ 的准确度. 这里的情形与乘法时完全相同. 我们先证明，当被除数及除数的准确度高时，可取被除数及除数的相对误差 δ_1' 及 δ_2' 的和作为商数的相对误差 δ'，即

$$\delta'=\delta_1'+\delta_2'$$

因

$$a+\alpha=\frac{a_2+\alpha_2}{a_1+\alpha_1},\alpha=\frac{a_2+\alpha_2}{a_1+\alpha_1}-\frac{a_2}{a_1}=\frac{\alpha_2a_1-\alpha_1a_2}{a_1(a_1+\alpha_1)}$$

由此得

$$|\alpha| \leqslant \frac{|\alpha_2|a_1+|\alpha_1|a_2}{a_1(a_1+\alpha_1)}$$

故知

$$\frac{|\alpha|}{a} \leqslant \frac{a_1}{a_2} \cdot \frac{|\alpha_2|a_1+|\alpha_1|a_2}{a_1(a_1+\alpha_1)} = \left(\frac{|\alpha_2|}{a_2}+\frac{|\alpha_1|}{a_1}\right)\frac{a_1}{a_1+\alpha_1} = (\delta_1'+\delta_2')\frac{a_1}{a_1+\alpha_1}$$

因$\frac{\alpha_1}{a}$很小,故

$$\frac{a_1}{a_1+\alpha_1} = \frac{1}{1+\frac{\alpha_1}{a_1}}$$

趋近于 1. 因此我们实际可取商数的相对误差 δ' 为$\delta_1'+\delta_2'$.

与以前一样,我们可根据上述定理推出确定可靠数字个数的规则:

(1)商数的可靠数字比被除数及除数中最少的可靠数字少一个或至多少两个.

(2)若要得到有 n 个可靠数字的商数,则被除数及除数的可靠数字必须取 $n+1$ 个或 $n+2$ 个.

Ⅴ. 总结. 以上所讲的是最简单公式(其中只含四则运算之一)中的近似值计算法. 在比较复杂的公式中,这四种运算同时都有,那时我们就必须根据情形Ⅰ ~ Ⅳ所讲的各项规则特别考察总的误差是多少.

以后我们要在适当的地方(见第三章)讲到各种公式中做近似计算的一般方法.

现在我们把讲过的近似值计算法总结为下列几条规则:

(1)计算结果的准确度要根据相对误差来判断.

(2)计算的准确度需适应于已知数值的准确度,而已知数值的准确度需适应于获得计算结果时所必需的实际要求.

(3)计算时应略去多余的数字,应使所写各数的数字除最后一个以外都是可靠数字,仅有最后一个数字可能存疑.

(4)诸数相加(相减也一样)时,应使其小数点后所留的位数与最大数的位数相同.

(5)两个大小相近的数,应设法避免直接相减.

(6)当诸项的数值相差颇大时,和数(或差数)的相对误差等于最大项的相对误差. 和数(或差数)的可靠数字只可能比最大项(被加数或被减数)的可靠数字少一个.

(7)在任何情形下,和数的相对误差等于各项的相对误差中最大的.

(8)诸数相乘(及相除)时,必须使它们的可靠数字个数相同.

(9)当已知诸数的相对误差很小时,其乘积(及商)的相对误差等于已知诸数的相对误差的和. 乘积(及商)的可靠数字只可能比已知诸数中最少的可靠数字少一个或至多少两个.

(10)取一数的对数时,对数的可靠数字个数只能和原数的一样多①.

(11)做任何近似计算时,应做出一个表格,把每个数写在适当的位置. 在确定计算表时要注意:当运算多时,不要使一系列数字的一种运算与另一种运算相混淆,而应使该系列数字的同一类运算可以先后易序.

事实上,在一般情形下,不必考察所做计算的准确度. 通常正如我们所讲的,只要把计算中各数的可靠数字取得比结果中所需要的可靠数字多一个,然后再用四舍五入近似计数法写出所求结果,就可使其可靠数字的个数满足要求.

计算时当然不可能按照刻板的规则去做,而必须考虑当时的一切情况,如果对于能否获得所求准确度的事有疑问,那么就必须研究误差.

§3 计 算 机

11. 数学计算机综述

现代科学及工程(原子核物理、喷气推进运动、弹道学、机械制造、测地学、电机及无线电工程、建筑工程等)领域解决许多重要问题的时候,常需要做繁多的计算,其中照例是一大堆的四则运算,这些计算自然需要很多时间,如果用"手工"方式来做,花一辈子时间也是做不完的. 自古以来数学家和技术专家就关心是否可能用机器来做最简单的运算. 随着时间的推移,人们靠着逐渐完善的机器和仪器或多或少地代做计算工作,而实现了这种可能,由于仪器的制造以及技术方面的辉煌成就,已经产生了一门新的应用数学,名叫机械数学. 这里我们要大略②让读者知道一些这类辅助装置,它们可以大大简化运算并加速个别运算和整列运算的进行. 在本书中,我们还要讲到能做各种解析运算的其他一些计算机.

---

① 这条规则要在第四章中证明,我们这里提到它,是为了使读者计算时可以运用对数表及计算尺这类方便且重要的辅助计算工具.

② 关于详情可参考下列各书:

А. Н. Крылов 所著的《近似值计算法》(1933 年).

Ф. А. Виллерс 所著的《数学仪器》(1949 年).

Ф. Муррей 所著的《计算机理论》(1949 年).

凡能施行已知系列的数学运算并指出运算结果的装置,叫作计算机.

计算机,特别是现代的自动计算机,是数学与技术、科学与实践之间积极相互作用的产物. 正如在解决各种技术问题的时候,要用数学来阐释问题中各变量间的数量依从关系并要用数学关系来描写这种依从关系一样,要造出机器来帮助我们考察数学关系,数学就要靠技术来帮忙.

计算机的种类有很多,可按各种不同的原理(机械、光学、水力学及电学等原理)来构造,也可利用其中好几种原理相结合来构造.

根据所做运算性质的不同,可把数学计算机分为下列几种:

Ⅰ. 计算(数)机,能运算各种数. 这类机器中最简单的是四则计算机(或简称计算机),最新且最复杂的是自动操纵的电子管计算机.

Ⅱ. 能运算连续变量的机器. 其中用线位移或角位移,电场或电流,电阻或其他物理量来表示连续变量的值. 在这些机器中把连续变量的数学运算换成对应物理量的运算. 这类机器中比较简单而常用的是测定面积的测面器(见第八章),最复杂的一种是微分分析器——用机械方法解微分方程的装置(见第十四章).

在各种计算(数)机中,可按其复杂及自动化的程度,特别举出下列五种基本类型:

(1)最简单的计数装置,例如计算尺或算盘,这类东西与其说是机器,倒不如说是辅助的数学仪器.

(2)四则计算机——半自动的计算机. 用这种机器做四则运算时需要使用者不断动手搬弄,例如布置已知数据及管理机器上一系列部件的运作次序.

(3)自动四则计算机. 在这种机器上置数时也要使用者亲自动手,但其后只要移动适当的号码就能自动做出运算步骤,这是与四则计算机不同的地方.

(4)解析计算机(大计算机). 它能自动做四则运算及其他运算,同时能自动置数.

(5)自动操纵计算机. 它不但能自动做出各个四则运算及其他运算,而且还能做出按任意次序结合后的这类运算.

虽然自从人类能计算以来,就已有计算机的需要,但直到17世纪末及18世纪初的时候,人们做计算的机器还只有计算表及最简单的机械雏形,例如,做乘法用的计算尺及普通的算盘. 我们这里不细讲算盘及计算尺之类的计算装置(关于这些东西的知识,读者可以从许多手册上找到),而仅仅要说明一件事,就是无论算盘或计算尺,都不能解决使计算步骤机械化的问题:第一,由于用它们计算时速度不快;第二,由于数码不够用,也就是说用它们计算所得的结果不够准确. 以后继续研究的结果产生了更加完善的计算工具——计算机.

计算机中的数可用各种不同的进制表示. 最常用的是(特别在四则计算机

中只限于用）十进制数. 同时还有能做一系列运算的新机器，其中所用的数不用十进制而用其他进制表示，这在一般实际应用上比较不方便，但在机器的构造上却别有优点. 这种进制中首先要推二进制. 在二进制中以 2 为基数，任何自然数都可写成 2 的乘幂（系数是 0 或是 1）之和. 例如，数 45 可以写成 $45=1\times2^5+0\times2^4+1\times2^3+1\times2^2+0\times2^1+1\times2^0$，故 45 在二进制中的写法是101101. 所以在十进制中每位的数码可以是 0，1，2，…，9 这几个数之一，而在二进制中每位的数码只可能是 1 或 0.

12. 四则计算机

任何计算机上首先都应该有记数的装置. 算盘上用算珠记录，而在计算机上则用数码轮记数. 数码轮的边上分成相等的十格，其中有一格对应于数码 0. 当轮子从零位（这时轮上数码 0 对着固定的指示器）转 $\frac{k}{10}$ 圈时，指示器上就显示出数码 k 来. 当轮子整整转一圈时，所对应的数是 10. 用这样的一系列轮子（十进制数上每一位处有一个轮子）就可得出任何的多位数字. 为此可把每个数码轮转到该位上所对应的数码处.

所有的数码轮间都有一定联系. 其中一轮转到十格时就传给次高位的轮子，使后者转一格. 由数码轮构成的这类装置叫作计数器①.

把数字布置到计数器上时，通常是让所有的轮子同时转动，使它们从 0 处各转到对应数码的位置. 下面把第二个数加到计数器上时，又使各轮转过对应于各个号码的格数，但这时各轮不是从 0 处转起，而是从前一次移动后的数码处转起. 因此，每个轮子所转的格数各等于所放两个数在对应位上的号码的和. 又由于每位上积成十格后就传给次高位上的一格，所以最后计数器上标出的就是所求的和数.

做减法时可使轮子转动的方向跟加法时相反，或者加上减数的互补数（互补数与减数相加就成十或成百或成千等）. 用后面这个方法时，可使机件不必做反方向的运动. 它所根据的原理很简单，就是如果加上或减去 10^n 后，计数器上后 $k(n>k)$ 个数码是不变的. 譬如 749 及 315 两数的差就可以写成（这是$k=5$ 的情形）

$$749-315=749+10^5-315-10^5=749+99\ 685-10^5=100\ 434-10^5$$

但如果计数器上只有五位，那么所确定出的数只有 00 434，正好是所求的差数.

所以 749 及 315 两数的差可以换成 749 及 685 两数的和，其中 685 是 315

---

① 二进制计数器做起来还要简单些，因为凡是能有两个固定点的任何装置都可以作为二进制计数器的“数码轮”. 我们可使其中一个固定点对应于数码 1，使另一个对应于数码 0. 在低位数码上加 1 的结果使该位上从对应于 0 处的装置变为对应于 1 处的，或是从 1 处的变为 0 处的. 当低位数码上从原有的 1 加 1 变为 0 时，所增加的数码就要传送到次高位上.

的互补数.

在四则计算机的计数器上,所加的数是可能"移位"的,也就是说可以从任何一位数码轮起布置数码. 例如,我们把某一数布置到计数器上时,可以把单位数码置于十位的数码轮上,把十位数码置于百位的数码轮上等,这样所布置的数实际上是原数的十倍. 这样就可用"参位相加法"在计算机上施行乘法. 例如,一数用 47 乘的乘法可以化为把该数在计数器上加七次,然后再跳一位把该数加四次①.

这时对于除法也就不难理解,它可以看作经过适当移位后的一系列减法. 由此可见,计算机上的四则运算完全是模仿算术上加、减、乘、除的演算法做出来的.

大多数四则计算机的构造原理都如上所述,其中不同的只是在个别零件的构造上.

第一个能做四则运算的计算机是由莱布尼茨在 1673 年至 1694 年间制造成的. 但由于其运算过程的机械化很差,所以该机仅有历史价值.

以后所造的一切四则计算机,在原理上都与莱布尼茨的一样,也都具有相同的数码进位系统. 在这种系统上,当低位数码轮转一圈后就使较高位的数码轮跳动一格.

但是在奥德涅尔(Odhner,1845—1905)的发明以前,这类计算机的构造并不能保证运用时百无一失. 1878 年,切比雪夫在其所造的四则计算机中装有可以连续运用的数码进位系统.

同年,彼得堡的一位工程师奥德涅尔采用了齿数可变的新齿轮,使其所造的四则计算机极为坚固且方便而获得了专利权. 他又发明了工作效能优良的简单数码进位装置. 苏联及他国出品的大多数四则计算机基本上都是奥德涅尔式的,不过切比雪夫的计算机中自动乘法的特色是奥德涅尔的计算机中所没有的(图 1).

切比雪夫的计算机是自动四则计算机的先驱者. 切比雪夫的发明现已遗失,是许多年以后又有人重新发明的. 现今最常用的自动四则计算机中,乘法是用移位相加,除法是用移位相减来做的,其工作原理就是由切比雪夫发明的.

使用一般四则计算机时, 使用者不但要动手移位,同时还要数着每次移位

---

① 这样二进制数的乘法就很简单. 例如 100010(=34)及 101(=5)两数相乘

$$\begin{array}{r} 100010 \\ 101 \\ \hline 100010 \\ 100010 \\ \hline 10101010 \end{array} \quad (=170)$$

只要把乘数 100010 移位相加就可以了.

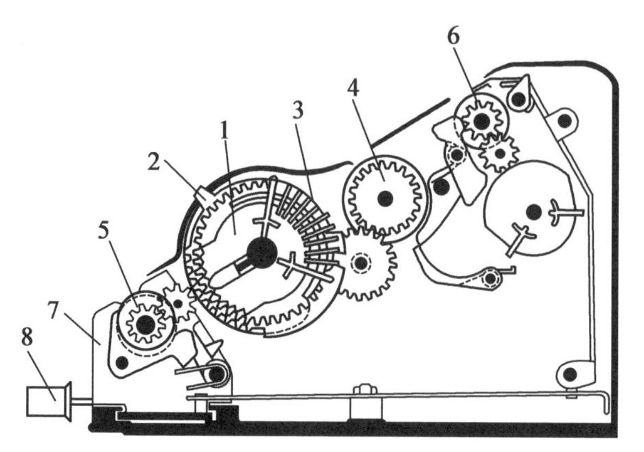

图1 装有奥德涅尔轮的计算机略图

1. 移位装置(奥德涅尔轮); 2. 定位柄; 3. 奥德涅尔轮上的可移齿轮; 4. 记录装置;
5. 主计数器的轮; 6. 转数轮; 7. 主计数器架子; 8. 主计数器移位柄

前应把被乘数加多少回,但用自动四则计算机时,就只要布置好被乘数和乘数,机器就能完全自动施行其他步骤,得出最后的结果. 在施行除法时,自动四则计算机与一般四则计算机也同样有区别.

自动四则计算机在个别的结构上各有不同,而它们不但与切比雪夫的机器在个别地方有差别,而且在推动机器工作时应用电动机这一点上也是与切比雪夫的计算机不同的.

苏式 BK3 自动四则计算机上标着 0 到 9 的十个按钮作为置数之用. 相继按动对应于各位上的数码之后,计算机就能自动施行所要做的运算.

在上述四则计算机中,我们都要用手布置数据,例如按动按钮或拉动杠杆等,这样当然会降低计算速度.

13. 解析计算机及自动操纵计算机

Ⅰ. 解析计算机. 这类机器也叫作有穿孔卡片的计算机,施行另一种布置数据的方法,数码打在卡片上,成为穿孔的形式,卡片上有许多纵行(相当于各个数位),以备穿孔(打上数的暗号)之用,每一纵行有若干位置(行),从 0 到 9 有十行,其余的是“操纵”孔. 在一张卡片(通常有 45 纵行或 80 纵行)上可以随着数位的不同而布置整行的数,也可以布置许多辅助穿孔. 这个机器接收了这些穿孔情况之后,就相当于得到规定其工作程序的某种“命令”. 对于穿孔情况可以用各种方法来接收,如机械的、电的、光电的等. 在现代解析计算机中,大多采用电的方法来接收. 卡片在感觉刷和接触棒之间移动,感觉刷与电源的一个极相连,接触棒则接到电源的另一极上. 遇到穿孔的地方时,感觉刷与接触棒之间发生接触,电路就通了. 由此产生的脉动电流传给机器的工作部分,使数码轮转动,这里需注意很重要的一点是,电路接通得越早,也就是说,孔的位置越靠近卡片的边(被感觉刷先“读”到的卡片的边),那么这一转动的时间就越长. 而卡片的这一边就是相当于大数码的一边. 在感觉刷"读"过卡片上一个位置(行)的时间内,数码轮转动十分之一整转,而如果穿孔位于第 k 行上,那么就使轮子转动的度数增大到 k 单位. 全张卡片都"读"过后,轮子就停留并保持在不动的位置,直到第二张卡片"送出"另一个脉动电流给机器中推动这个数码轮工作的部分,那时整个过程又从头开始.

轮子的转动伴随着特殊电机部件的工作,这样的结果,轮子所接受的转动度数也会载录在机器的"电记忆"中,并且可在必要时发出脉动电流,把这个度数"通知"机器各部分中任何别的部分.

有特种接换部件可使机器各部分(计数器、打数部件、滑轮、读数卡片等)之间以种种次序用电联络,而在工作过程中这个次序也可以按预定计划而变更. 例如,载录在不同卡片上同一列中的数目,可以传给不同的计数器,任何计数器的录数可以加上或减去任何其他计数器的录数等. 凡是指示给机器的有关其工作次序的一切"命令"——各部分间的联络,布置在卡片上的数的加或减,计算结果的打出,以及其他必要运算步骤的进行——都在做运算计划的时候预先规定,并且以辅助穿孔的形式而载录在卡片上(图 2).

0	0	0	0	0	0	0	0	0	0	0	0	0	0	0	0	0	0	0	0	0	0	0	0	0	0	0	0	0	0	0	0	0	0	0	0	0	0	0	0	0	0	0	0	0
1	1	1	1	1	1	1	1	1	1	1	1	1	1	1	1	1	1	1	1	1	1	1	1	1	1	1	1	1	1	1	1	1	1	1	1	1	1	1	1	1	1	1	1	1
2	2	2	2	2	2	2	2	2	2	2	2	2	2	2	2	2	2	2	2	2	2	2	2	2	2	2	2	2	2	2	2	2	2	2	2	2	2	2	2	2	2	2	2	2
3	3	3	3	3	3	3	3	3	3	3	3	3	3	3	3	3	3	3	3	3	3	3	3	3	3	3	3	3	3	3	3	3	3	3	3	3	3	3	3	3	3	3	3	3
4	4	4	4	4	4	4	4	4	4	4	4	4	4	4	4	4	4	4	4	4	4	4	4	4	4	4	4	4	4	4	4	4	4	4	4	4	4	4	4	4	4	4	4	4
5	5	5	5	5	5	5	5	5	5	5	5	5	5	5	5	5	5	5	5	5	5	5	5	5	5	5	5	5	5	5	5	5	5	5	5	5	5	5	5	5	5	5	5	5
6	6	6	6	6	6	6	6	6	6	6	6	6	6	6	6	6	6	6	6	6	6	6	6	6	6	6	6	6	6	6	6	6	6	6	6	6	6	6	6	6	6	6	6	6
7	7	7	7	7	7	7	7	7	7	7	7	7	7	7	7	7	7	7	7	7	7	7	7	7	7	7	7	7	7	7	7	7	7	7	7	7	7	7	7	7	7	7	7	7
8	8	8	8	8	8	8	8	8	8	8	8	8	8	8	8	8	8	8	8	8	8	8	8	8	8	8	8	8	8	8	8	8	8	8	8	8	8	8	8	8	8	8	8	8
9	9	9	9	9	9	9	9	9	9	9	9	9	9	9	9	9	9	9	9	9	9	9	9	9	9	9	9	9	9	9	9	9	9	9	9	9	9	9	9	9	9	9	9	9
1	2	3	4	5	6	7	8	9	10	11	12	13	14	15	16	17	18	19	20	21	22	23	24	25	26	27	28	29	30	31	32	33	34	35	36	37	38	39	40	41	42	43	44	45

图2 穿孔卡片

有一种机器叫作立表器,能接受布置在卡片上的数而算出这些数的代数和. 立表器每小时能处理 9 000 张卡片,而在每一张 80 纵行的卡片上可以布置 8 个十位数,因此有 8 个计数器的立表器的工作率就达到每小时可定出72 000 个数字的和.

立表器和其他起辅助作用的机器一起工作时,合成成套的自动计算机,这些辅助机器中有用来置数于穿孔卡片上的机器,有用来校验置数是否正确的机器,有用来读出计数器上的录数和在穿孔卡片上记录运算最后结果或中间结果的机器等. 此外,还有按穿孔卡片上一定的置数符号而将其分类或选择的那种自动机. 例如,通过分类自动机可以把同一列、同一位置处有穿孔的所有卡片都挑出来. 比较复杂的自动机能够按多种符号进行分类(就是同时从几列上来比较卡片),例如有的自动机能在一大堆卡片中选出那些表明已知穿孔次序的卡片来等.

注意 乘法是用特种机器(叫作乘法自动机)来做的. 这种自动机的操作原理并非根据参位相加法,而是根据另一个原理——一位数的电乘法表.

如果不考虑置数于卡片上的预备工作,以及把一大堆卡片从一部机器上搬到另一部机器上的工作,那么整个工作过程完全是自动进行的. 所以人们自然想要把人参与在计算过程中的作用减少到最低限度,使其在任何情形下都能摆脱"分配"工作的职务. 这种意图在现代的自动操纵计算机上也已经得到成功了.

Ⅱ. 自动操纵计算机. 简单说来,这一类机器由很多个部件所组成,这些部件相互之间的连接方式,使它们能按照任何不同的次序做各种初等运算,在做每一个别运算以及定出各种运算的次序时,都是完全自动操纵的.

这一类机器不仅能够做通常的运算,而且也能够"记住"前次运算的结果,随时"传达",并且能"懂得"各种指示,那就是说,它们具有所谓的"记忆力"和"理解力",这种性质在解析计算机上就差得多了.

解题时所规定的一切运算,都是靠着把一些数从机器的某些部件转移到另外一些部件而进行的. 这些转移得以实现,也是机器的某些电路受脉动电流影响的结果. 闭合这些电路的每一道命令以及其他的种种"安排",可用长纸带上打孔的办法记录下来. 录有命令的穿孔纸带由机器的特殊操纵部件"读出"和"领悟",所参照的原理与立表器中的卡片相同.

自动机部件的构造和配合有多种方法. 这些或者是电机上的方法或者是利用电子管.

用电子管的机器是比较新式的,工作速度约比电机式的机器快 1 000 倍.

自动机的工作过程可分解为个别的循环动作. 在每一循环之内实现一种最简单的运算步骤:加法、减法、把数码从一个部件转移到另一部件;乘法和除法则需在几个循环之内进行.

在自动操纵计算机内进行的四则运算,原理基本上和以前所讲的相似.

自动机中利用通常的计数器、穿孔纸带、感光胶片,以及在金属带上用磁性来记录的仪器等作为"记忆"的部件. 可是这一类部件要把所记住的数"发表出来"是比较慢的. 因此在新式的机器中就用电子管"记忆"部件,它"记"数和"命令"的速度与所做的运算一样快. 这些运算速度是极快的,我们只要指出,两个十位数的乘法约在 3×10^{-3} s 内可以做出(每小时约可做一百万个乘法),而加法只要 2×10^{-4} s.

这里关于新式机器的简单叙述自然并未包括很重要的因素,因为这些机器都是极复杂的机组.

我们要知道,四则计算机可以放在计算者的桌子上,而某些解析计算机需要特备的位置,重约 1 t. 自动操纵的计算机则重达几十吨而需占据庞大的地方. 这一类机器的使用还需联系到许多复杂的问题,从待解问题的预先做数学解析、运算计划以及拟定发给机器的命令的次序起,以至工作的稳定性和运算的校验等都要考虑到. 后者在做运算计划的时候需预先规定,而且是自动进行的. 为了要做到这样,可以用两种不同方法来解决问题,并在一定的运算阶段上比较所得的结果. 如果这时所出现的差大于所允许的,那么机器本身就会停止工作.

函数概念

第一章

函数概念是全部数学中最重要的概念之一,是数学解析中的主要对象. 因此,我们在本书开头先讲与这个概念相关的基本定义,并且要考虑数学中的一些最简单的函数,没有这些知识是不能着手学习数学解析的.

在这些简单函数中,基本初等函数就是指读者在代数与三角中已经见过的函数.

在本章中,我们只运用初等数学与解析几何中的方法,在以后各章中,我们会引入新的数学方法(解析运算),利用这些方法就能够精确而又完善地研究简单的与复杂的函数.

§1 函数及其表示法

14. 函数的定义

若对于一个变量的每一个数值,都对应着另一个变量的一个或多个确定的数值,则后一个变量叫作前一个变量的函数.

我们也可以这样说, 所论这两个量之间有函数关系. 凡变量的数值可以从该变量所要考虑的众多值中任意选取的，我们就把它叫作自变量，函数也叫作因变量. 当自变量的值选取了之后，函数值就不能再随便选取，它们已经是严格确定了的，就是说函数值需对应于自变量所选取的那些数值. 函数值要取决于自变量所选取的值，或者一般地说，函数值随着自变量值的变化而变化. “自变量”与“因变量”这两个名称就是这样来的.

例 1 圆的半径 r 及其面积 S 可以看作变量，两者可以得到各种不同的数值. 不过半径与面积是彼此相关的. 事实上，每一个半径的值就对应着一个确定的圆的面积值. 这两个量之间有函数关系. 这个关系就是，圆的面积等于半径的平方与常数 π 的乘积，即

$$S=\pi r^2$$

例 2 在真空中物体自由落体所经过的距离 s 以及该物体下落的时间 t 都是变量，它们是彼此相关的. 这个关系用自由落体的规律来表示，所经过的距离(假如没有初速度)等于时间的平方乘以常数——重力加速度的一半，即

$$s=\frac{1}{2}gt^2$$

我们要注意，圆的面积与半径的关系以及自由落体的距离与时间的关系是性质相同的两个关系. 在这两个例子中，函数都正比于自变量的平方. 而从单纯的数学观点来看，只有下面这一点是重要的：数学中所关心的是函数如何取决于自变量的问题，而完全不去关心变量所表示的是什么具体的量. 根据这个观点，上面讲的两个函数都是二次函数的例子.

在函数的定义中，并没有要求自变量变动时函数一定要变. 重要的是，每一个所考虑的自变量的值对应着确定的函数值. 因此，常量自然也可以算作函数.

从下面的例子也可以说明这个观点，取决于某一变量的量通常是随该变量的变动而变动的，但在特殊假定下，它也可以是个常量. 如果把一般情形中的特殊情形当作别论，认为在特殊情形下的量不是函数，那当然是不合理的. 例如下式(其中 a,b,c 是常数)

$$\frac{ab}{a+b\tan^2x}+c\sin^2x$$

的值取决于变量 x，这个式子就是 x 的函数. 而在 $a=b=c$ 的特殊情形下，这个式子的值恒等于(即当 x 为任意值时)常数 c.

所以常量可以作为函数，即常量是这样的一个函数，对于自变量的一切值来说，该函数的值处处相等.

这时函数定义中的条件是满足的，自变量的每一个值对应着一个确定的函数值. 在函数为常量的情形下，就自变量的一切值来说，所对应的都是同一个函数值.

15. 函数表示法

如果要确实表示出某一个函数,应指出自变量所能取得的全部数值,并指出从所给自变量的值求出其对应函数值的方法,函数可以用各种方式表达出来. 最重要的表示法是表格表示法、公式表示法及图形表示法.

Ⅰ. 用表格表示函数时,只不过是把一系列的自变量的值与其对应的函数值写出来. 这个方法是常用的. 大家所熟知的有对数(即对数函数)表、三角函数表、三角函数的对数表等.

函数的表格表示法(简称表格法)在自然科学与工程技术上用得特别多. 某一项实验中各次实验所得的数据通常都列成表格.

例如,研究一根铜线的电阻 R 与其温度 t 的依从关系,可得表 1.

表 1

t/℃	19.1	25.0	30.1	36.0	40.0	45.1	50.0
R/Ω	76.30	77.80	79.75	80.80	82.35	83.90	85.10

电阻是温度的函数,而上面的表格所列出的那些自变量的值决定了对应的函数值.

表格法的一个缺点是它通常不能把函数完全表达出来,总有一些自变量的值是没有列在表格里的. 例如上面的表格就不能告诉我们:当温度低于 19.1 ℃或高于 50.0 ℃时的电阻是多少. 同样我们也不可能从表上知道温度为 24.2 ℃及37.43 ℃时的电阻是多少,因为表中并没有直接写出这两个温度值①.

表格法的另一缺点是不醒目,特别是当表格的数据量很多的时候更加如此. 从表格中常常不易看出自变量变动时函数的变动情形.

表格法的优点是,就表中的每一个自变量的值来说,我们可以不经任何计算或度量而直接写出其对应的函数值.

Ⅱ. 函数的基本表示法是公式表示法或称解析表示法,也就是给出含有两个变量的两个解析式子的等式. 其中一个变量为自变量,然后借助公式,从该变量所得的值确定出其对应的函数值.

在这里,我们把用运算②符号和括号把数和表示数的字母连接而成的式子叫作解析式子.

例如公式

---

① 当自变量的值不在表内时,数学上仍有特殊方法近似地求其对应的函数值.

② 我们要知道这些数学运算的种类是会随着解析学的发展而增多的,起初的数学运算只有加,减,乘,除,乘方,开方,取对数,以及取三角函数、反三角函数,同时我们假定解析式子中只含有有限次的运算,到后来再推广,把解析运算——首先是取极限——也列为数学运算,使解析式子中可以含有无限次运算,因此解析式子这个概念的内容就变更而逐步充入了新的内容.

$$y=\frac{(3x^5-\sqrt{2x-1})\tan(2x+3)}{\lg(1+x)-\sin x}$$

直接把 y 规定为变量 x 的函数. 把已知的 x 值代入右边并施行式中所示的运算后,即可得其对应的 y 值.

如果用公式把 y 表示为自变量 x 的函数,我们就说该公式建立了 x 及 y 两个量之间的函数关系,或者说它把这两个量联系起来了.

函数解析表示法(简称解析法)的优点是:

(1)给出的形式简扼且紧凑,常常只用一个简短的公式便可以就一切所考虑的自变量的值求出函数值.

(2)凡是对于公式中所示的运算具有意义①的自变量的任何数值,都可以确定出函数值,用公式表示的任何函数的值,数学上有办法去确定出它的准确数或具有所需准确度的近似数(读者以后可以在本书中获得这些知识).

(3)最主要的优点是:研究所给函数时,可以用数学解析的方法,因为数学解析中的运算最适于应用到以解析形式表示的函数上.

譬如要用数学解析来研究铜线的温度与电阻间的函数关系时,我们必须要有电阻与温度间的公式,而不是函数与自变量的一些个别的对应数值(即使为数很多).

解析法表示函数的缺点是:

(1)不够醒目.

(2)有时难免要做很复杂的计算.

Ⅲ. 最后要讲函数的图形表示法.

函数的图形是指一些点的轨迹(在笛卡儿直角坐标系中),这些点的横坐标是自变量的值,而纵坐标则是其对应的函数值.

换句话说,若取横坐标等于(按某一单位长度计算)自变量的某一值,则图形上对应点的纵坐标(一般来说,可用另一种单位长度去量)应等于该自变量的值所对应的函数值.

图 1 是 0℃时 1. 293 kg 空气的压力与其体积间的关系图. 这里横坐标轴上的 1 cm 代表 1 cm^3 空气,纵坐标轴上的 1 cm 代表 1 大气压力. 要用这个图形去求出自变量的值(例如,当 $v=1.5\ cm^3$ 时)所对应的函数值,应在横坐标轴上取一线段,按所取单位长度表示自变量的值($OM=1.5$ cm),然后作出曲线上对应于该横坐标的一点,并量出该点纵坐标的长度,在所论情形下得 $p=0.67$ 大气压力,因此线段 MN 的长等于 0. 67 cm.

① 例如从前面写出的公式中不能确定 $x=0$ 时的函数值 y,因那时右边的分母等于 0,公式就失去了意义.

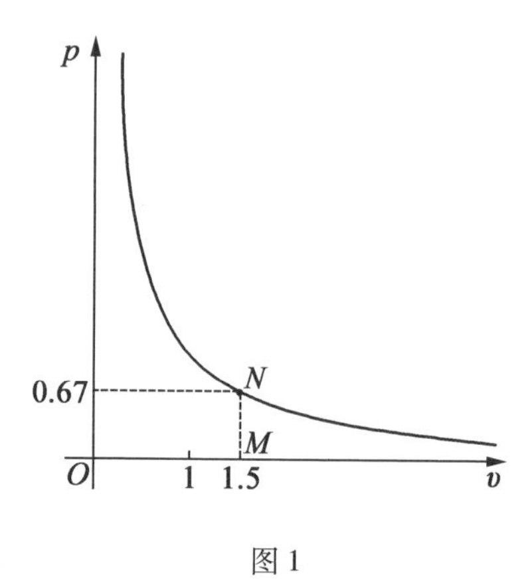

图 1

常用到的函数图形一般总是曲线(特殊情形下是直线). 反过来说,坐标平面上的任何曲线都代表一个函数,当自变量的值等于横坐标时,该函数值即等于曲线的纵坐标.

这样,曲线概念与函数概念就有了密切的联系. 由函数的表示法产生了曲线——函数的图形. 由曲线的表示法也产生了函数——其图形即为原有的曲线. 在后一种情形下,函数是用图形表示出来的.

若函数是用自变量 x 及函数 y 间的公式表示出来的,则这个函数的图形是一条曲线,其上各点的坐标 x 及 y 能满足公式,换句话说,能使所给等式变成恒等式.

所以,这个等式就是图形的方程,即解析几何中所讲的方程. 反过来说,已知曲线可以作为一个由曲线方程所定函数的图形.

例如,二次函数 $y=x^2$ 的图形是以纵坐标轴为对称轴的抛物线,因为公式 $y=x^2$ 是该抛物线的方程;函数 $y=\frac{1}{x}$ 的图形是以坐标轴为渐近线的等轴双曲线,因为等式 $xy=1$ 是该双曲线的方程.

常量的图形显然是平行于坐标轴的直线.

工程及物理学上的函数常用图形表示. 例如用自动记录仪器可以把取决于一个变量(通常是时间)的另一个变量自动记录下来. 结果就在仪器的纸条上得出一条曲线,用图形表示出了仪器所记录的函数. 例如气压记录器把大气压力记录为时间的函数,温度记录器把温度记录为时间的函数,这两者都是上述自动记录仪器的例子.

有时图形是表示函数的唯一可用的(或最简单的)方法. 函数的图形与表格一样,不能对它直接施行数学解析的步骤,而且亦不会施行得准确,虽有这种缺陷,但是函数的图形表示法具有一个非常大的优点——醒目,这就使它对于研究函数非常有用. 以后我们可以在许多地方证实这句话.

§2 函数的记号及分类

16. 记号

我们用英文字母或希腊字母表示变量. 有些表示法是由习惯决定的. 例如时间(及温度)总是用 t 来表示,质量用 m 来表示,速度用 v 来表示,等等. 数学里面讲到变量时是不计较它们的物理意义的. 变量常用英文字母 $x,y,z,u,\cdots$来表示.

讲到两个变量,如 x 及 y 间的函数关系时,特别是在理论研究上,我们常常不明确说出它究竟是什么样的一种关系. 我们不用文字写出"量 y 是量 x 的一个函数"这句话,而把它简写为记号

$$y=f(x)$$

这里的等号代替了"是"这个字,而英文字母 f 则表示函数(f 是英文 function——函数——的第一个字母). 在函数记号后面括号里的是自变量. 这种写法应该读作"y 是 x 的函数"或"y 等于 fx".

可见字母 f 在这里已经不表示量,而只表示自变量与函数间的依从关系,或表示其间的对应法则或对应规律. 除了用 f 表示函数关系,亦可用其他字母 $F,\varphi,\Phi,\cdots$表示.

不仅所论函数为任一函数时,可用 $y=f(x)$ 的写法,而且为一确定的但是尚未知道的函数时,也可以这样写. 有时我们起初不知道而只用 $f(x)$ 表示的函数,到以后可以求出它的式子时,就把所得的结果写成等式

$$f(x)=\text{求得的式子}$$

但即使函数已经知道,我们也常用记号来表示它,使该函数的计算式子可以写得简单一些.

如果 $y=f(x)$ 是指某一函数的解析表示法,那么 f 这个记号就表示把 y 规定为 x 的函数的那些解析步骤. 换言之,f 表示施行于 x 而要得出 y 的一切运算及其先后次序. 例如等式

$$f(x)=\sqrt{x^2+\sin x}$$

中的记号 f 表示从 x 值求出它的平方以及它的正弦,把结果相加,再求和数的平方根.

事实上,log,sin,cos,tan,arcsin,以及乘幂等熟知的记号,也具有如同一般性记号 f 所具有的性质. 它们表示一些完全确定的函数,是对自变量施行一些确立的已知运算后所得的结果. 这些运算是数学运算中最为简单的.

如果要把“圆周长 l 及圆的面积 s 是其半径 r 的函数”这件事情表达出来，我们可以写出 $l=f(r)$ 及 $s=f(r)$. 但圆周长与半径的依从关系异于圆的面积与半径的依从关系. 所以，同时考虑这两个函数时，应该从写法上把它们的差别表示出来，这时最好写作

$$l=f(r) \text{ 及 } s=F(r)$$

或

$$l=f_1(r) \text{ 及 } s=f_2(r)$$

以及其他类似的形式.

有时情形正好相反，两对不同的量之间可以具有同一个函数关系. 例如，圆的面积 s 与半径 r 的函数关系与球的表面积 Q 与其直径 d 的函数关系相同. 当把这个事实用记号表出时，可写作

$$s=f(r) \text{ 及 } Q=f(d)$$

在这两种情形下，可用同一个函数记号.

对应于自变量的某一确定值的函数值，叫作该函数的特定值.

例如，函数 $y=x^2-5x$，当 $x=3$ 时的特定值是 $y=-6$；当 $x=5$ 时的特定值是 $y=0$. 又函数 $y=2\sin^2x+3$，当 $x=\frac{\pi}{6}$时的特定值是 $y=3\frac{1}{2}$，其他类推.

把自变量的值代入函数式子内，便得函数的特定值. 设函数 $y=f(x)$ 在 $x=a$ 时的特定值等于 b，可用下式表出

$$b=f(a)$$

上面这个等式已经不能再读作“b 是 a 的函数”，因为这里 a 及 b 是常量. 这个等式应读作“当自变量为 a 时，对应的函数值为 b”，通常我们简短地读作“b 等于 $f\,a$”，当然不要忘记上面所说的这几个字的意思.

函数 $y=f(x)$ 的图形上，点 M 的横坐标为 a，对应的纵坐标为 $f(a)$. 因此我们写作：$M(a,f(a))$（图 2）.

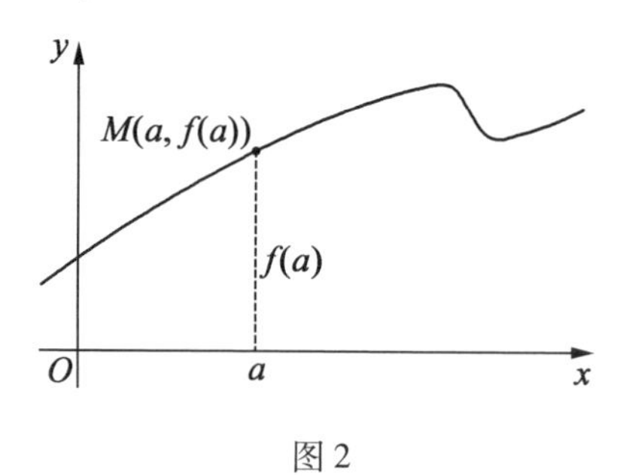

图 2

17. 复合函数的概念、初等函数

Ⅰ. 常有如下的情形:将 y 表示为 z 的函数

$$y=\varphi(z)$$

而 z 又是一个变量 x 的函数

$$z=\psi(x)$$

这时通过变量 z——叫作中间变量——的关系,y 成为 x 的函数. 因为 x 值对应着一个或几个确定的 z 值,而这些 z 值中的每一个值又对应着一个或几个确定的 y 值,所以 x 值就对应着一个或几个 y 值,也就是说 y 是 x 的函数,这个函数可以写成下面的形式

$$y=\varphi[\psi(x)]$$

凡根据变量的值能确定函数的一切可能值时,该变量叫作函数的宗标. 函数的宗标可以是自变量,也可以是中间变量——其本身是个自变量的函数.

通过两个函数的串联,把变量 y 表示为 x 的函数,结果就成为所谓复合函数①或函数的函数. 函数 $y=\varphi[\psi(x)]$即是自变量 x 的复合函数.

例如 $y=(\sin x)^2$ 是变量 x 的复合函数,y 是中间变量的二次函数,而中间变量又是自变量 x 的一种三角函数(正弦). 用字母 z 表示中间变量,即可写出:$y=z^2, z=\sin x$.

现在我们来看第二个例子. 设有一物体的质量是 m,且以初速 v_0 向上抛,我们来考虑它的动能 E_k.

大家知道

$$E_k=\frac{mv^2}{2}=\varphi(v)$$

即物体的动能是其速度的函数,但速度又是时间的函数,即若忽略空气的阻力,则

$$v=v_0-gt=\psi(t)$$

其中 g 是重力加速度.

这样动能就可以看作时间的复合函数

$$E_k=\varphi[\psi(t)]=\frac{m[\psi(t)]^2}{2}=\frac{m(v_0-gt)^2}{2}$$

形成复合函数的那些相串联的函数,可以不止两个,也可以多到一连串任意多个. 一般来说,个数越多,所形成的函数越复杂. 能够把一个已知的复合函数拆开,把它表示为一连串简单的依从关系,是件有用的事.

---

① "复合函数"这个名称并不表示与"简单函数"相对立的意思,它只表示函数结构中的某种特性.

Ⅱ. 在数学解析的一般教程及应用科学中,所用的函数多是由有限个简单函数所形成的复合函数,而这些简单函数叫作基本初等函数.

基本初等函数有如下几种:

(1)幂函数:$y=x^n$,其中 n 是实常数.

(2)指数函数:$y=a^x$,其中 a 是异于 1 的正的常数.

(3)对数函数:$y=\log_a x$,其中对数底 a 是异于 1 的正的常数.

(4)三角函数:$y=\sin x$, $y=\cos x$, $y=\tan x$,还有用得较少的 $y=\cot x$, $y=\sec x$, $y=\csc x$.

(5)反三角函数:$y=\arcsin x$, $y=\arccos x$, $y=\arctan x$, $y=\operatorname{arcsec} x$, $y=\operatorname{arccsc} x$.

我们将在 §5, §6 中讲这些函数.

基本初等函数就像"砖石",数学解析中所讨论的函数是拿它们作为材料构造出来的.

我们在这里所要讲的基本初等函数是初等数学中出现的,并且是由简单运算产生出来的那些函数.

我们以后要用到的差不多全是初等函数.

初等函数是用一个解析式子表示的函数,并且该解析式子是由基本初等函数经过有限次的四则运算(加、减、乘、除)及有限次的函数复合步骤而形成的.

例如下列这些式子

$$y=\frac{2+\sqrt[3]{x}}{3-\sqrt{x}}, y=\lg(x+\sqrt{1+x^2}), y=\arctan\sqrt{\frac{1+\sin x}{1-\sin x}}$$

所表示的就是初等函数.

我们将在下节引入非初等函数.

18. 函数的分类

函数可以按照各种不同的准则来分类. 事实上,我们讲到基本初等函数与初等函数时,就已经提到了函数的分类问题. 现在我们还要把函数分成显函数与隐函数,代数函数与超越函数,单值函数与多值函数.

Ⅰ. 显函数与隐函数.

如果表示函数的时候,能够写出 x 的一个解析式子使其等于 y,那么 y 就叫作自变量 x 的显函数(更精确地说,是用显式表示出来的函数). 也可以说,显函数是用已经解出 y 的一个含有 y(函数)与 x(宗标)的方程来给出的.

例如上一小节最后所写出的几个函数就是用显式表示的(或者说它们是显函数).

但是两个变量之间的方程,即使并没有把其中任何一个变量解出来,也可以把其中一个变量规定为另一变量的函数.

例如在椭圆方程

$$\frac{x^2}{a^2}+\frac{y^2}{b^2}=1$$

中,可以把纵坐标 y 看作横坐标 x 的函数. 事实上,对于介于 $-a$ 及 $+a$ 间的每一个 x 值,都可以从椭圆方程求出两个对应的 y 值. 这个 y 就是以隐式表示的函数. 要把它变成显式,只要从方程中解出 y,即

$$y=\pm\frac{b}{a}\sqrt{a^2-x^2}$$

如果只用有限个基本初等函数来表示,那么像上述的解法就不是很容易做出来的,而且有时简直不可能. 例如方程

$$y^3-3axy+x^3=0$$

也把 y 规定为 x 的函数,但要把它解成显式,已经比前面的例子困难,因这时需要解一个三次方程. 而用方程

$$xy-2^x+2^y=0$$

所规定的函数 y,则根本不能用初等函数来表成显式,因为所写出的这个方程不能利用有限次四则运算与有限个基本初等函数而把 y 解出来. 但尽管如此,这个方程却确实把 y 规定为 x 的一个函数. 因若已知 $x=x_0$ 这一个值,代入方程左边可得

$$x_0y-2^{x_0}+2^y=0$$

解出这个数值方程之后(数学上有多种准确的或近似的解法),即得一值(或多值)$y=y_0$,而这就可以作为对应于 $x=x_0$ 的函数值.

所以,不管已知方程能否把 y 解成 x 的初等函数,我们总把由变量 x 及 y 之间的,而并未解出 y 的①方程所规定的函数 y 叫作自变量 x 的隐函数.

Ⅱ. 代数函数与超越函数.

我们可以根据求出函数值时所需用的运算性质来给函数分类.

特别地,我们把下面的几种运算称作代数运算:加、减、乘、除及幂指数为有理数的乘幂.

凡是对自变量及任意常数做有限次代数运算便可求到函数值的函数,叫作代数函数.

代数函数的例子为

$$y=\frac{\sqrt{x}-1}{x^2+1} \tag{1}$$

如果把代数运算中求根的运算去掉,那么可得有理函数. 凡是对自变量及

---

① 但不可认为 x 及 y 之间的任一方程都必规定了一个变量的函数. 例如方程 $x^2+y^2+1=0$ 不能为 x 及 y 的任何实数值所满足(正数之和不能等于0),因为它并没有规定任何函数.

常数施行有限次四则运算(加、减、乘、除)便能求得其函数值的函数,叫作有理函数.

有理函数的例子为

$$y=\frac{\frac{3}{x^{2}}-2x+\frac{1}{x}-5}{x-\frac{2}{x^{3}}+\frac{1}{x^{2}}-1} \tag{2}$$

非有理的代数函数叫作无理函数.

例如式(1)就是无理函数.

如果在求出有理函数值所需的四则运算中,除式不含自变量,那么该函数叫作整有理函数.

整有理函数的例子为

$$y=\left(\frac{3(x-2)^{3}+3}{7}-\frac{x}{a}\right)^{2},y=ax^{2}+bx+c$$

整有理函数常叫作多项式(单项式当作多项式的特殊情形). 多项式总可以按自变量的降(或升)幂次序写出来,即写成下列形式的和

$$y=P(x)=a_{0}x^{n}+a_{1}x^{n-1}+\cdots+a_{n-1}x+a_{n}$$

这里 $a_{0},a_{1},\cdots,a_{n-1},a_{n}$ 是常系数.

非整的有理函数叫作分式有理函数.

例如式(2)就是分式有理函数. 任何有理函数 $R(x)$ 都可以借恒等变换而写成两个多项式的商

$$R(x)=\frac{P(x)}{Q(x)}$$

例如

$$y=\frac{\frac{3}{x^{2}}-2x+\frac{1}{x}-5}{x-\frac{2}{x^{3}}+\frac{1}{x^{2}}-1}=\frac{-2x^{4}-5x^{3}+x^{2}+3x}{x^{4}-x^{3}+x-2}$$

现今数学界中,代数函数的定义要比上述定义来得广泛,按照这广泛的定义来说,代数函数 y 是以自变量 x 的多项式为系数的代数方程

$$P_{0}(x)y^{n}+P_{1}(x)y^{n-1}+\cdots+P_{n-1}(x)y+P_{n}(x)=0 \tag{3}$$ ①

的根. 换言之,代数函数是由形如(3)的方程所规定的函数 y,不管能否用有限次代数运算把该方程中的 y 解出来.

我们可以证明,凡是以显式表示的代数函数(即按前述定义所说的代数函

① 这里方程(3)应是不可分解的,即不能再分解为次数较小的一些因子的乘积.

数),也是这广泛定义下的代数函数. 例如函数(1) 是方程

$$(x^4+2x^2+1)y^2+(2x^2+2)y+(-x+1)=0$$

的一个根. 但有的代数方程却不是用有限次代数运算能得出来的. 所以函数值能用有限次代数运算求得的那些函数,不足以代表广泛定义下的全部代数函数.

不属于代数函数之列的函数叫作超越函数.

超越函数的例子为

$$y=\sin x,y=x\cdot 2^x,y=\arctan\frac{x}{1+x}$$

Ⅲ. 单值函数与多值函数.

如果所考虑的每个宗标值对应着一个确定的函数值,这种函数叫作单值函数;否则就叫作多值函数.

例如

$$y=x^3,y=\sin x,y=\lg x$$

是单值函数,而 $y=\pm\sqrt{x}$ 是多值(双值)函数.

函数的单值性在几何上的表现是:平行于 y 轴的任何直线与该函数的图形(图 3 中的曲线 AB)相交于不多于一点. 但多值函数的图形却与有些平行于 y 轴的直线相交于几点(图 3 中的曲线 CD). 例如以 $y=\pm\sqrt{x}$ 来说,在纵轴右边且平行于纵轴的直线与函数的图形相交于两点;在 x 轴上方的一个交点规定了一个(正的)函数值,在 x 轴下方的另一交点规定了另一(负的)函数值.

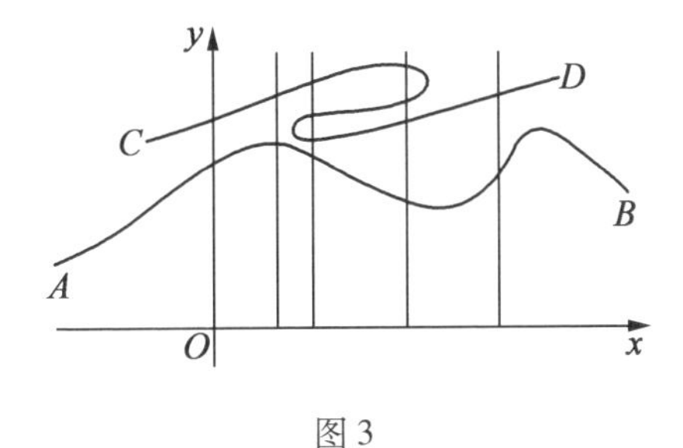

图 3

多值函数可以拆成单值函数,然后就可把一般理论中的结果用到这些单值函数上. 这样拆成的函数叫作多值函数的单值支. 例如可以规定只考虑 $y=\pm\sqrt{x}$ 的正值. 这时显然得到单值函数 $y=\sqrt{x}$,它对于一切正的 x 值都是正的. 它的图形就是抛物线 $y^2=x$ 在 x 轴上方的一支.

以后凡是没有特别说明时,我们所称的函数都是指单值函数.

§3 函数的简略研究

19. 函数的定义域及解析式子的定义域

Ⅰ. 函数的定义域. 在§1里关于函数的定义中,丝毫没有假定自变量需取得一切实数值. 相反,我们可以拿预先选定的任一个数集作为自变量的变动域. 如果这些数中的每一个数按某种规律对应着另一个变量的确定值,那么后一量就成为前一量的函数.

如果宗标的一个已知值(或在一已知点处)按某种规律对应着一个(或多个,当函数为多值时)函数值,那么就说当宗标为该值时(或在该点处),函数是有定义的.

在数轴上,使函数有定义的一切点,叫作函数的定义域. 函数的定义域中每一点对应着函数图形上的一点或几点. 在数轴上,函数无定义的点不对应着图形上的任何点.

在前述函数的定义中,构成函数定义域的那些值叫作自变量的值.

我们已经说过,函数的定义域是任意的,它可以是数轴上任意一些点的总体. 但通常所讨论的函数的定义域,却不外乎下列几种类型之一:

(1)数轴上全部正"整"数点,即 $x=1, x=2, x=3, \cdots$.

(2)数轴上的一段或几段区间.

例如已知圆的内接正多边形的周界 P_n 就是具有第一类定义域的函数,因 P_n 只取决于整数 n——多边形的边数. 这时自变量所取的值是 $n=3,4,5,\cdots$.

自变量的值取自自然数列 $x=1,2,3,\cdots$ 的函数 $y=f(x)$,叫作整标函数.

整标函数所取得的值可以写成数列

$$f(1), f(2), f(3), \cdots$$

一般来说,形如 $u_1, u_2, u_3, \cdots$ 这些数的总体叫作数列,即可以用 $1,2,3,\cdots$ 这一系列的(由小而大排列的)数来作为标码的那些数的总体.

因此整标函数的众多值形成一个数列. 反过来说,每个数列也是一整标函数的全部数值. 因此,若已知数列 $u_1, u_2, u_3, \cdots$,则每一正整数值 n 可以与数值 $f(n)=u_n$ 形成对应关系,例如几何级数中的各项 $\frac{1}{2}, \frac{1}{4}, \frac{1}{8}, \cdots$ 就是 $f(n)=\frac{1}{2^n}$ $(n=1,2,\cdots)$ 的一系列数值.

这时读者应该完全明白,整标函数(或数列)的图形是坐标平面上具有整数横坐标及对应纵坐标的、分开的全部点.

具有第二类定义域的函数,例如

$$\tau=f(t)$$

其中 τ 是一昼夜间所测得的温度,t 是以钟点计算的时间. 这个函数的定义域是区间$[0,24]$.

Ⅱ. 解析式子的定义域. 在数轴上,使所给解析式子具有确定(实)数值的一切点叫作该式的定义域.

例如,$\sqrt{1-x^2}$ 的定义域是闭区间$[-1,1]$,因满足不等式$-1\leqslant x\leqslant 1$ 的每一个 x 值能使这个式子得到确定的数值. 而在区间$[-1,1]$以外的点处,即当$|x|>1$ 时,这个式子就没有实数值.

$\frac{1}{x}$的定义域是数轴上除点 $x=0$ 以外的全部点,而式子在 $x=0$ 处失去意义(因用 0 除是不行的). 因此$\frac{1}{x}$的定义域是两段无限开区间

$$(-\infty,0)及(0,+\infty)$$

$\sqrt{x^2-1}$ 的定义域是两段无限半开区间$(-\infty,-1]$及$[1,+\infty)$(另一种写法是$|x|\geqslant 1$),即把区间$(-1,1)$除外的全部数轴.

$\lg x$ 的定义域是一段无限开区间$(0,+\infty)$(当 $x\leqslant 0$ 时,$\lg x$ 无定义,因实数中没有数等于 0 及负数的对数).

$\frac{2x^2-\lg(x+5)}{\sqrt{8-x^3}}$的定义域是开区间$(-5,2)$. 当 $x\leqslant -5$ 时,式子中的 $\lg(x+5)$ 无定义;当 $x>2$ 时,$\sqrt{8-x^3}$ 无定义;当 $x=2$ 时,又因分母等于 0 而整个分式无定义.

Ⅲ. 若 $y=f(x)$ 是初等函数且表示时无任何附加规定,则总把其所对应的解析式子的定义域作为该函数的定义域.

例如,函数 $y=\sqrt{1-x^2}$ 的定义域是闭区间$[-1,1]$;函数 $y=\frac{1}{x}$的定义域是把点 $x=0$ 除外的全部数轴,其他类推.

读者千万注意不要把函数及其解析式子这两个概念混为一谈. 表示函数时,可以用一个解析式子来表示一段自变量区间上的函数,而在另一段区间上却用完全不同的解析式子来表示. 例如,我们可以把 x 轴的非负半轴上的函数 $y=f(x)$ 定义为

$$f(x)=\begin{cases}2\sqrt{x} & (0\leqslant x\leqslant 1)\\ 1+x & (x>1)\end{cases}$$

当 $x\geqslant 0$ 时,这是个完全确定的函数(图 4),但这个函数在区间$[0,1]$及$(1,+\infty)$上却显示出是两个彼此不相同的解析式子,根据所规定的术语,这个函数

在区间$[0,+\infty)$上是非初等函数.

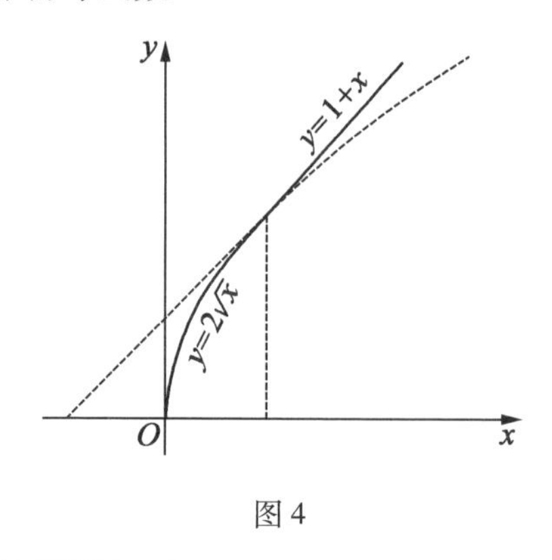

图 4

其他非初等函数的例子如下:

我们把函数 $y=f(x)$ 表示如下:当 x 为异于 0 的一切值时,函数等于 $x\sin\frac{1}{x}$;当 $x=0$ 时,函数等于 0,即

$$f(x)=x\sin\frac{1}{x}\quad(x\neq0)$$

及

$$f(0)=0$$

这时函数在除 $x=0$ 以外的全部 x 轴上是用一个式子来表示的,在 $x=0$ 处函数值要特别规定. 当 $x=0$ 时,$x\sin\frac{1}{x}$无定义(正弦的宗标失去意义),但函数$f(x)$的定义域却是全部 x 轴.

从另一方面来说,我们以后(第十四章)会碰到这种情形:两个不同的(无穷的)解析式子在某一个区间内规定了同一个函数,但在另一区间内却规定了不同的函数.

当实际问题所引出的函数以解析式子表示时,解析式子的定义域常常大于问题所能讨论到的范围. 例如把圆的面积 s 写成其半径 r 的函数时

$$s=\pi r^2$$

表示函数的解析式子是以全部数轴$(-\infty<r<+\infty)$为其定义域的,但若 r 为负值,这个函数就要失去意义,所以所给函数的定义域只是正的半段数轴.

20. 函数性质的要素

我们在引论中已经说过,数学解析的主要任务之一是研究函数. 研究一个已知函数,首先是指把自变量变动时的函数变化过程(或函数的性能)识别出来,并且在研究函数时,总假定自变量是朝增大的方向变化的(如果没有做相反的假定),且当它从小值变到大值时,要通过其一切中间值(即通过函数定义

域内的一切中间值).故若所讲的是整标函数,则宗标依次取数值 1,2,3,…,而若所研究的函数定义在某一区间上的一切点处,则自变量从左到右通过该区间,不会漏掉其中任何一点.

某自变量若取得两个不同值,就一定也会取得其间任一值,叫作连续自变量.

因此在区间上一切点处都有定义的函数,叫作连续宗标的函数,以区别于整标函数.

注意 这里以及其他处做一般讨论时所讲的函数,总假定是单值的.

以后当研究函数的方法增多时,我们就逐渐能更完善地、准确地描述函数的性质.目前我们只有初等数学以及解析几何中的方法,所以只能就下列最简单的几个特点来识别函数的性质:Ⅰ.函数在一已知区间上的正负号.Ⅱ.它是否是偶函数或奇函数.Ⅲ.它的周期性.Ⅳ.在已知区间上的增减性.

Ⅰ.函数在一区间上保持同一正负号(+或-)时,该区间叫作函数的同号区间.

使函数 $f(x)$ 等于 0 的那个 x 值,叫作函数的零值点(或根).显然可知,在正号区间上的函数图形位于 x 轴的上面,在负号区间上的函数图形位于 x 轴的下面,而在零值点处函数图形与 x 轴有公共点(图 5).

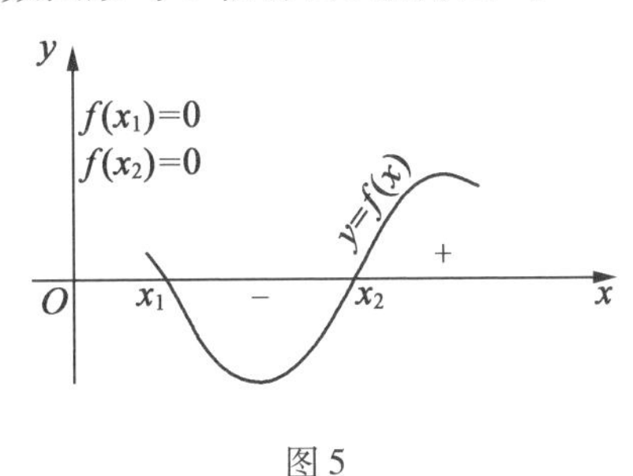

图 5

Ⅱ.对于定义在区间 $(-a,a)$ 上的函数 $y=f(x)$ 来说,若该区间上任一宗标值的正负号改变,而函数值不变

$$f(-x)=f(x)$$

则该函数叫作偶函数.

对于定义在区间 $(-a,a)$ 上的函数 $y=f(x)$ 来说,若该区间上任一宗标值的正负号改变,而函数值仅改变正负号(但绝对值不变)

$$f(-x)=-f(x)$$

则该函数叫作奇函数.

例如 $y=x^2$,$y=\cos x$ 为偶函数;$y=x^3$,$y=\sin x$ 为奇函数.

偶函数的图形关于 y 轴对称;奇函数的图形关于原点对称(读者自己证明,参照图 6).

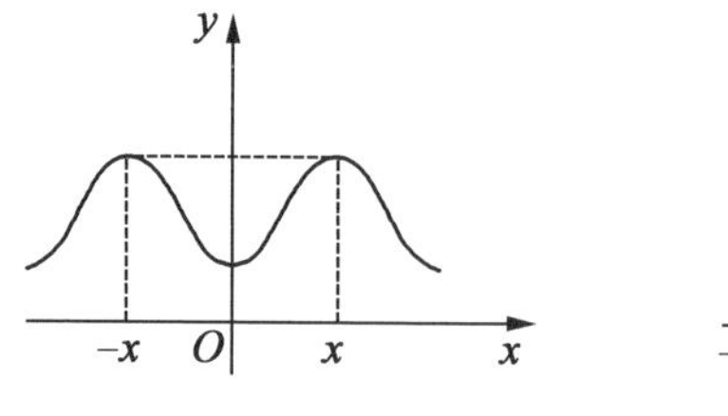

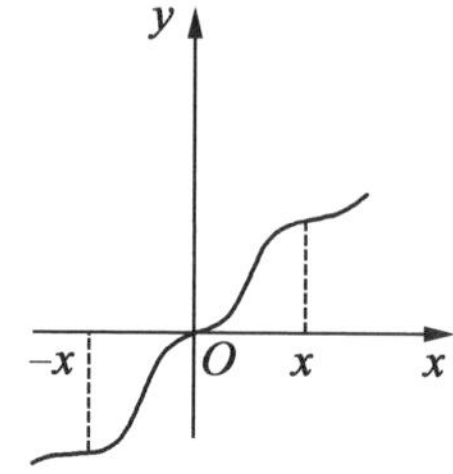

图 6

当然,函数也有既非偶函数又非奇函数的,如 $y=x+1$,$y=2\sin x+3\cos x$,$y=2^x$,等等.

Ⅲ. 对于在一切 x 值处都有定义的函数 $y=f(x)$,若存在一个常数 a,把它跟任一宗标值相加,所得的函数值不变

$$f(x+a)=f(x)$$

则该函数叫作周期函数.

如果上面的等式对于任意 x 值都成立,那么还可以得到等式

$$f(x+2a)=f(x),f(x+3a)=f(x),f(x-a)=f(x),f(x-2a)=f(x)$$

而一般可得

$$f(x+ka)=f(x)$$

其中 x 是任意值,k 是任意整数(正或负).

与任意宗标值相加而使函数值不变的那些常数中最小的一个正数,叫作函数的周期.

函数 $y=\sin x$ 便是周期函数,它的周期是 2π(与任一宗标值相加而使函数值不变的每一个数,都叫作周期).

周期函数的性质,只要在长度等于周期的任一段区间上来考虑就够了,例如只要考虑 $0\leqslant x\leqslant a$ 这一段区间,其中 a 是周期. 在 x 轴其他各点处的函数值,只要把该段区间上的函数值重复一下,就可得到. 周期函数的图形也可以借重复上述那段区间所对应的函数图形而得出(图 7).

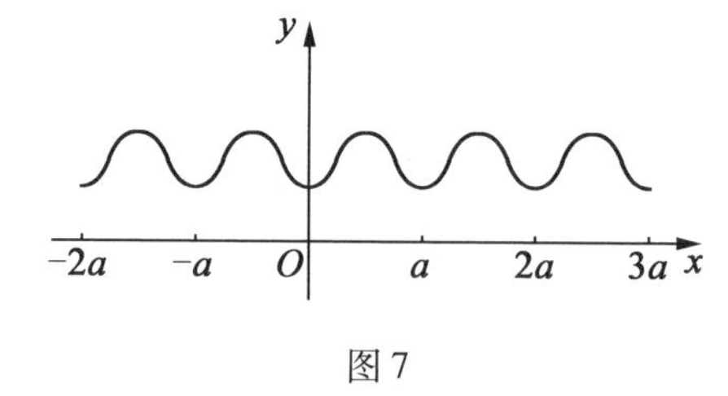

图 7

Ⅳ. 函数性质中的增大与减小是极为重要的一种特点.

若一区间上较大的自变量的值对应着较大的函数值,则该区间上的函数叫作增函数①;若较大的自变量的值对应着较小的函数值,则该函数叫作减函数.

若在区间(a,b)上满足条件$a<x_1<x_2<b$的一切x_1,x_2的值,使不等式$f(x_2)>f(x_1)$成立,则$f(x)$在区间(a,b)上增大;若满足同样条件的一切x_1,x_2的值,使不等式$f(x_2)<f(x_1)$成立,则$f(x)$在区间(a,b)上减小.

若从左向右(对应于宗标x的增大方向)去看函数的图形,则增函数的图形上的点是从下向上升的(图8中的曲线AB);而减函数的图形上的点却是从上向下降的(图8中的曲线CD).

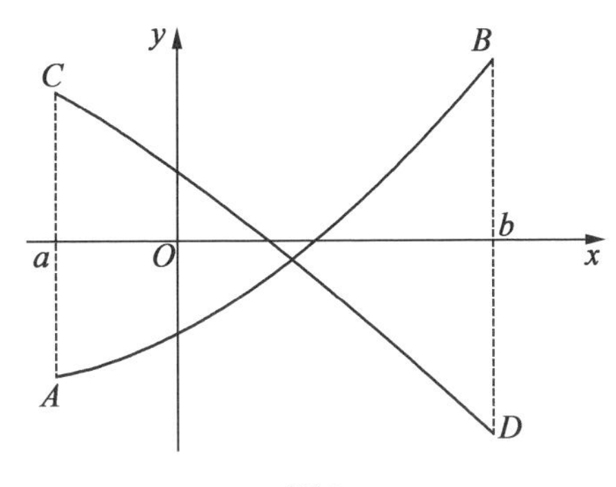

图8

函数增大的那个区间,叫作函数的增区间,函数减小的那个区间,叫作函数的减区间. 函数只是增大或只是减小的区间(即增区间或减区间),叫作函数的单调区间,而在单调区间上的函数叫作单调函数.

某区间上的函数值中,大于或小于其他各处函数值的那个值,分别叫作函数在该区间上的最大值或最小值.

对于所讨论的函数,研究了上面指出的这四个特性之后,我们对它的性质就相当明白了.

如果所研究的是初等函数,并在表示时无任何其他附加条件,那么研究该函数时的第一步工作就是找出它的定义域(即求出其解析式子的定义域).

21. 从图形上来研究函数

当函数图形为已知时,它的性质可以从图形上直接看出来. 我们可以根据图形定出函数的单调区间、同号区间及函数的零值点,同时也可以看出它是否是偶函数或奇函数,或两者都不是,也可看出它有无周期性.

然而,答案的准确性被图形及度量的精确度所限制.

例如,图9中函数$y=f(x)$的图形告诉我们:函数$f(x)$在点x_0,x_2,x_4处等于

---

① 我们说到变量的变动情形(增大或减小)时,是指代数值的变动. 如果讲变量绝对值的变动情形,那么我们会特别声明.

0,即

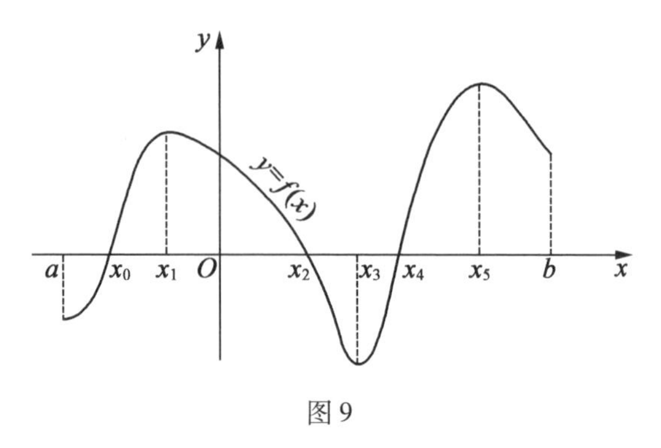

图 9

$$f(x_0)=0, f(x_2)=0, f(x_4)=0$$

它在区间(a,x_0)及(x_2,x_4)上是负的,但在区间(x_0,x_2)及(x_4,b)上是正的. 它在区间(a,x_1)及(x_3,x_5)上增大,但在区间(x_1,x_3)及(x_5,b)上减小. 最后,它在点x_5处取得全部区间(a,b)上的最大值,在点x_3处取得最小值.

不过,应该注意,就解析式子表示的函数来说,最好不从图形上去看它的特性,而是先用解析法确定它的特性,然后再根据这些特性作出函数的图形. 为此目的就得用各种数学解析法,而主要的是用微分法(第四章).

不过我们也可以根据曲线(它代表函数)的已知几何性质(即应用解析几何中的知识),或者用逐点描迹法,作出函数的图形. 施行逐点描迹法时,可取自变量的值的某n个值$x_1,x_2,\cdots,x_n$,算出它们的对应函数值$f(x_1),f(x_2),\cdots,f(x_n)$,于是得出函数图形上的$n$个点

$$M_1(x_1,f(x_1)), M_2(x_2,f(x_2)),\cdots,M_n(x_n,f(x_n))$$

然后把这些点连成一条曲线,即得函数图形的近似形状. 一般来说,n越大,即坐标平面上所作点M的个数越多,则图形越加准确.

当我们在坐标轴上采取任意的尺标而作出函数$y=f(x)$的图形时,函数$y=a_1f(a_2x)$的图形就不难作出,其中a_1及a_2是任意的实常数(自然不等于0). 为此,只要在坐标上引用新的尺标,使其与原尺标的关系符合公式$x'=a_2x$及$y'=\frac{1}{a_1}y$(当a_1或a_2为负数时,还需要分别把纵轴或横轴的方向改变). 这样用新尺标作出的函数$y'=f(x')$的图形,对原尺标来说,就是函数$y=a_1f(a_2x)$的图形. 像这种坐标变换法叫作尺标变换. 如果做了这种变换之后,再把坐标系平移,那么还可以作出函数

$$y=a_1f(a_2x+a_3)+a_4$$

的图形,其中a_1,a_2,a_3,a_4是任意的实常数.

所以,如果在坐标的任意尺标下,知道了函数$y=f(x)$的作图法,那么就不

难作出如同 $y=2f(2x+1)$ 这种函数的图形. 取$y'=\frac{1}{2}y$(表示纵轴上的尺标要增大到原有的两倍),$x'=2x$(表示横轴上的尺标缩小到原有的一半),然后取 $x''=x'+1$(表示把坐标系沿横轴向左平移新尺标的一个单位长度),即得 $y'=f(x'')$. 然后只要按新坐标系 $x''O'y'$ 画出函数 $y'=f(x'')$ 的图形,而这个图形对原有的坐标系 xOy 来说就是函数 $y=2f(2x+1)$ 的所求图形(图 10).

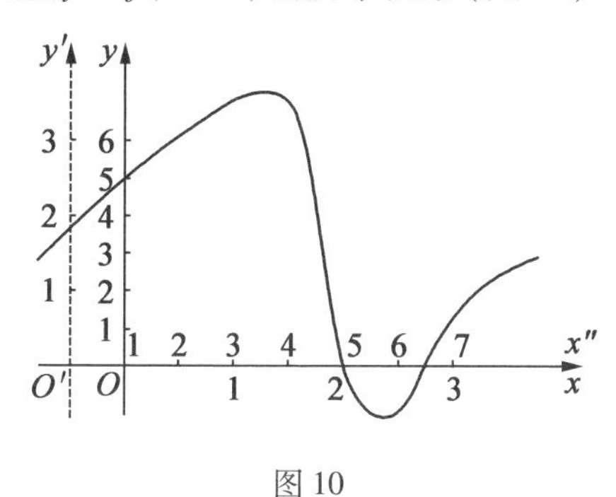

图 10

已知函数 $y=f_1(x)$,$y=f_2(x)$,$\cdots$,$y=f_n(x)$ 的图形,就可画出函数 $f_1(x)$,$f_2(x)$,$\cdots$,$f_n(x)$ 的线性组合

$$y=a_1f_1(x)+a_2f_2(x)+\cdots+a_nf_n(x)$$

的函数图形,其中 $a_1,a_2,\cdots,a_n$ 是常系数. 为此,只要把 $f_1(x)$,$f_2(x)$,$\cdots$,$f_n(x)$ 的每个函数图形上的纵坐标分别乘以常数 $a_1,a_2,a_3,\cdots,a_n$,然后把所得各纵坐标相加,就得所作图形.

因此,若已知几个函数的图形,就能研究这些函数的线性组合的图形.

§4　一些最简单的函数

22. 成正比的依从关系及线性函数

用公式

$$y=ax$$

表示的依从关系,叫作成正比的依从关系,其中 a 是常数. 这种依从关系的特性是当其中一个变量变化时,另一个变量也按同一比例而变化. 换言之,若 x_1 及 y_1,x_2 及 y_2 是两对对应值,且 $x_2=kx_1$,则可得 $y_2=ky_1$. 因为 $y_1=ax_1$,$y_2=ax_2$,而 $x_2=kx_1$,所以,$y_2=akx_1=kax_1$,即 $y_2=ky_1$.

这个性质用文字表达为:变量 y 与变量 x 成正比,常系数 a 叫作比例系数.

成正比的依从关系是线性依从关系的特殊情形. 线性依从关系是由线性函

数建立的.

凡是用公式

$$y=ax+b$$

表示的依从关系都叫作线性依从关系，其中 a 及 b 是常数，而函数 $y=ax+b$ 叫作线性函数.

当 $b=0$ 时，就可由此得出成正比的依从关系①.

线性函数是定义在全部 x 轴上的. 从解析几何学可知它的图形是直线. 常系数 a 等于直线的角系数（即直线与 x 轴所成角的正切），b 等于直线与 y 轴交点的纵坐标（即直线上 $x=0$ 那一点的纵坐标）. 当 $b=0$ 时，线性函数的图形是通过原点的直线.

根据线性函数的几何意义可知，当 a 为正数时，该函数对全部 x 轴来说是个增函数；当 a 为负数时，是个减函数.

线性函数的这个特性也可用解析法表示出来.

我们先引入一个简单而重要的概念，这些都是以后常要用到的.

变量 u 从 u_1（初始值）变到 u_2（终值）所做的变动，叫作该变量 u 的增量，并记为 Δu：$\Delta u=u_2-u_1$.

增量 Δu 可以为正或为负，在前一种情形下，变量从 u_1 变到 u_2（$=u_1+\Delta u$）时是增大的，在后一种情形下，是减小的. 我们要着重指出，Δu 并不表示某个量 Δ 与变量的乘积，而是一个不可分的记号，它表示变量变动后的值与其初始值间的差.

当自变量 x 得到一个增量时，它的函数 $y=f(x)$ 也得到一个增量

$$\Delta y=f(x+\Delta x)-f(x)$$

在函数图形里，函数增量用其对应纵坐标的一条线段来表示，并且要按照横坐标自始位变到终位时纵坐标的增减去决定该线段所取的正负号（图 11）.

一般来说，函数增量要取决于宗标 x 的初始值及宗标所得增量 Δx.

现在我们来证明线性函数的下列重要性质：

线性函数的增量与其宗标的增量成正比，且不取决于宗标的初始值.

设宗标自 x 值变到 $x+\Delta x$ 值时得到增量 Δx，则函数自 y 值变到 $y+\Delta y$ 值时得到增量 Δy. 这时

$$y=ax+b$$

$$y+\Delta y=a(x+\Delta x)+b$$

从第二个等式减去第一个等式得

$$\Delta y=a\Delta x$$

---

① 读者不难证明：若 $b\neq 0$，则 y 就不会与 x 成正比.

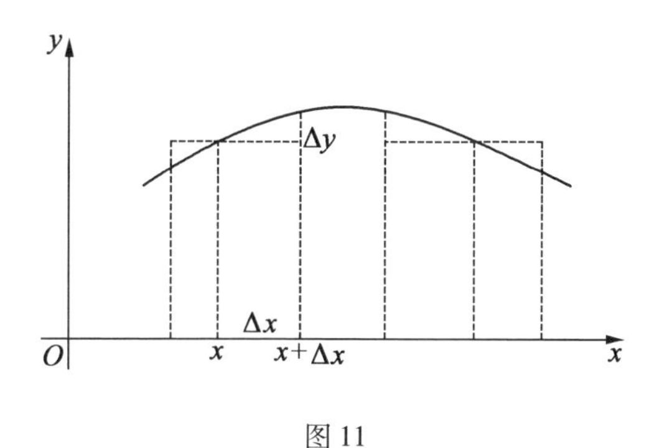

图 11

这就是所要证明的.

从几何方面来考虑也容易看出这个关系,从图 12 可见 Δy 及 Δx 是 $\mathrm{Rt}\triangle ABC$的两边长,其中 $\tan\alpha=a$,这就表示

$$\Delta y=\tan\alpha\cdot\Delta x=a\Delta x$$

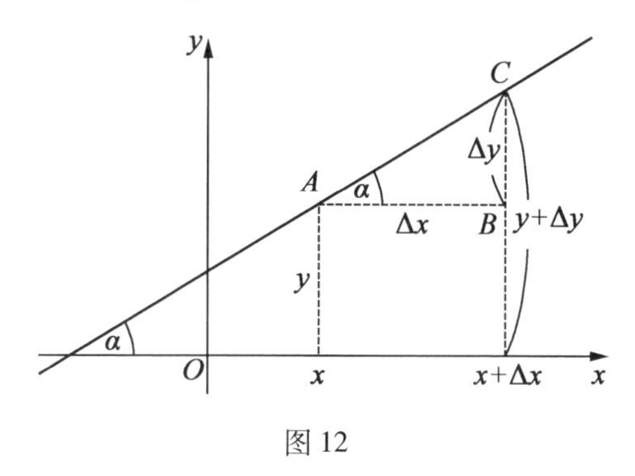

图 12

用上述性质可以完全识别线性函数. 换句话说,除了线性函数,再也没有其他任何函数具有这种性质. 因此我们得逆定理:

若函数的增量正比于其宗标的增量而不取决于宗标的初始值,则该函数为线性函数.

证明时,可假定某一函数 $y=f(x)$ 的增量 Δy 总是(对于任何 x 值都一样)正比于自变量的增量 Δx,即

$$\Delta y=a\Delta x$$

其中 a 是一个常数. 然后我们来证明 $f(x)$ 是线性函数. 设 $x=0$ 时,$y=b$,即 $f(0)=b$. 现在令宗标取一任意的新数值 x. 于是 $f(x)$ 得到一个新值 y,这时宗标的增量是$\Delta x=x-0=x$,函数的增量是 $\Delta y=y-b$,故根据所设条件应有 $y-b=ax$,由此可知当 x 为任意值时

$$y=ax+b$$

这就是所要证明的.

以一个非线性函数 $y=x^2$ 来说，首先，设宗标第一次的初始值是 $x=4$，且令 $\Delta x=2$，则

$$\Delta y=(x+\Delta x)^2-x^2=6^2-4^2=20$$

其次，取 $x=5$ 作为宗标的初始值，并仍令 $\Delta x=2$，于是

$$\Delta y=7^2-5^2=24$$

这两种情形下宗标的增量相同，但得不到相同的函数增量. 所以函数 $y=x^2$ 的增量不仅取决于宗标的增量，而且还取决于宗标的初始值. 一般来说，函数增量与宗标增量的依从关系基本上都非常复杂. 研究这种依从关系是解析的一个重要任务，我们在下一章里就要讲到它. 线性函数在这方面是个突出的例子，它的增量只取决于宗标的增量，并且与后者成正比. 这种情况使线性函数显得特别简单.

现在利用 $\Delta y=a\Delta x$ 这个关系，以便从解析方面来研究线性函数. 假定 $\Delta x>0$，于是 Δy 与 a 同号. 故当 $a>0$ 时，$\Delta y>0$，即 y 是增函数；当 $a<0$ 时，$\Delta y<0$，即 y 是减函数. 我们就得到了以前考虑函数图形时所得到过的推论.

一切均匀变化都可用线性函数来描述. 在两个变量 x 及 y 的变化过程中，当变量 x 的两个任意的相等增量(变化)对应着另一个变量 y 的两个相等的增量(变化)时，这种变化过程叫作均匀变化. 这时，可以证明等式 $\Delta y=a\Delta x$，其中 a 是常数①. 由此可知 y 是 x 的线性函数，例如在任意等长时间 t 内走过等长路程 s 的运动是均匀的，这时 $\Delta s=v\Delta t$，其中 v 是运动速度，由此根据线性函数的性质可得

$$s=vt+s_0$$

其中 s_0 是在 $t=0$ 那一瞬时之前已经走过的路程. 这就是匀速运动方程.

均匀变化是最简单的，同时又是最重要的一种变化.

23. 线性插值法

用上述线性函数的特性，甚至在未得到这个函数的实际表达式时，我们也能够从两个宗标值及其对应函数值直接算出每个宗标值所对应的函数值. 例如，已知当 $x=3$ 时，$y=11$；当 $x=7$ 时，$y=5$，要找出 $x=9$ 时的线性函数值，我们可按下面的方法考虑：当 x 从 3 变到 7 及其对应的 y 从 11 变到 5 时，两者的增量是

$$\Delta x=7-3=4 \text{ 及 } \Delta y=5-11=-6$$

若宗标 x 从 3 变到 9，而函数从 11 变到一个未知值 y，则增量应是

$$\Delta x=6 \text{ 及 } \Delta y=y-11$$

---

① 严格来说，要使这句话成立，还必须假定变化是连续的，也就是说所求的函数关系必须具有连续性. 连续函数问题将在本书第二章 §3 中讲到.

因为就线性函数来说,函数增量与宗标增量成正比,所以应有$-\frac{6}{4}=\frac{\Delta y}{6}$,由此得$\Delta y=-9$,所以对应于$x=9$的$y$值是

$$y=11+\Delta y=11-9=2$$

如果不是线性函数,那么上面的算法当然不会得到准确的结果. 但若有理由假定所产生的误差是微不足道的,则这种算法还是可用的,读者在中学课程里面就已经用过上述方法,叫作线性插值法. 例如,要从五位对数表中找出一个五位数的对数 lg 4. 077 3 时,首先从表中找出

$$\lg 4.077\approx 0.610\ 34 \text{ 及 } \lg 4.078\approx 0.610\ 45$$

这样,我们列出来两个宗标值(4. 077 及 4. 078)所对应的函数(对数)值,而要找出介于其间的宗标值(4. 0773)所对应的函数值. 这个问题可以用线性插值法来近似地解决. 假定在所讨论的区间(自 4. 077 到 4. 078)上,对数值的增量正比于宗标值的增量,也就是说,假定在该区间上对数的性质如同线性函数一样(这种假定是不正确的,但由此产生的误差很小,我们证明过它小于 0. 000 005). 然后,我们就可以按照前面所讲的方法来说,当宗标值改变 0. 001 (自4. 077 变到 4. 078)时,它的对数值改变 0. 000 11(自 0. 610 34 变到 0. 610 45). 若宗标值改变0. 000 3(自 4. 077 变到 4. 077 3),则对数值改变一个未知量δ. 假定函数所改变的(即增量)正比于宗标所改变的(即增量),则可得比例式

$$\frac{0.000\ 11}{0.001}=\frac{\delta}{0.000\ 3}$$

由此得$\delta=0.000\ 033\approx 0.000\ 03$. 这样,便求得 lg 4. 077 3 的值

$$\lg 4.077\ 3\approx \lg 4.077+\delta\approx 0.610\ 37$$

从图形可以明显地看出线性插值法是怎么一回事. 设已知$x=x_1$时,$y=y_1$,及$x=x_2$时,$y=y_2$,即

$$y_1=f(x_1) \text{ 及 } y_2=f(x_2)$$

所要求的是当x等于一个中间值$x=x_3(x_1<x_3<x_2)$时,函数$y=f(x)$的值.

在函数图形上取点$M_1(x_1,y_1)$及$M_2(x_2,y_2)$(图 13),如果已知函数$y=f(x)$的图形,那么点M_3的纵坐标N_3M_3就表示所要求的函数值. 但是我们不知道函数在所论区间上究竟如何,就只好用线性插值法,假定函数增量与宗标增量近乎成正比.

从这个假定出发,便得

$$\frac{y_2-y_1}{x_2-x_1}=\frac{\delta}{x_3-x_1}$$

其中$\delta=y_3-y_1$表示宗标从$x=x_1$变到$x=x_3$时函数所得的增量. 从比例式定出δ之后,就容易算出所要求的函数值

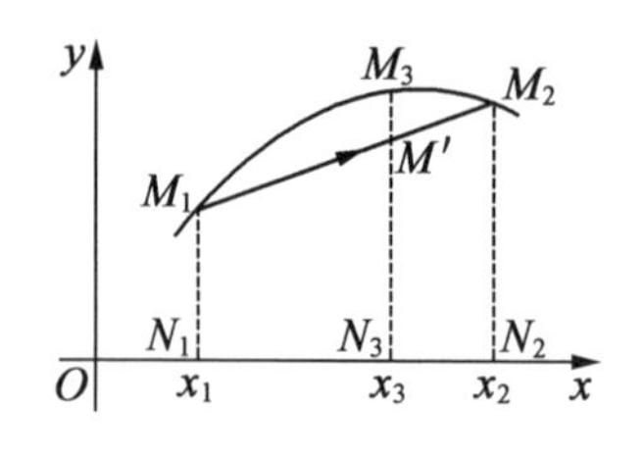

图 13

$$y_0=y_1+\delta=y_1+\frac{x_3-x_1}{x_2-x_1}(y_2-y_1)$$

但是,既假定函数增量与宗标增量成正比,又假定函数在 x_1 到 x_2 的区间上是作线性变化的,即已假定函数在点 M_1 及 M_2 之间的图形是线段 $M_1M'M_2$(图 13).这时,线段 N_3M' 就表示按照上面的方法所求得的函数值,而唯有当函数图形在所论区间上的弧线 $M_1M_3M_2$ 与弦 M_1M_2 位置越接近时,按照上面的方法求得的值才会与函数值相差越小.所以从几何上讲,线性插值法的意义就是把函数图形上的某一段弧换成它的弦.唯有已知在插值区间上函数图形的弧段与其弦相差极小时,施用线性插值法才有意义.

24. 二次函数

二次多项式

$$y=ax^2+bx+c$$

叫作二次函数,其中 a,b,c 是常系数.二次函数是定义在全部数轴上的.从解析几何知道,二次函数的图形是抛物线,其轴平行于纵轴.

在 $b=c=0$ 的最简单情形下,二次函数的形式是 $y=ax^2$,它的图形是抛物线,顶点在原点处,且其轴是沿纵轴方向的.当 $a>0$ 时,抛物线的轴与 y 轴的正半轴重合,当 $a<0$ 时,则与 y 轴的负半轴重合.在一般情形下,函数

$$y=ax^2+bx+c$$

的图形是抛物线,它的轴平行于 y 轴,顶点在 $\left(-\frac{b}{2a},-\frac{b^2-4ac}{4a}\right)$ 处,参数等于 $\frac{1}{2a}$.抛物线的"凹向"朝上或朝下,要看 $a>0$ 或 $a<0$ 而决定(图 14).

事实上,可设 $x=x'+\alpha,y=y'+\beta$,即把坐标系平行移动,使原点移到点 $O'(\alpha,\beta)$ 处,而其中的坐标 α 及 β 暂时还没有确定.这时在新坐标系中可得

$$\begin{aligned}y'+\beta&=a(x'+\alpha)^2+b(x'+\alpha)+c\\&=ax'^2+(2a\alpha+b)x'+(a\alpha^2+b\alpha+c)\end{aligned}$$

取 α 及 β 使其满足条件

$$2a\alpha+b=0$$

及

$$a\alpha^2+b\alpha+c=\beta$$

从这两个方程可得

$$\alpha=-\frac{b}{2a},\beta=a\left(-\frac{b}{2a}\right)^{2}+b\left(-\frac{b}{2a}\right)+c=-\frac{b^{2}-4ac}{4a}$$

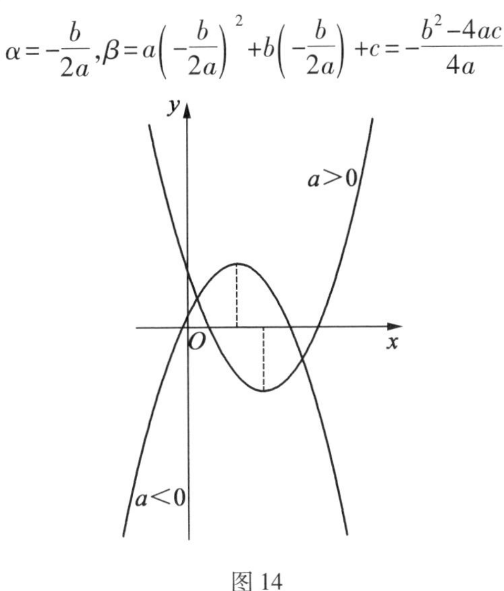

图 14

在以点 $O'\left(-\frac{b}{2a},-\frac{b^{2}-4ac}{4a}\right)$ 为原点的新坐标系中,可得

$$y'=ax'^{2}$$

这就是前面所讲过的抛物线方程,也就是所要证明的.

二次函数的性质比线性函数的性质要复杂一些. 在讲线性函数时,线性函数在全部轴上是单调的,但二次函数的增减性却要变更一次. 它或者是先减后增,或者是先增后减. 具体地说,若 $a>0$,则二次函数在区间 $\left(-\infty,-\frac{b}{2a}\right)$ 上是减小的,在 $x=-\frac{b}{2a}$ 处取得它的最小值 $y=-\frac{b^{2}-4ac}{4a}$,然后在区间 $\left(-\frac{b}{2a},+\infty\right)$ 上是增大的. 这时,函数在任何地方都取不到它的最大值,不管指定一个多么大的数,总可以找到这样的一个点 x,使其所对应的 y 值比指定的那个数还要大. 反过来说,在 $a<0$ 时,二次函数在区间 $\left(-\infty,-\frac{b}{2a}\right)$ 上是增大的,在 $x=-\frac{b}{2a}$ 处取得它的最大值 $y=-\frac{b^{2}-4ac}{4a}$,然后在区间 $\left(-\frac{b}{2a},+\infty\right)$ 上变为减小的,这时函数在任何地方都取不到它的最小值.

例如二次函数 $y=x^{2}-5x+4$,$a=1>0$,所以函数具有最小值. 要求最小值,不需要作函数图形,上面所导出的公式告诉我们:函数在 $x=-\frac{b}{2a}=2.5$ 处取得最小值 $y=-\frac{b^{2}-4ac}{4a}=-2.25$.

读者应注意,求二次函数的最大值或最小值时,可以不用现成公式$\left(y=-\frac{b^2-4ac}{4a}\right)$,而把 $x=-\frac{b}{2a}$代到函数式子里面去.

求函数的最大值与最小值常会在各种问题中遇到. 下面我们来看两个例子:

例 1 从周长为已知值 P 的所有矩形中,求面积最大的矩形.

解 用 x 表示矩形的一边长,即得另一边长等于$\frac{P}{2}-x$. 所以矩形面积 s 等于

$$s=x\left(\frac{P}{2}-x\right)=\frac{P}{2}x-x^2$$

即 s 是 x 的二次函数. 因 $a=-1<0$,故函数具有最大值,该值是在 $x=-\frac{b}{2a}=\frac{P}{4}$处取得的,且等于

$$\frac{P}{2}\cdot\frac{P}{4}-\left(\frac{P}{4}\right)^2=\frac{P^2}{16}$$

但周长为 P,而一边长为$\frac{P}{4}$的矩形是正方形. 所以我们证明了,周长为定长的所有矩形中,以正方形的面积为最大.

例 2 设有一高射炮置于海平面以上,高度为 $h_0=200$ m,炮弹自炮口竖直上射且离开炮身时的速度为 $v_0=500$ m/s,若不计空气阻力,问几秒钟后炮弹达最大高度? 并求出高度是多少.

解 若不计空气阻力,则炮弹的运动可以看作具有加速度$-g$ 的匀减速运动,于是在 t 时的炮弹高度 h 为

$$h=h_0+v_0t-\frac{g}{2}t^2$$

因此,h 是 t 的二次函数,其中 $a=-\frac{g}{2}<0$. 函数 h 取得最大值(即炮弹上升的最大高度)的时间为

$$t=-\frac{b}{2a}=\frac{v_0}{g}=\frac{500}{9.8}\approx 51\ \text{s}$$

所以炮弹在射出后 51 s 达最大高度 $h=H$,则

$$H=200+500\times 51-\frac{9.8}{2}\times 51^2=12\,955.1\ \text{m}\approx 13\ \text{km}$$

但由于空气阻力,炮弹所达的实际高度比这要小得多.

25. 三次函数

三次多项式

$$y=ax^3+bx^2+cx+d$$

叫作三次函数,其中 a,b,c,d 是常系数. 三次函数是定义在全部实数轴上的. 三次函数的图形叫作三次抛物线或立方抛物线.

在 $b=c=d=0$ 的最简单情形下,三次函数的形式是

$$y=ax^3$$

函数 $y=ax^3$ 的图形依照系数 a 的符号不同而具有两种不同的情形(图 15). 若 a 为正数,则函数在全部数轴上是增大的;若 a 为负数,则函数是减小的. 所以不管系数 a 的符号如何,函数 $y=ax^3$ 是单调函数.

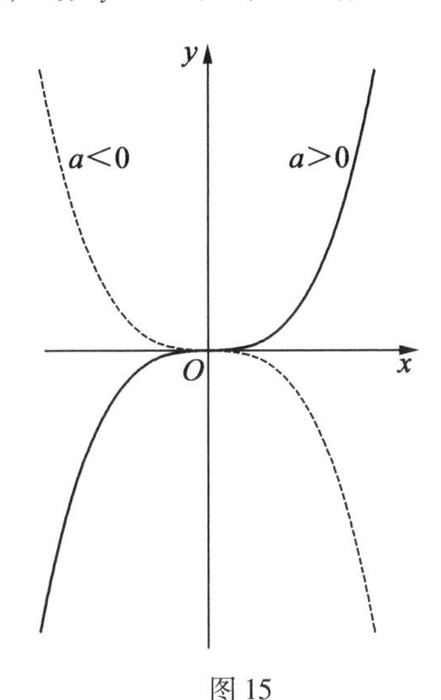

图 15

现在我们来考虑三次函数的另一特殊情形,即当 $b=d=0$ 时

$$y=ax^3+cx$$

作这个函数的图形时,只要把三次抛物线 $y=ax^3$ 及直线 $y=cx$ 两者的纵坐标用几何方法相加就可以了. 这时应分两种情形,即 a 与 c 的符号相同与相异的两种情形. 在前一种情形,三次抛物线 $y=ax^3$ 及直线 $y=cx$ 具有同号的对应纵坐标,所以纵坐标是按绝对值相加的,因而当 a 及 c 为正数时,函数 $y=ax^2+cx$ 在全部数轴上是增大的;当 a 及 c 为负数时,函数是减小的. 在后一种情形,三次抛物线 $y=ax^3$ 及直线 $y=cx$ 的对应纵坐标是异号的,所以其和的绝对值等于其绝对值的差,从图 16 中可以看出,当 $a>0,c<0$ 时,三次抛物线 $y=ax^3+cx$ 自最左边一直到某一负数点 x_1 处为止是增大的,然后直到正数点 x_2(而 $x_1=-x_2$)处为止是减小的,而最后又变为增大的;当 $a<0,c>0$ 时,情形却相反(图 17),函数先减小,然后增大,最后又减小.

现在要说明,一般三次函数 $y=ax^3+bx^2+cx+d$ 的研究及作图可借助坐标系的平移,化为特殊类型三次函数 $y=ax^3+cx$ 的研究与作图. 为此,可令

$$x=x'+\alpha, y=y'+\beta$$

即把坐标系平移,使其原点移到点 $O'(\alpha,\beta)$ 处,而坐标 α 及 β 则暂时还没有确定. 在新坐标系内可得

$$y'+\beta=ax'^3+(3a\alpha+b)x'^2+(3a\alpha^2+2b\alpha+c)x'+a\alpha^3+b\alpha^2+c\alpha+d$$

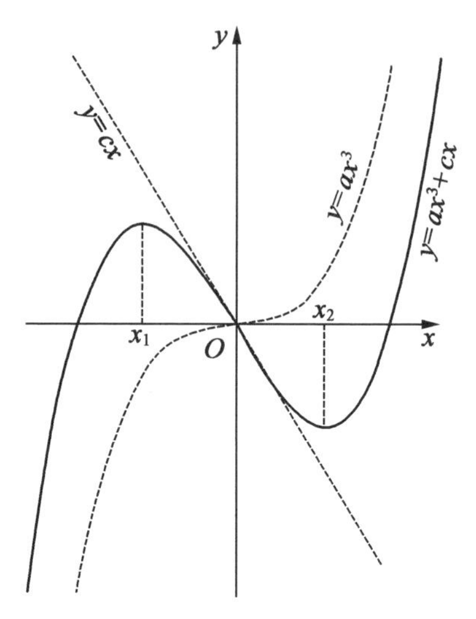

图 16

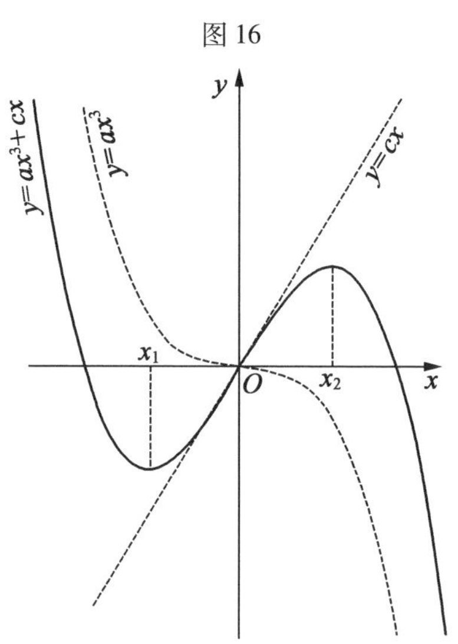

图 17

现在选取 α 及 β,使 x'^2 的系数等于 0 且最后四项之和等于 β,即

$$3a\alpha+b=0, a\alpha^3+b\alpha^2+c\alpha+d=\beta$$

解出这两个方程,求得

$$\alpha=-\frac{b}{3a}$$

$$\beta=\frac{b}{27a^2}(2b^2-9ac)+d$$

当新原点 O' 具有这些坐标时，曲线方程在坐标系 $x'O'y'$ 中的形式为

$$y'=ax'^3+c_1x'$$

其中

$$c_1=3a\alpha^2+2b\alpha+c=c-\frac{b^2}{3a}$$

以上就是所要说明的.

所以，要作一任意三次函数的图形，只需按照上面的做法变换坐标系，再用比较简单的三次函数 $y=ax^3+cx$ 来作图形.

如图 18 所示是三次函数 $y=x^3-2x^2-x+2$ 的图形. 这时

$$\alpha=-\frac{b}{3a}=\frac{2}{3}$$

$$\beta=\frac{b}{27a^2}(2b^2-9ac)+d=\frac{20}{27}$$

$$c_1=c-\frac{b^2}{3a}=-\frac{7}{3}$$

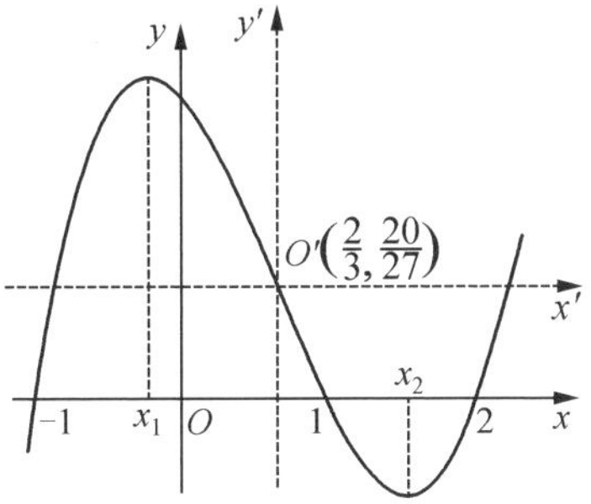

图 18

故若把坐标原点移到点 $\left(\frac{2}{3},\frac{20}{27}\right)$ 处，并保持坐标轴的方向不变，则图形的方程对新坐标系来说为

$$y'=x'^3-\frac{7}{3}x'$$

这样，我们只要在坐标系 $x'O'y'$ 内作一曲线，使其每个纵坐标等于三次抛物线 $y'=x'^3$ 及直线 $y'=\frac{7}{3}x'$ 的对应纵坐标的和，便得所给三次函数的图形.

如果图形画得足够准确，那么可得出曲线与 x 轴交点的横坐标为 $-1,1,2$. 这些交点的横坐标是方程 $x^3-2x^2-x+2=0$ 的根. 同样，我们可以从图形定出函数由增变为减的点 x_1 及由减变为增的点 x_2，求得的近似结果是 $x_1\approx-0.22$，

$x_2 \approx 1.55$. 所以函数在区间$(-\infty, -0.22)$上是增大的,在区间$(-0.22, 1.55)$上是减小的,在区间$(1.55, +\infty)$上为增大的.

要借上述研究一次、二次及三次函数时所用的初等方法去研究四次及以上的多项式,是件复杂而又困难的事,但用解析法便容易解决这些问题.

26. 成反比的依从关系及线性分式函数

由公式

$$y=\frac{a}{x}$$

来规定的依从关系叫作成反比的依从关系,其中 a 是常数.

这种依从关系的鉴别特性是,其中一个变量变化时,另一变量按反比变化. 换言之,若 x_1, y_1 及 x_2, y_2 是 x, y 的两对对应值,且 $x_2=kx_1$,则 $y_2=\frac{y_1}{k}$. 因按公式可得 $y_1=\frac{a}{x_1}$, $y_2=\frac{a}{x_2}$,若 $x_2=kx_1$,则 $y_2=\frac{a}{kx_1}=\frac{\frac{a}{x_1}}{k}=\frac{y_1}{k}$.

这个特性可用文字表达为:变量 y 与变量 x 成反比. 常系数 a 叫作反比例系数.

表示反比依从关系的公式也可以写成 $xy=a$,这时,宗标及函数在式子里面是完全对应的. 故若 y 与 x 成反比,则 x 也与 y 成反比,且反比例系数都是 a.

解析几何中已证明过方程 $xy=a$ 是等轴双曲线的方程,它的渐近线是坐标轴,它的轴长是 $2\sqrt{2|a|}$. 所以反比依从关系 $y=\frac{a}{x}$ 的图形是上述等轴双曲线. 若 $a>0$,则此双曲线位于第一及第三象限;若 $a<0$,则位于第二及第四象限(图 19).

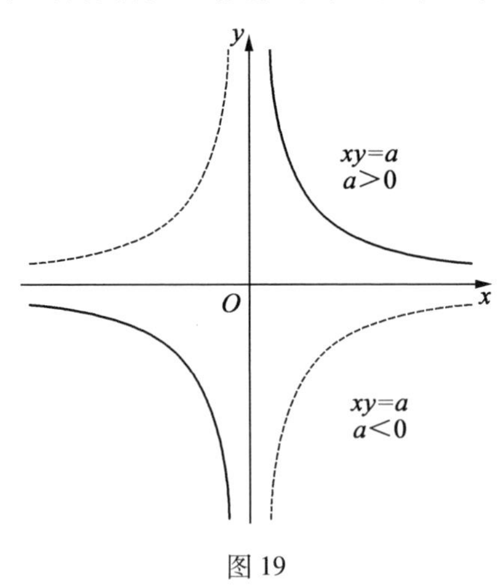

图 19

函数 $y=\frac{a}{x}$ 是定义在除点 $x=0$ 以外的全部 x 轴上的，由函数表达式

$$y=\frac{a}{x}$$

可知，当 $|x|$ 越小时，$|y|$ 越大，反之，当 $|x|$ 越大时，$|y|$ 就越小. 对绝对值小于 $\frac{|a|}{N}$ 的一切 x，我们总可得 $|y|>N$，其中 N 可以取任意大的数，x 可以取足够小的数.

若 $a>0$，在第三象限内，当图形上的点自左向右无限接近于纵轴时，该部分上的点就无限下降；在第一象限内，当图形上的点自右向左无限接近于纵轴时，该部分上的点就无限上升.

反比依从关系是分式线性函数的一种特殊情形，而分式线性函数就是具有下列形式

$$y=\frac{ax+b}{cx+d} \tag{1}$$

的函数，其中 a,b,c,d 是常数. 当 $a=0,d=0$ 时，便得反比依从关系.

分式线性函数(1)是定义在除点 $x=-\frac{d}{c}$ 以外的全部 x 轴上的. 因为当 $x=-\frac{d}{c}$ 时，分母为 0，所以在点 $x=-\frac{d}{c}$ 处函数无定义.

当 $c=0$ 时，分式线性函数变为线性函数 $y=\frac{a}{d}x+\frac{b}{d}$. 所以在分式线性函数中，应假定 $c\neq 0$. 此外，还要假定 $bc-ad\neq 0$，否则函数要化为常数. 若令 $ad=bc$，以 m 表示 $\frac{a}{c}$，则得 $a=cm$，$b=\frac{ad}{c}=dm$，于是，在 $cx+d\neq 0$ 时

$$y=\frac{ax+b}{cx+d}=\frac{cmx+dm}{cx+d}=m\ \frac{cx+d}{cx+d}=m$$

由此可知，当 $bc-ad=0$ 时，分式线性函数在全部 x 轴上确实是与常数 m 相合，不过应当除去其中使函数无定义的点 $x=-\frac{d}{c}$.

现在用坐标系平移法来证明分式线性函数的图形是等轴双曲线，且其渐近线平行于坐标轴.

设 $x=x'+\alpha$，$y=y'+\beta$，其中 α,β 为暂时未确定的新原点 O 的坐标. 于是

$$y'+\beta=\frac{ax'+a\alpha+b}{cx'+c\alpha+d}$$

取 α，使其满足 $c\alpha+d=0$，由此得 $\alpha=-\frac{d}{c}$. 这时

$$y'+\beta=\frac{a}{c}+\frac{b-\frac{ad}{c}}{cx'}$$

然后再取 $\beta=\frac{a}{c}$，就得

$$y'=\frac{b-\frac{ad}{c}}{cx'}=\frac{bc-ad}{c^2x'}$$

因此，若平移坐标系，把新原点移到点 $O'\left(-\frac{d}{c},\frac{a}{c}\right)$ 处，则在坐标系 $x'O'y'$ 内，分式线性函数的方程为

$$y'=\frac{a'}{x'},a'=\frac{bc-ad}{c^2}$$

（注意，根据假设 $bc-ad\neq 0$，所以 $a'\neq 0$）. 上式就是等轴双曲线的方程，其渐近线为新坐标轴，即直线

$$x=-\frac{d}{c},y=\frac{a}{c}$$

所以，作分式线性函数的图形时，应当过点 $\left(-\frac{d}{c},\frac{a}{c}\right)$ 作平行于坐标轴的直线，再以这两条直线为渐近线作轴长为 $2\sqrt{2|a'|}$ 的等轴双曲线. 至于双曲线的位置在两条直线的两个对顶角内，只由系数 $a'=\frac{bc-ad}{c^2}$ 的符号来决定，即由式子 $bc-ad$ 的符号来决定. 若 $bc-ad>0$，则双曲线位于第一及第三两个象限内；若 $bc-ad<0$，则双曲线位于第二及第四两个象限内. 例如，设

$$y=\frac{x+1}{x-1}$$

这时 $a=1,b=1,c=1,d=-1$，故双曲线的渐近线是 $x=-\frac{d}{c}=1$ 及 $y=\frac{a}{c}=1$. 又 $a'=\frac{bc-ad}{c^2}=2$，所以双曲线的轴长为 $2\sqrt{2|a'|}=4$.

如图 20 所示是这个函数的图形. 因为这时 $bc-ad=2>0$，所以它的位置在渐近线所成的第一及第三象限内.

从图形中很容易看出分式线性函数的变化，即：

在 x 轴上不含点 $x=-\frac{d}{c}$ 的任一区间上，分式线性函数(1)或只是单调增大，或只是单调减小.

这种增或减的性质取决于式子 $bc-ad$ 的符号. 若 $bc-ad$ 为正的，则函数是减小的；若 $bc-ad$ 为负的，则函数是增大的.

我们来看函数 $y=\frac{x+1}{x-1}$ 的性质，其图形如图 20，当 $x<1$ 时，$y<1$，且当 x 从左

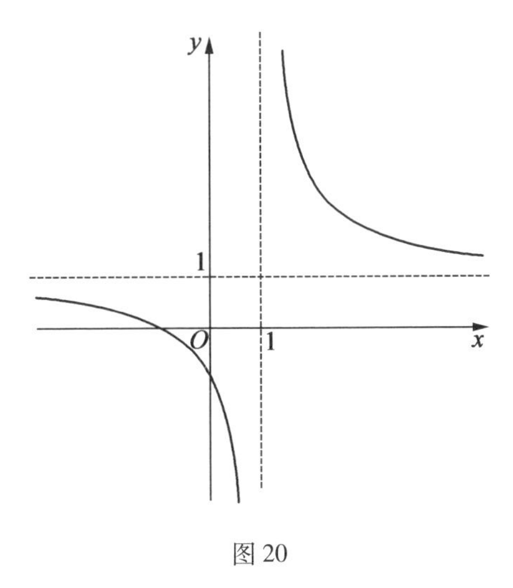

图 20

向右接近于 1 时,函数值逐渐减小;当 $x>1$,且从左向右 x 值逐渐变大时,函数值是减小的,其值保持大于 1,且当 x 的值无限增大时,函数值无限接近于 1.

§5　幂函数、指数函数及对数函数

27. 反函数

设 y 是 x 的函数

$$y=f(x) \tag{1}$$

在这个函数关系中,y 也可以看作自变量,这样,x 就成为 y 的函数

$$x=\varphi(y) \tag{2}$$

要找出这个函数,需在方程(1)中用 y 来表示 x,即从方程中解出 x. 注意,在同一坐标系 xOy 中,方程(1)及(2)表示同一曲线,但对第一个函数来说,表示宗标的轴是 x 轴,而对第二个函数来说,却是 y 轴. 一般来说,x 依从于 y 的(用 φ 表示的)函数关系与 y 依从于 x 的(用 f 表示的)函数关系是不同的.

例如,若 $y=x^3$,则 $x=\sqrt[3]{y}$. 这两种依从关系的图形是三次抛物线(图 21). 但第一个函数的定义是其宗标的三次乘幂,而第二个函数的定义是其宗标的三次方根. 因此可见,这两个函数与其宗标的依从关系的性质是不同的.

对函数 f 来说,函数 φ 称为函数 f 的反函数,反之也成立. 例如,当函数定义为三次乘幂时,三次方根所定义的函数是其反函数,反之亦可.

像公式(1)那样,以 x 表示公式(2)中的宗标,而以 y 表示函数,则得

$$y=\varphi(x) \tag{3}$$

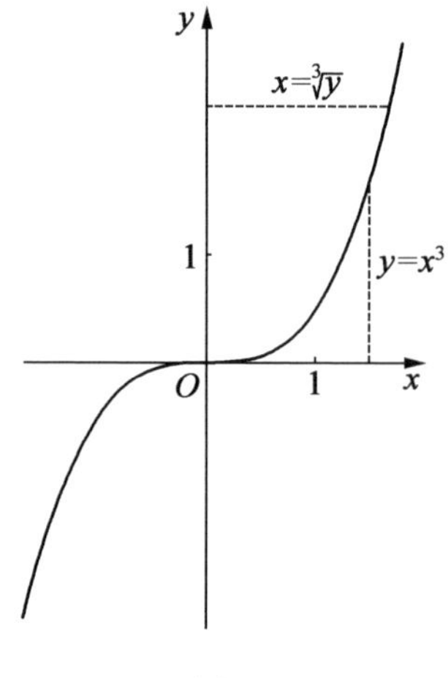

图 21

(在上述例子中 $y=\sqrt[3]{x}$). 一般把函数(3)叫作已知函数(1)的反函数. 在这两个公式中,我们用同一个字母 x 表示宗标,用同一个字母 y 表示函数.

简言之,若某函数被自变量所确定的规律与已知函数中的自变量被函数所确定的规律一样,则这个函数叫作已知函数的反函数.

我们可以根据反函数的下列性质得出一种简单的作图法:

反函数 $y=\varphi(x)$ 的图形与正函数 $y=f(x)$ 的图形对称于第一及第三象限角的平分线.

因假设 $x=a$ 时,$y=f(a)=b$,则点 $M(a,b)$ 在函数的图形上. 这时 $a=\varphi(b)$,故以 (b,a) 为坐标的点 M' 在其反函数的图形上. 因(图 22)

$$\triangle ON'M'\cong\triangle ONM$$

故

$$\angle N'OM'=\angle NOM \text{ 且 } OM'=OM$$

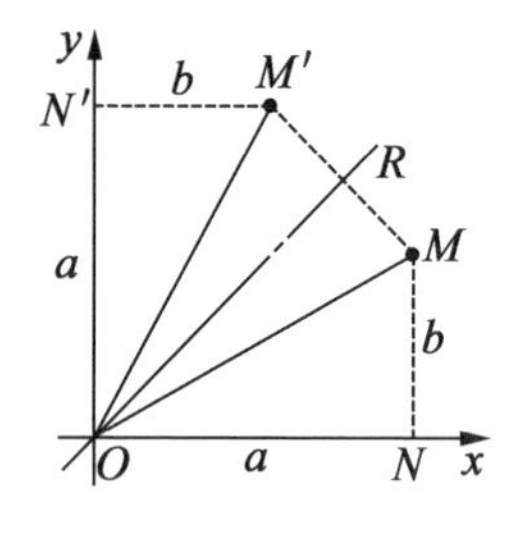

图 22

由此得,第一象限角的平分线 OR 也是 $\angle MOM'$ 的平分线,且 $\triangle MOM'$ 是等腰三角形. 所以角的平分线 OR 确实是 $\triangle MOM'$ 的对称轴. 因此,函数图形上的每一点对应着反函数图形上的一点,且两者对称于第一及第三象限角的平分线. 反之亦可.

所以,已知某一个函数的图形,我们只要在第一象限角的平分线处对折一下,所印出的痕迹就是它的反函数的图形.

如图 23 所示是线性函数(Ⅰ):$y=ax+b$ 及其反函数(Ⅱ):$y=\frac{1}{a}x-\frac{b}{a}$(也是线性函数)的图形;如图 24 所示是函数(Ⅰ):$y=x^3$ 及其反函数(Ⅱ):$y=\sqrt[3]{x}$ 的图形.

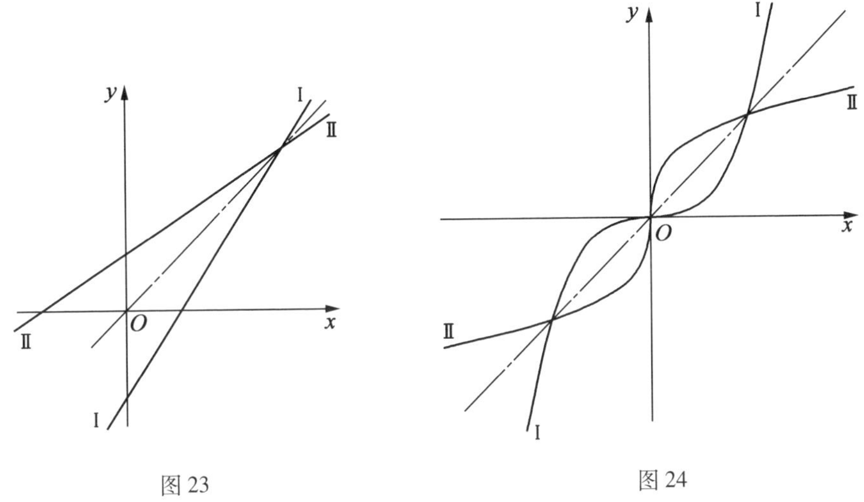

图 23　　图 24

应该注意,从函数的单值性不一定能得出它的反函数的单值性. 这件事用图形的简单例子就可说明. 如图 25(a)所示是单值函数的图形,但它的反函数就不是单值的,譬如宗标值 $y=OA$ 就至少对应着由线段 AB,AC 及 AD 所表示的三个函数值. 再举一个例子来说,单值函数 $y=x^2$ 的反函数 $y=\pm\sqrt{x}$ 是双值的.

我们不难指出,单值函数的反函数在单调性的条件下才是单值的,即:

若单值函数在其区间上是单调的(只是增加或只是减少),则其反函数是单值且又单调的.

因若函数的图形 AB 在区间(x_1,x_2)上是单值且又单调(增加)的[图 25(b)],则其反函数的任何宗标值 $y=b$ 不能对应多个函数值,因此,函数在 $x=a$ 处取得函数值 $y=b$,至于反函数的单调性是很显然的.

注意　若 $f(x)$ 是单值且单调的函数,而 $\varphi(x)$ 是其反函数,则

$$\varphi[f(x)]=x, f[\varphi(x)]=x$$

这就是说,把互为反函数的两个单调函数的运算记号先后施行到任一个量上去的时候,该量不变(好像这两个记号彼此抵消了).

例如 $\sqrt[3]{x^3}=x$ 及 $(\sqrt[3]{x})^3=x$.

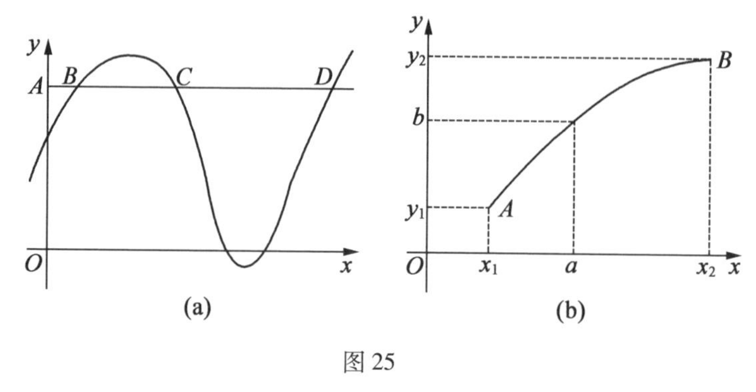

图 25

28. 幂函数

函数

$$y=x^n$$

称为幂函数，其中幂指数 n 是任意实数. 若幂指数是有理数，则该幂函数为代数函数；若幂指数为无理数，则该幂函数为超越函数.

当底数及指数可以为正的任意实数（有理数或无理数）时，幂函数的严格定义可以用无理数的理论（在这里不可能讲它），或数学解析上的一些理论（我们要在后面第九章中才讲它）来讲. 但读者利用在初等数学中所学到的关于实数的任意（有理数或无理数）次乘幂的概念，也可以把本书以后所讲的内容弄懂. 可以凭现有的对数表求得一切幂函数的足够准确的数值.

我们从下面可以知道，式子 x^n 的定义域随 n 值的不同而异. 但对所有正的 x 值来说，即在开区间 $(0,+\infty)$ 上，无论 n 为何值，函数 $y=x^n$ 总是有定义的.

就负的 x 值及 $x=0$ 来说，式子 x^n 可以有定义也可以无定义，这要依指数 n 而定. 例如，当 n 为正有理数时，n 可表示为分式 $\frac{p}{q}$，其中 p 及 q 为无公因子的正整数. 若 q 为奇数，则函数 $y=x^n$ 定义在全部 x 轴上. 这时若 p 为偶数（例如当 $n=2$ 或 $\frac{4}{3}$ 时），则 $y=x^n$ 是个偶函数，它的图形关于 y 轴对称；若 p 为奇数（例如当 $n=3$ 或 $\frac{5}{3}$ 时），则 $y=x^n$ 是个奇函数，它的图形关于坐标原点对称. 但当 q 为偶数（那就表示 p 是个奇数）时，函数 $y=x^n$ 对于负的 x 值没有定义，它是个双值函数，同时它的图形关于 x 轴对称. 最后，当 n 为正的无理数时，函数只有在 $x\geqslant 0$ 时才有定义，并且是单值的. 当 n 为负数时的情形也相仿，不过那时幂函数 $y=x^n$ 在点 $x=0$ 处无定义. 由此可知，不管其指数 n 是什么数，要想得到幂函数 $y=x^n$ 的全部图形，只要把第一象限内的那一部分作出来就够了.

幂函数 $y=x^n$ 的反函数也是个幂函数，但其中的幂指数与正函数的幂指数互为倒数：$y=x^{\frac{1}{n}}$.

幂函数 $y=x^n$ 的性质在 $n>0$ 与 $n<0$ 时根本不同.

Ⅰ. 当 $n>0$ 时，幂函数在第一象限内的所有曲线（图 26）上的动点都是向上升的，函数 $y=x^n$ 在区间 $(0,+\infty)$ 上是增大的. 这些曲线都通过点 $(0,0)$ 及 $(1,1)$，且被直线 $y=x$ 分成两类：凹向上的 $(n>1)$ 及凹向下的 $(n<1)$.

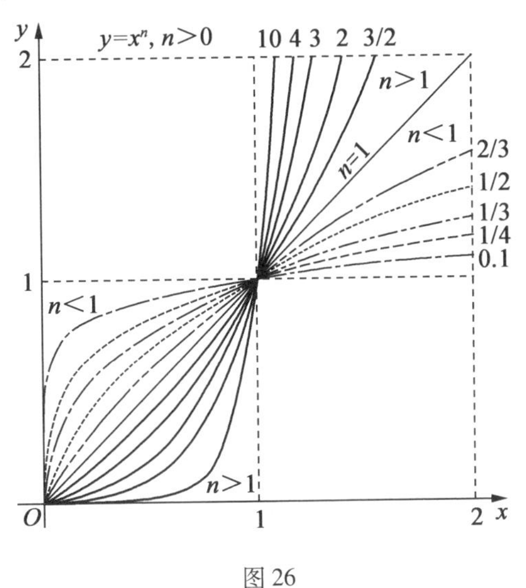

图 26

当 $n>0$ 时，曲线 $y=x^n$ 叫作 n 次抛物线. 例如，$y=x^2$ 是二次抛物线，$y=x^{\sqrt{2}}$ 是 $\sqrt{2}$ 次抛物线. 常见的曲线 $y=x^{\frac{3}{2}}$（或 $y^2=x^3$）叫作半立方抛物线（图 27）.

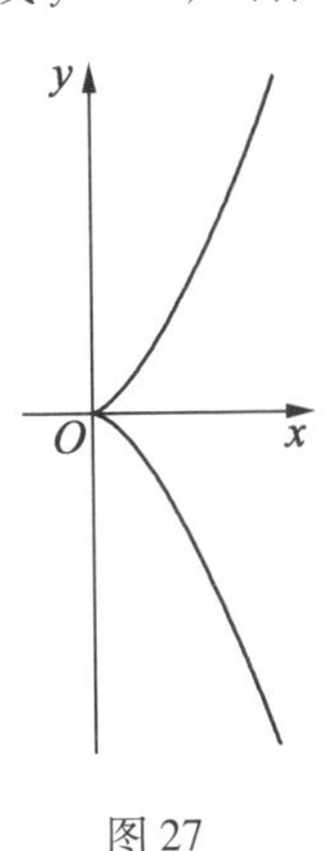

图 27

注意 任何多项式都是指数为正整数的幂函数的线性组合.

Ⅱ. 当 $n<0$ 时，函数 $y=x^n$ 的图形是与上述抛物线的类型完全不同的曲线. 设 $n=-m$，其中 $m>0$，函数 $y=\frac{1}{x^m}$ 在第一象限内的所有曲线（图 28）上的动点都是向下降的. 当 $n<0$ 时,函数 $y=x^n$ 在区间 $(0,+\infty)$ 上是减小的. 当 x 无限增大时,y 无限减小而趋近于0. 反过来说,当 y 无限增大时,x 无限减小而趋近于0. 由此可得结论,对任意的 $m>0$,x 轴的正半轴及 y 轴的正半轴是曲线 $y=\frac{1}{x^m}$(在第一象限内)的渐近线,这些曲线都经过点(1,1),且被等轴双曲线 $y=\frac{1}{x}$ 分成两类:$m<1$,$m>1$.

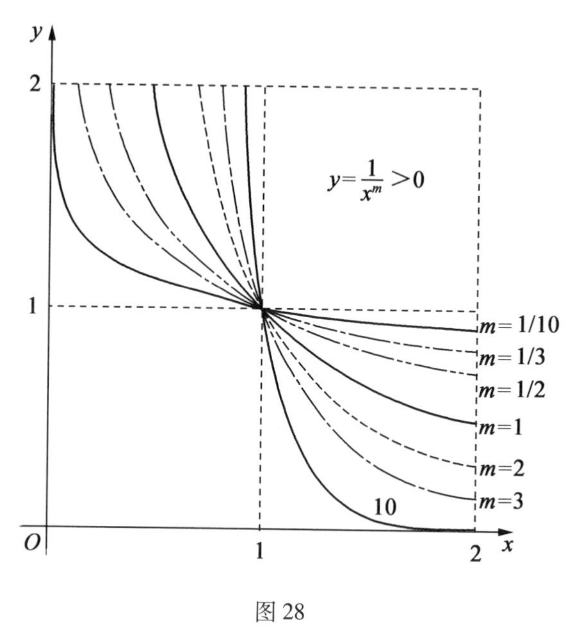

图 28

曲线 $y=\frac{1}{x^m}(m>0)$ 叫作 m 次双曲线.

在自然科学中,有许多规律都是用幂函数来表示的,例如从物理学上可知,气体做绝热(即与四周媒质不传递热量)变化时,其压力是体积的幂函数:$p=cv^{-\gamma}$,其中 c 是不取决于气体种类的常数,γ 是一个与气体性质有关的常数($\gamma>1$).

在气体的体积做等温变化(在恒温下的变化过程)时,$\gamma=1$. 此时即得波义耳-马利奥特定律.

在工程及物理学上,曲线 $y=x^n$ 有时被称为复热曲线.

29. 指数函数及双曲函数

函数

$$y=a^x \quad (a>0,a\neq1)$$

叫作指数函数.

当 $a<0$ 时,式子 a^x 的定义域只包含分数 $x=\frac{p}{q}$,其中分母 q 为奇数. 所以,当底数 a 为负值时,对于 x 的任何无理数值以及不能表示成上述分数形式的任何有理数值,函数 $y=a^x$ 都是无定义的. 但当底数为正值时,指数函数就定义在全部 x 轴上. 因此,我们以后只考虑底数为正值的指数函数.

无论 x 取何值,都有 $a^x>0$,又 $a^0=1$,因此对一切底数(正的)a 来说,指数函数的图形在 x 轴上方,且通过点(0,1). 指数函数的性质取决于 $a>1$ 或 $a<1$(当 $a=1$ 时,指数函数成为常数:$y=1$).

若 $a>1$,则指数 x 增大时,y 也增大,且当宗标无限增大时,函数值也无限增大. 若 $a<1$,则情形相反,这时当宗标无限增大时,函数值减小且无限接近于 0.

不难看出,以 a 及 $\frac{1}{a}$ 为底数的两个指数函数的图形关于 y 轴对称. 因函数 $y=\left(\frac{1}{a}\right)^x$ 可写成 $y=a^{-x}$,可知,如果函数 $y=a^{-x}$ 的宗标 x 取得正值,而函数 $y=a^x$ 的宗标 x 取得与前一宗标的绝对值相同的负数,那么这两个函数的数值是相等的,反过来说也是一样的. 而这就表示函数 $y=a^x$ 及 $y=\left(\frac{1}{a}\right)^x$ 二者的图形关于 y 轴对称.

因 $0<a<1$ 时,$\frac{1}{a}>1$;反之 $a>1$ 时,$0<\frac{1}{a}<1$,故可知底数小于 1 的每个指数函数的图形对应着底数大于 1 的一个指数函数的图形,且二者关于 y 轴对称.

如图 29 所示是当 $a=2,3,10,\frac{1}{2},\frac{1}{3},\frac{1}{10}$ 时指数函数的图形.

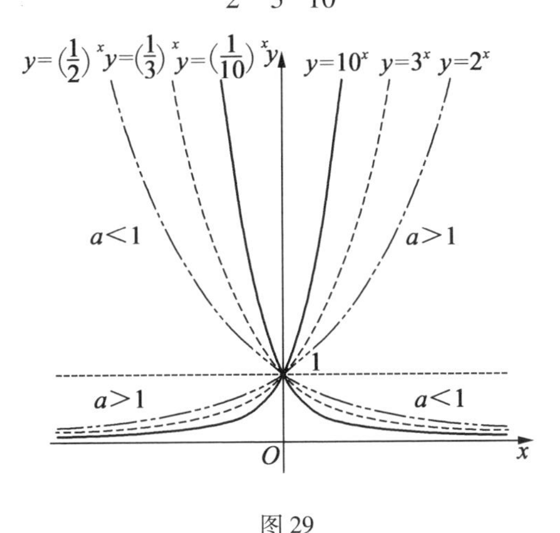

图 29

当 $a>1$ 时,曲线 $y=a^x$ 的渐近线是 x 轴的负半轴;当 $a<1$ 时,渐近线是 x 轴的正半轴.

指数函数的图形叫作指数曲线.

当 $a>1$,且指数函数的自变量增大时,函数值也增大,并且增大得很“快”,其图形上的动点往上爬得很“陡”. 这就是说,当 x 增大时,即使 x 值变得不多,其所对应的 y 值变化都相当大. 当 a 与 1 相差越大时,这种变化也越大. 这时,任取一个指数函数 $y=a^x(a>1)$,它最后总要增大到超出任何一个幂函数 $y=x^n$ $(n>0)$,即使 n 是非常大的. 从几何上来讲,任何曲线 $y=a^x(a>1)$,自某一点后的纵坐标大于抛物线 $y=x^n(n>0)$ 的对应纵坐标,这件事将在第四章中证明.

在许多问题上都会碰到指数函数,举例于下:

设有 A 元钱存于银行中,每年复利为 $p\%$. 这就是说,过了一年后,余额为本金再加利息,但下一年所算的本金已不是原来的本金,而是第一年年终本金连同利息一起的钱数. 我们不难算出 x 年以后的钱数是

$$y=A\left(1+\frac{p}{100}\right)^x$$

在上例中,y 是整标 x 的指数函数(再乘一常系数 A),以后(第三章)要考察一个量的“连续的”复合增长问题,并由此得出宗标为连续变量的指数函数.

我们来看指数函数的下列线性组合. 设

$$y=y_1+y_2=\frac{1}{2}a^x+\frac{1}{2}a^{-x}=\frac{a^x+a^{-x}}{2} \quad (a>1)$$

把函数 $y_1=\frac{1}{2}a^x$ 及 $y_2=\frac{1}{2}a^{-x}$ 的对应纵坐标相加,就可得到函数 y 的图形(图30). 所得的图形经过点(0,1)且关于 y 轴对称. 这条曲线在第一象限内与曲线 $y_1=\frac{1}{2}a^x$ 无限接近,在第二象限内与曲线 $y_2=\frac{1}{2}a^{-x}$ 无限接近,这个函数的性质可以从图形上看出来,它是偶函数,这件事从函数的式子以及图形的对称性都可以看出来.

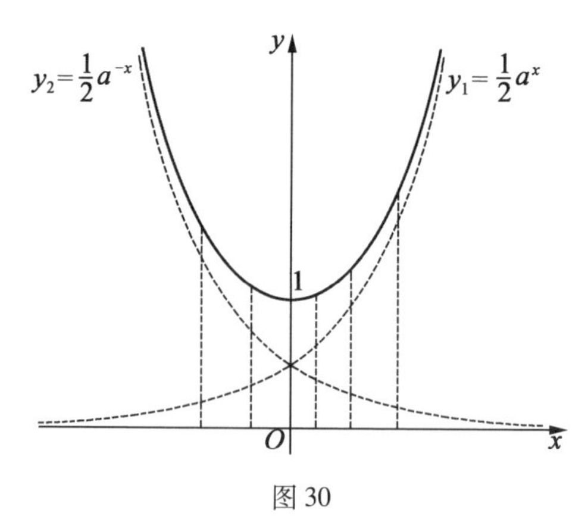

图 30

函数

$$y=\frac{1}{2}a^{x}-\frac{1}{2}a^{-x}=\frac{a^{x}-a^{-x}}{2}\quad (a>1)$$

是个奇函数,它的图形(图31)通过原点且关于原点对称,在第一象限内,这个函数图形无限接近于曲线 $y_1=\frac{1}{2}a^{x}$,在第三象限内无限接近于曲线$y_2=-\frac{1}{2}a^{-x}$.

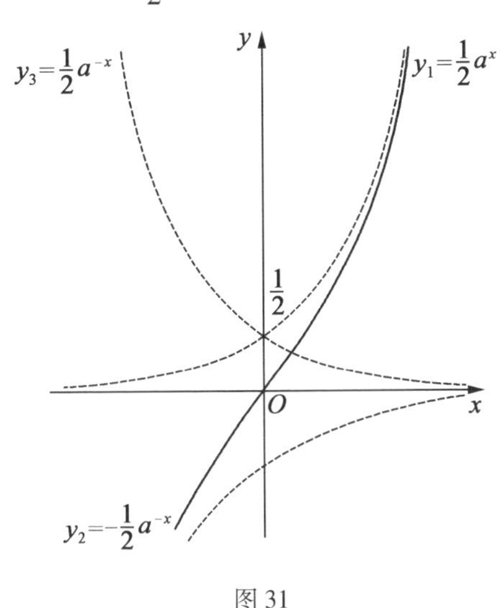

图31

用 $h_1(x)$代表上述第一个函数

$$h_1(x)=\frac{a^{x}+a^{-x}}{2}$$

并且用 $h_2(x)$代表第二个函数

$$h_2(x)=\frac{a^{x}-a^{-x}}{2}$$

从这两个函数之间可以找出简单的代数关系. 例如,不难证实(x 为任意值时)

$$h_1^2(x)-h_2^2(x)=1,h_1^2(x)+h_2^2(x)=h_1(2x)$$

这些关系式使我们想起三角函数 $\cos x$ 及 $\sin x$ 间的关系. 一般来说,$h_1(x)$有许多性质相似于 $\cos x$,而 $h_2(x)$则相似于 $\sin x$. 当底数为某一定值 $a=\mathrm{e}$(它的近似值等于2.72)时,函数 $h_1(x)$叫作双曲余弦,记为 $\cos \operatorname{hyp} x$,或 $\operatorname{ch} x$,或 $\cosh x$. 函数 $h_2(x)$叫作双曲正弦,记为 $\sin \operatorname{hyp} x$,或 $\operatorname{sh} x$,或 $\sinh x$. 仿照对应的三角函数间的关系,也可规定双曲函数. 例如双曲正切 $\tan \operatorname{hyp} x$,$\tanh x$,$\operatorname{th} x$,即

$$\operatorname{th} x=\frac{\operatorname{sh} x}{\operatorname{ch} x}$$

30. 对数函数

指数函数 $y=a^{x}(a>0,a\neq 1)$的反函数叫作以 a 为底的对数函数

$$y=\log_a x$$

像指数函数中的底数一样,这里的底数 a 当然也要取正值.

注意 对数函数与指数函数是互为反函数的,且有

$$\log_a a^x=x \text{ 及 } a^{\log_a x}=x$$

由以上的关系,对任意的 n,当 $x>0$ 时,任意幂函数可以写成指数函数及对数函数的复合函数

$$y=x^n=a^{n\log_a x}$$

对数函数的图形(对数曲线)可以从其所对应的指数函数 $y=a^x$ 的图形按反函数作图法的一般规则作出. 在图 29 中,把函数图形在第一及第三象限角的平分线处折叠,即得同一底数 a 的对数函数(图 32).

利用这些图形,我们可以说明对数函数的性质. 首先,对数函数定义在 x 轴的正半轴上,当自变量为负值及 0 时无定义,所有的对数曲线都通过点(1,0),也就是说,1 的对数总是 0.

对数函数的性质要取决于 $a>1$ 或 $a<1$. 在第一种情形下($a>1$),对数函数在区间$(0,+\infty)$上是增函数,且在区间$(0,1)$上是负的,在区间$(1,+\infty)$上是正的. 在第二种情形下($a<1$),对数函数在区间$(0,+\infty)$上是减函数,且在区间$(0,1)$上是正的,在区间$(1,+\infty)$上是负的. 当 $a>1$ 时,y 轴的负半轴是渐近线;当 $a<1$ 时,y 轴的正半轴是渐近线.

以 a 及$\frac{1}{a}$为底的两个对数函数的图形关于 x 轴对称.

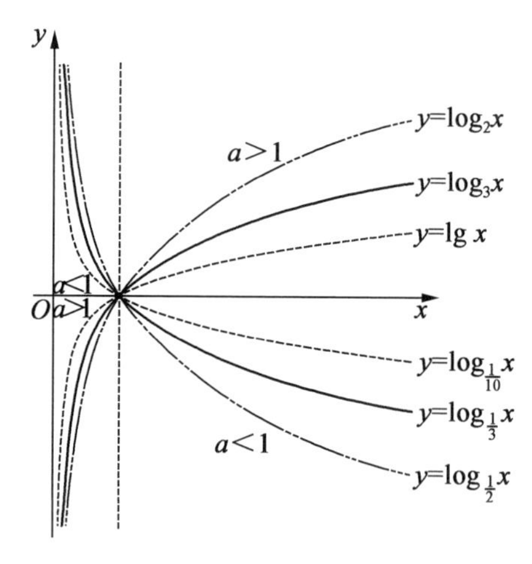

图 32

取底数 a_1 及 a_2 不相等的两个对数函数:$y_1=\log_{a_1}x$ 及 $y_2=\log_{a_2}x$. 在第二式中,以 y_2 表示 x,再将其代入第一式,得 $y_1=\log_{a_1}a_2^{y_2}=y_2\log_{a_1}a_2$. 同样可得 $y_2=$

$y_1\log_{a_2}a_1$. 由此可见,底数不同的对数成正比. 要把一个以数 a_1 为底数的对数变换到以另一数 a_2 为底数的对数,只要把常数 $\log_{a_2}a_1$ 乘第一个对数值就可以了. 所以,要把一个对数曲线换成另一个对数曲线,只要把其所有的纵坐标放大(或缩小)同一个倍数就可以了. 以后凡只写 lg,而不写底数时,所表示的是以 10 为底的对数:$\log_{10}$.

在 $a>1$ 的情形,当自变量增大时,对数值增大得很"慢",对数曲线上的动点上升得很"缓慢",当 x 增大时,虽然它变动得很大,但其对数值的变动却比较小,且当 a 值越大,动点沿 x 轴走得越远时,这个变动也越小. 在这一点上,它与指数函数相反,任一幂函数 $y=x^n(n>0)$ 增大到最后时,总是要超过一切对数函数 $y=\log_a x(a>0)$. 换言之,不管 $n(n>0)$ 多么小,在曲线 $y=x^n$ 上,从某一点起的纵坐标要大于曲线 $y=\log_a x(a>1)$ 上的对应纵坐标,这件事也要在第四章中证明.

§6 三角函数及反三角函数

31. 三角函数

要把基本初等函数讲完全,还需考虑三角函数及其反函数.

单纯用几何方法做出的三角函数的定义,读者在初等数学课程里已很熟悉了①.

在数学解析中,三角函数的自变量常是以弧度为单位的弧或角. 例如,当 $x=x_0$ 时,函数 $y=\sin x$ 的数值等于弧度为 x_0 的角的正弦或大约等于 $x_0\cdot 57°17'44.8''$ 角的正弦,我们有时把宗标值写成 π 的倍数

$$x_0=\frac{x_0}{\pi}\cdot\pi\approx\frac{x_0}{3.14}\cdot\pi$$

在六个三角函数 $y=\sin x$, $y=\cos x$, $y=\tan x$, $y=\csc x$, $y=\sec x$, $y=\cot x$ 间,有五个简单的彼此独立的代数关系,这些关系都可以根据函数本身的定义直接求出.

从定义还可以直接推出三角函数的周期性. 例如函数 $y=\sin x$ 及 $y=\cos x$ ($y=\csc x$ 及 $y=\sec x$ 也一样)具有周期 2π,函数 $y=\tan x$($y=\cot x$ 也一样)具有周期 π.

现在我们来讲三角函数的图形表示法.

---

① 在第九章中,我们还要讲基本初等函数,特别是三角函数的另一种解析上的定义.

首先讲函数 $y=\sin x$. 由正弦的几何定义显然可知,就区间$[0,2\pi]$来讲,在区间$\left[0,\frac{\pi}{2}\right]$上,函数值从 0 增大到 1,然后在区间$\left[\frac{\pi}{2},\frac{3}{2}\pi\right]$上,函数值减小到$-1$,并在点 $x=\pi$ 处等于 0,最后在区间$\left[\frac{3}{2}\pi,2\pi\right]$上,函数值又增大到 0. 因为函数$y=\sin x$具有周期 2π,所以我们只要把它在区间$[0,2\pi]$上的图形向左或右移动 $2\pi,4\pi,6\pi,\cdots$(图 33),便可得到它的全部图形(正弦曲线). 又 $y=\sin x$ 是个奇函数,从图上可以明显看出,正弦曲线关于原点对称.

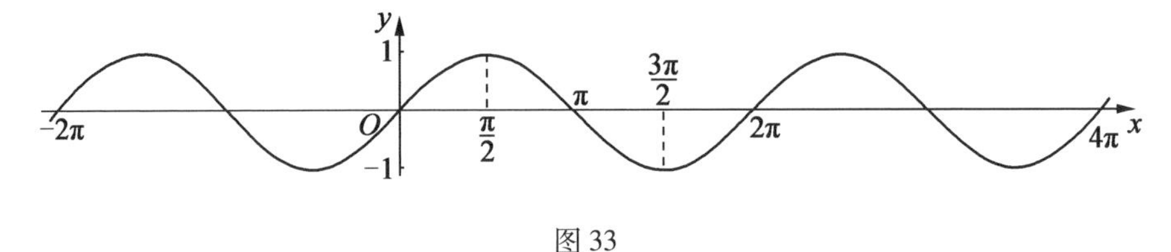

图 33

函数 $y=\cos x$ 的图形并无丝毫新颖之处,因

$$y=\cos x=\sin\left(x+\frac{\pi}{2}\right)$$

若 $x'=x+\frac{\pi}{2}$,$y'=y$,则在新坐标系 $x'O'y'$中,余弦函数图形的方程是 $y'=\sin x'$. 因此余弦函数 $y=\cos x$ 的图形(余弦曲线)就是上面所讲的正弦曲线,不过位置向左移动$\frac{\pi}{2}$(图 34).

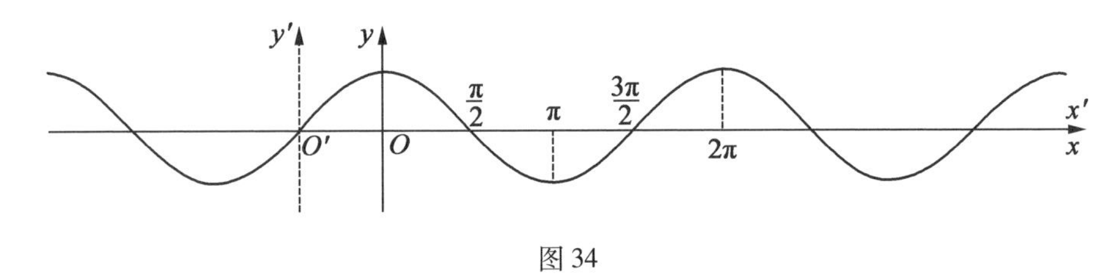

图 34

在区间$[0,\pi]$上,函数值从 1 减小到-1,并在点 $x=\frac{\pi}{2}$处等于 0,然后,在区间$[\pi,2\pi]$上,函数值从-1 增大到 1,并在点 $x=\frac{3}{2}\pi$ 处等于 0. 不管是从 $x=0$ 起向左,或是从 $x=2\pi$ 起向右,从点 $x=2k\pi$ 起(其中 k 是任意整数),在长度为 2π 的每段区间上,函数 $y=\cos x$ 与它在基本区间$[0,2\pi]$上一样,以同样次序取得基本区间上的同样数值. 余弦函数是个偶函数(余弦曲线关于纵轴对称).

函数 $y=\tan x$ 定义在除 $x=\frac{\pi}{2}$以外的全部区间$[0,\pi]$上,当 x 自左方(增

大)无限接近于 $x=\frac{\pi}{2}$ 时,y 保持正值且无限增大;而当 x 自右方(减小)无限接近于 $x=\frac{\pi}{2}$ 时,y 保持负值且其绝对值无限增大. 因为函数具有周期 π,所以在每一点 $x=(2k+1)\frac{\pi}{2}$(其中 k 是任意整数)的邻域上可以看到函数的图形都相同. 直线 $x=(2k+1)\frac{\pi}{2}$ 是正切函数 $y=\tan x$ 图形(正切曲线)的渐近线. 如图 35 所示是正切曲线在区间$(0,\pi)$ 上的形状(正切曲线). 它在全部 x 轴上的图形可根据其周期性,用复制基本区间$(0,\pi)$上的图形而求得.

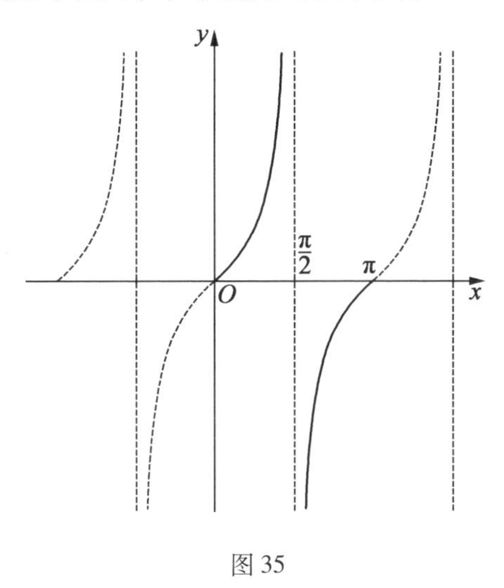

图 35

正切函数在它的每个定义区间上是增函数. 因为 $y=\tan x$ 是个奇函数,所以它的图形关于原点对称.

请读者自己画出其他三个函数($y=\csc x$,$y=\sec x$,$y=\cot x$)的图形,然后再描述它们的特征.

32. 简单的及复杂的谐振荡

三角函数在数学、自然科学及工程技术上具有重要的用途. 它们基本上都是用在讨论周期现象的问题中,这种现象就是宗标(通常是时间)每隔一定区间后,总以相同的先后次序重复出现其原先的形态.

最简单的周期现象是谐振荡,在谐振荡中,y(例如动点与其平衡位置的距离)是按照规律

$$y=A\sin(\omega t+\varphi_0)$$

取决于时间 t 的.

这个函数叫作谐波函数. 常数 A① 叫作振幅. 它是 y 所能取得的最大值(振荡范围的大小). 谐波函数的宗标 $\omega t+\varphi_0$ 叫作振荡的相,而 φ_0 是 $t=0$ 时的相值,叫作初相. 最后,$\frac{\omega}{2\pi}$(有时只是 ω)叫作振荡频率.

频率这个名称的来源,可从 ω 与函数周期 T(函数的振荡周期)间的关系而明显地看出来. $y=A\sin(\omega t+\varphi_0)$是周期函数,因为要把它的相增加 2π,必须使自变量 t 增加$\frac{2\pi}{\omega}$,故得函数的周期 $T=\frac{2\pi}{\omega}$. 所以$\frac{\omega}{2\pi}=\frac{1}{T}$,由此可知,$\frac{\omega}{2\pi}$表示单位时间内所含的周期数,也就是所论周期现象在单位时间内重复出现的次数. 因此,$\frac{\omega}{2\pi}$表示振荡现象的频率,ω 表示所论现象在 2π 单位时间内的重复次数.

作谐波函数

$$y=A\sin(\omega t+\varphi_0)$$

的图形时,只要把已知坐标系中轴长的度量单位加以变换,再在 x 轴方向上平移坐标系,构成新坐标系,然后在新坐标系中作出正弦函数的曲线便可.

如图 36 所示是函数 $y=3\sin\left(2t+\frac{\pi}{3}\right)$ 的图形. 在这个例子中,取辅助坐标系 $x'O'y'$时,可把 x 轴上的单位缩短一半,把 y 轴上的单位增加到三倍,然后再把坐标系在 x 轴上平移$\frac{\pi}{3}$个新的单位长度.

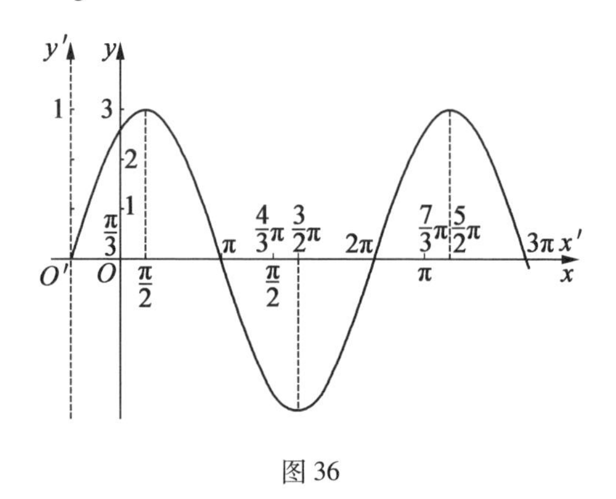

图 36

方程 $y=A\sin(\omega t+\varphi_0)$ 所描述的振荡叫作简谐振荡,它的图形叫作简谐曲线.

举一个简谐振荡的例子如下:设有一点沿着以 A 为半径的圆周做匀速运

---

① 这个数总可以视为正数,因若它是负数,我们可以把函数写成

$$y=-A\sin(\omega t+\varphi_0+\pi)$$

动,我们来考察它在水平方向上投影点的运动(图 37).假设动点的始位与水平线成 α 角(弧度),且设这点于 1 s 内在圆周上(按逆时针方向)匀速地跑了 n 圈(n 不一定是整数).

在图 37 中,Q_0 是点的始位,Q 是它从运动开始算起 t s 时的位置,P 是点 Q 在水平方向上的投影.

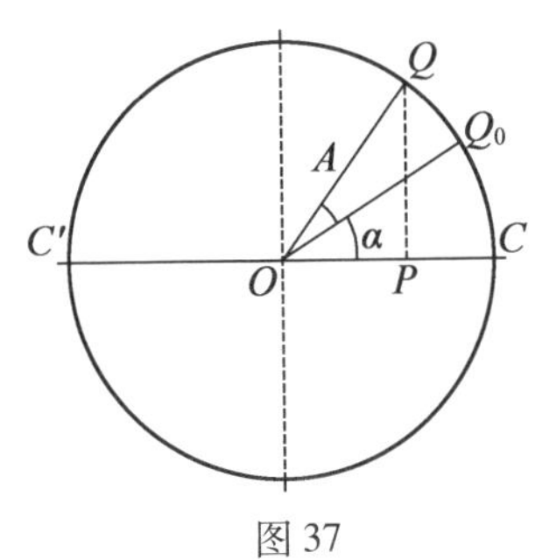

图 37

现在要讨论点 Q 做圆周运动时,点 P 是怎样运动的.设 s 是点 P 与圆心 O 的距离,且按 P 在 O 的右方或左方分别给 s 以正或负号.于是

$$s=OP=OQ\cos\angle QOP$$

但

$$\angle QOP=\alpha+2\pi nt, OQ=A$$

故

$$s=A\cos(2\pi nt+\alpha)=A\sin\left(2\pi nt+\alpha+\frac{\pi}{2}\right)$$

或

$$s=A\sin(2\pi nt+\varphi_0)$$

其中 $\varphi_0=\alpha+\dfrac{\pi}{2}$.

由此可见,点 P 在线段 CC' 上做谐振荡.其中振幅为 A,周期 $T=\dfrac{1}{n}$,频率等于 n,初相等于 $\alpha+\dfrac{\pi}{2}$.该点在同圆的任意其他直径上的投影也以同样振幅及同样周期做谐振荡,但初相不同.

我们常常会碰到几个简谐振荡的和,形如

$$s=A_1\sin(\omega_1 t+\varphi_1)+A_2\sin(\omega_2 t+\varphi_2)+\cdots+A_n\sin(\omega_n t+\varphi_n)$$

的函数,其中 $A_1, A_2, \cdots, A_n$ 是常数,这种函数是谐波函数的线性组合.

例如,假设存在一个点,按规律 $s=A_1\sin(\omega_1 t+\varphi_1)$ 做谐振荡,再施以一个力,该力本身能使静止点按规律 $s=A_2\sin(\omega_2 t+\varphi_2)$ 做谐振荡.要找出该动点所产生的位移 s 与时间 t 的依从关系,换言之,即要求出合成振荡时,显然必须把“相叠置的”振荡加起来.

在一般情形下,函数

$$s=A_1\sin(\omega_1 t+\varphi_1)+A_2\sin(\omega_2 t+\varphi_2)$$

并不表示简谐振荡,也就是说,不能化成形如 $A\sin(\omega t+\varphi)$ 的函数. 但无论如何,它仍是个周期函数,只要其中各个周期之比是有理数,也就是,设

$$T_1:T_2=\frac{2\pi}{\omega_1}:\frac{2\pi}{\omega_2}=\omega_2:\omega_1=p:q$$

其中 p 及 q 是无公因子的整数. 这时

$$T=T_1 q=T_2 p=\frac{2\pi\omega}{\omega_1\omega_2}$$

将为整个函数的周期,其中 $\omega=\omega_1 p=\omega_2 q$.

几个简谐振荡相加①所得的振荡叫作复谐振荡,其图形叫作复谐曲线.

如图 38 所示是函数

$$y=2\sin 2x+\sin\left(3x+\frac{\pi}{2}\right)$$

的图形(把组成部分的各函数的图形逐点相加所作出的图形). 这是个具有周期 2π 的周期函数. 它的图形是把两个简谐振荡

$$y=2\sin 2x \text{ 及 } y=\sin\left(3x+\frac{\pi}{2}\right)$$

叠加后所得的结果.

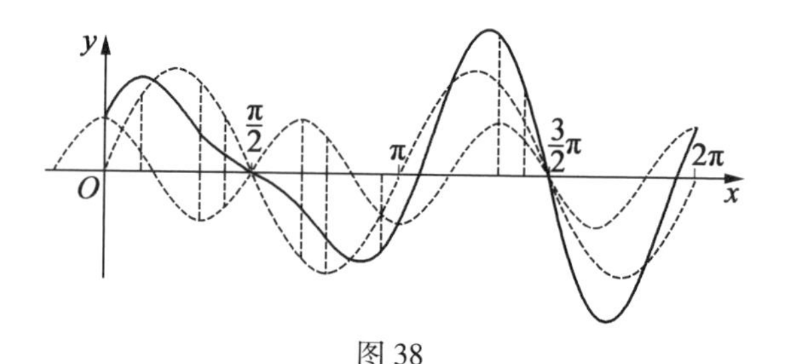

图 38

若组成部分的各函数具有相同的频率(即有相同的周期)$\omega_1=\omega_2=\omega$,则其和仍然是个谐波函数,这时就不用把图形相加,因为

$$\begin{aligned}y&=A_1\sin(\omega t+\varphi_1)+A_2\sin(\omega t+\varphi_2)\\&=(A_1\cos\varphi_1+A_2\cos\varphi_2)\sin\omega t+(A_1\sin\varphi_1+A_2\sin\varphi_2)\cos\omega t\\&=A_1'\sin\omega t+A_2'\cos\omega t\end{aligned}$$

其中 A_1' 及 A_2' 分别是 $\sin\omega t$ 及 $\cos\omega t$ 的常系数. 用 $A=\sqrt{A_1'^2+A_2'^2}$ 乘除等号的右

① 一般来说,这个结果既不是简谐振荡,甚至也不是周期运动(当各频率不可通约时,即有后一种情形).

边，得

$$y=A\left(\frac{A_1'}{A}\sin\omega t+\frac{A_2'}{A}\cos\omega t\right)$$

因 $0\leqslant\frac{A_1'}{A}\leqslant 1$，故可设 $\frac{A_1'}{A}=\cos\varphi$，由此得

$$\frac{A_2'}{A}=\sqrt{1-\frac{A_1'^2}{A^2}}=\sin\varphi$$

于是得

$$y=A(\cos\varphi\sin\omega t+\sin\varphi\cos\omega t)=A\sin(\omega t+\varphi)$$

这就是所要证明的.

所以，具有相同频率的两个简谐振荡叠加所得的结果，仍然是简谐振荡.

33. 反三角函数

三角函数 $\sin x,\cos x,\tan x,\cdots$ 的反函数叫作反三角函数或反圆函数，且分别记为

$$y=\arcsin x, y=\arccos x, y=\arctan x,\cdots$$

加在正函数记号前面的字头"arc"(弧)，说明函数的数值表示弧的度数(自然以弧度为单位)，而该弧的对应三角函数则等于 x.

由于三角函数的周期性，所以有无限多个弧具有相同的三角函数值. 由此可知，反三角函数是无限多值的函数. 从三角函数的图形可以看出，如果作 x 轴的平行线与图形相交，那么交点有无限多个，可知，一个已知的函数值对应着无限多个宗标值.

反三角函数的图形可按作一般反函数图形的方法来作，所得的图形与其对应的三角函数图形对称于第一及第三象限角的平分线.

所以，函数 $y=\arcsin x$ 的图形是绕在 y 轴上的正弦曲线(图 39). 这个函数只定义在区间$[-1,1]$上，因为使正弦绝对值大于 1 的弧是不存在的. 函数在这个区间上是无限多值的，平行于 y 轴且穿过区间$(-1,1)$内部的每条直线，与曲线 $y=\arcsin x$ 相交于无限多点. 然而，选取这个函数的单值支，它就是与 y 轴的平行线相交于不超过一点的、最长的那部分图形. 这种取法可有不同的方式. 通常取联结两点$\left(-1,-\frac{\pi}{2}\right)$及$\left(1,\frac{\pi}{2}\right)$的那段曲线(图上用粗线给出). 所以，对应于已知 x 值的、$\arcsin x$ 的一切可能值中，取绝对值不大于$\frac{\pi}{2}$的那个值，这个值叫作 $\arcsin x$ 的主值(在已知的值处)，且记为 $\arcsin x$，这样

$$-\frac{\pi}{2}\leqslant\arcsin x\leqslant\frac{\pi}{2}$$

$y=\arcsin x$ 就成为定义在区间$[-1,1]$上的单值增函数.

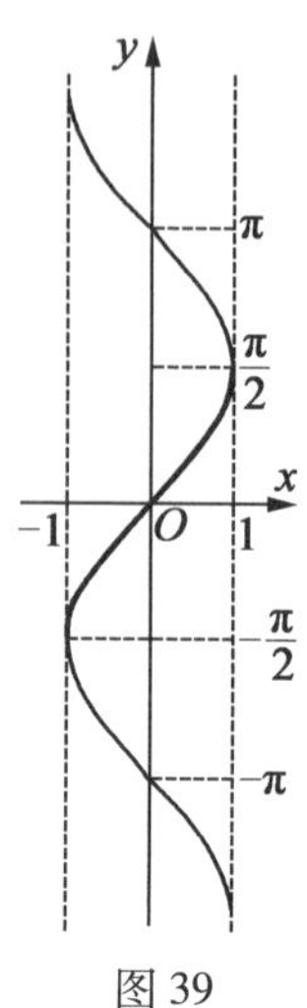

图 39

函数 $y=\arccos x$ 的图形与 $y=\arcsin x$ 的图形是同一条曲线，不过位置下移 $\frac{\pi}{2}$（图 40）. 函数 $y=\arccos x$ 也是定义在区间 $[-1,1]$ 上的无限多值的函数. 对于已知值 x 的 $y=\arccos x$ 的一切值中，选取介于 0 及 π 间的那个值，把它叫作 $\arccos x$ 的主值，且记为 $\arccos x$，有

$$0 \leqslant \arccos x \leqslant \pi$$

函数 $y=\arccos x$ 也是定义在区间 $[-1,1]$ 上的单值的、正的减函数. $y=\arccos x$ 的图形是图 40 中用粗线画出的那一段曲线.

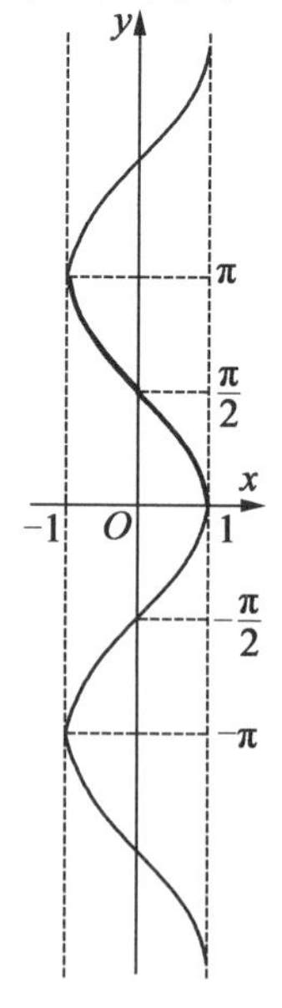

图 40

函数 $y=\arctan x$ 是定义在全部数轴上的无限多值的函数. 它的图形由无限多个“平行”分支所组成,其中各分支分别位于区域

$$\cdots,-\frac{3}{2}\pi\leqslant y\leqslant-\frac{\pi}{2},-\frac{\pi}{2}\leqslant y\leqslant\frac{\pi}{2},\frac{\pi}{2}\leqslant y\leqslant\frac{3}{2}\pi,\cdots$$

内(图 41). 每条直线 $y=(2k+1)\frac{\pi}{2}$(k 是任意整数)是函数 $y=\arctan x$ 的对应分支的渐近线. 从已知值 x 所对应的函数的一切数值中,取介于$-\frac{\pi}{2}$及$\frac{\pi}{2}$间的值,把它叫作函数的主值,且记为 $\arctan x$,有

$$-\frac{\pi}{2}<\arctan x<\frac{\pi}{2}$$

$y=\arctan x$ 是定义在全部数轴$-\infty<x<+\infty$ 上的单值增函数. 它的图形是图 41 中用粗线画出的那条曲线.

读者可自己去画出其他三个反三角函数的图形,并描述它们的性质.

以后凡是讲到反三角函数的地方,如果没有相反的声明,那就是指主值所成的单值分支.

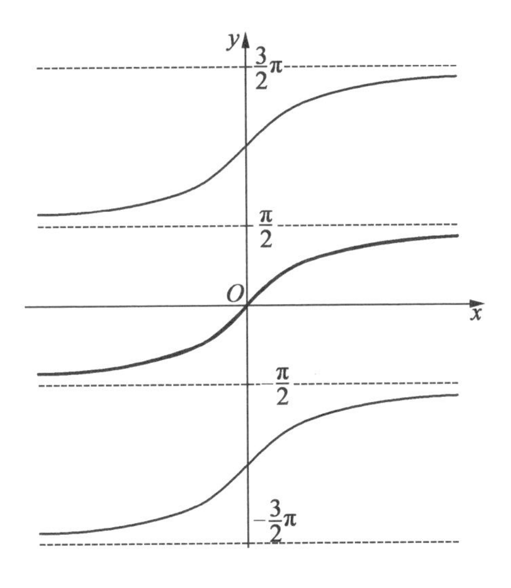

图 41

极限概念

第二章

读者在中学数学课程里已经遇到过极限概念,而正是在碰到极限概念的那些部分里,所研究的问题在本质上属于高等数学的成分比属于初等数学的更多一些. 在高等数学里,极限概念起着基本的作用. 特别地,用这个概念可以定出数学解析中的基本概念,并且从极限运算法——这个总的数学运算法——出发可以推出解析运算法(微分法、积分法). 所以掌握极限的理论与极限运算法是很重要的. 本章就要讲极限概念——数学解析的基础. 在这里,我们将要给出极限以及与它有关的无穷小量和无穷大量的精确定义,建立一些极限运算法则及指出极限存在的简单判定准则. 利用这些,我们考虑函数的连续性概念与描述连续函数的最重要的性质. 除此之外,我们也求出值得注意的无穷小量比值的极限.

§1　基本定义

34. 整标函数的极限

我们来考虑整标函数 $u_n=f(n)$,即数列

$$u_1=f(1),u_2=f(2),\cdots,u_n=f(n),\cdots$$

在有些情形下,当宗标 n 无限增大时,函数 u_n 的值可能无限接近于一个常数 A,即当 n 增大时,函数 u_n 的值与 A 的差越来越小. 因此,从足够大的 n 起,A 与 u_n 的差(就绝对值来说)会变得小于而且永远小于一个预先给定的小的数,在这种情形下,就说 A 是函数 $u_n=f(n)$ 的极限.

严格地说,若对于每一个预先给定的任意小的正数 ε,能够指出一个值 N,使合乎 $n>N$ 的一切 n 满足

$$|A-f(n)|<\varepsilon \tag{1}$$

则 A 就叫作函数 $u_n=f(n)$ 或数列 $u_1,u_2,\cdots,u_n,\cdots$ 的极限.

若 A 是 $f(n)$ 的极限,也可以说,当 n 趋于无穷大时,函数 $f(n)$ 或数列 $\{u_n\}$ 趋于 A,写作

$$\lim_{n\to\infty}f(n)=A \text{ 或 } f(n)\to A(n\to\infty)$$

记号 lim 是"极限"的拉丁字 limes(法文 limite)的前三个字母,$n\to\infty$ 的写法表示 n 无限增大.

应该注意,若 ε 取得小一些,则适合不等式(1)的宗标值 $n(=N)$ 通常会取得大一些.

函数值 $f(n)$ 可以当作 A 的具有误差(绝对)ε 的近似值. 如果函数 $f(n)$ 有极限,那么它就具有与 A 相差为任意小的值,也就是 A 的无限精确的近似值. 要求出这种近似值,只要取足够大的 n 即可.

取函数 $u_n=f(n)=\dfrac{n}{n+1}$,也就是以数列

$$u_1=\frac{1}{2},u_2=\frac{2}{3},u_3=\frac{3}{4},\cdots,u_n=\frac{n}{n+1},\cdots$$

为例.

这个数列趋于 1,因为

$$\left|1-\frac{n}{n+1}\right|=\frac{1}{n+1}$$

因此,若要使 $\left|1-\dfrac{n}{n+1}\right|<\varepsilon$,其中 ε 是任一预先给定的正数,只需

$$\frac{1}{n+1}<\varepsilon$$

成立,不难看出它对于所有的 $n>\dfrac{1}{\varepsilon}-1$ 是成立的. 因而对于大于 $\dfrac{1}{\varepsilon}-1$ 的一切 n,极限定义所要求的不等式(1)成立,而这就表明 $\lim\limits_{n\to\infty}\dfrac{n}{n+1}=1$. 这里可以看出当 ε 减小时,数列中最先与 1 相差小于 ε 的那一项的标数就要增大.

因为在不等式(1)里只含常量 A 与变量 u_n 的差的绝对值,所以 u_n 可以大于 A,也可小于 A,即函数可以渐增地或渐减地趋于它的极限,同样也可以时大时小地趋于它的极限.

为了使这个道理易于理解,我们用几何表示法来讲. 设 $n\to\infty$ 时,函数 u_n 趋于 A. 用数轴上的点来表示函数 u_n 的值(图 1),那么全部 u_n 的值就将对应于数轴上的点,且变量 u_n 通过那些点的次序为已知. 取表示 A 的一点 u. 按照极限定义,动点 u_n 从它的某一位置开始,与点 A 的距离必须小于预先给定的正数 ε. 换句话说,点 u_n 从它的某一位置开始,必须进入以 A 为中心、长为 2ε 的区间内,也就是在点 A 的 ε-邻域内. 用几何上的话来讲,若从某一 n 起,点 u_n 就不超出点 A 的一个已知任意小的 ε-邻域,点 A 就叫作动点 u_n 的极限.

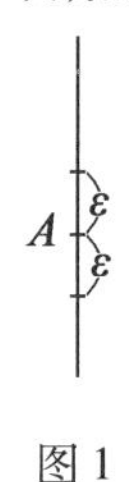

图 1

给定 $\varepsilon=\varepsilon_1,\varepsilon_1>0$. 若 $u_n\to A$,则从标数 $n=N_1$ 起,所有的点 u_n(就是点 u_{N_1} 以及在它后面的一切点:$u_{N_1+1},u_{N_1+2},\cdots$)都在点 A 的 ε_1-邻域内. 现在减小 ε,给定 $\varepsilon=\varepsilon_2$,其中 $0<\varepsilon_2<\varepsilon_1$. 则可能发现点 $u_{N_1},u_{N_1+1},\cdots$ 中前几个点会在点 A 的新(缩小的)邻域之外,但从某个标数 $n=N_2(N_2>N_1)$ 起,所有的点 u_n(就是 u_{N_2}, $u_{N_2+1},\cdots$)又会落在点 A 的 ε_2-邻域内,这样继续下去. 当宗标 n 增大时,点 u_n 将聚在一个唯一的点 A 的周围.

除了表示函数 u_n 的值的轴,再取一个轴表示自变量 n 的值,且在笛卡儿直角坐标系内用几何图形表示整标函数 $u_n=f(n)$. 这样,当 n 趋于无穷大时,函数有极限存在的意义如下:对于任意小的 $\varepsilon>0$ 来说,图形上所有在直线 $n=N$ 右边的点都不会在直线 $u=A-\varepsilon$ 及 $u=A+\varepsilon$ 所围成的区域之外(图 2). 满足上述条件的值 N,要取决于所选择的 ε,一般来说,ε 越小,N 就越大.

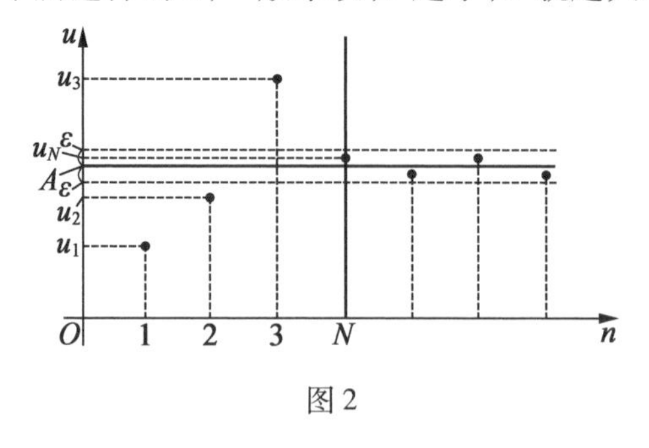

图 2

如果把常量 A 看作函数 u_n(对于所有的标数 n,它都等于 A),那么应该把它看作有极限的函数,而且这个极限就等于函数本身:$\lim A=A$. 事实上,因差 $A-A=0$,它自然小于预先给定的任意正数 ε.

函数 $f(n)$ 的极限的定义,本身并没有提供求已知函数的极限的方法. 以后我们会知道这些方法,但现在只讲几个例子来说明极限概念.

35. 举例

Ⅰ. 数列 $\frac{1}{2},\frac{3}{4},\frac{7}{8},\frac{15}{16},\cdots,\frac{2^n-1}{2^n},\cdots$ 的极限等于 1. 因为

$$|1-u_n|=\frac{1}{2^n}$$

而要使 $\frac{1}{2^n}$ 小于所给的正数 ε,只要不等式 $2^n>\frac{1}{\varepsilon}$,由此得

$$n\lg 2>\lg\frac{1}{\varepsilon} \text{或} n>\frac{\lg\frac{1}{\varepsilon}}{\lg 2}$$

成立. 这样,对于给定的 ε,总可以找出 N,使合乎 $n>N$ 的一切 n 满足不等式

$$|1-u_n|<\varepsilon$$

这就说明 1 是所讨论的数列的极限.

动点 u_n 相继通过区间 $[0,1]$ 上的下列各点:u_1——全部区间的中点,u_2——从 u_1 到 1 的区间的中点,u_3——从 u_2 到 1 的区间的中点,等等. 这些点都从左边聚于一个唯一的点 $u=1$,在这个例子中,u_n 趋于它的极限时,是渐增的且总小于它的极限.

除了这些,我们还可根据以上所讲的,知道 $u_n=\frac{1}{2^n}$ 的极限是 0,而且它趋于极限时,是渐减的且总大于它的极限. 在这种情形下,点 u_n 仅从右边聚于 $u=0$.

Ⅱ. 我们来看数列

$$\sin\frac{\pi}{2},\frac{1}{2}\sin\frac{3\pi}{2},\frac{1}{3}\sin\frac{5\pi}{2},\frac{1}{4}\sin\frac{7\pi}{2},\cdots,\frac{1}{n}\sin\left[(2n-1)\frac{\pi}{2}\right],\cdots$$

当 $n\to\infty$ 时,函数 $u_n=\frac{1}{n}\sin\left[(2n-1)\frac{\pi}{2}\right]$ 趋于 0. 因为对于满足 $n>\frac{1}{\varepsilon}$ 的一切 n 来说

$$|0-u_n|=\frac{1}{n}<\varepsilon$$

差数

$$0-u_n=-\frac{1}{n}\sin\left[(2n-1)\frac{\pi}{2}\right]=\frac{(-1)^n}{n}$$

的正或负依 n 为偶数或奇数而定. u_n 的值交错为时而大于 0,时而小于 0. u_n 无

限趋于 $u=0$ 时相继通过的各点，时而在零点的左边，时而在零点的右边，且只聚于这个点的周围. 变量趋于极限时，在极限周围振荡.

Ⅲ. 我们来回忆一下初等数学里用到极限概念的几个例子.

已知无穷几何级数 $a_1, a_2, \cdots, a_n, \cdots$，它的公比是 q，用 s_n 表示这个数列的前 n 项的和

$$\begin{aligned} s_n &= a_1+a_2+\cdots+a_n \\ &= a_1(1+q+\cdots+q^{n-1}) \\ &= a_1\frac{1-q^n}{1-q}=\frac{a_1}{1-q}-\frac{a_1}{1-q}\cdot q^n \end{aligned}$$

当 n 增大时，该几何级数中就会有更多项计算在和式内，所以，当 $n\to\infty$ 时，函数 s_n 所趋的极限可以当作已知几何级数 $s=a_1+a_2+\cdots+a_n+\cdots$ 的和（若这个极限存在的话）.

我们要证明，若 $|q|<1$，则 s_n 的极限存在且等于 $\frac{a_1}{1-q}$. 因为

$$\left|\frac{a_1}{1-q}-a_1\frac{1-q^n}{1-q}\right|=|a_1|\frac{|q|^n}{1-q}$$

不难看出，对于任意的 $\varepsilon>0$，不等式

$$|a_1|\frac{|q|^n}{1-q}<\varepsilon$$

对于满足不等式 $n>\dfrac{\lg\left[(1-q)\dfrac{\varepsilon}{|a_1|}\right]}{\lg|q|}$ 的一切 n 都成立.

若 $0<q<1$，则当 $a_1>0$ 时，s_n 渐增地趋于它的极限；当 $a_1<0$ 时，s_n 渐减地趋于它的极限. 若 $-1<q<0$，则 s_n 振荡地趋于它的极限.

Ⅳ. 不存在极限的数列举例如下：

(1) 数列

$$u_1=\frac{1}{2}, u_2=\frac{1}{2}, u_3=\frac{3}{4}, u_4=\frac{1}{4}, u_5=\frac{7}{8}, u_6=\frac{1}{8}, \cdots$$

的一般项是 u_n，当 n 是奇数时，$u_n=1-\frac{1}{2^{\frac{n+1}{2}}}$；当 n 是偶数时，$u_n=\frac{1}{2^{\frac{n}{2}}}$. u_n 的极限不存在. 因为对足够大的奇数 n 来说，u_n 的对应值可任意接近于 1（参看例 Ⅰ），但 u_n 后面的一切相继值不会都是这样，例如，u_{n+1} 接近于 0 的情形就正如 u_n 接近于 1 的情形一样，变量 u_n 所相继通过的点，不聚于一点而聚于两点：0 及 1. 当 n 变化时，点 u_n 就由 $u=1$ 附近的点跳到 $u=0$ 附近的点. 由于 u_n 不趋于极限，所以有极限的变量所具备的特性并不为 u_n 所具备.

(2)数列

$$\sin\frac{\pi}{2},\sin\frac{2\pi}{2},\sin\frac{3\pi}{2},\cdots,\sin\frac{n\pi}{2},\cdots$$

也没有极限. 因为当 $n=1,2,3,4,\cdots$时,$u_n=\sin\frac{n\pi}{2}$相继取得按 1,0,-1,0 的次序循环出现的一系列数值. 因此便不会有那样一个数,是 u_n 所无限接近的.

若这个数列的所有各项都有一个阻尼系数,则新的数列

$$\sin\frac{\pi}{2},\frac{1}{2}\sin\frac{2\pi}{2},\frac{1}{3}\sin\frac{3\pi}{2},\cdots,\frac{1}{n}\sin\frac{n\pi}{2},\cdots$$

就存在一个等于 0 的极限. 函数 $u_n=\frac{1}{n}\sin\frac{n\pi}{2}$取得零值(就是它的极限值)无限多次. 在其他一些情形下,没有任何一个宗标值能使函数取得它的极限值.

(3)函数 $u_n=2n-1$ 在 $n=1,2,3,\cdots$时的值形成奇数数列 $1,3,5,\cdots$,而不趋于极限. 因为当 $n\to\infty$ 时,点 u_n 不聚在任何地方,而是无限远离.

36. 连续宗标的函数极限

现在我们来讲连续宗标 x 的函数 $y=f(x)$的极限概念.

Ⅰ. 当 $x\to x_0$ 时的极限. 首先,引入当自变量 x 趋(无限接近)于某一数 x_0:$x\to x_0$时的概念,就是给 x 以任一个与 x_0 相差任意小但不等于 x_0 的值,而要考虑所对应的$f(x)$的值(当然,函数$f(x)$在 x_0 的某邻域上是有定义的). 当 x 趋于 x_0 时,函数$f(x)$的值可能无限接近于某数 A. 换句话说,从动点 x 到 x_0 的距离减小时,函数$f(x)$的值与 A 的差越来越小,所以对于所有足够接近于 x_0 的 x,A 与$f(x)$的差(取绝对值)就小于任何预先给定的小正数. 如果这样,就说,当$x\to x_0$ 时,A 是函数 $y=f(x)$的极限.

严格地说,若对于每一个任意小的正数 ε,可以找到一个正数 δ,使异于 x_0 且适合不等式$|x_0-x|<\delta$ 的一切 x 满足不等式

$$|A-f(x)|<\varepsilon$$

那么,当 $x\to x_0$ 时,A 就叫作函数 $y=f(x)$的极限.

写作

$$\lim_{x\to x_0}f(x)=A\text{ 或 }f(x)\to A(x\to x_0)$$

或者说,当 $x\to x_0$ 时,$f(x)$趋于 A.

用几何上的话来讲,若对于所有包含在 $x=x_0$ 的足够小的 δ-邻域上的点 x($x\neq x_0$)来说,函数 $y=f(x)$的值包含在点 $y=A$ 的任意小的 ε-邻域上,则当 $x\to x_0$ 时,$y=f(x)$趋于 A.

变量所趋的点,一般叫作它的极限点.

应该注意,极限定义中并不要求极限点 x_0 处也给出函数值,只要求它对于

x_0 的某邻域上的所有的 x 都有定义,在 x_0 这一点处却不一定有定义. 例如,函数$y=\frac{x-3}{x^2-9}$在 $x=3$ 时没有定义,但当 $x\to3$ 时,它有极限等于$\frac{1}{6}$. 同样,函数 $y=\frac{\sin x}{x}$在 $x=0$ 时是没有定义的,但是,当 x 趋于 0 时,它趋于极限 1.

当 $x\to x_0$ 时,函数 $f(x)$ 的极限等于 A,也就是说,在点 x_0 及点 A 处分别作 x 轴、y 轴的垂线,延长它们使其相交. 取定任意正数 ε,就可找到一个 x_0 的 δ-邻域,使在这个邻域上的点 $x(x\neq x_0)$ 所对应的、表示函数 $y=f(x)$ 的曲线上所有的点都包含在直线 $y=A-\varepsilon$ 与直线 $y=A+\varepsilon$ 所围成的长条区域内(图 3).

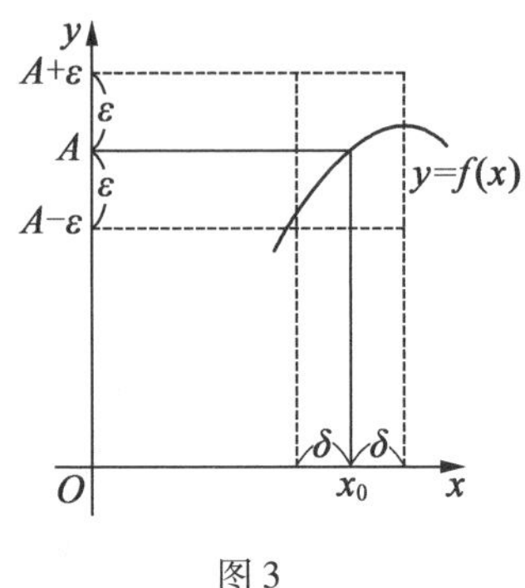

图 3

数 δ 依 ε 的选择而定,而且随着 ε 的减小而减小. 显然,要使 x_0 的邻域内各点处的函数值与 A 的差变得更小,就需要缩小 x_0 的邻域.

有时在考察函数 $f(x)$ 的极限问题时,x 可能取不到足够接近于 x_0 的一切值(像定义中所说的),而只取大于 x_0 的值,用文字来表达:x 从右边趋于 x_0. 或只取小于 x_0 的值,用文字来表达:x 从左边趋于 x_0. 或只取得趋于 x_0 的某一个数列的各项以及用其他方式趋于 x_0. 在这些情形下,函数极限的概念还是可以像上面那样来定义. 所不同的只是 x 趋于 x_0 时,x 的值或大于 x_0,或小于 x_0,或包含在已知数列中,或取别的方式,而并不计及足够接近于 x_0 的一切 x 值. 为了把 x 趋于 x_0 时的这些特殊方式与定义中所规定的一般方式(也就是 x 趋于 x_0 时,可以取得点 x_0 的任一邻域上的任意值)区别开,我们就把这一般方式的情形设成 x 任意趋于 x_0(以代替上面所说的“x 趋于 x_0”).

需注意,若当 x 任意趋于 x_0 时,$f(x)\to A$,则当 x 以任何特殊方式趋于 x_0(或只从右,或只从左,或以其他方式)时,也将有 $f(x)\to A$. 反过来说也是对的,若 x 以任何特殊方式趋于 x_0 时,都有 $f(x)\to A$,则当 x 任意趋于 x_0 时,也有 $f(x)\to A$.

例 1 证明:$\lim\limits_{x\to1}(2x-1)=1$.

证明 取定一正数 ε,为了使 $|1-(2x-1)|<\varepsilon$ 或 $2|1-x|<\varepsilon$,只需下列不等

式成立

$$|1-x|<\frac{\varepsilon}{2}$$

这样,可以取 $\delta=\frac{\varepsilon}{2}$,对于任一 $\varepsilon,\varepsilon>0$,在点 $x=1$ 的 $\frac{\varepsilon}{2}$-邻域上,函数 $y=2x-1$ 的值与 1 的差不大于 ε. 依照定义,当 x 任意趋于 1 时,1 就是函数的极限. 现在令 x 通过某个数列,例如 $\frac{1}{2},\frac{3}{4},\cdots,\frac{2^n-1}{2^n},\cdots$,而趋于 1,则当 $n\to\infty$ 时,$u_n=2\cdot\frac{2^n-1}{2^n}-1$ 也趋于 1. 对一切大于 $\frac{\lg\frac{1}{\varepsilon}}{\lg 2}+1$ 的 n 来说

$$\left|1-\left(2\cdot\frac{2^n-1}{2^n}-1\right)\right|=2\left(1-\frac{2^n-1}{2^n}\right)=\frac{1}{2^{n-1}}$$

将小于 $\varepsilon(\varepsilon>0)$.

例 2 证明

$$\lim_{x\to-1}\frac{2x+1}{3+x}=-\frac{1}{2}$$

证明 我们必须证明对于任何正数 ε,可以找到正数 δ,使合乎 $|x+1|<\delta$ 的一切 x 满足

$$\left|-\frac{1}{2}-\frac{2x+1}{x+3}\right|=\left|\frac{1}{2}+\frac{2x+1}{3+x}\right|<\varepsilon$$

易得

$$\left|\frac{x+1}{3+x}\right|<\frac{2}{5}\varepsilon \text{ 或 } \left|\frac{2}{1+x}+1\right|>\frac{5}{2\varepsilon}$$

因为和式的绝对值不小于其各项的绝对值的差

$$|a+b|\geqslant|a|-|b|$$

所以,若下列不等式成立,则上面的不等式就一定成立

$$\left|\frac{2}{1+x}\right|-1>\frac{5}{2\varepsilon}\text{或}\left|\frac{1}{1+x}\right|>\frac{5+2\varepsilon}{4\varepsilon}$$

即

$$|1+x|<\frac{4\varepsilon}{5+2\varepsilon}$$

这样,满足该不等式的一切 x 能使原来的不等式也成立,即 $\delta=\frac{4\varepsilon}{5+2\varepsilon}$ 具有所需要的性质.

例 3 证明:$\lim\limits_{x\to3}\frac{x-3}{x^2-9}=\frac{1}{6}$.

证明　这里我们就碰到函数在极限点处没有定义的情形.

设 ε 是任意正数,需要证明的是在点 $x=3$ 处有这样的 δ-邻域存在,使其中一切的点 x(除 $x=3$ 外)都满足不等式

$$\left|\frac{1}{6}-\frac{x-3}{x^2-9}\right|<\varepsilon$$

将这个不等式化成下面的形式

$$\left|\frac{x^2-6x+9}{x^2-9}\right|=\left|\frac{x-3}{x+3}\right|<6\varepsilon$$

因为 $x\neq 3$,所以 $x-3$ 不为 0,故可从分式约去 $x-3$.

由上式得

$$\left|\frac{x+3}{x-3}\right|=\left|1+\frac{6}{x-3}\right|>\frac{1}{6\varepsilon}$$

这个不等式对于所有的 x 都成立,只要下列不等式成立

$$\frac{6}{|x-3|}-1>\frac{1}{6\varepsilon}$$

即

$$\frac{6}{|x-3|}>\frac{1+6\varepsilon}{6\varepsilon}$$

由此得

$$|x-3|<\frac{36\varepsilon}{1+6\varepsilon}$$

这样,我们证明了点 $x=3$ 的 δ-邻域存在,而且可取$\frac{36\varepsilon}{1+6\varepsilon}$作为 δ.

Ⅱ. 当 $x\to\infty$ 时的极限. 现在我们来建立当 x 无限增大(就绝对值来说)时,或者也可以说,x 趋于无穷大($x\to\infty$)时,函数 $f(x)$ 的极限概念. x 无限增大的意义如下:x 可以取大于(就绝对值来说)某一正数的任何值. 当然,我们得先假定 $f(x)$ 对于所有这些 x 的值都是有定义的. 当 $|x|$ 的值增大时,函数 $f(x)$ 的值可能无限接近于 A. 这个 A 就叫作 $f(x)$ 的极限. 就函数 $f(x)$ 而论,我们说,当 $x\to\infty$ 时,它趋于 A.

严格地说,若对于每一个任意小的正数 ε,可以找到这样一个正数 N,使合乎不等式 $|x|>N$ 的一切 x 满足不等式

$$|A-f(x)|<\varepsilon$$

那么,当 $x\to\infty$ 时,A 就叫作函数 $y=f(x)$ 的极限.

写作

$$\lim_{x\to\infty}f(x)=A \text{ 或 } f(x)\to A(x\to\infty)$$

从几何观点来说,这个定义表示,对于 $x=0$ 的足够大的 N-邻域之外的一

切的点来说，函数$f(x)$的值都包含在点$y=A$的任意小的ε-邻域上(图 4;它对应于$x\to+\infty$的情形).

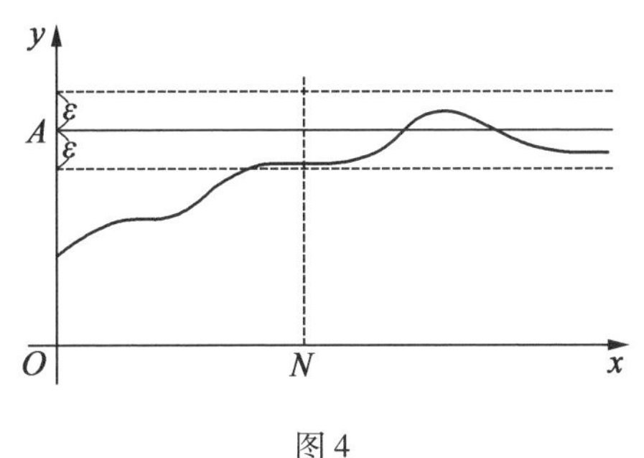

图 4

若x可以取得任一值,其绝对值大于任一正数,则为了说得更加严格起见,将"x趋于无穷大"的说法换成"x任意趋于无穷大". 我们还常遇到x趋于无穷大的其他变动方式,例如,x可能是绝对值无限增大而不变号:x为正的,写作$x\to+\infty$(x趋于正无穷大),或x为负的,写作$x\to-\infty$(x趋于负无穷大). 除此之外,x也可以通过某个数列而趋于∞($+\infty$或$-\infty$). 这就是说,宗标只取得对应数列各项的值而趋于∞(趋于$+\infty$或趋于$-\infty$).

当宗标以这些特殊方式趋于无穷大时,极限定义还是与以前的一样,所不同的只是在刚才所说的那些讲法中,只考虑宗标可能取到的一些值. 特别地,我们可从所给出的函数$f(x)$在$x\to\infty$时的极限的一般定义逐字地得出最初在整标情形下(x的值只可取 1,2,3,…)所学过的极限的定义. 显然,如果x任意趋于无穷大时,$f(x)\to A$,那么,当x以任何特殊方式趋于无穷大时,$f(x)$也将有相同的极限. 反过来说也是对的.

例 4 取指数函数$y=a^x$,若$a>1$,则

$$\lim_{x\to-\infty} a^x=0$$

证明 对于满足$x<\dfrac{\lg\varepsilon}{\lg a}$的一切$x$,其中$\varepsilon$是预先给定的任意小的正数,有

$$a^x<\varepsilon$$

应知道,可假设$\varepsilon<1$,所以分数$\dfrac{\lg\varepsilon}{\lg a}$的分子是负的,分母是正的,因而这个分数是负的.

若$a<1$,则

$$\lim_{x\to+\infty} a^x=0$$

因为当 $x>\frac{\lg\varepsilon}{\lg a}$①时，$a^x<\varepsilon$. 注意，这时分数$\frac{\lg\varepsilon}{\lg a}$是正的，因为分子、分母都是负的.

在 $x\to\pm\infty$ 时，指数函数等于 0 的情形可以从指数函数的图形（第一章图 29）上看出来.

例 5　证明：若 x 任意趋于无穷大，则函数 $y=\frac{x+1}{x-1}$趋于 1，即

$$\lim_{x\to\infty}\frac{x+1}{x-1}=1$$

证明　若要满足不等式

$$\left|1-\frac{x+1}{x-1}\right|=\left|\frac{2}{x-1}\right|<\varepsilon$$

即

$$|x-1|>\frac{2}{\varepsilon}$$

其中 ε 是预先给定的任意小的正数，则需有$|x|-1>\frac{2}{\varepsilon}$或$|x|>\frac{2}{\varepsilon}+1$. 这样，满足 $|x|>N=\frac{2}{\varepsilon}+1$ 的一切 x，也满足不等式 $\left|1-\frac{x+1}{x-1}\right|<\varepsilon$，这就是所要证明的. 从函数的图形（第一章图 20）上可以看出，不论动点 x 怎样趋于无穷大，函数图形的纵坐标无限趋于 1.

§2　无穷大量、极限运算法则

37. 无穷大量、有界函数

讲到极限概念的时候，宗标 x 趋于 x_0（$x\to x_0$）的情形与 x 趋于∞（$x\to\infty$）的情形往往是同等看待的，因此，这里所要讲的事，是对第一种情形与第二种情形同时来说的.

x 趋于 x_0（或∞）的方式可能不是任意的——我们有权将宗标取为点 $x=x_0$ 的某邻域里的任一值（或点 $x=0$ 的某一邻域外的任一值）——而是按照某个特殊方式，也就是说 x 仅能在点 $x=x_0$ 的邻域内（或点 $x=0$ 的邻域外）取得某些确

① 在第一种情形，为了确定使 $a^x<\varepsilon$ 成立的那些 x 值，两边取对数：$x\lg a<\lg\varepsilon$. 以 $\lg a$ 除各项（当 $a>1$ 时，它的值为正的；当 $a<1$ 时为负的），则在第一种情形下，所得不等式与上述不等式同义，在第二种情形下为异义（即不等号的方向相反）.

定的值. 宗标 x 所能取到的那些值,叫作 x 的所论值. 这样,点 $x=x_0$ 的某邻域里(或在点 $x=0$ 的邻域外)的全部值可能毫无例外地都是 x 的所论值,那么就说 x 可任意变化,或者 x 的所论值只可能取得某一些选定的值,就说 x 依特殊方式变化.

Ⅰ. 无穷大量. 当 $x\to x_0$(或 $x\to\infty$)时,函数 $y=f(x)$ 的绝对值无限增大的"极限状态"是很有趣的,这时的函数 $y=f(x)$ 叫作无穷大量.

严格地说,若对每一个任意大的正数 M,可以求得一正数 δ(或 N),使所有合乎条件$0<|x-x_0|<\delta$①(或条件$|x|>N$)的所论值 x 满足不等式$|f(x)|>M$,则当 $x\to x_0$(或$x\to\infty$)时,函数 $y=f(x)$ 叫作无穷大量.

从几何上讲,无穷大量 $y=f(x)$ 的特征是:当 $x\to x_0$ 时,$x=x_0$ 的足够小的δ-邻域上的点(图 5)(或当 $x\to\infty$ 时,点 $x=0$ 的足够大的 N-邻域外的点)所对应的表示该无穷大量的动点(图 6),位于 $y=0$ 的任意大的 M-邻域之外②.

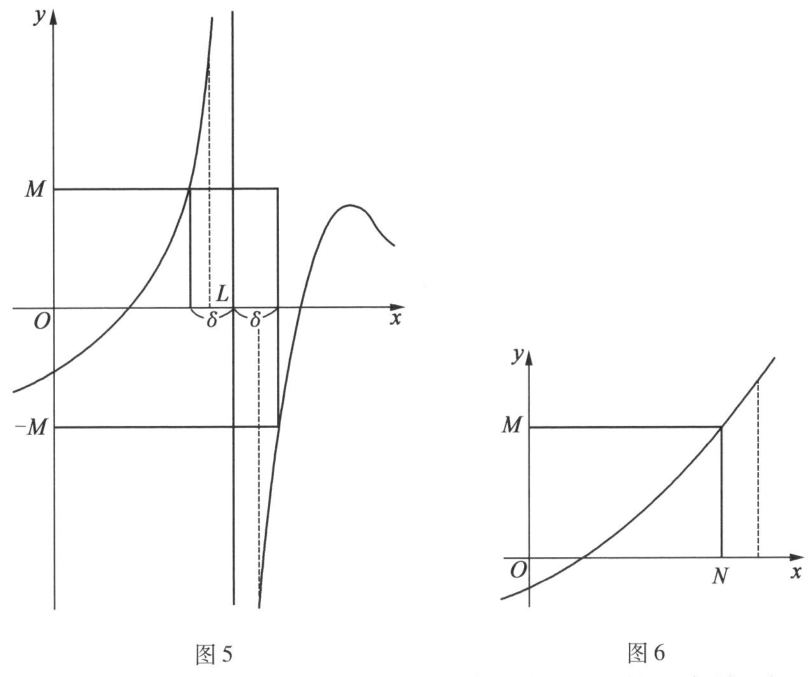

图 5　　　　图 6

或者说,无穷大量 $y=f(x)$ 的图形上,对应于点 $x=x_0$ 的 δ-邻域(或 x 轴上点 $x=0$ 的 N-邻域外)的部分位于直线 $y=-M$ 及 $y=M$ 所围成的区域之外.

当 $x\to x_0$ 时(或当 $x\to\infty$ 时)为无穷大量的函数 $y=f(x)$,就寻常意义来讲是没有极限的,为了用文字来表示它在极限状态下的规律性(法则性),就是当

---

① 不等式左端说明 x 不能取到 $x=x_0$ 的值.

② 一般来说,M 增大,δ 就减小(N 增大).

$x \to x_0$(或 $x \to \infty$)时,它的点从点 $y=0$① 起沿 y 轴无限远离,我们说,$f(x)$ 趋于无穷大,写作

$$\lim_{\substack{x\to x_0\\(x\to\infty)}} f(x)=\infty \text{ 或 } f(x)\underset{\substack{x\to x_0\\(x\to\infty)}}{\to}\infty$$

按照无穷大量的定义,函数 $y=f(x)$ 可能取得不同号的值,例如,当 $n\to\infty$ 时的整标函数 $f(n)=(-2)^n$,也就是数列:$-2,4,-8,16,-32,\cdots$ 是无穷大量.

假设当 $x\to x_0$ 时,无穷大量 $y=f(x)$ 在点 $x=x_0$ 的某邻域上(或当 $x\to\infty$ 时,在 $x=0$ 的某邻域外)取得同号值(仅为+,或仅为-). 这表示动点 $y=f(x)$ 随着 x 接近于 x_0(或随着 x 远离 O),而从 $y=0$ 沿着 y 轴(仅从一边)向上或向下无限远离 O. 函数 $y=f(x)$ 的这种特殊极限状态用如下的文字来表示:$f(x)$ 趋于正无穷大或负无穷大,写成下面的形式

$$\lim_{\substack{x\to x_0\\(x\to\infty)}} f(x)=+\infty,\quad \lim_{\substack{x\to x_0\\(x\to\infty)}} f(x)=-\infty$$

如果不考虑无穷大量的正负号,或者当它不保持同一正负号时,我们还是保留以前的表示法(简称为无穷大;符号为 ∞).

必须随时注意而且记住,这种说法与写法是由习惯而确立的惯例,无穷大(∞)不是数,因而说到关于 ∞ 的任何运算是毫无意义的.

每一个数,不管它多么大都是有限的,不允许把很大的数(如 100 000,10^{10},$10^{1\,000}$,…)与无穷大量混淆起来. 前者仅仅是数,而后者是函数,它可取得不同的值,而且可能很小,但在宗标变到一定的地方时,它的绝对值可以比任意一个大的数都大.

例 1 证明:当 $n\to\infty$ 时,若级数公比的绝对值大于 1,则几何级数前 n 项的和 s_n 为无穷大量.

证明 令 M 为已知的正数,欲使 s_n 的绝对值大于 M,只要

$$|a_1||q^n-1|>M|q-1|$$

其中 q 为公比,a_1 为首项. 这个不等式一定会成立,只要适当选取 n,使得

$$|a_1|(|q|^n-1)>M|q-1|$$

这是因为

$$|q^n-1|>|q^n|-1$$

于是

$$|q|^n>1+|q-1|\frac{M}{|a_1|}$$

即

---

① 当 $x\to x_0$ 时,若函数 $f(x)$ 有极限值 A,则表现其极限状态的规律,就在于 y 轴上表示函数值的点无限趋于点 $y=A$.

$$n>\frac{\lg\left[1+|q-1|\frac{M}{|a_1|}\right]}{\lg|q|}=N$$

(因为$|q|>1$,所以$\lg|q|>0$,于是不等式可用因子$\lg|q|$来除).

由此可知,对于满足$n>N$的一切n,$|s_n|>M$,即得所要的结论.

若$q=1$,则由于$s_n=a_1\cdot n$,而得同样的情况;若$q=-1$,则当n为奇数时,$s_n=a_1$,当n为偶数时,$s_n=0$. 可变和式s_n轮流取得值a_1及0,它的极限当然不存在.

因此,我们证明了所说的结论.

例 2 证明:当$x\to0$时,$y=\frac{1}{x}$趋于无穷大.

证明 在所给情形下,函数无限增大的特性是看x如何趋于0而定的. 这样,如果从右边$x\to0$,那么$\frac{1}{x}$为正无穷大,即

$$\lim_{x\to0^+}\frac{1}{x}=+\infty$$

如果从左边$x\to0$,那么$\frac{1}{x}$为负无穷大,即

$$\lim_{x\to0^-}\frac{1}{x}=-\infty$$

所有这些情形都很清楚地反映在函数的图形上[是以坐标轴为渐近线的等轴双曲线(参看第一章图19)].

例 3 证明:$y=\frac{x+1}{x-1}$在$x\to1$时的情形与函数$y=\frac{1}{x}$在$x\to0$时的情形一样,即

$$\lim_{x\to1}\frac{x+1}{x-1}=\infty$$

证明 当x从右边趋于1时

$$\lim_{x\to1^+}\frac{x+1}{x-1}=+\infty$$

当x从左边趋于1时

$$\lim_{x\to1^-}\frac{x+1}{x-1}=-\infty$$

(参看函数$y=\frac{x+1}{x-1}$的图形,第一章图20).

例 4 证明:函数$y=\frac{1}{x^2}$在$x\to0$时是正无穷大.

证明 事实上,若要$\frac{1}{x^2}>M$,只要$x^2<\frac{1}{M}$,即

$$|x|<\frac{1}{\sqrt{M}}$$

于是满足

$$|0-x|<\delta=\frac{1}{\sqrt{M}}$$

的一切x值都能使函数$y=\frac{1}{x^2}$的值大于预先指定的正数M,所以

$$\lim_{x\to 0}\frac{1}{x^2}=+\infty$$

例 5 $\lim\limits_{x\to\frac{\pi}{2}}\tan x=+\infty$或$-\infty$是由$x$从左边或右边趋于$\frac{\pi}{2}$而决定的.

例 6 指数函数$y=a^x$,$a>1$而当$x\to+\infty$时,或者$a<1$而当$x\to-\infty$时,它都是正无穷大量.

Ⅱ. 有界函数. 引入有界及无界函数的概念,不仅在以后需要,而且能帮助我们更好地理解无穷大量的概念.

函数$y=f(x)$在宗标x的所论区域上叫作有限的,假若存在着这样的正数M,对于该域上一切x的值,都满足$|f(x)|\leqslant M$(或$-M\leqslant f(x)\leqslant M$).

这表示有界函数$y=f(x)$的点y不超过点$y=0$在y轴上的某邻域.

非有界的函数,叫作无界函数. 因而当函数$f(x)$为无界时,就不可能找出那样的数M,使x的一切所论值都满足$|f(x)|\leqslant M$,这又说明至少存在着一个x值的数列:$x_1,x_2,\cdots,x_n,\cdots$,使其对应$f(x)$的绝对值无限增大,即为无穷大量

$$\lim_{n\to\infty}f(x_n)=\infty$$

显然,任何一个无穷大量是无界函数,其逆一般不成立,无界函数可能不是无穷大量,如函数$y=x\sin x$在$x\to\infty$时(或者$y=\frac{1}{x}\sin\frac{1}{x}$在$x\to 0$时完全一样)为无界函数. 事实上,不可能找出这样的数M,使所有x的值满足$|x\sin x|\leqslant M$. 不论取什么样的数M,则对应于数列,例如

$$x_1=\frac{\pi}{2},x_2=\frac{3\pi}{2},x_3=\frac{5\pi}{2},\cdots,x_n=\frac{(2n-1)\pi}{2},\cdots$$

的$|x\sin x|$就分别等于

$$\frac{\pi}{2},\frac{3\pi}{2},\frac{5\pi}{2},\cdots,\frac{(2n-1)\pi}{2},\cdots$$

最后(也就是当n足够大时)就大于数M了. 但在另一方面,也不难找出趋于无穷大的数列,例如

$$x_1=\pi, x_2=2\pi, x_3=3\pi, \cdots, x_n=n\pi, \cdots$$

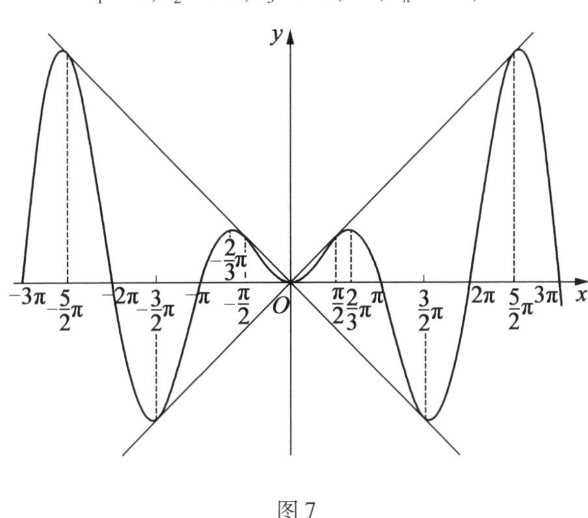

图 7

使其对应的函数值总等于 0,而这就表示它有极限(=0),所以 $y=x\sin x$ 虽是无界函数,但并非无穷大量(当 $x\to\infty$ 时). 在函数 $y=x\sin x$ 的图形(图 7)中,可以看出只要 x 足够大,图形上就有在长条区域 $-M\leqslant y\leqslant M$ 之外的点,其中 M 为任意大的正数. 然而在 $|x|$ 继续增大时,图形上的点并不永远保持这样的位置(无穷大量必须保持这样),而也有落在长条区域之内和落在 x 轴上的点.

当然,任何常量都是有界的.

38. 无穷小量

在宗标按已知规律变化时,函数趋于 0 的情形特别重要且有意义. 根据极限定义,当 $x\to x_0$(或 $x\to\infty$)时,函数 $f(x)$ 趋于 0 的意思是,每一任意小的正数 ε,对应了如下一个正数 δ(或 N),使适合 $|x_0-x|<\delta$(或 $|x|>N$)的 x 的一切所论值都满足不等式 $|f(x)|<\varepsilon$.

当 $x\to x_0$(或 $x\to\infty$)时,趋于 0 的函数 $f(x)$,叫作无穷小量,或叫作在点 x_0 的邻域上(或在无穷远处)的无穷小量.

下列函数可以作为无穷小量的例子:$y=x-1$ 在 $x\to1$ 时;$y=a^x$ 在 $x\to+\infty$(其中 $a<1$),$x\to-\infty$ 时(其中 $a>1$),等等.

除 0 以外,每一个数不管多么小都是有限的,不允许把很小的数(如 0.000 01,10^{-10},$10^{-1\,000}$,…)与无穷小量混淆起来. 前者仅仅是数,而后者是函数,它可取得不同的数值,并且可能取很大的值. 但在宗标按某种规律变化时,可使该函数的绝对值小于任意小的数.

0 是可以作为无穷小量的唯一的数(因为常量的极限就是它本身).

无穷大量与无穷小量之间有一种简单的关系,即:

如果函数$f(x)$为无穷大量,那么$\frac{1}{f(x)}$为无穷小量;如果$f(x)$为无穷小量,那么$\frac{1}{f(x)}$为无穷大量.

现在我们来证明命题的第一部分. 设当$x\to x_0$(或$x\to\infty$)时,$f(x)\to\infty$,要证明这时$\frac{1}{f(x)}\to 0$.

给定任意ε,$\varepsilon>0$,且取数$M=\frac{1}{\varepsilon}$. 这个数就对应了如下的一个δ(或N),使适合条件$0<|x-x_0|<\delta$(或条件$|x|>N$)的x的一切所论值满足

$$|f(x)|>M=\frac{1}{\varepsilon}$$

即

$$\left|\frac{1}{f(x)}\right|<\frac{1}{M}=\varepsilon$$

而这就说明$\lim\limits_{\substack{x\to x_0\\(x\to\infty)}}\frac{1}{f(x)}=0$. 同样可以证明命题的第二部分,但这时必须补充如下的假定:当$x\to x_0$时,在点$x=x_0$的某个邻域上(或当$x\to\infty$时,在点$x=0$的某个邻域外)的一切所论值使所对应的$f(x)$不为0,否则$\frac{1}{f(x)}$在点$x=x_0$的任一邻域上(或在点$x=0$的任一邻域之外)无意义,当然也就不可能再考虑这个分式的极限问题了.

下面的定理在以后是很有用处的:

正定理 有极限的函数可表达为等于其极限的常量及无穷小量的和.

逆定理 如果函数可能表达为常量及无穷小量的和,那么这个常量就是函数的极限.

正定理的证明 设

$$\lim_{\substack{x\to x_0\\(x\to\infty)}}f(x)=A$$

这时,对于任意正数ε,能使足够接近于x_0(或足够大)的x的一切所论值都满足

$$|f(x)-A|<\varepsilon$$

根据定义,这就说明$f(x)-A$为无穷小量,即

$$f(x)-A=\alpha(x)\text{或}f(x)=A+\alpha(x)$$

其中$\alpha(x)$在$x\to x_0$(或$x\to\infty$)时为无穷小.

逆定理的证明 从等式$f(x)=A+\alpha(x)$——其中A为常量,而$\alpha(x)$在$x\to x_0$(或$x\to\infty$)时为无穷小量——可知ε为任意正数时,足够接近于x_0(或足够

大)的 x 的一切所论值都满足不等式

$$|f(x)-A|=|\alpha(x)|<\varepsilon$$

而这就说明,当 x 按相应规律变化时,函数 $f(x)$ 有极限值 A,即

$$\lim_{\substack{x\to x_0\\(x\to\infty)}} f(x)=A$$

这两个定理要经常应用,特别是在下面一节,可以应用这两个定理简单地导出几个极限运算的法则.

早期数学界有一种观点,把无穷小的概念看成非常重要的角色,以至于有时将数学解析叫作无穷小解析.

39. 极限运算法则

直到现在为止,在具体问题里,我们只可能根据极限的定义去验证:已知数是否为已知函数在其宗标按已知规律变化时的极限. 但我们还另有极限的运算法则,常用来直接求出函数的极限.

我们先只讲一些简单的极限运算法则. 首先,要讲关于无穷小量的定理,以后要从这些定理推出关于函数(这些函数趋近的极限不一定等于0)的定理.

为了简便起见,说到趋于一极限的函数 u(或 $v,w,\alpha,\beta,\cdots$)时,写成 $\lim u$,而常不指出在考察极限时自变量的变化规律究竟如何. 不过在这里讲到几个函数时,总假定它们是在自变量按同一规律变化时趋于其极限的.

定理 1 两个、三个以及一般有确定个数的无穷小量的和(代数和)是无穷小量.

证明 设已知 k 个无穷小量:$\alpha,\beta,\cdots,\eta$. 证明它们的和

$$\omega=\alpha+\beta+\cdots+\eta$$

是无穷小量. 给出任意小的正数 ε,并取 $\frac{\varepsilon}{k}$,若 x 是所有这些无穷小量的宗标,则当 $x\to x_0$ 时,在点 $x=x_0$ 的某个 δ-邻域上(或当 $x\to\infty$ 时,在点 $x=0$ 的某个 N-邻域外)可得 $|\alpha|<\frac{\varepsilon}{k}$. 同样,在 x_0 的另外一些邻域上分别可得 $|\beta|<\frac{\varepsilon}{k},\cdots,|\eta|<\frac{\varepsilon}{k}$. 因为

$$|\omega|=|\alpha+\beta+\cdots+\eta|\leqslant|\alpha|+|\beta|+\cdots+|\eta|$$

所以,当 $x\to x_0$ 时,在点 x_0 的这些邻域之中的最小的一个邻域上(或当 $x\to\infty$ 时,在零点的诸 N-邻域之中的最大的一个邻域外)可得不等式

$$|\omega|<\frac{\varepsilon}{k}+\frac{\varepsilon}{k}+\cdots+\frac{\varepsilon}{k}=k\ \frac{\varepsilon}{k}=\varepsilon$$

所以,对每一个正数 ε,有点 $x=x_0$ 的这种邻域(或点 $x=0$ 的这种邻域)存在,使不等式 $|\omega|<\varepsilon$ 在其上(或对点 $x=0$ 的邻域来说是在其外)成立. 这便证明

了 ω 是无穷小量.

特别提出的关于项数为确定的这一条件,是有重要意义的. 这是由于在解析中必须考虑到每项本身变化而项数也变化的特别和式,对于这样的和式来说,本定理是不适用的.

例如,若和式中每一项趋于 0 时,项数无限增多,则定理可能不正确. 假设

$$\alpha=\frac{1}{n^2},\beta=\frac{2}{n^2},\cdots,\eta=\frac{n}{n^2}$$

当 $n\to\infty$ 时,这些量中的每个量都趋于 0,但同时它们的项数也增加,不难看出

$$\omega=\frac{1+2+\cdots+n}{n^2}=\frac{n(n+1)}{2n^2}=\frac{1}{2}+\frac{1}{2n}$$

当 $n\to\infty$ 时,这个和式不是无穷小量,而是趋于$\frac{1}{2}$的量.

从定理 1 直接得到:

定理 1′ 两项、三项以及一般有确定项数的和式的极限等于各项的极限的和.

证明 设已知确定的 k 个项 $u,v,\cdots,t$ 各趋于极限 $a,b,\cdots,d$,并设

$$w=u+v+\cdots+t$$

要证明

$$\begin{aligned}\lim w&=\lim(u+v+\cdots+t)\\&=\lim u+\lim v+\cdots+\lim t\\&=a+b+\cdots+d\end{aligned}$$

我们有

$$u=a+\alpha,v=b+\beta,\cdots,t=d+\tau$$

其中 $\alpha,\beta,\cdots,\tau$ 为无穷小量. 因而

$$w=(a+b+\cdots+d)+(\alpha+\beta+\cdots+\tau)=(a+b+\cdots+d)+\omega$$

其中 $\omega=\alpha+\beta+\cdots+\tau$ 是 k 个无穷小量的和,由定理 1 可知 ω 是无穷小量. 因为 w 等于无穷小量 ω 及常量 $a+b+\cdots+d$ 的和,所以后者是 w 的极限.

定理 2 有界函数与无穷小量的乘积是无穷小量.

证明 设 α 在 $x\to x_0$(或 $x\to\infty$)时是无穷小量,而当 $x\to x_0$ 时,u 在点 x_0 的某邻域上(或当 $x\to\infty$ 时,u 在点 $x=0$ 的某邻域外)有界,$|u|\leqslant M$. 我们要证明$\lim u\alpha=0$.

给出任意小的正数 ε,于是在 $x=x_0$ 的某邻域上(或在 $x=0$ 的某邻域外)的 α 值满足不等式$|\alpha|<\frac{\varepsilon}{M}$,因此

$$|u\alpha|=|u||\alpha|<M\frac{\varepsilon}{M}=\varepsilon$$

由此可见,定理成立.

特别地,若 c 为常量而 $\alpha\to 0$,则

$$\lim c\alpha=0$$

如果 u 不是有界函数,那么定理可能不成立(如 $n\cdot\frac{1}{n}=1$).

从定理 1 及定理 2 得到:

定理 2′ 两个、三个以及一般有确定个因子的乘积的极限等于这些因子的极限的乘积.

证明 仍用定理 1′的记号,我们来证明

$$\lim w=\lim uv\cdots t=\lim u\lim v\cdots\lim t=ab\cdots d$$

我们以两个因子 u 及 v 的乘积来讲. 这时有

$$u=a+\alpha,v=b+\beta$$

$$\begin{aligned} w&=uv=(a+\alpha)(b+\beta)\\ &=ab+(\alpha b+\beta a+\alpha\beta)\end{aligned}$$

由定理 2 及定理 1 可知,右边括号内的式子是无穷小量. 于是

$$\lim w=ab$$

现在不难把定理继续推广到对任意有限个因子的情形. 设已知三个因子 u,v,t,于是

$$\begin{aligned}\lim w&=\lim uvt=\lim(uv)t=\lim uv\lim t\\ &=\lim u\cdot\lim v\cdot\lim t\end{aligned}$$

用同样方法可以证明在四个因子、五个因子等情形下的定理.

特别地,从这个定理可知:

(1)常数因子可提到极限记号外面来

$$\lim cu=c\lim u$$

(因为常量的极限就等于它本身).

(2)当幂数为正整数时,函数乘幂的极限等于函数极限的乘幂

$$\lim u^n=\lim(u\cdot u\cdot\cdots\cdot u)=\lim u\cdot\lim u\cdot\cdots\cdot\lim u=(\lim u)^n$$

定理 3 极限不为 0 的函数除无穷小量所得的商是无穷小量.

证明 设 α 是无穷小量,而 u 是函数,它有极限存在且不为 0,即

$$\lim_{\substack{x\to x_0\\(x\to\infty)}} u=a\neq 0$$

定理告诉我们$\frac{\alpha}{u}\to 0$. 下面我们要证明$\frac{1}{u}$是有界函数. 证明时可给出 $\varepsilon=\frac{|a|}{2}$,于是,在$x\to x_0$ 时,存在点 $x=x_0$ 的 δ-邻域(或在 $x\to\infty$ 时,存在点 $x=0$ 的 N-邻域),使在其上(或在 N-邻域外)有

$$|a-u|<\frac{|a|}{2}$$

由于

$$|a-u|>|a|-|u|$$

故

$$|a|-|u|<\frac{|a|}{2}$$

即

$$|u|>\frac{|a|}{2}$$

故

$$\left|\frac{1}{u}\right|<\frac{2}{|a|}$$

这就证明,当 $x\to x_0$(或 $x\to\infty$)时,函数$\frac{1}{u}$是有界的.

因商式$\frac{\alpha}{u}$可看作有界函数$\frac{1}{u}$及无穷小量 α 的乘积,故根据定理 2 可知

$$\lim\frac{\alpha}{u}=0$$

这就是所要证明的.

无穷小量除无穷小量所得的商可能是无穷小量或无穷大量,也可能是异于 0 的极限,也可能没有任何极限——既没有有限的也没有无限的.

定理 3′ 商的极限等于其分子、分母两者的极限的商,只要分母不是无穷小量.

证明 设 $\lim u=a$ 及 $\lim v=b\neq0$,于是

$$u=a+\alpha,v=b+\beta$$

其中 α 及 β 是无穷小量. 我们要证明

$$\lim w=\lim\frac{u}{v}=\frac{\lim u}{\lim v}=\frac{a}{b}$$

因为

$$w=\frac{u}{v}=\frac{a+\alpha}{b+\beta}=\frac{a}{b}+\frac{b\alpha-a\beta}{b(b+\beta)}$$

由定理 3 可知,分式$\frac{b\alpha-a\beta}{b(b+\beta)}$是无穷小量,因根据前面各定理可知,其分子是无穷小量,而分母的极限 $b^2\neq0$. 若 $b=0$,则定理没有意义.

当函数是由另外一些具有已知极限的函数用四则运算定出时,有了上述各定理之后,就使我们可能求出该函数的极限. 这些定理是在做极限运算,也就是

从函数值求其极限值时所依据的常用法则. 在§3 中,我们还要找出一个求极限的一般法则.

40. 例题

现在不难应用所学的法则求出前面说明极限概念时所讲的几个函数的极限,我们也要考察一些其他的函数作为例子.

(1) $u_n=\frac{2^n-1}{2^n}$. $\lim\limits_{n\to\infty} u_n=\lim\limits_{n\to\infty}\left(1-\frac{1}{2^n}\right)=\lim\limits_{n\to\infty} 1-\lim\limits_{n\to\infty}\frac{1}{2^n}=1$,因为$\lim\limits_{n\to\infty}\frac{1}{2^n}=0$.

(2) $s_n=a_1\frac{1-q^n}{1-q}$. $\lim\limits_{n\to\infty} s_n=\lim\limits_{n\to\infty} a_1\frac{1-q^n}{1-q}=\lim\limits_{n\to\infty}\frac{a_1}{1-q}-\frac{a_1}{1-q}\lim\limits_{n\to\infty} q^n$,然而$\lim\limits_{n\to\infty} q^n$ 等于 0 或无穷大需视$|q|<1$ 或$|q|>1$ 而定. 在第一种情形下得$\lim\limits_{n\to\infty} s_n=\frac{a_1}{1-q}$;在第二种情形下得$\lim\limits_{n\to\infty} s_n=\infty$.

(3) $y=2x-1$, $x\to1$. $\lim\limits_{x\to1}(2x-1)=\lim\limits_{x\to1}(2x)-\lim\limits_{x\to1} 1=2\lim\limits_{x\to1} x-1=2-1=1$.

(4) $y=\frac{2x+1}{3+x}$, $x\to-1$. $\lim\limits_{x\to-1}\frac{2x+1}{3+x}=\frac{\lim\limits_{x\to-1}(2x+1)}{\lim\limits_{x\to-1}(3+x)}=\frac{2\lim\limits_{x\to-1} x+1}{3+\lim\limits_{x\to-1} x}=\frac{2\times(-1)+1}{3-1}=-\frac{1}{2}$.

(5) 在上面最后两道例题中,求函数的极限时只要把 x 的极限代入函数的表达式即可. 我们在§3 里可以知道任何一个初等函数在它的定义域上的一切点处都具备了这些性质. 现在我们只证明任何一个有理分式函数在宗标的极限不使分母为 0 的条件下,也有这种性质. 设

$$y=\frac{a_0x^m+a_1x^{m-1}+\cdots+a_m}{b_0x^n+b_1x^{n-1}+\cdots+b_n}$$

及

$$b_0x^n+b_1x^{n-1}+\cdots+b_n\neq0$$

即有

$$\begin{aligned}\lim_{x\to x_0} y&=\frac{\lim\limits_{x\to x_0}(a_0x^m+a_1x^{m-1}+\cdots+a_m)}{\lim\limits_{x\to x_0}(b_0x^n+b_1x^{n-1}+\cdots+b_n)}\\&=\frac{a_0(\lim\limits_{x\to x_0} x)^m+a_1(\lim\limits_{x\to x_0} x)^{m-1}+\cdots+a_m}{b_0(\lim\limits_{x\to x_0} x)^n+b_1(\lim\limits_{x\to x_0} x)^{n-1}+\cdots+b_n}\\&=\frac{a_0x_0^m+a_1x_0^{m-1}+\cdots+a_m}{b_0x_0^n+b_1x_0^{n-1}+\cdots+b_n}\end{aligned}$$

例如

$$\lim_{x\to2}\frac{3x^3-2x^2+x+1}{x^2-5x+3}=\frac{3\times2^3-2\times2^2+2+1}{2^2-5\times2+3}=-6\ \frac{1}{3}$$

当 $x=x_0$ 时,有理分式函数的分母是 0,则关于极限的商的定理没有意义,

这时就需要做特别的考虑.

(6) $\lim\limits_{x\to3}\frac{x-3}{x^2-9}$. 当 $x\to3$ 时,分母趋于 0,而分子也趋于 0,就得到两个无穷小量的商,但因

$$x^2-9=(x-3)(x+3)$$

故对于所有异于 $x=3$ 的 x 来说

$$\frac{x-3}{x^2-9}=\frac{1}{x+3}$$

所以,由极限的定义得

$$\lim_{x\to3}\frac{x-3}{x^2-9}=\lim_{x\to3}\frac{x-3}{(x+3)(x-3)}=\lim_{x\to3}\frac{1}{x+3}=\frac{1}{6}$$

(7) $\lim\limits_{x\to1}\frac{2x-3}{x^2-5x+4}$. 这时极限为$\infty$,因为当 $x\to1$ 时,分式的分母是无穷小量,而分子不趋于0. 事实上

$$\lim_{x\to1}(x^2-5x+4)=1^2-5\times1+4=0$$

而

$$\lim_{x\to1}(2x-3)=-1$$

由定理 3,有

$$\lim_{x\to1}\frac{x^2-5x+4}{2x-3}=0$$

所以

$$\lim_{x\to1}\frac{2x-3}{x^2-5x+4}=\infty$$

(8) $\lim\limits_{x\to\frac{1}{2}}\frac{4x^2-4x+1}{4x^2-1}$. 这里分母及分子都是无穷小量. 但

$$4x^2-4x+1=(2x-1)^2,4x^2-1=(2x+1)(2x-1)$$

于是

$$\lim_{x\to\frac{1}{2}}\frac{4x^2-4x+1}{4x^2-1}=\lim_{x\to\frac{1}{2}}\frac{2x-1}{2x+1}=\frac{0}{2}=0$$

(9) 当 x 任意趋于∞时,有理分式函数趋于 0、趋于无穷大或异于 0 的有限数的各种情形,要看其分子的次数小于、大于或等于分母的次数而定.

在有理分式

$$\frac{a_0x^m+a_1x^{m-1}+\cdots+a_m}{b_0x^n+b_1x^{n-1}+\cdots+b_n}$$

中,用 x^n 除分子、分母各项

$$\frac{a_0x^{m-n}+a_1x^{m-1-n}+\cdots+a_mx^{-n}}{b_0+b_1x^{-1}+\cdots+b_nx^{-n}}$$

当 $x\to\infty$ 时,其分母趋于 b_0,若 $m<n$,则分子趋于 0,若 $m>n$,则分子趋于∞,若 $m=n$,则分子趋于 a_0.

41. 极限存在的准则

在不能应用上述极限运算法则的情形下,常常不容易知道已知函数在宗标的已知变化下有没有极限. 现在我们要讲两个判定极限是否存在的准则.

Ⅰ. 如果 $f(x)$ 的值介于 $F(x)$ 及 $\Phi(x)$ 的对应值之间,而 $F(x)$ 及 $\Phi(x)$ 在 $x\to x_0$(或 $x\to\infty$)时都趋于相同的极限 A,那么 $f(x)$ 也有极限等于 A.

设

$$F(x)\leqslant f(x)\leqslant\Phi(x)$$

且

$$\lim_{x\to x_0}F(x)=\lim_{x\to x_0}\Phi(x)=A$$

要证明 $\lim\limits_{x\to x_0}f(x)=A$,取 A 的任意小的 ε-邻域,则根据条件可知,存在 x_0 的一个 δ-邻域,使 $F(x)$ 及 $\Phi(x)$ 的对应值在 A 的 ε-邻域上. 但根据所给不等式,在 δ-邻域上,点 x_0 所对应的 $f(x)$ 的值也将位于 A 的 ε-邻域上. 由此可知,对应于每一个 ε,可求得这样的 δ,使 $0<|x-x_0|<\delta$ 时,有 $|A-f(x)|<\varepsilon$,即

$$\lim_{x\to x_0}f(x)=A$$

同样可证明 $x\to\infty$ 的情形.

若 $f(x)$ 是常量,则可知这个常量等于函数 $F(x)$ 及 $\Phi(x)$ 的公共极限 A.

Ⅱ. 设 x 依照某种规律趋于 x_0(或∞)时,函数 $f(x)$ 单调变化,则:

(1)在函数 $f(x)$ 递增但总小于某数 M 时,函数具有不大于 M 的极限 A,即

$$\lim_{\substack{x\to x_0\\(x\to\infty)}}f(x)=A\leqslant M$$

(2)在 $f(x)$ 递减但总大于某数 M 时,函数具有不小于 M 的极限 A,即

$$\lim_{\substack{x\to x_0\\(x\to\infty)}}f(x)=A\geqslant M$$

(3)在 $f(x)$ 无界时,它趋于正无穷大(递增时)或负无穷大(递减时),即

$$\lim_{\substack{x\to x_0\\(x\to\infty)}}f(x)=\pm\infty$$

假定 $f(x)$ 在 x 按已知规律变化时是增大的,这时显然有两种可能情形. 或者 $f(x)$ 总大于预先指定的正数(朝一个方向移动——沿 y 轴向上——$y=f(x)$ 的点就会跑出 $y=0$ 的任何邻域):$f(x)\to+\infty$. 或者 $f(x)$ 增大但总小于某数 M($y=f(x)$ 的点朝一个方向移动——沿 y 轴向上——而不跑出某一区间的边界):$f(x)$ 必趋于不超过数 M 的某极限 A.

同样可以证明$f(x)$递减的情形.

于是,函数$f(x)$的极限状态一般有三种情形:(i)它有极限;(ii)它趋于无穷大;(iii)它既不趋于无穷大,又不趋于一定的极限,而是经常振荡的. 而第二个准则说明,函数的单调性与第三种极限状态的情形是不相容的.

有了这些简单的准则,就常常可以决定极限是否存在(虽然准则本身没有给出求极限的方法).

我们来看一道重要的例题. 设已知数列为

$$1,\frac{1}{1!},\frac{1}{2!},\frac{1}{3!},\cdots,\frac{1}{n!},\cdots$$

其中$n!$为从1到n所有自然数的乘积$1\cdot2\cdot3\cdot\cdots\cdot n$(称为$n$的阶乘). 用$s_n$表示数列的前$n+1$项的和,即

$$s_n=1+\frac{1}{1!}+\frac{1}{2!}+\cdots+\frac{1}{n!}$$

我们来证明数列$s_1,s_2,\cdots,s_n,\cdots$有极限. 首先要知道$s_n$是随$n$的增大而增大的,即

$$s_1<s_2<s_3<\cdots<s_n<\cdots$$

其次,因为

$$\frac{1}{k!}=\frac{1}{1\cdot2\cdot3\cdot\cdots\cdot k}<\frac{1}{1\cdot2\cdot2\cdot\cdots\cdot2}=\frac{1}{2^{k-1}}$$

所以

$$s_n<1+1+\frac{1}{2}+\frac{1}{2^2}+\cdots+\frac{1}{2^{n-1}}$$

即s_n常小于2加上无穷几何级数$\frac{1}{2}+\frac{1}{2^2}+\cdots$的和,即对于任何的$n$来说,均有$s_n<2+1=3$.

因此s_n为有界的递增函数,它应有一个大于2且小于3的极限s,这个极限s可作为已知数列的和,即

$$s=\lim_{n\to\infty}s_n=1+\frac{1}{1!}+\frac{1}{2!}+\cdots+\frac{1}{n!}+\cdots$$

取前几项相加可得近似值$s\approx2.72$. 这个特别的数已在第一章中提过并在以后还要经常遇到它.

我们还记得在初等几何里定出圆的面积时,也用过上述两个准则.

半径为r的圆的内接与外切正n边形的面积s_n及S_n都是正整数宗标n的函数

$$s_n=\frac{1}{2}p_na_n,S_n=\frac{1}{2}P_nr$$

其中 p_n 及 a_n 分别是内接正 n 边形的周界及边心距,而 P_n 是外切正 n 边形的周界. 对于任何一个 n 来说,欲求圆的面积 s 显然在 s_n 与 S_n 之间,即

$$s_n<s<S_n$$

由于 s_n 随 n 的增大而增大,但显然总小于任何一个 S(如 S_3),因此,由准则Ⅱ可知,当 $n\to\infty$ 时,s_n 必有一极限. 同样 S_n 在 $n\to\infty$ 时为递减的函数,但是总大于任何一个 s_n(如 s_3),所以也有极限,且等于 s_n 的极限,因为可以证明 $\lim\limits_{n\to\infty}(S_n-s_n)=0$. 而这个极限由准则Ⅰ,根据指出的不等式,应该等于所求的圆的面积 s,即

$$s=\frac{1}{2}\cdot 2\pi\cdot r\cdot r=\pi r^2$$

§3 连续函数

42. 函数的连续性

函数性质的重要特性之一就是连续性. 它在数学上反映了许多自然现象的共同特征,这些现象都恰好是连续进行的. 例如,我们说枢轴受热时长度连续增加,有机体连续生长,流体连续流动及气温连续变化,等等.

大致说来,若函数是"逐步"变动的,即宗标的变动"不大",涉及的函数的变动也"不大",则它就是连续的. "不大"这个词在数学上不能表示一个清楚的概念,所以把它放在引号里边. 现在我们要根据极限概念来给出函数连续性的严格定义.

称函数 $y=f(x)$ 在点 x_0 处(或当 $x=x_0$ 时)连续,若这个函数在点 x_0 的某个邻域上是有定义的,并且当 Δx 按任意规律趋于 0 时

$$\lim_{\Delta x\to 0}\Delta y=\lim_{\Delta x\to 0}[f(x_0+\Delta x)-f(x_0)]=0 \tag{1}$$

即函数的增量 Δy 随自变量的增量 Δx 趋于 0 而趋于 0.

关系式(1)表示:对于每一个正数 ε,存在一个正数 δ,使得对所有满足不等式 $|\Delta x|<\delta$ 的 Δx,有不等式 $|\Delta y|<\varepsilon$ 成立,即是说,所有数值 $x=x_0+\Delta x$ 充分接近于 x_0 时,所对应的值 $f(x)=f(x_0+\Delta x)$ 就能任意接近于 $f(x_0)$.

我们给函数的这种性质做一个图形的解释. 我们把函数的图形看作是由铁丝做成的(图 8). 于是,对于任何一个预先给定了的直径等于 2ε 的圆柱形空心管来说,能够选取适合的长度为 2δ(可以非常小)的一段,使得:若我们把这个管子的轴的中点取在点 $M(x_0,f(x_0))$ 处而轴本身平行于 x 轴,则对应于区间 $[x_0-\delta,x_0+\delta]$ 的那部分函数图形,能够不改变它的形状,而且全部包含在管子里

面.像上面所说过的那样,为了使弯成了函数图形的铁丝能放在它里面而不改变其形状,那么选定的空心管的直径越小,它的长度就应越短(若 ε 越小,则 δ 也越小).

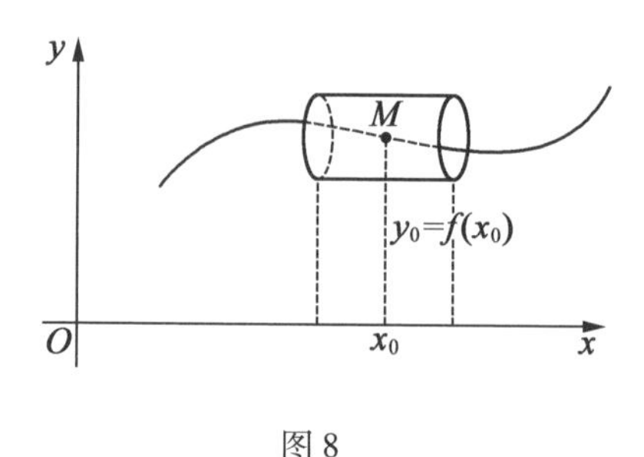

图8

极限关系式(1)可以写为

$$\lim_{\Delta x\to 0} f(x_0+\Delta x)=f(x_0)$$

假若将 $x_0+\Delta x$ 表示为 x,当 $\Delta x\to 0$ 时,x 便趋于数值 x_0 本身,故上面的等式又可写为

$$\lim_{x\to x_0} f(x)=f(x_0)$$

于是,函数在一点处连续这个概念又有另一种叙述方式:

一个函数称为在点 x_0 处连续,若它在该点的某个邻域上(同时也在这一点处)是有定义的,且当自变量 x 任意趋于 x_0 时,函数的极限不但存在,而且等于 $x=x_0$ 时的函数值.

由此可知,函数 $y=f(x)$ 在 $x=x_0$ 处的连续性必须满足三个要求:

(1) $f(x)$ 必须在点 x_0 的某个邻域上有定义.

(2)当 x 按任意规律①趋于 x_0 时,$f(x)$ 必须有极限.

(3)这个极限必须等于点 x_0 处的函数值.

在一区间的每一点处连续的函数叫作在该区间上连续的函数.

在几何上,函数 $y=f(x)$ 的连续性表示:若横坐标轴上两点间的距离充分小,则对应图形上每两点的纵坐标的差可为任意小,因此,连续函数的图形是一条没有间隙的连续曲线.如果它可以画出来,那么就可以让铅笔不离开图纸朝着一个方向(例如从左向右)移动而画成.

注意 按定义来表示函数在 $x=x_0$ 处的连续性的极限等式

$$\lim_{x\to x_0} f(x)=f(x_0)$$

---

① 假若 x_0 是函数 $f(x)$ 的定义区间的端点,则前两个要求应做某种修改,应该只考虑位于 x_0 右边的 x 值(若 x_0 是左端点)或 x_0 左边的 x 值(若 x_0 是右端点),并且只令 x 从右边(或左边)趋于 x_0.

又可写为

$$\lim_{x \to x_0} f(x) = f(\lim_{x \to x_0} x)$$

由此可知,若极限记号和函数记号可以互相交换,则该函数在宗标的极限值处是连续的.

如果事先知道函数在极限点处的连续性,上面的极限等式就表示一个普遍而重要的求极限的法则. 简言之,这个法则就是:

求连续函数的极限时,只要将函数表达式中的宗标换成它的极限值即可.

我们曾经证明:若 $f(x)$ 是有理分式函数,则

$$\lim_{x \to x_0} f(x) = f(x_0)$$

即有理分式函数在其定义域上的一切点处都是连续的. 特别地,任何多项式在整个 x 轴上是连续的.

43. 函数的不连续点

若 $f(x)$ 在点 x_0 的某个邻域上有定义,但点 x_0 本身除外,或者,$f(x)$ 在 x_0 这点也有定义,但是不满足连续性的条件(2)或(3),则点 $x=x_0$ 叫作函数 $y=f(x)$ 的不连续点.

换言之,或者,当 x 按照任意的规律趋于 x_0 时,$f(x)$ 没有极限,或者,这个极限存在而不等于点 x_0 处的函数值,则点 x_0 叫作函数 $f(x)$ 的不连续点或间断点.

具有不连续点 x_0 的函数 $y=f(x)$ 叫作在该点不连续的函数. 还可以说,函数 $y=f(x)$ 在点 $x=x_0$ 处间断.

若该函数在点 $x=x_0$ 的邻域上是无界的(在特殊情形下,是无穷大),则点 $x=x_0$ 叫作函数的无穷型间断点. 我们说,当宗标 x 通过 x_0 时,函数做无穷大“跳跃”. 其他的不连续情形叫作“有穷的”.

我们举几个不连续函数的例子:

(1)$y=\frac{1}{x}$具有不连续点 $x=0$,因为当 x 等于这个数值时,该函数是没有定义的(这里是无穷型间断点). 同样,函数 $y=\tan x$ 具有不连续点 $x=(2k+1)\frac{\pi}{2}$,其中 k 为任意整数,因为当 x 为这些数值时,该函数是没有定义的(这里也是无穷型间断点). 若 x 从左边趋于 0(在前一例中)或趋于$(2k+1)\frac{\pi}{2}$(在后一例中),则前一函数趋于$-\infty$,而后一函数趋于$+\infty$;若 x 从右边趋于各点,则前一函数趋于$+\infty$,而后一函数趋于$-\infty$.

点 $x=0$ 是函数 $y=\sin\frac{1}{x}$的不连续点,但是与前两例不同,不管 x 怎样趋于

0——按照任意的规律或者仅仅从右边或者仅仅从左边——函数 $y=\sin\frac{1}{x}$总不会有极限存在,而永远振荡于-1 与 1 之间(图 9).

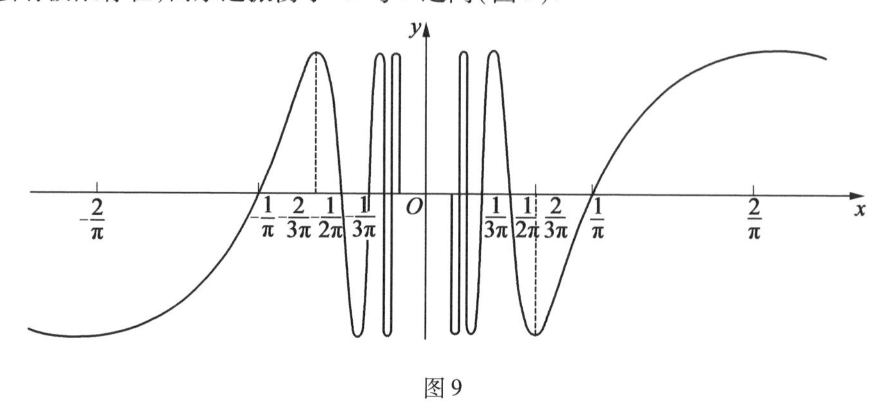

图 9

(2)对于任何一个 $x\neq 0$,函数 $y=f(x)$由式子

$$y=f(x)=\frac{1}{1+2^{\frac{1}{x}}}$$

来定义,而当 $x=0$ 时,函数等于 0:$f(0)=0$. 这个函数在点 $x=0$ 处(有穷的)不连续,因为它不满足连续性的第二个条件:当宗标 x 以任意方式趋于 0 时,函数没有极限. 事实上,当 x 从右边趋于 0,即 x 总保持正号时,$\frac{1}{x}\to+\infty$,$2^{\frac{1}{x}}\to+\infty$,所以

$$\lim_{x\to 0^+}\frac{1}{1+2^{\frac{1}{x}}}=0$$

若 x 从左边趋于 0,即 x 总保持负号,则$\frac{1}{x}\to-\infty$,$2^{\frac{1}{x}}\to 0$,因此

$$\lim_{x\to 0^-}\frac{1}{1+2^{\frac{1}{x}}}=1$$

由此可见,当 x 仅仅从右边或仅仅从左边趋于 0 时,所讨论的函数具有不同的极限. 这就证明了,当 x 以任意方式趋于 0 时,函数没有极限.

图 10 就是所讨论函数的图形.

无论取什么样的函数值来代替在 $x=0$ 处的函数值 $y=0$,都不能使该函数在 $x=0$ 处变为连续的,因为当 $x\to 0$ 时,函数没有极限,并且不管给 $f(0)$以任何的数值,函数在点 $x=0$ 处都是不连续的.

(3)我们用下面的方法来定义一个函数 $y=f(x)$. 对于所有的 x,除 $x=1$ 外,$f(x)=x$,但当 $x=1$ 时,$f(x)=\frac{1}{2}$,这个函数

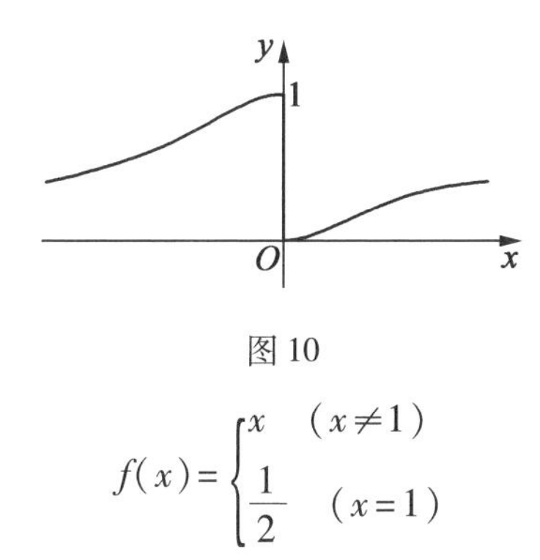

图 10

$$f(x)=\begin{cases}x & (x\neq 1)\\ \dfrac{1}{2} & (x=1)\end{cases}$$

在点 $x=1$ 处是不连续的. 事实上,当 x 趋于 1 时,它的极限存在,但是等于 1 而不等于$\frac{1}{2}$,若函数为连续的,则必须等于$\frac{1}{2}$. 该函数的图形(图 11)是由除去点(1,1)的全部直线 $y=x$ 及点$\left(1,\frac{1}{2}\right)$所构成的.

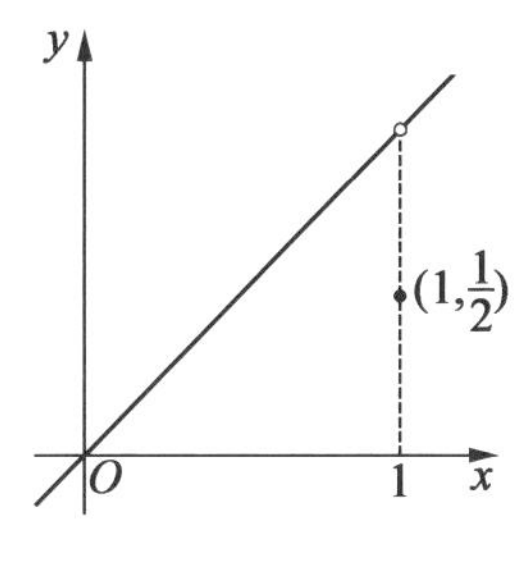

图 11

函数概念的内容是如此之广,使我们可以构造很复杂的不连续函数. 例如,在数轴上每一点都有定义,却在每一点都是不连续的函数①. 不过在自然科学和工程上所遇到的绝大部分都是连续函数. 同样,在本书中所要碰到的函数,在它有定义的点处几乎都是连续的. 正如我们所说过的,这些函数就是初等函数.

眼前的目标是要证明每一个初等函数在它的整个定义域上是连续的,但是在做这件事之前,我们先来研究连续函数的一些普遍性质以及关于连续函数的一些简单定理.

---

① 举一个函数的例子如下:对于所有的无理点,其值为 0. 对于所有的有理点,其值为 1. 该函数的定义域是整个自变量轴,而该轴上的每一点都是函数的不连续点. 值得惊讶的是,像这种非常"复杂的"和"造作过分的"函数都可用几种不同的解析式子(加上极限运算步骤)构造出来,使每种解析式子都能精确地表示出那个函数.

44. 连续函数的普遍性质

函数在闭区间上的每一点都连续(简言之,即在闭区间上连续),这个假定的本身是使函数具有一系列普遍的重要性质的先决条件. 我们不给出这些定理的严格证明,因为它们是要以实数理论为依据,而实数理论在本书中没有足够详细的说明. 为了达到本书所追求的目的,我们只给出定理的叙述和解释它们的意义,这样做也足够令人相信定理的真实性①. 不过,以后我们将尽量给出——除去少数例外——所讲命题和定理的详尽证明,它们的依据就是本节关于连续函数的性质(作为毋庸置疑的事实来看)的定理.

定理 1 在闭区间上连续的函数在该区间上至少各有一次取得它的最大值和最小值.

证明 设函数 $y=f(x)$ 在区间$[a,b]$上连续(图 12). 区间$[a,b]$上至少存在一个点 $\xi_1, a\leqslant\xi_1\leqslant b$,并且还至少存在一个点 $\xi_2, a\leqslant\xi_2\leqslant b$,使这两点处的函数值分别是整个区间$[a,b]$上最大的和最小的函数值:对于所有满足 $a\leqslant x\leqslant b$ 的 x 有

$$f(x)\leqslant f(\xi_1)$$
$$f(x)\geqslant f(\xi_2)$$

一般地,如果不假定是闭区间,那么这段叙述就不正确. 事实上,例如,函数 $y=x$ 在任何开区间(a,b)上都是连续的,但是它在该区间上既不取得它的最大值也不取得它的最小值,它恰好在区间的端点取得这些值,可是端点是不属于该区间的. 同样,对于不连续函数来说,这个定理也是不成立的,读者应想得出(哪怕是用图形表示)不满足定理 1 且在闭区间上有定义的不连续函数的例子来.

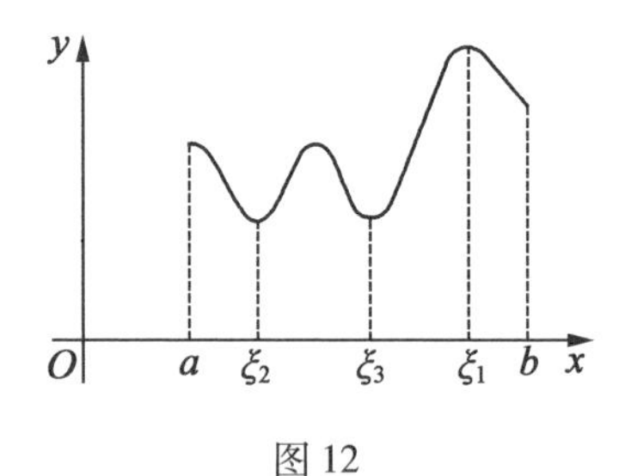

图 12

定理 2 在闭区间上连续,且在该区间的两端点处取得异号值的函数至少有一次为 0.

证明 假定 $y=f(x)$ 在$[a,b]$上是连续的,并且 $f(a)<0, f(b)>0$(或 $f(a)>0, f(b)<0$). 在区间$[a,b]$上至少存在一个点 $\xi, a<\xi<b$,使得 $f(\xi)=0$. 在

① 想要知道证明的读者,请去阅读更详尽一些的解析教程.

几何上,这表示一件明显的事实,联结位于 x 轴下方(上方)的点 A 与位于 x 轴上方(下方)的点 B 的连续曲线——连续函数的图形——必定与 x 轴至少有一个交点(图 13). 不连续函数一般就没有这个性质.

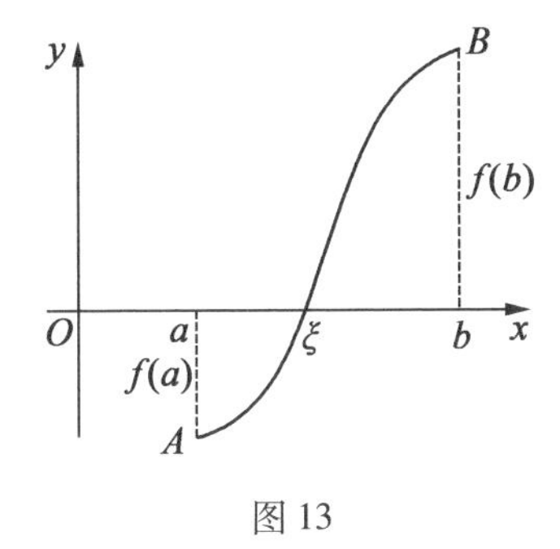

图 13

定理 2 能写成更为普遍的形式:

在闭区间上连续的函数,至少有一次取得两个端点处的函数值之间的任何数值.

设 $f(a)=m$, $f(b)=M$,若 $m<M$(假定 $m>M$,在讨论中也不会有任何实质上的变动),取 m 与 M 之间的某数 μ:$m<\mu<M$. 在区间 $[a,b]$ 上至少存在一个点 ξ,使得 $f(\xi)=\mu$. 这个命题可直接从定理 2 推出来. 实际上,函数

$$\varphi(x)=f(x)-\mu$$

在区间两端点处取得异号值

$$\varphi(a)=f(a)-\mu=m-\mu<0$$

$$\varphi(b)=f(b)-\mu=M-\mu>0$$

因为函数 $\varphi(x)$ 在 $[a,b]$ 上连续①,根据定理 2,它必定在 a 和 b 之间的某一点 ξ 处为 0:$\varphi(\xi)=0$. 于是,$f(\xi)-\mu=0$,即

$$f(\xi)=\mu$$

从几何上讲,这个命题表示:任何一条平行于 x 轴并且位于连续曲线的起点和终点之间的直线 $y=\mu$,至少与曲线相交一次. 交点的横坐标是数值 $x=\xi$,在该点处,$f(\xi)=\mu$(图 14). 这个命题指出:

当连续函数从其一个值取到另一个值时,必通(或取)过所有的中间值. 特别地,在一个区间上连续的函数至少有一次取得其最大值与最小值间的任何数值.

---

① 这个事实本身是很明显的,并且也很容易给出简单的证明,有

$$\begin{aligned}\Delta\varphi(x)&=\varphi(x+\Delta x)-\varphi(x)\\&=[f(x+\Delta x)-\mu]-[f(x)-\mu]\\&=f(x+\Delta x)-f(x)=\Delta f(x)\end{aligned}$$

根据条件,当 $\Delta x\to 0$ 时,$\Delta f(x)\to 0$,所以 $\Delta\varphi(x)\to 0$,这也就证明了 $\varphi(x)$ 是一个连续函数.

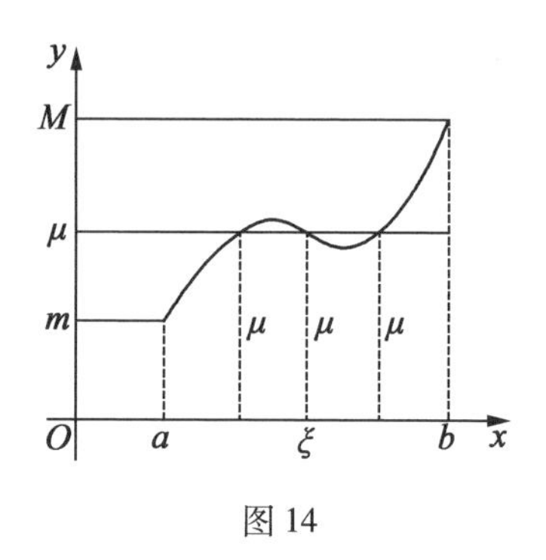

图 14

定理 3　若函数 $y=f(x)$ 在闭区间 $[a,b]$ 上连续，则对于任何正数 ε，可以找到一个正数 δ，只要 $|\Delta x|<\delta$，就使得

$$|f(x+\Delta x)-f(x)|<\varepsilon$$

成立，而与 $x(a\leqslant x\leqslant b)$ 的值无关.

证明　这种性质是函数 $y=f(x)$ 在区间 $[a,b]$ 上的每一点所分别具有的，因为按定义，它是在已知点处连续的函数所固有的性质. 当 x 为已知时，每一个 $\varepsilon(\varepsilon>0)$ 对应着一个 $\delta(\delta>0)$，使我们可从不等式 $|\Delta x|<\delta$ 推出不等式

$$|\Delta y|=|f(x+\Delta x)-f(x)|<\varepsilon$$

然而还不能由此就得出结论说：对于每一个 ε，都能选取一个 δ，使它适用于区间上任何一点. 我们要按照下列方式来说明这件事. 如果在区间上取两个、三个，以至（有限数）n 个点 $x_1,x_2,\cdots,x_n$，显然，就得到对应于同一个 ε 的 n 个 δ 值 $\delta_1,\delta_2,\cdots,\delta_n$，其中最小的一个用 δ_m 来表示，它适用于所取各点中的任何一点. 于是，在任何一个所取点 x_i 的 δ_m-邻域上，任意点处的函数值 $f(x)$ 与 $f(x_i)$ 的差（取绝对值）小于 ε. 但若考虑该区间的无穷点列：$x_1,x_2,\cdots,x_n,\cdots$，便不能预先否定下述情形的可能性，从一点 x_n 换到一点 x_{n+1} 时，所要求的 δ 值逐渐减小，当 $n\to\infty$ 时，$\delta\to 0$. 于是，对于所有被考虑的点都适用的 δ 值就不存在. 更不能预先肯定说，对于每一值 $\varepsilon(\varepsilon>0)$ 都有一个公共的 δ，适用于全部区间 $[a,b]$ 上的点.

定理 3 肯定了如上所讲的情形是不可能的，因而肯定了对于同样一个 ε，总可找到一个 δ 适用于（函数为连续的）闭区间上的一切点，这就表示，若要使两个函数值之间得到已知接近的程度，只要使两个对应宗标的值保持一定的接近程度即可，而不必计较这两个宗标值位于闭区间上的何处. 上述情况表明，依照已知的 ε 来选取 δ 时，区间上所有各段具有“平权性”，“一致性”或“均匀性”. 因此，定理 3 所建立起来的函数性质就叫作均匀连续性. 因而，定理 3 还可重述如下：

在闭区间上连续的函数，在该区间上是均匀连续的.

借助于上面讲连续性时已经用过的说明方法，可以使均匀连续性变得非常

易于体会(图 8),依据定理 3 的结论,在已知直径为 2ε 的圆柱形空心管上,选取一段长度为 2δ(可能非常小)的管子,使得该段管子能从弯成函数图形的铁丝一端滑到另一端的任何地方都不会碰到铁丝,只要空心管的轴的中点总在铁丝上,其轴总是保持平行于自变量轴即可.

函数的均匀连续性,在数学解析的严格结构上占着一个很重要的位置.

不难证明,定理 3 一般不适用于开区间的情形. 例如,函数 $y=\frac{1}{x}$ 在开区间 $(0,1)$ 上是连续的,但这个连续性不是均匀的. 事实上,对于每一个 $\varepsilon,\varepsilon>0$,无论取什么 $\delta>0$,总可以找到一个点 $x_0>0$,使得规定函数连续性的条件在该点处不成立. 为此,只需证明满足不等式

$$\frac{1}{x_0-\delta}-\frac{1}{x_0}>\varepsilon$$

或

$$\frac{\delta}{x_0(x_0-\delta)}>\varepsilon$$

的数 x_0 存在即可.

而这个不等式是显然成立的,只要

$$\frac{\delta}{x_0\cdot x_0}=\frac{\delta}{x_0^2}>\varepsilon$$

即

$$x_0<\sqrt{\frac{\delta}{\varepsilon}}$$

由此可见,对于已知的 ε 和 δ,总可找到所需要的数值 $x=x_0$.

45. 施行于连续函数的运算

假定存在一些已知的函数,对它们做四则运算及取函数的函数,就会得出别的函数来,但假定这些运算都是有限次数的(初等函数就是这样从基本初等函数得出来的).

我们要证明:

若原来的诸函数是连续的,则用刚才所指出的那些运算方法得出的函数也是连续的. 这个命题可由下面的四个定理推出来,这四个定理肯定了连续函数经过上述每一种运算后得出的函数的连续性.

定理 4 两个、三个以及一般确定的有限个在某点处连续的函数的和(代数和),是一个在该点处连续的函数.

证明 设已知 $u,v,\cdots,t$ 是确定个数且在点 $x=x_0$ 处连续的诸函数,所要证明的是,其和 $w=u+v+\cdots+t$ 也是在点 $x=x_0$ 处连续的函数. 因为这些函数是连续的,所以

$$\lim_{x \to x_0} u = u_0, \lim_{x \to x_0} v = v_0, \cdots, \lim_{x \to x_0} t = t_0$$

其中 $u_0, v_0, \cdots, t_0$ 是函数 $u, v, \cdots, t$ 在点 $x = x_0$ 处的各个对应值. 根据和式极限的定理,有

$$\begin{aligned}\lim_{x \to x_0} w &= \lim_{x \to x_0} (u + v + \cdots + t) \\ &= \lim_{x \to x_0} u + \lim_{x \to x_0} v + \cdots + \lim_{x \to x_0} t \\ &= u_0 + v_0 + \cdots + t_0 = w_0\end{aligned}$$

其中 w_0 是函数 w 在点 $x = x_0$ 处的函数值,这就证明了函数 w 在点 $x = x_0$ 处是连续的.

定理 5 两个、三个以及一般确定的有限个在某点处连续的函数的乘积,是一个在该点处连续的函数.

证明 除设 $w = u \cdot v \cdot \cdots \cdot t$ 外,仍保留定理 4 的记号,则有(根据关于乘积的极限的定理)

$$\begin{aligned}\lim_{x \to x_0} w &= \lim_{x \to x_0} (u \cdot v \cdot \cdots \cdot t) \\ &= \lim_{x \to x_0} u \cdot \lim_{x \to x_0} v \cdot \cdots \cdot \lim_{x \to x_0} t \\ &= u_0 \cdot v_0 \cdot \cdots \cdot t_0 = w_0\end{aligned}$$

这就是所要证明的.

定理 6 在某点处连续的两个函数的商,是在该点处连续的一个函数,但分母在该点处不为 0.

证明 同前,设 $w = \frac{u}{v}$,根据关于商的极限的定理,有

$$\lim_{x \to x_0} w = \lim_{x \to x_0} \frac{u}{v} = \frac{\lim\limits_{x \to x_0} u}{\lim\limits_{x \to x_0} v} = \frac{u_0}{v_0} = w_0$$

这就是所要证明的. 关于商的极限的定理只在 $\lim v = v_0 \neq 0$ 时才成立.

定理 7 由确定的有限个连续函数组成的复合函数是连续的.

证明 只要证明这个定理在含两个环节的函数链时成立,我们就可以推出对于含任何有限个环节的函数链,这个定理也成立.

设 $y = f(z), z = \varphi(x)$,所以

$$y = f[\varphi(x)] = F(x)$$

其中 $\varphi(x)$ 在 $x = x_0$ 处连续,$f(z)$ 在 $z = z_0$ 处连续,$z_0 = \varphi(x_0)$. 定理的结论是:将 y 作为 x 的函数,即 $F(x)$ 看待时,是在点 $x = x_0$ 处连续的.

其证明如下:由于函数 f 的连续性,有

$$\lim_{x \to x_0} y = \lim_{x \to x_0} f(z) = f(\lim_{x \to x_0} z)$$

又由于

$$\lim_{x\to x_0} z=\lim_{x\to x_0}\varphi(x)=\varphi(x_0)$$

于是

$$\lim_{x\to x_0} y=\lim_{x\to x_0}F(x)=f[\varphi(x_0)]=F(x_0)$$

这就是所要证明的.

除了这些定理,我们还要加入关于反函数的连续性的定理,这个定理非常有用,因为除了上面所说过的(从原函数构造出新函数)那些运算,还要用到函数的倒置运算(即是从已知函数得出其反函数的运算).

定理 8 单调连续函数的反函数是连续的.

证明 设 $y=f(x)$ 是单调函数,假定它是增大的①,且在区间 $a\leqslant x\leqslant b$(它也可以是无穷的②)上是连续的,则其反函数 $x=\varphi(y)$,犹如在第一章内所指出来的一样,在区间 $f(a)\leqslant y\leqslant f(b)$(它同样可以是无穷的③)上是连续的.

现在我们来证明函数 $x=\varphi(y)$ 在任何一点 $y=y_0(f(a)<y_0<f(b))$ 处的连续性,即关系式

$$\lim_{y\to y_0}\varphi(y)=\varphi(y_0)$$

成立.

由于函数 $y=f(x)$ 的连续性,故代表其数值的点全部盖满了区间 $[f(a),f(b)]$.

令 y 单调增大地趋于 y_0. 因为函数 $x=\varphi(y)$ 是单调的④、有界的,所以有极限存在,用 x' 来表示它. 我们要证明的是 $x'=\varphi(y_0)$. 因为按假定,函数 $f(x)$ 是连续的,所以

$$\lim_{y\to y_0}f[\varphi(y)]=f[\lim_{y\to y_0}\varphi(y)]=f(x')$$

但是 $f[\varphi(y)]=y$,所以

$$\lim_{y\to y_0}f[\varphi(y)]=y_0$$

由此可知 $y_0=f(x')$,也就是 $x'=\varphi(y_0)$. 同样可证明,当 y 单调减小地趋于 y_0 时,函数 $\varphi(y)$ 具有同一极限. 这样就证明了无论 y 怎样趋于 y_0,都有

$$\varphi(y)\to\varphi(y_0)$$

46. 初等函数的连续性

根据前面所讲的道理,初等函数的连续性可以从组成它的原有函数(就是基本初等函数)的连续性导出来. 其实,我们在前面全部的叙述中,特别是在第

① 即使假定已知函数 $y=f(x)$ 是减小的,也不会使证明有所改变.

② 这时,区间的写法自然应有所改变.

③ 这时,区间的写法自然应有所改变.

④ 事实上,因为函数 $y=f(x)$ 是增大的,所以它的反函数 $x=\varphi(y)$ 也是增大的,因此,若 $y>y_0$,则 $\varphi(y)>\varphi(y_0)$.

一章描述基本初等函数的性质和图形时，就已经无形中假定了这些函数是连续的. 在初等数学中也是无形中做了同样的假定，在那里绝不会因函数的连续性问题而引起任何困难. 本书的目的和范围也迫使我们放弃对基本初等函数的连续性问题做详尽的研究，它们的连续性是可以根据实数理论①直接地、在逻辑上无可非议地推出来的.

不过，直接从几何定义出发来证明三角函数和反三角函数的连续性，以及依据最少数的不加证明的事实来证明指数函数、对数函数和幂函数的连续性，是对读者有帮助的.

定理 9 每一个像 $y=\sin x, y=\cos x, y=\tan x, \cdots$ 的三角函数在其有定义的任一点 x 处是连续的.

证明 从函数 $y=\sin x$ 开始. 我们要证明对于任何 x，有

$$\lim_{\Delta x\to 0}[\sin(x+\Delta x)-\sin x]=0$$

我们有

$$\lim_{\Delta x\to 0}[\sin(x+\Delta x)-\sin x]=2\lim_{\Delta x\to 0}\left[\sin\frac{\Delta x}{2}\cdot\cos\left(x+\frac{\Delta x}{2}\right)\right]$$

若 $\Delta x\to 0$，则 $\frac{\Delta x}{2}\to 0$，现在要指明，这时 $y=\sin\frac{\Delta x}{2}$ 趋于 0. 因第二个因子 $\cos\left(x+\frac{\Delta x}{2}\right)$ 是有界函数，故由此就可得到所要求的极限等式.

下面证明关系式

$$\lim_{\alpha\to 0}\sin\alpha=0$$

的正确性（由于等式 $\sin 0=0$，上式就意味着函数 $y=\sin\alpha$ 在 $\alpha=0$ 处连续）. 因 $\alpha\to 0$，故可认为 $|\alpha|<\frac{\pi}{2}$. 取半径为 1 的圆，作任一半径，例如水平的，并在它的两旁作角 α. 联结所引两半径端点而得的弦，按定义，它的长度等于 $2\sin\alpha$，而对应该弦的弧长则为 2α. 显然，弦长小于弧长，所以

$$2|\sin\alpha|<2|\alpha| \text{或} |\sin\alpha|<|\alpha|$$

因而，若 $\alpha\to 0$，则 $\sin\alpha\to 0$，这就是所要证明的.

函数 $y=\cos x$ 对于任一 x 都是连续的，因为从函数 $y=\sin z, z=x+\frac{\pi}{2}$，可以作成函数 $y=\cos x=\sin\left(x+\frac{\pi}{2}\right)$，因而它是连续的. 同样，函数 $y=\tan x=\frac{\sin x}{\cos x}$ 也是连续的，由于分子及分母的连续性，除了那些使 $\cos x=0$ 的 x 值（就是除了 $x=$

---

① 和以前一样，为了了解详细内容，我们建议有兴趣的读者去参看较为详尽一些的解析教程.

$(2n+1)\frac{\pi}{2}$,其中 n 是任意整数或0),它对于每一 x 都是连续的. 其他三角函数的连续性可以用类似的方法来证明.

定理 10 反三角函数 $y=\arcsin x, y=\arccos x, y=\arctan x, \cdots$ 在其有定义的任一点 x 处是连续的.

证明 由于每一个反三角函数(严格地说,它们的主支)是单调连续函数的反函数,所以,它本身就是单调连续函数. 例如,函数 $y=\arcsin x$ 是在区间 $\left[-\frac{\pi}{2}, \frac{\pi}{2}\right]$ 上连续且增大的函数 $y=\sin x$ 的反函数;函数 $y=\arccos x$ 是在区间 $[0,\pi]$ 上连续且减小的函数 $y=\cos x$ 的反函数;函数 $y=\arctan x$ 是在区间 $\left(-\frac{\pi}{2}, \frac{\pi}{2}\right)$ 上连续且增大的函数 $y=\tan x$ 的反函数;等等.

现在取指数函数 $y=a^x$,我们总可以假定 $a>1$,若 $a=\frac{1}{a_1}<1$,其中 $a_1>1$,则 $a^x=a_1^{-x}$,仍然得到一个具有底 $a_1>1$ 的指数函数. 故只要考虑这个函数在 $a>1$ 而宗标可变号的情形.

在初等数学中,函数 $y=a^x(a>1)$ 的值是以有理数 a 为底并对有理数 x 来定义的,并且指出该函数具有下面的性质:

(1) $a^0=1$.

(2) $a^x>0$.

(3) 若 $x_2>x_1$,则 $a^{x_2}>a^{x_1}$(即 a^x 是增函数).

(4) $a^{x_1+x_2}=a^{x_1}a^{x_2}$;$(a^{x_1})^{x_2}=a^{x_1x_2}$.

在高等数学中,可把函数 $y=a^x$ 的定义推广到数轴上的任一点 x(并以任何实数 a 为底),并使这个函数——已经是连续宗标的函数——保留上述四个性质. 能做到这事(不预备细讲)就已经足够证明指数函数、对数函数及幂函数的连续性了.

定理 11 指数函数 $y=a^x$ 在任一点 x 处都是连续的.

证明 因为

$$\lim_{\Delta x\to 0}(a^{x+\Delta x}-a^x)=\lim_{\Delta x\to 0}[a^x(a^{\Delta x}-1)]=a^x\lim_{\Delta x\to 0}(a^{\Delta x}-1)$$

我们的问题在于证明关系式

$$\lim_{\Delta x\to 0}(a^{\Delta x}-1)=0$$

的正确性(由于等式 $a^0=1$,上式就意味着函数 $y=a^x$ 在点 $x=0$ 处是连续的).

我们来证明这个关系式. 首先注意到,可给任意的 $\Delta x(-1<\Delta x<1)$ 找出如下的整数 n,使得

$$-\frac{1}{n}<\Delta x<\frac{1}{n}$$

若 $\Delta x\to 0$,则 $n\to\infty$. 可写出不等式

$$a^{-\frac{1}{n}}-1<a^{\Delta x}-1<a^{\frac{1}{n}}-1$$

并设

$$1-a^{-\frac{1}{n}}=\alpha_n, a^{\frac{1}{n}}-1=\beta_n$$

显然可知 $0<\alpha_n<1$ 及 $\beta_n>0$,于是有

$$-\alpha_n<a^{\Delta x}-1<\beta_n$$

由等式 $1-a^{-\frac{1}{n}}=\alpha_n$ 得出

$$a^{-\frac{1}{n}}=1-\alpha_n \text{ 或 } a^{\frac{1}{n}}=\frac{1}{1-\alpha_n}$$

因为 $1-\alpha_n^2<1$,也就是 $(1-\alpha_n)(1+\alpha_n)<1$,所以 $\frac{1}{1-\alpha_n}>1+\alpha_n$,由此可知

$$a^{\frac{1}{n}}>1+\alpha_n$$

从这里又得到

$$a>(1+\alpha_n)^n=1+n\alpha_n+\cdots>1+n\alpha_n$$

所以

$$\alpha_n<\frac{a-1}{n}$$

从这个不等式可知,当 $n\to\infty$ 时,$\alpha_n\to 0$.

同样从等式

$$a^{\frac{1}{n}}-1=\beta_n$$

求得

$$a=(1+\beta_n)^n=1+n\beta_n+\cdots>1+n\beta_n$$

也就是

$$\beta_n<\frac{a-1}{n}$$

由此可知,当 $n\to\infty$ 时,$\beta_n\to 0$.

当 Δx 以任意方式趋于 0(因而 $n\to\infty$)时,$\alpha_n\to 0$,$\beta_n\to 0$,故从不等式

$$-\alpha_n<a^{\Delta x}-1<\beta_n$$

得到

$$\lim_{\Delta x\to 0}(a^{\Delta x}-1)=0$$

这就是所要证明的.

定理 12 对数函数 $y=\log_a x$ 在任一点 $x(x>0)$ 处是连续的.

证明 假定 $a>1$,这时,函数 $y=\log_a x$ 是连续而增大的指数函数 $y=a^x$ 的反函数,它对每个正的 x 也是增大而连续的. 不难从函数 $y=a^x$ 的性质导出(但我

们不预备讲它)为读者所已经熟知的函数 $y=\log_a x$ 的性质.

定理 13 无论 n 为什么样的实数,幂函数 $y=x^n$ 在任一点 $x(x>0)$ 处是连续的.

证明 若函数 $y=x^n$ 在 $x<0$ 也是有定义的,则它不是偶函数便是奇函数,所以,在任何情形下,可限于考察函数 $y=x^n$ 在 $x>0$ 时的情形. 因为

$$x^n=a^{n\log_a x}$$

且组成这个复合函数的函数 $y=a^z$ 及 $z=n\log_a x$ 都是连续的,可知 x^n 是连续的.

当 n 为正整数时,函数 $y=x^n$ 的连续性是前面已经证明了的.

我们已经承认任一基本初等函数是连续的,故根据前面所得出的一般结果,可知任何初等函数都是连续的.

初等函数的不连续点,只可能是使某些组成它的函数元素变为不能决定或使分式函数的分母变为 0 时的自变量的值.

因此,初等函数的定义区间就恰好是它的连续区间.

由此就得到了简单而实用的求极限的运算法则:

在求初等函数的极限时,若宗标趋于函数定义域内的值,则只要用宗标的极限值代替函数表达式中宗标的值便可.

这个法则具有极大的价值,因为在解析的应用上所遇到的主要是初等函数.

当宗标趋于无穷大或使函数出现不定点的某些其他数值时,常常需要做特别的研究.

§4 无穷小的比较、一些值得注意的极限

47. 无穷小的比较、相当无穷小

Ⅰ. 无穷小的阶. 我们经常会遇到求两个函数比值的极限问题,其中两个函数在宗标按同样规律变化时均趋于 0,也就是说,两个函数都是无穷小. 于是,我们遇到在宗标趋于使所论函数(比)为不定的点的条件下求极限的情形. 若这个极限存在,则当其中一个无穷小量取作单位时,它就决定了另一个无穷小量的相对大小. 我们都知道,两个常量常可用定出其相对大小的比值来比较,要比较两个无穷小量,就得用它们比值的极限.

设 α 及 β 是无穷小量,且设 $\lim \dfrac{\alpha}{\beta}=0$. 这说明不仅以常量为单位去度量时,$\alpha$ 按其本身的大小会趋于 0,而且以无穷小量 β 作为单位度量时,α 按其相

对大小来说,也趋于0. 在这种情形下,α 叫作比 β 高阶的无穷小(或高阶小),或者说 α 趋于0较 β 快些.

以例题来说明,设 $\alpha_n=\frac{1}{n^2}$,$\beta_n=\frac{1}{n}$($n\to\infty$). 比较这两个无穷小,可知 α_n 是比 β_n 高阶的无穷小,因为 $\alpha_n=\beta_n^2$,且

$$\lim_{n\to\infty}\frac{\alpha_n}{\beta_n}=\lim_{n\to\infty}\frac{\beta_n^2}{\beta_n}=\lim_{n\to\infty}\beta_n=0$$

若 α 是比 β 高阶的无穷小,则也说 β 是比 α 低阶的无穷小,这时

$$\lim\frac{\beta}{\alpha}=\infty$$

一般来说,α 是比 β 高阶、比 β 低阶或与 β 同阶的无穷小这三种情形要分别依 $\lim\frac{\alpha}{\beta}$ 等于0、为无穷大或异于0的有限数而定.

其他的任何无穷小量是不能与作为无穷小量的0比较的,因为0作除数是不允许的①.

两个无穷小量的比较可更精确地定义如下:

如果 $\frac{\alpha}{\beta^k}$ 趋于异于0的极限,那么 α 就叫作关于无穷小 β 的 k 阶无穷小.

如果 $k>1$,那么 α 是关于 β 的较高阶无穷小. 如果 $k<1$,那么 α 就是较低阶的. 因若 $\frac{\alpha}{\beta^k}\to B\neq0$(即 $\frac{\frac{\alpha}{\beta}}{\beta^{k-1}}\to B$),则当 $k>1$ 时,$\frac{\alpha}{\beta}$ 必定趋于0(否则,$\frac{\alpha}{\beta}\cdot\frac{1}{\beta^{k-1}}$ 就不可能趋于极限),而当 $k<1$ 时,$\frac{\alpha}{\beta}$ 就必趋于 ∞(否则,$\frac{\alpha}{\beta}\cdot\beta^{1-k}$ 就不可能趋于异于0的极限).

当同时有几个无穷小相比较时,通常是从其中选择一个作为度量单位或标准,所有其他的无穷小都与它来做比较.

设当两个无穷小与第三个无穷小相比较时,所得的阶不等,则其中阶数较高的一个比阶数较低的一个是高阶的无穷小. 如设 α 对 β 是 k 阶的,而 γ 对 β 是 l 阶的,且 $k>l$,于是 $\frac{\alpha}{\gamma}\to0$,就是说 α 是比 γ 高阶的无穷小,其阶为 $\frac{k}{l}>1$,因为由已知条件可得

$$\frac{\alpha}{\beta^k}\to A\neq0,\ \frac{\gamma}{\beta^l}\to C\neq0$$

① 如果两个无穷小量 α,β 的比值的极限不存在,那么也不能比较它们的阶.

从后面一个关系式得

$$\frac{\gamma^{\frac{k}{l}}}{\beta^k}\to C^{\frac{k}{l}}$$

因而

$$\frac{\alpha}{\gamma^{\frac{k}{l}}}=\frac{\frac{\alpha}{\beta^k}}{\frac{\gamma^{\frac{k}{l}}}{\beta^k}}\to\frac{A}{C^{\frac{k}{l}}}\neq 0$$

可是 α 对于 γ 的阶是$\frac{k}{l}$,因$\frac{k}{l}>1$,故 α 是比 γ 高阶的无穷小.

Ⅱ. 相当性. 若 α 及 β 是同阶无穷小量

$$\lim\frac{\alpha}{\beta}=1$$

则它们叫作相当的或等价的. 在这种情形下,同样有$\lim\frac{\beta}{\alpha}=1$. 由此可得下面一个简单而重要的命题.

如果 α 及 β 是相当无穷小,那么 α 与 β 的差是阶数高于 α 及 β 的无穷小.

设 $\alpha-\beta=\gamma$,得

$$\lim\frac{\gamma}{\beta}=\lim\left(\frac{\alpha}{\beta}-1\right)=0$$

因为$\frac{\alpha}{\beta}$趋于 1. 同样可证 $\lim\frac{\gamma}{\alpha}=0$.

反之,假如两个无穷小量 α 及 β 之间的差是较高阶的无穷小,那么它们就是相当的.

设 $\gamma=\alpha-\beta$,且$\frac{\gamma}{\alpha}\to 0$(或$\frac{\gamma}{\beta}\to 0$),需要证明$\frac{\beta}{\alpha}\to 1$. 因

$$\frac{\gamma}{\alpha}=\frac{\alpha-\beta}{\alpha}=1-\frac{\beta}{\alpha}$$

于是,由$\frac{\gamma}{\alpha}\to 0$,即得$\frac{\beta}{\alpha}\to 1$,同样也由$\frac{\gamma}{\beta}\to 0$,得到$\frac{\alpha}{\beta}\to 1$.

有时,无穷小量 α 及 β 的相当性可以表示如下

$$\alpha\sim\beta$$

例如,当 $n\to\infty$ 时,无穷小量 $\alpha_n=\frac{n+1}{n^2}$是相当于无穷小量 $\beta_n=\frac{1}{n}$的,因为它们的差是高阶无穷小

$$\alpha_n-\beta_n=\frac{1}{n^2}$$

它们的比趋于1,即

$$\frac{\alpha_n}{\beta_n}=\frac{n+1}{n}\to 1$$

在许多问题里,无穷小可直接换成其相当无穷小,而不会发生任何错误①.正如下面的命题:

若将两个无穷小的比换成其相当无穷小的比,所得比的极限不变.

若设$\alpha\sim\alpha'$,$\beta\sim\beta'$,则

$$\lim\frac{\alpha}{\beta}=\lim\left(\frac{\alpha}{\alpha'}\cdot\frac{\alpha'}{\beta'}\cdot\frac{\beta'}{\beta}\right)=\lim\frac{\alpha}{\alpha'}\cdot\lim\frac{\alpha'}{\beta'}\cdot\lim\frac{\beta'}{\beta}$$
$$=1\cdot\lim\frac{\alpha'}{\beta'}\cdot 1=\lim\frac{\alpha'}{\beta'}$$

由这个命题可知,求两个无穷小量α及β的比$\left(\frac{\alpha}{\beta}\right)$的极限时,可以略去其分子及分母中的高阶无穷小(如上所证明的,这就是以α及β的相当无穷小去代替它们),有时这个方法用来简化极限计算.

讲到相当无穷小的概念,我们要提出一个函数用另一个函数近似表出的问题.设两个函数u及v在$x\to x_0$(或$x\to\infty$)时趋于同一极限A,也就是

$$\lim u=\lim v=A$$

于是

$$\lim(u-v)=0$$

即$u-v=\alpha$为无穷小量.因此,若在点x_0的邻域上(或在x的绝对值足够大时),用函数v的值代替函数u的值,则绝对误差α将是无穷小量.不过,近似式的"好坏",并不按绝对误差估计,而是按相对误差估计的.当$x\to x_0$(或$x\to\infty$)时,若近似等式$v\approx u$的相对误差趋于0,即$\frac{\alpha}{u}\to 0$,则说v的值无限精确地表示u的值.若u及v趋于同一极限A,则在$A\neq 0$时的情形就正好是这样

$$\frac{\alpha}{u}=\frac{u-v}{u}=1-\frac{v}{u}\to 1-\frac{A}{A}=0$$

但当$A=0$时,就是当这两个函数u及v都是无穷小量时,相对误差可能不是无穷小,只有在u及v是相当无穷小时,它才是无穷小.因为从

$$\frac{\alpha}{u}=\frac{u-v}{u}\to 0$$

可知u及v的差与它们自身相比是高阶的无穷小,也就是说,它们是相当无穷小.所以,诸无穷小量的相当性是使其中一个无穷小的值为其余诸无穷小的无

---

① 这就说明了"相当的"或"等价的"无穷小等名称的由来.

限精确的近似值时的条件.

这也可以用下面的文字来表示：两个相当无穷小量中，其中一个是另一个的主部.

例如，当 $n\to\infty$ 时，无穷小量 $\beta_n=\frac{1}{n}$ 是无穷小量 $\alpha_n=\frac{n+1}{n^2}$ 的主部.

下面，我们将考虑几个值得注意的无穷小量比值的例题.

48. 无穷小量比值的例题

这里要举三个例子求出无穷小量比值的极限，其中最后一个在解析上有很大的价值.

Ⅰ. $\lim\limits_{x\to 0}\frac{\sqrt{4+x}-2}{\sqrt{9+x}-3}$. 极限记号后的函数在 $x=0$ 时没有定义，因为那时分母变为 0. 我们用简单的代数变换来处理，则

$$\lim_{x\to 0}\frac{\sqrt{4+x}-2}{\sqrt{9+x}-3}=\lim_{x\to 0}\frac{(\sqrt{4+x}-2)(\sqrt{4+x}+2)(\sqrt{9+x}+3)}{(\sqrt{9+x}-3)(\sqrt{4+x}+2)(\sqrt{9+x}+3)}$$

$$=\lim_{x\to 0}\frac{\sqrt{9+x}+3}{\sqrt{4+x}+2}$$

现在已经可以求出函数的极限，函数在 $x=0$ 处连续，按照已知法则，求得它的极限等于 $\frac{\sqrt{9+0}+3}{\sqrt{4+0}+2}=\frac{3}{2}$.

Ⅱ. $\lim\limits_{x\to 0}\frac{\sqrt{1+x}-1}{\frac{1}{2}x}$. 用同样的做法，得到

$$\lim_{x\to 0}\frac{\sqrt{1+x}-1}{\frac{1}{2}x}=\lim_{x\to 0}\frac{(\sqrt{1+x}-1)(\sqrt{1+x}+1)}{\frac{1}{2}x(\sqrt{1+x}+1)}$$

$$=\lim_{x\to 0}\frac{1}{\frac{1}{2}(\sqrt{1+x}+1)}=\frac{1}{\frac{1}{2}\times 2}=1$$

我们知道，当 $x\to 0$ 时，分子及分母是相当无穷小

$$\sqrt{1+x}-1\sim\frac{1}{2}x$$

所以对于足够小的 x，可以近似地认为

$$\sqrt{1+x}\approx 1+\frac{1}{2}x$$

而相对误差为任意小.

例如，计算 $\sqrt{627}$. 则

$$\sqrt{627}=\sqrt{625+2}=\sqrt{625}\times\sqrt{1+\frac{2}{625}}\approx 25\left(1+\frac{2}{2\times 625}\right)=25.040$$

这个结果是很精确的,因为$\sqrt{627}$取到前三位小数的值就是 25.040.

同样说明,一般地,$\sqrt{a^2+b}$均可近似地等于 $a+\frac{b}{2a^2}$,只要 b 与 a^2 相比较时是足够小的.

Ⅲ. 现在考察一个很重要的极限,即当宗标以任意方式趋于 0 时,正弦对其宗标的比值的极限

$$\lim_{\alpha\to 0}\frac{\sin\alpha}{\alpha}$$

求这个极限时,可从正弦的几何定义出发. 取半径为 1 的圆,于是$|\alpha|$就是圆弧的长. 因为$\frac{\sin\alpha}{\alpha}$是偶函数,所以只考虑 $\alpha>0$ 的情形即可. 现在,在圆上任一点 A(图 15)的两侧截取等弧$\widehat{AC}$及$\widehat{AC'}$,使弧长 $\alpha<\frac{\pi}{2}$(根据条件可使 α 任意接近于 0,因此我们有权假设 $\alpha<\frac{\pi}{2}$),用直线联结点 C 及 C',并从这两点引圆的切线 CD 及 $C'D$ 相交于点 D. 于是

$$CB=C'B=\sin\alpha, CD=C'D=\tan\alpha$$

但折线长 CDC'大于弧长 CAC',而弧长 CAC'又大于线段长 CC'. 于是得

$$2\sin\alpha<2\alpha<2\tan\alpha$$

以 $2\sin\alpha$ 除不等式的各项,得

$$1<\frac{\alpha}{\sin\alpha}<\frac{1}{\cos\alpha}$$

或

$$1>\frac{\sin\alpha}{\alpha}>\cos\alpha$$

因为 $\cos\alpha$ 是连续函数,当 $\alpha=0$ 时,其值为 1,于是,当 $\alpha\to 0$ 时,$\frac{\sin\alpha}{\alpha}$是在两个函数之间,这两个函数具有相同的极限且等于 1. 因此

$$\lim_{\alpha\to 0}\frac{\sin\alpha}{\alpha}=1$$

这样,$\sin\alpha$ 及 α 是相当无穷小:$\sin\alpha\sim\alpha$. 所以,在 α 足够小时,以 α 代替 $\sin\alpha$ 的相对误差可以任意小.

用所求得的极限可以计算许多其他的无穷小量比值的极限.

例 1 $\lim_{\alpha\to 0}\frac{\tan\alpha}{\alpha}=\lim_{\alpha\to 0}\frac{\sin\alpha}{\alpha}\cdot\frac{1}{\cos\alpha}=\lim_{\alpha\to 0}\frac{\sin\alpha}{\alpha}\cdot\lim_{\alpha\to 0}\frac{1}{\cos\alpha}=1.$

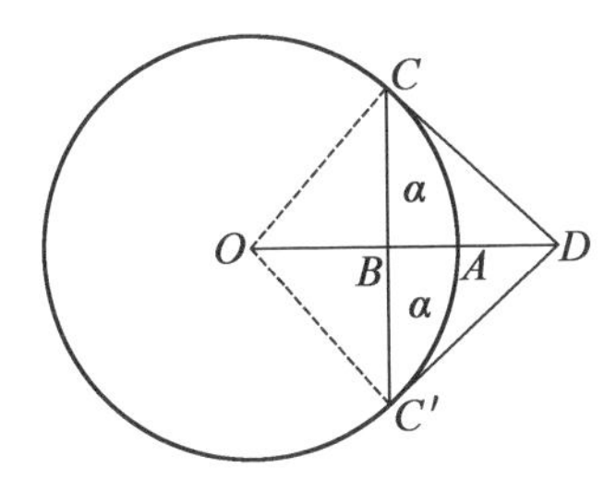

图 15

例 2 $\lim\limits_{\alpha\to0}\dfrac{\sin k\alpha}{\alpha}=\lim\limits_{\alpha\to0}\dfrac{k\sin k\alpha}{k\alpha}=k\lim\limits_{\alpha\to0}\dfrac{\sin k\alpha}{k\alpha}=k\cdot1=k.$

例 3 $\lim\limits_{\alpha\to0}\dfrac{1-\cos\alpha}{\alpha}=\lim\limits_{\alpha\to0}\dfrac{2\sin^2\dfrac{\alpha}{2}}{\alpha}=\lim\limits_{\alpha\to0}\dfrac{\sin\dfrac{\alpha}{2}}{\dfrac{\alpha}{2}}\cdot\sin\dfrac{\alpha}{2}=1\cdot0=0.$

最后这个例子说明,当 $\alpha\to0$ 时,$1-\cos\alpha$ 是比 α 及 $\sin\alpha$ 高阶的无穷小.

注意 设函数在某一点 x_0 处没有定义,或者在 $x=x_0$ 处的函数值与它在 $x\to x_0$ 时的极限不同. 于是,当自变量趋于这一点时,若这个函数的极限存在,许多著者都沿传统把它叫作函数在该点处的"真值",而极限的求法本身叫作"不定性的确定法".

例如,$\dfrac{1}{6}$就叫作函数 $y=\dfrac{x-3}{x^2-9}$在 $x=3$ 时的"真值". 这是因为以函数所趋的极限作为函数值之后,所得的函数不仅在已知函数无定义的那一点处有了定义,而且在该点处连续. 例如,函数 $y=\dfrac{x-3}{x^2-9}$在 $x=3$ 处没有定义,但如果考虑新的函数:对所有异于 $x=3$ 的 x 值,它与 $y=\dfrac{x-3}{x^2-9}$相同,而当 $x=3$ 时,它等于$\dfrac{1}{6}$,那么它不仅是处处(点 $x=3$ 也在内)有定义的,而且是处处连续的. 还有一个例子,函数 $y=x\sin\dfrac{1}{x}$在 $x=0$ 时没有定义. 然而,当 $x\to0$ 时,函数趋于 0,因为

$$\left|x\sin\frac{1}{x}\right|=|x|\left|\sin\frac{1}{x}\right|\leqslant|x|\cdot1=|x|$$

所以,如果有另一函数给出如下:若 $x\neq0$,则 $y=x\sin\dfrac{1}{x}$;若 $x=0$,则 $y=0$,那么这个函数对所有的 x 都有定义而且是连续的.

不过我们不预备沿用上述那种术语,因为我们同样有权利给在点 $x=x_0$ 处没有定义的函数以另一个值,而不是 $x\to x_0$ 时函数的极限值. 一般来说,没有任何理由认为这些值中有一个是"真值",而另一个"非真值". 进一步说,把不等于函数按照其给出式实际取得的值叫作"真值"是不合逻辑的. "不定性的确定

法”一词也用在自变量趋于∞时，这种叫法显然是没有意义的，因为函数在 $x=\infty$ 时不可能有定义.

如果 x 任意趋于 x_0 时，$\lim f(x)$ 存在，那么在这个极限不等于 $f(x_0)$ 或函数 $f(x)$ 在点 x_0 处的值没有定义时，就说间断点 x_0 是“可移去的间断点”（函数 $f(x)$ 在点 x_0 处有“可移去的间断性”），而极限的求法有时叫作间断性移去法，这种叫法比“不定性的确定法”一词更切实些. 事实上，求出 $\lim\limits_{x\to x_0} f(x)$ 且取这个数作为值 $f(x_0)$ 之后，就好比“移去了”点 x_0 处的间断性，使函数在该点处连续.

如果 x 任意趋于 x_0 时，函数 $f(x)$ 没有极限，那么不管“定好”或“重定”函数在 $x=x_0$ 处的值，都不可能移去 $x=x_0$ 处的间断性，而使函数在那一点处连续.

49. 数 e、自然对数

Ⅰ. 在数学解析里，还有一个很重要的极限，即 $\lim\limits_{z\to\infty}\left(1+\frac{1}{z}\right)^z$. 如我们现在要证明的，当 z 按照任何规律无限增大时，这个极限存在，用字母 e 来表示它. 因此，我们可这样说：

当 z 任意趋于无穷大时，函数 $y=\left(1+\frac{1}{z}\right)^z$ 有极限，这个极限值等于 e，即

$$e=\lim_{z\to\infty}\left(1+\frac{1}{z}\right)^z$$

证明时，我们假定 z 只取整数值 $z=n$ 而趋于 $+\infty$，于是按牛顿公式得

$$\begin{aligned}u_n&=\left(1+\frac{1}{n}\right)^n=1+\frac{n}{1!}\cdot\frac{1}{n}+\frac{n(n-1)}{2!}\cdot\frac{1}{n^2}+\frac{n(n-1)(n-2)}{3!}\cdot\frac{1}{n^3}+\cdots+\\&\quad\frac{n(n-1)\cdots(n-k+1)}{k!}\cdot\frac{1}{n^k}+\cdots+\frac{n(n-1)\cdots(n-n+1)}{n!}\cdot\frac{1}{n^n}\\&=1+1+\frac{1}{2!}\left(1-\frac{1}{n}\right)+\frac{1}{3!}\left(1-\frac{1}{n}\right)\left(1-\frac{2}{n}\right)+\cdots+\\&\quad\frac{1}{k!}\left(1-\frac{1}{n}\right)\left(1-\frac{2}{n}\right)\cdots\left(1-\frac{k-1}{n}\right)+\cdots+\\&\quad\frac{1}{n!}\left(1-\frac{1}{n}\right)\left(1-\frac{2}{n}\right)\cdots\left(1-\frac{n-1}{n}\right)\end{aligned}$$

若 n 增大，则上面 u_n 的表达式中每一项（除去前两项）都增大，其一般项

$$\frac{1}{k!}\left(1-\frac{1}{n}\right)\left(1-\frac{2}{n}\right)\cdots\left(1-\frac{k-1}{n}\right)$$

随 n 的增大而变得更大. 除此以外，还可以添上新的正数项. 由此可知，u_n 是 n 的递增函数. 但它是有界的，因为以 1 代替所有括号内的数（真分数），得

$$u_n<1+1+\frac{1}{2!}+\frac{1}{3!}+\cdots+\frac{1}{n!}=s_n<3 \tag{1}$$

因此 u_n 是有界单调函数，它显然趋于 2 与 3 之间的某极限.

这个极限

$$\lim_{n\to\infty} u_n = \lim_{n\to\infty}\left(1+\frac{1}{n}\right)^n$$

用字母 e① 表示. 我们可以证明当 z 以任何其他方式趋于无穷大时,函数 $y=\left(1+\frac{1}{z}\right)^z$ 也趋于同一数 e②.

设 z 以任意方式趋于$+\infty$. 它的每一个值显然介于两个相邻整数 n 及 $n+1$ 之间,$n\leqslant z\leqslant n+1$,这时显然有

$$\left(1+\frac{1}{n+1}\right)^n\leqslant\left(1+\frac{1}{z}\right)^z\leqslant\left(1+\frac{1}{n}\right)^{n+1}$$

或

$$u_{n+1}\cdot\frac{1}{1+\frac{1}{n+1}}\leqslant\left(1+\frac{1}{z}\right)^z\leqslant u_n\cdot\left(1+\frac{1}{n}\right)$$

其中 $u_n=\left(1+\frac{1}{n}\right)^n$. 若 $z\to\infty$,则 $n\to\infty$,那么两个函数(把 $y=\left(1+\frac{1}{z}\right)^z$ 夹在那两个函数中间)都趋于 e,则

$$\lim_{n\to\infty}\left(u_{n+1}\cdot\frac{1}{1+\frac{1}{n+1}}\right)=\lim_{n\to\infty}u_{n+1}\cdot\lim_{n\to\infty}\frac{1}{1+\frac{1}{n+1}}=\mathrm{e}\cdot 1=\mathrm{e}$$

---

①这个记号和表示圆周长与直径长之比的 π 一样,都是由欧拉引用到科学上来的.

②我们要知道

$$s_n=1+1+\frac{1}{2!}+\frac{1}{3!}+\cdots+\frac{1}{n!}$$

趋于同一极限,即

$$\lim s_n=\mathrm{e}$$

现在来证明它以 s 表示 s_n 的极限(见 41 小节). 我们需证明 $s=\mathrm{e}$. 取 u_n 的表达式中的 $k+1$ 项($k<n$),得

$$u_n>1+1+\frac{1}{2!}\left(1-\frac{1}{n}\right)+\frac{1}{3!}\left(1-\frac{1}{n}\right)\left(1-\frac{2}{n}\right)+\cdots+$$
$$\frac{1}{k!}\left(1-\frac{1}{n}\right)\left(1-\frac{2}{n}\right)\cdots\left(1-\frac{k-1}{n}\right)$$

当 $n\to\infty$ 时,得到关系式

$$\mathrm{e}>1+1+\frac{1}{2!}+\frac{1}{3!}+\cdots+\frac{1}{k!}=s_k \tag{2}$$

于是根据不等式(1)及(2)得

$$u_k<s_k<\mathrm{e}$$

因为当 $k\to\infty$ 时,$u_k\to\mathrm{e}$,由此得

$$\lim_{k\to\infty} s_k=s=\mathrm{e}$$

这就是所要证明的.

$$\lim_{n\to\infty}\left[u_n\cdot\left(1+\frac{1}{n}\right)\right]=\lim_{n\to\infty}u_n\cdot\lim_{n\to\infty}\left(1+\frac{1}{n}\right)=\mathrm{e}\cdot 1=\mathrm{e}$$

于是,不管变量 z 依什么方式趋于正无穷大,$y=\left(1+\frac{1}{z}\right)^z$ 都趋于 e.

考虑 z 以任意方式趋于$-\infty$ 时的情形. 设 $z=-(t+1)$,那么,当 $z\to-\infty$ 时,$t\to+\infty$,即有

$$\lim_{z\to-\infty}\left(1+\frac{1}{z}\right)^z=\lim_{t\to+\infty}\left(1-\frac{1}{t+1}\right)^{-(t+1)}=\lim_{t\to+\infty}\left(\frac{t}{t+1}\right)^{-(t+1)}$$

$$=\lim_{t\to+\infty}\left(1+\frac{1}{t}\right)^{t+1}=\lim_{t\to+\infty}\left(1+\frac{1}{t}\right)^t\cdot\lim_{t\to+\infty}\left(1+\frac{1}{t}\right)=\mathrm{e}\cdot 1=\mathrm{e}$$

于是结论全部被证明.

e 这个数是无理数,因此不能用任一个有限分数来准确表示它,如取它的小数点后十五位,其值如下

$$\mathrm{e}=2.718\ 281\ 828\ 459\ 045\cdots$$

在实际计算中,一般只取到前两三位.

Ⅱ. 例如 $z=\frac{1}{x}$,当 $z\to\infty$ 时,$x\to 0$,所以

$$\lim_{z\to\infty}\left(1+\frac{1}{z}\right)^z=\lim_{x\to 0}(1+x)^{\frac{1}{x}}=\mathrm{e}$$

现在要应用这个极限关系,再来考察一个有趣的两个无穷小量的比值的极限问题.

求

$$\lim_{x\to 0}\frac{\log_a(1+x)}{x}\quad(a>0)$$

因为

$$\lim_{x\to 0}\log_a(1+x)=\log_a 1=0$$

这里确实得到两个无穷小量的比.

做出下面的变换

$$\lim_{x\to 0}\frac{\log_a(1+x)}{x}=\lim_{x\to 0}\left[\frac{1}{x}\log_a(1+x)\right]$$

$$=\lim_{x\to 0}\log_a(1+x)^{\frac{1}{x}}$$

$$=\log_a\left[\lim_{x\to 0}(1+x)^{\frac{1}{x}}\right]$$

最后一步做法是由对数函数的连续性而得来的. 根据刚才所得的极限关系就得到

$$\lim_{x\to 0}\frac{\log_a(1+x)}{x}=\log_a\mathrm{e}$$

这说明当 $x\to 0$ 时，$\log_a(1+x)$ 及 x 是同阶无穷小. 若对数函数的底 a 换成 e，则显然有 $\log_e e=1$，于是，当 $x\to 0$ 时，$\log_e(1+x)$ 及 x 将是相当无穷小

$$\log_e(1+x)\sim x$$

当 x 足够小时，可用 x 代替 $\log_e(1+x)$，而使相对误差为任意小. 这无疑将使各种计算大为简化，而且由此可以看出在理论研讨上以 e 作对数函数的底最为方便. 以 e 为底的对数，用记号 ln 表示，叫作自然对数，或按照最初发明对数表的几个人之一——纳皮耳(Napier，1550—1617)的名字而叫作纳皮耳对数.

由于两个不同底的对数是彼此成正比的，故从自然对数系化到另外其他的，如以 10 为底的对数系以及相反的化法，都没有任何困难.

自然对数与以 10 为底的对数之间有下列的关系

$$\lg x=M\ln x \text{ 及 } \ln x=\frac{1}{M}\lg x$$

其中

$$M=\lg e=\frac{1}{\ln 10}\approx 0.434\ 294,\ \frac{1}{M}\approx 2.302\ 585$$

M 叫作从自然对数化到以 10 为底的对数的模. 在实际计算中常常使用以 10 为底的对数，因为我们的数系是十进位的，所以它在计算上有些方便. 但它并不比任何其他的对数有什么理论上的优点.

在本书里，我们用的是自然对数.

应用极限 $\lim\limits_{z\to\infty}\left(1+\frac{1}{z}\right)^z=e$，可以求出其他函数的极限.

例 4 设 $x=kz$，有

$$\lim_{x\to\infty}\left(1+\frac{k}{x}\right)^x=\lim_{z\to\infty}\left(1+\frac{1}{z}\right)^{zk}=\lim_{z\to\infty}\left[\left(1+\frac{1}{z}\right)^z\right]^k$$
$$=\left[\lim_{z\to\infty}\left(1+\frac{1}{z}\right)^z\right]^k=e^k$$

例 5 设 $k\alpha=z$，有

$$\lim_{\alpha\to 0}\frac{\ln(1+k\alpha)}{\alpha}=\lim_{z\to 0}k\ \frac{\ln(1+z)}{z}=k\ \lim_{z\to 0}\frac{\ln(1+z)}{z}=k\cdot 1=k$$

例 6 设 $a^h-1=z$，有

$$a^h=1+z,\ h=\frac{\ln(1+z)}{\ln a}$$

且知

$$\lim_{h\to 0}\frac{a^h-1}{h}=\lim_{z\to 0}\frac{z}{\frac{\ln(1+z)}{\ln a}}=\lim_{z\to 0}\left[\ln a\cdot\frac{z}{\ln(1+z)}\right]=\ln a$$

这些例子是以后所需要的.

第三章 导函数与微分、微分学

力学及物理学上的许多重要问题将不可避免地使我们在数学中引入两个基本的解析概念——导函数及微分. 我们先从这些问题中几个最简单的问题(它们在个别情形下的提法无疑是读者已熟知的)讲起,然而要想对这些问题在一般提法下有一个精确答案,就必须用极限的概念及极限运算步骤. 因此,只有在学过必要范围内的极限概念及运算之后,才可能考虑上述问题以及从它们之中得出的导函数(及微分)概念与新的数学运算——函数微分法.

弄清楚导函数概念的几何意义后,就可以用它从解析上去解决一系列几何问题. 这些问题中最基本的一个问题——关于曲线上切线的作法问题——本来也可以作为定义导函数时的出发点,但我们在这里却宁愿从纯粹的物理问题方面来引出这个概念.

在这一章里,我们还要叙述一些其他问题,这些问题都是与微分法有关的,而且结合起来形成数学解析的一部分,即微分法. 实际说来,从这一章起才开始讲数学解析,而前两章在某种意义上只可看作这种解析学的引论.

§1　导函数的概念、函数的变化率

50. 几个物理学上的概念

我们来考虑下面几个简单的物理现象:直线运动,质量的线性分布,物体的加热. 为了说明这些现象就要依次引入下面的概念:运动的速率,密度,比热. 然而从数学观点看来,它们不过是同一概念下的几个特殊形式. 为了指出这一点,下面将对这一系列现象逐一加以讨论.

Ⅰ. 直线运动的速率. 设物体做直线运动,且设每一段已知时间 t 内物体所经过的距离 s 为已知,换言之,已知距离 s 是时间 t 的函数

$$s=f(t)$$

方程 $s=f(t)$ 叫作运动方程,而其在坐标系 tOs 上所规定的曲线叫作运动的图形.

现在考虑物体从某一瞬时 t 到另一瞬时 $t+\Delta t$ 这一段时间内的运动. 在时间 t 内,物体所经过的路程为 $s=F(t)$,而在时间 $t+\Delta t$ 内的路程为

$$s+\Delta s=F(t+\Delta t)$$

这就是说,在 Δt 个单位时间内所经过的路程为

$$\Delta s=F(t+\Delta t)-F(t)$$

如果运动是匀速的,那么 s 就是 t 的线性函数

$$s=v_0t+s_0$$

在这种情形下

$$\Delta s=v_0\Delta t$$

而比值$\frac{\Delta s}{\Delta t}(=v_0)$说明在一个单位时间内物体经过若干单位的路程. 在匀速运动中,该比值恒为常量,并不取决于所选的瞬时 t,也不取决于所选的时间增量 Δt. 常数比值$\frac{\Delta s}{\Delta t}$叫作匀速运动的速率. 由此看来,匀速运动的速率就是物体经过的路程对于所耗费时间的比①. 但当运动不是匀速时,则其路程对于时间的比$\frac{\Delta s}{\Delta t}$就取决于 t 及 Δt,这个比值叫作从 t 到 $t+\Delta t$ 这一段时间内运动的平均速率,

---

① 匀速运动的速率在数值上等于单位时间内物体所经过的距离. 在 CGS 制中,速率的因次是 cm/s.

常用 v_{cp} 表示，$v_{cp}=\frac{\Delta s}{\Delta t}$. 在这段时间内，即使物体经过的距离相同，其运动进行的情况也可能是各式各样的. 如图 1 所示，在平面 tOs 上，两点间（点 A 及 B）可能引出各种不同的曲线（AC_1B，AC_2B，AC_3B），这就是在已知时间内的运动的图形，并且所有这些不同的运动都对应着同一平均速率$\frac{\Delta s}{\Delta t}$. 在特殊情形下，点 A 与点 B 间的曲线是直线段（ACB），它是在区间（t，$t+\Delta t$）内匀速运动的图形. 由此可知，平均速率$\frac{\Delta s}{\Delta t}$指的是，要在该时间区间（$t$，$t+\Delta t$）内移动距离 Δs，做匀速运动时所需要的速率.

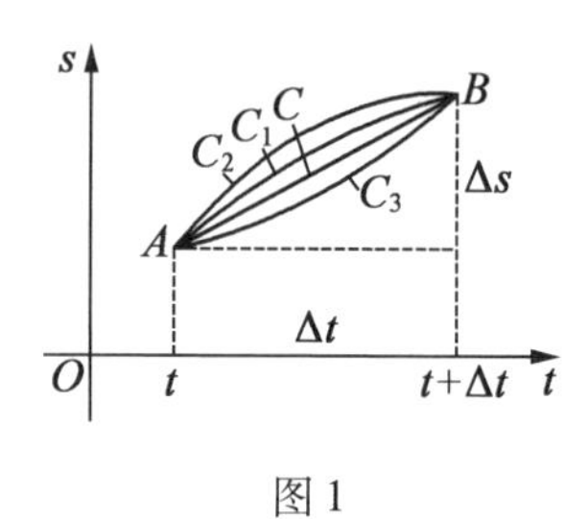

图 1

使原来的 t 固定而缩小 Δt，缩小后的区间（t，$t+\Delta t_1$），$\Delta t_1<\Delta t$，是在原给区间之内的，而在缩小区间内所计算出来的平均速率，一般来说，与在整个区间（t，$t+\Delta t$）内所计算出来的平均速率是不相等的. 由此可知，平均速率的概念不能很好地说明运动的情况，它取决于计算时所用的区间. 显然，当 Δt 越小时，在区间（t，$t+\Delta t$）内的平均速率就能把运动的情况说明得越好. 因此我们自然要使 Δt 趋于 0，而来观察平均速率 v_{cp} 的变动情形. 如果 v_{cp} 的极限存在，该极限叫作已知瞬时 t 的运动速率，可取来作为说明运动特征的一种精确度量. 这个度量已经与计算时所用的区间无关了.

所以，在已给瞬时 t（在已知点 t）的直线运动的速率 v，是对应于区间（t，$t+\Delta t$）的平均速率 v_{cp} 在 Δt 趋于 0 时的极限（如果这个极限存在）

$$v=\lim_{\Delta t\to 0}v_{cp}=\lim_{\Delta t\to 0}\frac{\Delta s}{\Delta t}=\lim_{\Delta t\to 0}\frac{F(t+\Delta t)-F(t)}{\Delta t}$$

例如，取自由落体公式 $s=\frac{1}{2}gt^2$. 在时间区间（t，$t+\Delta t$）内落体的平均速率为

$$v_{cp}=\frac{\frac{1}{2}g(t+\Delta t)^2-\frac{1}{2}gt^2}{\Delta t}=\frac{1}{2}g\,\frac{2t\Delta t+(\Delta t)^2}{\Delta t}=\frac{1}{2}g(2t+\Delta t)$$

而在瞬时 t 的速率为

$$v=\lim_{\Delta t\to 0}\frac{1}{2}g(2t+\Delta t)=gt$$

由此可知,瞬时的速率得以完全确定. 在上述情形下,它与运动(下落)的时间成正比. 又因 $t=\sqrt{\frac{2s}{g}}$,于是 v 又可写为

$$v=\sqrt{2gs}$$

这就是说,自由落体的速率与所下落的距离的平方根成正比.

一般情形下的运动速率的概念将在后面提到.

Ⅱ. 密度. 现在要讲物理学上的另一概念,这个概念与运动速率的概念一样来定义.

取一条曲线形的物体(例如,铁丝),从一端量到某处的弧长为 s,而质量为 m. 每个 s 的值都对应着确定的质量 m,因此 m 是 s 的函数

$$m=\Phi(s)$$

如果曲线上长度相等的任意两段有同等的质量,我们就说在全部曲线上物质是均匀分布的,并且该物体是均匀的. 在这种情形下,m 是 s 的线性函数,更精确地说,m 与 s 成正比

$$m=\delta_0 s$$

其中 δ_0 为比例系数,并且

$$\Delta m=\delta_0\Delta s$$

因此,比值 $\frac{\Delta m}{\Delta s}(=\delta_0)$ 表示在一个单位长度上应该有若干单位的质量,这个常数比叫作均匀曲线的(线性)密度. 因此,均匀曲线体的密度是其上任意一段的质量与长度的比①.

设物质并非均匀分布的,考虑长度从 s 到 $s+\Delta s$ 的区间内的一段曲线. 显然,这一段的质量 Δm 是函数 $\Phi(s)$ 在点 s 到点 $s+\Delta s$ 的过程中的增量

$$\Delta m=\Phi(s+\Delta s)-\Phi(s)$$

这时质量与长度的比并不是常量,而是取决于 s 及 Δs 的. 这个比叫作曲线(铁丝)的平均线性密度 δ_{cp},即

$$\delta_{cp}=\frac{\Delta m}{\Delta s}$$

在已知区间 $(s,s+\Delta s)$ 上,虽然有同样的质量 Δm,但物质分布的情况可能是各式各样的,在特殊情形下是均匀的. 于是,平均密度 $\frac{\Delta m}{\Delta s}$ 指的是,在同样的区间 $(s,s+\Delta s)$ 上保持总质量为 Δm 的物质均匀分布时所需的密度. 因此,平均密度

① 质量均匀分布的曲线形物体的密度,在数值上等于在单位长度内所含有的质量. 在 CGS 制中,线性密度的因次为 g/cm.

仅仅是“一般地”“平均地”标志了已知曲线段上的物质分布情况. 为了避免上述的不定性,我们将引出曲线上已知点(即已知的对应 s 值)处密度的概念. 这个概念是从这样一个明显的道理出发而建立的:当对应的曲线段长度 Δs 越来越缩短时,平均密度就越来越能说明物质分布的情形(越来越接近点 s 的情形).

也就是,在曲线形物体上,已知点 s 处的线性密度 δ 是对应于区间 $(s,s+\Delta s)$ 的平均线性密度 δ_{cp} 在 Δs 趋于 0 时的极限(如果这个极限存在)

$$\delta=\lim_{\Delta s\to 0}\delta_{cp}=\lim_{\Delta s\to 0}\frac{\Delta m}{\Delta s}=\lim_{\Delta s\to 0}\frac{\Phi(s+\Delta s)-\Phi(s)}{\Delta s}$$

Ⅲ. 比热. 我们取一个热学中的例子. 在热学中,比热这个重要的概念也可像上面速率及密度的概念那样定义出来.

设有质量为 1 g 的某物体,它的温度由 0 ℃升高到 τ ℃,这种情形的发生,是由于对应着已知温度 τ 有一定的热量 q 传导给物体,也就是说,q 是物体受热而达到的温度 τ 的函数

$$q=\Psi(\tau)$$

设物体的温度从 τ 升高了 $\Delta\tau$. 对这一温度升高所耗费的热量 Δq,是函数 $\Psi(\tau)$ 在宗标从 τ 变到 $\tau+\Delta\tau$ 时的增量

$$\Delta q=\Psi(\tau+\Delta\tau)-\Psi(\tau)$$

如果热量 q 与温度 τ 成正比(就是说,若 q 随变量 τ 而均匀变化),那么

$$\Delta q=c_0\Delta\tau$$

常数比 $\frac{\Delta q}{\Delta\tau}(=c_0)$ 说明在升高一个单位的温度时,物体得到若干个单位的热量. 然而由实验得知,物体温度升高,例如从 20 ℃升高到 21 ℃,所需的热量异于使它从 52 ℃升高到 53 ℃所需的热量. 因此,比 $\frac{\Delta q}{\Delta\tau}$ 不是常量,而是取决于 τ 及 $\Delta\tau$ 的. 它给出物体在所考虑的温度区间 $(\tau,\tau+\Delta\tau)$ 上变化一度时所需的平均热量. 这个比叫作已知物体在区间 $(\tau,\tau+\Delta\tau)$ 上的平均比热 c_{cp},即

$$c_{cp}=\frac{\Delta q}{\Delta\tau}$$

由此可知,平均比热的概念和平均速率及平均密度的概念一样,有着众所周知的不定性,于是也可像前面那样,引出在已知温度 τ 时的比热①的概念. 这就是:

在温度为 τ(在已知点 τ)时的比热 c 是对应于区间 $(\tau,\tau+\Delta\tau)$ 的平均比热

① 比热用卡路里来度量. 卡路里的因次就是能的因次,即在 CGS 制中为 $\frac{\mathrm{g}\cdot\mathrm{cm}^2}{\mathrm{s}}$.

c_{cp}在 $\Delta\tau$ 趋于 0 时的极限(如果这个极限存在)

$$c=\lim_{\Delta\tau\to 0} c_{cp}=\lim_{\Delta\tau\to 0}\frac{\Delta q}{\Delta\tau}=\lim_{\Delta\tau\to 0}\frac{\Psi(\tau+\Delta\tau)-\Psi(\tau)}{\Delta\tau}$$

Ⅳ. 函数的变化率. 上述三例中的每一个各定出一个特别的概念,这几个概念是与所论现象的本质密切联系着的,虽然这些概念的物理本质完全各不相同,但是从数学的观点看来,它们是叙述各过程的诸函数的同一特性. 这个特性表示一种度量,借助于该度量,函数的变化可以极自然地与其宗标的变化互相比较. 粗略地说,它给出在每一单位的宗标变化时引起若干个单位的函数变化.

这个度量一般就叫作函数变化率.

我们只举了三个具体的物理例子,毫无困难地,还可以举出更多其他同样需要引用函数变化率概念的例子. 所以,我们要把这些例子总结起来,单纯就函数 $y=f(x)$ 来研究这一新主要特性的问题,而并不赋予变量 x 及 y 任何确定的物理意义.

设 $f(x)$ 是线性函数

$$y=f(x)=ax+b$$

其中 a 及 b 是常数. 如果自变量 x 取得增量 Δx,那么函数 y 就取得增量 $\Delta y=a\cdot\Delta x$. 比值$\frac{\Delta y}{\Delta x}(=a)$表示在 x 的每一单位变化中,y 变化了多少个单位,并且,不管函数是在什么样的 x 值之下来考虑的,也不管 Δx 是怎么样取的,这个比总保持不变.

常数比$\frac{\Delta y}{\Delta x}=a$ 叫作线性函数 $y=ax+b$ 的变化率.

若函数 $y=f(x)$ 不是线性的,则在一定的意义下

$$\frac{\Delta y}{\Delta x}=\frac{f(x+\Delta x)-f(x)}{\Delta x}$$

就取决于 x 及 Δx. 不过,这个比是"平均地"说明当自变量由已知的 x 变到 $x+\Delta x$ 时函数的特性:这个比就是在同一区间 $(x,x+\Delta x)$ 上具有同一增量 Δy 的线性函数的变化率.

比值 $v_{cp}=\frac{\Delta y}{\Delta x}$叫作函数在区间 $(x,x+\Delta x)$ 上的平均变化率.

从上述观念出发,更进一步知道,当区间的长度 $|\Delta x|$ 缩小(就是说,越来越接近点 x)时,平均变化率就能越来越好地说明函数的特性. 这个观念是基于下列明显的事实:一般来说,当 $|\Delta x|$ 越小时,在区间 $(x,x+\Delta x)$ 上具有同一增量 Δy 的各种函数与该区间上具有同一增量的线性函数两者间的区别也越小[从几何上看来,通过两点 $A(x,y)$ 及 $B(x+\Delta x,y+\Delta y)$ 的各种函数的图形(参阅图 1),一般来说,当这两点之间的线段 AB 越小时,它们与线段 AB 之间的区别也越

小]. 由上述观念,令 Δx 趋于 0 并考察这时函数的平均变化率的极限状态. 如果极限存在,那么它就可作为一种度量,用来测定已知 x 时函数变化的快慢或速率.

所以,函数 $y=f(x)$ 在 x 时(在已知点 x 处)的变化率 v 是对应于区间$(x,x+\Delta x)$上函数的平均变化率 $v_{cp}=\frac{\Delta y}{\Delta x}$在 Δx 趋于 0 时的极限(如果这个极限存在),即

$$v=\lim_{\Delta x\to 0} v_{cp}=\lim_{\Delta x\to 0}\frac{\Delta y}{\Delta x}=\lim_{\Delta x\to 0}\frac{f(x+\Delta x)-f(x)}{\Delta x}$$

用新的术语,可以这样说:

(1)运动的速率是把距离看作时间的函数时的变化率.

(2)线性密度是把质量看作长度的函数时的变化率.

(3)比热是把热量看作温度的函数时的变化率.

在一点处的函数变化率的概念在数学上具有极大价值,而在其他科学上,当我们把它具体化为像上面那些最基本而重要的特殊概念的形式时,也具有极大的价值.

51. 导函数

函数 $y=f(x)$ 的变化率可用下列一连串简单的运算定义出来,在已知值$x=x_0$ 处,每次给予一个增量 Δx,便可求出:

(1)函数的对应增量 $\Delta y=f(x_0+\Delta x)-f(x_0)$.

(2)比值$\frac{\Delta y}{\Delta x}$.

(3)在 $\Delta x\to 0$ 的条件下,这个比值的极限(如果这个极限存在).

在许多情形下,由于这个极限以各种不同的意义被使用着,而这些意义与变化率概念的意义不同,所以,我们给它一个特殊的称号,把它叫作函数 $f(x)$ 在 $x=x_0$ 处的导数,表示为 $f'(x_0)$,读作"f 一撇 x_0".

要注意,当 $\Delta x\to 0$ 时,比值$\frac{\Delta y}{\Delta x}$的极限的存在,必须以 Δx 按任意规律趋于 0 为条件.

所以,函数在自变量已知值处的导数,是函数增量与自变量在已知值处所得增量的比在自变量增量任意趋于 0 时的极限.

设对于自变量在某一区间上的每一个值 x,函数 $f(x)$ 的导数 $f'(x)$ 都存在. 这时,在该区间上每一点都对应了一个导数,也就是说,确定了一个新的函数. 这个新的函数叫作函数 $f(x)$ 的导函数,用 $f'(x)$ 来表示(以后在不致引起混淆的地方,导函数也简称导数——译者注).

已知函数的导函数可借助于求导数时所用的那些运算步骤来定出,不过自

变量的值应该是已知区间上的任意值.

即

$$f'(x)=\lim_{\Delta x\to 0}\frac{f(x+\Delta x)-f(x)}{\Delta x}$$

下面就是导函数定义的简短陈述:

已知函数的导函数是函数增量与自变量增量的比在自变量增量任意趋于0时的极限.

导数是对应于某一个自变量值时导函数的特定值.

因此,函数 $y=f(x)$ 的变化率是 y 对 x 的导函数,特别是:直线运动的速率是路程对时间的导函数;线性密度是质量对长度的导函数;比热是热量对温度的导函数.

导函数的概念属于数学解析的基本概念之列. 解析的创始人之一牛顿①,从运动速率的问题出发而得到了导函数的概念,然后又建立了微分法.

我们来求某些简单函数的导函数. 设 $y=x$,则有

$$y'=(x)'=\lim_{\Delta x\to 0}\frac{(x+\Delta x)-x}{\Delta x}=\lim_{\Delta x\to 0}\frac{\Delta x}{\Delta x}=1$$

就是说,导函数 $(x)'$ 是常量,等于1. 这是很明显的,因为 $y=x$ 是线性函数,而它的变化率是固定的.

如果 $y=x^2$,那么

$$y'=(x^2)'=\lim_{\Delta x\to 0}\frac{(x+\Delta x)^2-x^2}{\Delta x}=\lim_{\Delta x\to 0}\frac{2x\Delta x+(\Delta x)^2}{\Delta x}=2x$$

设 $y=x^3$,这时

$$y'=(x^3)'=\lim_{\Delta x\to 0}\frac{(x+\Delta x)^3-x^3}{\Delta x}=\lim_{\Delta x\to 0}\frac{3x^2\Delta x+3x(\Delta x)^2+(\Delta x)^3}{\Delta x}=3x^2$$

从幂函数 $y=x^n$ 在 $n=1,2,3$ 时的导函数式子可以很容易地看出一种规律性. 我们将证明,一般地,当指数 n 为任意正整数时,$y=x^n$ 的导函数等于 nx^{n-1}.

我们有

$$\frac{\Delta y}{\Delta x}=\frac{(x+\Delta x)^n-x^n}{\Delta x}$$

其分子可以用整数幂的牛顿二项公式来变换,也可以用另一个在代数中熟悉的公式

$$a^n-b^n=(a-b)(a^{n-1}+a^{n-2}b+\cdots+ab^{n-2}+b^{n-1})$$

---

① 牛顿,英国科学家、数学家、物理学家、天文学家. 牛顿一生博学多才,他所做的科学工作及著述给现代科学的许多分支都奠定了坚实的基础,特别是他完成了数学解析基础的创立. 牛顿的作品超越了中世纪的经院哲学,并且在产生真正科学的唯物主义宇宙观的事业中做出了非常宝贵的贡献.

利用这个公式得

$$\frac{\Delta y}{\Delta x}=\frac{[(x+\Delta x)-x][(x+\Delta x)^{n-1}+(x+\Delta x)^{n-2}x+\cdots+(x+\Delta x)x^{n-2}+x^{n-1}]}{\Delta x}$$

即

$$\frac{\Delta y}{\Delta x}=(x+\Delta x)^{n-1}+(x+\Delta x)^{n-2}x+(x+\Delta x)^{n-3}x^2+\cdots+(x+\Delta x)x^{n-2}+x^{n-1}$$

等式的右边是 n 项的和,当 $\Delta x\to 0$ 时,其中每一项都趋于 x^{n-1},所以

$$(x^n)'=nx^{n-1}$$

这个结果应该记住.我们以后要证明这个结果不仅对于正整数指数是正确的,而且对于任意实数指数 n 也是正确的.

例如

$$(\sqrt[3]{x})'=(x^{\frac{1}{3}})'=\frac{1}{3}x^{\frac{1}{3}-1}=\frac{1}{3}x^{-\frac{2}{3}}=\frac{1}{3\sqrt[3]{x^2}}$$

当 $n=1,2,3$ 时,从刚才所求出的一般公式可得出上面用别的方法所求得的公式.

现在单独来考虑常量

$$y=C$$

的导函数.

因为这个函数不随自变量的变化而变化,所以 $\Delta y=0$,于是 $\frac{\Delta y}{\Delta x}=\frac{0}{\Delta x}=0$.因而

$$(C)'=0$$

也就是说,常量的导函数等于0.这和我们对变化率概念的直接印象是完全相符合的,根据这个印象可想到常量的变化率是完全不变的,它当然等于0.

52. 导函数的几何解释

把函数 $y=f(x)$ 用几何方法表示为笛卡儿坐标系 xOy① 上的图形,则其导函数可以有很简单而又显明的解释,即:

导函数 $f'(x)$ 的值(导数)等于在函数 $y=f(x)$ 的图形上横坐标为 x 的点处切线与 x 轴所成角的正切,或较简短地说:

导函数 $f'(x)$ 的值等于在函数 $y=f(x)$ 的图形上横坐标为 x 的点处切线的角系数.

在这种情形下,曲线上已知点 M 处的切线 MT 就是通过点 M 的一条直线,该直线的位置是过曲线上点 M 及 M' 的割线在点 M' 趋于已知点 M 时的极限

① 如果不做特别声明,处处都用这样的函数图形,即在笛卡儿坐标系中的图形.

位置.

用直线的极限位置这个概念是由于$\angle TMM'$与弦MM'一同趋于0.

我们来证明上述命题的正确性. 取某一值x及增量Δx,x轴上两点x及$x+\Delta x$对应着曲线AB(即函数$y=f(x)$的图形,图2)上两点M及M'. 线段RM'表示函数增量

$$\Delta y=f(x+\Delta x)-f(x)$$

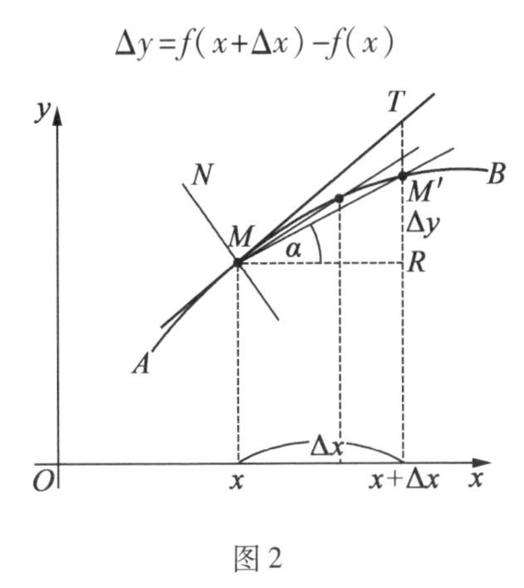

图 2

因而,比值$\frac{\Delta y}{\Delta x}=\frac{RM'}{RM}$即为$\tan\angle M'MR$. 根据导函数的定义,使增量$\Delta x$无限减小,由于预先假定函数$f(x)$是连续的,所以这时点$M'$将沿曲线$AB$无限接近于点$M$,而与它相合. 设导数$f'(x)$在所考虑的点$x$处存在,于是,当$\Delta x\to 0$时,$\tan\angle M'MR=\frac{\Delta y}{\Delta x}$将趋于一极限,即等于$f'(x)$. 也就是说,$\angle M'MR$趋于$\arctan f'(x)$. 这在几何上就表示,当点$M'$无限接近于点$M$时,割线$M'M$绕点$M$转动而趋于某一极限位置$MT$,按照上面所给的定义,也就是说,趋于曲线$AB$上点$M$处的切线. 因而,等式

$$\tan\angle M'MR=\frac{\Delta y}{\Delta x}$$

的左边,当$\Delta x\to 0$时,趋于$\tan\angle TMR$,而右边趋于$f'(x)$,于是得

$$\tan\angle TMR=f'(x)$$

这就是所要证明的.

如果在已知函数的图形上作一切线,那么也可确定一个对应的导函数值(从图形上求导函数时也可利用切线的近似作法). 然而,仅仅在最简单的曲线——圆和直线——的情况下,才能很容易地(不用求极限)给出纯几何的、精确的切线定义及作法. 在其他情形下,切线的一般定义需要极限的运算,实际上就是需要求出某一函数的导函数.

因此,我们不是凭切线来认识对应函数的导函数,而是凭导函数才能够作

出对应曲线的切线. 直截了当地说,求导函数不需要切线,而作切线需要导函数. 这里要注意,莱布尼茨①正是从曲线上的切线的精确定义问题及作法问题(和牛顿同时)引出了导函数的概念并且建立了微分法.

同时,把导函数作为函数图形上的切线角系数的几何解释是明显而又简单的事,这种简明性使导函数的几何解释在我们考虑用到导函数概念的许多问题时,成为特别方便而常用的工具. 例如,因为导函数$f'(x)$表示函数$y=f(x)$的变化率(即图形上点的纵坐标对横坐标的变化率),所以,可以说这个变化率在几何上是函数图形上对应点的切线的角系数.

特别地,运动的速率等于运动的图形上的切线的角系数.

有了导函数,便可用解析方法去解决几何上有关切线的各种问题,以及与切线概念有关的某些其他概念的问题.

我们来定义下面三个概念:

(1)曲线在其上一点M处的方向,就是曲线上点M处切线的方向(图3). 切线的方向可以用它与x轴所成的斜角α来表示,或者用角系数$\tan\alpha$来表示,在这种情形下,角系数$\tan\alpha$就是对应函数在点x_0(点M的横坐标)处的导数

$$f'(x_0)=\tan\alpha$$

(2)相交两曲线间的交角,就是两曲线在其交点处的切线的交角.

(3)曲线上点M处的法线,就是过点M且与点M处切线垂直的直线MN(图3).

有时我们还要用下面两个概念:

(4)曲线上点M处的次切线,就是曲线上点M处切线的线段T_0M在x轴上的投影T_0M_0,这里点T_0是该切线与x轴的交点(图3).

(5)曲线上点M处的次法线,就是曲线上点M处法线的线段N_0M在x轴上的投影N_0M_0,这里点N_0是该法线与x轴的交点(图3).

我们将作出曲线$y=f(x)$上的点$M(x_0,y_0)$处的切线及法线的方程,并求出次切线及次法线的表达式.

通过点$M(x_0,y_0)$的直线的方程是

$$y-y_0=k(x-x_0)$$

其中$y_0=f(x_0)$. 在这个方程中,令$k=f'(x_0)$,即得所求的切线方程

$$y-y_0=f'(x_0)(x-x_0)$$

因为法线垂直于切线,所以取$k=-\dfrac{1}{f'(x_0)}$,即得所求的法线方程

---

① 莱布尼茨是著名的德国数学家,出身于斯拉夫族的 Лубенец 家族,他和牛顿分享着完成初创数学解析基础的荣誉. 在微积分学中,最初的发明大部分是属于他的,特别是在记号系统方面,比牛顿所创造的来得更方便.

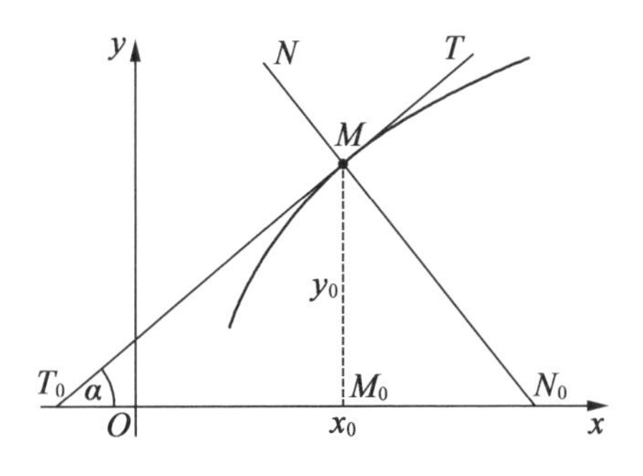

图 3

$$y-y_0=-\frac{1}{f'(x_0)}(x-x_0)$$

现在求切线与 x 轴交点的横坐标. 为此,在切线方程中设 $y=0$,即得

$$-y_0=f'(x_0)(x-x_0)$$

由此得

$$x=x_0-\frac{y_0}{f'(x_0)}$$

次切线 T_0M_0 包含在此点与点 $x=x_0$ 之间,就是说,它等于$\frac{y_0}{f'(x_0)}$,即

$$T_0M_0=\frac{y_0}{f'(x_0)}$$

用类似的方法可知次法线等于

$$N_0M_0=y_0f'(x_0)$$

53. 抛物线的几个性质

考虑抛物线上与切线有关的一些最简单的性质,作为导函数概念在几何上的应用例子.

取抛物线 $y=ax^2$(图 4),很容易证实$(ax^2)'=2ax$,所以对应着点 $M(x_0,y_0)$ 的次切线 $SN=\frac{y_0}{2ax_0}$. 但 $y_0=ax_0^2$,所以

$$SN=\frac{ax_0^2}{2ax_0}=\frac{x_0}{2}$$

就是说,抛物线的次切线等于切点横坐标的一半.

从这个事实足够使我们用纯几何的方法导出抛物线的一系列值得注意的性质.

我们要注意,从△SOT 及△SNM 全等(图 4)得

$$OT=MN \text{ 及 } ST=SM$$

Ⅰ. 想要引已知抛物线上某一点 M(图 4)处的切线,先将点 M 投影在抛物

线的轴上并在轴上取一点 T,其与顶点 O 的距离 $OT=OP$. 联结点 T 与已知点 M 的直线就是所求的切线. 也可以把点 M 投影在顶点的切线上,再取点 S 平分线段 ON,然后联结 SM.

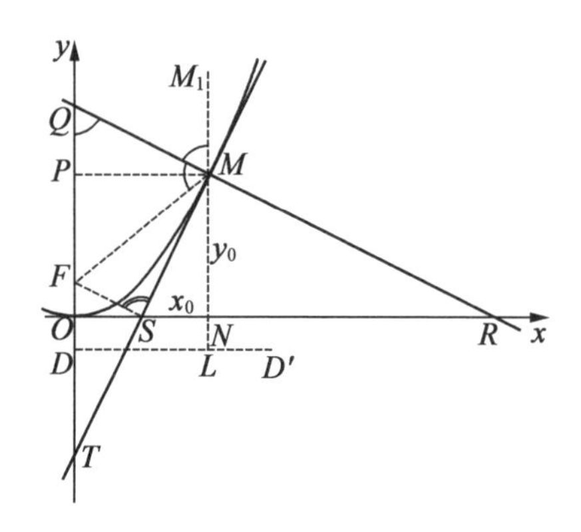

图 4

Ⅱ. 用线段联结点 S 与抛物线的焦点 F,因为 $MF=ML$(DD'是准线),但

$$ML=MN+NL=OT+OF=FT$$

所以$\triangle TFM$ 是等腰三角形,也就是说,线段 FS 垂直于切线 MT.

由此得出确定已知抛物线焦点的方法. 反之,若已知抛物线的轴、顶点及焦点,则根据这种性质可作出该抛物线. 实际上,设直线 OO'(图 5)是抛物线的轴,点 O 是顶点,点 F 是焦点,从点 O 引直线 OO'的垂线 OR. 若由点 F 引直线交直线 OR 于某一点 S,则 FS 在点 S 处的垂线就是所求抛物线的切线. 从点 F 引一束直线都与 OR 相交,将画出同样数目的直线,就是这个抛物线的切线. 由这个直线系所描绘出来的曲线就是所求的抛物线,在这种情形下,我们说直线系包络了曲线.

所引的切线越多,则所作出的抛物线图形就越精确. 这个方法给出了抛物线的作图法,不依靠它的点而依靠它的切线.

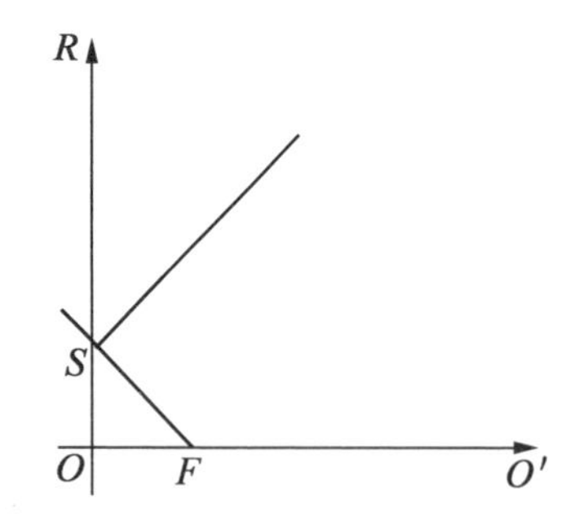

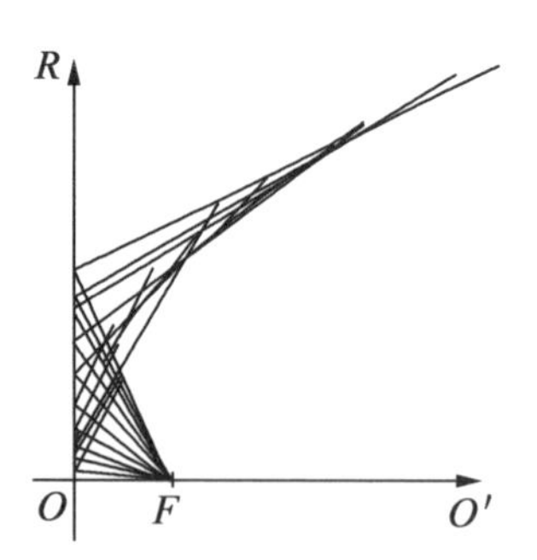

图 5

Ⅲ. 现在,在点 M 处作法线 MQ(图 4). 显然,在 $\mathrm{Rt}\triangle QMT$ 内的线段 FM 是中线. 所以 $FQ=FT$,于是 $FQ=FM$. 因而 $\angle FQM=\angle QMF$. 延长 NM 到点 M_1,显然,$\angle QMF=\angle QMM_1$. 由此可知,抛物线上任一点处的法线,平分过该点的焦半径与过该点且平行于抛物线轴的直线之间所成的角.

抛物线的这种性质在工程上有很大的价值. 例如,照明用的器具(探照灯、汽车的头灯等)通常做成旋转抛物面的形状. 旋转抛物面就是抛物线绕其轴旋转而成的曲面. 选择这种形状是根据下面的理由. 假如把光源放在抛物线的焦点上,那么光线就射在反射器抛光崭亮的表面上. 然后,由熟知的物理定律可知,反射光线和曲面上的投影光线及法线位于同一平面上. 根据同样的定律,光线的投射角应该等于反射角. 由于抛物线具有上面所求出的性质,才使反射光线平行于反射器的轴. 因此,所有的光线经反射后就成为一束平行的光线,当然,就有极强烈的光照到很远的距离.

同样,我们也把抛物线形状用在播音和探音(音乐台、探音器)的各种装置上.

§2 函数的微分法

54. 微分法则

求导函数的运算叫作微分法. 因此"微分某函数 $f(x)$"这个说法,意思就是求它的导函数 $f'(x)$. 所以,如我们所熟知的,这就是要实际找出

$$\lim_{\Delta x\to 0}\Phi(\Delta x)=\lim_{\Delta x\to 0}\frac{f(x+\Delta x)-f(x)}{\Delta x}$$

并且在极限步骤中需把 x 当作常量,而只计算任意趋于 0 的 Δx 的变化. 假如在每次应用导函数概念时都得把求 $\lim\Phi(\Delta x)$ 所必需的计算全部做出来,那么由于这些计算的繁杂,导函数的应用就会大大地受到限制. 但若一旦知道了所有基本初等函数的导函数,知道了复合函数以及若干个函数的四则运算结果的微分法则,则就不必每次都施行上述极限步骤,便可求得任何初等函数的导函数. 这样,拿这类对于我们最重要的函数来说,微分法运算可以刻板地做出而借以克服应用导函数概念时所发生的上述困难.

首先我们来讲和、积与商的微分法则. 从下面所导出的各个法则的证明里得到这样的事实:若组成部分(即各项、因子、被除式与除式)的导函数存在,则和、积、商的导函数就存在. 当然,这些法则本身所告诉我们的还更多一些,它们指出如何从各个组成部分的导函数来做出和、积、商的导函数.

Ⅰ. 确定的有限个函数的导函数等于各个函数的导函数的和.

设已知函数 y 是同一自变量 x 的诸函数 $u, v, \cdots, w$ 的和

$$y=u+v+\cdots+w$$

(为了写起来简便,像在前面一样,只保留函数的记号,而不表出它们的宗标). 则

$$y'=(u+v+\cdots+w)'=u'+v'+\cdots+w'$$

证明时,给自变量 x 以增量 Δx,于是函数 $u, v, \cdots, w$ 都得到增量,依次记为 $\Delta u, \Delta v, \cdots, \Delta w$,而函数 y 的增量记为 Δy. 显然,和式增加后的值等于各组成函数增加后的值的和,即

$$y+\Delta y=(u+\Delta u)+(v+\Delta v)+\cdots+(w+\Delta w)$$

从其中减去函数的"原"值,得

$$\Delta y=\Delta u+\Delta v+\cdots+\Delta w$$

以 Δx 除两边,我们得到

$$\frac{\Delta y}{\Delta x}=\frac{\Delta u}{\Delta x}+\frac{\Delta v}{\Delta x}+\cdots+\frac{\Delta w}{\Delta x}$$

取 $\Delta x \to 0$ 时的极限,并应用关于和式极限的定理,则有

$$\begin{aligned}\lim_{\Delta x\to 0}\frac{\Delta y}{\Delta x}&=\lim_{\Delta x\to 0}\left(\frac{\Delta u}{\Delta x}+\frac{\Delta v}{\Delta x}+\cdots+\frac{\Delta w}{\Delta x}\right)\\&=\lim_{\Delta x\to 0}\frac{\Delta u}{\Delta x}+\lim_{\Delta x\to 0}\frac{\Delta v}{\Delta x}+\cdots+\lim_{\Delta x\to 0}\frac{\Delta w}{\Delta x}\end{aligned}$$

由于

$$\lim_{\Delta x\to 0}\frac{\Delta y}{\Delta x}=y', \lim_{\Delta x\to 0}\frac{\Delta u}{\Delta x}=u', \lim_{\Delta x\to 0}\frac{\Delta v}{\Delta x}=v', \cdots, \lim_{\Delta x\to 0}\frac{\Delta w}{\Delta x}=w'$$

于是就得到所要证明的等式.

Ⅱ. 两个函数的积的导函数等于第一个函数的导函数与第二个函数的积加上第二个函数的导函数与第一个函数的积.

设已知函数是两个函数的积

$$y=u\cdot v$$

则

$$y'=(u\cdot v)'=uv'+vu'$$

事实上,给自变量以增量 Δx,于是函数 u, v, y 得到对应的增量 $\Delta u, \Delta v, \Delta y$. 函数 y 增加后的值是

$$y+\Delta y=(u+\Delta u)(v+\Delta v)$$

由此

$$\begin{aligned}\Delta y&=(y+\Delta y)-y=(u+\Delta u)(v+\Delta v)-u\cdot v\\&=u\cdot\Delta v+v\cdot\Delta u+\Delta u\cdot\Delta v\end{aligned}$$

而

$$\frac{\Delta y}{\Delta x}=u\frac{\Delta v}{\Delta x}+v\frac{\Delta u}{\Delta x}+\Delta u\frac{\Delta v}{\Delta x}$$

引用极限运算法则,得到

$$\begin{aligned}\lim_{\Delta x\to 0}\frac{\Delta y}{\Delta x}&=u\lim_{\Delta x\to 0}\frac{\Delta v}{\Delta x}+v\lim_{\Delta x\to 0}\frac{\Delta u}{\Delta x}+\lim_{\Delta x\to 0}\Delta u\cdot\lim_{\Delta x\to 0}\frac{\Delta v}{\Delta x}\\&=u\cdot v'+v\cdot u'+0\cdot v'=uv'+vu'\end{aligned}$$

这就是所要证明的.

若因子中有一个是常量,例如 $v=C$,则就得到

$$y'=(Cu)'=u(C)'+Cu'=Cu'$$

因为常量的导函数等于0. 这就是说,常量可拿到导函数记号的外面来.

两个函数的积的微分法则可逐步推广到多个函数的积上.

若 $y=uvw$,则

$$y'=(uvw)'=(uv)w'+w(uv)'=uvw'+uwv'+vwu'$$

即三个函数的积的导函数是三项的和,其中每一项是已知函数中的两个与第三个的导函数的积.

例 1 求函数

$$y=(2x+3)(1-x)(x+2)$$

的导函数.

解 由于 $(x^n)'=nx^{n-1}$,故可以把已知乘积展开,然后再微分所得到的三次多项式. 用法则Ⅱ要比较简单些,有

$$\begin{aligned}y'&=(2x+3)'(1-x)(x+2)+(2x+3)(1-x)'(x+2)+(2x+3)(1-x)(x+2)'\\&=2(1-x)(x+2)-(2x+3)(x+2)+(2x+3)(1-x)\\&=-6x^2-10x+1\end{aligned}$$

Ⅲ. 两个函数的商的导函数等于一个分式,其分母是除式的平方,而分子是被除式的导函数与除式的积减去除式的导函数与被除式的积.

设已知函数 y 是两个函数的商

$$y=\frac{u}{v}$$

则

$$y'=\frac{u'v-v'u}{v^2}$$

实际上

$$\frac{\Delta y}{\Delta x}=\frac{\dfrac{u+\Delta u}{v+\Delta v}-\dfrac{u}{v}}{\Delta x}=\frac{v\Delta u-u\Delta v}{\Delta x\cdot v(v+\Delta v)}=\frac{\dfrac{\Delta u}{\Delta x}v-\dfrac{\Delta v}{\Delta x}u}{v(v+\Delta v)}$$

当 $\Delta x \to 0$ 时,取极限,得

$$y' = \frac{\lim\limits_{\Delta x \to 0}\dfrac{\Delta u}{\Delta x}v - \lim\limits_{\Delta x \to 0}\dfrac{\Delta v}{\Delta x}u}{v(v + \lim\limits_{\Delta x \to 0}\Delta v)}$$

这正是所需要的.

根据这条法则,可以求具有负整数指数的幂函数 $y = x^{-n}(n>0)$ 的导函数. 我们有

$$\begin{aligned} y' &= (x^{-n})' = \left(\frac{1}{x^n}\right)' \\ &= \frac{(1)'x^n - (x^n)' \cdot 1}{(x^n)^2} = \frac{-nx^{n-1}}{x^{2n}} \\ &= -n \cdot \frac{1}{x^{n+1}} = -nx^{-n-1} \end{aligned}$$

这是幂函数的导函数的一般形式,在前面所求的只是对于正整数指数的幂函数的导函数,而现在已证明这条法则对于任意整数指数都成立.

例 2 求

$$y = \frac{2-3x}{2+x}$$

的导函数.

解 我们有

$$\begin{aligned} y' &= \frac{(2-3x)'(2+x) - (2+x)'(2-3x)}{(2+x)^2} \\ &= \frac{-3(2+x) - (2-3x)}{(2+x)^2} \\ &= -\frac{8}{(2+x)^2} \end{aligned}$$

读者需注意下列两个常用公式的微分法的例子:

(1) $y = \dfrac{c}{u}$,其中 c 是常数,而 u 是 x 的函数. 我们有

$$y' = \frac{(c)'u - cu'}{u^2} = -c\frac{u'}{u^2}$$

这个结果最好能够熟记. 在特殊情形下,当 $u=x$ 时

$$\left(\frac{c}{x}\right)' = -\frac{c}{x^2}$$

(2) $y = \dfrac{u}{c}$,其中 c 是常数. 不应该用分式微分法则来微分这个函数,虽然初学者往往会这样做,但这里的情况简单得多,需注意这个函数可以表达为常数

因子$\frac{1}{c}$与函数 u 的乘积 $y=\frac{1}{c}u$,所以

$$y'=\left(\frac{1}{c}\cdot u\right)'=\frac{1}{c}u'=\frac{u'}{c}$$

当然,用分式微分法则也可得出同样结果.

55. 复合函数的微分法

复合函数的微分法则是很重要的,这个法则把复合函数的导函数用构成它的诸函数的导函数表达出来. 从所做的证明得知,若复合函数各组成部分的导函数存在,则整个复合函数的导函数就存在.

Ⅰ. 先假定 y 是自变量 x 的函数,它是用两个连续函数

$$y=f(u),u=\phi(x)$$

串联成一个复合函数形式的,其中每个函数都各有其对应的导函数 $f'(u)$ 及$\varphi'(x)$.

我们来证明

$$y'=f'(u)u'=f'(u)\cdot\phi'(x)$$

即复合函数的导函数等于已知函数对中间宗标的导函数与这个宗标对自变量的导函数的积.

给 x 以增量 Δx,它使中间宗标 $u=\phi(x)$得一增量 Δu,而 Δu 又使函数 y 得增量 Δy.

为了求导函数 y',必须求出在 $\Delta x\to 0$ 时的极限 $\lim\frac{\Delta y}{\Delta x}$. 假定对于一切足够小的 Δx,有 $\Delta u\neq 0$,那么比值$\frac{\Delta y}{\Delta x}$可以这样表示

$$\frac{\Delta y}{\Delta x}=\frac{\Delta y}{\Delta u}\cdot\frac{\Delta u}{\Delta x}$$

并且由乘积极限运算法则,得

$$\lim_{\Delta x\to 0}\frac{\Delta y}{\Delta x}=\lim_{\Delta x\to 0}\frac{\Delta y}{\Delta u}\cdot\lim_{\Delta x\to 0}\frac{\Delta u}{\Delta x}\tag{1}$$

(当 $\Delta x\to 0$ 时,$\Delta u\to 0$,因为 $u=\phi(x)$是连续函数).

根据条件

$$\lim_{\Delta u\to 0}\frac{\Delta y}{\Delta u}=f'(u)\text{及}\lim_{\Delta x\to 0}\frac{\Delta u}{\Delta x}=\phi'(x)$$

所以,由等式(1)显然可知,y 对 x 的导函数存在,且

$$y'=f'(u)\cdot\phi'(x)\tag{2}$$

这就是所要证明的. 这个公式对于上面所除外的 $\Delta u=0$ 的情形也是对的.

为了证明这一点,现在假设有 Δx 值的数列:$\Delta_1 x,\Delta_2 x,\Delta_3 x,\cdots,\Delta_n x,\cdots$趋于 0,它们的对应增量 $\Delta u=0$,这时就不可能像上面那样来做,因为那样就必须用 0

去除.

但我们知道,在所做假设之下,$\phi'(x)=0$. 实际上,按所设条件 $u=\phi(x)$ 的导函数存在,那就是说,比值$\frac{\Delta u}{\Delta x}$有唯一的极限,这个极限与 Δx 趋于 0 的规律无关. 因为当 $\Delta x=\Delta_1 x,\Delta_2 x,\cdots,\Delta_n x,\cdots$时,分子 $\Delta u=0$,所以 $\lim \frac{\Delta u}{\Delta x}=0$. 因而,若公式(2)依然成立,则 y'就应该等于 0,而事实的确是这样的. 因为若 Δx 取值 $\Delta_1 x,\Delta_2 x,\cdots,\Delta_n x,\cdots$,则 $\Delta u=0$ 且

$$\Delta y=f(u+\Delta u)-f(u)=f(u)-f(u)=0$$

故 $\lim \frac{\Delta y}{\Delta x}=0$. 若 Δx 通过不含值 $\Delta_i x$ 的任一数列而趋于 0,则 $\Delta u\neq 0$,这时分式(1)成立,从这里也得到 $\lim \frac{\Delta y}{\Delta x}=0$(因为$\lim\limits_{\Delta x\to 0}\frac{\Delta u}{\Delta x}=\phi'(x)=0$). 结果是证明了公式(2). 在后面一节中我们将给出公式(2)的另一个更简单的推导方法.

为了微分复合函数 $y=f[\phi(x)]$,就必须取函数 f 的导函数,把它的宗标 $\phi(x)=u$ 直接当作变量而进行微分,并乘以函数 $\phi(x)$对于自变量的导函数.

例 3 $y=(2x^2-1)^3$,这个函数可以当作复合函数,由三次函数 $y=u^3$ 及二次函数 $u=2x^2-1$ 所组成,按法则得

$$y'=(u^3)'\cdot u'=(u^3)'(2x^2-1)'=3u^2\cdot 4x=3(2x^2-1)^2\cdot 4x=48x^5-48x^3+12x$$

这个结果的正确性很容易验证,把差式的立方乘开,得

$$y=8x^6-12x^4+6x^2-1$$

微分这个多项式,就得到同样的结果.

例 4 $y=\left(x+\frac{1}{x}\right)^{100}$,这是函数 $u=x+\frac{1}{x}$的 100 次乘方.

我们求出导函数的表达式

$$y'=100u^{99}\cdot u'=100\left(x+\frac{1}{x}\right)^{99}\cdot\left(x+\frac{1}{x}\right)'=100\left(x+\frac{1}{x}\right)^{99}\cdot\left(1-\frac{1}{x^2}\right)$$

用复合函数微分法求这个函数的导函数以及用牛顿公式展开二项式的 100 次乘方,然后微分所得的多项式,把这两个方法相比较,读者便可看出用复合函数微分法的优越性.

Ⅱ. 现在假设 y 是自变量 x 的函数,它不是由两个函数组成的,而是由更多数目(三个、四个等等)的函数组成的. 例如,设

$$y=f(u),u=\phi(v),v=\psi(x)$$

这里 x 的函数是借助于两个中间宗标(u 及 v)而给出的.

按照已证明的法则,有

$$y'=f'(u)\cdot u'$$

其中 u'是把 u 当作自变量 x 的函数时的导函数. 基于同一法则得

$$u'=\phi'(v)\cdot v'=\phi'(v)\cdot\psi'(x)$$

把这个表达式代入前面的等式,得

$$y'=f'(u)\cdot\phi'(v)\cdot\psi'(x)$$

同样可以导出任意个中间宗标情形下的导函数公式. 在所有情形中,导函数 y'均可看作 y 对其第一个中间宗标的导函数,与第一个宗标对第二个宗标的导函数,与第二个宗标对第三个宗标的导函数,等等,直到最后,与最后一个(由 y 向 x 的次序)中间宗标对 x 的导函数的连乘积.

简单地说,复合函数的导函数等于它的组成函数的导函数的连乘积.

例 5 设

$$y=\left[\frac{1-(1-x^2)^2}{1+(1-x^2)^2}\right]^3$$

这个函数可由平方式$(1-x^2)^2$ 的线性函数的三次方而得到. 引入中间宗标

$$y=u^3;u=\frac{1-v}{1+v};v=w^2;w=1-x^2$$

把复合函数“分裂”成较简单的函数,它们的导函数是我们所知道的. 反过来(从 x 到 y),由这些函数可以结合成已知函数.

按照法则,求得

$$y'=(u^3)'u'v'w'=(u^3)'\left(\frac{1-v}{1+v}\right)'(w^2)'(1-x^2)'$$

$$=3u^2\cdot\frac{-2}{(1+v)^2}\cdot 2w\cdot(-2x)=24u^2\cdot\frac{xw}{(1+v)^2}$$

用 u,v,w 的 x 表达式替换它们,得

$$y'=24\left[\frac{1-(1-x^2)^2}{1+(1-x^2)^2}\right]^2\cdot\frac{x(1-x^2)}{[1+(1-x^2)^2]^2}$$

对微分法积累经验以后就不需要对中间宗标引用特别的记号,平常进行复合函数的微分时,只在心里选出从 y 到 x 的最简单的主要环节.

56. 基本初等函数的导函数

我们来求出所有基本初等函数的导函数,这跟已经讲过的函数组合的微分法连在一起,就使任何初等函数的导函数有自动定出的可能.

Ⅰ. 我们从三角函数,即

$$y=\sin x$$

开始.

给 x 以增量 Δx,为了书写简便,可设 $\Delta x=h$,那么

$$\Delta y=\sin(x+h)-\sin x=2\sin\frac{x+h-x}{2}\cos\frac{x+h+x}{2}$$

$$=2\sin\frac{h}{2}\cos\left(x+\frac{h}{2}\right)$$

因而

$$\frac{\Delta y}{h}=\frac{\sin\frac{h}{2}}{\frac{h}{2}}\cdot\cos\left(x+\frac{h}{2}\right)$$

且

$$y'=\lim_{h\to0}\frac{\Delta y}{h}=\lim_{h\to0}\frac{\sin\frac{h}{2}}{\frac{h}{2}}\cdot\lim_{h\to0}\cos\left(x+\frac{h}{2}\right)$$

根据第二章里所证明的,第一个因子等于1,但

$$\lim_{h\to0}\cos\left(x+\frac{h}{2}\right)=\cos(x+0)=\cos x$$

因为 $\cos x$ 是连续函数.

所以

$$y'=(\sin x)'=\cos x$$

其余的三角函数的导函数可根据微分法则来定出.

取 $y=\cos x$,因为 $\cos x=\sin\left(x+\frac{\pi}{2}\right)$,令 $x+\frac{\pi}{2}=u$,求得

$$y'=(\sin u)'u'=\cos u\cdot1=\cos\left(x+\frac{\pi}{2}\right)$$

即

$$y'=(\cos x)'=-\sin x$$

于是

$$(\tan x)'=\left(\frac{\sin x}{\cos x}\right)'=\frac{(\sin x)'\cos x-(\cos x)'\sin x}{\cos^2x}$$

$$=\frac{\cos^2x+\sin^2x}{\cos^2x}=\frac{1}{\cos^2x}$$

$$(\csc x)'=\left(\frac{1}{\sin x}\right)'=-\frac{(\sin x)'}{\sin^2x}=-\frac{\cos x}{\sin^2x}$$

$$(\sec x)'=\left(\frac{1}{\cos x}\right)'=-\frac{(\cos x)'}{\cos^2x}=\frac{\sin x}{\cos^2x}$$

$$(\cot x)'=\left(\frac{\cos x}{\sin x}\right)'=\frac{(\cos x)'\sin x-(\sin x)'\cos x}{\sin^2x}$$

$$=\frac{-\sin^2x-\cos^2x}{\sin^2x}=-\frac{1}{\sin^2x}$$

Ⅱ. 现在求反三角函数的导函数. 设

$$y=\arcsin x$$

给 x 以增量 Δx,把增加后的函数值写作

$$y+\Delta y=\arcsin(x+\Delta x)$$

现在变换上面两个等式

$$x=\sin y, x+\Delta x=\sin(y+\Delta y)$$

由此得

$$\Delta x=\sin(y+\Delta y)-\sin y$$

所以可写出

$$\frac{\Delta y}{\Delta x}=\frac{\Delta y}{\sin(y+\Delta y)-\sin y}=\frac{1}{\frac{\sin(y+\Delta y)-\sin y}{\Delta y}}$$

当 $\Delta x\to 0$ 时,$\Delta y\to 0$,故

$$y'=\lim_{\Delta x\to 0}\frac{\Delta y}{\Delta x}=\frac{1}{\lim\limits_{\Delta y\to 0}\frac{\sin(y+\Delta y)-\sin y}{\Delta y}}$$

分母恰好就是正弦的导函数,所以

$$y'=\frac{1}{(\sin y)'}=\frac{1}{\cos y}$$

因为

$$\cos y=\sqrt{1-\sin^2 y}=\sqrt{1-x^2}$$

最后得

$$y'=(\arcsin x)'=\frac{1}{\sqrt{1-x^2}}$$

由于恒等式

$$\arcsin x+\arccos x=\frac{\pi}{2}$$

我们有

$$(\arccos x)'=-\frac{1}{\sqrt{1-x^2}}$$

根号前取正号,是因为规定了总是考虑 $\arcsin x$ 及 $\arccos x$ 的主值支(建议读者去检查为什么从上面得出根号前必须取+).

对于 $y=\arctan x$,像上面对于 $y=\arcsin x$ 一样地推理,可以写出

$$\frac{\Delta y}{\Delta x}=\frac{\Delta y}{\tan(y+\Delta y)-\tan y}=\frac{1}{\frac{\tan(y+\Delta y)-\tan y}{\Delta y}}$$

就是说

$$\lim_{\Delta x\to 0}\frac{\Delta y}{\Delta x}=\frac{1}{\lim\limits_{\Delta y\to 0}\frac{\tan(y+\Delta y)-\tan y}{\Delta y}}$$

即

$$y'=\frac{1}{(\tan y)'}=\cos^2 y$$

因为

$$\cos^2 y=\frac{1}{1+\tan^2 y}=\frac{1}{1+x^2}$$

所以最后得

$$y'=(\arctan x)'=\frac{1}{1+x^2}$$

由恒等式

$$\arctan x+\operatorname{arccot} x=\frac{\pi}{2}$$

求得

$$(\operatorname{arccot} x)'=-\frac{1}{1+x^2}$$

例 6 $[\sin(ax+b)]'=\cos(ax+b)(ax+b)'=a\cos(ax+b)$.

例 7 $(\tan^2 x)'=2\tan x(\tan x)'=\dfrac{2\tan x}{\cos^2 x}$.

例 8 $(\cos x^2)'=-\sin x^2(x^2)'=-2x\sin x^2$.

例 9
$$\left(\arctan\frac{1+x}{1-x}\right)'=\frac{1}{1+\left(\frac{1+x}{1-x}\right)^2}\cdot\left(\frac{1+x}{1-x}\right)'$$
$$=\frac{(1-x)^2}{(1-x)^2+(1+x)^2}\cdot\frac{2}{(1-x)^2}=\frac{1}{1+x^2}$$

这里算出的导函数与 $\tan x$ 的导函数恰好相同,因为

$$\arctan\frac{1+x}{1-x}=\arctan x+\arctan 1$$

Ⅲ. 求对数函数 $y=\ln x$ 的导函数. 我们有

$$\frac{\Delta y}{h}=\frac{\ln(x+h)-\ln x}{h}=\frac{\ln\left(1+\frac{1}{x}h\right)}{h}$$

且因为

$$\lim_{\alpha\to 0}\frac{\ln(1+k\alpha)}{k}=k\cdot\lim_{\alpha\to 0}\frac{\ln(1+k\alpha)}{k\alpha}=k$$

所以

$$y'=\lim_{h\to 0}\frac{\Delta y}{h}=\lim_{h\to 0}\frac{\ln\left(1+\frac{1}{x}h\right)}{h}=\frac{1}{x}$$

因而

$$(\ln x)'=\frac{1}{x}$$

若对数函数取不同于 e 的底,则其导函数的形式就比较复杂些. 设 $y=\log_a x$,则

$$y=\log_a x=\log_a e\ln x$$

且

$$(\log_a x)'=(\log_a e\ln x)'=\log_a e(\ln x)'=\frac{\log_a e}{x}$$

在特殊情形下

$$(\lg x)'=\frac{M}{x}\approx\frac{0.434\ 29}{x},M=\lg e$$

下面就是要求出指数函数 $y=a^x$ 及一般幂函数 $y=x^n$(n 是任意的)的导函数.

求$(a^x)'$,有

$$\frac{\Delta a^x}{h}=\frac{a^{x+h}-a^x}{h}=a^x\cdot\frac{a^h-1}{h}$$

因为

$$\lim_{h\to 0}\frac{a^h-1}{h}=\ln a$$

所以

$$y'=(a^x)'=a^x\cdot\ln a$$

当 $a=e$ 时,得

$$(e^x)'=e^x\ln e=e^x$$

顺便讲一下,函数 $y=Ce^x$(C 是常数)是值得注意的,因为它是微分后完全不改变形式的唯一函数.

当然,现在不难证明公式

$$(x^n)'=nx^{n-1}$$

对于任意 n 都正确. 直到现在,只有当 n 是整数时,它才是证明了的.

为此,当 $x>0$ 时,把 $y=x^n$ 表示为

$$y=x^n=e^{n\ln x}$$

微分这个复合函数,得

$$y'=(e^{n\ln x})'=e^{n\ln x}(n\ln x)'=e^{n\ln x}\cdot\frac{n}{x}=x^n\cdot\frac{n}{x}=nx^{n-1}$$

现在设 $x<0$，令 $x=-z$，即 $z=-x$，$z>0$. 那么，由复合函数微分法则，有

$$\begin{aligned} y' &= (-1)^n (z^n)' = (-1)^n \cdot nz^{n-1} \cdot z' \\ &= (-1)^n \cdot nz^{n-1} \cdot (-1) = (-1)^{n+1} \cdot nz^{n-1} \end{aligned}$$

因为 $(-1)^{n+1}=(-1)^{n-1}$，所以

$$y' = n \cdot (-1)^{n-1}(z)^{n-1} = n(-z)^{n-1} = nx^{n-1}$$

这就是所要证明的.

Ⅳ. 由基本初等函数的导函数，我们做成下面的表(表 1).

表 1

$(x^n)'=nx^{n-1}$	$(\tan x)'=\dfrac{1}{\cos^2 x}$
$(a^x)'=a^x \cdot \ln a$	$(\cot x)'=-\dfrac{1}{\sin^2 x}$
$(e^x)'=e^x$	$(\arcsin x)'=\dfrac{1}{\sqrt{1-x^2}}$
$(\log_a x)'=\log_a e \cdot \dfrac{1}{x}=\dfrac{1}{x\ln a}$	$(\arccos x)'=-\dfrac{1}{\sqrt{1-x^2}}$
$(\ln x)'=\dfrac{1}{x}$	$(\arctan x)'=\dfrac{1}{1+x^2}$
$(\sin x)'=\cos x$	$(\operatorname{arccot} x)'=-\dfrac{1}{1+x^2}$
$(\cos x)'=-\sin x$	—

这个表 1 必须牢牢地记住，背得烂熟.

例 10 $y=x\ln x$；$y'=(x)'\ln x+x(\ln x)'=\ln x+1$.

例 11 $y=(\ln x)^3$；$y'=3(\ln x)^2(\ln x)'=3 \cdot \dfrac{(\ln x)^2}{x}$.

例 12 $y=2^{x^2-x}$；$y'=2^{x^2-x} \cdot \ln 2 \cdot (x^2-x)'=\ln 2 \cdot (2x-1)2^{x^2-x}$.

例 13 $y=e^{\sin(2x+1)}$；$y'=e^{\sin(2x+1)}[\sin(2x+1)]'=e^{\sin(2x+1)}\cos(2x+1) \cdot (2x+1)'=2\cos(2x+1) \cdot e^{\sin(2x+1)}$.

例 14 $y=\ln(x+\sqrt{1+x^2})$；$y'=\dfrac{1}{x+\sqrt{1+x^2}}(x+\sqrt{1+x^2})'=\dfrac{1}{x+\sqrt{1+x^2}} \cdot \left(1+\dfrac{2x}{2\sqrt{1+x^2}}\right)=\dfrac{1}{\sqrt{1+x^2}}$.

例 15 取这样三个函数

$$y=\frac{e^x-e^{-x}}{2};\quad y=\frac{e^x+e^{-x}}{2};\quad y=\frac{e^x-e^{-x}}{e^x+e^{-x}}$$

其中第一个叫作双曲正弦并记作 sh x，第二个叫作双曲余弦并记作 ch x，第三

个叫作双曲正切并记作 th x：$\text{th}\,x=\dfrac{\text{sh}\,x}{\text{ch}\,x}$. 求出它们的导函数

$$(\text{sh}\,x)'=\frac{(\mathrm{e}^x)'-(\mathrm{e}^{-x})'}{2}=\frac{\mathrm{e}^x+\mathrm{e}^{-x}}{2}=\text{ch}\,x$$

$$(\text{ch}\,x)'=\frac{(\mathrm{e}^x)'+(\mathrm{e}^{-x})'}{2}=\frac{\mathrm{e}^x-\mathrm{e}^{-x}}{2}=\text{sh}\,x$$

$$(\text{th}\,x)'=\frac{(\text{sh}\,x)'\text{ch}\,x-(\text{ch}\,x)'\text{sh}\,x}{\text{ch}^2x}=\frac{\text{ch}^2x-\text{sh}^2x}{\text{ch}^2x}=\frac{1}{\text{ch}^2x}$$

从这里我们再次注意到双曲函数与三角函数之间的相似处.

57. 对数微分法、反函数及隐函数的微分法

Ⅰ. 借助于微分法则及基本初等函数的导函数表，可求得任一初等函数的导函数，但其中有一种类型要除外，其最简单的代表是函数 $y=x^x$，它叫作幂指函数. 函数 $y=(\tan x)^{\sin x}$ 可以作为该类型函数的另一个例子. 一般地说，每一个具有乘幂而其底与指数都取决于自变量的函数就是幂指函数. 但要用一般法则求出幂指函数的导函数，只要把它的表达式做下列变换即可

$$y=x^x=\mathrm{e}^{x\ln x}\quad (x>0)$$

微分右边的复合函数，得

$$y'=\mathrm{e}^{x\ln x}(x\ln x)'=x^x(\ln x+1)$$

这个导函数也可以用其他更方便的方法求出来，即将等式 $y=x^x$ 取对数

$$\ln y=x\ln x$$

这是个恒等式，所以左边的导函数应该等于右边的导函数. 对 x 微分，但不要忘记等式左边是 x 的复合函数，得

$$\frac{1}{y}y'=\ln x+1$$

由此

$$y'=y(\ln x+1)=x^x(\ln x+1)$$

求函数

$$y=(\tan x)^{\sin x}$$

的导函数时可用完全相同的方法.

取对数，然后微分，将有

$$\frac{y'}{y}=\cos x\ln\tan x+\sin x\cdot\frac{1}{\tan x}\cdot\frac{1}{\cos^2x}=\cos x\ln\tan x+\sec x$$

且

$$y'=(\tan x)^{\sin x}[\ln(\tan x)^{\cos x}+\sec x]$$

首先对函数 $f(x)$ 取对数(以 e 为底)，然后微分，按照这种顺序所构成的运算叫作对数微分法，它的结果

$$(\ln f(x))'=\frac{f'(x)}{f(x)}$$

叫作函数 $f(x)$ 的对数导函数.

对数微分法不仅可以用来求幂指函数这一类型函数的导函数,也可用于其他的情形,而使计算简短. 取下面的例子

$$y=\sqrt{x^2+4}\cdot\sin x\cdot 2^x$$

这个函数的导函数按一般法则也很容易求得,但采用对数微分法更简单些,则有

$$\ln y=\frac{1}{2}\ln(x^2+4)+\ln\sin x+x\ln 2$$

$$y'=y\left(\frac{x}{x^2+4}+\cot x+\ln 2\right)$$

Ⅱ. 我们把曾经用来求反三角函数的导函数的方法推广到任意两个互为反函数的函数上,即:

若连续函数 $y=\phi(x)$ 是具有导函数的连续函数 $y=f(x)$ 的反函数(即 $\phi[f(y)]=y$),则导函数 $\phi'(x)$ 存在且其值是导函数 $f'(y)$ 在对应点 $y(=\phi(x))$ 的值的倒数

$$\phi'(x)=\frac{1}{f'(y)}$$

我们来证明这个关系. 从 $y=\phi(x)$ 得 $x=f(y)$,若把宗标 y 看作 x 的已知函数,则这个等式是恒等式. 对 x 微分,可得

$$1=f'(y)\cdot y'$$

从而

$$y'=\frac{1}{f'(y)}$$

这就是所要证明的.

导函数 $\phi'(x)$ 的表达式可以从 $\frac{1}{f'(y)}$ 中把 y 换成 x 的表达式:$y=\phi(x)$ 而得出. 要牢牢记住,必须先把 $f(y)$ 对 y 微分,然后再用 $\phi(x)$ 代替 y.

利用互为反函数的两个函数的导函数间的依从关系,很容易从一个导函数求得另外一个导函数. 建议读者由 e^x, $\ln x$, $\sin x$, $\arcsin x$, $\tan x$, $\arctan x$ 的导函数对应地求出函数 $\ln x$, e^x, $\arcsin x$, $\sin x$, $\arctan x$, $\tan x$ 的导函数.

互为反函数的函数的导函数间的联系,在几何上可以解释得很清楚. 事实上,设曲线 MM' 为函数 $y=\phi(x)$ 的图形(图 6),那么

$$\phi'(x_0)=\tan\alpha$$

曲线 MM' 的方程可写成:$x=f(y)$. 这个函数对于变量 y 的导函数在 $y=y_0=$

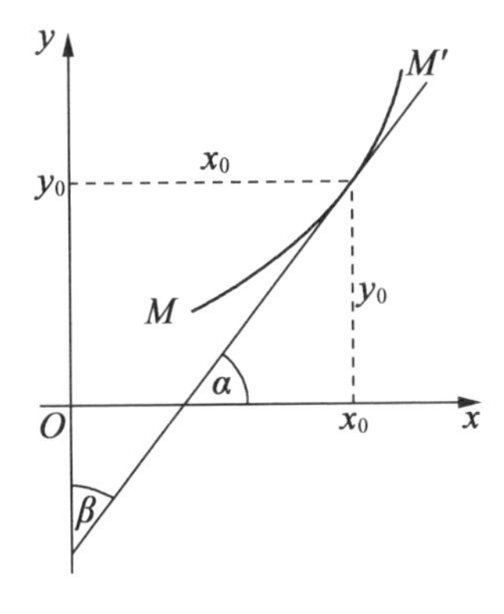

图 6

$\phi(x_0)$时显然等于同一切线的角系数，但这个角系数是对于 y 轴来说的，即

$$f'(x_0)=\tan\beta$$

但是，$\alpha+\beta=\frac{\pi}{2}$，就是说

$$\tan\beta=\cot\alpha=\frac{1}{\tan\alpha}$$

故

$$\phi'(x_0)=\frac{1}{f'(y_0)}$$

可见这个公式原来是表示这样一个明显的事实，即曲线的切线与两坐标轴所成角的和是$\frac{\pi}{2}$.

Ⅲ. 若 y 是 x 的隐函数，即它是用一个没有把 y 解出来的方程所给出的，则为了求出它的导函数，必须把等式两边对 x 微分，而把 y 当作由这个等式所规定的 x 的函数.

法则是很显然的，读者从例题中就会理解它的实际意义.

讲到这个法则，一般需注意，只有在等式为恒等式的情形下才可以对等式微分.

现在求由方程

$$\frac{x^2}{a^2}+\frac{y^2}{b^2}=1$$

所给出的函数 y 的导函数. 对 x 微分且 y 是使这个等式变为恒等式的 x 的函数，得

$$\frac{2x}{a^2}+\frac{2y}{b^2}\cdot y'=0$$

从而

$$y'=-\frac{b^2}{a^2}\cdot\frac{x}{y}$$

在这个例子中,不难求出 y 的显式,即

$$y=\frac{b}{a}\cdot\sqrt{a^2-x^2}$$

代入导函数表达式中,得

$$y'=-\frac{b}{a}\cdot\frac{x}{\sqrt{a^2-x^2}}$$

很容易看出这个结果与直接求得的相符.

再考虑一个方程

$$xy-e^x+e^y=0$$

微分,得

$$y+xy'-e^x+e^y\cdot y'=0$$

从而

$$y'=\frac{e^x-y}{e^y+x}$$

在这里不可能得到 y' 的显式. 然而,因为 y 满足原来的方程,所以导函数可以表示为另一形式

$$y'=\frac{e^x-y}{e^x-xy+x}$$

函数 $y=f(x)$ 的反函数 $y=\phi(x)$ 的微分法,其实就是把 y 当作由方程 $x-f(y)=0$ 给出的 x 的隐函数的微分法.

58. 图解微分法

导函数的明显的几何解释,使已知函数的导数以及导函数可用图形规定. 对于导函数的图形求法(当然是近似的),主要用在函数的解析表达式还不知道,而函数可以用图形(例如利用自动记录器)来表出的时候.

由图形确定导函数的方法叫作图解微分法. 图解微分法通常用在笛卡儿坐标系上.

设 AB(图 7)是某一函数 $y=f(x)$ 的图形.

在横轴上原点的左边截取线段 OP 等于一个单位.

凭观察作曲线 AB 在点 M 处的切线,M 是对应于已知横坐标 x 的点,且从点 P(有时叫作图形的极)作平行于这条切线的直线,与纵轴交于点 Q. 线段 OQ 将表示所求导数 $f'(x)$. 实际上

$$OQ=OP\cdot\tan\alpha=1\cdot\tan\alpha=f'(x)$$

凭观察的切线作法是很不准确的. 假如利用一个作曲线的法线的特殊仪器——镜子导数器,就可以把切线作得更准确.

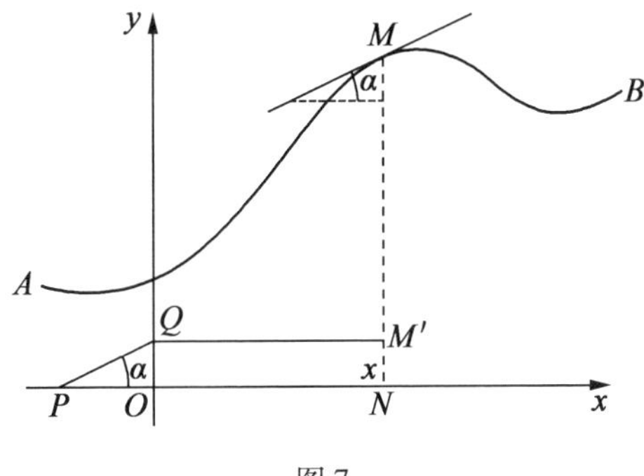

图 7

用一把普通的直尺，在它的一端装上一个不大的镜子，就可以做成一个最简单的镜子导数器. 使直尺侧立（垂直于图的平面）在点 M，并把它绕点 M 旋转，一直转到曲线在镜子里的像不折断地连着曲线本身为止. 那么直尺的位置就给出点 M 处法线的方向，直尺的垂线就是切线.

过点 Q 作直线平行于 x 轴，与 NM 或它的延长线交于点 M'，这一点的纵坐标也给出在自变量 x 的已知值处的导函数 $f'(x)$ 的值，点 M' 显然属于导函数 $y=f'(x)$ 的图形.

现在很容易理解如何根据已知函数 $y=f(x)$ 的图形去画出导函数的图形 $y=f'(x)$. 这个图将沿着这些点 M' 描成（图 8）.

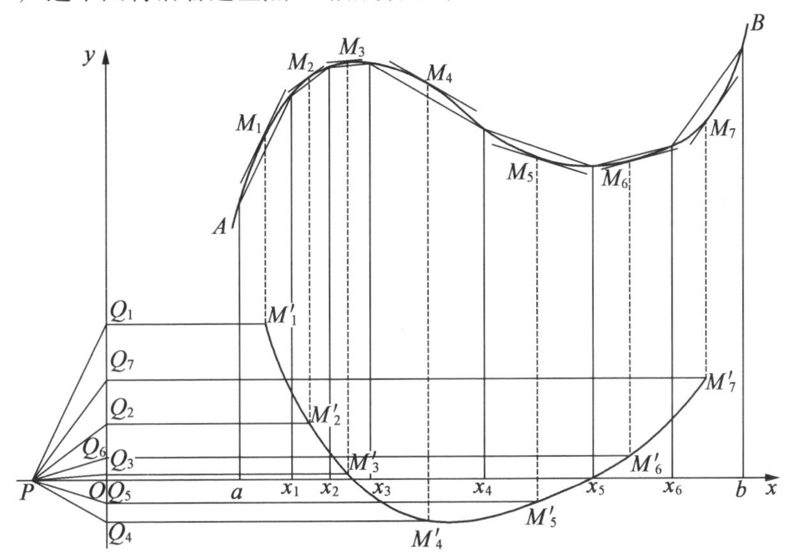

图 8

首先，用直线 $x=x_1$，$x=x_2$，…把曲线 $y=f(x)$ 的一段 AB（图 8）分成若干部分，AB 对应于自变量变动的区间. 我们用图形来确定在每一小区间中点处的导数. 取小区间的中点是有好处的,因为在寻常的情形下,只要取平行于联结图形上每一小弧两端的弦的直线作为切线,所得的这种切线便是相当准确的.

其次,用已知的方法求得导函数图形上的点 $M_1', M_2', M_3', \cdots$. 把这些点连成一条连续曲线,就得到导函数 $f'(x)$ 的近似图形. 一般来说,若所求出的点 M' 越多,也就是把整个区间分成的段数越多,则这个图形就越能准确地表示导函数. 所分的各段不必一定相等,在确定它们的大小时,必须使它们对应的曲线段形状尽可能与直线段相似. 若在一区间内,曲线转弯急剧且起伏频繁,则该区间应该分成更多数目的小线段.

直到现在,处处都无形中假定表示自变量的横轴尺度与表示函数的纵轴尺度相等,即这时

$$f'(x)=\tan\alpha=\tan\angle TMR$$

(图 2).

但如果上述的尺度不同,这种情况常常是必需的,其目的是使函数图形能容纳在一定大小的绘图纸上,那么导函数的值将不等于图中切线的角系数,而与它相差一个常数因子.

设 μ_1 是 x 轴上的尺度,μ_2 是 y 轴上的尺度(即 μ_1 及 μ_2 分别表示作为自变量及函数单位的线段长度),这时,Δx 不用线段 MR(图 2)的长度表示,而等于 $\dfrac{MR}{\mu_1}$,同样 $\Delta y=\dfrac{RM'}{\mu_2}$. 我们有

$$\frac{\Delta y}{\Delta x}=\frac{\dfrac{RM'}{\mu_2}}{\dfrac{MR}{\mu_1}}=\frac{\mu_1}{\mu_2}\cdot\frac{RM'}{MR}$$

由此

$$f'(x)=\frac{\mu_1}{\mu_2}\tan\angle TMR=\frac{\mu_1}{\mu_2}\tan\alpha$$

即导函数 $f'(x)$ 等于尺度 μ_1 与 μ_2 的比乘函数 $f(x)$ 的图形上切线的角系数.

在图解微分法中,极 P 与 O 的距离可取为 $OP=\lambda$ 个单位长度,这时(图 7)

$$NM'=OQ=OP\cdot\tan\alpha=\lambda\tan\alpha$$

参照上面的结果,有

$$NM'=\lambda\frac{\mu_2}{\mu_1}f'(x)$$

因此,线段 NM' 不表示在点 N 的导数,而与这个导数成正比. 若在纵坐标轴上表示导函数值的尺度 $\mu_3=\lambda\dfrac{\mu_2}{\mu_1}$ 个单位长度,则线段 NM' 就恰好表示导数. 利用 λ 的任意性,可使这个尺度等于预先选定的量.

§3 微分概念、函数的可微分性

59. 微分及其几何意义

与导函数概念紧密联系着的另一个数学解析上的基本概念,就是函数的微分概念.

我们介绍两种关于这个概念的讲法(在逻辑上,它们是彼此一致的). 其中第一种讲法是最自然的,以后(到第十章)可推广到多变量函数上.

Ⅰ. 设 $y=f(x)$ 是在点 x 的某个邻域上连续的函数. 与任意变动的自变量增量 Δx 相对应的函数增量 Δy,在一种且只在一种情形下与 Δx 成正比,这种情形就是 $f(x)$ 为线性函数的情形:$f(x)=ax+b$. 这时 $\Delta y=a\Delta x$. 我们已经注意到,Δy 与 Δx 间这个关系的简单性是极其便利的. 事实上,大部分函数对于已知 x 都能找到一个常系数 a(自然,每个函数都有它自己特有的常系数),使得表达式 $a\Delta x$ 虽然不是恰好等于 Δy,但与 Δy 的差是一个阶数高于 Δx 的无穷小(把 Δx,也就是 Δy,看作无穷小)

$$\Delta y=a\Delta x+\alpha \tag{1}$$

并且

$$\lim_{\Delta x\to 0}\frac{\alpha}{\Delta x}=0$$

上述具有如此系数 a 的一类函数的简单特性将叙述于后.

乘积 $a\Delta x$ 叫作函数 $y=f(x)$ 在点 x 处的微分①,并用 $\mathrm{d}y$ 或 $\mathrm{d}f(x)$ 来表示

$$\mathrm{d}y=a\Delta x$$

对于这个表示法,犹如对于 Δy 的表示法一样,我们应该注意,$\mathrm{d}y$ 并不是某个量 d 与 y 的乘积,而是一个连在一起的、不可分离的记号.

现在我们来比较 Δy 与 $\mathrm{d}y$. 若增量 Δy 本身是一个阶数高于 Δx 的无穷小,则 $a=0$(因为若 $a\neq 0$,则根据等式(1)的成立必定会推出 Δy 与 Δx 同阶的结果). 这时微分 $\mathrm{d}y=0$,它不能与任何无穷小(包括 Δy 在内)去比较.

当 $a\neq 0$ 时,$\mathrm{d}y$ 和 Δy 是相当无穷小,换句话来说,$\mathrm{d}y$ 是 Δy 的主部. 事实上,有

$$\frac{\Delta y}{\mathrm{d}y}=1+\frac{\alpha}{\mathrm{d}y}$$

---

① "微分"一词起源于拉丁字"differentia",它表示"差"的意思,这是用来着重说明函数的微分是代表它的增量(即它的两个数值的差)的.

但是根据假设

$$\frac{\alpha}{\mathrm{d}y}=\frac{\alpha}{a\Delta x}=\frac{1}{a}\cdot\frac{\alpha}{\Delta x}$$

随 $\Delta x\to 0$ 而趋于 0,也就是$\frac{\Delta y}{\mathrm{d}y}\to 1$. 因此,$\mathrm{d}y$ 或者是 Δy 的主部与 Δx 成正比(就 $\Delta x\to 0$ 而论),或者是 0(若 Δy 是一个阶数比 Δx 高的无穷小).

然而,在微分的定义中,可以不考虑非常少见的特殊情形,即 $a=0$ 的情形. 这样,其定义可叙述为:

函数增量中与自变量增量成正比的主部叫作函数的微分.

在用这个简单而便于应用的定义时,必须记住它的某些条件:“主部”是被理解为一个量,它与 Δy 的差是一个阶数高于 Δx(暂不与 Δy 比)的无穷小. 在实际上,这样一个量也是 Δy 的主部,当 Δy 是一个阶数不高于 Δx 的无穷小时(这时 $a\neq 0$,而通常的情形就是如此),它与 Δy 的差是一个阶数高于 Δy(或 $\mathrm{d}y$)本身的无穷小.

若在点 x 处函数的微分 $\mathrm{d}y$ 存在,则用它代替真正的增量 Δy 后,就得到一个具有无限精确度的近似式,即在点 x 的一个足够小的邻域内,$\mathrm{d}y(=a\Delta x)$ 近似地等于 Δy,其相对误差可为任意小. 同时,我们还使这个近似式保持线性函数增量表达式所特有的简单性(即与 Δx 成正比关系).

假定在点 x 处函数 $y=f(x)$ 有微分,即能从函数的增量

$$\Delta y=f(x+\Delta x)-f(x)$$

取出与 Δx 成正比的主部,也就是说,等式(1)成立 .

现在,我们来决定比例系数 a,为此,式(1)两边除以 Δx,并令 $\Delta x\to 0$,取极限,得

$$\lim_{\Delta x\to 0}\frac{\Delta y}{\Delta x}=a+\lim_{\Delta x\to 0}\frac{\alpha}{\Delta x}$$

因为根据假设,右边第二项为 0,所以右边就等于 a,这就是说,函数 $f(x)$ 在点 x 处的导数存在,并且 $f'(x)=a$,即微分表达式中的比例系数就是导数. 这是导数概念与微分概念间的一个直接的关系.

因此

$$\mathrm{d}y=f'(x)\Delta x$$

自变量的微分 $\mathrm{d}x$ 就是增量 Δx 本身

$$\mathrm{d}x=\Delta x$$

这与函数 $y=x$ 的微分

$$\mathrm{d}y=\mathrm{d}x=(x)'\Delta x=\Delta x$$

相一致. 所以,函数在已知自变量处的微分等于在该处的导数乘以自变量的微分

$$dy=f'(x)dx$$

Ⅱ. 如果把函数 $y=f(x)$ 的微分 dy 形式地定义为导数 $f'(x)$ 与自变量增量的乘积

$$dy=f'(x)\Delta x$$

那么就得到关于微分概念的另一种说法.

这个定义预先需要知道函数 $f(x)$ 的导数的存在. 我们来证明这样定义出来的微分具有第一个定义里所讲的那两个基本性质.

设函数 $y=f(x)$ 在点 x 处有导数

$$\lim_{\Delta x\to 0}\frac{\Delta y}{\Delta x}=f'(x)$$

这就是说

$$\frac{\Delta y}{\Delta x}=f'(x)+\alpha_1$$

其中当 $\Delta x\to 0$ 时,$\alpha_1\to 0$,即得

$$\Delta y=f'(x)\Delta x+\alpha_1\Delta x$$

即

$$\Delta y=dy+\alpha_1\Delta x$$

因为右边第二项是个阶数高于 Δx 的无穷小量,当 $\Delta x\to 0$ 时,$\frac{\alpha_1\Delta x}{\Delta x}=\alpha_1\to 0$,所以 $dy(dy\neq 0)$就是增量 Δy 的主部. 在任何情形下,dy 与 Δy 显然相差一个阶数高于 Δx 的无穷小. 微分 dy 与自变量增量 Δx 成正比是很显然的.

所以,函数微分的两个可能定义:(1)作为与自变量增量成正比的、函数增量的"主部";(2)作为导数与自变量增量的乘积,是完全一致的. 它们中的每一个是另外一个的推论. 知道了导数之后,很容易求得微分,反过来也是一样的. 因此,求已知函数的导数与微分的运算一般就叫作微分法.

一般来讲(当 x 为任意时),微分

$$dy=f'(x)dx$$

是两个互相独立变动的自变量——x 及 dx 的函数.

对于导函数,有

$$f'(x)=\frac{dy}{dx}$$

这就表示

$$\lim_{\Delta x\to 0}\frac{\Delta y}{\Delta x}=\frac{dy}{dx}$$

不要把这个式子理解为,当 $\Delta x\to 0$ 时,Δy 趋于 dy,Δx 趋于 dx. 这里正确的看法是,增量的比$\frac{\Delta y}{\Delta x}$趋于微分的比$\frac{dy}{dx}$,它只有在我们给了微分 dy 的定义之后才有

意义. 同时,将导函数表示成微分的比在解析学中是有极大好处的. 在最近的几页里我们就会证实这点.

Ⅲ. 现在我们要讲函数 $y=f(x)$ 的微分的几何意义,这个函数在笛卡儿坐标系中可以用图形表示(图 9).

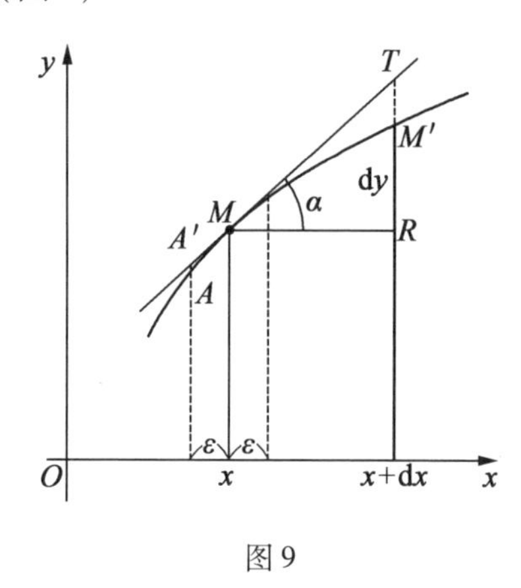

图 9

因为 $f'(x)=\tan\alpha$(图 2),所以微分 $\mathrm{d}y=f'(x)\mathrm{d}x$ 就表示线段 RT 的长度,即函数 $y=f(x)$ 在点 x 处的微分 $\mathrm{d}f(x)$ 代表在该点处向曲线 $y=f(x)$ 的切线所引纵坐标的增量.

函数的增量 $\Delta f(x)$ 代表向曲线所引纵坐标的增量(图 9 中的线段 RM'). 因此微分与增量的差就代表纵坐标上介于曲线与它的切线间的那一线段,即线段 $M'T$ 在 $\mathrm{d}x\to 0$ 时是一个阶数高于线段 MR 的无穷小.

函数在已知点处的微分可以大于增量(图 9),也可以小于增量.

当 $|\mathrm{d}x|<\varepsilon$ 时,用函数的微分来代替它的增量,在几何上就是指用切线的一段 MT 来代替图形上对应于点 x 的 ε-邻域的那段弧 $\widehat{MM'}$. 换句话说,就是把已知函数在点 x 的 ε-邻域上用一个具有均匀变化率 $f'(x)$ 的线性函数来代替.

照这样说来,若以在瞬时 t 的路程的微分 $\mathrm{d}s$ 来代替路程的真正增量 Δs,就相当于在该瞬时的邻域上用一个等速运动来代替已知的运动,而该等速运动的速率等于在瞬时 t 的运动速率. 同样以曲线形物体上的一点 s 处的微分 $\mathrm{d}m$ 来代替质量的真正增量 Δm,就相当于在点 s 的邻域上用均匀质量分布来代替已知的质量分布,该均匀质量分布的线性密度等于点 s 处的密度. 再一次提起注意,所有这类的代替,当自变量的微分足够小的时候,可以使其相对误差为任意小.

60. 微分的性质

由于函数的微分等于该函数的导函数乘以自变量的微分,故显然可从基本初等函数的导函数表立刻得出类似的微分表,并可从求导函数的法则得到求微分的对应法则.

Ⅰ. 我们有如下的一个微分表(表2):

表2

$\mathrm{d}x^n = nx^{n-1}\mathrm{d}x$	$\mathrm{d}\tan x = \dfrac{1}{\cos^2 x}\mathrm{d}x$
$\mathrm{d}a^x = a^x \ln a\mathrm{d}x$	$\mathrm{d}\cot x = -\dfrac{1}{\sin^2 x}\mathrm{d}x$
$\mathrm{d}\mathrm{e}^x = \mathrm{e}^x\mathrm{d}x$	$\mathrm{d}\arcsin x = \dfrac{1}{\sqrt{1-x^2}}\mathrm{d}x$
$\mathrm{d}\log_a x = \log_a \mathrm{e}\ \dfrac{1}{x}\mathrm{d}x$	$\mathrm{d}\arccos x = -\dfrac{1}{\sqrt{1-x^2}}\mathrm{d}x$
$\mathrm{d}\ln x = \dfrac{1}{x}\mathrm{d}x$	$\mathrm{d}\arctan x = \dfrac{1}{1+x^2}\mathrm{d}x$
$\mathrm{d}\sin x = \cos x\mathrm{d}x$	$\mathrm{d}\operatorname{arccot} x = -\dfrac{1}{1+x^2}\mathrm{d}x$
$\mathrm{d}\cos x = -\sin x\mathrm{d}x$	—

Ⅱ. 若

$$y = u+v+\cdots+w$$

则

$$\mathrm{d}y = \mathrm{d}u+\mathrm{d}v+\cdots+\mathrm{d}w$$

若

$$y = uv$$

则

$$\mathrm{d}y = u\mathrm{d}v+v\mathrm{d}u$$

特别是

$$\mathrm{d}Cu = C\mathrm{d}u$$

其中 C 为常数.

若

$$y = \frac{u}{v}$$

则

$$\mathrm{d}y = \frac{v\mathrm{d}u-u\mathrm{d}v}{v^2}$$

Ⅲ. 在讲到从复合函数微分法则导出来的微分性质这个问题之前,现在我们先给出该法则的另一个比以前更简单而且十分普遍的推导法.

设 $y=f(u)$ 及 $u=\varphi(x)$ 各为其宗标的连续函数,并具有对这些宗标的导函数$f'(u)$及$\varphi'(x)$. 由函数$y=f(u)$的宗标u的增量Δu而引起的增量Δy可写为

$$\Delta y=f'(u)\Delta u+\alpha_1\Delta u$$

其中,当$\Delta u\to0$时,$\alpha_1\to0$.

以Δx除等式各项,得

$$\frac{\Delta y}{\Delta x}=f'(u)\frac{\Delta u}{\Delta x}+\alpha_1\frac{\Delta u}{\Delta x}$$

这里Δx是使函数$u=\varphi(x)$与$y=f[\varphi(x)]$分别得到增量Δu与Δy的自变量x的增量. 取$\Delta x\to0$时的极限,得

$$\lim_{\Delta x\to0}\frac{\Delta y}{\Delta x}=f'(u)\cdot\lim_{\Delta x\to0}\frac{\Delta u}{\Delta x}+\lim_{\Delta x\to0}\alpha_1\cdot\lim_{\Delta x\to0}\frac{\Delta u}{\Delta x}$$

注意 若$\Delta x\to0$,则$\Delta u\to0$,因而也有$\alpha_1\to0$,因此,有

$$\lim_{\Delta x\to0}\frac{\Delta y}{\Delta x}=f'(u)\cdot u'$$

这就是说,把y看作x的函数时,其导函数在所设条件下存在且等于组成它的诸函数对其宗标的导函数的乘积

$$y'=\frac{\mathrm{d}y}{\mathrm{d}x}=f'(u)\cdot\varphi'(x)\tag{2}$$

Ⅳ. 由等式(2),有

$$\mathrm{d}y=f'(u)\cdot\varphi'(x)\mathrm{d}x$$

但是

$$\varphi'(x)\mathrm{d}x=\mathrm{d}\varphi(x)=\mathrm{d}u$$

所以

$$\mathrm{d}y=f'(u)\mathrm{d}u$$

我们得到了一个微分表达式,就好像宗标u是自变量似的. 因此,不管函数$y=f(u)$的宗标是自变量或者是自变量的函数,它的微分永远保持为同样一个表达式.

上述命题所建立的性质叫作微分形式的不变性(即独立性). 由于有了这样的性质,可以不必考虑函数宗标的性质,而永远把它的微分写成同样的一个形式.

从等式

$$f'(u)=\frac{\mathrm{d}y}{\mathrm{d}u}$$

得到:在一切情形下,函数对其宗标的变化率可用函数的微分与宗标的微分两者的比定出.

我们还能证明,等式$y'=\frac{\mathrm{d}y}{\mathrm{d}x}$的右边乘以并除以$\mathrm{d}u(\mathrm{d}u\neq0)$就能得到公式

(2). 经过如此运算后将有

$$y' = \frac{\mathrm{d}y}{\mathrm{d}x} = \frac{\mathrm{d}y}{\mathrm{d}u} \cdot \frac{\mathrm{d}u}{\mathrm{d}x}$$

这时依照定义，$\frac{\mathrm{d}u}{\mathrm{d}x} = \varphi'(x)$（作为函数的微分与自变量的微分的比），但是不能直接就得出$\frac{\mathrm{d}y}{\mathrm{d}u} = f'(u)$的结论，因为这里$\frac{\mathrm{d}y}{\mathrm{d}u}$是两个函数的微分的比，而不是函数的微分与自变量的微分的比. 固然这个比值等于$f'(u)$，但这一点恰好就是从已经证明的等式(2)得出的推论. 所以对分式$\frac{\mathrm{d}y}{\mathrm{d}x}$做上述运算是完全可以的，它是被公式(2)所证实了的. 也正是由于可能把微分当作通常的数来施行四则运算，所以把导函数写成微分的比的形式常常是很有利的.

例如，用这种写法就能立刻推得反函数的微分法则

$$y' = \frac{\mathrm{d}y}{\mathrm{d}x} = \frac{1}{\frac{\mathrm{d}x}{\mathrm{d}y}} = \frac{1}{x'}$$

61. 微分在近似值计算法上的应用

我们已经熟知，若 $\mathrm{d}x$ 足够小，则在点 $x = x_0$ 处，函数 $f(x)$ 的微分

$$\mathrm{d}y = f'(x)\,\mathrm{d}x$$

将以任意小的相对误差近似地等于函数的增量

$$\Delta y = f(x_0 + \Delta x) - f(x_0)$$

由此，Δy 的真实表达式（通常是很复杂的）就能用一个极其简单的（对于 $\mathrm{d}x$ 来说是线性的）表达式 $f'(x_0)\,\mathrm{d}x$ 来代替，而其求法就是微分法. 正如我们所见到的一样，对于任何初等函数来说，做微分法运算是没有困难的.

所以，对于任意小的 Δx，有

$$\Delta y = f(x_0 + \Delta x) - f(x_0) \approx f'(x_0)\Delta x = \mathrm{d}y$$

这个近似等式在实用上可用来解决下列两类问题：

(i) 已知 $f(x_0)$，$f'(x_0)$ 及 Δx 的值，计算 $f(x_0 + \Delta x)$ 的近似值.

(ii) 函数 f 及其导函数 f' 在点 x_0 和 $x_0 + \Delta x$ 处的数值都能计算出来，可是不知道 Δx 的准确值，而仅知道它的近似值. 依照估计 $|\Delta x| < \delta$（即依照数值 x_0 的误差）来决定数值 $f(x_0)$ 的误差 ε：$|f(x_0 + \Delta x) - f(x_0)| < \varepsilon$.

Ⅰ. 为了阐明第一类问题，我们引出下面的一些例子（为了简单起见，以 h 表示 Δx）：

(1) $y = \sqrt[n]{1+x}$. 我们有

$$\mathrm{d}y = \frac{1}{n} \cdot \frac{\sqrt[n]{1+x}}{1+x} \cdot h$$

也就是

$$\sqrt[n]{1+x+h}\approx\sqrt[n]{1+x}+\frac{1}{n}\cdot\frac{\sqrt[n]{1+x}}{1+x}\cdot h$$

特别地,当 $x=0$ 时

$$\sqrt[n]{1+h}\approx 1+\frac{1}{n}\cdot h$$

当 $n=2$ 时,这个近似公式是从前已经得到过的.

(2) $y=\sin x$. 我们有

$$\mathrm{d}y=\cos x\cdot h$$

也就是

$$\sin(x+h)\approx\sin x+\cos x\cdot h$$

特别地,当 $x=0$ 时,根据 $\sin h$ 与 h 在 $h\to 0$ 时为相当无穷小的关系而推出公式

$$\sin h\approx h$$

令 $x=\frac{\pi}{6}(=30°)$, $h=\frac{\pi}{180}(=1°)$,得

$$\sin 31°\approx\sin 30°+\cos 30°\times\frac{\pi}{180}\approx 0.5+\frac{\sqrt{3}}{2}\times 0.017\,45\approx 0.515\,1$$

具有五位可靠数字的值是 $\sin 31°=0.515\,04$. 读者应该弄明白为什么所得 $\sin 31°$的近似值是个强值.

(3) $y=\ln x$. 我们有

$$\mathrm{d}y=\frac{1}{x}h$$

也就是

$$\ln(x+h)\approx\ln x+\frac{h}{x}$$

特别地,当 $x=1$ 时,根据 $\ln(1+h)$ 与 h 在 $h\to 0$ 时为相当无穷小的关系而推出公式

$$\ln(1+h)\approx h$$

设已知 $\ln 781\approx 6.660\,58$,求 $\ln 782$. 从公式可得

$$\ln 782\approx 6.660\,58+\frac{1}{781}\approx 6.661\,86$$

依照五位对数表: $\ln 782=6.661\,85$. 正如所见到的,所得的值比从表内查得的值大一些. 这里读者也应该了解为什么会如此.

Ⅱ. 第二类问题依照已经知道的 $|\Delta x|<\delta$ 来估计

$$\Delta y=f(x_0+\Delta x)-f(x_0)$$

假若 Δx 足够小,由于 $\Delta y\approx\mathrm{d}y$,就得到

$$|\Delta y| \approx |f'(x_0)| \cdot |\Delta x| < |f'(x_0)|\delta = \varepsilon$$

所以,以数值 $f(x_0)$ 代替准确值 $f(x_0+\Delta x)$ 时,所容许的误差是

$$\varepsilon = |f'(x_0)|\delta$$

即数值 $f(x_0)$ 的误差等于导函数 $f'(x_0)$ 的绝对值与宗标误差 Δx 的乘积.

显然,从这里也可以看出,在决定函数值 $f(x_0)$ 时,要保证所致误差仅容许为预先指定的 ε,则在给出宗标值 x_0 时所容许的误差 $\delta = \dfrac{\varepsilon}{|f'(x_0)|}$.

数值 $f(x_0)$ 的相对误差等于

$$\frac{\varepsilon}{|f(x_0)|} = \left|\frac{f'(x_0)}{f(x_0)}\right|\delta$$

即数值 $f(x_0)$ 的相对误差等于其对数导函数 $\dfrac{f'(x_0)}{f(x_0)}$ 的绝对值与宗标误差 Δx 的乘积.

为了说明这些,我们举出下面的一些例子:

(1)一直角三角形,已知斜边长 c 及锐角 α 的近似值,且 α 的准确度为 δ,即 $|\Delta\alpha|<\delta$. 如果把 $\Delta\alpha$ 及 δ 看作无穷小,求出在计算 α 角所对的直角边长 a 及另一直角边长 b 时所致的相对误差.

我们有

$$a = c\sin\alpha, b = c\cos\alpha$$

由此

$$\left|\frac{da}{a}\right| = \cot\alpha \cdot |\Delta\alpha| < \cot\alpha \cdot \delta$$

$$\left|\frac{db}{b}\right| = \tan\alpha \cdot |\Delta\alpha| < \tan\alpha \cdot \delta$$

这些估计说明,较长直角边长的相对误差总是较小的.

(2)若在直接度量圆的半径 r 时,已知其微小的误差值 Δr 不超过(就绝对值而言)δ,则用公式

$$s = \pi r^2$$

来计算圆的面积 s 时,所致相对误差 $\dfrac{\varepsilon}{s}$($|\Delta s|<\varepsilon$)为度量半径的相对误差 $\dfrac{\delta}{r}$ 的两倍.

实际上

$$ds = 2\pi r \cdot \Delta r$$

由此可得

$$\frac{ds}{s} = 2\frac{\pi r}{\pi r^2}\Delta r = 2\frac{\Delta r}{r}$$

这就是

$$\frac{\varepsilon}{s}=2\frac{\delta}{r}$$

(3)考察 n 位常用对数表的准确度与数的准确度之间的依从关系. 从表上查出的对数数值,其准确度可到小数最后一位的$\frac{1}{2}$,即达$\frac{1}{2\times10^n}$,现在来决定用表时所取的数应以怎样的准确度才能使其对数仍有表上的准确度.

由依从关系

$$y=\lg x$$

得

$$\mathrm{d}y=\frac{M}{x}\Delta x\approx\frac{0.434\ 3}{x}\Delta x$$

取简略近似数,便得

$$\frac{1}{2\times10^n}\approx\frac{0.5}{x}\Delta x\text{ 或}\frac{\Delta x}{x}\approx\frac{1}{10^n}$$

由此可知,x 的相对误差不应超过$\frac{1}{10^n}$,换句话说,x 同样应有 n 位可靠数字.

在读者熟悉了这些例子之后,还值得再考察一下基本近似公式

$$y=f(x_0+\Delta x)\approx f(x_0)+f(x_0)\Delta x$$

的意义. 这个意义(正如已经知道的一样)在于,若规定一个线性函数如下:该线性函数在已知点 x_0 处的函数值及其导函数值分别等于 $f(x_0)$ 及 $f'(x_0)$,有

$$y=f(x_0)+f'(x_0)(x-x_0)$$

则可取该线性函数的值作为 $f(x)$ 在点 $x=x_0+\Delta x$ 处的函数值.

在几何上,这就相当于把函数 $y=f(x)$ 的图形换成它在点 $M(x_0,y_0)$ 处的切线. 显然,一般地讲,仅仅是在点 x_0 的一个充分小的邻域内,这种代替所产生的误差才可以不为人所觉察,即是在研究问题时该误差是可以忽略的. 这个公式的缺点是没有指出表示其准确度的误差. 我们知道,当 $\Delta x\to0$ 时,相对误差趋于0,但不能从已知 Δx 的数值来估计它的大小. 这个缺点很快就会去掉,并且以后还要建立理论来发展这种观念,把这里所讲的微分概念的用法包括进去,能确定函数的值,使其具有一定的准确度.

62. 函数的可微分性

若函数 $y=f(x)$ 在点 x 处有微分,则说该函数在点 x 处是可微分的.

如我们在前面所见到的,这时导函数 $f'(x)$ 在点 x 处也存在. 反之,若函数在已知 x 处有导函数,则它也有微分. 因此,导函数的存在可以作为函数可微分性的条件.

假定函数 $f(x)$ 在某一 x 处是可微分的,那么它在该点处必定连续. 事实

上，当 $\Delta x\to 0$ 时，只有在 $\Delta y=f(x+\Delta x)-f(x)$ 与 Δx 同时趋于 0 的情形下，比值

$$\frac{\Delta y}{\Delta x}=\frac{f(x+\Delta x)-f(x)}{\Delta x}$$

才可能有极限，而这种情形也正就是函数 $y=f(x)$ 在点 x 处连续的条件.

所以，函数在其不连续点处就不能有导函数. 函数的连续性是函数可微性的必要条件. 然而这个条件绝不是充分的，即在自变量的某一值处连续的函数可能没有导函数.

函数连续性的现代观点成为科学上的财富是比较晚近的事. 第一个注意到连续函数与可微分函数间的微妙差别的是伟大的俄国数学家罗巴切夫斯基.

我们来看几个没有导函数的连续函数的例子.

Ⅰ. 函数 $y=f(x)$ 在区间 $[0,1]$ 上用方程 $f(x)=x$ 给出，而在区间 $[1,2]$ 上，则用方程 $f(x)=2-x$ 给出. 显然，该函数在全部区间 $[0,2]$ 上是连续的. 但它在 $x=1$ 时是不可微分的. 事实上

$$\varphi(\Delta x)=\frac{f(1+\Delta x)-f(1)}{\Delta x}=\begin{cases}\dfrac{[2-(1+\Delta x)]-1}{\Delta x}=-1 & (\Delta x>0)\\[2ex] \dfrac{(1+\Delta x)-1}{\Delta x}=1 & (\Delta x<0)\end{cases}$$

因而，当 Δx 趋于 0 时，$\varphi(\Delta x)$ 的极限不存在，因此连续函数 $y=f(x)$ 在点 $x=1$ 处没有导函数. 在几何上，这表示连续曲线 $y=f(x)$ 在点 $(1,1)$ 处没有切线. 实际上，这个函数的图形是一条以 $(1,1)$ 为顶点的折线(图 10). 显然，这条曲线在角点处没有切线，且曲线在该点也没有确定的方向.

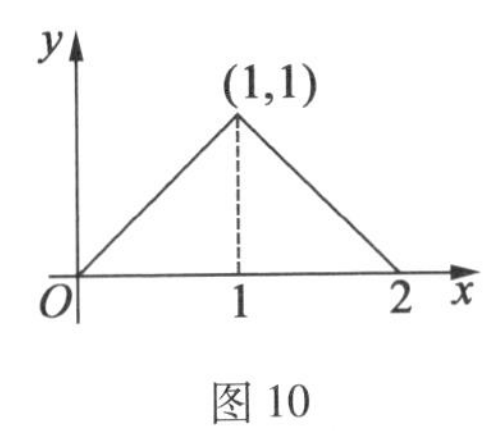

图 10

这类情形，有时可按惯例来说，函数在一点处有“两个导数”(曲线有“两条切线”)：一个对应于从该点右边所取得的函数值，另一个对应于从该点左边所取得的函数值. 在 Δx 仅仅从右边或仅仅从左边趋于 0，而 $\varphi(\Delta x)$ 趋于两个不同极限的情形下，总可以看到这样的曲线. 当这种情形在 x 处出现时，图形上的对应点叫作角点. 连续曲线在这一类点处突然改变了它的方向. 由此可见，导函数的存在不但保证了函数图形的连续性，而且还保证了曲线的光滑性，在它的上面不会有角点.

Ⅱ. 但是很难想象到没有角点的连续曲线在某处会没有切线，然而这样的曲线却是存在的.

以我们熟悉的函数来说，当 $x\neq 0$ 且 $f(0)=0$ 时

$$f(x)=x\sin\frac{1}{x}$$

无论在何处都是连续的，但在 $x=0$ 处不可微分. 事实上

$$\varphi(\Delta x)=\frac{f(0+\Delta x)-f(0)}{\Delta x}=\frac{\Delta x\sin\frac{1}{\Delta x}-0}{\Delta x}=\sin\frac{1}{\Delta x}$$

可是 $\sin\frac{1}{\Delta x}$在 $\Delta x\to 0$ 时并不趋于什么极限，无论 Δx 只取正值或只取负值都是一样. 当函数图形（图 11）上的点无限接近于点(0,0)时，要做无限次振荡，并且虽然这个连续曲线处处没有上面所说的那种角点，但它在点(0,0)处仍然没有确定的方向（切线）.

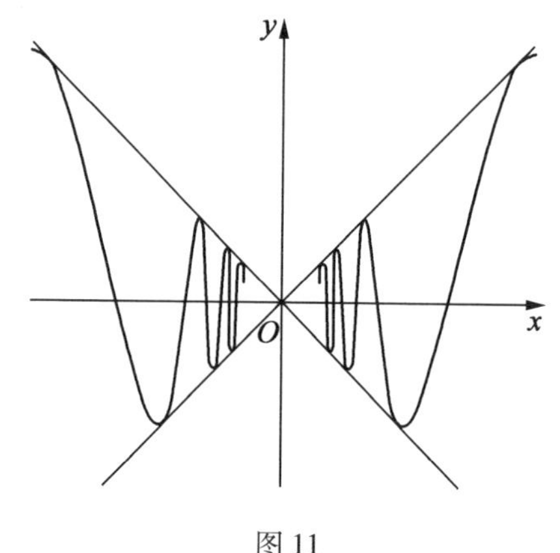

图 11

连续函数概念的逻辑内容是如此之广，以至于人们能够构造这样的连续函数，它在自变量的任一值处都是不可微分的，也就是存在这样的连续曲线，在它的任何一点处没有切线（方向）. 但在本书中不会碰到这样的函数及曲线.

Ⅲ. 最后，还有一种可能情形，即当 $\Delta x\to 0$ 时，$\varphi(\Delta x)=\frac{f(x+\Delta x)-f(x)}{\Delta x}$趋于无穷大. 在几何上，这显然表示在对应点的切线垂直于 x 轴. 所以，为了说法一致起见，我们说（不考虑函数的不可微分性），在这种情形下，函数有无穷大导数或导数等于∞.

(1) 设 $f(x)=\sqrt[3]{x}$. 当 $x=0$ 时，有

$$\varphi(\Delta x)=\frac{f(\Delta x)-f(0)}{\Delta x}=\frac{\sqrt[3]{\Delta x}}{\Delta x}=\frac{1}{\sqrt[3]{(\Delta x)^2}}$$

也就是当 Δx 以任意方式趋于 0 时，$\varphi(\Delta x)$ 趋于 $+\infty$. 曲线 $y=\sqrt[3]{x}$ 在点(0,0)处与 y 轴相切，并且没有角点（图 12）. 它是光滑曲线.

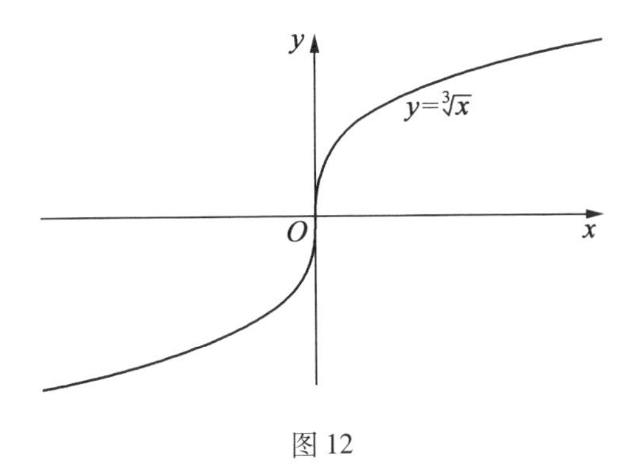

图 12

(2) 设 $f(x)=\sqrt[3]{x^2}$. 当 $x=0$ 时,有

$$\varphi(\Delta x)=\frac{\sqrt[3]{(\Delta x)^2}}{\Delta x}=\frac{1}{\sqrt[3]{\Delta x}}$$

若 Δx 从右边趋于 0,则 $\varphi(\Delta x)$ 趋于 $+\infty$;若 Δx 从左边趋于 0,则 $\varphi(\Delta x)$ 趋于 $-\infty$. 在几何上,曲线 $y=\sqrt[3]{x^2}$ 是半立方抛物线,它在点(0,0)处以 y 轴为其切线(图 13). $\varphi(\Delta x)$ 随 Δx 趋于 0 的方式不同而趋于 $+\infty$ 或 $-\infty$,也如同在极限为有限值的情形一样,表示曲线在点(0,0)处有一个转折点存在,而在本例的情形下是尖点. 我们说半立方抛物线在点(0,0)处有重合在一起的两条切线. 然而,所有的初等函数,除了使它的导数为无穷大的一些孤立点,在它有定义的点处都是可微分的. 所以,一般地讲,初等函数的图形是连续而光滑的曲线.

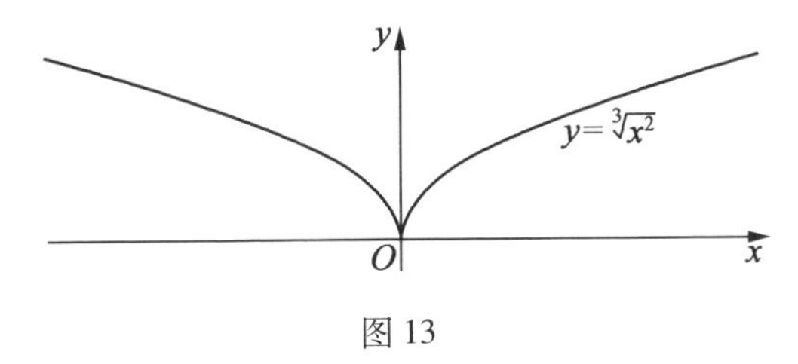

图 13

§4 作为变化率的导数 (其他的例子)

63. 函数对于函数的变化率、函数及曲线的参数表示法

Ⅰ. 变化率. 设已知同一自变量的两函数,用 t 表示自变量,而函数用 x 及 y 表示

$$x=\varphi(t),y=f(t)$$

我们要引入一个函数对于另一个函数的变化率的概念.这个概念是本章开始时所建立的函数变化率概念的直接推广.后者是基于函数的变化与其宗标变化比较而来的,现在就一个函数的变化与另一个函数的变化加以比较.

给变量 t 以一个增量 Δt 并考虑函数 φ 及 f 在区间 $(t,t+\Delta t)$ 上的变化

$$\Delta x=\varphi(t+\Delta t)-\varphi(t),\Delta y=f(t+\Delta t)-f(t)$$

其比值

$$v_{\text{cp}}=\frac{\Delta y}{\Delta x}=\frac{f(t+\Delta t)-f(t)}{\varphi(t+\Delta t)-\varphi(t)}$$

叫作函数 $f(t)$ 对于函数 $\varphi(t)$ 在区间 $(t,t+\Delta t)$ 上的平均变化率.这个平均变化率表示:在区间 $(t,t+\Delta t)$ 上由函数 $x=\varphi(t)$ 的每个单位变化所引起函数 $y=f(t)$ 变化的单位数.如果当 $\Delta t\to 0$ 时,平均变化率 v_{cp} 的极限 v 存在,那么 v 就叫作函数 $f(t)$ 对于函数 $\varphi(t)$ 在已知点 t 处的变化率①

$$v=\lim_{\Delta t\to 0}v_{\text{cp}}=\lim_{\Delta t\to 0}\frac{\Delta y}{\Delta x}$$

而

$$\lim_{\Delta t\to 0}\frac{\Delta y}{\Delta x}=\lim_{\Delta t\to 0}\frac{\frac{\Delta y}{\Delta t}}{\frac{\Delta x}{\Delta t}}=\lim_{\Delta t\to 0}\frac{\frac{f(t+\Delta t)-f(t)}{\Delta t}}{\frac{\varphi(t+\Delta t)-\varphi(t)}{\Delta t}}=\frac{f'(t)}{\varphi'(t)}$$

所以

$$v=\frac{y'}{x'}=\frac{f'(t)}{\varphi'(t)}$$

就是说,一个函数对于另一个函数的变化率等于这些函数对于其公共宗标的导函数的比,或者换一句话说,等于这些函数变化率的比.

函数 $y=f(t)$ 的变化率概念是上述相对变化率概念的特殊情形,这就是取函数 $x=\varphi(t)$ 为自变量 $\varphi(t)=t$ 时的情形,这时

$$v=\frac{y'}{1}=f'(t)$$

Ⅱ.参数表示法.不难证明函数 $y=f(t)$ 对于函数 $x=\varphi(t)$ 的相对变化率可以当作把 y 看成自变量 x 的函数时的普通变化率.

为了证明这件事情,首先要知道,给出一组等式

$$x=\varphi(t),y=f(t)\tag{1}$$

就表示给出变量 x 及 y 间的函数关系.实际上,对于 t(在某一域上)的每一个值

① 这个变化率通常与宗标的变化率有区别,它也可以叫作相对变化率.

都可从上述等式中求出互相对应的 x 及 y 的值.

当两变量各自规定为同一辅助变量的函数而成立函数关系时,这种表示法叫作函数的参数表示法,该辅助变量叫作参数.

由式(1)取消变量 t 的参与,而求出 x 及 y 的直接关系的运算步骤叫作参数消去法. 直接消去参数时,步骤如下:先从第一个等式求出以 x 表示 t 的式子:$t=\psi(x)$,其中 ψ 是 φ 的反函数,然后把它代入第二个等式,可得把 y 表示 x 的函数的显式

$$y=f[\psi(x)]=F(x)$$

在某些个别情形下也可用别的一些方法来消去参数.

因此,对于具有公共宗标 t 的函数组 x 及 y,可以看作其中一个(例如 y)作为另一个(例如 x)的函数时的参数表达式. 于是,这个函数的变化率 v 就等于 $\frac{\mathrm{d}y}{\mathrm{d}x}$,得到

$$v=\frac{\mathrm{d}y}{\mathrm{d}x}=\frac{\frac{\mathrm{d}y}{\mathrm{d}t}}{\frac{\mathrm{d}x}{\mathrm{d}t}}=\frac{f'(t)}{\varphi'(t)} \tag{2}$$

这就是说,这个式子正是上述函数 f 对于 φ 的相对变化率,这就是我们所要证明的.

公式(2)给出了参数式表示的函数的微分法则.

同理,x 对于 y 的导函数显然等于$\frac{\varphi'(t)}{f'(t)}$.

Ⅲ. 例如,把 x 及 y 的依从关系看作其对应曲线的方程时,该曲线可写为所讲过的参数(表达)式,或者更恰当地说,可写为参数方程. 换句话说,这时曲线上点的横坐标及纵坐标都是同一个变量(参数)的函数.

以参数式表示函数与曲线,常较其他方法有更多优点. x 与 y 之间的直接关系式可能很复杂,尤其是它可能是多值的,但通过参数表示出来的 x 与 y 间的函数关系却可能是单值的、简单的. 此外,在参数表达式中我们不预先规定哪一个变量将被取为自变量,哪一个将被取为函数.

应该注意,同一个函数的参数表达式可以不是唯一的,而是有很多形式的.

按照函数关系的特征及其他的情况,参数可以得到不同的解释. 参数常被理解为时间,则所对应的 x 及 y 的值是在同一瞬时所得到的. 有时参数可能是弧、面积、温度等别的变量.

曲线参数式的例子:

(1)取以坐标原点为圆心、半径为 a 的圆. 又设 t 为自 $(a,0)$ 到动点 (x,y) 的圆弧长(用弧度).

显然

$$x=a\cos t, y=a\sin t$$

就是圆的参数方程，而这两个等式两边平方并相加就可消去 t，有

$$x^2+y^2=a^2$$

这里 y 是 x 的双值函数（x 也是 y 的双值函数），但同一函数依从关系的参数表达式却只用单值函数来规定.

当 t 通过区间 $[0,2\pi]$ 时，坐标为 x,y 的点就走遍全圆周. 圆的切线角系数可表示为

$$\frac{dy}{dx}=-\frac{a\cos t}{a\sin t}=-\cot t$$

在圆周上同一点所引半径的角系数等于 $\tan t$. 所以，圆的切线垂直于其半径，因此，圆的切线的初等定义可以从其一般定义得出.

(2) 设椭圆的中心与坐标轴的原点重合，而其轴 a 及 b 与坐标轴重合，并以其中心为圆心，作半径为 a 的圆（设 $a>b$）. 选取参数 t，使 t 代表从点 $(a,0)$ 到横坐标为 x 的点的圆弧长，由此不难推出椭圆上的点 (x,y) 可表示为

$$x=a\cos t, y=b\sin t$$

消去 t 可得到

$$\frac{x^2}{a^2}+\frac{y^2}{b^2}=1$$

当 t 在区间 $(0,2\pi)$ 上变化时，点 (x,y) 就沿上述椭圆运动. 从这里还可以看出（把 t 看作时间），当点在互相垂直的两条有向轴上的投影做相同周期而其"相"相差 $\frac{\pi}{2}$ 的简谐运动时，该点就沿椭圆运动（当幅不相等时）或沿圆周运动（当幅相等时）.

很容易验证椭圆（特别情形下是圆）的参数方程也可写为

$$x=a\cdot\frac{1-t^2}{1+t^2}, y=b\cdot\frac{2t}{1+t^2}$$

这时要画出全部曲线，参数 t 必须通过整个 t 轴，即 $-\infty<t<+\infty$，但需注意在 $t\to\infty$ 时 x 及 y 的极限值. 椭圆的参数方程还可写为

$$x=\frac{a}{\operatorname{ch} t}, y=b\operatorname{th} t \quad (-\infty<t<+\infty)$$

(3) 双曲线 $\frac{x^2}{a^2}-\frac{y^2}{b^2}=1$ 的参数方程可以用双曲函数 $\operatorname{ch} t$ 与 $\operatorname{sh} t$ 写出，正如椭圆 $\frac{x^2}{a^2}+\frac{y^2}{b^2}=1$ 的参数方程用三角函数 $\cos t$ 及 $\sin t$ 写出的情形一样，即

$$x=a\operatorname{ch} t, y=b\operatorname{sh} t \quad (-\infty<t<+\infty)$$

如果取等轴双曲线($a=b=1$),参数 t 就有下面的几何意义:它等于一个曲线三角形面积的两倍,而这个三角形是由半实轴、中心与双曲线上一已知点的连线及双曲线本身所围成的. 以 1 为半径的圆(当 $a=b=1$ 时的椭圆)的参数也具有同样的几何意义. 这样的参数等于该圆的扇形面积的两倍,而这个扇形是由中心到始点(1,0)及到圆上已知点的两半径所围成的. 由此,函数 $\operatorname{ch} t$ 及 $\operatorname{sh} t$($\operatorname{th} t$ 等也一样)叫作双曲函数,而函数 $\cos t$ 及 $\sin t$(及其他的三角函数)叫作圆函数.

(4)当一动圆沿直线滚动(图 14)而不滑动时①,圆上某一点所画出来的曲线,叫作圆滚线.

滚动所沿的直线叫作基线,而这个动圆则叫作母圆.

如果取 x 轴作为基线,而坐标原点为直线上与母圆的定点 M 相重合的点,那么圆滚线的方程就是

$$x+\sqrt{y(2a-y)}=a\arccos\frac{a-y}{a}$$

其中 a 为圆的半径.

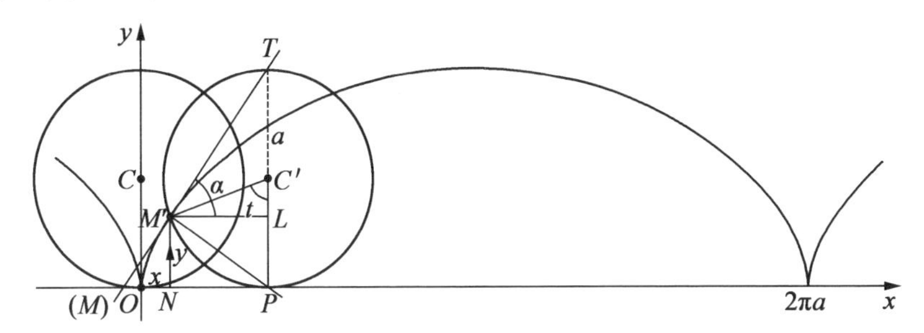

图 14

圆滚线的参数方程是很简单的

$$x=a(t-\sin t),y=a(1-\cos t)$$

事实上,我们可以把母圆从定点 M 到 M' 时所转过的角取作参数. 这个角等于从动圆圆心到点 M' 的半径与到该圆和 x 轴的切点 P 的半径所夹的角. 圆滚线上点 M' 的横坐标为

$$x=ON=OP-NP$$

$OP=\overset{\frown}{M'P}=at$(滚动而不滑动),而

$$NP=M'L=a\sin t$$

① 所谓一曲线在另一个不动曲线上滚动而不滑动,就是说,运动曲线所转动的弧长,恰好等于在不动曲线上所经过的弧长.

就是说

$$x=a(t-\sin t)$$

同样点 M' 的纵坐标可表示为

$$y=M'N=PC'-LC'=a-a\cos t=a(1-\cos t)$$

当 t 在区间 $[0,2\pi]$ 上变动时,就可得到圆滚线的一拱.

求得圆滚线上(对应于母圆所转角度 t 的)点 M' 处切线的角系数为

$$\frac{\mathrm{d}y}{\mathrm{d}x}=\frac{a\sin t}{a(1-\cos t)}=\cot\frac{t}{2}$$

即

$$\tan\alpha=\cot\frac{t}{2}=\tan\left(\frac{\pi}{2}-\frac{t}{2}\right)$$

其中 $\alpha=\angle TM'L$.

由此

$$\alpha=\frac{\pi}{2}-\frac{t}{2}$$

且

$$\angle TM'C'=\frac{\pi}{2}-\frac{t}{2}-\left(\frac{\pi}{2}-t\right)=\frac{t}{2}$$

由此得到结论:过圆滚线上已知点 M' 的切线通过母圆的顶点 T,而其法线通过母圆的“底”点 P.

64. 曲线矢径[①]的变化率

直到目前为止,我们已经把自变量与函数的几何意义各看作平面上点的横坐标与纵坐标,这样,函数的导函数(表示纵坐标对于横坐标的变化率)就等于(笛卡儿)直角坐标系中函数图形上切线的角系数.

现在我们要把自变量及函数的几何意义各看作平面上点的辐角及矢径. 极坐标系 (φ,ρ) 中自变量 φ 及函数 ρ 之间的方程

$$\rho=f(\varphi)$$

所定义的曲线,叫作函数 f 的图形. 这样就自然引起了关于函数的导函数(它表示矢径对于辐角的变化率)

$$\frac{\mathrm{d}\rho}{\mathrm{d}\varphi}=f'(\varphi)$$

的几何意义问题.

为了解答这个问题,以曲线 M_1M_2(图 15)代表函数 $\rho=f(\varphi)$ 的图形,并把从

---

① 在矢量代数及矢量解析里,点的矢径是坐标原点到该点的矢量(参看第十一章 §2). 在极坐标系及这里的矢径是被理解为矢量的长度.

函数$f(\varphi)$求出其导函数$f'(\varphi)$的一系列运算步骤在图形上表示出来.

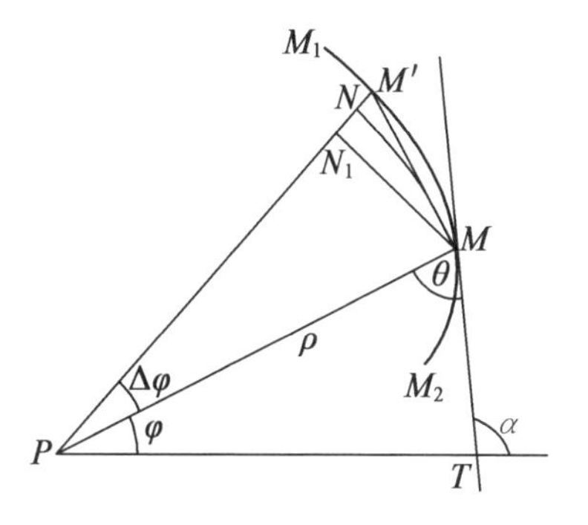

图 15

给角φ以一增量$\Delta\varphi$,于是点$M(\varphi,\rho)$移动到点$M'(\varphi+\Delta\varphi,\rho+\Delta\rho)$处. 以极点$P$为中心作圆弧$\overset{\frown}{MN}$,并从点$M$到矢径$PM'$引垂线$MN_1$. 于是(图 15)

$$\frac{\Delta\rho}{\Delta\varphi}=\frac{NM'}{\Delta\varphi}=\rho\cdot\frac{NM'}{MN}$$

或

$$\frac{\Delta\rho}{\Delta\varphi}=\rho\cdot\frac{N_1M'-N_1N}{MN_1}\cdot\frac{MN_1}{MN}=\rho\left(\frac{N_1M'}{MN_1}-\frac{N_1N}{MN_1}\right)\cdot\frac{MN_1}{MN}\tag{3}$$

其中

$$\frac{N_1M'}{MN_1}=\cot\angle N_1M'M=\cot\angle PM'M$$

$$\frac{N_1N}{MN_1}=\frac{PN-PN_1}{MN_1}=\frac{\rho-\rho\cos\Delta\varphi}{\rho\sin\Delta\varphi}=\tan\frac{\Delta\varphi}{2}$$

$$\frac{MN_1}{MN}=\frac{\rho\sin\Delta\varphi}{\rho\Delta\varphi}=\frac{\sin\Delta\varphi}{\Delta\varphi}$$

因此,当$\Delta\varphi\to0$时,$\frac{N_1N}{MN_1}\to0$,$\frac{MN_1}{MN}\to1$,而且因为割线MM'趋于切线MT,所以$\angle PM'M\to\angle PMT=\theta$,而$\frac{N_1M'}{MN_1}\to\cot\theta$.

这样,在等式(3)两边取极限(当$\Delta\varphi\to0$时),就得到

$$\rho'=\rho\cot\theta\text{ 或 }\frac{\rho'}{\rho}=\cot\theta$$

所以,曲线的矢径对于其辐角的变化率等于该矢径乘上它跟曲线上对应点处切线间夹角的余切. 换句话说,对数导函数$\frac{f'(\varphi)}{f(\varphi)}$的数值等于在函数$\rho=f(\varphi)$的图形上具有辐角$\varphi$的点处的矢径与切线间夹角的余切.

因此，当极坐标系中的曲线方程为已知时，可用微分学解决有关曲线的切线与法线的问题.

我们要知道，如果把笛卡儿坐标换成极坐标，上述结果也能从纯粹形式的方法求得. 从一点的笛卡儿坐标与极坐标间的方程

$$x=\rho\cos\varphi,\ y=\rho\sin\varphi$$

当把 φ 看作自变量时，有

$$dx=(\rho'\cos\varphi-\rho\sin\varphi)\,d\varphi$$
$$dy=(\rho'\sin\varphi+\rho\cos\varphi)\,d\varphi$$

因此

$$\tan\alpha=\frac{dy}{dx}=\frac{\rho'\sin\varphi+\rho\cos\varphi}{\rho'\cos\varphi-\rho\sin\varphi}=\frac{\tan\varphi+\dfrac{\rho}{\rho'}}{1-\dfrac{\rho}{\rho'}\tan\varphi}$$

在另一方面（参看图 15）

$$\tan\alpha=\tan(\varphi+\theta)=\frac{\tan\varphi+\tan\theta}{1-\tan\varphi\tan\theta}$$

把表示 $\tan\alpha$ 的两个式子做比较，得

$$\frac{\rho}{\rho'}=\tan\theta\text{ 或 }\rho'=\rho\cot\theta$$

例 1 以坐标原点（极点）为中心的圆的极坐标方程为

$$\rho=a=\text{const}$$

于是

$$\cot\theta=\frac{\rho'}{\rho}=0$$

则 $\theta=\frac{\pi}{2}$，这就是说，圆的切线垂直于过切点的半径.

例 2 证明对数螺线 $\rho=ae^{m\varphi}$ 与通过极点的任一直线相交成定角（图 16）.

因为

$$\rho'=ame^{m\varphi}=m\rho$$

可知

$$\cot\theta=\frac{\rho'}{\rho}=m$$

如果螺线不退化为圆（$m\neq0$），那么角 θ 就绝不是直角.

过平面上任意两点 M_1,M_2 可作一条对数螺线（方程 $\rho=ae^{m\varphi}$ 有两个参数），从点 M_1 到点 M_2 沿曲线而运动时，运动方向与指向极的方向间保持定角. 如果有一个指示极方向的仪器，只要知道过点 M_1 及 M_2 的螺线的角 θ（即 $\operatorname{arccot} m$），那么从点 M_1 出发做使角 θ 保持不变的平面运动，就必能从点 M_1 达到点 M_2. 因

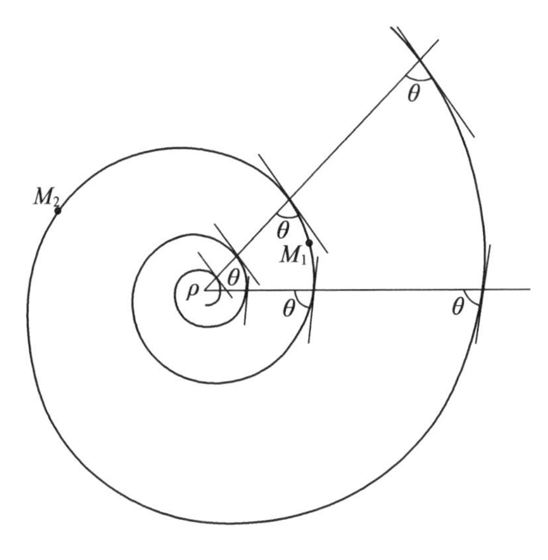

图 16

这时运动就会自然地沿着对数螺线的一段弧线进行.

利用仪器的飞行(不按地形而确定方位的飞行)在实践上就是根据同样原理进行的. 这时所用的仪器是个罗盘,极点 P 就是地极,平面对数螺线就相当于地球上一条类似的曲线,它与指向地极的任一经线成定角,这条曲线是球面上的螺线,且以地极作为螺线上的极点,当点循螺线趋近于极点时,要围绕极点做无限次转动.

一般来说,曲线与指向定点的方向成定角时,就叫作斜航曲线. 因此在平面上的斜航曲线是对数螺线,而在地球上与它对应的曲线,就简称斜航曲线. 所以上述的飞行是沿斜航曲线的. 航向与经线所成的定角叫作航行角.

例 3 求伯努利(Bernoulli)双纽线(图 17)

$$\rho^2=a^2\cos 2\varphi$$

的切线的方法. 当动点与两定点(焦点)F_1 及 F_2($F_1F_2=2m$)相隔距离的乘积为常数 m^2(即焦点间距离之半的平方,令它等于$\frac{a^2}{2}$)时,它的几何轨迹就是伯努利双纽线. 取两焦点间的中点作为极点 P,读者就不难推出上面所写的双纽线方程. 考察这个方程的结果,可知双纽线的形状是 8 字形(图 17). 在笛卡儿坐标系中,双纽线方程具有比较复杂的形式

$$(x^2+y^2)^2=a^2(x^2-y^2)$$

为了求双纽线的矢径与其切线间的夹角 θ,可把双纽线方程的两边对 φ 微分

$$2\rho\rho'=-2a^2\sin 2\varphi$$

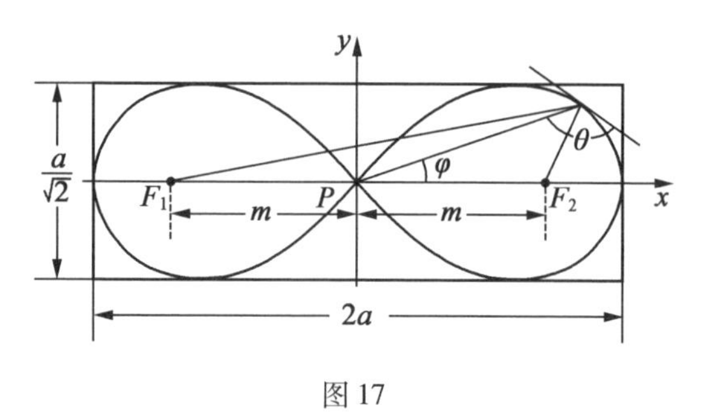

图 17

用 $2\rho^2=2a^2\cos 2\varphi$ 除两边,得

$$\frac{\rho'}{\rho}=\cot\theta=-\tan 2\varphi=\cot\left(2\varphi+\frac{\pi}{2}\right)$$

所以

$$\theta=2\varphi+\frac{\pi}{2}$$

点的辐角以及切线与矢径所成角 θ 两者之间的关系式使我们很容易画出双纽线的切线,还需注意的是,双纽线的法线与其矢径的夹角等于辐角的两倍.

65. 曲线弧长的变化率

在以后研究导函数的一些应用问题时,需要用到曲线弧长变化率的概念.而要建立曲线弧长变化率的概念,首先必须定义曲线弧长的一般概念. 弧长概念这个问题从本质上说是与积分概念有关系的,因而在这里只好略微一提,等到第八章中再去做更详细与更合理的说明. 这里暂时把曲线弧长概念看作本身就很明显的东西,并且认为从长度的概念可以推出一个自然的原理:假如在曲线的凸弧两侧作外切及内接的凸折线,则弧长就小于前一折线,而大于后一折线. 读者记得在计算圆周长的时候,我们曾利用这个原理去求在 $\alpha\to 0$ 时 $\frac{\sin\alpha}{\alpha}$ 的极限.

设已知曲线为连续的,并且在曲线上每一点处都有切线存在,而曲线在笛卡儿坐标系中的方程为 $y=f(x)$.

取曲线上的 $\overset{\frown}{MM'}$,其对应的区间为 $[x,x+\Delta x]$,过始点 M 引切线 MT(图 18). 以 Δs 表示 $\overset{\frown}{MM'}$ 的长,Δs 是曲线弧长 s 的增量,s 是由某一点 N 开始计算的. 根据条件可知

$$MM'\leqslant\overset{\frown}{MM'}=\Delta s\leqslant MT+TM'$$

但

$$MM'=\sqrt{\Delta x^2+\Delta y^2}$$
$$MT=\sqrt{\Delta x^2+\mathrm{d}y^2}=\sqrt{1+y'^2}\,\Delta x$$

$$TM'=\varepsilon=\mathrm{d}y-\Delta y$$

因此

$$\sqrt{1+\left(\frac{\Delta y}{\Delta x}\right)^2}\cdot\Delta x\leqslant\Delta s\leqslant\sqrt{1+y'^2}\cdot\Delta x+\varepsilon$$

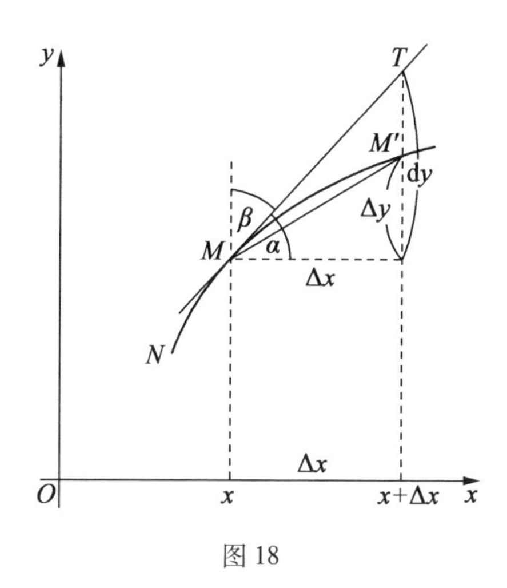

图 18

以 Δx 除(为简便计算,设 $\Delta x>0$),即得

$$\sqrt{1+\left(\frac{\Delta y}{\Delta x}\right)^2}\leqslant\frac{\Delta s}{\Delta x}\leqslant\sqrt{1+y'^2}+\frac{\varepsilon}{\Delta x}$$

所以曲线长度的平均变化率介于两个函数之间,而这两个函数在 $\Delta x\to 0$ 时具有同一极限$\sqrt{1+y'^2}$.

由此可知

$$\frac{\mathrm{d}s}{\mathrm{d}x}=\lim_{\Delta x\to 0}\frac{\Delta s}{\Delta x}=\sqrt{1+y'^2}=\sec\alpha$$

用同样方法可求出

$$\frac{\mathrm{d}s}{\mathrm{d}y}=\lim_{\Delta y\to 0}\frac{\Delta s}{\Delta y}=\sqrt{1+x'^2}=\sec\beta$$

曲线弧长对任一坐标的变化率大小,以曲线的切线与该坐标轴间夹角的正割来表示.

公式

$$\frac{\mathrm{d}x}{\mathrm{d}s}=\cos\alpha,\frac{\mathrm{d}y}{\mathrm{d}s}=\cos\beta$$

各表示 $\mathrm{d}x$ 及 $\mathrm{d}y$ 为长度等于 $\mathrm{d}s$ 的切线线段在 x 轴及 y 轴上的投影.

曲线长的微分为

$$\mathrm{d}s=\sqrt{1+y'^2}\,\mathrm{d}x=\sqrt{1+x'^2}\,\mathrm{d}y$$

把 $\mathrm{d}x$(或 $\mathrm{d}y$)移到根号之内,便可得一简单且又便于记忆的微分公式,其中并没有预先规定哪一个是自变量,即

$$\mathrm{d}s=\sqrt{\mathrm{d}x^2+\mathrm{d}y^2}$$

从几何上说来,曲线弧长的微分可用弧的始点处切线上的一段长度来表示.

由此可知,曲线弧长的无穷小与其对应切线线段长的无穷小的差为高阶无穷小. 把这件事与曲线纵坐标微分的性质结合起来,我们可以这样说,把足够小的曲线弧长换成其始点处切线的对应线段,则无论就位置或长度而言,所致的相对误差可以为任意小.

我们要知道,当点 M' 趋于 M 而与它相重合时,则曲线弧 $\overset{\frown}{MM'}$ 与其对应弦 MM' 的比就趋于 1. 因为当 $\Delta x\to 0$ 时

$$\frac{\overset{\frown}{MM'}}{MM'}=\frac{\Delta s}{\sqrt{\Delta x^2+\Delta y^2}}=\frac{\dfrac{\Delta s}{\Delta x}}{\sqrt{1+\left(\dfrac{\Delta y}{\Delta x}\right)^2}}\to\frac{\dfrac{\mathrm{d}s}{\mathrm{d}x}}{\sqrt{1+y'^2}}=1$$

也可以不根据开头所讲的原理,而根据弧长与其对应弦长为相当无穷小(就长度而言)的性质,来定义弧长的微分. 不难看出,这个性质应用到圆上时,便是我们所熟知的极限等式

$$\lim_{\alpha\to 0}\frac{\sin\alpha}{\alpha}=1$$

所表示的性质.

现在考虑平面曲线运动的速度问题,这个问题密切联系着曲线弧长的变化率概念. 设曲线 $y=f(x)$($f(x)$ 是 x 的可微分函数)是动点 M 的轨道线(图 19). 直线运动的变化率概念已在前面定义了,在那里曾用它以及其他的一些物理概念来作为引入导函数概念的出发点.

曲线运动的速度可以看作一个矢量,其模(长)可用轨道线的长度对时间的导函数 $\dfrac{\mathrm{d}s}{\mathrm{d}t}$ 来表示. 建立这个速度矢量的法则如下:设在瞬时 t 动点位于 M,经过 Δt 个单位时间,动点则位于 M'(设 $\Delta t>0$). 矢量 $\overrightarrow{MM'}$ 叫作位移矢量. 它等于矢量 $\overrightarrow{MM'_x}$ 及 $\overrightarrow{MM'_y}$ 的和,其中 $\overrightarrow{MM'_x}$ 及 $\overrightarrow{MM'_y}$ 分别是沿坐标轴 x 及 y 的支量(或分量). 取矢量 $\overrightarrow{MM'}$ 与 Δt 的比 $\dfrac{\overrightarrow{MM'}}{\Delta t}$,即得一同方向的矢量 $\boldsymbol{v}_{\mathrm{cp}}$(因为 $\Delta t>0$),其模等于比值 $\dfrac{|\overrightarrow{MM'}|}{\Delta t}$($|\overrightarrow{MM'}|=\overrightarrow{MM'}$ 的长度),而其在坐标轴上的支量为 $\dfrac{\overrightarrow{MM'_x}}{\Delta t}$ 及 $\dfrac{\overrightarrow{MM'_y}}{\Delta t}$. 矢量 $\boldsymbol{v}_{\mathrm{cp}}$ 叫作在区间 $[t,t+\Delta t]$ 上运动的平均速度. 现在来求在 $\Delta t\to 0$ 时的极限. 这

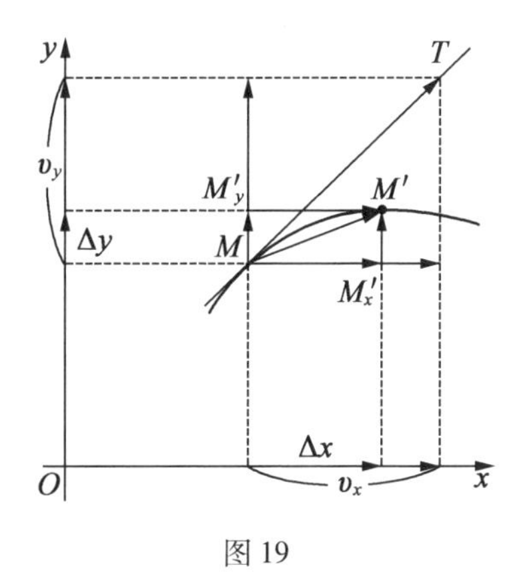

图 19

时点 M' 趋于点 M 而与它相重合，矢量 $\overrightarrow{MM'}$ 的方向也显然趋于轨道线的切线 MT 作为其极限方向，但需朝着点的运动方向. 矢量 $\boldsymbol{v}_{\text{cp}}$ 的大小 $\frac{|\overrightarrow{MM'}|}{\Delta t}=\frac{\sqrt{\Delta x^2+\Delta y^2}}{\Delta t}$ 也将趋于 $\sqrt{x'^2+y'^2}$. 同样可得出 $\Delta t<0$ 时的情形.

矢量 $\overrightarrow{MT}$ 是变矢量 $\frac{\overrightarrow{MM'}}{\Delta t}$ 的极限，即

$$\overrightarrow{MT}=\lim_{\Delta t\to 0}\frac{\overrightarrow{MM'}}{\Delta t}$$

矢量 $\boldsymbol{v}=\overrightarrow{MT}$ 的方向及大小各为矢量 $\boldsymbol{v}_{\text{cp}}$（在区间 $[t,t+\Delta t]$ 上运动的平均速度）的方向及大小在 $\Delta t\to 0$ 时的极限. 这个矢量 $\boldsymbol{v}$ 叫作在瞬时 t 的运动速度

$$\boldsymbol{v}=\lim_{\Delta t\to 0}\boldsymbol{v}_{\text{cp}}=\lim_{\Delta t\to 0}\frac{\overrightarrow{MM'}}{\Delta t}$$

矢量 $\boldsymbol{v}$ 在 x 轴及 y 轴上的支量分别为 $\boldsymbol{v}_x$ 及 $\boldsymbol{v}_y$，当 $\Delta t\to 0$ 时，它们由矢量 $\frac{\overrightarrow{MM'_x}}{\Delta t}$ 及 $\frac{\overrightarrow{MM'_y}}{\Delta t}$ 取极限而得到. 这些矢量的模（长）分别等于

$$|\boldsymbol{v}_x|=\lim_{\Delta t\to 0}\left|\frac{\Delta x}{\Delta t}\right|=\left|\frac{\mathrm{d}x}{\mathrm{d}t}\right|$$

及

$$|\boldsymbol{v}_y|=\lim_{\Delta t\to 0}\left|\frac{\Delta y}{\Delta t}\right|=\left|\frac{\mathrm{d}y}{\mathrm{d}t}\right|$$

由此可得

$$|\boldsymbol{v}|=\sqrt{|\boldsymbol{v}_x|^2+|\boldsymbol{v}_y|^2}=\sqrt{\left(\frac{\mathrm{d}x}{\mathrm{d}t}\right)^2+\left(\frac{\mathrm{d}y}{\mathrm{d}t}\right)^2}=\frac{\mathrm{d}s}{\mathrm{d}t}$$

这就是所要证明的.

所以,在瞬时 t 的运动速度,是在对应于该瞬时的点处与运动轨道线相切的一个矢量,其方向沿运动的方向,其模等于其轨道线长对时间的导数.

速度大小 $\frac{\mathrm{d}s}{\mathrm{d}t}$ 这个量可以几何地解释为运动图形①上切线的角系数,必须避免把运动的轨道线与运动的图形混为一谈,同样也必须避免把切于轨道线的速度矢量与运动图形的切线角系数所表示的速度大小混为一谈.

66. 有机体的增长过程

在自然科学的研究中,各种变化过程常可用参与其中的一些量在变化率方面的特性来鉴别它们. 在这里仅仅是为了举例,所以只讲一种普遍而重要的变化过程,其中一个量 y 与所论过程中跟其有联系的另一个量 x 两者的相对变化率正比于 y 自身,即

$$\frac{\mathrm{d}y}{\mathrm{d}x}=ky$$

其中 k 为比例常系数.

为了明显起见,我们先讲资金加复利(利上加利)后资金总额增加的情形. 设最初的资金总额为 A_0 元,复利为每年 p 厘,则 t 年后该资金额变为 $A=A_0\left(1+\frac{p}{100}\right)^t$ 元.

现在假定年利率仍旧为 p 厘,但不按年加利,改为按月加利. 换句话说,即每月末按其资金总额增加 $\frac{p}{12\times100}$ 元. 显然,资金 A_0 元在第一月末变成 $A_0\left(1+\frac{p}{12\times100}\right)$ 元,在年末变成 $A_0\left(1+\frac{p}{12\times100}\right)^{12}$ 元,而在 t 年后变成

$$A=A_0\left(1+\frac{k}{12}\right)^{12t}\text{(元)}$$

其中 $k=\frac{p}{100}$.

在同样条件下,如果年利率仍为 p 厘,但需按每天、每小时、每分钟等加上利息,换一句话说,把一年的时间分成 n 等段,且在每段期末时,在结算时的资金总额上加算利率 $\frac{p}{n}$,则与前面所讨论的一样,经过 t 年后资金额为

$$A=A_0\left(1+\frac{k}{n}\right)^{nt}\text{(元)}$$

---

① 运动图形是指 s-t 曲线. ——译者注

其中 $k=\frac{p}{100}$. 如果在上式中令 $n\to\infty$ 而取其极限,并以所得公式来决定 t 年后的资金额,那么我们就说这年利率 p 是连续加上去的. 我们有

$$A=\lim_{n\to\infty}A_0\left(1+\frac{k}{n}\right)^{nt}=A_0\lim_{n\to\infty}\left[\left(1+\frac{k}{n}\right)^{n}\right]^{t}$$

$$=A_0\left[\lim_{n\to\infty}\left(1+\frac{k}{n}\right)^{n}\right]^{t}$$

(最后一步变换之所以可能,是由于幂函数的连续性). 因此得

$$A=A_0\mathrm{e}^{kt}$$

这个函数规定了连续加算年利率 p(即按每瞬时)时资金额变化的情形.

在任何一种加算复利的方式中,资金额 A 恒可用关于 t(时间)的指数函数来表示,但把复利间断地加上去时,则根据问题的性质,自变量 t 只能取到 $\frac{1}{n}$ 的数值,而 A 是跳跃变化的. 在 $A=A_0\mathrm{e}^{kt}$ 的极限情形下,即当复利是连续加算的时候,则 t 可以取得任意值,且 A 在全部时间内是连续变化的①.

资金额 $A=A_0\mathrm{e}^{kt}$ 对于时间 t 的变化率可求得为

$$\frac{\mathrm{d}A}{\mathrm{d}t}=A_0k\mathrm{e}^{kt}\text{或}\frac{\mathrm{d}A}{\mathrm{d}t}=kA$$

由此可知,在已知瞬时 t,资金额增加的变化率与其在瞬时 t 的现有资金额 A 成正比. 如果假定在单位时间内资金额 A 的增长是均匀的②,那么比例系数 $k\left(=\frac{p}{100}\right)$ 表示在单位时间 t(按年)内加到 A(资金额)上去的一部分值.

在自然界的许多现象中,可观察到很多完全类似上述的过程. 例如最简单

---

① 不能认为连续加算复利时的资金额会比间断加算复利时的资金额(如果两者的年利率 p 都是一样的)大得很多.

例如,有 10 元钱,按利率 $p=8\%$ 计算,则一年后变为 10.8 元(按年加利),或变为 $10\mathrm{e}^{0.08}\approx10.83$ 元(连续加利);或有 100 元钱,按利率 $p=5\%$ 计算,经 20 年后,得到资金额为 $100\left(1+\frac{1}{20}\right)^{20}\approx266$ 元(按年加利)或变为 $100\mathrm{e}\approx272$ 元(连续加利). 二者相差不大的原因可以大致解释如下:虽然时间段落缩短后加利的次数要增加,但同时加到现有资金总额上的那份增量却要减少,这两个因素同时作用的结果使利息增加,即 $\left(1+\frac{k}{n}\right)^{n}$ 随着 n 的增大而增大,不过实际在相对数量上增大得并不多,因此我们通常宁愿用连续加利的规律来计算,用这个规律在计算上很方便(e^{kt} 有简单的表可供查用),并且因为数学解析法适于用在连续函数上,所以在需要用到数学解析法的理论研讨中,用这个连续加利规律也是比较方便的.

② 所谓均匀增长是指仅对原有的资金额 A[而不计单位时间(即一年)内的增量]连续加利,而这就等于给 A 元资金在年底加上单利. 因连续加利(不是复利)时一年所得的利息为

$$\lim_{n\to\infty}\left(\frac{k}{n}A+\frac{k}{n}A+\cdots+\frac{k}{n}A\right)=\lim_{n\to\infty}\left(n\cdot\frac{k}{n}\right)A=kA$$

的有机体的生长(如像细胞的繁殖)就可以看作“连续加算复利过程”的实现.每一个细胞是产生新细胞的来源,因此在单位时间内繁殖出来的细胞数与原有的细胞数成正比例.如果把繁殖的过程看作一个连续过程(虽然严格说来,它是间断的),那么就可以把有机体在已知时间内的生长率当作与其本身大小成正比的(按重量或按体积).实验证明,这种假设在一定限度内是正确的,同时也说明,根据这个假设而推出来的全部数学结论也是正确的.

有机体生长过程是一种很重要的过程,它合乎上述连续加算复利时的变动情况.因此,像这类过程常叫作有机体的生长过程,而量的变化率正比于量本身的那种变动情况就叫作有机体的生长律.

在以后(第八章),我们还要遇见一些按有机体的生长律而变化的过程,它们在科学上有很大的价值.例如镭放射,物体受热时温度的升高,大气压力的变化及化学反应等现象都是这种过程.

§5 累次微分法

67. 高阶导函数

设函数 $y=f(x)$ 在自变量的某个区间上有导函数 $f'(x)$,这个导函数的导函数(若它存在)就叫作原有函数 $f(x)$ 的二阶导函数或二次导函数,用 $f''(x)$ 来表示

$$f''(x)=(f'(x))'=\lim_{\Delta x\to 0}\frac{f'(x+\Delta x)-f'(x)}{\Delta x}$$

仿此,二阶导函数的导函数叫作函数 $f(x)$ 的三阶导函数或三次导函数 $f'''(x)$ ($f^{(3)}(x)$),一般来说,n 阶导函数(第 n 次导函数)$f^{(n)}(x)$ 就是 $(n-1)$ 阶导函数的导函数

$$f^{(n)}(x)=(f^{(n-1)}(x))'=\lim_{\Delta x\to 0}\frac{f^{(n-1)}(x+\Delta x)-f^{(n-1)}(x)}{\Delta x}$$

为了术语上的统一起见,已知函数的导函数叫作一阶导函数或一次导函数,而已知函数本身则叫作零阶导函数,$f(x)=f^{(0)}(x)$.

微分任何初等函数时,我们能够一个一个地求出已知初等函数的相继的导函数,直到任何阶,但无须细讲.有时,我们可以直接指出已知函数的 k 阶导函数的一般形式(对于任意的 k).

例 1 $y=3x^2-5x+1$;$y'=6x-5$;$y''=6$;$y'''=0$;一般地,当 $k\geqslant 3$ 时,$y^{(k)}=0$.

例 2 $y=x^n$;$y'=nx^{n-1}$;$y''=n(n-1)x^{n-2}$;$\cdots$;$y^{(k)}=n(n-1)\cdots(n-k+1)x^{n-k}$;若 n 为正整数,则 $y^{(n)}=n!$,而 $y^{(n+1)}=y^{(n+2)}=\cdots=0$.

例 3 $y=\sin x; y'=\cos x=\sin\left(x+\frac{\pi}{2}\right); y''=\sin(x+\pi);\cdots;y^{(k)}=\sin\left(x+k\frac{\pi}{2}\right).$

例 4 $y=e^x; y^{(k)}=e^x.$

例 5 $y=a^x; y'=a^x\ln a; y''=a^x(\ln a)^2;\cdots;y^{(k)}=a^x(\ln a)^k.$

例 6 $y=\ln(1+x); y'=\frac{1}{1+x}; y''=-\frac{1}{(1+x)^2};\cdots;$

$y^{(k)}=\frac{(-1)(-2)\cdots(-k+1)}{(1+x)^k}=(-1)^{k-1}\frac{(k-1)!}{(1+x)^k}, k>1.$

若 y 用隐式表出,则求它的 n 阶导函数时,需要对定义它的方程微分 n 次,但在微分时,要记住 y 及各阶导函数都是自变量的函数.

因此,求方程

$$\frac{x^2}{a^2}+\frac{y^2}{b^2}=1$$

所定函数的二阶导函数时,微分已知方程两次即可. 我们相继得到

$$\frac{x}{a^2}+\frac{y}{b^2}y'=0$$

$$\left(\frac{x}{a^2}\right)'+\left(\frac{y}{b^2}\cdot y'\right)'=\frac{1}{a^2}+\frac{1}{b^2}y'^2+\frac{y}{b^2}y''=0$$

从这里就推得

$$y''=-\frac{b^2+a^2y'^2}{a^2y}$$

在这个例子中,函数及其导函数都不难用 x 的显式表出. 把它们代入二阶导函数的表达式中,即得

$$y''=-\frac{ab}{\sqrt{(a^2-x^2)^3}}$$

这个结果的正确性,读者不难由函数的显式微分两次来证实. 一般来说,隐函数的任何阶导函数最后总能用自变量及函数本身表示出来.

例如,方程

$$xy-e^x+e^y=0$$

把 y 定义为 x 的隐函数. 对 x 微分两次,即得

$$y+xy'-e^x+e^y\cdot y'=0$$

与

$$2y'+xy''-e^x+e^y\cdot y'^2+e^y\cdot y''=0$$

从第一个等式解出 y',并把它代入第二个等式,就得到一个用 x 和 y 来表示的 y''的方程.

若函数用参数表示,则求其高阶导函数时必须把其阶数较低的导函数式子

当作自变量的复合函数来微分. 设 $y=f(t), x=\varphi(t)$,有

$$y'=\frac{\mathrm{d}y}{\mathrm{d}x}=\frac{f'(t)}{\varphi'(t)}$$

于是

$$y''=\frac{\mathrm{d}\left(\frac{f'(t)}{\varphi'(t)}\right)}{\mathrm{d}x}=\frac{\mathrm{d}\left(\frac{f'(t)}{\varphi'(t)}\right)}{\mathrm{d}t}\frac{\mathrm{d}t}{\mathrm{d}x}=\frac{f''(t)\varphi'(t)-\varphi''(t)f'(t)}{\varphi'^2(t)}\frac{\mathrm{d}t}{\mathrm{d}x}$$

又因

$$\frac{\mathrm{d}t}{\mathrm{d}x}=\frac{1}{\varphi'(t)}$$

故

$$y''=\frac{f''(t)\varphi'(t)-\varphi''(t)f'(t)}{\varphi'^3(t)}$$

把这个式子对 x 微分,可得三阶导函数,等等.

例如,若

$$x=a\cos t, y=b\sin t$$

则

$$y'=-\frac{b}{a}\cot t$$

及

$$y''=-\frac{b}{a}(\cot t)'\cdot t'=\frac{b}{a}\frac{1}{\sin^2 t}\cdot\left(\frac{-1}{a\sin t}\right)=\frac{-b}{a^2\sin^3 t}$$

这与上面已经求得的由椭圆方程所定隐函数的二阶导函数表达式完全一致.

为了规定数学、力学与物理学上的重要概念,也为了比只用一阶导数更能完善且精确地进行函数的研究,二阶以及高阶导数是必不可省的(参看第四章).

例如,我们来看一个与牛顿基本定律有关的初等力学问题. 为了简单起见,限于讲授同一直线方向上一个力作用的直线运动,按照牛顿第二定律,在作用力不改变的时候,速度的增量与该力的大小及时间的增量成正比,而与质量成反比.

以 s 表示物体在瞬时 t 所经过的路程,$v=s'$表示该瞬时的速度,p 表示力的大小,m 表示质量.

于是

$$\Delta v=k\frac{p}{m}\Delta t \tag{1}$$

其中 k 为比例系数. 若时间、长度和质量单位已经确定①,而适当选取度量力的单位,就能使 $k=1$.

在等速度的情形下,$\Delta v=0$,因此 $p=0$. 这符合牛顿第一定律,按照该定律,不受任何外力作用的物体沿直线做等速运动.

若力是变化的,即力为时间的函数

$$p=F(t)$$

则牛顿第二定律应当用等式

$$mv'=F(t)$$

来表示,当 $\Delta t\to 0$ 时,这个式子是从等式(1)用极限步骤得到的. 因为 $v'=s''$,所以还能把它写成

$$ms''=F(t)$$

s''表示直线运动速度 v 的变化率,它叫作直线运动在瞬时 t 的加速度.

因此,当知道运动方程或速度与时间的依从关系时,可以用微分法求出每一瞬时 t 的作用力.

例 7 匀速运动的加速度等于零.

例 8 在真空中,物体无初速度自由落下时,距离与时间的平方成正比:$s=at^2$. 由此可知,加速度为常数并且等于 $2a$. 正如大家所熟知的,用 g 来表示这个加速度.

例 9 假设质点按照规律

$$s=A\sin(\omega t+\varphi_0)$$

做直线振动.

我们有

$$s''=-A\omega^2\sin(\omega t+\varphi_0)=-\omega^2 s$$

由此可知

$$F(t)=-m\omega^2 s$$

这就是说,当作用力的大小与位移成正比,而其方向与运动的方向相反时,就会产生所考虑的运动.

在某点 x 处的数值 $f''(x)$ 规定了函数 $f'(x)$ 在该点的变化率,即 $f(x)$ 的变化率的变化率. 借用力学上的名词,可以把 $f''(x)$ 叫作函数 $f(x)$ 在已知 x 处的变化加速率. 加速率 $f''(x)$ 往往可补充变化率 $f'(x)$ 的不足,而提供出函数 $y=f(x)$ 的特殊性质.

关于二阶导数的几何意义问题将在第四章内讲到.

---

① 例如度量时间用 s,长度用 cm,质量用 g 时,力用 dyn(即是使质量为 1 g 的物体的速度在 1 s 时间内增加 1 cm/s 所需的力,亦即单位力,1 dyn $=10^{-5}$ N).

已知函数在已知点处可能具有到某一确定阶为止的导函数,但在该点处函数却可能没有更高阶的导函数. 然而,一般地讲(即除去一些孤立点),任何初等函数在其定义域上具有任何阶的导函数.

68. 莱布尼茨公式

十分显然,关于几个函数的和及常量与函数乘积的求导函数法则,现在立刻就可推广到高阶导数上. 具体说上,确定的有限个函数和的 n 阶导数等于各个函数的 n 阶导数的和,即若

$$y=u+v+\cdots+w$$

则

$$y^{(n)}=u^{(n)}+v^{(n)}+\cdots+w^{(n)}$$

以及常量与函数的乘积的 n 阶导数等于该常量与该函数的 n 阶导数的乘积,即若

$$y=Cu$$

C 为常量,则

$$y^{(n)}=Cu^{(n)}$$

显然,两个函数的积与商的求导函数法则已经不能机械地推广到高阶导数上. 现在我们来引出这些法则.

把$\frac{u}{v}$看作乘积 $u\cdot\frac{1}{v}$,我们只要讲函数乘积的 n 阶导数的求法即可. 因此,设

$$y=uv$$

我们要用函数 u 及 v 的各阶导数来表示 $y^{(n)}$.

相继有

$$y'=u'v+uv'$$

$$y''=u''v+2u'v'+uv''$$

$$y'''=u'''v+3u''v'+3u'v''+uv'''$$

很容易看出二阶及三阶导数的表达式与二次幂及三次幂的二项展开式之间的类似关系,这些由 u 及 v 的各阶(0,1,2,3)导数所构成的表达式与二项展开式中由 u 及 v 的各次(0,1,2,3)幂所构成的表达式相似,我们要证明这个类似关系在一般情形下都成立. 对于任何的 n,有

$$y^{(n)}=(uv)^{(n)}=u^{(n)}v+nu^{(n-1)}v'+\frac{n(n-1)}{2!}u^{(n-2)}v''+\cdots+nu'v^{(n-1)}+uv^{(n)} \tag{2}$$

这就是用 u 及 v 的各阶导数来代替二项式$(u+v)^n$ 的展开式中所对应的 u 及 v 的各次幂后所得到的一个公式.

我们用从 n 推到 $n+1$ 的方法(即所谓数学归纳法)来证明公式(2). 设公式(2)对于某个 n 成立,要证明它对于 $n+1$ 也成立. 把等式(2)微分一次,有

$$y^{(n+1)}=(uv)^{(n+1)}=u^{(n+1)}v+u^{(n)}v'+nu^{(n)}v'+nu^{(n-1)}v''+\frac{n(n-1)}{2!}u^{(n-1)}v''+\cdots+uv^{(n+1)}$$

$$=u^{(n+1)}v+(n+1)u^{(n)}v'+\frac{(n+1)n}{2!}u^{(n-1)}v''+\cdots+uv^{(n+1)} \tag{3}$$

以上就得到一个表示 $y^{(n+1)}$ 的公式,只要公式(2)成立,上式就成立.然而公式(3)与公式(2)具有同一形式.

实际上只要写出公式(2)右边的第 $k+1$ 项与第 $k+2$ 项($k<n$),即

$$+C_n^k u^{(n-k)}v^{(k)}+C_n^{k+1}u^{(n-k-1)}v^{(k+1)}$$

其中 C_r^s 总是表示从 r 个元素里取 s 个的组合数.把这些项微分后有

$$+C_n^k u^{(n-k+1)}v^{(k)}+C_n^k u^{(n-k)}v^{(k+1)}+C_n^{k+1}u^{(n-k)}v^{(k+1)}+C_n^{k+1}u^{(n-k-1)}v^{(k+2)}$$

把所写四项中的第二项及第三项合并起来得

$$(C_n^k+C_n^{k-1})u^{(n-k)}v^{(k+1)}$$

因为

$$C_n^k+C_n^{k+1}=C_{n+1}^{k+1}$$

所以这恰好就是公式(3)中的第 $k+2$ 项.

用相似的方法把前面所写四项中的第一项及最末一项与它们前面的以及后面的各对应项加起来,就得到公式(3)中的第 $k+1$ 项及第 $k+3$ 项(与前式相仿)

$$C_{n+1}^k u^{(n-k+1)}v^{(k)} \text{ 及 } C_{n+1}^{k+2}u^{(n-k-1)}v^{(k+2)}$$

等等.

所以,公式(3)是把公式(2)中的 n 换成 $n+1$ 后得出的,这也就是所要证明的事.因为已经知道公式(2)在 $n=2$(以及 $n=3$)时成立,所以根据这个事实以及刚才证明的命题,就可推知它对于任何 n 都成立.

公式(2)叫作莱布尼茨公式.它往往是很有用的,因为可以利用两个因子的各阶导函数直接写出其乘积的导函数式子.

同样,我们也能推出几个因子 $u,v,\cdots,w$ 的乘积的 n 阶导函数的公式.它可以用类似于$(u+v+\cdots+w)^n$ 展开式的公式表示出来.

例 10 $y=x^2\sin x$,求 $y^{(100)}$.

解 $y^{(100)}=(x^2\sin x)^{(100)}$

$$=(\sin x)^{(100)}x^2+100(\sin x)^{(99)}(x^2)'+\frac{100\times 99}{2!}(\sin x)^{(98)}(x^2)''$$

后面各项不需要写出来,因为它们全部是0,它们的每一项都有一个因子是 x^2 的高于二阶的导函数.因此

$$y^{(100)}=x^2\sin\left(x+100\ \frac{\pi}{2}\right)+200x\sin\left(x+99\ \frac{\pi}{2}\right)+9\ 900\ \sin\left(x+98\ \frac{\pi}{2}\right)$$

$=x^2\sin x-200x\cos x-9\ 900\sin x$

例 11 $y=(x^2-1)^n$,求 $y^{(n)}$.

解 这里为了方便起见,取对数微分

$$\frac{y'}{y}=\frac{2nx}{x^2-1}$$

由此得

$$(x^2-1)y'=2nx\cdot y$$

两边取 $n+1$ 阶导函数,并利用莱布尼茨公式,得到

$$[(x^2-1)y']^{(n+1)}=y^{(n+2)}(x^2-1)+(n+1)y^{(n+1)}(x^2-1)'+\frac{(n+1)n}{2!}y^{(n)}(x^2-1)''$$

及

$$(2nxy)^{(n+1)}=y^{(n+1)}2nx+(n+1)y^{(n)}2n(x)'$$

由此可知

$$(x^2-1)y^{(n+2)}+2(n+1)xy^{(n+1)}+(n+1)ny^{(n)}$$
$$=2nxy^{(n+1)}+2(n+1)ny^{(n)}$$

自然也就有

$$(x^2-1)y^{(n+2)}+2xy^{(n+1)}-n(n+1)y^{(n)}=0$$

因为 y 是 $2n$ 次多项式,所以 $y^{(n)}$ 是 n 次多项式,用 X_n 来表示它

$$y^{(n)}=X_n=[(x^2-1)^n]^{(n)}$$

于是

$$y^{(n+1)}=X_n' \text{及} \ y^{(n+2)}=X_n''$$

并且得到 n 次多项式 X_n 所满足的微分关系式

$$(x^2-1)X_n''+2xX_n'-n(n+1)X_n=0$$

与 X_n 只差一个数值因子$\frac{1}{2^n\cdot n!}$的多项式 $L_n(x)$,即

$$L_n(x)=\frac{1}{2^n\cdot n!}\cdot X_n$$

叫作勒让德 n 次多项式. 它同样满足上述微分关系式. 如果直接对 $y=(x+1)^n\cdot(x-1)^n$ 应用莱布尼茨公式,读者就能证明 $L_n(1)=1$,而 $L_n(-1)=(-1)^n$.

勒让德多项式在数学解析的某些特殊部分中有用处.

69. 高阶微分

函数 $y=f(x)$ 的微分 dy,正如已经说过的,是两个变量——自变量及它的微分 dx——的函数. 自变量 x 的微分被看作一个不取决于 x 的量:dx 的值可以随意指定而不管 x 取得什么样的数值.

把 $df(x)$ 看作 x 的函数而取其微分 $d[df(x)]$,即取增量

$$df(x+dx)-df(x)$$

中含有 dx 因子的主部. 若这个微分存在,则它就叫作函数 $f(x)$ 的二阶微分或二次微分,用 d^2y 来表示

$$d^2y=d(dy)$$

同样,把二阶微分(看作 x 的函数)的微分叫作函数 $f(x)$ 的三阶或三次微分,并且,n 阶微分(或 n 次微分) d^ny 是 $n-1$ 阶微分(看作 x 的函数)的微分

$$d^ny=d(d^{n-1}y)$$

现在我们来求函数 f 的高阶微分的表达式. 假定它的宗标是自变量 x,对于二阶微分有

$$d(dy)=(dy)'dx=[f(x)dx]'dx$$

因为根据所说过的,对 x 求微分时,dx 应作常量看待,所以

$$d^2y=f''(x)dx\cdot dx=f''(x)dx^2$$

在一般的情形,求得 n 阶微分为

$$d^ny=(d^{n-1}y)'dx=[f^{(n-1)}(x)dx^{n-1}]'dx=f^{(n)}(x)dx^n$$

其中 dx^n 表示 dx 的 n 次幂.

因此,若函数的宗标是自变量,则 n 阶微分与自变量微分的 n 次幂成比例,且其比例系数就是 n 阶导函数.

为了术语的一致起见,函数 $f(x)$ 的微分 $df(x)$ 叫作一阶微分或一次微分.

任意阶微分与一切低阶的微分相比时都是高阶无穷小:若 $n>m$,而 $f^{(m)}(x)\neq 0$,则当 $dx\to 0$ 时

$$\frac{d^ny}{d^my}=\frac{f^{(n)}(x)dx^n}{f^{(m)}(x)dx^m}=\frac{f^{(n)}(x)}{f^{(m)}(x)}dx^{n-m}\to 0$$

取 dx 或 dy(在 $f'(x)\neq 0$ 的条件下)为无穷小,并用它来与其余的无穷小比较,便可知 n 阶微分(若它不等于 0)是一个 n 阶无穷小. 前后相继的一系列微分

$$dy,d^2y,d^3y,\cdots,d^ny,\cdots$$

是按照无穷小的升阶次序排列的.

若 $y=f(x)$,则

$$dy=f'(x)dx$$

无论宗标 x 是自变量或是自变量的某种函数都没有关系(一阶微分形式的不变性). 但高阶微分不再有这个性质. 事实上,假定 x 不是自变量而是自变量的函数,则 dx 也取决于自变量,因此把一阶微分对自变量做微分法时,dx 就不能再作常量看待了,于是就得到一个与从前不同的另外一个 d^2y 的表达式,即在求 dy 的微分时,根据求乘积的微分法则,得到

$$d^2y=d[f'(x)dx]=d[f'(x)]dx+d(dx)f'(x)$$

但是

$$d(f'(x))=f''(x)dx$$

且

$$d(dx)=d^2x$$

所以

$$d^2y=f''(x)dx^2+f'(x)d^2x$$

正如所看见的,出现了一个附加项 $f'(x)d^2x$. 当 x 为自变量时,这个附加项变为0

$$d^2x=(x)''dx^2=0\cdot dx^2=0$$

三阶微分的形式还要复杂一些

$$d^3y=f'''(x)dx^3+3f''(x)dxd^2x+f'(x)d^3x$$

在这里注意到如下的一件事实,即 n 阶微分(若它不等于0)的表达式中,每一项对于自变量微分来说,都恰是 n 阶无穷小.

因此,在确定高阶微分的时候,一定要考虑被微分函数的宗标的性质:它是因变量还是自变量.

从表示微分的公式得到分数形式的导函数表达式

$$y'=f'(x)=\frac{dy}{dx}$$

$$y''=f''(x)=\frac{d^2y}{dx^2}$$

$$\vdots$$

$$y^{(n)}=f^{(n)}(x)=\frac{d^ny}{dx^n}$$

$$\vdots$$

显然,除第一个是永远正确的以外,这些公式只有在 x 为自变量的时候才是正确的.

为了方便起见,在有些情形下,常将 $\frac{d^ny}{dx^n}$ 写成 $\frac{d^n}{dx^n}y$. 例如,写

$$\frac{d^3}{dx^3}(2x^4-x+1)=48x$$

或

$$L_n(x)=\frac{1}{2^nn!}\frac{d^n}{dx^n}(x^2-1)^n$$

第四章 函数的研究及曲线的研究

学过了导函数和微分概念以及函数的微分法之后,便可考虑与函数研究及曲线研究有关的问题.利用导函数来研究函数能揭露出函数最根本的特性,并因此可把该函数的性质描述得足够完备与准确.

在应用导函数来研究在区间上的函数时,要根据拉格朗日公式,这个公式在数学解析上有普遍的重要意义.

函数的某些简单特性(如增减性、极值点)用一阶导函数便可定出.应用二阶导函数虽有时使研究工作复杂些,但是可能使研究做得更确定些.

在本章中我们将要研究拉格朗日定理的推广定理及从该定理推出的一个简便的求极限法则——洛必达[L'Hospital(1661—1704)]法则,以及关于函数的渐近性的问题.

随后我们还写出实用的程序,它指出只用函数的前两阶或前三阶导函数来系统地研究函数时的合理路线.

然而,从理论上说(有时从实际上说也一样),唯有在这样一个条件下,研究函数才能得到最好的结果,即在研究中,可以一起引用所需任意阶的各阶导函数(当然,要假设它们都存在).上述事实之所以能实现,要归功于著名的泰勒(Taylor)公式,它是拉格朗日公式的推广,并且是用微分法研究函数时的基本解析工具.我们也指出在实际计算函数值时非常重要的泰勒公式的应用(像以前的拉格朗日公式一样).我们还讲与泰勒公式有关的、用多项式近似表达已知函数的一些问题.除泰勒近似多项式问题以外,我们也讲一些有关切比雪夫近似多项式的最简单的问题.

从函数的研究方法可以引出各种方法来近似地计算方程的根.

最后,在本章中我们还介绍曲线的基本概念,且用两种不同的方法来定出曲线的一种特殊标志——曲率,此外也讲一些跟曲率有关的概念.

§1 函数"在一点处"的性质

70. 按"元素"作图法

任意选择自变量轴上的点,求出其满足函数关系的对应点来逐点作出函数的图形,显然会得出与真正图形有相当出入的曲线.但若我们知道了导数就可使作图更精确.因为求出了已知自变量值所对应的函数值及其导数后,不但能指出函数图形上的对应点,而且还可得到从该点起继续作函数图形时所应循的方向.当自变量值给定后,函数值及其导数两者合起来叫作在所给自变量值处的函数元素.从图形上说,函数元素是平面上的点及从该点画出的直线,其角系数(即斜率)等于导数.做出了对应于自变量所选各值的一些函数元素后,便可按照从所得各点出发的线段方向,来画出联结各点的曲线(图1).若有些点的方向跟该点与次一点连线的方向相差过大,则就表示函数图形在对应区间上不能用接近于所论两点连线的平坦曲线画出来.要弄清楚函数在这种区间上的变动情形,还必须在这个区间上取一点或几点,并画出其对应元素来.

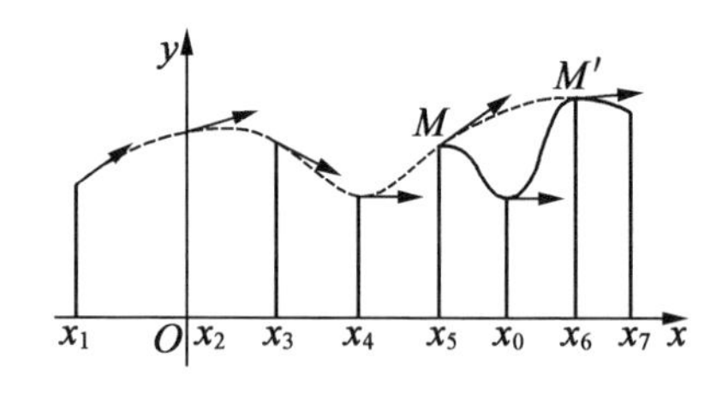

图1

按元素画出的图形比逐点画出的要准确些,但这种画法还不能保证不产生根本上的错误.例如图1中的点 M 处的函数图形,可能在最初与直线 MM' 的方向相合,但以后却弯曲得很厉害,并且这种弯曲可能没有被我们发觉.而这种弯曲却正是定出函数增减性变化的地方.如果预先知道了会使函数增减性起变化的那些自变量值,显然就能避免所有这一类的错误. 在图 2 中用曲线 AB 表示的函数 $y=f(x)$ 在点 x_1, x_2, x_3, x_4 处改变它的增减性,在这些点中,每相邻两点间的区间是函数的单调区间,就是说函数在该区间上或者只是增大的或者只是减小的. 由此可知,若预先定出使函数改变其增减性的那些点,则在作函数图形时,不致盲目地乱选自变量轴上的点,而是首先定出所有这些特殊点,借此把整个区间分割成若干单调区间,就不会在这些单调区间上遇到函数性质上太出意外的变化.

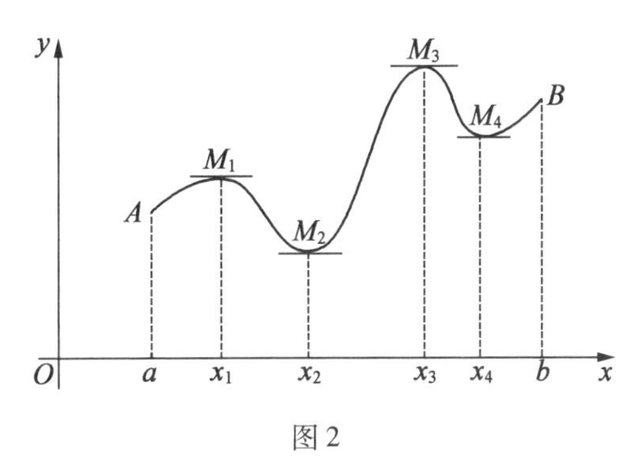

图 2

特别重要的是,我们可以根据导数的正负号去定出函数的这种特殊点及单调区间. 在用导数研究函数的理论中,函数增减性及其导数正负号间的密切关系是件首要而又简单的事实,并且这种关系在实用上也是特别方便的.

注意,到这里为止,我们能用来研究函数的唯一现实的方法就是它的图形. 但实际上在通常遇到的情形下,函数是用解析性质的某些条件给出的,并非用图形来规定其性质,而是恰恰相反,唯有用解析方法(计算)研究函数之后才能作出函数图形. 但正确的图形给所考虑的函数关系以极清晰的"景象",所以研究任一函数时,最好连带作出它的图形.

71. 函数"在一点处"的性质、极值

研究函数在区间上的性质之前,我们先要讨论它在个别点的邻域上的性质,简单说,即"在一点处"的性质.

对函数 $y=f(x)$ 来说:

Ⅰ. 若存在点 x_0 的一个 ε-邻域,当 x 位于该邻域上且在 x_0 的左方时,$f(x_0)>f(x)$;当 x 位于该邻域上且在 x_0 的右方时,$f(x_0)<f(x)$. 就是说,若存在 ε,使适合条件 $0<h<\varepsilon$ 的任何 h 都能满足不等式

$$f(x_0-h)<f(x_0)<f(x_0+h)$$

则说 $f(x)$ 在点 x_0 处是增大的.

Ⅱ. 若存在点 x_0 的一个 ε-邻域,当 x 位于该邻域上且在 x_0 的左方时,$f(x_0)<f(x)$;当 x 位于该邻域上且在 x_0 的右方时,$f(x_0)>f(x)$. 就是说,若存在

ε,使适合条件 $0<h<\varepsilon$ 的任何 h 都能满足不等式

$$f(x_0-h)>f(x_0)>f(x_0+h)$$

则说 $f(x)$ 在点 x_0 处是减小的.

Ⅲ. 若存在点 x_0 的一个 ε-邻域,当 x 在该邻域上时,$f(x_0)>f(x)$(即 $f(x_0)$ 是 $f(x)$ 在这个邻域上的最大值),就是说,存在 ε,使适合条件 $0<h<\varepsilon$ 的任何 h 都能满足不等式

$$f(x_0-h)<f(x_0),f(x_0)>f(x_0+h)$$

则说 $f(x)$ 在点 x_0 处取得极大值.

Ⅳ. 若存在点 x_0 的一个 ε-邻域,当 x 在该邻域上时,$f(x_0)<f(x)$(即 $f(x_0)$ 是 $f(x)$ 在这个邻域上的最小值),就是说,存在 ε,使适合条件 $0<h<\varepsilon$ 的任何 h 都能满足不等式

$$f(x_0-h)>f(x_0),f(x_0)<f(x_0+h)$$

则说 $f(x)$ 在点 x_0 处取得极小值.

设想自变量 x 代表在区间 $(x_0-\varepsilon,x_0+\varepsilon)$ 上从左向右变动的点且通过点 x_0. 这时若用直觉上(但并非完全准确)的说法,则上述四种情形各表示函数:

(1)从较小值变到较大值(函数“在点 x_0 处”增大)[图3(a)].

(2)从较大值变到较小值(函数“在点 x_0 处”减小)[图3(b)].

(3)从较小值变回到较小值(函数“在点 x_0 处”有极大值)[图3(c)].

(4)从较大值变回到较大值(函数“在点 x_0 处”有极小值)[图3(d)].

极大值与极小值统称为极值. 若函数 $f(x)$ 在点 x_0 处取得极值,则函数值 $f(x_0)$ 便叫作极值——它相当于极大值或极小值. 而点 x_0 叫作极值点(它相当于极大值点或极小值点). 现在我们知道在前面所提到过的那些点——在那些点处函数改变其增减性——恰好是函数的极值点.

如图3所示是在上述四种情形下函数图形在点 x_0 的邻域上的各种性质. 在图上可以看到,对应于区间 $(x_0-\varepsilon,x_0+\varepsilon)$ 的一段函数图形 M_1M_2:在情形(1)中[图3(a)],点 $M_0(x_0,y_0)$ 左边的部分位于直线 $y=y_0$ 下方,而右边的部分高出于它;在情形(2)中[图3(b)],点 $M_0(x_0,y_0)$ 左边的部分位于直线 $y=y_0$ 上方,而右边的部分低于它;在情形(3)中[图3(c)],全部图形位于直线 $y=y_0$ 下方;在情形(4)中[图3(d)],全部图形位于直线 $y=y_0$ 上方.

在上述各定义中,我们也可以把下面的情形包括在内,即在点 x_0 的 ε-邻域上,位于 x_0 左右的点 x 处的函数值 $f(x)=f(x_0)$. 这时,必须把上述一切不等式中的“严格”不等号改成“不严格”不等号,即在不等号下面连一个等号($<$ 改为 $\leqslant$ 及 $>$ 改为 $\geqslant$),同时,在语言的陈述上也要加以适当的更改. 如果在区间 $(x_0-\varepsilon,x_0)$ 或 $(x_0,x_0+\varepsilon)$ 上的一切点处等式 $f(x)=f(x_0)$ 都成立,那么,可以根据需要,把这种情形算作上述前两种情形中的一种或算作后两种情形中的一种.

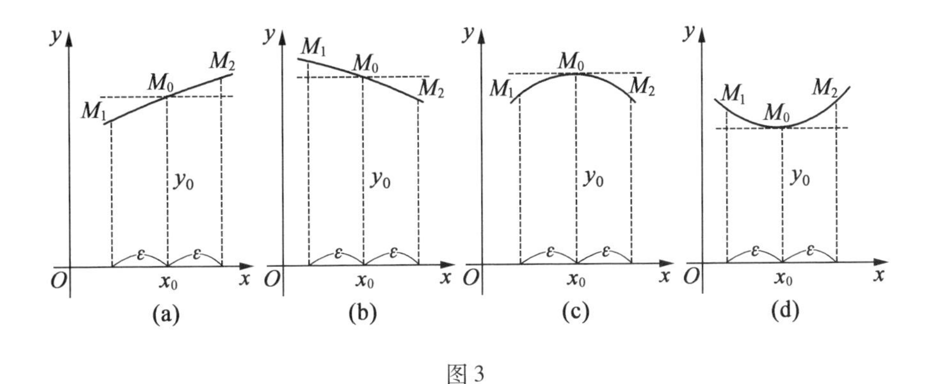

图 3

假设当 $x_0-\varepsilon\leqslant x\leqslant x_0$ 时,$f(x)=f(x_0)$,及当 $x_0<x<x_0+\varepsilon$ 时,$f(x)>f(x_0)$,则用“不严格”的不等式作条件时,可以把函数 $f(x)$ 看作在 x_0 处增大或在该处取得极小值.

但是,我们不去改变以前的定义,而只把等式 $f(x)=f(x_0)$ 成立的情形(这个等式在全部区间 $(x_0-\varepsilon,x_0+\varepsilon)$ 上成立的情形当然也一样)作为上述四种情形以外的情形.

因为按照上述函数“在一点处”的性质所做的分类(即使用不严格的不等式来分类也是件极方便且又自然的事),并不能把函数“在一点处”的各种性质全部说完,所以把 $f(x)=f(x_0)$ 的情形除外显得更加合适些. 例如,拿已经讨论过的函数 $y=\sin\dfrac{1}{x}(x\neq 0)$,$y=0(x=0)$ 来说,它在点 $x=0$ 处不可能是增大的,或是减小的,或是有极值的. 因为在点的任一邻域上,函数能取得正值,也能取得负值,也就是说,它在这种邻域上取得的值大于及小于 $x=0$ 处的函数值. 在这种点处函数具有下述特性:以 $x=0$ 为终点或以它为起点的任意小的区间,即当 ε 为任意正数时的区间 $(-\varepsilon,0]$ 或 $[0,+\varepsilon)$,不能作为函数的单调区间. 一般来说,定义于某点 x_0 的邻域(可能除去点 x_0 本身)上的函数,若具有下述特性:任何一个以点 x_0 为起点或终点的区间不是它的单调区间,则说这个函数在点 x_0 处振荡无数次. 在点 x_0 处振荡无数次的函数图形在点 x_0 的邻域上是具有无数个“波浪”的波状曲线,这个曲线当然不可能完全画出来.

对定义于已知区间上且不是振荡无数次的函数来说,该区间(包括它的端点)上的每点都是函数的单调区间或常值区间的起点及终点①.

这种函数在其定义域上的任一点处,必有上述四种类型(用不严格不等式规定的)之一的性质(即它或是增大的,或是减小的,或取得极大值,或取得极

① 左端点当然只能作为函数单调区间或常值区间的起点,同时右端点也当然只能作为终点.

小值). 不但如此,还必存在点 x_0 的邻域(即使很小),使在其上的函数,或者单调增大,或者单调减小,或者在 x_0 的左边单调增大,而右边单调减小(x_0 是极大值点),或者在 x_0 的左边单调减小,而右边单调增大(x_0 是极小值点①). 应该注意,逆定理是不成立的,函数在一点处的性质可能是所述四种类型之一,但它却可在该点处振荡无数次. 我们至少可以用图形来设想一函数在点 x_0 处是增大的(或减小的,或取得某种极值)且在 $x=x_0$ 处振荡无数次(图 4).

振荡无数次的函数在实际应用上是不会碰到的. 注意,定义于任何闭区间上的一切初等函数都不会是振荡无数次的.

若函数在所给有限区间上并不振荡无数次,则它在该区间上具有有限个极值点. 反过来说也成立.

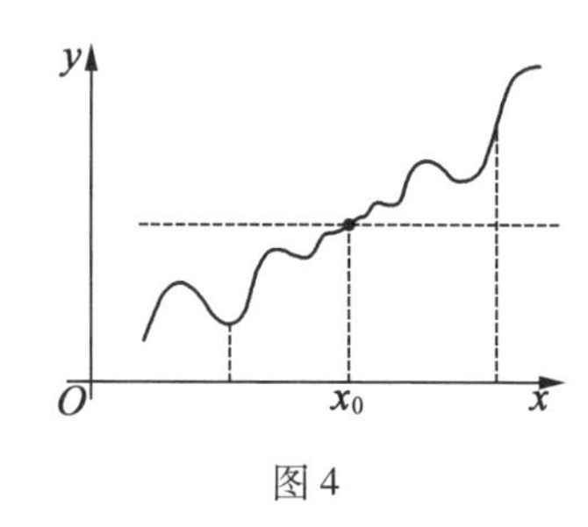

图 4

在点 x_0 处振荡无数次的函数在该点的任一邻域上具有无数个极值点.

函数的极大值概念与极小值概念(异于函数在一区间上的最大值概念与最小值概念)与函数在一点处的增大与减小概念一样是"局部"的(即对个别点的邻域上而言的)特性,它们只根据把已知点处的函数值与足够接近的一切点处的函数值相比较而得.

因此,例如就函数的整个定义域来说,它的某一极大值会小于其某一极小值. 在图 2 中,函数 $f(x)$ 的极大值 $f(x_1)$ 小于其极小值 $f(x_4)$.

还要注意,根据定义,极值点当然要位于函数的定义域以内.

72. 鉴定函数"在一点处"性质的准则

函数在一点处的性质与它在该点处的导数有最密切的关系,这个关系要根据一些定理而得来,而证明这些定理时要用极限理论中的下列简单定理:

定理 1 设函数 $u(\alpha)$ 在 $\alpha\to\alpha_0$ 时趋于极限值 a,即

$$\lim u(\alpha)=a$$

(1)若点 α_0 的任一邻域上的一切 α 使 $u(\alpha)>0$,则 $a\geqslant 0$.

---

① 这表示函数在其极值点处要改变增减性.

(2)反之,若已知 $a>0$,则在 α_0 的某一个邻域上,$u(\alpha)>0$[①].

证明 (1)函数 $u(\alpha)$ 不能趋于负值,因为如果它趋于负值,那么在点 α_0 的足够小的邻域上,函数值与这个负值的差可以为任意小,因而,在该邻域上的函数本身也会是负的. 不过正值函数是可能趋于 0 的.

(2)在点 α_0 的足够小的邻域上,$u(\alpha)$ 与其正的极限值 a 相差任意小,由此可知,它在这个邻域上是个正值函数.

现在我们来讲局部性质与其导数间的关系,这就是以下的定理:

正定理 若函数 $y=f(x)$ 在点 x_0 处增大,且在 $x=x_0$ 处可微分,则 $f'(x_0)\geqslant 0$;若函数 $y=f(x)$ 在点 x_0 处减小,且在 $x=x_0$ 处可微分,则 $f'(x_0)\leqslant 0$.

证明 若函数在点 x_0 处增大,则当 Δx 为足够小的正值时,$\Delta y=f(x_0+\Delta x)-f(x_0)$ 为正的,而当 Δx 为足够小的负值时,Δy 为负的. 所以,在点 x_0 的某一邻域上,比值$\dfrac{\Delta y}{\Delta x}$为正的,且可知它不趋于非负的数值. 故知 $f'(x_0)\geqslant 0$. 同样,若函数在点 x_0 处减小,则在点 x_0 的某一邻域上,比值$\dfrac{\Delta y}{\Delta x}$为负的,且知 $f'(x_0)\leqslant 0$.

我们可用简单的例子来说明,函数可以在一点处增大或减小,但其对应的导数却会等于 0. 如函数 $y=x^3$ 在每点处增大,特别是在点 $x=0$ 处(在 $x=0$ 的左边函数为负的,右边为正的),但其导数 $(x^3)'=3x^2$ 在 $x=0$ 处却等于 0.

这个定理也可从几何上来说明:若函数 $y=f(x)$ 在点 x_0 处增大,则曲线$y=f(x)$ 在点 $M_0(x_0,f(x_0))$ 处的切线与 x 轴的倾角为 0°或锐角;若函数减小,则切线的倾角为 0°或钝角.

逆定理有较大的价值:

逆定理 若 $f'(x_0)>0$,则函数 $y=f(x)$ 在点 x_0 处增大;若 $f'(x_0)<0$,则函数 $y=f(x)$ 在点 x_0 处减小.

证明 若 $f'(x_0)>0$,则比值$\dfrac{f(x_0+\Delta x)-f(x_0)}{\Delta x}$在 Δx 足够小时为正的,且知 $\Delta x>0$ 时

$$f(x_0+\Delta x)-f(x_0)>0$$

而 $\Delta x<0$ 时

$$f(x_0+\Delta x)-f(x_0)<0$$

换句话说,在 x_0 右边所取的$f(x)$值大于$f(x_0)$,而在 x_0 左边所取的$f(x)$值小于

---

① 这个定理可从一个更具普遍性的定理推出来:若 $\lim\limits_{\alpha\to\alpha_0}u(\alpha)=a$, $\lim\limits_{\alpha\to\alpha_0}v(\alpha)=b$,且在 α_0 的任意 ε-邻域上的一切点 α 处有 $u(\alpha)>v(\alpha)$,则 $a\geqslant b$;反之,若已知 $a>b$,则在点 α_0 的某个邻域上有 $u(\alpha)>v(\alpha)$,证明时只要考虑其差 $u(\alpha)-v(\alpha)$ 即可.

$f(x_0)$. 定理的第二部分的证法也相仿.

因此,若导数在某点处不等于0,则就表示当自变量通过该点时,函数由较小值变到较大值,或者正相反. 但是,一般来说,并不能用导数在某点 x_0 处不等于0的事实作为准则,去鉴定函数在点 x_0 的任何邻域上的单调性.

若 $f'(x_0)=0$,则由上述可知,当自变量通过 x_0 时,函数 $y=f(x)$ 可以按各种不同的方式来改变. 它可以在点 x_0 处或是增大的,或是减小的,或在 $x=x_0$ 处具有极值. 例如,就点 $x=0$ 处来说,函数 $y=x$ 增大,函数 $y=-x^3$ 减小,函数 $y=x^2$ 有极小值,函数 $y=-x^2$ 有极大值. 而所有这些函数的导数在点 $x=0$ 处都等于0.

当 $f'(x_0)=0$ 时,函数 $y=f(x)$ 也能在点 $x=x_0$ 处振荡无数次. 例如函数 $y=x^2\sin\dfrac{1}{x}(x\neq0)$, $y=0(x=0)$ 在点 $x=0$ 处振荡无数次(图5),但在 $x=0$ 处它的导数却等于0.

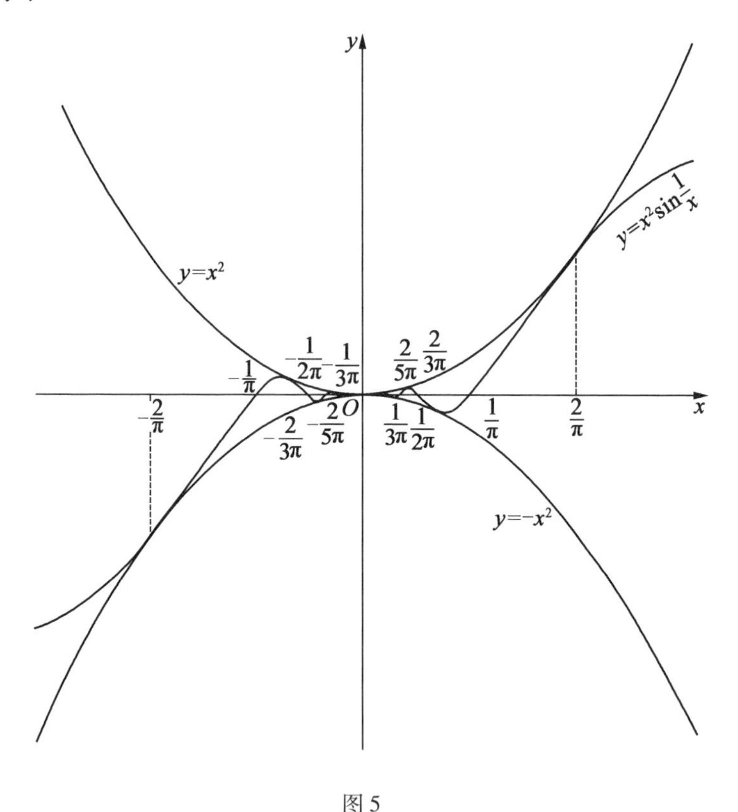

图5

注意 对于不振荡无数次的函数(即常见的函数)来说,如果能确定其导数在某点处的正负号,便能保证该点处存在一个邻域,使函数在该邻域上是单调的.

在任何情形下,使导数为0的点叫作函数的驻点(函数在该点的变化率等于0).

现在我们可以讲极值点的基本鉴定法:

若函数 $y=f(x)$ 在点 x_0 处可微分,且在该点处取得极值,则 $f'(x_0)=0$.

若 $f(x_0)$ 不是0,则根据已经证明过的定理,可知函数 $y=f(x)$ 必在点 x_0 处或是增大的,或是减小的,因此在该点处并不具有极值.

这个定理具有明显的几何意义:曲线在极值点所对应的点处的切线(如果存在)一定平行于 x 轴(图6). 然而函数在其不可微分的个别点处,也能具有极值(图6).

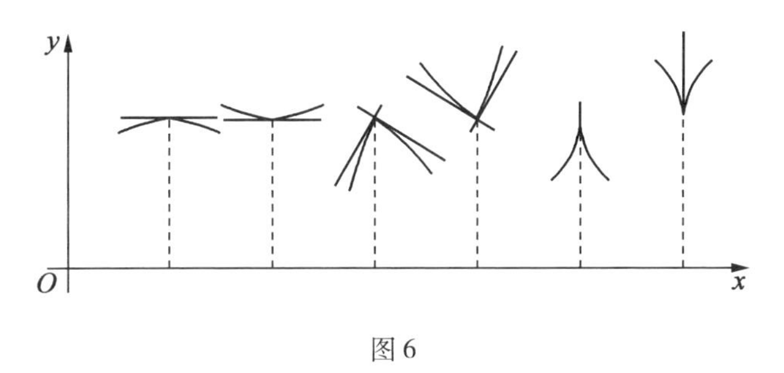

图6

所以,函数的极值点只能是下列两种点:或是使导数为0的点(即函数的驻点),或是使导数不存在的点.

我们可根据导数来判定函数在一点处的性质. 它可以把自变量通过该点时函数的变动“趋向”揭露出来. 要讨论函数在全部定义域上关于增减性方面的变化情形,我们必须考察它的导函数. 这时就必须用到一个重要而有一般性的定理——拉格朗日定理.

§2　一阶导数的应用

73. 罗尔[1]定理及拉格朗日定理

在陈述并证明上节所提到的拉格朗日定理之前,我们先讲它的特殊情形——罗尔定理.

罗尔定理　设函数 $y=f(x)$ 在区间 $[x_1,x_2]$ 上连续且在区间 (x_1,x_2) 上可微分,又在区间两端处的函数值相等,则在该区间内至少存在一值 $x=\xi$,使该处函

[1] 罗尔(Rolle,1652—1719).

数的导数等于 0：$f'(\xi)=0$.

证明 因为在区间端点处的函数值相等

$$f(x_1)=f(x_2)$$

所以在该区间上函数值或者毫不变动，而处处有

$$f(x)=f(x_1)=f(x_2)$$

或者它变动，并且显然会在区间$[x_1,x_2]$内部取得极大值（图 7）或极小值，也就是说，函数在区间之内取得极值. 在第一种情形下，对一切值 x 来说，导数等于 0；在第二种情形下，则上节已经证明极值点处的导数等于 0.

若 $f(x_1)=f(x_2)=0$，则定理可陈述如下：

在函数的每两个零值点之间，至少有导函数的一个零值点.

罗尔指出定理时就正是按照上述方法（而且只是对多项式）讲的. 这个定理在解析及代数上有许多用处.

罗尔定理的几何意义最简单的讲法如下：若连续曲线弧段处处（可能除去端点）具有不垂直于 x 轴的切线，且在两端点处纵坐标相等，则在弧上能找到一点，使曲线在该点处的切线平行于 x 轴（图 7）.

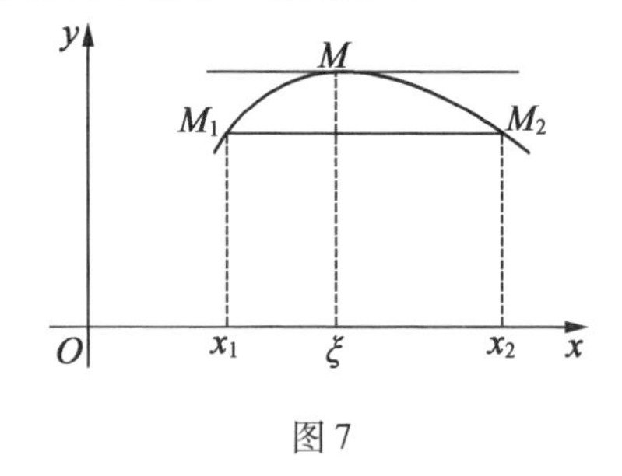

图 7

在上述情形下可知，曲线弧所张的弦平行于 x 轴，于是，在曲线弧的切线中至少可得到一条平行于弦的切线. 用这种方式来说时，本定理所讲的就是曲线本身（在一定条件下）的性质，并且这个性质显然不取决于曲线与坐标系的相对位置（即不取决于弦是否平行于横轴）. 所以，下面更一般的定理应能成立：

在连续曲线的任意两点 M_1 及 M_2 间，若处处（可能除去点 M_1 及 M_2）都有不垂直于弦 M_1M_2 的切线，则该弧段上至少存在着一点，使该点处的切线与弦平行.

假定所论曲线是单值函数 $y=f(x)$ 在区间$[x_1,x_2]$上的图形（图 8），我们就可用解析法来表明上述性质. 弦 M_1M_2 的角系数等于

$$\frac{f(x_2)-f(x_1)}{x_2-x_1}$$

且若用 ξ 表示切点的横坐标，则对应切线的角系数等于 $f'(\xi)$，弦与切线相平行

的事实在解析上就可用两个角系数相等的关系来确定. 这样便得到拉格朗日定理所陈述的事:

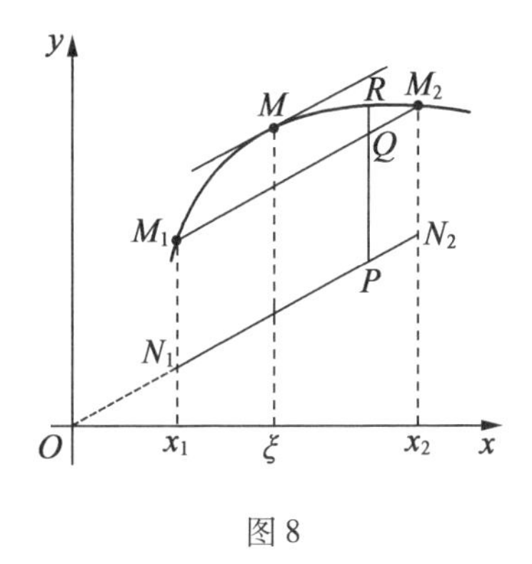

图 8

拉格朗日定理 若函数 $f(x)$ 在闭区间 $[x_1,x_2]$ 上连续且在开区间上可微分,则在这个区间内至少存在着一值 $x=\xi$ 能满足等式

$$\frac{\Delta f}{\Delta x}=\frac{f(x_2)-f(x_1)}{x_2-x_1}=f'(\xi)$$

或者说,函数 $f(x)$ 在区间 $[x_1,x_2]$ 上的平均变化率等于它在区间内某一点 $\xi(x_1<\xi<x_2$ 或 $x_1>\xi>x_2)$ 处的变化率.

上面的推理只是启发而已,因为可能在有些情形下,要证明本定理时单单引用上述罗尔定理是不够的. 然而从解析上说,拉格朗日定理所讲的一般情形很容易化成罗尔定理的情形. 为此,必须从已知函数中减去一个线性函数,而该线性函数的图形则为平行于弦 M_1M_2 的直线(图 8). 这类线性函数中最简单的是与自变量成比例的函数(平行于弦 M_1M_2 而又通过坐标原点的直线),减过之后所得的新函数值可用线段 PR 来表示,而 PR 则等于定长的线段 $PQ(=N_1M_1=N_2M_2)$ 与线段 QR 两者的和. 于是,若把对应于新函数的曲线弧端点用直线联结起来,则所得的弦是平行于 x 轴的.

所以,取函数

$$y=\varphi(x)=f(x)-\lambda x$$

其中 λ 是线段 N_1N_2 的角系数且等于弦 M_1M_2 的角系数

$$\lambda=\frac{f(x_2)-f(x_1)}{x_2-x_1}$$

函数 $\varphi(x)$ 满足罗尔定理的一切条件,它在区间 $[x_1,x_2]$ 上连续且在区间 $(x_1,$

x_2)内可微分(因 $f(x)$ 及 λx 都具有这些性质),又在区间端点处的函数值相等①

$$\varphi(x_1)=\varphi(x_2)$$

根据罗尔定理可知,在区间内存在着一点 ξ,使 $\varphi'(\xi)=0$. 但是

$$\varphi'(x)=f'(x)-\lambda$$

所以

$$f'(\xi)-\lambda=0$$

由此得

$$\lambda=\frac{f(x_2)-f(x_1)}{x_2-x_1}=f'(\xi)$$

这就是所要证明的.

从另一方面来说,在 $f(x_1)=f(x_2)$ 的特别情形下,显然可从拉格朗日定理得出罗尔定理.

若函数并不是在区间 (x_1,x_2) 上每一点处都可微分,则拉格朗日定理及罗尔定理便不会成立. 例如,连续函数 $y=3-\sqrt[3]{x^2}$ 在区间 $(-1,1)$ 的端点处数值相等($=2$),其导函数 $y'=\frac{2}{3\sqrt[3]{x}}$ 却处处不等于 0.

从拉格朗日定理可得

$$f(x_2)-f(x_1)=(x_2-x_1)f'(\xi)\quad(x_1<\xi<x_2)\tag{1}$$

即函数的增量等于在某点处的导数与自变量增量两者的乘积.

拉格朗日定理也叫作微分中值定理或关于有限增量的定理.

公式(1)叫作拉格朗日公式或有限增量公式. 它使我们能用某个导数值及宗标的增量给出表示函数增量的准确式子,且对于增量的大小无任何限制. 拉格朗日定理(及公式)在理论上有很大价值,但其本身在实际计算函数增量时用处不大,因为定理只保证了满足等式(1)的数值 ξ 的存在,但没有指出实际上去决定它的任何方法. 只有在二次函数(当然连同一次函数在内)时,点 ξ 常恰好是点 x_1 及 x_2 的中点:$\xi=\frac{x_1+x_2}{2}$(读者不难证明). 在其他情形下,点 ξ 的位置常因函数与端点而异.

拉格朗日公式可以写成

---

① 这不难直接证明,因

$$\varphi(x_1)=f(x_1)-\frac{f(x_2)-f(x_1)}{x_2-x_1}x_1=\frac{x_2f(x_1)-x_1f(x_2)}{x_2-x_1}$$

$$\varphi(x_2)=f(x_2)-\frac{f(x_2)-f(x_1)}{x_2-x_1}x_2=\frac{x_2f(x_1)-x_1f(x_2)}{x_2-x_1}$$

$$\Delta f(x)=f(x+\Delta x)-f(x)=f'(\xi)\Delta x$$

或者,由于 ξ 是 x 及 $x+\Delta x$ 间的点,上式又可写成

$$\Delta f(x)=f'(x+\theta\Delta x)\Delta x$$

其中 θ 为小于 1 的某个正数,即 $0<\theta<1$.

74. 拉格朗日公式在近似计算上的应用

拉格朗日公式有时写成

$$f(x_0+\Delta x)=f(x_0)+f'(\xi)\Delta x \quad (\xi=x_0+\theta\Delta x, 0<\theta<1) \tag{2}$$

用上式与从微分式所得的公式

$$f(x_0+\Delta x)\approx f(x_0)+f'(x_0)\Delta x \tag{3}$$

相比较,顺便地,还可以仿照有限增量公式的名称,把后面这个公式叫作无穷小增量公式.

在可以应用拉格朗日定理的条件下以及适当地选取了 ξ 之后,对于任意的 Δx 来说,第一个公式是个准确的式子,但是不能用它来决定函数值(因 ξ 未知);第二个公式在决定函数值时是便于应用的(因为只要知道在一点 x_0 处的函数值及导数便够了),但它并不准确,一般来说,只有当 Δx 足够小时才具有意义.

若对于某区间 $[x_0, x_1]$ 上的一切值 $x=x_0+\Delta x$ 来说,取 $\xi=x_0+\theta(x-x_0)$,其中 θ 为完全确定的小于 1 的正数,则拉格朗日公式(2)成为计算区间 $[x_0, x_1]$ 上函数值的近似公式. 在 $\theta=0$ 时,这种近似公式与微分公式(3)并无两样. 当 $\theta=\dfrac{1}{2}$ 时,得到下面的近似公式

$$f(x_0+\Delta x)\approx f(x_0)+f'\left(\frac{x_0+x_1}{2}\right)\Delta x$$

(或用另一种写法:$f(x)\approx f(x_0)+f'\left(\dfrac{x_0+x_1}{2}\right)(x-x_0)$).

用上式右边的线性式子来代替 $f(x_0+\Delta x)$,从几何上说,就是用线段 M_1Q 来代替曲线弧 $\overset{\frown}{M_1M_2}$,而 M_1Q 是这样作出的(图 9):过曲线弧 $\overset{\frown}{M_1M_2}$ 上横坐标为 $\dfrac{x_0+x_1}{2}$ 的点 M 作切线,再从 M_1 起作该切线的平行线并在其上取线段 M_1Q. 由图还可以直接看出,除了离 M_1 太近的点,这种代替法比用切线上的线段 M_1T 来代替曲线弧 $\overset{\frown}{M_1M_2}$ 还要合适. 也就是说,在整个区间上用拉格朗日公式计算函数的近似值时,一般来说,最好在公式中取 $\theta=\dfrac{1}{2}$,而不取 $\theta=0$.

例如,已知 $\ln 781=6.660\ 58$(见第三章),要计算 $\ln 782$ 及 $\ln 783$. 令 $x_0=781$ 及 $x_1=789$,则在区间 $[781, 789]$ 上取 $\theta=\dfrac{1}{2}$,得

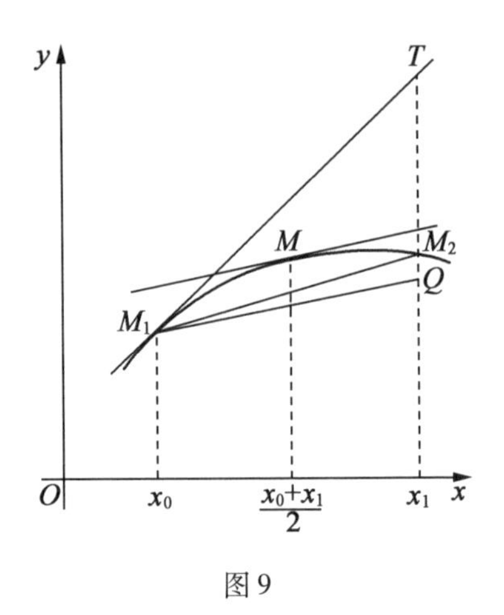

图 9

$$\ln 782 = \ln 781 + \frac{1}{785} \times 1 \approx 6.66058 + 0.00127 = 6.66185$$

$$\ln 783 = \ln 781 + \frac{1}{785} \times 2 \approx 6.66058 + 0.00255 = 6.66313$$

用五位对数表查出这两个对数值各为 6.661 85,6.663 13.

拉格朗日公式可用来估计误差,即若按任何线性规律定出区间$[x_0, x_1]$上的函数值 $y=f(x)$,则所致误差 ε 可用拉格朗日公式求出. 设

$$f(x) \approx f(x_0) + k(x - x_0)$$

其中 k 是某一个数值.

但因为

$$f(x) = f(x_0) + f'(\xi)(x - x_0)$$

所以误差的绝对值等于

$$|k - f'(\xi)|\,|x - x_0|$$

根据函数 $f(x)$ 的性质,可对区间$[x_0, x_1]$上的一切 x 估计出$|k-f'(x)|$,即

$$|k - f'(x)| \leqslant M'$$

且知

$$|x - x_0| \leqslant |x_1 - x_0|$$

这样,便能指出所得近似值的误差为

$$\varepsilon = M' \cdot |x_1 - x_0|$$

这个误差对于在区间$[x_0, x_1]$上的一切 x 都适用,或者说,在这个区间上的误差是一致的.

例 1 在计算上述 ln 783 的值(=6.663 13)时,得

$$\left| \frac{1}{785} - \frac{1}{781 + \theta \cdot 2} \right| \cdot 2 = \frac{4 - \theta \cdot 2}{785(781 + \theta \cdot 2)} \cdot 2$$

所以误差的估计值为

$$\frac{4-\theta\cdot 2}{785(781+\theta\cdot 2)}\cdot 2<\frac{8}{785\cdot 781}<0.000\ 014=\varepsilon$$

如果像在求 $x=782$ 及 $x=783$ 时所做的那样,对于在区间[781,789]上一切的 x,利用公式

$$\ln x=\ln 781+\frac{1}{781}(x-781)$$

则可得

$$\left|\frac{1}{785}-\frac{1}{781+\theta(x-781)}\right|(x-781)=\frac{4-\theta(x-781)}{785[781+\theta(x-781)]}(x-781)$$

因此,能算出误差等于

$$\varepsilon=\frac{4}{785\times 781}\times 8=\frac{32}{785\times 781}$$

这个误差不超过0.000 06,且在全部区间[781,789]上是一致的.

例2 近似等式

$$\ln(x+h)\approx\ln x+\frac{h}{x}$$

的误差的绝对值等于

$$\left|\frac{1}{x}-\frac{1}{x+\theta h}\right||h|=\frac{\theta h^2}{x(x+\theta h)}<\frac{h^2}{x^2}$$

也就是,可把它估计为

$$\varepsilon=\frac{h^2}{x^2}$$

这是上述对数计算法中的一点重要补充. 根据 ε 的式子可知 x 与 h 按比例增加时,不致超出指定的误差.

例3 在第三章中所得值 $\sin 31°=0.515\ 1$ 的误差可用类似方法决定. 首先写出差值

$$\left[\cos\frac{\pi}{6}-\cos\left(\frac{\pi}{6}+\theta\cdot\frac{\pi}{180}\right)\right]\cdot\frac{\pi}{180}=2\sin\left(\frac{\pi}{6}+\theta\cdot\frac{\pi}{360}\right)\sin\theta\cdot\frac{\pi}{360}\cdot\frac{\pi}{180}$$

然后用不等式

$$\sin\alpha<\alpha\quad\left(0<\alpha<\frac{\pi}{2}\right)$$

求出误差

$$\varepsilon=2\left(\frac{\pi}{6}+\frac{\pi}{360}\right)\cdot\frac{\pi}{360}\cdot\frac{\pi}{180}\approx 0.000\ 2$$

75. 函数在区间上的性质

现在我们可以用导函数来研究函数在已知区间上的增减性. 以后若没有特

别声明,我们都假设所给函数处处具有导函数.

正定理 若函数在区间上是增大的,则其导函数就不是负的;若函数在区间上是减小的,则其导函数就不是正的;若函数在区间上不变动(即是常量),则其导函数恒等于0.

证明 这个定理的证明是很显然的. 若函数在整个区间上增大,则它在这个区间上的每点处都增大. 所以根据前面所证明的,可知这个函数的每个导数都不是负的. 在函数减小的情形下,导函数取得非正值也同样成立. 最后,常量的导函数等于0.

于是,在函数的单调区间上,函数的导函数不会变号.

有了这个定理之后,我们便可根据单调函数在其区间上的增减性来决定其导函数在该区间上的正负号. 然而逆定理却比这重要得多,因为它可以把函数在已知区间上的增减性问题简化为另一函数(即其导函数)在该区间上的正负号问题.

逆定理 若函数的导函数在区间上处处为正的,则在该区间上函数增大;若函数的导函数在区间上处处为负的,则在该区间上函数减小;若函数的导函数在区间上处处等于0,则在该区间上函数不变动(即为常量).

证明 可在区间上取任意两点 x_1 及 x_2,且设 $x_1<x_2$,依照拉格朗日公式得

$$f(x_2)-f(x_1)=f'(\xi)(x_2-x_1) \quad (x_1<\xi<x_2)$$

若导函数处处为正的,则 $f'(\xi)>0$. 因此,对于任何 x_1 及 x_2 来说,只要 $x_1<x_2$,便得 $f(x_2)>f(x_1)$,也就是说函数是增大的. 若导函数处处为负的,则 $f'(\xi)<0$. 因此,对于任何 x_1 及 x_2 来说,只要 $x_1<x_2$,便得 $f(x_2)<f(x_1)$,即函数是减小的. 最后,若导函数处处等于 0,则 $f'(\xi)=0$. 因此,对任何 x_1 及 x_2 都可得 $f(x_2)=f(x_1)$,即函数是个常量.

于是,函数在其导函数的同号区间上是单调的.

从这个定理便可得简便的解析法去鉴定函数在区间上的单调性.

例如,要证明函数 $\eta=\frac{2}{3}x^3-2x^2-6x+3$ 在区间 $-1<x<3$ 上是减小的,只要证明它的导函数 $\eta'=2x^2-4x-6$ 在 $-1<x<3$ 上是负的即可. 证明后面这件事并不难. 例如,可以按照下面的方式来做:把 η' 表示成 $\eta'=2(x+1)\cdot(x-3)$,第一个因子 $x+1$ 对于所论的一切 x 均为正的,而因子 $x-3$ 则为负的,所以在所论区间上导函数确实为负的,因而导函数是减小的.

有了逆定理便可以陈述出函数具有极值的充分条件①.

---

① 这个条件以后叫作第一种条件,因在§3 中会知道新的条件,并要把那种条件叫作函数取得极值的第二种充分条件.

若 x 通过 x_0 时,导函数 $f'(x)$ 变号,则点 x_0 是函数 $f(x)$ 的极值点. 当 $f(x)$ 由+变为-时,点 x_0 为极大值点;当 $f(x)$ 由-变为+时,点 x_0 为极小值点. 在点 x_0 本身的导函数或等于 0 或不存在①.

实际上,若 x 通过 x_0 时,导函数变号,则可知在 x_0 的左面有导函数的同号区间,因此该区间是函数的单调区间;而在 x_0 的右面也有导函数保持另一种正负号的同号区间,因此也是函数的单调区间,不过单调性与左面那个区间上的相反. 把意义相反的两个单调区间分开的那一点是个极值点,假如在该点的左边有函数的增区间,而右边有函数的减区间,则该点是极大值点;反之则是极小值点.

一般来说,导函数的变号不一定是鉴定极值点的必要条件. 若函数 $f(x)$ 在点 x_0 处振荡无数次,且设 x_0 为函数 $f(x)$ 的极值点,则条件便不适合. 在这种情形下,当 x 通过 x_0 时,导函数 $f'(x)$ 的变号问题就不可能讨论,因为在以点 x_0 为终点或起点的区间上,$f(x)$ 都不是单调函数. 在每一个这样的区间上,$f'(x)$ 都具有异号值.

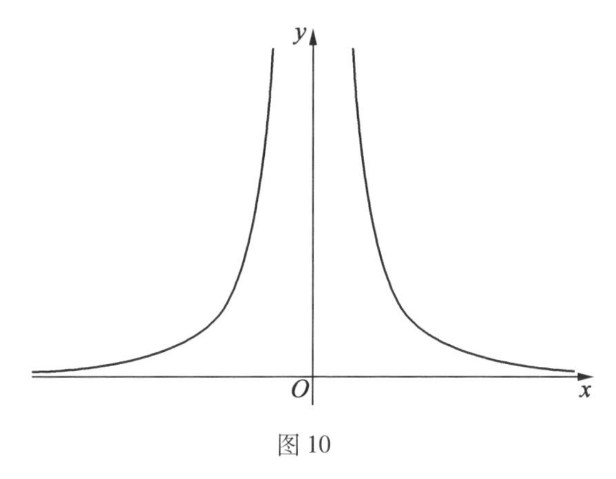

图 10

当函数并非振荡无数次时,极值点必然是函数的一个单调区间与另一个意义相反的单调区间的分界点,因此这时导函数的变号才能成为鉴定极值点的必要条件.

于是,若把振荡无数次的函数除外,就可以说,点 x_0 为函数 $f(x)$ 的极值点的充分及必要条件是:当 x 通过 x_0 时,导函数(如果它在点 x_0 的邻域上存在)

① 但应注意只根据导函数符号的改变,还不能断定有极值存在,要断定有极值,还必须知道在该点处函数是连续的. 例如,$y=\frac{1}{x^2}$,当 x 通过 $x=0$ 时,它的导函数 $y'=-\frac{2}{x^3}$ 变号. 当 x 在 0 的左边时,$y'>0$,故知函数增大;当 x 在 0 的右边时,$y'<0$,故知函数减小. 然而不管在点 $x=0$ 处给函数指定什么值,$x=0$ 总不是极大值点,因为函数在 $x=0$ 处是不连续的. 图 10 把这种情形表现得很清楚.

$f'(x)$变号.

若函数在某些点处没有导函数,则必须分别考虑函数在这些点之间的区间上的性质,也就是要考虑函数在这些点中每一点的邻域上的性质.

现在我们可以做出一些结论,说明研究所给连续函数在所给区间$[a,b]$上的增减性及其极值求法的先后运算步骤:

Ⅰ. 首先,必须求出区间上使导函数不存在的点及函数$f(x)$的驻点(即方程$f'(x)=0$的实数根). 在区间$[a,b]$上,函数(振荡无数次的函数除外)只能有有限个这种点,按其增大的次序记为$x_1,x_2,\cdots,x_n$. 这便是在区间内可能使函数$f(x)$取得极值的那些点.

Ⅱ. 其次,用点x_i把全部区间$[a,b]$分成子区间$[a_1,x_1]$,$[x_1,x_2]$,$\cdots$,$[x_{n-1},x_n]$,$[x_n,b]$,使导函数在每一个子区间上保持一定的正负号. 否则,导函数将在上述各点以外的其他点处等于0(或不存在)①. 所以,这些区间都是函数的单调区间.

Ⅲ. 再次,根据导函数的正负号可决定函数在每个区间$[x_i,x_{i+1}]$上的增减性,于是也连带地决定了函数在每一个点x_i处的性质. 由此可以看出,有些点x_i不是函数的极值点. 若在以点x_i为界的相邻区间$[x_{i-1},x_i]$及$[x_i,x_{i+1}]$上函数为同义单调(在这两个区间上导函数同号),那么x_i便不是函数的极值点. 那时上述两个区间便可连接起来成为函数的一个单调区间. 在这种情形下,点x_i仍是函数的驻点(若$f'(x_i)=0$),而不是极值点(例如,函数$y=x^3$在$x=0$处便是).

Ⅳ. 最后,把所求得的值(即极值点)直接代入函数式子$f(x)$中,定出函数$f(x)$的极值.

提到函数在区间$[a,b]$上的最大值及最小值时,则最大值显然是函数在区间上一切极大值及其端点值中的最大值. 所以要决定函数在区间$[a,b]$上的最大值时,必须把函数在该区间内的一切极大值及端点值$f(a)$与$f(b)$一起算出来,且在这些数值中选出其最大的. 求函数在闭区间上最小值的方法完全类似.

让我们补充几何话,这样可使复合函数的研究来得方便些.

若用正的常量乘函数,则函数的极值点及单调区间不变动;若用负的常量乘函数,则极值点与单调区间只改变意义②. 对复合函数$f[\varphi(x)]$来说,若$f(u)$

---

① 严格说来,这种说法是需要证明的. 设在某个区间$[x_i,x_{i+1}]$上导函数不保持一定的正负号,要证明$f'(x)$在区间$[x_i,x_{i+1}]$内或取得0或不存在. 若$f'(x)$在区间$[x_i,x_{i+1}]$上变号(假设从+到-),则$f(x)$要改变其增减性(从增大变为减小),而这唯有在所论区间$[x_i,x_{i+1}]$内具有极值点时才可能. 若在极值点处有导函数存在,则该处的导函数必须等于0.

② 例如极大变为极小,单调增函数变为单调减函数,等等. ——译者注

是个单调函数,则复合函数$f[\varphi(x)]$的极值点及单调区间与函数$\varphi(x)$的极值点及单调区间相同,且在$f(u)$为增函数的情形下,极值点的性质仍保持不变,在$f(u)$为减函数的情形下,则变成相反的极值点. 同义单调的①一些函数的算术和仍是单调的. 同义单调的一些函数处处具有相同的正负号时,它们的乘积仍是单调的.

这些结论都是由上述解析鉴定法直接推出来的.

例如,要证明$\ln\left(e^x+\frac{x}{\ln x}\right)$在$x>e$时是增大的,只要知道$\frac{x}{\ln x}$也具有这种性质即可. 要考察函数$e^{\sqrt[3]{x(\sin x)^2}}$的极值,只要求出函数$t=(x\sin x)^2$的极值点即可,因为$u=\sqrt[3]{t}$及$e^u$都是增函数.

76. 举例

Ⅰ. 基本初等函数. 我们虽然在第一章中用图形讲过每一种初等函数的性质,但用微分法却很易于从解析上得出这类函数的某些基本性质.

幂函数:$y=x^n$. 若$n>0$,当$x>0$时,它的导函数$y=nx^{n-1}$为正的;若$n<0$,当$x>0$时,则导函数为负的. 所以这个函数在x轴的正半轴上或是常增($n>0$),或是常减($n<0$).

指数函数:$y=a^x$. 其导函数$y'>\ln a\cdot a^x$与$\ln a$同号,因为a^x处处为正的. 故若$a>1$,则$y'>0$;若$a<1$,则$y'<0$. 所以指数函数在全部x轴上是单调的. 在第一种情形下是增大的,在第二种情形下是减小的.

对数函数:$y=\ln x$. 当$x>0$时(并且函数只对这些x值有定义),其导函数$y'=\frac{1}{x}$为正的. 故知$\ln x$是常增的.

同样,利用导函数不难定出其他基本初等函数的变化过程.

Ⅱ. 初等函数.

(1)二次三项式. 我们来研究熟知的函数,即二次三项式

$$y=ax^2+bx+c$$

令它的导函数等于0,即

$$y'=2ax+b=0$$

便得出$x=-\frac{b}{2a}$.

所以二次三项式只有一个极值点$x=-\frac{b}{2a}$及两个单调区间$\left(-\infty,-\frac{b}{2a}\right),\left(-\frac{b}{2a},+\infty\right)$.

① 例如都是单调增函数或都是单调减函数. ——译者注

这个自变量值所给的究竟是哪一种极值点，要看系数 a 的正负号来决定.因为导函数可写成 $y'=2a\left(x+\frac{b}{2a}\right)$，由此可知，若 a 为正的，则当 $x<-\frac{b}{2a}$时，导函数为负的，而当 $x>-\frac{b}{2a}$时，导函数为正的；若 a 为负的，则在所述区间上，得相反的正负号.

所以，当 $a>0$ 时，点 $x=-\frac{b}{2a}$是极小值点，其对应函数值

$$y=a\left(-\frac{b}{2a}\right)^2+b\left(-\frac{b}{2a}\right)+c=\frac{4ac-b^2}{4a}$$

是函数的极小值，同时，在含有点 $x=-\frac{b}{2a}$的任何区间上，上述函数值又是函数的最小值.

当 $a<0$ 时，点 $x=-\frac{b}{2a}$是极大值点，其对应函数值 $y=\frac{4ac-b^2}{4a}$是极大值，同时，在含有点 $x=-\frac{b}{2a}$的任何区间上，上述函数值又是函数的最大值.

无论在哪一种情形下，以

$$x=-\frac{b}{2a},y=\frac{4ac-b^2}{4a}$$

为坐标的点是抛物线 $y=ax^2+bx+c$ 的顶点.

以上所讲的一切与第一章中所得的结果完全符合.

(2)三次函数. 考虑函数

$$y=3x^3+4.5x^2-4x+1$$

求出导函数

$$y'=9x^2+9x-4$$

且使它等于0，即

$$9x^2+9x-4=(3x-1)(3x+4)=0$$

由此可知，当 $x=-\frac{4}{3}$或 $x=\frac{1}{3}$时，导函数是0.

由于当 $x<-\frac{4}{3}$时，两个因式都是负的，所以，当 x 是这些数值时，导函数为正的，因而函数是增大的；当$-\frac{4}{3}<x<\frac{1}{3}$时，导函数为负的，因而函数减小；而当 $x>\frac{1}{3}$时，导函数为正的，因而函数又是增大的. 这样，可知 $x=-\frac{4}{3}$是极大值点，$x=\frac{1}{3}$是极小值点，并且有三个单调区间，即从$-\infty$ 到$-\frac{4}{3}$是增区间，从$-\frac{4}{3}$到$\frac{1}{3}$是

减区间,从$\frac{1}{3}$到$+\infty$是增区间.

从上面的解析步骤中可以看出方程

$$3x^3+4.5x^2-4x+1=0$$

只有一个实根(负的),故可知其他两个根①是共轭复数.

事实上,当$x=-\frac{4}{3}$时,这个函数取得正值$y=7\frac{2}{9}$. 因为当$x<-\frac{4}{3}$时,函数增大,且当x为绝对值足够大的负值时,函数值为负的②,所以在$-\infty$到$-\frac{4}{3}$的区间上,函数图形与横轴恰好相交一次;在$-\frac{4}{3}$到$+\infty$的区间上,函数在点$x=\frac{1}{3}$处取得最小值,且这个最小值是正数$y=\frac{5}{18}$,所以在区间$\left(-\frac{4}{3},+\infty\right)$上函数图形绝不会与$x$轴相交.

(3)阻尼振荡. 我们来考虑$x>0$时的函数$y=e^{-x}\sin x$. 它的导函数

$$y'=e^{-x}(\cos x-\sin x)=\sqrt{2}e^{-x}\sin\left(\frac{\pi}{4}-x\right)$$

在点$\frac{\pi}{4},\frac{5\pi}{4},\frac{9\pi}{4},\cdots$处等于0,这些点把$x$轴的正半轴分成许多区间,使其中的导函数轮流变号. 因此这些点处轮流有函数的极大值及极小值.

因为$e^x>0$,$-1\leqslant\sin x\leqslant1$,所以

$$-e^{-x}\leqslant y\leqslant e^{-x}$$

且函数图形完全位于以曲线$y=e^{-x}$及$y=-e^{-x}$为界的区域中(图11). 当x趋于∞时,因子e^{-x}趋于0,而第二个因子$\sin x$仍为有界的,所以$e^{-x}\sin x$也趋于0. 又x增大时,导函数也趋于0. 所以离坐标的原点渐远时,曲线上的点无限接近于x轴,且曲线卷绕在x轴上的坡度越来越平坦. 在使$\sin x=\pm1$的点(即$x=\frac{\pi}{2},\frac{3}{2}\pi,\frac{5}{2}\pi,\cdots$)处,函数图形与曲线$y=\pm e^{-x}$相切(读者可以去验证),而这些点并不是函数的极值点(极值点是在点$\frac{1}{4}\pi,\frac{5}{4}\pi,\frac{9}{4}\pi,\cdots$处).

函数$y=e^{-x}\sin x$定出了阻尼振荡的规律. 因子e^{-x}不但“消衰”了第二个周

---

① 因任何代数方程所有根的个数与其次数相同.

② 这是由于

$$y=3x^3+4.5x^2-4x+1=x^3\left(3+\frac{4.5}{x}-\frac{4}{x^2}+\frac{1}{x^3}\right)$$

在$|x|$足够大时的符号与x^3的符号相同,因这时括号中的式子可任意接近于3.

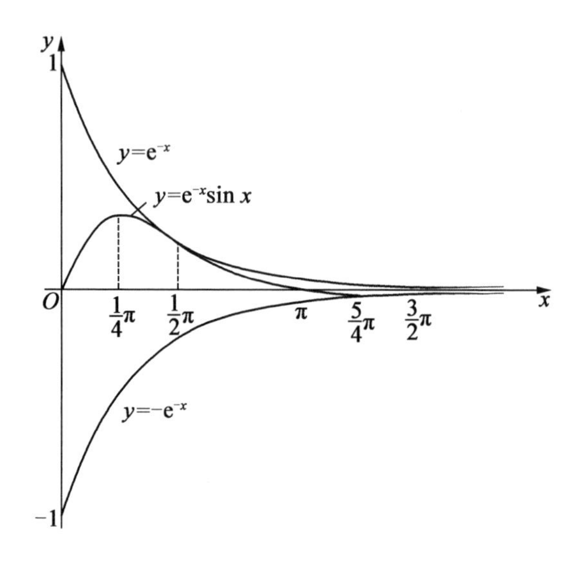

图 11

期性因子 $\sin x$ 所产生的振幅,而且还移动了谐波的顶点.

Ⅲ. 不等式. 用函数的研究法常能证明不等式.

例 4 当 $0<x<\frac{\pi}{2}$ 时,证明下列不等式成立

$$\frac{2}{\pi}x<\sin x<x$$

证明 我们来看函数 $y=\frac{\sin x}{x}$. 因它的导函数

$$y'=\frac{\cos x}{x^2}(x-\tan x)$$

在区间 $\left(0,\frac{\pi}{2}\right)$ 上是负的 $(x<\tan x)$,所以 y 是减小的,因而知道

$$\frac{\sin \frac{\pi}{2}}{\frac{\pi}{2}}<\frac{\sin x}{x}<1$$

由此得出所要证明的不等式.

例 5 证明:对任何 $x>0$,下列不等式成立

$$\sin x>x-\frac{x^3}{6}$$

证明 考虑函数

$$f(x)=\sin x-x+\frac{x^3}{6}$$

并证明这个函数在 $x>0$ 时总是正的. 因为 $f(0)=0$,所以只要证明 $f(x)$ 在区间 $(0,+\infty)$ 上是增大的即可. 其导函数

$$f'(x)=\cos x-1+\frac{x^2}{2}$$

是正的,但这却不能一下看出来,不过在 $x>0$ 时,这个导函数的导函数

$$f''(x)=x-\sin x>0$$

故知 $f'(x)$ 是增大的,但由于 $f'(0)=0$,故 $f'(x)>0$,由此便可推出 $f(x)$ 的增大性.

不等式

$$x-\sin x<\frac{x^3}{6}$$

指出用 x 代替 $\sin x$ 时所致的误差.

例 6 证明不等式

$$x>\ln(1+x)$$

对任何 $x>0$ 都成立.

证明 函数

$$f(x)=x-\ln(1+x)$$

在 $x=0$ 时为 0:$f(0)=0$,且在 $x>0$ 时,函数是增大的(这是容易验证的,因为它的导函数 $f'(x)=1-\frac{1}{1+x}$ 对一切 $x>0$ 来说都是正的). 所以在区间 $(0,+\infty)$ 上,$f'(x)>0$,由此即得所要证的不等式.

Ⅳ. 关于最大值及最小值的问题. 假设我们要研究有函数关系的两个量,并找出其中一个量(位于某个区间上①)的数值,使另一个量取得最大值或最小值,并且还要求出这种最大值或最小值是什么数.

解决这种问题时,我们应首先列出问题中所论函数的解析表达式,以便借此从一个量决定另一个量的数值,然后求出所得函数在已知区间上的最大值或最小值.

我们最好是用例子来说明这件事:

(1)过定点 (x_0,y_0) 且被两坐标轴所截的一切线段中,求出最短的那一条. 这时,可以假设点 (x_0,y_0) 在第一象限内. 取角 α(图 12)作为自变量,且用 l 表示线段 AB 的长度,便得

$$l=\frac{x_0}{\cos\alpha}+\frac{y_0}{\sin\alpha}$$

① 这个区间可能为无限区间.

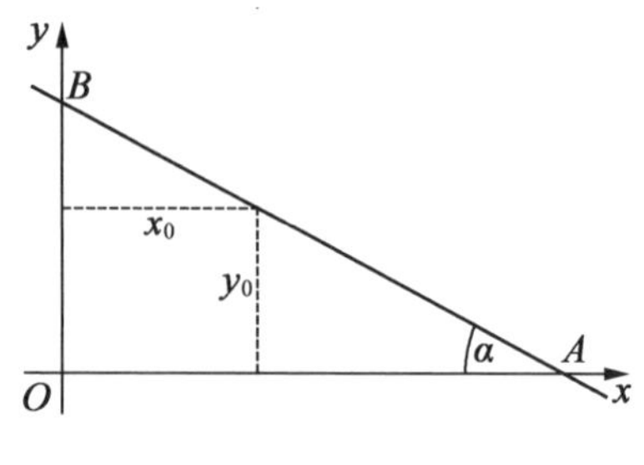

图 12

其中 α 在区间$(0,\pi)$上变动. 由此得

$$\frac{\mathrm{d}l}{\mathrm{d}\alpha}=\frac{x_0\sin\alpha}{\cos^2\alpha}-\frac{y_0\cos\alpha}{\sin^2\alpha}$$

$$=\frac{y_0\sin\alpha}{\cos^2\alpha}\left(\frac{x_0}{y_0}-\cot^3\alpha\right)$$

因为第一个因子是正的,所以导函数与第二个因子同号. 由于 $\cot\alpha$ 在区间$(0,\pi)$上从$+\infty$ 连续减小到$-\infty$,故知当 α 从 0 变到 π 时,导函数起初是负的,当 $\alpha=\alpha_0$ 时(这时 $\cot\alpha_0=\sqrt[3]{\frac{x_0}{y_0}}$),导函数为 0,然后变成正的. 因此,所论函数在所给区间上的 $\alpha=\alpha_0$ 处有一极小值,这便是所要求的最小值

$$l_{\min}=\frac{x_0}{\cos\alpha_0}+\frac{y_0}{\sin\alpha_0}$$

且

$$\cot\alpha_0=\sqrt[3]{\frac{x_0}{y_0}}$$

所以将 $\cos\alpha_0$ 及 $\sin\alpha_0$ 都用 $\cot\alpha_0$ 表示出来,便得

$$l_{\min}=\frac{x_0}{\sqrt[3]{\frac{x_0}{y_0}}}\sqrt{1+\sqrt[3]{\left(\frac{x_0}{y_0}\right)^2}}+y_0\sqrt{1+\sqrt[3]{\left(\frac{x_0}{y_0}\right)^2}}=(x_0^{\frac{2}{3}}+y_0^{\frac{2}{3}})^{\frac{3}{2}}$$

在解决关于最大值及最小值的具体问题时,可随意选择自变量,而能否得到并且迅速地得到结果,就要看这种选择是否适当.

例如,在上述问题中,还可以取线段 $OA=x$ 作为自变量. 这时

$$l=\frac{x}{x-x_0}\sqrt{(x-x_0)^2+y_0^2}$$

但用这个式子研究问题就不如用前面的式子来得方便.

(2)求出 $1,\sqrt{2},\sqrt[3]{3},\sqrt[4]{4},\cdots,\sqrt[n]{n},\cdots$ 中最大的一个数. 当 $x>0$ 时,我们把这些数看作连续函数 $y=\sqrt[x]{x}$ 在"整数点":$x=1,2,3,\cdots,n,\cdots$处的函数值. 考虑函数

$y=x^{\frac{1}{x}}$,得

$$y'=x^{\frac{1}{x}-2}(1-\ln x)$$

由导函数的式子可知,函数在区间$(0,e)$上增大,在区间$(e,+\infty)$上减小,在$x=e$处得到函数的唯一的极大值$e^{\frac{1}{e}}$.

因此,所求的数只可能是与极大值点$x=e$相距最近的两个整数x所对应的两个函数值$y=x^{\frac{1}{x}}$中的一个,这两个数值是$\sqrt{2}$及$\sqrt[3]{3}$. 但因为$\sqrt[3]{3}>\sqrt{2}$(这点很容易证明),所以$1,\sqrt{2},\sqrt[3]{3},\sqrt[4]{4},\cdots,\sqrt[n]{n},\cdots$中的最大数是$\sqrt[3]{3}$.

77. 原函数

在前面我们已经用拉格朗日定理证明了关于函数在整个区间上的性质的定理,作为这些定理的重要应用,就要来考察讲授积分学时占重要地位的问题(第五章及第六章). 这个问题就是与导函数概念相反的概念,即原函数的概念.

设某函数的导函数等于已知函数,则这个函数叫作已知函数的原函数.

为了弄清原函数与所给函数间的关系,我们举些例子来说明.

设有$y=x^2$,试问它是哪个函数的导函数? 显然是$\frac{x^3}{3}$的导函数. 因为$\left(\frac{x^3}{3}\right)'=x^2$,所以$x^2$的原函数是$\frac{x^3}{3}$,但其原函数还不止这一个. 因为$\frac{x^3}{3}+5$,$\frac{x^3}{3}-100$以至于一般的$\frac{x^3}{3}+C$(其中$C$是任意常数)都以$x^2$作为它们的导函数,所以$\frac{x^3}{3}+C$中的任一个都是$x^2$的原函数.

x^2及$\frac{x^3}{3}+C$这两个函数间有如下的关系:前者是后者的导函数,而后者是前者的原函数.

同样,具有形式$\frac{x^{k+1}}{k+1}+C$的任一函数是$x^k(k\neq-1)$的原函数;具有形式$\sin x+C$的任一函数是$\cos x$的原函数;具有形式$\ln x+C$的任一函数是$\frac{1}{x}$的原函数;等等.

显然,求原函数的问题,也就是说,从已知的导函数去求出原函数的问题,与微分法中所解决的问题相反. 在微分法中所给的是一函数,所要求的是它的导函数,而在这里所给的是函数的导函数,所要求的是函数本身(原函数). 在专讲积分法的第六章中,所讨论的就是求原函数的问题.

现在我们要证明下面的定理:

若函数具有原函数,则必有无数个原函数,并且其中任意两个原函数彼此

间只相差一个常数项.

设函数 $F(x)$ 是函数 $f(x)$ 的原函数,即

$$F'(x)=f(x)$$

则函数 $F(x)+C$ 对于任何常数 C 来说,都是原函数,因为

$$[F(x)+C]'=F'(x)=f(x)$$

我们还要证明 $f(x)$ 的任意两个原函数彼此间只相差一个常数项. 设 $F(x)$ 及 $\Phi(x)$ 是 $f(x)$ 的两个原函数,则有

$$F'(x)=f(x),\Phi'(x)=f(x)$$

把这两个等式相减,便得到

$$F'(x)-\Phi'(x)=0$$

即

$$[\Phi(x)-F(x)]'=0$$

但若某函数(这里是 $\Phi(x)-F(x)$)的导函数恒等于0,则该函数本身是个常量. 所以

$$\Phi(x)-F(x)=C_1$$

其中 C_1 是完全确定的常量,这就是所要证明的.

由此可知,若 $F(x)$ 是 $f(x)$ 的任一原函数,而 C 是任意常量,则公式 $F(x)+C$ 包括了 $f(x)$ 的一切原函数,若给 C 以不同的数值,便可以得到不同的原函数,并且只要给 C 以适当的数值,任何原函数都可以用这个公式求出来.

若两个函数具有同一导函数,则可根据上述定理定出它们之间的简单关系.

例如,以两个函数 $\arctan x$ 及 $\arctan\frac{1+x}{1-x}$ 来说,它们的导函数彼此相等,故可知

$$\arctan\frac{1+x}{1-x}=\arctan x+C\quad(-1<x<1)$$

设 $x=0$,便得 $C=\arctan 1$,所以

$$\arctan\frac{1+x}{1-x}=\arctan x+\arctan 1=\arctan x+\frac{\pi}{4}$$

这个公式也可以由初等方法推出来. 同样可证

$$\arcsin x=\arctan\frac{x}{\sqrt{1-x^2}}\quad(-1<x<1)$$

事实上

$$(\arcsin x)'=\frac{1}{\sqrt{1-x^2}}$$

$$\left(\arctan\frac{x}{\sqrt{1-x^2}}\right)'=\frac{\dfrac{\sqrt{1-x^2}+\dfrac{x^2}{\sqrt{1-x^2}}}{1-x^2}}{1+\dfrac{x^2}{1-x^2}}=\frac{1}{\sqrt{1-x^2}}$$

所以

$$\arcsin x=\arctan\frac{x}{\sqrt{1-x^2}}+C\quad(-1<x<1)$$

设 $x=0$,便得 $C=0$. 这个公式也不难用初等方法证明.

§3 二阶导数的应用

78. 极值点的第二种充分条件

因函数 $f(x)$ 的二阶导(函)数 $f''(x)$ 是导函数 $f'(x)$ 的导函数,故可根据上节所讲的,用 $f''(x)$ 来描述 $f'(x)$ 的性质,而描述了 $f'(x)$ 的性质之后,就可以更透彻地讨论函数本身的变化过程. 在一点 $x=x_0$ 处的 $f''(x)$ 的值决定该点处导函数 $f'(x)$ 的变化率及在该点处函数 $f(x)$ 本身的变化加速率.

若 $f'(x)$ 在点 x_0 处增大(即从小值变到大值),则用函数 $y=f(x)$ 所表示的变化过程在点 x_0 处是加速的,这时 $f''(x_0)\geqslant 0$;若 $f'(x)$ 在点 x_0 处减小(即从大值变到小值),则用函数 $y=f(x)$ 所表示的变化过程在点 x_0 处是减速的,这时 $f''(x_0)\leqslant 0$.

反过来,假若 $f''(x)>0$,那就可以知道 $f'(x)$ 在点 x_0 处增大,也就是说,用函数 $y=f(x)$ 所表示的过程在点 x_0 处是加速的;若 $f''(x)<0$,则 $f'(x)$ 在点 x_0 处减小,也就表示在点 x_0 处的变化过程是减速的;若 $f''(x)=0$,则当 x 通过 x_0 时,$f'(x)$ 可以按各种不同方式而变化. 但在满足 $f''(x)=0$ 的点 x_0 处,总是变化率 $f'(x)$ 的驻点. 所以 x_0 叫作变化过程的等速点.

求出了 $f'(x)$ 及 $f''(x)$ 之后,我们研究函数性质时就比以前更周密,因这时不但能定出函数的变化率,而且还能定出它的加速率.

我们先把二阶导数应用到函数极值的求法上. 用二阶导数可以给出函数具有极值时一个新的且简便的充分条件. 假定函数 $f(x)$ 在点 x_0 处至少可微分两次. 于是可得函数具有极值的第二种充分条件如下:

若 $f'(x_0)=0$,而 $f''(x_0)\neq 0$,则 x_0 是函数 $f(x)$ 的极值点,且当 $f''(x_0)<0$ 时,x_0 为极大值点,当 $f''(x_0)>0$ 时,x_0 为极小值点.

因$f''(x_0)\neq 0$，则当$f''(x_0)>0$时，$f'(x)$在点x_0处增大，或是当$f''(x_0)<0$时，$f'(x_0)$在点x_0处减小. 但由条件$f'(x_0)=0$可知，在点x_0的某邻域上，它的左右两侧$f'(x)$是异号的：在第一种情形下($f''>0$)是左负右正，在第二种情形下($f''<0$)是左正右负. 若函数(即$f'(x)$)在任何点处等于0且是增大的，则该点左边的函数值应小于0(负的)，而右边应大于0(正的). 同样，若$f'(x)$在一点处等于0且又是减小的，则该点左边的函数值为正的，而右边的函数值为负的.

所以，当x通过x_0时，$f'(x)$变号，当$f''(x_0)>0$时，是从负的变到正的；当$f''(x_0)<0$时，是从正的变到负的. 但根据已经知道的第一种充分条件，上述情形就表示在点x_0处函数$f(x)$的极值存在，在前一种情形下($f''>0$)，是个极小值，在后一种情形下($f''<0$)，是个极大值.

第二种充分条件当然不是必要条件，在极值点处可能有$f''(x)=0$. 例如函数$y=x^4$在$x=0$处取得极小值，它的导函数$y'=4x^3$虽在$x=0$处变为0，但二阶导函数$y''=12x^2$也变为0. 不过当x通过0时，一阶导函数($y'=4x^3$)确实要变号(从负变到正)，所以这个函数满足极值的充要条件(第一种条件). 函数$y=x^2$的前两阶导函数虽也在$x=0$处等于0，但它却无极值，因为它的一阶导函数$y'=3x^2$在通过0时并不变号.

当$f'(x_0)=0$及$f''(x_0)=0$时，不能用第二种条件，而必须用第一种条件. 也就是说，必须考察$f'(x)$在两个邻近单调区间上的正负号，才能决定函数在点$x=x_0$处的极值问题. 但在可用第二种条件的情形下，第二种条件是很方便的. 那时不必去考虑$f'(x)$在极值点以外的正负号，只要根据$f''(x)$在极值点的正负号便能解决问题.

例 1 $f(x)=ax^2+bx+c$. 因$f'(x)=2ax+b$在$x=-\dfrac{b}{2a}$处等于0，而$f''(x)=2a$，故若$a<0$，则$f(x)$在点$x=-\dfrac{b}{2a}$处有极大值；若$a>0$，则$f(x)$有极小值.

从研究二次函数时所学的各例中，读者可以明显地相信理论在数学实践上的重大意义. 这个例子告诉我们，所用的解析工具越多，则实际研究具体函数时所必需的讨论及计算就越简短. 在第一章中，当我们还不会用微分法时，曾用相当长的篇幅来讨论二次函数. 在本章§1中只用一阶导数的概念时，就可用相当简短的方法讨论二次函数而得到同一结果. 但只有在最后用到二阶导数概念时，才用两三行文字便把二次函数全部讨论完毕.

例 2 求光线从一种媒质传播到另一种媒质时所经的路线. 设两种媒质间以平面为界，且光在其中传播的速度各为c_1及c_2，而光线从第一种媒质里的点A出发射到第二种媒质里的点B(图13)，这所求的路线由两条线段AC及CB组成，其中AC及CB与分界面上点C处的垂直线在同一平面内. 现在的问题显然是要决定点C的位置. 问题的解法是根据自然科学中重要的费马(Fermat)原理而来的,光线所经的轨道线是光在最短时间内传播距离所沿的路线. 在这个问题里,光从点 A 到点 C 所需的时间是$\frac{\sqrt{a^2+x^2}}{c_1}$(参看图上的记号),从点 C 到点 B 所需的时间是$\frac{\sqrt{b^2+(d-x)^2}}{c_2}$. 故光线从起点到终点所需的时间是

$$t=\frac{1}{c_1}\sqrt{a^2+x^2}+\frac{1}{c_2}\sqrt{b^2+(d-x)^2}$$

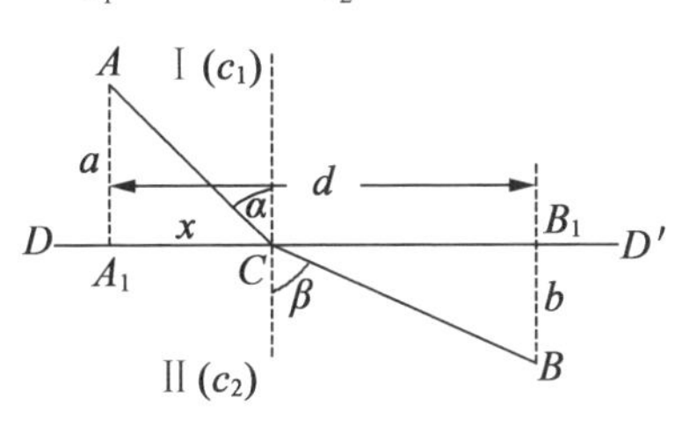

图 13

根据费马原理,可把问题化为求上述函数在区间($-\infty$,$+\infty$)上的最小值问题. 解这个最小值问题时先求出

$$\frac{\mathrm{d}t}{\mathrm{d}x}=\frac{1}{c_1}\frac{x}{\sqrt{a^2+x^2}}-\frac{1}{c_2}\frac{d-x}{\sqrt{b^2+(d-x)^2}}$$

由于$\left(\frac{\mathrm{d}t}{\mathrm{d}x}\right)_{x=0}<0$,而$\left(\frac{\mathrm{d}t}{\mathrm{d}x}\right)_{x=d}>0$,故知导函数在区间$(0,d)$内某处变为 0. 但因二阶导数

$$\frac{\mathrm{d}^2t}{\mathrm{d}x^2}=\frac{1}{c_1}\frac{a^2}{(\sqrt{a^2+x^2})^3}+\frac{1}{c_2}\frac{b^2}{[\sqrt{b^2+(d-x)^2}]^3}$$

对于一切 x 都是正的,即$\frac{\mathrm{d}^2t}{\mathrm{d}x^2}>0$,故$\frac{\mathrm{d}t}{\mathrm{d}x}$是常增的,因而$\frac{\mathrm{d}t}{\mathrm{d}x}=0$ 的根不能多于一个,而该根即为所求的极小值点(因$\frac{\mathrm{d}^2t}{\mathrm{d}x^2}>0$). 于是函数在该点处取得最小值. 在使$\frac{\mathrm{d}t}{\mathrm{d}a}=0$ 的点 x 处可得

$$\frac{1}{c_1}\frac{x}{\sqrt{a^2+x^2}}=\frac{1}{c_2}\frac{d-x}{\sqrt{b^2+(d-x)^2}}$$

也就是说(图 13)

$$\frac{1}{c_1}\frac{A_1C}{AC}=\frac{1}{c_2}\frac{B_1C}{BC}$$

即

$$\frac{1}{c_1}\sin\alpha=\frac{1}{c_2}\sin\beta$$

由此得

$$\frac{\sin\alpha}{\sin\beta}=\frac{c_1}{c_2}$$

所以从 A 到 B 的光线应射在分界平面 DD' 上那样的一点处,其入射角正弦与折射角正弦的比等于光在两种媒质内的传播速度的比. 这就是熟知的光的折射定律.

79. 曲线的凸性及凹性、拐点

Ⅰ. 要讲函数的新性质,我们需要用曲线的凸性概念.

凡曲线上的任一弦(只要它不与曲线完全重合)与曲线相交于不超过两点时,该曲线就叫作凸曲线.

图 14 中的曲线是凸曲线,而图 15 中的不是凸曲线,因该曲线的一弦 M_1M_2 除了点 M_1 及 M_2,还与曲线相交于另一点 M_3.

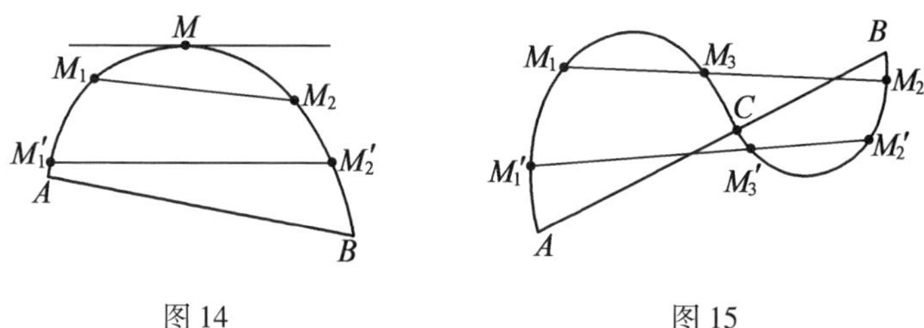

图 14　　图 15

以后所讨论的曲线,只是位于笛卡儿坐标平面上的曲线并且只是单值连续函数的图形,其中还要把有无数次振荡的函数图形除外. 如果这种曲线是凸的,那么它的凸面或是朝上(正的纵坐标轴方向)或是朝下(负的纵坐标轴方向). 精确说来,若曲线 $y=f(x)$ 的任一弧位于其弦上方,则该线是朝上凸的;若其任一弧位于弦下方,则该曲线是朝下凸的.

在习惯上,我们把第一种情形的曲线简称作凸曲线,把第二种情形的曲线简称作凹曲线. 在图 16 中,曲线的 $\widehat{AC}$ 是凸的,而 $\widehat{CB}$ 是凹的. 由图显然可知凸弧位于其切线之下,凹弧位于其切线之上. 现在要反过来证明,若曲线上每一点处都有切线且位于切线之下,则该曲线是凸的;同样,若曲线位于其切线之上并且每一点处都有切线,则该曲线是凹的.

假设存在第一种情形:曲线位于其任一切线之下. 现在我们来证明它是凸曲线. 在曲线上任取两点 M_1 及 M_2(图 17),在该处作切线并联结点 M_1,M_2. 若这条弦与 $\widehat{M_1M_2}$ 还相交于另一点,则弧上必有一点 M_3,在该点处的切线会位于曲线之下,而不像条件中所说那样位于曲线之上. 所以任一弦只与弧相交于两点,这就表示所论弧是凸的并且凸向上. 同样可以证明在第二种情形下的弧是凸向下的,也就是凹弧.

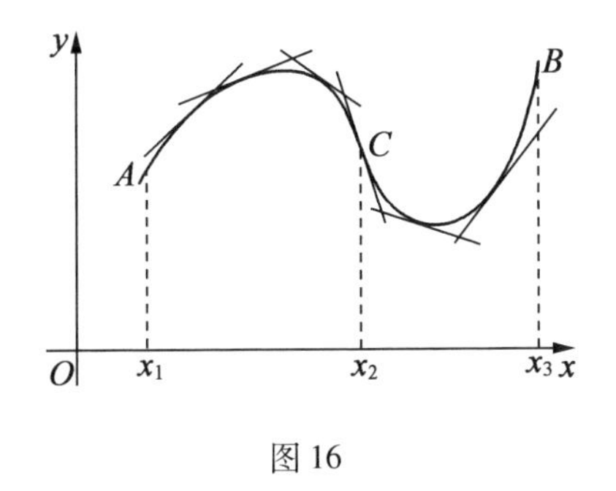

图 16

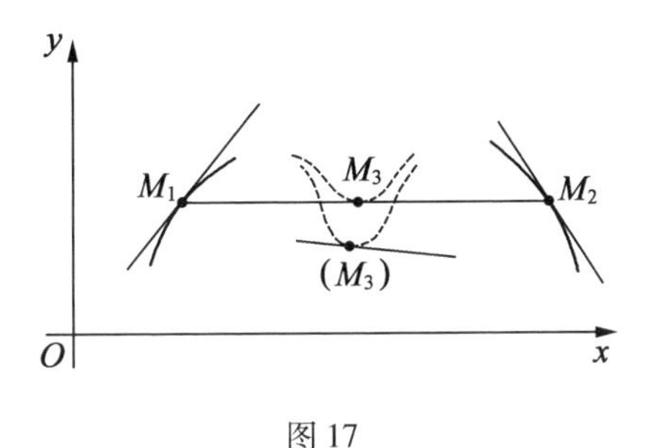

图 17

以图 16 中非凸又非凹的曲线来说,该曲线的凸性在点 C 处发生转变,因而点 C 在曲线上有特殊的地位,它是曲线的拐点.

曲线上凸部与凹部的分界点叫作拐点.

若曲线的每点处有切线,也就是说,函数 $f(x)$ 处处有导函数(有限的或无限的),则拐点处的切线与曲线相交的情形如下:在该点的任意邻域上都有曲线位于切线的两侧(一般来说,曲线位于切线的上面与下面).

Ⅱ. 现在我们来讲曲线的凸性概念在鉴定函数 $y=f(x)$ 特性时的应用. 这里处处假定函数 $f(x)$ 至少能微分两次.

除了函数本身的极值点,函数变化率的极值点也是描述函数 $y=f(x)$ 的变化过程时的重要事项. 这些点(如果存在的话)把考察函数时所用的整个区间分成 $f'(x)$ 的一些单调区间,而那些单调区间也就是 $f''(x)$ 的同号区间. 在每个这样的区间内,按方程 $y=f(x)$ 进行的变化过程或是加速的或是减速的. 我们可以证明函数 $y=f(x)$ 的图形在 $f''(x)$ 的同号区间内是凸曲线.

正定理 若曲线 $y=f(x)$ 是凸的,则 $f''(x)$ 在对应区间上不是正的;若曲线 $y=f(x)$ 是凹的,则 $f''(x)$ 在对应区间上不是负的.

证明 若曲线是凸的,则其任一切线在曲线上方,且当切点从左向右移时,从几何上(图 16)显然可以看出切线与 x 轴所成的角只会减小(把钝角看成负角),在曲线上的个别部分,这个角也可能保持不变. 这时该角的正切(即 $f'(x)$)也随着该角一起减小(或保持不变). 由此可知,所论区间是 $f'(x)$ 的减

(或同号)区间,但我们知道,像这种函数的导函数(这时是$f'(x)$的导函数,即$f''(x)$)在所论区间内不能为正数.

同样可证明定理的第二部分.若曲线为凹的,则$f''(x)\geqslant 0$.例如,抛物线$y=x^4$在全部x轴上是凹的,且$\frac{d^2y}{dx^2}=12x^2$,除在$x=0$处为0外,其余处处是正的.

逆定理 若$f''(x)$在区间上处处为负的,则该区间上的对应曲线$y=f(x)$是凸的;若$f''(x)$在区间上处处为正的,则该区间上的对应曲线$y=f(x)$是凹的.

证明 首先我们提出启发性的几何讨论:

设$f''(x)<0$.于是$f'(x)$是减函数,即曲线上的切线角系数在减小,因而知道切线与x轴所成的角减小.这时显然可知,曲线位于每一切线的下面,也就是说它是凸的.同样可用几何推理证明,若$f''(x)>0$,则曲线是凹的.

这个定理的解析证法要根据以下所指出的事项:若弧是凸的,则曲线纵坐标的增量小于对应切线纵坐标的增量(图18);反过来说,若就区间$[x_1,x_2]$的每一点x_0及满足$x_1\leqslant x_0+h\leqslant x_2$的每个横坐标增量$h$来说,曲线纵坐标的增量小于其对应切线纵坐标的增量,则曲线AB位于其任一切线之下,并由此可知,它是凸曲线.

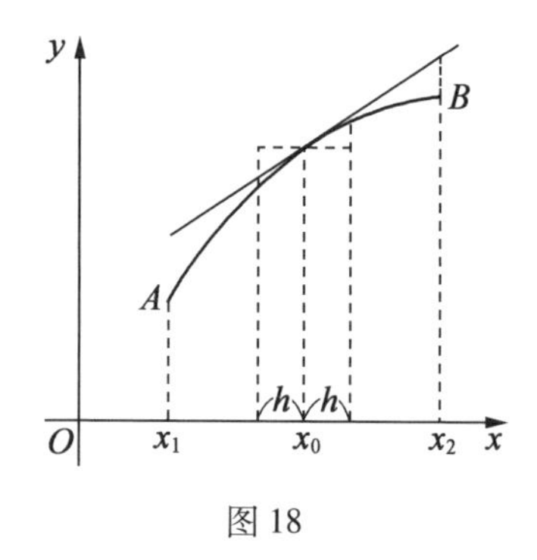

图 18

现在我们来考察曲线与切线纵坐标增量的差.这显然可用拉格朗日公式来表示

$$\begin{aligned}\Delta y-dy&=[f(x_0+h)-f(x_0)]-f'(x_0)h\\&=[f'(x_0+\theta h)-f'(x_0)]h\quad(0<\theta<1)\end{aligned}$$

再用一次拉格朗日公式,得

$$\Delta y-dy=f''(x_0+\theta_1 h)\theta h^2\quad(0<\theta_1<\theta)\tag{1}$$

若$f''(x)$在区间$[x_1,x_2]$上处处为负的,则

$$f''(x_0+\theta_1 h)<0$$

由此可知,当x_0为满足$x_1<x_0<x_2$,h为满足$x_1<x_0+h<x_2$的任意值时,$\Delta y<dy$.这时弧在切线下面,因而是凸的.当$f''(x)$为正的时,也可用同样的方式来讨论.

用公式(1)也不难证明正定理.

所以,减速变化过程的图形是凸曲线,而反过来说,用凸曲线表示的变化过程是减速的;同样可知,加速变化过程的图形是凹曲线,反之,可知用凹曲线表示的变化过程是加速的.

Ⅲ. 曲线 $y=f(x)$ 的拐点的横坐标是一阶导函数 $f'(x)$ 的两个异义单调区间的分界点,因此拐点的横坐标是导函数的极值点;反过来说,若 x 轴上的点是 $f'(x)$ 的极值点($f'(x)$ 的单调区间的分界点),则该点是曲线 $y=f(x)$ 的拐点的横坐标. 因此可用以前的法则求函数 $y=f(x)$ 图形的拐点的横坐标及其凸区间与凹区间.

首先注意,曲线 $y=f(x)$ 的拐点的横坐标只可能是方程 $f''(x)=0$ 的实根,也就是 $f'(x)$ 的驻点($f(x)$ 的等速变化点). 其次,把拐点看作 $f'(x)$ 的极值点,我们得出确定拐点的横坐标的两个法则:

法则 1 若 $f''(x_0)=0$ 且当 x 通过 x_0 时,$f''(x)$ 变号,则点 $(x_0,f(x_0))$ 是拐点. 当 $f''(x)$ 从负变到正时,x_0 的左边是曲线的凸部,右边是曲线的凹部;当 $f''(x)$ 从正变到负时,则为左凹右凸. 若 $f''(x)$ 不变号,则点 x_0 不是拐点的横坐标.

法则 2 若 $f''(x_0)=0$,$f'''(x_0)\neq 0$,则点 $(x_0,f(x_0))$ 是拐点,若同时有 $f'''(x_0)=0$,则要解决拐点问题就必须考察 x 通过 x_0 时 $f''(x)$ 的正负号如何变化.

例 3 曲线 $y=x^5+x$ 在点(0,0)处有拐点. 首先

$$y''|_{x=0}=(20x^3)_{x=0}=0$$

但又因

$$y'''|_{x=0}=0$$

故需考察接近于点 $x=0$ 处的 y'' 值. 可以看出 x 通过 $x=0$ 时,y'' 从负变到正,故知 $x=0$ 是拐点的坐标,且该点左边是曲线的凸部,右边是曲线的凹部.

曲线 $y=x^4+x$ 在点(0,0)处无拐点,因这时虽有

$$y''|_{x=0}=(12x^2)_{x=0}=0 \text{ 及 } y'''|_{x=0}=0$$

但当 x 通过点 $x=0$ 时,y'' 不变号.

假定 $f(x)$ 在整个被考察的区间上可微分两次. 如若不然,则应在 $f'(x)$ 及 $f''(x)$ 不存在的个别点的邻域上考察这两个导函数.

在通常情形下,极值点 x_i' 与拐点 x_i'' 是交错出现的(图 19).

要注意所用术语在性质上的不同处:函数的极值点是自变量轴上的点,而拐点是函数图形本身上的固定点. 这就告诉我们,极值点概念是相对的,它要取决于所选择的坐标系:在一个坐标系中对应于极值点的曲线上的点,到另一坐标系中可以不对应于极值点. 但拐点概念却不取决于坐标系,而是由曲线本身性质所确定的. 如果把曲线当作刚体在平面上任意挪动(即在任意坐标系中),

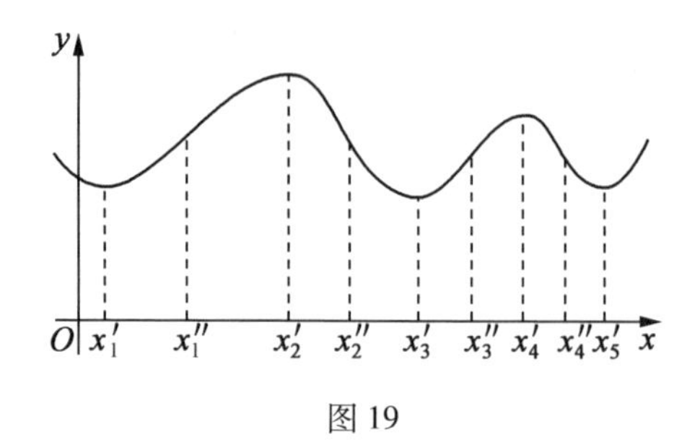

图 19

那么它的拐点还是不变.

80. 举例

Ⅰ. 基本初等函数. 现在我们很容易看出基本初等函数图形的凹凸性. 例如,以幂函数 $y=x^n$ 在 x 轴正半轴上的图形来说,由于

$$y''=n(n-1)x^{n-2}$$

可知它在$n<0$及 $n>1$ 时是凹曲线,在 $0<n<1$ 时是凸曲线;指数函数 $y=a^x$(a 为任意正数)在全部 x 轴上的图形是凹曲线;对数曲线 $y=\log_a x$ 在 $a>1$ 时全是凸的,在 $a<1$ 时全是凹的,因二阶导函数

$$(\log_a x)''=-\frac{1}{\ln a}\frac{1}{x^2}$$

在第一种情形下为负的,而在第二种情形下为正的. 由于

$$(\sin x)''=-\sin x$$

故正弦曲线的凸区间及凹区间分别与函数 $\sin x$ 的正号区间及负号区间相合,且正弦曲线的拐点是其与 x 轴的交点.

根据正弦曲线在区间$\left(0,\frac{\pi}{2}\right)$上及曲线 $y=\ln(1+x)$ 在区间$(0,+\infty)$上的凸性,读者不难凭几何推理重新证明下列不等式

$$\frac{2}{\pi}x<\sin x \quad \left(0<x<\frac{\pi}{2}\right)$$

及

$$x>\ln(1+x) \quad (x>0)$$

Ⅱ. 高斯曲线. 我们来看函数 $y=e^{-x^2}$. 从它的一阶导数

$$y'=-2xe^{-x^2}$$

可知这个函数在 $x>0$ 时减小,在 $x<0$ 时增大,且在点 $x=0$ 处取得极大值(等于 1). 根据二阶导数

$$y''=2e^{-x^2}(2x^2-1)$$

可知曲线 $y=e^{-x^2}$ 在区间$\left(-\infty,-\frac{1}{\sqrt{2}}\right)$及$\left(\frac{1}{\sqrt{2}},+\infty\right)$上是凹的,在区间$\left(-\frac{1}{\sqrt{2}},\frac{1}{\sqrt{2}}\right)$上

是凸的,且它具有两个拐点 $M_1\left(-\frac{1}{\sqrt{2}},\frac{1}{\sqrt{e}}\right)$ 及 $M_2\left(\frac{1}{\sqrt{2}},\frac{1}{\sqrt{e}}\right)$. 若再注意到 $x\to\pm\infty$ 时, $y\to 0$ 的事实,则就不难想象出这个函数的图形(图 20).

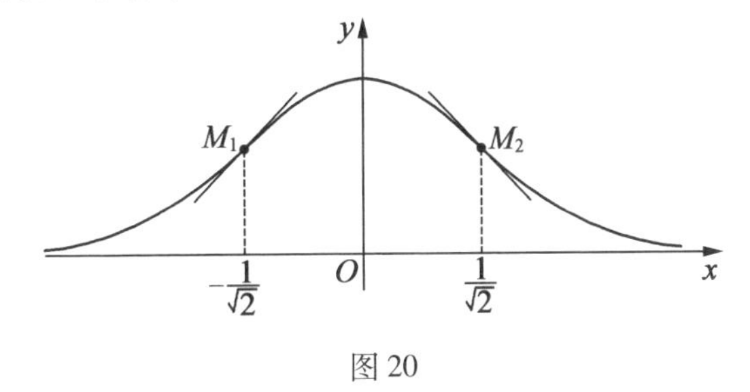

图 20

换坐标轴的单位尺度后,即可从上述曲线得到曲线

$$y=\frac{1}{\sqrt{2\pi}}e^{-\frac{x^2}{2}}$$

这就是高斯曲线,或叫或然率正规分布曲线.

Ⅲ. 范德瓦耳斯方程. 函数的各示性点(与 x 轴的交点、极值点及拐点的横坐标)并不总能由直接解下列方程而求得

$$f(x)=0, f'(x)=0, f''(x)=0$$

我们常需要根据 $f(x)$, $f'(x)$, $f''(x)$ 等的性质,用间接的事实定出函数的示性点.

为了说明这事,我们来研究范德瓦耳斯气体状态方程. 气体状态所依从的规律在实际上比克拉佩龙方程 $pv=RT$ 所确定的规律来得复杂,因此范德瓦耳斯另找出一个方程,可以比克拉佩龙方程更准确地描述气体状态的变化过程. 这个方程的形式是

$$\left(p+\frac{a}{v^2}\right)(v-b)=RT$$

其中 p 是气体压力, v 是体积, T 是绝对温度, a 与 b 是随各种气体而异的正的常量,常量 R 取决于气体的物质的量,但不取决于它的种类. 若设这个方程中的$a=b=0$,即可得克拉佩龙方程.

体积 v 应大于 $b(v>b)$,否则根据方程便会从 $v<b$ 得出正量 RT 等于负数. 而从物理观点看来,所考虑的 v 的确应大于 b.

现在我们来考察在各种不同恒温下(等温变化)的范德瓦耳斯方程.

若 $T=\text{const}$,则 p 是单变量 v 的函数

$$p=\frac{RT}{v-b}-\frac{a}{v^2}=\varphi(v)$$

求出 p 对 v 的一阶导数

$$\frac{\mathrm{d}p}{\mathrm{d}v}=-\frac{RT}{(v-b)^2}+\frac{2a}{v^3}=\frac{1}{(v-b)^2}\left[2a\,\frac{(v-b)^2}{v^3}-RT\right]$$

这时,若要直接求极值点,则需解出三次方程. 但因一阶导数的正负号只取决于第二个因子

$$\sigma=2a\,\frac{(v-b)^2}{v^3}-RT$$

所以根据以上事实便足以考察极值点,而不必去解三次方程.

当 $v=b$ 时,$\sigma=-RT$ 且当 $v\to\infty$ 时,$\sigma\to-RT$. 又因 σ 对 v 的导函数

$$\frac{\mathrm{d}\sigma}{\mathrm{d}v}=2a\,\frac{(v-b)(3b-v)}{v^4}$$

在区间$(b,3b)$上为正的,在区间$(3b,+\infty)$上为负的,可知 σ 在点 $v_0=3b$ 处有极大值$\frac{8a}{27b}-RT$,因而 σ 的正负号问题可用$\frac{8a}{27b}-RT$ 的正负号来决定.

首先,设

$$\frac{8a}{27b}-RT<0$$

即

$$T>\frac{1}{R}\,\frac{8a}{27b}$$

这时对满足 $b<v<+\infty$ 的一切 v 来说,σ 为负的,因而 $p=\varphi(v)$ 是常减的.

其次,设

$$\frac{8a}{27b}-RT>0$$

即

$$T<\frac{1}{R}\,\frac{8a}{27b}$$

这时 σ 有两次为 0:在 b 及 $3b$ 间的一点 $v=v_1$ 处以及在 $3b$ 右边的一点 $v=v_2$ 处. 这里 v_1 显然是极小值点,v_2 显然是极大值点.

最后,设

$$\frac{8a}{27b}-RT=0$$

即

$$T=\frac{1}{R}\,\frac{8a}{27b}$$

这时 σ 只有在 $v=v_0=3b$ 时是 0,在其他各 v 值时,都是负数. 因此$\frac{\mathrm{d}p}{\mathrm{d}v}$除在点 $v_0=3b$ 处取得极大值 0 外,在全部区间$(b,+\infty)$上都是负的. 所以 p 是常减的,且函

数 $p=\varphi(v)$ 的图形在 $v=v_0$ 处有拐点$\left(v_0=3b,p_0=\dfrac{a}{27b^2}\right)$，同时在拐点处的切线平行于 x 轴. 点 v_0 是函数 $\varphi(v)$ 的等速变化点及驻点，而

$$T=T_0=\frac{1}{R}\frac{8a}{27b}$$

$$v=v_0=3b$$

$$p=p_0=\frac{a}{27b^2}$$

分别叫作气体的临界温度、临界体积及临界压力.

所以，当温度值小于临界值时（$\cdots<T<T_{-2}<T_{-1}<T_0$），$p=\varphi(v)$ 总有极小值点与极大值点，并且这两点随着温度的升高而彼此靠近. 当 $T=T_0$ 时，它们与点 $v_0=3b$（对应于图形上的拐点）重合；当温度值 T 大于临界值（$T_0<T_1<T_2$）及 $T=T_0$ 时，$p=\varphi(v)$ 是常减的. 再注意当 $v\to b$ 时，$p\to\infty$ 及当 $v\to\infty$ 时，$p\to\infty$，就不难画出函数 $p=\varphi(v)$ 对应于不同温度值时的各种图形. 由图 21 显然可以看出，只有当等温值大（超过临界值）且体积值 v 大的时候，气体压力的变化规律才接近于波义耳-马利奥特定律. 在其他情形下，特别是在 $T<T_0$ 时的区间 $(b,3b)$ 上，气体压力与体积间的依从关系就与波义耳-马利奥特定律所得出的根本不同.

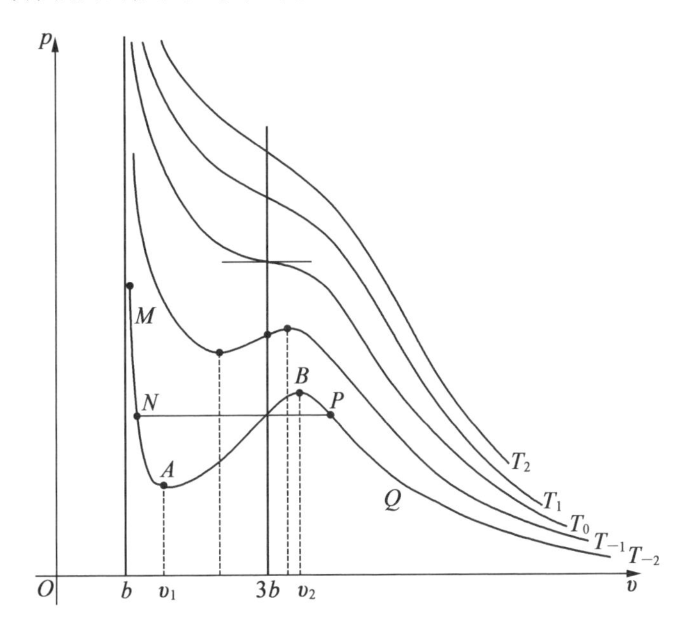

图 21

§4 函数研究中的补充问题、方程的解

81. 柯西定理

根据拉格朗日定理,在已知条件下,函数在一区间上的平均变化率等于它在该区间内部某点处的变化率. 这个定理可用柯西①定理加以推广. 柯西定理所讲的内容与拉格朗日定理所讲的相仿,但它所讲的并不是函数对其宗标的变化率以及平均变化率,而是函数对于另一函数的变化率及平均变化率.

设已知同一宗标的两个函数,暂时仍用前面的记号,把它们写作

$$x=\varphi(t),y=f(t) \tag{1}$$

其中 t 是公共宗标,于是当这些函数在区间 $(t_0,t_0+\Delta t)$ 上可微分且在区间 $[t_0,t_0+\Delta t]$ 上连续,又 $\varphi'(t)$ 在区间 $(t_0,t_0+\Delta t)$ 上不等于 0 时,则函数 f 对于函数 φ 的平均变化率等于在区间上某一点 ξ 处两个函数变化率的比,其中 $\xi=t_0+\theta t$, $0<\theta<1$,换句话说,在所述条件下,至少有一个值 $t=\xi$,其中 $\xi=t_0+\theta t,0<\theta<1$,能使

$$\frac{f(t_0+\Delta t)-f(t_0)}{\varphi(t_0+\Delta t)-\varphi(t_0)}=\frac{f'(\xi)}{\varphi'(\xi)} \tag{2}$$

证明时,把 y 表示为 x 的显函数. 由于在所论区间上 $\varphi'(t)\neq 0$,故 $\varphi(t)$ 是单调函数,并由此可知它的反函数也是单值连续且单调的,用 ψ 表示这个反函数

$$t=\psi(x)$$

把它代入 y 的表达式中,得

$$y=f[\psi(x)]=F(x)$$

根据依从关系 $x=\varphi(t)$ 的结果,可知 t 的变动区间 $(t_0,t_0+\Delta t)$ 对应着 x 的变动区间 $(x_0,x_0+\Delta x)$. 在 x 的变动区间上可把拉格朗日公式用到函数 $F(x)$ 上

$$\frac{F(x_0+\Delta x)-F(x_0)}{x_0+\Delta x-x_0}=F'(\eta) \tag{3}$$

其中 $\eta=x_0+\theta\Delta x,0<\theta<1$.

这时要注意

$$F(x_0)=f[\psi(x_0)]=f(t_0)$$
$$F(x_0+\Delta x)=f[\psi(x_0+\Delta x)]=f(t_0+\Delta t)$$
$$x_0=\varphi(t_0)$$

---

① 柯西(Cauchy,1789—1857),法国著名数学家. 他的杰出研究是近世数学的基础.

$$x_0+\Delta x=\varphi(t_0+\Delta t)$$

且

$$F'(x)=\frac{f'(t)}{\varphi'(t)}$$

若 $x=\eta$(区间$(x_0,x_0+\Delta x)$内的中间点)对应于值 $t=\xi$(对应区间(t_0,t_0+t)内的中间点),则

$$F'(\eta)=\frac{f'(\xi)}{\varphi'(\xi)}$$

把这些式子代入等式(3)后就恰好得到所要证明的公式

$$\frac{f(t_0+\Delta t)-f(t_0)}{\varphi(t_0+\Delta t)-\varphi(t_0)}=\frac{f'(\xi)}{\varphi'(\xi)}\quad(\xi=t_0+\theta\Delta t,0<\theta<1)$$

把函数 f 及 φ 的公共自变量 t 换成常用的 x 后,可把柯西定理陈述如下:

柯西定理 若函数 $f(x)$ 及 $\varphi(x)$ 在闭区间$[x_1,x_2]$上连续,在开区间(x_1,x_2)内可微分,同时 $\varphi'(x)$ 在开区间上不等于 0,则在区间$[x_1,x_2]$上,函数 $f(x)$ 对函数 $\varphi(x)$ 的平均变化率等于区间上某点 ξ 处(中间点处)函数 $f(x)$ 的变化率与 $\varphi(x)$ 的变化率的比,其中 $x_1<\xi<x_2$(或 $x_1>\xi>x_2$),换句话说可得

$$\frac{\Delta f}{\Delta\varphi}=\frac{f(x_2)-f(x_1)}{\varphi(x_2)-\varphi(x_1)}=\frac{f'(\xi)}{\varphi'(\xi)}$$

这个公式叫作广义有限增量公式或柯西公式,而定理就叫广义中值定理.在$\varphi(x)=x$的特殊情形下,柯西公式(及定理)就变为拉格朗日公式(及定理①).

从柯西公式可推出以下的结果:若在区间(x_1,x_2)上每点处的导函数相等

$$f'(x)=\varphi'(x)$$

则函数 $f(x)$ 及 $\varphi(x)$ 在该区间上所得的增量相等

$$f(x_2)-f(x_1)=\varphi(x_2)-\varphi(x_1)$$

若

$$|f'(x)|=|\varphi'(x)|$$

则

$$|f(x_2)-f(x_1)|=|\varphi(x_2)-\varphi(x_1)|$$

82. 洛必达法则

Ⅰ. 用柯西公式不难证明一个简便而重要的求极限法则,即洛必达法则②.

洛必达法则 若函数 $f(x)$ 及 $\varphi(x)$ 在 $x\to x_0$(或 $x\to\infty$)时一致趋于 0 或趋

---

① 虽然初看起来似乎把函数 f 及 φ 的两个拉格朗日公式相除便能证明柯西定理,但不能这样做,因这时两个函数的中间值一般来说并不相同.

② 洛必达在 1696 年撰写的《无穷小分析》似乎是用一般理论讲解微分法的第一本著作.

于无穷大,且其导函数的比有极限(也可以为无穷大),则函数本身的比也有极限,并且就等于其导函数的比的极限

$$\lim \frac{f(x)}{\varphi(x)}=\lim \frac{f'(x)}{\varphi'(x)}$$

以上当 $x\to x_0$ 时假设函数 $f(x)$ 及 $\varphi(x)$ 在点 x_0 的某个邻域上(若 $x\to\infty$,则在零点的某个邻域外)满足柯西定理中的条件,它们是有定义的(点 x_0 本身可能除外)及可微分的,并且 $\varphi'(x)\neq 0$.

证明洛必达法则时,我们分成四类可能的情形讨论:

(i)设 $x\to x_0$ 且这时 $f(x)\to 0$ 及 $\varphi(x)\to 0$. 由于当 $x\to x_0$ 时,$\dfrac{f(x)}{\varphi(x)}$的分母趋于0,所以不能用通常求分式极限的法则来求$\lim\limits_{x\to x_0}\dfrac{f(x)}{\varphi(x)}$. 假定在 $x=x_0$ 处函数 $f(x)$ 及 $\varphi(x)$ 等于0:$f(x_0)=0$,$\varphi(x_0)=0$(求两个函数的比在 $x\to x_0$ 时的极限,这两个函数在 x_0 处是否有定义是无关紧要的,如果它们在 x_0 处有定义,那么它们就确实都等于0). 于是当 x 足够接近于 x_0 时,柯西公式就能成立

$$\frac{f(x)}{\varphi(x)}=\frac{f(x)-f(x_0)}{\varphi(x)-\varphi(x_0)}=\frac{f'(\xi)}{\varphi'(\xi)}\quad (\xi=x_0+\theta(x-x_0),0<\theta<1)$$

若 $x\to x_0$,则也有 $\xi\to x_0$,于是得

$$\lim_{x\to x_0}\frac{f(x)}{\varphi(x)}=\lim_{\xi\to x_0}\frac{f'(\xi)}{\varphi'(\xi)}$$

把等式右边的 ξ 换成 x 后,上式也可写作

$$\lim_{x\to x_0}\frac{f(x)}{\varphi(x)}=\lim_{x\to x_0}\frac{f'(x)}{\varphi'(x)}$$

不论用什么字母表示宗标,在其按一定规律变化时所求出的函数极限都是一样的.

例1 求$\lim\limits_{x\to x_0}\dfrac{x^3}{x-\sin x}$.

解 当 $x\to 0$ 时,分子、分母都趋于0,并且作为连续函数来说,它们在 $x=0$ 处也等于0. 把分子、分母都换成它们的导函数,得

$$\lim_{x\to 0}\frac{x^3}{x-\sin x}=\lim_{x\to 0}\frac{3x^2}{1-\cos x}$$

下面就可用通常的初等方法来算

$$\lim_{x\to 0}\frac{x^3}{x-\sin x}=\lim_{x\to 0}\frac{3x^2}{2\sin^2\dfrac{x}{2}}=\lim_{x\to 0}6\left(\frac{\dfrac{x}{2}}{\sin\dfrac{x}{2}}\right)^2=6$$

例2 求$\lim\limits_{x\to 0}\dfrac{\sin x}{x}$.

解 $\lim\limits_{x\to0}\frac{\sin x}{x}=\lim\limits_{x\to0}\frac{\cos x}{1}=1.$

例 3 求$\lim\limits_{x\to0}\frac{\ln(1+x)}{x}$.

解 $\lim\limits_{x\to0}\frac{\ln(1+x)}{x}=\lim\limits_{x\to0}\frac{\frac{1}{1+x}}{1}=1.$

我们看上面两个已经熟悉的例子在这时解起来多么简单. 但在这种情形下,这种简单性只是表面上的,因为解这两个例子时,用到函数 $\sin x$ 及 $\ln(1+x)$的微分法,而这两个函数的微分法又需要知道$\frac{\sin x}{x}$及$\frac{\ln(1+x)}{x}$在 $x\to0$ 时的极限.

(ii)设 $x\to\infty$ 且这时$f(x)\to0$ 及 $\varphi(x)\to0$. 令 $x=\frac{1}{z}$,则因 $x\to\infty$ 时,$z\to0$,故可把这种情形化为上面讨论过的第一种情形. 这时得

$$\lim_{x\to\infty}\frac{f(x)}{\varphi(x)}=\lim_{z\to0}\frac{f\left(\frac{1}{z}\right)}{\varphi\left(\frac{1}{z}\right)}$$

而根据所证明的法则可得

$$\lim_{z\to0}\frac{f\left(\frac{1}{z}\right)}{\varphi\left(\frac{1}{z}\right)}=\lim_{z\to0}\frac{f'\left(\frac{1}{z}\right)}{\varphi'\left(\frac{1}{z}\right)}\cdot\frac{-\frac{1}{z^2}}{-\frac{1}{z^2}}=\lim_{z\to0}\frac{f'\left(\frac{1}{z}\right)}{\varphi'\left(\frac{1}{z}\right)}$$

仍然得到

$$\lim_{x\to0}\frac{f(x)}{\varphi(x)}=\lim_{x\to0}\frac{f'(x)}{\varphi'(x)}$$

(iii)设 $x\to x_0$ 且这时$f(x)\to\infty$ 及 $\varphi(x)\to\infty$. 这时函数$f(x)$及 $\varphi(x)$为无穷大,与第一种情形下两者为无穷小时的情况一样,不能用求分式极限的方法来求比值$\frac{f(x)}{\varphi(x)}$的极限.

现在假定导函数比值的极限存在

$$\lim_{x\to x_0}\frac{f'(x)}{\varphi'(x)}=A$$

取足够接近于 x_0 的任意一点 x',例如,取它右边的一点 $x'>x_0$(若取 $x'<x_0$ 时,证法不变). 根据柯西定理可得

$$\frac{f(x)-f(x')}{\varphi(x)-\varphi(x')}=\frac{f'(\xi)}{\varphi'(\xi)}\quad(x_0<x<\xi<x')$$

从左边的分子中提出 $f(x)$，分母中提出 $\varphi(x)$，然后把上式改写为

$$\frac{f(x)}{\varphi(x)}=\frac{f'(\xi)}{\varphi'(\xi)}\frac{1-\dfrac{\varphi(x')}{\varphi(x)}}{1-\dfrac{f(x')}{f(x)}}$$

现在选取 x' 足够接近于 x_0（那自然就要使 ξ 接近于 x_0），即可使 $\frac{f'(\xi)}{\varphi'(\xi)}$ 与 A 的差不大于预先指定的（任意）量. 由于假定 $\xi\to x_0$ 时，这个比趋于 A，所以这是可能的. 然后令 x 足够接近于 x_0，使比值 $\frac{1-\frac{\varphi(x')}{\varphi(x)}}{1-\frac{f(x')}{f(x)}}$ 与 1 的差不大于预先指定的量. 这也是可能的，因为选取了 x' 且把它固定后，当 x 趋于 x_0 时，$\frac{\varphi(x')}{\varphi(x)}$ 及 $\frac{f(x')}{f(x)}$ 就趋于 0. 于是方程(1)的右边与 A 的差不会大于预先指定的量，而由于这个值可以任意小，故可知 x 足够接近于 x_0 时，$\frac{f(x)}{\varphi(x)}$ 与 A 的差将为任意小，也就是说

$$\lim_{x\to x_0}\frac{f(x)}{\varphi(x)}=A=\lim_{x\to x_0}\frac{f'(x)}{\varphi'(x)}$$

(iv) 设 $x\to\infty$ 且这时 $f(x)\to\infty$ 及 $\varphi(x)\to\infty$. 与情形(ii)相仿，这时把 x 换成 $\frac{1}{z}$ 后仍能得到

$$\lim_{x\to\infty}\frac{f(x)}{\varphi(x)}=\lim_{x\to\infty}\frac{f'(x)}{\varphi'(x)}$$

以上所讲的一切，对于导函数的比无限增大时也都适用，这时洛必达法则仍适用，但根据该法则可知函数本身的比也要无限增大.

至此洛必达法则已全部证明.

当 $x\to x_0$（或 $x\to\infty$）时，$f'(x)$ 及 $\varphi'(x)$ 也可能同时趋于 0 或趋于无穷大. 这时，若满足所需条件，就对它们的比再应用洛必达法则得

$$\lim\frac{f(x)}{\varphi(x)}=\lim\frac{f''(x)}{\varphi''(x)}$$

有时需要把分子、分母各微分若干次，且微分到 n 次后，$\lim\frac{f^{(n)}(x)}{\varphi^{(n)}(x)}$ 存在，则可知 $\frac{f(x)}{\varphi(x)}$ 的极限也存在，且

$$\lim\frac{f(x)}{\varphi(x)}=\lim\frac{f^{(n)}(x)}{\varphi^{(n)}(x)}$$

例 4 $\lim\limits_{x\to0}\frac{x-x\cos x}{x-\sin x}=\lim\limits_{x\to0}\frac{1-\cos x+x\sin x}{1-\cos x}=\lim\limits_{x\to0}\frac{2\sin x+x\cos x}{\sin x}$

$$=\lim_{x\to 0}\frac{3\cos x-x\sin x}{\cos x}=3$$

这里连续用了三次洛必达法则.

例 5 $\lim\limits_{x\to\infty}\dfrac{\ln x}{x^n}=\lim\limits_{x\to\infty}\dfrac{\frac{1}{x}}{nx^{n-1}}=0(n>0)$.

例 6 $\lim\limits_{x\to\infty}\dfrac{a^x}{x^n}=\lim\limits_{x\to\infty}\dfrac{a^x\ln a}{nx^{n-1}}=\cdots=\lim\limits_{x\to\infty}\dfrac{a^x(\ln a)^n}{n!}=\infty$,其中假定 n 是正整数且 $a>1$.

在第一章中我们陈述了指数及对数函数的性质而未加证明,且过去都是根据这些性质而求得结果的.

但注意,若已知函数 $f(x)$ 及 $\varphi(x)$ 本身比值的极限 $\lim\dfrac{f(x)}{\varphi(x)}$ 存在,则就不能用洛必达法则来推断其导函数比值的极限 $\lim\dfrac{f'(x)}{\varphi'(x)}$ 也存在. 洛必达法则只能肯定逆命题:若 $\lim\dfrac{f'(x)}{\varphi'(x)}$ 存在,则 $\lim\dfrac{f(x)}{\varphi(x)}$ 存在. 现在我们举一个例子来说明函数的比有极限而其导函数的比无极限. 如

$$\lim_{x\to\infty}\frac{x+\sin x}{x}=\lim_{x\to\infty}\left(1+\frac{\sin x}{x}\right)=1$$

但

$$\frac{(x+\sin x)'}{x'}=\frac{1+\cos x}{1}$$

当 $x\to\infty$ 时,却不断在 0 及 2 之间振荡,故可知它无极限.

以上所讲求比 $\dfrac{f(x)}{\varphi(x)}$ 的极限时的四类情形中,前两类是 $f(x)\to 0$ 及 $\varphi(x)\to 0$,可以按惯例把这两类表示为 $\dfrac{0}{0}$ 类;其余两类是 $f(x)\to\infty$ 及 $\varphi(x)\to\infty$,把它表示为 $\dfrac{\infty}{\infty}$ 类. 这种记号($\dfrac{0}{0}$ 及 $\dfrac{\infty}{\infty}$)当然毫无数学意义,只可用它们来表示求函数极限时的某种情形,因为用这种表示法最为简单且方便. 但是现在有些教科书中还保存着那种毫无理由的传统,仍然用 $\dfrac{0}{0}$ 及 $\dfrac{\infty}{\infty}$ 来表示所谓"不定的",然而实际上是很现实的数学式子,似乎在这些式子"外表上"的不定性后面藏匿着等于其对应函数极限值的一个定数(或 ∞). 于是这个"匿数"(即极限)的求法就有人把它叫作"不定性的确定法",因此洛必达法则也叫作"不定性的确定法则". 这种术语用法的不妥当及不合理处,已在第二章中详细指出过. 所以要在这里提到它,为的是使读者在其他书本中见到讲洛必达法则的地方时,不致无

所适从.

Ⅱ. 除了$\frac{0}{0}$及$\frac{\infty}{\infty}$两种情形,其他情形的函数极限也常可用洛必达法则求出.为此可把函数改变形式,把所论情形化为上述几类主要情形之一,现在我们来考虑下列几种情形:

1. $0\cdot\infty$;2. $\infty-\infty$;3. 1^{∞};4. ∞^{0};5. 0^{0}.

这些记号表示自变量 x 按指定规律($x\to x_0$ 或 $x\to\infty$)变动时,要求极限的函数式子分别为:

(i)趋于0的函数与趋于无穷大的函数两者的乘积.

(ii)趋于正无穷大的两个函数的差.

(iii)一个乘幂,其底趋于1而指数趋于无穷大.

(iv)一个乘幂,其底趋于无穷大而指数趋于0.

(v)一个乘幂,其底及指数都趋于0.

把上述情形化为情形$\frac{0}{0}$或$\frac{\infty}{\infty}$的各种方法不必细说. 读者看下面所讲的几个例子就会熟悉这些方法.

注意　在情形(iii)(iv)(v)中,我们可以先取函数的对数,于是首先求出的不是函数本身的极限,而是其对数的极限,然后再从对数的极限来确定函数本身的极限(由于对数函数的连续性,所以可这样做).

例 7　$A=\lim\limits_{x\to 0}x^n\cdot\ln x, n>0$. 这是$0\cdot\infty$的情形. 改变函数的写法

$$A=\lim_{x\to 0}\frac{\ln x}{\frac{1}{x^n}}$$

得$\frac{\infty}{\infty}$的情形. 应用洛必达法则

$$A=\lim_{x\to 0}\left(-\frac{\frac{1}{x}}{\frac{n}{x^{n+1}}}\right)=\lim_{x\to 0}\left(-\frac{x^n}{n}\right)=0$$

例 8　$A=\lim\limits_{x\to 1}\left(\frac{x}{x-1}-\frac{1}{\ln x}\right)$. 这是$\infty-\infty$的情形. 改变写法

$$A=\lim_{x\to 1}\frac{x\ln x-x+1}{(x-1)\ln x}$$

得$\frac{0}{0}$的情形. 应用洛必达法则

$$A=\lim_{x\to 1}\frac{\ln x}{\frac{x-1}{x}+\ln x}=\lim_{x\to 1}\frac{\frac{1}{x}}{\frac{1}{x^2}+\frac{1}{x}}=\frac{1}{2}$$

例 9 $A=\lim\limits_{x\to0}\left(\dfrac{\sin x}{x}\right)^{\frac{1}{x^2}}$. 这是 1^∞ 的情形. 改变写法

$$\ln A=\ln\lim_{x\to0}\left(\frac{\sin x}{x}\right)^{\frac{1}{x^2}}=\lim_{x\to0}\frac{\ln\dfrac{\sin x}{x}}{x^2}$$

得$\dfrac{0}{0}$的情形. 应用洛必达法则

$$\ln A=\lim_{x\to0}\frac{(\ln\sin x-\ln x)'}{(x^2)'}=\lim_{x\to0}\frac{\dfrac{\cos x}{\sin x}-\dfrac{1}{x}}{2x}$$

$$=\frac{1}{2}\lim_{x\to0}\frac{x\cos x-\sin x}{x^2\sin x}$$

再用洛必达法则

$$\ln A=\frac{1}{2}\lim_{x\to0}\frac{-x\sin x}{2x\sin x+x^2\cos x}=\frac{1}{2}\lim_{x\to0}\frac{-\sin x}{2\sin x+x\cos x}$$

$$=\frac{1}{2}\lim_{x\to0}\frac{-\cos x}{3\cos x-x\sin x}=-\frac{1}{6}$$

故得 $A=\mathrm{e}^{-\frac{1}{6}}=\dfrac{1}{\sqrt[6]{\mathrm{e}}}$.

例 10 $A=\lim\limits_{x\to0}(\cot x)^{\frac{1}{\ln x}}$. 这是$\infty^0$ 的情形. 改变写法

$$\ln A=\ln\lim_{x\to0}(\cot x)^{\frac{1}{\ln x}}=\lim_{x\to0}\frac{\ln\cot x}{\ln x}$$

得$\dfrac{\infty}{\infty}$的情形. 应用洛必达法则

$$\ln A=\lim_{x\to0}\frac{-\dfrac{1}{\cot x\cdot\sin^2 x}}{\dfrac{1}{x}}=\lim_{x\to0}\frac{-x}{\cos x\cdot\sin x}=-1$$

故得 $A=\dfrac{1}{\mathrm{e}}$.

例 11 $A=\lim\limits_{x\to0}x^x$. 这是 0^0 的情形. 改变写法

$$\ln A=\ln\lim_{x\to0}x^x=\lim_{x\to0}x\ln x$$

得 $0\cdot\infty$ 的情形. 再变换一次得

$$\ln A=\lim_{x\to0}\frac{\ln x}{\dfrac{1}{x}}$$

然后用洛必达法则

$$\ln A=\lim_{x\to 0}\frac{\frac{1}{x}}{-\frac{1}{x^2}}=0$$

故得 $A=1$.

83. 函数的渐近变化情形及曲线的渐近线

Ⅰ. 为了描述函数的性质,还需要知道它在 $x\to\infty$ 时是怎样变化的. 我们拿已知函数 $f(x)$ 与另一个熟知的函数 $\varphi(x)$ 在 $|x|$ 无限增大时的情形互相比较,便可定出 $f(x)$ 的这种变化特征.

当两个函数的差 $f(x)-\varphi(x)$ 随着 $|x|$ 的无限增大而趋于 0 时,研究这种情形是特别有趣的,即当 $|x|$ 足够大时,$f(x)$ 及 $\varphi(x)$ 间的差可以任意小.

若

$$\lim_{x\to\infty}[f(x)-\varphi(x)]=0$$

则 $f(x)$ 渐近于 $\varphi(x)$ 或 $f(x)$ 与 $\varphi(x)$ 渐近相等.

把上式改写为

$$\lim_{x\to\infty}\varphi(x)\left[\frac{f(x)}{\varphi(x)}-1\right]=0$$

并设

$$\lim_{x\to\infty}\varphi(x)\neq 0$$

(若 $\lim\limits_{x\to\infty}\varphi(x)=0$,则 $\lim\limits_{x\to\infty}f(x)=0$,这时就与我们所熟知的两个无穷小量的比有关). 于是

$$\lim_{x\to\infty}\frac{f(x)}{\varphi(x)}=1①$$

由此显然可知,有限量或无穷大量间渐近相等的概念,在某种意义上有些相仿于无穷小间彼此为相当(无穷小)的概念.

一般来说,$|x|$ 越大时,则越可以(也就是说能使相对及绝对差量越小)把

---

① 但反过来由条件

$$\lim_{x\to\infty}\frac{f(x)}{\varphi(x)}=1$$

不能推出

$$\lim_{x\to\infty}[f(x)-\varphi(x)]=0$$

例如,$\lim\limits_{x\to\infty}\frac{e^x+x}{e^x}=1$,而 $\lim\limits_{x\to\infty}[(e^x+x)-e^x]=\infty$. 但这时等式 $f(x)\approx\varphi(x)$ 的相对差量 $\frac{f(x)-\varphi(x)}{\varphi(x)}$ 在所指示的条件下却恒等于0. 因此在解析式中,若 $\lim\limits_{x\to\infty}\frac{f(x)}{\varphi(x)}=1$,则更广泛地把函数 $f(x)$ 及 $\varphi(x)$ 叫作是渐近相等的.

一个量换成另外一个渐近相等于它的量.

从几何上讲,条件

$$\lim_{x\to\infty}[f(x)-\varphi(x)]=0$$

的意思显然是,当公共横坐标增大时,曲线 $y=f(x)$ 及 $y=\varphi(x)$ 两者的无穷远分支上的对应纵坐标无限接近. 这种分支彼此互为渐近分支.

例 12 函数 $y=\cosh x$ 在 $x\to+\infty$ 时渐近于 $y=\frac{1}{2}e^{x}$,而当 $x\to-\infty$ 时渐近于$y=\frac{1}{2}e^{-x}$(第一章图 30).

例 13 函数 $y=\sinh x$ 在 $x\to+\infty$ 时渐近于 $y=\frac{1}{2}e^{x}$,而当 $x\to-\infty$ 时渐近于 $y=-\frac{1}{2}e^{-x}$(第一章图 31).

现只考虑渐近直线(以后简称“渐近线”,不提“直”字),就是只用线性函数 $y=ax+b$ 与已知函数去比较.

关于曲线 $y=f(x)$ 渐近线的存在及求法问题,可化为下述这样的数 a 及 b 的存在及求法问题

$$\lim_{x\to\infty}[f(x)-ax-b]=0$$

由此得

$$\lim_{x\to\infty} x\left[\frac{f(x)}{x}-a-\frac{b}{x}\right]=0$$

故知

$$\lim_{x\to\infty}\left[\frac{f(x)}{x}-a-\frac{b}{x}\right]=0$$

也就是说

$$\lim_{x\to\infty}\frac{f(x)}{x}=a \tag{4}$$

然后从基本条件求出

$$\lim_{x\to\infty}[f(x)-ax]=b \tag{5}$$

若式(5)对某个 a 值成立,则式(4)也一定成立.

但逆命题不成立:式(4)虽成立,而式(5)可以不成立,这时曲线 $y=f(x)$ 无渐近线.

例如,对于曲线 $y=x+\ln x$ 来说,可得

$$\lim_{x\to\infty}\frac{x+\ln x}{x}=1$$

即 $a=1$,但

$$\lim_{x\to\infty}(x+\ln x-1\cdot x)=\infty$$

可知在已知情形下无渐近线.

因此,若当 $x\to\infty$ 时,$\dfrac{f(x)}{x}$趋于定极限 a,且当 $x\to\infty$ 时,$f(x)-ax$ 趋于定极限 b,则曲线 $y=f(x)$具有渐近线 $y=ax+b$.

若当 $x\to\infty$ 时,函数$f(x)$本身趋于一定极限($=b$),则显然可知 $a=0$,且曲线$y=f(x)$具有平行于 x 轴的渐近线 $y=b$.

要知道,当 x 趋于正无穷大或负无穷大时,函数的渐近变化可以各不相同,所以应分别研究 $x\to+\infty$ 及 $x\to-\infty$ 两种情形.

求得渐近线 $y=ax+b$ 之后,就可根据

$$\delta=f(x)-ax-b$$

在 $x\to\infty$ 时的正负号来决定曲线无穷远分支及其渐近线的相互位置,曲线的无穷远分支可以从某处起位于渐近线之上($\delta>0$)或之下($\delta<0$)或不断与其渐近线相交(δ 变号无穷多次).

现在我们来讲曲线 $y=f(x)$的渐近线的几何定义.

设函数 $y=f(x)$渐近相等于线性函数 $y=ax+b$. 于是当 $x\to\infty$ 时,对应纵坐标的差 MN(图 22)趋于 0. 但这时曲线上点 M 到渐近线的距离 MN_1 也趋于 0(并且反过来说,若 $MN_1\to0$,则 $MN\to0$). 由图 22 可得

$$MN=\frac{MN_1}{\cos\alpha},MN_1=MN\cos\alpha$$

其中 α 是渐近线与 x 轴间的交角.

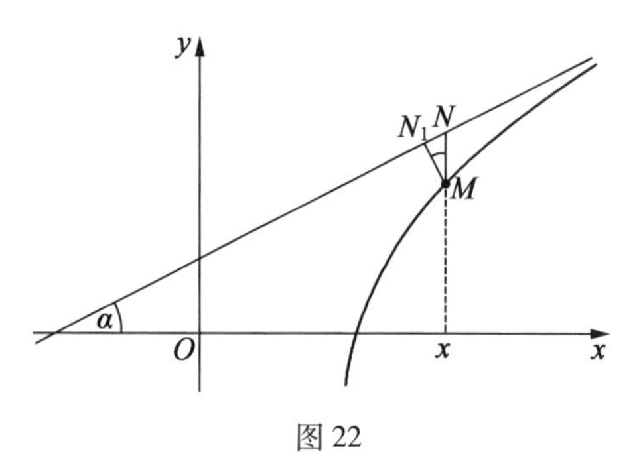

图 22

所以渐近线的几何定义是,当曲线上的点距离原点无限远时,若该曲线上的点与一直线的距离趋于 0,则该直线为渐近线.

这个定义中也包括垂直于 x 轴的渐近线的情形$\left(\alpha=\dfrac{\pi}{2}\right)$,而解析定义中是把这种情形除外的.

垂直的渐近线方程是 $x=x_0$,所以根据渐近线的定义,当 $x\to x_0$ 时,必有

$f(x)\to\infty$，反过来说也一样.

因此，若 $x\to x_0$ 时，$f(x)$ 趋于无穷大，则曲线 $y=f(x)$ 具有渐近线 $x=x_0$.

当 x 从右边及左边趋于 x_0 时，考察 $f(x)$ 所趋无穷大的正负号（$\pm\infty$），即可定出曲线上无穷远分支与其渐近线的相对位置，图 23 所示是各种可能的情形.

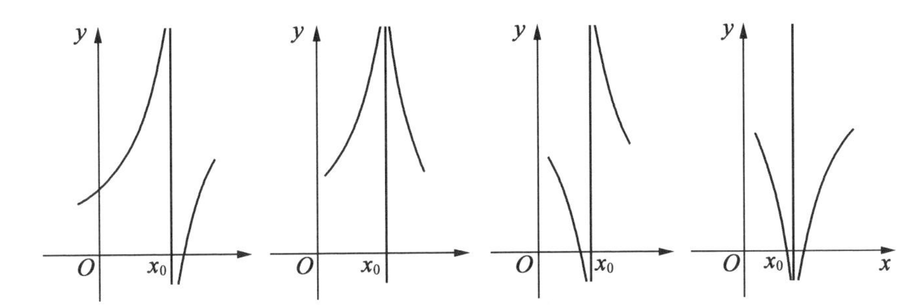

图 23

如果要正确了解全部曲线的形状，因而也就是要了解对应的函数在其全部定义域内的变化特征时，必须知道曲线的无穷远分支与其渐近线的相对位置.

举例来说，求曲线 $y=x\arctan x$ 的渐近线. 因当 $x\to+\infty$ 时，$\frac{y}{x}=\arctan x$ 趋于 $\frac{\pi}{2}$；当 $x\to-\infty$ 时，它趋于 $-\frac{\pi}{2}$，故需要求极限

$$\lim_{x\to+\infty}\left(y-\frac{\pi}{2}x\right),\ \lim_{x\to-\infty}\left(y+\frac{\pi}{2}x\right)$$

用洛必达法则，得

$$\lim_{x\to\pm\infty}\left(y\mp\frac{\pi}{2}x\right)=\lim_{x\to\pm\infty}\frac{\arctan x\mp\frac{\pi}{2}}{\frac{1}{x}}=\lim_{x\to\pm\infty}\left(\frac{\frac{1}{1+x^2}}{-\frac{1}{x^2}}\right)=-1$$

由此可知曲线有两条渐近线

$$y=\frac{\pi}{2}x-1\ \text{及}\ y=-\frac{\pi}{2}x-1$$

考察了有限远处的曲线以后，就不难看出全部曲线的形状（图 24）. 由于当 $x>0$时

$$y-\left(\frac{\pi}{2}x-1\right)>0$$

及当 $x<0$ 时

$$y-\left(-\frac{\pi}{2}x-1\right)>0$$

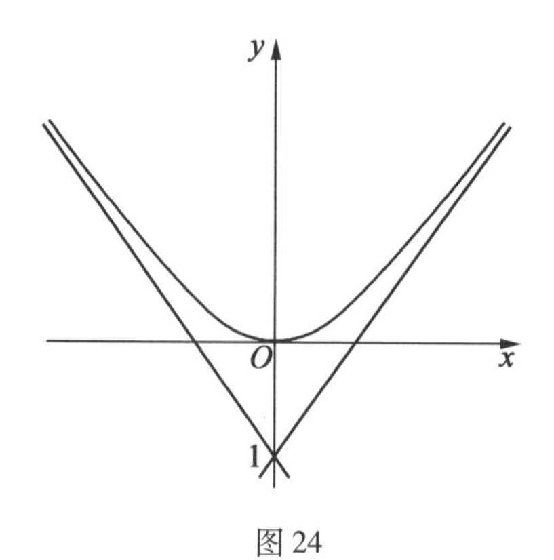

图 24

故知两条渐近线都位于曲线之下,此外①,又因

$$\lim_{x\to+\infty} y'=\frac{\pi}{2} \text{及} \lim_{x\to-\infty} y'=-\frac{\pi}{2}$$

故当$|x|$ 足够大时,事实上可把 $x\arctan x$ 看作线性函数

$$x\arctan x\approx\frac{\pi}{2}x-1 \quad (x>0)$$

及

$$x\arctan x\approx-\frac{\pi}{2}x-1 \quad (x<0)$$

十分显然,这事能使我们在使用函数时有多么简便.

Ⅱ. 代数曲线的渐近线. 如在附注中所说,唯有在函数$f(x)$的导函数$f'(x)$趋于 a 时,也就是说,唯有在曲线上切线的角系数趋于其渐近线的角系数时,才可把函数$f(x)$看作渐近于线性函数 $y=ax+b$.

现在要证明,若切点无限远离时,曲线 $y=f(x)$ 的切线趋于某一极限位置,则(一般来说)切线在该处与渐近线相重合. 事实上,若曲线 $y=f(x)$ 上的点(x,y)处的切线上的流动坐标用 X 及 Y 表示,则得

$$Y-y=f'(x)(X-x)$$

即

$$Y=f'(x)X+[y-x\cdot f'(x)]$$

若这条直线在 $x\to\infty$ 时有极限位置,则就表示后一方程中的各系数有极限,设分别用 a'及 b'来表示

---

① 若 $y=ax+b$ 是 $y=f(x)$ 的渐近线,当 $x\to\infty$ 时,$f'(x)$不趋于 a,则虽(当$|x|$足够大时)$f(x)$的值接近于 $ax+b$ 的值,但仍不能把函数$f(x)$看作渐近于线性函数 $y=ax+b$,因其变化率并不趋于常数 a. 从几何上说,这就是,曲线 $y=f(x)$ 的位置可以任意接近于直线 $y=ax+b$. 但若它的方向并不接近于该直线(渐近线)(图 11)的方向,我们不能认为它渐近于这条直线.

$$\lim_{x\to\infty} f'(x)=a',\lim_{x\to\infty}(y-x\cdot f'(x))=b'$$

接下来还要证明 $a'=a$ 及 $b'=b$,其中 a 及 b 是渐近线方程 $y=ax+b$ 中的系数,但 $a=\lim\limits_{x\to\infty}\frac{f(x)}{x}$,且根据洛必达法则可得

$$a=\lim_{x\to\infty}\frac{f'(x)}{1}=a'$$

又

$$b=\lim_{x\to\infty}(y-ax)$$

根据洛必达法则也可得

$$b=\lim_{x\to\infty}\frac{\frac{y}{x}-a}{\frac{1}{x}}=\lim_{x\to\infty}\frac{\frac{xy'-y}{x^2}}{-\frac{1}{x^2}}=\lim_{x\to\infty}(y-xy')=b'$$

但反过来说就不对,曲线可以具有渐近线,而同时其切线的极限位置不存在.例如,曲线 $y=\mathrm{e}^{-x}\sin x$(阻尼振荡的图形,如图 11)具有渐近线 $y=0$,但当切点无限远离时,它的切线却不断动荡,而不趋于任何极限位置.

当 $x\to\infty$ 时,占切线极限位置上的那条直线,按惯例叫作曲线上无限远点处的切线,这样就证明了无限远处的切线无非就是渐近线,并且这时(也唯有在这时)可以认为曲线是渐近于直线的,同时其对应函数是线性的.

我们之所以要证明上述定理,只是为了要由此推出给代数曲线求渐近线的简单方法,代数曲线的方程是

$$a_0y^n+a_1(x)y^{n-1}+\cdots+a_k(x)y^{n-k}+\cdots+a_n(x)=0 \tag{6}$$

其中 $a_k(x)$ 是不高于 k 次($k=1,2,\cdots,n$)的多项式.这是关于宗标 x 及 y 的代数方程,直线 $y=ax+b$ 与所给代数曲线相交点的横坐标显然是 x 的 n 次代数方程

$$a_0(ax+b)^n+a_1(x)(ax+b)^{n-1}+\cdots+a_n(x)=0 \tag{7}$$

中的 n 个根,若这条直线趋于无限远的切线(即渐近线),则至少有两个重合的交点要无限远离,同时有限距离内剩下的交点数也要少那些个.故若取方程中最高的两项系数为 0,则所得方程能为有限距离内各交点的横坐标所满足,使最高两项的系数等于 0 后,即得两个方程,可用来决定渐近线方程中的两个参数(a 及 b).

若曲线(6)具有垂直渐近线 $x=a$,则方程

$$a_0y^n+a_1(a)y^{n-1}+\cdots+a_n(a)=0$$

中两个最高次 y 项的系数也同样要等于 0:$a_0=0,a_1(a)=0$.在这种情形下,若在 n 次方程中含有 y^n 项(即若 $a_0\neq 0$),则曲线无垂直渐近线.当 $a_0=0$ 时,可从第二个方程 $a_1(a)=0$ 求出 a 值,或当 $a_1(x),a_2(x),\cdots,a_{k-1}(x)$ 都恒等于 0 时,可从方程 $a_k(a)=0$ 求出 a 值.

以笛卡儿叶线

$$x^3+y^3-3\alpha xy=0$$

作为例子来说,这是一个三次方程,并因其中含 y^3 项,故无垂直渐近线. 求非垂直的渐近线时,可写出方程

$$(ax+b)^3+x^3-3\alpha x(ax+b)=0$$

使 x 的两个最高次项的系数等于 0,即

$$a^3+1=0 \text{ 及 } 3a^2b-3a\alpha=0$$

由此得

$$a=-1 \text{ 及 } b=-\alpha$$

故知笛卡儿叶线的渐近线是

$$y=-x-\alpha$$

84. 函数研究的一般程序

现在我们可以把所讲的关于研究函数及曲线的问题做一总结,由此编出便于做这项研究的程序. 除了在第一章内用初等方法描述函数性质时所讲的几项特性,那些要用微分法去找出的事项,如函数的变化率及加速率,它的极值点,图形上的拐点,函数的渐近变化等,以后也都要列为函数的特性.

设所考察的函数为 $y=f(x)$. 我们所要讲的程序包括下列五项:

Ⅰ. 定出:(1)定义区间;(2)不连续点及连续区间;(3)零点及同号区间;(4)其图形的对称轴及对称中心(函数的奇偶性及周期性);(5)全部函数图形所占的平面区域.

这第一项程序的目标是不用解析方法而大致描述函数及其图形的特性. 不过求函数的零点时,还必须做更详细的研究,将在第二项中提出.

当由具体问题导出函数的研究时,就不可在这时忘记具体问题的实质. 可能出现自变量变动区间远比函数解析式子的原有定义区间小,或是问题只对应着函数的一个分支(如果是多值函数的话)以及其他等等.

Ⅱ. 定出:(1)单调区间;(2)极值点及极值. 第二项程序的目标是研究在自变量取得各种不同值时的函数变化率. 为此就要考察一阶导数的正负号及其零点,以及使导函数不存在的那些自变量值. 但求导函数的零点时,又需要考察导函数本身的导函数(即二阶导数)及其他等等.

Ⅲ. 定出:(1)函数图形的凸部及凹部;(2)图形上的拐点.

第三项程序的目标是研究在自变量取得各种不同值时的函数变化加速率. 为此可研究二阶导数的正负号及其零点,及使二阶导数不存在的那些自变量值. 但求二阶导数的零点时,需要考察它的导函数,即三阶导数及其他等等.

Ⅳ. 定出函数图形的渐近线. 第四项程序的目标是要标志函数的渐近变化(即自变量为无穷大时的函数变化)情形及图形上的无穷分支. 这一项常可与

第一项放在一起做比较方便,这时函数性质的大概面貌已可弄清楚.

Ⅴ. 作函数图形. 当然我们可以只限于用文字来描述所给函数的性质,但若要对所论函数依从关系得到一直觉的认识,把全部函数特性表示出来的正确图形常是经济而又富于说明性的一种资料. 因此做上述四项工作时,还应同时逐步作出函数的图形来.

例 14 研究函数

$$y=\frac{x^2}{1+x}$$

(1)除了在点 $x=-1$ 处函数有无穷间断,函数定义于且连续于全部 x 轴上. 函数的零点只有 $x=0$.

(2)求得

$$y'=\frac{x^2+2x}{(1+x)^2}=\frac{x(x+2)}{(1+x)^2}$$

从上式可知,导函数在 $x=0$ 及 $x=-2$ 处等于 0,同时它在区间$(-\infty,-2)$上为正的,在区间$(-2,0)$上(除在点 $x=1$ 处无定义外)为负的,在区间$(0,+\infty)$上又为正的. 所以函数在第一个区间上增大,在第二个区间上减小,在第三个区间上增大. 又$x=-2$是极大值点,同时函数的极大值等于-4;$x=0$ 是极小值点,而函数的极小值等于 0.

(3)求得

$$y''=\frac{2}{(1+x)^3}$$

二阶导数处处不等于 0(图 25),但当 x 过点 $x=-1$ 时,它从负号变到正号. 所以 y''有两个同号区间:在区间$(-\infty,-1)$上是负的,在区间$(-1,+\infty)$上是正的. 第一个区间上的函数图形是凸的,第二个区间上的函数图形是凹的.

(4)首先,函数图形的垂直渐近线是 $x=-1$,且从右边 $x\to-1$ 时,$y\to+\infty$,从左边$x\to-1$时,$y\to-\infty$. 其次,当 $x\to\pm\infty$ 时,$\frac{y}{x}=\frac{x}{1+x}$趋于 1,当 $x\to\pm\infty$ 时,$y-x=-\frac{x}{1+x}$趋于-1,所以另外还有一条渐近线 $y=x-1$. 又因差式

$$\delta=\frac{x^2}{1+x}-(x-1)=\frac{1}{1+x}$$

当 $x>-1$ 时为正的,而当 $x<-1$ 时为负的,所以在直线 $x=-1$ 右边的函数图形位于渐近线 $y=x-1$ 之上,左边的则位于该渐近线之下.

若取

$$y=\frac{x^2}{1+x}\approx x-1$$

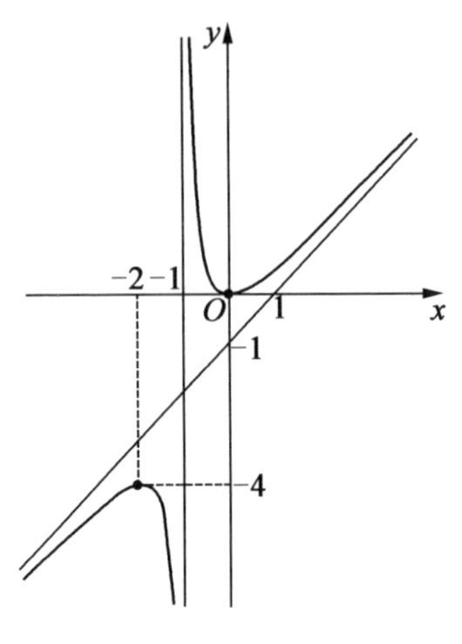

图 25

则例如对一切 $x>100$ 来说，确定函数值时的差不超过 0.01，确定函数变化率时的差不超过 0.000 1. 实际上，区间$(100,+\infty)$上的函数 $y=\dfrac{x^2}{1+x}$几乎可以看作线性函数 $y=x-1$，这样，利用它的时候当然会简单得多.

(5)注意以上四项中所得的结果，就不难作出函数图形，以便正确表出函数在全部 x 轴上的变化过程. 对已知例子来说，不难验证所做研究的准确性，因为曲线 $y=\dfrac{x^2}{1+x}$无非就是双曲线，而这事只要变换合适的坐标系就可以证明.

例 15 设所要研究的函数方程是隐函数形式

$$y^3+x^3-3\alpha xy=0$$

这个方程所定的曲线我们已经知道是笛卡儿叶线.

在这种情形下，隐函数的方程不能简单地化为显函数的式子，我们应设法找出简便的参数方程. 有时这样做便可以：常可设 $y=tx$，也就是说，取原点与曲线上的流动点(x,y)两者连线的角系数 $t=\dfrac{y}{x}$作为参数. 在本例中便可得

$$t^3x^3+x^3-3\alpha tx^2=0$$

由此得

$$x=\frac{3\alpha t}{1+t^3},y=\frac{3\alpha t^2}{1+t^3}$$

所以可用参数方程

$$x=\frac{3\alpha t}{1+t^3},y=\frac{3\alpha t^2}{1+t^3}\quad(-\infty<t<+\infty)$$

来定出已知的函数(曲线).

现依如下程序来做：

(1)t 轴上每一点对应着一个 x 值及 y 值,也就是说,它对应着曲线上的一点(x,y).

由于把 x 换成 y 或把 y 换成 x(等于在参数方程中把 t 换成$\frac{1}{t}$)并不改变曲线方程,故知这个曲线对称于第一及第三象限的角平分线.

坐标 x 及 y 对于同一个 t 值($t=-1$)变为∞. 因此显然可知曲线没有不连续点.

(2)施行微分法,得

$$x'=3\alpha\frac{1-2t^3}{(1+t^3)^2}, y'=3\alpha\frac{2t-t^4}{(1+t^3)^2}$$

不难看出,当 t 从$-\infty$ 变到-1 时,其对应的 x 从 0 单调增加到$+\infty$(由于 $x'>0$),y 从 0 单调减少到$-\infty$(由于 $y'<0$). 由此可知点(x,y)在第四象限内描出的$\overset{\frown}{OA}$(图 26)无限远离,且由前面可知它有渐近线 $x+y=-\alpha$. 切线角系数的式子

$$\frac{dy}{dx}=\frac{2t-t^4}{1-2t^3}$$

在 $t\to-\infty$ 时,趋于$-\infty$. 由此可知,$\overset{\frown}{OA}$在点 O 处的切线是负的半段 y 轴.

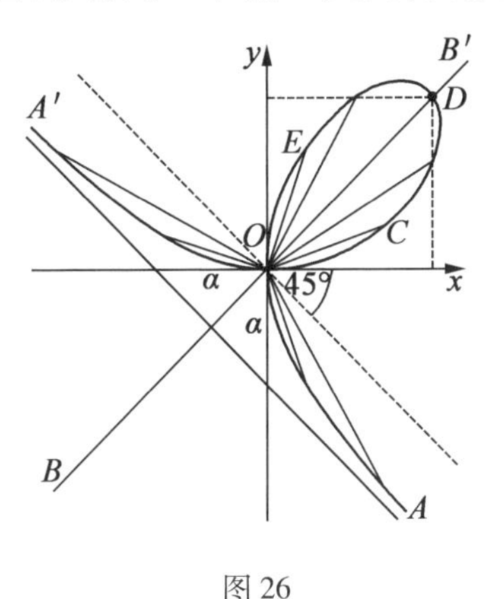

图 26

当 t 从-1 增到 0 时,其对应点(x,y)在$\overset{\frown}{A'O}$上移动,其中$\overset{\frown}{O'A}$与$\overset{\frown}{OA}$对称于角平分线 BB'. 当 t 再从 0 增到 1 时,首先(到 $t=\frac{1}{\sqrt[3]{2}}$为止)使 x 从 0 增到$x=\frac{2\alpha}{\sqrt[3]{2}}=\sqrt[3]{4}\alpha$,然后使 x 再减到 $x=\frac{3}{2}\alpha$,同时它使 y 从 0 单调增大到 $y=\frac{3}{2}\alpha$. 这时点(x,y)描出$\overset{\frown}{OCD}$. 当 t 从 1 变到$+\infty$ 时,对应点(x,y)沿$\overset{\frown}{DEO}$移动,其中$\overset{\frown}{DEO}$与$\overset{\frown}{OCD}$对称于 BB'. 当 $t=0$ 时,$\frac{dy}{dx}=0$,由此可知,$\overset{\frown}{OCD}$在点 O 处的切线是 x 轴.

情形(3)(4)(5):由情形(2)中所得的结果可知,对于一般程序中的第三项无须再做.

由于在前面已做过解析及求出过渐近线,故曲线的形状及其对应函数所具性质的图形已完全明显(图 26). 虽然这里从参数式出发,就是用一般方法也不难求出渐近线.

所以,当参数 t 从 $-\infty$ 连续增到 $+\infty$ 时,动点 (x,y) 描出笛卡儿叶线的次序如下:$OAA'OCDEO$,其中线组 $OCDEO$ 对应于 t 从 0 到 $+\infty$ 的变化过程.

85. 方程解法

根据上节中所讲的程序,研究函数 $y=f(x)$ 时需要解出方程 $f(x)=0$, $f'(x)=0$, $f''(x)=0$. 但函数的研究法也可以作为解各种方程的根的有效工具. 现在我们来讲上述理论对于方程解法的应用.

知道了函数 $y=f(x)$ 的性质之后,首先可以定出它的图形与 x 轴相交几次,也就是说,定出方程 $f(x)=0$ 有几个不同的实根,并且可以指出这些交点在 x 轴上的大概位置,换句话说,可在 x 轴上划分一些区间,使其中每个区间内只含方程 $f(x)=0$ 的一个根. 这个区间的划分叫作分根法或隔离根法,而所划分的区间叫作隔离区间.

设我们已经把方程 $f(x)=0$ 的根 x_0 隔离在区间 (x_1,x_2) 内. 在 x_1 及 x_2 这两个数中,每个数都可算作根 x_0 的近似值,第一个数 x_1 是弱值,第二个数 x_2 是强值(若 $x_1<x_2$),同时两者的差 x_2-x_1 显然是这些近似值的误差. 这里所讲方程近似根的解法中,需要有一种解法,就已知隔离区间 (x_1,x_2) 及函数 $f(x)$ 来说,能找出满足下列不等式的新区间 $[x_1',x_2']$,即

$$x_1\leqslant x_1'<x_0<x_2'\leqslant x_2$$

换句话说,需要设法把隔离区间变窄,这时根 x_0 的近似值 x_1' 及 x_2' 显然要比 x_1 及 x_2 好.

用同样的或其他的办法来处理区间 $[x_1',x_2']$,可求得根 x_0 的更好的近似值 x_1'',x_2'',然后再根据区间 $[x_1'',x_2'']$ 及函数 $f(x)$ 求出更好的近似值 x_1''',x_2''',等等.

在各种现有办法中,我们要讲最简便的三种:累试法、弦位法[也叫 regula falsi(错位法)]、切线法(也就是牛顿法)以及三者的综合法.

注意 若函数 $f(x)$ 在点 $x=x_0$ 的邻域内可表达为 $(x-x_0)^k f_1(x)$,其中 k 为正整数,而 $f_1(x_0)\neq 0$,则 x_0 叫作方程 $f(x)=0$(或函数 $f(x)$)的 k 重根(或零值点). 若 $f(x)$ 在点 x_0 处具有 k 阶导数,则由 $(x-x_0)^k f_1(x)$ 的相继各阶导数不难证明

$$f(x_0)=f'(x_0)=\cdots=f^{(k-1)}(x_0)=0$$

而 $f^{(k)}(x_0)\neq 0$. 反过来说,若后面这些条件成立,则可知 $f(x)$ 能写成 $(x-x_0)^k f_1(x)$ 的形式,其中 $f_1(x_0)\neq 0$,于是 $x=x_0$ 是函数 $f(x)$ 的 k 重零值点. 这

样可以承认:若函数$f(x)$可微分k次,则在$x=x_0$处具有k重零值点的必要及充分条件为

$$f(x_0)=f'(x_0)=\cdots=f^{(k-1)}(x_0)=0,f^{(k)}(x_0)\neq 0$$

若$k=1$,则所论根(或零值点)叫作一重根或单根.

如方程

$$f(x)=x^3-5x^2+8x-4=0$$

有二重根$x=2$及单根$x=1$,因为

$$f(2)=0,f'(2)=0,f''(2)\neq 0$$

且

$$f(1)=0,f'(1)\neq 0$$

设用任意方法求得方程$f(x)=0$的根x_0的近似值x',现在要讲估计近似值的一般方法. 假定$f(x)$具有连续的导函数$f'(x)$且x_0是其单根,即$f'(x_0)\neq 0$. 根据中值定理可得

$$f(x')-f(x_0)=f'(\xi)(x'-x_0)$$

由此得

$$|x'-x_0|=\frac{|f(x')|}{|f'(\xi)|}$$

若在第一个隔离区间内有$|f'(x)|\geqslant m\neq 0$,则

$$|x'-x_0|\leqslant\frac{f(x')}{m} \tag{8}$$

由此可知,方程$f(x)=0$的单根x_0与其近似值x'的误差,等于函数$f(x)$的对应值$f(x')$(即以x'代替函数$f(x)$的零值点所得的函数值)的绝对值为m所除的商,其中m是含x_0及x'的那个区间(隔离区间)内导函数$f'(x)$的最小值.

用公式(8)所定的误差常是不够好的,因为它与实际差值通常相去甚远(姑且不说这个,求导函数$f'(x)$的最小值也常不是件容易的事). 故若用公式(8),则要达到所需准确度时,必然要做很多次计算,但估出较好的差值,这些计算就可省去,这时较好差值就是上述最小隔离区间的长.

Ⅰ. 累试法. 求方程近似根的各种方法中,这是个最为简单但并不是最好的方法. 设方程$f(x)=0$($f(x)$是连续函数)的根x_0的隔离区间是$[x_1,x_2]$,且$f(x_1)\cdot f(x_2)<0$. 最后这个条件表示在区间两端点处的函数值$f(x)$是异号的. 现在为确定起见,假设$f(x_1)<0$,而$f(x_2)>0$. 拿区间$[x_1,x_2]$内的任意值$x=x'$来试一试,把它代到函数$f(x)$中,若$f(x')$与$f(x_1)$同号,则就把x_1换成x',得到缩小后的隔离区间$[x',x_2]$;若$f(x')$与$f(x_2)$同号,则把x_2换成x',得到缩小后的隔离区间$[x_1,x']$. 事实上,根据条件,$[x_1,x_0]$是函数$f(x)$的负号区间,而$[x_0,x_2]$是正号区间,故由$f(x')$的正负号立即可以判定点x'在哪个区间内.

不断应用累试法后,即可得到一系列的点$x',x'',\cdots$,并且可以证明这个点

列的极限是方程的根 x_0,所以用累试法可以求出具有任意准确度的近似根.

为方便计算,不妨取前一个隔离区间的中点 $x'=\frac{x_1+x_2}{2}$ 作为新的试用点 x'.

考察方程

$$f(x)=x^3+1.1x^2+0.9x-1.4=0$$

研究函数 $f(x)$ 不难发现方程在区间[0,1]内有一个唯一的实根. 因为对一切 x 值来说

$$f'(x)=3x^2+2.2x+0.9>0$$

故函数单调增大,且又有 $f(0)=-1.4$,$f(1)=1.6$,因而知其图形只与 x 轴相交一次.

首先求出 $f(0.5)$ 及 $f(0.7)$(取 0.7,而不取 0.75,是为了使计算简单些),有

$$f(0.5)=-0.55,f(0.7)=0.112$$

这表示区间[0.5,0.7]是所求根的隔离区间. 其次,又有

$$f(0.6)=-0.248,f(0.65)\approx-0.076,f(0.67)\approx-0.002$$

由此,显然可见以上各值逐渐接近于根,并且这个根位于区间[0.67,0.7]内,现在在区间内从左向右接近于根. 以 0.68 一试:$f(0.68)\approx0.035$.

这样就得到比原区间[0,1]小的新隔离区间[0.67,0.68](差 100 倍),若取0.675作为根的值,则所致误差将为 0.005.

比起下面所讲的弦位法及切线法,累试法常需要做更长的计算,因在累试法中每次所选择的比较准确的近似根是颇有偶然性的,而在下面所讲的两种方法中,这种选择却是有目的性的.

Ⅱ. 弦位法. 用这种方法时的条件还是与累试法中的一样. 把曲线 $y=f(x)$ 在区间 $[x_1,x_2]$ 上对应 $\widehat{M_1M_2}$(图 27)的两端连成弦 M_1M_2. 则由图 27 可见,在情形(a)时,点 $x=x_1'$ 距离 x_0 比 x_1 近. 从这缩小后的新区间 $[x_1',x_2]$ 出发,用同样方法可得点 x_1'',它距 x_0 比 x_1' 还要近,这样便得到从左到右(即逐渐增大的)趋于未知根 x_0 的一系列点 $x_1,x_1',x_1'',\cdots$. 同样,在情形(b)时,也可得一系列从右到左(即逐渐减小的)且趋于根 x_0 的点 $x_2,x_2',x_2'',\cdots$.

写出弦 M_1M_2 的方程

$$\frac{y-f(x_1)}{f(x_2)-f(x_1)}=\frac{x-x_1}{x_2-x_1}\text{或}\frac{y-f(x_2)}{f(x_1)-f(x_2)}=\frac{x-x_2}{x_1-x_2}$$

后,令 $y=0$,即求得弦与 x 轴交点的横坐标 x' 为

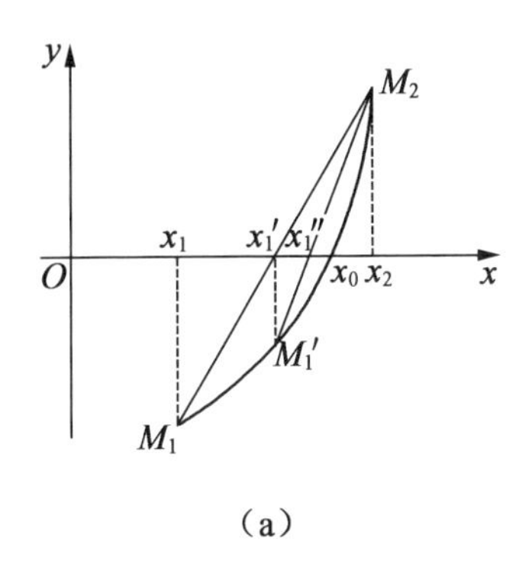

(a)

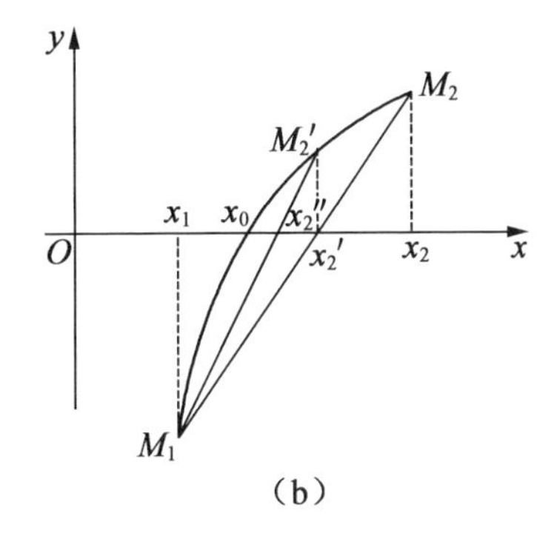

(b)

图 27

$$x'=x_1-\frac{f(x_1)}{\frac{f(x_2)-f(x_1)}{x_2-x_1}}\text{或 }x'=x_2-\frac{f(x_2)}{\frac{f(x_2)-f(x_1)}{x_2-x_1}}①\tag{9}$$

这个式子对(a)(b)两种情形都适合(并且在$f(x_1)>0,f(x_2)<0$时也适合),它使我们能从根的原有两个近似值x_1及x_2求出新近似值x',为了缩小隔离区间,就需把x_1或x_2换成x',至于这两点之中哪一点应该换,则可根据函数$f(x)$的性质或者根据$f(x')$的正负号决定.

例 16 把弦位法用于同一方程

$$f(x)=x^3+1.1x^2+0.9x-1.4=0$$

设$x_1=0,x_2=1$,则用公式(9)求得

$$x'=1-\frac{f(1)}{\frac{f(1)-f(0)}{1-0}}=1-\frac{1.6}{1.6+1.4}\approx 0.467$$

然后设$x_1=0.467,x_2=1$,则有

$$x''=1-\frac{f(1)}{\frac{f(1)-f(0.467)}{1-0.467}}\approx 0.617$$

同样可求得

$$x'''\approx 0.660,x^{(4)}\approx 0.668,x^{(5)}\approx 0.670,x^{(6)}\approx 0.670$$

$x^{(5)}$及$x^{(6)}$的前三位数字相同,这表示已接近于根的真值,并且以后做这类计算时也总是如此. 现在为说明准确度,就以数值 0.671 试一下,因为$f(0.671)\approx 0.0013$,而$f(0.670)<0$,故新隔离区间是[0.670,0.671],其长度为 0.001. 若

① 不难证明

$$x_1-\frac{f(x_1)}{\frac{f(x_2)-f(x_1)}{x_2-x_1}}=x_2-\frac{f(x_2)}{\frac{f(x_2)-f(x_1)}{x_2-x_1}}=\frac{x_1f(x_2)-x_2f(x_1)}{f(x_2)-f(x_1)}$$

取0.670 5作为根的近似值,则所致误差不超过0.000 5. 换句话说,若用累试法做同样多次的计算,则所致误差十倍于弦位法.

Ⅲ. 切线法. 这里不用条件$f(x_1)\cdot f(x_2)<0$($f(x_1)$及$f(x_2)$可以是同号的),但要假定对应于隔离区间$[x_1,x_2]$的一段曲线$y=f(x)$处处具有切线且无拐点(若$f(x)$可微分两次,则要假定$f''(x)$在区间$[x_1,x_2]$内不变号). 如同在弦位法中把曲线弧换成弦一样,在切线法中,把弧换成它的切线. 在$f(x_1)\cdot f(x_2)<0$的情形下,若弧是凹的($f''(x)\geqslant 0$),则可在x轴以上的那个弧的端点M_1(或M_2)处作切线[图28(a)],若弧是凸的($f''(x)\leqslant 0$),则在x轴下面的弧的端点处作切线[图28(b)];在$f(x_1)\cdot f(x_2)>0$的情形下,则不管在弧的哪一个端点处作切线都没有关系.

根据这些条件来作切线,就可保证切线与x轴的交点总在根x_0及隔离区间$[x_1,x_2]$的某一端点(x_1或x_2)之间. 于是$[x_1',x_2]$或$[x_1,x_2']$将为根x_0的一个缩小后的新隔离区间. 把切线法重复做无限多次,即得一个以根x_0为极限的数列. 由此可知,用切线法与弦位法都能任意准确地求得根.

曲线与x轴的相对位置有六种可能情形. 图28表示其中的两种,其余四种情形读者可以自己去画.

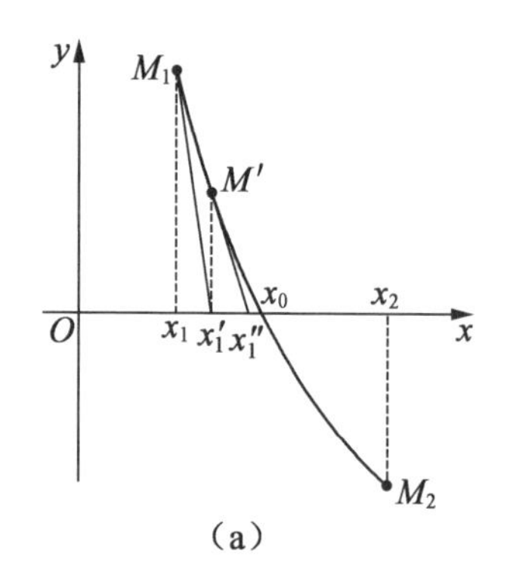

(a)

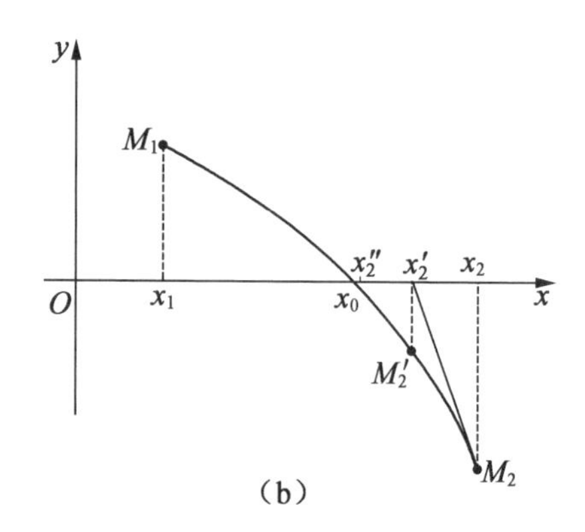

(b)

图28

写出切线M_1T(或M_2T)的方程

$$y-f(x_1)=f'(x_1)(x-x_1)\ (\text{或}\ y-f(x_2)=f'(x_2)(x-x_2))$$

令$y=0$,求出切线与x轴交点的横坐标x',有

$$x'=x_1-\frac{f(x_1)}{f'(x_1)}\ \left(\text{或}\ x'=x_2-\frac{f(x_2)}{f'(x_2)}\right) \tag{10}$$

用这个式子就可从原有的近似值x_1(或x_2)求出根的近似值$x'=x_1'$(或$x'=x_2'$).

切线法中表示x'的式(10)可以看作弦位法中表示x'的对应式(9)的极限情形. 当式(9)中的$x_2\to x_1$(或$x_1\to x_2$),因而弦趋于切线时,式(9)就变成式(10).

最后要注意,如果忽视了所讲的某一条件(例如,当有拐点时或在不适当的弧端点处作切线),那么切线法不但不会使隔离区间缩小,反而会使它加宽,不会向根靠近,反而要与它远离.读者自己作图一试就可知道.

方程

$$f(x)=x^3+1.1x^2+0.9x-1.4=0$$

因为在区间[0,1]内

$$f''(x)=6x+2.2>0$$

所以要在横坐标为1的端点处作切线.根据公式(10)可得下面的数列

$$x'=1-\frac{f(1)}{f'(1)}=1-\frac{1.6}{6.1}\approx 0.738$$

$$x''=0.738-\frac{f(0.738)}{f'(0.738)}\approx 0.674$$

$$x'''\approx 0.671$$

$$x^{(4)}\approx 0.671$$

同时在求近似值的过程中可知 $f(0.671)>0$.又因 $f(0.670)<0$,故知根的新隔离区间是[0.670,0.671].用切线法求出这个区间时比用弦位法来得快.

Ⅳ.综合法.若解方程时一齐应用以上各法,则所用方法常叫作综合法.用综合法可使求所须准确度的近似根的过程加快些.

设累试法、弦位法及切线法中所讲的条件都满足:方程 $f(x)=0$ 中根 x_0 的隔离区间是 $[x_1,x_2]$,对应于该隔离区间的一段曲线 $y=f(x)$ 上每点处都有切线且无拐点,并且 $f(x_1)\cdot f(x_2)<0$.如果在这些条件下同时应用弦位法及切线法,那么可得两批点列,各从 x_0 的两侧趋近于 x_0.从两侧来缩小隔离区间,故可在较短时间内(即是用较少量的计算)求得指定准确度的近似值.在图28所示的情形(a)下,用切线法可得根 x_0 左边的近似值 $x_1^{(n)}$(弱值),用弦位法可得右边的近似值 $x_2^{(n)}$(强值);在图28所示的情形(b)下,则与此相反.若用综合法做了 n 步后所得近似值为 $x_1^{(n)}$ 及 $x_2^{(n)}$,则后面的 $n+1$ 步近似值[例如在图28所示的情形(a)下] $x_1^{(n+1)}$ 及 $x_2^{(n+1)}$ 可用以下公式求出

$$x_1^{(n+1)}=x_1^{(n)}-\frac{f(x_1^{(n)})}{f'(x_1^{(n)})} \tag{11}$$

$$x_2^{(n+1)}=x_1^{(n)}-\frac{f(x_1^{(n)})}{\dfrac{f(x_2^{(n)})-f(x_1^{(n)})}{x_2^{(n)}-x_1^{(n)}}} \tag{12}$$

应注意公式(11)与切线法中的式子一样,不牵涉到弦位法,但公式(12)却与只用弦位法(而不牵涉到切线法)时所得的公式不同.在累次应用弦位法(而不用切线法)时,曲线上作为弦端的某一点(例如 M_1)是不变的,但在公式(12)

中的两点都是变的，并且是彼此渐相靠拢的. 也正就是这种情况，使我们所算得的值 $x^{(n)}$ 接近于根 x_0.

把 x_0 换成 $x_1^{(n+1)}$ 或 $x_2^{(n+1)}$ 后所致的误差可用下面的差式估出

$$x_2^{(n+1)}-x_1^{(n+1)}$$

由此可知，单独应用弦位法或切线法时，做了几步之后所得的值 $x^{(n)}$ 可能对所求的根有很高的(或够用的)准确度，但是不能保证一定会有这种准确度. 而综合法却正好使我们能更精确地指出由弦位法或切线法所得近似根的误差.

当然，综合法也可以由弦位法或切线法与累试法合成，例如前面解方程

$$f(x)=x^3+1.1x^2+0.9x-1.4=0$$

时就那样做过.

现在我们来用综合法. 已有 $x_1'\approx0.467$ 及 $x_2'\approx0.738$.

由公式(11)及(12)得

$$x_1''=0.467-\frac{f(0.467)(0.738-0.467)}{f(0.738)-f(0.467)}\approx0.658,x_2''\approx0.674$$

$$x_1'''=0.658-\frac{f(0.658)(0.674-0.658)}{f(0.674)-f(0.658)}\approx0.670,x_2'''\approx0.671$$

这里算了三步就得到比原隔离区间[0,1]小的新隔离区间[0.670,0.671](差 1 000 倍).

§5 泰勒公式及其应用

86. 多项式的泰勒公式

多项式是用最简单的解析式子所规定的函数，它由自变量及常量仅用加与乘两种运算方法所构成. 因此我们只用四则运算便可直接求出多项式(有理分式函数当然也一样)的数值，而不必用其他任何辅助资料，但在计算其他任何解析式所给出的函数值时，就得用基本初等函数表. 那些表是根据全部数学解析上极重要的泰勒①公式计算出来的. 泰勒公式能把函数近似地表达为自变量的多项式，因而可把复杂的解析式子换成最简单的解析式子. 此外，有了泰勒公式之后，便可用各阶导函数来研究函数本身，这是前面已经提过的.

先设函数 $f(x)$ 是 n 次多项式，我们要把多项式 $f(x)$ 按 $x-x_0$ 的乘幂展开，换句话说，要把 $f(x)$ 写成差式 $x-x_0$ 各项乘幂所构成的多项式，其中 x_0 是

① 泰勒(Taylor,1685—1731)，牛顿的学生.

某一 x 值.

写出 $f(x)$ 恒等于下列多项式(当然也是 n 次的)

$$f(x)=a_0+a_1(x-x_0)+a_2(x-x_0)^2+\cdots+a_n(x-x_0)^n$$

于是问题就在于决定未知系数 $a_0,a_1,a_2,\cdots,a_n$. 在每个具体问题中,我们用纯粹代数方法便可求出这些数,可以把等式左右两边都按 x 的乘幂展开. 因为这是一个恒等式,所以 x 同幂项的系数应彼此相等①,使右边的系数等于左边对应的已知系数,便得 $n+1$ 个自变量 $a_0,a_1,\cdots,a_n$ 的 $n+1$ 个联立方程,解出后即得所需各系数.

例 1 把 $f(x)=-3+x-x^2+2x^3$ 展成 $x-1$ 的多项式.

解 设

$$-3+x-x^2+2x^3=a_0+a_1(x-1)+a_2(x-1)^2+a_3(x-1)^3$$

由此得

$$\begin{aligned}-3+x-x^2+2x^3=&(a_0-a_1+a_2-a_3)+\\&(a_1-2a_2+3a_3)x+\\&(a_2-3a_3)x^2+a_3x^3\end{aligned}$$

于是知

$$\begin{gathered}a_0-a_1+a_2-a_3=-3\\a_1-2a_2+3a_3=1\\a_2-3a_3=-1\\a_3=2\end{gathered}$$

从上面的联立方程可求出

$$a_3=2,a_2=5,a_1=5,a_0=-1$$

故得恒等式

$$-3+x-x^2+2x^3=-1+5(x-1)+5(x-1)^2+2(x-1)^3$$

这种方法叫作待定系数法.

一般来说,用未知系数写成上面那样的所需式子,然后再用几个恒等的条件来决定那些系数,这种方法在数学中极为常用,其名为待定系数法.

---

① 这事很容易说明. 设有恒等式

$$\alpha_0+\alpha_1x+\cdots+\alpha_nx^n=\beta_0+\beta_1x+\cdots+\beta_nx^n$$

要证明

$$\alpha_0=\beta_0,\alpha_1=\beta_1,\cdots,\alpha_n=\beta_n$$

设 $x=0$,得 $\alpha_0=\beta_0$. 于是得恒等式

$$\alpha_1x+\cdots+\alpha_nx^n=\beta_1x+\cdots+\beta_nx^n$$

用 x 除恒等式的两边,然后再令 $x=0$,得 $\alpha_1=\beta_1$. 这样做下去便可得到所有的等式.

不过求系数 $a_0,a_1,a_2,\cdots,a_n$ 时，可按一般方法来做：我们能证明它们都可用已知函数(多项式)$f(x)$的导函数简单表出. 现在求这些式子.

首先，令恒等式

$$f(x)=a_0+a_1(x-x_0)+a_2(x-x_0)^2+\cdots+a_n(x-x_0)^n$$

中的 $x=x_0$，得 $f(x_0)=a_0$. 其次，取两边的一阶导数

$$f'(x)=a_1+2a_2(x-x_0)+\cdots+na_n(x-x_0)^{n-1}$$

并在这个新恒等式中再令 $x=x_0$，于是得 $f'(x_0)=a_1$. 再微分一次

$$f''(x)=2a_2+\cdots+n(n-1)a_n(x-x_0)^{n-2}$$

令 $x=x_0$，得 $f''(x_0)=2a_2$.

继续微分，并在每次所得恒等式中令 $x=x_0$，得以下各等式

$$f'''(x_0)=3\cdot 2a_3$$

$$f^{(4)}(x_0)=4\cdot 3\cdot 2a_4$$

$$\vdots$$

$$f^{(n)}(x_0)=n\cdot(n-1)\cdot\cdots\cdot 3\cdot 2\cdot a_n$$

显然，恒等式左右两边的第 $n+1$ 阶导数都等于 0.

故最后得

$$a_0=f(x_0),a_1=f'(x_0),a_2=\frac{f''(x_0)}{2!},a_3=\frac{f'''(x_0)}{3!},\cdots,a_n=\frac{f^{(n)}(x_0)}{n!}$$

于是

$$f(x)=f(x_0)+f'(x_0)(x-x_0)+\frac{f''(x_0)}{2!}(x-x_0)^2+\cdots+\frac{f^{(n)}(x_0)}{n!}(x-x_0)^n \tag{1}$$

用这个公式可把已知多项式 $f(x)$ 写成按差式 $x-x_0$ 的乘幂所构成的多项式，这就是多项式的泰勒公式.

在前例中，设 $x_0=1$，则

$$f(1)=(-3+x-x^2+2x^3)_{x=1}=-1$$

$$f'(1)=(1-2x+6x^2)_{x=1}=5$$

$$f''(1)=(-2+12x)_{x=1}=10$$

$$f'''(1)=(12)_{x=1}=12$$

所得展开式与前例相同.

另外一个有趣的例子是把 n 次多项式 $f(x)=(1+x)^n$ 展开为 x 的多项式，也就是展成差式 $x-0$ 的多项式. 这时得

$$f(0)=1$$

$$f'(0)=n$$

$$f''(0)=n(n-1)$$

$$\vdots$$

$$f^{(k)}(0)=n(n-1)\cdots(n-k+1)$$

$$\vdots$$

$$f^{(n)}(0)=n\cdot(n-1)\cdot\cdots\cdot3\cdot2\cdot1$$

于是根据泰勒公式

$$(1+x)^n=1+nx+\frac{n(n-1)}{2!}x^2+\cdots+\frac{n(n-1)\cdots(n-k+1)}{k!}x^k+\cdots+x^n$$

就得到幂指数为正整数时的牛顿二项展开式. 于是牛顿二项展开式是泰勒公式的特殊情形.

这里我们不讲泰勒公式的用法,因为还要讲其他的函数的泰勒公式,然后在后文中将要从一般方面来讨论这个问题.

87. 泰勒公式

设函数$f(x)$不是多项式,则公式(1)就不能再成立,因为这时右边是多项式,而左边不是多项式,但可把这个公式看作一个近似式子而非准确式子. 值得注意的是,它的差值很易于求出或估计出来,并且这个差值在很自然的条件下可以取得足够小,而近似公式的意义也正是如此.

设函数$f(x)$在点x_0的某一邻域上有$n+1$阶导数. 在该邻域上取任一点x并写出以下的式子

$$f(x)=f(x_0)+f'(x_0)(x-x_0)+\frac{1}{2!}f''(x_0)(x-x_0)^2+\cdots+$$
$$\frac{1}{n!}f^{(n)}(x_0)(x-x_0)^n+R_n \tag{2}$$

其中最后一项R_n是函数值与多项式

$$N_n(x-x_0)=f(x_0)+f'(x_0)(x-x_0)+\frac{1}{2!}f''(x_0)(x-x_0)^2+\cdots+$$
$$\frac{1}{n!}f^{(n)}(x_0)(x-x_0)^n$$

对应值的差,而多项式$N_n(x-x_0)$叫作函数$f(x)$在点x_0处的n次泰勒多项式.

若$f(x)$是n次多项式,则$R_n=0$. 但当$f(x)$为其他函数时,R_n是一个或大或小的数值. 当R_n足够小时,可以取多项式$N_n(x-x_0)$的值作为$f(x)$的近似值. 现在第一个问题是要求出一个简便的式子来表示R_n,然后才可能估计出它的大小,从而知道$f(x)$换成$N_n(x-x_0)$后所产生的误差.

我们要让R_n的形式与泰勒多项式中公项的形式相同,也就是假设

$$R_n=\frac{1}{(n+1)!}D_n\cdot(x-x_0)^{n+1}$$

然后着手求D_n的式子,求出D_n之后,也就求出了R_n的式子.

引入一个辅助函数$F(t)$,其中t是某一自变量

$$F(t)=f(x)-\left[N_n(x-t)+\frac{1}{(n+1)!}D_n\cdot(x-t)^{n+1}\right]$$

即

$$F(t)=f(x)-\left[f(t)+f'(t)(x-t)+\frac{1}{2!}f''(t)(x-t)^2+\cdots+\right.$$

$$\left.\frac{1}{n!}f^{(n)}(t)(x-t)^n+\frac{1}{(n+1)!}D_n\cdot(x-t)^{n+1}\right]$$

从这里可以看出辅助函数 $F(t)$ 的做法如下：除了表达式 R_n 中的因子 D_n（一般来说，D_n 要取决于 x_0 及 x 两者），把公式（2）右边所有的 x_0 都换成 t，然后从 $f(x)$ 减去所得的式子.

依照公式（2）看来，可知 $t=x_0$ 时，$F(x_0)=0$，又从 $F(t)$ 的式子直接可以看出 $t=x$ 时，$F(x)=0$. 于是根据罗尔定理可知，它的导函数应在 x_0 及 x 之间的一点 $t=\xi$ 处等于 0：$F'(\xi)=0$，其中 $x_0<\xi<x$ 或 $x_0>\xi>x$. 现在求出 $F'(t)$，即

$$F'(t)=-\left[f'(t)+f''(t)(x-t)-f'(t)+\frac{1}{2!}f'''(t)(x-t)^2-\right.$$

$$f''(t)(x-t)+\cdots+\frac{1}{n!}f^{(n+1)}(t)(x-t)^n-$$

$$\left.\frac{1}{(n-1)!}f^{(n)}(t)(x-t)^{n-1}-\frac{1}{n!}D_n\cdot(x-t)^n\right]$$

亦即

$$F'(t)=\frac{1}{n!}(x-t)^n[D_n-f^{(n+1)}(t)]$$

由此可知

$$F'(\xi)=\frac{1}{n!}(x-\xi)^n[D_n-f^{(n+1)}(\xi)]=0$$

可求得 D_n 的表达式为

$$D_n=f^{(n+1)}(\xi)\quad(\xi=x_0+\theta(x-x_0),0<\theta<1)$$

故

$$R_n=\frac{1}{(n+1)!}f^{(n+1)}(\xi)(x-x_0)^{n+1}$$

所以

$$f(x)=f(x_0)+f'(x_0)(x-x_0)+\frac{1}{2!}f''(x_0)(x-x_0)^2+\cdots+$$

$$\frac{1}{n!}f^{(n)}(x_0)(x-x_0)^n+\frac{1}{(n+1)!}f^{(n+1)}(\xi)(x-x_0)^{n+1}\tag{3}$$

以上就是函数 $f(x)$ 的 n 阶泰勒公式.

上面这个准确公式中的最后一项与其余各项的不同之处在于其中的对应

导函数值不取在已知点 x_0 处,而取在 x_0 及 x 间的一点 ξ 处. 这一项就是函数 $f(x)$ 与其对应 n 阶泰勒多项式 $N_n(x-x_0)$ 的差,换句话说,它给出了近似等式

$$f(x)\approx N_n(x-x_0)$$

的差值 R_n. R_n 叫作 n 阶泰勒公式的余项.

泰勒公式是拉格朗日公式的推广,在泰勒公式中取 $n=0$,即得拉格朗日公式.

现在我们把泰勒定理陈述于下:

泰勒定理 若函数 $f(x)$ 在区间 (a,b) 上具有到 $(n+1)$ 阶为止的导函数,则该函数可表示为多项式 $N_n(x-x_0)$ 及余项 R_n 的和

$$f(x)=N_n(x-x_0)+R_n=f(x_0)+f'(x_0)(x-x_0)+\cdots+\frac{1}{n!}f^{(n)}(x_0)(x-x_0)^n+\frac{1}{(n+1)!}f^{(n+1)}(\xi)(x-x_0)^{n+1}$$

其中 $a<x<b, a<x_0<b, \xi$ 在 x_0 及 x 之间.

泰勒公式常取 $x_0=0$ 时的形式. 这时[1]

$$f(x)=f(0)+f'(0)x+\frac{1}{2!}f''(0)x^2+\cdots+\frac{1}{n!}f^{(n)}(0)x^n+\frac{1}{(n+1)!}f^{(n+1)}(\xi)x^{n+1}$$

这里多项式 N_n 直接以自变量的乘幂展开.

若用 Δx 表示 $x-x_0(x=x_0+\Delta x)$,则可把泰勒公式写成另一种形式

$$f(x_0+\Delta x)=f(x_0)+f'(x_0)\Delta x+\frac{1}{2!}f''(x_0)\Delta x^2+\cdots+\frac{1}{n!}f^{(n)}(x_0)\Delta x^n+\frac{1}{(n+1)!}f^{(n+1)}(\xi)\Delta x^{n+1}$$

由此得

$$\Delta f(x_0)=\mathrm{d}f(x_0)+\frac{1}{2!}\mathrm{d}^2f(x_0)+\cdots+\frac{1}{n!}\mathrm{d}^nf(x_0)+\frac{1}{(n+1)!}\mathrm{d}^{n+1}f(\xi)\tag{4}$$

其中 $\xi=x_0+\theta\Delta x, 0<\theta<1$.

公式(4)表示,若函数满足泰勒定理中的条件,则其增量可写成相继各阶微分在同一值 $x=x_0$ 时的简单和式(泰勒和式),但最高阶微分所取值是自变量的已知值 x_0 与增值 $x_0+\Delta x$ 间的一个值.

当 $\Delta x\to 0$ 时,再把函数增量分解为各阶微分的和的分解法是特别值得注意的. 这时从公式(4)立刻可以看出下列各阶微分的泰勒和式

$$\mathrm{d}f(x_0)+\frac{1}{2!}\mathrm{d}^2f(x_0)+\cdots+\frac{1}{k!}\mathrm{d}^kf(x_0)\quad(k\leqslant n)$$

是无穷小增量 $\Delta f(x_0)$ 的近似值,其准确度为不低于 $k+1$ 阶的无穷小. 特别地,

---

[1] 在这种情形下的泰勒公式有人毫无根据地把它叫作麦克劳林公式.

任一函数的微分与其增量的差不低于二阶的无穷小.

88. 泰勒公式的一些应用、举例

Ⅰ. 函数的性质. 设在点 x_0 处有

$$f'(x_0)=f''(x_0)=\cdots=f^{(k-1)}(x_0)=0$$

而 $f^{(k)}(x_0)\neq 0$. 则

$$\Delta f(x_0)=f(x_0+\Delta x)-f(x_0)=\frac{1}{k!}\mathrm{d}^k f(x_0)+\cdots+\frac{1}{(n+1)!}\mathrm{d}^{n+1}f(\xi)$$

当 $\Delta x\to 0$ 时,右边的式子是无穷小的和,且其中第一项是最低阶的无穷小. 当 Δx 足够小时,只要最低阶的无穷小不等于0,则各阶无穷小的和的正负号应与最低阶无穷小的正负号相同①,换句话说,就上式来说,应与 $\mathrm{d}^k f(x_0)$ 的正负号相同.

因此在所述条件下,增量

$$\Delta f=f(x_0+\Delta x)-f(x_0)$$

在点 x_0 的足够小的邻域上与微分

$$\mathrm{d}^k f(x_0)=f^{(k)}(x_0)\Delta x^k$$

同号.

若 k 是奇数,则 Δf 在 $\Delta x>0$ 及 $\Delta x<0$ 时为异号. 于是可能有两种情形: $f^{(k)}(x_0)<0$,这时点 x_0 左边的函数值大于点 x_0 处的函数值(因 $\Delta x<0$ 时,$\Delta f>0$),而点 x_0 右边的函数值小于 $x=x_0$ 处的函数值(因 $\Delta x>0$ 时,$\Delta f<0$); $f^{(k)}(x_0)>0$,这时正与以前相反,在点 x_0 左边的函数值小于点 x_0 处的函数值,而右边的函数值大于点 x_0 处的函数值.

换句话说,在第一种情形下,函数在点 x_0 处减小,在第二种情形下增大.

若 k 是偶数,则 Δf 在 $\Delta x<0$ 及 $\Delta x>0$ 时均为同号(即与 $f^{(k)}(x_0)$ 同号). 这时,若 $f^{(k)}(x_0)<0$,则点 x_0 处的函数值大于点 x_0 左右两边的函数值;若 $f^{(k)}(x_0)>0$,则小于点 x_0 左右两边的函数值. 换句话说,在第一种情形下,函数在点 x_0 处取得极大值,而在第二种情形下,取得极小值.

于是我们得到一个判断函数"在一点处"性质的一般解析准则,概括了以前所求的那些准则:

若

$$f'(x_0)=f''(x_0)=\cdots=f^{(k-1)}(x_0)=0$$

---

① 若设 $\beta,\gamma,\cdots,\omega$ 为阶数高于 α 的无穷小,并且 $\alpha\neq 0$,这时

$$\alpha+\beta+\gamma+\cdots+\omega=\alpha\left(1+\frac{\beta}{\alpha}+\frac{\gamma}{\alpha}+\cdots+\frac{\omega}{\alpha}\right)$$

又因和式 $\frac{\beta}{\alpha}+\frac{\gamma}{\alpha}+\cdots+\frac{\omega}{\alpha}$ 是无穷小,故括号内的总和是正的,因而 $\alpha+\beta+\gamma+\cdots+\omega$ 与 α 同号.

而

$$f^{(k)}(x_0)\neq 0$$

则:

(1)当 k 为奇数时,函数 $f(x)$ 在点 x_0 处无极值,这时若 $f^{(k)}(x_0)<0$,则 $f(x)$ 在该点处减小;若 $f^{(k)}(x_0)>0$,则 $f(x)$ 在该点处增大(特别是当 $k=1$ 时).

(2)当 k 为偶数时,函数 $f(x)$ 在点 x_0 处有极值,这时若 $f^{(k)}(x_0)<0$,则有极大值;若 $f^{(k)}(x_0)>0$,则有极小值(特别是当 $k=2$ 时,即得以前判定极值的准则).

同样,若用泰勒公式(4)来考虑差式 $\Delta f(x_0)-\mathrm{d}f(x_0)$,则可得判断拐点横坐标的一般解析准则:

若

$$f''(x_0)=f'''(x_0)=\cdots=f^{(k-1)}(x_0)=0$$

而

$$f^{(k)}(x_0)\neq 0$$

则当 k 为奇数时,曲线 $y=f(x)$ 上横坐标为 x_0 的一点是其拐点;而当 k 为偶数时,若 $f^{(k)}(x_0)<0$,则曲线在该点邻近是凸的,若 $f^{(k)}(x_0)>0$,则是凹的(特别是当 $k=3$ 及 $k=2$ 时,由此即得以前定拐点横坐标的准则).

注意 若在点 x_0 处除了函数的前 $k-1$ 阶导数等于0,还有函数本身也等于0,则由泰勒公式可知,函数 $f(x)$ 能写作

$$f(x)=(x-x_0)^k f_1(x)$$

其中函数 $f_1(x)$ 在 $x=x_0$ 处已不等于0. 换句话说,这时 x_0 是函数的 k 重零(值)点.

Ⅱ. 泰勒近似多项式. 假设在点 $x_0(a\leqslant x_0\leqslant b)$ 处已知函数 $f(x)$ 及其前 n 阶导数的数值,并已知 $f^{(n+1)}(x)$(就绝对值来说)在区间 $[a,b]$ 上的界限值 M_{n+1}: $|f^{(n+1)}(x)|\leqslant M_{n+1}$. 于是泰勒公式的余项的绝对值有一界限 δ_n 存在,而这个界限对区间 $[a,b]$ 上的任何点都成立,即

$$\begin{aligned}|R_n|&=\left|\frac{1}{(n+1)!}f^{(n+1)}(\xi)\,(x-x_0)^{n+1}\right|\\&=\frac{1}{(n+1)!}|f^{(n+1)}(\xi)|\,|x-x_0|^{n+1}\\&\leqslant\frac{M_{n+1}}{(n+1)!}(b-a)^{n+1}=\delta_n\end{aligned}$$

于是可以写出差式 $x-x_0$ 的一个 n 次泰勒多项式 $N_n(x-x_0)$,而此式在区间 $[a,b]$ 上任一点处的值可作为函数的近似值,其误差等于

$$\delta_n=\frac{M_{n+1}}{(n+1)!}(b-a)^{n+1}$$

这时,多项式 $N_n(x-x_0)$ 在区间 $[a,b]$ 上都以同样的误差 δ_n 近似于函数 $f(x)$(换句话说,这时误差 δ_n 对于全部区间 $[a,b]$ 都适用).

这事在几何上的意义是:在区间 $[a,b]$ 上,曲线 $y=f(x)$ 与 n 次抛物线 $y=N_n(x-x_0)$ 的位置彼此相距不超过 δ_n,更精确地说,在区间 $[a,b]$ 上任一点处,两者对应纵坐标相差的绝对值不超过 δ_n.

这样,我们就有可能把复杂的函数换成最简单的函数(多项式),把复杂的曲线换成极简单的曲线(抛物线),并且更重要的是可以估计出如此替换后所致的误差. 当然只有在误差 δ_n 足够小,且在任何情形下,比忽略后无损于最后讨论结果的那个值还小,做这种替换才是适宜的. 特别是由此可以得到计算函数值的极简单的近似值计算法. 如果根据泰勒公式把高次多项式换成低次多项式,那么连多项式本身的求值问题也可以大大化简.

例如,求 $x=1.025$ 时下列多项式的值

$$f(x)=2+x-2x^2-x^5+x^7+2x^{10}-x^{20}$$

根据泰勒公式得

$$f(1.025)=f(1+0.025)=f(1)+f'(1)\cdot 0.025+\frac{1}{2!}f''(1)\cdot 0.025^2+\frac{1}{3!}f'''(1)\cdot 0.025^3+\cdots+\frac{1}{20!}f^{(20)}(1)\cdot 0.025^{20}$$

只限于计算前四项,得

$$f(1.025)\approx 2-1\times 0.025-\frac{182}{2}\times 0.025^2-\frac{5\ 250}{6}\times 0.025^3\approx 1.904$$

如果直接代入后全部算出,并取同样的位数,则得

$$f(1.025)=2+1.025-2\times 1.025^2-1.025^5+1.025^7+2\times 1.025^{10}-1.025^{20}\approx 1.903$$

这里可以看出,用泰勒公式能免掉多位数字的高次乘幂的繁杂计算,而且还能得到三位的可靠数字.

现在我们来讲用泰勒公式得出的几个简单而重要的近似多项式以及计算函数近似值的几个例子:

Ⅲ. 举例.

(1)求函数 $y=e^x$ 在 $x_0=0$ 时的 n 阶泰勒公式. 因对于任何阶数 k 来说

$$(e^x)^{(k)}=e^x$$

故得泰勒公式为

$$e^x=1+x+\frac{1}{2!}x^2+\cdots+\frac{1}{n!}x^n+\frac{1}{(n+1)!}e^{\xi}x^{n+1}\quad (\xi=\theta x,0<\theta<1)$$

若在任意一个固定区间 $[-M,M]$ 上来考虑这个展开式,则可估出余项

$$\frac{1}{(n+1)!}e^{\xi}|x|^{n+1} \leqslant \frac{1}{(n+1)!}e^{M}M^{n+1}=\delta_n$$

由此可知,若在区间$[-M,M]$上把函数 e^x 换成多项式

$$N_n(x)=1+x+\frac{1}{2!}x^2+\cdots+\frac{1}{n!}x^n$$

则所致误差等于 δ_n.

特别地,当 $x=1$ 时,可算得准确度达$\frac{3}{(n+1)!}$的 e 值为

$$e\approx 2+\frac{1}{2!}+\frac{1}{3!}+\cdots+\frac{1}{n!}$$

当 $n=10$ 时,用这个式子可算得 e 的七位可靠数字

$$e=2.718\ 281\cdots$$

利用所给的误差 δ,由不等式

$$\delta_n=\frac{1}{(n+1)!}e^{M}M^{n+1}<\delta$$

可以求出能保证已知准确度的项数 n.

(2)用 $x_0=0$ 时的泰勒公式表出函数 $f(x)=\sin x$.

因

$$f^{(k)}(x)=\sin\left(x+k\ \frac{\pi}{2}\right)$$

即

$$f(0)=0, f'(0)=1, f''(0)=0, f'''(0)=-1, f^{(4)}(0)=0,\cdots$$

故

$$\sin x=x-\frac{1}{3!}x^3+\frac{1}{5!}x^5+\cdots\pm\frac{1}{(2n-1)!}x^{2n-1}+\frac{1}{(2n)!}\sin(\xi+n\pi)\cdot x^{2n}$$

$$(\xi=\theta x, 0<\theta<1)$$

这时根据不等式$|\sin x|\leqslant 1$,显然可得

$$\delta_n=\frac{1}{(2n)!}M^{2n}$$

其中$[-M,M]$为讨论函数时所考虑的区间,于是,在区间$[-M,M]$上把函数 $\sin x$换成多项式

$$N_n(x)=x-\frac{1}{3!}x^3+\frac{1}{5!}x^5-\cdots\pm\frac{1}{(2n-1)!}x^{2n-1}$$

后所致的误差已经求得. 当 $n=1,2,3$ 时,即可得 $\sin x$ 的几个常用的近似式子

$$\sin x\approx x, \sin x\approx x-\frac{x^3}{6}, \sin x\approx x-\frac{x^3}{6}+\frac{x^5}{120}$$

这三个公式的准确度是依次增加的,其中前两个公式在第二章及本章中都

已知道.

如图 29 所示是函数 $y=\sin x$ 及其近似多项式

$$y=x, y=x-\frac{1}{6}x^3, y=x-\frac{1}{6}x^3+\frac{1}{120}x^5$$

四者在点 $x=0$ 的邻域上的比较图形.

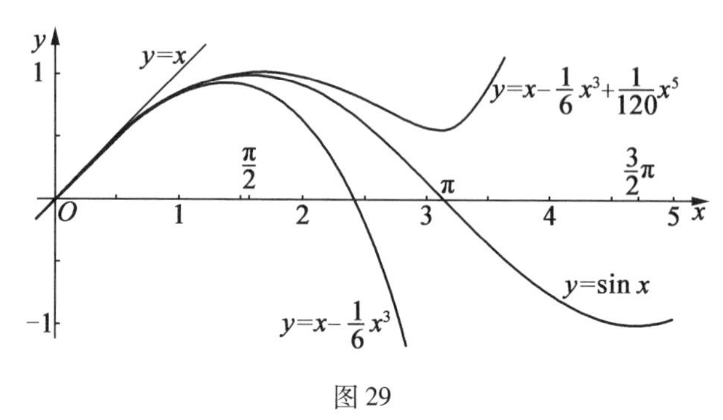

图 29

同样可证

$$\cos x\approx 1-\frac{1}{2!}x^2+\frac{1}{4!}x^4-\cdots+(-1)^n\frac{1}{(2n)!}x^{2n}$$

在区间$[-M,M]$上的误差为

$$\delta_n=\frac{1}{(2n+1)!}M^{2n+1}$$

当 $n=1,2,3$ 时,得

$$\cos x\approx 1-\frac{x^2}{2}, \cos x\approx 1-\frac{x^2}{2}+\frac{x^4}{24}, \cos x\approx 1-\frac{x^2}{2}+\frac{x^4}{24}-\frac{x^6}{720}$$

在点 $x=0$ 的足够小的邻域上,可用以上这些公式求得函数 $\cos x$ 的任意准确的数值,且各式的准确度也依次增加. 图 30 是函数 $y=\cos x$ 及其近似多项式

$$y=1-\frac{x^2}{2}, y=1-\frac{x^2}{2}+\frac{x^4}{24}, y=1-\frac{x^2}{2}+\frac{x^4}{24}-\frac{x^6}{720}$$

四者在点 $x=0$ 的邻域上的比较图形.

以上所得函数 e^x, $\sin x$, $\cos x$ 的各近似多项式是实际计算函数值时要用到的.

(3) 设 $f(x)=\ln(1+x)$. 这时

$$f^{(k)}(x)=(-1)^{k-1}\frac{(k-1)!}{(1+x)^k}$$

即

$$f(0)=0, f'(0)=1, f''(0)=-1, f'''(0)=2!, \cdots, f^{(k)}(0)=(-1)^{k-1}(k-1)!$$

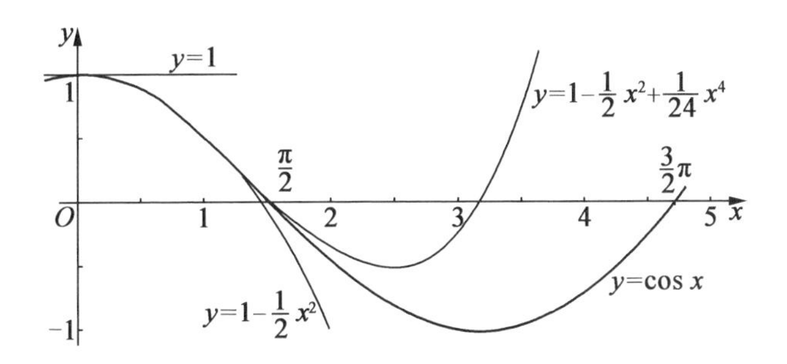

图 30

故当 $x_0=0$ 时,$\ln(1+x)$①的泰勒公式为

$$\ln(1+x)=x-\frac{1}{2}x^2+\frac{1}{3}x^3-\cdots+\frac{(-1)^n}{n+1}\cdot\frac{1}{(1+\xi)^{n+1}}x^{n+1}$$

$$(\xi=\theta x,0<\theta<1)$$

在区间[0,1]②上可估出

$$|R_n|=\frac{1}{n+1}\cdot\frac{x^{n+1}}{(1+\xi)^{n+1}}<\frac{1}{n+1}=\delta_n$$

根据这个误差率,要用上式定出足够准确的函数值 $\ln(1+x)(0<x<1)$ 时,必须把多项式的次数取得很高. 因实际计算函数值 $\ln(1+x)$ 时(并且不只限于区间 $(0,1)$ 上的 x,而是就任何一个 $x>-1$ 的 x 来计算的),要把上述公式做一番特殊变换,然后再用变换后的公式来算,这事在第九章中要讲到.

当 $n=1,2,3$ 时,可得下列近似等式

$$\ln(1+x)\approx x,\ln(1+x)\approx x-\frac{x^2}{2},\ln(1+x)\approx x-\frac{x^2}{2}+\frac{x^3}{3}$$

这些等式的准确度依次增加,且在点 $x=0$ 的足够小邻域上可达任意准确度. 第一个近似等式在第二章中就已知道. 如图 31 所示是函数 $y=\ln(1+x)$ 与前三个泰勒多项式的比较图形.

(4)最后,我们来考察指数为任意值 m 的二项式

$$f(x)=(1+x)^m$$

按 n 阶泰勒公式求 $(1+x)^m$ 在 $x_0=0$ 处的展开式③. 因

① 我们不可能考虑 $x_0=0$ 时 $\ln x$ 的泰勒公式,因这个函数在点 $x=0$ 处无定义.

② 从余项(即误差 δ_n)的估计可知,在一般情形下,泰勒公式不能应用在 x 的其他变化区间上. 因此这里只限于考虑区间[0,1].

③ 我们之所以不直接讲幂函数 x^m,是因为在 m 非整数时(而这才是值得研究的情形),x^m 的导函数从某一阶起,在点 $x=0$ 处不存在.

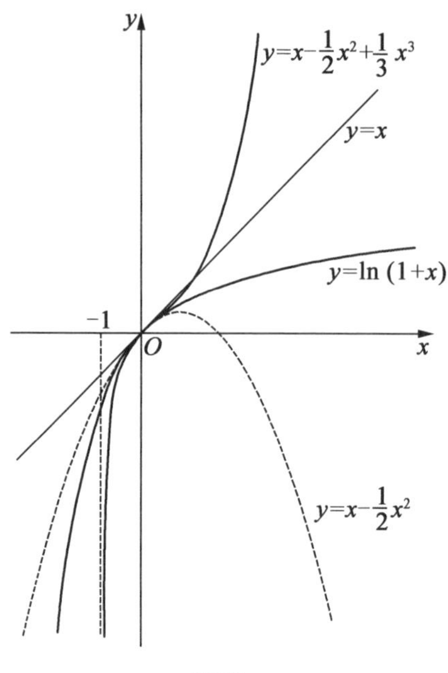

图 31

$$f^{(k)}(x)=m(m-1)\cdots(m-k+1)(1+x)^{m-k}$$

故

$$f(0)=1,f'(0)=m,f''(0)=m(m-1),\cdots,f^{(k)}(0)=m(m-1)\cdots(m-k+1)$$

于是得

$$(1+x)^m=1+mx+\frac{m(m-1)}{2!}x^2+\cdots+\frac{m(m-1)\cdots(m-n+1)}{n!}x^n+\frac{m(m-1)\cdots(m-n)}{(n+1)!}(1+\xi)^{m-n-1}x^{n+1}$$

若 m 是一个不大于 n 的正整数,$m\leqslant n$,则公式到 $m+1$ 项就中断了,我们不难看出,这以后的一切项都等于0,因而余项等于0,这时的泰勒公式就变成牛顿公式. 但若 m 不是正整数,则以上写出的泰勒公式就是二项式 $(1+x)^m$ 的 n 次近似多项式,其中各系数即二项式系数.

与讨论函数 $\ln(1+x)$ 时的情形一样,这里的余项一般来说也只有在 $0<x<1$ 时才能估计得准确(就是说要使误差是个极小的数值). 在区间 $(0,1)$ 上可求得

$$|R_n|=\frac{|m(m-1)\cdots(m-n)|}{(n+1)!}(1+\xi)^{m-n-1}x^{n+1}$$

$$\leqslant\frac{|m(m-1)\cdots(m-n)|}{(n+1)!}x^{n+1}=\delta_n\quad(m<n+1)$$

$$|R_n|=\frac{|m(m-1)\cdots(m-n)|}{(n+1)!}(1+\xi)^{m-n-1}x^{n+1}$$

$$\leqslant \frac{m(m-1)\cdots(m-n)}{(n+1)!}2^{m-n-1}x^{n+1}=\delta^n \quad (m>n+1)$$

当 $n=1,2,3$ 时的近似公式为

$$(1+x)^m \approx 1+mx$$

$$(1+x)^m \approx 1+mx+\frac{m(m-1)}{2}x^2$$

$$(1+x)^m \approx 1+mx+\frac{m(m-1)}{2}x^2+\frac{m(m-1)(m-2)}{6}x^3$$

这些公式在点 $x=0$ 的足够小的邻域上也具有任意准确度,同时,第二个公式比第一个公式准确,第三个公式比第二个公式准确.

89. 多项式近似问题的提法、切比雪夫近似法

我们在以上各节中讲过:若函数 $f(x)$ 在含有点 x_0 的区间 (a,b) 上具有到 $n+1$ 阶的导函数,则该函数可以近似地表达成泰勒多项式 $N_n(x-x_0)$,其准确度为余项 R_n. 多项式 $N_n(x-x_0)$ 的结构非常简单,并且我们已经知道它具有下列属性:当 $\Delta x=x-x_0\to 0$ 时,多项式 $N_n(x-x_0)$ 与函数 $f(x)$ 的差为不低于 $n+1$ 阶的无穷小,即 $\lim\limits_{\Delta x\to 0}\frac{R_n}{\Delta x^n}=0$. 我们可以证明这个属性就是泰勒多项式 N_n 的全部标志. 凡满足条件

$$\lim_{\Delta x\to 0}\frac{f(x)-P_n(x-x_0)}{\Delta x^n}=0$$

的 n 次多项式 $P_n(x-x_0)$ 就是泰勒多项式 $N_n(x-x_0)$,换句话说,$P_n\equiv N_n$.

若设

$$P_n(x-x_0)=a_0+a_1(x-x_0)+\cdots+a_k(x-x_0)^k+\cdots+a_n(x-x_0)^n$$

则根据泰勒公式可将极限等式

$$\lim_{\Delta x\to 0}\frac{f(x)-P_n(x-x_0)}{\Delta x^n}=0$$

写成

$$\lim_{\Delta x\to 0}\left\{\frac{\sum\limits_{k=0}^{n}\left[\frac{1}{k!}f^{(k)}(x_0)-a_k\right]\Delta x^k}{\Delta x^n}+\frac{1}{(n+1)!}f^{(n+1)}(\xi)\Delta x\right\}=0$$

但这个等式显然唯有在

$$a_0=f(x_0),a_1=f'(x_0),\cdots,a_k=\frac{1}{k!}f^{(k)}(x_0),\cdots,a_n=\frac{1}{n!}f^{(n)}(x_0)$$

的条件下,即当多项式 $P_n(x-x_0)$ 就是泰勒多项式 $N_n(x-x_0)$ 的条件下,才能成立. 于是可知,在点 x_0 的无穷小邻域上,用 n 次泰勒多项式 $N_n(x-x_0)$ 表示已知函数 $f(x)$ 时比用任何其他的 n 次(或较低次的)多项式来得好,也就是说,把函

数换成这种多项式时所致的误差是一切可能误差中最高阶的无穷小. 所以,多项式$N_n(x-x_0)$是函数在点 x_0 的无穷小邻域上的最优(就泰勒意义来说)近似多项式(n 次的).

在全部区间[a,b]上考察函数$f(x)$的近似多项式 $N_n(x-x_0)$,即

$$f(x) \approx N_n(x-x_0)$$

就要用误差

$$\delta_n = \frac{1}{(n+1)!} M_n (b-a)^{n+1}$$

来标志这个近似式,其中$|f^{(n+1)}(x)| \leqslant M_n, a \leqslant x \leqslant b$.

尽管这个近似式的误差 δ_n(适用于区间[a,b]上的一切点)可能很小,能完全满足要求,并且甚至这个误差式子也很简便,但还是可以找出与泰勒多项式 N_n 不相同的 n 次多项式,使它在区间[a,b]上与函数$f(x)$之间的差别(偏差)小于多项式 N_n 与函数$f(x)$之间的差别,也就是说,它比泰勒多项式 N_n 更近似于函数$f(x)$.

"更近似于函数"或"与函数相差较小"这个概念可以具有各种不同的意义. 在每个这样的概念中都包含近似问题的一种确定提法. 我们已经知道的一种提法是:

若已知次数的多项式与函数之间的误差越是高阶的无穷小,则该多项式在某点的无穷小邻域上越能更近似于函数.

根据这种提法,那么最优的近似多项式就是泰勒多项式,但俄国大数学家切比雪夫对近似问题还有另外一种极重要的提法,这是他在研究运动学中一系列新问题时得到的. 切比雪夫对于近似问题的提法如下:

若已知次数的多项式与函数之间在所论区间上的误差的最大值越小,则该多项式在该区间上越能更近似于函数.

设在区间[a,b]上已知函数$f(x)$及 n 次多项式 $P_n(x)$,则区间[a,b]上每一点处的误差的绝对值由函数

$$\Delta_n(x) = |f(x) - P_n(x)|$$

决定. 这个函数在所论区间上的最大值 σ_n,即

$$\sigma_n = \underset{a \leqslant x \leqslant b}{\Delta_n(x)}\text{的最大值}^{①}$$

叫作 $P_n(x)$在区间[a,b]上对函数$f(x)$的偏差. 所以,若偏差 σ_n 越小,则多项式 $P_n(x)$在区间[a,b]上越能更近似于函数$f(x)$.

这种对近似问题的提法是完全合理的. 根据这种提法,我们可以得出最优

---

① 通常把它写作:$\sigma_n = \max\limits_{a \leqslant x \leqslant b} \Delta_n(x)$.

的近似多项式. 偏差 σ_n 为最小的 n 次多项式 $P_n(x)$ 是函数的最优近似(n 次)多项式,这个多项式叫作区间$[a,b]$上对函数 $f(x)$ 的偏差为最小的 n 次多项式.

切比雪夫找出了这种多项式的主要属性,得到与函数近似问题(在原来的提法下)有关的基本结论,并因此创立了数学解析中一门重要的新学问,这门学问近年来叫作函数结构论. 切比雪夫的研究在今日已由他的门生及世界各处的后继者继续加以发扬.

在已知区间上对已知函数的偏差为最小的多项式,其结构是极复杂的,而要实际去求出这些多项式是极困难的,并且是迄今尚未完全解决的问题. 现在我们只略谈这个问题的两个特殊情形:

Ⅰ. 设函数$f(x)$在区间$[a,b]$上有二阶导数$f''(x)$,且设二阶导数在所论区间上不变号,例如$f''(x)<0$. 现在我们要求在区间上与$f(x)$相差最小的一次多项式 $P(x)$(线性函数). 根据所给条件,我们知道在区间$[a,b]$上的函数 $y=f(x)$的图形是条凸曲线. 从几何观点看来,我们的问题可以用下面的话陈述:求作一条直线 PQ,使介于该直线及已知凸曲线 M_1M_2(图 32)之间且平行于 y 轴的诸线段中最长的线段 M_0N_0 为最短.

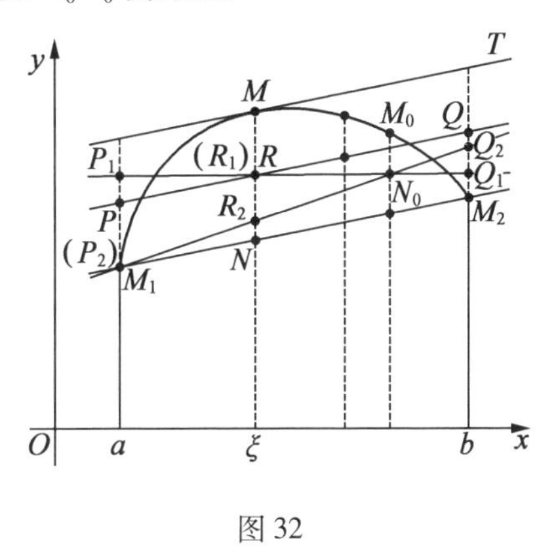

图 32

作曲线 M_1M_2 的弦 M_1M_2 及平行于该弦的切线 MT,并用 ξ 表示点 M 的横坐标.

我们要证明这个问题的答案是这样的一条直线 PQ,它通过线段 MN 的中点 R 且平行于弦 M_1M_2(同时也平行于切线 MT)(图 32). 因有一条直线 P_1Q_1 与直线$x=a$(或 $x=b$)的交点在直线 PQ 的上面,则 P_1Q_1 就不能满足问题中所需的条件,因为直线 $x=a$(或 $x=b$)上介于直线 P_1Q_1 及曲线 M_1M_2 间的线段 P_1M_1 大于线段 $PM_1=MR=RN=QM_2$,而后者是对应于直线 PQ 的一切 M_0N_0 中最长的线段. 如果有直线 P_2Q_2 在直线 PQ 的下面,那么直线 $x=\xi$ 上介于直线 P_2Q_2 及曲线 M_1M_2 间的线段 MR_2 大于线段 MR. 因此对所作的直线 PQ 来说,

其在 y 轴方向上与曲线 M_1M_2 间的最大距离的确比任何直线与曲线 M_1M_2 间的最大距离还小. 在凹曲线时(即在区间$[a,b]$上,$f''(x)>0$ 时)的论证也与这相仿. 从图 33 显然可看出直线 PQ 是$\triangle M_1MM_2$ 的中位线.

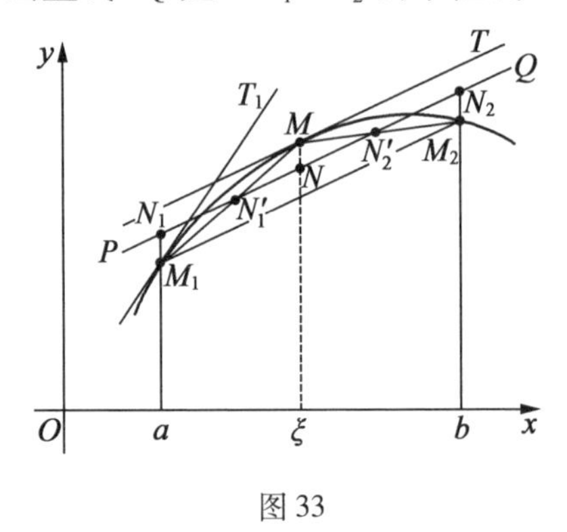

图 33

现在要求出区间$[a,b]$上与所给函数相差最小的一次多项式. 设这个式子是 $y=Ax+B$. 根据上面所讲的条件 $PQ\,/\!/\,M_1M_2\,/\!/\,MT$ 可知

$$A=f'(\xi)=\frac{f(b)-f(a)}{b-a} \tag{5}$$

又从条件 $M_1N_1=MN$(图 33)可得

$$Aa+B-f(a)=f(\xi)-A\xi-B$$

从上面的等式可求出 B 为

$$\begin{aligned}B&=\frac{f(a)+f(\xi)}{2}-A\,\frac{a+\xi}{2}\\&=\frac{f(a)+f(\xi)}{2}-\frac{f(b)-f(a)}{b-a}\cdot\frac{a+\xi}{2}\end{aligned}$$

故得所求线性函数的形式为

$$y=\frac{f(b)-f(a)}{b-a}x+\frac{f(a)+f(\xi)}{2}-\frac{f(b)-f(a)}{b-a}\cdot\frac{a+\xi}{2} \tag{6}$$

这里的 ξ 值要从拉格朗日公式(5)中求出. 若假设 $f''(x)>0$,则所得的仍旧是这个式子.

在区间$[a,b]$上很容易求出这个线性函数对函数 $f(x)$ 的最大偏差是 σ_1,即

$$\sigma_1=\frac{\xi-a}{2}\left|\frac{f(\xi)-f(a)}{\xi-a}-\frac{f(b)-f(a)}{b-a}\right|$$

上面求得的是区间$[a,b]$上函数 $f(x)$ 的最优近似线性函数. 而对点 $x=a$ 来说,所论函数的一次泰勒多项式

$$y=f'(a)x+f(a)-af'(a) \tag{7}$$

(它的几何图形是曲线 M_1M_2 上点 M_1 处的切线)在点 $x=a$ 的无穷小邻域上是

函数$f(x)$的最优(就泰勒意义来说)近似线性函数. 由图33可以看出,在点a的微小邻域上,线性函数(7)足以代表函数$f(x)$,但在已知区间的其他部分却与函数相差颇大. 线性函数(6)虽在所论区间上任何一点处都不能太好地代表函数$f(x)$,但它却没有在任一点处与该函数相差过大:就全部区间来说,它是一切线性函数中与已知函数相差最小的. 要注意,当$b\to a$时,也就是在点a的无穷小邻域上,与函数$f(x)$相差最小的线性函数(6)会趋于点a处的泰勒线性函数(7). 这两个函数在极限情形下合二为一,所以泰勒最优近似(线性)式可以看作切比雪夫最优近似式的一种特殊情形.

例如,区间$[0,1]$上与函数$y=x^2$相差最小的线性函数是

$$y=x-\frac{1}{8}$$

这时$\sigma_1=\frac{1}{8}$.

Ⅱ. 在切比雪夫的研究中占特殊地位的多项式是与0相差最小的多项式. 而在区间$[a,b]$上,与0相差最小的n次多项式是最高次项系数等于1,且使$\sigma_n=\max|P_n(x)|$为最小值的一个n次多项式$P_n^*(x)$. 这里$P_n(x)$是最高次项系数等于1的任意一个n次多项式. 在区间$[a,b]$上,与0相差最小的n次多项式,就其图形来说,是一条n次抛物线,它在区间$[a,b]$上的对应弧可以夹在直线$y=\min\sigma_n$及$y=-\min\sigma_n$所围成的最窄的区域内.

现在我们要从最高次项系数等于1的一切n次多项式中找出与0相差最小的多项式. 如果不预先规定这个系数等于1,或一般并不确定任何一个系数,那么这个问题就会毫无意义. 因为如果可以取任何的n次多项式,那么总可以找出一个多项式比任一已知多项式与0相差得还要小. 我们只要用绝对值大于1的数去除已知函数就可做到这事.

就区间$[-1,1]$上与0相差最小的多项式来说,这方面的基本研究是要归功于切比雪夫的. 下面的式子就是切比雪夫所求出的n次多项式

$$P_n^*(x)=\frac{1}{2^{n-1}}\cos(n\arccos x)$$

首先来证明$\cos(n\arccos x)$确实是个n次多项式,然后证明$P_n^*(x)$是与0相差最小的多项式.

现在要证明$\cos n\theta$可以写成$\cos\theta$的n次多项式,且其中$\cos^n\theta$的系数等于2^{n-1}. 在$n=1$及$n=2$时,显然

$$\cos\theta=\cos\theta,\cos 2\theta=2\cos^2\theta-1$$

假设这个结论到n为止(连n在内)都成立,要证明它在$n+1$时也成立. 根据假设

$$\cos n\theta=2^{n-1}\cos^n\theta+a_1^{(n)}\cos^{n-1}\theta+\cdots+a_{n-1}^{(n)}\cos\theta+a_n^{(n)} \tag{8}$$

其中 $a_1^{(n)}, a_2^{(n)}, \cdots, a_n^{(n)}$ 表示系数.

由于

$$\cos(n+1)\theta+\cos(n-1)\theta=2\cos\theta\cos n\theta \tag{9}$$

故

$$\cos(n+1)\theta=2\cos\theta(2^{n-1}\cos^n\theta+a_1^{(n)}\cos^{n-1}\theta+\cdots+a_{n-1}^{(n)}\cos\theta+a_n^{(n)})-(2^{n-2}\cos^{n-1}\theta+a_1^{(n-1)}\cos^{n-2}\theta+\cdots+a_{n-1}^{(n-1)})$$

由此可知

$$\cos(n+1)\theta=2^n\cos^{n+1}\theta+a_1^{(n+1)}\cos^n\theta+\cdots+a_n^{(n+1)}\cos\theta+a_{n+1}^{(n+1)}$$

即得要证明的结果. 现在既然这事成立,又由于所论关系在 $n=1$ 及 $n=2$ 时也成立,所以它对于一切 n 都成立.

令等式(8)中的 $\theta=\arccos x$,即得

$$\cos(n\arccos x)=2^{n-1}x^n+a_1^{(n)}x^{n-1}+\cdots+a_{n-1}^{(n)}x+a_n^{(n)}$$

这就是所要证明的.

多项式 $\cos(n\arccos x)$ 叫作切比雪夫 n 次多项式. 为了纪念切比雪夫,数学上常用 $T_n(x)$ 来表示这个多项式.

现在要证明多项式 $\frac{1}{2^{n-1}}T_n(x)$ 确实是区间 $[-1,1]$ 上与 0 相差最小的. 我们要注意这个多项式对 0 的最大偏差是 $\frac{1}{2^{n-1}}$. 这是因为 $\cos(n\arccos x)$ 的绝对值不会大于 1,因而

$$\left|\frac{1}{2^{n-1}}T_n(x)\right|\leqslant\frac{1}{2^{n-1}}$$

并且这个不等式中的等号在区间 $[-1,1]$ 上使 $\cos(n\arccos x)=\pm1$ 的 $n+1$ 个点 $x_0, x_1, x_2, \cdots, x_n$ 处确实能成立

$$x_0=\cos n\cdot\frac{\pi}{n}(=-1), x_1=\cos(n-1)\cdot\frac{\pi}{n}, x_2=\cos(n-2)\cdot\frac{\pi}{n}, \cdots,$$

$$x_n=\cos 0\cdot\frac{\pi}{n}(=1)$$

$x_0, x_1, x_2, \cdots, x_n$ 这些数值形成 -1 及 1 间的一个递增数列.

现在假设有相反于结论的情形,即假设有最高次项系数等于 1 的某个 n 次多项式 $P_n(x)$ 与 0 相差不大于 $\frac{1}{2^{n-1}}$. 考察差式

$$R_n(x)=P_n(x)-\frac{1}{2^{n-1}}T_n(x)$$

由 $P_n(x)=x^n+\cdots$ 及$\frac{1}{2^{n-1}}T_n(x)=x^n+\cdots$可知差式是个次数不高于 $n-1$ 的多项式.

由于多项式$\frac{1}{2^{n-1}}T_n(x)$在点 $x_0,x_1,x_2,\cdots,x_n$ 处的值交错为$\frac{1}{2^{n-1}}$及$-\frac{1}{2^{n-1}}$,而又假设多项式 $P(x)$的绝对值不大于$\frac{1}{2^{n-1}}$,所以在上述 $n+1$ 个点处,多项式$R_n(x)$交错变号. 于是根据连续函数的一个普通定理(第二章)可知,多项式$R_n(x)$在 n 个子区间$[x_0,x_1],[x_1,x_2],\cdots,[x_{n-1},x_n]$的每个子区间上至少有一次等于0. 由此可知,$R_n(x)$具有个数不少于 n 的不同的零点,但因 $R_n(x)$是次数不高于$n-1$ 的多项式,因而不能具有 $n-1$ 个以上的零点,所以唯有在$R_n(x)$恒等于 0 时才能成立,但若 $R_n(x)\equiv 0$,则

$$P_n(x)\equiv\frac{1}{2^{n-1}}T_n(x)$$

这就得到所要证明的结果.

所以,在区间$[-1,1]$上与 0 相差最小的 n 次多项式是$\frac{1}{2^{n-1}}T_n(x)$.

把等式(9)中的 θ 换成 $\arccos x(\cos\theta=x)$,得下列递推关系式①

$$T_{n+1}(x)=2x\cdot T_n(x)-T_{n-1}(x)$$

有了这个关系式,就可以一个接着一个地推出所有的切比雪夫多项式. 例如,已知 $T_0(x)=1,T_1(x)=x$,则可得

$$T_2(x)=2x\cdot x-1=2x^2-1$$

现在可以定出 $T_3(x)$,即

$$T_3(x)=2x(2x^2-1)-x=4x^3-3x$$

这样做下去可以得到

$$T_4(x)=8x^4-8x^2+1$$

$$T_5(x)=16x^5-20x^3+5x$$

$$T_6(x)=32x^6-48x^4+18x^2-1$$

如图 34 所示是区间$[-1,1]$上与 0 相差最小的前四个多项式$\frac{1}{2^{n-1}}T_n(x)$的图形.

① 像这样的一类关系式叫作递推公式. 一般来说,当函数值取决于参数(通常是整数)时,若对应于不同参数值的函数式子间有一关系式存在,这种关系式就是递推公式. 有了递推公式之后,就可从某些已知值(往往是对应于前几个参数的函数值)相继(递接着)推出所论函数式子的一切值. 在数学上遇到递推公式的地方是相当多的.

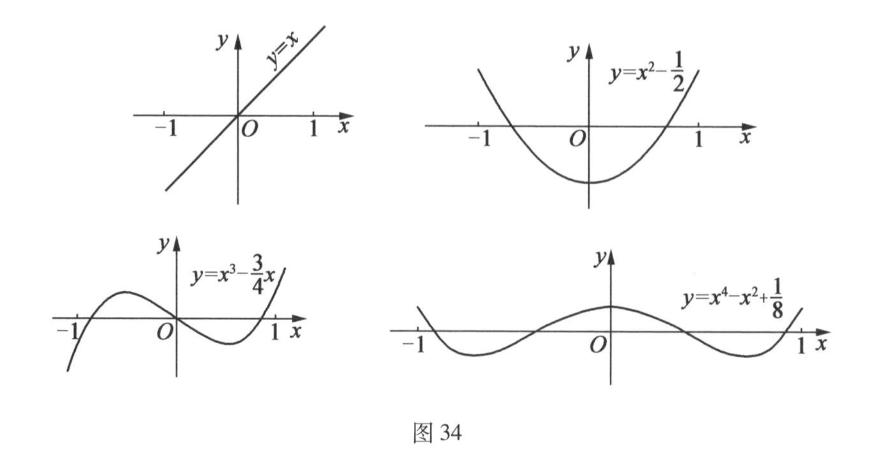

图 34

§6　曲线间的接触度、曲率

90. 曲线间的接触度

这一节里还要讲到曲线的一种新的数量上的性质,即曲率. 它是用来定出曲线的弯度或曲度的. 但在讲到这个问题以前,我们先要考虑曲线间的接触度概念. 这个概念与泰勒公式有密切关系,并且由此自然可以引出曲率的概念.

这里所要考虑的只是下面这种曲线:它是由笛卡儿坐标系中的方程 $y=f(x)$给出的,且$f(x)$是连续函数而又具有我们所需要的各阶导数.

若曲线 $y=f(x)$ 及 $y=\varphi(x)$ 在点 $M_0(x_0,y_0)$处相交,换句话说,若

$$y_0=f(x_0)=\varphi(x_0)$$

则这两条曲线在点 $M_0(x_0,y_0)$处有零阶接触度.

如果把宗标值 x_0 及其对应函数值 y_0 这两个数合并叫作函数在 $x=x_0$ 处的零阶元素,那么,当函数$f(x)$及 $\varphi(x)$的对应零阶元素(点 M_0)相同时,我们便说曲线 $y=f(x)$及 $y=\varphi(x)$在点 $M_0(x_0,y_0)$处有零阶接触度.

我们把宗标值 x_0 及其对应函数值 $y_0=f(x_0)$与导函数值 $y_0'=f'(x_0)$三者合并叫作函数 $f(x)$ 在 $x=x_0$ 处的一阶元素. 从几何上说,一阶元素就代表点 $M_0(x_0,y_0)$及通过该点且角系数等于 y_0'的一条直线.

若函数$f(x)$及 $\varphi(x)$的对应一阶元素(点 M_0 及该点处的切线)相同,换句话说,若

$$f'(x_0)=\varphi'(x_0)$$

则曲线 $y=f(x)$及 $y=\varphi(x)$两者在点 $M_0(x_0,y_0)$处有一阶接触度.

一般来说,我们把下列 $k+2$ 个数:宗标值 x_0 及其对应函数值 $y_0=f(x_0)$ 以及其相继的 k 个导函数值

$$y_0'=f'(x_0),y_0''=f''(x_0),\cdots,y_0^{(k)}=f^{(k)}(x_0)$$

合并叫作函数 $y=f(x)$ 在 $x=x_0$ 处的 k 阶元素.

根据以上所规定的这些说法,我们可做一般定义如下:

若函数 $f(x)$ 及 $\varphi(x)$ 的对应 k 阶元素相同,换句话说,若

$$f(x_0)=\varphi(x_0),f'(x_0)=\varphi'(x_0),f''(x_0)=\varphi''(x_0),\cdots,f^{(k)}(x_0)=\varphi^{(k)}(x_0)$$

则 $y=f(x)$ 及 $y=\varphi(x)$ 两曲线在点 $M_0(x_0,y_0)$ 处有 k 阶接触度.

所谓的两曲线在点 M_0 处的接触度,意思是说这些曲线在点 M_0 的邻域上彼此处于特殊接近的关系,同时这接近的程度则以接触度的阶数作标志:阶数越高,则曲线在其交点 M_0 处彼此靠得越紧密. 严格地说,若曲线 $y=f(x)$ 及 $y=\varphi(x)$ 在点 $M_0(x_0,y_0)$ 处具有 k 阶接触度,则对无穷小 $\Delta x=x-x_0$ 来说,两曲线上对应于同一横坐标 x 的纵坐标的差是高于 k 阶的无穷小. 事实上,由泰勒公式可得(图 35)

$$\begin{aligned}N_1N_2&=N_1N'-N_2N'=f(x_0+\Delta x)-\varphi(x_0+\Delta x)\\&=\left[f(x_0)+f'(x_0)\Delta x+\cdots+\frac{1}{k!}f^{(k)}(x_0)\Delta x^k+\right.\\&\left.\frac{1}{(k+1)!}f^{(k+1)}(\xi_1)\Delta x^{k+1}\right]-\left[\varphi(x_0)+\right.\\&\varphi'(x_0)\Delta x+\cdots+\frac{1}{k!}\varphi^{(k)}(x_0)\Delta x^k+\\&\left.\frac{1}{(k+1)!}\varphi^{(k+1)}(\xi_2)\Delta x^{k+1}\right]\end{aligned}$$

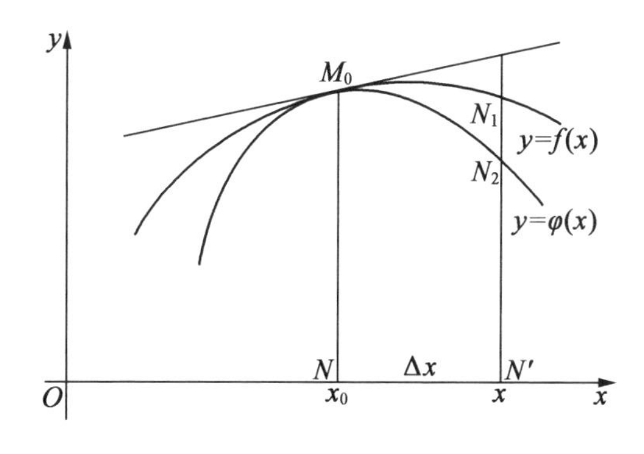

图 35

但因假设函数 $f(x)$ 及 $\varphi(x)$ 的 k 阶元素相同,故

$$N_1N_2=\frac{1}{(k+1)!}[f^{(k+1)}(\xi_1)-\varphi^{(k+1)}(\xi_2)]\Delta x^{k+1}$$

由此可得极限等式

$$\lim_{\Delta x\to 0}\frac{N_1N_2}{\Delta x^{k+1}}=\frac{1}{(k+1)!}[f^{(k+1)}(x_0)-\varphi^{(k+1)}(x_0)]$$

这告诉我们,当 $\Delta x\to 0$ 时,N_1N_2 对 Δx 来说是不低于 $k+1$ 阶的无穷小. 于是结论已证明.

特别地,已知函数 $y=f(x)$ 及其 k 阶泰勒多项式

$$y=N_k(x-x_0)=f(x_0)+f'(x_0)(x-x_0)+\cdots+\frac{1}{k!}f^{(k)}(x_0)(x-x_0)^k$$

两者的图形在点 $M_0(x_0,f(x_0))$ 处有 k 阶接触度,换句话说,其间的距离(按纵坐标轴的方向来量)对 $\Delta x=x-x_0$ 来说是不低于 $k+1$ 阶的无穷小. 例如当 $k=1$ 时可得曲线 $y=f(x)$ 及其在点 $M_0(x_0,y_0)$ 处的切线,它们的纵坐标的差对于 $\Delta x=x-x_0$来说是不低于二阶的无穷小,换句话说,这就是在切线定义中所说的性质(参看第三章).

反过来说,在所有 k 次抛物线

$$y=P_k(x-x_0)=a_0+a_1(x-x_0)+\cdots+a_k(x-x_0)^k$$

中,在点 $M_0(x_0,y_0)$ 处与曲线 $y=f(x)$ 靠得最紧密[①]的是泰勒抛物线 $y=N_k(x-x_0)$,即与曲线 $y=f(x)$ 在点 $M_0(x_0,y_0)$ 处具有 k 阶接触度的那条抛物线(特别地,在平面上的一切直线中,在点 $M_0(x_0,y_0)$ 处与曲线 $y=f(x)$ 靠得最紧密的是切线

$$y=y_0+y_0'(x-x_0)$$

其中 $y_0=f(x_0)$,$y_0'=f'(x_0)$). 这事可以直接根据下面的理由推出来:在点 x_0 的无穷小邻域上,泰勒多项式 $N_n(x-x_0)$ 是函数 $f(x)$ 的最优近似多项式.

91. 曲率

Ⅰ. 把曲线的曲率看作其接触圆的曲率. 如果把曲线 $y=f(x)$ 与其在点 $M_0(x_0,y_0)$ 处的切线

$$y=f(x_0)+f'(x_0)(x-x_0)$$

一起考虑,那么就可能把点 M_0 附近的曲线及与它靠得最紧密的那条直线(它与曲线有一阶接触度)互相比较. 切线规定了点 M_0 处的曲线方向,并可用它来解释一阶导数的几何意义.

当曲线 $y=f(x)$ 与其 k 次泰勒抛物线

---

① 最紧密的意思是指已知曲线及抛物线间纵坐标的差,对于无穷小 $\Delta x=x-x_0$ 来说,为高于 k 阶的无穷小.

$$y=N_k(x-x_0)=f(x_0)+f'(x_0)(x-x_0)+\frac{1}{2!}f''(x_0)(x-x_0)^2+\cdots+\frac{1}{k!}f^{(k)}(x_0)(x-x_0)^k$$

相比较时,若次数 k 越高,则在点 $M_0(x_0,y_0)$ 附近的抛物线越近似于曲线的形状. 现在我们只讲 $k=2$ 时的情形,即拿在点 M_0 处与曲线靠得最紧密的二次抛物线

$$y=f(x_0)+f'(x_0)(x-x_0)+\frac{1}{2}f''(x_0)(x-x_0)^2$$

(它与曲线有二阶接触度)与曲线相比较时的情形.

这样我们就可以根据熟知的二次抛物线来决定已知曲线在点 M_0 附近的形状,而这所定形状的准确度,我们说它是不低于三阶无穷小的. 若定曲线的形状时,不拿它与二次抛物线比较,而拿它与简单且又熟知的二次曲线——圆——相比较,则我们对于曲线形状的体会显然要更加明晰,而且仍具有同样的准确度. 这个圆在点 M_0 处与所论曲线显然应有二阶接触度. 不过首先应该搞清楚的是,用这个接触度的条件是否可以定出唯一的圆. 以下要证明这种圆确实只能有一个,并且还要把它求出来.

现在来求在点 $M_0(x_0,y_0)$ 处与曲线 $y=f(x)$ 有二阶接触度的圆 C,即

$$(x-\xi)^2+(y-\eta)^2=r^2$$

我们先要定出圆心的坐标 (ξ,η) 及半径 r,并证明当函数 $f(x)$ 在 $x=x_0$ 处的二阶导数 $f''(x_0)\neq 0$ 时,上述的圆 C 恒存在并且只有一个.

如果圆 C 与曲线 $y=f(x)$ 在点 $M_0(x_0,y_0)$ 处有二阶接触度,那么由圆方程

$$(x-\xi)^2+(y-\eta)^2-r^2=0$$

所定的函数 y_{ok} 必须与函数 $y=f(x)$ 在 $x=x_0$ 处具有共同的二阶元素,即必须

$$\begin{cases} y_{ok}=f(x_0)=y_0 \\ y'_{ok}=f'(x_0)=y'_0 \\ y''_{ok}=f''(x_0)=y''_0 \end{cases} \tag{1}$$

用微分法可从圆方程求得

$$(x-\xi)+(y_{ok}-\eta)y'_{ok}=0$$

$$1+y'^2_{ok}+(y_{ok}-\eta)y''_{ok}=0$$

于是根据条件(1)可知,应有下列关系式

$$(x_0-\xi)^2+(y_0-\eta)^2-r^2=0 \tag{2}$$

$$(x_0-\xi)+(y_0-\eta)y'_0=0 \tag{3}$$

$$1+y'^2_0+(y_0-\eta)y''_0=0 \tag{4}$$

不难看出这一组三元联立方程只能为 ξ,η,r 三者所构成的一组数所满足. 若从方程(4)求出 $y_0-\eta$,并把它代入方程(3),则得 $x_0-\xi$ 的表达式,然后 r 的表达式可从方程(2)求出. 于是得

$$x_0-\xi=y_0'\frac{1+y_0'^2}{y_0''},y_0-\eta=-\frac{1+y_0'^2}{y_0''},r^2=\frac{(1+y_0'^2)^3}{y_0''^2}$$

由此得

$$\xi=x_0-y_0'\frac{1+y_0'^2}{y_0''} \tag{5}$$

$$\eta=y_0+\frac{1+y_0'^2}{y_0''} \tag{6}$$

$$r=\left|\frac{(1+y_0'^2)^{\frac{3}{2}}}{y_0''}\right| \tag{7}$$

由于所得的 ξ,η 及 r 值都是唯一的,故结论中所述圆的唯一性也因而证明.

以点 $M'(\xi,\eta)$ 为中心及以 r 为半径的圆 C 叫作曲线 $y=f(x)$ 在点 $M_0(x_0,y_0)$ 处的接触圆①. 这个圆与曲线交于点 M_0 且有公共切线,同时对于无穷小 $\Delta x=x-x_0$ 来说,这个圆与曲线两者的纵坐标的差不低于三阶②的无穷小(图36).

现设给出曲线及其上一点 M_0 时并没有用到坐标系. 这时可取一适当的笛卡儿坐标系,使点 M_0 附近的曲线能用方程 $y=f(x)$ 规定,便可求出接触圆. 当曲线的笛卡儿坐标系变到另一坐标系时,则可用等式(5)(6)(7)及坐标变换公式

---

① 曲线在其点 M_0 处的切线可从两方面来定义. 从一方面来说,它可以定义为接触直线,换句话说,定义为在点 M_0 处与曲线有一阶接触度的直线;而从另一方面来说,它也可以定义为过曲线上两点 M_0 及 M_1 的直线,当点 M_1 趋于点 M_0 的极限位置时,接触圆的情形与这完全一样,它也可以定义为过曲线上三点 M_0,M_1,M_2 的圆——当点 M_1 及 M_2 各自独立地趋近于点 M_0 时位于极限位置处的那个圆. 取一笛卡儿坐标系且令点 M_0 附近的曲线在该坐标系中的方程为 $y=f(x)$,设通过曲线上三点 M_0,M_1,M_2 的圆方程为 $y=F(x)$,而该三点的坐标分别与 (x_0,y_0),(x_1,y_1) 及 (x_2,y_2) 对应. 现在来考察函数 $\varphi(x)=F(x)-f(x)$. 不难看出,这个函数在 $x=x_0,x=x_1,x=x_2$ 处等于 $0:\varphi(x_0)=0,\varphi(x_1)=0,\varphi(x_2)=0$(为说明时确定起见,并设 $x_0<x_1<x_2$). 于是根据罗尔定理可知,函数 $\varphi'(x)=F'(x)-f'(x)$ 在 $x=\xi_1$ 及 $x=\xi_2$(其中 $x_0<\xi_1<x_1<\xi_2<x_2$)处等于 $0:\varphi'(\xi_1)=\varphi'(\xi_2)=0$. 而根据同样的理由又可知函数 $\varphi''(x)=F''(x)$ 在 $x=\xi_3$(其中 $\xi_1<\xi_2<\xi_3$)处应等于 $0:\varphi''(\xi_3)=0$. 现在假设点 M_1 及 M_2 沿曲线趋近于点 M_0',这时 $x_1\to x_0$ 及 $x_2\to x_0$,因而 $\xi_1\to x_0,\xi_2\to x_0,\xi_3\to x_0$. 于是由以上各等式可知,在极限情形下必有 $\varphi(x_0)=0,\varphi'(x_0)=0$ 及 $\varphi''(x_0)=0$,换句话说,在极限情形下可得 $F(x_0)=f(x_0),F'(x_0)=f'(x_0),F''(x_0)=f''(x_0)$. 这几个关系式告诉我们,上述极限圆正好就是我们所说的接触圆.

② 当然,接触圆与已知曲线有高于二阶的接触度的情形是存在的. 但要紧的是,与曲线只有二阶接触度的圆也是唯一的.

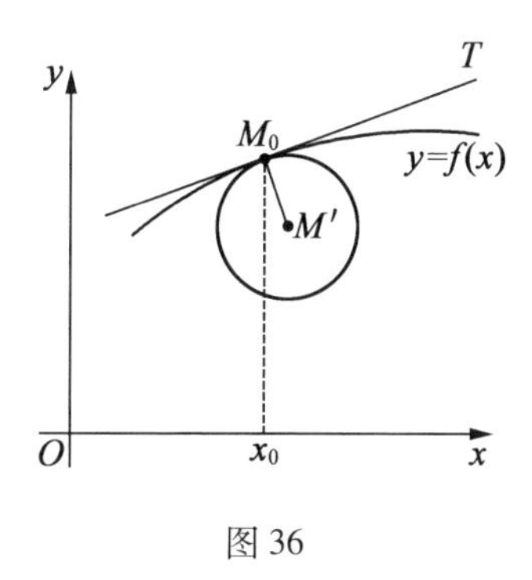

图 36

证明①接触圆不变.

若把曲线上点 M_0 附近的无穷小弧段换成它的对应切线段,则所致误差为不低于二阶的无穷小;同样,若把该曲线弧段换成其对应的接触圆弧段,则所致误差为不低于三阶的无穷小. 所以,我们可以把曲线的微小弧段几乎看作接触圆的弧段,并且这比把它看作直线的微小线段来得准确,也就是说,其误差变小了.

上面已经说过,我们可以根据接触圆来判定曲线在该点附近的形状. 为了从数量上标志出这条曲线的形状,需引入一个新的概念,即在点 M_0 处曲线的曲率概念,来定出曲线弯度的大小.

所谓曲线在其点 M_0 处的曲率,是指曲线在点 M_0 处的接触圆的曲率 K,而圆的曲率则为其半径的倒数$\left(K=\dfrac{1}{r}\right)$.

所以,要取圆半径的倒数作为其曲率,是根据下列极为浅显的理由:圆上各点处的弯度应该相同,并且半径越小,则圆的弯度——曲率——越大,因此我们把圆上各点处的曲率取作常数,且令其等于半径的倒数.

曲线的曲率既不取决于坐标系,也不取决于曲线在平面上的位置,而只取决于曲线本身的性质. 下面我们就要完全不用坐标系而给出曲率的新定义.

到这里我们知道:曲线 $y=f(x)$ 上具有横坐标 x 的点 M 处的曲率 K 可用下列公式算出

$$K=\left|\frac{y''}{(1+y'^2)^{\frac{3}{2}}}\right| \tag{8}$$

由二阶导数 y''的正负号可知,点 M 处的曲线是朝着哪个方向弯(凸)的,而表达式$\dfrac{y''}{(1+y'^2)^{\frac{3}{2}}}$的绝对值则告诉我们曲线在点 M 处的弯度是多少.

根据公式(8)可把曲率规定为曲线上点的横坐标的一个函数. 若曲线方程以参数式 $x=\psi(t)$,$y=\varphi(t)$ 给出,则

---

① 为了避免把说明拖得太长,这事我们不证明,希望读者自己去推算出来.

$$y'=\frac{\varphi'(t)}{\psi'(t)},y''=\frac{\varphi''(t)\psi'(t)-\psi''(t)\varphi'(t)}{[\psi'(t)]^2}$$

于是

$$K=\left|\frac{\varphi''(t)\psi'(t)-\psi''(t)\varphi'(t)}{[\varphi'^2(t)+\psi'^2(t)]^{\frac{3}{2}}}\right|$$

或者也可以简写成

$$K=\left|\frac{y''x'-x''y'}{(x'^2+y'^2)^{\frac{3}{2}}}\right| \tag{9}$$

这里曲率是参数 t（它对应于曲线上所论的点）的函数. 当 $t=x$ 时，公式(9)就变成公式(8).

最后，假设曲线以极坐标方程 $\rho=f(\varphi)$ 给出. 这时在等式 $x=\rho\cos\varphi,y=\rho\sin\varphi$中取 φ 作为参数可得

$$x'=\rho'\cos\varphi-\rho\sin\varphi,x''=\rho''\cos\varphi-2\rho'\sin\varphi-\rho\cos\varphi$$

$$y'=\rho'\sin\varphi+\rho\cos\varphi,y''=\rho''\sin\varphi+2\rho'\cos\varphi-\rho\sin\varphi$$

把 x',x'',y',y''的这些表达式代入公式(9)，即得极坐标的曲率公式

$$K=\left|\frac{\rho^2+2\rho'^2-\rho\rho''}{(\rho^2+\rho'^2)^{\frac{3}{2}}}\right| \tag{10}$$

曲线的曲率是与曲线上的一点有关的局部性概念. 曲率为常数的曲线只有圆（及直线）. 而直线的曲率则由公式(8)可知为0，这恰好与我们对于直线没有弯度的直接体会相符合. 在其他曲线上，一般来说，曲率是每点都不相同的.

我们再把上面的基本概念和事实重复说一遍：

(1)圆的曲率等于其半径的倒数；直线的曲率等于0.

(2)曲线在其上一点处的曲率等于该点处接触圆的曲率.

(3)根据曲线方程的不同给出法，定曲率的公式各为(8)或(9)或(10).

Ⅱ. 把曲率看作曲线的倾角对于其弧长的变化率. 现在我们直接根据曲线的性质来给出曲率的另一定义，而不必依靠坐标系. 为此我们要引入曲线上弧段的毗连角概念，这就是弧段两端 M_0 及 M_1 处两条切线间的角度 φ（图37）.

我们可以在某些程度上从毗连角 φ 看出弧段$\widehat{M_0M_1}$的弯曲情形如何，因为 φ 就是当切点由弧段始点 M_0 起移动到终点 M_1 时切线所转过的角度. 若毗连角越大，则弧的弯度当然也越大. 但弯度显然不同的两段弧也可以具有同一毗连角. 例如在图37的 a 中的 φ 是较长弧（弯度较小）的毗连角，而同一 φ 在图37的 b 中是较短弧（弯度较大）的毗连角. 所以要标志弯度的大小时，必须算出单位长弧段上的毗连角.

曲线弧段的毗连角与其长度的比叫作该弧段的平均曲率

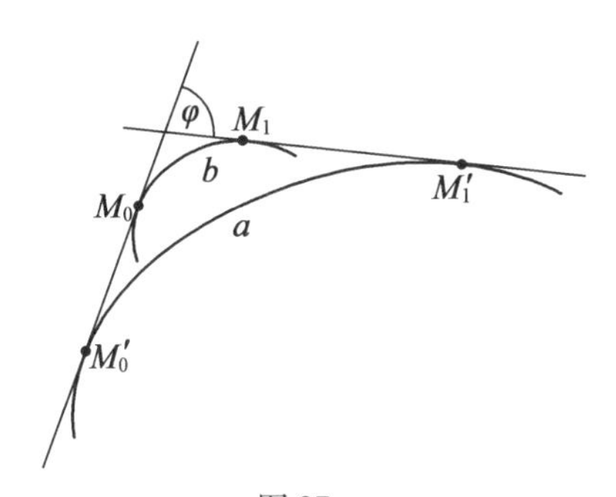

图 37

$$K_{cp}=\frac{\varphi}{M_0M_1}$$

平均曲率告诉我们整个弧段$\overset{\frown}{M_0M_1}$在数量上的、大约的标志. 一般来说,在同一弧段的个别部分的平均曲率与全部弧段的平均曲率不同. 为了除掉这个不确定性,可根据下列想法:若弧段$\overset{\frown}{M_0M_1}$越短,则其平均曲率越能准确标志出曲线在点 M_0 附近的弯度,这样就创立了点 M_1 处的曲率概念.

曲线上点 M_0 处的曲率 K 是弧段$\overset{\frown}{M_0M_1}$的平均曲率 K_{cp} 在弧端点 M_0 趋于已知始点 M_1 时的极限值

$$K=\lim_{M_1\to M_0}K_{cp}=\lim_{M_1\to M_0}\frac{\varphi}{M_0M_1}$$

特别地,对于半径为 r 的圆来说,可得(图 38)

$$K_{cp}=\frac{\varphi}{M_0M_1}=\frac{\varphi}{r\varphi}=\frac{1}{r}$$

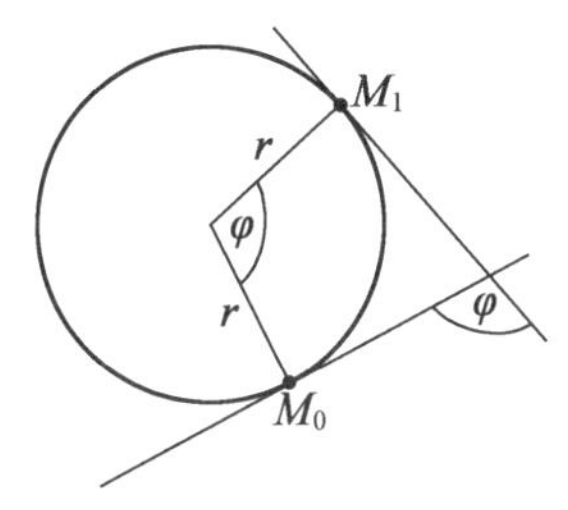

图 38

我们可以看出圆的平均曲率是常数,故知圆在任一点处的曲率也是常数且等于半径的倒数. 所以前面关于圆的曲率定义可以从这里所讲曲率的一般定义中推出来.

现在要证明:在任何情形下,把曲率概念当作平均曲率的极限,与情形 I 中所讲——把它当作对应接触圆的曲率——概念是一致的. 为此可取笛卡儿坐标系,使点 M_0 附近的已知曲线可用方程 $y=f(x)$ 表示,其中 $f(x)$ 是可微分两次的函数.然后在曲线上取横坐标为 $x_0+\Delta x$ 的一点 M',再用 α 及 $\alpha+\Delta\alpha$ 分别表示点 M_0 及 M'处的切线与 x 轴所成的角,并用 Δs 表示弧段$\widehat{M_0M'}$的长度.由于弧段$\widehat{M_0M'}$的毗连角 $\varphi=\Delta\alpha$(图 39),故

$$K_{\mathrm{cp}}=\left|\frac{\Delta\alpha}{\Delta s}\right|=\left|\frac{\dfrac{\Delta\alpha}{\Delta x}}{\dfrac{\Delta s}{\Delta x}}\right|$$

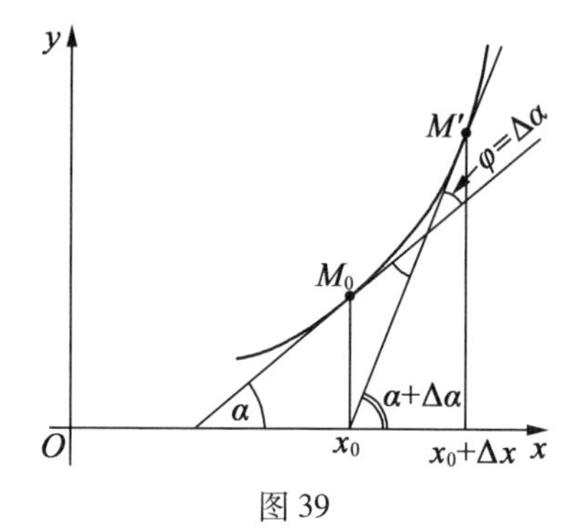

图 39

当 $M\to M_0$ 时,$\Delta x\to 0$,于是所求曲率等于

$$K=\left|\frac{\dfrac{\mathrm{d}\alpha}{\mathrm{d}x}}{\dfrac{\mathrm{d}s}{\mathrm{d}x}}\right|=\left|\frac{\dfrac{\mathrm{d}\alpha}{\mathrm{d}x}}{\sqrt{1+y'^2}}\right|$$

从等式 $\tan\alpha=y'$,即 $\alpha=\arctan y'$,可得

$$\frac{\mathrm{d}\alpha}{\mathrm{d}x}=\frac{y''}{1+y'^2}$$

故知

$$K=\left|\frac{y''}{(1+y'^2)^{\frac{3}{2}}}\right|$$

这里所得曲率的值与情形 I 中相同,所以上述对于曲率的两种定义彼此有同等效力.

最后要注意,曲率 $K=\left|\dfrac{\mathrm{d}\alpha}{\mathrm{d}s}\right|$可以看作曲线倾角对于弧长的变化率(取绝对值).

92. 曲率半径及曲率中心、曲线的光滑度

讲到曲率概念时,已知曲线在其点 $M(x,y)$处的接触圆周叫作曲率圆周,而曲率圆周所对应的圆叫作曲率圆.

在点 M 处的曲率圆的半径叫作曲率半径,而该圆的中心叫作曲线在点 M 处的曲率中心. 从几何上说,曲率半径是曲率圆上与曲线恰好交于点 M 处的那条半径(曲线上的一段法线,如图 36 中的线段 $M'M_0$,即点 M_0 处的曲率半径). 所以,曲率半径是曲率的倒数,并且它的公式是

$$r=\frac{1}{K}=\left|\frac{(1+y'^2)^{\frac{3}{2}}}{y''}\right| \tag{11}$$

$$=\left|\frac{(x'^2+y'^2)^{\frac{3}{2}}}{y''x'-x''y'}\right| \tag{12}$$

$$=\left|\frac{(\rho^2+\rho'^2)^{\frac{3}{2}}}{\rho^2+2\rho'^2-\rho\rho''}\right| \tag{13}$$

根据曲线方程的不同表示法,可分别应用这三个公式中的一个对应公式.

曲率半径可以与曲率一样,用来表示曲线在局部上的弯度究竟有多大,且若曲率半径越小,则曲线在所论点处的弯度越大. 注意,为方便起见,把直线上任一点处的曲率半径看作无穷大,正好像我们为方便起见把直线看作半径为无穷大的圆周一样.

如果开始定义曲率时把它当作曲线的倾角对其长度的变化率(取绝对值),那么曲率半径就是曲率的倒数,而法线上(在曲线的凹面)与曲线相距等于曲率半径的那一点就是曲率中心. 以曲率中心为圆心且以曲率半径为半径的那个圆周(或圆)便是曲率圆周(或圆).

一阶导数 $f'(x)$ 具有极简单的几何意义,它是函数 $y=f(x)$ 的图形上对应点处切线的角系数,但二阶导数却没有这样简单的几何意义. 不过,从公式(11)可以看出二阶导数 $f''(x)$ 与函数 $y=f(x)$ 的图形在对应点处的曲率半径(这个新的几何标志)间有密切的关系. 应该记住,这里所考虑的只是曲线 $y=f(x)$ 上的那些点,在它们所对应的 x 的邻域上,函数 $f(x)$ 可以微分两次.

若曲率半径不存在或等于无穷大,则 x 值所对应的 $f''(x)$ 或是不存在或是 $f''(x)=0$. 反过来说,凡是在函数图形上使 $f''(x)$ 不存在或使 $f''(x)=0$ 的那些点处,曲率半径或是不存在或是等于无穷大. 特别是在拐点处,曲线或者没有曲率半径或者曲率半径为无穷大.

例如,设有一函数,它是由圆 C' 及 C'' 上的两部分弧拼成的曲线 AMB(图 40). 由图直接可以看出这个函数在区间 $(-1,2)$ 上具有连续变化的导函数(曲线在该区间上具有切线). 但我们可以证明二阶导数在 $x=0$ 处根本不存在.

这事可直接证明如下:这个函数在区间 $[-1,0]$ 上是用等式 $y=\sqrt{1-x^2}$ 规定的,在区间 $[0,2]$ 上是用等式 $y=3-\sqrt{4-x^2}$ 规定的. 它在 $x=0$ 处的一阶导数显然等于 0. 因此

$$\frac{f'(0+h)-f'(0)}{h}=\frac{f'(h)}{h}$$

但当 $x<0$ 时,有

$$f'(x)=-\frac{x}{\sqrt{1-x^2}}$$

而当 $x>0$ 时,有

$$f'(x)=-\frac{x}{\sqrt{4-x^2}}$$

由此可知,当 h 从左边趋于 0 时

$$\lim_{h\to 0^-}\frac{f'(h)}{h}=-1$$

当 h 从右边趋于 0 时

$$\lim_{h\to 0^+}\frac{f'(h)}{h}=-\frac{1}{2}$$

这就表示在点 $x=0$ 处的二阶导数不存在.

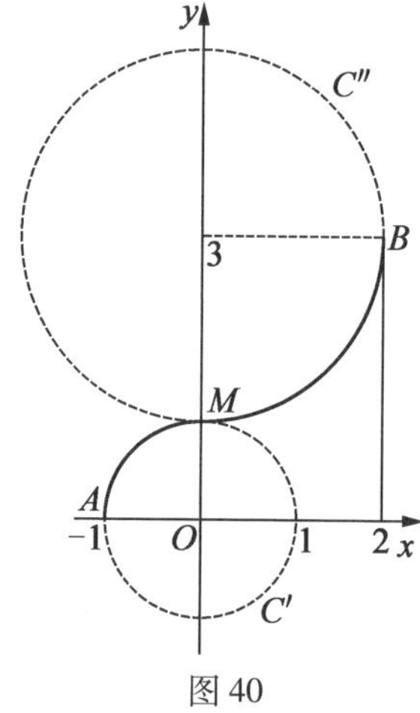

图 40

如果用曲率半径来解释上面这件事实就非常简单而且明了. 因为曲线在点 M 左边的曲率半径处处是 1,而在点 M 右边的曲率半径处处是 2. 由此可知,在点 M 处无曲率半径,因而当 $x=0$ 时,二阶导数不存在. 其实曲线在点 M 处可以说是具有两个曲率半径的,正如曲线在角点处具有两条切线一样,其中有一个曲率半径对应于点 M 左边的$\overset{\frown}{AM}$,而另一曲率半径对应于点 M 右边的$\overset{\frown}{BM}$.

设函数 $y=f(x)$ 在已知区间上处处具有一阶连续导数. 于是它的图形上每点处都有切线,并且这个图形是光滑的(无角点的)曲线,它上面的切线是连续转动的. 但这时函数可能在某些点处无二阶导数,因而曲线在某些点处无曲率半径. 于是从曲率变化的观点来看时,曲线就不能认为是特别光滑的,它在个别

部分上的曲率是连续变化的,但在这些部分的分界点处曲率变化就会失去连续性. 曲线上这些分界点对于曲率的关系,正如曲线上的角点对于曲线方向的关系一样.

例如曲线 AMB(图 40),从曲率观点来说,不能认为是条光滑曲线,因为尽管它的外表很光滑,但它的曲率(或曲率半径)在点 M 处却无连续性,过该点时曲率值从 1 变到$\frac{1}{2}$(在点 M 处的曲率半径值从 1 变到 2).

若$f(x)$处处具有连续的二阶导数,则其图形上的每点处都具有连续的曲率,这时,曲线 $y=f(x)$的光滑度比以前还要强:在该曲线上不仅是切线,连曲率也是连续变化的.

若函数$f(x)$在所论区间上每点处都有导数存在,则当导数的阶数越高时,曲线 $y=f(x)$越加光滑. 还需注意,除个别点处以外,初等函数一般都具有一切阶的导数.

这些性质在有些实际问题上(例如在铁路建筑上)具有重大的意义. 因为(大家从力学中可以知道)当物体在半径为 R 的圆周上运动时,离心力 P 可用公式 $P=\frac{mv^2}{R}$表示,其中 m 是物体的质量,而 v 是其速度. 当物体在其他轨道上运动时,离心力的方向仍然在法线上并且大小仍然用同一公式表示,不过这时的 R 是轨道线在已知点处的曲率半径. 假设运动速度是个常量,则在运动轨道线上曲率不连续的点处,离心力的变化也要失去连续性. 这就可以解释为什么尽管路线弯得好像很均匀,而车子转弯时总要震颤. 要避免震颤,应使路线弯曲处的曲率是连续变化的. 例如,我们可用过渡曲线来连接直线与圆弧,使曲率能从 0 连续变到已知圆弧的曲率值. 我们常用立方抛物线 $y=ax^3$ 作为过渡曲线,因为对于立方抛物线,可得

$$y'=3ax^2, y''=6ax$$

及

$$K=\left|\frac{6ax}{(1+9a^2x^4)^{\frac{3}{2}}}\right|$$

当 $x=0$ 时,$y'=0$ 及 $y''=0$,故知曲线在原点处与 x 轴相切且在该处的曲率为 0(这时不难理解,坐标原点是抛物线 $y=ax^3$ 的拐点). 然后这一曲率值一直增加到某一处 x 为止. 这样就可以用立方抛物线来连接 x 轴的正半轴及所选定的圆弧,由此所得曲线的曲率能从 0 连续增大到圆弧的曲率.

如果运动轨道线有足够的光滑度,使曲率在曲线上每一点处都存在并且是连续的,那么在转弯时运动可以保持平稳且不致改变速度.

93. 渐屈线及渐伸线

设已知曲线 L 具有连续曲率. 于是曲线 L 上的点 M 对应着一点 M'——L

在点 M 处的曲率中心.

曲线 L 所具曲率中心的几何轨迹叫作 L 的渐屈线 L'，而 L 本身对于它的渐屈线 L' 来说叫作渐伸线(或伸开线，或切展线).

若曲线 L 由笛卡儿坐标系中的方程给出，则由式(5)与式(6)可知，曲率中心的坐标 ξ,η 用下式规定①

$$\xi=x-y'\frac{1+y'^2}{y''},\eta=y+\frac{1+y'^2}{y''} \tag{14}$$

这里的坐标 ξ,η 是曲线 L 上点的横坐标的函数.

由曲率中心 M 的纵坐标 η 的表达式可知，若 $y''>0$，则 $\eta>y$；若 $y''<0$，则 $\eta<y$. 这事说明曲率半径 MM' 总是朝着曲线 L 的凹侧的方向(图 36). 当曲线 L 用参数式(以 t 为参数)给出时，可得

$$\xi=x-y'\frac{x'^2+y'^2}{y''x'-x''y'},\eta=y+x'\frac{x'^2+y'^2}{y''x'-x''y'} \tag{15}$$

这里曲线 L 的流动坐标 x 及 y 与 L' 的流动坐标 ξ 及 η 都是参数 t 的函数，其中的导函数也是对 t 来求的. 在 $t=x$ 的特殊情形下，式(15)就变为式(14).

故若已知渐伸线 L 的方程，则就不难用公式(14)或(15)求出渐屈线 L' 的参数方程. 但若要用解析方法从渐屈线求出其渐伸线，情形就比较难，这个问题要用积分法来解决. 不过渐伸线与渐屈线间几项关系极为密切的属性却不妨在这里讲一下.

Ⅰ. 我们要证明：

渐屈线上的切线是渐伸线上的法线(图 41).

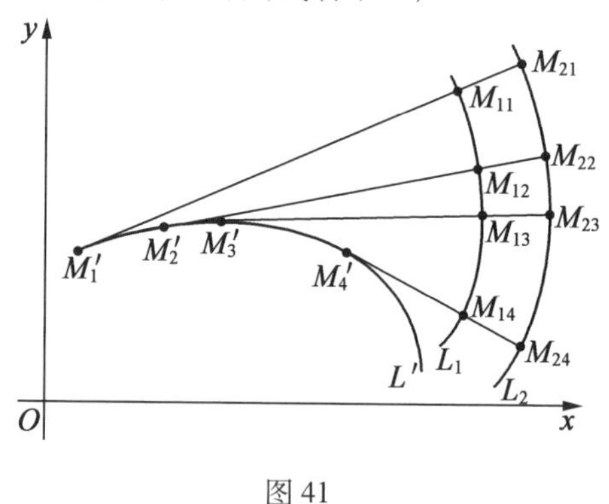

图 41

① 当我们用曲线的第二种定义(作为一种变化率)时，曲线上点 $M(x,y)$ 所对应的曲率中心的坐标 ξ,η 可用下法求出：写出两个条件：(1)点 M' 位于曲线的法线上：$\eta-y=-\frac{1}{y'}(\xi-x)$；(2)点 M 与 M' 的距离等于曲率半径 r：$(\xi-x)^2+(\eta-y)^2=r^2$. 从这两个方程解出 ξ 及 η，同时根据 $y''>0$ 时 $\eta>y$ 及 $y''<0$ 时 $\eta<y$ 的关系，并且也根据曲率半径的大小，即可得等式(14).

渐屈线上切线的角系数$\frac{\mathrm{d}\eta}{\mathrm{d}\xi}$可从式(15)求得,并且为了施行微分法,可以先把式(15)变换一下. 令

$$\frac{(x'^2+y'^2)^{\frac{3}{2}}}{y''x'-x''y'}=v$$

因而$|v|=r$,其中 r 是曲率半径. 于是①

$$\xi=x-\frac{y'}{\sqrt{x'^2+y'^2}}v,\eta=y+\frac{x'}{\sqrt{x'^2+y'^2}}v \tag{16}$$

现在还要注意

$$\left(\frac{y'}{\sqrt{x'^2+y'^2}}\right)'=\frac{x'}{v}$$

及

$$\left(\frac{x'}{\sqrt{x'^2+y'^2}}\right)'=-\frac{y'}{v}$$

所以

$$\frac{\mathrm{d}\xi}{\mathrm{d}t}=x'-\frac{x'}{v}\cdot v-\frac{y'}{\sqrt{x'^2+y'^2}}v'=-\frac{y'}{\sqrt{x'^2+y'^2}}v'$$

$$\frac{\mathrm{d}\eta}{\mathrm{d}t}=y'-\frac{y'}{v}\cdot v+\frac{x'}{\sqrt{x'^2+y'^2}}v'=\frac{x'}{\sqrt{x'^2+y'^2}}v'$$

最后得

$$\frac{\mathrm{d}\eta}{\mathrm{d}\xi}=\frac{\frac{\mathrm{d}\eta}{\mathrm{d}t}}{\frac{\mathrm{d}\xi}{\mathrm{d}t}}=-\frac{x'}{y'}=-\frac{1}{\frac{y'}{x'}}=-\frac{1}{\frac{\mathrm{d}y}{\mathrm{d}x}}$$

这个等式表示渐屈线 L' 上的切线(其角系数为$\frac{\mathrm{d}\eta}{\mathrm{d}\xi}$)平行于已知曲线 L 上的法线(其角系数为$-\frac{1}{\frac{\mathrm{d}y}{\mathrm{d}x}}$). 此外,又因法线通过渐屈线上的对应点 $M'(\xi,\eta)$(切点),

---

① 此外还应注意等式(16)也可用简单的几何方法推出. 若以 α 表示渐伸线的切线与 x 轴所成的角,则 $\tan\alpha=\frac{y'}{x'}$,于是

$$\frac{y'}{\sqrt{x'^2+y'^2}}=\sin\alpha,\frac{x'}{\sqrt{x'^2+y'^2}}=\cos\alpha$$

故得

$$\xi=x-v\sin\alpha,\eta=y+v\cos\alpha$$

如果把各种可能的情形作出图来,读者便可看出这些关系能直接根据浅显的几何推理得来(这时,若曲线 L 在所论点处为凹曲线,则应有 $v>0$;若为凸曲线,则应有 $v<0$).

故所论切线与法线相重合. 由此可知,渐屈线 L' 与其渐伸线 L 上的所有法线相切,或 L' 即是该法线族的包络. 如果把已知曲线的法线作得很多,那么从它们所连接成的曲线就可以看出已知曲线的渐屈线的大概形状.

在曲线同侧的每条法线上取同样长的线段:$M_{11}M_{21}=M_{12}M_{22}=M_{13}M_{23}=\cdots$(图 41),这样所得的新曲线"平行"于已知曲线,而曲线的法线与已知曲线的法线相重合,并且这些"平行"曲线具有相同的渐屈线. 所以每条曲线只具有一条渐屈线,而后者却具有无穷多的一族"平行"曲线. 渐屈线切线上的每个点必在其某条渐伸线上.

Ⅱ. 我们还要证明:

渐屈线弧长的增量等于已知渐伸线上曲率半径的对应增量(当曲率半径在渐伸线弧上做单调变化时).

取渐屈线上的一段弧,并求出$\dfrac{\mathrm{d}s}{\mathrm{d}x}$的表达式. 根据公式(14)可得

$$\left(\frac{\mathrm{d}s}{\mathrm{d}x}\right)^2=\left(\frac{\mathrm{d}\xi}{\mathrm{d}x}\right)^2+\left(\frac{\mathrm{d}\eta}{\mathrm{d}x}\right)^2=\frac{1+y'^2}{y''^4}\left[3y'y''^2-y'''(1+y'^2)\right]^2$$

同样读者不难求出渐伸线的曲率半径对于横坐标的导函数的平方:$\left(\dfrac{\mathrm{d}r}{\mathrm{d}x}\right)^2$. 于是

$$\left(\frac{\mathrm{d}s}{\mathrm{d}x}\right)^2=\left(\frac{\mathrm{d}r}{\mathrm{d}x}\right)^2$$

由此知

$$\left|\frac{\mathrm{d}s}{\mathrm{d}x}\right|=\left|\frac{\mathrm{d}r}{\mathrm{d}x}\right|$$

根据柯西定理可得结论:在所述条件下,渐屈线弧的增量等于渐伸线曲率半径的对应增量(以绝对值计算),这就是所要证明的.

了解了以上所讲的两个属性之后,我们就可以得到作渐伸线的一种极简单的机械方法. 设想有一根柔顺无延性的线贴附在已知的凸曲线(渐屈线)上. 现在一边紧拉着那根线,一边把它从凸线上拉开. 这时拉线上的每一点就会描出已知曲线的一条渐伸线①. 因为拉开的那部分拉线的长度等于原先为该部分拉线所贴着的那段渐屈线的弧长,所以把线拉开的时候,它上面的一个定点会描出某一条渐伸线,这样拉线上的任一点就确实是渐伸线上的一点,并且这条拉线是渐伸线在该点处的法线. 由图 42 可见

$$M_1M_1'-M_0M_0'=\overset{\frown}{M_0'M_1'}$$

---

① 由此得渐伸线或伸开线或切展线的名称.

$$M_2M_2'-M_1M_1'=\widehat{M_1'M_2'}$$
$$\vdots$$

于是根据上述第二项属性,可知拉线上的线段 M_1M_1',M_2M_2',…是同一曲线 L 的曲率半径.

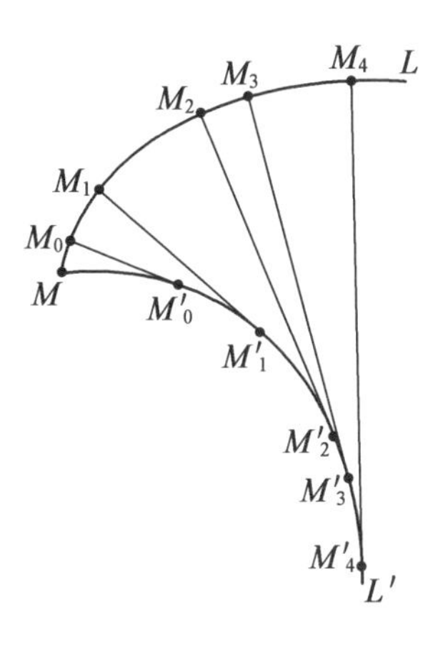

图 42

上述把拉线拉开的动作也可以换成一条直线贴在曲线 L' 上的一种无滑动的运动(滚动). 这时所论直线上的每一点也会描出 L' 的渐伸线.

从几何上的推理可以知道,曲线上曲率(或曲率半径)为极值的点必对应于其渐屈线的角点(尖点). 曲线上的这种点(曲率为极值的点)叫作它的顶点,并且这个顶点的定义既不依靠坐标系也不依靠曲线.

94. 举例

Ⅰ. 圆周的渐伸线. 当直线贴在圆周上做无滑动的滚动时,其上面的定点就描出圆周的渐伸线. 现在我们来讨论通过圆周上点 $A(a,0)$ 的那条渐伸线(图43). 如果记住 $PA=PC$,那么就不难找出渐伸线的方程

$$x=a(\cos t+t\sin t)$$
$$y=a(\sin t-t\cos t)$$

其中 a 是圆周的半径,t 是 $\angle POA$.

用这两个参数方程所规定的曲线叫作圆周的切展线. 反过来说,我们可用公式(15)求出这条切展线的渐屈线方程为

$$\xi=a\cos t,\eta=a\sin t$$

立刻可以看出,这就是原来那个圆的参数方程.

Ⅱ. 抛物线及椭圆的渐屈线. 对抛物线 $y^2=2px$ 来说,可得其渐屈线方程为

$$\xi=3x+p$$

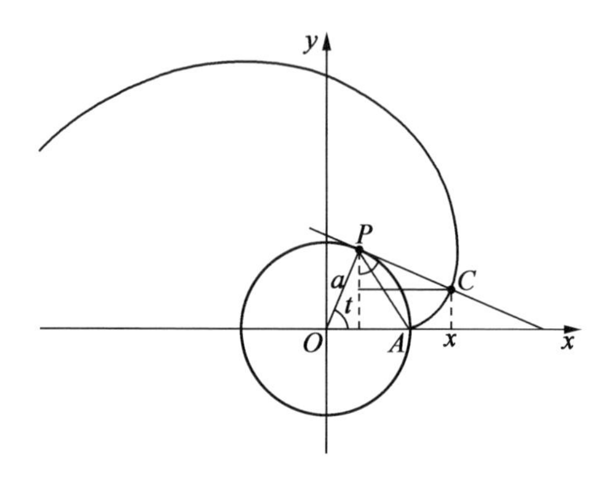

图 43

$$\eta=-\frac{4x\sqrt{x}}{\sqrt{2p}}$$

消去 x 后,即得大家所熟知的半立方抛物线方程

$$\eta^{2}=\frac{8}{27p}(\xi-p)^{3}$$

故可知抛物线的渐屈线是半立方抛物线(图 44). 抛物线的最小曲率半径等于 p,它所对应的点就是抛物线上的顶点与渐屈线上的角点.

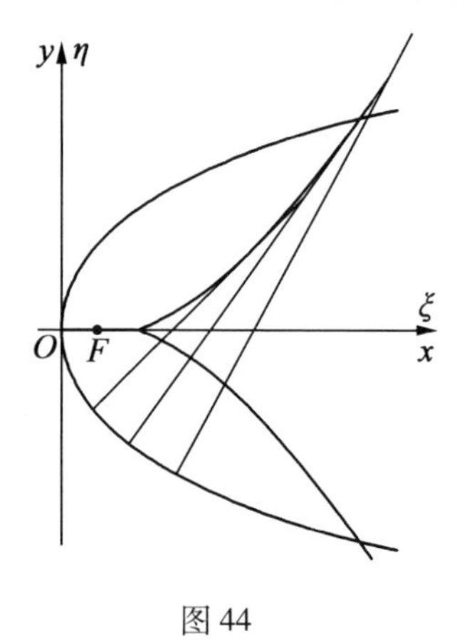

图 44

对椭圆$\frac{x^{2}}{a^{2}}+\frac{y^{2}}{b^{2}}=1$来说,可得其渐屈线方程为

$$\xi=\frac{a^{2}-b^{2}}{a^{4}}x^{3},\eta=\frac{a^{2}-b^{2}}{b^{4}}y^{3}$$

消去 x 及 y 时可应用椭圆方程,于是求得

$$\left(\frac{\xi}{b}\right)^{\frac{2}{3}}+\left(\frac{\eta}{a}\right)^{\frac{2}{3}}=\left(\frac{a^{2}-b^{2}}{ab}\right)^{\frac{2}{3}}$$

如果把曲线

$$\xi^{\frac{2}{3}}+\eta^{\frac{2}{3}}=\left(\frac{a^2-b^2}{a}\right)^{\frac{2}{3}}$$

的一切纵坐标放大$\frac{a}{b}$倍,那么结果便是所求的这条曲线. 曲线 $x^{\frac{2}{3}}+y^{\frac{2}{3}}=k^{\frac{2}{3}}$ 叫作星状线(图 45),它是内圆滚线的一种特殊情形. 所谓内圆滚线是当一圆在另一圆内部做无滑动的滚动时,该动圆上任一点的轨迹(若动圆在另一圆的外部滚动,则所得曲线即是外圆滚线). 若动圆的半径为定圆的四分之一,则所得内圆滚线即是星状线.

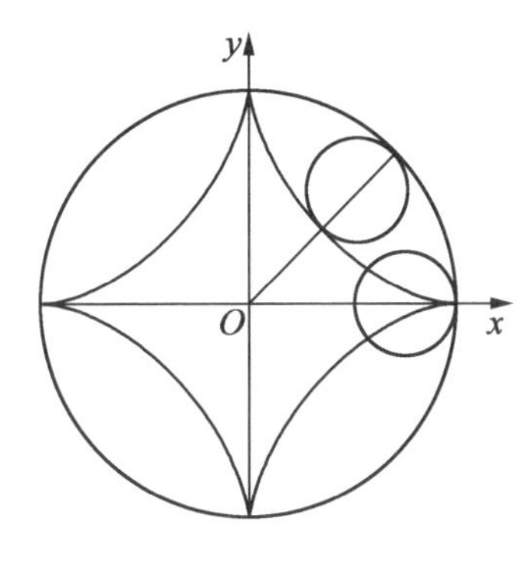

图 45

所以,椭圆的渐屈线是变了样的星状线(图 46). 这条星状线上的尖点对应于椭圆的各顶点,并且在椭圆长轴上的顶点处,所对应的星状线的曲率半径最小($=\frac{b^2}{a}=$椭圆的参数),而在椭圆短轴上的顶点处,所对应的星状线的曲率半径最大($=\frac{a^2}{b}$).

Ⅲ. 圆滚线的渐屈线. 对圆滚线

$$x=a(t-\sin t),y=a(1-\cos t)$$

来说,可用公式(15)求得其渐屈线方程为

$$\xi=a(t+\sin t),\eta=a(-1-\cos t)$$

若引入新参数 $\tau=t-\pi$,则这个渐屈线方程可以写作

$$\xi=a(\pi+\tau-\sin\tau)$$
$$\eta=a(-1-\cos\tau)$$

或

$$\xi'=\xi-a\pi=a(\tau-\sin\tau)$$
$$\eta'=\eta+2a=a(1-\cos\tau)$$

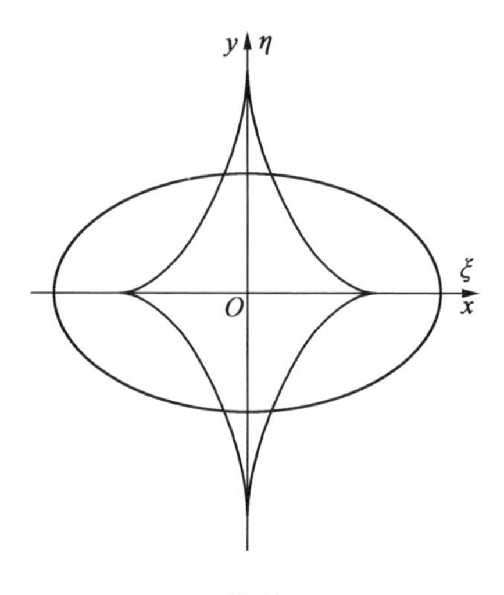

图 46

由此可知圆滚线的渐屈线是该圆滚线本身,不过后者的位置在横坐标轴方向上往右移动 $a\pi$ 单位,纵坐标轴方向上往下移动 $2a$ 单位(图 47).

这条渐屈圆滚线的尖点对应于渐伸圆滚线的顶点. 在那些顶点处,圆滚线的曲率半径具有最大值 $4a$.

我们还要注意,渐屈圆滚线上的半拱弧所对应的渐伸圆滚线上的那半拱弧,正好使其两端点处的曲率半径的差等于 $4a$. 于是可知圆滚线的一拱弧的长等于 $8a$,换句话说,等于原有动圆半径的八倍.

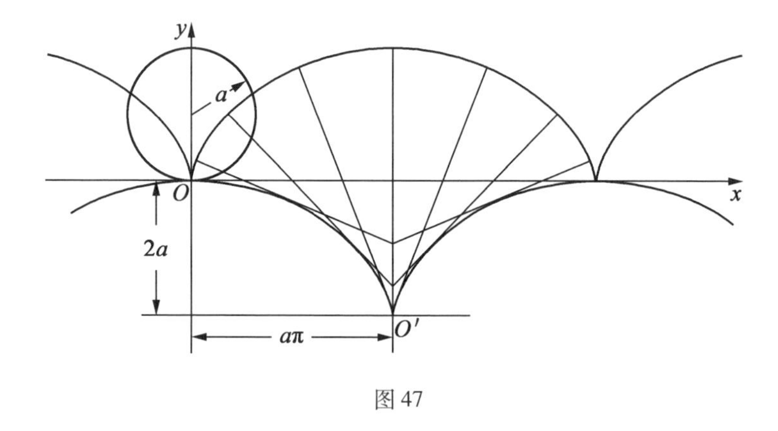

图 47

第五章 定积分

本章中①,我们要研究定积分的概念,它与导函数的概念及微分的概念都是数学解析中的基本概念,与导函数的概念一样,定积分的概念也是在几何学、力学、物理学及其他科学上需要对某些基本概念做精确定义时才产生出来的. 不过引出定积分的概念的那些概念与引出导函数的概念的那些概念在一般性质上是不同的. 在我们所熟知的现实关系中,可以看到两者是互逆的. 定积分的概念是解决多种问题的有效工具. 数学在自然科学及工程的现实问题中的用处,正是在定积分(及微分与导函数)这方面显示出来的.

首先,我们要考虑一个浅显的几何问题,就是考虑关于确定平面图形的面积问题. 这个问题是从几何上产生出来的,并且它也是初创数学解析时的出发点之一. 这个问题的解法具有高度的普遍性,它可以用来确定出许多量,而这些量在物理意义上完全异于面积:例如功(从已知的力求出),运动路程(从已知的速度求出),质量(从已知的密度求出)以及其他等等. 因此必须就普遍的形式来讲解这种方法,而不能依靠这个问题或那个问题中的具体条件来说明. 这样就导出定积分的纯粹数学概念,而它是以极限概念作为基础的.

① 第五及第六两章分别讨论定积分及不定积分,这两章的讲法可以适应下列要求:先讲第五章,后讲第六章,或是反过来,先讲第六章,后讲第五章.

考察了积分的基本属性之后,我们就要表明定积分与导函数(或微分)这两个概念间的简单而又重要的依从关系. 牛顿与莱布尼茨建立了这种依从关系,这是具有头等重要意义的事. 这种依从关系把以前不相关的知识结合成为严整的数学解析理论,并为数学解析的应用开辟了道路.

表达定积分与导函数间关系的公式,可用来计算积分,并且是把定积分的概念应用到具体问题时的基础.

§1　定积分的概念

95. 曲边梯形的面积

初等几何中只考虑多边形及圆的面积,现在我们要定出任一已知图形的面积概念.

关于面积的理论要以下列两个假设作为出发点:

(1) 当一个图形由若干个图形所组成时,则该图形的面积等于那若干个图形的面积的和.

(2) 矩形的面积等于其两边长度的乘积.

初等几何学是根据这两个假设来求三角形的面积,又因每个多边形可分为若干个三角形而可以求出多边形的面积.

既然能求出多边形的面积,就可定出一切图形的具有任意准确度的面积近似值的概念. 要做到这点,只要把图形的曲线边换成与该曲线足够接近的折线,换句话说,把已知图形换成与其相差极小的多边形. 如果在这里再加上极限运算步骤,我们就得到建立任意图形的面积概念的方法. 我们应当记得,初等几何学中用内接及外切正多边形的面积来确定圆的面积时,所用的正是这个方法. 不过那时要利用图形(圆)的特殊几何属性,因而在情形比较复杂时,用那种方法去计算面积就非常困难.

建立一般性的面积概念时,要采用坐标方法,它可以使我们用曲线方程从解析上表示出曲线的几何性质.

现在假设需要确定面积的那个图形位于笛卡儿坐标系的平面内(用极坐标系的情形见第八章). 这样,我们就不难看出任何图形都可以分割成一系列具有同类边缘的图形,即曲边梯形.

由 x 轴、与平行于 y 轴的任意一直线所交不多于一点的曲线,以及曲线的两条纵坐标线四者所构成的图形,叫作曲边梯形(图 1). 介于所论两条纵坐标线之间的那段 x 轴,叫作曲边梯形的底边.

任何图形显然都可以由这种梯形组成,并由此可知,所求面积可用各曲边梯形的面积的代数和求出. 例如,图 2 所示图形的面积可以写成若干个梯形面积的代数和式

$$S_{AA'C'C}-S_{BB'C'C}+S_{BB'D'D}-S_{AA'B''B}-S_{BB''D'D}$$

由此可知,要解决这个面积的问题,只需指出曲边梯形面积的求法即可.

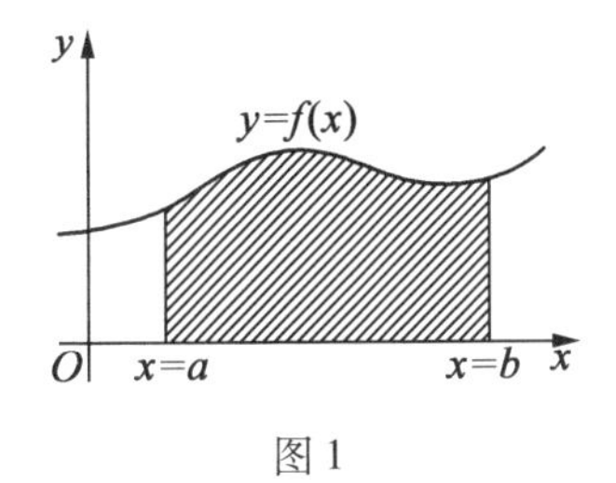

图 1

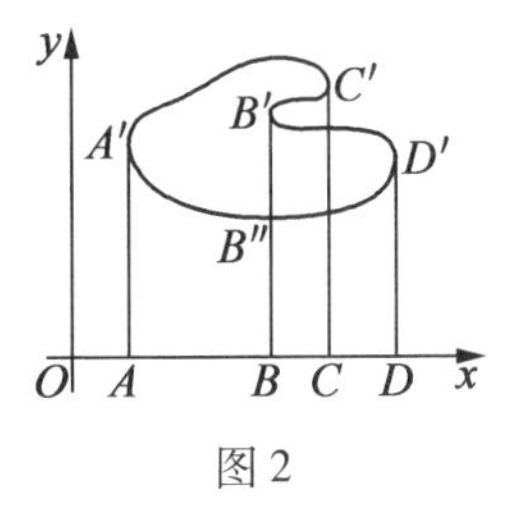

图 2

Ⅰ. 为使说明浅显起见,在讲一般情形以前,我们先来考虑抛物线梯形(三角形),它的各边是抛物线 $y=kx^2$,x 轴及直线 $x=0$,$x=b$(图 3). 求这个梯形的面积时,可用上面讲过的概念,即把该梯形换成与它越来越接近的多边形,并用初等方法算出该多边形的面积.

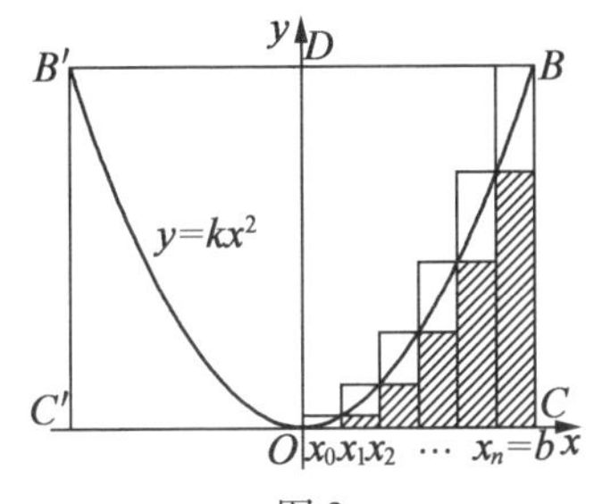

图 3

用下面的方法作接近于抛物线的折线:把梯形的底边分成 n 条相等的线段,然后在分点处往上作平行于 y 轴的直线与抛物线相交,再在每个交点处作平行于 x 轴的线段,直到它与后一条平行于 y 轴的直线相交为止.

所得的阶梯图形称为内接台阶形,它的面积是不难求出的.

首先,用 $x_0,x_1,x_2,\cdots,x_{n-1},x_n$ 表示分点的横坐标. 因全部底长为 b,故

$$x_0=0,x_1=\frac{b}{n},x_2=\frac{2b}{n},\cdots,x_{n-1}=\frac{(n-1)b}{n},x_n=\frac{nb}{n}=b$$

这些分点的横坐标形成以 $\frac{b}{n}$ 为公差的算术级数.

其次,用 $y_0,y_1,y_2,\cdots,y_{n-1},y_n$ 表示对应于这些分点的纵坐标,用 s_n 表示台阶形的面积.

于是,显然可知

$$s_n = y_0(x_1 - x_0) + y_1(x_2 - x_1) + \cdots + y_{n-1}(x_n - x_{n-1})$$

因分点的横坐标 x_i 所对应的纵坐标 $y_i = kx_i^2$,而 $x_i = i\frac{b}{n}$,故

$$y_i = ki^2\frac{b^2}{n^2}$$

即

$$y_0 = 0, y_1 = k \cdot 1^2\frac{b^2}{n^2}, y_2 = k \cdot 2^2\frac{b^2}{n^2}, \cdots, y_{n-1} = k(n-1)^2\frac{b^2}{n^2}$$

把这些值代入 s_n 的表达式中,得

$$s_n = k \cdot 1^2\frac{b^2}{n^2}(x_2 - x_1) + k \cdot 2^2\frac{b^2}{n^2}(x_3 - x_2) + \cdots + k(n-1)^2\frac{b^2}{n^2}(x_n - x_{n-1})$$

又因

$$x_{i+1} - x_i = \frac{b}{n}$$

故上式可写作

$$s_n = k \cdot 1^2\frac{b^2}{n^2} \cdot \frac{b}{n} + k \cdot 2^2\frac{b^2}{n^2} \cdot \frac{b}{n} + \cdots + k(n-1)^2\frac{b^2}{n^2} \cdot \frac{b}{n}$$

把公因子放在括号外面,即得

$$s_n = k\frac{b^3}{n^3}[1^2 + 2^2 + \cdots + (n-1)^2]$$

括号里面各项的和等于$\frac{n(n-1)(2n-1)}{6}$①.

---

① 证明这个关系时,可写出下列各等式

$$1^3 = 1^3$$
$$2^3 = (1+1)^3 = 1^3 + 3 \cdot 1^2 \cdot 1 + 3 \cdot 1 \cdot 1^2 + 1^3$$
$$3^3 = (2+1)^3 = 2^3 + 3 \cdot 2^2 \cdot 1 + 3 \cdot 2 \cdot 1^2 + 1^3$$
$$\vdots$$
$$(n-1)^3 = [(n-2)+1]^3 = (n-2)^3 + 3(n-2)^2 \cdot 1 + 3(n-2) \cdot 1^2 + 1^3$$
$$n^3 = [(n-1)+1]^3 = (n-1)^3 + 3(n-1)^2 \cdot 1 + 3(n-1) \cdot 1^2 + 1^3$$

把这些等式的左右两边各自相加,得

$$n^3 = 3[1^2 + 2^2 + \cdots + (n-1)^2] + 3[1 + 2 + \cdots + (n-1)] + n$$

即

$$n^3 = 3[1^2 + 2^2 + \cdots + (n-1)^2] + 3\frac{n(n-1)}{2} + n$$

由此得

$$1^2 + 2^2 + \cdots + (n-1)^2 = \frac{1}{3}\left(n^3 - 3\frac{n(n-1)}{2} - n\right)$$

即

$$1^2 + 2^2 + \cdots + (n-1)^2 = \frac{1}{6}(2n^3 - 3n^2 + n) = \frac{n(n-1)(2n-1)}{6}$$

于是

$$s_n = k\frac{b^3}{n^3} \cdot \frac{n(n-1)(2n-1)}{6} = k\frac{b^3}{6}\left(1 - \frac{1}{n}\right)\left(2 - \frac{1}{n}\right)$$

这个公式所给的是 n 级内接台阶形的面积,可以把它作为所论抛物线梯形面积的近似值(是个弱值,因台阶形完全在梯形内). 当 n 增大时,台阶形显然会逐渐填满梯形 OBC 所占的那部分平面而接近于后者(图3). 因此自然就可以规定梯形的面积 s 为整标函数 s_n 当 n 无限增大时的极限. 在这种条件下可得出

$$s = \lim_{n \to \infty} s_n = k\frac{b^3}{6} \cdot 2 = k\frac{b^3}{3}$$

这里 s_n 趋于其极限 s 时是逐渐增大的. 不过除了内接台阶形,还可以取外接台阶形,这时代替抛物线的折线可如下得出:从抛物线的每个交点处作平行于 x 轴的线段时,我们不把它们作到后一个纵坐标线处,而把它们作到前一个纵坐标线处. 这样便得到外接于已知梯形的 n 级台阶形(图 3),它的面积 s'_n 的表达式是

$$\begin{aligned} s'_n &= y_1(x_1 - x_0) + y_2(x_2 - x_1) + \cdots + y_n(x_n - x_{n-1}) \\ &= \frac{b}{n}(kx_1^2 + kx_2^2 + \cdots + kx_n^2) = k\frac{b^3}{n^3}(1^2 + 2^2 + \cdots + n^2) \end{aligned}$$

由此可知

$$s'_n = k\frac{b^3}{n^3} \cdot \frac{n(n+1)(2n+1)}{6} = k\frac{b^3}{6}\left(1 + \frac{1}{n}\right)\left(2 + \frac{1}{n}\right)$$

从这个公式可以得出梯形面积的近似值(是个强值,因梯形完全包含在台阶形之内).

当 n 无限增大时,外接与内接的 n 级台阶形都无限趋近于梯形 OBC,因而,可以取台阶形的面积 s'_n 当 $n \to \infty$ 时的极限值为梯形的面积 s. 但

$$\lim_{n \to \infty} s'_n = k\frac{b^3}{6} \cdot 2 = k\frac{b^3}{3}$$

所以得到的值与以前的一样,正如我们所预料的. 这个 s'_n 趋于其极限 s 时是逐渐减小的.

我们看到,因 $BC = kb^2$,故矩形 $CBB'C'$ 的面积等于

$$2 \cdot b \cdot kb^2 = 2kb^3$$

由此可知,抛物线弓形 BOB' 的面积等于

$$2kb^3 - 2k\frac{b^3}{3} = \frac{4}{3}kb^3$$

换句话说,若以弓弦 BB' 及弓深 BC 为边作矩形 $CBB'C'$,则该弓形的面积等于矩形面积的 $\frac{2}{3}$. 这个结果阿基米德早就得出了,他所用的方法直到很多世纪以

后才被人发现,然后这个方法又发展为积分法.

若抛物线梯形的底位于区间$[a,b]$上,则该梯形的面积s等于

$$s=k\frac{b^3-a^3}{3}$$

这是因为所论梯形的面积显然等于底分别在$[0,b]$及$[0,a]$上的两个梯形面积的差,而根据前面所讲可知,这两个梯形的面积各等于$k\frac{b^3}{3}$及$k\frac{a^3}{3}$.

为了举例说明,我们利用所讲抛物线梯形面积的求法来计算以直线$y=kx$, $y=0,x=a,x=b$为边的梯形面积.

用点$x_0=a,x_1,x_2,\cdots,x_{n-1},x_n=b$把在区间$[a,b]$上的梯形的底分成相等的$n$个部分,并按内接台阶形来计算这个梯形的面积.若用$y_0,y_1,y_2,\cdots,y_{n-1},y_n$表示直线$y=kx$上对应于各分点的纵坐标,用$s_n$表示台阶形的面积,则可得

$$s_n=y_0(x_1-x_0)+y_1(x_2-x_1)+\cdots+y_{n-1}(x_n-x_{n-1})$$

又因

$$x_{i+1}-x_i=\frac{b-a}{n},y_i=kx_i$$

故

$$s_n=k\frac{b-a}{n}(x_0+x_1+\cdots+x_{n-1})$$

其中$x_0,x_1,\cdots$这些数构成一个算术级数,故知括号里面是以$x_0=a$为首项,以$\frac{b-a}{n}$为公差的n项算术级数的和.于是得

$$s_n=k\frac{b-a}{n}\cdot\frac{a+\left(b-\frac{b-a}{n}\right)}{2}n=k\frac{b^2-a^2}{2}-k\frac{(b-a)^2}{2n}$$

由于n无限增大时,台阶形的面积s_n趋于梯形的面积s,故得

$$s=\lim_{n\to\infty}s_n=k\frac{b^2-a^2}{2}$$

不难证明用外接台阶形来计算时也可得到同一结果.综上所得的面积公式与初等几何学中的梯形面积公式

$$s=(b-a)\frac{ka+kb}{2}$$

正好相同.

但要注意,以直线$y=k,y=0,x=a,x=b$为边的矩形面积等于$s=k(b-a)$.

Ⅱ.现在我们来讲一般情形.假设底在区间$[a,b]$上的曲边梯形上的曲线是用方程$y=f(x)$给出的,其中$f(x)$是在区间$[a,b]$上连续的函数.

这里假定在区间$[a,b]$上,$f(x)>0$,即假定所论曲边梯形位于x轴以上.求抛物线梯形面积时所用的方法,可以毫无保留地应用到曲边梯形上.这个方法的步骤是:把梯形的底边分成若干个部分,从分点处往上作平行于y轴的直线与曲线相交,然后再从曲线上所得的每个交点往右作平行于底边的线段,到下一条平行于y轴的直线为止(往左作到前一条平行于y轴的直线为止也一样),由此所得的台阶形面积可作为所论曲边梯形面积的近似值,且若代替曲线的那条折线越靠近曲线,则所得结果越准确.而要使折线更靠近曲线,则可使底边上的分点数增多,同时使所分的每一段都减小.从这一切便可得结论:当底边分点无限增多且各分段长度趋于0时,可取台阶形面积的极限作为曲边梯形的面积.

现在要从解析方面来陈述曲边梯形面积的求法.

设点$x_0=a,x_1,x_2,\cdots,x_{n-1},x_n=b$把区间$[a,b]$分成$n$个部分:$[x_0,x_1]$,$[x_1,x_2]$,$\cdots$,$[x_{n-1},x_n]$.这些区间叫作子区间.用$y_0,y_1,y_2,\cdots,y_{n-1},y_n$表示曲线$y=f(x)$上对应于各分点的纵坐标,然后按前法作一$n$级的台阶形(图4),它可能有一部分是内接的,另一部分是外接的.

在求抛物线梯形的面积时,我们把底边分成等段.不过那并不是必要的,这些子区间可以彼此不相等,只不过当它们的个数无限增多时,最大的那个子区间的长度必须趋于0.如果没有最后这个条件,那么台阶形可能是不会无限接近于曲边梯形的.若把分点增多时使某一区间(c,b)保持不变(图4),则折线只会无限接近于已知曲线$y=f(x)$上的弧段AC,而根本不会更接近于弧段CB,因而梯形上的固定部分$cCBb$在取极限的过程中就不会被台阶形所填满.这样就不能用台阶形的面积来求曲边梯形的面积.

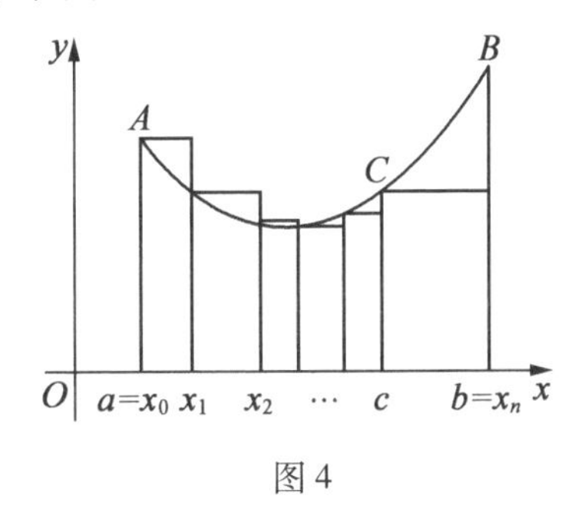

图4

用s_n表示所作n级台阶形的面积,用s表示所要求的曲边梯形的面积.写出s_n的表达式.一切n级台阶形由n个矩形组成,其中每个矩形的面积很易于表达出来.例如,对应于第$i+1$个子区间的矩形面积是$y_i(x_{i+1}-x_i)$.由此可知

$$s_n=y_0(x_1-x_0)+y_1(x_2-x_1)+\cdots+ y_i(x_{i+1}-x_i)+\cdots+y_{n-1}(x_n-x_{n-1})$$

即(因 $y_i=f(x_i)$)

$$s_n=f(x_0)(x_1-x_0)+f(x_1)(x_2-x_1)+\cdots+ f(x_i)(x_{i+1}-x_i)+\cdots+f(x_{n-1})(x_n-x_{n-1})$$

这个和式中各项的形式都相同,只有自变量的指标不同. 为了书写简便起见,引入一个特殊的记号 $\sum$(希腊大写字母,读作"西格马")作为和式的记号. 这样就把上式写作

$$s_n=\sum_{i=0}^{n-1}f(x_i)(x_{i+1}-x_i) \tag{1}$$

这个记号表示所写式子中的指标应取得从 $\sum$ 下面的那个数值起到 $\sum$ 上面的那个数值为止的一切整数值,然后把所有的式子都加起来.

因此表达式(1) 给出了曲边梯形面积的近似值. 我们要知道和式(1) 中的每一项 $f(x_i)(x_{i+1}-x_i)$ 可以解释为:在任意小的一段子区间 $[x_i, x_{i+1}]$ 上,一般来说,$y=f(x)$ 总是变动的,但现在用常量 $y=f(x_i)$(该子区间上始点处的函数值)来代替 $f(x)$,然后用初等方法算出所成图形(矩形)的面积.

所论曲边梯形的面积可以定义为:当最大子区间的长度趋于 0 时,s_n 的极限. 于是

$$s=\lim_{\max(x_{i+1}-x_i)\to 0}s_n=\lim_{\max(x_{i+1}-x_i)\to 0}\sum_{i=0}^{n-1}f(x_i)(x_{i+1}-x_i)$$

96. 物理学中的例子

现在我们来讲一些重要的物理概念,其精确定义也要根据上述求曲边梯形面积时的同一推理得到.

Ⅰ. 变力所做的功. 设物体受某力作用而沿直线运动,其中力的方向与运动方向相同. 当物体从 M 移动到 N 处时(图 5),求其所做的功.

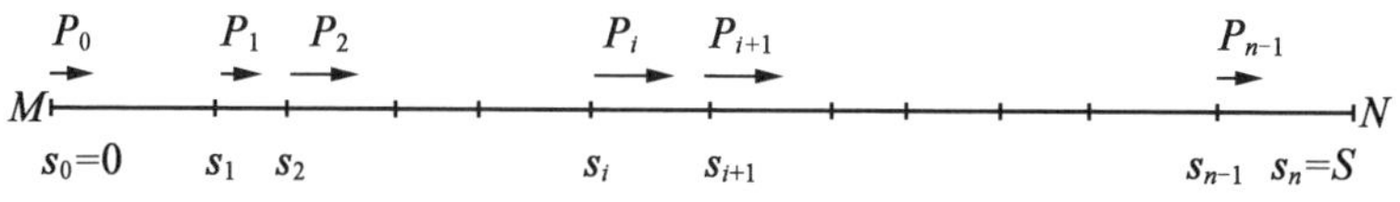

P_0 P_1 P_2 P_i P_{i+1} P_{n-1}

M N

$s_0=0$ s_1 s_2 s_i s_{i+1} s_{n-1} $s_n=S$

图 5

当力在 M 到 N 的全程上是一个常量时,大家都知道这时的功可以定为力与路程的乘积. 若 A 表示功,P 表示力,S 表示路程 MN 的长度,则①

$$A=PS$$

设力在 M 到 N 的路程上不断改变:当物体从一点移到另一点时,一般来说,

① 若表示 P 的单位是 N,表示 S 的单位是 m,则表示 A 的单位是 J;若表示 P 的单位是 dyn,表示 S 的单位是 cm,则表示 A 的单位是 erg.

力的数值总在改变. 当物体所达路程上的一点与点 M 相距为 s 时,作用于物体上的那个力就具有与 s 相对应的一个数值. 由此可知,力是距离 s 的一个函数

$$P=f(s)$$

但这时物体从点 M 移到点 N 处所做的功该如何决定?

从点 M 起,取与 M 相距各为 $s_0=0,s_1,s_2,\cdots,s_i,s_{i+1},\cdots,s_{n-1},s_n=S$ 的点,把全程 MN(即变量 s 的变化区间)分成 n 个小段. 然后把作用于路程 MN 上的变力 P 换成别的力,使后者在每一小段路程上的值是一个常量,例如,可取这个常量等于作用力 P 在该段路程始点处的值. 于是这个力在第1段 $[s_0,s_1]$ 上的值等于 $P_0=f(s_0)$,在第2段 $[s_1,s_2]$ 上的值等于 $P_1=f(s_1)$,……,在第 $i+1$ 段 $[s_i,s_{i+1}]$ 上的值等于 $P_i=f(s_i)$,其余类推.

设力在某路程上所做的功等于其在各分段上所做的那些功的和,则所设的新力所做的功 A_n 显然等于

$$A_n=f(s_0)(s_1-s_0)+f(s_1)(s_2-s_1)+\cdots+f(s_i)(s_{i+1}-s_i)+\cdots+f(s_{n-1})(s_n-s_{n-1})=\sum_{i=0}^{n-1}f(s_i)(s_{i+1}-s_i)$$

我们拿 A_n 这个数值作为所求功的近似值,同时若 n 的数值越大且全程 MN 所分的段越小,则这个近似值也越加准确,因为这时替代原力的那个辅助力会越来越接近于原力.

下面也与讨论面积时一样,令 n 无限增大,同时使最大的那一小段路程趋于0. 于是,所设的辅助力就会无限接近于已知力 P,所求的功 A 便可以定义为 A_n 当最大分段的长度趋于0时的极限

$$A=\lim_{\max(s_{i+1}-s_i)\to 0}A_n=\lim_{\max(s_{i+1}-s_i)\to 0}\sum_{i=0}^{n-1}f(s_i)(s_{i+1}-s_i)$$

Ⅱ. 路程. 设有物体做平移运动,且已知其在某段时间 $[T_1,T_2]$ 内任一瞬时 t 的速度是 v,换句话说,所给速度 v 是时间 t 的函数

$$v=\varphi(t)$$

现在要求出从 $t=T_1$ 到 $t=T_2$ 时物体所经的路程 s. 我们记得在第三章中讲过与这相反的问题,就是从已知路程是时间的函数而求出速度.

若在整段时间 $[T_1,T_2]$ 内的速度 v 是一个常量,换句话说,若运动是等速进行的,则路程 s 可以用物体运动时间与速度两者的乘积来表示

$$s=v(T_2-T_1)$$

但若速度随着时间而变,则求所经路程时,必须采用前面(定面积及定功时)已经讲过两遍的推理方法. 这就是用区间内部的点

$$t_0=T_1,t_1,t_2,\cdots,t_i,t_{i+1},\cdots,t_{n-1},t_n=T_2$$

把代表整段时间的区间 $[T_1,T_2]$ 分成许多小段(子区间),然后把已知运动换成

另一种运动,使后者在每小段时间内成为等速运动,例如,可在子区间$[t_i,t_{i+1}]$内取该等速运动的速度 v 等于已知运动在该段时间区间初始瞬时的速度

$$v=\varphi(t_i)$$

这时从 $t=t_i$ 到 $t=t_{i+1}$ 时所经过的路程等于 $\varphi(t_i)(t_{i+1}-t_i)$. 于是显然可知,对应于$[T_1,T_2]$这段时间的路程 s_n 等于每小段时间内所经距离的和. 也就是说

$$s_n=\varphi(t_0)(t_1-t_0)+\varphi(t_1)(t_2-t_1)+\cdots+\varphi(t_i)(t_{i+1}-t_i)+\cdots+\varphi(t_{n-1})(t_n-t_{n-1})=\sum_{i=0}^{n-1}\varphi(t_i)(t_{i+1}-t_i)$$

其中 s_n 的值是路程 s 的近似值,同时若 n 越大且子区间$[t_i,t_{i+1}]$越小,则这个近似值越加准确. 当最大子区间的长度趋于 0 时,s_n 的极限便是所求的路程 s,即

$$s=\lim_{\max(t_{i+1}-t_i)\to 0}s_n=\lim_{\max(t_{i+1}-t_i)\to 0}\sum_{i=0}^{n-1}\varphi(t_i)(t_{i+1}-t_i)$$

Ⅲ. 质量. 取一段曲线形的物体,并设其上每点处的密度为已知. 这表示所给密度 δ 是曲线上从某一端点起到所论点为止的距离 s 的函数:$\delta=\psi(s)$. 设曲线的全长是 S,要算出它的质量是多少,也就是,要算出从 $s=0$ 到 $s=S$ 的质量. 这个问题与第三章所考虑的也正好相反.

若全部曲线上的密度是一个常量,换句话说,若曲线上的物质是均匀分布的,则质量 m 的大小可用密度与曲线长度两者的乘积来表示

$$m=\delta S$$

但若密度沿着曲线而改变,则可以按照以前讲的方法来做:取曲线上与始点相距各为 $s_0=0,s_1,s_2,\cdots,s_i,s_{i+1},\cdots,s_{n-1},s_n=S$ 的点,把全部曲线分成 n 段,并假设每段子区间$[s_i,s_{i+1}]$上的密度是一个常量,例如,等于所给密度在该段子区间始点处的值 $\delta=\psi(s_i)$. 在这种假设之下,可知对应于子区间$[s_i,s_{i+1}]$的质量等于 $\psi(s_i)(s_{i+1}-s_i)$,而对应于整段区间$[0,S]$的曲线质量显然等于

$$m_n=\psi(s_0)(s_1-s_0)+\psi(s_1)(s_2-s_1)+\cdots+\psi(s_i)(s_{i+1}-s_i)+\cdots+\psi(s_{n-1})(s_n-s_{n-1})$$

当各分段中最大分段的长度趋于 0 时(也就是当 n 无限增大时),所设的逐段均匀的质量分布情形会无限趋近于所给的质量分布情形. 所以与前面的情形一样,这所要求的质量 m 可以定为:当曲线上最大分段的长度趋于 0 时,m_n 的极限为

$$m=\lim_{\max(s_{i+1}-s_i)\to 0}m_n=\lim_{\max(s_{i+1}-s_i)\to 0}\sum_{i=0}^{n-1}\psi(s_i)(s_{i+1}-s_i)$$

97. 定积分、存在定理

从前面所讲的内容可以看出,定义几何学及物理学上的一些重要概念(面积、功、路程、质量等概念)时,都需要对所给的函数及其宗标做相同的一系列运算(而在这些运算中以极限运算为主). 但既然这一系列的运算可以应用到

各种不同的情形上,并且又具有极重要的意义,那么我们自然必须从数学上来严格制定它,而不要再去依靠这个或那个问题中的具体条件.做到了这一步之后,这一系列运算法对于每一合适的个别情形的应用就成为例行的合理步骤,而无须再做特殊的思考,因为在特殊条件下做那些思考时常要比在一般条件下困难些.

如果抽出变量的物理意义及其种种不同的表示法,那么上述一系列运算法的内容就是:

(1)用点 $x_0=a,x_1,x_2,\cdots,x_{n-1},x_n=b$ 把区间$[a,b]$(假设在该区间上所给函数 $y=f(x)$ 为连续的,且 $f(x)>0$)分成 n 个子区间,其中 $a<x_1<x_2<\cdots<x_{n-1}<b$.

(2)把每个子区间始点处的函数值$f(x_i)$与该子区间的长度 $x_{i+1}-x_i$ 相乘,也就是说,写出乘积$f(x_i)(x_{i+1}-x_i)$.

(3)取所有这些乘积的和

$$\begin{aligned}I_n&=f(x_0)(x_1-x_0)+f(x_1)(x_2-x_1)+\cdots+f(x_{n-1})(x_n-x_{n-1})\\&=\sum_{i=0}^{n-1}f(x_i)(x_{i+1}-x_i)\end{aligned}\tag{2}$$

若用 Δx_i 表示 $x_{i+1}-x_i$,则上式也可写作

$$I_n=\sum_{i=0}^{n-1}f(x_i)\Delta x_i$$

(4)最后求出当最大子区间的长度趋于0时,和式 I_n 的极限值

$$I=\lim_{\max\Delta x_i\to 0}I_n$$

所得的数 I 只取决于所给函数$f(x)$及自变量 x 的所给变化区间$[a,b]$.在前面讲过的四个具体问题中,这个数 I 各表示出下列各类量的大小:面积、功、路程、质量.在一般情形下的这个数 I 叫作函数$f(x)$从 a 到 b 的定积分或简称积分,并用记号表示如下

$$I=\int_a^b f(x)\,\mathrm{d}x$$

(读作:积分,从 a 到 b,$f(x)\,\mathrm{d}x$).所以根据定义可知

$$\int_a^b f(x)\,\mathrm{d}x=\lim_{\max\Delta x_i\to 0}\sum_{i=0}^{n-1}f(x_i)\Delta x_i\tag{3}$$

和式(2)叫作第 n 积分和式.于是,定积分(3)是当最大子区间的长度趋于0时第 n 积分和式(2)的极限.

如果把数学解析上这个新的基本概念应用到前面所讲的四个具体问题上,那么我们可以把以前所得的各种结论换成以下的说法:

(i)曲边梯形的面积等于其边缘曲线的纵坐标对于其底的积分

$$s=\int_a^b f(x)\,\mathrm{d}x$$

(ii) 力所做的功等于力对路程的积分

$$A=\int_0^S f(s)\,\mathrm{d}s$$

(iii) 物体所走的路程等于其速度对时间的积分

$$s=\int_{T_1}^{T_2}\varphi(t)\,\mathrm{d}t$$

(iv) 分布于曲线上的质量等于密度对曲线长度的积分

$$m=\int_0^S \psi(s)\,\mathrm{d}s$$

在上述积分定义中,我们应注意三个重要的基本事实:

Ⅰ. 若发现某个连续函数的积分和式(3)在 $n\to\infty$ 时无极限,那么积分定义就会丧失其普遍性. 就这种函数来说,积分概念便无意义,而就其对应的曲边梯形来说,几何直觉上的面积概念也无意义.

我们可以确信,任何连续函数的 I_n 能趋于定数,这种信念当然是直接从几何上的感性认识得来的,但不能拿这些感性认识作为从事理论研讨的唯一根据. 不过由于积分和式很烦琐,要直接证明每个连续函数的定积分存在并不容易,而且在这里证也不相宜. 但是在某一区间 $[a,b]$ 上连续的每个函数具有积分(换句话说,当最大子区间的长度趋于 0 时,I_n 有极限),这个一般定理是成立的.

Ⅱ. I_n 表示 n 级台阶形的面积,其中所含各矩形的底在各子区间上,且以曲线 $y=f(x)$ 在各子区间始点处的纵坐标为高. 如果假定当最大子区间的长度趋于 0 时,有 $I_n\to I$,也就是假定在所给条件下台阶形面积的大小趋于数 I,并以该数作为梯形面积的大小,那么根据同一论证,我们就必须承认,当台阶形中各矩形的高等于曲线在各子区间终点处的纵坐标时,该台阶形的面积也趋于同一个数($=I$),而这种台阶形的面积显然可表示为和式

$$\sum_{i=0}^{n-1} f(x_{i+1})(x_{i+1}-x_i) \tag{4}$$

不仅如此,我们还可以作一个 n 级台阶形,使其中每个矩形的底在各子区间上,且以曲线在该子区间上任一点处的纵坐标为高(图 6).

与以前一样,当分点无限增多且最大子区间的长度趋于 0 时,不管每次在子区间里取什么样的点作为对应矩形的高的底点,我们应认为这种台阶形的面积能趋近于曲边梯形的面积($=I$). 现在假定各子区间上所取的点用 $\xi_0,\xi_1,\cdots,$

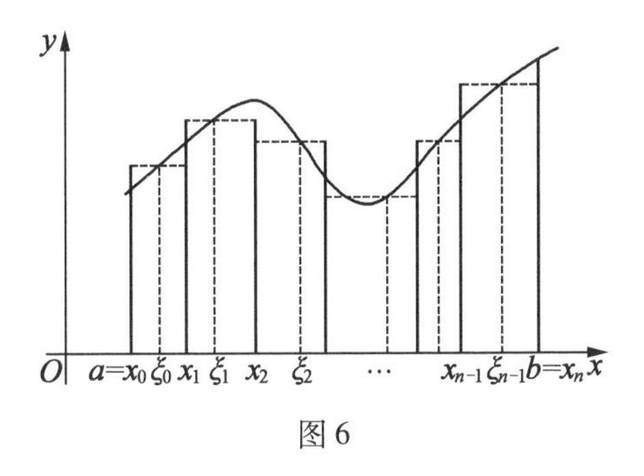

图 6

ξ_{n-1} 表示

$$a = x_0 \leqslant \xi_0 \leqslant x_1 \leqslant \xi_1 \leqslant x_2 \leqslant \cdots \leqslant x_{n-1} \leqslant \xi_{n-1} \leqslant x_n = b$$

于是台阶形的面积可以写成

$$\sum_{i=0}^{n-1} f(\xi_i)(x_{i+1} - x_i) \tag{5}$$

所以结果应得

$$\lim \sum_{i=1}^{n-1} f(x_i)(x_{i+1} - x_i) = \lim \sum_{i=0}^{n-1} f(x_{i+1})(x_{i+1} - x_i)$$
$$= \lim \sum_{i=0}^{n-1} f(\xi_i)(x_{i+1} - x_i)$$

和式(2)及(4)各相当于$\xi = x_i$及$\xi = x_{i+1}$时的和式(5)，故得结论：当ξ_i为满足$x_i \leqslant \xi_i \leqslant x_{i+1}$的任意值时，和式(5)应具有同一极限. 这个结论事实上的确能成立.

Ⅲ. 关于分割区间$[a,b]$为n个子区间一事，我们并无任何特殊的假定，也就是说，并没有假定分点$x_1, x_2, \cdots, x_{n-1}$应按什么规律来选取. 如果按任一方式来分割全部区间时，I_n趋于定值I，则根据几何观点看来，按任一其他方式分割时，I_n显然也应趋于I，只要分点无限增多且最大子区间的长度趋于0.

事实上，不管积分区间按什么规律分割，和式(5)总是趋于同一极限.

如果把前面所讲第n积分和式的概念推广，而把和式(5)叫作函数$f(x)$（这时不再假定$f(x) > 0$）的第n积分和式，便可得下面的一般定理：

定理1 设自变量x的一个变化区间$[a,b]$$(a \leqslant x \leqslant b)$及在该区间上连续的函数$f(x)$为已知的，则不管用什么方式把区间$[a,b]$分割成子区间$[x_i, x_{i+1}]$，也不管在子区间$[x_i, x_{i+1}]$上取哪一个$x$值作为$\xi_i$，当最大子区间的长度趋于0时，对应于区间$[a,b]$及函数$f(x)$的第$n$积分和式总趋于唯一的极限.

这个极限叫作函数$f(x)$从积分限a到b的定积分或积分

$$\lim_{\max \Delta x_i \to 0} \sum_{i=0}^{n-1} f(\xi_i) \Delta x_i = \int_a^b f(x) \mathrm{d}x$$

上述定理叫作定积分的存在定理①.

积分记号的起源:$\int$ 是拉丁文 summa(意思是"和")的第一个字母 s 的狭长写法,积分号后面(有时也说下面)的式子表示出和式中各项的形式,同时因子 $\mathrm{d}x$ 总是表示差 $\Delta x_i = x_{i+1} - x_i$ 趋于 0 的一种记号. 在积分号后面的式子中,自变量右下角的指标已经略去,借以表明在那用极限运算来完成的求和过程中,自变量 x 会取得区间 $[a,b]$ 上的一切值. 最后,积分号上下两端的数各表示求和区间的两个端点.

函数 $f(x)$ 叫作被积函数,表达式 $f(x)\mathrm{d}x$ 叫作被积分式,数 a 及数 b 各叫作积分的下限及上限②,变量 x 叫作积分变量,区间 $[a,b]$ 叫作积分区间.

如果我们用各种不同的方法来分割积分区间并选取点 ξ,则所得各积分和式可能相差颇大. 但上述定理告诉我们,这些和式间的差会随着分点的增多及最大子区间的缩小而逐渐减小,并且在极限情形下,它们之间的差别会完全消失. 记号 $\int_a^b f(x)\mathrm{d}x$ 只表示一个数,因此它本身并不附带表示如何得出这个数的特殊方法. 不管形成定积分的那些运算步骤该怎样做,它的写法总是如此. 同时这个数当然也不取决于积分变量的表示法.

§2　定积分的基本性质

98. 定积分计算法

定积分的计算法问题自然可以这样提出来:已知被积函数 $f(x)$ 及积分区间 $[a,b]$,求积分值 $\int_a^b f(x)\mathrm{d}x$. 求定积分的运算法与求导函数的运算法(函数的微分法)同是数学解析中的基本运算法. 前者叫作函数的定积分法. 根据定义,这种运算法包含两个步骤:从已知函数写出特殊和式 —— 积分和式,然后取极限.

函数的定积分法比微分法复杂得多,微分法是求两个增量的比的极限. 为

① 这个定理的证明可参阅比较完备的解析教程,例如:Б. И. Смирнов 所著的《高等数学教程(第一卷)》(1948 年版)第271 页;Г. Н. Фихтенгольц 所著的《微积分教程(第二卷)》(1948 年版)第108 页;R. Courant 所著的《微积分教程(第一卷)》(俄译本,1931 年版)第 112 页.

② 这里所用的术语"限"并无"函数极限"这种意思.

说明这个定积分运算法,我们来求(指数为包括0的非负整数的)幂函数的积分

$$I^{(k)}=\int_a^b x^k \mathrm{d}x$$

(k为包括0在内的非负整数). 在$k=0,k=1,k=2$三种特殊情形下的这个积分,我们已经在前面算出过

$$I^{(0)}=b-a,I^{(1)}=\frac{b^2-a^2}{2},I^{(2)}=\frac{b^3-a^3}{3}$$

从这里不难看出所得结果的规律性,使我们猜想在任一$k>0$时可得

$$I^{(k)}=\frac{b^{k+1}-a^{k+1}}{k+1}$$

现在要由直接计算来证实这个猜想.

在上述三例中,用来分割区间$[a,b]$的点$x_1,x_2,\cdots$形成一个算术级数. 但当$k(k>0)$为任意整数时,不如用形成一个几何级数的点$x_0=a,x_1,x_2,\cdots,x_{n-1},x_n=b$来把区间$[a,b]$分为$n$个不相等的小段. 设这个几何级数的公比是$q$. 于是

$$x_0=a,x_1=aq,x_2=aq^2,\cdots,x_i=aq^i,\cdots,x_n=b=aq^n$$

从最后的等式可知$q=\left(\frac{b}{a}\right)^{\frac{1}{n}}$,又因$b>a$,故知$q>1$. 各子区间的长度等于

$$\begin{gathered}x_1-x_0=a(q-1)\\x_2-x_1=aq(q-1)\\\vdots\\x_{i+1}-x_i=aq^i(q-1)\\\vdots\\x_n-x_{n-1}=aq^{n-1}(q-1)\end{gathered}$$

于是可见这些长度也形成公比等于q的一个几何级数. 由于$q>1$,故知每个子区间比它以前的一切子区间都要长. 所以最大的子区间必是最后的那个子区间

$$x_n-x_{n-1}=aq^{n-1}(q-1)=aq^n\frac{q-1}{q}=b\frac{q-1}{q}$$

因$n\to\infty$时,$q\to1$,故最大子区间的长度趋于0,因而,对于区间$[a,b]$的分割法满足定积分存在定理中的条件.

写出第n积分和式

$$I_n^{(k)}=\sum_{i=0}^{n-1}x_i^k(x_{i+1}-x_i)=\sum_{i=0}^{n-1}a^kq^{ik}\cdot aq^i(q-1)$$

因为各项中都有因子$a^{k+1}(q-1)$,所以

$$I_n^{(k)}=a^{k+1}(q-1)\sum_{i=0}^{n-1}q^{i(k+1)}$$
$$=a^{k+1}(q-1)[1+q^{k+1}+q^{2(k+1)}+\cdots+q^{(n-1)(k+1)}]$$
中括号里面是以 q^{k+1} 为公比的 n 项几何级数的和. 于是得
$$I_n^{(k)}=a^{k+1}(q-1)\frac{q^{n(k+1)}-1}{q^{k+1}-1}$$
又根据关系式
$$q^{k+1}-1=(q-1)(q^k+q^{k-1}+\cdots+q+1),q^n=\frac{b}{a}$$
得
$$I_n^{(k)}=a^{k+1}(q-1)\frac{\frac{b^{k+1}}{a^{k+1}}-1}{(q-1)(q^k+q^{k-1}+\cdots+q+1)}$$
$$=\frac{b^{k+1}-a^{k+1}}{q^k+q^{k-1}+\cdots+q+1}$$
要求出积分 $I^{(k)}$,还需要求出上式在 $n\to\infty$ 时的极限. 但若 $n\to\infty$,则 $q\to1$,故
$$\lim_{n\to\infty}I_n^{(k)}=\lim_{q\to1}\frac{b^{k+1}-a^{k+1}}{q^k+q^{k-1}+\cdots+q+1}=\frac{b^{k+1}-a^{k+1}}{k+1}$$
即得所要证明的结果.

以后可知除了 $k=-1$,公式
$$\int_a^b x^k\mathrm{d}x=\frac{b^{k+1}-a^{k+1}}{k+1}$$
对于任何 k 值都成立. 当 $k=-1$ 时,上式右边无意义.

我们再来求下面的积分
$$I'=\int_0^\pi\sin x\mathrm{d}x \text{ 及 } I''=\int_0^\pi\cos x\mathrm{d}x$$
这两个积分可以同时来求.

用点 $x_i=i\frac{\pi}{n}(0\leqslant i\leqslant n)$ 把区间 $[0,\pi]$ 分成相等的 n 段,并设 $\xi_i=x_{i+1}$,于是
$$I'=\sum_{i=0}^{n-1}\sin x_{i+1}\cdot\frac{\pi}{n}=\frac{\pi}{n}\sum_{i=0}^{n-1}\sin(i+1)\frac{\pi}{n}$$
$$I''=\sum_{i=0}^{n-1}\cos x_{i+1}\cdot\frac{\pi}{n}=\frac{\pi}{n}\sum_{i=0}^{n-1}\cos(i+1)\frac{\pi}{n}$$
现在要算出下面的和式
$$S_n=\sum_{i=0}^{n-1}\sin(i+1)\frac{\pi}{n}=\sin\frac{\pi}{n}+\sin 2\frac{\pi}{n}+\cdots+\sin n\frac{\pi}{n}$$

$$C_n = \sum_{i=0}^{n-1} \cos(i+1)\frac{\pi}{n} = \cos\frac{\pi}{n} + \cos 2\frac{\pi}{n} + \cdots + \cos n\frac{\pi}{n}$$

用 $\cos\frac{\pi}{n}$ 乘 S_n,用 $\sin\frac{\pi}{n}$ 乘 C_n,然后逐项相加,得

$$\begin{aligned} S_n\cos\frac{\pi}{n} + C_n\sin\frac{\pi}{n} &= \left(\sin\frac{\pi}{n}\cos\frac{\pi}{n} + \cos\frac{\pi}{n}\sin\frac{\pi}{n}\right) + \\ &\quad \left(\sin 2\frac{\pi}{n}\cos\frac{\pi}{n} + \cos 2\frac{\pi}{n}\sin\frac{\pi}{n}\right) + \cdots + \\ &\quad \left(\sin n\frac{\pi}{n}\cos\frac{\pi}{n} + \cos n\frac{\pi}{n}\sin\frac{\pi}{n}\right) \\ &= \sin 2\frac{\pi}{n} + \sin 3\frac{\pi}{n} + \cdots + \sin(n+1)\frac{\pi}{n} \\ &= S_n - \sin\frac{\pi}{n} + \sin(n+1)\frac{\pi}{n} \end{aligned}$$

把 S_n 移到左边,并注意

$$\sin(n+1)\frac{\pi}{n} = -\sin\frac{\pi}{n}$$

得

$$S_n\left(\cos\frac{\pi}{n} - 1\right) + C_n\sin\frac{\pi}{n} = -2\sin\frac{\pi}{n}$$

同样,若用 $\sin\frac{\pi}{n}$ 乘 S_n,用 $\cos\frac{\pi}{n}$ 乘 C_n,并从第二个乘积减去第一个乘积,即经简单的运算后可得

$$-S_n\sin\frac{\pi}{n} + C_n\left(\cos\frac{\pi}{n} - 1\right) = -2\cos\frac{\pi}{n}$$

从最后这两个方程中解出 S_n 及 C_n,得

$$S_n = \frac{\cos\frac{\pi}{2n}}{\sin\frac{\pi}{2n}}, C_n = -1$$

故

$$I'_n = \frac{\pi}{n}\cdot\frac{\cos\frac{\pi}{2n}}{\sin\frac{\pi}{2n}}, I''_n = -\frac{\pi}{n}$$

取极限,得

$$I' = \lim_{n\to\infty}\frac{\pi}{n}\cdot\frac{\cos\frac{\pi}{2n}}{\sin\frac{\pi}{2n}} = \lim_{n\to\infty} 2\cdot\frac{\frac{\pi}{2n}\cdot\cos\frac{\pi}{2n}}{\sin\frac{\pi}{2n}} = \lim_{n\to\infty} 2\cdot\frac{\frac{\pi}{2n}}{\sin\frac{\pi}{2n}}\cdot\cos\frac{\pi}{2n} = 2$$

$$I'' = \lim_{n \to \infty} \left(-\frac{\pi}{n} \right) = 0$$

由此可知结果为

$$\int_0^{\pi} \sin x \mathrm{d}x = 2, \int_0^{\pi} \cos x \mathrm{d}x = 0$$

从上面所讲的例子可以看出,要是直接根据定义来计算定积分,也就是,直接求和并取极限,则在最简单的情形下也会处处遇到困难. 因此,如果没有发现在运算步骤上简便得多的定积分计算法,这在数学解析上最为重要的定积分概念还不会有今日的地位.

以下要讲定积分的一些基本性质,由此可使我们最后得出计算定积分的间接方法.

99. 定积分的最简单性质及其几何意义

以下处处假定所论函数的积分存在.

和式的积分定理 有限个函数的和的积分等于每个函数的积分的和

$$\int_a^b [f(x) + \varphi(x) + \cdots + \psi(x)] \mathrm{d}x$$

$$= \int_a^b f(x) \mathrm{d}x + \int_a^b \varphi(x) \mathrm{d}x + \cdots + \int_a^b \psi(x) \mathrm{d}x$$

取出常数因子定理 被积函数中的常数因子可以放在积分号外面

$$\int_a^b cf(x) \mathrm{d}x = c \int_a^b f(x) \mathrm{d}x$$

证这两个定理时,只要写出积分和式,然后应用和式及乘积的极限定理,就可以得到证明.

积分正负号定理 若被积函数在积分区间上不变号,则积分与被积函数同号.

设在区间$[a,b]$上,$f(x) \geqslant 0$,则在该区间上和式

$$I_n = \sum_{i=0}^{n-1} f(\xi_i) \Delta x$$

中的一切项不是负数,故知 $I_n \geqslant 0$,而对非负的量来说,它的极限也不可能为负数. 若连续函数$f(x)$不变号,则唯有当$f(x)$恒等于0时,其积分才能为0.

若被积函数在积分区间上变号,则其积分可能为正,也可能为负,或为0.

在用积分法解决问题时,我们应该注意定积分的这个性质. 例如用积分法计算梯形面积时,必须考察它与x轴的相对位置. 当梯形全部位于x轴以上时,纵坐标的积分就表示面积;当梯形全部位于x轴以下时,积分是个负数,所以这时的梯形面积显然等于积分前面再加负号;最后,当梯形中一部分位于x轴以

上,而另一部分位于 x 轴以下时,则纵坐标的积分就根本不表示所求的面积.

假设要求在区间$[0,\pi]$上由曲线 $y=\cos x$ 与 x 轴所围的曲边梯形的面积,由前面所讲的例子可知积分$\int_0^{\pi}\cos x\mathrm{d}x=0$,因此这个积分值并不表示梯形面积这个几何量的大小. 这是因为在区间$\left[0,\frac{\pi}{2}\right]$上的那部分梯形面积等于在区间$\left[\frac{\pi}{2},\pi\right]$上的那部分梯形面积,而当我们在全部区间$[0,\pi]$上求积分时,区间$\left[0,\frac{\pi}{2}\right]$上的结果与区间$\left[\frac{\pi}{2},\pi\right]$上负的但绝对值相等的结果彼此抵消. 事实上,所论面积的真值是2,这是根据区间$[0,\pi]$上的曲线 $y=\cos x$ 与 x 轴所围成梯形的面积为 2 的结果便可以明白的. 由此,还可以知道

$$\int_0^{\frac{\pi}{2}}\cos x\mathrm{d}x=1,\int_{\frac{\pi}{2}}^{\pi}\cos x\mathrm{d}x=-1$$

所以求曲边梯形的面积时,必须分别求出表示 x 轴以上那几部分面积的积分以及表示 x 轴以下那几部分面积的积分,然后再把它们的绝对值加起来.

我们不必分别求出函数在其各同号区间上的积分,然后再把各积分的绝对值相加,而可以把这个计算规则写成一个简短的公式,就是取$f(x)$绝对值的积分. 这事从几何上讲就是把 x 轴以下的一切曲线弧段换成它们对于该轴的镜面映像(图 7).

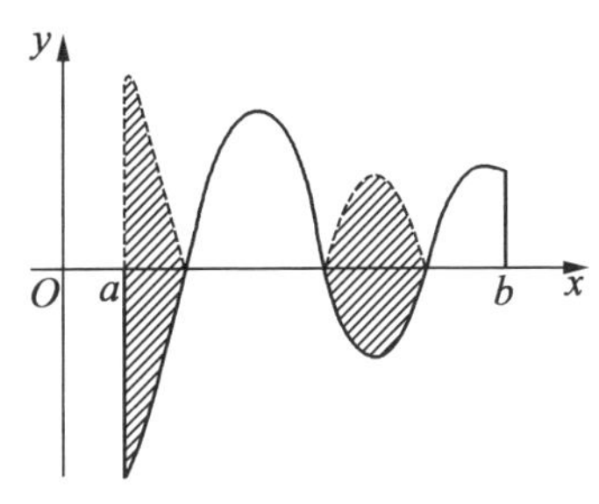

图 7

所以在任何情形下的梯形面积可以写成公式

$$S=\int_a^b|f(x)|\mathrm{d}x$$

其中 $y=f(x)$ 是梯形的边缘曲线,梯形的底在区间$[a,b]$上. 但应注意这个公式只是写起来形式简便,在实际计算面积时还是要按照上述的规则来做.

现在我们来讲定积分的几何解释. 如果位于 x 轴以上的曲边梯形面积规定

为正,位于 x 轴以下的规定为负,那么把函数 $y=f(x)$ 看作某一曲边梯形的纵坐标时,$f(x)$ 的定积分显然等于已知曲边梯形中对应于 $f(x)$ 的同号区间的各部分面积的代数和(即具有正负号的面积的和).

根据以上所说,今后可以把定积分 $\int_a^b f(x)\mathrm{d}x$ 看作曲线 $y=f(x)$ 在区间 $[a,b]$ 上与 x 轴所围成的曲边梯形的面积(是代数上的,而非几何上的面积),不管积分变量 x 及函数 $f(x)$ 的具体意义是什么.

100. 积分区间的变向及分割法

到这里为止,我们总假定积分下限小于积分上限($a<b$),换句话说,总假定积分区间是从左向右的.

现在我们要进一步讲积分区间从右向左时的定积分,即积分下限大于积分上限($a>b$)时的定积分,也就是假设在任何情形下有

$$\int_a^b f(x)\mathrm{d}x=\lim_{\max|x_{i+1}-x_i|\to 0}\sum_{i=0}^{n-1} f(\xi_i)(x_{i+1}-x_i) \tag{1}$$

这时,若 $a>b$,则

$$a=x_0>x_1>x_2>\cdots>x_{n-1}>x_n=b, x_i\geqslant \xi_i\geqslant x_{i+1}$$

现在等我们证明了下面的定理之后,就可以看出定积分概念的进一步推广是合理的.

互换积分限定理　若积分上、下限易位,换句话说,若颠倒积分区间的方向,则积分只是变号而已.

因当 $a>b$ 时,和式(1)中积分变量的一切增量 $\Delta x_i=x_{i+1}-x_i$ 都是负的,故若把 -1 取出放到极限记号外面,并把和式中各项的先后次序颠倒过来,则得

$$\int_a^b f(x)\mathrm{d}x=-\lim_{\max|\Delta x_i|\to 0}\sum_{i=0}^{n-1} f(\xi_{n-i-1})(x_{n-i-1}-x_{n-i})$$

这时和式中的求和步骤①已变成从左向右($b=x_n\leqslant \xi_{n-1}\leqslant x_{n-1}\leqslant\cdots\leqslant x_1\leqslant \xi_0\leqslant x_0=a$),而根据前面的积分定义可知,上式右边的极限等于积分 $\int_b^a f(x)\mathrm{d}x$,其中积分下限小于积分上限. 于是

$$\int_a^b f(x)\mathrm{d}x=-\int_b^a f(x)\mathrm{d}x$$

不管 a 及 b 之间的关系如何,上面的等式显然都成立. 所以要把积分变成下限小

① 为了使式子的形式明显起见,不如令 $\xi_{n-i-1}=\xi_i'$, $x_{n-1}=x_i'$,把分点及子区间中所取点的记号改变一下比较方便.

于上限的积分,只要改变其正负号即可. 因此以后如果没有做相反的声明,总假定积分下限是小于上限的.

当 $a = b$ 时,这个定理自然也成立. 这时

$$\int_a^a f(x)\,\mathrm{d}x = -\int_a^a f(x)\,\mathrm{d}x \text{ 或 } 2\int_a^a f(x)\,\mathrm{d}x = 0$$

由此可知

$$\int_a^a f(x)\,\mathrm{d}x = 0$$

上、下限相等的积分等于0.

从几何上看这件事极为显然. 因若梯形底边的终点与始点相重合,则该梯形变为一段直线,这时它的面积当然是0.

积分的前两个性质对于 $a > b$ 时的积分 $\int_a^b f(x)\,\mathrm{d}x$ 来说也是对的,但第三个性质却必须在 $a < b$ 时成立;若 $a > b$,则第三个性质的陈述法恰好完全相反. 以后讲解积分的性质时,总是在 $a < b$ 的条件之下来讲. 如果要包括 $a > b$ 的情形,读者也不难自己去找出个别命题中对应定理的词句在哪些地方要加以改变(或者根本不需要改变).

分割积分区间定理　若把积分区间 $[a,b]$ 分成两部分 $[a,c]$,$[c,b]$,则

$$\int_a^b f(x)\,\mathrm{d}x = \int_a^c f(x)\,\mathrm{d}x + \int_c^b f(x)\,\mathrm{d}x \tag{2}$$

因为写积分和式时,不管用什么方式分割区间 $[a,b]$,积分和式的极限总不变,所以可以在分割区间时,令点 c 永远是个分点. 这样就可把积分和式写作

$$\sum f(\xi_i)\Delta x_i = \sum{}_1 f(\xi_i)\Delta x_i + \sum{}_2 f(\xi_i)\Delta x_i$$

其中右边的第一个和式中含有对应于区间 $[a,c]$ 内各分点的一切项,而第二个和式中则含有对应于区间 $[c,b]$ 内各分点的一切项. 这样第一个和式与第二个和式各为 $f(x)$ 对应于区间 $[a,c]$ 及 $[c,b]$ 的积分和式. 当 $[a,b]$ 内分点无限增多且最大子区间的长度趋于0时,在 $[a,c]$ 及 $[c,b]$ 这两部分区间内,也必然有同样的情形. 于是右边第一个和式就趋于从 a 到 c 的积分,第二个和式就趋于从 c 到 b 的积分,结果就得到所要证明的等式.

关系式(2)表示出极为浅显的几何事实:若把梯形分割成在 $[a,c]$ 及 $[c,b]$ 上的两个梯形,则全部梯形的面积等于这两个梯形的面积的和.

如果 $f(x)$ 在 $[a,c]$ 或 $[c,b]$ 上连续,那么即使 c 在区间 $[a,b]$ 的外面——在区间的右面 $(a < b < c)$ 或在区间的左面 $(c < a < b)$——等式(2)依然成立.

假设 $a < b < c$,根据已经证明的结果可知

$$\int_a^c f(x)\,\mathrm{d}x = \int_a^b f(x)\,\mathrm{d}x + \int_b^c f(x)\,\mathrm{d}x$$

由此可知

$$\int_a^b f(x)\,\mathrm{d}x = \int_a^c f(x)\,\mathrm{d}x - \int_b^c f(x)\,\mathrm{d}x$$

把右边第二个积分中的上、下限易位,得

$$\int_a^b f(x)\,\mathrm{d}x = \int_a^c f(x)\,\mathrm{d}x + \int_c^b f(x)\,\mathrm{d}x$$

即是所要证明的结果. 同样可证明 $c < a < b$ 时等式(2) 也成立. 在最后这两种情形下等式(2) 的几何意义读者自己去解释.

从以上所证明的各定理可以直接推出:若在含有任意个点 $c_1, c_2, \cdots, c_k$ 的区间上 $f(x)$ 是连续函数,则不管那些点的位置如何,总可得

$$\int_a^b f(x)\,\mathrm{d}x = \int_a^{c_1} f(x)\,\mathrm{d}x + \int_{c_1}^{c_2} f(x)\,\mathrm{d}x + \cdots + \int_{c_k}^b f(x)\,\mathrm{d}x$$

101. 定积分估值法

现在我们要指出积分值的界限.

定积分估值法定理 定积分值介于积分区间的长度与被积函数的最大值及最小值的两个乘积之间,即

$$m(b-a) \leqslant \int_a^b f(x)\,\mathrm{d}x \leqslant M(b-a)$$

其中 m 及 M 各为 $f(x)$ 在区间 $[a,b]$ 上的最小值及最大值.

证明时可取 $M - f(x)$ 及 $m - f(x)$ 两个函数. 第一个函数在区间 $[a,b]$ 上不是负数,第二个函数则不是正数. 于是可知

$$\int_a^b [M - f(x)]\,\mathrm{d}x \geqslant 0$$

及

$$\int_a^b [m - f(x)]\,\mathrm{d}x \leqslant 0$$

上两式又可写作

$$\int_a^b M\,\mathrm{d}x - \int_a^b f(x)\,\mathrm{d}x \geqslant 0$$

及

$$\int_a^b m\mathrm{d}x - \int_a^b f(x)\mathrm{d}x \leqslant 0$$

由此得

$$M\int_a^b \mathrm{d}x = M(b-a) \geqslant \int_a^b f(x)\mathrm{d}x$$

及

$$m\int_a^b \mathrm{d}x = m(b-a) \leqslant \int_a^b f(x)\mathrm{d}x$$

即是所要证明的结论.

这在几何上的解释是,若以曲边梯形的底为底,而分别以梯形的最小及最大纵坐标为高作两个矩形,则曲边梯形的面积大于第一个矩形的面积,而小于第二个矩形的面积(图8).

找出了积分值的界限之后,我们就说积分值已经估出. 有时要求积分的准确值可能极为困难,甚至不可能,但若能估出它的值,即使很粗略,也总可以知道它所表示的那个数的大小程度. 数学解析上对于某一类量的这种估值法是常会遇到的.

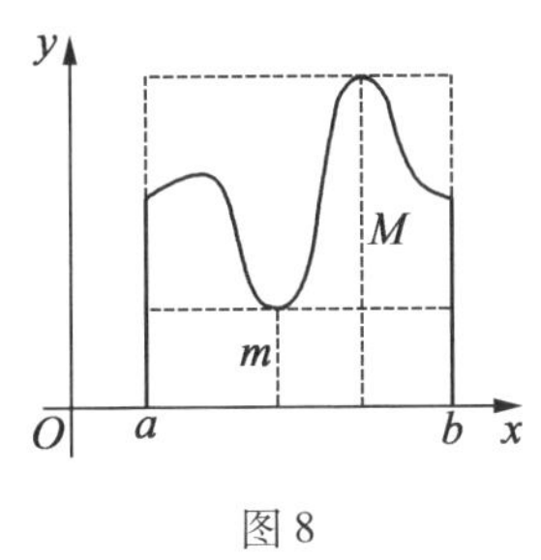

图 8

这里可以看出,若积分区间越短,同时曲线 $y=f(x)$ 与平行于 x 轴的直线差别越小,则估值定理中所指出的积分界限越准确(越窄).

有了定积分的估值定理之后,我们就可以指出它的近似值.

例 1 估出积分

$$\int_0^2 \frac{5-x}{9-x^2}\mathrm{d}x$$

用微分法可求出被积函数在区间[0,2]上的最大值及最小值各为$\frac{3}{5}$及$\frac{1}{2}$.

由此知

$$\frac{1}{2}(2-0) \leqslant \int_0^2 \frac{5-x}{9-x^2}\mathrm{d}x \leqslant \frac{3}{5}(2-0)$$

换句话说,这个积分值介于 1 与 1.2 之间. 我们可以取 1.1 作为它的初次近似值,且这时所致的绝对误差不超过 $1.2-1=0.2$,相对误差不超过 $\frac{0.2\times 100}{1.1}\approx 18\%$(以后我们能求出这个积分的准确值为 $\frac{4}{3}\ln 5-\ln 3\approx 1.0473$).

例 2 再估出另一个积分

$$\int_{\frac{\pi}{4}}^{\frac{\pi}{2}}\frac{\sin x}{x}\mathrm{d}x$$

读者不难证明被积函数在区间 $\left[\frac{\pi}{4},\frac{\pi}{2}\right]$ 上是递减的,所以

$$\frac{1}{2}=\frac{\sin\frac{\pi}{2}}{\frac{\pi}{2}}\cdot\frac{\pi}{4}\leqslant\int_{\frac{\pi}{4}}^{\frac{\pi}{2}}\frac{\sin x}{x}\mathrm{d}x\leqslant\frac{\sin\frac{\pi}{4}}{\frac{\pi}{4}}\cdot\frac{\pi}{4}=\frac{1}{2}\sqrt{2}$$

于是知道积分值介于0.5与0.71之间,这就使我们对积分值的大小有了相当好的认识. 用更精密的方法可以指出它近似等于 0.62.

根据分割积分区间定理以及定积分估值法定理不难证明:

定理 1 若被积函数 $f(x)$ 在积分区间 $[a,b]$ 上连续且不变号,则唯有当被积函数恒等于 0 时,积分才能等于 0.

证明 假设上述定理不成立,即积分等于 0,而函数 $f(x)$ 至少在积分区间上一点处不等于 0

$$I=\int_a^b f(x)\mathrm{d}x=0$$

而 $f(c)\neq 0$,其中 $a\leqslant c\leqslant b$,同时假定在区间 $[a,b]$ 上,$f(x)\geqslant 0$.

由函数 $f(x)$ 的连续性,可知 $[a,b]$ 上必定存在含点 c 的一个区间 $[\alpha,\beta]$,使函数 $f(x)$ 在该区间上不等于0. 现在用 $m\neq 0$ 表示 $f(x)$ 在区间 $[\alpha,\beta]$ 上的最小值,根据分割积分区间定理可得

$$\int_a^b f(x)\mathrm{d}x=\int_a^\alpha f(x)\mathrm{d}x+\int_\alpha^\beta f(x)\mathrm{d}x+\int_\beta^b f(x)\mathrm{d}x$$

又因右边第一及第三个积分不是负数(积分正负号定理),故根据定积分估值法定理可得

$$I=\int_a^b f(x)\mathrm{d}x\geqslant\int_\alpha^\beta f(x)\mathrm{d}x>m(\beta-\alpha)\neq 0$$

这样就得到与所设条件 $I=0$ 相矛盾的结果. 由此可知,$f(x)\equiv 0$,即是所要证明的结果.

注意 Ⅰ. 不等式的积分. 除了本段所证明的定理,还有更普遍的定理也成立. 那就是:

定理 2 若在区间$[a,b]$上的每一点 x 处有

$$\phi(x) \leqslant f(x) \leqslant \varphi(x)$$

则

$$\int_a^b \phi(x)\,\mathrm{d}x \leqslant \int_a^b f(x)\,\mathrm{d}x \leqslant \int_a^b \varphi(x)\,\mathrm{d}x$$

这表示从函数间的不等式可以推出其积分间也有同义的不等式,简单来说,不等式可以施行积分运算. 但根据简单的几何事实,我们不难理解不等式是不可以施行微分运算的.

我们不预备详细讲这个定理的证法及其几何意义,因为那与前面的定理完全相同.

在 $\varphi(x)$ 恒等于 M 及 $\phi(x)$ 恒等于 m 的特殊情形下,本定理即变为互换积分限定理.

Ⅱ. 定积分绝对值的估计法. 设在区间$[a,b]$上有 $|f(x)| \leqslant M$,也就是说

$$-M \leqslant f(x) \leqslant M$$

可得

$$-M(b-a) \leqslant \int_a^b f(x)\,\mathrm{d}x \leqslant M(b-a)$$

即

$$\left|\int_a^b f(x)\,\mathrm{d}x\right| \leqslant M(b-a)$$

有了这个公式之后,就可用所估被积函数的绝对值去估出定积分的绝对值.

Ⅲ. 布尼雅可夫斯基不等式①. 若被积函数是两个函数的乘积

$$f(x) = f_1(x) \cdot f_2(x)$$

则可估出积分值为(高估)

$$\int_a^b f_1(x) \cdot f_2(x)\,\mathrm{d}x \leqslant \sqrt{\int_a^b [f_1(x)]^2\,\mathrm{d}x} \cdot \sqrt{\int_a^b [f_2(x)]^2\,\mathrm{d}x}$$

---

① 布尼雅可夫斯基(В. Я. Буняковский,1804—1889)是科学院院士及俄国著名数学家,他在1859年发表了上述不等式,直到最近数学文献中仍把这个不等式叫作施瓦兹不等式,但从历史上说,这是不正确的,因为德国著名数学家施瓦兹(Schwartz)是在布尼雅可夫斯基16年之后才指出了这个不等式的,布尼雅可夫斯基不等式是数学上极有用的工具.

这就是布尼雅可夫斯基不等式. 证明时可取一个辅助积分

$$I=\int_a^b[\lambda f_1(x)+f_2(x)]^2\mathrm{d}x$$

当 λ 为任一实数时,这个积分不可能是负数(积分正负号定理):$I\geqslant 0$. 若把被积函数中的括号展开,并令

$$\int_a^b[f_1(x)]^2\mathrm{d}x=I_1,\int_a^b f_1(x)\cdot f_2(x)\mathrm{d}x=I_{12},\int_a^b[f_2(x)]^2\mathrm{d}x=I_2$$

则得

$$I_1\lambda^2+2I_{12}\lambda+I_2\geqslant 0$$

上式左边是 λ 的二次式. 当 λ 为任意数时,这个二次式应该不是负数,而这种情形唯有(因 $I_1>0$)在二次式的判别式不是正数时才能成立

$$I_{12}^2-I_1I_2\leqslant 0$$

这也就是

$$\left(\int_a^b f_1(x)\cdot f_2(x)\mathrm{d}x\right)^2\leqslant\int_a^b[f_1(x)]^2\mathrm{d}x\cdot\int_a^b[f_2(x)]^2\mathrm{d}x$$

或

$$\int_a^b f_1(x)\cdot f_2(x)\mathrm{d}x\leqslant\sqrt{\int_a^b[f_1(x)]^2\mathrm{d}x}\cdot\sqrt{\int_a^b[f_2(x)]^2\mathrm{d}x}$$

即是所要证明的结论.

例 3 估计积分值

$$I=\int_0^{\frac{\pi}{2}}\sqrt{x\sin x}\,\mathrm{d}x$$

设 $f_1(x)=\sqrt{x}$,$f_2(x)=\sqrt{\sin x}$,应用布尼雅可夫斯基不等式

$$I\leqslant\sqrt{\int_0^{\frac{\pi}{2}}x\mathrm{d}x}\sqrt{\int_0^{\frac{\pi}{2}}\sin x\mathrm{d}x}=\sqrt{\frac{1}{2}\frac{\pi^2}{4}}\cdot\sqrt{1}=\frac{\pi}{2\sqrt{2}}\approx 1.11$$

用定积分估值法定理估出的结果比较差

$$I\leqslant\frac{\pi}{2}\cdot\sqrt{\frac{\pi}{2}\cdot 1}=\frac{\pi}{2\sqrt{2}}\cdot\sqrt{\pi}\approx 1.97$$

由此可知,用定积分估值法定理只能肯定已知积分值不会大于 1.97,但布尼雅可夫斯基不等式却能指出它的值小于 1.11.

例 4 令

$$I=\int_0^1\sqrt{1+x^3}\,\mathrm{d}x$$

用定积分估值法定理可得

$$1 \leqslant I \leqslant \sqrt{2}$$

但若设$f_1(x)=1$,$f_2(x)=\sqrt{1+x^3}$,则用布尼雅可夫斯基不等式可得

$$I \leqslant \sqrt{1 \cdot \int_0^1 (1+x^3)\,\mathrm{d}x} = \frac{1}{2}\sqrt{5} = \sqrt{\frac{5}{8}} \cdot \sqrt{2}$$

由此可知,用布尼雅可夫斯基不等式所估的结果比用定积分估值法定理所得的结果好些.

§3　定积分的基本性质(续)、牛顿 - 莱布尼茨公式

102. 中值定理、函数的中值

定积分具有下列重要性质:

中值定理　对区间$[a,b]$上的连续函数$y=f(x)$来说,在该区间内至少存在一值$x=\xi$,$a<\xi<b$,使下列不等式成立

$$\frac{\int_a^b f(x)\,\mathrm{d}x}{b-a} = f(\xi) \tag{1}$$

证明　由定积分估值法定理可得

$$m \leqslant \frac{\int_a^b f(x)\,\mathrm{d}x}{b-a} \leqslant M$$

故可知

$$\frac{\int_a^b f(x)\,\mathrm{d}x}{b-a} = \mu$$

其中μ是介于函数$f(x)$在区间$[a,b]$上的最小值m及最大值M间的一个数,即

$$m \leqslant \mu \leqslant M$$

但因为$f(x)$是一个连续函数,所以它至少有一次取得m及M间的每一个值. 这样,在某一值$x=\xi(a<\xi<b)$时,函数$f(x)$必能取得μ值,即

$$f(\xi)=\mu$$

即得所要证明的结论.

由等式(1)可得

$$\int_a^b f(x)\,\mathrm{d}x = f(\xi)(b-a) \quad (a < \xi < b)$$

凭借这个公式就可把中值定理陈述如下：

连续函数的定积分等于该函数在积分区间内某一中间点处的值与区间长度的乘积.

这个中值定理有很大的理论价值，同时我们在后面讲到牛顿－莱布尼茨公式时可以看出，它与微分中值定理(拉格朗日定理)有简单关系，但它在实际计算积分值时没有什么用处，因为如果不知道积分值，我们也就不知道被积函数在中间点处的值.

中值定理的几何意义可以解释如下：有一与曲边梯形面积相等的矩形存在，它的底是梯形的底，高是梯形的边缘曲线在底上某一点处的纵坐标.

我们很容易凭直觉来说明这个定理(图 9). 当直线从 BC 的位置起向上平行于 x 轴移动时，矩形 $ABCK$ 的面积从小于梯形面积的值连续增加到大于梯形面积的值. 于是显然可见直线 BC 总会在其间某一位置 FG 处，使矩形 $AFGK$ 的面积恰好等于梯形面积 s，又由于直线 BC 在这种运动中与梯形的边缘曲线相交，所以在 FG 的位置上至少能找出这样的一个交点 Q，使该交点的横坐标即为中值定理中所要求的 ξ.

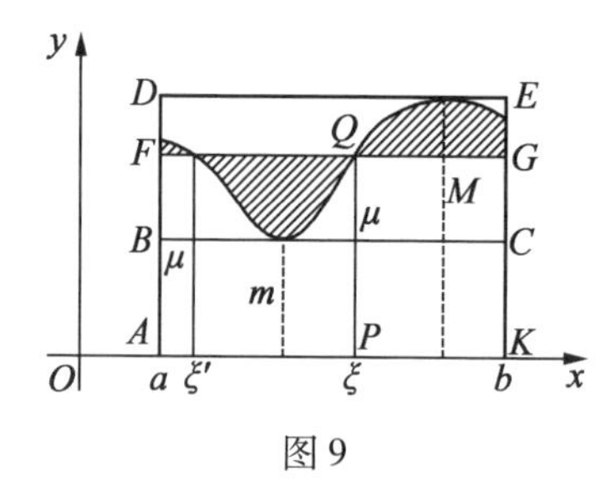

图 9

当 $f(x)$ 是线性函数时，换句话说，当所论梯形是由直线围成时，点 ξ 就显然位于底边的中点(用解析法证明)

$$\xi = \frac{a+b}{2}$$

这时线段 PQ 就是直边梯形的中线. 在一般情形下，线段 PQ 有时也叫作曲边梯形的中线，但曲边梯形可能具有好几条(长短相等的)中线.

如果凭观察法作一条平行于梯形底边的直线，使该直线以上介于直线与边缘曲线间的面积尽可能等于该直线以下介于直线与边缘曲线间的面积，则所作直线距底边的高近似地等于梯形的中线，而该直线与边缘曲线交点(这种交点可能有几个)的横坐标则为 ξ.

若边缘曲线的位置与直线相差越小，则对应梯形的中线越容易作(它与底边上的中线相距越近).

注意 Ⅰ. 设 $a=x_0<x_1<x_2<\cdots<x_{n-1}<x_n=b$,可得

$$\int_a^b f(x)\,\mathrm{d}x=\int_{x_0}^{x_1} f(x)\,\mathrm{d}x+\int_{x_1}^{x_2} f(x)\,\mathrm{d}x+\cdots+\int_{x_{n-1}}^{x_n} f(x)\,\mathrm{d}x$$

对右边每个积分应用中值定理得

$$\int_a^b f(x)\,\mathrm{d}x=f(\xi_0)(x_1-x_0)+f(\xi_1)(x_2-x_1)+\cdots+f(\xi_{n-1})(x_n-x_{n-1})$$

其中 $x_i<\xi_i<x_{i+1}(i=0,1,2,\cdots,n-1)$.

由此可见,在各子区间内存在像 ξ_i 的那些数,使其对应的积分和式恰好能等于积分值. 不过这些数,我们是不知道的. 如果任意取这些数,那么用它们来求出积分值时就要产生误差,但在 $n\to\infty$ 及 $\max\Delta x_i\to 0$ 的极限情形下,这个误差是会消失的.

Ⅱ. 广义中值定理 设 $f(x)$ 及 $\varphi(x)$ 是区间 $[a,b]$ 上的连续函数,且 $\varphi(x)$ 在该区间上不变号,比如可设 $\varphi(x)\geqslant 0$. 于是对 $a\leqslant x\leqslant b$ 内 x 的任何值来说,可得

$$m\varphi(x)\leqslant f(x)\varphi(x)\leqslant M\varphi(x)$$

其中 m 及 M 各为 $f(x)$ 在区间 $[a,b]$ 上的最小值及最大值. 取定积分,得

$$m\int_a^b \varphi(x)\,\mathrm{d}x\leqslant\int_a^b f(x)\varphi(x)\,\mathrm{d}x\leqslant M\int_a^b \varphi(x)\,\mathrm{d}x$$

由此可知

$$\int_a^b f(x)\varphi(x)\,\mathrm{d}x=\mu\int_a^b \varphi(x)\,\mathrm{d}x$$

其中 μ 是介于 m 及 M 间的一个数,即

$$m\leqslant\mu\leqslant M$$

又因 $f(x)$ 是连续函数,故在某一 $x=\xi(a<\xi<b)$ 时,可得 $\mu=f(\xi)$. 因此

$$\int_a^b f(x)\varphi(x)\,\mathrm{d}x=f(\xi)\int_a^b \varphi(x)\,\mathrm{d}x$$

这就是广义中值定理的公式. 在 $\varphi(x)=1$ 的特殊情形下,它就变成中值定理.

Ⅲ. 算术中值的概念. 中值定理中所求得的 $f(\xi)$ 值叫作函数 $f(x)$ 在区间 $[a,b]$ 上的中值或更精确地说是算术中值(或算术平均值).

所以,连续函数 $y=f(x)$ 在区间 $[a,b]$ 上的算术中值 y_{cp} 是该函数的定积分与区间长度的比

$$y_{cp}=\frac{1}{b-a}\int_a^b f(x)\,dx$$

在这个定义里面要加一些解释:

设某个量 y 取得 n 个值 $y_1,y_2,\cdots,y_n$,则该量的中值,或更精确地说算术中值是商 $\frac{y_1+y_2+\cdots+y_n}{n}$. 例如每隔一小时测量出空气的温度,则一昼夜间空气温度的中值将为所测出的一切温度值之和被 24 所除的商.

在一个量的若干已知值中,有的大于它的中值,有的小于它的中值(并且可能其中没有一个值是恰好等于中值的).

我们常常无须考虑一切已知值的总体,而只要考察它们的中值,因为后者在某种程度上能标志出该总体的特性. 如果一昼夜间空气温度的中值是 10.5 ℃,那么这个值可以使我们大致了解整个时间内的温度变化情形,尽管在个别时间内的温度可能有大于或小于 10.5 ℃ 的.

但若我们连续不断地测出一个量的大小,则可以用某一个中值来标志出这一切值的总性质. 例如,已知一昼夜间每时刻的空气温度,换句话说,设已知温度是时间的函数. 在这种情形下,如果要考虑到所有的已知温度值,试问用什么方法去确定空气温度的中值(即平均温度)? 就一般情形来说,试问应该拿什么数去作为连续函数 $y=f(x)$ 在某区间 $[a,b]$ 上的中值?

用点 $x_0=a,x_1,\cdots,x_{n-1},x_n=b$ 把区间 $[a,b]$ 分成 n 等段,并取这 n 个点处的各函数值如下

$$y_0=f(x_0),y_1=f(x_1),\cdots,y_{n-1}=f(x_{n-1})$$

这时暂且不管区间 $[a,b]$ 上其他一切点处的函数值. 取上述 n 个函数值的算术中值

$$\eta_n=\frac{y_0+y_1+\cdots+y_{n-1}}{n}$$

显然,若 n 越大,则求中值时所考虑到的函数值越多,因此可以取 η_n 在 $n\to\infty$ 时的极限作为函数的中值 y_{cp}. 现在我们来求这个极限.

用 $(b-a)$ 乘除 η_n 右边的式子,得

$$\eta_n=\frac{1}{b-a}\left(y_0\frac{b-a}{n}+y_1\frac{b-a}{n}+\cdots+y_{n-1}\frac{b-a}{n}\right)$$

但因 $\frac{b-a}{n}=\Delta x_i$,故

$$\eta_n=\frac{1}{b-a}\sum_{i=0}^{n-1}y_i\Delta x_i=\frac{1}{b-a}\sum_{i=0}^{n-1}f(x_i)\Delta x_i$$

由此取极限,即得前述的中值式子

$$y_{\mathrm{cp}}=\lim_{n\to\infty}\frac{1}{b-a}\sum_{i=0}^{n-1}f(x_i)\Delta x_i=\frac{1}{b-a}\int_a^b f(x)\mathrm{d}x$$

根据积分中值定理可知

$$y_{\mathrm{cp}}=f(\xi)$$

其中$a<\xi<b$,也就是说,连续函数在区间上的中值(如果函数不是常量)总小于它的某些值,大于它的另一些值,而至少等于该区间上(在中间点处)的一个函数值.

从几何上讲,函数的中值可用其对应曲边梯形的中线来表示.

函数的中值概念在工程上非常有用. 有许多量常是拿它的中值来作标志的. 例如,蒸汽压力,交流电的强度及电势,化学反应的速度等.

同一个量有时可以看作某种变量的函数,有时也可以看作其他变量的函数. 一般来说,这时该量对于那些变量的中值是各不相同的. 例如,在运动规律为$s=\frac{1}{2}gt^2$(真空中的自由落体)时,速度v可以看成时间的函数$v=gt$,也可以看成路程的函数$v=\sqrt{2gs}$. 现在要求速度的平方对于时间及对于路程两者的中值.

v^2 在时间 0 到 T 内的中值等于

$$(v^2)_{\mathrm{cp}}^{t}=\frac{1}{T}\int_0^T g^2t^2\mathrm{d}t=\frac{1}{3}g^2T^2$$

v^2 在 0 到 $S(=\frac{1}{2}gT^2)$ 这一段路程上的中值等于

$$(v^2)_{\mathrm{cp}}^{s}=\frac{1}{S}\int_0^S 2gs\mathrm{d}s=gS=\frac{1}{2}g^2T^2$$

所以一个量(或函数)的中值概念是相对的,它不仅要根据它的全部已知数值来决定,而且要根据考虑中值时所取自变量的性质而决定.

103. 积分对其上限的导函数

我们这里要把积分的下限看作常量,而把上限看作变量. 若给上限以不同的值,则可得其对应的积分值. 因此这时积分是其上限的函数.

我们仍先用以前的记号. 上限中的自变量与积分变量一样,用同一字母x表示. 这样可写出

$$I(x)=\int_a^x f(x)\mathrm{d}x$$

不过被积函数表达式中的自变量x与函数$I(x)$的宗标毫无关系,前者只是辅助变量——它是在求a到x的积分(求和)过程中变动的积分变量,而后者即是积分上限. 如果要算出函数$I(x)$的特定值,例如要算出$x=b$时的值$I(b)$,那么

就把 b 代入积分上限 x 中，但我们当然不能把 b 代到积分变量中. 因此我们还是用另外一个字母（例如 t）作为积分变量比较好，这样就要把以前的写法换成

$$I(x)=\int_a^x f(t)\,\mathrm{d}t$$

不过又因为积分变量也是在同一个数轴上变化的，所以仍然要采用一般的写法，用同一字母来表示积分变量及上限中的变量，不过应该时时记住两者在积分记号中有不同的意义.

显然，前面所讲的有关积分的各种性质对于上限为变量时的积分当然也适用.

研究函数 $I(x)$ 与已知函数 $f(x)$ 间的关系如何，是件极重要的事. 在这方面要证明以下的基本定理：

积分对其上限的导函数定理　积分对其上限的导函数等于被积函数

$$I'(x)=\left(\int_a^x f(x)\,\mathrm{d}x\right)'=f(x)$$

应用以前所讲关于积分的各种性质，这个定理的证明就非常简单，只要直接来求函数 $I(x)$ 的导函数即可.

令宗标 x 得增量 Δx，于是得增量后的函数值等于

$$I(x+\Delta x)=\int_a^{x+\Delta x} f(x)\,\mathrm{d}x$$

由此可知

$$\Delta I=I(x+\Delta x)-I(x)=\int_a^{x+\Delta x} f(x)\,\mathrm{d}x-\int_a^x f(x)\,\mathrm{d}x$$

若把右边第二个积分的上下限易位（用互换积分限定理）并把它放在第一项，则得

$$\Delta I=\int_x^a f(x)\,\mathrm{d}x+\int_a^{x+\Delta x} f(x)\,\mathrm{d}x$$

由此根据分割积分区间定理可知

$$\Delta I=\int_x^{x+\Delta x} f(x)\,\mathrm{d}x$$

最后对上式右边的积分应用中值定理，得

$$\Delta I=f(\xi)(x+\Delta x-x)=f(\xi)\Delta x$$

其中 ξ 是位于 x 及 $x+\Delta x$ 间的一点.

根据导函数的定义可得

$$I'(x)=\lim_{\Delta x\to 0}\frac{\Delta I}{\Delta x}=\lim_{\Delta x\to 0}\frac{f(\xi)\Delta x}{\Delta x}=\lim_{\Delta x\to 0}f(\xi)$$

若 $\Delta x \to 0$,则 $x + \Delta x \to x$,因此当然更会有 $\xi \to x$. 但由于 $f(x)$ 是连续函数,故

$$\lim_{\Delta x \to 0} f(\xi) = \lim_{\xi \to x} f(\xi) = f(x)$$

即是所要证明的结论.

从本定理还可推出

$$\mathrm{d}\int_a^x f(x)\,\mathrm{d}x = f(x)\,\mathrm{d}x$$

读者必须注意,尽管积分变量的写法改变,但以上的结果仍然成立. 例如下面的等式成立

$$\frac{\mathrm{d}}{\mathrm{d}x}\int_a^x f(t)\,\mathrm{d}t = f(x),\ \mathrm{d}\int_a^x f(t)\,\mathrm{d}t = f(x)\,\mathrm{d}x$$

现在我们来讲本定理的几何解释. 若被积函数 $f(x)$ 用对应曲线的纵坐标来表示,则 $I(x)$ 显然是曲线 $y = f(x)$ 所围成的曲边梯形的可变面积,而 $I(x)$ 是梯形底边终点横坐标 x 的函数. 积分对其上限的导函数定理告诉我们,梯形面积对于其底边终点横坐标的导函数,等于该梯形边缘上曲线的纵坐标(图 10 中线段 $AB = f(x)$),或者梯形面积的微分等于一个矩形的面积,该矩形的两边长各为梯形底边的增量及曲线在终点处的纵坐标. 这两个命题也不难从几何方面来证明. 因若给梯形底边以无穷小的增量 $\mathrm{d}x$,则梯形面积的增量 $\Delta I(x)$ 可用一无限小的曲边梯形 $ABCE$(图 10) 的面积来表示. 现在我们要证明面积的微分 $\mathrm{d}I(x)$ 是矩形 $ABDE$ 的面积. 为此,首先要证明曲边梯形 $ABCE$ 及矩形 $ABDE$ 两者的面积是相当无穷小. 我们知道

$$S_{ABDE} = y\Delta x$$

$$\underline{y}\Delta x \leqslant S_{ABCE} \leqslant \bar{y}\Delta x$$

其中 $\underline{y}$ 及 $\bar{y}$ 分别为函数 $y = f(x)$ 在区间 $[x, x + \Delta x]$ 上的最小值及最大值. 因此

$$\frac{\underline{y}\Delta x}{y\Delta x} \leqslant \frac{S_{ABCE}}{S_{ABDE}} \leqslant \frac{\bar{y}\Delta x}{y\Delta x}$$

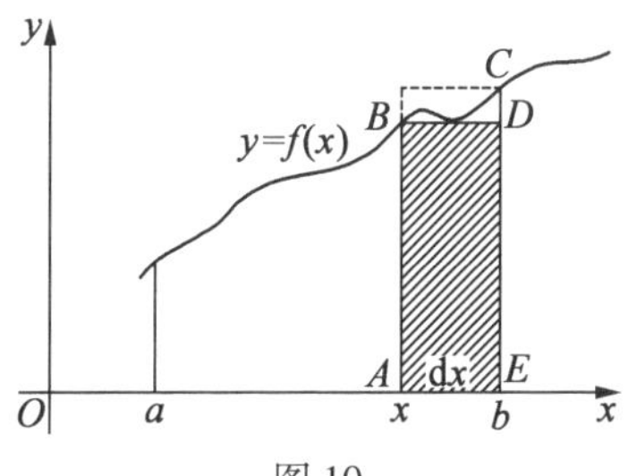

图 10

由于函数 $y = f(x)$ 的连续性,当 $\Delta x \to 0$ 时,$\underline{y}$ 及 $\bar{y}$ 的极限都是 y,故当 $\Delta x \to 0$ 时,所论两个面积的比显然趋于1. 此外,又因 $S_{ABDE}(= y\Delta x)$ 与 Δx 成比例,所以它是

曲边梯形面积的微分

$$\mathrm{d}I(x)=f(x)\,\mathrm{d}x$$

即

$$\frac{\mathrm{d}I(x)}{\mathrm{d}x}=f(x)$$

即是所要证明的结论.

因此函数 $I(x)$ 是已知函数 $f(x)$ 的原函数. 这里又可根据定积分的存在定理推出:每个连续函数具有原函数,并且根据前面讲过的定理可知,它又具有无穷多个原函数,但其中各原函数间只相差一个常量.

积分对其上限的导函数定理告诉我们,若对某个函数施行积分运算(以变量为上限),然后又对所得结果施行微分运算(对上限微分),则函数保持不变.

这个定理把数学解析中的两种主要运算 —— 定积分与微分 —— 结合起来,把它们结合成为彼此相逆的运算. 如果按照上述次序做两种运算,那么它们所产生的结果会彼此抵消. 我们还要求出按相反次序(先施行微分,后施行定积分) 来做时的结果.

本定理给我们指示出建立一套解析方法的可能路线. 设已知某一积分公式

$$\int_a^x f(x)\,\mathrm{d}x = F(x)$$

那么不必再做任何其他的运算,就可以得出一个微分公式

$$F'(x)=f(x)$$

例如,已经知道

$$\int_0^x kx^{k-1}\,\mathrm{d}x = x^k$$

结果也就知道

$$(x^k)' = kx^{k-1}$$

以上根据求和法算出的积分式子得到先前直接根据导函数定义而不用积分概念时所求出的导函数式子.

从理论上说,对其他函数也可以先求出(用求和法) 积分式子,然后再像上例那样得出新的微分公式,而不必再求导函数. 这是从积分法引到微分法的路线. 但是因为计算积分和式时常要碰到很大的困难,所以不按照这条路线去做,而是先研究函数的微分法. 在下面的几页中,我们要说明如何利用微分法的结果便能避免直接计算积分的困难,而不费力地求出许多新的积分公式. 这是建立一套解析方法的第二条路线,是从微分法引到积分法的路线.

104. 牛顿 – 莱布尼茨公式

由于函数

$$I(x)=\int_a^x f(x)\,\mathrm{d}x$$

是函数$f(x)$的原函数,故根据前面所讲的定理可知,我们能从$F(x)+C$这些函数中求出$I(x)$,其中$F(x)$是用某种方法求出的$f(x)$的任一原函数. 于是

$$I(x)=F(x)+C_1$$

其中C_1是一个确定的常量. 要求出这个常量C_1,可应用函数$I(x)$的第二个性质:$I(a)=0$. 由此得

$$F(a)+C_1=0$$

也就是

$$C_1=-F(a)$$

还可以从这里看出,在$x=a$时等于0的原函数只可能有一个. 于是

$$I(x)=\int_a^x f(x)\,\mathrm{d}x=F(x)-F(a)$$

当$x=b$时,上式就是

$$\int_a^b f(x)\,\mathrm{d}x=F(b)-F(a) \tag{2}$$

这叫作牛顿-莱布尼茨公式. 它表明下述的重要结果:

若取被积函数的任一原函数,并求出该原函数在积分上限与积分下限处的两个函数值的差,则所得差值即为定积分的值. 换句话说,定积分的值等于被积函数的任一原函数在积分区间上的增量.

函数值的差通常写作①

$$F(b)-F(a)=F(x)\Big|_a^b$$

如果用这样的记号,那么公式(2)可以写作

$$\int_a^b f(x)\,\mathrm{d}x=F(x)\Big|_a^b$$

其中$F'(x)=f(x)$.

牛顿-莱布尼茨公式是计算定积分的一把总钥匙. 它可使我们应用原函数来计算定积分,而不必用求和的步骤. 我们拿几个简单的例子来说明这件事.

由于$\dfrac{x^{k+1}}{k+1}$是x^k的原函数,故

① 函数记号右边上下角有指标的那条竖线叫作两次代入记号,这个记号表示我们应从上指标所对应的函数值减去下指标所对应的函数值.

$$\int_a^b x^k \mathrm{d}x = \frac{x^{k+1}}{k+1}\bigg|_a^b = \frac{b^{k+1}-a^{k+1}}{k+1}$$

因 $\sin x$ 的一个原函数是 $-\cos x$,故得

$$\int_a^b \sin x \mathrm{d}x = -\cos x \bigg|_a^b = -\cos b + \cos a$$

就特殊情形来说

$$\int_0^\pi \sin x \mathrm{d}x = -\cos \pi + \cos 0 = 2$$

这里所得的几个定积分式子,与前面不用导函数概念而直接根据积分定义求得的结果相同.

用同样的方法可求得其他一些新的定积分. 例如,因 $\frac{1}{x}$ 的一个原函数是 $\ln x$, 故

$$\int_a^b \frac{1}{x}\mathrm{d}x = \ln x \bigg|_a^b = \ln b - \ln a = \ln \frac{b}{a}$$

又因 e^x 的一个原函数是 e^x,故

$$\int_a^b \mathrm{e}^x \mathrm{d}x = \mathrm{e}^x \bigg|_a^b = \mathrm{e}^b - \mathrm{e}^a$$

如果所取的是被积函数的其他的原函数(也就是与上面所取的那些原函数相差一个常数的函数),那么所得结果显然是一样的.

由此可见,按照新的路线来求定积分式是何等的简捷容易.

现在注意,又因 $F(x)$ 是 $F'(x)$ 的原函数,故

$$\int_a^b F'(x)\mathrm{d}x = F(b) - F(a)$$

或写成

$$\int_a^b \mathrm{d}F(x) = F(b) - F(a)$$

这是本节中所讲具有基本重要性的牛顿 - 莱布尼茨公式的另一种写法,它表示:若函数在一区间上可微分,则其在该区间上的增量等于其微分在该区间上的定积分.

公式

$$\left(\int_a^x f(x)\mathrm{d}x\right)' = f(x), \int_a^x f'(x)\mathrm{d}x = f(x) - f(a) \tag{3}$$

确立了定积分与导函数两个概念间的准确关系.

在本章中所得极重要的最后结果是,求函数定积分的运算法可以化为求其原函数的运算法.

注意 Ⅰ. 上面所写出的关系式(3) 完全满足其他一切互逆运算法之间的关系. 这两种解析运算法中,随便哪一种都可以当作正运算法;然后另一种相反的运算法就可以根据关系式(3) 来规定. 由于微分法是比较简单的运算法,并且对于一切初等函数都可以做,所以取它作为正运算法. 积分法比微分法难,并且与微分法不同,不能用初等函数表出每一个初等函数的积分.

对一个已知函数接连施行彼此相逆的两次运算时(例如,先施行正运算,然后施行逆运算),该函数在形式上会有一些改变(见式(3) 中的第二个公式). 这个改变在其他互逆运算的情形下也是有的,例如

$$\sqrt{A^2} = \pm A, \arcsin(\sin A) = A + 2k\pi$$

等等.

Ⅱ. 对等式

$$f(x) - f(a) = \int_a^x f'(x)\,\mathrm{d}x \tag{4}$$

右边的积分应用中值定理,可得

$$f(x) - f(a) = f'(\xi)(x - a)$$

这便是拉格朗日定理.

所以我们可以从牛顿 - 莱布尼茨公式及积分中值定理直接推出微分中值定理. 但不能用这个办法来证明拉格朗日定理,因为证明牛顿 - 莱布尼茨公式本身时就需要用拉格朗日公式. 这是由于证牛顿 - 莱布尼茨公式时需要依据于 0 的原函数是常数这个事实,而这个事实又要根据微分中值定理得来.

Ⅲ. 改变等式(4) 中表示积分上下限的那两个记号,把该式写成

$$f(x_2) - f(x_1) = \int_{x_1}^{x_2} f'(x)\,\mathrm{d}x$$

由此得

$$\frac{f(x_2) - f(x_1)}{x_2 - x_1} = \frac{1}{x_2 - x_1}\int_{x_1}^{x_2} f'(x)\,\mathrm{d}x$$

由于 $f'(x)$ 是 $f(x)$ 的变化率,所以上式右边表示这个变化率在区间 $[x_1, x_2]$ 上的中值,而上式左边则表示在同一区间上函数 $f(x)$ 的平均变化率,于是可见这两个概念是彼此一致的.

不定积分、积分法

第六章

本章要讲从各种函数求出原函数的规则及方法.

求原函数的运算是微分法的逆运算,它有一个特殊名称,就是不定积分法. 初等函数的不定积分法与微分法(正运算)不同,它一般并不是有一定规则可循的运算. 对任何初等函数施行不定积分法而要把结果表示为初等函数时,并没有什么屡试不爽的规则. 不但如此,我们还要举出一些极简单的初等函数,它们的原函数(根据严格证明的结果)并非初等函数. 不过在数学解析中也做出了一系列的方法,使我们可以按一定步骤求出足够广泛的一类初等函数的原函数.

在 §1 里专讲以下两项内容:(1) 不定积分法的定义;(2) 根据把已知积分直接化成标准积分的原则而得出的最简单的不定积分法. §2 里讲基本积分法. §3 里讲各种基本类型的初等函数的积分法.

§1 不定积分的概念及不定积分法

105. 不定积分、基本积分表

与微分法相逆的运算,叫作不定积分法. 把已知函数$f(x)$

的全部原函数包含在内的表达式，叫作$f(x)$的不定积分，它的记号是

$$\int f(x)\mathrm{d}x$$

函数$f(x)$叫作被积函数，表达式$f(x)\mathrm{d}x$叫作被积分式，变量x叫作积分变量（或积分变数）.

如同在前面所证明过的，任一原函数与已知原函数相差一个常数（或常量），故

$$\int f(x)\mathrm{d}x = F(x) + C$$

其中$F(x)$是$f(x)$的某一个原函数，C是任意常数.

不定积分与定积分（见第五章）记号的不同之处，仅在于前者缺少积分限.根据牛顿-莱布尼茨公式所表示的原函数与定积分之间的那种关系，我们完全有理由采用这种记号来表示施行微分法的逆运算所得的结果（同时表示这种逆运算本身）.

求已知函数的不定积分，意思就是要求出它的一切原函数（为此只要指出其中一个原函数即可）.因此这种运算法叫作不定积分法，因为做这种运算时，并没有指出其中哪一个原函数是特别需要的.

这里假定处处是对连续函数求不定积分.

如果把$f(x)$的原函数作出图来，所得图形就叫作函数$f(x)$的积分曲线.如果把某一条积分曲线沿y轴平行移动一段长度等于附加常数C的距离，那么显然就能得到任一条其他的积分曲线.所以如果把一条积分曲线沿y轴从$-\infty$平行移动到$+\infty$而得出全部积分曲线（图1），那么从几何上说，不定积分可用所得的全部积分曲线来表示.

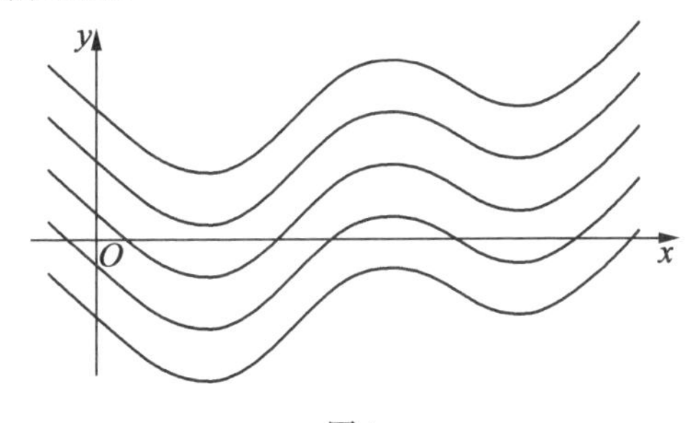

图1

根据不定积分的定义，直接可得

$$\left(\int f(x)\mathrm{d}x\right)' = f(x) \text{ 或 } \mathrm{d}\int f(x)\mathrm{d}x = f(x)\mathrm{d}x$$

及

$$\int f'(x)\mathrm{d}x = f(x) + C \text{ 或} \int \mathrm{d}f(x) = f(x) + C$$

若先后施用微分号与不定积分号,则两者的作用互相抵消(如果撇开公式里的常数项不管).

以后凡是不致使概念混淆的地方,我们所用的术语积分及积分法总是指不定积分及不定积分法.

积分一个函数,或者说取该函数的积分时,在最简单的情形下,只要把合适的微分公式颠倒一下即可.

下面是把基本微分公式颠倒后所得的几个积分公式(表1).

表1

$\int x^k \mathrm{d}x = \dfrac{x^{k+1}}{k+1} + C, k \neq -1$	$\int \dfrac{\mathrm{d}x}{x} = \ln\|x\| + C$①
$\int a^x \mathrm{d}x = \dfrac{a^x}{\ln a} + C$	$\int \mathrm{e}^x \mathrm{d}x = \mathrm{e}^x + C$
$\int \cos x \mathrm{d}x = \sin x + C$	$\int \sin x \mathrm{d}x = -\cos x + C$
$\int \dfrac{\mathrm{d}x}{\cos^2 x} = \tan x + C$	$\int \dfrac{\mathrm{d}x}{\sin^2 x} = -\cot x + C$
$\int \dfrac{\mathrm{d}x}{1+x^2} = \arctan x + C$	$\int \dfrac{\mathrm{d}x}{\sqrt{1-x^2}} = \arcsin x + C$

这就是基本积分表,表中的几个基本积分公式,读者必须熟记,正像以前要熟记基本初等函数的导函数公式一样.

我们下一步的目标是要学会求类型尽可能广泛的各种函数的积分.

106. 最简单的积分法则

Ⅰ. 有限个函数的和的积分等于各个函数的积分的和

$$\int [f(x) + \varphi(x) + \cdots + \psi(x)] \mathrm{d}x$$

$$= \int f(x) \mathrm{d}x + \int \varphi(x) \mathrm{d}x + \cdots + \int \psi(x) \mathrm{d}x$$

因若假设 $F(x), \Phi(x), \cdots, \Psi(x)$ 各为 $f(x), \varphi(x), \cdots, \psi(x)$ 的原函数,则

$$[F(x) + \Phi(x) + \cdots + \Psi(x)]' = f(x) + \varphi(x) + \cdots + \psi(x)$$

由此可知

$$\int [f(x) + \varphi(x) + \cdots + \psi(x)] \mathrm{d}x = F(x) + \Phi(x) + \cdots + \Psi(x) + C \quad (1)$$

---

① 在这个公式中,x 可以是正数,也可以是负数,只是我们不能假设 x 在含有点 $x=0$ 的区间上变动,因为在 $x=0$ 处,被积函数就会不连续;在 $x>0$ 时,$\dfrac{1}{x}$ 是 $\ln x$ 的原函数;在 $x<0$ 时,可设 $z=-x$,得 $\dfrac{\mathrm{d}x}{x}=\dfrac{\mathrm{d}z}{z}$,于是 $\dfrac{1}{z}$ 的原函数是 $\ln z$,也就是 $\ln|x|$. 这样,此公式可以把两种情形都包括在内.

但

$$\int f(x)\mathrm{d}x = F(x) + A, \int \varphi(x)\mathrm{d}x = \Phi(x) + B, \cdots, \int \psi(x)\mathrm{d}x = \Psi(x) + D$$

其中 $A,B,\cdots,D$ 是任意常数. 把上面几个等式都加起来,得

$$\int f(x)\mathrm{d}x + \int \varphi(x)\mathrm{d}x + \cdots + \int \psi(x)\mathrm{d}x$$

$$= F(x) + \Phi(x) + \cdots + \Psi(x) + A + B + \cdots + D \tag{2}$$

但式(2)右边各常数的和 $A+B+\cdots+D$ 仍然是一个常数,所以可用一个字母 C 来表示它. 这样把等式(1)与(2)互相比较之后,便可得到所要证明的结果①.

Ⅱ. 被积函数中的常数因子可以提到积分号外面来

$$\int cf(x)\mathrm{d}x = c\int f(x)\mathrm{d}x$$

因若 $F'(x)=f(x)$,则$[cF(x)]'=cf(x)$,于是有

$$\int f(x)\mathrm{d}x = F(x) + C, \int cf(x)\mathrm{d}x = cF(x) + C_1$$

任意常数 C_1 可写成 cC,其中 C 仍然是一个任意常数. 因此

$$\int cf(x)\mathrm{d}x = c[F(x) + C] = c\int f(x)\mathrm{d}x$$

即是要证明的结果.

例如

$$\int (2\sin x - 3\cos x)\mathrm{d}x = 2\int \sin x\mathrm{d}x - 3\int \cos x\mathrm{d}x$$

$$= -2\cos x - 3\sin x + C$$

这里虽然中间的两个积分都有它自己的任意常数项,但是因为两个任意常数的和仍然是一个任意常数,所以在最后的结果里只需写出一个常数项.

Ⅲ. 无论哪一个积分公式,若把其中的自变量换成该变量的任一可微分函数,则积分公式的形式仍旧不变. 也就是说,若

$$\int f(x)\mathrm{d}x = F(x) + C$$

则

$$\int f(u)\mathrm{d}u = F(u) + C$$

其中 $u=\varphi(x)$ 是 x 的任一可微分函数.

因为

---

① (1)及(2)两个等式的左边都与和式 $F(x)+\Phi(x)+\cdots+\Psi(x)$ 相差一个常数,因此两者表示相同的一系列函数(即被积函数的全部原函数).

$$\int f(x)\,\mathrm{d}x = F(x) + C$$

可得

$$F'(x) = f(x)$$

若取函数 $F(u) = F[\varphi(x)]$,则由于函数的一阶微分形式不变,故得所论函数的微分为

$$\mathrm{d}F(u) = F'(u)\,\mathrm{d}u = f(u)\,\mathrm{d}u$$

由此得

$$\int f(u)\,\mathrm{d}u = \int \mathrm{d}F(u) = F(u) + C$$

这个法则很重要. 根据这个法则,可知不管积分变量是自变量或是该变量的任一可微分函数,基本积分表中的公式仍然成立,这样又大大扩充了基本积分表的应用范围.

例 1 求积分

$$\int 2x\mathrm{e}^{x^2}\mathrm{d}x$$

解 这个式子在基本积分表中找不出来,而要猜出被积函数的原函数又不太容易,但若看出 $2x$ 就是 x^2 的导函数,则可以把积分写成

$$\int 2x\mathrm{e}^{x^2}\mathrm{d}x = \int \mathrm{e}^{x^2}\mathrm{d}(x^2) = \int \mathrm{e}^u\mathrm{d}u$$

其中 $u = x^2$,最后这个积分等于 $\mathrm{e}^u + C$,所以

$$\int 2x\mathrm{e}^{x^2}\mathrm{d}x = \mathrm{e}^{x^2} + C$$

从这个例子可以看出,求积分时,应该设法变换被积分式,使它取得基本积分表中某一个被积分式的形式.

等我们讲过几个典型而又重要的积分例子之后,就可以相信上述法则在实用上的价值.

107. 举例

下面几个例子读者应该仔细考察,因为解这些例子时所用的方法在求各种积分时是极常用的.

要验证积分法是否正确常是容易做到的,那就只要看所得结果的导函数是否等于被积函数. 这一点也需要注意.

(1) $\int \sin 5x\mathrm{d}x$. 这很容易化成基本积分表中的公式. 用 5 乘除积分,并把因子 5 放在积分号里面,便得

$$\int \sin 5x\mathrm{d}x = \frac{1}{5}\int \sin 5x \cdot 5\mathrm{d}x = \frac{1}{5}\int \sin 5x\mathrm{d}(5x)$$

设 $5x=u$,即得基本积分表中的公式

$$\int \sin 5x\mathrm{d}x=\frac{1}{5}\int \sin u\mathrm{d}u=-\frac{1}{5}\cos u+C=-\frac{1}{5}\cos 5x+C$$

同样可求出

$$\int \mathrm{e}^{-3x}\mathrm{d}x=-\frac{1}{3}\int \mathrm{e}^{-3x}\mathrm{d}(-3x)=-\frac{1}{3}\int \mathrm{e}^{u}\mathrm{d}u$$

$$=-\frac{1}{3}\mathrm{e}^{u}+C=-\frac{1}{3}\mathrm{e}^{-3x}+C$$

(2) $\int (2x-1)^{100}\mathrm{d}x$. 用 2 乘除,并注意

$$2\mathrm{d}x=\mathrm{d}(2x-1)$$

便得

$$\int (2x-1)^{100}\mathrm{d}x=\frac{1}{2}\int (2x-1)^{100}\mathrm{d}(2x-1)$$

设 $2x-1=u$,便求得

$$\int (2x-1)^{100}\mathrm{d}x=\frac{1}{2}\int u^{100}\mathrm{d}u=\frac{1}{2}\frac{u^{101}}{101}+C=\frac{1}{202}(2x-1)^{101}+C$$

这也可用牛顿公式把二项式的 100 次乘幂展成多项式,然后再积分,但与我们所用的方法比较之后,读者便能看出后者的优点.

(3) $\int x^2\sqrt{4-3x^3}\mathrm{d}x$. 变换积分

$$\int x^2\sqrt{4-3x^3}\mathrm{d}x=-\frac{1}{9}\int \sqrt{4-3x^3}(-9x^2)\mathrm{d}x$$

$$=-\frac{1}{9}\int \sqrt{4-3x^3}\mathrm{d}(4-3x^3)$$

最后这步变换是根据

$$\mathrm{d}(4-3x^3)=-9x^2\mathrm{d}x$$

而来的. 设 $4-3x^3=u$,便得

$$\int x^2\sqrt{4-3x^3}\mathrm{d}x=-\frac{1}{9}\int u^{\frac{1}{2}}\mathrm{d}u=-\frac{2}{27}u^{\frac{3}{2}}+C$$

$$=-\frac{2}{27}(4-3x^3)\sqrt{4-3x^3}+C$$

做惯了积分运算之后,就不必把中间各步运算与式子全部写出来. 这些运算步骤中大多数是可以用心算做出来的.

(4) $\int \frac{2\mathrm{d}x}{3x-1}$. 把积分变换如下

$$\int \frac{2\mathrm{d}x}{3x-1}=\frac{2}{3}\int \frac{3\mathrm{d}x}{3x-1}=\frac{2}{3}\int \frac{\mathrm{d}(3x-1)}{3x-1}$$

设 $3x-1=u$，便得到基本积分表中的积分公式

$$\int \frac{2\mathrm{d}x}{3x-1}=\frac{2}{3}\int \frac{\mathrm{d}u}{u}=\frac{2}{3}\ln|u|+C=\frac{2}{3}\ln|3x-1|+C$$

一般来说，若被积函数中的分子是分母的导函数，则积分等于分母绝对值的对数. 因

$$\int \frac{f'(x)\mathrm{d}x}{f(x)}=\int \frac{\mathrm{d}f(x)}{f(x)}=\int \frac{\mathrm{d}u}{u}=\ln|u|+C=\ln|f(x)|+C$$

例如

$$\int \cot x\mathrm{d}x=\int \frac{\cos x}{\sin x}\mathrm{d}x=\ln|\sin x|+C$$

$$\int \frac{\mathrm{e}^{x}-\mathrm{e}^{-x}}{\mathrm{e}^{x}+\mathrm{e}^{-x}}\mathrm{d}x=\ln(\mathrm{e}^{x}+\mathrm{e}^{-x})+C$$

(5) $\int \frac{3x+2}{2x-1}\mathrm{d}x$. 用分母除分子，得商为 1.5，余数为 3.5，故

$$\int \frac{3x+2}{2x-1}\mathrm{d}x=\int\left(1.5+\frac{3.5}{2x-1}\right)\mathrm{d}x=\int 1.5\mathrm{d}x+\int \frac{3.5}{2x-1}\mathrm{d}x$$
$$=1.5x+1.75\ln|2x-1|+C$$

(6) $\int \frac{\mathrm{d}x}{x^{2}-1}$. 把被积函数的分母写成两个线性因子的乘积

$$\int \frac{\mathrm{d}x}{x^{2}-1}=\int \frac{\mathrm{d}x}{(x-1)(x+1)}$$

再把分子中的 1 写成

$$1=\frac{1}{2}[(x+1)-(x-1)]$$

于是

$$\int \frac{\mathrm{d}x}{x^{2}-1}=\frac{1}{2}\int \frac{(x+1)-(x-1)}{(x-1)(x+1)}\mathrm{d}x$$
$$=\frac{1}{2}\int \frac{x+1}{(x-1)(x+1)}\mathrm{d}x-$$
$$\frac{1}{2}\int \frac{x-1}{(x-1)(x+1)}\mathrm{d}x$$

往下算得

$$\int \frac{\mathrm{d}x}{x^{2}-1}=\frac{1}{2}\int \frac{\mathrm{d}x}{x-1}-\frac{1}{2}\int \frac{\mathrm{d}x}{x+1}$$
$$=\frac{1}{2}\ln|x-1|-\frac{1}{2}\ln|x+1|+C$$
$$=\frac{1}{2}\ln\left|\frac{x-1}{x+1}\right|+C$$

当被积函数的分子是常数,而分母是可分解为两个线性因子的二次式时,都可用上面的方法求积分.

例如

$$\begin{aligned}\int \frac{4}{x^2-5x+6}\mathrm{d}x &= 4\int \frac{\mathrm{d}x}{(x-2)(x-3)}\\ &= 4\int \frac{(x-2)-(x-3)}{(x-2)(x-3)}\mathrm{d}x\\ &= 4\ln\left|\frac{x-3}{x-2}\right| + C\end{aligned}$$

(7) $\int \sin x\cos x\mathrm{d}x$. 根据三角公式可得

$$\begin{aligned}\int \sin x\cos x\mathrm{d}x &= \frac{1}{2}\int \sin 2x\mathrm{d}x\\ &= \frac{1}{4}\int \sin 2x\mathrm{d}(2x)\\ &= -\frac{1}{4}\cos 2x + C\end{aligned}$$

这个积分也可以用其他的方法来求

$$\int \sin x\cos x\mathrm{d}x = \int \sin x\mathrm{d}(\sin x) = \frac{\sin^2 x}{2} + C$$

或

$$\int \sin x\cos x\mathrm{d}x = -\int \cos x\mathrm{d}(\cos x) = -\frac{\cos^2 x}{2} + C$$

看起来好像我们从同一个积分求出了三个根本不同的答案

$$-\frac{1}{4}\cos 2x + C, \frac{1}{2}\sin^2 x + C, -\frac{1}{2}\cos^2 x + C$$

但不难证明这三个式子中的每一个式子都可以包含在任一其他的式子里. 因 C 是任意常数,故可把它写成

$$C = \frac{1}{4} + C'$$

其中 C' 仍是任意常数,这样第一个式子就变成第二个式子的形式

$$-\frac{1}{4}\cos 2x + \frac{1}{4} + C' = \frac{1}{4}(1-\cos 2x) + C' = \frac{1}{2}\sin^2 x + C'$$

同样可以证明余下两个式子也只在任意常数值上有差别. 因此所得三个式子中的任一个式子都能包含 $\sin x \cdot \cos x$ 的全部原函数.

(8) $\int \cos^3 x\mathrm{d}x$. 我们可逐步求得

$$\int \cos^3 x\mathrm{d}x = \int \cos^2 x\mathrm{d}(\sin x) = \int (1-\sin^2 x)\mathrm{d}(\sin x)$$

$$=\int d(\sin x)-\int \sin^2 x d(\sin x)=\sin x-\frac{1}{3}\sin^3 x+C$$

(9) $\int \frac{dx}{\sin x}$. 计算这个例子需要经过巧妙的变换.

首先把 $\sin x$ 表示成半角函数

$$\int \frac{dx}{\sin x}=\int \frac{dx}{2\sin \frac{x}{2}\cos \frac{x}{2}}$$

其次用 $\cos^2 \frac{x}{2}$ 同时除分子、分母并把 $\frac{1}{2}$ 放到微分号里面，于是

$$\int \frac{dx}{\sin x}=\int \frac{\frac{1}{\cos^2 \frac{x}{2}}d\left(\frac{x}{2}\right)}{\tan \frac{x}{2}}=\int \frac{d\left(\tan \frac{x}{2}\right)}{\tan \frac{x}{2}}=\ln\left|\tan \frac{x}{2}\right|+C$$

这个积分也可用其他的方法计算. 例如，把分子中的 1 写成 $\sin^2 \frac{x}{2}+\cos^2 \frac{x}{2}$，便得

$$\int \frac{dx}{\sin x}=\int \frac{\sin^2 \frac{x}{2}+\cos^2 \frac{x}{2}}{\sin \frac{x}{2}\cdot \cos \frac{x}{2}}d\left(\frac{x}{2}\right)=\int \frac{\sin \frac{x}{2}}{\cos \frac{x}{2}}d\left(\frac{x}{2}\right)+\int \frac{\cos \frac{x}{2}}{\sin \frac{x}{2}}d\left(\frac{x}{2}\right)$$

$$=-\ln\left|\cos \frac{x}{2}\right|+\ln\left|\sin \frac{x}{2}\right|+C=\ln\left|\tan \frac{x}{2}\right|+C$$

(10) $\int \frac{dx}{a+x^2}$, $a>0$. 我们可得

$$\int \frac{dx}{a+x^2}=\frac{1}{a}\int \frac{dx}{1+\left(\frac{x}{\sqrt{a}}\right)^2}=\frac{\sqrt{a}}{a}\int \frac{d\left(\frac{x}{\sqrt{a}}\right)}{1+\left(\frac{x}{\sqrt{a}}\right)^2}=\frac{1}{\sqrt{a}}\int \frac{du}{1+u^2}$$

$$=\frac{1}{\sqrt{a}}\arctan u+C=\frac{1}{\sqrt{a}}\arctan \frac{x}{\sqrt{a}}+C$$

同样可求出积分 $\int \frac{dx}{\sqrt{a-x^2}}$, $a>0$，有

$$\int \frac{dx}{\sqrt{a-x^2}}=\frac{1}{\sqrt{a}}\int \frac{dx}{\sqrt{1-\left(\frac{x}{\sqrt{a}}\right)^2}}=\int \frac{d\left(\frac{x}{\sqrt{a}}\right)}{\sqrt{1-\left(\frac{x}{\sqrt{a}}\right)^2}}=\arcsin \frac{x}{\sqrt{a}}+C$$

这里所讲的几个积分例子的结果不必去熟记,读者主要应注意其中所用的变换法.

§2 基本积分方法

108. 分部积分

因为积分法是微分法的逆运算,所以每个微分法则显然会对应于某一个积分法则. 在 §1 中所证的三个积分法则,各对应于函数的和的微分法、函数与常数乘积的微分法及复合函数的微分法.

现在我们要讲分部积分法,它是从函数乘积的微分公式颠倒后得来的.

设 u 及 v 是 x 的可微分函数,根据微分公式

$$\mathrm{d}(uv) = u\mathrm{d}v + v\mathrm{d}u$$

可得

$$u\mathrm{d}v = \mathrm{d}(uv) - v\mathrm{d}u$$

把最后这个等式的两边积分,得

$$\int u\mathrm{d}v = \int \mathrm{d}(uv) - \int v\mathrm{d}u$$

即

$$\int u\mathrm{d}v = uv - \int v\mathrm{d}u \tag{1}$$

这就是分部积分公式. 积出 $\mathrm{d}(uv)$ 时的任意常数并没有写出来,而是把它与式(1) 右边第二个积分步骤(还没用一般形式求出来) 中的任意常数合在一起.

分部积分法是这么一回事,用某种方式把被积分式 $f(x)\mathrm{d}x$ 写成两个因子 u 及 $\mathrm{d}v$(后者必然要含有 $\mathrm{d}x$) 的乘积,然后根据公式(1) 把已知的积分运算换成两个积分运算:从 $\mathrm{d}v$ 的式子中求出 v;算出 $v\mathrm{d}u$ 的积分. 当直接求已知积分有困难时,化成这样的两次积分运算后可能会容易些.

例 1 求 $\int x\mathrm{e}^x\mathrm{d}x$.

解 取 $\mathrm{e}^x\mathrm{d}x$ 为 $\mathrm{d}v$,取 x 为 u,也就是设

$$\begin{cases}\mathrm{e}^x\mathrm{d}x = \mathrm{d}v \\ x = u\end{cases}$$

由此得

$$\begin{cases}v = \int \mathrm{e}^x\mathrm{d}x = \mathrm{e}^x \\ \mathrm{d}u = \mathrm{d}x\end{cases}$$

根据公式(1) 可得

$$\int xe^x dx = xe^x - \int e^x dx = xe^x - e^x + C = e^x(x-1) + C$$

从这里可以看出如何把一个生疏的积分化为两个熟知的简单积分.

例 2 求$\int x\sin x dx$.

解 设

$$\begin{cases} \sin x dx = dv \\ x = u \end{cases}$$

由此得

$$\begin{cases} v = \int \sin x dx = -\cos x \\ du = dx \end{cases}$$

根据公式(1) 得

$$\int x\sin x dx = -x\cos x + \int \cos x dx = -x\cos x + \sin x + C$$

例 3 求$\int \ln x dx$.

解 设

$$\begin{cases} dx = dv \\ \ln x = u \end{cases}$$

由此得

$$\begin{cases} v = x \\ du = \dfrac{dx}{x} \end{cases}$$

于是

$$\int \ln x dx = x\ln x - \int dx = x\ln x - x + C = x(\ln x - 1) + C$$

养成了用分部积分法计算的习惯之后,中间的各步详细式子和计算就不必再写出来了.

有时在同一个问题中除了用分部积分法,还要用其他的方法.

例 4 求$\int \arcsin x dx$.

解 设

$$\begin{cases} dx = dv \\ \arcsin x = u \end{cases}$$

由此得

$$\begin{cases} v = x \\ \mathrm{d}u = \dfrac{\mathrm{d}x}{\sqrt{1 - x^2}} \end{cases}$$

可得

$$\int \arcsin x\mathrm{d}x = x\arcsin x - \int \frac{x}{\sqrt{1 - x^2}}\mathrm{d}x$$

右边的一个积分可化为

$$\int \frac{x\mathrm{d}x}{\sqrt{1 - x^2}} = -\frac{1}{2}\int \frac{\mathrm{d}(1 - x^2)}{\sqrt{1 - x^2}} = -\frac{1}{2}\int \frac{\mathrm{d}z}{\sqrt{z}}$$

其中 z 表示 $1 - x^2$,由此得

$$\int \frac{x\mathrm{d}x}{\sqrt{1 - x^2}} = -\sqrt{z} + C = -\sqrt{1 - x^2} + C$$

结果可知

$$\int \arcsin x\mathrm{d}x = x\arcsin x + \sqrt{1 - x^2} + C$$

有时,在求得结果以前,必须运用好几次分部积分法.

例 5 求 $\int x^2\cos x\mathrm{d}x$.

解 设

$$\begin{cases} \cos x\mathrm{d}x = \mathrm{d}v \\ x^2 = u \end{cases}$$

由此得

$$\begin{cases} v = \sin x \\ \mathrm{d}u = 2x\mathrm{d}x \end{cases}$$

由公式(1) 得

$$\int x^2\cos x\mathrm{d}x = x^2\sin x - 2\int x\sin x\mathrm{d}x$$

右边的积分还可以用分部积分法来求(见例 2). 因此

$$\int x^2\cos x\mathrm{d}x = x^2\sin x + 2x\cos x - 2\sin x + C$$

下面各积分都可以用多次分部积分法求得

$$\int x^m\sin x\mathrm{d}x, \int x^m\cos x\mathrm{d}x, \int x^m\mathrm{e}^x\mathrm{d}x$$

(m 为正整数),于是也可以求出

$$\int P(x)\sin x\mathrm{d}x, \int P(x)\cos x\mathrm{d}x, \int P(x)\mathrm{e}^x\mathrm{d}x$$

其中 $P(x)$ 是任意多项式.

有时反复施行分部积分法的结果会得到原来的积分，那时所得的或者是个毫无新结果的恒等式（分部积分法做得不合理），或者可以从所得的等式定出积分式子来. 我们来看几个例子，便可说明这件事.

例 6 求$\int e^x\cos x\mathrm{d}x$.

解 设

$$\begin{cases}e^x\mathrm{d}x=\mathrm{d}v\\ \cos x=u\end{cases}$$

由此得

$$\begin{cases}v=e^x\\ \mathrm{d}u=-\sin x\mathrm{d}x\end{cases}$$

由此得

$$\int e^x\cos x\mathrm{d}x=e^x\cos x+\int e^x\sin x\mathrm{d}x$$

再用分部积分法，设①

$$\begin{cases}e^x\mathrm{d}x=\mathrm{d}v\\ \sin x=u\end{cases}$$

由此得

$$\begin{cases}v=e^x\\ \mathrm{d}u=\cos x\mathrm{d}x\end{cases}$$

于是得

$$\int e^x\sin x\mathrm{d}x=e^x\sin x-\int e^x\cos x\mathrm{d}x$$

这样又得出刚开始要求的那个积分. 把这个式子代入第一次运算的结果中，得

$$\int e^x\cos x\mathrm{d}x=e^x\cos x+e^x\sin x-\int e^x\cos x\mathrm{d}x$$

于是把右边的积分移项到左边，求得

$$2\int e^x\cos x\mathrm{d}x=e^x(\cos x+\sin x)+C$$

由此得

$$\int e^x\cos x\mathrm{d}x=\frac{1}{2}e^x(\cos x+\sin x)+C$$

例 7 求$\int\sqrt{1-x^2}\mathrm{d}x$.

---

① 这里若取$\sin x\mathrm{d}x$为$\mathrm{d}v$，则得出恒等式

$$\int e^x\cos x\mathrm{d}x=\int e^x\cos x\mathrm{d}x$$

解　用$\sqrt{1-x^2}$乘除被积函数，然后把积分拆成两个

$$\int\frac{1-x^2}{\sqrt{1-x^2}}\mathrm{d}x=\int\frac{\mathrm{d}x}{\sqrt{1-x^2}}-\int\frac{x^2\mathrm{d}x}{\sqrt{1-x^2}}$$

右边第一个积分是基本积分表上有的（$=\arcsin x$），求第二个积分时可用下面的分部积分法

$$\begin{cases}\dfrac{x}{\sqrt{1-x^2}}\mathrm{d}x=\mathrm{d}v\\ x=u\end{cases}$$

由此（见例4）

$$\begin{cases}v=-\sqrt{1-x^2}\\ \mathrm{d}u=\mathrm{d}x\end{cases}$$

于是

$$\int\frac{x^2}{\sqrt{1-x^2}}\mathrm{d}x=-x\sqrt{1-x^2}+\int\sqrt{1-x^2}\,\mathrm{d}x$$

所以得到能为开头那个积分所满足的方程

$$\int\sqrt{1-x^2}\,\mathrm{d}x=\arcsin x+x\sqrt{1-x^2}-\int\sqrt{1-x^2}\,\mathrm{d}x$$

由此得

$$\int\sqrt{1-x^2}\,\mathrm{d}x=\frac{1}{2}(\arcsin x+x\sqrt{1-x^2})+C$$

分部积分法是很重要的，它常可以使我们求出积分的最后结果. 但应该在什么时候，而又应该怎么样去用分部积分法，却不可能预先定出方案来. 经验会告诉我们在什么情形下可试用分部积分法，告诉我们选取被积式子中的哪一个因子作为$\mathrm{d}v$比较合适. 一般只可以这样说，当被积式子中含有对数、三角函数及反三角函数的因子时，通常就可应用分部积分法.

109. 变量置换法

积分变量置换法是求积分时常用的方法. 假设我们能够把被积分式变换成下面的形式

$$f(x)\mathrm{d}x=f_1[\varphi(x)]\varphi'(x)\mathrm{d}x$$

令$\varphi(x)=u$，得

$$f(x)\mathrm{d}x=f_1(u)\mathrm{d}u$$

若右边那一项的积分已经知道

$$\int f_1(u)\mathrm{d}u=F(u)+C$$

则已知积分便等于

$$\int f(x)\mathrm{d}x = F[\varphi(x)] + C$$

这个方法实际上以前就已用过.

所以积分变量置换法只是把积分变量 x 换成另外一个由公式 $u=\varphi(x)$ 与 x 相关联的变量 u.

应用变量置换法时也可以不用 x 表示 u,而用 u 表示 x,也就是假设

$$x=\psi(u),\mathrm{d}x=\psi'(u)\mathrm{d}u,u=\varphi(x)$$

于是

$$\int f(x)\mathrm{d}x = \int f[\psi(u)]\psi'(u)\mathrm{d}u \tag{2}$$

如果能用某种方法求出右边这个积分的表达式 $F(u)+C$,那么还原到先前的自变量 x 之后(就是把 $u=\varphi(x)$ 代入 $F(u)+C$),便可得到已知积分的表达式.

如果在等式(2)两边对 x 求导函数并应用 $u=\varphi(x)$ 的关系,就不难证实那个等式的正确性.

我们在有些例子中应用变量置换法时,是先变换被积分式(化成已知的类型),然后再引入新变量的. 现在我们却要告诉读者采用相反的路线(因为在复杂的情形下,这样做实际上比较方便),先选好一个置换式,然后根据那个置换式来变换被积分式.

要怎样选取置换式 $u=\varphi(x)$(或 $x=\psi(u)$ 也完全一样)才合适,是没有任何固定规则的. 选择的合适与否只需根据一项原则来考虑,应使变换后的积分是一个简单(就它是否易于求出的意义来说)的积分.

例 8 求 $\int x^2\sqrt{4-3x^3}\,\mathrm{d}x$.

解 设 $\sqrt{4-3x^3}=u$,即

$$4-3x^3=u^2$$

施行微分法,得

$$-9x^2\mathrm{d}x=2u\mathrm{d}u,x^2\mathrm{d}x=-\frac{2}{9}u\mathrm{d}u$$

因此

$$\int x^2\sqrt{4-3x^3}\,\mathrm{d}x=-\frac{2}{9}\int u^2\mathrm{d}u=-\frac{2}{27}u^3+C$$

$$=-\frac{2}{27}(4-3x^3)\sqrt{4-3x^3}+C$$

我们以前解这个例子的时候是直接变换被积分式的.

例 9 求 $\int \sin x\cos x\mathrm{d}x$.

解 设 $\sin x=u$,于是 $\cos x\mathrm{d}x=\mathrm{d}u$,故得

$$\int \sin x \cos x \mathrm{d}x = \int u \mathrm{d}u = \frac{u^2}{2} + C = \frac{\sin^2 x}{2} + C$$

这个积分我们在以前也曾求出过. 它是下列一般类型

$$\int \sin nx \cos mx \mathrm{d}x \quad (n\text{ 及 }m\text{ 为整数})$$

中的一个例子. 用简单的三角变换可把这种一般类型的积分拆成两个容易处理的积分. 我们知道

$$\sin nx \cos mx = \frac{1}{2}[\sin(n-m)x + \sin(n+m)x]$$

(也可用任一其他类似的公式),由此可知($n \neq m$)

$$\begin{aligned}\int \sin nx \cos mx \mathrm{d}x &= \frac{1}{2}\int \sin(n-m)x \mathrm{d}x + \frac{1}{2}\int \sin(n+m)x \mathrm{d}x \\ &= -\frac{1}{2(n-m)}\cos(n-m)x - \frac{1}{2(n+m)}\cos(n+m)x + C\end{aligned}$$

例 10 求$\int \sin^3 x \cos^2 x \mathrm{d}x$.

解 用置换式 $\cos x = u$, $-\sin x \mathrm{d}x = \mathrm{d}u$ 求得

$$\begin{aligned}\int \sin x(1-\cos^2 x)\cos^2 x \mathrm{d}x &= -\int (1-u^2)u^2 \mathrm{d}u \\ &= -\frac{u^3}{3} + \frac{u^5}{5} + C \\ &= -\frac{\cos^3 x}{3} + \frac{\cos^5 x}{5} + C\end{aligned}$$

例 11 求$\int \frac{\mathrm{d}x}{1-2\sqrt{x}}$.

解 设 $1-2\sqrt{x} = u$,于是

$$x = \frac{1}{4}(1-u)^2, \mathrm{d}x = -\frac{1}{2}(1-u)\mathrm{d}u$$

$$\begin{aligned}\int \frac{\mathrm{d}x}{1-2\sqrt{x}} &= -\frac{1}{2}\int \frac{1-u}{u}\mathrm{d}u = -\frac{1}{2}\int \frac{\mathrm{d}u}{u} + \frac{1}{2}\int \mathrm{d}u \\ &= -\frac{1}{2}\ln|u| + \frac{1}{2}u + C \\ &= \frac{1}{2}(1-2\sqrt{x} - \ln|1-2\sqrt{x}|) + C\end{aligned}$$

用另一置换式$\sqrt{x} = u$,即 $x = u^2$, $\mathrm{d}x = 2u\mathrm{d}u$,得

$$\int \frac{\mathrm{d}x}{1-2\sqrt{x}} = \int \frac{2u\mathrm{d}u}{1-2u} = -\int \frac{1-2u-1}{1-2u}\mathrm{d}u$$

$$=-\int du+\int\frac{du}{1-2u}$$

$$=-u-\frac{1}{2}\ln|1-2u|+C$$

$$=-\sqrt{x}-\frac{1}{2}\ln|1-2\sqrt{x}|+C$$

读者不难看出这个结果与前面所得的相符.

要得出最后的结果,有时常需要同时应用置换法及其他的积分法(例如分部积分法).

例 12 求$\int x^5 e^{x^3}dx$.

解 设$x^3=u$,于是

$$3x^2dx=du$$

但是

$$\int x^5 e^{x^3}dx=\frac{1}{3}\int ue^u du$$

我们知道这个积分可用分部积分法来求,故得

$$\int x^5 e^{x^3}dx=\frac{1}{3}e^u(u-1)+C=\frac{1}{3}e^{x^3}(x^3-1)+C$$

以上的例子中都用到$\varphi(x)=u$型的置换式,但在有些情形下,用$x=\psi(u)$型的置换式比较方便.现在我们来讲这些例子,首先讲常用的三角置换法.

例 13 求$\int\sqrt{1-x^2}dx$.

解 设

$$x=\sin u, dx=\cos u du$$

代入积分式,得

$$\int\sqrt{1-x^2}dx=\int\cos^2 u du$$

求右边的积分时,可把$\cos^2 u$换成$\frac{1}{2}(1+\cos 2u)$或用分部积分法

$$\int\sqrt{1-x^2}dx=\frac{1}{2}\left(u+\frac{1}{2}\sin 2u\right)+C$$

$$=\frac{1}{2}(u+\sin u\cos u)+C$$

$$=\frac{1}{2}(\arcsin x+x\sqrt{1-x^2})+C$$

这个积分我们在前面曾用其他的方法求出过.

例 14 求$\int \frac{dx}{\sqrt{x^2+1}}$.

解 设

$$x=\tan u, dx=\frac{du}{\cos^2 u}$$

代入积分式,得

$$\int \frac{dx}{\sqrt{x^2+1}}=\int \frac{du}{\cos u}$$

右边这个积分可用各种方法求出,例如可用下面的方法

$$\int \frac{du}{\cos u}=2\int \frac{1}{\cos^2 \frac{u}{2}-\sin^2 \frac{u}{2}} d\left(\frac{u}{2}\right)=2\int \frac{\frac{1}{\cos^2 \frac{u}{2}} d\left(\frac{u}{2}\right)}{1-\tan^2 \frac{u}{2}}=2\int \frac{dv}{1-v^2}$$

其中 $v=\tan \frac{u}{2}$,继续做下去,得

$$2\int \frac{dv}{1-v^2}=\ln\left|\frac{1+v}{1-v}\right|+C$$

又因

$$v=\tan \frac{u}{2}=\frac{\tan u}{1+\sqrt{\tan^2 u+1}}=\frac{x}{1+\sqrt{x^2+1}}$$

故

$$\frac{1+v}{1-v}=\frac{1+\frac{x}{1+\sqrt{x^2+1}}}{1-\frac{x}{1+\sqrt{x^2+1}}}=x+\sqrt{x^2+1}$$

故得

$$\int \frac{dx}{\sqrt{x^2+1}}=\ln(x+\sqrt{x^2+1})+C$$

这里不必再用绝对值记号,因为若$\sqrt{x^2+1}$ 取正号,则 $x+\sqrt{x^2+1}$ 总是正的.

例 15 求$\int \frac{dx}{\sqrt{x^2-1}}$.

解 同样可用置换式 $x=\frac{1}{\sin u}$ 求得

$$\int \frac{dx}{\sqrt{x^2-1}}=\ln|x+\sqrt{x^2-1}|+C$$

这与上例中的结果可以合并写成一个式子

$$\int \frac{\mathrm{d}x}{\sqrt{x^2 \pm 1}} = \ln | x + \sqrt{x^2 \pm 1} | + C$$

这个积分应放在基本积分表中,并且应该把它记住.

如果用双曲置换式,那么上面所讲两个积分式子就变得特别简单. 我们先来温习一下双曲函数的概念.

在第一章中,双曲函数(正弦及余弦)的定义是

$$\operatorname{sh} x = \frac{\mathrm{e}^x - \mathrm{e}^{-x}}{2}, \operatorname{ch} x = \frac{\mathrm{e}^x + \mathrm{e}^{-x}}{2}$$

我们又在那里指出这两个函数间有下面的关系

$$\operatorname{ch}^2 x - \operatorname{sh}^2 x = 1$$

此外在第三章中又求出

$$(\operatorname{sh} x)' = \operatorname{ch} x, (\operatorname{ch} x)' = \operatorname{sh} x$$

对积分$\int \frac{\mathrm{d}x}{\sqrt{x^2 + 1}}$做置换 $x = \operatorname{sh} u$,根据上面的关系可得

$$\mathrm{d}x = \operatorname{ch} u \mathrm{d}u, \sqrt{x^2 + 1} = \sqrt{\operatorname{sh}^2 u + 1} = \operatorname{ch} u$$

故

$$\int \frac{\mathrm{d}x}{\sqrt{x^2 + 1}} = \int \mathrm{d}u = u + C$$

现在只要再把 u 表达为 x 的函数,有

$$\operatorname{sh} u = x = \frac{\mathrm{e}^u - \mathrm{e}^{-u}}{2}$$

$$\operatorname{ch} u = \sqrt{\operatorname{sh}^2 u + 1} = \sqrt{x^2 + 1} = \frac{\mathrm{e}^u + \mathrm{e}^{-u}}{2}$$

由此便得

$$x + \sqrt{x^2 + 1} = \mathrm{e}^u$$

故

$$u = \ln(x + \sqrt{x^2 + 1})$$

于是又得

$$\int \frac{\mathrm{d}x}{\sqrt{x^2 + 1}} = \ln(\sqrt{x^2 + 1} + x) + C$$

同样可用置换式 $x = \operatorname{ch} u$ 求出积分$\int \frac{\mathrm{d}x}{\sqrt{x^2 - 1}}$.

下列各积分都不难用三角置换式或双曲置换式求出:

例 16 求$\int \sqrt{x^2 - 1}\,\mathrm{d}x$.

解 $\int \sqrt{x^2-1}\,\mathrm{d}x = \frac{1}{2}[x\sqrt{x^2-1} - \ln|x+\sqrt{x^2-1}|] + C.$

例 17 求$\sqrt{x^2+1}\,\mathrm{d}x.$

解 $\int \sqrt{x^2+1}\,\mathrm{d}x = \frac{1}{2}[x\sqrt{x^2+1} + \ln(x+\sqrt{x^2+1})] + C.$

例 18 求$\int \frac{\mathrm{d}x}{(l^2+x^2)\sqrt{l^2+x^2}}.$

解 这里用下面的置换式求解比较方便

$$x = l\tan u, \mathrm{d}x = l\frac{\mathrm{d}u}{\cos^2 u}$$

由于

$$1+\tan^2 u = \frac{1}{\cos^2 u}$$

故得

$$\int \frac{l\mathrm{d}u}{\cos^2 u \frac{l^2}{\cos^2 u} \cdot \frac{l}{\cos u}} = \frac{1}{l^2}\int \cos u\mathrm{d}u = \frac{1}{l^2}\sin u + C$$

$$= \frac{1}{l^2}\sin \arctan\frac{x}{l} + C$$

但

$$\sin\alpha = \frac{\tan\alpha}{\sqrt{1+\tan^2\alpha}}$$

故

$$\sin\arctan\frac{x}{l} = \frac{x}{\sqrt{l^2+x^2}}$$

所以

$$\int \frac{\mathrm{d}x}{(l^2+x^2)\sqrt{l^2+x^2}} = \frac{1}{l^2}\frac{x}{\sqrt{l^2+x^2}} + C$$

做积分运算时通常在于适当运用上面所讲的各种方法(用代数方法变换被积分式,分部积分,用置换法积分),使已知积分变成熟知的积分.

但读者切勿不经思索便轻率试用各种积分方法,应该仔细分析上面所讲的那些例子作为很好的练习,以便养成循最简捷路线迅速求出积分的技能.

§3 可积分函数①的基本类型

110. 备用的代数知识②

一切有理函数是可积分函数中最重要的一般类型. 例如,我们可以指出足够简单的一系列运算步骤(简单运算规则),说明如何用初等函数来定出已知有理函数的积分. 这些运算规则是根据一些代数事实得来的,因此,我们首先要讲一些代数知识.

我们要陈述(但不证明)下面的代数基本定理:

定理 1 任一代数方程(n 是正整数)

$$a_0x^n + a_1x^{n-1} + \cdots + a_{n-1}x + a_n = 0 \tag{1}$$

所具有(实数的或复数的)根的个数与方程的次数(即 n)相同. 若其中各系数 $a_0, a_1, \cdots, a_n$ 是实数,则每个复数根对应着另一个复数根——它的共轭③根.

由此又推出定理 2:

定理 2 任一多项式可以表示为最高次项系数与 n 个线性因子的乘积如下

$$a_0x^n + a_1x^{n-1} + \cdots + a_{n-1}x + a_n = a_0(x - \alpha_1)(x - \alpha_1)\cdots(x - \alpha_n)$$

其中 $\alpha_1, \alpha_2, \cdots, \alpha_n$ 是方程(1)的根.

如果 n 个根里面有 k 个根彼此相同

$$\alpha_1 = \alpha_2 = \cdots = \alpha_k = \alpha \quad (\alpha \text{ 是 } k \text{ 重根})$$

那么乘积里面所对应的 k 个因子可以换成一个因子 $(x - \alpha)^k$. 若方程中的系数都是实数,则对应于互为共轭复数根的每两个因子可以换成一个二次三项式的因子 $x^2 + px + q$,其中 p 及 q 是实数④.

于是

$$\begin{aligned} &a_0x^n + a_1x^{n-1} + \cdots + a_{n-1}x + a_n \\ &= a_0(x - \alpha_1)^{k_1}\cdots(x - \alpha_r)^{k_r} \cdot (x^2 + p_1x + q_1)^{t_1}\cdots(x^2 + p_vx + q_v)^{t_v} \end{aligned} \tag{2}$$

其中 $k_1, \cdots, k_r$ 是实数重根的指数,$t_1, \cdots, t_v$ 是复数共轭重根的指数. 由于根的个

---

① 为了简便起见,若函数的不定积分可用初等函数来表达,这里便把它叫作可积分函数. 但数学解析上,特别是在函数论里面的可积分函数,常是指有定积分存在的函数.

② 如果时间不够,这一小节的材料可以略去不讲.

③ 这表示:若 $a = c + id$($i = \sqrt{-1}$)是方程的根,则数 $\bar{a} = c - id$(c 及 d 为实数)也是方程的根. 方程(1)的复数根必定成为一对共轭数而存在.

④ 因 $(x - a)(x - \bar{a}) = x^2 - (a + \bar{a})x + a \cdot \bar{a}$,而共轭复数的和及乘积是实数,为了避免讨论复数,把两个复数因子换成一个实数因子.

数是 n,故

$$k_1+\cdots+k_r+2t_1+\cdots+2t_v=n$$

又系数 p 及 q 应满足下面的条件

$$p_1^2<4q_1,\cdots,p_v^2<4q_v$$

(使其对应的二次方程的根是复数).

根据实系数多项式可以写成乘积(2)的原理,我们便可往下讲有理分式的积分法.

如果要确实得出这个乘积(通常来说,即是把已知多项式分解为一次及二次因子),就必须求出方程的一切根,也就是说必须把它解出来.解方程这个问题已经在第四章中专门讲过,因此不再详细讲它,并且以后假定已用某种方法把已知多项式写成形式(2).

我们来看分式有理函数$\frac{P(x)}{Q(x)}$,其中 $P(x)$ 及 $Q(x)$ 分别是多项式

$$P(x)=b_0x^m+b_1x^{m-1}+\cdots+b_{m-1}x+b_m$$

$$Q(x)=a_0x^n+a_1x^{n-1}+\cdots+a_{n-1}x+a_n$$

并假定多项式 $P(x)$ 的次数小于 $Q(x)$ 的次数:$m<n$.设 $Q(x)$ 已写成实系数的一次及二次因子的乘积

$$Q(x)=a_0(x-\alpha_1)^{k_1}\cdots(x-\alpha_r)^{k_r}(x^2+p_1x+q_1)^{t_1}\cdots(x^2+p_vx+q_v)^{t_v}$$

我们要证明下面的基本定理:

定理3 必有 A,B,C 那样的数存在,使下面的恒等式成立

$$\begin{aligned}\frac{P(x)}{Q(x)}=&\frac{A_{k_1}^1}{(x-\alpha_1)^{k_1}}+\cdots+\frac{A_2^1}{(x-\alpha_1)^2}+\frac{A_1^1}{x-\alpha_1}+\cdots+\\&\frac{A_{k_r}^r}{(x-\alpha_r)^{k_r}}+\cdots+\frac{A_2^r}{(x-\alpha_r)^2}+\frac{A_1^r}{x-\alpha_r}+\\&\frac{B_{t_1}^1x+C_{t_1}^1}{(x^2+p_1x+q_1)^{t_1}}+\cdots+\frac{B_2^1x+C_2^1}{(x^2+p_1x+q_1)^2}+\frac{B_1^1x+C_1^1}{x^2+p_1x+q_1}+\cdots+\\&\frac{B_{t_v}^vx+C_{t_v}^v}{(x^2+p_vx+q_v)^{t_v}}+\cdots+\frac{B_2^vx+C_2^v}{(x^2+p_vx+q_v)^2}+\frac{B_1^vx+C_1^v}{x^2+p_vx+q_v}\end{aligned}\tag{3}$$

像下面的这种分式

$$\frac{A}{(x-\alpha)^k}\text{及}\frac{Bx+C}{(x^2+px+q)^t}$$

(其中 A,B,C 是常数,k 及 t 是正整数),叫作最简分式.

于是这个定理告诉我们,任何有理分式可以表达为最简分式的和,或者说已知有理分式可以分解成最简分式.

设 α 是方程 $Q(x)=0$ 的 s 重根.于是

$$Q(x)=(x-\alpha)^s Q_1(x)$$

其中多项式 $Q_1(x)$ 在 $x=\alpha$ 时不会再等于0:$Q_1(\alpha)\neq 0$,然后写出差式

$$\frac{P(x)}{Q(x)}-\frac{A_s}{(x-\alpha)^s}=S(x)$$

(A_s 是常数). 把上式左边写成具有公分母的分式

$$\frac{P(x)-A_sQ_1(x)}{(x-\alpha)^sQ_1(x)}=S(x)$$

并选取适当的 A_s,使 $x=\alpha$ 时分子中的多项式等于0,即

$$P(\alpha)-A_sQ_1(\alpha)=0$$

于是

$$A_s=\frac{P(\alpha)}{Q_1(\alpha)}$$

因条件中有 $Q_1(\alpha)\neq 0$,所以选出这样的一个 A_s 是可能的. 但若 α 是方程

$$P(x)-A_sQ_1(x)=0$$

的根,则

$$P(x)-A_sQ_1(x)=(x-\alpha)P_1(x)$$

其中 $P_1(x)$ 是一个多项式. 于是

$$S(x)=\frac{(x-\alpha)P_1(x)}{(x-\alpha)^sQ_1(x)}=\frac{P_1(x)}{(x-\alpha)^{s-1}Q_1(x)}$$

由此可知

$$\frac{P(x)}{Q(x)}=\frac{A_s}{(x-\alpha)^s}+\frac{P_1(x)}{(x-\alpha)^{s-1}Q_1(x)}$$

(其中 A_s 是前面所定的值). 结果我们从已知有理分式得出一个最简分式,而在另一个有理分式的分母中,$x-\alpha$ 的次数已比原有理分式分母中所出现的次数少一次.

用同样的方式做下去,显然可得

$$\frac{P_1(x)}{(x-\alpha)^{s-1}Q_1(x)}=\frac{A_{s-1}}{(x-\alpha)^{s-1}}+\frac{P_2(x)}{(x-\alpha)^{s-2}Q_1(x)}$$

由此得

$$\frac{P(x)}{Q(x)}=\frac{A_s}{(x-\alpha)^s}+\frac{A_{s-1}}{(x-\alpha)^{s-1}}+\frac{P_2(x)}{(x-\alpha)^{s-2}Q_1(x)}$$

这样重复做了 s 次之后,便知分母 $Q(x)$ 的 s 重根 α 所对应的最简分式共有 s 项

$$\frac{P(x)}{Q(x)}=\frac{A_s}{(x-\alpha)^s}+\frac{A_{s-1}}{(x-\alpha)^{s-1}}+\cdots+\frac{A_2}{(x-\alpha)^2}+\frac{A_1}{x-\alpha}+\frac{P_s(x)}{Q_1(x)}$$

多项式 $Q_1(x)$ 的根是 $Q(x)$ 中除 α 以外的其他一切根. 用同样的方法处理分式

$\frac{P_s(x)}{Q_1(x)}$,便可得到 $Q(x)$ 的第二个根所对应的各项最简分式,然后又得出第三个根所对应的各项最简分式 ……

若根 α 是实数,则它所对应的最简分式就保持原来的形式,若 α 是 t 重的复数根,则要把每个最简分式 $\frac{A_t}{(x-\alpha)^t}$(α 及 A_t 是复数)与共轭根所对应的同类最简分式合并起来.

合并时要根据下列(可用初等方法证明的)一般事实:当自变量 x 取得两个互为共轭复数的值时,它们所对应的实系数有理函数 $R(x)$ 的值也互为共轭复数①

$$R(\bar{x})=\overline{R(x)}$$

因此根 $\bar{\alpha}$ 所对应的系数 $A=\frac{P(\bar{\alpha})}{Q_1(\bar{\alpha})}$ 共轭于根 α 所对应的系数 $A_t=\frac{P(\alpha)}{Q_1(\alpha)}$,即 $A=\bar{A}_t$②. 于是上述两个最简分式的和

$$\sigma_t=\frac{A_t}{(x-\alpha)^t}+\frac{\bar{A}_t}{(x-\bar{\alpha})^t}=\frac{A_t(x-\bar{\alpha})^t+\bar{A}_t(x-\alpha)^t}{[(x-\alpha)(x-\bar{\alpha})]^t}$$

可以写成

$$\sigma_t=\frac{T_t(x)}{(x^2+px+q)^t}$$

其中 $T_t(x)$ 是实系数的 t 次多项式. 这是因为 x 是实数,所以 $A_t(x-\bar{\alpha})$ 及 $\bar{A}_t(x-\alpha)^t$ 是共轭复数,因而它们的和是实数,并且对于 x 来说,这个和式是一个 t 次多项式. 用 x^2+px+q 除 $T_t(x)$ 得

$$T_t(x)=T_{t-2}(x)(x^2+px+q)+B_tx+C_t$$

---

① 有理函数的这个性质是由于形成有理函数的那些四则运算也都具有这个性质. 因为不难证明若干个共轭复数相加及取共轭复数的正整数次乘幂时,所得的复数共轭于原有诸复数相加及取原复数的正整数次乘幂的结果,复数与实数相乘,复数相加以及相除时,也都有同样的关系. 若两数共轭于已知的两个复数,则其复数商共轭于已知两数的商(此外也可参阅第九章).

② 因若 α 是一个复数根,即可写出

$$Q(x)=(x-\alpha)^s(x-\bar{\alpha})^sQ_2(x)$$

于是根 α 所对应的系数 A_s 等于

$$\frac{P(\alpha)}{(\alpha-\bar{\alpha})^sQ_2(\alpha)}$$

而根 $\bar{\alpha}$ 所对应的系数等于

$$\frac{P(\bar{\alpha})}{(\bar{\alpha}-\alpha)^sQ_2(\bar{\alpha})}$$

不难证明这个分式的分子及分母各共轭于前一个分式的分子及分母.

其中 $T_{t-2}(x)$ 是 $t-2$ 次多项式,而 B_t 及 C_t 是实的常数. 由此得

$$\frac{A_t}{(x-\alpha)^t}+\frac{\overline{A}_t}{(x-\overline{\alpha})^t}=\frac{B_tx+C_t}{(x^2+px+q)^t}+\frac{T_{t-2}(x)}{(x^2+px+q)^{t-1}}$$

用同法处理右边的第二个和式(即再用 x^2+px+q 除 $T_{t-2}(x)$)并继续这样做下去,最后便可把所论和式化为下列形式的最简分式的和

$$\frac{B_ix+C_i}{(x^2+px+q)^i}\quad (i=1,2,\cdots,t)$$

这样就把定理完全证明了.

如果已经知道怎样把分母分解成实系数的一次因子及二次因子,而要实际把已知有理分式分解为最简分式时,就必须定出分解式(3)中的一切系数 A, B, C. 这事可以用待定系数法来做. 这就是写出系数(用字母表示)未定的分解式(3)(我们刚才已经证明了这样的分解式存在),然后去掉分母(最小公分母显然是已知分式的分母——多项式 $Q(x)$),得已知分式的分子 $P(x)$ 等于某一具有 n 个未知系数的多项式. 但因这个等式应该是恒等的,故可使左右两边同次幂的系数相等,得到有 n 个未知数的 n 个联立方程,从这一组联立方程便可求出其中 n 个未知数.

111. 分式有理函数

设有分式 $\frac{P(x)}{Q(x)}$,其中

$$P(x)=b_0x^m+b_1x^{m-1}+\cdots+b_{m-1}x+b_m$$
$$Q(x)=a_0x^n+a_1x^{n-1}+\cdots+a_{n-1}x+a_n$$

若分子的次数 m 大于分母的次数 n,则用多项式 $Q(x)$ 除多项式 $P(x)$ 后所得的商是一个多项式 $N(x)$,所得余式是次数不高于 $n-1$ 的多项式 $M(x)$. 于是

$$\frac{P(x)}{Q(x)}=N(x)+\frac{M(x)}{Q(x)}$$

多项式 $N(x)$ 的积分问题毫无困难之处,因此问题是在研究当分子次数小于分母次数时分式的积分法.

这样可假设 $m<n$. 根据基本定理3(见上一小节)可知,这时分式 $\frac{P(x)}{Q(x)}$ 能写成有限个下列类型的最简有理分式的和

$$\frac{A_k}{(x-\alpha)^k}\text{ 及 }\frac{B_tx+C_t}{(x^2+px+q)^t}$$

(A_t,B_t,C_t,α,p,q 是实数且 $p^2<4q$, k 及 t 是正整数).

分式 $\frac{A_k}{(x-\alpha)^k}$ 叫作第一类最简分式, $\frac{B_tx+C_t}{(x^2+px+q)^t}$ 叫作第二类最简分式.

这时,多项式 $Q(x)$ 的每个实数重根 α 在 $Q(x)$ 的因子分解式中对应着一

个 k 次的线性因子 $(x-\alpha)^k$,在 $\frac{P(x)}{Q(x)}$ 的分项分式中对应着 k 个第一类最简分式

$$\frac{A_k}{(x-\alpha)^k}, \frac{A_{k-1}}{(x-\alpha)^{k-1}}, \cdots, \frac{A_2}{(x-\alpha)^2}, \frac{A_1}{x-\alpha}$$

同时多项式 $Q(x)$ 的每一对 t 重共轭复数根 $(\alpha, \overline{\alpha})$ 在 $Q(x)$ 的实数因子分解式中对应着一个幂指数为 t 的二次三项式 $(x^2+px+q)^t$,在 $\frac{P(x)}{Q(x)}$ 的分项分式中对应着 t 个第二类最简分式

$$\frac{B_t x + C_t}{(x^2+px+q)^t}, \frac{B_{t-1}x + C_{t-1}}{(x^2+px+q)^{t-1}}, \cdots, \frac{B_2 x + C_2}{(x^2+px+q)^2}, \frac{B_1 x + C_1}{x^2+px+q}$$

这样就可把任一有理分式的积分问题化为多项式及最简分式的积分问题.

讨论最简分式的积分问题时,我们把它分成四种可能的情形:

(1) $k=1$;(2) $k>1$;(3) $t=1$;(4) $t>1$.

这里前三种情形很简单,最后一种情形需要做比较复杂一些的计算.

Ⅰ. $\int \frac{A}{x-\alpha}\mathrm{d}x = A\ln|x-\alpha| + C$.

Ⅱ. $\int \frac{A}{(x-\alpha)^k}\mathrm{d}x = A\int (x-\alpha)^{-k}\mathrm{d}x = \frac{A}{-k+1}\cdot\frac{1}{(x-\alpha)^{k-1}} + C(k>1)$.

Ⅲ. $\int \frac{Bx+C}{x^2+px+q}\mathrm{d}x$. 用 2 乘除被积函数,然后再在分子中加减 Bp,得

$$\begin{aligned}\int \frac{Bx+C}{x^2+px+q}\mathrm{d}x &= \frac{1}{2}\int \frac{2Bx+Bp+2C-Bp}{x^2+px+q}\mathrm{d}x \\ &= \frac{B}{2}\int \frac{2x+p}{x^2+px+q}\mathrm{d}x + \frac{2C-Bp}{2}\int \frac{\mathrm{d}x}{x^2+px+q}\end{aligned}$$

积分 $\frac{B}{2}\int \frac{2x+p}{x^2+px+q}\mathrm{d}x$ 是我们知道的,因为被积函数中分子是分母的导函数;求积分 $\frac{2C-Bp}{2}\int \frac{\mathrm{d}x}{x^2+px+q}$ 时可在分母中取出一个完全平方式子

$$x^2+px+q = x^2 + 2\frac{p}{2}x + \frac{p^2}{4} + q - \frac{p^2}{4} = \left(x+\frac{p}{2}\right)^2 + \frac{4q-p^2}{4}$$

然后根据所给条件 $4q-p^2>0$,得

$$\begin{aligned}\int \frac{\mathrm{d}x}{x^2+px+q} &= \int \frac{\mathrm{d}\left(x+\frac{p}{2}\right)}{\left(x+\frac{p}{2}\right)^2 + \frac{4q-p^2}{4}} \\ &= \frac{2}{\sqrt{4q-p^2}}\arctan\frac{2\left(x+\frac{p}{2}\right)}{\sqrt{4q-p^2}} + C\end{aligned}$$

所以

$$\int \frac{Bx+C}{x^2+px+q}\mathrm{d}x = \frac{B}{2}\ln(x^2+px+q) + \frac{2C-Bp}{\sqrt{4q-p^2}}\arctan\frac{2x+p}{\sqrt{4q-p^2}} + C$$

Ⅳ. $\int \frac{Bx+C}{(x^2+px+q)^t}\mathrm{d}x$. 同上可得

$$\int \frac{Bx+C}{(x^2+px+q)^t}\mathrm{d}x = \frac{B}{2}\int \frac{2x+p}{(x^2+px+q)^t}\mathrm{d}x + \frac{2C-Bp}{2}\int \frac{\mathrm{d}x}{(x^2+px+q)^t}$$

右边第一个积分很容易求出

$$\int \frac{2x+p}{(x^2+px+q)^t}\mathrm{d}x = \int \frac{\mathrm{d}(x^2+px+q)}{(x^2+px+q)^t}$$

$$= \frac{1}{-t+1}\cdot\frac{1}{(x^2+px+q)^{t-1}} + C \quad (t>1)$$

讨论第二个积分时,为简便起见,先设 $x+\frac{p}{2}=\sqrt{\delta}z$,其中 $\delta=\frac{4q-p^2}{4}$(根据条件,$\delta>0$),这时

$$\int \frac{\mathrm{d}x}{(x^2+px+q)^t} = \int \frac{\mathrm{d}x}{\left[\left(x+\frac{p}{2}\right)^2+\frac{4q-p^2}{4}\right]^t} = \frac{\sqrt{\delta}}{\delta^t}\int \frac{\mathrm{d}z}{(z^2+1)^t}$$

所以积分最简分式时的第四种情形就化为求下列积分的问题

$$I_t = \int \frac{\mathrm{d}z}{(z^2+1)^t}$$

求 I_t 时可用下法. 在积分式的分子中加减 z^2,然后把积分拆成两个

$$I_t = \int \frac{(z^2+1)-z^2}{(z^2+1)^t}\mathrm{d}z = \int \frac{\mathrm{d}z}{(z^2+1)^{t-1}} - \int \frac{z^2\mathrm{d}z}{(z^2+1)^t}$$

右边第二个积分可用分部积分法来求,设

$$\frac{z\mathrm{d}z}{(z^2+1)^t} = \mathrm{d}v, z = u$$

由此得

$$v = \frac{1}{2}\int \frac{2z\mathrm{d}z}{(z^2+1)^t} = \frac{1}{2}\int \frac{\mathrm{d}(z^2+1)}{(z^2+1)^t} = \frac{1}{2(-t+1)}\cdot\frac{1}{(z^2+1)^{t-1}}, \mathrm{d}u = \mathrm{d}z$$

及

$$\int \frac{z^2\mathrm{d}z}{(z^2+1)^t} = \frac{1}{2(-t+1)}\cdot\frac{z}{(z^2+1)^{t-1}} - \frac{1}{2(-t+1)}\int \frac{\mathrm{d}z}{(z^2+1)^{t-1}}$$

由此可知

$$I_t = \int \frac{\mathrm{d}z}{(z^2+1)^{t-1}} + \frac{1}{2(t-1)}\cdot\frac{z}{(z^2+1)^{t-1}} - \frac{1}{2(t-1)}\int \frac{\mathrm{d}z}{(z^2+1)^{t-1}}$$

即

$$I_t=\frac{1}{2(t-1)}\cdot\frac{z}{(z^2+1)^{t-1}}+\frac{2t-3}{2(t-1)}\int\frac{\mathrm{d}z}{(z^2+1)^{t-1}}$$

右边得出的积分与原来的积分类型相同,但分母中的幂指数少一次,因此可写为

$$I_t=\frac{1}{2(t-1)}\cdot\frac{z}{(z^2+1)^{t-1}}+\frac{2t-3}{2(t-1)}I_{t-1}$$

上面我们得到了求 I_t 时的递推公式.

积分法中的递推公式表示出取决于参数(指标)的已知积分与取决于另一参数(在上例中是z^2+1的幂指数,比原来的幂指数少1)的同类积分间的关系.积分法中的这类公式常常是从分部积分产生出来的.用递推公式可以把已知积分逐步化成越来越简单的积分.

用上面所求得的公式,只要把其中的t都换成$t-1$,就立刻可以用I_{t-2}定出I_{t-1}.同样可以逐步用I_{t-3}定出I_{t-2},用I_{t-1}定出I_{t-3},继续这样下去,直到做出下列的熟知积分 I_1 为止

$$I_1=\int\frac{\mathrm{d}z}{z^2+1}=\arctan z+C$$

现在我们做总结:根据以上所讲可知,最简分式的积分能用有理函数、对数函数及三角(反正切)函数这几类初等函数表达.任一有理分式的积分可以化成多项式及若干最简分式的和的积分,由此可知,任一有理分式的积分也能用有理分式、对数函数及反正切函数这几类初等函数来表示.

求有理分式的积分时,主要的一件事是把它分成最简分式,而分成最简分式时就需要知道怎样把分母分解为实系数的线性因子及二次因子(换句话说,需要知道分母的零值点).但最后这个问题是一个代数问题而不是解析问题,所以这里不再特别讲它.当已知怎样把分母分解为因子时,下一步把已知分式分成最简分式的方法可以从下面所讲的一些例子中看出来.

有理函数$R(x)$(对x只做有理运算:加、减、乘、除)总可以化为有理分式,因此有理函数的积分法最后可以化为上述四类简单的积分法,并且这种积分的结果只用有理函数、对数函数及反正切函数来表示即可.在实际计算时可能遇到的唯一困难是怎样把多项式分解为实系数线性因子及二次因子的代数问题.

我们只要能用某种方法把已知函数的积分化为有理函数的积分,那么所论积分问题就可以看作已经解决了.因为化成有理函数的积分之后,便可肯定地知道所求积分能用某些初等函数表示,并可在原则上指出它的求法.

解积分问题时的主要精力常用在寻求变换式上,以便把已知积分化为有理函数的积分.像这类的变换式叫作使积分有理化的变换式.

112. 举例

上节中讲了关于有理分式积分法的一般原理,现在我们要用例子来说明.

(1) $\int \frac{x-3}{x^3-x}dx$. 把被积函数分成最简分式时的形式应为

$$\frac{x-3}{x^3-x}=\frac{x-3}{x(x-1)(x+1)}=\frac{A}{x}+\frac{B}{x-1}+\frac{C}{x+1}$$

(其中用什么字母代表什么未定系数是完全无关紧要的事).

消去分母,得

$$x-3=A(x^2-1)+Bx(x+1)+Cx(x-1)$$

由于这是个恒等式,故左右两边 x 同幂项的系数应彼此相等

$$0=A+B+C, 1=B-C, -3=-A$$

从这一组三元联立方程可求出

$$A=3, B=-1, C=-2$$

求系数 A, B, C 时,还有更简单的方法如下:为计算简捷,可把三个不同的 x 值相继代入恒等式,又得出三个方程. 在本例中可设 $x=0, x=1, x=-1$,便得

$$-3=-A, -2=2B, -4=2C$$

于是也得到

$$A=3, B=-1, C=-2$$

故得恒等式

$$\frac{x-3}{x^3-x}=\frac{3}{x}-\frac{1}{x-1}-\frac{2}{x+1}$$

因此

$$\begin{aligned}\int \frac{x-3}{x^3-x}dx &= 3\int \frac{dx}{x}-\int \frac{dx}{x-1}-2\int \frac{dx}{x+1}\\ &= 3\ln|x|-\ln|x-1|-2\ln|x+1|+C\\ &= \ln \frac{|x|^3}{|x-1|(x+1)^2}+C\end{aligned}$$

我们以前也曾用分成最简分式的方法求过有理分式的积分,但在那里并不是根据一般法则,而是直接用简单变换法来做的,以后在合适的地方还是应该尽量用直接变换法来做.

(2) $\int \frac{x-5}{x^3-3x^2+4}dx$. 首先,注意到被积函数中的分母在 $x=-1$ 时变为 0,因此用 $x+1$ 除分母得商为

$$x^2-4x+4=(x-2)^2$$①

---

① 这里也可以直接把分母分解成因子

$$\begin{aligned}x^3-3x^2+4 &= x^3+x^2-4x^2+4=x^2(x+1)-4(x-1)(x+1)\\ &= (x+1)(x^2-4x+4)=(x+1)(x-2)^2\end{aligned}$$

于是可知被积函数分成最简分式后的形式应为

$$\frac{x-5}{x^3-3x^2+4}=\frac{x-5}{(x+1)(x-2)^2}=\frac{A}{x+1}+\frac{B}{(x-2)^2}+\frac{C}{x-2}$$

求系数 A,B,C 时,从上式消去分母,得

$$x-5=A(x-2)^2+B(x+1)+C(x+1)(x-2)$$

这时可设

$$x=-1,x=2,x=0$$

得

$$-6=9A,\ -3=3B,\ -5=4A+B-2C$$

由此得

$$A=-\frac{2}{3},B=-1,C=\frac{2}{3}$$

所以

$$\begin{aligned}\int\frac{x-5}{x^3-3x^2+4}\mathrm{d}x&=-\int\frac{\mathrm{d}x}{(x-2)^2}-\frac{2}{3}\int\frac{\mathrm{d}x}{x+1}+\frac{2}{3}\int\frac{\mathrm{d}x}{x-2}\\&=\frac{1}{x-2}-\frac{2}{3}\ln|x+1|+\frac{2}{3}\ln|x-2|+C\\&=\frac{1}{x-2}+\frac{2}{3}\ln\left|\frac{x-2}{x+1}\right|+C\end{aligned}$$

(3)$\int\frac{12}{x^4+x^3-x-1}\mathrm{d}x$. 分母可以分解为下列因子

$$\begin{aligned}x^4+x^3-x-1&=x^3(x+1)-(x+1)\\&=(x+1)(x^3-1)\\&=(x+1)(x-1)(x^2+x+1)\end{aligned}$$

把被积函数分成最简分式

$$\begin{aligned}\frac{12}{x^4+x^3-x-1}&=\frac{12}{(x+1)(x-1)(x^2+x+1)}\\&=\frac{A}{x+1}+\frac{B}{x-1}+\frac{Cx+D}{x^2+x+1}\end{aligned}$$

系数 A,B,C,D 可从下面的等式求出

$$12=A(x-1)(x^2+x+1)+B(x+1)(x^2+x+1)+(Cx+D)(x+1)(x-1)$$

把 $x=1,x=-1,x=0,x=2$ 四个不同的 x 值代入上式,得

$$12=6B,12=-2A,12=-A+B-D$$
$$12=7A+21B+3(2C+D)$$

由此得

$$A=-6,B=2,C=4,D=-4$$

所以

$$\int\frac{12}{x^4+x^3-x-1}dx=-6\int\frac{dx}{x+1}+2\int\frac{dx}{x-1}+4\int\frac{x-1}{x^2+x+1}dx$$

最后一个积分可用下法算出

$$\begin{aligned}\int\frac{x-1}{x^2+x+1}dx&=\frac{1}{2}\int\frac{2x+1-3}{x^2+x+1}dx\\&=\frac{1}{2}\int\frac{2x+1}{x^2+x+1}dx-\frac{3}{2}\int\frac{dx}{x^2+x+1}\\&=\frac{1}{2}\ln(x^2+x+1)-\frac{3}{2}\int\frac{dx}{\left(x+\frac{1}{2}\right)^2+\frac{3}{4}}\\&=\frac{1}{2}\ln(x^2+x+1)-\frac{3}{2}\frac{1}{\sqrt{\frac{3}{4}}}\arctan\frac{x+\frac{1}{2}}{\sqrt{\frac{3}{4}}}+C\end{aligned}$$

最后得

$$\begin{aligned}\int\frac{12}{x^4+x^3-x-1}dx&=-6\ln|x+1|+2\ln|x-1|+\\&\quad 2\ln(x^2+x+1)-4\sqrt{3}\arctan\frac{2x+1}{\sqrt{3}}+C\\&=\ln\frac{(x^3-1)^2}{(x+1)^6}-4\sqrt{3}\arctan\frac{2x+1}{\sqrt{3}}+C\end{aligned}$$

(4) $\int\frac{3x^4+x^3+4x^2+1}{x^5+2x^3+x}dx$. 分母的因子分解法很简单

$$x^5+2x^3+x=x(x^4+2x^2+1)=x(x^2+1)^2$$

所以已知有理分式分成最简分式时的形式应为

$$\frac{3x^4+x^3+4x^2+1}{x^5+2x^3+x}=\frac{3x^4+x^3+4x^2+1}{x(x^2+1)^2}=\frac{A}{x}+\frac{Bx+C}{(x^2+1)^2}+\frac{Dx+E}{x^2+1}$$

由此得

$$3x^4+x^3+4x^2+1=A(x^2+1)^2+(Bx+C)x+(Dx+E)x(x^2+1)$$

合并右边 x 的同类项,得

$$3x^4+x^3+4x^2+1=(A+D)x^4+Ex^3+(2A+B+D)x^2+(C+E)x+A$$

使两边的对应系数相等,得

$$A+D=3,E=1,2A+B+D=4,C+E=0,A=1$$

由此得

$$A=1,B=0,C=-1,D=2,E=1$$

于是

$$\int \frac{3x^4+x^3+4x^2+1}{x^5+2x^3+x}\mathrm{d}x = \int \frac{\mathrm{d}x}{x} - \int \frac{\mathrm{d}x}{(x^2+1)^2} + \int \frac{2x+1}{x^2+1}\mathrm{d}x$$

$$= \int \frac{\mathrm{d}x}{x} - \int \frac{x^2+1-x^2}{(x^2+1)^2}\mathrm{d}x + \int \frac{2x}{x^2+1}\mathrm{d}x + \int \frac{\mathrm{d}x}{x^2+1}$$

$$= \ln|x| + \ln(x^2+1) + \int \frac{x^2}{(x^2+1)^2}\mathrm{d}x$$

用分部积分法得①

$$\int x\frac{x\mathrm{d}x}{(x^2+1)^2} = -\frac{1}{2}\frac{x}{x^2+1} + \frac{1}{2}\int \frac{\mathrm{d}x}{1+x^2}$$

$$= -\frac{x}{2(x^2+1)} + \frac{1}{2}\arctan x + C$$

最后得

$$\int \frac{3x^4+x^3+4x^2+1}{x^5+2x^3+x}\mathrm{d}x = -\frac{x}{2(x^2+1)} + \ln|x(x^2+1)| + \frac{1}{2}\arctan x + C$$

113. 奥氏法

把有理分式分解为最简分式之后,求那些最简分式的积分时,在计算上最费力的地方是求分母的重根(实数或复数)所对应的那些最简分式的积分. 特别是在第四种情形下需要做很多的计算. 但若仔细考察求这种(对应于分母的重根的)最简分式的积分的做法,可以看出由每个这种重根所产生出来的积分,其结果是包含下列各项的一个和式:分母与对应最简分式相同,但次数小一次的有理分式,以及几个最简分式(分母仍都相同但只取一次)的积分(换句话说,就是第一及第三种情形下最简分式的积分). 奥氏就根据这件事实提出他对于有理分式的积分法②,使我们单用代数方法便能求出最后结果中的有理函数(积分的有理部分),免得再费力去计算第二及第四种情形下最简分式的积分.

现在我们来讲奥氏法. 设已知积分$\int \frac{P(x)}{Q(x)}\mathrm{d}x$,其中

$$Q(x) = a_0(x-\alpha)^k\cdots(x^2+px+q)^t\cdots$$

每个因子$(x-\alpha)^k$产生出k个最简分式

$$\frac{A_k}{(x-\alpha)^k} + \cdots + \frac{A_2}{(x-\alpha)^2} + \frac{A_1}{x-\alpha}$$

---

① 积分$\int \frac{x^2}{(x^2+1)^2}\mathrm{d}x$用三角置换式$x = \tan u$来求也很方便.

② 这个方法也叫埃尔米特(Hermite)法. 埃尔米特是法国著名数学家,但发表此法时比奥氏晚.

这些分式积分的结果是有理分式$\frac{M(x)}{(x-\alpha)^{k-1}}$(其中$M(x)$是不高于$k-2$次的一个多项式)及积分$\int \frac{A}{x-\alpha}\mathrm{d}x$的和,又每个因子$(x^2+px+q)^t$产生出$t$个最简分式

$$\frac{B_t x+C_t}{(x^2+px+q)^t},\frac{B_{t-1}x+C_{t-1}}{(x^2+px+q)^{t-1}},\cdots,\frac{B_1 x+C_1}{x^2+px+q}$$

这些分式积分的结果是有理分式

$$\frac{N(x)}{(x^2+px+q)^{t-1}}$$

(其中$N(x)$是不高于$2t-3$次的一个多项式)及下列积分的和

$$\int \frac{Bx+C}{x^2+px+q}\mathrm{d}x$$

如果把分母$Q(x)$中一切因子所对应的结果都加起来,则显然可得

$$\int \frac{P(x)}{Q(x)}\mathrm{d}x=\frac{P_1(x)}{Q_1(x)}+\int \frac{P_2(x)}{Q_2(x)}\mathrm{d}x \tag{4}$$

其中

$$Q_1(x)=(x-\alpha)^{k-1}\cdots(x^2+px+q)^{t-1}$$

$$Q_2(x)=(x-\alpha)\cdots(x^2+px+q)$$

而$P_1(x)$则是次数低于$Q_1(x)$的多项式,$P_2(x)$是次数低于$Q_2(x)$的多项式.

公式(4)表示出有理分式的积分的解析结构是什么样的,这就是奥氏公式.

现在我们看出这种积分的有理部分$\frac{P_1(x)}{Q_1(x)}$可以用简单的代数变换算出,而不必用任何积分法.奥氏公式告诉我们,任一有理分式的积分确实可以简化为另一有理分式的积分,使新有理分式中的分母与已知分式的分母具有相同的各个零值点,但其每个零值点都对应于新分母的单根.

若已知多项式$Q(x)$的因子分解式,就不难写出多项式$Q_1(x)$及$Q_2(x)$.因为这时

$$Q_1(x)\cdot Q_2(x)=Q(x)$$

(常数因子a_0可以与分子$P(x)$连在一起).若n_1是$Q_1(x)$的次数,n_2是$Q_2(x)$的次数(这里显然可得$n_1+n_2=n$,其中n是多项式$Q(x)$的次数),则可用字母表示未定的系数,写出n_1-1次的多项式$P_1(x)$及n_2-1次的多项式$P_2(x)$.要求出这些系数的值,可以对等式(4)的两边微分

$$\frac{P(x)}{Q(x)}=\frac{P_1'(x)Q_1(x)-Q_1'(x)P_1(x)}{Q_1^2(x)}+\frac{P_2(x)}{Q_2(x)} \tag{5}$$

因为这个公式基本上就是奥氏公式,所以也是一个恒等式. 消去分母并使左右两边 x 同幂项的系数相等,得到 n 个联立方程,以便定出多项式 $P_1(x)$ 及 $P_2(x)$ 中的 $n_1+n_2(=n)$ 个独立系数(当然也可以让公式(5)中的 x 取得 n 个不同的数值而得出一组联立方程,不必比较左右各项的系数).

最后应注意,即使不知道分母 $Q(x)$ 的因子分解式,多项式 $Q_1(x)$(然后可求出 $Q_2(x)=\dfrac{Q(x)}{Q_1(x)}$)还是不难求出来的. 我们要知道 $Q_1(x)$ 正好就是 $Q(x)$ 及 $Q'(x)$ 的最大公约式. 因为函数 $Q(x)$ 的 k 重零值点是其导函数 $Q'(x)$ 的 $k-1$ 重零值点,所以 $Q(x)$ 中的每个重因子也会出现在 $Q'(x)$ 的因子分解式中,但次数比在 $Q(x)$ 中的小一次. 由此可知

$$Q'(x)=(x-\alpha)^{k-1}\cdots(x^2+px+q)^{t-1}\cdot Q_3(x)$$

其中的多项式 $Q_3(x)$ 与 $Q(x)$ 无公共零值点. 从上面这个式子就可以看出 $Q_1(x)$ 是多项式

$$Q(x)=Q_1(x)Q_2(x)$$

及

$$Q'(x)=Q_1(x)Q_3(x)$$

的最大公约式.

与求最大公约数的方法一样,多项式 $Q_1(x)$ 也可以用辗转相除法(欧几里得算法)求出. 这就是用 $Q'(x)$ 除 $Q(x)$,然后用所得余式除 $Q'(x)$,再用第二次所得余式除第一个余式,一直除到没有余式为止. 这样所得的最后一个余式就是最大公约式. 被除式及除式中的常数因子可以不管,可以把它们合并起来,因为这只对最后所得结果中的常数因子有影响,而最后所得结果中的常数因子总可以放到多项式 $P_1(x)$ 里面去.

根据以上所讲的一切,可知正是在计算最费力的情形下,用奥氏法能使我们对有理分式的积分运算简化到什么程度.

例如

$$I=\int\frac{3x^4+x^3+4x^2+1}{x^5+2x^3+x}\mathrm{d}x$$

这里

$$Q(x)=x^5+2x^3+x,\ Q'(x)=5x^4+6x^2+1$$

求出 $Q(x)$ 及 $Q'(x)$ 的最大公约式. 用 $Q'(x)$ 除 $Q(x)$,然后用所得余式除 $Q'(x)$ 并继续这样做下去

$$\begin{array}{r|l|r|l}
5x^5+10x^3+5x & 5x^4+6x^2+1 & x^3+x & x^2+1 \\
5x^5+6x^3+x & x \quad 5x^4+5x^2 & 5x \quad x^3+x & x \\
\hline
4x^3+4x & x^2+1 & — &
\end{array}$$

由此可知 x^2+1 是最大公约式,即

$$Q_1(x)=x^2+1$$

故

$$Q_2(x)=\frac{x^5+2x^3+x}{x^2+1}=x^3+x=x(x^2+1)$$

根据奥氏公式得

$$I=\int\frac{3x^4+x^3+4x^2+1}{x^5+2x^3+x}\mathrm{d}x=\frac{Ax+B}{x^2+1}+\int\frac{Cx^2+Dx+E}{x(x^2+1)}\mathrm{d}x$$

由此得

$$\frac{3x^4+x^3+4x^2+1}{x^5+2x^3+x}=\frac{Ax^2+A-2Ax^2-2Bx}{(x^2+1)^2}+\frac{Cx^2+Dx+E}{x(x^2+1)}$$

化成公分母后再去掉分母,得

$$\begin{aligned}&(3x^4+x^3+4x^2+1)(x^2+1)\\=&(-Ax^2-2Bx+A)(x^3+x)+\\&(Cx^2+Dx+E)(x^2+1)^2\end{aligned}$$

比较两边同幂项的系数,得到含五个未知数的联立方程

$$\begin{cases}3=C\\1=-A+D\\7=-2B+2C+E\\1=2D\\5=-2B+C+2E\\0=A+D\\1=E\end{cases}$$

由此得

$$A=-\frac{1}{2},B=0,C=3,D=\frac{1}{2},E=1$$

结果得

$$I=-\frac{x}{2(x^2+1)}+\frac{1}{2}\int\frac{6x^2+x+2}{x^3+x}\mathrm{d}x$$

对于分母只有单根(x, $+\mathrm{i}$, $-\mathrm{i}$) 的分式来说,计算积分就不复杂,最后得

$$I=-\frac{x}{2(x^2+1)}+\ln|x(x^2+1)|+\frac{1}{2}\arctan x+C$$

114. 几种无理函数的积分法

现在我们来讲几种形式简单的无理函数的积分法.

Ⅰ. 设被积函数对(积分变量)x 及同一个线性分式(或线性函数) $\frac{ax+b}{cx+d}$(其中 $ad-bc\neq0$,见第一章) 的各种根式来说是有理式子

$$y=R\left(x,\sqrt[m]{\frac{ax+b}{cx+d}},\sqrt[p]{\frac{ax+b}{cx+d}},\cdots\right)$$

记号 $R(\alpha,\beta,\gamma,\cdots)$ 一般表示 $\alpha,\beta,\gamma,\cdots$ 的一个有理式子,换句话说,在该式中对 $\alpha,\beta,\gamma,\cdots$ 只做有理运算.

若 n 是 $m,p,\cdots$ 一切指数的最小公倍数,则用置换式

$$\frac{ax+b}{cx+d}=u^n$$

代入后可把上述积分化为有理分式的积分(有理化),于是积分可用初等函数来表示.

因为

$$x=\frac{du^n-b}{a-cu^n},\mathrm{d}x=\frac{ad-bc}{(a-cu^n)^2}\cdot nu^{n-1}\mathrm{d}u$$

又

$$\int R\left(x,\sqrt[m]{\frac{ax+b}{cx+d}},\sqrt[p]{\frac{ax+b}{cx+d}},\cdots\right)\mathrm{d}x$$

$$=n(ad-bc)\int R\left(\frac{du^n-b}{a-cu^n},u^{\frac{n}{m}},u^{\frac{n}{p}},\cdots\right)\frac{u^{n-1}\mathrm{d}u}{(a-cu^n)^2}$$

由此可知,被积函数是积分变量 u 的有理函数①($\frac{n}{m},\frac{n}{p},\cdots$ 是整数).

例1 求$\int\frac{\mathrm{d}x}{x-\sqrt[3]{3x+2}}$.

解 设 $3x+2=u^3$. 由此得

$$x=\frac{u^3-2}{3},\mathrm{d}x=u^2\mathrm{d}u$$

于是

$$\int\frac{\mathrm{d}x}{x-\sqrt[3]{3x+2}}=\int\frac{u^2}{\frac{u^3-2}{3}-u}\mathrm{d}u=3\int\frac{u^2\mathrm{d}u}{u^3-3u-2}$$

现在只需用一般有理函数的积分法求右边的积分. 因

$$\begin{aligned}u^3-3u-2&=u^3-u-2u-2\\&=u(u^2-1)-2(u+1)\\&=(u+1)(u^2-u-2)\\&=(u+1)^2(u-2)\end{aligned}$$

故

① 有理函数的有理函数显然仍是有理函数.

$$\frac{3u^2}{u^3-3u-2}=\frac{A}{(u+1)^2}+\frac{B}{u+1}+\frac{C}{u-2}$$

由此不难求出

$$A=-1,B=\frac{5}{3},C=\frac{4}{3}$$

然后得

$$\int\frac{3u^2\mathrm{d}u}{u^3-3u-2}=-\int\frac{\mathrm{d}u}{(u+1)^2}+\frac{5}{3}\int\frac{\mathrm{d}u}{u+1}+\frac{4}{3}\int\frac{\mathrm{d}u}{u-2}$$

$$=\frac{1}{u+1}+\frac{5}{3}\ln|u+1|+\frac{4}{3}|u-2|+C$$

再还原到以前的变量,得

$$\int\frac{\mathrm{d}x}{x-\sqrt[3]{3x+2}}=\frac{1}{\sqrt[3]{3x+2}+1}+\frac{5}{3}\ln|\sqrt[3]{3x+2}+1|+\frac{4}{3}\ln|\sqrt[3]{3x+2}-2|+C$$

Ⅱ. 当 a 及 b 为实数,m,n 及 p 为有理数时

$$x^m(a+bx^n)^p\mathrm{d}x$$

叫作二项微分式. 以后假定 m 及 n 是整数,否则可令 $x=u^q$(其中 q 是分数 m 及 n 的公分母),即可化成 m 及 n 为整数的二项式. 假定 p 是分数 $p=\frac{r}{s}$. 若 p 是整数,则根据牛顿公式立即可把二项式展成和式,函数就更容易积分了.

求二项微分式的积分时,可用下列两个置换式

$$a+bx^n=u^s,ax^{-n}+b=u^s$$

当 $\frac{m+1}{n}$ 是整数时,用第一个置换式;当 $\frac{m+1}{n}+p$ 是整数时,用第二个置换式. 这样就把积分化成有理分式的积分(把它有理化),于是积分就能用初等函数表示. 这事我们不再详细证明(证起来也不难,读者可以自己去做),但我们还应该知道切比雪夫曾指出下列三种情形以外的二项微分式不可能积分成初等函数:p 为整数;$\frac{m+1}{n}$ 为整数;$\frac{m+1}{n}+p$ 为整数.

例 2 求 $\int\frac{\sqrt{1+x^2}}{x}\mathrm{d}x$.

解 这里

$$\frac{m+1}{n}=0$$

故可设

$$1+x^2=u^2$$

由此得

$$x\mathrm{d}x=u\mathrm{d}u$$

及

$$\int \frac{\sqrt{1+x^2}}{x}\mathrm{d}x = \int x\frac{\sqrt{1+x^2}}{x^2}\mathrm{d}x = \int \frac{u}{u^2-1}u\mathrm{d}u$$

$$= \int \mathrm{d}u + \int \frac{\mathrm{d}u}{u^2-1} = u + \frac{1}{2}\ln\left|\frac{u-1}{u+1}\right| + C$$

$$= \sqrt{1+x^2} + \frac{1}{2}\ln\left|\frac{\sqrt{1+x^2}-1}{\sqrt{1+x^2}+1}\right| + C$$

例 3　求$\int \frac{\mathrm{d}x}{x^2(2+x^3)^{\frac{5}{3}}}$.

解　这里

$$\frac{m+1}{n} = -\frac{1}{3}$$

但

$$\frac{m+1}{n} + p = -2$$

故可设

$$2x^{-3} + 1 = u^3$$

由此得

$$x^3 = \frac{2}{u^3-1}, x^2\mathrm{d}x = -\frac{2u^2}{(u^3-1)^2}\mathrm{d}u$$

及

$$\int \frac{\mathrm{d}x}{x^2(2+x^3)^{\frac{5}{3}}} = \int \frac{x^2\mathrm{d}x}{x^4(2+x^3)^{\frac{5}{3}}} = -\int \frac{2u^2\mathrm{d}u}{(u^3-1)^2\frac{2^3}{(u^3-1)^3}u^5}$$

$$= -\frac{1}{4}\int \frac{u^3-1}{u^3}\mathrm{d}u = -\frac{1}{4}\int \mathrm{d}u + \frac{1}{4}\int u^{-3}\mathrm{d}u$$

$$= -\frac{1}{4}u - \frac{1}{8}\frac{1}{u^2} + C = -\frac{1}{8}\frac{4+3x^3}{x(2+x^3)^{\frac{2}{3}}} + C$$

Ⅲ. 现在我们来讲只含无理式$\sqrt{ax^2+bx+c}$的几个积分：

(1)$\int \frac{\mathrm{d}x}{\sqrt{ax^2+bx+c}}$. 把$\frac{1}{\sqrt{a}}$($a>0$时)或$\frac{1}{\sqrt{-a}}$($a<0$时)拿到积分号外面，把积分化为下列形式

$$\int \frac{\mathrm{d}x}{\sqrt{x^2+px+q}} \text{或} \int \frac{\mathrm{d}x}{\sqrt{-x^2+px+q}}$$

凑出一个完全平方式，得

$$\int \frac{\mathrm{d}x}{\sqrt{\left(x+\frac{p}{2}\right)^2+\frac{4q-p^2}{4}}} \text{或} \int \frac{\mathrm{d}x}{\sqrt{\frac{4q+p^2}{4}-\left(x-\frac{p}{2}\right)^2}}$$

前一个积分可用对数来表示,第二个积分在$4q+p^2>0$时可用反正弦函数来表示;若$4q+p^2<0$,则被积函数值都是虚数.

(2) $\int \frac{\mathrm{d}x}{(x-a)\sqrt{ax^2+bx+c}}$. 这时用置换式$x-a=\frac{1}{u}$就不难证明这个积分能化为形式(1).

(3) $\int \frac{Ax+B}{\sqrt{ax^2+bx+c}}\mathrm{d}x$. 这时可从分子中取出一部分,使它与根号中式子的导函数成比例,然后把积分分成两个积分. 于是第一个积分可以直接求出(是幂函数的积分),而第二个积分则与形式(1)相同.

当分子并非线性式而是任一多项式时,我们也可以指出简单的积分程序(但不再证明),即

$$\int \frac{P(x)}{\sqrt{ax^2+bx+c}}\mathrm{d}x = P_1(x)\sqrt{ax^2+bx+c}+\lambda\int \frac{\mathrm{d}x}{\sqrt{ax^2+bx+c}}$$

其中$P_1(x)$是比已知多项式$P(x)$小一次的多项式,而λ则是常数. 求$P_1(x)$及λ时可把上面所写的等式微分

$$\frac{P(x)}{\sqrt{ax^2+bx+c}} = P_1'(x)\sqrt{ax^2+bx+c}+\frac{P_1(x)(2ax+b)}{2\sqrt{ax^2+bx+c}}+\frac{\lambda}{\sqrt{ax^2+bx+c}}$$

由此得

$$2P(x)=2P_1'(x)(ax^2+bx+c)+P_1(x)(2ax+b)+2\lambda$$

从这个恒等式便可求出$P_1(x)$中的一切系数及常数λ,最后只需求出形式(1)的积分.

(4) $\int \sqrt{ax^2+bx+c}\,\mathrm{d}x$. 从根号里面的式子中取出一个完全平方式之后,可把这个积分化为下列三种已知的类型之一

$$\int \sqrt{1-x^2}\,\mathrm{d}x,\int \sqrt{x^2-1}\,\mathrm{d}x,\int \sqrt{1+x^2}\,\mathrm{d}x$$

但也可以用其他的方法做

$$\int \sqrt{ax^2+bx+c}\,\mathrm{d}x = \int \frac{ax^2+bx+c}{\sqrt{ax^2+bx+c}}\mathrm{d}x$$

右边这个积分可以按照形式(3)中所讲的程序去算. 同样可算出下面的积分

$$\int P(x)\sqrt{ax^2+bx+c}\,\mathrm{d}x$$

其中$P(x)$是任一多项式.

当被积函数是$\sqrt{ax^2+bx+c}$及x的有理函数时,计算这种积分的一般方法到后面再讲.

115. 三角函数的积分法

设已知函数是三角函数的有理式子.由于一切三角函数都可表达为 $\sin x$ 及 $\cos x$ 的有理式,所以这种函数可以看作 $\sin x$ 及 $\cos x$ 的有理函数

$$R(\sin x,\cos x)$$

现在证明积分

$$\int R(\sin x,\cos x)\,\mathrm{d}x$$

可用置换式 $u=\tan\frac{x}{2}$ 化为有理函数的积分(有理化).

因

$$\sin x=2\sin\frac{x}{2}\cos\frac{x}{2}=\frac{2\tan\frac{x}{2}}{1+\tan^2\frac{x}{2}}=\frac{2u}{1+u^2}$$

$$\cos x=\cos^2\frac{x}{2}-\sin^2\frac{x}{2}=\frac{1}{1+\tan^2\frac{x}{2}}-\frac{\tan^2\frac{x}{2}}{1+\tan^2\frac{x}{2}}=\frac{1-\tan^2\frac{x}{2}}{1+\tan^2\frac{x}{2}}=\frac{1-u^2}{1+u^2}$$

又从等式 $x=2\arctan u$ 可得

$$\mathrm{d}x=\frac{2}{1+u^2}\mathrm{d}u$$

故

$$\int R(\sin x,\cos x)\,\mathrm{d}x=\int R\left(\frac{2u}{1+u^2},\frac{1-u^2}{1+u^2}\right)\frac{2}{1+u^2}\mathrm{d}u$$

由此便可知被积函数是积分变量 u 的有理函数.

例 4 求$\int\frac{\mathrm{d}x}{3+5\cos x}$.

解 设 $\tan\frac{x}{2}=u$,于是

$$\int\frac{\mathrm{d}x}{3+5\cos x}=\int\frac{2\mathrm{d}u}{(1+u^2)\left(3+5\frac{1-u^2}{1+u^2}\right)}=\int\frac{\mathrm{d}u}{4-u^2}$$

$$=\frac{1}{4}\int\frac{(2-u)+(2+u)}{(2-u)(2+u)}\mathrm{d}u$$

$$= \frac{1}{4}\ln\left|\frac{2+u}{2-u}\right| + C = \frac{1}{4}\ln\left|\frac{2+\tan\frac{x}{2}}{2-\tan\frac{x}{2}}\right| + C$$

用半角的正切函数来变换的方法,我们以前也用过. 用这个方法来积分三角函数的有理式子时,我们总能得到结果,但是,正由于它是一种普遍的方法,所以就所需变换是否简捷的观点来说,这通常不是最好的方法.

例如,当函数R的式子内只含$\sin x$及$\cos x$的偶次乘幂时,我们还不如用置换式$u=\tan x$来做比较方便. 那时

$$\int R(\sin^2 x,\cos^2 x)\,\mathrm{d}x = \int R\left(\frac{u^2}{1+u^2},\frac{1}{1+u^2}\right)\frac{1}{1+u^2}\mathrm{d}u$$

例如

$$\int\frac{\mathrm{d}x}{1+3\cos^2 x} = \int\frac{\mathrm{d}u}{(1+u^2)\left(1+\frac{3}{1+u^2}\right)} = \int\frac{\mathrm{d}u}{4+u^2}$$

$$= \frac{1}{2}\arctan\frac{u}{2} + C = \frac{1}{2}\arctan\frac{\tan x}{2} + C$$

这里当然也可以用一般置换式$u=\tan\frac{x}{2}$,但那样就需要做更多的计算.

下面这个积分一看就知道应该用置换式$u=\tan x$来求

$$\int\frac{\mathrm{d}x}{1+2\tan x}$$

置换后得

$$\int\frac{\mathrm{d}x}{1+2\tan x} = \int\frac{\mathrm{d}u}{(1+u^2)(1+2u)}$$

求出上面有理分式的积分并还原为起初的变量之后,得

$$\int\frac{\mathrm{d}x}{1+2\tan x} = \frac{1}{5}(x+2\ln|\cos x+2\sin x|) + C$$

有时用置换式$u=\sin x$或$u=\cos x$通常比较方便. 这种置换法在前面已经用过.

有时求得最后结果的最简单的办法不是用置换法,而是用其他的方法. 为说明起见,我们来看下列形式的积分

$$\int\sin^n x\cos^m x\,\mathrm{d}x$$

其中n及m是整数. 若n及m中有一个是奇数,则最好设$u=\sin x$或$u=\cos x$(见下例).

例如,若$n=-3$,$m=-1$,则

$$\int \frac{\mathrm{d}x}{\sin^3 x\cos x} = \int \frac{\cos x}{\sin^3 x\cos^2 x}\mathrm{d}x = \int \frac{\mathrm{d}u}{u^3(1-u^2)}, u = \sin x$$

于是就只要求有理分式的积分,结果得

$$\int \frac{\mathrm{d}u}{u^3(1-u^2)} = \int \frac{\mathrm{d}u}{u^3} + \int \frac{\mathrm{d}u}{u} + \frac{1}{2}\int \frac{\mathrm{d}u}{1-u} - \frac{1}{2}\int \frac{\mathrm{d}u}{1+u}$$

$$= -\frac{1}{2u^2} + \ln\left|\frac{u}{\sqrt{1-u^2}}\right| + C = -\frac{1}{2\sin^2 x} + \ln|\tan x| + C$$

当 m 及 n 都是偶数时,可设 $u = \tan x$.

例如,若 $n = -4, m = 0$,则

$$\int \frac{\mathrm{d}x}{\sin^4 x} = \int \frac{\mathrm{d}x}{\cos^2 x\sin^2 x\tan^2 x} = \int \frac{\mathrm{d}u}{\frac{u^2}{1+u^2}u^2}, u = \tan x$$

于是

$$\int \frac{\mathrm{d}x}{\sin^4 x} = \int \frac{1+u^2}{u^4}\mathrm{d}u = -\frac{1}{3u^3} - \frac{1}{u} + C = -\frac{1}{3\tan^3 x} - \frac{1}{\tan x} + C$$

但当两个指数不但都是偶数,而且还都是正数时,则可用倍角的三角函数作为置换式.

例如,若 $n = 2, m = 4$,则

$$\int \sin^2 x\cos^4 x\mathrm{d}x = \int (\sin x\cos x)^2\cos^2 x\mathrm{d}x$$

$$= \frac{1}{8}\int \sin^2 2x(1+\cos 2x)\mathrm{d}x$$

$$= \frac{1}{8}\int \sin^2 2x\mathrm{d}x + \frac{1}{8}\int \sin^2 2x\cos 2x\mathrm{d}x$$

$$= \frac{1}{64}\int (1-\cos 4x)\mathrm{d}(4x) + \frac{1}{16}\int \sin^2 2x\mathrm{d}(\sin 2x)$$

$$= \frac{1}{16}x - \frac{1}{64}\sin 4x + \frac{1}{48}\sin^3 2x + C$$

当 n 及 m 不是负的整数(奇数或偶数)时,用分部积分法做就很方便,这时会得出递推公式来. 递推公式的例子,我们以前讨论切比雪夫多项式及有理分式的积分法时就已经见到过.

我们来求

$$I_m = \int \cos^m x\mathrm{d}x \quad (n = 0, m > 0)$$

设

$$u = \cos^{m-1}x, \mathrm{d}v = \cos x\mathrm{d}x$$

于是

$$du = -(m-1)\cos^{m-2}x\sin x\,dx, v = \sin x$$

而

$$I_m = \sin x\cos^{m-1}x + (m-1)\int\cos^{m-2}x\sin^2 x\,dx$$

$$= \sin x\cos^{m-1}x + (m-1)\int\cos^{m-2}x\,dx - (m-1)\int\cos^m x\,dx$$

由此得

$$mI_m = \sin x\cos^{m-1}x + (m-1)I_{m-2}$$

故

$$I_m = \frac{1}{m}\sin x\cos^{m-1}x + \frac{m-1}{m}I_{m-2} \tag{6}$$

这就是我们所希望得到的递推公式.

因此,若把一般公式(6)中的 m 换成 $m-2$,则立即可以写出

$$I_{m-2} = \frac{1}{m-2}\sin x\cos^{m-3}x + \frac{m-3}{m-2}I_{m-4}$$

把上式代入式(6)中,得

$$I_m = \frac{1}{m}\sin x\cos^{m-1}x + \frac{m-1}{m(m-2)}\sin x\cos^{m-3}x + \frac{(m-1)(m-3)}{m(m-2)}I_{m-4}$$

按照这样做下去,使指标不断减小,最后当 m 为奇数时,可一直化到

$$I_1 = \int\cos x\,dx = \sin x + C$$

当 m 为偶数时,可一直化到

$$I_0 = \int dx = x + C$$

在 $n>0, m=0$ 及 $n>0, m>0$ 的情形下,同样也可以得出递推公式.

不难看出,用一般置换式 $u=\tan\frac{x}{2}$ 求这些积分时,其中(至少在计算上)需要克服多少困难.

由此可见,积分三角函数的有理式时,按照一般方法(用置换式 $u=\tan\frac{x}{2}$)来化通常极复杂,此外还可用许多不同的方法使积分简化.

116. x 及 $\sqrt{ax^2+bx+c}$ 的有理函数

设有理函数 R 是 x 及有理式 $\sqrt{ax^2+bx+c}$ 所构成的有理式

$$R(x, \sqrt{ax^2+bx+c})$$

我们要从一般方面来讨论这种函数的积分法.

这类积分的一种重要且特殊的情形已在前面讲过,但我们可以找出一般方法,使积分

$$\int R(x,\sqrt{ax^2+bx+c})\,\mathrm{d}x$$

有理化,也就是说,把它表示为初等函数. 这个一般方法可以按照下列程序来做:

首先,从根号里面的式子中取出一个完全平方式,然后做线性置换便可把积分化为下列三种类型之一

$$\int R(y,\sqrt{1-y^2})\,\mathrm{d}y \tag{7}$$

$$\int R(y,\sqrt{y^2-1})\,\mathrm{d}y \tag{8}$$

$$\int R(y,\sqrt{1+y^2})\,\mathrm{d}y \tag{9}$$

其次,用置换式 $y=\sin u$, $y=\dfrac{1}{\sin u}$, $y=\tan u$ 把积分(7) ~ (9) 分别化为三角函数的有理式的积分

$$\int R(y,\sqrt{1-y^2})\,\mathrm{d}y=\int R(\sin u,\cos u)\cos u\,\mathrm{d}u$$

$$\int R(y,\sqrt{y^2-1})\,\mathrm{d}y=-\int R\left(\frac{1}{\sin u},\frac{\cos u}{\sin u}\right)\frac{\cos u}{\sin^2 u}\mathrm{d}u$$

$$\int R(y,\sqrt{1+y^2})\,\mathrm{d}y=\int R\left(\frac{\sin u}{\cos u},\frac{1}{\cos u}\right)\frac{1}{\cos^2 u}\mathrm{d}u$$

最后可用一般置换式

$$\tan\frac{u}{2}=z$$

再把上面几个积分有理化.

把积分(7) ~ (9) 化成有理函数的积分时,可以不必经过两次变换而直接用一次变换. 这时我们只需直接用 z 表示 y,而省略中间的变量 u. 于是,在积分(7) 时

$$y=\sin u=\frac{2z}{1+z^2}$$

在积分(8) 时

$$y=\frac{1}{\sin u}=\frac{1+z^2}{2z}$$

在积分(9) 时

$$y=\tan u=\frac{2z}{1-z^2}$$

以上是使积分(7) ~ (9) 直接有理化的简单置换式. 由此还可得出在各种情形下直接把积分 $\int R(x,\sqrt{ax^2+bx+c})\,\mathrm{d}x$ 有理化的各个公式,不过这在实际

做的时候没有必要.

通常计算这类积分时,不必按照上面所讲的程序一直做到底,而只要把它们化为三角函数的积分时就可以中止. 因为由前一节所讲的就可以知道,如果按照一般规则把三角函数化成有理函数后再积分,反而不如用其他方法做来得简单.

例如,积分

$$\int \frac{x^n}{(\sqrt{1+x^2})^m}\mathrm{d}x$$

(其中 m 及 n 是整数) 经置换 $x=\tan u$ 后化为积分

$$\int \sin^n u\cos^{m-n-2}u\mathrm{d}u$$

但若再把这个积分化为有理函数的积分便毫无益处. 求第二个积分时不如用特殊方法去做来得方便(例如,当 $m \geqslant n+2$ 时可用递推公式). 因此,如果一味根据前面的公式直接就把已知积分有理化,那么结果是徒费劳力并且反而会把问题弄得更加复杂.

例 5 求$\int \frac{\mathrm{d}x}{\sqrt{1-x^2}-1}$.

解 令 $x=\sin u$, $\mathrm{d}x=\cos u\mathrm{d}u$. 于是

$$\int \frac{\mathrm{d}x}{\sqrt{1-x^2}-1}=\int \frac{\cos u}{\cos u-1}\mathrm{d}u=u-\int \frac{\mathrm{d}u}{1-\cos u}$$

其中

$$\int \frac{\mathrm{d}u}{1-\cos u}=\int \frac{1+\cos u}{\sin^2 u}\mathrm{d}u=\int \frac{\mathrm{d}u}{\sin^2 u}+\int \frac{\mathrm{d}(\sin u)}{\sin^2 u}=-\cot u-\frac{1}{\sin u}+C'$$

因此

$$\begin{aligned}\int \frac{\mathrm{d}x}{\sqrt{1-x^2}-1}&=u+\cot u+\frac{1}{\sin u}+C\\&=\arcsin x+\frac{\sqrt{1-x^2}}{x}+\frac{1}{x}+C\\&=\arcsin x+\frac{1+\sqrt{1-x^2}}{x}+C\end{aligned}$$

例 6 求$\int \frac{x+\sqrt{x^2-2x+5}}{(x-1)\sqrt{x^2-2x+5}}\mathrm{d}x$.

解 从根号里面的式子中凑出一个完全平方式,然后,令$\frac{x-1}{2}=y$,便可把已知积分变为

$$\int \frac{y+\frac{1}{2}+\sqrt{y^2+1}}{y\sqrt{y^2+1}}\mathrm{d}y$$

再用公式 $y=\frac{2z}{1-z^2}$ 直接把积分有理化,得

$$\frac{1}{2}\int \frac{1}{z}\mathrm{d}z+\int \frac{1+z}{z(1-z)}\mathrm{d}z=\frac{3}{2}\ln|z|-2\ln|1-z|+C$$

仍用原变量表示后,得

$$\int \frac{x+\sqrt{x^2-2x+5}}{(x-1)\sqrt{x^2-2x+5}}\mathrm{d}x=\frac{3}{2}\ln|-2\ \pm\sqrt{x^2-2x+5}|-$$
$$2\ln|x+1\mp\sqrt{x^2-2x+5}|+$$
$$\frac{1}{2}\ln|x-1|+C$$

从这个例子显然可以看出,如果用一般方法来做就需要做烦琐的计算,并且还需要记住变换公式. 在实际运算时,我们常可用特殊方法来代替它. 譬如在这个例子里,比较简便的做法不是把它有理化,而是把它分成两个积分

$$\int \frac{\mathrm{d}x}{x-1}+\int \frac{x}{(x-1)\sqrt{x^2-2x+5}}\mathrm{d}x$$

第一个积分马上可以算出,而第二个积分则可用前面所讲的方法来做.

但上述把积分

$$\int R(x,\sqrt{ax^2+bx+c})\,\mathrm{d}x$$

有理化的一般程序,在理论方面仍有它的价值,因为它从原则上确立了用初等函数表达这类积分的可能性.

117. 总的说明

Ⅰ. 关于积分技巧问题. 在这里我们结束对基本类型可积分函数的讨论(一般来说,就是对积分技巧问题的讨论). 如果全面考虑函数依从关系的多样性,那么可以说只有对性质极为特殊的一类函数才有一套完整的积分法则,并且甚至在理论上可以讲出一套怎样求出积分结果的程序,那套程序也根本不是最好而又省事的办法. 做出积分的运算常常有不止一种方法. 每次做的时候都应该根据问题的特殊情况想出一些巧妙的办法,以便在所给的情况下能在最短的时间内得出结果. 所以掌握积分运算法不仅在于懂得怎样能求出最后的结果,而且还在于能以最少的时间与劳力去获得结果. 通常只有当更简便、更巧妙的方法不能获得结果时,我们才拿一般方法来作为“王牌”.

为了表明上面这段话的意思,我们再拿两个简单的积分作为例子:

求积分

$$\int \frac{x^3}{(x+1)^4}dx$$

如果这里开始就用一般方法(把被积函数分成最简分式)来做,便又要犯轻率从事的毛病.不难看出,如果先用置换式 $x+1=u$,就可以把问题化简得相当简单

$$\int \frac{x^3}{(x+1)^4}dx=\int \frac{(u-1)^3}{u^4}du=\int \frac{du}{u}-3\int \frac{du}{u^2}+3\int \frac{du}{u^3}-\int \frac{du}{u^4}$$

同样我们应该想到积分

$$\int \frac{dx}{1+\sin 2x}$$

也是不该用一般方法(用置换式 $u=\tan x$)来做的,因为

$$\begin{aligned}\int \frac{dx}{1+\sin 2x}&=\int \frac{dx}{1+\cos\left(\frac{\pi}{2}-2x\right)}\\&=\frac{1}{2}\int \frac{dx}{\cos^2\left(\frac{\pi}{4}-x\right)}\\&=-\frac{1}{2}\int \frac{d\left(\frac{\pi}{4}-x\right)}{\cos^2\left(\frac{\pi}{4}-x\right)}\end{aligned}$$

而最后这个积分是基本积分表中有的.

计算积分时的机敏和技巧是需要在实际解决过许多积分问题之后才能获得的.

当然,易于积分的函数中,连最简单的那些类型我们也不可能都讲到.例如,拿 $R(e^x)$ 这一类函数来说,只要用置换式 $e^x=u$ 就可把这类函数的积分有理化

$$\int R(e^x)dx=\int R(u)\frac{du}{u}$$

在实际工作中,我们常要应用各种手册以及载有特别常用积分公式的现成积分表.

Ⅱ.把积分表示为初等函数的问题.积分法与微分法不同,并不是有一定法则可循的一种运算(如我们早已讲过的),我们不见得总能找出初等函数来作为已知初等函数的原函数,并且可以用严格方法证明,在许多情形下表示原函数的初等函数并不存在.换句话说,我们可以举出几个初等函数的例子来,它们的积分是不能用有限个基本初等函数结合而成的式子来表示的.对于这种函数,它们是不能积分成初等函数的(或是不能积分成有限形式的).例如前面说

过,像$x^m(a+bx^n)^p$这一类函数,当$p,\frac{m+1}{n},\frac{m+1}{n}+p$三个数全不是整数时,就已由切比雪夫证明是不能积分成有限形式的.

下面我们再举出几个不能积分成有限形式的积分:$\int\frac{\mathrm{d}x}{\sqrt{P(x)}}$,其中$P(x)$是二次以上的任意多项式;$\int\frac{\sin x}{x}\mathrm{d}x$;$\int\frac{\cos x}{x}\mathrm{d}x$;$\int\frac{\mathrm{d}x}{\ln x}$.

这里几个被积函数的结构都很简单,但它们的积分都不能用任何初等函数来表达.

函数的存在是一回事,该函数能否用这种或那种现成的方式(例如用有限个基本初等函数)来表达又是另一回事,对于这两件事实应辨别清楚.上面所写的几个积分是存在的并且是连续函数(对于使被积函数连续的那些值来说),不过我们所掌握的工具——全部基本初等函数——不够,不能从它们之中找出有限个式子来表示这些积分.

我们再用例子来解释这些话的意思.假定全部基本初等函数中,其他的函数都允许用,而唯独对数不许用.那么有许多我们本来知道的积分就积不出来.例如,在这种情形下,我们就不可能把$\int\frac{\mathrm{d}x}{x}$,$\int\frac{\mathrm{d}x}{x^2-1}$等表达成有限形式.

因为这时在我们所掌握的函数中(其中没有对数),没有任何一个函数的导函数是等于$\frac{1}{x}$或$\frac{1}{x^2-1}$这些式子的.一旦把对数也包括在内,那就能够表达出这些积分,但是如果还有一些积分(像前面所学的那几个)仍旧不能积成有限形式,那么我们也不应有什么惊异,要使它们也积得出来,就必须把常用的一类基本函数扩充.数学解析中所做的事也正是如此.在积不出来的那些积分中,我们挑出一些特别简单而又特别重要的,并且对它们所表示的函数详加研究,甚至一直到制出那些函数值的表来(正像其他熟知的函数表,如乘幂表、对数表、三角函数表一样).这些新函数填补了我们所掌握的工具,使我们能把一些在旧的意义上认为不能积分的函数积分成有限形式.

与下列积分(椭圆积分①)

$$\int\frac{\mathrm{d}x}{\sqrt{ax^3+bx^2+cx+d}},\int\frac{\mathrm{d}x}{\sqrt{ax^4+bx^3+cx^2+dx+e}}$$

有关的函数——椭圆函数——是已经研究得很透彻的一种函数.此外还有函数 si x,即正弦积分

① 这个名称表示这种积分是在求椭圆弧长时产生出来的(见第八章).

$$\mathrm{si}\,x = \int \frac{\sin x}{x} \mathrm{d}x$$

函数 $\mathrm{ci}\,x$,即余弦积分

$$\mathrm{ci}\,x = \int \frac{\cos x}{x} \mathrm{d}x$$

函数 $\mathrm{li}\,x$,即对数积分

$$\mathrm{li}\,x = \int \frac{\mathrm{d}x}{\ln x}$$

等等.

所有这些新的函数,叫作非初等函数或高等超越函数.

在数学解析的初级教程中,之所以只限于讲初等函数,是因为在解析的初步应用上,有初等函数已经足够,同时用初等数学中的术语来定义这些函数时也很简单. 但是从逻辑观点来说,我们也可以先用任何一种方式给出一类基本函数,然后从这类函数出发建立起一套微积分学,并且基本上不必改变我们所讲的这一套理论. 在给出这一类作为出发点的基本函数时,积分概念正是一个极有用的工具. 这是因为(简短说来) 积分具有一些极简单的属性,根据那些属性,就很容易研究由积分所求出的函数,此外又因对于新函数的需要也往往是在积分运算方面产生出来的. 在第九章中就要指出怎样用积分来定义一些基本初等函数.

第七章 定积分(续)、广义积分

讲过了定积分(第五章)及不定积分(第六章)的概念与属性,又学过求函数的不定积分的各种方法之后,我们自然就要讲到计算定积分的各种方法. 在本章 §1 中要讲已知各种积分法在计算定积分时的直接应用,在 §2 中要讲近似积分法——数值积分法及图解积分法,要描述最简单的一种积分器械——积分制图器,最后在第 §3 中讲积分区间为无穷大及被积函数具有无穷型不连续性时定积分概念的推广.

§1 积分计算法

118. 用分部积分法计算定积分

由于 $\int_a^x f(x)\,\mathrm{d}x$ 是 $f(x)$ 的原函数,故可写出

$$\int f(x)\,\mathrm{d}x = \int_a^x f(x)\,\mathrm{d}x + C$$

又根据牛顿 - 莱布尼茨公式可得

$$\int_a^b f(x)\mathrm{d}x = \int f(x)\mathrm{d}x\Big|_a^b$$

这两个式子表示出定积分概念与不定积分概念两者间所具关系的精确性质.

总体来说,牛顿 - 莱布尼茨公式告诉我们,计算定积分有一种极简单而有效的工具 —— 不定积分法. 而不定积分法中的每一个法则都可以直接用在定积分的计算上,这样就常可使计算过程大为缩短.

以分部积分法来说,由于

$$\int_{x_1}^{x_2} u\mathrm{d}v = \int u\mathrm{d}v\Big|_{x_1}^{x_2} = \left(uv - \int v\mathrm{d}u\right)\Big|_{x_1}^{x_2}$$

故

$$\int_{x_1}^{x_2} u\mathrm{d}v = uv\Big|_{x_1}^{x_2} - \int_{x_1}^{x_2} v\mathrm{d}u$$

所以计算的时候不必先把不定积分算完,然后再拿两个数值代进去相减,而是可以直接应用第二个公式.

例如,计算下面的积分

$$I_n = \int_0^{\frac{\pi}{2}} \sin^n x\mathrm{d}x$$

令

$$u = \sin^{n-1}x, \mathrm{d}v = \sin x\mathrm{d}x$$

于是

$$\mathrm{d}u = (n-1)\sin^{n-2}x\cos x\mathrm{d}x, v =- \cos x$$

$$I_n =- \cos x\sin^{n-2}x\Big|_0^{\frac{\pi}{2}} + (n-1)\int_0^{\frac{\pi}{2}} \sin^{n-2}x\cos^2 x\mathrm{d}x$$

等号右边第一项等于0,在第二项中把 $\cos^2 x$ 换成 $1 - \sin^2 x$,得

$$I_n = (n-1)\int_0^{\frac{\pi}{2}} \sin^{n-2}x\mathrm{d}x - (n-1)\int_0^{\frac{\pi}{2}} \sin^n x\mathrm{d}x$$

也就是

$$I_n = (n-1)I_{n-2} - (n-1)I_n$$

由此得

$$I_n = \frac{n-1}{n}I_{n-2}$$

这是一个递推公式,把公式中的 n 换成 $n-2$ 后得

$$I_{n-2}=\frac{n-3}{n-2}I_{n-4}$$

于是

$$I_n=\frac{n-1}{n}\cdot\frac{n-3}{n-2}I_{n-4}$$

这样做下去,继续把指标减小,则在 n 为奇数($n=2m+1$)时,可以一直做到 I_1,在 n 为偶数($n=2m$)时,可以一直做到 I_0.

于是

$$I_{2m+1}=\frac{2m}{2m+1}\cdot\frac{2m-2}{2m-1}\cdot\frac{2m-4}{2m-3}\cdot\cdots\cdot\frac{4}{5}\cdot\frac{2}{3}\cdot I_1$$

$$I_{2m}=\frac{2m-1}{2m}\cdot\frac{2m-3}{2m-2}\cdot\frac{2m-5}{2m-4}\cdot\cdots\cdot\frac{5}{6}\cdot\frac{3}{4}\cdot\frac{1}{2}\cdot I_0$$

但

$$I_1=\int_0^{\frac{\pi}{2}}\sin x\mathrm{d}x=1,I_0=\int_0^{\frac{\pi}{2}}\mathrm{d}x=\frac{\pi}{2}$$

故

$$I_{2m+1}=\int_0^{\frac{\pi}{2}}\sin^{2m+1}x\mathrm{d}x=\frac{2\cdot4\cdot6\cdot\cdots\cdot(2m-2)\cdot2m}{3\cdot5\cdot7\cdot\cdots\cdot(2m-1)\cdot(2m+1)}$$

$$I_{2m}=\int_0^{\frac{\pi}{2}}\sin^{2m}x\mathrm{d}x=\frac{1\cdot3\cdot5\cdot\cdots\cdot(2m-3)\cdot(2m-1)}{2\cdot4\cdot6\cdot\cdots\cdot(2m-2)\cdot2m}\cdot\frac{\pi}{2}$$

其中 m 是正整数.

如果先求出 $\sin^n x$ 的不定积分,那么所需的计算式子显然还要更多.

从上面求出的 I_{2m+1} 及 I_{2m} 的值,很容易推出华里士(Wallis,1616—1703)公式,它把 π 这个数表达为无穷乘积. 从以上结果得

$$\frac{I_{2m}}{I_{2m+1}}=\left[\frac{1\cdot3\cdot5\cdot\cdots\cdot(2m-1)}{2\cdot4\cdot6\cdot\cdots\cdot2m}\right]^2\cdot(2m+1)\frac{\pi}{2}$$

由此得

$$\pi=\frac{2}{2m+1}\cdot\left[\frac{2\cdot4\cdot6\cdot\cdots\cdot2m}{1\cdot3\cdot5\cdot\cdots\cdot(2m-1)}\right]^2\cdot\frac{I_{2m}}{I_{2m+1}}$$

现在要证明,当 $m\to\infty$ 时,$\frac{I_{2m}}{I_{2m+1}}\to1$. 由于

$$I_n-I_{n+1}=\int_0^{\frac{\pi}{2}}\sin^n x(1-\sin x)\mathrm{d}x>0$$

（因被积函数在区间$\left(0,\frac{\pi}{2}\right)$上是正的），于是

$$I_{2m-1} > I_{2m} > I_{2m+1}$$

由此知

$$\frac{I_{2m-1}}{I_{2m+1}} > \frac{I_{2m}}{I_{2m+1}} > 1$$

但

$$\frac{I_{2m-1}}{I_{2m+1}} = \frac{2m+1}{2m}$$

故

$$\frac{2m+1}{2m} > \frac{I_{2m}}{I_{2m+1}} > 1$$

由于

$$\lim_{m\to\infty}\frac{2m+1}{2m} = 1$$

故（见第二章）可知

$$\lim_{m\to\infty}\frac{I_{2m}}{I_{2m+1}} = 1$$

使上述表示 π 的式子取 $m\to\infty$ 时的极限，得

$$\pi = 2\lim_{m\to\infty}\left[\frac{2\cdot 4\cdot 6\cdot \cdots \cdot 2m}{1\cdot 3\cdot 5\cdot \cdots \cdot (2m-1)}\right]^2\frac{1}{2m+1}$$

这也可以写成

$$\pi = 2\lim_{m\to\infty}\left(\frac{2}{1}\cdot\frac{2}{3}\cdot\frac{4}{3}\cdot\frac{4}{5}\cdot\cdots\cdot\frac{2m-2}{2m-1}\cdot\frac{2m}{2m-1}\cdot\frac{2m}{2m+1}\right)$$

或者按惯例写成无穷乘积的形式

$$\pi = 2\cdot\frac{2}{1}\cdot\frac{2}{3}\cdot\frac{4}{3}\cdot\frac{4}{5}\cdot\cdots$$

这就是华里士公式.

119. 定积分中的变量置换法

设有一个置换式 $x=\psi(u)\,(u=\varphi(x))$ 把已知积分$\int f(x)\,\mathrm{d}x$ 换成积分

$$\int f[\psi(u)]\psi'(u)\,\mathrm{d}u = F(u) + C$$

于是

$$\int f(x)\,\mathrm{d}x = F[\varphi(x)] + C$$

由此可知

$$\int_{x_1}^{x_2} f(x)\mathrm{d}x = F[\varphi(x)]\Big|_{x_1}^{x_2} = F[\varphi(x_2)] - F[\varphi(x_1)]$$

但等号右边正好就是 $F(u)$ 用 $\varphi(x_2)$ 及 $\varphi(x_1)$ 代入后相减所得的结果，也就是说

$$F[\varphi(x_2)] - F[\varphi(x_1)] = \int_{\varphi(x_1)}^{\varphi(x_2)} f[\psi(u)]\psi'(u)\mathrm{d}u$$

所以

$$\int_{x_1}^{x_2} f(x)\mathrm{d}x = \int_{u_1}^{u_2} f[\psi(u)]\psi'(u)\mathrm{d}u$$

其中

$$u_1 = \varphi(x_1), u_2 = \varphi(x_2)$$

这个等式表示用公式 $x = \psi(u)(u = \varphi(x))$ 做置换时在定积分中的变量置换法（代入法）.

在定积分中，被积分式的变换法与不定积分时相同，并且可以按照由原变量得出新变量的规律，从原有的积分限得出新的积分限.

新的积分区间 $[u_1, u_2]$ 是当原变量 x 通过原积分区间 $[x_1, x_2]$ 时新变量 $u(=\varphi(x))$ 的变动区间.

这里我们自然假定函数 $x = \psi(u)$ 及其一阶导函数在区间 $[u_1, u_2]$ 上连续，同时

$$\psi(u_1) = x_1, \psi(u_2) = x_2$$

所以用变量置换法时，不必先把不定积分全部求出再回到原变量，然后再代入已知的积分限相减，而是直接就可把新的积分限代入相减. 按照这两种程序去做，所得结果的定积分值是一样的，但后者所需的计算式子比较少.

例 1 求 $\int_0^1 \frac{\sqrt{x}\,\mathrm{d}x}{1 + 2\sqrt{x}}$.

解 $\int_0^1 \frac{\sqrt{x}\,\mathrm{d}x}{1 + 2\sqrt{x}} = \frac{1}{4}\int_1^3 \frac{(u-1)^2}{u}\mathrm{d}u$，其中设 $1 + 2\sqrt{x} = u$.

因为这时

$$\frac{\sqrt{x}\,\mathrm{d}x}{1 + 2\sqrt{x}} = \frac{1}{4}\frac{(u-1)^2}{u}\mathrm{d}u$$

且当 x 在区间 $[0,1]$ 上变动时，u 在区间 $[1,3]$ 上变动，所以

$$\int_0^1 \frac{\sqrt{x}}{1 + 2\sqrt{x}}\mathrm{d}x = \frac{1}{4}\int_1^3 u\mathrm{d}u - \frac{1}{2}\int_1^3 \mathrm{d}u + \frac{1}{4}\int_1^3 \frac{\mathrm{d}u}{u}$$

$$=\frac{1}{8}(9-1)-\frac{1}{2}(3-1)+\frac{1}{4}\ln\frac{3}{1}\approx 0.275$$

例 2 求$\int_{\frac{1}{2}}^{1}\frac{dx}{x\sqrt{1-x^2}}$.

解 $\int_{\frac{1}{2}}^{1}\frac{dx}{x\sqrt{1-x^2}}=\int_{\frac{\pi}{6}}^{\frac{\pi}{2}}\frac{du}{\sin u}$,其中取 $x=\sin u$.

若设 $x=\sin u$,则

$$\frac{dx}{x\sqrt{1-x^2}}=\frac{du}{\sin u}$$

且当 x 在区间$\left[\frac{1}{2},1\right]$上变动时,$u$ 在区间$\left[\frac{\pi}{6},\frac{\pi}{2}\right]$上变动. 又由于$\frac{1}{\sin u}$的不定积分等于 $\ln\left|\tan\frac{u}{2}\right|+C$,故

$$\int_{\frac{1}{2}}^{1}\frac{dx}{x\sqrt{1-x^2}}=\ln\tan\frac{u}{2}\Big|_{\frac{\pi}{6}}^{\frac{\pi}{2}}=\ln\tan\frac{\pi}{4}-\ln\tan\frac{\pi}{12}$$

$$=-\ln\tan\frac{\pi}{12}=\ln(2+\sqrt{3})\approx 1.317$$

例 3 求 $U_n=\int_0^{\frac{\pi}{2}}\cos^n x dx$.

解 设 $x=\frac{\pi}{2}-u$,于是

$$\int_0^{\frac{\pi}{2}}\cos^n x dx=-\int_{\frac{\pi}{2}}^{0}\left[\cos\left(\frac{\pi}{2}-u\right)\right]^n du=\int_0^{\frac{\pi}{2}}\sin^n u du$$

又因定积分的值不会随着积分变量而改变,故

$$\int_0^{\frac{\pi}{2}}\cos^n x dx=\int_0^{\frac{\pi}{2}}\sin^n x dx$$

所以,前文所得关于 $I_n=\int_0^{\frac{\pi}{2}}\sin^n x dx$ 的一切公式都适用于 U_n. 若 $n=2$,则

$$\int_0^{\frac{\pi}{2}}\cos^2 x dx=\int_0^{\frac{\pi}{2}}(1-\sin^2 x)dx=\frac{\pi}{2}-\int_0^{\frac{\pi}{2}}\sin^2 x dx=\frac{\pi}{2}-\int_0^{\frac{\pi}{2}}\cos^2 x dx$$

由此得

$$\int_0^{\frac{\pi}{2}}\cos^2 x\mathrm{d}x=\int_0^{\frac{\pi}{2}}\sin^2 x\mathrm{d}x=\frac{\pi}{4}$$

注意　Ⅰ. 拿下面的积分来说

$$\int_{-a}^{a}f(x)\mathrm{d}x$$

把它写成

$$\int_{-a}^{a}f(x)\mathrm{d}x=\int_{-a}^{0}f(x)\mathrm{d}x+\int_{0}^{a}f(x)\mathrm{d}x$$

把等号右边第一个积分中的变量按公式 $x=-u$ 置换后,得

$$\int_{-a}^{a}f(x)\mathrm{d}x=\int_{0}^{a}f(-u)\mathrm{d}u+\int_{0}^{a}f(x)\mathrm{d}x$$

于是

$$\int_{-a}^{a}f(x)\mathrm{d}x=\int_{0}^{a}[f(-x)+f(x)]\mathrm{d}x$$

当$f(x)$为奇函数时,等号右边的被积函数等于0;当$f(x)$为偶函数时,被积函数等于$2f(x)$. 故

$$\int_{-a}^{a}f(x)\mathrm{d}x=\begin{cases}0 & (\text{当} f(x) \text{为奇函数时})\\ 2\int_{0}^{a}f(x)\mathrm{d}x & (\text{当} f(x) \text{为偶函数时})\end{cases}$$

上述命题的几何意义读者不难自己去想. 利用这个结论便可不加计算直接写出下列两例的结果

$$\int_{-a}^{a}x^5\mathrm{e}^{x^2}\mathrm{d}x=0,\int_{-\pi}^{\pi}\sin^3 x\cos^2 x\mathrm{d}x=0$$

Ⅱ. 要在定积分中置换变量,一般来说,必须函数 $x=\psi(u)$ 在$[x_1,x_2]$所对应的区间$[u_1,u_2]$上为单值函数且具有连续的导函数. 若 $x=\psi(u)$ 的反函数 $u=\varphi(x)$ 是单调函数且具有在区间$[x_1,x_2]$上不等于0的导函数,则上述条件自然就能满足.

当上述条件不满足时,便不能用置换法积分,举个例子来说明.

下面的积分结果是错误的

$$\int_{-1}^{2}x^2\mathrm{d}x=\left(\frac{2^3-(-1)^3}{3}\right)=3$$

若设 $x^2=u$,则按置换法应得

$$x^2\mathrm{d}x = \frac{1}{2}\sqrt{u}\,\mathrm{d}u, u_1 = (-1)^2 = 1, u_2 = 2^2 = 4$$

$$\int_{-1}^{2} x^2\mathrm{d}x = \frac{1}{2}\int_{1}^{4}\sqrt{u}\,\mathrm{d}u = \frac{1}{3}u\sqrt{u}\Big|_1^4 = \frac{7}{3}$$

错误的原因是

$$x = \psi(u) = \sqrt{u}$$

非单值函数,若取它的正值分支,则

$$x_1 = \psi(u_1) = +\sqrt{1} = +1$$

而非 -1;若取它的负值分支,则

$$x_2 = \psi(u_2) = -\sqrt{4} = -2$$

而非 $+2$,所以这个置换式不能用.

§2　近似积分法

120. 近似数值积分法

现在我们来讲几种常用的近似数值积分法,使我们能把任何连续函数的积分值计算到足够应对实际应用的准确度. 当我们不知道准确积分值应该怎样求,或知道怎样求但求起来很麻烦时,就需要用这种方法. 这里所要讲的近似数值积分法是根据下面的简单道理得来的:把积分看作曲边梯形的面积时,如果把原梯形换成另外一个在曲边处与原梯形靠得很近的梯形,并求出另一个梯形的面积,那么便得到该积分的近似值. 作另一个梯形的辅助曲边时,应使该曲边的位置与已知曲线相距极近,同时使所得新曲边梯形的面积易于算出.

下面我们要讲近似数值积分法里面的三种法则:矩形法;梯形法;抛物线梯形法[或从创立方法的人定名为辛普森(Simpson,1710—1761)法]. 在这三种法则中一般都把积分区间分割成相等的小段.

Ⅰ. 矩形法. 把积分区间$[a,b]$分成 n 个等段,然后把已知曲边梯形换成由 n 个矩形组成的台阶形,其中各矩形的底在各个子区间上,其高各为曲线$y = f(x)$ 在每个子区间始点(或终点)处的纵坐标(图 1). 于是这个台阶形的面积值便给出所求积分 $I = \int_a^b y\mathrm{d}x$ 的近似值.

若用 $y_0, y_1, \cdots, y_{n-1}, y_n$ 表示$f(x)$ 在各分点处的值,也就是设

$$y_k = f(x_k), x_k = a + k\Delta x$$

其中 $\Delta x=\frac{b-a}{n}$,而 k 可取 0,1,2,…,$n-1$ 诸值,那么显然可得下面的公式

$$I\approx \Delta x(y_0+y_1+\cdots+y_{n-1})\quad (或 I\approx \Delta x(y_1+y_2+\cdots+y_n))$$

这个式子叫作矩形公式.

例如,我们来求下列积分的近似值

$$\int_0^4 x^2\mathrm{d}x=\frac{4^3}{3}(\approx 21.33)$$

令 $n=10$,于是 $\Delta x=0.4$,$x_k=k\cdot 0.4(k=0,1,2,\cdots,9)$,$y_0=0$,$y_1=(1\times 0.4)^2=0.16$,$y_2=(2\times 0.4)^2=0.64$,…,$y_9=(9\times 0.4)^2=12.96$.

所以

$$\begin{aligned}I&\approx 0.4\times(0+0.16+0.64+1.44+2.56+\\&\quad 4+5.76+7.84+10.24+12.96)\\&=0.4\times 45.6\\&=18.24\end{aligned}$$

绝对误差为 3.09,而相对误差为

$$\frac{3.09\times 100}{21.33}\approx 14.5\%$$

这个误差并不小,如果要减小误差,必须增多分点数,但那样会使计算变得烦琐.

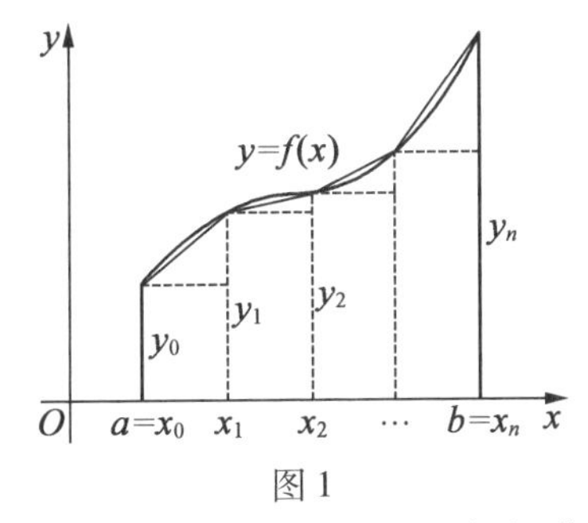

图 1

Ⅱ. 梯形法. 这时区间 $[a,b]$ 的分法仍照旧,但把曲线 $y=f(x)$ 上对应于每段子区间的弧段换成联结该弧端点所得的弦. 这样就把已知的曲边梯形换成 n 个直边梯形(图 1). 从几何上来看,显然可知这种梯形的面积比矩形法中的 n 级台阶形面积更能准确表出所要求的面积.

每个小梯形的面积等于子区间的长度 $\Delta x\left(=\frac{b-a}{n}\right)$ 与其对应纵坐标的平均数相乘. 于是,若仍用以前的记号,则可知这些小梯形的面积的和为

$$I\approx \Delta x\left(\frac{y_0+y_1}{2}+\frac{y_1+y_2}{2}+\cdots+\frac{y_{n-1}+y_n}{2}\right)$$

即

$$I \approx \Delta x\left(\frac{y_0 + y_n}{2} + y_1 + y_2 + \cdots + y_{n-1}\right)$$

这个式子叫作梯形公式. 用这个公式来计算并不比用矩形公式烦琐,因为这里只不过多算了一项函数值,但所得结果却比较准确.

现在用梯形公式来计算同一个 x^2 的定积分,并且也取 $n = 10$,得

$$I \approx 0.4 \times \left(\frac{0 + 16}{2} + 0.16 + 0.64 + 1.44 + 2.56 + 4 + 5.76 + 7.84 + 10.24 + 12.96\right) = 21.44$$

这时绝对误差是0.11,而相对误差是$\frac{0.11 \times 100}{21.33} \approx 0.52\%$. 准确度比较高,并且在大多数实际计算中已经足够准确.

再计算下列积分的近似值

$$I = \int_0^{\pi} \sin x \mathrm{d}x = 2$$

取 $n = 6$,于是

$$I = \frac{\pi}{6}\left(\frac{\sin 0 + \sin \pi}{2} + \sin\frac{\pi}{6} + \sin\frac{2\pi}{6} + \sin\frac{3\pi}{6} + \sin\frac{4\pi}{6} + \sin\frac{5\pi}{6}\right)$$

$$= \frac{\pi}{6}\left(0.5 + \frac{1}{2}\sqrt{3} + 1 + \frac{1}{2}\sqrt{3} + 0.5\right) \approx 1.954\ 1$$

绝对误差是0.045 9,相对误差是2.5%.

Ⅲ. 辛普森法. 一般来说,用这个法则来计算并不比以上两种方法费事,但其所得结果通常更加准确(当区间的分法相同时).

与以前一样,把区间$[a,b]$分成n个相等的小段,不过这时要假定n是个偶数:$n=2m$. 把曲线$y=f(x)$上对应于区间$[x_0,x_2]$的弧段换成一抛物线的弧段,其中抛物线的轴平行于y轴且通过下列三点:弧的始点(x_0,y_0),中点(x_1,y_1)及终点(x_2,y_2)(图2). 像这样的一条抛物线总可用唯一的方式定出①. 对应于区间$[x_2,x_4]$,$[x_4,x_6]$,…,$[x_{n-2},x_n]$的各弧段也同样换成这种抛物线弧段.

这样就把已知梯形换成$m=\frac{n}{2}$个抛物线梯形所组成的图形,而每个抛物线梯形的面积都是容易求的. 设梯形的曲边是抛物线

$$y = px^2 + qx + r$$

① 这种抛物线方程的形式是 $y = px^2 + qx + r$. 根据这条抛物线通过三点的条件可以得出三个方程,从所得三个方程便可求出曲线方程中的三个参数 p,q,r 的值.

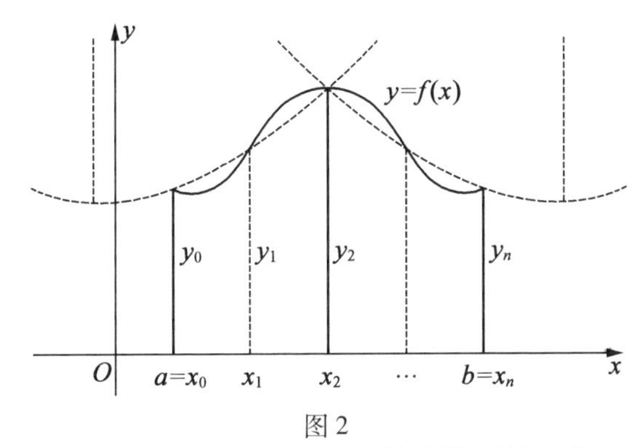

图 2

其轴平行于 y 轴,现在我们要计算出这个抛物线梯形的面积 S.

先假定梯形底边在 x 轴上对称于原点的一段区间$[-\gamma,\gamma]$上. 计算这个梯形的面积时,得

$$S=\int_{-\gamma}^{\gamma}(px^2+qx+r)\mathrm{d}x=p\int_{-\gamma}^{\gamma}x^2\mathrm{d}x+q\int_{-\gamma}^{\gamma}x\mathrm{d}x+r\int_{-\gamma}^{\gamma}\mathrm{d}x$$

也就是

$$S=p\frac{\gamma^3-(-\gamma)^3}{3}+q\frac{\gamma^2-(-\gamma)^2}{2}+r\frac{\gamma-(-\gamma)}{1}=\frac{2}{3}p\gamma^3+2r\gamma$$

把上式变换如下

$$S=\frac{2}{3}p\gamma^3+2r\gamma=\frac{\gamma}{3}(2p\gamma^2+6r)$$

$$=\frac{\gamma}{3}[(p\gamma^2-q\gamma+r)+4r+(p\gamma^2+q\gamma+r)]$$

现在要注意 $p\gamma^2-q\gamma+r$ 是抛物线在梯形底边始点 $x=-\gamma$ 处的纵坐标 y_h,r 是抛物线在底边中点 $x=0$ 处的纵坐标 y_c,$p\gamma^2+q\gamma+r$ 是抛物线在底边终点 $x=\gamma$ 处的纵坐标 y_k,并且 2γ 是底边的长度. 因此这个梯形的面积可以写成公式

$$S=\frac{l}{6}(y_h+4y_c+y_k)$$

其中 l 表示底边的长度. 当这类梯形的底边是在 x 轴上的任意处时,上面这个公式显然也成立. 因为如果把所论梯形平移,使它的底边中点变成坐标原点,那么梯形面积是不会变的,这时这个面积就可用上面的公式来表示.

现在回到开头所讲的问题,用这个公式来求出区间$[x_0,x_2]$上的抛物线梯形的面积 S_1,即

$$S_1=\frac{x_2-x_0}{6}(y_0+4y_1+y_2)=\frac{\Delta x}{3}(y_0+4y_1+y_2)$$

其中 $\Delta x=\frac{b-a}{n}$. 同样可求出右边各个抛物线梯形的面积:$S_2,S_3,\cdots,S_m$,即

$$S_2 = \frac{\Delta x}{3}(y_2 + 4y_3 + y_4)$$

$$S_3 = \frac{\Delta x}{3}(y_4 + 4y_5 + y_6)$$

$$\vdots$$

$$S_m = \frac{\Delta x}{3}(y_{n-2} + 4y_{n-1} + y_n)$$

把这几个等式逐项相加,就得到所求积分的近似值

$$I \approx \frac{\Delta x}{3}[y_0 + y_n + 4(y_1 + y_3 + \cdots + y_{n-1}) + 2(y_2 + y_4 + \cdots + y_{n-2})]$$

这就是辛普森公式. 这个公式也可以写成

$$I \approx \frac{2\Delta x}{3}\left[\left(\frac{y_0 + y_n}{2} + y_1 + y_2 + \cdots + y_{n-1}\right) + (y_1 + y_3 + \cdots + y_{n-1})\right]$$

上式右边是梯形公式与矩形公式两者右边相加的$\frac{2}{3}$(当矩形公式中去掉全部的偶数纵坐标之后).

用辛普森公式求积分 $I = \int_0^1 x^4 \mathrm{d}x = 0.2$ 时,若取 $n = 10$,可得 $I \approx 0.200\,013$,绝对误差总共不过 0.000 013,而相对误差是 0.01%.

对于上述 x^2 的积分来说,用辛普森法求出的当然是准确值. 对三次函数来说,用辛普森法求出的积分值也是准确值.

现在用辛普森公式来求 $\sin x$ 的积分,这个积分前面已用梯形公式计算过.

取 $n = 6$,得

$$I \approx \frac{2}{3}\left[1.954\,1 + \frac{\pi}{6}(0.5 + 1 + 0.5)\right] = \frac{2}{3}\left(1.954\,1 + \frac{\pi}{3}\right) \approx 2.000\,9$$

所得结果的相对误差是 0.04%,只不过用六个分点来分积分区间便得到很准确的结果.

再举下面的一个例子:$\int_0^1 \frac{\mathrm{d}x}{1 + x^2}$.

$$\int_0^1 \frac{\mathrm{d}x}{1 + x^2} = \arctan x\Big|_0^1 = \arctan 1 - \arctan 0 = \frac{\pi}{4}$$

这时可用任一种法则算出定积分的近似值,结果就得到 π 的近似值. 例如用辛普森法则只取 $n = 4$,求得$\frac{\pi}{4} \approx 0.785\,39$,便可得全部是可靠数字.

关于这些近似算法所得结果的准确度要怎样来估计的问题,我们不预备细讲,因为这个问题相当复杂. 一般来说,若 Δx 越小,则三种公式所致误差也越

小,且当 $\Delta x \to 0$ 时,都可以从三式得出积分的准确值.

当函数不用公式给出,而是用几何图形或表格给出时,也可用这几个法则求出所论函数的近似积分值.

举个例子来说,有河宽 20 m,在其某一横渡处每隔 2 m 测出河的深度如表 1.

表 1

x	0	2	4	6	8	10	12	14	16	18	20
y	0.2	0.5	0.9	1.1	1.3	1.7	2.1	1.5	1.1	0.6	0.2

这里 x 是到岸的距离(单位:m),其对应的深度(单位:m)是 y. 现在要求出河流横断面的面积.

用梯形公式可得

$$S = 2 \times \left(\frac{0.2 + 0.2}{2} + 0.5 + 0.9 + 1.1 + 1.3 + 1.7 + 2.1 + 1.5 + 1.1 + 0.6\right) = 22(\mathrm{m}^2)$$

用辛普森公式算出的是

$$S = \frac{2}{3}[22 + 2 \times (0.5 + 1.1 + 1.7 + 1.5 + 0.6)] \approx 21.9(\mathrm{m}^2)$$

这两种结果非常接近. 至于它们的准确度如何,我们是无从谈起的,因为问题的条件中并没有给出河流横断面的准确图形.

最后要知道,求平面图形的面积(也就是求积分值),有相当准确而又方便的仪器. 在第八章中我们要简短地讲一些其中最重要的积分仪器.

121. 图解积分法、积分制图器

现在我们来讲求积分值的一种图解法与仪器法.

Ⅰ. 图解积分法. 设函数 $f(x)$ 的图形已经知道,现在要解决下列问题:不做任何计算而只用几何方法求出积分值

$$I = \int_a^b f(x)\,\mathrm{d}x$$

假定 x 轴上的单位长度与 y 轴上的单位长度相等,并设图形的极点 P 与坐标原点的距离是一个单位长度 $OP = 1$(图 3). 作平行于 x 轴的直线 FG 与曲线 $y = f(x)$ 相交,使该直线所构成的矩形的面积尽可能接近于已知曲边梯形的面积. 我们知道这件事也就相当于定出梯形的近似中线. 设直线 GF 与 y 轴相交于点 T,然后用直线联结点 T 及极点 P. 最后过点 A 作一条直线平行于 PT 直到与直线 $x = b$ 相交于点 M' 处为止. 这时不难证明线段 $M'B$ 能表示所求面积,也就是说线段 $M'B$ 中含的单位长度数等于曲边梯形中所含的单位面积数. 因为根据

$\triangle POT$ 及 $\triangle ABM'$ 是相似三角形的关系,可得

$$\frac{BM'}{AB}=\frac{OT}{OP}$$

故

$$BM'=\frac{AB\cdot OT}{OP}$$

$OP=1$,而 $AB\cdot OT$ 所表示的是梯形面积.

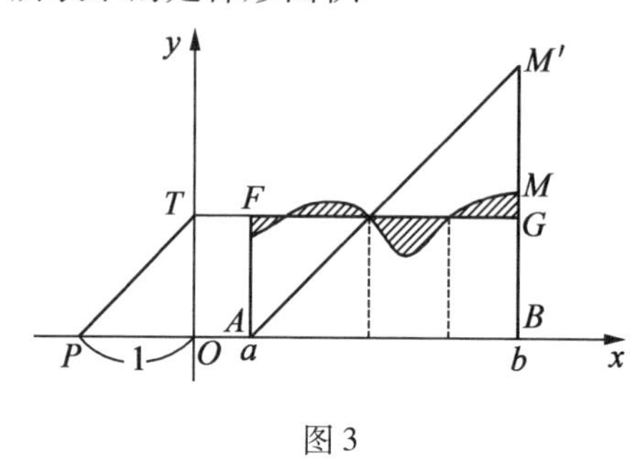

图 3

当区间$[a,b]$不太小时,凭直觉画出的直线 FG 可能与中线的位置相距颇远. 为了增加作图的精确度起见,可把积分区间分割为一些子区间(不必彼此相等),把整个梯形分成以各子区间为底的一些小梯形.

取分点时应使每个子区间是被积函数的单调区间,同时曲线与 x 轴的一切交点也都应该作为分点. 如果在每个子区间内的一段曲线与直线相差无几,那么便可取子区间中点处的纵坐标线作为对应小梯形的中线①. 这样就不必单凭直觉来作辅助线了. 在实际施行积分法时通常也就是按照这样做的.

于是我们可以按照上面的方法对每个小曲边梯形相继作出一条类似 BM' 的线段来表示它的面积. 为了使图形清晰起见(图 4),我们不必把这些线段作在原来的 x 轴上,而可以把它们作在平行于 x 轴的另一 x' 轴上.

如果曲边梯形的面积是从纵坐标线 $x=a$ 处算起的,那么该梯形在点 $x=a$ 处的面积显然等于0. 因此我们在 x' 轴上标出点 $M_0'(a,0)$ 作为曲线 $y=f(x)$ 上点 M_0 的对应点. 现在,从纵坐标线 $x=a$ 到 $x=x_1$ 为止的那个梯形面积,是第一个小梯形的面积. 我们可以从点 M_0'起作 PT_1 的平行线,直到它与直线 $x=x_1$ 相交于点 M_1'处为止,于是所得线段 $M_1'x_1$(x' 轴上的 x_1)的长度就表示那个梯形的面积,而点 M_1'则对应于曲线上的点 M_1. 到纵坐标线 $x=x_2$ 为止的梯形面积(也就是从 a 取到 x_2 的积分值)等于第一、第二两个小梯形面积的和(代数和). 如果从点 M_1'作 PT_2 的平行线直到它与直线 $x=x_2$ 相交于点 M_2'处为止,那么所得的

① 分点越多,这种做法越准确.

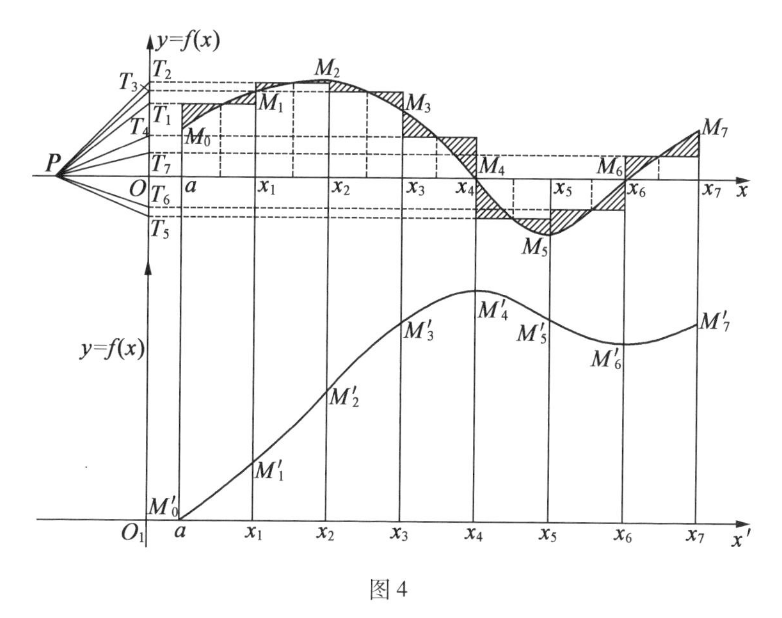

图 4

线段 $M_2'x_2$ 的长度就表示上述两个小梯形面积的和，同时点 M_2' 对应于曲线上的点 M_2. 按照这样做下去，可以相继得出曲线上点 $M_3, M_4, \cdots$ 的各个对应点 M_3'，$M_4', \cdots$. 最后曲线上点 $M_n(b, f(b))$ 的对应点 M_n' 的纵坐标，便是所求的积分值 $I(b)$.

现在把所得的点 $M_0', M_1', M_2', \cdots, M_n'$ 连成一条光滑曲线. 这条曲线上的每一点对应着曲边梯形底边上的一点. 如果从 $x = a$ 起积分到梯形底边上的某一点，那么这个积分值显然可用所得曲线上对应点的纵坐标近似表出. 换句话说，所得曲线上各点的纵坐标，可以近似表达出从 $x = a$ 起取到梯形底边上各对应点为止的积分值. 也就是说，所得曲线便是积分上限为变量时，由积分

$$I(x) = \int_a^x f(x)\,\mathrm{d}x$$

所定函数 $I(x)$ 的图形.

有了曲线 $y = I(x)$ 之后，我们就可以指出在底边上任一点处（也就是当积分上限为任意值时）的积分值，并描述积分值随着积分上限而变化的情况.

我们前面已经知道，曲线 $y = I(x)$ 名叫函数 $y = f(x)$ 的积分曲线. 如果可能的话，我们也可以先用积分法求出函数 $y = I(x)$ 的解析式子，然后再根据解析式子作出这条曲线来.

上述从被积函数的图形求出积分曲线的几何作图法叫作图解积分法.

与图解微分法的情形一样，当被积函数用图形给出，而其解析式子不知道的时候，用图解积分法做最为方便. 这种情形在实践上是常会碰到的，例如当函数图形用自动仪器录出时便是如此.

从积分曲线的作图过程中可以看出，在曲线 $y=f(x)$ 位于 x 轴以下（也就是说，$f(x)$ 为负数）的那些区间上，积分曲线是下降的（也就是说，$y=I(x)$ 是减函数）. 积分曲线之所以下降，其原因是（前面已经讲过）积分值里面对应于负纵坐标的那部分面积应取负号，也就是说，积分值里面应该减去那部分面积值. $I(x)$ 在上述那些区间上为减函数的事实，与 $I'(x)=f(x)$ 的事实也是完全符合的.

这里所讲的图解积分法（其中所作各曲边梯形的中线通过底边的中点），无非就是用作图法来实施根据梯形法则的近似积分法步骤. 读者也不难自己去想出一种根据矩形法则的图解积分法，不过用这种方法所得出的结果准确性比较差.

现在假设画出函数 $y=f(x)$ 的图形时，坐标轴上采用两种不同的单位长度，设 μ_1 是 x 轴上的单位长度，μ_2 是 y 轴上的单位长度. 这时梯形底边（图3）的长度就不等于 AB，而是 $\frac{AB}{\mu_1}$，中线的长度不等于 OT，而是 $\frac{OT}{\mu_2}$. 于是梯形面积 S 可以表示为

$$S=\frac{AB\cdot OT}{\mu_1\mu_2}$$

由此得

$$AB\cdot OT=\mu_1\mu_2 S$$

若取图形的极点 P 与原点相距为 λ，则得

$$BM'=\frac{\mu_1\mu_2}{\lambda}S$$

令 $\frac{\mu_1\mu_2}{\lambda}=\mu_3$，可得

$$BM'=\mu_3 S$$

所以这时线段 BM' 并不表示梯形的面积，而只表示与该面积成比例的一个量.

但若在纵轴上表示面积值时所取的单位长度等于 μ_3，则线段就可以准确表示面积. 因为 λ 可以任意选取，所以单位 μ_3 的大小可以预先定出. 为了使图形明显起见，表示 $I(x)$ 值的纵轴应该用新的单位长度.

Ⅱ. 积分制图器. 积分制图器是能从已知函数 $y=f(x)$ 的图形画出其积分曲线的仪器，也就是能画出下列函数图形的仪器

$$I(x)=\int_0^x f(x)\,\mathrm{d}x$$

第一架积分制图器是在 1878 年由克拉科（Cracow）地方的数学家阿布丹克·阿巴卡诺维奇制造的. 这种积分制图器（图5）是能自动实现图解积分法中一系列动作的机械装置.

全部仪器都装在一个架子 K_1 上,其中有两个特设的圆滚子,可以使 K_1 沿 x 轴方向移动. 在移动的时候,架子轴两根平行直杆 AB 及 CD 中,有一根直杆(AB)上的一点 Q 总是位于 x 轴上. 用特殊装置使向尺 LE 能绕着点 Q 转动,又可以在点 Q 上滑动,使 QE 的长度能够变化. 向尺上的点 E 与平行于 x 轴的横杆 EF 连接,使该尺也能在图形平面内绕着点 E 而转动. 横杆 EF 上装着滚轮架 K_2,使该杆的一端能在 CD 上移动. 滚轮架 K_2 及 K_3 可以各自在直杆 CD 及 AB 上移动. 滚轮架 K_3 上也装着一根平行于 x 轴的横杆 E_1F_1,并且在横杆的 F_1 端上装着圆轮 R 的轴 P_1P_2. 圆轮 R 叫作阿布丹克滚子或叫刃轮,因为它的边缘削薄如刃口,所以不能滑动而只能使该轮在其平面所定的方向上转动. R 的轴 P_1P_2 是用铰链相接的平行四边形架 $P_1P_2P_3P_4$ 中的一边. P_1P_2 的对边 P_3P_4 装在滚轮架 K_4 上,当 K_4 在向尺上移动时,P_3P_4 也随着移动,但始终垂直于向尺 LE.

使用这架仪器的时候,使第一条横杆上的点 F 描着函数 $y=f(x)$ 的图形,于是从图 5 可以看出向尺 LE 与 x 轴所成的角 α 应满足下列关系

$$\tan\alpha=\frac{f(x)}{b}$$

其中 b 是向尺上的一段长度 QE 在 x 轴上的投影 —— 是一个常量.

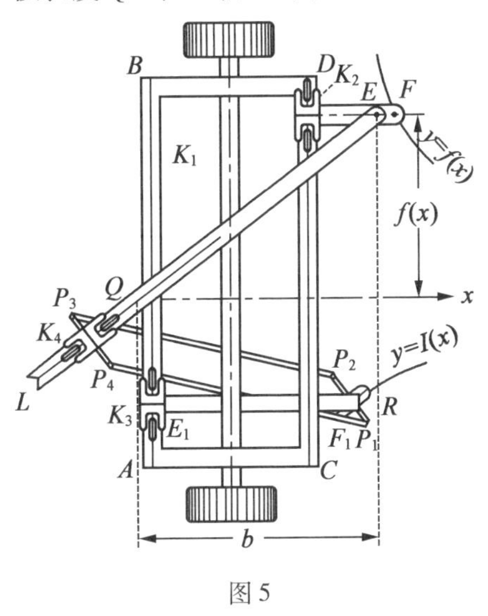

图 5

由于 $P_1P_2P_3P_4$ 是平行四边形,可知圆轮 R 的平面与 x 轴也总成角 α,所以当点 F 描着曲线 $y=f(x)$ 时,该轮就描出一条曲线 $y=I(x)$,其切线斜率等于 $\frac{f(x)}{b}$,也就是有

$$I'(x)=\frac{f(x)}{b}$$

由图 5 显然可见,这条曲线的纵坐标是由轮 R 与图纸的接触点到 x 轴的距离决定的. 所以如果在平行于 x 轴的横杆 E_1F_1 上任一点处装一铅笔头,就可描出下列函数的图形

$$I(x)=\frac{1}{b}\int_{x_0}^{x}f(x)\,\mathrm{d}x$$

§3 广义积分

122. 积分限为无穷大时的积分

第五章 §1 中所讲的定积分概念,是对有限的积分区间且在该区间上连续的函数来说的. 如果积分区间是无穷大或者函数在积分区间上具有无穷型不连续点,那么这个概念便失去意义. 但在许多情形下,我们常需要将其作为与通常积分相同的概念来处理无穷大区间上的函数或不连续函数. 因此把积分概念推广到积分区间为无穷大区间以及不连续函数的两种情形就成为一件极重要的事.

我们先讲第一种情形.

设函数 $y=f(x)$ 对一切 x 值($a\leqslant x<+\infty$)连续,函数 $f(x)$ 的积分概念对于任意区间 $[a,\eta]$($\eta>a$)是有意义的. 因此,如果有一个值可以作为函数 $f(x)$ 在无穷大区间 $(a,+\infty)$ 上的积分,那么当积分

$$I(\eta)=\int_{a}^{\eta}f(x)\,\mathrm{d}x$$

中的 η 越大时,自然就认为 $I(\eta)$ 越可以表示那个值. 现在令 η 按任意方式无限增大. 这时就可能得到两种结果:或是 $\eta\to+\infty$ 时,$I(\eta)$ 有极限,或是 $I(\eta)$ 没有极限(趋于无穷大或者根本不趋于任何极限). 如果有极限 $\lim I(\eta)=I$, 那么这个极限就叫作函数 $f(x)$ 从 a 到 $+\infty$(在区间 $[a,+\infty)$ 内)的广义积分,并用式子表示为

$$I=\int_{a}^{+\infty}f(x)\,\mathrm{d}x$$

根据定义可知这个式子所表示的意思是

$$\int_{a}^{+\infty}f(x)\,\mathrm{d}x=\lim_{\eta\to+\infty}\int_{a}^{\eta}f(x)\,\mathrm{d}x$$

在得到第一种结果时,我们说广义积分 $\int_a^{+\infty} f(x)\,\mathrm{d}x$ 存在,或者说它是收敛的;在第二种情形下,我们说它不存在或者说它是发散的.

用同样的方式可以定义其他无穷型区间的广义积分

$$\int_{-\infty}^{a} f(x)\,\mathrm{d}x = \lim_{\xi\to-\infty}\int_{\xi}^{a} f(x)\,\mathrm{d}x$$

$$\int_{-\infty}^{+\infty} f(x)\,\mathrm{d}x = \lim_{\substack{\xi\to-\infty\\ \eta\to+\infty}}\int_{\xi}^{\eta} f(x)\,\mathrm{d}x = \lim_{\xi\to-\infty}\int_{\xi}^{N} f(x)\,\mathrm{d}x + \lim_{\eta\to+\infty}\int_{N}^{\eta} f(x)\,\mathrm{d}x$$

其中 N 是任意数,且 η 及 ξ 各自独立地按任意方式变化.

上述各类积分叫作无穷型积分限的积分.

由于无穷型积分限的广义积分是其对应的普通(常义)积分取极限后所得的结果,所以后者所具有的一切属性中,凡是做极限运算后保持不变的,都适用于广义积分.

若用 $F(x)$ 表示 $f(x)$ 的原函数,则可按惯例写成

$$\int_{a}^{+\infty} f(x)\,\mathrm{d}x = F(+\infty) - F(a)$$

$$\int_{-\infty}^{a} f(x)\,\mathrm{d}x = F(a) - F(-\infty)$$

$$\int_{-\infty}^{+\infty} f(x)\,\mathrm{d}x = F(+\infty) - F(-\infty)$$

这里所用的记号 $F(+\infty)$ 及 $F(-\infty)$ 各表示当 $x\to+\infty$ 及 $x\to-\infty$ 时 $F(x)$ 所趋的极限值.

假定我们把函数 $f(x)$ 的几何意义看作无穷型梯形(底边为无穷长的梯形,图 6)的曲边. 那么当 $f(x)$ 在梯形底边上的广义积分存在时,自然就拿它来表示那个无穷型梯形的面积;当所论广义积分不存在时,求梯形面积是件不可能的事.

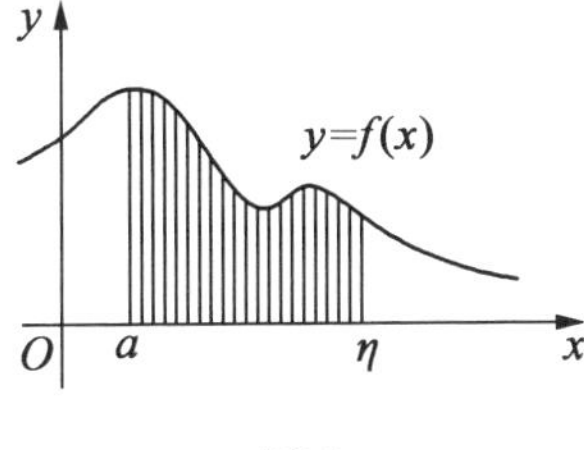

图 6

广义积分存在的情形,在直觉上可以这样体会:梯形底边无穷增大时,它的

高无穷减小并且减小得足够快. 广义积分不存在的情形可以这样体会:梯形底边的增长并没有被高度方面足够快的减小所抵消.

例如,以 x 轴的正半轴,纵坐标线 $x=a(a>0)$ 及曲线 $y=\frac{1}{x^3}$ 为界的无穷型梯形,可以说它具有面积$\frac{1}{2a^2}$,因为

$$\int_a^{+\infty}\frac{1}{x^3}\mathrm{d}x=-\frac{1}{2}\cdot\frac{1}{x^2}\bigg|_a^{+\infty}=\frac{1}{2a^2}$$

而以双曲线 $y=\frac{1}{x}$,x 轴的正半轴及纵坐标线 $x=a(a>0)$ 为界的无穷型梯形,却不可能说它是具有面积的,因为

$$\int_a^{+\infty}\frac{1}{x}\mathrm{d}x=\ln x\bigg|_a^{+\infty}=+\infty$$

一般来说,不难证明下面的定理:

定理 1 以 $[a,+\infty)$ 为底 $(a>0)$,以曲线 $y=\frac{1}{x^m}(m>0)$ 为顶边的梯形,在 $m>1$ 时,有面积(有限),在 $m\leqslant 1$ 时,无面积(也就是说面积为无穷大).

以后我们要应用这个定理,拿已知积分与函数$\frac{1}{x^m}$ 的积分相比较,并根据比较的结果,推出判定(积分限为无穷型的)这类积分为收敛或发散的准则.

我们再来看一个以全部 x 轴及曲线 $y=\frac{1}{1+x^2}$ 为界的曲边梯形. 它的面积是

$$S=\int_{-\infty}^{+\infty}\frac{\mathrm{d}x}{1+x^2}=\arctan x\bigg|_{-\infty}^{+\infty}=\pi$$

我们也可以用置换式 $x=\tan u$ 把这个广义积分变换为常义积分

$$\int_{-\frac{\pi}{2}}^{\frac{\pi}{2}}\frac{\mathrm{d}u}{\cos^2 u\,\dfrac{1}{\cos^2 u}}=\int_{-\frac{\pi}{2}}^{\frac{\pi}{2}}\mathrm{d}u=\pi$$

拿一个物理学上的例子来说,设原点处有质量为 m 的一点 M,吸引着 x 轴上与 M 相距为 x 的自由质点 M_1(质量为 1). 这时引力 P 由公式

$$P=k\frac{m}{x^2}\quad(k\text{ 是常量})$$

定出,而当 M_1 从 $x=r$ 处移动到 $x=a(a>r>0)$ 处时,所做的功由公式

$$A=\int_a^r k\frac{m}{x^2}\mathrm{d}x=km\left(\frac{1}{a}-\frac{1}{r}\right)$$

定出(由于力与运动反方向,所以功是负的).

若 $a=+\infty$,则

$$A=\int_{r}^{+\infty}\left(-k\frac{m}{x^2}\right)\mathrm{d}x=-k\frac{m}{r}$$

若点 M_1 从无穷远移动到 $x=r$ 处,则牛顿引力所做的功是正的

$$A=k\frac{m}{r}$$

这个功表示在 $x=r$ 处的势能. 它叫作质点 M 在 $x=r$ 处的引力势能.

下面是两个值得注意的广义积分,如何求出它们的值到以后再讲(第十二章)

$$\int_{-\infty}^{+\infty}\mathrm{e}^{-x^2}\mathrm{d}x=\sqrt{\pi}\quad(泊松积分)$$

$$\int_{0}^{+\infty}\frac{\sin x}{x}\mathrm{d}x=\frac{\pi}{2}\quad(狄利克雷积分)$$

值得注意的是这两个积分所对应的不定积分并不能用初等函数来表示.

123. 无穷型积分限广义积分的存在准则

讨论函数的广义积分时,通常不会知道它的原函数,这时就要采用准则,使我们不必求出原函数就能判定该函数是否收敛.

当被积函数在积分区间上非负数时,要判定无穷型积分限广义积分的收敛或发散,可根据下列简单的充分准则:

设在区间 $[a,+\infty)$ 上,$f(x)\geqslant 0$.

(1) 若在 $a\leqslant x<+\infty$ 时,有满足 $f(x)\leqslant\frac{M}{x^m}$ 的常数 M 及 $m>1$ 存在,则积分 $\int_{a}^{+\infty}f(x)\mathrm{d}x$ 收敛.

(2) 若在 $a\leqslant x<+\infty$ 时,有满足 $f(x)\geqslant\frac{M}{x^m}$ 的常数 M 及 $m\leqslant 1$ 存在,则积分 $\int_{a}^{+\infty}f(x)\mathrm{d}x$ 发散.

因为在情形(1)下可得

$$I(\eta)=\int_{a}^{\eta}f(x)\mathrm{d}x\leqslant\int_{a}^{\eta}\frac{M}{x^m}\mathrm{d}x=\frac{M}{m-1}\left(\frac{1}{a^{m-1}}-\frac{1}{\eta^{m-1}}\right)<\frac{M}{(m-1)a^{m-1}}$$

由此可知,函数 $I(\eta)$ 是有界的,并且又因函数 $I(\eta)$ 随着 η 的增大而增大(由于 $f(x)$ 不是负的),所以当 $\eta\to+\infty$ 时,函数有极限;在情形(2)下,当 $m<1$,而

$\eta \to +\infty$ 时,可得

$$I(\eta) = \int_a^{\eta} f(x)\,\mathrm{d}x \geqslant \int_a^{\eta} \frac{M}{x^m}\mathrm{d}x = \frac{M}{1-m}(\eta^{1-m} - a^{1-m}) \to +\infty$$

当 $m = 1$,而 $\eta \to +\infty$ 时,可得

$$I(\eta) \geqslant M\ln\frac{\eta}{a} \to +\infty$$

所以这个准则用严密的形式指出了下面两件事情:

(i) 当被积函数的宗标无限增大时,由于该函数趋于 0 的速度足够快,因而保证积分的存在.

(ii) 由于被积函数趋于 0 的速度不够快,因而保证积分的发散.

例如,根据准则可知积分

$$\int_1^{+\infty} \frac{\mathrm{d}x}{\sqrt{1+x^2}\sqrt[3]{1+x^3}}$$

收敛,这是因为在全部区间$(0, +\infty)$上

$$\frac{1}{\sqrt{1+x^2}\sqrt[3]{1+x^3}} < \frac{1}{x^2}$$

同样可知积分

$$\int_2^{+\infty} \frac{\sqrt[3]{x^2+1}}{\sqrt{x^2-1}}\mathrm{d}x$$

发散,这是因为

$$\frac{\sqrt[3]{x^2+1}}{\sqrt{x^2-1}} > \frac{x^{\frac{2}{3}}}{x} = \frac{1}{x^{\frac{1}{3}}}$$

对于积分限为其他无穷型的广义积分,上述准则显然也能适用.

根据上面所证明的准则,可以推出在实际应用时比较简便的另一个充分准则:

设函数 $f(x)$ 在区间$[a, +\infty)$上连续并且没有负值,于是,若

$$\lim_{x \to +\infty} x^m \cdot f(x) = A$$

则在 $m > 1$ 时,积分

$$\int_a^{+\infty} f(x)\,\mathrm{d}x$$

收敛;在 $m \leqslant 1, A > 0$ 时,积分发散.

若

$$\lim_{x \to +\infty} x^m \cdot f(x) = A$$

则根据极限的属性,对任一已知正数 $\sigma(\sigma < A)$ 来说,可得对应于所取 σ 的一个足够大的正数 N,使合乎 $x > N$ 的 x 满足

$$x^m \cdot f(x) < A + \sigma$$

由此得

$$f(x) < \frac{M}{x^m} \quad (M = A + \sigma)$$

我们写出

$$\int_a^{+\infty} f(x)\,\mathrm{d}x = \int_a^N f(x)\,\mathrm{d}x + \int_N^{+\infty} f(x)\,\mathrm{d}x \tag{1}$$

等式(1)右边第一个积分是常义积分,所以存在,而第二个积分在 $m > 1$ 时满足基本准则,所以也存在.若 $A > 0$,则对 $x > N$ 来说,可得

$$A - \sigma < x^m f(x)$$

或

$$f(x) > \frac{M}{x^m} \quad (M = A - \sigma)$$

故当 $m \leqslant 1$ 时,根据基本准则可知等式(1)右边第二个积分发散(等于 $+\infty$),于是可知所论积分 $\int_a^{+\infty} f(x)\,\mathrm{d}x$ 在这时也发散.

又由于

$$\lim_{x\to+\infty} x^m f(x) = \lim_{x\to+\infty} \frac{f(x)}{\left(\frac{1}{x}\right)^m} = A$$

所以还可以指出如下的准则:

若对于无穷小 $\frac{1}{x}$ 来说,$f(x)$ 是 m 阶无穷小,则积分 $\int_a^{+\infty} f(x)\,\mathrm{d}x$ 在 $m > 1$ 时收敛,而在 $m \leqslant 1$ 时发散.

当被积函数在无穷积分区间上变号时,可根据一个极普遍的充分准则来判定这种广义积分的收敛性:

若积分 $\int_a^{+\infty} |f(x)|\,\mathrm{d}x$ 收敛,则积分 $\int_a^{+\infty} f(x)\,\mathrm{d}x$ 也收敛,这时我们就说,后者是绝对收敛的.

证明时要引入两个辅助正值函数 $f^+(x)$ 及 $f^-(x)$,其定义如下

$$f^+(x) = \frac{|f(x)| + f(x)}{2}, f^-(x) = \frac{|f(x)| - f(x)}{2}$$

由此可知,当 x 为已知值时,若 $f(x) \geqslant 0$,则 $f^+(x) = f(x)$,若 $f(x) < 0$,则

$f^+(x)=0$, 同样若$f(x)\leqslant 0$,则$f^-(x)=|f(x)|$,若$f(x)>0$,则$f^-(x)=0$(读者可从$f(x)$的已知图形定出函数$f^+(x)$及$f^-(x)$的图形).

这样可得

$$|f(x)|=f^+(x)+f^-(x), f(x)=f^+(x)-f^-(x)$$

于是

$$\int_a^\eta |f(x)|\mathrm{d}x=\int_a^\eta f^+(x)\mathrm{d}x+\int_a^\eta f^-(x)\mathrm{d}x$$

$$\int_a^\eta f(x)\mathrm{d}x=\int_a^\eta f^+(x)\mathrm{d}x-\int_a^\eta f^-(x)\mathrm{d}x$$

根据所给条件,当$\eta\to+\infty$时,$|f(x)|$的积分有极限.因此便不难说明第一个等式右边的两个积分也都有极限.这是由于这两个积分都是η的增函数,故若其中有一个积分无极限,它也只能趋于$+\infty$,因而两者的和(就是左边的积分)也不会有极限并且也要趋于$+\infty$,而这是与所给条件相矛盾的.但若函数$f^+(x)$及$f^-(x)$的积分在$\eta\to+\infty$时有极限,那么这两个积分的差——根据第二个等式,这就是已知函数$f(x)$的积分——在$\eta\to+\infty$时也收敛.

若$|f(x)|$的积分发散,则单凭这个条件还不可能说$f(x)$的积分是否收敛.它可以是发散的,也可以是收敛的,而在收敛的情形下,它是非绝对收敛或条件收敛的.

例 1 判定$\displaystyle\int_2^{+\infty}\frac{\sin x\ln x}{x\sqrt{x^2-1}}\mathrm{d}x$的收敛性.

解 $\displaystyle\int_2^{+\infty}\frac{\sin x\ln x}{x\sqrt{x^2-1}}\mathrm{d}x$是绝对收敛的,因当$2\leqslant x<+\infty$时,有

$$\left|\frac{\sin x\ln x}{x\sqrt{x^2-1}}\right|\leqslant\frac{1\cdot x^3}{x^2\sqrt{1-\frac{1}{x^2}}}\leqslant\frac{\frac{2}{\sqrt{3}}}{x^{2-\varepsilon}}$$

其中$2-\varepsilon>1$.

124. 无穷型不连续函数的积分

现在我们把被积函数有连续性这一条件去掉.如果函数$f(x)$在区间$[a,b]$上有若干个有穷型间断点,那么定出这种函数的积分概念是毫无困难的.因为在这种情形下,如果用函数的一切间断点把$[a,b]$分成若干子区间,那么自然就可以把函数在$[a,b]$上的积分看作它在每个子区间上的(常义)积分的和.若用$c_1,c_2,\cdots,c_k(a<c_1<c_2<\cdots<c_k<b)$表示各间断点,则可得

$$\int_a^b f(x)\,\mathrm{d}x = \int_a^{c_1} f(x)\,\mathrm{d}x + \int_{c_1}^{c_2} f(x)\,\mathrm{d}x + \cdots + \int_{c_k}^{b} f(x)\,\mathrm{d}x$$

所以,当函数$y=f(x)$在区间$[a,b]$上具有一定个数的有穷型间断点时,它所对应的曲边梯形(图7)面积便可用上面的等式求出.这种曲边梯形的面积等于各间断点依次分割而成的子区间$[a,c_1],[c_1,c_2],\cdots,[c_k,b]$上的各个梯形面积的和.

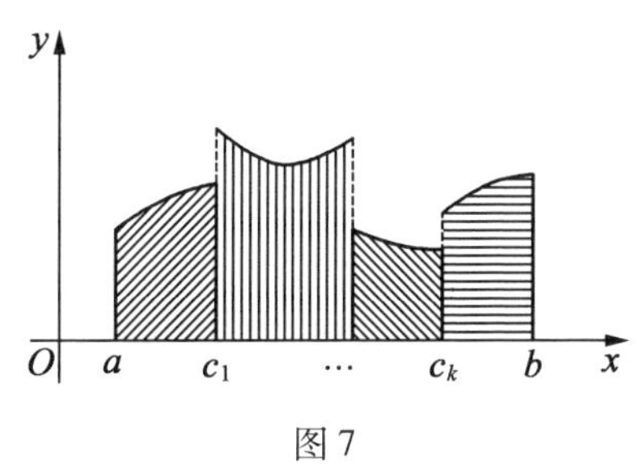

图7

现在要讲,当函数在积分区间内部具有无穷型间断点时,积分概念是怎样推广到这种函数上去的.

设函数$y=f(x)$对一切$x(a\leqslant x<b)$值连续,但在区间的右端点$x=b$处有无穷型不连续性.这时通常的积分定义显然不适用,但如果先取常义积分

$$I(\varepsilon)=\int_a^{a-\varepsilon} f(x)\,\mathrm{d}x \quad (\varepsilon>0)$$

那么与以前的情形相仿,我们认为ε越小,则$I(\varepsilon)$越可以作为函数$f(x)$在区间$[a,b)$上的积分.

现在令ε以任意方式趋于0.有两种可能的情形:当$\varepsilon\to 0$时,$I(\varepsilon)$或是有极限或是无极限(趋于无穷大或根本不趋于任何极限).若$\lim\limits_{\varepsilon\to 0} I(\varepsilon)=I$,则这个极限就叫作函数$f(x)$从积分限$a$到$b$(在区间$[a,b]$上)的广义积分,它的记号通常是

$$I=\int_a^b f(x)\,\mathrm{d}x$$

这个记号的意思根据定义就是

$$\int_a^b f(x)\,\mathrm{d}x = \lim_{\varepsilon\to 0}\int_a^{b-\varepsilon} f(x)\,\mathrm{d}x$$

在第一种情形下,广义积分$\int_a^b f(x)\,\mathrm{d}x$存在或收敛,在第二种情形下,它是不存在或发散的.

同样,若$f(x)$只在区间$[a,b]$的左端点$x=a$处有无穷型不连续性,则

$$\int_a^b f(x)\,\mathrm{d}x = \lim_{\delta\to 0}\int_{a+\delta}^b f(x)\,\mathrm{d}x \quad (\delta > 0)$$

最后,若$f(x)$在区间$[a,b]$上任一点$x = c(a < c < b)$处有无穷型不连续性,则

$$\int_a^b f(x)\,\mathrm{d}x = \lim_{\varepsilon\to 0}\int_{a-\varepsilon}^c f(x)\,\mathrm{d}x + \lim_{\delta\to 0}\int_{c+\delta}^b f(x)\,\mathrm{d}x$$

其中ε及δ各自独立地以任意方式趋于0.

当被积函数在积分区间上具有一定个数的无穷型不连续点时,这种广义积分的定义也就非常显然了.

凡是常义积分的属性中,经过上述极限步骤后仍能保持的,都适用于不连续函数的广义积分.

假设把$f(x)$看作曲线的纵坐标,那么这时曲线就具有几条垂直于x轴的渐近线,而以这些渐近线为边的梯形是无穷型的(具有无穷大的高)(图8). 如果函数$f(x)$的广义积分存在,那么这个积分值可以表示所论无穷型梯形面积的大小;如果不存在,那么梯形就没有面积.

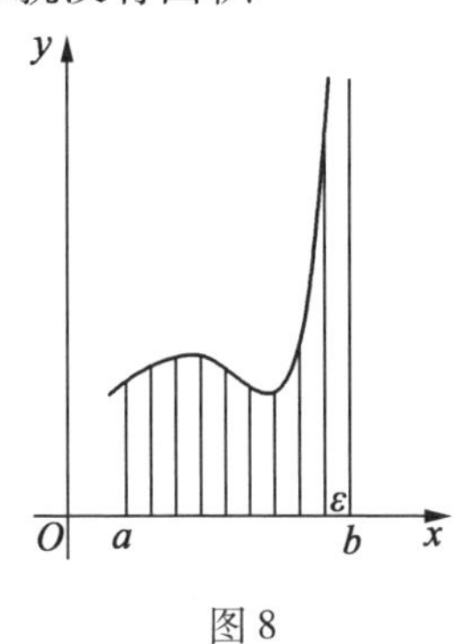

图8

这种广义积分存在的情形,在直觉上可以这样体会:当梯形的高无限增大时,其尖顶的宽度减小得足够快,把无限增大的趋势抵消了;在广义积分不存在的情形下,尖顶的宽度减小得不够快,不足以抵消无限增大的趋势.

例如,以曲线$y = \frac{1}{\sqrt{x}}$及直线$x = 0, x = a, y = 0$为边的无穷型梯形,可以说它的面积等于$2\sqrt{a}$,这是因为

$$\int_0^a \frac{1}{\sqrt{x}}\mathrm{d}x = \lim_{\delta\to 0}\int_\delta^a \frac{1}{\sqrt{x}}\mathrm{d}x = \lim_{\delta\to 0} 2(\sqrt{a} - \sqrt{\delta}) = 2\sqrt{a}$$

再如,以双曲线$y = \frac{1}{x}$及同样几条直线为边的梯形,便不能给它指定面积,因为

$$\int_0^a \frac{1}{x}\mathrm{d}x = \lim_{\delta\to 0}\int_\delta^a \frac{1}{x}\mathrm{d}x = \lim_{\delta\to 0}\ln\frac{a}{\delta} = +\infty$$

一般来说,若底在$[a,b]$上的梯形以曲线

$$y = \frac{1}{(x-a)^m}$$

或

$$y = \frac{1}{(b-x)^m}$$

为边线($m>0$),则不难证明该梯形是否具有面积(为有限或无限的面积),要视$m<1$或$m\geqslant 1$而定.

利用这个结论,再根据已知积分与$\frac{1}{(b-x)^m}$型函数的积分相比较的结果,可以推出判定这一类广义积分是否收敛的准则.

再来求一个无限高尖顶梯形的面积S,其中各边线为x轴,纵坐标线$x=a$ $(a>0)$,$x=b(b>0)$及曲线$y=\frac{1}{\sqrt[3]{x^2}}$.由于函数$y=\frac{1}{\sqrt[3]{x^2}}$在区间$[a,b]$上具有无穷型不连续点($x=0$),故

$$\begin{aligned} S &= \int_a^b \frac{\mathrm{d}x}{\sqrt[3]{x^2}} = \lim_{\varepsilon\to 0}\int_a^{-\varepsilon}\frac{\mathrm{d}x}{\sqrt[3]{x^2}} + \lim_{\delta\to 0}\int_\delta^b \frac{\mathrm{d}x}{\sqrt[3]{x^2}} \\ &= -3\sqrt[3]{a} + 3\sqrt[3]{b} = 3(\sqrt[3]{b} - \sqrt[3]{a}) \end{aligned}$$

最后这个分式可能使人得到一种错误的结论,以为无须把积分拆成两个后再考虑它们的极限,也能直接得到同样的结果

$$\int_b^a \frac{\mathrm{d}x}{\sqrt[3]{x^2}} = 3\sqrt[3]{x}\Big|_a^b = 3(\sqrt[3]{b} - \sqrt[3]{a})$$

现在举一个例子来说明在一般情形下,这种结论是不正确的.如果按通常的法则来计算积分

$$\int_a^b \frac{\mathrm{d}x}{x^2} \quad (a<0<b)$$

可得

$$\int_a^b \frac{\mathrm{d}x}{x^2} = -\frac{1}{x}\Big|_a^b = \frac{1}{a} - \frac{1}{b}$$

这样,正值函数的积分是一个负数,所以会得出这个显然不合理的结果,这是因为被积函数在积分区间$[a,b]$上具有一个无穷型不连续点$x=0$,使积分$\int_a^0$,$\int_0^b$都

不存在.

所以,当函数在积分区间的内部或端点处具有无穷型不连续性时,必须严格遵照上面所讲的积分概念仔细分析.

当函数具有有限个数的间断点且积分限为无穷型时,我们也不难想出这时的积分概念应该怎样理解.

125. 不连续函数的积分存在的准则

当被积函数在积分区间上没有负值,但具有无穷型间断点时,可根据下列简便的充分准则来判定它的广义积分是收敛还是发散.

设函数 $f(x)$ 在区间 $[a,b]$ 上没有负值,而在点 $x=b$ 处有无穷型不连续性 $\lim\limits_{x\to b}f(x)=\infty$.

(1) 若有如下的常数 M 及 $m<1$ 存在,使 $a\leqslant x<b$ 时

$$f(x)\leqslant\frac{M}{(b-x)^m}$$

则积分 $\int_a^b f(x)\mathrm{d}x$ 收敛.

(2) 若有如下的常数 M 及 $m>1$ 存在,使 $a\leqslant x<b$ 时

$$f(x)\geqslant\frac{M}{(b-x)^m}$$

则积分 $\int_a^b f(x)\mathrm{d}x$ 发散.

在情形(1) 下,因为

$$\begin{aligned}I(\varepsilon)=\int_a^{b-\varepsilon}f(x)\mathrm{d}x&\leqslant\int_a^{b-\varepsilon}\frac{M}{(b-x)^m}\mathrm{d}x\\&=\frac{M}{1-m}\left[(b-a)^{1-m}-\varepsilon^{1-m}\right]\\&<\frac{M(b-a)^{1-m}}{1-m}\end{aligned}$$

所以函数 $I(\varepsilon)$ 是有界的,并且因 ε 减小时,它增大(由于 $f(x)$ 在积分区间上没有负值),故当 $\varepsilon\to0$ 时,$I(\varepsilon)$ 有极限.

在情形(2) 下,若 $m>1,\varepsilon\to0$,则有

$$I(\varepsilon)=\int_a^{b-\varepsilon}f(x)\mathrm{d}x\geqslant\int_a^{b-\varepsilon}\frac{M}{(b-x)^m}\mathrm{d}x=\frac{M}{m-1}\left(\frac{1}{\varepsilon^{m-1}}-\frac{1}{(b-a)^{m-1}}\right)\to\infty$$

若 $m=1,\varepsilon\to0$,则有

$$I(\varepsilon)\geqslant M\ln\frac{b-a}{\varepsilon}\to\infty$$

所以这个准则以严密的方式指出了下面的事实:一方面,当被积函数的宗标趋于无穷型间断点时,该函数值增大得不太快,因而保证积分的收敛性;另一方面,由于函数值增大得足够快,因而保证积分是发散的.

例如,根据准则可知积分

$$\int_0^1 \frac{dx}{\sqrt{1-x^2}\cdot\sqrt[3]{1-x^3}}$$

收敛,这是因为在全部区间[0,1]上

$$\frac{1}{\sqrt{1-x^2}\cdot\sqrt[3]{1-x^3}} \leqslant \frac{1}{(1-x)^{\frac{5}{6}}}$$

但积分$\int_0^1 \frac{dx}{\sin^2(1-x)}$发散,这是因为在全部区间[0,1]上

$$\frac{1}{\sin^2(1-x)} > \frac{1}{(1-x)^2}$$

当被积函数在积分下限处有不连续性时,上面的准则对这种积分自然也适用.

根据以上的准则又可推出便于实际应用的充分准则如下:

设函数$f(x)$在区间$[a,b]$上连续且没有负值,同时

$$\lim_{x\to b} f(x) = \infty$$

若

$$\lim_{x\to b}(b-x)^m \cdot f(x) = A$$

则在$m<1$时,积分

$$\int_a^b f(x)\,dx$$

收敛,而在$m\geqslant 1$且$A>0$时,积分发散.

根据极限的属性,在上述条件下,若已知任一正数$\sigma(\sigma<A)$,则必有对应于σ的一个足够小的数v存在,使合乎条件$0<b-x<v$的一切x都能满足

$$(b-x)^m f(x) < A+\sigma$$

由此得

$$f(x) < \frac{M}{(b-x)^m} \quad (M = A+\sigma)$$

现在我们写出

$$\int_a^b f(x)\,dx = \int_a^{b-v} f(x)\,dx + \int_{b-v}^b f(x)\,dx \tag{2}$$

上式右边第一个积分是常义积分,所以它存在;而第二个积分在$m<1$时满足

准则中的条件,所以也存在.

若 $A>0$,则在区间$[b-v,b]$上还有关系式

$$f(x)>\frac{M}{(b-x)^m}\quad (M=A-\sigma)$$

于是当 $m\geqslant 1$ 时,根据准则可知等式(2)右边第二个积分发散(等于 ∞),所以式(2)左边的积分也发散(等于 ∞).

又由于

$$\lim_{x\to b}\frac{1}{(b-x)^m f(x)}=\lim\frac{\frac{1}{f(x)}}{(b-x)^m}=\frac{1}{A}$$

所以还可以得出下面的准则:

若对无穷小 $b-x$ 来说,$\frac{1}{f(x)}$ 是 m 阶无穷小,则当 $m<1$ 时,积分 $\int_a^b f(x)\,\mathrm{d}x$ 收敛,当 $m\geqslant 1$ 时,积分发散.

例如,积分

$$\int_0^1\frac{\mathrm{d}x}{\ln x}$$

发散,这是因为当 $x\to 1$ 时,$\frac{\ln x}{1-x}\to 1$(对 $1-x$ 来说,$\ln x$ 是一阶无穷小).但积分

$$\int_0^1\frac{\ln x}{\sqrt{1-x^2}}\mathrm{d}x$$

收敛,这是因为当 $x\to 1$ 时,$\frac{\ln x}{\sqrt{1-x^2}}\to 0$,而对任意 $m>0$ 来说,当 $x\to 0$ 时,$\frac{x^m\ln x}{\sqrt{1-x^2}}\to 0$.

当被积函数在积分区间上变号时,我们同样可以像以前那样引用一个充分准则来判定这类积分的收敛性:

若积分 $\int_a^b |f(x)|\,\mathrm{d}x$ 收敛,则积分 $\int_a^b f(x)\,\mathrm{d}x$ 也收敛,这时我们说后者是绝对收敛的.

设 $f(x)$ 在区间$[a,b]$上连续且 $\lim\limits_{x\to b}f(x)=\infty$,引出函数 $f^+(x)$ 及 $f^-(x)$ 并写出

$$\int_a^{b-\varepsilon}|f(x)|\,\mathrm{d}x=\int_a^{b-\varepsilon}f^+(x)\,\mathrm{d}x+\int_a^{b-\varepsilon}f^-(x)\,\mathrm{d}x$$

$$\int_a^{b-\varepsilon} f(x)\,\mathrm{d}x = \int_a^{b-\varepsilon} f^+(x)\,\mathrm{d}x - \int_a^{b-\varepsilon} f^-(x)\,\mathrm{d}x$$

下面就与前面所论的情形完全一样. 于是便得到结论:若在 $\varepsilon \to 0$ 时,第一式的左边有极限,则该式右边的两个积分都有极限,由此可知第二式左边的积分也有极限.

当函数绝对值的积分发散时,函数本身的积分可能收敛也可能发散.

第八章 积分的应用

第五章中,我们讲过引出积分概念的几个几何问题与物理问题.在研究了定积分的基本属性,并把定积分计算法化为原函数的求法之后,我们也曾在第六章中研究过函数不定积分法中一些最重要的方法,以及可积分函数的基本类型.现在我们可以回头再讲第五章中大略讨论过的问题,这就是积分在数学及其他科学中的应用问题.首先要讲的问题是,凡可用积分直接表示出解答的问题,有些什么一般性质.其次,要根据定积分的理论并用微分概念作为辅助,讲出这些问题应按什么程序来解决,同时还要解出相当多的一些例子,以便说明怎样按照这项程序来解决问题.最后一节讲几何学及静力学中所常遇到的问题.

§1 一些最简单的问题及其解法

126. 元素相加法

在第五章中,我们讲过怎样定出下列各项概念的问题:

(1) 曲边梯形的面积.

(2) 变力所做的功.

(3) 运动物体所经的路程.

(4) 物质曲线的质量.

我们曾把解这类具体问题时所用的数学运算总括起来,得出积分概念. 如果现在再给出这一类具体问题,自然不必再从头把这类具体问题化为一般形式,然后求某一个积分,而可以直接去求问题中已知函数(曲边梯形边界曲线的纵坐标;做功的力;物体的运动速度;密度)的积分.

解其他一些问题时,我们自然也希望只要求出由问题中已知条件所定函数的积分就可以. 因此是否每次都需要详细写出一个积分和式,然后再取极限求出积分呢? 还是可以指出一个通用的简捷路线,使我们能把问题直接化为某个积分的计算问题呢? 这是极重要的一件事.

下面我们就要讲,如果应用函数的微分概念,确实可以指出这种路线.

要知道引出积分概念的那类最简单的问题有些什么最具普遍性的标志,以及应按什么程序来解,我们还需再留意考察在物理意义上各不相同的前述四个问题,经过什么样的讨论之后,才能把它们的解化为同一数学形式 —— 积分形式.

上述四个问题中的未知量都是与自变量 x 的一个变化区间 $[a,b]$ ($a \leqslant x \leqslant b$) 有关系的:求曲边梯形的面积时,该梯形的底在区间 $[a,b]$ 上;求功时是在 $[a,b]$ 这一段路程上所做的功;求距离时是物体在 $[a,b]$ 这段时间内所经的距离;求质量时是曲线弧段在 $[a,b]$ 上所含的质量.

解决这些问题时的第一步工作是把区间 $[a,b]$ 分成子区间 $[x_i,x_{i+1}]$, $x_i \leqslant x \leqslant x_{i+1}$ $(i=0,1,\cdots,n-1)$,这时我们是从下面的基本假定出发来做的:所求的对应于全部区间的那个量,是对应于一切子区间的那些部分量的和. 这种属性叫作可加性. 例如面积、功、距离、质量,这些量对它们的定义区间来说是可加的. 底在区间 $[a,b]$ 上的曲边梯形面积,是底在一切子区间 $[x_i,x_{i+1}]$ 上的曲边梯形面积的和;力在一段路程 $[a,b]$ 上所做的功,等于该力在一切小段 $[x_i,x_{i+1}]$ 上所做功的和;物体在一段时间 $[a,b]$ 内所经的距离,等于它在各段时间 $[x_i,x_{i+1}]$ 内所经距离的和;曲线弧段在 $[a,b]$ 上所含的质量等于曲线上各小段在 $[x_i,x_{i+1}]$ 上所含质量的和.

以后我们要在一个可变区间 $[\alpha,x]$ 上(其中 α 是固定的左端点)考虑所论的量(面积、功、路程、质量). 于是这些量就成为区间右端点 x 的一个函数 $F(x)$. 根据这件事实,可知对应于区间 $[a,b]$(其中 $\alpha \leqslant a < b$)的所论量等于 $F(b)-F(a)$,对应于区间 $[x_i,x_{i+1}]$ 的所论量等于

$$\Delta F(x_i)=F(x_{i+1})-F(x_i)$$

因为到 x_{i+1} 为止的区间是区间 $[\alpha,x_i]$ 及区间 $[x_i,x_{i+1}]$ 的和,因此,由于所论量

的可加性,故知$F(x_{i+1})$等于$F(x_i)$及对应于区间$[x_i,x_{i+1}]$的所论量的和,因而对应于区间$[x_i,x_{i+1}]$的所论量等于差$F(x_{i+1})-F(x_i)$.

于是把已知区间分为子区间后,我们将根据以下的事实做下去

$$F(b)-F(a)=\sum_{i=0}^{n-1}[F(x_{i+1})-F(x_i)]=\sum_{i=0}^{n-1}\Delta F(x_i) \tag{1}$$

所论量的一部分$\Delta F(x_i)$叫作该量对应于子区间$[x_i,x_{i+1}]$的真元素. 等式(1)本身只告诉我们这件毫无重要用处的事实:整体等于其各部分的和,此外便丝毫也不能告诉我们与解决问题有关的事,因为函数$F(x)$及它的增量$\Delta F(x_i)$都不是预先知道的.

不过把所求量写成其真元素的和后,却给我们准备了下一步 —— 在整个运算过程中有决定意义的一步.

我们知道所论量$F(x)$总是从一个已知量$f(x)$(曲边梯形上边界曲线的纵坐标;作用力;运动速度;曲线密度)定出来的,这时若$f(x)$在某个区间上是一个常量,则量$F(x)$等于该常量与区间长度的乘积. 由于纵坐标为常量的梯形是个矩形,于是它的面积等于纵坐标与底边长度的乘积;当力为常量时,所做的功等于该力与路程长度的乘积;当运动物体的速度为常量时,其所经距离等于速度与运动时间的乘积;当物质曲线的密度为常量时,它的质量等于密度与曲线长度的乘积. 论证过程中最重要的一步,是把所求量对应于区间$[x_i,x_{i+1}]$的真元素,换成别的量,以便使已给量$f(x)$在子区间$[x_i,x_{i+1}]$上等于常量,比方说,它等于$f(x)$在子区间左端点处的值:$f(x)=f(x_i)$. 这样就把$\Delta F(x_i)$换成$f(x_i)\Delta x_i(\Delta x_i=x_{i+1}-x_i)$,所得的不是准确等式(1),而是近似等式

$$F(b)-F(a)\approx\sum_{i=0}^{n-1}f(x_i)\Delta x_i$$

但当子区间的个数无限增多且它们的长度都趋于0时,这个近似等式的误差无限减小(把这看作一件显然无疑的事实),因而施行极限步骤后,也就是取积分后,可得等式

$$F(b)-F(a)=\int_a^b f(x)\,\mathrm{d}x$$

这便定出了所求的量.

把增量$\Delta F(x_i)$换成$f(x_i)\Delta x_i$这一步重要置换的用意,是由于解决问题时我们并不知道前者,而后者却是已知量,因为问题的条件中已经给出了曲线方程,或已经给出了力是路程的函数等.

$f(x_i)\Delta x_i$这个量代替了所求量的真元素$\Delta F(x_i)$,我们把它叫作所求量对应于子区间$[x_i,x_{i+1}]$的元素.

可见,解前述四个问题时所用的方法不外乎把所求量的真元素$\Delta F(x_i)$的

相加步骤换成元素 $f(x)\mathrm{d}x$ 的积分步骤(或者按惯例来说是元素相加步骤). 但在用"相加步骤"这个比拟性的术语时,应该记住,它所指的意思并不是直接求和,而是一种有严格定义的积分算法.

元素相加法当然也可以直接应用到其他问题上,但这样做并没有必要,因为它只不过把已经确立的积分定义在每种情形下重复做一遍而已,并且用这个方法做并不是可靠的,因为它并没有告诉我们应依据什么准则才能选取合适的元素来代替所求量的真元素.

关于元素相加法,在定积分论中可以给出更加完整的形式,从那里可以得出解决这类问题的简短方法.

127. 微分方程法、解题程序

从前面所讨论的四个问题中,不难看出里面的元素 $f(x)\mathrm{d}x$ 都是所求量的微分(见第三章及第五章)

$$f(x)\mathrm{d}x = \mathrm{d}F(x)$$

要说明这一点,可以把等式(1) 中的 $\Delta F(x_i)$ 用拉格朗日公式写成

$$\Delta F(x_i) = F'(\xi_i)\Delta x_i \quad (x_i \leqslant \xi_i \leqslant x_{i+1})$$

于是可得

$$F(b) - F(a) = \sum_{i=0}^{n-1} F'(\xi_i)\Delta x_i$$

当 $\max|\Delta x_i| \to 0$ 时,根据积分存在定理可得极限为

$$F(b) - F(a) = \lim_{\max|\Delta x_i| \to 0} \sum_{i=0}^{n-1} F'(\xi_i)\Delta x_i = \int_a^b F'(x)\mathrm{d}x = \int_a^b \mathrm{d}F(x)$$

这便证明了所说的事.

注意,这里又用另外一种方法推出了牛顿 - 莱布尼茨公式.

现在要讲什么样的问题可以用定积分概念来解,这类问题有些什么标志.

设有一个量 u:

(1) 它取决于区间(例如,曲边梯形面积取决于其底所在区间;功取决于做功时所经的一段路程;等等). 若论变量 u 时,所考虑的区间左端点 α 固定,而右端点 x 可变,则 u 可以看作自变量 x 的函数

$$u = F(x)$$

(2) 它具有可加性,也就是说,当我们把 x 的变化区间分割成子区间时,它(u) 在整段区间上的对应值,等于它在各子区间上的对应值的和.

(3) 它在区间$[a,b]$ 上是 x 的可微分函数.

现在假设所要求的是自变量变化区间$[a,b]$ 所对应的那部分 u 值.

所求的值等于 $F(b) - F(a)$,于是根据牛顿 - 莱布尼茨公式可得

$$F(b) - F(a) = \int_a^b \mathrm{d}F(x)$$

因此所求量的大小可用未知函数 $F(x)$ 的微分在该量的对应区间上的积分来表示.

函数 $u=F(x)$ 虽是未知的,但我们却常可用问题中由所给条件而定出的函数以及自变量的微分来定出 $F(x)$ 的微分. 这时解决问题的最后一步是计算某一已知函数的积分.

等式

$$\mathrm{d}u = f(x)\,\mathrm{d}x$$

表示未知函数的微分与自变量的微分两者之间的关系,这个等式叫作所论问题的微分方程.

因此,解决上述类型的任何一个具体问题时,可以不必从头讨论怎样把问题的解答写成积分形式,而只要应用讨论中的最后结论:所求量等于未知函数 $F(x)$ 的微分的积分.

所以解这类问题时自然可以分成下列三步来做:

Ⅰ. 写出微分方程,也就是把所求量看作自变量 x 的函数

$$u = F(x)$$

然后应用已知函数及自变量的微分,求出所求量的微分式子

$$\mathrm{d}u = f(x)\,\mathrm{d}x \tag{2}$$

其中 $f(x)$ 是已知函数.

为此可在已知区间 $[a,b]$ 上任一点 x 处取一无穷小增量 $\mathrm{d}x$, 于是微分 $\mathrm{d}F(x)$ 可根据下面的条件求出:它正比于 $\mathrm{d}x$ 并且是 $\Delta F(x)$ 的等价无穷小($\Delta F(x)$ 的主部),也就是说,它与所求量在区间 $[x,x+\mathrm{d}x]$ 上的真元素是等价无穷小. 在具体问题中,常可把决定 $F(x)$ 的那个已知量看作在区间 $[x,x+\mathrm{d}x]$ 上保持不变的量(等于它在 x 处的值),并在这种假定下把 $F(x)$ 在区间 $[x,x+\mathrm{d}x]$ 上所得的增量作为 $\mathrm{d}F(x)$. 例如曲边梯形面积在点 x 处的微分,是底在 $[x,x+\mathrm{d}x]$ 上、以边界曲线在点 x 处的纵坐标为高的矩形的面积.

只需查验所写出的式子是否具有微分定义中的两种属性(第三章),那么每次都可以肯定该式是否确实为所求量的微分.

Ⅱ. 从微分方程(2) 进一步求出积分

$$F(b) - F(a) = \int_a^b f(x)\,\mathrm{d}x \tag{3}$$

这一步运算实施了一切元素的相加步骤,使我们能得出准确结果.

式(3) 中的积分限 a 及 b 由题中的条件给定,并且随着不同的坐标系而变. 取 a 及 b 这两个值时,应使自变量在区间 $[a,b]$ 上的全部变程正好对应着全部

所求的量.

Ⅲ. 算出定积分. 做这项工作时,我们已经具备了极有效的工具 —— 不定积分法. 这里立刻可以看出,直接应用积分定义(积分和式)来解决问题,还不如用另一种简易得多的方法来算出积分.

若用自变量 x 作为积分(3)的上限,则当函数 $F(x)$ 的初始值为已知时,可得该函数式子为

$$F(x)=F(a)+\int_a^x f(x)\,\mathrm{d}x$$

函数 $u=F(x)$ 规定了变量 u 及自变量 x 在区间 $[a,b]$ 上的依从关系,或者说它定出了所论变化过程的积分规律,同时它的导函数 $F'(x)=f(x)$ 定出了该过程的变化率,它的微分 $\mathrm{d}F(x)=f(x)\,\mathrm{d}x$ 定出了该过程的微分规律.

现在我们要按上述程序,用严格的方式来讲解怎样从微分规律定出积分规律.

讲到积分法在具体问题上的应用时,最困难的通常就是第一步. 做这一步的时候,要根据所给条件写出问题的微分方程,也就是写出所求量的一个任意元素的表达式. 如果微分式子写得对,那么按上述三步程序做出来的结果也就不会错.

举一个例子,说明若在求微分式子时粗心大意,随便把所求增量简单化,那么结果便会产生错误. 设直圆锥的底面半径是 R,高是 H,求该圆锥体的侧面积 S. 令 x 表示从圆锥顶点起的可变高度(图1),$F(x)$ 表示高度等于 x 的那部分直圆锥的侧面积,$\Delta F(x)$ 表示在 x 及 $x+\mathrm{d}x$ 处的两个正截面间的圆锥台的侧面积.

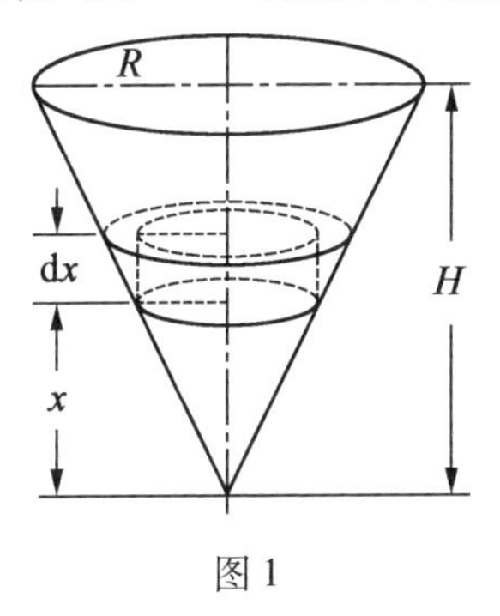

图 1

如果把这个圆锥台的侧面积写成直圆柱的侧面积,并拿它当作 $\Delta F(x)$ 的主部,也就是取

$$\mathrm{d}F(x)=2\pi\frac{R}{H}x\,\mathrm{d}x$$

这时便得

$$S=\int_0^H 2\pi\ \frac{R}{H}x\mathrm{d}x=\pi RH$$

显然这是个不合理的结果,因为从初等几何学中可知

$$S=\pi R\sqrt{R^2+H^2}$$

错误的原因正是侧面积增量 $\Delta F(x)$ 的主部没有取对. 因为实际上圆锥台的侧面积等于其中腰围线的长度与斜高两者的乘积,故

$$\begin{aligned}\Delta F(x)&=\frac{1}{2}\left(\frac{2\pi R}{H}x+\frac{2\pi R}{H}(x+\mathrm{d}x)\right)\sqrt{\left(\frac{R}{H}\mathrm{d}x\right)^2+(\mathrm{d}x)^2}\\&=\frac{\pi R}{H^2}(2x+\mathrm{d}x)\sqrt{R^2+H^2}\mathrm{d}x\end{aligned}$$

由此可知 $\Delta F(x)$ 的主部是$\frac{2\pi Rx}{H^2}\sqrt{R^2+H^2}\mathrm{d}x$,而不是上面所取的$\frac{2\pi R}{H}x\mathrm{d}x$. 圆柱的侧面积与圆锥台的侧面积不是等价无穷小,所以上面取的式子不是函数 $F(x)$ 的微分.

从以下所讲的一些例题可以看出怎样去验证具体问题中所写出的式子(通常总是根据简化的假定写出的)的确是所求函数的微分.

128. 举例

Ⅰ. 圆面积. 我们先讲一个简单的、早已知道答案的问题. 如果已知半径为 r 的圆周长度是 $2\pi r$,求半径为 R 的圆面积 S.

这个问题中的自变量是 r,$0\leqslant r\leqslant R$,而定出所求量的已知函数则是圆周长度 $2\pi r$. 圆面积显然是半径 r 的函数. 这个函数用 $s=F(r)$ 表示. 于是 $S=F(R)$,其中的量 S 对应于 r 从 0 到 R 的一段变程.

(1) 写出问题的微分方程. 为此可使半径的任一值 r 取得增量 $\mathrm{d}r$. 于是面积的增量 Δs 可用环形带(图 2) 的面积来表示,如果假定从 r 到 $r+\mathrm{d}r$ 那一段变程上的圆周长度不变并且等于半径的初始值 r 处的圆周长度,那么便可求出 Δs 的主部 $\mathrm{d}s$.

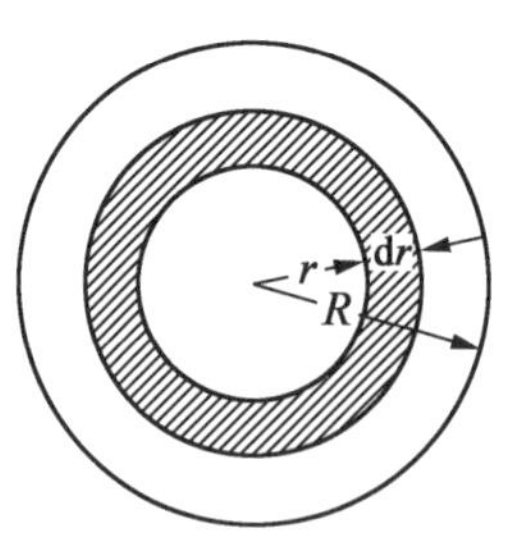

图 2

不难看出这时的增量(圆面积元素) 是圆周长度 $2\pi r$ 与半径增量 $\mathrm{d}r$ 的乘积

$$\mathrm{d}s = 2\pi r\mathrm{d}r$$

现在要证实 $2\pi r\mathrm{d}r$ 的确是 Δs 的等价无穷小.

显然可以看出

$$2\pi r\mathrm{d}r < \Delta s < 2\pi(r + \mathrm{d}r)\mathrm{d}r$$

由此得

$$1 < \frac{\Delta s}{2\pi r\mathrm{d}r} < 1 + \frac{\mathrm{d}r}{r}$$

但这几个不等式表示

$$\lim_{\mathrm{d}r\to 0}\frac{\Delta s}{2\pi r\mathrm{d}r} = 1$$

所以圆面积的微分等于圆周长度与半径微分的乘积.

(2) 把 r 从 0 变到 R 时的一切元素加起来

$$S = \int_0^R 2\pi r\mathrm{d}r$$

(3) 最后计算出积分,得

$$S = 2\pi\frac{R^2 - 0}{2} = \pi R^2$$

在直觉上(但在原理上不对)可以把圆看作是由无穷多条同心环带所组成的,其中每条环带很窄,因而可把它的面积看作是以内圆周为底,以环带宽度为高的矩形的面积. 这也可以从被积式 $2\pi r\mathrm{d}r$ 的结构看出来. 这些面积的和(就是积分)便能给出整个圆的面积.

这个问题中的积分表示面积,但并不是梯形面积,同时被积函数也不是梯形边界曲线的纵坐标,而是可变的圆周长度. 由此可见,甚至在计算面积问题时,积分的意义也会与以前所讲的完全不同.

我们当然也可以用另一种方法(利用圆所对应的曲边梯形面积)算出圆面积. 例如,把圆方程取作 $x^2 + y^2 = R^2$,便得

$$S = 2\int_{-R}^{R}\sqrt{R^2 - x^2}\,\mathrm{d}x = 4\int_0^R\sqrt{R^2 - x^2}\,\mathrm{d}x$$

$$= 4R^2\int_0^1\sqrt{1 - z^2}\,\mathrm{d}z = 4R^2\cdot\frac{1}{2}\cdot\frac{\pi}{2} = \pi R^2$$

由此可知,用积分解决问题时,取各种不同的自变量就有各种不同的做法. 如果要使问题的解法简单化,就必须从各种可能的做法中选择最合适的一种.

Ⅱ. 液体从圆筒内流出的情形. 设有充满液体的圆筒形容器,底面有一开口,若筒的半径是 r,液体的高度是 H,开口的面积是 s(图 3),那么,经过多长时间后,容器内的液体可以流尽?

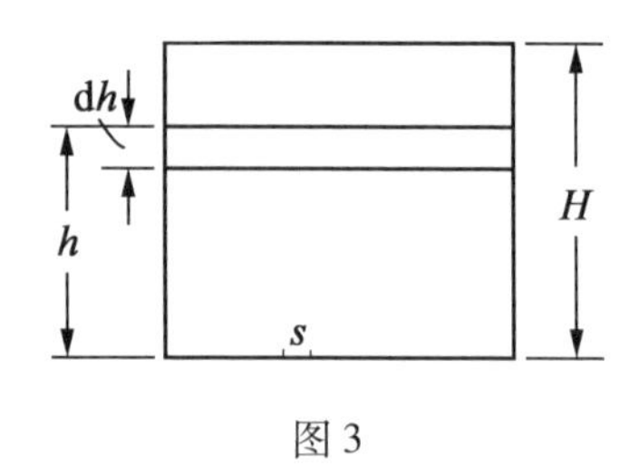

图 3

解这个问题时可以根据托里拆利(Torricelli)定律用积分来做. 根据托里拆利定律,当开口面积与液体高度两者的数值相差颇大时,流速等于$\sqrt{2gh}$,其中h(单位:cm)是从开口处量起的液体高度,$g=981\ \mathrm{cm/s^2}$(我们知道物体在真空中自由下落的速度,也是以同样规律取决于下落高度的). 这里流速的数值等于单位时间(1 s)内从开口的单位面积($1\ \mathrm{cm}^2$)流出的液体重量.

如果容器内损失的液体不断有补充,那么用托里拆利定律所定的流速是个常量,于是原先存储在容器内的液体,会在时间$\frac{\gamma H\pi r^2}{\sqrt{2gH}\cdot s}$(s)内从开口处流出,其中$\gamma$是液体的比重. 但若没有液体补充到筒里面,液体的高度就会不断降低,流速也要不断减小,因此问题就比较复杂.

设对应于时间t的高度是h(在t这一段时间内高度降低$H-h$).

(1)写出问题的微分方程. 令变量h取得负的增量$\mathrm{d}h$. 这时变量t得到正的增量Δt[在Δt这段时间内液体的高度(或液面)降低$\mathrm{d}h$]. 假定降低$\mathrm{d}h$这一段高度时的流速(这个问题中的已知量)保持不变,比方说等于在高度h处(或保持在t时的流速也一样)的流速,我们就把在这种假定下降低高度$\mathrm{d}h$所需的时间作为$\mathrm{d}t$.

根据这个假定,从t到$t+\mathrm{d}t$这一段时间内流出的液体量是$\sqrt{2gh}\cdot s\mathrm{d}t$. 但从另一方面来看,这正好等于高度$h$与$h+\mathrm{d}h$之间的液体量,也就是说,等于$-\gamma\pi r^2\mathrm{d}h$(因$\mathrm{d}h<0$,故取负号).

所以得

$$\sqrt{2gh}\cdot s\mathrm{d}t=-\gamma\pi r^2\mathrm{d}h$$

于是就可以用其中一个变量的微分来表示另一个变量的微分

$$\mathrm{d}t=-\frac{\gamma\pi r^2\mathrm{d}h}{\sqrt{2g}\cdot s\sqrt{h}}$$

(2)流尽液体所需的全部时间T对应于变量h从H到0的变程. 于是把所求量(T)的元素相加后,便得

$$T=-\int_H^0\frac{\gamma\pi r^2}{\sqrt{2g}s}\cdot\frac{\mathrm{d}h}{\sqrt{h}}$$

(3) 求出积分,得

$$T=\frac{\gamma\pi r^2}{\sqrt{2g}\cdot s}\int_0^H h^{-\frac{1}{2}}\mathrm{d}h=\frac{\gamma\pi r^2}{\sqrt{2g}\cdot s}\frac{H^{\frac{1}{2}}-0^{\frac{1}{2}}}{\frac{1}{2}}=\frac{2\gamma\pi r^2}{\sqrt{2g}\cdot s}\sqrt{H}$$

于是所需时间与高度两者的依从关系可用下面的公式表示

$$T=\sqrt{\frac{2}{g}}\frac{\gamma\pi r^2}{s}\sqrt{H}$$

当筒内液体的高度为已知时,就可用这个公式求出流尽液体所需的时间. 反之,若已知液体在一定时间内流尽,则也可用这个公式算出它原先在筒内的高度,值得注意的是,按这个公式算出的实际所需时间,恰好是假设筒内不断有液体补充时所需时间的两倍.

Ⅲ. 杆对点的引力. 设点 M 位于均匀直杆中点处的垂线上,且与杆相距 l(图4). 若直杆的长度是 a,均匀密度是 μ,点 M 的质量是 m,求杆对点 M 的引力 p.

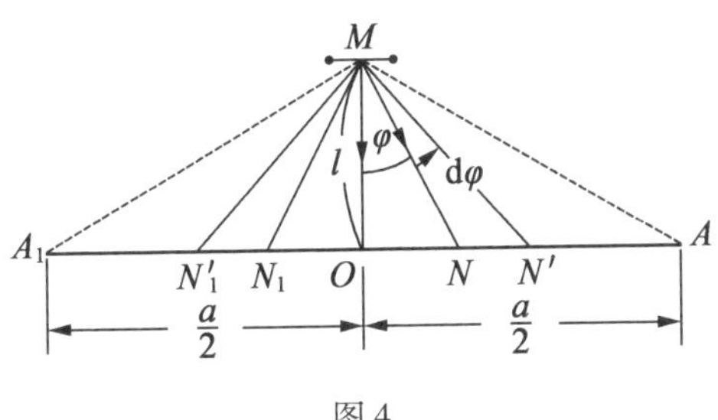

图 4

从杆的中点 O 起向两侧截取等长的线段 ON 及 ON_1. 于是显然可知线段 N_1N 对点 M 的引力 p 是该线段长度的函数,同时,若用 φ 表示线段 MN 与垂线 MO 所成的角,则也完全可以把 p 看作角 φ 的函数:$p=F(\varphi)$.

令自变量 φ 取得增量 $\mathrm{d}\varphi$. 于是函数 $F(\varphi)$ 所得的增量 Δp 是对称于点 O 的左右两段无穷小线段 NN' 及 N_1N_1'对点 M 的引力.

现在先只考虑线段 NN' 对点 M 的引力. 求引力的微分式子时,假定线段 NN' 的全部质量都集中在点 N 处. 于是根据牛顿引力定律可求得引力为

$$h\frac{m\mu NN'}{MN^2}$$

其中 h 是常系数. 这里要注意 $MN=\dfrac{l}{\cos\varphi}$,其中 $l=MO$,而

$$NN'=ON'-ON=l[\tan(\varphi+\mathrm{d}\varphi)-\tan\varphi]\sim l\mathrm{d}\tan\varphi=l\frac{\mathrm{d}\varphi}{\cos^2\varphi}$$

(上式中略去了较高阶的无穷小). 由此可知线段 NN' 对点 M 的引力与引力

$k\frac{m\mu}{l}\mathrm{d}\varphi$ 是相当的.

这可以看作在线段 MN 的方向上对点 M 的引力. 现在只要算它在方向 MO 上的分力即可(因若考虑线段 N_1N_1' 对点 M 的引力,则这两个引力在 AA_1 上的分力正好彼此抵消). 于是把线段 NN' 及 N_1N_1' 对 M 的引力计算在一起,便得

$$\mathrm{d}p = 2k\frac{m\mu}{l}\cos\varphi\mathrm{d}\varphi$$

由于写出上面的微分式子时只略去了较高阶的无穷小,所以它的正确性是显然无疑的.

把所求量的元素相加时, 角 φ 显然应从 0 变到 MA 与 MO 所成的角 $\arctan\frac{a}{2l}$. 于是得

$$p = 2k\frac{m\mu}{l}\int_0^{\arctan\frac{a}{2l}}\cos\varphi\mathrm{d}\varphi = 2k\frac{m\mu}{l}\sin\varphi\Big|_0^{\arctan\frac{a}{2l}} = 2k\frac{m\mu}{l}\sin\arctan\frac{a}{2l}$$

由于

$$\sin\alpha = \frac{\tan\alpha}{\sqrt{1+\tan^2\alpha}}$$

故

$$p = 2k\frac{m\mu}{l}\frac{a}{\sqrt{a^2+4l^2}}$$

假设杆的长度 a 无限增大,这时引力 p 不断增大,而趋于极限

$$p(\to\infty) = 2k\frac{m\mu}{l}$$

这是无限长均匀直杆(密度 μ) 对于相距 l 处的质点 m 的引力. 实际上,当然没有无限长的直杆,但当杆长及杆中心与点的距离两者相差很大时,这个极简单的式子可以近似表达杆对于点的引力.

如果不用角 φ,而用杆长 $x = ON$ 作为自变量,那么表达引力的积分是

$$p = 2km\mu l\int_0^{\frac{a}{2}}\frac{\mathrm{d}x}{\sqrt{l^2+x^2}(l^2+x^2)}$$

计算这个积分时可用置换式 $x = l\tan\alpha$(见第六章). 于是

$$p = 2k\frac{m\mu}{l}\int_0^{\arctan\frac{a}{2}}\cos\varphi\mathrm{d}\varphi$$

所以取角 φ 作自变量时,实际上就已实施了置换步骤,使我们能把复杂的积分化为基本积分表中($\cos\varphi$) 的积分.

用积分法解决具体问题时,常可把一个自变量改为另一个自变量,一般来说,这种改法无非就是积分变量的置换. 因此(这里再着重指明一次),若把自变量(也就是坐标系)取得合适,求积分时就可避免做烦琐的运算.

上面所讲的一些例子,生动地说明了积分问题(能用积分概念解决的一类问题)的多样性.

§2 几何学及静力学上的一些问题

129. 图形面积

本节中所讲的一切问题,仍然都可以按上一节所讲的程序来解. 但因它们比较重要而且常见,所以还要按一般形式把它们解出并写出最后的公式,同时也希望读者能记住这些公式.

我们先讲曲线所围面积的计算法(通常也叫作曲线图形的方块表示法). 从历史上讲,这个问题与积分法的关系太密切了,所以往往连求积分的方法也叫作方块表示法. 如果某个问题最后可化为积分计算问题,那么也常说那个问题是可以化为方块表示法(或不定积分法)的.

当图形的边界曲线用笛卡儿坐标系中的方程给出时,最好取曲边梯形作为基本图形,因为它的面积可用一个积分定出. 这时表示面积 S(假设所有的曲边梯形都在 x 轴以上①)的公式是

$$S=\int_{x_1}^{x_2} y\mathrm{d}x$$

其中 $y=f(x)$ 是梯形边界曲线的方程,x_1 及 x_2 是从左到右对应于该曲线始点及终点的两个 x 值.

若曲线方程用参数式 $x=\varphi(t)$, $y=\psi(t)$ 给出,则用公式 $x=\varphi(t)$ 置换积分后,得

$$S=\int_{t_1}^{t_2}\psi(t)\varphi'(t)\mathrm{d}t$$

其中 t_1 及 t_2 是对应于曲线上始点及终点的两个 t 值,当点沿梯形曲边的左端移

① 若梯形以 y 轴为底且位于 y 轴的右侧,则显然可得 $S=\int_{y_1}^{y_2} x\mathrm{d}y$, $y_1<y_2$.

向右端时,t 值应在 t_1 及 t_2 之间变动.

例 1 求椭圆$\frac{x^2}{a^2}+\frac{y^2}{b^2}=1$ 所围的面积 S.

解

$$S=2\int_{-a}^{a} y\mathrm{d}x$$

这里可用参数式

$$x=a\cos t,\ y=b\sin t$$

于是

$$S=-2ab\int_{\pi}^{0}\sin^2 t\mathrm{d}t$$

计算的结果为

$$S=2ab\int_{0}^{\pi}\sin^2 t\mathrm{d}t=2ab\cdot\frac{1}{2}(t-\sin t\cos t)\Big|_0^{\pi}=\pi ab$$

这里用参数式来计算积分,实质上等于用三角置换式来算积分

$$2\frac{b}{a}\int_{-a}^{a}\sqrt{a^2-x^2}\mathrm{d}x$$

例 2 有一曲边三角形的三边是:等轴双曲线 $x^2-y^2=1$ 的半段实轴$[0,1]$,双曲线上的一点(x,y)(设它在第一象限内)与其中心$(0,0)$的连线,以及双曲线本身. 求这个曲边三角形的面积.

解 这时显然可得

$$S=\frac{1}{2}xy-\int_{1}^{x}\sqrt{x^2-1}\mathrm{d}x$$

计算出积分后,得

$$S=\frac{1}{2}xy-\frac{1}{2}\left[x\sqrt{x^2-1}-\ln(x+\sqrt{x^2-1})\right]=\frac{1}{2}\ln(x+\sqrt{x^2-1})$$

由此求出 x 为

$$x=\frac{\mathrm{e}^{2S}+\mathrm{e}^{-2S}}{2}=\operatorname{ch}2S$$

如果用 t 表示 S,便可得到双曲线的第一个参数方程

$$x=\operatorname{ch}t$$

第二个参数方程可以从原方程

$$\operatorname{ch}^2 t-y^2=1$$

求得为

$$y=\operatorname{sh}t$$

于是,关于参数 t 的几何意义就此证明.

如果图形的边界曲线用极坐标方程给出,那么就可用曲线扇形作为基本图形,其中扇形的边界是两条矢径 $\varphi=\varphi_1,\varphi=\varphi_2$ 及已知曲线 $\rho=f(\varphi)$ 的一段弧(图5),同时该弧与任一矢径的交点不多于一个(也就是说,$f(\varphi)$ 是区间 $[\varphi_1,\varphi_2]$ 上的单值函数). 像这种扇形的面积可以用单独一个积分定出来.

取任一 $\varphi(\varphi_1<\varphi<\varphi_2)$ 值及其对应的 ρ 值. 让 φ 取得增量 $\mathrm{d}\varphi$,这时扇形面积 S 所得的增量 ΔS 可用扇形 PMM_1 的面积来表示,如果假定角 φ 及 $\varphi+\Delta\varphi$ 间的矢径 ρ 不变,就可算出面积的微分 $\mathrm{d}S$. 这样就可用扇形 PMM' 的面积来表示面积增量. 根据初等几何中的知识,可知扇形 PMM' 的面积等于半径与弧长乘积的一半. 于是

$$\mathrm{d}S=\frac{1}{2}\rho\cdot\rho\mathrm{d}\varphi=\frac{1}{2}\rho^2\mathrm{d}\varphi$$

上式确实就是增量 ΔS 的主部,这一点是不难说明的.

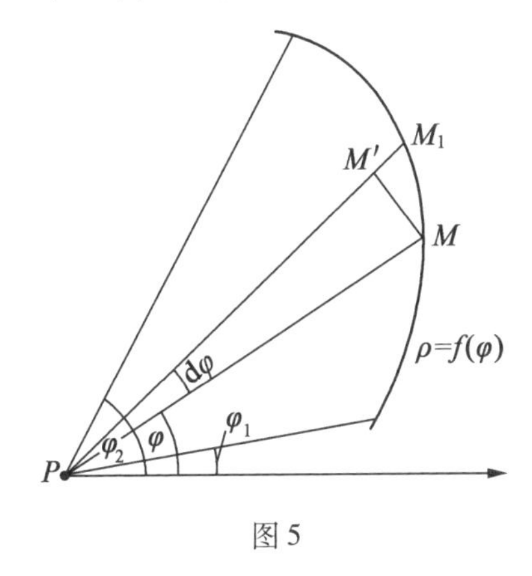

图5

从 φ_1 到 φ_2 积分便得公式

$$S=\frac{1}{2}\int_{\varphi_1}^{\varphi_2}\rho^2\mathrm{d}\varphi$$

例3 方程

$$\rho=a\cos 3\varphi$$

所给出的曲线叫作三叶玫瑰线(图6),求其所围成的面积.

解 全部图形 $\frac{1}{6}$(半瓣)的面积可用下列积分表示

$$\frac{1}{2}a^2\int_0^{\frac{\pi}{6}}\cos^2 3\varphi\mathrm{d}\varphi$$

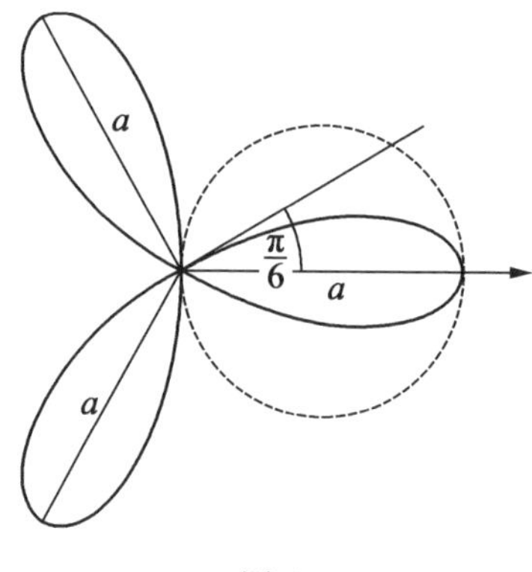

图 6

这是因为当极角 φ 从 0 变到$\frac{\pi}{6}$时,矢径端点就会描出所论扇形的全部边界.

故得玫瑰线所围成的面积为

$$S = 3a^2\int_0^{\frac{\pi}{6}}\cos^2 3\varphi \mathrm{d}\varphi = a^2\int_0^{\frac{\pi}{2}}\cos^2 u\mathrm{d}u = a^2\ \frac{\pi}{4}$$

也就是等于以 a 为直径的圆面积.

130. 测面器及积分器

Ⅰ. 测面器. 在前文中已提过各种计算机,其中有根据某个近似公式来计算定积分的计算机. 但计算定积分还有一种特别的仪器 —— 测面器,有了它,只要把图形的边界描绘一圈,就能很快地把任一平面图形的面积自动求出来. 我们知道有些计算机不是对变量的个别数值做运算,而是对连续变化的变量做运算. 像测面器之类的仪器是这类计算机中构造最为简单的.

测面器的构造原理如下. 设有长度为 l 的一段线段从位置 AB 连续而又光滑地移动到 $A'B'$ 处(图7),其中连续而又光滑地移动的意思是指移动时线段上每一点描绘出具有连续转动切线的连续弧段.

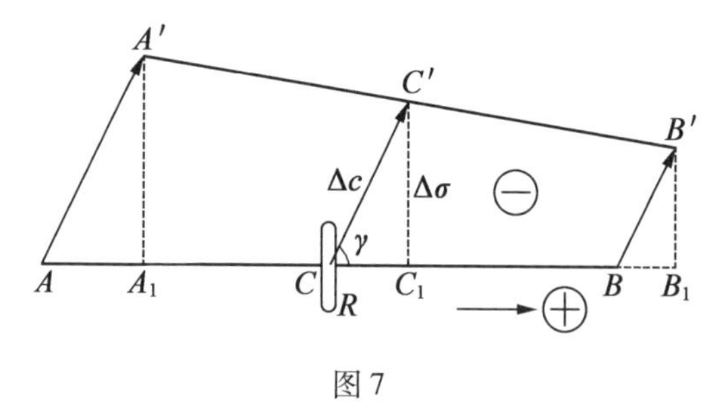

图 7

这条线段在移动时要经过一块面积,或者说它“扫出” 那块面积. 现在取从 A 到 B 的方向作为线段 AB 的正方向,并按惯例把(当我们从正方向望去时) 位于线段左侧的那部分扫出的面积作为正面积(图7),而位于线段右侧的那部分扫出的面积作为负面积.

现在假定线段只稍微移动一些,因而其上每点所描出的弧可用该弧所张的弦来代替. 于是线段所扫出的四边形 $AA'B'B$ 的面积将等于梯形 $AA'B'B$ 的面积,并且对于准确值的误差是二阶小.

设想在线段 l 的中央装有一个以该线段为轴的刃边小滚轮 R(叫作积分滚轮),使它只能绕 AB 旋转而不能沿 AB 移动. 当线段移动时,若移动的方向平行于滚轮的平面,则滚轮在图纸上只有滚动而无滑动,若移动的方向垂直于滚轮的平面,则滚轮只会滑动而不会滚动. 当线段作其他移动时,滚轮有滑动也有滚动,但只有位移中平行于滚动平面的那个支量能使滚轮发生滚动. 就图中的移动情形来说,滚轮所滚过的弧长等于

$$\Delta\sigma = \Delta c \cdot \sin \gamma$$

其中 γ 是滚轴(AB) 与其移动方向间的角,而 Δc 则表示这段位移的大小. 如果在滚轮上刻有分度,并有指针装在杆子上,那么就可根据滚轮所滚过的弧长定出线段所扫面积的微分

$$\mathrm{d}s = l\mathrm{d}\sigma$$

因为这个微分等于一梯形的面积,其中 l 是该梯形的高,$\mathrm{d}\sigma$ 是它的中腰线.

由此可得

$$S = l\int_{\sigma_0}^{\sigma_1} \mathrm{d}\sigma = l(\sigma_1 - \sigma_0)$$

其中 $\sigma_1 - \sigma_0$ 是滚轮所滚过的弧长,σ_0 及 σ_1 是移动前后指针所指的两个度数.

如果滚轮并不装在线段 AB 的中央,那么上面这个公式里还要加一个常数.

现在假定线段的端点 A 及 B 各沿凸闭曲线 K 及 K'(图8) 移动. 如果当端点各沿两条围线描过一整圈后,线段 AB 回到它的原位置上,那么 K 及 K' 内的面积要被线段扫过一次. 而位于围线以外的面积或者都没有被线段扫到,或者被线段扫了两次 —— 一次是以正方向扫出的,另一次是以负方向扫出的(这里我们不详细证明).

因此积分滚轮上指针所告诉我们的度数,就会给出围线 K 及 K' 内的面积 $S(K)$ 及 $S(K')$ 的和或差

$$l(\sigma_1 - \sigma_0) = S(K) \pm S(K')$$

当点 A 及 B 以同一方向沿围线 K 及 K' 移动时(图 8),上式中取负号;反之取正号.

若 K' 是一条不自相交割的开曲线,则 $S(K') = 0$,于是在以上两种情形下都得

$$S(K) = l(\sigma_1 - \sigma_0)$$

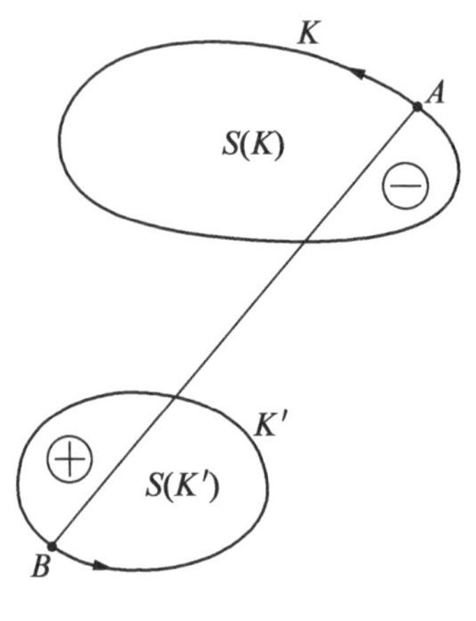

图 8

通常取线段或圆的弧段作为点 B 所循的曲线 K'. 在第一种情形下的测面器叫作直线测面器,在第二种情形下的叫作极测面器.

测面器的发明史几乎已有百年之久. 首创人之一的柴鲁平(Зарубин) 在 1854 年发表论文叙述他的测面滚轮. 同年有阿姆斯勒(Amsler) 创造出另一种测面器,而现今测面器的种类已非常之多.

关于实践上所用测面器的叙述,读者可从专门书籍或附在仪器上的说明书中找到.

Ⅱ. 积分器(摩擦积分器). 除了用测面器把围线描画一圈便能定出围线内的面积,还有其他的积分仪器使我们能定出每一个 x 值所对应的积分值

$$\int_{x_0}^{x} f(x)\,\mathrm{d}x$$

这种仪器叫作积分器. 它的工作原理与测面器一样,甚至可以说,积分器是测面器的一种特殊情形,即是当测面器的滚轮只能记录平行于 x 轴方向的位移时,那种测面器就是积分器.

在各种积分器中,有一种构造原理很简单的摩擦积分器用得最广.

摩擦积分器(图 9) 中有一圆盘 S,其角位移 $\Delta\varphi$ 与横坐标 u 的线位移 Δu 成正比. 积分滚轮 R 与圆盘 S 相触,并且两者的平面总是互相垂直的. 滚轮可以绕着它的轴旋转,而轴则能带着滚轮沿轴的方向移动. 但不管 u 是什么值,轴移动时总能使滚轮与盘的接触点 D 及盘心 C 的距离等于被积函数值(即被积曲线的纵坐标) $f(u)$.

图 9 所示是这种构造的主要轮廓,图中 T 是刻有函数图形($v = f(u)$) 的样板,滚轴的一端 A 位于函数图形上,同时使滚轮与圆盘的中心相触时轴端 A 能位于 u 轴上,这样当样板上下移动时就能带动滚轴的一端 A 在图形上移动. 此外在

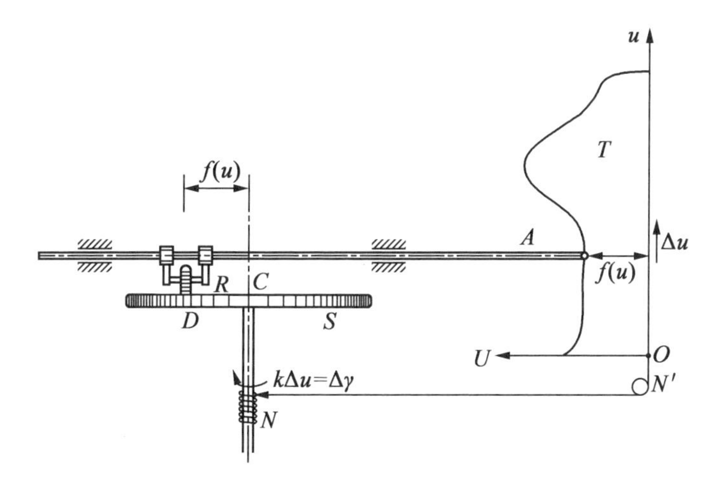

图 9

圆盘 S 的轴上缠绕着一层线圈，线圈 NN' 的另一端则连在样板上. 因此当样板移动一段距离 Δu 时，圆盘 S 就转过一个角度 $\Delta\varphi = k\Delta u$（其中 k 是比例系数）.

如果滚子的半径是 ρ，那么当点 A 的横坐标变动 Δu 时，圆盘 S 上点 D 的线位移（$= \Delta\varphi \cdot f(u)$）将等于滚轮的线位移 $\rho\Delta w$，因此滚轮的角位移 Δw 等于

$$\Delta w = \frac{k}{\rho} f(u)\Delta u$$

所以当点 A 的横坐标值从 u_0 变到 u 时，滚轮所转过的角度 $w - w_0$ 应与所求积分值成正比

$$w - w_0 = \frac{k}{\rho}\int_{u_0}^{u} f(u)\,\mathrm{d}u$$

如果在滚轮上装置计数的部件来定出滚轮所滚过的弧长，那就能从读出的度数求得差值 $w - w_0$.

131. 曲线长度

与曲边图形的面积概念一样，曲线的长度概念也需要有特别的定义.

线段长度是用度量步骤定出的，度量时取一单位长度（或其若干分之一），并在已知线段上截取与单位长度相合的一段一段来. 经过这样截取之后所得的段数就量出了已知线段的长度. 但对曲线却不能施行这种度量步骤，因为一般来说曲线上没有一部分能与直线相合. 所以，必须用一种改良办法来作度量（那必然要有极限步骤），使我们能为已知曲线定出一个数，作为它的长度.

与定义面积概念时的情形一样，我们要把已知曲线换成另一条尽可能与它相似的曲线，但应使后者的长度能用初等方法求出. 例如，可以取折线作为这条新的曲线. 当折线与已知曲线无限接近时，我们就在直觉上得到怎样定出曲线

长度的极限步骤.

作曲线的内接折线,也就是顶点都在已知曲线上的折线. 折线的长度可用初等方法定出,同时根据浅显的几何原理可知,若折线的边数越多且最大边的长度越短,则折线长度就越能代表曲线长度. 如果能作曲线的外切折线,也就是每边与已知曲线相切的折线,那么当边数增多且最大边的长度越短时,该折线的长度也同样会趋近于一个值,作为已知曲线的长度. 于是我们得以下的定义:

曲线的长度是其内接(或外切)折线的长度在边数无限增多且最大边的长度趋于0时的极限.

按照这个定义来说,并不是每条曲线都会有长度. 不难举出一些例子,说明全部位于有限部分平面内的曲线可以没有长度(长度为无限大). 不过通常在数学及其应用上所遇到的曲线都是有长度的,或者说都是可直化的. 求曲线长度的方法叫作直化法. 可直化曲线的内接与外切折线周长的极限必须相等. 当两者的最大边减小(边数同时增多)时,内接折线的周长会增大,而外切折线的周长会减小(这事在下面几页的附注里有说明). 由此可得第三章中求曲线弧长的微分时所根据的原理:曲线长度大于其任一内接折线的长度,而小于其任一外切折线的长度.

若曲线用笛卡儿坐标系中的方程 $y=f(x)$ 给出,则其长度的微分式子是

$$ds=\sqrt{1+f'^2(x)}\,dx$$

此外,又由于假定长度是具有可加性的,故根据前面所讲的程序,可得全部曲线长度 L 的表达式为

$$L=\int_{x_1}^{x_2}\sqrt{1+y'^2}\,dx$$

这里 x_1 及 x_2 各为对应于曲线左右两端点的横坐标.

我们也知道,如果不限定哪一个是自变量(积分变量),那么弧长的微分式子可以写成

$$dS=\sqrt{dx^2+dy^2}$$

于是得到用笛卡儿坐标表示曲线长度的一般公式

$$L=\int_{(A)}^{(B)}\sqrt{dx^2+dy^2}$$

其中(A)及(B)是表示$\widehat{AB}$始点及终点的记号. 在积分变量选定之后,就可用对应于这两点的积分变量值去代替(A)及(B). 若曲线方程用参数式 $x=\varphi(t)$,

$y=\psi(t)$ 给出,则①

---

① 现在直接用曲线长度的定义来求出一般公式(1). 设曲线位于笛卡儿坐标平面内,其上每点具有连续转动的切线,且其方程用参数式给出如下

$$x=\varphi(t), y=\psi(t) \quad (T_1 \leqslant t \leqslant T_2)$$

这里函数 $\varphi(t)$ 及 $\psi(t)$ 在区间$[T_1, T_2]$上具有连续导数.

用点 $M_0=A(x_0, y_0), M_1(x_1, y_1), \cdots, M_{n-1}(x_{n-1}, y_{n-1}), M_n=B(x_n, y_n)$ 把已知曲线分成 n 个弧段,这些点各对应于参数轴上的点 $t_0=T_1, t_1, t_2, \cdots, t_{n-1}, t_n=T_2$,各弧所张的弦连成一条折线,其长度$\underline{L}_n$ 为

$$\underline{L}_n=\sum_{i=0}^{n-1} \sqrt{(x_{i+1}-x_i)^2+(y_{i+1}-y_i)^2}$$

应用拉格朗日公式可把上式写成

$$\underline{L}_n=\sum_{i=0}^{n-1} \sqrt{x'^2(\tau_i)+y'^2(\tau_i')}(t_{i+1}-t_i)$$

其中

$$t_i<\tau_i<t_{i+1}, t_i<\tau_i'<t_{i+1}$$

现在要证明 $n \rightarrow \infty$ 及 $\max \Delta t_i \rightarrow 0$ 时这个和式趋于式(1) 右边的积分,为此可写出和式

$$L_n=\sum_{i=0}^{n-1} \sqrt{x'^2(\tau_i)+y'^2(\tau_i)}(t_{i+1}-t_i)$$

其极限等于上述积分,并考察以下的差式

$$\underline{L}_n-L_n=\sum_{i=0}^{n-1}\left[\sqrt{x'^2(\tau_i)+y'^2(\tau_i')}-\sqrt{x'^2(\tau_i)+y'^2(\tau_i)}\right](t_{i+1}-t_i)$$

应用一个很容易证明(例如可用几何方法证明)的不等式

$$\left|\sqrt{a^2+b_2^2}-\sqrt{a^2+b_1^2}\right| \leqslant |b_2-b_1|$$

便得

$$|\underline{L}_n-L_n| \leqslant \sum_{i=0}^{n-1}|y'(\tau_i')-y'(\tau_i)|(t_{i+1}-t_i)$$

由于函数 $y'(t)$ 的均匀连续性(见第二章),故得$|y'(\tau_i')-y'(\tau_i)|<\varepsilon$,其中$\varepsilon$ 为任意小的正数,只要τ_i' 及τ_i 满足$|\tau_i'-\tau_i|<\delta$,而δ 为对应于ε 的一个适当小的数,但若要$|\tau_i'-\tau_i|<\delta$,就只要继续把曲线分成足够小的弧段,也就是把区间$[T_1, T_2]$分到使$|t_{i+1}-t_i|<\delta$ 的程度. 于是当 n 足够大时,可得

$$|\underline{L}_n-L_n|<\varepsilon \sum_{i=0}^{n-1}(t_{i+1}-t_i)=\varepsilon(T_2-T_1)$$

因 ε 为任意小,故上式证明 $\lim(\underline{L}_n-L_n)=0$,也就是说$\underline{L}_n$ 的极限存在且等于 L_n 的极限,于是公式(1)证毕.

在所述条件下,外切折线的周长也具有极限且该极限也等于公式(1) 右边的积分,我们只就$t=x$时的情形(即当曲线用方程 $y=f(x)$ 给出时) 来证明这事. 若用ξ_i 表示弧段$\widehat{M_iM_{i+1}}$ 上切点的横坐标,则对应折线的周长 $\bar{L}_n$ 等于

$$\bar{L}_n=\sum_{i=0}^{n-1} \sqrt{1+y'^2(\xi_i)}(x_{i+1}-x_i) \quad (x_i \leqslant \xi_i \leqslant x_{i+1})$$

但这就是以积分$\int_{x_1}^{x_2} \sqrt{1+y'^2} \mathrm{d} x$ 为极限的和式,于是公式(1) 证毕.

现在要证明第三章中导出弧长微分公式时所根据的原理. 为简便,假设曲线用方程 $y=f(x)$ 给出. 根据积分存在定理,不管按什么规律分割区间$[x_1, x_2]$及选择子区间内的各个对应点ξ_i,积分和式$\underline{L}_n$ 及$\bar{L}_n$ 的极限是不会变的,因此可以在分割子区间及选择ξ_i 时按下面的规律来做:对外切折线来说,使折线的长度在 n 增大时不断减小,对内接折线来说则不断增大,要做到这件事,可以继续往下分割弧段时只取和式$\bar{L}_n$ 及$\underline{L}_n$ 中的$\xi_i=x_i$ 作为新添的分点. 根据这个简单的推理,便可知已知曲线的长度(它是$\bar{L}_n$ 及$\underline{L}_n$ 的极限) 小于任一外切折线 $\bar{L}_n$ 的长度,而大于任一内接折线$\underline{L}_n$ 的长度,这就是所要证明的事.

曲线长度的可加性可直接根据定义推出来,因为曲线长度的定义是个积分,而积分是具有可加性的.

在这个附注里所讨论的事,说明本节开头关于曲线长度的定义与第三章中推出微分式子时所根据的原理(以及对长度有可加性的假设) 是同一回事,根据两者可以求出曲线长度的同一个表达式. 但从这里可以看出,用一般定义来求曲线长度式子时,讲解起来相当费事,而用第三章中的原理按照以积分法解决问题的程序来讲,却能很快得出最后的结果.

$$L=\int_{T_1}^{T_2}\sqrt{\varphi'^2(t)+\psi'^2(t)}\,\mathrm{d}t \quad (T_1<T_2) \tag{1}$$

其中 T_1 及 T_2 各为对应于曲线始点 A 及终点 B 的参数 t 值.

若用极坐标,则得曲线长度的一般公式为

$$L=\int_{(B)}^{(A)}\sqrt{(\mathrm{d}\rho)^2+(\rho\mathrm{d}\varphi)^2}$$

在这种情形下,通常多用极角 φ(曲线方程中的 ρ 已解出)作为积分变量,于是公式的形式变为

$$L=\int_{\varphi_1}^{\varphi_2}\sqrt{\rho^2+\rho'^2}\,\mathrm{d}\varphi \quad (\varphi_1<\varphi_2)$$

故若曲线用笛卡儿坐标系的参数方程给出

$$x=\varphi(t),y=\psi(t) \quad (T_1\leqslant t\leqslant T_2)$$

其中 $\varphi(t),\psi(t)$ 及导函数 $\varphi'(t),\psi'(t)$ 在区间 $[T_1,T_2]$ 上连续,则该曲线可以直化且其长度可用公式(1)求出. 凡是由有限个上述曲线弧段所组成的曲线,都是可以直化的(当曲线方程用极坐标给出时,也不难指出曲线可直化的充分条件).

关于曲线可直化的问题,还有比这更为弱的充分条件,它可以不必假定曲线上每点处都有切线,但我们现在不讲这些内容. 我们要再一次着重说明的只是,本书内所要讨论的一切曲线都是可直化的.

用机械方法测量曲线长度的仪器——测长计——有很多. 最简单的弧长量器是个有计数设备的小轮. 当小轮沿曲线滚动时,它所滚过的圈数就会记录下来,并可在刻度的地方指出对应于这圈数的弧长. 最早创造出的一些弧长计中,有一架是由柴鲁平在 1854 年制成的.

例 4　求下列圆滚线的一拱弧长

$$x=a(t-\sin t),y=a(1-\cos t)$$

解

$$L=a\int_0^{2\pi}\sqrt{(1-\cos t)^2+\sin^2 t}\,\mathrm{d}t=2a\int_0^{\frac{\pi}{2}}\sin\frac{t}{2}\mathrm{d}t=4a\int_0^{\pi}\sin u\mathrm{d}u=8a$$

也就是说,所求长度等于动圆半径的 8 倍. 这个结果在第四章中是用其他间接方法求出的.

例 5　求椭圆

$$x=a\cos t,y=b\sin t$$

的一个弧段的长度.

解

$$L=\int_{t_1}^{t_2}\sqrt{a^2\sin^2 t+b^2\cos^2 t}\,\mathrm{d}t=a\int_{t_1}^{t_2}\sqrt{1-e^2\cos^2 t}\,\mathrm{d}t$$

其中 $e=\dfrac{\sqrt{a^2-b^2}}{a}$ 是椭圆的离心率. 令 $\cos t=u$,积分就化成另一种形式

$$L=a\int_{u_1}^{u_2}\frac{1-e^2u^2}{\sqrt{(1-u^2)(1-e^2u^2)}}\mathrm{d}u, u_1=\cos t_1, u_2=\cos t_2$$

这个积分(椭圆积分)是不能用有限式表示的,因此椭圆的弧长不能用初等函数表示. 椭圆弧长的近似值可用定积分近似计算法求出,或从椭圆积分表上查出.

例 6 对数螺线方程为 $\rho=a\mathrm{e}^{m\varphi}$,求从其上一点 (ρ_0,φ_0) 起到可变点 (ρ,φ) 为止的弧长.

解

$$L=\int_{\varphi_0}^{\varphi}\sqrt{a^2\mathrm{e}^{2m\varphi}+a^2m^2\mathrm{e}^{2m\varphi}}\,\mathrm{d}\varphi$$

$$=a\sqrt{1+m^2}\int_{\varphi_0}^{\varphi}\mathrm{e}^{m\varphi}\mathrm{d}\varphi$$

$$=a\frac{\sqrt{1+m^2}}{m}(\mathrm{e}^{m\varphi}-\mathrm{e}^{m\varphi_0})$$

这里求出 L 是弧端点的极角 φ 的函数. 我们也可以把它表示为端点的矢径 ρ 的函数

$$L=\frac{\sqrt{1+m^2}}{m}(\rho-\rho_0)$$

这个式子说明对数螺线的弧长与其矢径的增量成正比.

当弧的始点靠近极点时,极角 φ 趋于 $-\infty$. 这时表示弧长的积分变成广义积分,得

$$L=a\sqrt{1+m^2}\int_{-\infty}^{\varphi}\mathrm{e}^{m\varphi}\mathrm{d}\varphi=a\frac{\sqrt{1+m^2}}{m}\mathrm{e}^{m\varphi}=\frac{\sqrt{1+m^2}}{m}\rho$$

也就是说,从极点起到某一点为止的对数螺线的弧长与该终点的矢径成比例.

上述弧段虽在极点处蜷曲无数圈,但是具有一定的长度,这事其实并不出人意料. 这种弧段的可直化性可以用下面明显的事实来说明:从理论上讲,可用任一有定长的弧段作出一条长度不变但蜷曲无数圈的曲线. 例如,从长度等于 1 的直线段可以作出一条蜷折无数次的方形螺线:每次平分右边的半段,并在

分点处弯折该线段，使后半段始终与前半段相垂直. 这种螺线的长度还是等于 $1\left(=\frac{1}{2}+\frac{1}{4}+\frac{1}{8}+\cdots\right)$.

132. 体积

首先我们要规定两项浅显的原理，作为定义体积时的出发点：

Ⅰ. 形体的体积具有可加性，也就是整个形体的体积等于其各部分体积的和.

Ⅱ. 直柱体的体积等于其底面图形（或与底面相平行的图形）的面积与柱高相乘.

设已知形体为有限闭曲面所包围，且设垂直于某一直线（比方说是 x 轴）的平面在该形体上的任一截面为已知（图10）. 这时每一截面可由该截面与 x 轴交点的横坐标 x 定出. 因而我们可以把截面的面积看作一个已知函数 $S(x)$.

其次再假设有垂直于 x 轴的两个平面与该形体相触于点 x_1 及 x_2，且全部物体都夹在这两个平面之间.

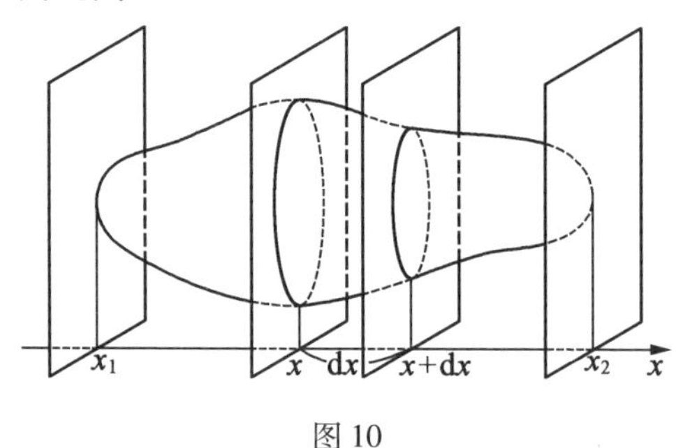

图 10

有了这些假设，并且承认了开始所讲的两项原理之后，我们便可以按前面所讲用积分概念解决问题的程序来求出表示已知形体体积 V 的式子. 求时可在 x 轴上点 $x(x_1<x<x_2)$ 处作垂直于该轴的任一平面，并考察从截面 $x=x_1$ 起到所作截面 x 处为止的形体体积 v. 令 x 取得增量 Δx，则 v 得到增量 Δv，其中 Δv 可用截面 x 及 $x+\mathrm{d}x$ 间的那部分形体体积来表示（图10）. 现在把这部分形体换成第一个截面 x 及第二个截面 $x+\mathrm{d}x$ 间以第一个截面 x 为底的直柱体（在 x 到 $x+\mathrm{d}x$ 的区间上，截面不变，它的面积都是 $S(x)$）. 这样体积的增量就可写成乘积 $S(x)\mathrm{d}x$，而这个乘积显然就是 Δv 的主部. 因为 Δv 满足不等式

$$\underline{S}\mathrm{d}x \leqslant \Delta v \leqslant \overline{S}\mathrm{d}x$$

这里 $\underline{S}$ 及 $\overline{S}$ 各为区间 $[x, x+\mathrm{d}x]$ 的最小及最大截面. 用 $S(x)\mathrm{d}x$ 除不等式中的各项，得

$$\frac{\underline{S}}{S} \leqslant \frac{\Delta v}{S(x)\mathrm{d}x} \leqslant \frac{\overline{S}}{S}$$

这里假定 $S(x)$ 是连续函数,故当 $\mathrm{d}x \to 0$ 时

$$\underline{S} \to S(x), \overline{S} \to S(x)$$

由此可知

$$\frac{\Delta v}{S(x)\,\mathrm{d}x} \to 1$$

这便证明 $S(x)\,\mathrm{d}x$ 确实是 Δv 的主部.

所以

$$\mathrm{d}v = S(x)\,\mathrm{d}x$$

取积分,得

$$v = \int_{x_1}^{x_2} S(x)\,\mathrm{d}x \quad (x_1 < x_2) \tag{2}$$

但由于求 $S(x)$ 的式子时通常都要用积分法,所以体积的计算问题可化为两次积分问题.

如果所论形体的表面是由曲线 $y=f(x)$ 绕 x 轴旋转而成的(这时当然要假定该曲线在区间 $[x_1, x_2]$ 上不与 x 轴相交),那么横坐标 x 处的横截面是以曲线的对应纵坐标 $y=f(x)$ 为半径的圆.

这时

$$S(x) = \pi y^2$$

故得旋转体的体积公式为①

$$V = \pi\int_{x_1}^{x_2} y^2\,\mathrm{d}x \quad (x_1 < x_2)$$

在另一种特殊情况下,我们还可用一个简便的法则来计算体积. 这就是当形体的截面面积 $S(x)$ 可表示为 x 的二次多项式时

$$S(x) = ax^2 + bx + c$$

在这种情形下(见第七章)可得

$$V = \int_{x_1}^{x_2} S(x)\,\mathrm{d}x = \frac{H}{6}(S_H + 4S_C + S_K)$$

其中 $H = x_2 - x_1$ 是形体的长度,$S_H = S(x_1)$,$S_C = S\left(\frac{x_1 + x_2}{2}\right)$,$S_K = S(x_2)$ 各为始

① 若形体的表面由曲线绕 y 轴旋转而成,则

$$V = \pi\int_{y_1}^{y_2} x^2\,\mathrm{d}y \quad (y_1 < y_2)$$

截面、中截面及终截面的面积. 这个式子叫作辛普森公式,它的几何形式在卡瓦利里(Cavalieri,1598—1647)时就已知道了. 这个公式的用处有很多,就初等数学上所知的形体如棱柱、棱锥、球、圆柱、圆锥(尖顶或截顶的)来说,都可证实这个公式成立. 当截面面积并不按二次多项式的规律变化时,辛普森公式也可以作为近似式(当 $S(x)$ 是 x 的三次多项式 ax^3+bx^2+cx+d 时,也可以证明这个公式仍然准确). 事实上用这个近似公式就等于取了相同的分点数后用辛普森法则来算积分(2)的近似值.

从公式(2)立即可推出卡瓦利里原理:介于同样两个平行平面间的两个形体,若其平行于底面且与底面有同一距离的两个截面处处相等,则这两个形体的体积相等.

这是因为在所述情形下,表示那两个形体体积的积分中,积分限及被积函数都各自相等.

微积分发明后,卡瓦利里原理失去了它的重要性,但在当时,它对发展数学解析的一些基本概念有极大的作用.

例 7 椭球(图 11)

$$\frac{x^2}{a^2}+\frac{y^2}{b^2}+\frac{z^2}{c^2}=1$$

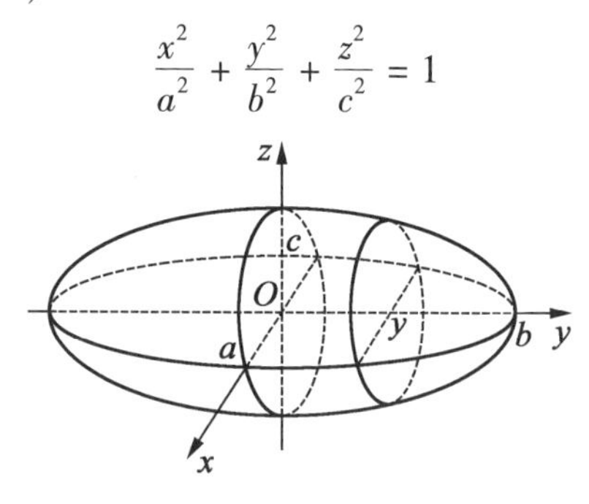

图 11

中垂直于 x 轴的截面是椭圆,其半轴各为

$$b\sqrt{1-\frac{x^2}{a^2}}\text{ 及 }c\sqrt{1-\frac{x^2}{a^2}}\quad(-a\leqslant x\leqslant a)$$

求这个椭球的体积.

解 我们知道点 x 处的横截面面积是

$$S(x)=\pi b\sqrt{1-\frac{x^2}{a^2}}c\sqrt{1-\frac{x^2}{a^2}}=\pi bc\left(1-\frac{x^2}{a^2}\right)$$

这是 x 的二次函数. 故可用辛普森公式. 这里

$$H=2a,S_H=S_K=0,S_C=\pi bc$$

故

$$V = \frac{2a}{6}4\pi bc = \frac{4}{3}\pi abc$$

若其中有两个半轴相等,例如 $c = b$,则得旋转椭球的体积为

$$V = \frac{4}{3}\pi ab^2$$

若三个半轴都相等,则得球的体积为

$$V = \frac{4}{3}\pi a^3$$

例 8　求圆环的体积. 圆环是由圆绕着一条与它不相交的直线旋转而成的形体.

解　设半径为 a,圆心为 $(0,b)$(其中 $b < a$)的圆绕 x 轴旋转. 这时圆方程是

$$x^2 + (y - b)^2 = a^2$$

如果从上半段圆周($y = b + \sqrt{a^2 - x^2}$)下部的面积所转成的体积减去下半段圆周($y = b - \sqrt{a^2 - x^2}$)下部的面积所转成的体积,那么显然可得所求圆环的体积. 故得

$$\begin{aligned} V &= 2\pi\int_0^a (b + \sqrt{a^2 - x^2})^2 \mathrm{d}x - 2\pi\int_0^a (b - \sqrt{a^2 - x^2})^2 \mathrm{d}x \\ &= 2\pi\int_0^a [(b + \sqrt{a^2 - x^2})^2 - (b - \sqrt{a^2 - x^2})^2] \mathrm{d}x \\ &= 8\pi b\int_0^a \sqrt{a^2 - x^2} \mathrm{d}x \end{aligned}$$

然后令 $x = a\sin t$,得

$$V = 8\pi ba^2\int_0^{\frac{\pi}{2}} \cos^2 t \mathrm{d}t = 8\pi ba^2 \frac{\pi}{4} = 2\pi^2 ba^2$$

例 9　若以两平行平面中的图形(或曲线)为底,并按某种规律用直线联结上下两底面围线上的对应点而形成侧面,则所得形体叫作劈锥. 设劈锥的下底是半径为 r 的圆,上底与圆相距 a,并且是长度等于 $2r$ 且位于该圆直径正上方的一条线段. 取上底在圆上的正投影作为 y 轴,用直线联结上下底面围线上在 y 轴上有同一投影的各点而形成劈锥的侧面(图 12). 求所得劈锥的体积.

解　取图 12 中所示的坐标系. 由图可知,垂直于 y 轴的截面是等腰三角形,其底的长度为 $2\sqrt{r^2 - y^2}$,高的长度为 a. 故

$$S(y) = a\sqrt{r^2 - y^2}$$

而

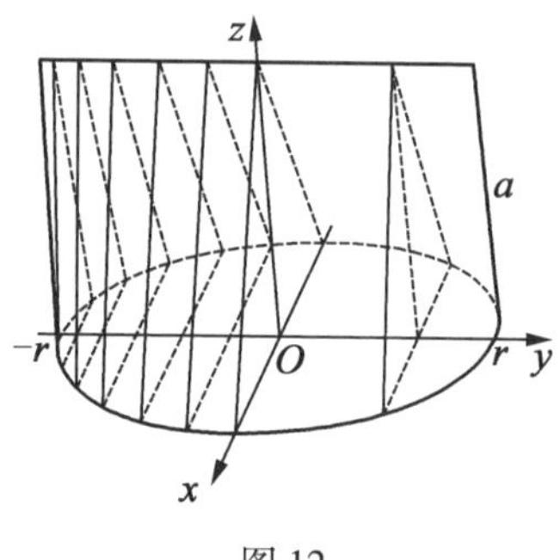

图 12

$$V = a\int_{-r}^{r}\sqrt{r^2 - y^2}\,\mathrm{d}y = 2a\int_{0}^{r}\sqrt{r^2 - y^2}\,\mathrm{d}y = 2ar^2\int_{0}^{\frac{\pi}{2}}\cos^2 t\mathrm{d}t = \frac{1}{2}\pi r^2 a$$

也就是说,所论劈锥的体积是同底同高的圆柱体积的一半.

133. 旋转曲面的面积

现在我们不讲一般曲面面积的求法,只考虑求旋转曲面面积的问题.

设曲线 $y=f(x)$ 上的弧段 $\overset{\frown}{AB}$ 绕 x 轴旋转而形成一个曲面(图 13),要求出该曲面的面积. 这时自然可把旋转体的表面积 Q 定义如下:若作旋转曲线的内接(或外切)折线,并考虑由该折线旋转而成的曲面面积 Q_n,则当折线的边数无限增多且最大边的长度趋于 0 时,Q_n 所趋的极限便是旋转曲面的面积 Q. 与以前讲曲线长度概念时的情形一样,我们可以证明(现在从略)这个定义与下列两项原理所规定的事是相等的:

Ⅰ. 曲面面积具有可加性.

Ⅱ. 若作旋转曲线的外切及内接折线,则旋转体的表面积小于外切折线所转成的面积,而大于内接折线所转成的面积.

用这两项原理可求出曲面面积的微分 $\mathrm{d}q$,然后再按积分解题的程序,求出全部面积 Q.

用 x_1 及 x_2 表示弧端点的横坐标($x_1 < x_2$). 过 $x_1 < x < x_2$ 中的任一点 x 作垂直于 x 轴的平面. 让 x 取得增量 $\mathrm{d}x$,于是曲面面积 q(从某一个固定截面算起)得到增量 Δq,其中 Δq 等于过 x 及 $x+\mathrm{d}x$ 的两个平行平面(都垂直于 x 轴)间的曲面面积. 根据上述第二项原理,这部分曲面面积 Δq 应大于区间 $[x, x+\mathrm{d}x]$ 上对应弦所转成的锥台侧面积,小于该区间上弧段始点 x 处的对应切线所转成的锥台侧面积. 于是得

$$\frac{2\pi y + 2\pi(y+\Delta y)}{2}\sqrt{\Delta x^2 + \Delta y^2} > \Delta q > \frac{2\pi y + 2\pi(y+\mathrm{d}y)}{2}\sqrt{\mathrm{d}x^2 + \mathrm{d}y^2}$$

用 $2\pi y\sqrt{\mathrm{d}x^2 + \mathrm{d}y^2}$ 除这个不等式的各项,得

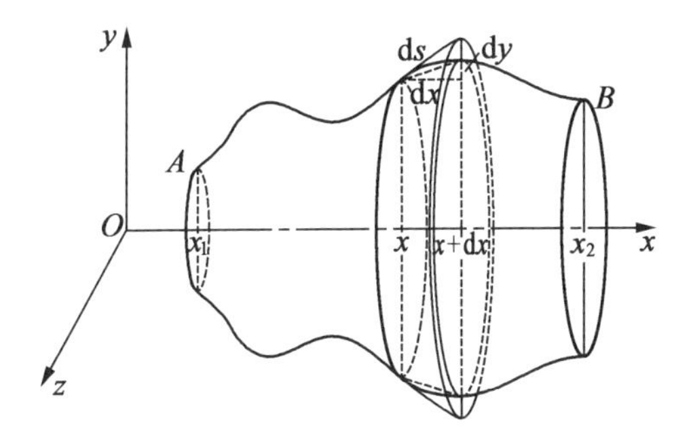

图 13

$$\frac{(4\pi y+2\pi\Delta y)\sqrt{\Delta x^{2}+\Delta y^{2}}}{4\pi y\sqrt{\mathrm{d}x^{2}+\mathrm{d}y^{2}}}<\frac{\Delta q}{2\pi y\sqrt{\mathrm{d}x^{2}+\mathrm{d}y^{2}}}<\frac{4\pi y+2\pi\mathrm{d}y}{4\pi y}$$

由此可知当 $\mathrm{d}x\to 0$ 时

$$\frac{\Delta q}{2\pi y\sqrt{\mathrm{d}x^{2}+\mathrm{d}y^{2}}}\to 1$$

因为左边的分母即 Δq 的主部与 $\mathrm{d}x$ 成正比($2\pi y\sqrt{\mathrm{d}x^{2}+\mathrm{d}y^{2}}=2\pi y\sqrt{1+y'^{2}}\,\mathrm{d}x$),所以它就是所求曲面面积的微分

$$\mathrm{d}q=2\pi y\sqrt{\mathrm{d}x^{2}+\mathrm{d}y^{2}}$$

或简写为

$$\mathrm{d}q=2\pi y\,\mathrm{d}s$$

故

$$Q=2\pi\int_{(A)}^{(B)}y\,\mathrm{d}s$$

这里(A)及(B)必须换成对应的积分变量值. 如果曲线方程是对 y 解出的,那么公式可以写成

$$Q=2\pi\int_{x_1}^{x_2}y\sqrt{1+y'^{2}}\,\mathrm{d}x\quad (x_1<x_2)$$

如果曲线方程用参数式 $x=\varphi(t)$, $y=\psi(t)$ 给出,那么

$$Q=2\pi\int_{t_1}^{t_2}\varphi(t)\sqrt{\varphi'^{2}(t)+\psi'^{2}(t)}\,\mathrm{d}t\quad (t_1<t_2)$$

其中 t_1 及 t_2 是对应于曲线上点 A 及点 B 的参数值.

例 10 计算球带的面积.

解 设圆的半径是 r,圆心是坐标原点,并设其上一段圆弧绕 x 轴旋转. 从圆方程

$$x^{2}+y^{2}=r^{2}$$

可得

$$y^2=r^2-x^2, yy'=-x$$

故得

$$Q=2\pi\int_{x_1}^{x_2}y\sqrt{1+y'^2}\,\mathrm{d}x=2\pi\int_{x_1}^{x_2}\sqrt{y^2+(yy')^2}\,\mathrm{d}x$$

$$=\int_{x_1}^{x_2}2\pi\sqrt{(r^2-x^2)+x^2}\,\mathrm{d}x=2\pi r(x_2-x_1)=2\pi rH$$

其中 H 是球带的高度. 当 $H=2r$ 时,即得球面积 $Q=4\pi r^2$.

例 11 计算圆环的面积(见例 8).

解 这个面积显然等于圆周

$$x^2+(y-b)^2=a^2$$

的上下两半圈所转成的面积的和. 因

$$y=b\pm\sqrt{a^2-x^2}$$

及

$$y'^2=\frac{x^2}{a^2-x^2}$$

故

$$Q=2\pi\int_{-a}^{a}(b+\sqrt{a^2-x^2})\sqrt{1+\frac{x^2}{a^2-x^2}}\,\mathrm{d}x+$$

$$2\pi\int_{-a}^{a}(b-\sqrt{a^2-x^2})\sqrt{1+\frac{x^2}{a^2-x^2}}\,\mathrm{d}x$$

$$=8\pi ab\int_{-a}^{a}\frac{\mathrm{d}x}{\sqrt{a^2-x^2}}=8\pi ab\int_{0}^{1}\frac{\mathrm{d}u}{\sqrt{1-u^2}}$$

$$=8\pi ab\cdot\arcsin 1=4\pi^2ab$$

例 12 求圆滚线 $x=a(t-\sin t), y=a(1-\cos t)$ 的一拱弧绕 x 轴所转成的曲面面积.

解

$$Q=2\pi\int_{0}^{2\pi}a(1-\cos t)2a\sin\frac{t}{2}\mathrm{d}t=8\pi a^2\int_{0}^{2\pi}\sin^3\frac{t}{2}\mathrm{d}t$$

$$=16\pi a^2\int_{0}^{\pi}\sin^3u\,\mathrm{d}u=16\pi a^2\int_{0}^{\pi}(1-\cos^2u)\sin u\,\mathrm{d}u=\frac{64}{3}\pi a^2$$

134. 重心及古尔丁定理

若有质量 $m_1, m_2, \cdots, m_n$ 各集中在平面上的点 $M_1(x_1, y_1), M_2(x_2,$

$y_2),\cdots,M_n(x_n,y_n)$ 处,则这一组点的重心 $M(\xi,\eta)$ 的坐标可用下列公式求出

$$\xi=\frac{x_1m_1+x_2m_2+\cdots+x_nm_n}{m_1+m_2+\cdots+m_n}=\frac{\sum_{i=1}^{n}x_im_i}{\sum_{i=1}^{n}m_i}$$

$$\eta=\frac{y_1m_1+y_2m_2+\cdots+y_nm_n}{m_1+m_2+\cdots+m_n}=\frac{\sum_{i=1}^{n}y_im_i}{\sum_{i=1}^{n}m_i}$$

(若各点分布在空间内,则还需要加上第三个坐标

$$\zeta=\frac{z_1m_1+z_2m_2+\cdots+z_nm_n}{m_1+m_2+\cdots+m_n}$$

其中 ζ 是重心的纵坐标,而 $z_1,z_2,\cdots,z_n$ 各为点 $M_1,M_2,\cdots,M_n$ 的纵坐标).

对于均匀的质点组($m_1=m_2=\cdots=m_n$)来说,重心的坐标为

$$\xi=\frac{\sum_{i=1}^{n}x_i}{n},\eta=\frac{\sum_{i=1}^{n}y_i}{n}$$

就不取决于质量的大小,而只取决于质点的位置.

一点到某一轴的距离与其质量的乘积,叫作该点对该轴的静力矩. 因此 x_im_i 及 y_im_i 各为点 M_i 对 y 轴及 x 轴的静力矩. 若干点的静力矩的和,叫作该质点组的静力矩. 所以质点组 $M_i(x_i,y_i)$ 的重心的坐标可以表示为

$$\xi=\frac{M_y}{M},\eta=\frac{M_x}{M}$$

其中 M_x 及 M_y 分别是质点组对 x 轴及 y 轴的静力矩,M 是质点组的质量的和. 由此可得

$$\xi M=M_y,\eta M=M_x$$

于是重心可以当作这样的一点来求:如果把质点组的全部质量集中在重心处,那么它对某一轴的静力矩就等于质点组对于同一轴的静力矩.

现在我们不讲有限个质点所组成质点组的重心问题,而要把上述重心的定义推广到质点为连续分布(曲线,平面图形,曲面,形体)的情形上去. 这时求重心的问题就化为求所论连续体对坐标轴的静力矩问题,而要求连续体对坐标轴的静力矩又必须用积分概念.

Ⅰ. 曲线. 求均匀的曲线 $y=f(x)$(图 14)形物体的静力矩 M_x 及 M_y,假定这种曲线仅有长度且其线性密度等于 δ.

设 x_1 及 x_2 是弧两端的横坐标. 令任一 x 值($x_1<x<x_2$)取得增量 dx. 于是弧段 $\widehat{AC}$ 对 x 轴的静力矩得到增量 Δm_x,其中 Δm_x 等于 $\widehat{CC'}$ 对 x 轴的静力矩(因为

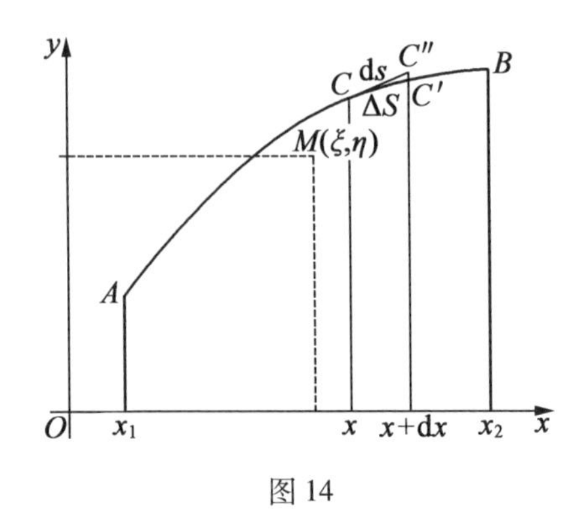

图 14

整个物体的静力矩等于其各部分静力矩的和). 如果把$\overset{\frown}{CC'}$换成一段切线 CC'',并假定线段 CC'' 上的质量都集中在点 C 处,那么便可取点 C 的静力矩作为增量 Δm_x 的(且与 $\mathrm{d}x$ 成正比的) 主部,也就是拿 C 的静力矩作为 $\mathrm{d}m_x$. 由于线段 CC'' 的质量等于其长度与密度 δ 的乘积,故

$$\mathrm{d}m_x=\delta y\mathrm{d}s$$

同样可得

$$\mathrm{d}m_y=\delta x\mathrm{d}s$$

取积分,得下列公式

$$M_x=\delta\int_{(A)}^{(B)}y\mathrm{d}s,M_y=\delta\int_{(A)}^{(B)}x\mathrm{d}s$$

计算时公式中的(A) 及(B) 必须换成积分变量的对应值.

下一步求重心的坐标时,只要用全部弧的质量(即 $\delta\int_{(A)}^{(B)}\mathrm{d}s$) 除 M_y 及 M_x 即可. 于是

$$\xi=\frac{\int_{(A)}^{(B)}x\mathrm{d}s}{\int_{(A)}^{(B)}\mathrm{d}s},\eta=\frac{\int_{(A)}^{(B)}y\mathrm{d}s}{\int_{(A)}^{(B)}\mathrm{d}s} \tag{3}$$

由此可知,若曲线弧的质地均匀,则其重心的位置(或坐标) 并不取决于密度的大小,而只取决于曲线的形状.

当曲线用各种不同的方式给出时,计算重心的方法与前述几何性质问题中的求法相同.

现在要证明:若曲线弧有对称轴,则其重心必位于该轴上. 这时可取对称轴作为 y 轴,于是所要证明的就是 $\xi=0$,即

$$\int_{(A)}^{(B)} x\mathrm{d}s = 0$$

但由于弧对称于 y 轴,故点 A 及 B 的横坐标只相差正负号

$$x_2 = -x_1 = \alpha$$

$$f(-x) = f(x)$$

而

$$f'(-x) = -f'(x)$$

由此得

$$f'^2(-x) = f'^2(x)$$

故积分

$$\int_{(A)}^{(B)} x\mathrm{d}s = \int_{-\alpha}^{\alpha} x\sqrt{1+y'^2}\mathrm{d}x$$

确实等于0,因为被积函数在积分区间$[-\alpha,\alpha]$上是一个奇函数.

Ⅱ. 曲边梯形. 设有质地均匀的平面图形(平板),现在要讲它的静力矩及重心坐标的求法. 这里假定它只有长及宽(无厚薄)且设其密度为 δ.

由于力矩具有可加性(整个物体的力矩等于其各部分力矩的和),所以我们的问题可化为计算曲边梯形对于坐标轴的静力矩问题.

设曲边梯形的底在 x 轴上,上面的边界是曲线 $y=f(x)$ 的弧段$\widehat{AB}$. 令任一值 $x(x_1<x<x_2$,其中 x_1 及 x_2 是弧端点的横坐标) 取得增量 $\mathrm{d}x$. 于是曲边梯形 $EACD$(图 15) 的静力矩 m_x 及 m_y 所得增量 Δm_x 及 Δm_y 是梯形 $CC'FD$ 对 x 轴及 y 轴的矩. 如果把梯形 $CC'FD$ 换成矩形 $CC''FD$,并设想全部矩形 $CC''FD$ 上的质量均匀集中在纵坐标线 CD 上,那么 CD 对坐标轴的静力矩与 $\mathrm{d}x$ 成正比且可作为增量 Δm_x 及 Δm_y 的主部(即是 $\mathrm{d}m_x$ 及 $\mathrm{d}m_y$). 集中在 CD 上的质量是密度 δ 与矩形面积 $\mathrm{d}\sigma$ 的乘积,而线段 CD 的矩就是其重心(它显然在 CD 的中点处) 的矩. 于是

$$\mathrm{d}m_x = \frac{1}{2}\delta y\mathrm{d}\sigma, \mathrm{d}m_y = \delta x\mathrm{d}\sigma$$

由此得

$$M_x = \frac{1}{2}\delta\int_{(A)}^{(B)} y\mathrm{d}\sigma, M_y = \delta\int_{(A)}^{(B)} x\mathrm{d}\sigma$$

由于全部梯形的质量等于 $\delta\int_{(A)}^{(B)}\mathrm{d}\sigma$,故其重心坐标的公式是

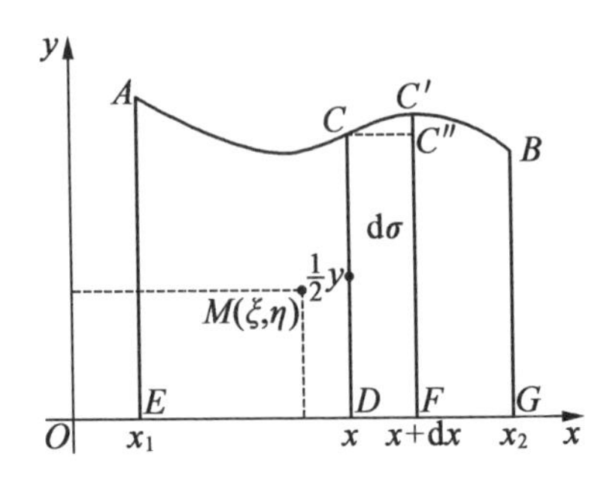

图 15

$$\xi=\frac{\int_{(A)}^{(B)}x\mathrm{d}\sigma}{\int_{(A)}^{(B)}\mathrm{d}\sigma},\eta=\frac{1}{2}\frac{\int_{(A)}^{(B)}y\mathrm{d}\sigma}{\int_{(A)}^{(B)}\mathrm{d}\sigma}$$

用公式的时候,(A) 及(B) 必须换成所取积分变量的对应值. 这两个公式最常用的形式是

$$\xi=\frac{\int_{x_1}^{x_2}xy\mathrm{d}x}{\int_{x_1}^{x_2}y\mathrm{d}x},\eta=\frac{1}{2}\frac{\int_{x_1}^{x_2}y^2\mathrm{d}x}{\int_{x_1}^{x_2}y\mathrm{d}x}\tag{4}$$

在这里比在情形 Ⅰ 中还容易说明:当梯形具有对称轴时,其重心必位于对称轴上.

同时又可以看出:当梯形有均匀密度时,重心的坐标并不取决于梯形所含质量的大小,而只取决于其形状及位置.

因此计算具体平面图形的重心坐标问题,与纯粹几何性质的同类计算问题完全一样,所以不再细讲具体的例子,而只讲一个极有趣的几何上的结果:求旋转体的表面积及体积的简单法则.

Ⅲ. 古尔丁(Guldin,1577—1643)① 定理. 从式(3) 中的第二个公式可得

$$L\eta=\int_{(A)}^{(B)}y\mathrm{d}s$$

其中 L 是$\widehat{AB}$ 的长度(图 14). 用 2π 乘上式两边得

① 古尔丁的这两个定理也叫作帕普斯(Pappus)(希腊时代亚历山大城的学者,生于公元前 300 年) 定理.

$$L2\pi\eta = 2\pi\int_{(A)}^{(B)} y\mathrm{d}s$$

上式右边给出$\widehat{AB}$绕 x 轴所成旋转体的表面积,左边的因子 $2\pi\eta$ 是旋转时弧重心所描出圆周的长.

于是得出:

古尔丁第一定理 曲线弧段绕一轴(与曲线不相交)旋转而成的表面积 Q,等于该弧段长度 L 与其重心(假定曲线质地是均匀的)在旋转时所经路线长度 l 两者的乘积

$$Q = Ll$$

其中 $l = 2\pi\eta$.

当弧段并没有旋转一整圈(转过角度 2π)而只绕轴转过角度 $\alpha(\alpha < 2\pi)$ 时,上述公式依然成立,这时 $l = \alpha\eta$. 如果所转的不是弧段,而是整个闭曲线(与轴不相交),那么这个公式也成立. 只要写出曲线重心及对应旋转表面积的显式,就不难证实这个结果.

根据这个定理,就可从 Q,L,η 中的任何两个量求出第三个量.

例如,圆环(见例 8)的表面积可用 $L = 2\pi a$ 及 $l = 2\pi b$ 立即求出为

$$Q = 4\pi^2 ab$$

再如求半个圆周绕其中点处的切线旋转一圈所成的表面积. 为此需要知道半圆周的重心位置. 但它的重心一定在垂直于其两端连线的那条半径上. 半圆周绕其两端连线的曲面是球面,故根据古尔丁第一定理可得

$$4\pi r^2 = \pi r \cdot 2\pi\eta$$

由此得

$$\eta = \frac{2r}{\pi}$$

因此重心与上述切线的距离是 $r - \frac{2r}{\pi}$.

再应用古尔丁第一定理,得所求面积为

$$Q = \pi r \cdot 2\pi\left(r - \frac{2r}{\pi}\right) = 2\pi r^2(\pi - 2)$$

现在我们来讲古尔丁第二定理.

自式(4)中的第二个公式得

$$S \cdot 2\eta = \int_{x_1}^{x_2} y^2\mathrm{d}x$$

这里 S 是梯形 $ABGE$(图 15)的面积,用 π 乘上式两边得

$$S \cdot 2\pi\eta = \pi\int_{x_1}^{x_2} y^2 \mathrm{d}x$$

上式等号右边给出梯形 $ABGE$ 绕 x 轴转成的体积.

于是得:

古尔丁第二定理 梯形绕其底旋转而成的体积 V,等于梯形面积 S 与其重心(假设梯形的密度均匀)在旋转时所经路线长度 l 两者的乘积

$$V = Sl$$

其中 $l = 2\pi\eta$.

若梯形不旋转一整圈,而只转过角度 $\alpha(\alpha < 2\pi)$,则上式依然成立,这时 $l = \alpha\eta$. 若所转的不是梯形,而是任一平面图形(不与旋转轴相交),则公式也成立. 如果用显式写出图形重心的坐标及其对应旋转体体积,就可以证实这事.

用古尔丁公式,可从 V,S,η 中的任何两个量求出第三个量,例如,圆环(见例8)的体积可从 $S = \pi a^2$ 及 $l = 2\pi b$ 立即求出

$$V = 2\pi^2 a^2 b$$

再如用公式可求半圆绕其半圆周中点处切线所转成的体积. 为此需要知道半圆重心的位置. 我们知道这个重心一定在垂直于半圆底边的那条半径上. 这个半圆绕其底边旋转得一球,根据古尔丁第二定理得

$$\frac{4}{3}\pi r^3 = \frac{1}{2}\pi r^2 \cdot 2\pi\eta$$

由此得

$$\eta = \frac{4r}{3\pi}$$

所以重心与上述切线的距离是 $r - \frac{4r}{3\pi}$,再应用古尔丁第二定理,得所求体积为

$$V = \frac{1}{2}\pi r^2 \cdot 2\pi\left(r - \frac{4r}{3\pi}\right) = \frac{\pi r^3}{3}(3\pi - 4)$$

用古尔丁第二定理不难证明:三角形重心与其底边的距离为其高的$\frac{1}{3}$. 用 a 表示三角形的底边,用 h 表示高. 让三角形绕其底边旋转. 从一方面说,所得旋转体的体积(两个圆锥体积的和)等于

$$\pi h^2 \cdot \frac{1}{3}a_1 + \pi h^2 \cdot \frac{1}{3}a_2$$

其中 $a_1 + a_2 = a$,故体积等于$\frac{1}{3}\pi h^2 a$. 从另一方面说,根据古尔丁第二定理,它应等于

$$\frac{1}{2}ah \cdot 2\pi\eta$$

其中 η 是重心与底边的距离. 所以

$$\frac{1}{3}\pi h^2 a = \pi a h \eta$$

由此知

$$\eta = \frac{1}{3}h$$

注意 (1) 就形体及表面积来说,规定其静力矩及重心坐标时所根据的论证与情形 Ⅰ 及 Ⅱ 中所讲的完全相同. 例如,就质地均匀的旋转体及旋转面来说,其重心显然位于旋转轴上. 设 x 轴是旋转轴,则形体对 y 轴的静力矩是

$$M_y = \delta \int_{(A)}^{(B)} x \mathrm{d}v$$

其中 δ 是物体的密度,A 及 B 是旋转弧段的始点及终点,$\mathrm{d}v$ 是体积的微分. 于是重心横坐标的表达式是

$$\xi = \frac{\int_{(A)}^{(B)} x \mathrm{d}v}{\int_{(A)}^{(B)} \mathrm{d}v} = \frac{\int_{x_1}^{x_2} x y^2 \mathrm{d}x}{\int_{x_1}^{x_2} y^2 \mathrm{d}x}$$

其中 x_1 及 $x_2(x_1 < x_2)$ 分别是点 A 及 B 的横坐标.

对曲面来说,同样可得其静力矩及重心横坐标的公式分别为

$$M_y = \delta \int_{(A)}^{(B)} x \mathrm{d}q$$

(δ 是曲面的密度,$\mathrm{d}q$ 是曲面面积的微分) 及

$$\xi = \frac{\int_{(A)}^{(B)} x \mathrm{d}q}{\int_{(A)}^{(B)} \mathrm{d}q} = \frac{\int_{x_1}^{x_2} x y \sqrt{1 + y'^2} \mathrm{d}x}{\int_{x_1}^{x_2} y \sqrt{1 + y'^2} \mathrm{d}x} \quad (x_1 < x_2)$$

(2) 力学中还要用到转动惯量(或叫作惯性矩). 质点对一轴的转动惯量等于其质量与质点到轴的距离平方相乘. 所以静力矩有时叫作一阶矩或线性矩(只取距离的一次乘幂),而转动惯量则叫作二阶矩(取距离的二次乘幂).

从质点的转动惯量进而讨论到连续体(曲线、图形、曲面、形) 的转动惯量时,所采取的步骤与讲静力矩问题的情形完全一样. 因此求对于坐标轴的转动惯量时,所得的式子与对应的静力距式子的差别只在于,它把静力矩式子的积分中的一次坐标换成二次坐标. 例如,曲线、梯形、旋转曲面及旋转体对于 y 轴的转动惯量 I_y 各为

$$I_y=\delta\int_{(A)}^{(B)}x^2\mathrm{d}s,I_y=\delta\int_{(A)}^{(B)}x^2\mathrm{d}\sigma,I_y=\delta\int_{(A)}^{(B)}x^2\mathrm{d}q,I_y=\delta\int_{(A)}^{(B)}x^2\mathrm{d}v$$

§3 其他例子

135. 物理问题

Ⅰ. 有机体增长过程. 当变化过程中的两个变量 x 及 y 的微分规律可表示为

$$\mathrm{d}y=ky\mathrm{d}x$$

时(其中 k 是常量),也就是说,当变化过程中一个量(y)对于另一个量(x)的变化速率与第一个量(y)成正比时(见第三章),这种变化过程就叫作有机体增长过程. 把这个微分规律积分便得出指数函数,它表示有机体增长过程的积分规律

$$y=C_0\mathrm{e}^{kx}$$

举例来说,若已知实验开始时测出一群微生物的质量为 $M_0=0.05\ \mathrm{g}$,而经过 2 h 后测出质量为 $M_2=0.06\ \mathrm{g}$,求 3 h 后该群微生物的质量.

用 M 表示该群微生物在时间 t 时的质量,如果假定微生物质量的增加是由于其按有机体增长率 $\mathrm{d}M=kM\mathrm{d}t$ 繁殖的结果,那么积分后可得

$$M=M_0\mathrm{e}^{kt}$$

由此得 $M_2=0.06=0.05\mathrm{e}^{k2}$,故 $k\approx0.0912$. 因此微生物群的质量与时间的依从关系可用下列公式表示

$$M=0.05\mathrm{e}^{0.0912t}$$

将 $t=3$ 代入,得

$$M_3=0.05\mathrm{e}^{0.0912\times3}\approx0.0657\ \mathrm{g}$$

Ⅱ. 镭的蜕变. 现在讲镭的蜕变问题. 变化过程中一个量按有机体增长率随着另一个量的增大而减小,可以拿镭的蜕变过程作为例子.

由于已知一块镭的每一部分都应该看作是转变成新物质的来源,故在已知瞬间所存在的镭量越多,则由镭转变而成的新物质的量显然也越多. 根据有机体增长率可写出

$$\frac{\mathrm{d}x}{\mathrm{d}t}=-kx$$

或

$$\mathrm{d}t=-\frac{1}{k}\cdot\frac{\mathrm{d}x}{x}$$

其中 x 是 t 时存在的镭量,k 是常量. 取负号是由于正的 $\mathrm{d}t$ 对应于负的 $\mathrm{d}x$. 时间隔得越久,存在的镭量越少. 如果假定蜕变过程以均匀速度进行(例如从外界添加新的镭来补充已蜕变的镭量,使单位时间内存在的镭量不减少),则系数 k 是单位时间内所产生的新物质的量.

故

$$t=-\frac{1}{k}\int_{a}^{x}\frac{\mathrm{d}x}{x}$$

其中 a 是 $t=0$ 时的镭量,所以

$$t=-\frac{1}{k}\ln\frac{x}{a}$$

或

$$x=a\mathrm{e}^{-kt}$$

若已知 a 及 k,则用以上两个公式可从 x 定出 t 或从 t 定出 x. 而 a 及 k 应直接给出或应根据两次观察所得的两个条件(t 及 x 的两对对应值)求出. 当 $t=t_1$ 时,$x=x_1$;当 $t=t_2$ 时,$x=x_2$,则得

$$k=-\frac{\ln x_2-\ln x_1}{t_2-t_1},a=x_1^{\frac{t_2}{t_2-t_1}}x_2^{\frac{t_1}{t_1-t_2}}$$

假设镭 B 原有量 $a(=1)$g 的一半经 26.7 min 后蜕变(为镭 O). 这时有 a 及一变化条件(当 $t_1=26.7$ 时,$x_1=0.5$ g)为已知,故可求出 k. 从等式

$$26.7=-\frac{1}{k}\ln\frac{0.5}{1}$$

可得 $k\approx 0.026$,故蜕变过程按下列公式进行

$$x=\mathrm{e}^{-0.026t}$$

如果要知道第一次观察以后经过 10 min 还剩多少镭没有蜕变,那只要将 $t=10$ 代入公式即可

$$x=\mathrm{e}^{-0.026\times 10}\approx 0.77\ \mathrm{g}$$

由于减函数 e^{-kt} 在 t 越大时减小得越慢,所以镭的蜕变过程是一个减速变化过程.

Ⅲ. 气压公式. 设有横截面为 1 m^2 的空气柱,其底位于海面上. 这时在高度 h 处的压力 p 显然是 h 的减函数. 若空气密度并不随高度而变化,则海面压力与高度 h 处的压力两者间的差等于 k_0h,其中 k_0 是海面的空气密度. 但密度本身随着压力变化,故高度增加时,空气的密度要减小.

令 h 取得正的增量 $\mathrm{d}h$,要求 $\mathrm{d}h$ 及 $\mathrm{d}p$ 间的关系. h 增加 $\mathrm{d}h$ 的结果,对应于压力的减小量 Δp,它的值等于高度 h 及 $h+\mathrm{d}h$ 处的两个水平截面间的空气质量. 如果假定从 h 到 $\mathrm{d}h$ 的空气密度不变且等于 h 处的密度值,那么可求得 $\mathrm{d}p$.

这时

$$\mathrm{d}p = -k\mathrm{d}h$$

其中 k 是高度 h 处的空气密度.

现在假定从海面到所论高度处的空气温度不变. 于是根据波义耳－马利奥特定律可得

$$k = \frac{k_0}{p_0}p$$

其中 p_0 是海面的气压. 所以

$$\mathrm{d}p = -\frac{k_0}{p_0}p\mathrm{d}h, \mathrm{d}h = -\frac{p_0}{k_0} \cdot \frac{\mathrm{d}p}{p}$$

因高度 h 对应于从 p_0 到 p 的气压变化,故

$$h = -\frac{p_0}{k_0}\int_{p_0}^{p} \frac{\mathrm{d}p}{p} = -\frac{p_0}{k_0}\ln\frac{p}{p_0}$$

由此得

$$p = p_0 \mathrm{e}^{-\frac{k_0}{p_0}h}$$

这是用高度表出气压的公式,叫作气压公式(或沸点测高公式),是假定从海面到高度 h 的空气层为常温时而得的简化结果. 但在自然界中并无这种常温的现象,空气温度随着高度而变化得相当剧烈,如果不忽视这种变化,那就不可能应用波义耳－马利奥特定律来解这个问题. 上面的公式只能在 h 不是很大时作为参考之用. 准确一点的气压公式比这要复杂得多.

若 h 用 cm 作单位,则 p 就要用 $\mathrm{g/cm^2}$ 作单位. 在通常气压 760 mmHg (1 mmHg = 133.322 4 Pa) 及气温为0℃ 时

$$p_0 = 1\ 033\ \mathrm{g/cm^2}, k_0 = 0.001\ 29\ \mathrm{g/cm^3}$$

由此可得

$$p = 1\ 033 \cdot \mathrm{e}^{-\frac{0.001\ 29}{1\ 033}h}\ \mathrm{g/cm^2}$$

指数因子表示高度 h 处的气压 p 是海面气压 p_0 的几分之几,换句话说,表示大气压力的倍数

$$\frac{p}{p_0} = \mathrm{e}^{-\frac{0.001\ 29}{1\ 033}h} = \mathrm{e}^{-0.000\ 001\ 25h}$$

若用水银柱的高(以 mm 计)表示气压,则可用公式

$$p = 760\mathrm{e}^{-0.000\ 001\ 25h}\ \mathrm{mmHg}$$

若用 m 作高度的单位,用 $\mathrm{kg/cm^2}$ 作气压单位,则上式变为

$$p = 1.033\mathrm{e}^{-0.000\ 126h}\ \mathrm{kg/cm^2}$$

例如在高度 10 km 处的气压是

$$p = 1.033\mathrm{e}^{-1.25}\mathrm{kg/cm^2} \approx 0.3\ \mathrm{kg/cm^2} = 760\mathrm{e}^{-1.25}\ \mathrm{mmHg} \approx 218\ \mathrm{mmHg}$$

我们再用这个公式求出高度等于多少能使气压等于海面气压的一半. 这时得

$$e^{-0.000\,125h}=0.5$$

由此得 $h\approx 5\,545$ m. 但实际上,在这种高度处的气压略高于 38 mmHg.

136. 化学反应

化学反应中某物质的平均反应速度,是该物质参与反应的量与反应所需时间的比值. 这个概念完全合乎变量的变化速率这个一般概念. 若在一段时间 $[t, t+\Delta t]$ 内计算出平均反应速度,则当 Δt 趋于 0 时,这个平均反应速度的极限就可作为 t 这瞬间的速度 v.

我们可以写出

$$v=\frac{\mathrm{d}x}{\mathrm{d}t}=\lim_{\Delta t\to 0}\frac{\Delta x}{\Delta t}$$

其中 $\mathrm{d}x$ 是在无穷小的一段时间 $\mathrm{d}t$ 内起反应的无穷小量物质(这里 x 是到 t 那一瞬间的反应物质的量).

通常谈到物质的量时,并不按物质含量多少的绝对值计算,而是按混合物(溶液)单位体积(1 L)内所含物质的相对数量计算,换句话说,是按浓度计算的. 在化学反应中,物质含量的单位常取 mol(就是克数等于该物质分子量那么多的物质).

如果物质的浓度越大,那么反应速度显然也越快. 如果浓度始终保持不变,那么反应速度也不变,这时反应过程是均匀的(零阶反应). 但若情形并不这样,则物质的浓度要随着时间的增加而减小,结果反应速度也逐渐减慢,这时化学反应是个减速变化过程.

上述内容可用下列的化学定律准确表达出来

$$v_A=\frac{\mathrm{d}(A)}{\mathrm{d}t}=k_A[A]^a[B]^b[C]^c\cdots$$

其中 $A,B,C,\cdots$ 是反应过程中的各种物质(试剂),v_A 是物质 A 的反应速度;(A) 是到 t 那一瞬间为止所减少的浓度①;$[A],[B],[C],\cdots$ 各为物质 $A,B,C,\cdots$ 在 t 那一瞬间的浓度;$a,b,c,\cdots$ 各为反应过程中物质 $A,B,C,\cdots$ 的分子数;最后 k_A 是对应于物质 A 的一个比例常数,是用实验方法测定的. 现在假定反应不是可逆的,也就是假定没有逆反应速度.

由于

$$(A):(B):(C):\cdots=a:b:c:\cdots \tag{1}$$

故

① 也就是 1 L 溶液在单位时间 t 内已发生反应的物质量(以 mol 表示).

$$v_A : v_B : v_C : \cdots = a : b : c : \cdots$$

(由此可知对应于物质 $A,B,C,\cdots$ 的常系数 $k_A,k_B,k_C,\cdots$ 也与 $a,b,c,\cdots$ 诸数成比例).

上述定律叫作质量作用定律. 设 $(A)_0,(B)_0,(C)_0,\cdots$ 分别是 $A,B,C,\cdots$ 在反应开始时($t=0$) 的浓度. 这时可把质量作用定律写成

$$\frac{\mathrm{d}(A)}{\mathrm{d}t} = k_A[(A)_0 - (A)]^a[(B)_0 - (B)]^b[(C)_0 - (C)]^c\cdots$$

设 $(A)_0=\alpha,(B)_0=\beta,(C)_0=\gamma,\cdots,(A)=x$,并应用比例关系(1) 得

$$\frac{\mathrm{d}x}{\mathrm{d}t} = k_A(\alpha - x)^a\left(\beta - \frac{b}{a}x\right)^b\left(\gamma - \frac{c}{a}x\right)^c\cdots$$

由此得

$$\mathrm{d}t = \frac{\mathrm{d}x}{k_A(\alpha - x)^a\left(\beta - \frac{b}{a}x\right)^b\left(\gamma - \frac{c}{a}x\right)^c\cdots}$$

上式是表示化学反应的微分方程. 这里无须再验证微分式子是否正确,因为它是直接根据化学定律得出的.

用变量作积分上限,取积分得

$$t = \int_0^x \frac{\mathrm{d}x}{k_A(\alpha - x)^a\left(\beta - \frac{b}{a}x\right)^b\left(\gamma - \frac{c}{a}x\right)^c\cdots}$$

求出积分就可以得到 x 与 t 之间的依从关系.

于是从质量作用的微分规律(定出 $\mathrm{d}x$ 及 $\mathrm{d}t$ 间的关系) 可求出其积分规律(定出 x 及 t 间的关系).

假设反应中只有一种物质的分子发生变化,那么

$$t = \int_0^x \frac{\mathrm{d}x}{k(\alpha - x)} = -\frac{1}{k}\ln(\alpha - x)\Big|_0^x = \frac{1}{k}\ln\frac{\alpha}{\alpha - x}$$

由此得

$$\alpha - x = \alpha\mathrm{e}^{-kt}$$

我们在解镭的蜕变问题时也得出过这个方程.

这种反应(只有一种分子起作用) 叫作一阶反应或单分子反应,这种变化是按有机体增长率进行的. 所以根据这个意义来说,质量作用定律可以看作广义的有机体增长率,是变化过程更加复杂的有机体增长率.

有些在严格意义上并非一阶反应的变化过程,在某些情形下可以看作近似的单分子反应,使我们能用比较简单的规律来描写它们的变化过程. 例如,假定有两种物质 A 及 B 参与化学反应,其中 $a=b=1$,并假定初始浓度 $(A)_0=\alpha$ 与初始浓度 $(B)_0=\beta$ 比较起来是很小的,那么在下列方程中

$$\mathrm{d}x = k_A(\alpha - x)(\beta - x)\mathrm{d}t = k(\alpha - x)\left(1 - \frac{x}{\beta}\right)\mathrm{d}t, k = k_A\beta$$

既然$x < \alpha$,因而$\frac{x}{\beta}$就相当小,把等号右边第二个括号内的式子换成1也不致产生多少错误. 在这种条件下便得到单分子反应的方程

$$\mathrm{d}x = k(\alpha - x)\mathrm{d}t$$

如果在上述反应中不能假定α(与β相较)是一个很小的数,这时的反应叫作二阶反应(有两个分子作用)或双分子反应. 对双分子反应来说,可得

$$t = \frac{1}{k_A}\int_0^x \frac{\mathrm{d}x}{(\alpha - x)(\beta - x)} = \frac{1}{k_A(\beta - \alpha)}\ln\frac{\alpha(\beta - x)}{\beta(\alpha - x)}$$

由此得

$$x = \alpha\beta\frac{\mathrm{e}^k - 1}{\beta\mathrm{e}^{kt} - 1}, k = k_A(\beta - \alpha)$$

$$\alpha - x = \alpha\frac{\beta - \alpha}{\beta\mathrm{e}^{kt} - \alpha} = \alpha\frac{1 - \frac{\alpha}{\beta}}{\mathrm{e}^{kt} - \frac{\alpha}{\beta}}$$

若略去$\frac{\alpha}{\beta}$,则仍可得到单分子反应时的浓度式子.

当反应中有三种分子相作用时,这种反应叫作三分子反应或三阶反应.

现在我们来讲这种反应,例如氯化铁与氯化锡相作用的反应,这个反应的方程是

$$2FeCl_3 + SnCl_2 \to 2FeCl_2 + SnCl_4$$

现在计算反应开始后经过多久可使$SnCl_2$的浓度等于其初始浓度的一半. 假定已知

$$\alpha = (SnCl_2)_0 = 0.060\ 0$$

$$\beta = (FeCl_3)_0 = 0.082\ 4$$

及

$$k_A = 21.89$$

这里$a = 1, b = 2$,故

$$t = \frac{1}{k_A}\int_0^x \frac{\mathrm{d}x}{(\alpha - x)(\beta - 2x)^2}$$

经过各步计算之后,得

$$t = \frac{1}{k_A(2\alpha - \beta)}\left(\frac{2x}{\beta(\beta - 2x)} + \frac{1}{2\alpha - \beta}\ln\frac{\alpha(\beta - 2x)}{\beta(\alpha - x)}\right)$$

把已知的α, β, k_A代入上式,并令

$$x = 0.5 \cdot \alpha = 0.0300$$

即可算出 $t \approx 19.8$ min,所以在作用开始经过 19 min 48 s 之后,$SnCl_2$ 的浓度就变为 0.03.

一般的三分子反应及三阶以上的反应不是很重要,因为实际上不会碰到.

级　　数

第九章

本章要讲数学解析中的另一个基本概念——级数概念.与数学解析中的其他概念(如导函数及积分)一样,建立级数概念时,也要用到最简单的数学运算法(对级数来说是加法)与极限步骤.所以级数概念也要依据数学解析中的总概念——极限概念.

级数是极方便的数学工具,因为用它可把复杂的函数换成简单的函数.

本章中,我们先讲数项级数及关于其收敛性的基本定理(§1),然后(§2)讨论一般函数项级数,在最后两节中讲解最重要的一类函数项级数——幂级数.

讲过幂级数的一般定理之后,要讲函数展成幂级数(泰勒级数)的问题.对于这个问题,我们要从两个观点来研究,给出如何求得展开式的两个实际方法.

§1　数项级数

137. 级数概念、收敛性

初等数学中讲到一个数用另外一些数表出的问题时(例如

用十进制小数表示一个数),就已有了级数概念. 假设我们要用十进制小数表示$\frac{5}{8}$及$\frac{5}{9}$两个分数. 就第一个分数来说,用分母除分子可以除尽($\frac{5}{8}$等于有限十进制小数0.625),但第二个却除不尽,用分母除分子,每次所得的商及余数总是5($\frac{5}{9}$等于无限循环十进制小数0.555…). 于是$\frac{5}{8}$等于下列各十进分式的和

$$\frac{6}{10}+\frac{2}{10^2}+\frac{5}{10^3}$$

但若要把$\frac{5}{9}$也看作十进分式的和,那就必须考察无穷多个分式所成的式子

$$\frac{5}{10}+\frac{5}{10^2}+\frac{5}{10^3}+\cdots+\frac{5}{10^n}+\cdots$$

并根据某种法则计算出一个数(这时是$\frac{\frac{5}{10}}{1-\frac{1}{10}}=\frac{5}{9}$)作为该式的和. 以上我们得到级数的一个例子,就是在初等数学中所学的几何级数. 如果把等于有限十进制小数的那些有理数除外,那么用十进分式表示有理数(把简单分式化为十进分式)时都会得到级数.

如果要用十进分式表示无理数,我们也会得出无限小数,但它已不是几何级数,表示无理数的十进制小数是非循环小数.(例如

$$\sqrt{2}=1.414\ 2\cdots=1+\frac{4}{10}+\frac{1}{10^2}+\frac{4}{10^3}+\frac{2}{10^4}+\cdots$$

$$\pi=3.141\ 592\ 6\cdots=3+\frac{1}{10}+\frac{4}{10^2}+\frac{1}{10^3}+\frac{5}{10^4}+\frac{9}{10^5}+\frac{2}{10^6}+\frac{6}{10^7}+\cdots$$

$$\mathrm{e}=2.718\ 281\cdots=2+\frac{7}{10}+\frac{1}{10^2}+\frac{8}{10^3}+\frac{2}{10^4}+\frac{8}{10^5}+\frac{1}{10^6}+\cdots$$

但这里每个小数都不是循环小数,否则它所对应的数就成为有理数).

已知函数用另外一些函数(例如用最简单的函数即多项式)来表示的问题,自然也会引出有无穷多项相加的式子. 但这个问题到 §3 中再讲,现在只讲一般的级数问题.

设已知数列$u_1,u_2,\cdots,u_n,\cdots$,则式子

$$u_1+u_2+\cdots+u_n+\cdots$$

叫作级数,$u_1,u_2,\cdots,u_n,\cdots$叫作它的项. 若项数有限,所得级数叫作有穷级数;若各项成一无穷数列,所得级数叫作无穷级数. 现在我们所要研究的当然是无穷级数,无穷级数通常简称级数,略去"无穷"两字.

若级数中的各项全是数,该级数叫作数项级数;若各项是函数,该级数就叫作函数项级数.

表示级数中第 n 项(n 为任意正整数)的式子,叫作该级数的公项. 若表示公项的整标函数式子为已知,那就可以说级数已经给出. 例如,三个级数的公项为

$$u_n=\frac{1}{2^n},u_n=\frac{1}{n^p},u_n=\frac{1}{n!}$$

那么它们的前几项各为

$$\frac{1}{2}+\frac{1}{4}+\frac{1}{8}+\cdots$$

$$\frac{1}{1^p}+\frac{1}{2^p}+\frac{1}{3^p}+\cdots$$

$$1+\frac{1}{1!}+\frac{1}{2!}+\frac{1}{3!}+\cdots\quad(\text{这里 } n=0,1,2,3,\cdots,\text{并且 } 0!=1)$$

现在要规定级数

$$u_1+u_2+\cdots+u_n+\cdots$$

的和这个概念.

取级数的前 n 项及其和,用 s_n 表示这个和

$$s_n=u_1+u_2+\cdots+u_n$$

当 n 无限增大时,和式 s_n 中所含的各项就越来越多. 所以当 n 无限增大时,数列 $u_1,u_2,\cdots,u_n,\cdots$ 的前 n 项的和 s_n 的极限(如果存在),自然可以作为该数列的和 s,则

$$s=\lim_{n\to\infty}s_n=\lim_{n\to\infty}(u_1+u_2+\cdots+u_n)$$

上式可写成

$$s=u_1+u_2+\cdots+u_n+\cdots$$

s 叫作级数 $u_1+\cdots+u_n+\cdots$ 的和,而 s_n 叫作该级数的部分和. 我们在计算无穷项几何级数的和(第二章)及数列 $1,\frac{1}{1!},\frac{1}{2!},\cdots,\frac{1}{n!},\cdots$ 各项的和时(第二章),就已用过这种定义.

因此每个级数

$$u_1+u_2+\cdots+u_n+\cdots$$

对应着一个数列

$$s_1,s_2,\cdots,s_n,\cdots$$

其中

$$s_n=u_1+u_2+\cdots+u_n$$

而该数列的极限 s 则是已知级数的和. 反之,从每个收敛数列 $a_1,a_2,\cdots,a_n,\cdots$

可作出一对应级数 $u_1+u_2+\cdots+u_n+\cdots$,其中 $u_n=a_n-a_{n-1}$,且其和 s 是已知数列的极限,这是由于

$$s_n=u_1+u_2+\cdots+u_n=a_1+(a_2-a_1)+\cdots+(a_n-a_{n-1})=a_n$$

而

$$s=\lim s_n=\lim a_n$$

所以级数的求和步骤只是数列的极限步骤的另一种(通常是极方便的)运算形式.

具有和的级数,也就是当 $n\to\infty$ 时 s_n 有极限的级数,叫作收敛级数. 若 s_n 无极限(特别是当 s_n 趋于 ∞ 时),所论级数叫作发散级数.

收敛级数的例子:$|q|<1$ 时的无穷几何级数;级数 $1+\frac{1}{1!}+\frac{1}{2!}+\cdots+\frac{1}{n!}+\cdots$(它的和是 e).

发散级数的例子:$|q|>1$ 时的无穷几何级数;级数 $1+3+5+\cdots+(2n-1)+\cdots$(因 $s_n=n^2$,故可知当 $n\to\infty$ 时,$s_n\to\infty$);级数 $1-1+1-1+\cdots$(这里要看 n 是偶数还是奇数才能定出 $s_n=0$ 或 1,因此 s_n 无极限).

如果对收敛级数加上一些条件,便可证明它们会保持一般有限和式的性质. 因此对无穷收敛级数可以像对有穷级数那样施行各种运算.

所以关于一个已知级数的最重要的问题,自然就是要决定它是否收敛. 现在要讲怎样根据公项来判定级数为收敛或发散的准则. 但这里不预备讲收敛级数的和怎样求. 这是个关于性质的问题,我们不去特别讲它.

我们要注意,在研究级数的收敛性质时,可以不计它开头的有限个项(索性可以略去). 因若令 $n=N+m$,用 s_N 表示其前 N 项的和,用 s_m 表示其后 m 项的和,于是

$$s_n=s_N+s_m$$

若把 N 看作常数,则当 $n\to\infty$ 时,同样可得 $m\to\infty$,所以 s_n 与 s_m 或是都有极限,或是都没有极限.

现在我们来讲判定级数收敛性质的一个极简单的必要准则:

若级数收敛,则当 n 无限增大时,公项必趋于 0.

因

$$s_n=u_1+u_2+\cdots+u_{n-1}+u_n=s_{n-1}+u_n$$

若级数收敛,则

$$\lim_{n\to\infty}s_{n-1}=s$$

及

$$\lim_{n\to\infty}s_n=s$$

由此可知

$$\lim_{n\to\infty} u_n = \lim_{n\to\infty}(s_n - s_{n-1}) = 0$$

由上述准则可知,若公项不趋于0,则级数不收敛,也就是说,它是发散的.

例如,级数

$$\frac{1}{101} + \frac{2}{201} + \frac{3}{301} + \cdots$$

发散,因为当 $n \to \infty$ 时,它的公项 $u_n = \dfrac{n}{100n + 1}$ 不趋于0,而趋于$\dfrac{1}{100}$. 但公项趋于0 并不是使级数收敛的条件.

拿一个古典例子 —— 调和级数① 来说

$$1 + \frac{1}{2} + \frac{1}{3} + \cdots + \frac{1}{n} + \cdots$$

这里虽有 $u_n = \dfrac{1}{n} \to 0$,但级数发散. 因为我们可以证明当 $n \to \infty$ 时,$s_n \to \infty$.

由于

$$x > \ln(1 + x)$$

故

$$s_n = 1 + \frac{1}{2} + \frac{1}{3} + \cdots + \frac{1}{n} > \ln(1 + 1) + \ln\left(1 + \frac{1}{2}\right) + \cdots + \ln\left(1 + \frac{1}{n}\right)$$

也就是

$$s_n > \ln\left[(1 + 1)\left(1 + \frac{1}{2}\right)\left(1 + \frac{1}{3}\right)\cdots\left(1 + \frac{1}{n}\right)\right] = \ln(n + 1)$$

但因 $n \to \infty$ 时,$\ln(1 + n) \to \infty$,故 $s_n \to \infty$.

设级数 $u_1 + u_2 + \cdots + u_n + \cdots$ 收敛且其和为 s. 则

$$s = s_n + r_n$$

其中 $r_n = u_{n+1} + u_{n+2} + \cdots$. 这个无穷级数叫作已知级数的第 n 个剩余. 级数的剩余是以该级数第 n 个部分和数作为其近似和时所致的误差.

138. 正项级数、收敛的充分准则

现在特别讲各项都是正数的级数. 我们可以拿已知级数与已知为收敛或发

---

① 因级数的每一项是其前后两项的调和中项,$\dfrac{1}{\frac{1}{n}} = \dfrac{1}{2}\left(\dfrac{1}{\frac{1}{n-1}} + \dfrac{1}{\frac{1}{n+1}}\right)$,故有此名. 一般来说,若 a_2 与 a_1 及 a_3 两数的关系是

$$\frac{1}{a_2} = \frac{1}{2}\left(\frac{1}{a_1} + \frac{1}{a_3}\right)$$

则 a_2 叫作 a_1 及 a_3 的调和中项.

散的另一级数相比较,得出两个定理,然后根据那两个定理推出一些充分条件来判定这种级数的收敛性质.

设已知两个正项级数

$$\sum_{n=1}^{\infty} u_n \quad (u_n \geqslant 0) \tag{1}$$

$$\sum_{n=1}^{\infty} v_n \quad (v_n \geqslant 0) \tag{2}$$

定理 1 若级数(1)中的每一项不大于级数(2)中的对应项,也就是说,$u_n \leqslant v_n (n = 1,2,\cdots)$,且若级数(2)收敛,则级数(1)也收敛.

证明 若设

$$s_n = \sum_{k=1}^{n} u_k, \sigma_n = \sum_{k=1}^{n} v_k$$

则当n增大时,s_n及σ_n不会减小:s_{n+1}及σ_{n+1}是在s_n及σ_n各加上非负项u_{n+1}及v_{n+1}后所得的结果.由于条件中说明σ_n有极限,设用σ表示它,所以对任何n值都可得$\sigma_n \leqslant \sigma$.但根据定理中的条件又有$s_n \leqslant \sigma_n$,故对任何$n$值都可得$s_n \leqslant \sigma$.因此当$n \to \infty$时,$s_n$是一个不减的有界函数,故$s_n$有极限,定理证毕.

定理 2 若级数(1)中的每一项不小于级数(2)中的对应项,也就是说,$u_n \geqslant v_n (n = 1,2,\cdots)$,又若级数(2)发散,则级数(1)也发散.

证明 由于$\sigma_n = \sum_{k=1}^{n} v_k$不减小,故唯有在$\sigma_n \to \infty$时,级数(2)才发散.但根据条件$s_n \geqslant \sigma_n$,故当$n \to \infty$时,$s_n$也无限增大,也就是说,级数(1)是发散的.

这两个定理的用法可拿下面的级数作为例子

$$\sum_{n=1}^{\infty} \frac{1}{n^p} = 1 + \frac{1}{2^p} + \frac{1}{3^p} + \cdots + \frac{1}{n^p} + \cdots \quad (p > 0)$$

现在要证明$p \leqslant 1$时,级数发散,$p > 1$时,级数收敛.

设$p \leqslant 1$,这时级数中的每一项不小于调和级数中的对应项

$$\frac{1}{n^p} \geqslant \frac{1}{n}$$

但调和级数发散,故所论级数也发散.

例如,级数$1 + \frac{1}{\sqrt{2}} + \frac{1}{\sqrt{3}} + \cdots$发散.

设$p > 1$,把级数中的各项分别合并如下

$$\sum_{n=1}^{\infty} \frac{1}{n^p} = 1 + \left(\frac{1}{2^p} + \frac{1}{3^p}\right) + \left(\frac{1}{4^p} + \frac{1}{5^p} + \frac{1}{6^p} + \frac{1}{7^p}\right) + \cdots \tag{3}$$

把每个括号中的各项换成其中的最大项,得

$$1 + \left(\frac{1}{2^p} + \frac{1}{2^p}\right) + \left(\frac{1}{4^p} + \frac{1}{4^p} + \frac{1}{4^p} + \frac{1}{4^p}\right) + \cdots$$

也就是

$$1+\frac{1}{2^{p-1}}+\left(\frac{1}{2^{p-1}}\right)^{2}+\left(\frac{1}{2^{p-1}}\right)^{3}+\cdots \tag{4}$$

这是公比 q 小于 $1\left(q=\frac{1}{2^{p-1}}<1\right)$ 的几何级数,故知级数(4) 收敛,但由级数(3) 中的每一项小于级数(4) 中的对应项,故当 $p>1$ 时,已知级数收敛.

例如,级数 $1+\frac{1}{2^2}+\frac{1}{3^2}+\cdots$ 收敛.

因此可以这么说,当 $p>1$ 时的 s_n 值增大得足够慢,以致它的值虽变大,却能趋于极限;当 $p\leqslant 1$ 时,这个值增大得不够慢,所以当 n 增大时,所加的项虽越来越小,但最后却使部分和 s_n 的值无限增大.

若拿已知级数与几何级数比较,则可从上述定理得出便于实用的充分准则.

设有正项级数

$$u_1+u_2+\cdots+u_n+\cdots$$

Ⅰ. 达朗贝尔①准则.

达朗贝尔准则 (1) 若从某个 $n=N$ 起,级数中的后项与前项的比

$$\delta_n=\frac{u_{n+1}}{u_n}$$

总小于 $q(q<1)$,即 $\delta_n<q$,则级数收敛.

(2) 若从某个 $n=N$ 起,后项与前项的比 δ_n 总不小于1,即 $\delta_n\geqslant 1$,则级数发散.

证明时可从已知级数中略去前 $n-1$ 项. 我们知道这事并不会影响级数的收敛性质.

当 $n\geqslant N$ 时,可得

$$u_{n+1}<qu_n$$

$$u_{n+2}<qu_{n+1}<q^2u_n$$

$$\vdots$$

得到收敛的(由于 $q<1$) 几何级数

$$qu_n+q^2u_n+\cdots$$

而这个级数中的每一项大于已知级数中的对应项. 由此可知,已知级数收敛(见定理1).

---

① 达朗贝尔(d'Alembert,1717—1783),法国著名数学家及百科全书派学者,他在数学解析,特别是在级数发展方面做出了许多贡献.

由

$$u_{n+1} \geqslant qu_n > 0$$
$$u_{n+2} \geqslant qu_{n+1} \geqslant q^2u_n$$
$$\vdots$$

得发散级数

$$qu_n + q^2u_n + \cdots$$

其中每一项小于已知级数中的对应项. 由此可知,已知级数发散. 此外,从 $u_{n+m} > u_n > 0$(m 为任意数) 显然也可以看出级数的发散性质,因为这时收敛的必要准则 —— 公项趋于0—— 不能满足.

注意 (i) 注意上述达朗贝尔准则(1) 中的条件不能再少,当 $n \geqslant N$ 时,$\delta_n < q$,而 q 本身小于1 的条件不能换成更弱的条件:当 $n \geqslant N$ 时,$\delta_n < 1$. 在准则中,δ_n 不能趋于1 这个条件是重要条件,不能随便略去. 例如,拿调和级数

$$1 + \frac{1}{2} + \frac{1}{3} + \cdots + \frac{1}{n} + \frac{1}{n+1} + \cdots$$

来说,对应于一切 n 值的 $\delta_n = \dfrac{n}{n+1} < 1$,但这个级数是发散的. 原因是虽然每个 n 所对应的 $\delta_n < 1$,但当 $n \to \infty$ 时,$\delta_n \to 1$. 因此就找不出小于1 而大于 $\delta_n (n > N)$ 的那个数,也就是说,达朗贝尔准则不能满足.

(ii) 若取上述准则的极限形式,则得便于实用的一种特殊情形. 这种特殊情形也叫作达朗贝尔准则.

若 $n \to \infty$ 时,δ_n 有极限

$$\lim_{n\to\infty} \frac{u_{n+1}}{u_n} = \rho$$

则当 $\rho < 1$ 时,级数收敛;当 $\rho > 1$ 时,级数发散;当 $\rho = 1$ 时,级数可能收敛也可能发散.

设 $\rho < 1$,根据极限的属性,可取一适当的 N,使 $n > N$ 时,下列不等式成立

$$\frac{u_{n+1}}{u_n} < \rho + \varepsilon$$

其中 $\varepsilon(\varepsilon > 0)$ 可取得足够小,使 $\rho + \varepsilon$ 仍小于1. 于是根据达朗贝尔准则(1) 可知级数收敛.

设 $\rho > 1$,这时可取一适当的 N,使 $n > N$ 时,下列不等式

$$\frac{u_{n+1}}{u_n} > \rho - \varepsilon$$

成立,其中 $\varepsilon(\varepsilon > 0)$ 可取得足够小,使 $\rho - \varepsilon$ 仍大于1,于是根据达朗贝尔准则(2) 可知级数发散.

最后,设 $\rho=1$. 以级数 $\sum_{n=1}^{\infty}\frac{1}{n^p}$ 为例,当 $n\to\infty$ 时,不管 p 是什么数,则可得

$$\delta_n=\frac{n^p}{(n+1)^p}=\left(\frac{n}{n+1}\right)^p\to 1$$

但我们知道当 $p\leqslant 1$ 时,这个级数发散,而当 $p>1$ 时,级数收敛. 因此只根据等式 $\rho=1$ 不能断定级数是否收敛.

但达朗贝尔准则的极限形式,当然比其一般形式弱些:在有些情形下,或者由于 $\delta_n=\frac{u_{n+1}}{u_n}$ 无极限,而根本不可能写出这个准则的极限形式,或者是极限形式不能告诉我们肯定的结果(当 $\rho=1$ 时),而用一般形式的准则却能得到肯定的结果. 例如,拿级数 $\sum_{n=1}^{\infty}n!\left(\frac{\mathrm{e}}{n}\right)^n$ 来说,当 $n\to\infty$ 时

$$\delta_n=\frac{\mathrm{e}}{\left(1+\frac{1}{n}\right)^n}\to 1$$

但要知道 $\left(1+\frac{1}{n}\right)^n$ 是渐增而趋于 e 的,也就是说,$\left(1+\frac{1}{n}\right)^n<\mathrm{e}$,因而 $\delta_n>1$,故根据达朗贝尔准则(2) 可知级数是发散的.

由于数列是否有极限的问题与对应级数是否收敛的问题是相同的,所以把达朗贝尔准则的说法改变形式之后,便可把它应用到数列上(其他一切关于收敛和发散的准则也都如此). 这件事读者可以自己去做.

Ⅱ. 柯西准则.

柯西准则 (1) 若从某个 $n=N$ 起,级数第 n 项的 n 次方根

$$x_n=\sqrt[n]{u_n}$$

小于 $q(q<1)$,即 $x_n<q$,则级数收敛.

(2) 若从某个 $n=N$ 起,第 n 项的 n 次方根不小于 1,即 $x_n\geqslant 1$,则级数发散.

这个准则的证法基本上与达朗贝尔准则的证法相同.

已知从某个 $n=N$ 起,可得

$$u_n<q^n$$
$$u_{n+1}<q^{n+1}$$
$$\vdots$$

这样便得到一个收敛的(因 $q<1$) 几何级数

$$q^n+q^{n+1}+\cdots$$

它的每一项大于已知级数中的对应项. 由此可知,已知级数收敛(见定理 1).

若

$$u_n\geqslant 1$$

$$u_{n+1} \geqslant 1$$

这时级数的发散性显然可见,因为它的公项不趋于0.

注意 (i) 与达朗贝尔准则中的情形相同,柯西准则(1) 中的条件不能再减少,不能把条件 $q<1$ 换成更弱的条件 $q \leqslant 1$. 我们仍可用那个发散的调和级数作为例子,在一切 n 值时

$$x_n = \sqrt[n]{\frac{1}{n}} = \frac{1}{n^{\frac{1}{n}}}$$

小于1,而 $n \to \infty$ 时,$x_n \to 1$,由此可知,我们找不到小于1而又大于一切 x_n(至少从某个 x_n 起的一切 x_n) 的那样一个数.

(ii) 从上述准则可推出其极限形式的准则,其名也叫柯西准则.

若当 $n \to \infty$ 时,x_n 的极限存在

$$\lim \sqrt[n]{u_n} = \rho$$

则当 $\rho<1$ 时,级数收敛;当 $\rho>1$ 时,级数发散;当 $\rho=1$ 时,级数可能收敛也可能发散.

证法与达朗贝尔准则完全相同,读者可以仿照着自己去做.

(iii) 判定正项级数的收敛或发散性质时,用达朗贝尔准则与柯西准则都比其他充分准则简便些,其中尤其是达朗贝尔准则格外便于应用. 用柯西准则一般要比达朗贝尔准则复杂,但前者却有更大的效能,凡是用达朗贝尔准则能肯定解决的问题都可用柯西准则解决,但有时达朗贝尔准则所不能解决的问题却可用柯西准则来解决. 例如级数

$$a\sin^2\alpha + a^2\sin^2 2\alpha + \cdots + a^n\sin^2 n\alpha + \cdots$$

在 $a<1$ 时收敛. 因根据柯西准则可得

$$x_n = \sqrt[n]{a^n\sin^2 n\alpha} = a\sqrt[n]{\sin^2 n\alpha} < 1$$

但这里却不能应用达朗贝尔准则来判定它的收敛性,因

$$\delta_n = \frac{a^{n+1}\sin^2[(n+1)\alpha]}{a^n\sin^2 n\alpha} = a\left\{\frac{\sin[(n+1)\alpha]}{\sin n\alpha}\right\}^2$$

既不恒小于1, 也不恒大于1. 例如, 当 $\alpha=\frac{\pi}{4}$,a 足够接近于1时, 若 $n=2(m+1)$, 则 δ_n 将小于1,若 $n=2(2m+1)-1$(m 为任意整数),则 δ_n 将大于1.

Ⅲ. 柯西积分判敛准则. 要判定级数的收敛或发散,可以创造出越来越有效的准则. 也就是说,如果已经有了某一个准则,就可以再指出别的准则,使它在第一个准则所能应用的范围内都能应用,而对前者所不能解决的有些问题也能解决. 一般来说,准则的功效越大,它就越加复杂. 但是就本书的目的来说,研究达朗贝尔准则、柯西准则及另一个基于与积分相比较而得的准则,就完全够用.

这第三个准则也是极方便且有用的,它叫作柯西积分判敛准则.

设级数

$$u_1 + u_2 + \cdots + u_n + \cdots$$

中的各项可以看作区间$[1,\infty)$上正的连续减函数$f(x)$对应于整数宗标的各个值

$$u_1 = f(1), u_2 = f(2), u_3 = f(3), \cdots, u_n = f(n), \cdots$$

那么这个级数就随下列积分而收敛或发散

$$I = \int_1^{\infty} f(x)\mathrm{d}x$$

换句话说,若上面的广义积分存在,则级数收敛;若广义积分不存在,则级数发散(见第七章).

证明时可考察以曲线$y = f(x)$为边界及x轴上从$x = 1$到$x = n$(n为任意正整数)处为底的曲边梯形(图1).这个梯形面积的大小可用下列积分给出

$$I_n = \int_1^{n} f(x)\mathrm{d}x$$

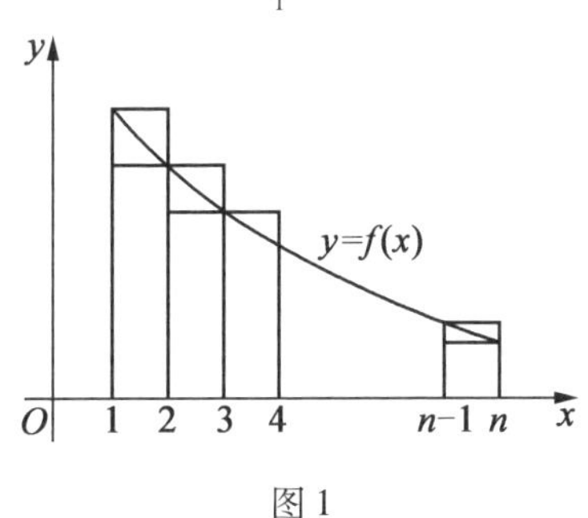

图1

在底边上标出整数坐标的各点$x = 1, x = 2, \cdots, x = n - 1, x = n$.由图可见,这个梯形的内接台阶形面积等于

$$f(2) + f(3) + \cdots + f(n) = s_n - u_1$$

它的外接台阶形面积等于

$$f(1) + f(2) + \cdots + f(n - 1) = s_n - u_n$$

这里显然可以看出所论梯形的面积大于其内接台阶形的面积,而小于其外接台阶形的面积,故

$$s_n - u_1 < I_n < s_n - u_n$$

由此得两个不等式

$$s_n < u_1 + I_n \tag{5}$$

$$s_n > I_n + u_n \tag{6}$$

(1)假定$I = I_\infty = \lim I_n$存在,于是$I_n < I$,又从不等式(5)可知,对应于每一

n 值都能得到

$$s_n < u_1 + I$$

这样,增函数 s_n 是有界的,所以知道它具有极限,因此也就知道级数收敛.

(2) 设 I 不存在,这样当 $n \to \infty$ 时,$I_n \to \infty$,而根据不等式(6) 可知,s_n 也会无限增大,也就是说,级数发散.

例如,拿已经讲过的级数

$$\sum_{n=1}^{\infty} \frac{1}{n^p} = 1 + \frac{1}{2^p} + \frac{1}{3^p} + \cdots + \frac{1}{n^p} + \cdots$$

来说,便可证明有时达朗贝尔准则及柯西准则所无法解决的问题很易于用积分准则来解决. 这个级数的 $\delta_n < 1$ 及 $x_n < 1$,但 $\delta_n \to 1$ 及 $x_n \to 1$. 现在我们用积分准则来判定它是否收敛.

这里显然可用 $\dfrac{1}{x^p}$ 作为函数 $f(x)$,大家已经知道,积分 $\displaystyle\int_1^{\infty} \frac{1}{x^p} dx$ 的存在与否取决于 $p > 1$ 或 $p \leqslant 1$. 由此便知,当 $p > 1$ 时,级数收敛,当 $p \leqslant 1$ 时,级数发散.

139. 任意项级数、绝对收敛

现在我们来讲各项具有任意正负号的级数. 首先要讲的是正负项交错的级数(交错级数). 这种级数可以写成

$$\pm (u_1 - u_2 + u_3 - \cdots) \tag{7}$$

其中 $u_1, u_2, u_3, \cdots$ 是正数. 这里如果在整个括号前面取正号,当然也不致影响这种级数的一般性.

现在我们要讲判定交错级数收敛性质的一个充分准则,这就是莱布尼茨准则:

莱布尼茨准则 若交错级数中各项的绝对值依次递减(也就是说,级数(7) 中的 $u_1 > u_2 > u_3 > \cdots$),又若其公项 u_n 趋于0,则级数收敛,且其和的绝对值不超过首项 u_1,级数的剩余 r_n 的绝对值也不大于其剩余第一项的绝对值.

若 n 相继取得偶数值 $n = 2m$,则

$$s_{2m} = (u_1 - u_2) + (u_3 - u_4) + \cdots + (u_{2m-1} - u_{2m})$$

根据准则中的条件可知每个括号内的值是正的,又因 s_{2m} 也是正的,所以 s_{2m} 随着 m 的增大而增大. 但从另一方面来看

$$s_{2m} = u_1 - [(u_2 - u_3) + (u_4 - u_5) + \cdots + u_{2m}]$$

根据准则中的同一条件可知中括号里面各项的和是一个正数,故知对于任何值 m 可得 $s_{2m} < u_1$,s_{2m} 是一个既增大又有界的变量,故可知它具有极限

$$\lim_{m \to \infty} s_{2m} = s$$

且

$$s < u_1$$

设 $n=2m+1$. 这时

$$s_{2m+1}=s_{2m}+u_{2m+1}$$

根据条件 $u_{2m+1}\to 0$,可知当 $m\to\infty$ 时,必有

$$\lim_{m\to\infty}s_{2m+1}=\lim_{m\to\infty}s_{2m}=s$$

故当 $n\to\infty$ 时,s_n 具有小于 u_1 的极限 s. 交错级数的剩余

$$r_n=\pm(u_{n+1}-u_{n+2}+\cdots)$$

也是个交错级数,也满足莱布尼茨准则中的一切条件,故其和的绝对值小于右边括号中的第一项,也就是说

$$|r_n|<u_{n+1}$$

在可以应用莱布尼茨准则的地方,不但能判定级数的收敛性,同时还能估出略去某项以后的一切项时所致的误差.

例如,根据莱布尼茨准则可知级数

$$1-\frac{1}{2}+\frac{1}{3}-\frac{1}{4}+\cdots$$

收敛(以后可知这个级数的和等于 $\ln 2$),同时可知近似等式

$$\ln 2\approx 1-\frac{1}{2}+\frac{1}{3}-\cdots\pm\frac{1}{n-1}$$

的误差不会大于$\frac{1}{n}$.

至于各项正负号无一定规律的级数,可用下列普遍适用的充分准则来判定它的收敛性:

若已知级数中各项的绝对值所成的级数收敛,则已知级数收敛.

证明时可引用两组辅助正数(见第七章),其定义如下

$$u_k^+=\frac{|u_k|+u_k}{2},u_k^-=\frac{|u_k|-u_k}{2}\quad(k=1,2,\cdots)$$

从定义可知,若 $u_k\geqslant 0$,则 $u_k^+=u_k$,若 $u_k<0$,则 $u_k^+=0$;若 $u_k\leqslant 0$,则 $u_k^-=-u_k$,若 $u_k>0$,则 $u_k^-=0$.

这时可得

$$|u_k|=u_k^++u_k^-,u_k=u_k^+-u_k^-$$

故

$$\sigma_n=\sum_{k=1}^{n}|u_k|=\sum_{k=1}^{n}u_k^++\sum_{k=1}^{n}u_k^-,s_n=\sum_{k=1}^{n}u_k^+-\sum_{k=1}^{n}u_k^-$$

和式 $\sum\limits_{k=1}^{n}u_k^+$(用 s_n^+ 作为它的记号)表示级数的前 n 项中一切正项的和,和式 $\sum\limits_{k=1}^{n}u_k^-=s_n^-$ 表示前 n 项中一切负项的绝对值的和. 于是

$$s_n = s_n^+ - s_n^- \text{ 及 } \sigma_n = s_n^+ + s_n^-$$

因根据条件σ_n有极限,而s_n^+及s_n^-是n的正值增函数,故s_n^+及s_n^-也有极限.所以当$n \to \infty$时,s_n也有极限,准则证毕.

不过这个充分准则并非是必需的,也就是说,级数$\sum_{k=1}^{\infty} |u_k|$发散时,级数$\sum_{k=1}^{\infty} u_k$也可能是收敛的,例如级数

$$1 - \frac{1}{2} + \frac{1}{3} - \frac{1}{4} + \cdots$$

收敛,而其各项取绝对值所成的级数

$$1 + \frac{1}{2} + \frac{1}{3} + \frac{1}{4} + \cdots$$

则已知为发散的.

若级数中各项取绝对值后所成的新级数收敛,则该级数叫作绝对收敛或无条件收敛的.

我们应注意(如同前面所讲过的)绝对收敛级数的和s可写成下列形式

$$s = s^+ - s^-$$

其中s^+是已知级数中一切正项所成收敛级数的和,$-s^-$是已知级数中一切负项所成收敛级数的和.

若级数本身收敛,而其各项的绝对值所成的级数发散,则该级数叫作非绝对收敛或条件收敛的.

例如,$1 - \frac{1}{2} + \frac{1}{3} - \frac{1}{4} + \cdots$是条件收敛级数.

这里应注意,条件收敛级数$\sum_{k=1}^{\infty} u_k$中各正项所成的级数$\sum_{k=1}^{\infty} u_k^+$及各负项的绝对值所成的级数$\sum_{k=1}^{\infty} u_k^-$都是发散的.因若两者都收敛,则级数$\sum_{k=1}^{\infty} u_k$就要收敛;若其中只有一个级数发散,则级数$\sum_{k=1}^{\infty} u_k$也要发散.而这两种情形都与所给条件矛盾.

从已知级数中各项取绝对值所成的级数,可以像正项级数一样用前一小节所讲的各种准则来判定它们的收敛性.若判明新级数收敛,则可知已知级数为绝对收敛的.若用达朗贝尔或柯西准则确定绝对值所成的级数发散,则由此也可以知道已知级数发散.因为用达朗贝尔准则及柯西准则判定级数发散时,所根据的事实是级数的公项不趋于0,若$\lim |u_n| \neq 0$,则可知$\lim u_n \neq 0$,故知级数$\sum u_n$发散(如同在前面已经指出过的,绝对值所成的级数发散,一般并不足

以说明已知级数也发散). 所以要判定已知级数(它的正负项无一定规律)为收敛或发散时,可用达朗贝尔准则或柯西准则来判定其各项的绝对值所成的级数.

上述绝对收敛级数与条件收敛级数的区别是极其重要的一件事. 因为我们可证明,仅有绝对收敛级数才具备有限和式的各种重要属性,而条件收敛级数并不具备其中的有些属性.

140. 施行于级数的运算

现在我们要讲施行于收敛级数的几种最简单的运算法则及其简单的属性.

Ⅰ. 收敛级数

$$s = u_1 + u_2 + \cdots + u_n + \cdots$$

与数 λ 的乘积是另一级数,其各项为已知级数的各项与 λ 的乘积

$$\lambda u_1 + \lambda u_2 + \cdots + \lambda u_n + \cdots$$

这个新级数显然也收敛,且其和等于 λs.

两个收敛级数

$$s_1 = u_1 + u_2 + \cdots + u_n + \cdots$$

$$s_2 = v_1 + v_2 + \cdots + v_n + \cdots$$

的和是个新级数,其各项等于已知两级数各对应项的和

$$(u_1 + v_1) + (u_2 + v_2) + \cdots + (u_n + v_n) + \cdots$$

这个新级数显然也收敛,且其和等于 $s_1 + s_2$. 上述两个命题的证法非常简单,留给读者自己去做.

两个级数的乘法也要在本节后面讲到.

Ⅱ. 收敛级数中的各项可(按其次序)任意合并,也就是说,这样合并之后所得的结果也是收敛级数,且具有同一和数.

设已知收敛级数

$$s = u_1 + u_2 + \cdots + u_n + \cdots$$

把其中相继各项任意合并而作一新级数

$$(u_1 + u_2 + \cdots + u_{n_1}) + (u_{n_1+1} + \cdots + u_{n_2}) + \cdots + (u_{n_m+1} + \cdots + u_{n_k}) + \cdots$$

这个级数可写成

$$v_1 + v_2 + \cdots + v_k + \cdots$$

其中 $v_1, v_2, \cdots, v_k$ 各表示前式中第 1,第 2,……,第 k 个括号内的值. 取这个级数的部分和数 s'_k,即

$$s'_k = v_1 + v_2 + \cdots + v_k$$

这时原级数中显然也可取出一个合适的部分和数

$$s_{n_k} = u_1 + u_2 + \cdots + u_{n_k}$$

使它正好等于 s'_k. 由此可知,新级数的各个部分和数所成的数列,是原级数各个部分和数所成数列的一部分(通常说前者是后者的子数列),故若后者具有极

限,则其任一无穷子数列也有极限且两者的极限相同,于是结论证毕.

所以每个收敛级数具有可结合性(加法结合律适用于每个收敛级数).

Ⅲ. 关于可交换性的情形比较复杂.

绝对收敛级数中各项的位置可以任意交换,也就是说,交换之后所得的也是绝对收敛级数且具有同一和数.

从这个结论中可以看出,级数各项能互换位置的属性唯有在加上补充条件后才能成立:收敛级数必须是绝对收敛的.

设已知绝对收敛级数

$$s = u_1 + u_2 + \cdots + u_n + \cdots \tag{8}$$

把构成原级数各项的无穷数列重编位置,作一新级数

$$u_{n_1} + u_{n_2} + \cdots + u_{n_k} + \cdots \tag{9}$$

其中 $n_1, n_2, \cdots, n_k, \cdots$ 是按任意次序写出的自然数列. 这里要注意,若任一收敛级数只有有限个项的位置发生变动,则这个级数在基本上可以说毫无变动,因而级数的和不变. 因为如果只有有限个项交换位置,那么级数从某一项以后是没有变动的,而其前几项所成的和式中,改变各项的位置并不改变其和数的大小. 所以我们在上面一定要说,把构成原级数各项的无穷数列重编位置.

(1) 先假定级数(8) 中一切项都是正的. 这时取级数(9) 的部分和数 s'_k,即

$$s'_k = u_{n_1} + u_{n_2} + \cdots + u_{n_k}$$

及级数(8) 的部分和数 s_{n_m},其中 n_m 是 $n_1, n_2, \cdots, n_k$ 诸数中的最大数. 选取了这样的 n_m 后,$n_1, n_2, \cdots, n_k$ 中的每个数就必定会出现在 $1, 2, \cdots, n_m$ 诸数中,因此和式 $u_{n_1} + u_{n_2} + \cdots + u_{n_k}$ 中的各项也是和式 $u_1 + u_2 + \cdots + u_{n_m}$ 中的项,故知

$$s'_k \leqslant s_{n_m}$$

由此知 $s'_k \leqslant s$,这是由于级数的各项都是正数,s_{n_m} 是渐增而趋于 s 的. 根据同一理由可知 s'_k(当 $k \to \infty$ 时,它是个有界的增函数)具有极限 $s' \leqslant s$. 但从另一方面来说,级数(8) 可以看作级数(9) 经重编后所得的结果,因此根据相仿的推理可知 $s \leqslant s'$,把这个结果与以前所得的 $s' \leqslant s$ 互相比较,便知 $s' = s$,于是结论证毕.

(2) 现在要把级数(8) 中各项全是正数这一限制去掉. 这时重编级数(8) 的结果使级数 $\sum_{n=1}^{\infty} |u_n|$ 也有相应的重编,但根据条件 $\sum_{n=1}^{\infty} |u_n|$ 收敛,故根据刚才证明的结果便知它在重编以后也收敛,因而级数(9) 为绝对收敛的. 但绝对收敛级数(9) 的和是

$$S' = S'^{+} - S'^{-}$$

其中

$$S'^{+} = \sum_{k=1}^{\infty} u_{n_k}^{+}, S'^{-} = \sum_{k=1}^{\infty} u_{n_k}^{-}$$

而

$$u_{n_k}^{+}=\frac{|u_{n_k}|+u_{n_k}}{2}$$

$$u_{n_k}^{-}=\frac{|u_{n_k}|-u_{n_k}}{2}$$

$\sum_{k=1}^{\infty}u_{n_k}^{+}$ 及 $\sum_{k=1}^{\infty}u_{n_k}^{-}$ 这两个正项收敛级数是重编下列两个正项收敛级数之后所得的结果

$$S^{+}=\sum_{n=1}^{\infty}u_n^{+},S^{-}=\sum_{n=1}^{\infty}u_n^{-}$$

根据情形(1) 中所证明的事可知

$$S'^{+}=S^{+}\text{ 及 }S'^{-}=S^{-}$$

故

$$S'=S'^{+}-S'^{-}=S^{+}-S^{-}=S$$

结论于是全部证明.

所以,每个绝对收敛级数具有可交换性,或者可以这样说,绝对收敛级数的和不因重编项的位置而改变.

这个属性对有限和式来说虽极显然,但对于非绝对收敛的收敛级数便不成立. 例如,拿下面的条件收敛级数来说

$$A=1-\frac{1}{2}+\frac{1}{3}-\frac{1}{4}+\frac{1}{5}-\frac{1}{6}+\frac{1}{7}-\frac{1}{8}+\cdots$$

用$\frac{1}{2}$乘它得

$$\frac{1}{2}A=\frac{1}{2}-\frac{1}{4}+\frac{1}{6}-\frac{1}{8}+\cdots$$

把以上两个级数相加,得

$$\frac{3}{2}A=1+\frac{1}{3}-\frac{1}{2}+\frac{1}{5}+\frac{1}{7}-\frac{1}{4}+\cdots$$

最后这个级数可从已知级数重编后得出. 由此可见,若把条件收敛级数中各项的先后次序改变,结果会改变级数的和. 我们可以料想得到,如果把项的次序改变成另一种样子,级数的和又会变成另外一个数. 关于这事可以提一下(但不证明) 黎曼定理:把条件收敛级数加以适当的重编,便可使它的和等于任一预先给出的数,或者甚至可以使它变为发散级数.

Ⅳ. 两个收敛级数

$$S_1=u_1+u_2+\cdots+u_n+\cdots \tag{10}$$

$$S_2=v_1+v_2+\cdots+v_n+\cdots \tag{11}$$

的乘积规定为一个新的级数,其各项为已知两级数中一切对偶项的乘积,且这些项的次序可写作

$$(u_1v_1)+(u_1v_2+u_2v_1)+(u_1v_3+u_2v_2+u_3u_1)+\cdots+$$
$$(u_1v_n+u_2v_{n-1}+\cdots+u_{n-1}v_2+u_nv_1)+\cdots \tag{12}$$

这个级数在同一括号内的各项,其两个因子的指标的和都相等. 例如,第一个括号内各项的两个指标的和是2,在第二个括号内,是3,在第三个括号内,是4,……,在第 n 个括号内,是 $n+1$.

现在要证明下面的定理:

定理3 两个绝对收敛级数的乘积也是一个绝对收敛级数,其和等于已知两级数的和的乘积.

证明 (1) 首先假定已知两级数的各项 u_k 及 v_k 都是正数. 取乘积的第 n 个部分和数 s_n,即

$$s_n=(u_1v_1)+(u_1v_2+u_2v_1)+\cdots+(u_1v_n+u_2v_{n-1}+\cdots+u_{n-1}v_2+u_nv_1)$$

这时显然可知

$$s_n<s_n^{(1)}\cdot s_n^{(2)}$$

其中 $s_n^{(1)}$ 及 $s_n^{(2)}$ 各为级数(10)及级数(11)的第 n 个部分和数. 由于假定各项都是正数,故可得

$$s_n<S_1\cdot S_2$$

由此可知,级数(12)收敛且其和 S 满足下列关系式

$$S\leqslant S_1\cdot S_2$$

但从另一方面来看,当 n 给定后,总可找出一个足够大的 m,使乘积 $s_n^{(1)}\cdot s_n^{(2)}$ 中各对偶项的乘积都可以在部分和式 s_m 中找到,故

$$s_n^{(1)}s_n^{(2)}<s_m<S$$

而在 $n\to\infty$ 时的极限情形下得

$$S_1\cdot S_2\leqslant S$$

把这个关系式与前面所得的关系式 $S\leqslant S_1\cdot S_2$ 相比较,便得

$$S=S_1\cdot S_2$$

于是证明正项级数相乘时,这个定理成立.

(2) 现在设绝对收敛级数(10)及(11)的各项具有任意的正负号.

由于级数

$$|u_1|+|u_2|+\cdots+|u_n|+\cdots$$
$$|v_1|+|v_2|+\cdots+|v_n|+\cdots$$

都收敛,故根据情形(1)中所证明的事可知其乘积

$$(|u_1||v_1|)+(|u_1||v_2|+|u_2||v_1|)+$$
$$(|u_1||v_3|+|u_2||v_2|+|u_3||v_1|)+\cdots$$

也收敛. 由此可知,这时的级数(12) 为绝对收敛的. 因这时可得

$$|u_1v_n+u_2v_{n-1}+\cdots+u_nv_1|\leqslant|u_1v_n|+|u_2v_{n-1}|+\cdots+|u_nv_1|$$

也就是说,级数(12) 中各项的绝对值不大于一收敛级数的对应项,故级数(12) 中各项的绝对值所成的级数收敛. 现在只要证明级数(12) 的和等于 $S_1\cdot S_2$.

绝对收敛级数(10) 及(11) 的和 S_1 及 S_2 分别可写成

$$S_1=S_1^+-S_1^-,S_2=S_2^+-S_2^- \tag{13}$$

其中 S_i^+ 及 $-S_i^-(i=1,2)$ 各为对应级数的正项及负项的和.

把对应于式(13) 等号右边的四个级数相乘,则根据情形(1) 中所证明的事可知所得乘积中的四个级数各具有下列和数

$$S_1^+S_2^+,\ -S_1^+S_2^-,\ -S_1^-S_2^+,S_1^-S_2^-$$

我们不难证明级数(12) 中的每个项可以在这四个级数的某个级数中找出,反过来,这四个级数里面随便哪个级数的每个项,都可在级数(12) 的各项中找出. 由此可知,这四个级数相加而成的级数与级数(12) 相同,只是在两者中项的排列法有差异.

但因级数(12) 是绝对收敛的,故与其项的排列法并没有关系,这样就得到

$$S=S_1^+S_2^+-S_1^+S_2^--S_1^-S_2^++S_1^-S_2^-=(S_1^+-S_1^-)(S_2^+-S_2^-)=S_1\cdot S_2$$

于是定理证毕.

由此可见,把有穷级数的运算法推广到无穷级数上时,有穷级数及其运算法的一切通常属性并不完全保留. 要使这些属性完全保留,必须有附加条件,即所论无穷级数必须是绝对收敛的.

§2　函数项级数

141. 定义、均匀收敛

设已知函数项级数

$$u_1(x)+u_2(x)+\cdots+u_n(x)+\cdots \tag{1}$$

其中各项为定义于自变量的某个区间上的函数. 这种级数的公项 $u_n(x)$ 是两个宗标(一个是整数宗标 n,另一个是自变量 x) 的函数.

我们要把这种级数的一般理论中的几个问题大略提一下,然后就只讨论函数项级数中最为重要的一类特殊级数 —— 幂级数.

级数(1) 可能对有些 x 值收敛,对另一些 x 值发散. 使数项级数

$$u_1(x_0)+u_2(x_0)+\cdots+u_n(x_0)+\cdots$$

收敛的那个值 $x=x_0$,叫作级数(1) 的收敛点. 级数的一切收敛点总称为该级数

的收敛域,它通常是 x 轴上的一段区间. 这时我们就说级数收敛于该域上. 级数的收敛域显然必在一切函数 $u_k(x)$(级数中的一切项)的公共定义域上.

函数项级数的和是 x 的一个函数,定义于该级数的收敛域上,用 $f(x)$ 表示这个函数,即

$$f(x)=u_1(x)+u_2(x)+\cdots+u_n(x)+\cdots$$

这时就说上式等号右边的级数定出或表示出函数 $f(x)$.

这里自然就要产生一个问题:当函数 $f(x)$ 用已知级数表示时,怎样从级数中各项(即函数 $u_1,u_2,\cdots,u_n,\cdots$)的已知属性定出 $f(x)$ 的属性?

我们首先要注意的事当然是:根据什么准则可以断定 $f(x)$ 是连续于收敛域上的函数. 如果级数中的各项都是连续函数,那么单有这个条件能不能就说 $f(x)$ 是连续函数? 回答是不能,因为我们在下面就要举一个例子,说明级数的各项都是连续函数,但它却收敛为一个不连续函数. 要使连续函数项的级数收敛为一个连续函数,需要另有附加条件,该条件表示出函数项级数在收敛性质上的一个极重要的标志. 现在我们就要讲到它. 设 x_1 是收敛域内部的一点. 写出下式

$$f(x_1)=s_n(x_1)+r_n(x_1)$$

其中 $s_n(x_1)$ 是级数的前 n 项的和,$r_n(x_1)$ 是其剩余. 由于

$$\lim_{n\to\infty}s_n(x_1)=f(x_1)$$

也就是说

$$\lim_{n\to\infty}r_n(x_1)=0$$

故若任给一正数 $\varepsilon<0$,则可找出一适当的正数 N_1,使 $n\geqslant N_1$ 时,可得

$$|r_n(x_1)|<\varepsilon \tag{2}$$

再在收敛域上取另一点 x_2,这时对于同一个已知的 ε 来说,使 x_2 能满足不等式(2)的 n 值一般都要大于或等于另外一个指标 $n=N_2$ 才行. 当 n 值大于 N_1 及 N_2 中的较大数时,点 x_1 及 x_2 显然都能满足不等式(2). 对收敛域上任何有限个固定点来说,也都可得出如上的结论. 但若所考虑的是收敛区间的一切点(也就是对其中的任意一点来说),那我们就不可能先肯定有这样一个指标值 N 存在,使 $n\geqslant N$ 时,任何点 x 都能满足不等式(2). 因这时没有理由否定,当点 x 换成另一点时,所需的值 $n=N_i$ 是不可能增大的;若点 x_i 有无穷多个,而 N_i 无限增大,那就证明不可能给一切点 x_i 选取一个公共值 $n=N$,使 $n\geqslant N$ 时,不等式(2)成立.

现在做如下的定义:设有收敛的函数项级数

$$u_1(x)+u_2(x)+\cdots+u_n(x)+\cdots$$

若每一个任意小的数 $\varepsilon>0$ 对应着一个正整数 N,使 $n\geqslant N$ 时,不管 x 是收敛域上的什么点,都能使第 n 个剩余

$$r_n(x) = u_{n+1}(x) + u_{n+2}(x) + \cdots$$

的绝对值小于ε：$|r_n(x)| < \varepsilon$，那么就说已知级数是均匀收敛的.

上述属性指出在收敛域上一切点处级数的收敛有一致性，因此有均匀收敛（或一致收敛）的名称.均匀连续性（见第二章）也规定了函数在区间上一切点处的连续性是一致的（或相同的）.数学上对于某种属性是否均匀的问题是很重视的.把这话按照最普遍的方式来说就是，如果某种属性是均匀的，那就说明该属性不但适用于个别的点处（局部的），而且还适用于整个域上（整体的）.例如，设级数

$$f(x) = u_1(x) + u_2(x) + \cdots + u_n(x) + \cdots$$

在区间上均匀收敛，那么在所论区间上一切点处都可用该级数的同一个局部和数

$$s_N(x) = u_1(x) + u_2(x) + \cdots + u_N(x)$$

来近似表达函数$f(x)$（该级数的和），且其准确度在所论区间上也处处相同.这个相同的准确度由不等式$|r_n(x)| < \varepsilon$作为标志，其中$N(n \geqslant N)$为ε给定后所选出的数.

对于函数项数列的均匀收敛概念应该怎么讲是件很显然的事，函数项数列$a_1(x), a_2(x), \cdots, a_n(x), \cdots$在一已知区间上均匀收敛为函数$f(x)$的意思是，对于每个数$\varepsilon < 0$来说，可找出一个适当的$N$，使$n \geqslant N$时，不等式

$$|f(x) - a_n(x)| < \varepsilon$$

能在区间上一切点处成立.

函数$a_n(x)$均匀趋于其极限函数$f(x)$，在几何上可以这么讲，若在函数$y = f(x)$的图形上下两侧相距任意小$\varepsilon(\varepsilon > 0)$（距离按$y$轴的方向计算）处作两条平行曲线（曲线$y = f(x) \pm \varepsilon$），那么从（对应于给定的$\varepsilon$）某个标数$n = N$起，所有函数$y = a_n(x)$的图形会全部包含在宽度为$2\varepsilon$的带形区域内（图2）.

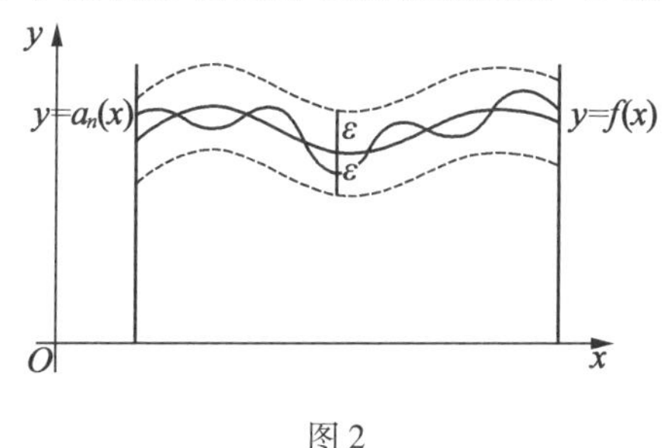

图2

均匀收敛概念的重要性从下面的一般定理就可以看出来：

定理1 在一域上均匀收敛的函数项级数，是该域上的连续函数.

证明 设级数

$$u_1(x) + u_2(x) + \cdots + u_n(x) + \cdots$$

在一域上均匀收敛. 写出

$$f(x)=s_n(x)+r_n(x)$$

并给出一任意小的 $\varepsilon>0$. 由于级数为均匀收敛的,故可找出一适当的 N,使 $n\geqslant N$ 时,域上任一点 x 满足不等式

$$|r_n(x)|<\frac{\varepsilon}{3}$$

令 x 取得增量 h 并考察下列差式

$$f(x+h)-f(x)=[s_n(x+h)-s_n(x)]+r_n(x+h)-r_n(x)$$

得

$$|f(x+h)-f(x)|\leqslant|s_n(x+h)-s_n(x)|+|r_n(x+h)|+|r_n(x)|$$

根据前述理由,可知当 $n\geqslant N$ 时

$$|r_n(x+h)|<\frac{\varepsilon}{3},\ |r_n(x)|<\frac{\varepsilon}{3}$$

但即使所取的(固定的)n 很大,因 $s_n(x)$ 是有限个连续函数的和,所以它本身也是连续函数. 所以当 δ 足够小时,只要 $|h|<\delta$ 便可得

$$|s_n(x+h)-s_n(x)|<\frac{\varepsilon}{3}$$

故当 $|h|<\delta$ 时,可得

$$|f(x+h)-f(x)|<\frac{\varepsilon}{3}+\frac{\varepsilon}{3}+\frac{\varepsilon}{3}=\varepsilon$$

这就证明了函数 $f(x)$ 的连续性.

现在用例子说明,要使上述定理成立,均匀收敛这一条件是不可省略的.

级数

$$\frac{x}{1+x}+\frac{x}{(1+x)^2}+\cdots+\frac{x}{(1+x)^n}+\cdots$$

中的各项是任一闭区间 $[0,a]$(其中 $a>0$)上的连续函数,且当 x 为任何非负的实数时,这个级数收敛. 因当 $x>0$ 时,这是个公比为 $q=\frac{1}{1+x}(q>1)$ 的几何级数. 当 $x>0$ 时,级数的和是

$$f(x)=\frac{\frac{x}{1+x}}{1-\frac{1}{1+x}}=1$$

但当 $x=0$ 时,级数中的每项是0,故 $f(0)=0$. 由此可见,这个级数的和 $f(x)$ 是区间 $[0,a]$ 上的不连续函数(在 $x=0$ 处不连续). 当 $x>0$ 时,$f(x)=1$,而 $f(0)=0$. 不过我们可以证明这个级数在区间 $[0,a]$ 上是非均匀收敛的. 因不管取怎样一个 ε,$0<\varepsilon<1$,也不管 N 有多么大,总可以找出足够接近于0的 x 值,使

$$r_N(x)=\frac{x}{(1+x)^{N+1}}+\frac{x}{(1+x)^{N+2}}+\cdots=\frac{1}{(1+x)^N}$$

大于 ε. 不难证明,要使 $\frac{1}{(1+x)^N}>\varepsilon$,只要取 $x<\left(\frac{1}{\varepsilon}\right)^{\frac{1}{N}}-1$ 即可.

再举一个浅显的例子. 设已知区间[0,1]上的级数为

$$x+(x^2-x)+\cdots+(x^n-x^{n-1})+\cdots$$

求这个级数的和 $f(x)$ 时,可以求其部分和数 $s_n=x^n$ 在 $n\to\infty$ 时的极限,得

$$f(x)=\lim_{n\to\infty}x^n=0\quad(0\leqslant x<1)$$

及

$$f(x)=\lim_{n\to\infty}x^n=1,x=1$$

这个例子又说明收敛的函数项级数的和是一个不连续函数(在点 $x=1$ 处不连续). 不难证明这个级数在区间[0,1]上是非均匀收敛的. 若要使级数为均匀收敛的,必须在一切 n 大于某个足够大的 N 时,一切 $x(0\leqslant x\leqslant 1)$ 都能使级数的第 n 个剩余的绝对值 $|r_n(x)|=x^n$ 小于 ε,即

$$|r_n(x)|=x^n<\varepsilon$$

其中 ε 是预先给定的数,$0<\varepsilon<1$.

但这事并不能成立,因不管 N 多么大,当 $x>\varepsilon^{\frac{1}{N}}$(即当 x 足够接近于1)时可得

$$r_n(x)=x^n>\varepsilon$$

上述级数趋于其和数时的非均匀收敛性可从图3中明显看出. 图中画出数列 $s_n(x)=x^n$ 中几个函数($n=1,2,3,4,5,7,10,20$)的图形及其极限函数 $f(x)$ 的图形(是 x 轴上的一段半开区间[0,1)及点(1,1)). 函数 $s_n(x)$ 趋于 $f(x)$ 的过程(即级数收敛为其和数的过程)可从几何上说明如下:当 n 无限增大时,曲线 $y=x^n$ 无限趋近于 x 轴上的半开区间[0,1)(这里只就曲线纵坐标趋于0的意义来说). 同时它向点(1,1)上升的坡度越来越大,而无限趋近于直线 $x=1$ 上的点(0,1)到(1,1)的线段(就曲线与直线 $x=1$ 在平行于 x 轴方向上的距离趋于0的意义来说). 在这种情形下,显然不可能在极限函数图形的两侧作宽度为 2ε 的带形区域,使 ε 为任意值($0<\varepsilon<\frac{1}{4}$)时,在曲线族 $y=x^n$ 中,从某条曲线以后的一切曲线都位于该区域内.

考察图3之后,可把曲线序列 $y=x^n$ 及其对应单值函数序列趋于其极限时的不同性质做一比较. 曲线序列的极限是折线 OAB,同时如果规定拿曲线上的点与其极限曲线上的点之间的距离来作为考察曲线怎样趋于其极限的准则,那么这个曲线序列是均匀趋于其极限的,但函数序列的极限并不以折线 OAB 为其图形,而是以无右端点的线段 OA 及点 B 为其图形的,同时函数序列不是均匀

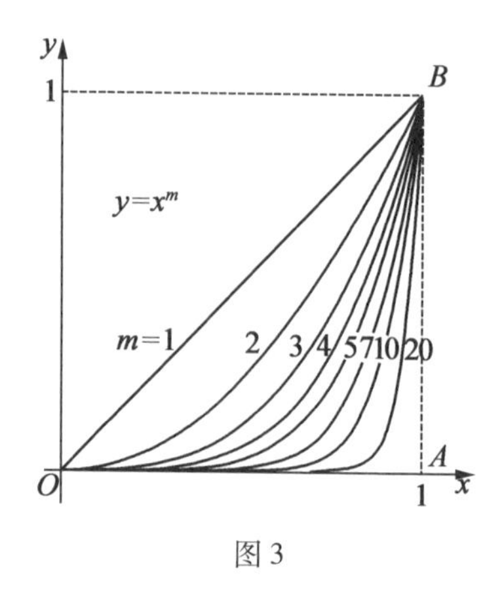

图 3

趋于其极限的.

这里要注意,如果上面的第一个例子中的区间是$[\omega,1]$,第二个例子中的区间是$[0,1-\omega]$,其中ω是任意小的正数$(\omega>0)$,那么这两个例子中的级数就都是均匀收敛的.

定理 2(魏尔斯特拉斯[①]准则) 若函数$u_1(x),u_2(x),\cdots,u_n(x),\cdots$在某一域上的各绝对值分别不大于数$M_1,M_2,\cdots,M_n,\cdots$,且若数项级数

$$M_1+M_2+\cdots+M_n+\cdots$$

收敛,则该域上的函数项级数$u_1(x)+u_2(x)+\cdots+u_n(x)+\cdots$均匀(且绝对)收敛.

证明 因级数$\sum\limits_{k=1}^{\infty}M_k$收敛,故若给定$\varepsilon>0$,则可找出一适当的$N$,使$n\geqslant N$时,可得

$$M_{n+1}+M_{n+2}+\cdots<\varepsilon$$

但根据定理中的条件可知函数项级数的剩余

$$r_n(x)=u_{n+1}(x)+u_{n+2}(x)+\cdots$$

在域上任一点处的绝对值满足下列不等式

$$\begin{aligned}|r_n(x)|&=|u_{n+1}(x)+u_{n+2}(x)+\cdots|\\&\leqslant|u_{n+1}(x)|+|u_{n+2}(x)|+\cdots\\&\leqslant M_{n+1}+M_{n+2}+\cdots\end{aligned}$$

由此可知,不管x在已知域的什么地方,只要$n\geqslant N$,便可使下列不等式成立

$$|r_n(x)|<\varepsilon$$

于是我们知道级数收敛,并且又是均匀与绝对收敛的.

满足定理 2 中各条件的函数项级数,有时叫作正规收敛的级数.

---

① 魏尔斯特拉斯(Weierstrass,1815—1897),德国著名数学家.

142. 函数项级数的积分法及微分法

现在我们来讲怎样把数学解析中的两种主要运算施行到收敛的函数项级数上.

下面证明两个一般定理:

定理3 若级数 $u_1(x)+u_2(x)+\cdots+u_n(x)+\cdots$ 中的各项是连续函数,且该级数在一域上均匀收敛为函数 $f(x)$,则 $f(x)$ 在区间 $[a,x]$ 上的积分($[a,x]$ 在已知收敛域上)等于已知级数的各项取对应积分后所成级数的和,也就是说

$$\int_a^x f(x)\,\mathrm{d}x=\int_a^x u_1(x)\,\mathrm{d}x+\int_a^x u_2(x)\,\mathrm{d}x+\cdots+\int_a^x u_n(x)\,\mathrm{d}x+\cdots$$

说得简单一点,就是:

连续函数的均匀收敛级数可以逐项积分.

设

$$f(x)=s_n(x)+r_n(x)$$

于是

$$\int_a^x f(x)\,\mathrm{d}x=\int_a^x s_n(x)\,\mathrm{d}x+\int_a^x r_n(x)\,\mathrm{d}x$$

或者

$$\int_a^x f(x)\,\mathrm{d}x=\sigma_n(x)+\rho_n(x)$$

其中

$$\sigma_n(x)=\int_a^x s_n(x)\,\mathrm{d}x=\int_a^x u_1(x)\,\mathrm{d}x+\int_a^x u_2(x)\,\mathrm{d}x+\cdots+\int_a^x u_n(x)\,\mathrm{d}x$$

$$\rho_n(x)=\int_a^x r_n(x)\,\mathrm{d}x$$

我们所要证明的事显然是 $n\to\infty$ 时,对已知区间上的一切 x 可得 $\rho_n(x)\to 0$. 取 $\varepsilon>0$,由于级数为均匀收敛的,故可找出一适当的 N,使 $n\geqslant N$ 时,不管点 x 在何处都有

$$|r_n(x)|<\frac{\varepsilon}{|b-a|}$$

于是根据积分估值定理可得

$$|\rho_n(x)|=\left|\int_a^x r_n(x)\,\mathrm{d}x\right|\leqslant|x-a|\frac{\varepsilon}{|b-a|}\leqslant|b-a|\frac{\varepsilon}{|b-a|}=\varepsilon$$

所以对任一 $\varepsilon>0$,可找出适当的 N,使 $n\geqslant N$ 时

$$|\rho_n(x)|<\varepsilon$$

对一切 x 都一致成立. 但这就证明

$$\sigma_n(x) \to \int_a^x f(x)\,\mathrm{d}x$$

也就是说,已知级数中各项取积分后所得的级数收敛(并且是均匀收敛)为已知级数的和的积分. 这里要注意,证明中所用的主要条件是级数的均匀收敛性. 如果无均匀收敛性,这个定理可能不成立.

上述结果还可以写成

$$\int_a^x f(x)\,\mathrm{d}x = \lim_{n\to\infty}\int_a^x s_n(x)\,\mathrm{d}x$$

若应用关系式 $f(x) = \lim\limits_{n\to\infty} s_n(x)$,则可把上式写成

$$\lim_{n\to\infty}\int_a^x s_n(x)\,\mathrm{d}x = \int_a^x \lim_{n\to\infty} s_n(x)\,\mathrm{d}x$$

这就是说,取均匀极限的运算步骤与积分步骤可以交换次序.

定理4 如果级数 $u_1(x)+u_2(x)+\cdots+u_n(x)+\cdots$ 中的各项是具有连续导函数的函数,且该级数在某域上收敛为函数 $f(x)$,那么当已知级数中各项的导函数所成的级数均匀收敛时,$f(x)$ 的导函数就等于该新级数的和

$$f'(x) = u_1'(x) + u_2'(x) + \cdots + u_n'(x) + \cdots$$

说得简单一点,就是:

连续函数项的收敛级数,当其各项的导函数形成一均匀收敛级数时,可以逐项微分.

由此可见,级数的微分法定理比积分法定理复杂,前者还需要验证逐项微分后所得级数的均匀收敛性.

现在用例子说明这个条件绝不可省略,如级数

$$\frac{\sin x}{1} + \frac{\sin 2^3 x}{2^2} + \cdots + \frac{\sin n^3 x}{n^2} + \cdots$$

在任何区间上都是均匀收敛的,因其各项的绝对值不大于下列收敛级数的对应项

$$1 + \frac{1}{2^2} + \cdots + \frac{1}{n^2} + \cdots$$

(定理2). 但其逐项微分后所得的级数

$$\cos x + 2\cos 2^3 x + \cdots + n\cos n^3 x + \cdots$$

却对一切 x 值都发散(因公项不趋于0).

现在我们来证明定理4.

证明 用 $F(x)$ 表示逐项微分后所得均匀收敛级数的和

$$F(x) = u_1'(x) + u_2'(x) + \cdots + u_n'(x) + \cdots$$

这时只要证明 $F(x)=f'(x)$ 即可.

上面这个级数满足定理 3 的条件,故应用定理 3 得

$$\int_a^x F(x)\mathrm{d}x=\int_a^x u_1'(x)\mathrm{d}x+\int_a^x u_2'(x)\mathrm{d}x+\cdots+\int_a^x u_n'(x)\mathrm{d}x+\cdots$$
$$=[u_1(x)-u_1(a)]+[u_2(x)-u_2(a)]+\cdots+[u_n(x)-u_n(a)]+\cdots$$

由此可知

$$\int_a^x F(x)\mathrm{d}x=[u_1(x)+u_2(x)+\cdots+u_n(x)+\cdots]-[u_1(a)+u_2(a)+\cdots+u_n(a)+\cdots]$$
$$=f(x)-f(a)$$

故

$$F(x)=f'(x)$$

即是所要证明的.

这里要注意,对于已知级数来说,我们只用过一个条件——它是收敛的.但根据定理,便可从这个证明过程中看出它是均匀收敛的.

以上结束对级数一般理论的研究,不过这里要再一次注意下面两项重要的结论:

(1) 如果无穷级数具有绝对收敛性,便可以对它施行普通四则运算.

(2) 如果无穷级数具有均匀收敛性,便可以对它施行普通解析运算.

§3 幂 级 数

143. 泰勒级数

若函数项级数

$$a_0+a_1(x-x_0)+a_2(x-x_0)^2+\cdots+a_n(x-x_0)^n+\cdots$$

中每项是常数 a 与差式 $x-x_0$(当 $x_0=0$ 时,就是自变量本身)的幂函数(幂指数为整数)两者的乘积,则该级数叫作幂级数.

常数 $a_0,a_1,a_2,\cdots,a_n,\cdots$ 叫作幂级数的系数.

如果用泰勒公式求函数的近似多项式(第四章),并使准确度无限增加,那么所得结果自然就是幂级数.

若函数 $f(x)$ 在点 x_0 的某个邻域上具有到 $n+1$ 阶为止的导函数,则可知

$$f(x)=f(x_0)+f'(x_0)(x-x_0)+\frac{1}{2!}f''(x_0)(x-x_0)^2+\cdots+$$
$$\frac{1}{n!}f^{(n)}(x_0)(x-x_0)^n+\frac{1}{(n+1)!}f^{(n+1)}(\xi)(x-x_0)^{n+1}$$

其中ξ是x_0及x间的一点. 上式也可写作

$$f(x)=N_n(x-x_0)+R_n \tag{1}$$

(参阅第四章中所用的记号). 当n为已知时,若把函数$f(x)$近似表达为多项式$N_n(x-x_0)$的形式,即

$$f(x)\approx N_n(x-x_0)$$

则在考虑该近似式时所用的区间越小,一般来说,近似式也越加准确[因误差$\delta_n(|R_n|\leqslant\delta_n)$将越小]. 现在设这个区间是$[a,b]$,$a\leqslant x_0\leqslant b$,$a\leqslant x\leqslant b$,并设它是不变的,这时要增加近似式的准确度通常就只要增加泰勒公式中的阶数n. 因为由区间$[a,b]$上的误差式

$$\delta_n=\frac{M_{n+1}}{(n+1)!}(b-a)^{n+1},M_{n+1}\geqslant|f^{(n+1)}(x)|$$

可以看出当n增大时,分母增大,故δ_n趋于0.

因此我们要让n无限增大,但这时要使泰勒公式成立必须假定函数$f(x)$在区间$[a,b]$上具有任何阶的导函数. 此外,还需假设$\lim\limits_{n\to\infty}\delta_n=0$(也就是$\lim\limits_{n\to\infty}R_n=0$)对每个$x(a\leqslant x\leqslant b)$都成立. 从等式(1)可得

$$f(x)=\lim_{n\to\infty}N_n(x-x_0)=\lim_{n\to\infty}[f(x_0)+f'(x_0)(x-x_0)+$$
$$\frac{1}{2!}f''(x_0)(x-x_0)^2+\cdots+\frac{1}{n!}f^{(n)}(x_0)(x-x_0)^n]$$

于是根据无穷级数的和的定义,可知$f(x)$是下列无穷幂级数的和

$$f(x)=f(x_0)+f'(x_0)(x-x_0)+\frac{1}{2!}f''(x_0)(x-x_0)^2+\cdots+$$
$$\frac{1}{n!}f^{(n)}(x_0)(x-x_0)^n+\cdots \tag{2}$$

这个级数叫作函数$f(x)$的泰勒级数.

一般来说,函数$f(x)$在点x_0的邻域上的泰勒级数便是差$x-x_0$的幂级数,其各系数$a_0,a_1,a_2,\cdots,a_n,\cdots$用$f(x)$在点$x_0$处的各阶导函数表示如下

$$a_0=f(x_0),a_1=f'(x_0),a_2=\frac{1}{2!}f''(x_0),\cdots,a_n=\frac{1}{n!}f^{(n)}(x_0),\cdots$$

这些系数叫作函数$f(x)$在点x_0处的泰勒系数.

等式(2)可以看作无穷多阶的泰勒公式,它把函数表示为无穷多次的多项式. 这种表示法之所以重要,是由于泰勒级数中所用函数极为简单(幂函数),同时(在级数理论中所规定的一些条件之下)对其做各种运算的规则也极简单

(一般的运算规则).有了这种表示法之后,甚至对于那些解析结构极为复杂的函数,也可以把对于它们的研究与运算简化为对于有穷或无穷次多项式的初等代数法.在本节及以后各章中,我们都会见到这种简化法的例子.

若函数在某个区间上能用它的收敛的泰勒级数来表示,则该函数就叫作该区间上的解析函数.根据以前所讲的,可知函数为解析函数的条件是:

Ⅰ.它在区间上必须是可微分无数次的(即具有任意阶的导数).

Ⅱ.当其泰勒公式的阶数无限增大时,该公式的余项在区间上任一点处趋于0.

条件 Ⅰ 使我们能作出函数的泰勒级数,条件 Ⅱ 则保证该级数收敛为所论函数(在后面要讲的内容中,我们要把条件 Ⅱ 换成便于实际应用的另一些条件).

如果用譬喻的话来讲,那么每个解析函数从解析观点看来,一律是无穷次多项式,而从几何观点看来,则都是无穷次抛物线.

除了有穷次多项式,解析函数 —— 无穷次多项式 —— 在一定的意义上讲是最简单的函数.

这里要注意的是,每个初等函数在其全部定义域上(可能有个别的点除外)都是解析函数.

把函数实际展成泰勒级数时,主要的困难在于证明泰勒公式的对应余项趋于0.要证明这件事,有时需要做极缜密的思考.但若用下面所讲的关于幂级数的一般理论,便能使我们用其他的方法求出函数的泰勒展开式.

144.举例

现在我们来讲几个把函数展成泰勒级数的重要例子(参阅第四章).

(1)我们知道

$$e^x = 1 + x + \frac{1}{2!}x^2 + \frac{1}{3!}x^3 + \cdots + \frac{1}{n!}x^n + R_n$$

其中 $R_n = \frac{1}{(n+1)!}e^{\xi}x^{n+1}$, $\xi = \theta x$, $0 < \theta < 1$,由此可知

$$|R_n| \leqslant \frac{1}{(n+1)!}e^M M^{n+1} = \delta_n$$

其中 $|x| \leqslant M$.

证明 $n \to \infty$ 时 $\delta_n \to 0$ 的最简方法如下:以 $\frac{M^n}{n!}$(M 为任意数)为公项的级数收敛,因为达朗贝尔准则告诉我们

$$\frac{M^{n+1}}{(n+1)!} \cdot \frac{n!}{M^n} = \frac{M}{n+1} \to 0$$

由此可知,这个级数的公项 $\frac{M^n}{n!}$ 必趋于0.

因 M 可以为任意数，故级数

$$e^x = 1 + x + \frac{1}{2!}x^2 + \cdots + \frac{1}{n!}x^n + \cdots$$

对任何 x 收敛(也就是说，在全部 x 轴上收敛). 这个级数极为重要，叫作指数级数.

在 $x = 1$ 的特殊情形下，可得表示 e 的级数

$$e = 1 + 1 + \frac{1}{2!} + \frac{1}{3!} + \cdots + \frac{1}{n!} + \cdots$$

这实际上在第二章中已经得出过.

(2) 因

$$\sin x = x - \frac{1}{3!}x^3 + \frac{1}{5!}x^5 - \cdots + \frac{(-1)^{n-1}}{(2n-1)!}x^{2n-1} + R_n$$

其中 $R_n = \frac{1}{(2n)!}\sin(\xi + n\pi)x^{2n}$, $\xi = \theta x, 0 < \theta < 1$，故知

$$|R_n| \leqslant \frac{1}{(2n)!}M^{2n} = \delta_n$$

其中 $|x| \leqslant M$.

根据(1)中所证明的结论，知 $n \to \infty$ 时，$\delta_n \to 0$，故得 $\sin x$ 在点 $x = 0$ 的邻域上的泰勒级数为

$$\sin x = x - \frac{1}{3!}x^3 + \frac{1}{5!}x^5 - \cdots + \frac{(-1)^{n-1}}{(2n-1)!}x^{2n-1} + \cdots$$

上面的等式在全部 x 轴上都成立.

同样可知

$$\cos x = 1 - \frac{1}{2!}x^2 + \frac{1}{4!}x^4 - \cdots + \frac{(-1)^n}{(2n)!}x^{2n} + \cdots$$

在全部 x 轴上也成立.

从上面表示 $\sin x$ 及 $\cos x$ 的无穷次多项式中，可以明显看出前者是个奇函数，而后者是个偶函数.

(3) 就函数 $\ln(1 + x)$ 来说，得

$$\ln(1 + x) = x - \frac{1}{2}x^2 + \frac{1}{3}x^3 - \cdots + \frac{(-1)^{n-1}}{n}x^n + R_n$$

其中 $R_n = \frac{(-1)^n}{n+1} \cdot \frac{1}{(1+\xi)^{n+1}}x^{n+1}$, $\xi = \theta x, 0 < \theta < 1$，由此可知

$$|R_n| < \frac{1}{n+1} = \delta_n \quad (0 \leqslant x \leqslant 1)$$

当 $n \to \infty$ 时，显然有 $\delta_n \to 0$，故得

$$\ln(1 + x) = x - \frac{1}{2}x^2 + \frac{1}{3}x^3 - \cdots + \frac{(-1)^{n-1}}{n}x^n + \cdots$$

这个级数不但在区间[0,1]上收敛为函数$\ln(1+x)$,而且在区间$(-1,0)$上也收敛为函数$\ln(1+x)$. 这事我们在下面讲到用其他方法把函数展成泰勒级数时再证明.

在$x=1$的特殊情形下,得到莱布尼茨级数

$$\ln 2=1-\frac{1}{2}+\frac{1}{3}-\cdots+\frac{(-1)^{n-1}}{n}+\cdots$$

这是在 §1 中已经用过的.

在$x=-1$时,级数发散,因这时的级数就是调和级数,不过其中各项的正号都变成了负号. 至于$x\leqslant-1$时的级数,自然更谈不到有收敛性,但我们还可以证明$x>1$时的级数也发散. 这件事使我们注意到下面这种情况:有的式子(例如这里的泰勒级数)在一个区间上适于表示函数,但在另一区间上便不适用. 该式在后一种区间上可能不存在(如上面的例子)或其所给的值并非函数值,但同时在该区间上的函数却仍然存在,并且与它的各阶导函数一样,都具有连续性(如同本例中的情形). 我们之所以要说明这种情况,是为了再一次着重告诉读者,必须把函数及其解析式这两个概念辨别清楚.

(4) 作二项式$(1+x)^m$的泰勒级数,其中m是任意数,得

$$(1+x)^m=1+mx+\frac{m(m-1)}{2!}x^2+\cdots+\frac{m(m-1)\cdots(m-n+1)}{n!}x^n+R_n$$

其中$R_n=\dfrac{m(m-1)\cdots(m-n)}{(n+1)!}(1+\xi)^{m-n-1}x^{n+1}$,$\xi=\theta x$,$0<\theta<1$,同时由于$n$会无限增大,故在$0\leqslant x<1$时,可得

$$|R_n|\leqslant\frac{|m(m-1)\cdots(m-n)|}{(n+1)!}x^{n+1}=\delta_n$$

现在要证明$n\to\infty$时$\delta_n\to 0$. 这里可以看出以δ_n为公项的级数收敛,因为根据达朗贝尔准则可得

$$\frac{\delta_{n+1}}{\delta_n}=\frac{|m-n-1|}{n+2}x\to x<1$$

所以级数的公项δ_n必趋于0,并由此可知在区间[0,1)上可把二项式展开为

$$(1+x)^m=1+mx+\frac{m(m-1)}{2!}x^2+\cdots+\frac{m(m-1)\cdots(m-n+1)}{n!}x^n+\cdots$$

这就是二项级数,它不但在区间[0,1)上收敛为函数$(1+x)^m$,而且在区间$(-1,0)$上也一样,但这事要稍等一下再证明. 这里又可以看出等号右边的级数只能在区间$(-1,1)$上表示等号左边的函数,尽管左边的函数及其一切导函数只可能在一点$x=-1$处不存在. 在有些情形下,要看幂指数m是什么样的数,才可能使二项级数在点$x=-1$或点$x=1$处收敛,但这个问题我们不谈. 不过可以指出,当$m<0$时,二项级数在闭区间$[-1,1]$上收敛为二项式.

以下是对应于 $m=-1,\frac{1}{2},-\frac{1}{2}$ 的几个(常见的)二项级数

$$\frac{1}{1+x}=1-x+x^2-x^3+\cdots \quad (-1<x<1)$$

$$\sqrt{1+x}=1+\frac{1}{2}x-\frac{1}{2\cdot 4}x^2+\frac{1\cdot 3}{2\cdot 4\cdot 6}x^3-\frac{1\cdot 3\cdot 5}{2\cdot 4\cdot 6\cdot 8}x^4+\cdots+$$
$$(-1)^{n-1}\frac{1\cdot 3\cdot 5\cdot\cdots\cdot(2n-3)}{2\cdot 4\cdot 6\cdot 8\cdot\cdots\cdot 2n}x^n+\cdots \quad (-1\leqslant x\leqslant 1)$$

$$\frac{1}{\sqrt{1+x}}=1-\frac{1}{2}x+\frac{1\cdot 3}{2\cdot 4}x^2-\frac{1\cdot 3\cdot 5}{2\cdot 4\cdot 6}x^3+\frac{1\cdot 3\cdot 5\cdot 7}{2\cdot 4\cdot 6\cdot 8}x^4+\cdots+$$
$$(-1)^n\frac{1\cdot 3\cdot 5\cdot\cdots\cdot(2n-1)}{2\cdot 4\cdot 6\cdot\cdots\cdot 2n}x^n+\cdots \quad (-1<x\leqslant 1)$$

当 $x>0$ 时,若去掉这三个级数中第 n 项以后的一切项,则根据莱布尼茨准则可知,所致误差等于第 n 项的绝对值.

在下面我们要用别的方法把其他几个简单函数展成泰勒级数.

145. 收敛区间及收敛半径

对泰勒级数施行各种运算的结果,会得出新的幂级数,表示一些前所未知的函数,因此我们必须懂得怎样直接就幂级数的本身来做研究.

设已知幂级数

$$a_0+a_1x+a_2x^2+\cdots+a_nx^n+\cdots \tag{3}$$

(为讲解简便起见,取上面这种幂级数,因为任何幂级数

$$a_0+a_1(x-x_0)+a_2(x-x_0)^2+\cdots+a_n(x-x_0)^n+\cdots$$

经置换 $x-x_0=x'$ 后都可化为上面的级数).

首先我们要研究幂级数收敛域的性质. 这时很容易看出有三种可能的收敛域:

Ⅰ. 收敛域仅仅是一点(在该处级数收敛为其首项),换句话说,级数对一切 x(只有一点除外)发散.

Ⅱ. 收敛域包含 x 轴上的一切点,换句话说,级数对一切 x 都收敛.

Ⅲ. 收敛域包含 x 轴上的某些点,同时该轴上还有另外一些点是不在收敛域之内的.

有第一种收敛域的级数,可以下面的级数为例

$$1+x+2^2x^2+3^3x^3+\cdots+n^nx^n+\cdots$$

若 $x\neq 0$,则从足够大的 n 值起,可得 $|nx|>1$,由此得 $|n^nx^n|>1$,这便说明级数的公项不趋于0.

指数级数可以作为有第二种收敛域的级数

$$1+x+\frac{1}{2!}x^2+\cdots+\frac{1}{n!}x^n+\cdots$$

有第三种收敛域的例子是几何级数

$$1+x+x^2+\cdots+x^n+\cdots$$

当幂级数具有第三种收敛域时,我们可以证明(这是一件极重要的事)级数的收敛域是x轴上对称于点$x=0$的一段区间(对级数$a_0+a_1(x-x_1)+\cdots$来说,是对称于点$x=x_0$的一段区间).

如果按惯例把点$x=0$及全部x轴看作同一类型的区间,那么可以说任何幂级数的收敛域是x轴上对称于点$x=0$的一段区间.

这事可用阿贝尔①的一个定理来证明,下面是阿贝尔定理:

阿贝尔定理 若$x=x_0\neq 0$时,幂级数(3)收敛,则在绝对值比$|x_0|$小的一切x:$|x|<|x_0|$处,也就是在区间$(-|x_0|,|x_0|)$上,级数收敛(并且是绝对收敛).换句话说,若级数收敛于点$x_0\neq 0$处,则它在以$x=0$为中心,长度等于$2|x_0|$的区间上的一切点处为绝对收敛.

证明 因级数$\sum\limits_{k=0}^{\infty}a_kx_0^k$的公项趋于0,故该级数的一切项是均匀有界的:有一个正的常数c存在,使一切n满足

$$|a_nx_0^n|<c$$

把级数(3)写成

$$a_0+a_1x_0\left(\frac{x}{x_0}\right)+a_2x_0^2\left(\frac{x}{x_0}\right)^2+\cdots+a_nx_0^n\left(\frac{x}{x_0}\right)^n+\cdots$$

并取其中各项的绝对值作一新级数

$$|a_0|+|a_1x_0|\left|\frac{x}{x_0}\right|+|a_2x_0^2|\left|\frac{x}{x_0}\right|^2+\cdots+|a_nx_0^n|\left|\frac{x}{x_0}\right|^n+\cdots$$

根据前面所指出的事,可知这个级数的每一项小于以$\left|\frac{x}{x_0}\right|$为公比的下列几何级数

$$c+c\left|\frac{x}{x_0}\right|+c\left|\frac{x}{x_0}\right|^2+\cdots+c\left|\frac{x}{x_0}\right|^n+\cdots$$

若$|x|<|x_0|$,则$\left|\frac{x}{x_0}\right|<1$,于是几何级数收敛,所以绝对值所成的级数也收敛,并由此可知级数(3)本身为绝对收敛的.定理证毕.

但是,若幂级数在$x=x_0$处发散,则它在绝对值大于x_0的一切x:$|x|>|x_0|$处都发散.因若级数在绝对值大于x_0的某一x处收敛,则根据阿贝尔定理,这个级数在绝对值小于x的一切点处,特别是在$x=x_0$处,必须为绝对收敛的,与假设矛盾.

---

① 阿贝尔(Abel,1802—1829),挪威著名数学家,在其短促的一生中对数学各分支的贡献极大.

由此可得结论：

对于具有收敛点及发散点的每个幂级数来说，必有一适当的正数 R 存在，使级数在满足 $|x|<R$ 的一切 x 处为绝对收敛的，在满足 $|x|>R$ 的一切 x 处为发散的. 至于在点 $x=R$ 及 $x=-R$ 处，就可能有各种不同的情形，级数可能在两点处都收敛，可能只在其中一点处收敛，也可能在两点处都不收敛.

数 R 叫作级数的收敛半径，从 $x=-R$ 到 $x=R$ 的区间叫作收敛区间（它可能是两端闭，或一端闭，或根本是个开区间）.

对于除 $x=0$ 以外在一切 x 处都发散的幂级数来说，规定它们的 $R=0$，对于在一切 x 处都收敛的幂级数来说，规定它们的 $R=\infty$.

现在我们要讲求幂级数的收敛半径时所用的法则：

定理1 若极限 $\lim\limits_{n\to\infty}\left|\dfrac{a_{n+1}}{a_n}\right|=\rho$ 存在，则 $R=\dfrac{1}{\rho}$，且当 $\rho=\infty$ 时，认定 $R=0$，当 $\rho=0$ 时，认定 $R=\infty$.

证明 令 $u_n=|a_nx^n|$，则 $u_0+u_1+u_2+\cdots+u_n+\cdots$ 为级数(3)中各项的绝对值所成的级数

$$|a_0|+|a_1||x|+|a_2||x|^2+\cdots+|a_n||x|^n+\cdots \tag{4}$$

这时得

$$\frac{u_{n+1}}{u_n}=\left|\frac{a_{n+1}}{a_n}\right||x|$$

(1) 设 ρ 是不等于0的有限数，这时

$$\lim_{n\to\infty}\frac{u_{n+1}}{u_n}=\rho|x|$$

根据达朗贝尔准则便知，当 $\rho|x|<1$，也就是，$|x|<\dfrac{1}{\rho}$ 时，级数(4)收敛，于是可知级数(4)为绝对收敛的. 当 $\rho|x|>1$，也就是，$|x|>\dfrac{1}{\rho}$ 时，级数(4)发散，故级数(3)不可能为绝对收敛的. 并且当 x 为这些值时，级数一般是发散的. 因若当 $x=x_1\left(|x_1|>\dfrac{1}{\rho}\right)$ 时，级数(3)收敛，则根据阿贝尔定理可知，当 x 为一切值 $x=x_2\left(|x_1|>|x_2|>\dfrac{1}{\rho}\right)$ 时，级数收敛，但我们已证明这事不可能. 故级数在 $|x|<\dfrac{1}{\rho}$ 时收敛，在 $|x|>\dfrac{1}{\rho}$ 时发散，由此可知 $R=\dfrac{1}{\rho}$.

(2) 设 $\rho=0$. 这时在一切 x 处有 $\lim\limits_{n\to\infty}\dfrac{u_{n+1}}{u_n}=0$，级数(4)对于任何 x 值收敛. 由此可知，级数(3)在 x 轴上一切点处绝对收敛，于是 $R=\infty$.

(3) 设$\rho=\infty$. 这时在一切$x(x\neq 0)$处$\lim\limits_{n\to\infty}\dfrac{u_{n+1}}{u_n}=\infty$,故级数(3)在任何$x\neq 0$处都不可能为绝对收敛的. 根据阿贝尔定理可知,级数在x轴上一切点处(零点除外)发散,故$R=0$.

上述求收敛半径的法则是从达朗贝尔准则得来的. 同样我们也可以从柯西准则推出求收敛半径的法则:

若$\lim\limits_{n\to\infty}\sqrt[n]{|a_n|}=\rho$,则$R=\dfrac{1}{\rho}$,同时若$\rho=\infty$,则认定$R=0$,若$\rho=0$,则认定$R=\infty$.

146. 幂级数的普遍属性

根据函数项级数的诸属性(§2),可证明下列三个定理,说明幂级数所表示的函数是连续的,可微分无数次,并且是解析的.

定理 2 幂级数所表示的函数,在收敛区间内部的任何一个闭区间上是连续的.

证明 根据前面所讲的几个定理,可知我们这里只要证明幂级数在任一区间$[-R_1,R_1]$(其中$R_1<R$)上均匀收敛即可,但根据阿贝尔定理知级数

$$|a_0|+|a_1|R_1+|a_2|R_1^2+\cdots+|a_n|R_1^n+\cdots \tag{5}$$

收敛,便立即可知幂级数在$[-R_1,R_1]$上均匀收敛. 这是因为在区间$[-R_1,R_1]$上,级数(3)中每项的绝对值不大于级数(5)中对应项的绝对值

$$|a_nx^n|\leqslant|a_n|R_1^n$$

于是根据魏尔斯特拉斯准则可知,幂级数在区间$[-R_1,R_1]$上均匀收敛.

所以级数(3)的和是连续于收敛区间内部的一个函数. 此外它在该区间的内部又是可微分无数次的函数,也就是说,它(级数(3)的和)是一个具有任意阶导函数的函数.

定理 3 幂级数所表示的函数在收敛区间内部具有任意阶的导函数. 这些导函数也用幂级数表示,其各项为已知级数的各项经微分相当次数(与导函数的阶数相同)后所得的结果,且表示各阶导函数的那些导级数,与已知幂级数具有同一收敛半径.

证明 用$f(x)$表示级数(3)的和,并取一阶导级数

$$f'(x)=a_1+2a_2x+\cdots+na_nx^{n-1}+\cdots$$

要证明这个等式在区间$[-R_1,R_1]$($R_1<R$)上成立,则根据前面所讲的定理,必须证明等号右边的级数在区间$[-R_1,R_1]$上均匀收敛. 现在我们要证明这个级数的收敛半径等于级数(3)的收敛半径R. 由此便可像证明定理2时那样,推出导级数在区间$[-R_1,R_1]$上均匀收敛.

设$|x|\leqslant R_1<R_2<R$. 则

$$|na_nx^{n-1}| \leqslant n|a_n|R_1^{n-1} = \frac{n|a_n|R_2^n}{R_1}\left(\frac{R_1}{R_2}\right)^n$$

由于级数 $\sum_{n=0}^{\infty} a_n R_2^n$ 收敛(阿贝尔定理),故其一切项以某一数 M 为界

$$|a_nR_2^n| \leqslant M$$

于是

$$|na_nx^{n-1}| \leqslant \frac{n|a_n|R_2^n}{R_1}\left(\frac{R_1}{R_2}\right)^n \leqslant n\frac{M}{R_1}q^n$$

其中 $q = \frac{R_1}{R_2} < 1$,故所论级数的各项,就绝对值来说,不大于下列级数的对应项

$$\frac{M}{R_1}q + 2\frac{M}{R_1}q^2 + \cdots + n\frac{M}{R_1}q^n + \cdots$$

但上面所写出的级数收敛,因为根据达朗贝尔准则可得

$$\frac{\frac{M}{R_1}(n+1)q^{n+1}}{\frac{M}{R_1}nq^n} = \frac{n+1}{n}q \to q < 1$$

于是所论导级数对一切 $x(|x| < R)$ 收敛,便得所要证明的结论.

但导级数不可能对任何 $|x| > R$ 的 x 收敛,否则已知级数对这些 x ($|x| > R$) 值也会收敛,便会与收敛区间的定义相矛盾.

我们只要把以上所证明的结果再应用到导级数上,便可得

$$f''(x) = 2a_2 + 3 \cdot 2a_3x + \cdots + n(n-1)a_nx^{n-2} + \cdots$$

同样可得

$$f'''(x) = 3 \cdot 2a_3 + \cdots + n(n-1)(n-2)a_nx^{n-3} + \cdots$$

及诸如此类的等式.

所以幂级数可以在其收敛区间上逐项微分任意次.

至于幂级数可在其收敛区间上逐项积分的事实,可以从 §2 的定理 3 直接推出来.

例如

$$\int_0^x f(x)\,\mathrm{d}x = a_0x + \frac{a_1}{2}x^2 + \frac{a_2}{3}x^3 + \cdots + \frac{a_n}{n+1}x^{n+1} + \cdots$$

其中 $|x| < R$.

定理 4 幂级数所表示的函数是其收敛区间上的解析函数,并且是该解析函数在该收敛区间上的泰勒级数.

证明 拿一般形式的幂级数来说

$$f(x) = a_0 + a_1(x - x_0) + a_2(x - x_0)^2 + \cdots + a_n(x - x_0)^n + \cdots$$

在定理 3 中已经证明函数 $f(x)$ 在收敛区间 $[x_0-R,x_0+R]$ 上可微分无数次.

现在要用函数 $f(x)$ 的各阶导函数来表示级数的各个系数. 不难求出 $f(x)$ 的 n 阶导函数是

$$f^{(n)}(x)=n(n-1)\cdots 2a_n+(n+1)n(n-2)\cdots 2a_{n+1}(x-x_0)+\cdots$$

在上式中,设 $x=x_0$,得

$$f^{(n)}(x_0)=n!\ a_n$$

由此得

$$a_n=\frac{f^{(n)}(x_0)}{n!}$$

所以这个幂级数的诸系数是函数 $f(x)$ 及点 $x=x_0$ 的对应泰勒系数,故

$$f(x)=f(x_0)+\frac{f'(x_0)}{1!}(x-x_0)+\frac{f''(x_0)}{2!}(x-x_0)^2+\cdots+\frac{f^{(n)}(x_0)}{n!}(x-x_0)^n+\cdots$$

由此便可推断定理中所说的结论:每个幂级数是其所代表函数的泰勒级数,于是可知,把函数展成幂级数的方式是唯一的,也就是说,若函数可用幂级数表示,则仅有一种表示法 —— 该函数的泰勒级数.

§4 幂级数(续)

147. 把函数展成泰勒级数的其他方法

到这里为止,我们都用直接法求出已知函数的泰勒级数:把函数逐次微分而求出各泰勒系数,写出泰勒公式,然后证明余项对于所规定的一些自变量值收敛为 0. 但用这种方法去展开函数是有困难的,因为研究余项常常不是一件容易的事(例如基于以上原因,所以我们以前暂不证明函数 $\ln(1+x)$ 及 $(1+x)^m$ 的级数在区间 $(-1,0)$ 上收敛).

现在我们要利用 §3 中关于幂级数的一些普遍性来讲把函数展成泰勒级数的另一种方法. 这种方法与前面的方法比较起来有很大的优点,我们从下面举的例子中便可看出.

设在点 x_0 的邻域上已知一可微分无数次的函数 $f(x)$,写出下面的式子

$$f(x)=a_0+a_1(x-x_0)+a_2(x-x_0)^2+\cdots+a_n(x-x_0)^n+\cdots \tag{1}$$

其中 $a_0,a_1,a_2,\cdots,a_n,\cdots$ 是待定系数. 首先,假设我们可能根据已知函数 $f(x)$ 的一些属性来求出这些系数(如果函数可以展成幂级数的话). 其次,求出所得

级数的收敛区间,于是在该区间上由幂级数所表示的函数便以该幂级数作它的泰勒级数,也就是说,这个幂级数是其和数的泰勒级数. 现在用 $F(x)$ 表示这个已知幂级数的和数. 如果要证明函数 $f(x)$ 的所得展开式是泰勒级数,就只要证明函数 $F(x)$ 与 $f(x)$ 恒等.

通常这事的证法如下:首先验证 $F(x)$ 具有 $f(x)$ 的那种性质,即从 $F(x)$ 也可以作出幂级数(1) 的各个系数. 如果再证明仅有一个函数能具有那种性质,便可知道 $F(x)$ 与 $f(x)$ 应为恒等的,且所得的级数便是所求的泰勒级数.

所以在第一种方法中所要做的事是:证明泰勒公式的余项趋于 0. 在第二种方法中便换成另一件事:证明从已知函数的泰勒系数作出的幂级数是该函数的泰勒级数,也就是证明幂级数所代表的正是已知函数而不是别的函数.

初看起来可能认为这事不必证明,认为以已知函数的泰勒系数作成的幂级数的和自然就是已知函数,但这事通常并不总能成立,例如以柯西所指出的一个函数作为例子

$$f(x)=\mathrm{e}^{-\frac{1}{x^2}},x\neq 0,f(0)=0$$

这个函数在全部 x 轴上可微分无数次,同时其在点 $x=0$ 处的各阶导函数等于0. 当 $x\neq 0$ 时

$$f'(x)=\frac{2}{x^3}\mathrm{e}^{-\frac{1}{x^2}}$$

由于

$$\lim_{h\to 0}\frac{f(h)-f(0)}{h}=\lim_{h\to 0}\frac{\mathrm{e}^{-\frac{1}{h^2}}}{h}=0$$

故

$$f'(0)=0$$

又由于

$$\lim_{h\to 0}\frac{f'(h)-f'(0)}{h}=\lim_{h\to 0}\frac{\frac{2}{h^3}\mathrm{e}^{-\frac{1}{h^2}}}{h}=0$$

故

$$f''(0)=0$$

及诸如此类的各阶导函数都等于0. 所以函数在 $x=0$ 处的一切泰勒系数都等于0. 于是其对应泰勒级数是各项为0的一个级数,它收敛为恒等于0的一个函数,而并不收敛为函数 $f(x)$.

上面所求出的函数 $f(x)$,说明函数可能是可微分无数次的,而在点 $x=0$ 的邻域上却不是解析的.

尽管已知函数 $f(x)$ 及函数 $F(x)$(这里是恒等于0 的一个函数,它是 $f(x)$

的泰勒级数的和）在 $x=0$ 处具有无穷多阶的公共元素. 但它们此外便没有任何别的公共点. 从几何上讲，曲线 $y=f(x)$ 及 $y=F(x)$ 在点 $(0,0)$ 处有无穷阶接触度，但两者仅相交于该点，且在该点处靠得无限紧密（图 4）.

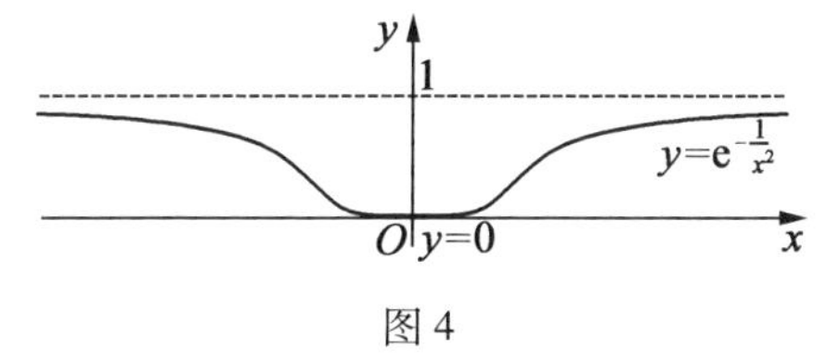

图 4

但若两个函数都是解析函数，上述情形便不会发生. 那时若两者在一点处有无穷多阶的元素相等，则它们在其全部解析域上是恒等的. 换句话说，若两条解析曲线在一点处有无穷阶接触度，便可知两者是完全重合的.

我们所要讲的第二种方法简称待定系数法. 读者可通过例子来熟悉这种方法.

例 1 把函数 $f(x)=e^x$ 展成泰勒级数，并利用这个函数的下列两个属性

$$f'(x)=f(x) \text{ 及 } f(0)=1$$

解 设

$$f(x)=a_0+a_1x+a_2x^2+\cdots+a_nx^n+\cdots$$

根据第二个属性得

$$f(0)=a_0=1$$

根据第一个属性得

$$a_1+2a_2x+\cdots+na_nx^{n-1}+\cdots=1+a_1x+a_2x^2+\cdots+a_nx^n+\cdots$$

由于上式应为恒等式，故得

$$a_1=1 \text{ 及 } a_n=\frac{a_{n-1}}{n}$$

从这个递推式可相继求出各系数

$$a_2=\frac{1}{2}, a_3=\frac{1}{2\cdot 3}, \cdots, a_n=\frac{1}{n!}, \cdots$$

级数

$$1+\frac{x}{1!}+\frac{x^2}{2!}+\cdots+\frac{x^n}{n!}+\cdots$$

以全部 x 轴为其收敛域，也就是说，它的收敛半径等于 ∞. 因为

$$\rho=\lim_{n\to\infty}\frac{n!}{(n+1)!}=0$$

所以 $R=\infty$. 于是可知所得级数对于任何 x 值都表示一个函数 $F(x)$，并且直接可以看出它能满足所设的条件

$$F'(x)=F(x), F(0)=1$$

但这两个条件规定了唯一的一个函数 e^x. 关于这一点读者可以自己去解微分方程 $dF(x)=F(x)dx$(或$\frac{du}{u}=dx$,其中 $u=F(x)$) 并应用 $F(x)=1$ 便能证实.

故在全部 x 轴上可得

$$e^x=1+\frac{x}{1!}+\frac{x^2}{2!}+\cdots+\frac{x^n}{n!}+\cdots$$

例 2 当 m 为任意值时,把二项式$(1+x)^m$ 展成点 $x=0$ 的邻域上的泰勒级数.

解 首先我们注意到函数

$$f(x)=(1+x)^m$$

满足下列条件

$$(1+x)f'(x)=mf(x) \text{ 及} f(0)=1$$

现在找出一个幂级数

$$f(x)=a_0+a_1x+a_2x^2+\cdots+a_nx^n+\cdots$$

使它所表示的函数能满足上述条件. 这里由于$f(0)=1$,故 $a_0=1$.

用 $1+x$ 乘导级数,用 m 乘原来的级数,然后比较两者的结果,得

$$(1+x)(a_1+2a_2x+\cdots+na_nx^{n-1}+\cdots)$$
$$=m(1+a_1x+a_2x^2+\cdots+a_nx^n+\cdots)$$

也就是

$$a_1+(a_1+2a_2)x+\cdots+(na_n+(n+1)a_{n+1})x^n+\cdots$$
$$=m+ma_1x+ma_2x^2+\cdots+ma_nx^n+\cdots$$

比较同幂项的系数,得

$$a_1=m$$
$$a_1+2a_2=ma_1$$
$$\vdots$$
$$na_n+(n+1)a_{n+1}=ma_n$$
$$\vdots$$

从这些关系式可以相继求出各系数

$$a_1=m$$
$$a_2=\frac{a_1(m-1)}{2}=\frac{m(m-1)}{2}$$
$$\vdots$$
$$a_n=\frac{m(m-1)\cdots(m-n+1)}{1\cdot 2\cdot\cdots\cdot n}$$
$$\vdots$$

便得到二项式系数.

若 m 非正整数，则级数

$$1+mx+\frac{m(m-1)}{2!}x^2+\cdots+\frac{m(m-1)\cdots(m-n+1)}{n!}x^n+\cdots$$

的收敛区间是$(-1,1)$，或者说，它的收敛半径等于1. 这是因为

$$\rho=\lim_{n\to\infty}\frac{|m(m-1)\cdots(m-n)|\ n!}{|m(m-1)\cdots(m-n+1)|\ (n+1)!}=\lim_{n\to\infty}\frac{|m-n|}{n+1}=1$$

这个级数在区间$(-1,1)$上所表示的函数 $F(x)$ 满足关系式

$$(1+x)F'(x)=mF(x)$$

及条件

$$F(0)=1$$

这事可以从构成系数的规律直接看出，但若对级数施行关系式中所示的运算，这事也不难证明. 又上述关系式决定一个唯一的函数$(1+x)^m$. 因若把关系式写成

$$\frac{\mathrm{d}u}{u}=m\frac{\mathrm{d}x}{1+x}$$

其中

$$u=F(x)$$

或

$$\mathrm{d}(\ln u)=\mathrm{d}[m\ln(1+x)]$$

便可由此得出

$$\ln u=\ln(1+x)^m+C$$

由于 $x=0$ 时，$u=1$，故上式中的 $C=0$. 于是可知

$$\ln u=\ln(1+x)^m$$

故 $u=(1+x)^m$，这样便证明二项级数在区间$(-1,1)$上收敛为$(1+x)^m$.

同样，若利用函数

$$f(x)=\ln(1+x)$$

所满足的下列条件

$$f'(x)=\frac{1}{1+x}=1-x+x^2+\cdots, f(0)=0$$

便可把 $\ln(1+x)$ 展成泰勒级数. 所得结果是

$$\ln(1+x)=x-\frac{x^2}{2}+\frac{x^3}{3}+\cdots+(-1)^{n-1}\frac{x^n}{n}+\cdots$$

我们在前面只证明这个展开式在区间$(0,1)$上成立，现在不难证明它在区间$(-1,0)$上也成立. 因为

$$\rho=\lim_{n\to\infty}\frac{n}{n+1}=1$$

也就是 $R=1$,所以在任何情形下,$(-1,1)$ 是级数的收敛区间.

例 3 求函数 $f(x)=\arctan x$ 在点 $x=0$ 的邻域上的泰勒级数,我们要从函数 $f(x)$ 的下列属性出发来做:

(i) $f'(x)=\dfrac{1}{1+x^2}$; (ii) $f(0)=0$.

解 设

$$f(x)=a_1x+a_2x^2+\cdots+a_nx^n+\cdots$$

(因根据条件(ii) 得 $a_0=0$). 根据条件(i) 在区间 $(-1,1)$ 上可得

$$a_1+2a_2x+\cdots+na_nx^{n-1}+\cdots=1-x^2+x^4-\cdots$$

比较两边的系数,得

$$a_1=1,a_2=0,a_3=-\frac{1}{3},a_4=0,a_5=\frac{1}{5},\cdots,a_{2n}=0,a_{2n+1}=\frac{(-1)^n}{2n+1},\cdots$$

于是

$$F(x)=x-\frac{1}{3}x^3+\frac{1}{5}x^5-\cdots+\frac{(-1)^n}{2n+1}x^{2n+1}+\cdots$$

等号右边的幂级数在区间 $(-1,1)$ 上收敛,因为

$$\rho=\lim_{n\to\infty}\frac{2n+1}{2n+3}=1$$

即 $R=1$. 同时显然可见这个级数所表示的函数 $F(x)$ 满足关系式

$$F'(x)=1-x^2+x^4-\cdots=\frac{1}{1+x^2}$$

而该关系式在 $F(0)=0$ 的条件下规定了唯一的函数 $\arctan x$.

级数在 $x=1$ 时收敛,其值为 $\arctan 1=\dfrac{\pi}{4}$,因为

$$\pi=4\left(1-\frac{1}{3}+\frac{1}{5}-\cdots+\frac{(-1)^n}{2n+1}+\cdots\right)$$

这个式子把数 π 表示为简单有理数所成的无穷级数,它是在莱布尼茨时就已知道的.

所以在闭区间 $[-1,1]$ 上可得

$$\arctan x=x-\frac{1}{3}x^3+\frac{1}{5}x^5-\cdots+\frac{(-1)^n}{2n+1}x^{2n+1}+\cdots$$

同样可得 $f(x)=\arcsin x$ 的级数. 由于

$$f'(x)=\frac{1}{\sqrt{1-x^2}},f(0)=0$$

并设

$$f(x)=a_1x+a_2x^2+\cdots+a_nx^n+\cdots$$

之后,便可写出

$$a_1 + 2a_2x + \cdots + na_nx^{n-1} + \cdots$$
$$= 1 + \frac{1}{2}x^2 + \frac{1 \cdot 3}{2 \cdot 4}x^4 + \cdots + \frac{1 \cdot 3 \cdot 5 \cdot \cdots \cdot (2n-1)}{2 \cdot 4 \cdot 6 \cdot \cdots \cdot 2n}x^{2n} + \cdots$$

由此得

$$a_{2n} = 0, a_{2n+1} = \frac{1 \cdot 3 \cdot 5 \cdot \cdots \cdot (2n-1)}{2 \cdot 4 \cdot 6 \cdot \cdots \cdot 2n} \cdot \frac{1}{2n+1}$$

于是可知所得级数的收敛半径是1,但事实上,这个级数在 $x = -1$ 及 $x = 1$ 时也收敛.它的和 $F(x)$ 满足条件

$$F'(x) = \frac{1}{\sqrt{1-x^2}} \text{ 及 } F(0) = 0$$

而这两个条件则规定了唯一的函数 $\arcsin x$.

所以,在闭区间 $[-1,1]$ 上可得

$$\arcsin x = x + \frac{1}{2} \cdot \frac{1}{3}x^3 + \frac{1 \cdot 3}{2 \cdot 4} \cdot \frac{1}{5}x^5 + \cdots +$$
$$\frac{1 \cdot 3 \cdot 5 \cdot \cdots \cdot (2n-1)}{2 \cdot 4 \cdot 6 \cdot \cdots \cdot 2n} \cdot \frac{1}{2n+1}x^{2n+1} + \cdots$$

148. 泰勒级数的几种用法

Ⅰ. 函数近似值算法. 设函数 $f(x)$ 在区间 (a,b) 上是解析的,且设我们已知该函数及其各阶导数在区间上一点 $x = x_0$ 处的值. 于是函数 $f(x)$ 在该区间上任一其他点处的准确值可用泰勒级数定出,而其近似值则可用该级数的部分和数或用该函数的对应泰勒公式求出.

我们在第四章中已经讲过用泰勒公式计算函数值的问题,但用泰勒级数的部分和数来计算函数值通常比较方便①,因为它有下列两种好处:

(1) 如果从整个级数出发而不是从泰勒公式出发计算,那么把已知函数换成它的泰勒多项式之后,所能估出的误差会比较准确些. 换句话说,根据泰勒级数的前几项估出的误差,要比根据对应泰勒公式的余项所估出的误差小.

(2) 已知函数的级数表达式,常可根据级数的运算法则,用简单的置换化成收敛得更快的其他级数.

如果在一个级数中取了较少的项数,在另一个级数中取了较多的项数,而所得结果具有同一准确度的话,那么通常便说前一个级数收敛得较快或较好. 如果能把一个级数变换成另一个收敛得较好的级数,那么这种变换法就叫作级数收敛性的改进法.

变换了函数的级数表达式,当然也对泰勒公式有所变换,但这种变换的结

---

① 如果基于某种原因不能用泰勒级数来计算,那就只好用泰勒公式来计算近似值.

果可能不会使余项的值估得更准确些. 基于这个原因,所以通常用泰勒级数比用泰勒公式好些.

要说明用泰勒级数的第一种方便之处,可以拿数 e 的泰勒公式及泰勒级数作为例子. 在第四章中,我们曾求得

$$e \approx 1 + \frac{1}{1!} + \frac{1}{2!} + \cdots + \frac{1}{n!}$$

而其误差为 $\delta_n = \frac{3}{(n+1)!}$.

如果拿 e 的整个级数来看,那么上面这个近似值所致的误差将等于级数的剩余 r_n,其中

$$\begin{aligned} r_n &= \frac{1}{(n+1)!} + \frac{1}{(n+2)!} + \cdots \\ &= \frac{1}{(n+1)!}\left[1 + \frac{1}{n+2} + \frac{1}{(n+2)(n+3)} + \cdots\right] \\ &< \frac{1}{(n+1)!}\left[1 + \frac{1}{n+1} + \frac{1}{(n+1)^2} + \cdots\right] \\ &= \frac{1}{(n+1)!} \cdot \frac{1}{1 - \frac{1}{n+1}} = \frac{1}{n!\ n} \end{aligned}$$

因此可得

$$r_n = \frac{1}{n!\ n}$$

而这所估的误差比 $\delta_n = \frac{3}{(n+1)!}$ 好. 例如我们要把数 e 计算到准确度$\frac{1}{100}$.

这时根据关系式

$$r_n = \frac{1}{n!\ n} \leqslant \frac{1}{100}$$

即

$$n!\ n \geqslant 100$$

便知可取 $n = 4$(这时左边的数 $4! \times 4$ 虽稍小于 100,但我们不必担心,因为估计 r_n 时,我们显然是把它估大了的). 如果把 r_n 估得更精确些,那么

$$r_n < \frac{1}{(n+1)!}\left[1 + \frac{1}{n+2} + \frac{1}{(n+2)^2} + \cdots\right] = \frac{n+2}{(n+1)!\ (n+1)}$$

这样在 $n = 4$ 时,右边正好等于 0.01. 由此便可确信

$$1 + 1 + \frac{1}{2!} + \frac{1}{3!} + \frac{1}{4!} \approx 2.71$$

与数 e 的差不大于 0.01.

现在拿泰勒公式中的 δ_n 来看. 这时可知所取的 n 应使

$$\frac{3}{(n+1)!} \leqslant \frac{1}{100}$$

即

$$(n+1)! \geqslant 300$$

于是 n 就不应小于 5. 所以如果用泰勒公式,那么只有取 $n=5$ 以上才能确信会达到 0.01 的准确度. 但若用泰勒级数,则在 $n=4$ 时就能确信会得到这种准确度.

说明第二种方法的方便之处时,可以拿下面的级数作为例子

$$\ln(1+x) = x - \frac{1}{2}x^2 + \frac{1}{3}x^3 - \cdots \quad (-1 < x \leqslant 1)$$

这个级数收敛得很慢. 根据莱布尼茨关于交错级数的定理可知, 如果要把 $\ln(1+x)$ 计算到 0.000 01 的准确度,就(比方说在 $x=1$ 时)至少必须取开头的 100 000(!)项. 如果估计 $\ln(1+x)$ 的泰勒公式的余项,那么所得结果与此相仿. 要用这种求和法来算近似值几乎是件不可能的事.

但这里我们有办法可使级数的收敛性加快. 把 x 换成 $-x$,然后从 $\ln(1+x)$ 的级数减去变换后的式子,得

$$\ln\frac{1+x}{1-x} = 2\left(x + \frac{1}{3}x^3 + \frac{1}{5}x^5 + \cdots\right) \quad (-1 < x < 1)$$

右边的级数已经比 $\ln(1+x)$ 的级数收敛得快一些,并且又可用这个公式来计算任何(正)数的对数. 因为当 x 在级数的收敛区间$(-1,1)$上变动时,连续函数$\frac{1+x}{1-x}$的值就在全部区间$(0,\infty)$上变动. 现在我们用这个公式来计算 $\ln 2$. 若 $\frac{1+x}{1-x}=2$,则 $x=\frac{1}{3}$. 取第 n 部分和数

$$\ln 2 \approx 2\left(\frac{1}{3} + \frac{1}{3}\cdot\frac{1}{3^3} + \cdots + \frac{1}{2n+1}\cdot\frac{1}{3^{2n+1}}\right)$$

误差可用下式估出

$$\begin{aligned}
&2\left(\frac{1}{2n+3}\cdot\frac{1}{3^{2n+3}} + \frac{1}{2n+5}\cdot\frac{1}{3^{2n+5}} + \cdots\right)\\
&< \frac{2}{(2n+3)3^{2n+3}}\left(1 + \frac{1}{3^2} + \frac{1}{3^4} + \cdots\right)\\
&= \frac{2\cdot 9}{(2n+3)\cdot 3^{2n+3}\cdot 8}
\end{aligned}$$

现在要求使误差不超过 0.000 01 时的 n 值. 这时应有

$$4(2n+3)3^{n+1} \geqslant 10^5$$

而上式在 $n>4$ 时就必定能成立. 由此得

$$\ln 2 \approx 2\left(\frac{1}{3}+\frac{1}{3}\times\frac{1}{3^3}+\frac{1}{5}\times\frac{1}{3^5}+\frac{1}{7}\times\frac{1}{3^7}+\frac{1}{9}\times\frac{1}{3^9}\right)\approx 0.693\ 146$$

所以要把 ln 2 求到同样的准确度 0. 000 01 时,在原来的级数中要取100 000 项,而在新级数中只要取 5 项就够了(同时还不难证明,只取 4 项也已足够).

若在新级数中设 $x=\frac{1}{2N+1}$,其中 N 是整数,则得公式

$$\ln\frac{N+1}{N}=\ln(N+1)-\ln N=2\left(\frac{1}{2N+1}+\frac{1}{3}\cdot\frac{1}{(2N+1)^3}+\cdots\right)$$

这是(一个接着一个)计算整数的对数时实际用到的式子,并且可用它把结果算到实用上所需要的任何准确度.

读者所熟知的对数表也正是用这些公式算出来的,但要改进幂级数的收敛性质,并没有固定的方法.

Ⅱ. 方程解法. 根据函数的特性求其泰勒级数时,我们曾用过待定系数法. 这个方法不但在函数特性用简单微分关系表出时可用,而且在函数用更复杂的微分关系(通常是微分方程)给出或用有限关系式(而非微分式)给出时也适用. 现在我们只略讲后者的一种情形. 设含有 x 及 y 的一个方程是不能解出 y 来的,而我们用这个方程把 y 规定为 x 的隐函数,现在要求出 y 这个函数的泰勒级数. 在这种情形下,求级数的方法实际上就是用泰勒级数解方程的方法.

根据一个普遍定理(这里不预备细讲),若给出函数 y 的那个方程的右边是 0,而左边在点 x_0,y_0(其中 y_0 是对应于 $x=x_0$ 的 y 值)的邻域上是 x 及 y 的解析函数,则 y 是 x 在点 x_0 的邻域上的解析函数(见第十一章). 特别是当方程的左边是 x 及 y 的初等函数,并且它在点 x_0 及点 y_0 的邻域上具有对 x 及对 y 的任意阶导数时,那么 y 总是 x 在点 x_0 的邻域上的解析函数.

以下面的方程(见第一章)作为例子

$$xy-\mathrm{e}^x+\mathrm{e}^y=0$$

这时 x 的函数 y 是以隐式给出的. 现在要求 $x_0=0$ 时函数 y 的泰勒级数. 写出

$$y=a_1x+a_2x^2+a_3x^3+\cdots$$

因根据原方程知 $x=0$ 时,$y=0$,故上面的 $a_0=0$. 现在根据这个级数应满足已知方程的条件来求出待定系数 $a_1,a_2,a_3,\cdots$,得

$$x(a_1x+a_2x^2+a_3x^3+\cdots)-\left(1+x+\frac{1}{2!}x^2+\frac{1}{3!}x^3+\cdots\right)+$$

$$\left[1+(a_1x+a_2x^2+a_3x^3+\cdots)+\frac{1}{2!}(a_1x+a_2x^2+a_3x^3+\cdots)^2+\right.$$

$$\left.\frac{1}{3!}(a_1x+a_2x^2+a_3x^3+\cdots)^3+\cdots\right]=0$$

即

$$(a_1x^2+a_2x^3+\cdots)-\left(1+x+\frac{1}{2!}x^2+\frac{1}{3!}x^3+\cdots\right)+$$

$$\left[1+(a_1x+a_2x^2+a_3x^3+\cdots)+\frac{1}{2!}(a_1^2x^2+2a_1a_2x^3+\cdots)+\right.$$

$$\left.\frac{1}{3!}(a_1^3x^3+\cdots)+\cdots\right]=0$$

由此得

$$(-1+a_1)x+\left(a_1-\frac{1}{2!}+a_2+\frac{1}{2!}a_1^2\right)x^2+$$

$$\left(a_2-\frac{1}{3!}+a_3+a_1a_2+\frac{1}{3!}a_1^3\right)x^3+\cdots=0$$

这个幂级数在点 $x=0$ 的一个邻域上收敛,并且是0的幂级数展开式. 因此 x 的一切乘幂的系数都应等于0,即

$$-1+a_1=0$$

$$a_1-\frac{1}{2}+a_2+\frac{1}{2}a_1^2=0$$

$$a_2-\frac{1}{6}+a_3+a_1a_2+\frac{1}{6}a_1^3=0$$

从这组方程可以求出

$$a_1=1,a_2=-1,a_3=2$$

由此可知

$$y=x-x^2+2x^3+\cdots$$

以上我们求得所论函数的泰勒级数中的前几项. 当点 $x=0$ 的邻域适当小时,这几项在相当的准确度内完全足以代表函数. 但是在这类问题中,由于第 n 项的系数很难求出,所以不便于估计准确度. 在解决实际问题时,通常只要用一般的讨论说明级数的前 4 ~ 5 项的和在长度为 0.1 ~ 0.2 的单位区间上足够准确即可.

最后要注意,在所论(及其他类似)问题中,泰勒级数的各个系数可用其他方法求出. 因为我们知道这些系数可用函数的各阶导数来表示. 而我们只要把给出隐函数的那个方程连续微分,便可求出各阶导数在对应点(这里是 $x=0$)处的值. 在这个例子中,读者不难证实用这种方法所求得的系数与上面求出的相同.

Ⅲ. 函数积分法. 设要求出

$$F(x)=\int_a^b f(x)\,\mathrm{d}x$$

其中被积函数 $f(x)$ 的泰勒展开式为已知,且积分限都位于级数的收敛区间以

内. 于是我们就可以把级数逐项积分. 逐项积分的结果便得出函数$F(x)$的泰勒级数,同时收敛半径不变. 如果 $F(x)$ 可用有限形式表示,那么借此可求出初等函数 $F(x)$ 的泰勒展开式. 如果我们不知道函数 $F(x)$ 的有限式子,甚至 $F(x)$ 根本不能用有限式子表示(见第六章),那么所得级数可以作为函数 $F(x)$ 的表达式,由最简单的基本初等函数(幂函数) 所构成,但并非有限的表达式. 但由于幂级数在其收敛域上的属性与有限式子的属性完全相似,所以把函数表达为无穷幂级数,并不次于把它表达为有限个初等函数式子. 由于幂级数的各项构造简单,所以它在许多方面比幂函数以外的其他函数还要方便,因而我们常常要设法把有些已知的初等函数甚至基本初等函数也都表达为无穷幂级数.

例4 求积分

$$F(x)=\int_0^x \frac{\mathrm{d}x}{\sqrt{1-x^2}}$$

得

$$\frac{1}{\sqrt{1-x^2}}=1+\frac{1}{2}x^2+\frac{1\cdot 3}{2\cdot 4}x^4+\frac{1\cdot 3\cdot 5}{2\cdot 4\cdot 6}x^6+\frac{1\cdot 3\cdot 5\cdot 7}{2\cdot 4\cdot 6\cdot 8}x^8+\cdots$$

把级数逐项积分,并记住

$$F(x)=\arcsin x$$

得

$$\arcsin x=x+\frac{1}{2}\cdot\frac{x^3}{3}+\frac{1\cdot 3}{2\cdot 4}\cdot\frac{x^5}{5}+\frac{1\cdot 3\cdot 5}{2\cdot 4\cdot 6}\cdot\frac{x^7}{7}+\frac{1\cdot 3\cdot 5\cdot 7}{2\cdot 4\cdot 6\cdot 8}\cdot\frac{x^9}{9}+\cdots$$

同样可以求出 $\ln(1+x)$ 及 $\arctan x$ 的展开式

$$\ln(1+x)=\int_0^x \frac{\mathrm{d}x}{1+x}=\int_0^x (1-x+x^2-\cdots)\mathrm{d}x=x-\frac{x^2}{2}+\frac{x^3}{3}-\frac{x^4}{4}+\cdots$$

$$\arctan x=\int_0^x \frac{\mathrm{d}x}{1+x^2}=\int_0^x (1-x^2+x^4-\cdots)\mathrm{d}x=x-\frac{x^3}{3}+\frac{x^5}{5}-\frac{x^7}{7}+\cdots$$

这里所用函数 $\arcsin x$,$\ln(1+x)$,$\arctan x$ 的展开法,在实质上与待定系数法无异,不过形式不同罢了.

还要注意,如果能估计出函数$f(x)$ 的级数的剩余,那么根据积分估值法定理,便可估出 $F(x)$ 的级数的剩余.

例5 设已知积分 $\operatorname{si} x=\int \frac{\sin x}{x}\mathrm{d}x$(正弦积分,第六章). 用$x$除 $\sin x$ 的级数表达式,得

$$\frac{\sin x}{x}=1-\frac{x^2}{3!}+\frac{x^4}{5!}-\cdots$$

这个级数与表示 $\sin x$ 的级数一样,都以全部 x 轴为其收敛半径. 逐项积分后得

$$\operatorname{si} x = C + x - \frac{x^3}{3!\ \cdot 3} + \frac{x^5}{5!\ \cdot 5} - \cdots$$

由此可见,这个级数与 $\sin x$ 的级数一样都是收敛的,不过这个级数所表示的并不是任何初等函数,因此我们不能用有限个基本初等函数表达出正弦积分. 所得级数是函数 $\operatorname{si} x$ 的解析式子,但它并不是用有限次运算而是用无限次运算得出的. 正弦积分可用积分来规定,或可用上述幂级数来规定. 对其他(不能化成有限形式的)由积分所定的函数,例如:$\operatorname{ci} x, \operatorname{li} x, \cdots$,也同样可求出幂级数.

例 6 (不能化成有限形式的)椭圆积分也同样可用初等函数来表示. 例如,设有半轴为 a 及 b 的椭圆,而要求出其长度 L,这时可得(第八章)

$$L = 4a\int_0^{\frac{\pi}{2}}\sqrt{1 - e^2\cos^2 t}\,\mathrm{d}t$$

其中 e 是椭圆的离心率.

由于 $e < 1$,故 $e^2\cos^2 t < 1$,故被积函数可化为二项级数

$$\sqrt{1 - e^2\cos^2 t} = 1 - \frac{1}{2}e^2\cos^2 t - \frac{1}{2\cdot 4}e^4\cos^4 t - \frac{1\cdot 3}{2\cdot 4\cdot 6}e^6\cos^6 t - \cdots$$

等号右边逐项积分后,得

$$L = 2\pi a - 4a\left(\frac{1}{2}e^2\int_0^{\frac{\pi}{2}}\cos^2 t\mathrm{d}t + \frac{1}{2\cdot 4}e^4\int_0^{\frac{\pi}{2}}\cos^4 t\mathrm{d}t + \frac{1\cdot 3}{2\cdot 4\cdot 6}e^6\int_0^{\frac{\pi}{2}}\cos^6 t\mathrm{d}t + \cdots\right)$$

$$= 2\pi a\left(1 - \frac{1}{2\cdot 2}e^2 - \frac{1\cdot 3}{2\cdot 4\cdot 8}e^4 - \frac{1\cdot 3\cdot 15}{2\cdot 4\cdot 6\cdot 48}e^6 - \cdots\right)$$

这个级数把椭圆弧长展成其离心率的幂级数.

我们只计算所写出的各项. 这时对被积函数的级数来说,其剩余

$$-\left(\frac{1\cdot 3\cdot 5}{2\cdot 4\cdot 6\cdot 8}e^8\cos^8 t + \frac{1\cdot 3\cdot 5\cdot 7}{2\cdot 4\cdot 6\cdot 8\cdot 10}e^{10}\cos^{10} t + \cdots\right)$$

的绝对值不会大于下式的绝对值

$$\frac{1\cdot 3\cdot 5}{2\cdot 4\cdot 6\cdot 8}e^8\cos^8 t(1 + e^2 + e^4 + \cdots) = \frac{1\cdot 3\cdot 5}{2\cdot 4\cdot 6\cdot 8}e^8\cos^8 t\,\frac{1}{1 - e^2}$$

于是可知表示 L 的级数中,剩余不会大于

$$4a\,\frac{1\cdot 3\cdot 5}{2\cdot 4\cdot 6\cdot 8}\cdot\frac{e^8}{1 - e^2}\int_0^{\frac{\pi}{2}}\cos^8 t\mathrm{d}t$$

$$= 4a\,\frac{1\cdot 3\cdot 5}{2\cdot 4\cdot 6\cdot 8}\cdot\frac{e^8}{1 - e^2}\cdot\frac{1\cdot 3\cdot 5\cdot 7}{2\cdot 4\cdot 6\cdot 8}\cdot\frac{\pi}{2}$$

$$= \frac{175}{64\cdot 128}\cdot\frac{e^8}{1 - e^2}\pi a$$

所以

$$L = 2\pi a\left(1 - \frac{1}{4}e^2 - \frac{3}{64}e^4 - \frac{5}{256}e^6\right) + R$$

其中$|R| < 0.022\dfrac{e^8}{1 - e^2}\pi a$. 当$e$值小时,可用这个公式计算出足够准确的椭圆弧长.

149. 关于基本初等函数的定义问题

基本初等函数是读者在中学课程中已经熟悉,并且也是我们在本书一开始就已讲过的. 但就概念方面来说,我们只对三角函数及反三角函数有过准确的定义(并且是几何定义而非算术定义). 这两种函数的最重要属性 —— 连续性 —— 我们也曾根据它们的几何定义严格证明过(第二章). 对于其他的基本初等函数:指数函数、对数函数、一般幂函数,就不可能在初等数学及本书已讲过的范围内给出完善且准确的定义. 到现在为止,由于读者在第一章中见过初等函数的图形,又由于我们曾默认这些函数在有理数域上的一切属性(初等数学中讨论这些函数时基本上就是限于有理数的) 在实数域上保持不变,因此我们可以认为读者对于基本初等函数的连续性也已了解. 在第二章中,我们曾经证明,如果指数函数(单是它就够了) 的一些属性确实能在实数域上保持不变,那么所论这些基本初等函数必然是连续的. 但若要彻底证明这事,还必须确实给出这些初等函数的定义,使它能适合所需条件(在有理数域上的属性能在实数域上保持不变). 不过这件事我们那时做不到.

现在我们却有可能根据个数最少的假定给出基本初等函数的适当准确的定义,使其连续性及其函数值的计算法可以从数学解析中的已知定理直接推出来.

这里要注意,本书中到现在为止的一切理论材料,即使不用函数的任何具体例子也照样能逐步讲解.

下面要假定一件极简单的事实(这也是始终所默认的),我们已经知道并且能够施行任何实数之间的四则运算法(根据有理数之间的四则运算法及无理数概念,就不难建立实数间的四则运算法,但是因为没有把这部分讲解弄得太繁长的必要,所以不讲那些内容).

假定已经知道了实数的四则运算法,便可建立幂指数m为整数的幂函数$y = x^m$的概念. 这时幂函数的连续性是很显然的.

要定义其他基本初等函数,可用积分概念或级数概念.

Ⅰ. 让我们来看积分

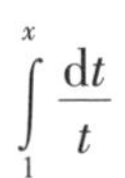

$$\int_1^x \frac{dt}{t}$$

在幂函数中,找不出有导函数等于$\frac{1}{x}$的那样一个幂函数,我们用 $\ln x$ 表示这个直接用积分定义出来的新函数

$$\ln x = \int_1^x \frac{dt}{t}$$

根据积分的属性,可以研究出函数 $\ln x$ 的如下属性:

(1) 它只对 $x > 0$ 有定义,因不难证明在 $x \leqslant 0$ 时的广义积分不存在.

(2) 它是一个连续函数,因积分是积分上限的连续函数.

(3) $\ln 1 = 0$.

(4) $(\ln x)' = \frac{1}{x}$,故知 $\ln x$ 是一个增函数.

(5) $\ln(x_1x_2) = \ln x_1 + \ln x_2$,因为

$$\int_1^{x_1x_2} \frac{dt}{t} = \int_1^{x_1} \frac{dt}{t} + \int_{x_1}^{x_1x_2} \frac{dt}{t}$$

但若在等号右边第二个积分中用置换 $t = x_1 u$,便可把该积分化为$\int_1^{x_2} \frac{du}{u}$,于是结论证毕.

按照上面的方法引入的对数函数,显然与以前所讲的对数函数是一样的.

由于 $\ln x$ 是单调且连续的函数,所以它的反函数也是单调且又连续的. 现在我们用 e^x 表示 $\ln x$ 的反函数. e^x 与函数 $\ln x$ 两者之间的属性有简单关系,借此便可详细研究 e^x. 有了函数 e^x 之后,便可用方程

$$a^x = e^{x\ln a} \quad (a > 0)$$

来定义其他一切指数函数 a^x,用方程

$$x^n = e^{n\ln x} \quad (x > 0)$$

来定义一般幂函数. 从这个定义可以得出指数函数及幂函数的连续性及函数值的计算法等.

现在我们还得引入三角函数及反三角函数.

我们把积分

$$\int_0^x \frac{dt}{1 + t^2}$$

看作新函数,并用 $\arctan x$ 来表示它. 与前面一样,我们可以从已知积分推出反正切函数的连续性,及其他足以完全作为该函数标志的一切属性. 不过这事我们不再细讲.

然后用 $\tan x$ 表示 $\arctan x$ 的反函数,并可用前面所讲的方法研究 $\tan x$ 的属性.

从三角函数 $\tan\frac{x}{2}$ 出发,又可用纯粹算术方法求出 x 的其他三角函数以及它们的反函数.

Ⅱ. 现在我们要用级数概念来作基本初等函数的准确定义.

例如,我们来看指数级数

$$1+\frac{x}{1!}+\frac{x^2}{2!}+\cdots+\frac{x^n}{n!}+\cdots \tag{2}$$

根据以前所讲的幂级数理论,可知级数(2) 表示定义于全部 x 轴上的一个解析函数,又可知这个函数的导函数与函数本身相同等事实. 我们可以详细研究指数级数(2) 所给出的函数,一直到用级数(2) 做出该函数值的表来,并且这正好也是做函数表的最方便的工具.

如果把上述级数的和定义为一个新函数,并用 e^x 来表示它,那么我们也不会因此与已知事实发生矛盾,因为这个新函数与用其他方法定义出来的指数函数 e^x 是相同的.

用 e^x 可以求出对数函数、其他任何指数函数及幂函数. 如果再用级数求出某一个三角函数(或反三角函数),那么接着就可以求出其他的一切基本初等函数.

对于函数的这种定义法有个好处,它可以使我们用最简单的方法引入复变量函数.

150. 复变量函数、欧拉公式

在普通数学解析教程中只用到(一个或多个) 实变量的实函数,但是施行于实数域上的某些运算(例如解方程) 会引出复数,所以如果有必要且可能使计算的最后结果中没有复数,并因而使计算结果不超出实数域的话,那我们就应该研究一下复数间的运算法则. 如以前在第六章中把有理分式展成最简分式时,我们曾用这类方法使得含复数的式子不会出现.

后面在讲到微分方程理论中一个重要的问题时(第十四章),我们同样也必须设法避免用复数,那时就要应用著名的欧拉公式,它给出了指数函数及三角函数间的关系.

有些函数初看起来彼此毫无共同点,而只有在复数域上才能显出它们之间的关系,才能说明有些在实数域上完全不能理解的现象和事实.

研究复变量函数的那一部分数学解析,叫作复变量函数论. 现在我们只能把那方面的理论略微提一下.

这里假定读者在初等数学教程中已经知道复数运算法则,所以只略讲其中的一些基本定理.

设已知复数 $z=x+\mathrm{i}y$,其中 x 及 y 是实数,$\mathrm{i}^2=-1$. x 叫作 z 的实部,y 叫作虚

部. $\bar{z}=x-\mathrm{i}y$ 叫作 z 的共轭数. $z=x+\mathrm{i}y$ 的绝对值或模是 $|z|=\sqrt{x^2+y^2}$. 等式 $z=x+\mathrm{i}y=0$ 唯有在 $|z|=0$ 即 $x=0$ 及 $y=0$ 时才能成立. 复数在几何上可用笛卡儿坐标平面的点来表示,这时以复数的实部作为横坐标,以它的虚部作为纵坐标. 因此横坐标轴叫实轴,纵坐标轴叫虚轴. 而坐标平面就叫复数平面或复平面. 若一点表示复数 z,则该点就叫点 z. 我们也可以用该点的矢径(它在坐标轴上的投影各对应于复数的实部及虚部)来表示复数. 这时矢径的长度显然就等于其所示复数的模,点 z 与点 $\bar{z}$ 对称于实轴(即横坐标轴).

如果用坐标变换公式把笛卡儿坐标换成极坐标 ρ 及 φ,那么显然可得

$$z=x+\mathrm{i}y=\rho(\cos\varphi+\mathrm{i}\sin\varphi)$$

其中 ρ 是 z 的模,即

$$|z|=\rho=\sqrt{x^2+y^2}$$

φ 是 z 的辐角,即

$$\arg z=\varphi=\arctan\frac{y}{x}$$

由已知复数求出的辐角不止一个,而是有相差为周角整数倍的许多个. 上式中右边的表达式 $\rho(\cos\varphi+\mathrm{i}\sin\varphi)$ 叫作复数的三角形式.

若 $y=0$,则复数 $z=x$ 变为实数,可用实轴上的点来表示;若 $x=0$,则 $z=\mathrm{i}y$ 叫作虚数,可用虚轴上的点来表示.

由于实数是全体复数集中的一部分,所以建立复数的运算法则时,应使实数运算法的一切属性保持不变(但对复数来说,大于及小于的概念没有意义,这是与实数不同的. 因此从大于及小于两个概念推出来的那些属性是例外).

复数的运算要根据下列公式来做:

(1) $(x_1+\mathrm{i}y_1)+(x_2+\mathrm{i}y_2)=(x_1+x_2)+\mathrm{i}(y_1+y_2)$.

也就是说,两个复数的和是第三个复数,它的实部及虚部各等于原有两个复数的实部及虚部的和. 从几何上说,这种加法规则无非就是矢量代数中的矢量加法.

(2) $(x_1+\mathrm{i}y_1)-(x_2+\mathrm{i}y_2)=(x_1-x_2)+\mathrm{i}(y_1-y_2)$.

复数减法的定义是加法的反运算,是通常矢量减法的解析表达式. 两个复数的差 z_1-z_2 可用一个矢量表示,其始点在 z_2 处,而终点在 z_1 处. 于是 $|z_1-z_2|$ 是点 z_1 及 z_2 的连线长度.

根据复数减法规则可知,两个复数仅当其实部及虚部各自相等时才相等.

(3) $(x_1+\mathrm{i}y_1)(x_2+\mathrm{i}y_2)=(x_1x_2-y_1y_2)+\mathrm{i}(x_1y_2+x_2y_1)$.

这种乘法规则并不对应于矢量代数中的任何一种乘法. 如果把乘数写成三角形式,便不难得到

$$\rho_1(\cos\varphi_1+\mathrm{i}\sin\varphi_1)\cdot\rho_2(\cos\varphi_2+\mathrm{i}\sin\varphi_2)$$
$$=\rho_1\rho_2[\cos(\varphi_1+\varphi_2)+\mathrm{i}\sin(\varphi_1+\varphi_2)]$$

也就是说,复数相乘时,其模相乘,其辐角相加.

如果把乘积中的因子数推广到(任意数)n 个,并假设每个因子都相等,便可得到把复数取整数次乘幂的法则

$$[\rho(\cos\varphi+\mathrm{i}\sin\varphi)]^n=\rho^n(\cos n\varphi+\mathrm{i}\sin n\varphi)$$

其中 n 是一个整数.

这就是棣莫弗①公式.

复数与其共轭数相乘的乘积是一个实数,它等于每个因子的模的平方,即

$$z\bar{z}=(x+\mathrm{i}y)(x-\mathrm{i}y)=x^2+y^2=|z|^2=|\bar{z}|^2$$

(4) $\dfrac{x_1+\mathrm{i}y_1}{x_2+\mathrm{i}y_2}=\dfrac{x_1x_2+y_1y_2}{x_2^2+y_2^2}+\mathrm{i}\dfrac{-x_1y_2+x_2y_1}{x_2^2+y_2^2}$.

在 $x_2+\mathrm{i}y_2\neq 0$ 的条件下,可把复数除法规定为乘法的反运算. 若把被除数与除数写成三角形式,则

$$\frac{\rho_1(\cos\varphi_1+\mathrm{i}\sin\varphi_1)}{\rho_2(\cos\varphi_2+\mathrm{i}\sin\varphi_2)}=\frac{\rho_1}{\rho_2}[\cos(\varphi_1-\varphi_2)+\mathrm{i}\sin(\varphi_1-\varphi_2)]$$

也就是说,复数相除时,可用除数的模去除被除数的模,并从被除数的辐角减去除数的辐角.

如果留心考察上面的几个公式,便可看出它们所表示的运算法则可以归纳为一个简单的定理:若把复数看作一般的二项式($a+\mathrm{i}b$),并把运算结果中的一切 i^2 都换成 -1,则复数的四则运算法与一般的四则运算法无异.

这样我们完全可以理解实数域上四则运算法的规律与属性能够照样应用到复数域上.

同时注意,如果把某种四则运算过程中的所有复数换成它们的共轭数,那么所得结果将是原有结果的共轭数. 因若把 y_1 及 y_2 的正负号换成与原来相反的正负号,则公式(1) ~ (4) 右边虚部的正负号,也会与原有的相反. 既然每种四则运算过程都有这种情形,那么它们以任意方式合在一起时的结果也会有这种情形(我们在第六章的附注中就已用过这个事实,读者自己也可设法解释已经用过但未证明的事实:若实系数的代数方程有复数根,则它一定也有一个共轭复数根).

复变量 $z=x+\mathrm{i}y$ 是能取得不同(复)数值的变量. 如果复变量 $z=x+\mathrm{i}y$ 在某一复数集内的每个值对应着复变量 $w=u+\mathrm{i}v$ 的一个或多个数值,那么我们说复

---

① 棣莫弗(A. De Moivre,1667—1754),法国数学家.

变量 $w=u+\mathrm{i}v$ 是复自变量 $z=x+\mathrm{i}y$ 的函数,其中复自变量所取的一切值叫作该函数的定义域. 复变量函数的记号通常是 $w=f(z)$.

以后要引出数学解析上关于复变量函数的基本概念(如极限、连续性、导函数、积分及级数,等等),这些基本概念与实变量函数的基本概念是完全相仿的. 现在我们不讲这些,因为这不是本书范围以内的内容. 我们现在只应用必要的简单知识而不严格说明其理由.

求复变量的基本初等函数时,可采取各种不同的方式,但若已知复变量的幂函数 $w=z^n$,则根据上节末尾所指出的路线 —— 用幂级数来定义复变量函数,是一件最简单不过的事.

我们可以证明,对于复项级数

$$w_1+w_2+\cdots+w_n+\cdots$$

来说,其中 $w_n=u_n+\mathrm{i}v_n$,u_n 及 v_n 为实数或实函数,若取各项绝对值所成的级数(实项级数)收敛,则已知的复项级数收敛. 这时我们说,已知复项级数是绝对收敛的,且其和为 $s=u+\mathrm{i}v$,其中 $u=u_1+u_2+\cdots+u_n+\cdots$,$v=v_1+v_2+\cdots+v_n+\cdots$.

对复变量的幂级数

$$a_0+a_1z+a_2z^2+\cdots+a_nz^n+\cdots$$

来说,其中 $a_0,a_1,a_2,\cdots,a_n,\cdots$ 是复常量,阿贝尔定理成立,且其陈述的方式与阿贝尔定理完全相同. 根据该定理便可知有一数 R 存在,使级数在 z 满足不等式 $|z|<R$ 的一切值时绝对收敛,在 z 满足 $|z|>R$ 的一切值时发散. 当 $|z|<R$ 时,点 z 位于中心在原点、半径为 R 的圆内. 于是数 R 叫作级数的收敛半径,圆 $|z|<R$ 叫作收敛圆(这里说明了级数在实数域上的收敛半径这个名称的来源,虽然 R 在实数域上只是收敛区间长度的一半,但在复数域上,R 确实是收敛圆的半径). 收敛半径可能等于 0 或无穷大. 当它等于 0 时,级数仅收敛于一点,当它等于无穷大时,级数收敛于平面上的任意点处.

上节所讲的幂级数理论,可以不经任何重要的修改而适用于复变量的幂级数.

根据幂级数的理论,可知幂级数在收敛圆上绝对且均匀地收敛为一连续且可微分无数次的函数. 我们说,这个函数在收敛圆上是解析的.

根据阿贝尔定理,我们可用达朗贝尔准则来求级数的收敛半径. 例如用这个准则可求得级数(几何级数)

$$1-z^2+z^4-\cdots$$

的收敛半径等于 1. 这个级数在圆 $|z|<1$ 上表示函数 $\dfrac{1}{1+z^2}$. 级数收敛圆的半径不能大于 1,因函数 $\dfrac{1}{1+z^2}$ 在半径等于 1 的圆周上的点 $z=\mathrm{i}$ 处

$\left(|\mathrm{i}|=1,\arg \mathrm{i}=\frac{\pi}{2}\right)$不连续. 由此便可解释实数域上所不能理解的现象:级数 $1-x^2+x^4-\cdots$ 在区间$(-1,1)$上表示函数$\frac{1}{1+x^2}$,函数$\frac{1}{1+x^2}$处处连续且可微分无数次,而级数在区间$(-1,1)$以外却为发散的. 这是因为若级数 $1-x^2+x^4-\cdots$ 的收敛区间大于1,则在复平面上讨论时,级数 $1-z^2+z^4-\cdots$ 的收敛半径也将大于1,而这刚才已经证明为不可能的. 函数$\frac{1}{1+x^2}$(级数的和)在全部 x 轴上连续且可微分无数次,但在复平面上来考虑时,函数$\frac{1}{1+z^2}$却在距原点等于1的一点处不连续.

级数

$$1+\frac{1}{1!}z+\frac{1}{2!}z^2+\cdots+\frac{1}{n!}z^n+\cdots$$

对任何 z 值都收敛,或者说,它收敛于全部复平面上. 它在实轴上的各点处($z=x$ 时)表示函数 e^x. 因此我们自然可以认为它在一切复数点 z 处代表指数函数(以 e 为底)并用 e^z 表示.

这样便可规定

$$\mathrm{e}^z=1+\frac{1}{1!}z+\frac{1}{2!}z^2+\cdots+\frac{1}{n!}z^n+\cdots$$

根据这个定义并由于数及级数的运算法则在复平面上仍然不变,所以与那些运算法则有关的函数 e^x 的属性,对于函数 e^z 依然成立,例如 $\mathrm{e}^{z_1+z_2}=\mathrm{e}^{z_1}\mathrm{e}^{z_2}$.

当 $y=0$(即 $z=x$)时,e^z 便是熟知的指数函数. 现在我们来看当 $x=0$(即 $z=\mathrm{i}y$ 时,其中 y 是实数)时的函数 e^z 怎样表出. 这时得

$$\mathrm{e}^{\mathrm{i}y}=1+\frac{1}{1!}\mathrm{i}y+\frac{1}{2!}(\mathrm{i}y)^2+\frac{1}{3!}(\mathrm{i}y)^3+\cdots+\frac{1}{n!}(\mathrm{i}y)^n+\cdots$$

也就是

$$\mathrm{e}^{\mathrm{i}y}=1+\mathrm{i}\frac{1}{1!}y-\frac{1}{2!}y^2-\mathrm{i}\frac{1}{3!}y^3+\frac{1}{4!}y^4+\mathrm{i}\frac{1}{5!}y^5-\cdots$$

或写作

$$\mathrm{e}^{\mathrm{i}y}=\left(1-\frac{1}{2!}y^2+\frac{1}{4!}y^4-\frac{1}{6!}y^6+\cdots\right)+\mathrm{i}\left(y-\frac{1}{3!}y^3+\frac{1}{5!}y^5-\frac{1}{7!}y^7+\cdots\right)$$

等号右边两个括号内的级数各表示 $\cos y$ 及 $\sin y$,因此

$$\mathrm{e}^{\mathrm{i}y}=\cos y+\mathrm{i}\sin y$$

为了着重指出所得结果的普遍性,把变量的记号 y 换成 t,即

$$e^{it} = \cos t + i\sin t \tag{3}$$

这便是欧拉公式,它使我们能用三角函数来表达指数函数. 根据这个公式还可把每个复数表达成指数形式

$$z = \rho(\cos \varphi + i\sin \varphi) = \rho e^{i\varphi}$$

其中 $\rho = |z|, \varphi = \arg z$. 同时注意当 φ 从 0 变到 2π 时,点

$$e^{i\varphi} = \cos \varphi + i\sin \varphi$$

会在原点处半径等于 1 的圆周上跑过一整圈.

把 t 换成 $-t$,得

$$e^{-it} = \cos t - i\sin t \tag{4}$$

从等式(3) 及(4) 可得

$$\cos t = \frac{e^{it} + e^{-it}}{2}, \sin t = \frac{e^{it} - e^{-it}}{2}$$

这也是欧拉公式,它使我们能用指数函数来表示三角函数.

读者可记起规定双曲函数时的那些公式(第三章) 与欧拉公式非常相像,如果把欧拉公式中的 i 换成 1,那么所表示的就不是三角函数,而是双曲函数. 由此可以说明为什么双曲函数的许多属性与三角函数相似. 所以有了欧拉公式,只要规定了实轴及虚轴上的一个指数函数,便可极省事地(不必用极限运算) 用它们来规定实变量的其他一切基本初等函数.

但若不在复平面上而只在实轴上考虑,我们就必须用极限运算定出两个彼此独立的函数,然后才能不用极限运算而定出其他一切基本初等函数.

注意 如果除了四则运算,还承认实变量函数的一切解析运算都可按同一法则施行到复变量函数上(在复变量函数论中的确可以得出这个事实),那么还可从下面这个例子得出欧拉基本公式(3). 设

$$\cos t + i\sin t = u$$

求出 $\frac{du}{dt}$,即

$$\frac{du}{dt} = -\sin t + i\cos t$$

两边用 i 乘得

$$i\frac{du}{dt} = -i\sin t + i^2\cos t = -(\cos t + i\sin t) = -u$$

由此得

$$\frac{du}{u} = -\frac{1}{i}dt = -\frac{i}{i^2}dt = idt$$

也就是

$$d(\ln u) = d(it)$$

上式在 $\ln u = \mathrm{i}t + C$ 时成立,但因 $t = 0$ 时,$u = 1$,故 $C = 0$,也就是

$$\ln u = \mathrm{i}t$$

$$u = \mathrm{e}^{\mathrm{i}t}$$

便得所要证的结果.

多变量函数及其微分法

第

章

本章讲双变量及多变量函数的基本定义及最简单的分类法、它们的几何意义以及初等研究法，然后讲偏导数、偏微分、方向导数等概念及多变量函数的微分法，最后一节讲多变量函数的高阶微分.

把多变量函数一律看作多维（多度）空间内动点的函数，这种观点我们在本章内特别予以注意.

本章内的讨论几乎全部是就双变量函数来说的，因为关于多变量函数的相应讨论照例是完全类似于双变量函数的.

§1　多变量函数

151. 定义

两个变量的每一对所考虑的数值对应着另一个变量的一个或几个数值，则第三个变量叫作前两个变量的函数.

可以任意变动的那两个变量（它们的值可由我们随意指定）叫作自变量（或宗标）.

例如矩形的面积s是两个互不依从的变量——矩形的两边a及b——的函数. 这个函数的表达式如下

$$s = ab$$

理想气体的容积v是其压力p及温度T的函数. v的表达式可自含有v,p及T三者的克拉佩隆(Clapeyron)方程求出

$$v = \frac{RT}{p} \quad (R = \text{const})$$

给出两个变量的函数的意思,是指出自变量所取得的各对数值的全体,并指出用来从已给宗标值求得其所对应的函数值的方法. 与单变量函数的情形一样,表示双变量函数的最重要方法有表格法、解析法(用公式)及图形法.

用表格表示时,函数是这样简单地规定的:给某几对自变量值指出其对应的函数值. 例如可按下法来做. 设x及y代表自变量,z代表函数. 我们在方格表的上面写出一行自变量之一(如x)的数值,在方格表左边的第一列写出另一自变量(如y)的数值,然后在每一格里写出其同列的x值及同行的y值所对应的函数z的数值(一个或几个).

例如,在螺旋传动中,效率$\eta(z=\eta)$取决于摩擦系数$\mu(y=\mu)$及螺旋角α $(x=\alpha)$. 这个依从关系可用表1给出(见Берлов所著的《机械零件》).

表1

μ	α				
	$\frac{\pi}{36}$	$\frac{\pi}{18}$	$\frac{\pi}{12}$	$\frac{\pi}{9}$	$\frac{5\pi}{36}$
0.01	0.897	0.945	0.961	0.970	0.974
0.02	0.812	0.895	0.925	0.941	0.950
0.03	0.743	0.850	0.892	0.914	0.927
0.04	0.683	0.809	0.861	0.888	0.904
0.05	0.633	0.772	0.831	0.863	0.882

给出双变量函数的表格叫作复式表格.

双变量函数的表格表示法也与单变量函数的一样,是不完备的,因为可能所要的宗标值是表内所没有的.

与单变量函数的情形一样,双变量函数的最重要的表示法是解析表示法或公式表示法(双变量函数的图形表示法在153小节中再讲).

函数的解析表示法中,指出了自变量值与其对应函数值之间的数学运算关系及各种数学运算的先后次序,换言之,它给出含三个变量的一个公式(见第一章).

例如,下列每个公式

$$z = ax + by + c, z = \frac{xy}{x^2 + y^2}, z = \frac{\sin(2x + 3y)}{\sqrt{1 + (x - y)^2}}$$

把 z 表示成 x 及 y 的完全确定的函数.

数学解析的一切处理方法,正就是实际适用于函数的解析表达式的.

任意个自变量的函数的定义完全与双变量函数类似.

n 个自变量的每一批所考虑的 n 个值对应着另一变量的一个或几个值,则最后那个变量称为前面 n 个自变量的函数.

例如,长方体的体积 v 是三个独立变量 —— 长方体的侧棱 a,b,c—— 的函数

$$v = abc$$

电流所产生的热量 Q 取决于电压 E、电流强度 I 及时间 t,而这些量之间的函数关系由下面的公式给出

$$Q = 0.24IEt$$

n个自变量的函数也可以用表格给出,但在 $n=3$ 时用表格法给出已经非常麻烦. n 个变量的函数的解析表示法是在给出的公式中,指明函数值本身与其对应的 n 个自变量值之间所用的数学运算及其先后次序.

例如,下列每个方程

$$u = ax + by + cz + d, u = \frac{xyz}{x^2 + y^2 + z^2}$$

把 u 表示为 x,y,z 的某些完全确定的函数.

我们以后只研究用解析法表示的函数.

最后应该注意的是:在必要时,常量可以看作任意个自变量的函数. 这种函数对于每一批自变量的值来说都保持同一数值.

152. 函数的记号及函数的分类

要表示 z 是变量 x 及 y 的函数时,可写成

$$z = f(x,y)$$

读作:z 是 x 及 y 的函数或者 z 是"哎夫"x,y. 除字母 f 以外也可用其他任何字母 $(\varphi, F, \Phi, \psi, \cdots)$ 来作为函数记号.

同样,要表示 u 是变量 $x,y,z,t,\cdots$ 的函数时,可写成

$$u = f(x,y,z,t,\cdots)$$

在函数记号的括号里面指出了所有的自变量,所给函数是取决于它们的.

如果所论函数 z 用解析法表示,那么 $f(x,y)$ 代表 x,y 及常量由数学运算记号及已知函数记号所组成的式子.

就函数 $z=f(x,y)$ 来说,对应于自变量的某一对确定数值的函数值叫作该函数的特定值. 设当 $x=a$ 及 $y=b$ 时,函数 $z=c$,可写成下面的等式

$$c=f(a,b)$$

如果让自变量之一,例如 x,保持常数值 $x=a$,而另一自变量 y 仍算作是可变的,那么函数 $z=f(x,y)$ 就变成一个变量 y 的函数

$$z=f(a,y)$$

同样若使 y 保持常数值 $y=b$,则得一个变量 x 的函数

$$z=f(x,b)$$

当双变量函数的每一对所考虑的宗标值对应于一个函数值时,这种双变量函数叫作单值的;当某一对宗标值所对应的函数值多于一个时,函数叫作多值的.

例如,下列两个函数

$$z=ax+by+c,z=\mathrm{e}^{xy}\sin(x+y)$$

是单值的,而函数

$$z=\sqrt{x^2+y^2},z=\arcsin(x-y)$$

是多值的,并且其中第一个是双值函数,第二个是无限多值函数.

以后我们只讨论单值函数,不再另外声明. 在定义函数的解析式子有多值性的情形下,运用数学解析法时,都必须特别选择该函数的单值分支.

与单变量函数一样,多变量函数也常可看作自变量的复合函数. 设 u 是宗标 $t,v,w,\cdots$ 的函数

$$u=\varphi(t,v,w,\cdots)$$

而 $t,v,w,\cdots$ 本身又是自变量 $x,y,z,\cdots$ 的函数

$$t=\psi(x,y,z,\cdots),v=\xi(x,y,z,\cdots),w=\eta(x,y,z,\cdots),\cdots$$

于是 u 是自变量 $x,y,z,\cdots$ 的函数. 它是由一连串函数所构成的(串联给出法). 函数

$$u=\varphi[\psi(x,y,z,\cdots),\xi(x,y,z,\cdots),\eta(x,y,z,\cdots),\cdots]=F(x,y,z,\cdots)$$

叫作自变量 $x,y,z,\cdots$ 的复合函数(函数的函数). 例如

$$z=\mathrm{e}^{t}\sin v$$

其中

$$t=xy,v=x+y$$

z 就是两个自变量 x 及 y 的复合函数.

自变量 $x,y,\cdots$ 的复合函数,可以通过不止一个而有两个或更多个中间环节表示出来. 例如,若 u 取决于变量 $t,v,\cdots$,而 $t,v,\cdots$ 用变量 $\tau,\nu,\cdots$ 的函数给出,其中 $\tau,\nu,\cdots$ 本身又是自变量 $x,y,\cdots$ 的函数,那么 u 是通过两个中间环节(两组宗标 $t,v,\cdots$ 及 $\tau,\nu,\cdots$) 给出的自变量 $x,y,\cdots$ 的复合(链式) 函数.

用 n 个中间宗标直接表达出来的复合函数,事实上可能是 m 个($m\neq n$) 自变量的函数. 例如,双变量函数

$$z=f(u,v)$$

的宗标 u 及 v 为自变量 x 的函数时

$$u=\varphi(x),v=\psi(x)$$

则 z 就是单个自变量 x 的复合函数

$$z=f(\varphi(x),\psi(x))=F(x)$$

在数学解析及其应用上所遇到的复合函数中,作为中间环节的函数常常是自变量的基本初等函数.

当多变量函数的数值可以从自变量及任意常数用有限次代数运算求出时,这种多变量函数叫作代数函数$\left(\text{例如}:z=\dfrac{\sqrt{x}-\sqrt{y}}{x^2-y^2+1}\right)$. 多变量的代数函数也可以仿照单变量的代数函数那样来做一般定义(见第一章 18 小节).

当代数函数的值可用自变量及任意常数间的加、减、乘、除,以及整数次乘幂求得时,这种代数函数叫作有理函数$\left(\text{例如}:z=\dfrac{3x^2-5xy+1}{x^2y-y^2-1}\right)$. 除此以外的代数函数叫作无理函数. 当有理函数中施行于自变量的各种运算不包括除法时,这种有理函数叫作整函数或多项式(例如:$z=3x^3y-5x^2y^2-y^3+xy-1$). 一次多项式或线性函数由于其简单性,所以特别重要,这就是能写成下列形式的函数

$$z=ax+by+c,u=ax+by+cz+d,\cdots$$

($a,b,c,\cdots$ 是常量,$x,y,\cdots$ 是自变量).

若我们只对多变量函数的某一个或某一组变量来说,则该函数的类别仅看所论那个变量或那组变量的运算性质而定. 例如函数

$$z=3x^2\mathrm{e}^y-2x\sin y+y^2$$

是 x 的多项式,但对 y 来说,它是一个非代数函数,把它当作 x 及 y 两者的函数来看时,它也是一个非代数函数.

153. 多变量函数的几何意义

表示单变量函数的几何意义时,我们用备有直角坐标系的平面. 要相仿地表示双变量函数的几何意义,我们显然必须利用空间. 因为定义双变量函数的方程中含有三个变量,而要表示三个变量就得用空间坐标系中的三个坐标轴. 我们以后要用一般解析几何学中的空间直角坐标系(图 1).

但这里必须说明一件重要的事. 这是由于空间(如同在平面内一样)有两种根本不同的直角坐标系. 这两种坐标系中坐标轴具有彼此不同的指向(相对方向). 在图 1(a) 中的是右手坐标系,图 1(b) 中的是左手坐标系. 在右手坐标系中,如果我们按照 z 轴的正方向站着,那么当正半段 x 轴循最短途径转到正半段 y 轴的位置上时,其所循转动方向与顺时针的转动方向相反. 在左手坐标系

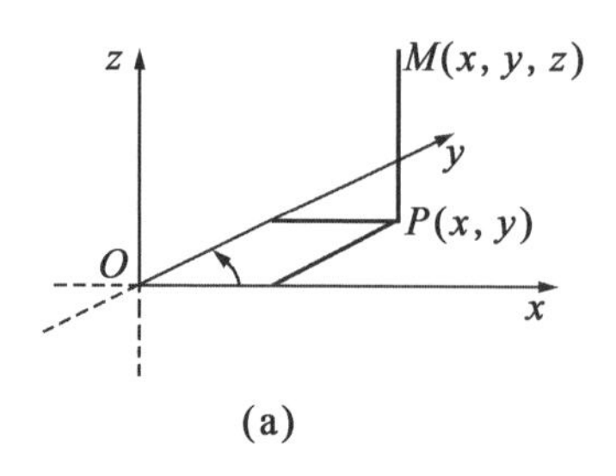

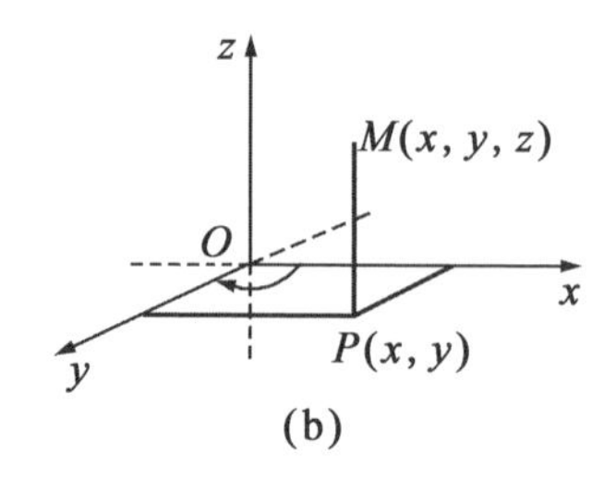

图 1

中,转动方向就与顺时针的转动方向相同. 如果拿手上的大拇指、食指、中指依次作为 x 轴、y 轴、z 轴,那么右手的这三个指头就形成右手坐标系,左手的三个指头就形成左手坐标系. 我们还可以拿一个实例来说明:如果把坐标系从 x 轴(循最短途径)转到 y 轴的过程中,同时再把它朝 z 轴的正方向推进,那么右手坐标系就会形成右螺旋动作(右旋螺丝),而左手坐标系就会形成左螺旋动作(左旋螺丝). 右螺旋动作可以拿右旋开瓶塞钻的动作当作例子,我们知道要把右旋开瓶塞钻钻到塞子里去时,必须把它朝右旋转,同样要把左旋开瓶塞钻钻到塞子里去时,必须把它朝左旋转,这种动作可以作为左螺旋动作的例子. x 轴、y 轴、z 轴为任意方向时所成的坐标系,只要绕原点 O 旋转(并加以平移)后,就能与两种坐标系(右手的或左手的)之一相重合. 不过我们却不能靠这种变换动作使右手坐标系与左手坐标系两者彼此重合.

在数学解析及解析几何的许多问题中,不管用哪一种(右手的或左手的)坐标系都没有关系,但在有些问题中,由所选坐标系定出的空间指向是很重要的. 因为一般用的平面坐标系是右手系(从平面上看),所以空间坐标也取右手系,并且为了使作出的图更加清楚起见,我们常把图 1(a) 中的右手坐标系绕 z 轴旋转 90°(图 2),使图纸的平面与平面 yOz 相合.

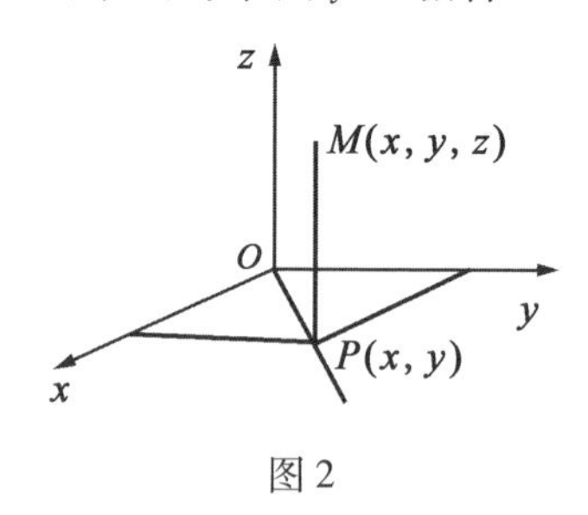

图 2

设已给两个自变量 x 及 y 的函数 z,则凡横坐标及纵坐标各等于自变量值 x 及 y,而竖坐标等于对应函数值 z 的各点,其几何轨迹叫作双变量函数的几何形状或双变量函数的图形. 自变量 x 及 y 的每一对数值在平面 xOy 上确定出一点 $P(x,y)$,在点 P 处所作垂直于平面 xOy 且表示函数值的直线的端点,是表示一对自变量值及函数值三者的点 $M(x,y,z)$(图 2). 对应于一切可能的(x,y) 值(换言之,对应于平面 xOy 上点 P 的一切可能位置)的空间中所有这种点 M 的全体,形成了函数的几何图形. 在通常情况下,这个几何图形是某个曲面.

反过来说,在备有坐标系的空间中给出曲面之后,就建立了两个自变量 x 及 y 的某一函数 z. 因为,这个曲面上点的竖坐标可由其横坐标及纵坐标来决定,也就是说,曲面上点的竖坐标是横坐标及纵坐标的函数. 所以,双变量函数的图形表示法是由在备有坐标系的空间中给出曲面来实现的.

如果函数用解析式

$$z=f(x,y)$$

来表示,那么代表该函数的曲面上的点显然能满足这个等式,于是可知这个式子便是曲面的方程. 反过来说,每个曲面的方程可以把竖坐标 z 表示成横坐标 x 及纵坐标 y 的某个函数.

例如,函数

$$z=\frac{c}{ab}\sqrt{a^2b^2-b^2x^2-a^2y^2}$$

的图形是椭球面(图 3),其中心在原点,半轴长为 a,b,c,且各位于 x 轴、y 轴、z 轴上. 因为关系式

$$z=\frac{c}{ab}\sqrt{a^2b^2-b^2x^2-a^2y^2}\quad\left(\text{或}\frac{x^2}{a^2}+\frac{y^2}{b^2}+\frac{z^2}{c^2}=1\right)$$

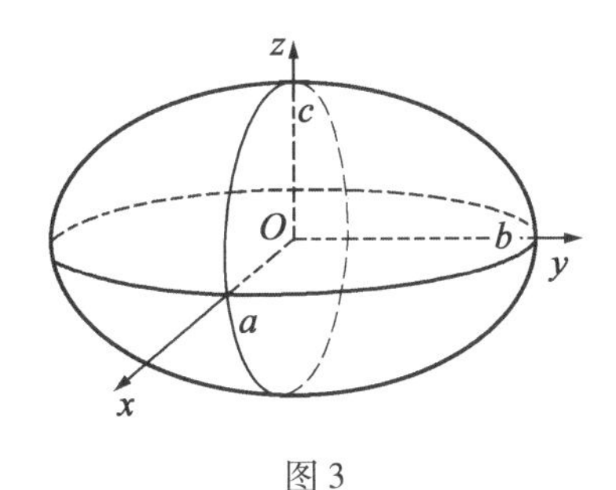

图 3

就是这个椭球面的方程.

函数

$$z=x^2+y^2$$

表示旋转抛物面(图 4),因这个抛物面的方程是 $z=x^2+y^2$.

线性函数

$$z=ax+by+c$$

表示平面,特别是对应于方程

$$z=c\quad(c\text{ 为常数})$$

的是平行于坐标面 xOy 的平面.

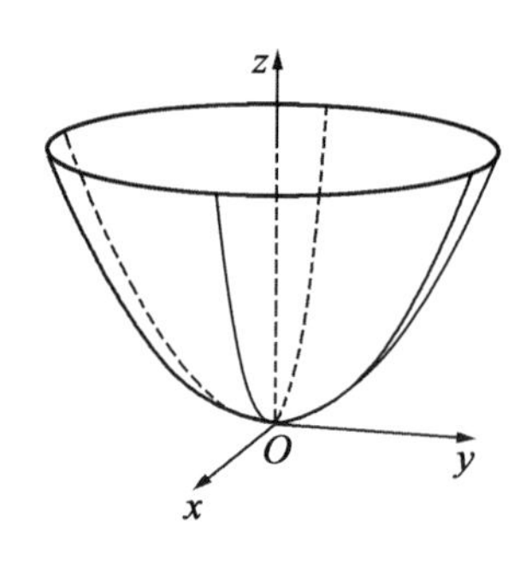

图 4

所以，正如单变量函数与平面曲线之间的关系一样，双变量函数与空间曲面之间也有互相对应关系：每个函数可用某个曲面表示，每个曲面确定出某个函数.

显然，函数的单值性在几何上表示为：垂直于平面 xOy 的任一直线与表示函数的曲面相交不多于一点.

根据上面所讲关于双变量函数的几何表示法，可以给出多变量函数的同样的几何意义. 以单变量函数

$$y=f(x)$$

来说，它的自变量可用在直线（自变量轴）上变动的点 $P(x)$ 来表示，而函数 y 可用在点 P 处垂直于自变量轴的一段直线来表示.

在双变量函数

$$z=f(x,y)$$

的情形下，两个宗标 x 及 y 的全体也可以用点 $P(x,y)$ 来表示，不过这时的点 $P(x,y)$ 已在平面（自变量平面）上变动，而函数 z 则可用在点 P 处垂直于该平面的一段直线来表示.

由此可见，在以上两种情形下，我们都可以把函数看作点 P 的函数

$$y=f(P),z=f(P)$$

不过在第一种情形下的点 P（函数的宗标）只在直线上变动，而在第二种情形下的点 P 在平面上变动.

一般来说，如果点 P 的每个所考虑的位置对应着一个量的确定值，该量就叫作动点 P 的函数.

三个自变量的函数也可以看作动点 $P(x,y,z)$ 的函数，不过这时的点在三维空间（通常空间）内变动

$$u=f(P)=f(x,y,z)$$

讲到这种函数的几何表示法时，仿照单变量函数与双变量函数的说法，就必须要有四维空间才行. 讲到四维空间，我们在这里应该理解为 x,y,z 及 u 四者一切

可能值的总体. 而这个四维空间内的点无非就是包括 x_0,y_0,z_0,u_0 四者的某一批数:$M(x_0,y_0,z_0,u_0)$. 于是三维空间内点 $P(x,y,z)$(函数的宗标)的每一所论位置就对应着四维空间内的一点 $M(x,y,z,u)$,而该点 M 则表示三个宗标值及其对应函数值四者的总体.

对于四个自变量、五个自变量的函数及一般任意个自变量的函数来说,情形也相似.

n 个自变量 $x,y,z,\cdots,t$ 的函数 u 是 n 维空间内的动点 P 的函数

$$u=f(P)=f(x,y,z,\cdots,t)$$

不过即使就双变量函数来说,已经由于我们对于空间直观能力的限制与不可能描出空间,而不易直接应用双变量函数的几何意义,所以我们研究双变量或多变量函数时,通常总想把它化成单变量函数的研究(见 158 小节).

设已给函数

$$z=f(x,y)$$

假定自变量之一(如 x)保持不变:$x=a$. 这样就限制了点 $P(x,y)$ 的自由变动 —— 点 $P(x,y)$ 只可能在平面 xOy 上的直线 $x=a$ 上移动. 于是得单变量函数

$$z=f(P)=f(a,y)$$

条件 $x=a$ 在几何上的意义是:表示函数 $z=f(x,y)$ 的曲面 S 被平面 $x=a$ 所截,假定这时在截面上得一平面曲线 AB(图 5). 等式

$$z=f(a,y)$$

是曲线 AB 在平面 yOz 上正投影的方程,也就是,这个正投影是函数 $z=f(a,y)$ 的图形.

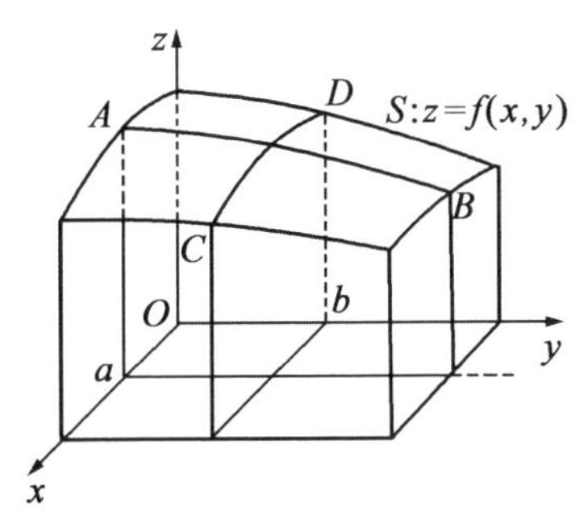

图 5

同样,函数

$$z=f(P)=f(x,b)$$

的宗标 P 只能在平面 xOy 上的直线 $y=b$ 上移动. 如果曲面 S 与平面 $y=b$ 截成的平面曲线是 CD(图 5),那么单变量函数

$$z=f(x,b)$$

的图形就是曲线 CD 在平面 xOz 上的正投影.

§2 函数的最简研究

154. 函数的定义域

如果平面 xOy 上的点 $P(x,y)$（也就是说，一对数值 x,y）按某种法则对应着函数 z 的值，那么我们说函数

$$z = f(x,y)$$

在点 $P(x,y)$ 处有定义. 平面 xOy 上凡是使函数有定义的一切点的整体称为该函数的定义域. 双变量函数的定义域当然可能是平面上的任何一批点，但是我们所考虑的函数大多定义在一条或数条曲线所围成的平面的某部分上（在该部分平面内的个别点或个别线上，函数可能没有定义）.

凡是由一条或数条曲线所围成的一部分平面，不管它是闭合的或是延展到无穷远处的都叫作域①，域的界线叫作它的边界.

如果域与边界一起考虑，这种域叫闭域；如果边界不包括在域内，这种域叫开域（在无须区别这两种情形的问题里，我们只说域）.

如同在自变量轴上的区间可用不等式表示的情形一样，平面上的域可用一个或几个不等式来定出.

举例：

(1) 以各边在直线

$$x = a, x = b, y = c, y = d$$

上的矩形（图 6）来说，这个矩形所围成的域 D 可用下列不等式定出

$$a \leqslant x \leqslant b, c \leqslant y \leqslant d \quad (\text{闭域})$$

或

$$a < x < b, c < y < d \quad (\text{开域})$$

因为位于域 D 上的任一点的坐标满足这些不等式，反过来说，满足这些不等式的任何两个数 x 及 y 是域 D 上某点的坐标.

(2) 设域 D 以中心在原点且半径等于 r 的圆周为界，则域 D 可用下列不等式定出

$$x^2 + y^2 \leqslant r^2 \quad (\text{闭域})$$

$$x^2 + y^2 < r^2 \quad (\text{开域})$$

---

① 在近世点集论（及函数论）中，域的概念具有更精确的意义.

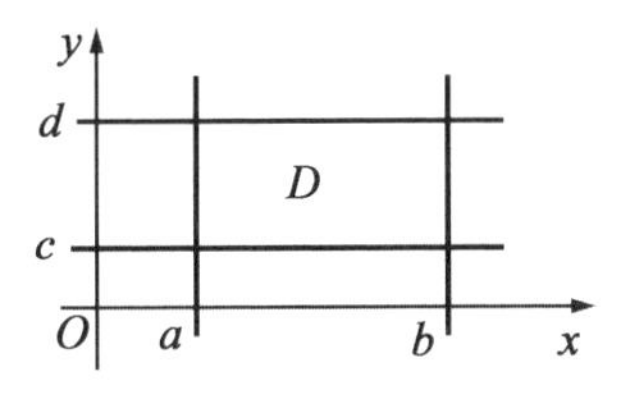

图 6

位于第一象限内的那部分圆,可用如下的一组不等式给出

$$x^2+y^2\leqslant r^2,x\geqslant 0,y\geqslant 0$$

或

$$x^2+y^2<r^2,x>0,y>0$$

(3) 以 x 轴、第一象限坐标角平分线及直线 $x=a$ 为界的域 D(直角三角形,图 7),可用下列不等式定出

$$0\leqslant y\leqslant x,0\leqslant x\leqslant a$$

或

$$0<y<x,0<x<a$$

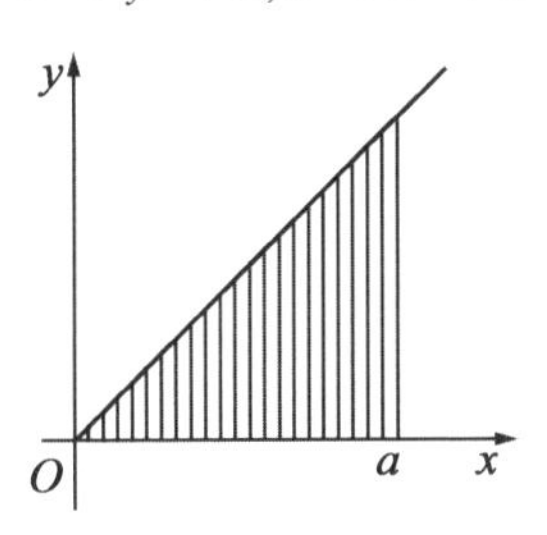

图 7

(4) 取 y 轴右边的全部半平面作为域 D(图 8). 这个域显然可用不等式

$$x\geqslant 0\quad(\text{或 } x>0)$$

给出,而不等式

$$x\geqslant 0,y\geqslant 0\quad(\text{或 } x>0,y>0)$$

则定出 xOy 平面的第一象限(全部 xOy 平面用不等式

$$-\infty<x<\infty,-\infty<y<\infty$$

作为条件来给出).

凡是被一个或几个曲面所围成的一部分空间叫作空间域. 空间域也与平面域一样用不等式给出,但我们不预备深入考虑这个问题,也不再讨论高于三维空间的空间域.

三变量函数的定义域通常是个空间域,其中使函数无定义的个别点、个别线或个别面可能是例外.

如果我们只用一个解析式给出函数

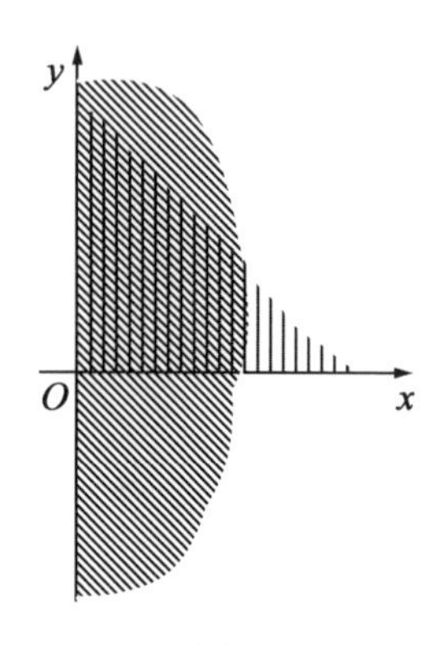

图 8

$$z=f(x,y)$$

而没有任何附加条件,那么解析式的定义域就算作这种函数的定义域,而解析式的定义域,是指使该式子具有确定(实)数值的所有点的全体.

例如式子

$$\sqrt{r^2-x^2-y^2}$$

的定义域是圆

$$x^2+y^2\leqslant r^2$$

任一多项式的定义域是全部 xOy 平面;

式子

$$\sqrt{x-y}\ln(xy^2)$$

的定义域(图 9 中用线条标出)用以下一组不等式给出

$$x\geqslant y,x>0,y\neq 0$$

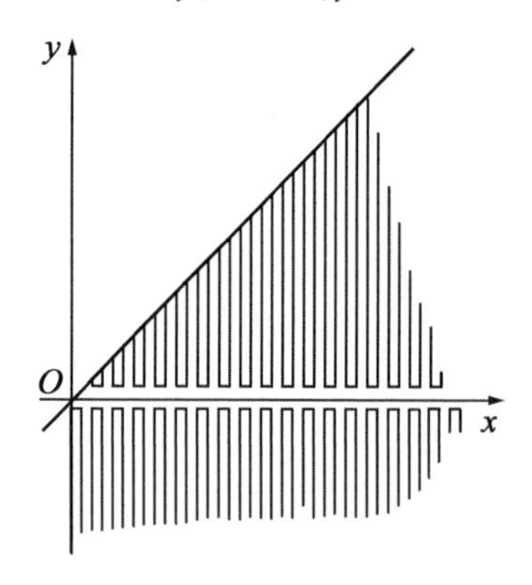

图 9

据以上所说,用式子

$$z=\sqrt{\frac{1-x^2-y^2}{x^2+y^2}}$$

给出的函数定义于圆

$$x^2+y^2\leqslant 1$$

内，其中点(0,0)除外；

函数

$$z=\frac{\sin(xy)}{x-y}$$

定义于全部 xOy 平面上，其中直线 $y=x$ 除外.

现在假设 $f(x,y)$ 用解析式及预先给定或由所论问题本质决定的某附加条件给出. 这时 $f(x,y)$ 的定义域通常与所讲解析式的定义域不同. 例如设给定

$$z=f(x,y)$$

如下：对不相等的一切 x 及 y 来说，$z=(x-y)\sin\frac{1}{x-y}$，当 x 及 y 值相等时，$z=0$，即

$$z=f(x,y)=\begin{cases}(x-y)\sin\dfrac{1}{x-y} & (x\neq y)\\ 0 \quad (x=y)\end{cases}$$

这里式子 $(x-y)\sin\frac{1}{x-y}$ 的定义域是把直线 $y=x$ 除外的全部 xOy 平面（在直线 $y=x$ 上的点处，正弦函数的宗标 $\frac{1}{x-y}$ 无意义），而函数 $f(x,y)$ 的定义域是全部 xOy 平面.

从另一方面来讲，具体问题中的函数用解析式表出时，解析式的定义域常大于问题的实际条件所许可的定义域. 例如取函数 $f(x,y)$ 表示以 x,y 为边的矩形面积

$$f(x,y)=xy$$

这里式子 xy 定义于全部 xOy 平面上，但当 x 或 y 为负值时，考虑这个函数便无意义. 因此所论函数的定义域只是第一象限

$$x\geqslant 0,y\geqslant 0$$

函数定义域中每一点对应着表示该函数的曲面上一点，在函数没有定义的点处就并不对应着曲面上的任何点.

155. 极限概念

现在我们来讲双变量函数 $z=f(x,y)$ 当其宗标即点 $P(x,y)$ 趋近于（无限接近于）点 $P_0(x_0,y_0)$ 时的极限概念. 点 $P(x,y)$ 无限趋近于点 $P_0(x_0,y_0)$ 的意思是指把点 $P(x,y)$ 移到以 P_0 为中心且半径为任意小的圆内. 通常以平面上某一

点为中心,以 r 为半径的圆叫作该点的 r - 邻域. 因此我们要把点 P 移到 P_0 的 r - 邻域内,其中 r 为任意小,并考察这时的对应值 $f(x,y)$(函数 $f(x,y)$ 当然应在点 P_0 的某一邻域内有定义). 点 P_0 的 r - 邻域为无穷小(动点 P 与定点 P_0 间距离 $\rho = PP_0$ 为无穷小)的这个条件相当于如下两个条件:点 P 的可变坐标趋近于点 P_0 的对应坐标

$$x \to x_0, y \to y_0$$

也就是

$$\Delta x = x - x_0$$

及

$$\Delta y = y - y_0$$

为无穷小.

如果把双变量函数看作平面上点 P 的函数,那么双变量函数的极限定义与单变量函数的极限定义基本上并无不同之处. 所以:

如果当两点间的距离

$$\rho = PP_0$$

为无穷小时,得差数 $A - f(P)$ 为无穷小,也就是说,如果对于每个正数 ε 可以找出与它对应的正数 δ,使异于 P_0 且满足

$$\rho = PP_0 < \delta$$

的一切点 P 能满足不等式

$$| A - f(P) | < \varepsilon$$

那么数 A 就叫作当 $P(x,y) \to P_0(x_0,y_0)$ 时函数

$$z = f(P) = f(x,y)$$

的极限,且写成

$$\lim_{P \to P_0} f(P) = A$$

上述定义显然就相当于下面的定义(在那里我们明显指出了函数所依从的自变量):

如果对每个正数 ε 可找出与它对应的正数 δ,使满足

$$| x - x_0 | < \delta$$

及

$$| y - y_0 | < \delta$$

并且使

$$x \neq x_0 \text{ 或 } y \neq y_0$$

成立的一切 x 及 y 满足不等式

$$| A - f(x,y) | < \varepsilon$$

那么数 A 就叫作当 $x \to x_0$ 及 $y \to y_0$ 时函数 $z = f(x,y)$ 的极限,且写成

$$\lim_{\substack{x \to x_0 \\ y \to y_0}} f(x, y) = A$$

写出

$$\lim_{P \to P_0} f(P) = A$$

时应理解如下:不管 $P(x,y)$ 怎样趋近于 $P_0(x_0,y_0)$,$f(P)$ 总趋近于 A. 如果认为 $P(x,y)$ 要以完全确定的方式趋近于 $P_0(x_0,y_0)$,那么就应当特别说明. 例如,我们所关心的可能只是当点 $P(x,y)$ 沿着平行于坐标轴的一条直线或沿某条曲线无限趋近于点 $P_0(x_0,y_0)$ 时,函数 $f(P)$ 所趋的极限.

现在我们来表示当 $P(x,y) \to P_0(x_0,y_0)$ 时函数

$$z = f(P) = f(x, y)$$

具有极限 A 的几何情况. 在点 $P_0(x_0,y_0)$ 处作大小及方向与数 A 相符的垂直于 xOy 平面的直线,并任意给出一个正数 ε,这时就可找出点 $P_0(x_0,y_0)$ 的一个 δ - 邻域如下,使该邻域内满足所论条件的一切点所对应的表示函数的曲面的竖坐标,与上述垂线在数量上相差不大于 ε.

与单变量函数时的情形一样,我们还应该注意,函数 $f(P)$ 本身可能在极限点 P_0 处没有定义,这不影响当 $P \to P_0$ 时使 $f(P)$ 趋于极限的可能性. 例如,函数

$$z = \frac{\sin(x - y)}{x - y}$$

在点 $P_0(2,2)$ 处无定义,但当点 $P(x,y)$ 沿着不含直线 $y = x$ 上点的任何路线趋近于点 $P_0(2,2)$ 时,$z \to 1$. 也可能函数在点 P_0 处有定义,而其值并不等于当 $P \to P_0$ 时函数的极限值.

现在我们来讲当点 $P(x,y)$ 趋于无穷远时,双变量函数

$$z = f(P)$$

的极限定义,以及函数本身在各种情形下无限增大的定义.

设

$$P(x, y) \to \infty$$

这表示我们把点 P 移到以原点为中心,半径为任意大的圆外面,也就是移到点 $O(0,0)$ 的 r - 邻域(当 r 为无穷大时)以外,换言之

$$\rho = \sqrt{x^2 + y^2} \to \infty$$

如果对任给的数 $\varepsilon > 0$,可找出一数 $N > 0$,使满足

$$\rho = PO > N$$

的一切点$P(x,y)$ 满足不等式

$$|A - f(P)| < \varepsilon$$

那么数 A 就叫作当 $P \to \infty$ 时 $f(P)$ 的极限,且写成

$$\lim_{P \to \infty} f(P) = A$$

同样可定义当 $P \to P_0$ 或 $P \to \infty$ 时函数的无限增大性，也就是函数趋于无穷大的情形．如果对任给的正数 N，可找出一 $\varepsilon > 0$，使异于 P_0 且满足

$$\rho = PP_0 < \varepsilon$$

的一切点 $P(x,y)$ 满足不等式

$$| f(P) | > N$$

则说函数 $f(P)$ 当 $P \to P_0$ 时无限增大

$$\lim_{P \to P_0} f(P) = \infty$$

如果对任给的正数 N，可找出一 $M > 0$，使满足

$$\rho = PO > M$$

的一切点 $P(x,y)$ 满足不等式

$$| f(P) | > N$$

则说函数 $f(P)$ 当 $P \to \infty$ 时无限增大

$$\lim_{P \to \infty} f(P) = \infty$$

与以前所说的一样，如果点 $P(x,y)$ 的移动有所限制或 $f(P)$ 按一定的正负号趋于无穷大，那么这事必须特别说明．

n 个自变量的函数

$$u = f(P) = f(x, y, z, \cdots, t)$$

的极限定义等于把 $n = 2$ 时的定义逐字重复一遍，只要把其中平面内两点 P 及 P_0 间的距离 PP_0 换成 n 维空间内点 $P(x,y,z,\cdots,t)$ 及 $P_0(x_0,y_0,z_0,\cdots,t_0)$ 间的距离即可．这个距离的公式是

$$\rho = \sqrt{(x - x_0)^2 + (y - y_0)^2 + (z - z_0)^2 + \cdots + (t - t_0)^2}$$

156. 多变量函数的连续性

现在我们来讲多变量函数的连续性的定义．设点 $P_0(x_0,y_0)$ 在函数 $f(P)$ 的定义域上．

如果

$$\lim_{P \to P_0} f(P) = f(P_0)$$

且 $P(x,y)$ 可按任意方式趋近于 $P_0(x_0,y_0)$，则说函数

$$z = f(P) = f(x,y)$$

在点 $P_0(x_0,y_0)$（或当 $x = x_0$ 及 $y = y_0$ 时）处连续，也就是说：

如果当函数的宗标 P 以任意方式趋近于点 P_0 时，函数的极限等于在点 P_0 处的函数值，那么函数在点 P_0 处连续．

因此，关于函数 $z = f(P)$ 在点 P_0 处的连续性必须具备下列三个条件：

Ⅰ．$f(P)$ 应在点 P_0 的某个邻域（或者是一个边界含有 P_0 的闭域）上有定义．

Ⅱ. 当 P 按任意规律趋近于 P_0 时(若 P_0 在域的边界上,则 P 只能从域内趋近于 P_0),$f(P)$ 应具极限.

Ⅲ. 这个极限应与点 P_0 处的函数值相同.

在域上每点处连续的函数,称为在这个域上连续的函数.

函数 $z=f(x,y)$ 的连续性在几何上的意思是:当自变量平面上两点间的距离足够小时,对应于这两点的函数图形的竖坐标的差可以为任意小,所以连续函数的图形是一个完整无缺的曲面.

任意个自变量的函数的连续性也可以用同样的方式来定义.

若 $f(P)$ 在点 P_0 的某个邻域上(点 P_0 本身或通过点 P_0 的某条曲线可能除外)有定义且若上述第二或第三个条件不能满足(自然只有当 $f(P)$ 在点 P_0 处有定义时才会产生第三个条件),则点 P_0 称为函数 $z=f(P)$ 的间断点. 函数 $z=f(x,y)$ 的间断点可能形成一条直线,这时这条直线叫作函数的间断线. 我们说,函数 $f(P)$ 在间断点 P_0 处是间断的或产生间断性.

下面举例说明间断函数及间断点:

(1) 函数

$$z=\sin\frac{1}{\sqrt{x^2+y^2}}$$

定义在除点 $P_0(0,0)$ 以外的全部 xOy 平面上,而在点 $P_0(0,0)$ 处函数间断. 在平面上的其他各点处函数连续. 函数 $z=\sin\frac{1}{\sqrt{x^2+y^2}}$ 的几何图形是函数

$$z=\sin\frac{1}{x}$$

的位于 x 轴的正半轴上方的图形绕 z 轴旋转而得的曲面.

函数

$$z=\sin\frac{1}{\sqrt{x^2+y^2}-1}$$

也基于同样原因在圆周

$$x^2+y^2=1$$

上的每一点处间断. 这个圆周就是函数的间断线. 如果应用函数

$$z=\sin\frac{1}{x-1}$$

的图形,就不难想象出函数 $z=\sin\frac{1}{\sqrt{x^2+y^2}-1}$ 的几何图形.

(2) 定出函数 $f(P)$ 如下:在 xOy 平面上除点 $P_0(1,1)$ 以外的一切点处,$f(P)=3-x-y$,在点 $P_0(1,1)$ 处,$f(P_0)=\frac{1}{2}$. 这个函数在点 $P_0(1,1)$ 处间断,因

为上述第三个条件不能满足：不管点 $P(x,y)$ 以何种方式趋近于点 $P_0(1,1)$，函数趋于 1 而不趋于$\frac{1}{2}$，若函数连续，则必须趋于$\frac{1}{2}$. 这个函数的图形（图 10）是把点$M_0(1,1,1)$ 除外的全部平面

$$z = 3 - x - y$$

再加上代替点 M_0 的一点 $M_1\left(1,1,\frac{1}{2}\right)$.

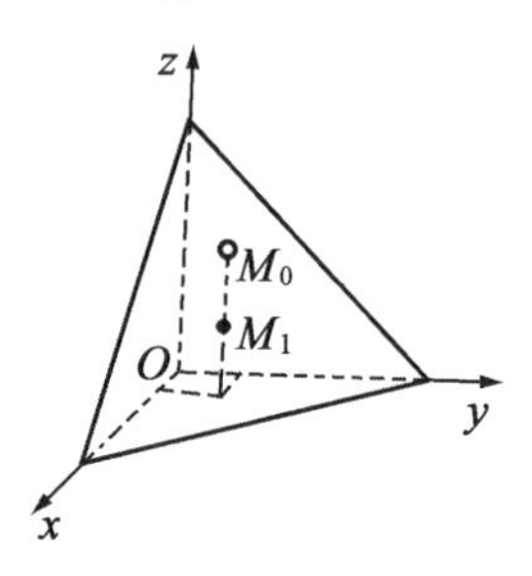

图 10

特别要注意，函数 $z = f(x,y)$ 可能在某点处对每个个别的自变量来说都连续，而对两个自变量一起，也就是作为任意动点 $P(x,y)$ 的函数来说时，函数却在该点处间断.

我们用下面的实例来说明这事

$$f(x,y) = \frac{2xy}{x^2 + y^2} \quad (x \neq 0 \text{ 或 } y \neq 0)$$

$$f(0,0) = 0$$

这个函数定义于全部平面上而在原点处间断. 因在直线

$$y = kx \quad (\text{其中 } k \text{ 为任意数})$$

上每一点处有

$$f(x,y) = \frac{2kx^2}{x^2(1 + k^2)} = \frac{2k}{1 + k^2}$$

可知当宗标（也就是点 $P(x,y)$）沿直线 $y = kx$ 趋于 $P_0(0,0)$ 时，函数具有极限$\frac{2k}{1 + k^2}$，所以当x及y一齐趋于0时，$f(x,y)$ 的极限可以是介于 -1 及1间的任何数[因为方程

$$\frac{2k}{1 + k^2} = \mu \quad (-1 < \mu < 1)$$

总具有两个实数根]，而这数要取决于点 $P(x,y)$ 趋近于 $P_0(0,0)$ 时所循的路线. 根据连续性的定义来看，极限应该是同一个数而不取决于 $P(x,y)$ 趋近于 $P_0(0,0)$ 时的方式（就本例来说，如果连续，那么极限还应该等于0）.

上面所给函数当作单独一个自变量的函数来看时(即当另一自变量为常量时),则函数在点 $P(x,y)$ 所变动的全部直线上都连续. 例如,设

$$y = y_0$$

于是得 x 的函数

$$\varphi_1(x) = f(x, y_0) = \frac{2xy_0}{x^2 + y_0^2}$$

当 $y_0 \neq 0$ 时,这个函数的连续性是显然的. 但若 $y_0 = 0$,则当 $x \neq 0$ 时

$$\varphi_1(x) \equiv 0$$

当 $x = 0$ 时,由于附加条件

$$f(0,0) = 0$$

可知函数也等于0. 这个函数既然恒等于0,所以它在 x 轴上一切点处(包括点 $P_0(0,0)$ 在内)都连续. 对于单变量 y 的函数

$$\varphi_2(y) = f(x_0, y) = \frac{2x_0y}{x_0^2 + y^2}$$

来说情形也相似.

如果函数

$$z = f(x,y)$$

对全部自变量来说是连续的,那么它对于每个个别的自变量来说自然也是连续的.

n 个自变量函数的间断点,显然也可以仿照 $n = 2$ 时的情形来定义.

157. 连续函数的几个属性、初等函数

Ⅰ. 我们要讲双变量连续函数的两个属性,它们与第二章 §3 中所讲单变量函数的属性相似.

(1) 在闭域上连续的函数

$$f(P) = f(x,y)$$

在该域上至少有一次取得最大值及最小值.

这个命题告诉我们所论闭域上至少有两点 $P_1(\xi_1, \eta_1)$ 及 $P_2(\xi_2, \eta_2)$,使这两点处的函数值各为全域上函数值的最大值及最小值

$$f(P_2) \leqslant f(P) \leqslant f(P_1) \quad (\text{或} f(\xi_2, \eta_2) \leqslant f(x,y) \leqslant f(\xi_1, \eta_1))$$

点 P_1 及 P_2 可能位于域的边界上.

(2) 在闭域上连续的函数如果在该域上取得任何两个值,则它在域上至少有一次取得这两个值之间的任一值.

设在所论闭域上某两点 $P_1(x_1, y_1)$ 及 $P_2(x_2, y_2)$ 处函数取得数值

$$f(P_1) = f(x_1, y_1) = M_1, f(P_2) = f(x_2, y_2) = M_2$$

且设

$$M_1 < M_2$$

取 M_1 及 M_2 间的任一数 M,即

$$M_1 < M < M_2$$

于是上述命题告诉我们定义域上至少存在一点 $P(\xi,\eta)$,使

$$f(P)=f(\xi,\eta)=M$$

特别地,若函数 $f(x,y)$ 在域上取得负值及正值,则函数必在域上的一点 $P(\xi,\eta)$ 处变为0,即

$$f(P)=f(\xi,\eta)=0$$

对于任意个变量的函数来说,这两个命题显然也适用.

多变量函数的均匀连续性也与单变量函数的完全相同:

若函数 $f(P)$ 在闭域上连续,则它在该域上均匀连续,也就是说,若已给 ε,则对于与点 P_0 相距不超过(对应于 ε 的数)δ 的任一点 P 来说

$$|f(P)-f(P_0)|<\varepsilon$$

其中 δ 值不取决于点 P_0 在所论域上的位置.

Ⅱ. 由于我们已经知道单变量函数的和、积与商的极限运算法则,这些法则对于 n 个自变量的函数自然也适用,如同 $n=1$ 时那样,我们不难证明下列各定理:

(1) 在某点连续的有限个函数的和或积,是在同一点连续的函数.

(2) 在某点连续的两个函数的商,只要分母在该点处不等于0,是在同一点连续的函数.

现在证明复合函数的连续性定理.

(3) 由有限个连续函数所组成的复合函数是连续的.

设已给复合函数

$$u=\varphi(t,v,w,\cdots)$$

其中 $t,v,w,\cdots$ 是自变量 $x,y,z,\cdots$ 的函数

$$t=\psi(x,y,z,\cdots),v=\xi(x,y,z,\cdots),w=\eta(x,y,z,\cdots)$$

假定 $\varphi,\psi,\xi,\eta,\cdots$ 每个函数各为其宗标的连续函数. 那么

$$u=\varphi(t,v,w,\cdots)=F(x,y,z,\cdots)$$

是点 $P(x,y,z,\cdots)$ 的连续函数.

由于函数 $\psi,\xi,\eta,\cdots$ 的连续性,点 $P(x,y,z,\cdots)$ 的无穷小位移使变量 $t,v,w,\cdots$ 变动无穷小,而 $t,v,w,\cdots$ 的无穷小变动,又由于函数 φ 的连续性,使变量 u 得无穷小增量. 因此点 $P(x,y,z,\cdots)$ 的无穷小位移对应着 u 的无穷小变化,这就说明了 u 作为点 $P(x,y,z,\cdots)$ 的函数时的连续性.

Ⅲ. 在初等数学解析教程及其初步应用中,我们通常只会碰到用一个解析式给出的函数. 这个解析式是自变量及常量借有限个基本初等函数及四则运算

所组成的复合函数. 如果把讨论单变量函数时所用的术语保留下来,那么这样给出的函数就叫初等函数.

初等函数的间断点只可能是下列两种:函数中某一元素(也包括函数本身)无定义的点,或使函数解析式中商式的分母为0的点.

所以,初等函数的连续域(使函数连续的所有点的全体)与其定义域相同.

由此可得简便的求极限的实用法则:当初等函数的宗标——点P——趋于函数有定义的点时,求该初等函数的极限,只要算出极限点处的函数值即可;换言之,只要把函数式子中的自变量换成自变量所趋的极限即可.

因为,若函数连续,则

$$\lim_{\substack{x\to x_0\\ y\to y_0\\ z\to z_0\\ \vdots\\ t\to t_0}} f(x,y,z,\cdots,t)=f(x_0,y_0,z_0,\cdots,t_0)$$

这就是

$$\lim f(x,y,z,\cdots,t)=f(\lim x,\lim y,\lim z,\cdots,\lim t)$$

这可以写成

$$\lim f(P)=f(\lim P)$$

换言之,这个式子的意思是:极限记号与连续函数记号可以互换次序.

158. 函数性态、等高线

我们前面已经说过,双变量函数的研究通常可以化为单变量函数的研究,这种化简法可用许多不同的方式来做. 这里讲实用上最重要的几种方式.

Ⅰ. 假设我们要研究函数

$$z=f(x,y)$$

在点$P_0(x_0,y_0)$处,也就是在该点某个邻域上的性态.

在xOy平面上从点$P_0(x_0,y_0)$起向某一方向作半直线,该直线的方程是

$$x-x_0=\rho\cos\alpha,y-y_0=\rho\sin\alpha \tag{1}$$

其中$\rho(\rho>0)$是点$P(x,y)$与$P_0(x_0,y_0)$间的距离,α是所作半直线与x轴正方向间的角. 点P_0对应于$\rho=0$.

现在我们来考察当宗标——点$P(x,y)$——沿所作半直线移动时的函数$f(x,y)$. 因为这时

$$x=x_0+\rho\cos\alpha,y=y_0+\rho\sin\alpha$$

x_0,y_0及α为常量,所以函数$z=f(x,y)$就变成单变量ρ的函数

$$z=f(x,y)=f(x_0+\rho\cos\alpha,y_0+\rho\sin\alpha)=\varphi_\alpha(\rho)$$

这个函数的图形是通过直线(1)且垂直于xOy平面的半平面与表示函数的曲面相截而成的平面曲线M_0M(图11). 如果我们能知道当α为一切可能值时$\varphi_\alpha(\rho)$在点$\rho=0$处的性态,我们就能想象出函数$z=f(x,y)$在点$P_0(x_0,y_0)$处的

性态.

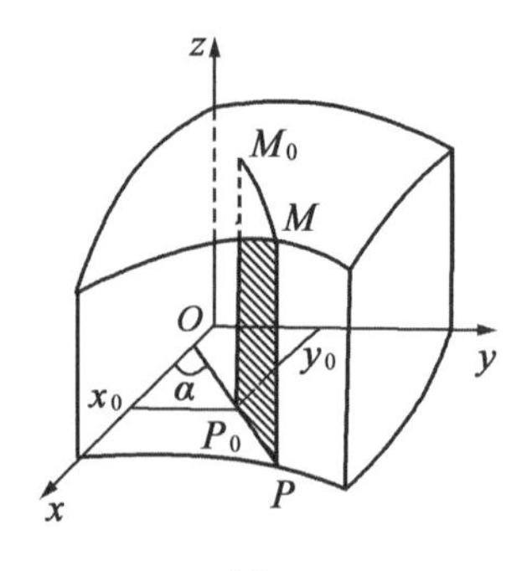

图 11

Ⅱ. 如果把自变量之一(如 y) 看作常量

$$y = y_0$$

便可从函数 $z = f(x,y)$ 得出单变量 x 的函数

$$z = f(x, y_0)$$

我们就可用已知方法来研究这个函数在 x 的变动区间上的性质. 同样可设

$$x = x_0$$

把 z 看成单变量 y 的函数

$$z = f(x_0, y)$$

知道了这两个单变量函数在 y_0 及 x_0 为各种不同值时的性态之后,我们便得到所给函数 $z = f(x,y)$ 在其宗标,也就是在点 $P(x,y)$ 的全部变动域上的变动过程.

双变量函数的这种研究法在几何上相当于借平行于坐标面 xOz 及 yOz 的平面截线来研究曲面.

Ⅲ. 我们可以用平行于 xOy 平面(即自变量平面) 的平面截线来研究曲面.

设

$$z = z_0$$

于是得变量 x 及 y 间的关系式

$$z_0 = f(x,y)$$

这显然是曲面 $z = f(x,y)$ 与平面 $z = z_0$ 的平面截线在 xOy 平面上的投影 L 的方程. 当点 $P(x,y)$ 沿曲线 L 移动时,函数值恒等于 z_0. 曲线 L 叫作函数 $z = f(x,y)$ 对应于 $z = z_0$ 的等高线. 在对应于各种 z 值的所有等高线上分别标出对应 z 值之后,称之为函数 $z = f(x,y)$ 的曲线网. 当各种 z 值的差很小时,所作的曲线网足以显著地说明当宗标 $P(x,y)$ 任意变化时函数 $f(x,y)$ 的性态.

给 z 以 $\cdots, -3h, -2h, -h, 0, h, 2h, 3h, \cdots$ 值,其中 h 为某一正数. 对应于这些 z 值的函数 $f(x,y)$ 的曲线网叫作均匀曲线网(h 越小,均匀曲线网越加能表示函数). 在 xOy 平面上,均匀曲线网中等高线密的地方,函数变得快,而等高线稀的地方,函数变得慢. 因为对应函数以同一个变化量 h 变动时,在第一种情形下,点 $P(x,y)$ 变动得不大,而在第二种情形下,点 $P(x,y)$ 变动得大. 这样,均匀曲线网中线条的稀密度,在一般意义上讲,可以作为函数的变动程度(曲面 $z=f(x,y)$ 的坡度).

我们来看几个例子:

(1) 函数 $z=x^2+y^2$(旋转抛物面) 的均匀曲线网是以点 $O(0,0)$ 为中心且包括点 $O(0,0)$ 的一组同心圆(图 12).

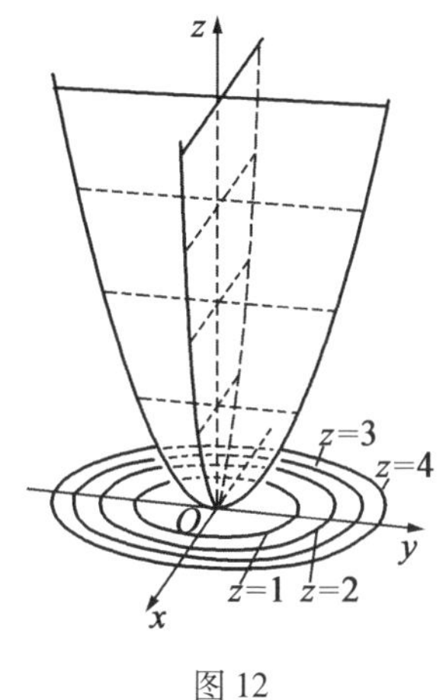

图 12

(2) 函数 $z=xy$(双曲抛物面) 的等高线是等轴双曲线及 x 轴与 y 轴(图 13).

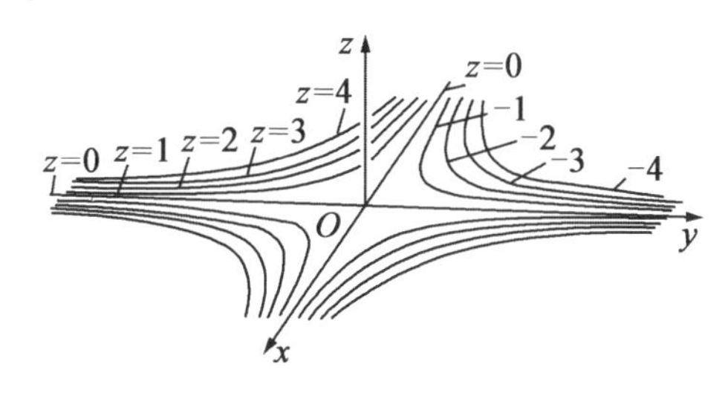

图 13

我们以前有一次研究三个变量间的函数关系时,已把它化成等高线来研究. 在第四章 80 小节中,我们所考察过的各种等温值 T 所对应的范・德・瓦尔方程

$$\left(p+\frac{a}{v^2}\right)(v-b)=RT$$

研究了 p 与 v 之间的这种依从关系之后,画出其对应图形且得到双变量函数

$$T=\frac{1}{R}\left(p+\frac{a}{v^2}\right)(v-b)$$

的一组等高线(曲线网).

在应用科学中,所研究的双变量函数常用等高线来表示. 例如,把地面上一点位于海面以上的高度看作两个自变量(该点的坐标)的函数时,我们就在地图上画出这个函数的等高线. 这些线在地形测量学上称为水平等高线. 用水平等高线网就很便于考察一地区高度的变化情形. 在气象学上所用的等温线及等压线网,是把温度及压力看作地点的函数时作出的等高线.

仿照双变量函数的等高线概念可建立三变量函数的等高面概念. 在一曲面上的各点处,函数

$$u=f(x,y,z)$$

保持为常量,则这个曲面叫作函数$u=f(x,y,z)$的等高面. 对应于数值

$$u=u_0$$

的等高面方程是

$$f(x,y,z)=u_0$$

§3 多变量函数的导数及微分

159. 偏导数

设

$$z=f(x,y)$$

是在某域上连续的双变量x及y的函数. 令y为常数值y_0且考察单变量x的函数

$$z=f(x,y_0)$$

这个函数的宗标——点$P(x,y_0)$——在xOy平面上的直线$y=y_0$上变动. 假定函数$f(x,y_0)$在点$x=x_0$处可微分,也就是,存在极限

$$\lim_{\Delta x\to 0}\frac{f(x_0+\Delta x,y_0)-f(x_0,y_0)}{\Delta x}$$

这个极限记作$f'_x(x_0,y_0)$,写在底下的小指标x表明这个导数是当y固定时对变量x来求的. 如果使x_0及y_0得各种不同的数值(用x及y表示),一般便可得$f'_x(x,y)$的各种数值. 因此$f'_x(x,y)$是一个双变量函数.

函数$f'_x(x,y)$叫作函数$f(x,y)$对x的偏导数. 于是:

若把$f(x,y)$对x微分,而把y看作常量,则所得变量x及y的函数便是$z=f(x,y)$对x的偏导数.

函数$z=f(x,y)$对x的偏导数也可用下面的任一种写法来表示

$$\frac{\partial z}{\partial x},\frac{\partial f(x,y)}{\partial x},z'_x$$

这里我们把一般导数记号中所用的字母 d 换成字母 ∂ 以示区别,并且除了右上方的一撇,还在右下方指标里注明微分运算是对变量 x 来施行的. 有时把上面的一撇省略而只写成 z_x 或 $f_x(x,y)$.

函数 $z=f(x,y)$ 对于 y 的偏导数的定义也完全相仿

$$f'_y(x,y)=\lim_{\Delta y\to 0}\frac{f(x,y+\Delta y)-f(x,y)}{\Delta y}$$

与以上一样,这个偏导数也可以写作

$$\frac{\partial z}{\partial y},\frac{\partial f(x,y)}{\partial y},z'_y$$

(有时写作 z_y,$f_y(x,y)$). 因为偏导数是假定了已给函数中仅有对它施行微分法的那个变量变动时,从已给函数所求出的普通导数,所以求初等函数的偏导数(偏微分法)显然可以按照已知的单变量函数的微分法则来做.

举例:

(1) 求函数 $z=3axy-x^3-y^3$ 的$\frac{\partial z}{\partial x}$及$\frac{\partial z}{\partial y}$.

把 y 看作常量,得

$$\frac{\partial z}{\partial x}=3ay-3x^2$$

把 x 看作常量,得

$$\frac{\partial z}{\partial y}=3ax-3y^2$$

(2) 求函数 $z=x^y$ 的$\frac{\partial z}{\partial x}$及$\frac{\partial z}{\partial y}$.

对 x 微分时,z 是一个幂函数,而对 y 微分时,z 是一个指数函数. 故得

$$\frac{\partial z}{\partial x}=yx^{y-1},\frac{\partial z}{\partial y}=x^y\ln x$$

(3) 取函数

$$r=\sqrt{x^2+y^2}$$

它表示点 $P(x,y)$ 与原点间的距离,得

$$r'_x=\frac{\partial r}{\partial x}=\frac{x}{\sqrt{x^2+y^2}}=\frac{x}{r}=\cos\varphi,r'_y=\frac{\partial r}{\partial y}=\frac{y}{\sqrt{x^2+y^2}}=\frac{y}{r}=\sin\varphi$$

其中 φ 是矢径 r 与 x 轴正方向所成的角.

在定值 $x=x_0$,或 $y=y_0$,或 $x=x_0$ 及 $y=y_0$ 的情形下,偏导数$\frac{\partial z}{\partial x}$及$\frac{\partial z}{\partial y}$的数值用下面的各种记号表示

$$\left(\frac{\partial z}{\partial x}\right)_{x=x_0},\left(\frac{\partial z}{\partial x}\right)_{y=y_0},\left(\frac{\partial z}{\partial x}\right)_{\substack{x=x_0\\y=y_0}}$$

或

$$f'_x(x_0,y),f'_x(x,y_0),f'_x(x_0,y_0)$$

等.

例如,若

$$z=3axy-x^3-y^3$$

则

$$\left(\frac{\partial z}{\partial x}\right)_{x=a}=3ay-3a^2,\left(\frac{\partial z}{\partial x}\right)_{y=a}=3a^2-3x^2,\left(\frac{\partial z}{\partial x}\right)_{\substack{x=a\\y=a}}=0$$

$$\left(\frac{\partial z}{\partial y}\right)_{x=a}=3a^2-3y^2,\left(\frac{\partial z}{\partial y}\right)_{y=a}=3ax-3a^2,\left(\frac{\partial z}{\partial y}\right)_{\substack{x=a\\y=a}}=0$$

任意个自变量的偏导数也可以像双变量函数的偏导数那样来定义.

若把函数 $f(x,y,z,\cdots,t)$ 对其某一宗标微分,同时把其他一切宗标看作常量,则所得自变量 $x,y,z,\cdots,t$ 的函数,叫作函数

$$u=f(x,y,z,\cdots,t)$$

对所论宗标的偏导数.

例如

$$\frac{\partial u}{\partial x}=f'_x(x,y,z,\cdots,t)=\lim_{\Delta x\to 0}\frac{f(x+\Delta x,y,z,\cdots,t)-f(x,y,z,\cdots,t)}{\Delta x}$$

设

$$r=\sqrt{x^2+y^2+z^2}$$

这个函数表示点 $P(x,y,z)$ 与原点间的距离. 其偏导数的式子为

$$r'_x=\frac{\partial r}{\partial x}=\frac{x}{\sqrt{x^2+y^2+z^2}}=\frac{x}{r}=\cos\alpha$$

$$r'_y=\frac{\partial r}{\partial y}=\frac{y}{r}=\cos\beta$$

$$r'_z=\frac{\partial r}{\partial z}=\frac{z}{r}=\cos\gamma$$

其中 $\cos\alpha,\cos\beta,\cos\gamma$ 是矢径 r 的方向余弦. 由此可知把点 $P(x,y,z)$ 的矢径当作该点的函数看待时,能满足如下的微分关系式

$$r_x^2+r_y^2+r_z^2=1$$

偏导数

$$\frac{\partial z}{\partial x}=f'_x(x,y)\text{ 及}\frac{\partial z}{\partial y}=f'_y(x,y)$$

的绝对值给出了当宗标 $P(x,y)$ 沿直线 $y=\text{const}$ 或 $x=\text{const}$ 移动时函数

$$z=f(x,y)$$

的变化率的数量,而偏导数 f'_x 或 f'_y 的正负号则决定这一变化的特征(增大、减

小).

偏导数的几何意义是很明显的:如果考察曲面 $z=f(x,y)$ 与 xOz 平面的平行平面的截线(图 14),则

$$\frac{\partial z}{\partial x}=f'_x(x,y)$$

是该截线上点 $M(x,y,z)$ 处的切线对 x 轴的角系数. 同样, 如果考察曲面 $z=f(x,y)$ 与 yOz 平面的平行平面的截线(图 14),则

$$\frac{\partial z}{\partial y}=f'_y(x,y)$$

是该截线上点 $M(x,y,z)$ 处的切线对 y 轴的角系数.

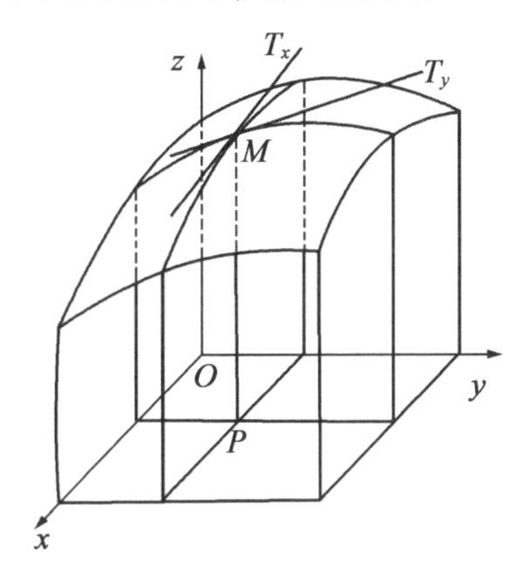

图 14

160. 微分

Ⅰ. 偏微分. 若自变量之一(如 y) 是常量,则函数 z 是单变量 x 的函数,于是就可对该函数应用已知的微分概念(第三章 §3). 如果微分存在,它就叫作函数 $z=f(x,y)$ 对 x 的偏微分. 所以:

函数 $z=f(x,y)$ 的 $f(x+\Delta x,y)-f(x,y)$ 的主部叫作函数 $z=f(x,y)$ 对 x 的偏微分,它是与自变量增量 Δx(或者说,这个自变量的微分 $\mathrm{d}x$ 也一样) 成正比的.

多变量函数在仅有其一个变量变动时所得的增量叫作函数对该变量的偏增量,且用通常的增量记号来表示,不过在右下方加一指标说明哪一个变量是变动的,例如 $f(x+\Delta x,y)-f(x,y)$ 是函数 $f(x,y)$ 对 x 的偏增量,记作 $\Delta_x z$. 偏微分也用通常的微分记号加一适当下标来表示,例如 $\mathrm{d}_x z$ 表示函数 z 对 x 的偏微分.

若函数 $z=f(x,y)$ 在点 $P(x,y)$ 处具有对 x 的偏微分,则它在该点处也具有偏导数 $\frac{\partial z}{\partial x}$. 反过来说也是一样(见 59 小节),也就是说,函数对 x 可微分. 这时

$$d_x z = \frac{\partial z}{\partial x}dx$$

同样,若函数 $z=f(x,y)$ 在点 $P(x,y)$ 处对 y 的偏增量 $\Delta_y z$ 中,能分出与自变量 y 的增量 Δy(或说微分 dy 也一样)成正比的主部,也就是说,若函数 $z=f(x,y)$ 在点 $P(x,y)$ 处具有偏微分 $d_y z$,则函数在该点处就具有偏导数$\frac{\partial z}{\partial y}$(反过来说也一样),于是函数对 y 可微分,且

$$d_y z = \frac{\partial z}{\partial y}dy$$

这样,双变量函数对其某一自变量的偏微分等于其对应的偏导数与该变量的微分两者的乘积.

偏微分 $d_x z$ 或 $d_y z$ 的几何意义表示切线 MT_x 或 MT_y(图 14)上竖坐标的增量.

从偏微分公式可得

$$\frac{\partial z}{\partial x} = \frac{d_x z}{dx}, \frac{\partial z}{\partial y} = \frac{d_y z}{dy}$$

由此可见,偏导数与普通导数一样,可以看作一个分式,只要将每一式的分子写成对应的偏微分,而分母是对应的自变量的微分. 写出$\frac{\partial z}{\partial x}$及$\frac{\partial z}{\partial y}$时一样都是整个而不可分离的记号,并且在这种情形下绝不可把它们看作分式,因为如果把 ∂x 及 ∂y 记成 dx 及 dy,那么在第一及第二两种情形下的 ∂z 也应记成不同的量(表示 $d_x z$ 及 $d_y z$).

以克拉佩隆方程

$$pv = RT$$

为例,并求其$\frac{\partial p}{\partial v}, \frac{\partial v}{\partial T}, \frac{\partial T}{\partial p}$,得

$$\frac{\partial p}{\partial v} = \frac{\partial}{\partial v}\left(\frac{RT}{v}\right) = -\frac{RT}{v^2}$$

$$\frac{\partial v}{\partial T} = \frac{\partial}{\partial T}\left(\frac{RT}{p}\right) = \frac{R}{p}$$

$$\frac{\partial T}{\partial p} = \frac{\partial}{\partial p}\left(\frac{pv}{R}\right) = \frac{v}{R}$$

这三个偏导数的乘积给出热力学中的一个重要关系式

$$\frac{\partial p}{\partial v} \frac{\partial v}{\partial T} \frac{\partial T}{\partial p} = -\frac{RT}{v^2} \frac{R}{p} \frac{v}{R} = -\frac{RT}{pv} = -1$$

如果用 ∂ 作记号的偏导数确实是分式,那么左边相乘的结果应是1,而不是 -1.

任意个自变量函数的偏导数,也可以仿照双变量函数的偏导数来定义.

函数

$$u=f(x,y,z,\cdots,t)$$

对其某一宗标的偏增量中,与对应的自变量增量(微分)成正比的主部叫作函数 $u=f(x,y,z,\cdots,t)$ 对该宗标的偏微分.

与以前一样,我们不难根据偏导数定义求出

$$\mathrm{d}_x u=\frac{\partial u}{\partial x}\mathrm{d}x,\mathrm{d}_y u=\frac{\partial u}{\partial y}\mathrm{d}y,\cdots$$

所以,多变量函数对某一自变量的偏微分等于其对应的偏导数与该变量的微分两者的乘积.

Ⅱ. 全微分. 双变量函数的全微分概念可完全仿照单变量函数的微分概念建立起来.

设函数 $z=f(x,y)$ 对 x 及 y 可微分,于是我们可以找出相对误差为任意小的式子来表示当点 $P(x,y)$ 在平行于 x 轴及 y 轴的方向上移动得足够小时的函数增量(那就是说研究在这种方向上的函数变动情形). 这时自然就要研究当宗标——点 $P(x,y)$——任意变动(而不只限于在 x 轴及 y 轴的方向上)时,函数

$$z=f(P)=f(x,y)$$

的变动特性问题,而要给出这种函数变动特性,必须求出函数增量 Δz 与自变量 x 及 y 的任意增量 Δx 及 Δy 间的关系. 对于任意的 Δx 及 Δy,增量

$$\Delta z=f(x+\Delta x,y+\Delta y)-f(x,y)$$

常叫作函数 $z=f(x,y)$ 在点 $P(x,y)$ 处的全增量.

函数的全增量用自变量的任意增量表示时通常极为烦琐,这种关系式仅在一种情形下才是简单的,即是当 $f(x,y)$ 为线性函数时

$$f(x,y)=ax+by+c$$

这时,不难看出

$$\Delta z=a\Delta x+b\Delta y$$

但我们知道对大部分连续函数来说(见 164 小节),都可以找出适当的常数作为所给点 $P(x,y)$ 处的系数 a 及 b(该系数当然随着每个函数而有所不同),使 $a\Delta x+b\Delta y$ 这个式子即使不能恰好等于 Δz,也将使它与 Δz 的差为阶数高于 Δx 及 Δy 的无穷小(我们把 $\Delta x,\Delta y$ 设为无穷小时,Δz 当然也是无穷小)

$$\Delta z=a\Delta x+b\Delta y+\alpha \tag{1}$$

其中

$$\lim_{\Delta x\to 0}\frac{\alpha}{\Delta x}=0,\lim_{\Delta y\to 0}\frac{\alpha}{\Delta y}=0$$

或

$$\lim_{\substack{\Delta x\to 0\\ \Delta y\to 0}}\frac{\alpha}{\sqrt{\Delta x^2+\Delta y^2}}=0$$

也完全一样.

和式$a\Delta x+b\Delta y$叫作函数$z=f(x,y)$在点$P(x,y)$处的微分,或者,为了区别于偏微分起见,把它叫作全微分,记作$\mathrm{d}f(x,y)$或$\mathrm{d}z$,即

$$\mathrm{d}z=a\mathrm{d}x+b\mathrm{d}y$$

(与以前一样,$\Delta x=\mathrm{d}x,\Delta y=\mathrm{d}y$).

我们拿Δz与$\mathrm{d}z$相比较. 若Δz本身是较Δx或Δy为高阶的无穷小,则根据等式(1)成立的条件可知

$$a=b=0$$

这时微分$\mathrm{d}z=0$,就不可以与任何其他的无穷小比较,因而也不能与Δz相比较. 但若无穷小增量Δz与Δx或Δy相比较时不是高阶的,则至少有一个系数a或b异于0,且这时Δz及$\mathrm{d}z$是等价无穷小,也就是,$\mathrm{d}z$是Δz的主部. 因为我们有

$$\frac{\Delta z}{\mathrm{d}z}=1+\frac{\alpha}{\mathrm{d}z}$$

且因为

$$\frac{\alpha}{\mathrm{d}z}\to 0$$

得到

$$\frac{\Delta z}{\mathrm{d}z}\to 1$$

所以可以说,$\mathrm{d}z$是Δz的主部(假定$\Delta x\to 0,\Delta y\to 0$),它是$\Delta x$及$\Delta y$的线性函数或是0(如果$\Delta z$较$\Delta x$及$\Delta y$有高阶无穷小的性质).

我们可用下面的简短语句来陈述这事:

双变量函数(全)增量中形成自变量增量的线性函数的主部叫作双变量函数的(全)微分.

这种说法在某种意义上讲是相对的:这里所讲的主部是指下述这种量,它与Δz的差是较Δx及Δy为高阶的无穷小. 而它也确实就是Δz的主部,也就是说,当Δz是阶数不高于Δx及Δy的量时,所说的量与Δz的差是阶数高于Δz(或$\mathrm{d}z$)本身的无穷小(如上所说,这时$a\neq 0$或$b\neq 0$,故$\mathrm{d}z\neq 0$),而在通常所见的一切情形下,除了在$\mathrm{d}z=0$的个别点处,Δz总是阶数不高于Δx及Δy的量.

若在点$P(x,y)$处存在函数的全微分$\mathrm{d}z$,则以$\mathrm{d}z$代替函数的真确增量Δz时,可得无限精确的近似式. 这表示,在点$P(x,y)$的足够小的邻域上(即当Δx及Δy足够小时),使

$$\mathrm{d}z=a\mathrm{d}x+b\mathrm{d}y$$

与Δz近似相等时的相对误差为任意小. 同时,这个近似式使函数增量式子保持简单的形式(Δx及Δy的线性式子),而唯有在线性函数的情形下,函数增量才确实等于函数的全微分.

假设函数 $z=f(x,y)$ 在点 $P(x,y)$ 处具有微分，也就是说，假定我们可从函数增量

$$\Delta z=f(x+\Delta x,y+\Delta y)-f(x,y)$$

中分出成为 Δx 及 Δy 的线性式子的主部，而且可写成等式(1).

现在我们来确定系数 a 及 b. 不难知道

$$a=f'_x(x,y),b=f'_y(x,y)$$

因为微分公式在任何 $\mathrm{d}x$ 及 $\mathrm{d}y$ 值时成立，特别在 $\mathrm{d}y=0$ 时也成立. 于是

$$\mathrm{d}_x z=a\mathrm{d}x$$

由此得

$$a=\frac{\mathrm{d}_x z}{\mathrm{d}x}=f'_x(x,y)$$

同样可证明

$$b=f'_y(x,y)$$

任一点 $P(x,y)$ 处的微分式子可写成

$$\mathrm{d}z=f'_x(x,y)\mathrm{d}x+f'_y(x,y)\mathrm{d}y$$

或

$$\mathrm{d}z=\frac{\partial z}{\partial x}\mathrm{d}x+\frac{\partial z}{\partial y}\mathrm{d}y$$

这里微分 $\mathrm{d}z$ 的公式是四个自变量 $x,y,\mathrm{d}x,\mathrm{d}y$ 的函数.

双变量函数的(全)微分等于其各偏导数与对应自变量微分的各个乘积的和.

当点 $P(x,y)$ 固定时，微分 $\mathrm{d}f(x,y)$ 取决于两个变量：$\mathrm{d}x$ 及 $\mathrm{d}y$. 在微分式子中，我们可使这两个变量取得任意值，但微分概念的意义当这两个变量趋于 0 时才显出来. 事实上，在点 $P(x,y)$ 的位移足够小时，我们可以用微分来代替函数增量，而微分则很易于用出发点处的偏导数值以及点 P 循 x 轴与 y 轴方向的位移(即 Δx 与 Δy)来求出.

举例：

(1) 设

$$z=3axy-x^3-y^3$$

则

$$\mathrm{d}z=(3ay-3x^2)\mathrm{d}x+(3ax-3y^2)\mathrm{d}y$$

(2) 对于函数 $z=x^y$，有

$$\mathrm{d}z=yx^{y-1}\mathrm{d}x+x^y\ln x\mathrm{d}y$$

(3) 若

$$r=\sqrt{x^2+y^2}$$

则

$$dr = \cos\varphi dx + \sin\varphi dy$$

在某点处具有微分的双变量函数称为在该点处可微分.

因为

$$\frac{\partial z}{\partial x}dx = d_x z, \frac{\partial z}{\partial y}dy = d_y z$$

所以

$$dz = d_x z + d_y z$$

由此可知,我们还可以说:双变量函数的微分等于其偏微分的和.

换言之,当点 P 沿任意方向移动时,函数 $z = f(P)$ 所得增量的主部(当然是指形成自变量增量的线性式子的那个主部),等于点 P 在两个坐标轴方向上作对应位移时函数所得增量的主部的和.

这是科学研究上常要应用的微小作用合成原理在数学上的精确表示法. 这个原理也可用简短的方式陈述如下:两种变化(当其程度足够小时)合起来的结果可用每个个别变化的结果的和表示得任意精确.

微分定义可以应用到任意个自变量的函数上:

多变量函数 $u = f(x, y, z, \cdots, t)$ 的(全)增量

$$\Delta u = f(x + \Delta x, y + \Delta y, z + \Delta z, \cdots, t + \Delta t) - f(x, y, z, \cdots, t)$$

中形成自变量增量 $\Delta x, \Delta y, \Delta z, \cdots, \Delta t$ 的线性式子的那个主部,叫作函数 u 的(全)微分 du.

若函数 $u = f(x, y, z, \cdots, t)$ 在点 $P(x, y, z, \cdots, t)$ 处具有微分,则说函数 u 在该点处可微分.

与以前一样,我们同样可以证明:若函数 u 具有全微分 du,则

$$du = \frac{\partial u}{\partial x}dx + \frac{\partial u}{\partial y}dy + \frac{\partial u}{\partial z}dz + \cdots + \frac{\partial u}{\partial t}dt$$

或

$$du = d_x u + d_y u + d_z u + \cdots + d_t u$$

多变量函数的微分等于其各个偏微分的和.

增量与微分间的关系用下式表示

$$\Delta u = du + \varepsilon$$

其中 ε 是比点 $P(x, y, z, \cdots, t)$—— 函数的宗标 —— 所移动距离

$$\rho = \sqrt{\Delta x^2 + \Delta y^2 + \Delta z^2 + \cdots + \Delta t^2}$$

还要高阶的无穷小.

161. 微分的几何意义

正如单变量函数的导数及微分与曲线(函数图形)的切线之间有关系一

样,双变量函数的导数与微分也与曲面(函数图形)的切平面有关系.

设函数$z=f(x,y)$在点$P_0(x_0,y_0)$处可微分.我们来考察表示这个函数的曲面S被两个平面$y=y_0$及$x=x_0$所截的截线.我们在曲面上点$M_0(x_0,y_0,z_0)$处作所截两条平面曲线的切线M_0T_x及M_0T_y.这两条交于点M_0处的直线所确定出的平面T,叫作曲面S在点M_0处的切平面.点M叫作平面T与曲面S的切点.现在我们来求切平面的方程.直线M_0T_x位于xOy平面的平行平面$y=y_0$上且其对x轴的角系数已知(见159小节)等于$f'_x(x_0,y_0)$,故直线M_0T_x的方程是

$$z-z_0=f'_x(x_0,y_0)(x-x_0),y=y_0$$

同样可求出直线M_0T_y的方程为

$$z-z_0=f'_y(x_0,y_0)(y-y_0),x=x_0$$

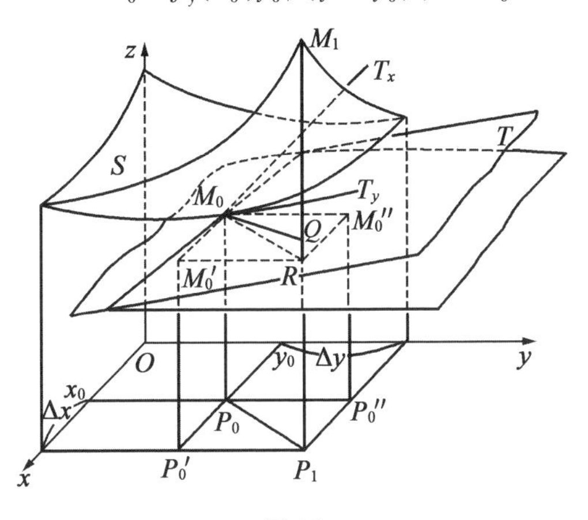

图15

由于平面T通过$M_0(x_0,y_0,z_0)$,故其方程可以写作

$$z-z_0=A(x-x_0)+B(y-y_0)$$

直线M_0T_x及M_0T_y位于平面T上,由此可知直线方程应能适合平面方程.把直线M_0T_x的方程中的式子$z-z_0$及$y-y_0$代入平面方程后得

$$f'_x(x_0,y_0)(x-x_0)=A(x-x_0)$$

故得

$$A=f'_x(x_0,y_0)$$

同样可得

$$B=f'_y(x_0,y_0)$$

所以,所求切平面的方程是

$$z-z_0=f'_x(x_0,y_0)(x-x_0)+f'_y(x_0,y_0)(y-y_0)$$

我们要在第十一章(183小节)中证明,凡通过曲面S上点$M_0(x_0,y_0,z_0)$的任何曲线,若作该曲线在点M_0处的切线,则所作切线必位于这个切平面T上(所需条件为函数$f'(x,y)$在点$P_0(x_0,y_0)$处可微分).

切平面方程可简写为

$$z - z_0 = \frac{\partial z}{\partial x}(x - x_0) + \frac{\partial z}{\partial y}(y - y_0)$$

但这时必须记住 $x - x_0$ 及 $y - y_0$ 两者的系数是所标出的偏导数在点 $P_0(x_0, y_0)$ 处的值.

现在要指出,切平面方程的右边无非就是函数 $z = f(x, y)$ 的微分式子,因此切平面方程可以写成形式

$$z - z_0 = (\mathrm{d}z)_{P_0}$$

其中 z_0 是切点的竖坐标,z 是流动竖坐标,$(\mathrm{d}z)_{P_0}$ 是切点 $M_0(x_0, y_0, z_0)$ 的对应点 $P_0(x_0, y_0)$ 处所算出来的函数 $z = f(x, y)$ 的微分值.

从最后这个切面方程的形式可以直接看出双变量函数的微分的几何意义. 如果我们考察曲面 $z = f(x, y)$ 在(对应于点 $P_0(x_0, y_0)$ 的)点 $M_0(x_0, y_0, z_0)$ 处的切平面,那么函数 $z = f(x, y)$ 在点 $P_0(x_0, y_0)$ 处的微分,可用切平面上对应点的竖坐标的增量来表示.

设点 $P(x, y)$—— 函数 $z = f(x, y)$ 的宗标 —— 从位置 $P_0(x_0, y_0)$ 移到 $P_1(x_0 + \Delta x, y_0 + \Delta y)$(图 15). 这时函数增量 Δz 可用线段 RM_1—— 曲面 S 上竖坐标的增量 —— 来表示,而函数的微分可用线段 RQ—— 切平面 T 上竖坐标的增量 —— 来表示.

在 P 从点 $P_0(x_0, y_0)$ 移到点 $P_0'(x_0 + \Delta x, y_0)$ 时的特殊情形下,微分 $\mathrm{d}z$ 变为偏微分 $\mathrm{d}_x z$,而这变成了偏微分的微分可用线段 $M_0'Q_x$ 来表示(点 Q_x 位于直线 M_0T_x 上). 在 P 从点 $P_0(x_0, y_0)$ 移到点 $P_0''(x_0, y_0 + \Delta y)$ 时的另一种特殊情形下,变成了偏微分 $\mathrm{d}_y z$ 的微分 $\mathrm{d}z$ 可用线段 $M_0''Q_y$ 来表示(点 Q_y 位于直线 M_0T_y 上).

函数微分与增量间的差,即 $\Delta z - \mathrm{d}z$,可用竖坐标 P_1M_1 上介于曲面 S 及切平面 T 间的线段 QM_1 来表示. 因此可以说 $\Delta z - \mathrm{d}z$ 表示沿竖坐标方向量出来的从曲面到切平面间的距离,我们可以看出,这段距离是比

$$\rho = P_0P_1$$

更高阶的无穷小. 由此可知切平面具有下列性质:通过点 $M_0(x_0, y_0, z_0)$ 的所有平面中,就通常意义来说,在切点 M_0 的邻域上与曲面相贴最密的是切平面.

对点 $P_0(x_0, y_0)$ 的某个邻域上的点 $P(x, y)$ 来说,可设

$$\Delta z \approx \mathrm{d}z$$

这就是说,可把准确等式

$$f(x, y) - f(x_0, y_0) = f_x'(x_0, y_0)(x - x_0) + f_y'(x_0, y_0)(y - y_0) + \alpha$$

的右边中比

$$\rho = \sqrt{(x - x_0)^2 + (y - y_0)^2}$$

更为高阶的无穷小 α 项略去. 于是得到把已给函数表达成自变量 x 及 y 的线性

函数的近似等式

$$f(x,y)-f(x_0,y_0)\approx f'_x(x_0,y_0)(x-x_0)+f'_y(x_0,y_0)(y-y_0)$$

或

$$f(x,y)\approx f(x_0,y_0)+f'_x(x_0,y_0)(x-x_0)+f'_y(x_0,y_0)(y-y_0) \tag{2}$$

函数的这种极简便的表示法(线性式)在精确度小于高阶无穷小的范围内可以适用. 当点 $P_0(x_0,y_0)$ 的邻域(作为点 $P(x,y)$ 的变化范围)越小时,这个近似等式就越加精确. 近似等式(2)的误差可用双变量函数的泰勒公式定出(见170小节).

如果在点 $P_0(x_0,y_0)$ 的邻域上把所给函数 $f(x,y)$ 换成公式(2)的右边,那么从几何上讲,这就是把曲面 $z=f(x,y)$ 上的一小块换成点 $M_0(x_0,y_0,z_0)=f(x_0,y_0)$ 处的切平面上的对应小块. 我们可以看出,这种小块替换的结果,对于求函数值(即曲面的竖坐标)时所致的相对误差也是小的.

162. 微分在近似计算问题上的应用

如同单变量函数的微分一样(见61小节),双变量函数的微分概念可用来解下列两类问题:

Ⅰ. 已知 $f(x_0,y_0)$, $f'_x(x_0,y_0)$, $f'_y(x_0,y_0)$ 及 Δx 与 Δy 诸值之后,可以算出 $f(x_0+\Delta x,y_0+\Delta y)$ 的近似值.

Ⅱ. 可算出点 $P_0(x_0,y_0)$ 及点 $P_1(x_0+\Delta x,y_0+\Delta y)$ 处的函数 f 及其偏导数 f'_x,f'_y 的值,但已知的只是 Δx 及 Δy 的近似值,而不是其准确值. 可从估值式

$$|\Delta x|<\delta'$$

及

$$|\Delta y|<\delta''$$

(也就是从 x_0 及 y_0 值的误差)确定出 $f(x_0,y_0)$ 值的误差 ε,即

$$|f(x_0+\Delta x,y_0+\Delta y)-f(x_0,y_0)|<\varepsilon$$

Ⅰ. 我们用下面几个例子说明第一种问题的解法:

(1) 设直角三角形的斜边 c 及一个锐角 α 同时可变,已知当 c 及 α 为某一对数值时,直角三角形两个直角边的长为

$$a=c\sin\alpha, b=c\cos\alpha$$

求与 c 及 α 相近的 $c+\Delta c$ 及 $\alpha+\Delta\alpha$ 时所得的两个直角边的值 a_1 及 b_1. 假定 Δc 及 $\Delta\alpha$ 很小,则可用微分 $\mathrm{d}a$ 及 $\mathrm{d}b$ 来代替增量 Δa 及 Δb,于是

$$a_1\approx a+\mathrm{d}a, b_1\approx b+\mathrm{d}b$$

因为

$$\mathrm{d}a=\sin\alpha\cdot\Delta c+c\cos\alpha\cdot\Delta\alpha, \mathrm{d}b=\cos\alpha\cdot\Delta c-c\sin\alpha\cdot\Delta\alpha$$

所以

$$a_1\approx a+\sin\alpha\cdot\Delta c+c\cos\alpha\cdot\Delta\alpha, b_1\approx b+\cos\alpha\cdot\Delta c-c\sin\alpha\cdot\Delta\alpha$$

例如,设 $c=2$, $\alpha=30°$,我们来求 $c_1=2.1$ 及 $\alpha_1=31°$ 时的 a_1 及 b_1.

得

$$a_1 \approx 2 \times \frac{1}{2} + \frac{1}{2} \times 0.1 + 2 \times \frac{\sqrt{3}}{2} \times \frac{\pi}{180}$$

$$b \approx 2 \times \frac{\sqrt{3}}{2} + \frac{\sqrt{3}}{2} \times 0.1 - 2 \times \frac{1}{2} \times \frac{\pi}{180}$$

即得

$$a_1 \approx 1.080, b_1 \approx 1.801$$

直接验算(利用公式:$a_1 = c_1 \sin \alpha_1, b_1 = c_1 \cos \alpha_1$)便可证明所得结果的正确性.

(2) 设三角形的三个内角为 α, β, γ,其对边长分别为 a, b, c. a 可根据公式

$$a = \sqrt{b^2 + c^2 - 2bc\cos \alpha}$$

用 b, c 及角 α 确定出来.

若 b, c 及角 α 各得微小增量 $\Delta b, \Delta c$ 及 $\Delta\alpha$,要求出 a 的增量. 假定 $\Delta a \approx \mathrm{d}a$,得

$$\Delta a \approx \frac{b - c\cos \alpha}{a}\Delta b + \frac{c - b\cos \alpha}{a}\Delta c + \frac{bc\sin \alpha}{a}\Delta\alpha$$

但易知

$$b - c\cos \alpha = a\cos \gamma, c - b\cos \alpha = a\cos \beta$$

故

$$\Delta a \approx \cos \gamma \cdot \Delta b + \cos \beta \cdot \Delta c + \frac{bc}{a}\sin \alpha \cdot \Delta\alpha$$

用这个公式就容易从 b, c 及角 α 的已给值及用来说明三者变化情形的增量 Δb, $\Delta c, \Delta\alpha$ 来确定出 a 所得的增量.

Ⅱ. 在第二种问题中,可根据已给的估值

$$|\Delta x| < \delta', |\Delta y| < \delta''$$

而估出

$$\Delta z = f(x_0 + \Delta x, y_0 + \Delta y) - f(x_0, y_0)$$

若 Δx 及 Δy 足够小,则可设想 $\Delta z \approx \mathrm{d}z$,得

$$\begin{aligned} |\Delta z| &\leqslant |f'_x(x_0, y_0)| |\Delta x| + |f'_y(x_0, y_0)| |\Delta y| \\ &\leqslant |f'_x(x_0, y_0)| \delta' + |f'_y(x_0, y_0)| \delta'' \\ &\leqslant (|f'_x(x_0, y_0)| + |f'_y(x_0, y_0)|)\bar{\delta} = \varepsilon \end{aligned}$$

其中 $\bar{\delta}$ 是 δ' 及 δ'' 两数中的最大数.

若把准确值 $f(x_0 + \Delta x, y_0 + \Delta y)$ 换成 $f(x_0, y_0)$,则所致误差为以上所算出的 ε. 由此还可算出:在确定函数值 $f(x_0, y_0)$ 时要预先保证所致误差小于 ε,所给宗标 x_0, y_0 的误差 δ', δ'' 容许有多大

$$\bar{\delta}=\frac{\varepsilon}{|f'_x(x_0,y_0)|+|f'_y(x_0,y_0)|}$$

从以上所得诸公式不难求出相对误差的公式.

我们以乘积及商的近似计算法作为例子:

(1) 设

$$z=xy,z_0=x_0y_0$$

则当 Δx 及 Δy 微小时

$$|\Delta z|\leqslant|y_0||\Delta x|+|x_0||\Delta y|$$

由此得

$$\left|\frac{\Delta z}{z_0}\right|\leqslant\left|\frac{\Delta x}{x_0}\right|+\left|\frac{\Delta y}{y_0}\right|$$

这就是说,乘积的相对误差等于其各因子的相对误差的和(见10小节).

(2) 若

$$z=\frac{x}{y},z_0=\frac{x_0}{y_0}$$

则同样可求得

$$|\Delta z|\leqslant\left|\frac{\Delta x}{y_0}\right|+\left|\frac{x_0}{y_0^2}\right|\Delta y$$

由此得

$$\left|\frac{\Delta z}{z_0}\right|\leqslant\left|\frac{\Delta x}{x_0}\right|+\left|\frac{\Delta y}{y_0}\right|$$

也就是说,商的相对误差等于被除数与除数两者的相对误差的和(见10小节).

163. 方向导数

双变量函数的两个偏导数确定出了函数在 x 轴的正半轴及 y 轴的正半轴方向上的变化率. 要确定出函数在固定的任意方向上的变化率,可用方向导数的概念,这是偏导数概念的推广.

设函数 $f(x,y)$ 的宗标 $P(x,y)$ 在从点 P 出发的一条已给直线上变动且该直线与 x 轴的正方向成角 α,得(见158小节)

$$\begin{cases}x-x_0=\rho\cos\alpha\\ y-y_0=\rho\sin\alpha=\rho\cos\beta\quad\left(\beta=\frac{\pi}{2}-\alpha\right)\end{cases}\tag{3}$$

及

$$f(P)=f(x_0+\rho\cos\alpha,y_0+\rho\sin\alpha)=\varphi(\rho)$$

写出商式

$$\frac{\varphi(\rho)-\varphi(0)}{\rho}=\frac{f(P)-f(P_0)}{PP_0}=\frac{f(x_0+\rho\cos\alpha,y_0+\rho\sin\alpha)-f(x_0,y_0)}{\rho}\tag{4}$$

这是当函数

$$z=f(P)=\varphi(\rho)$$

作为单变量ρ 的函数来看时,其增量

$$\Delta z=f(P)-f(P_0)$$

对于变量ρ 的增量的比(因点 P_0 对应于值$\rho=0$).

设点 P 沿所给半直线趋于点 P_0,这时 α 不变而$\rho\to 0$.

若当$\rho\to 0$ 时,商式(4)具有极限,则此极限叫作点 $P_0(x_0,y_0)$ 处函数 $z=f(x,y)$ 在方向 α 上的导数.

这个极限可用记号$f'_\alpha(x_0,y_0)$ 或$\left(\dfrac{\partial z}{\partial\alpha}\right)_{P_0}$ 来表示,其中 α 可以写成其他所要考虑的任何方向.

因此,函数 $z=f(P)$ 在点 P_0 处的方向导数,是当点 P 仅在已给方向上变动时,从$f(P)$ 求得的在点 P_0 处的导数.

现在要证明:当函数 $z=f(x,y)$ 在点 P_0 处可微分时,函数在该点处具有任意方向上的导数,并可求出用偏导数表示方向导数的简单式子.

当宗标从点 $P_0(x_0,y_0)$ 移到点 $P(x,y)$ 时可写出增量 Δz 及微分 $\mathrm{d}z$ 间的关系式

$$\begin{aligned}f(P)-f(P_0)&=f(x,y)-f(x_0,y_0)\\&=f'_x(x_0,y_0)(x-x_0)+f'_y(x_0,y_0)(y-y_0)+\alpha'\end{aligned}$$

或

$$f(x_0+\rho\cos\alpha,y_0+\rho\sin\alpha)-f(x_0,y_0)=f'_x(x_0,y_0)\rho\cos\alpha+f'_y(x_0,y_0)\rho\sin\alpha+\alpha'$$

其中 α' 是比ρ 还要高阶的无穷小.

由此得

$$\frac{f(x_0+\rho\cos\alpha,y_0+\rho\sin\alpha)-f(x_0,y_0)}{\rho}$$
$$=f'_x(x_0,y_0)\cos\alpha+f'_y(x_0,y_0)\sin\alpha+\frac{\alpha'}{\rho}$$

由于当$\rho\to 0$ 时

$$\frac{\alpha'}{\rho}\to 0$$

故左边的极限存在且等于

$$f'_x(x_0,y_0)\cos\alpha+f'_y(x_0,y_0)\sin\alpha$$

故当函数 $z=f(x,y)$ 在点 $P_0(x_0,y_0)$ 处可微分时可得

$$f'_\alpha(x_0,y_0)=f'_x(x_0,y_0)\cos\alpha+f'_y(x_0,y_0)\sin\alpha$$

当点 $P_0(x_0,y_0)$ 固定时,α 方向上的导数只是$\alpha(0\leqslant\alpha<2\pi)$ 的函数,而在任意点 $P(x,y)$ 处的 α 方向上的导数

$$\frac{\partial z}{\partial \alpha}=f'_{\alpha}(x,y)=\frac{\partial z}{\partial x}\cos \alpha+\frac{\partial z}{\partial y}\sin \alpha$$

则是三个自变量 x,y,α 的函数,或者从几何观点来说是两个宗标(点 P 及通过点 P 的方向 α)的函数.

所以 α 方向上的导数等于具有系数 $\cos \alpha$ 及 $\sin \alpha$ 的偏导数$\frac{\partial z}{\partial x}$及$\frac{\partial z}{\partial y}$的线性组合式子.

在 $\alpha=0$ 及 $\alpha=\frac{\pi}{2}$ 的特殊情形下,得

$$f'_0(x,y)=\frac{\partial z}{\partial x}$$

及

$$f'_{\frac{\pi}{2}}(x,y)=\frac{\partial z}{\partial y}$$

因此可以把偏导数$\frac{\partial z}{\partial x}$及$\frac{\partial z}{\partial y}$看作 x 轴的正半轴及 y 轴的正半轴方向上的导数.

方向导数

$$\frac{\partial z}{\partial \alpha}=f'_{\alpha}(x,y)$$

的绝对值确定出宗标 $P(x,y)$ 沿所给方向 $\alpha=\text{const}$ 移动时函数 $z=f(x,y)$ 的变化率的大小,而方向导数的正负号则确定出函数的这种变化特性(增大或减小).

我们要注意,所给方向 α 上的导数等于反方向 α' 上的导数取相反的符号. 因

$$\alpha'=\pi+\alpha$$

故

$$\begin{aligned}\frac{\partial z}{\partial \alpha'}&=\frac{\partial z}{\partial x}\cos(\pi+\alpha)+\frac{\partial z}{\partial y}\sin(\pi+\alpha)\\&=-\frac{\partial z}{\partial x}\cos \alpha-\frac{\partial z}{\partial y}\sin \alpha=-\frac{\partial z}{\partial \alpha}\end{aligned}$$

沿所给曲线 L 上点 P_0 处切线方向的导数叫作点 P_0 处的沿所给曲线方向上的导数,曲线方向上的导数常用$\frac{\partial z}{\partial s}$表示. 下面要讲:在定义$\frac{\partial z}{\partial s}$时,商式$\frac{f(P')-f(P_0)}{P'P_0}$中切线上的点 P' 可以换成曲线本身上的点 P. 因为

$$\frac{f(P')-f(P_0)}{P'P_0}=\left[\frac{f(P)-f(P_0)}{PP_0}+\frac{f(P')-f(P)}{P'P}\,\frac{P'P}{PP_0}\right]\frac{PP_0}{P'P_0}$$

其中 P 是 L 上对应于切线上点 P' 的点(比如说,P 与 P' 具有同一横坐标). 当 $P'\to P_0$ 时,点 P 也趋于 P_0,且

$$\frac{PP_0}{P'P_0}\to 1,\frac{P'P}{PP_0}\to 0$$

而由于函数 $f(P)$ 可微分,故商式$\frac{f(P')-f(P)}{P'P}$为有界的.

因此

$$\lim_{P'\to P_0}\frac{f(P')-f(P_0)}{P'P_0}=\lim_{P\to P_0}\frac{f(P)-f(P_0)}{PP_0}$$

特别地,当曲线 L 为函数

$$z=f(P)$$

的等高线时,若 P 位于 L 上,则

$$f(P)=f(P_0)$$

因而

$$\frac{\partial z}{\partial s}=0$$

故函数 $z=f(P)$ 在其等高线方向上的导数等于0.

这事也可以用来说明等高线的性质,即等高线是使函数保持定值的曲线.

我们来看几个求方向导数的例子.

(1) 设有函数 $r=\sqrt{x^2+y^2}$(点 $P(x,y)$ 的矢径). 由于

$$r'_x=\cos\varphi,r'_y=\sin\varphi$$

其中 φ 是矢径 r 与 x 轴正方向所夹的角(见159小节),则

$$\frac{\partial r}{\partial\alpha}=r'_x\cos\alpha+r'_y\sin\alpha=\cos\varphi\cos\alpha+\sin\varphi\sin\alpha=\cos(\varphi-\alpha)$$

特别地,矢径在其自身方向上($\alpha=\varphi$)的导数处处等于1,在其垂直方向上的导数处处等于0. 这事具有浅显的几何意义:矢径在其自身方向上以等于1的变化率而均匀变化,但在与其自身相垂直的方向上,则根本不变化.

(2) 我们有时取函数 $z=f(x,y)$ 在点 $P(x,y)$ 的矢径 r 的方向上(即 $\alpha=\varphi$ 时)的导数. 这个方向导数用$\frac{\partial z}{\partial r}$表示

$$\frac{\partial z}{\partial r}=\frac{\partial z}{\partial x}\cos\varphi+\frac{\partial z}{\partial y}\sin\varphi$$

在 $z=x$ 及 $z=y$ 的特殊情形下,得

$$\frac{\partial x}{\partial r}=1\cdot\cos\varphi+0\cdot\sin\varphi=\cos\varphi$$

及

$$\frac{\partial y}{\partial r}=0\cdot\cos\varphi+1\cdot\sin\varphi=\sin\varphi$$

故可写出

$$\frac{\partial z}{\partial r}=\frac{\partial z}{\partial x}\frac{\partial x}{\partial r}+\frac{\partial z}{\partial y}\frac{\partial y}{\partial r}$$

我们可以看到(见165小节),同样的关系式不仅在矢径方向时成立,而且在其他任意方向时也成立

$$\frac{\partial z}{\partial \alpha}=\frac{\partial z}{\partial x}\frac{\partial x}{\partial \alpha}+\frac{\partial z}{\partial y}\frac{\partial y}{\partial \alpha}$$

三变量函数

$$u=f(P)=f(x,y,z)$$

的方向导数概念也可以按照上面所讲的样子建立起来.

取一点 $P(x,y,z)$ 及自该点出发的某一方向 PN. 这个方向可用方向余弦 $\cos\alpha,\cos\beta,\cos\gamma$ 确定出,其中 α,β,γ 依次为方向 PN 与 x 轴、y 轴、z 轴的正方向所成的角.

设 $P_1(x_1,y_1,z_1)$ 是直线 PN 上异于 P 的一点,而 ρ 是 P_1 与 P 间的距离,于是

$$x_1=x+\rho\cos\alpha,y_1=y+\rho\cos\beta,z_1=z+\rho\cos\gamma$$

极限

$$\lim_{\rho\to0}\frac{f(P_1)-f(P)}{\rho}=\lim_{\rho\to0}\frac{f(x+\rho\cos\alpha,y+\rho\cos\beta,z+\rho\cos\gamma)-f(x,y,z)}{\rho}$$

当其存在时,叫作函数 $u=f(P)$ 在点 P 处 PN 方向上的导数. PN 方向上的导数记号是 $f'_{PN}(P)$ 或 $f'_{PN}(x,y,z)$.

函数 $f(x,y,z)$ 在点 P 处具有可微分条件时,这个极限存在(应用由微分 $\mathrm{d}u$ 表示出来的增量式子

$$\Delta u=f(P_1)-f(P)$$

就不难证明这事),且

$$f'_{PN}(x,y,z)=\frac{\partial u}{\partial x}\cos\alpha+\frac{\partial u}{\partial y}\cos\beta+\frac{\partial u}{\partial z}\cos\gamma$$

在 $\alpha=0$(或 $\beta=0$,或 $\gamma=0$) 的特殊情形下,可知 x 轴(或依次为 y 轴,或 z 轴) 的正半轴方向上的导数即是偏导数 $\frac{\partial u}{\partial x}$$\left(\text{或依次为}\frac{\partial u}{\partial y},\text{或}\frac{\partial u}{\partial z}\right)$.

与以前一样,我们不难说明,函数 $u=f(x,y,z)$ 在其等高面的任意切线方向上的导数等于0.

任意个自变量的函数

$$u=f(x,y,z,\cdots,t)$$

的方向导数也可用完全相同的方式来定义. 当函数在点 $P(x,y,z,\cdots,t)$ 处可微

分时,它在 PN 方向上的导数等于

$$f'_{PN}(x,y,z,\cdots,t)=\frac{\partial u}{\partial x}\cos\alpha+\frac{\partial u}{\partial y}\cos\beta+\frac{\partial u}{\partial z}\cos\gamma+\cdots+\frac{\partial u}{\partial t}\cos\tau$$

其中 $\cos\alpha,\cos\beta,\cos\gamma,\cdots,\cos\tau$ 是 PN 的方向余弦

$$\cos\alpha=\frac{\Delta x}{r},\cos\beta=\frac{\Delta y}{r},\cos\gamma=\frac{\Delta z}{r},\cdots,\cos\tau=\frac{\Delta t}{r}$$

这里

$$r=\sqrt{\Delta x^2+\Delta y^2+\Delta z^2+\cdots+\Delta t^2}$$

而 $Q(x+\Delta x,y+\Delta y,z+\Delta z,\cdots,t+\Delta t)$ 是 PN 方向上的某一点.

164. 双变量函数的可微分性

单变量连续函数 $y=f(x)$ 在点 $P_0(x_0)$ 处的增量

$$\Delta y=f(x_0+\Delta x)-f(x_0)$$

在 Δx 为任意大小时,可自 Δy 分出与 Δx 有线性关系(正比于 Δx)的主部,也就是说,若函数在点 $P_0(x_0)$ 处具有微分,则说连续函数 $f(x)$ 在点 $P_0(x_0)$ 处可微分. 我们已经说明(见 62 小节)这个条件与函数 $y=f(x)$ 在点 $P_0(x_0)$ 处具有导数的条件是一样的,对于双变量函数来说,情形就比较复杂.

如果当 Δx 及 Δy 为任意值时,从双变量函数

$$z=f(x,y)$$

在点 $P_0(x_0,y_0)$ 处的增量

$$\Delta z=f(x_0+\Delta x,y_0+\Delta y)-f(x_0,y_0)$$

中可以分出与 Δx 及 Δy 有线性关系的主部,也就是如果函数 $z=f(x,y)$ 在点 $P_0(x_0,y_0)$ 处具有微分,那么就说函数在点 P_0 是可微分的,但这里函数 $f(x,y)$ 在点 P 处的可微分性并不相当于它在该点处的导数存在. 因为我们可用例子证明(见下面):如果只有偏导数存在的条件而不加上偏导数的连续性条件,还是不能从 Δz 中分出与 Δx 及 Δy 有线性关系的主部,所以我们不能根据函数 $z=f(x,y)$ 对其每个宗标的可微分性(即在已给点处的偏微分

$$d_x z=f'_x dx$$

及

$$d_y z=f'_y dy$$

存在)来推出 $f(x,y)$ 作为任意变动点 $P(x,y)$ 的函数看待时的可微分性(即全微分 dz 存在). 但若 dz 存在,则 $d_x z$ 及 $d_y z$ 存在,且

$$dz=d_x z+d_y z$$

但不仅如此,即使点 $P_0(x_0,y_0)$ 处函数 $z=f(x,y)$ 具有任意方向上的导数,还不足以说明该函数具有微分. 举例来说,函数

$$z=f(x,y)=\sqrt[3]{x^3+y^3}$$

在点 $P_0(0,0)$ 处的偏导数都等于 1,即

$$f'_x(0,0)=1$$

及

$$f'_y(0,0)=1$$

(因为 $y=0$ 时,$z=x$,而 $x=0$ 时,$z=y$),而且所论函数在点 $P_0(0,0)$ 处还具有任意方向上的导数. 现在我们来求方向 α 上的导数,得

$$\frac{\Delta z}{\rho}=\frac{f(0+\Delta x,0+\Delta y)-f(0,0)}{\rho}=\frac{\sqrt[3]{\Delta x^3+\Delta y^3}}{\rho}$$

或

$$\frac{\Delta z}{\rho}=\frac{\sqrt[3]{(\rho\cos\alpha)^3+(\rho\sin\alpha)^3}}{\rho}=\sqrt[3]{\cos^3\alpha+\sin^3\alpha}$$

可知,当 $\rho\to 0$ 时,有

$$f'_\alpha(0,0)=\sqrt[3]{\cos^3\alpha+\sin^3\alpha}$$

然而 $f(x,y)$ 在原点处没有微分. 因若 $\mathrm{d}z$ 存在,它就等于

$$f'_x(0,0)\mathrm{d}x+f'_y(0,0)\mathrm{d}y=\mathrm{d}x+\mathrm{d}y$$

且差 $\Delta z-(\mathrm{d}x+\mathrm{d}y)$ 是比

$$\rho=\sqrt{\mathrm{d}x^2+\mathrm{d}y^2}$$

阶数更高的无穷小. 但是

$$\begin{aligned}\Delta z-(\mathrm{d}x+\mathrm{d}y)&=\rho\sqrt[3]{\cos^3\alpha+\sin^3\alpha}-\rho(\cos\alpha+\sin\alpha)\\&=\rho\left[\sqrt[3]{\cos^3\alpha+\sin^3\alpha}-(\cos\alpha+\sin\alpha)\right]\end{aligned}$$

我们可以看出对于使右边括号内不等于0的那些 α 值来说,$\Delta z-(\mathrm{d}x+\mathrm{d}y)$ 与 ρ 是同阶的量. 所以尽管点 $P_0(0,0)$ 处函数有任意方向上的导数,结果函数 $z=\sqrt{x^3+y^3}$ 在点 $P_0(0,0)$ 处还是没有微分. 读者不难检验,函数 $z=\sqrt[3]{x^3+y^3}$ 的偏导数在点 $P_0(0,0)$ 处是间断的.

我们可以证明:若除已给点处偏导数存在的条件以外,再加上偏导数的连续性条件,则由此便可推出函数微分的存在,也就是说函数的可微分性(由此可知,若函数的导数存在而无微分,则在所论点处的偏导数一定间断).

现在要证明定理:

若函数 $z=f(x,y)$ 在点 $P(x,y)$ 处具有连续偏导数 $f'_x(x,y)$ 及 $f'_y(x,y)$,则函数在该点处可微分.

写出表示 Δz 的公式,并在右边减去及加上 $f(x,y+\Delta y)$,有

$$\Delta z=[f(x+\Delta x,y+\Delta y)-f(x,y+\Delta y)]+[f(x,y+\Delta y)-f(x,y)]$$

第一个中括号内的式子是在第二个宗标 $(y+\Delta y)$ 不变而 x 得增量 Δx 时函数 $f(x,y)$ 所得的增量. 如果我们把它看成单变量 x 的函数的增量,并应用拉格朗

日公式(见第四章73小节),可得

$$f(x+\Delta x,y+\Delta y)-f(x,y+\Delta y)=f'_x(x+\theta_1\Delta x,y+\Delta y)\Delta x$$

其中$0<\theta_1<1$. 同样,若把第二个中括号内的式子看成单变量y的函数的增量并应用拉格朗日公式可得

$$f(x,y+\Delta y)-f(x,y)=f'_y(x,y+\theta_2\Delta y)\Delta y$$

其中$0<\theta_2<1$.

这样

$$\Delta z=f'_x(x+\theta_1\Delta x,y+\Delta y)\Delta x+f'_y(x,y+\theta_2\Delta y)\Delta y$$

但根据条件知f'_x及f'_y是连续函数,故若设

$$f'_x(x+\theta_1\Delta x,y+\Delta y)=f'_x(x,y)+\varepsilon_1$$

$$f'_y(x,y+\theta_2\Delta y)=f'_y(x,y)+\varepsilon_2$$

则ε_1及ε_2将随着Δx及Δy而同时趋于0. 因此

$$\Delta z=[f'_x(x,y)+\varepsilon_1]\Delta x+[f'_y(x,y)+\varepsilon_2]\Delta y$$

或

$$\Delta z=f'_x(x,y)\Delta x+f'_y(x,y)\Delta y+\alpha \tag{5}$$

其中

$$\alpha=\varepsilon_1\Delta x+\varepsilon_2\Delta y$$

现在要指出,右边第三项α是比点$P(x,y)$及点$P_1(x+\Delta x,y+\Delta y)$间的距离

$$\rho=PP_1=\sqrt{\Delta x^2+\Delta y^2}$$

阶数更高的无穷小.

因为

$$|\Delta x|\leqslant\sqrt{\Delta x^2+\Delta y^2}$$

及

$$|\Delta y|\leqslant\sqrt{\Delta x^2+\Delta y^2}$$

所以

$$\begin{aligned}|\alpha|&=|\varepsilon_1\Delta x+\varepsilon_2\Delta y|\leqslant|\varepsilon_1||\Delta x|+|\varepsilon_2||\Delta y|\\&\leqslant|\varepsilon_1|\sqrt{\Delta x^2+\Delta y^2}+|\varepsilon_2|\sqrt{\Delta x^2+\Delta y^2}\\&=(|\varepsilon_1|+|\varepsilon_2|)\rho\end{aligned}$$

且可知

$$\frac{|\alpha|}{\rho}\leqslant|\varepsilon_1|+|\varepsilon_2|$$

若$\rho\to0$,则

$$\Delta x\to0 \text{ 且 } \Delta y\to0$$

这事就说明ε_1及ε_2都趋于0,结果$\frac{\alpha}{\rho}$也要趋于0,但这件事正好表示α是比ρ高

阶的无穷小. 因此根据定义可知等式(5) 右边与 Δx 及 Δy 有线性关系的前两项的和就是函数在点 $P(x,y)$ 处的微分.

§4 微分法则

165. 复合函数的微分法

由于函数的解析表示法通常用自变量的复合函数形式写出,因此我们需要研究复合函数的微分法则.

设函数 $z=F(x,y)$ 用中间变量 u 及 v 作为复合函数而给出

$$z=f(u,v)$$

其中 u 及 v 是 x 及 y 的函数

$$u=\varphi(x,y),v=\psi(x,y)$$

于是

$$z=F(x,y)=f(\varphi(x,y),\psi(x,y))$$

设函数 f,φ,ψ 组成了所给复合函数

$$z=F(x,y)$$

现在要讲从 f,φ 及 ψ 的偏导数求出偏导数 $\frac{\partial z}{\partial x}$ 及 $\frac{\partial z}{\partial y}$ 的法则. 这里我们当然要假定这些函数对于所论宗标值是可微分的,即 $u=\varphi(x,y)$, $v=\psi(x,y)$ 对于所论 x 及 y 值可微分, $z=f(u,v)$ 对于其对应值 u 及 v 可微分.

令 x 及 y 得增量 Δx 及 Δy,这两个增量使中间变量 $u=\varphi(x,y)$ 及 $v=\psi(x,y)$ 得增量 Δu 及 Δv,而 Δu 及 Δv 也使函数值变动了某个量 Δz. 如果把 z 看作变量 u 及 v 的函数 $f(u,v)$,则可写出

$$\Delta z=f'_u\Delta u+f'_v\Delta v+\alpha_1$$

其中 α_1 是比 Δu 及 Δv 更高阶的无穷小,因而也是比 Δx 及 Δy 更高阶的无穷小. 同样把 u 及 v 作为 x 及 y 的函数看待时可得

$$\Delta u=\varphi'_x\Delta x+\varphi'_y\Delta y+\alpha_2$$

$$\Delta v=\psi'_x\Delta x+\psi'_y\Delta y+\alpha_3$$

其中 α_2 及 α_3 是比 Δx 及 Δy 更高阶的无穷小. 把 Δu 及 Δv 的这两个式子代入 Δz 的式子后,得

$$\Delta z=[(f'_u\varphi'_x+f'_v\psi'_x)\Delta x+(f'_u\varphi'_y+f'_v\psi'_y)\Delta y]+\alpha$$

其中

$$\alpha=\alpha_1+\alpha_2f'_u+\alpha_3f'_v$$

由于$\alpha_1,\alpha_2,\alpha_3$是比$\Delta x$及$\Delta y$更高阶的无穷小,故$\alpha$是比$\Delta x$及$\Delta y$更高阶的无穷小,所以右边方括号里面的式子便是微分 dz,即

$$\mathrm{d}z=(f'_u\varphi'_x+f'_v\psi'_x)\mathrm{d}x+(f'_u\varphi'_y+f'_v\psi'_y)\mathrm{d}y$$

由此可知

$$\frac{\partial z}{\partial x}=f'_u\varphi'_x+f'_v\psi'_x,\frac{\partial z}{\partial y}=f'_u\varphi'_y+f'_v\psi'_y$$

或者可写成更醒目的形式

$$\frac{\partial z}{\partial x}=\frac{\partial z}{\partial u}\frac{\partial u}{\partial x}+\frac{\partial z}{\partial v}\frac{\partial v}{\partial x},\frac{\partial z}{\partial y}=\frac{\partial z}{\partial u}\frac{\partial u}{\partial y}+\frac{\partial z}{\partial v}\frac{\partial v}{\partial y}$$

这就是说,复合函数的偏导数等于已给函数(f)对中间变量(u及v)的偏导数与这些中间变量(u及v)对于对应的自变量(x或y)的偏导数的乘积的和.

由此可见,双变量复合函数的微分法则是与单变量复合函数的微分法则相类似的.

如果把微分式子

$$\mathrm{d}z=\left(\frac{\partial z}{\partial u}\frac{\partial u}{\partial x}+\frac{\partial z}{\partial v}\frac{\partial v}{\partial x}\right)\mathrm{d}x+\left(\frac{\partial z}{\partial u}\frac{\partial u}{\partial y}+\frac{\partial z}{\partial v}\frac{\partial v}{\partial y}\right)\mathrm{d}y$$

中的各项归并成另一种形式,得

$$\mathrm{d}z=\frac{\partial z}{\partial u}\left(\frac{\partial u}{\partial x}\mathrm{d}x+\frac{\partial u}{\partial y}\mathrm{d}y\right)+\frac{\partial z}{\partial v}\left(\frac{\partial v}{\partial x}\mathrm{d}x+\frac{\partial v}{\partial y}\mathrm{d}y\right)$$

也就是

$$\mathrm{d}z=\frac{\partial z}{\partial u}\mathrm{d}u+\frac{\partial z}{\partial v}\mathrm{d}v$$

这表示,不管函数$z=f(u,v)$的宗标u及v是自变量或是其他自变量的函数,函数$z=f(u,v)$的微分保持同样形式.

所以对于双变量函数来说,函数一阶微分形式不变的性质(见60小节)依然成立.

举例:

(1)$z=\mathrm{e}^{xy}\sin(x+y)$. 如果令

$$xy=u,x+y=v$$

那么

$$z=\mathrm{e}^{u}\sin v$$

可得

$$\begin{aligned}z'_x&=\frac{\partial z}{\partial u}\frac{\partial u}{\partial x}+\frac{\partial z}{\partial v}\frac{\partial v}{\partial x}\\&=\mathrm{e}^{u}\sin v\cdot y+\mathrm{e}^{u}\cos v\cdot 1\\&=\mathrm{e}^{xy}[y\sin(x+y)+\cos(x+y)]\end{aligned}$$

$$
\begin{aligned}
z'_y &= \frac{\partial z}{\partial u}\frac{\partial u}{\partial y} + \frac{\partial z}{\partial v}\frac{\partial v}{\partial y} \\
&= \mathrm{e}^u \sin v \cdot x + \mathrm{e}^u \cos v \cdot 1 \\
&= \mathrm{e}^{xy}[x\sin(x+y) + \cos(x+y)]
\end{aligned}
$$

(2) 函数 $z=f(x,y)$ 可以看作点 $P(x,y)$ 的极坐标 r 及 φ 的复合函数. 这是因为

$$x = r\cos\varphi, y = r\sin\varphi$$

所以

$$\frac{\partial z}{\partial r} = \frac{\partial z}{\partial x}\frac{\partial x}{\partial r} + \frac{\partial z}{\partial y}\frac{\partial y}{\partial r} = f'_x \cos\varphi + f'_y \sin\varphi$$

这是以前已经求出过的(见163小节),就是函数 $z=f(x,y)$ 在点 $P(x,y)$ 的矢径 r 方向上的导数. 此外

$$\frac{\partial z}{\partial \varphi} = \frac{\partial z}{\partial x}\frac{\partial x}{\partial \varphi} + \frac{\partial z}{\partial y}\frac{\partial y}{\partial \varphi} = -f'_x r\sin\varphi + f'_y r\cos\varphi$$

对于任意个自变量的函数来说,不管中间变量有多少,以上所讲的复合函数微分法则仍然适用.

设直接给出 z 是宗标 $u,v,\cdots,w$ 的函数,而 $u,v,\cdots,w$ 又是自变量 $x,y,\cdots,t$ 的函数. 于是

$$
\begin{aligned}
\frac{\partial z}{\partial x} &= \frac{\partial z}{\partial u}\frac{\partial u}{\partial x} + \frac{\partial z}{\partial v}\frac{\partial v}{\partial x} + \cdots + \frac{\partial z}{\partial w}\frac{\partial w}{\partial x} \\
\frac{\partial z}{\partial y} &= \frac{\partial z}{\partial u}\frac{\partial u}{\partial y} + \frac{\partial z}{\partial v}\frac{\partial v}{\partial y} + \cdots + \frac{\partial z}{\partial w}\frac{\partial w}{\partial y} \\
&\vdots \\
\frac{\partial z}{\partial t} &= \frac{\partial z}{\partial u}\frac{\partial u}{\partial t} + \frac{\partial z}{\partial v}\frac{\partial v}{\partial t} + \cdots + \frac{\partial z}{\partial w}\frac{\partial w}{\partial t}
\end{aligned}
$$

这时不管直接表示函数的宗标是否为自变量,其微分的形式还是保持不变的,也就是

$$\mathrm{d}z = \frac{\partial z}{\partial u}\mathrm{d}u + \frac{\partial z}{\partial v}\mathrm{d}v + \cdots + \frac{\partial z}{\partial w}\mathrm{d}w$$

在特殊情形下,所有的宗标 $u,v,\cdots,w$ 都可能是一个自变量 x 的函数. 这时我们所研究的实际上是单变量 x 的函数,而其(普通)导数(这时叫作全导数)的形式是

$$\frac{\mathrm{d}z}{\mathrm{d}x} = \frac{\partial z}{\partial u}\frac{\mathrm{d}u}{\mathrm{d}x} + \frac{\partial z}{\partial v}\frac{\mathrm{d}v}{\mathrm{d}x} + \cdots + \frac{\partial z}{\partial w}\frac{\mathrm{d}w}{\mathrm{d}x}$$

由此推出的微分法则实际可以应用到单变量复合函数的微分问题上. 例如,以函数

$$y = (\tan x)^{\sin x}$$

来说. 如果设

$$\tan x = u, \sin x = v$$

则得双变量函数

$$y = u^v$$

于是

$$\begin{aligned} y' &= \frac{\partial y}{\partial u}u' + \frac{\partial y}{\partial v}v' \\ &= vu^{v-1}\frac{1}{\cos^2 x} + u^v \ln u \cos x \\ &= u^v\left(\frac{v}{u}\frac{1}{\cos^2 x} + \ln u \cos x\right) \\ &= (\tan x)^{\sin x}\left(\frac{1}{\cos x} + \cos x \ln \tan x\right) \end{aligned}$$

在以前求这种函数的导数时,我们会告诉读者用特殊的方法:“对数微分法”.

特别是当 $u = x$ 时,则

$$\frac{dz}{dx} = \frac{\partial z}{\partial x} + \frac{\partial z}{\partial v}\frac{dv}{dx} + \cdots + \frac{\partial z}{\partial w}\frac{dw}{dx}$$

读者应注意这个公式里面对 x 的两种导数之间的区别. 如果$\frac{dz}{dx}$是“全导数”,也就是当z仅为x的函数时对于x的普通导数,那么$\frac{\partial z}{\partial x}$是$z$对于直接出现于式子中的宗标 x 的偏导数,并且在求$\frac{\partial z}{\partial x}$时假定其他的宗标是常数,虽然事实上它们也都取决于 x. 全导数所定出的函数变化率表示因 x 的变化而引起的函数的全部变化,但偏导数所定出的变化率却只表示因直接出现于函数式子中的 x 的变化而引起的那部分变化.

例如,若

$$z = x^3 e^{u^2} \quad (u = \varphi(x))$$

则

$$\frac{\partial z}{\partial x} = 3x^2 e^{u^2}$$

而

$$\frac{dz}{dx} = 3x^2 e^{u^2} + x^3(e^{u^2} 2u)\varphi'(x)$$

在熟练微分法运算之后,就可以不必引用中间变量的记号而直接求导数.

166. 函数的隐式表示法及其微分法

Ⅰ. 显函数及隐函数. 如果有 x 及 y 的一个解析式等于函数 z,那么两个变量

x 及 y 的函数 z 是以显式给出的;换言之,两个变量 x 及 y 的显函数 z 是用解出 z 以后的 x,y 及 z 间的方程来表示的.

但是即使没有把其中某一个变量解出来,三个变量间的方程也可以把其中一个变量规定为其他两个变量的函数.

三个变量 x,y 及 z 间的方程的一般形式可写成

$$f(x,y,z)=0$$

其中 $f(x,y,z)$ 是含 x,y 及 z 的(函数)式子. 取 x 及 y 的某一对数值

$$x=x_0,y=y_0$$

并把它们代入方程左边(当然要假定函数 $f(x,y,z)$ 在这一对 x 及 y 值时有定义). 这时把数值方程

$$f(x_0,y_0,z)=0$$

中的 z 解出来,就得到对应于 $x=x_0$ 及 $y=y_0$ 的 z 值(一个或几个). 所以方程 $f(x,y,z)=0$ 把 z 表示成 x 及 y 的某个确定的函数. 这种函数,就是以隐式给出的.

如果变量 x,y 及 z 间的方程并没有对 z 解出,那么该方程所定出的双变量 x 及 y 的函数 z 叫作隐函数.

例如,下面每个方程

$$x^2+y^2+z^2-R^2=0$$

$$z^5-3xz^2+2y^2-z+1=0$$

把 z 定义为 x 及 y 的隐函数.

但是我们不要以为使任何函数 $f(x,y,z)$ 等于 0 时所得的方程就一定能给出某个双变量函数. 我们随便可以写出一个解不出来的 x,y 及 z 之间的方程作为例子. 譬如方程

$$x^2+y^2+z^4+1=0$$

就不可能为 x,y 及 z 的任何实数值所满足(正数的和总大于0),所以它就并不能定出任何函数.

现在要讲一个定理,其中指出方程 $f(x,y,z)=0$ 能把 z 定义为 x 及 y 的连续可微分函数时的条件:

若 $f(x,y,z)$ 在点 $M_0(x_0,y_0,z_0)$ 的某个完整邻域(即包括点 M_0 在内的邻域)上有定义且连续,$f(x_0,y_0,z_0)=0$,而在该邻域上,偏导数 $\frac{\partial f}{\partial x},\frac{\partial f}{\partial y},\frac{\partial f}{\partial z}$ 存在,同时 $\frac{\partial f}{\partial z}$ 在点 M_0 处不等于 0,则方程

$$f(x,y,z)=0$$

在点 $P_0(x_0,y_0)$ 的某个邻域上把 z 定义为 x 及 y 的单值连续函数

$$z=\varphi(x,y)$$

使它在点 P_0 处的值是 z_0,同时它也具有连续偏导数:$\frac{\partial z}{\partial x},\frac{\partial z}{\partial y}$.

这个定理叫(可微分的)隐函数的存在定理.我们不预备在这里证明它,读者可参阅更详尽的解析教程①.

把方程 $f(x,y,z)=0$ 对 z 解出之后,就得到函数 z 的显式

$$z=\varphi(x,y)$$

把这个 z 的显式代到方程 $f(x,y,z)=0$ 的左边之后就使方程变为恒等于 0 的式子(即在所论 x 及 y 的任意值时都等于 0)

$$f(x,y,\varphi(x,y))=0$$

我们并不能把 x,y 及 z 间的一切方程都对 z 解出来,使 z 能用初等函数表示为 x 及 y 的式子.不过这件事在数学上并不重要.如果由已给方程 $f(x,y,z)=0$ 所定出的单值函数 $z=\varphi(x,y)$ 存在(我们所要研究的也只是这种情形),那么不管它是否可用初等函数来表示,我们同样可以对它施行一切解析运算.

如果要计算隐函数的特定值,可根据已给自变量值从形式为

$$f(x_0,y_0,z)=0$$

的数值方程求出具有任意准确度的 z 值.所以在原则上讲,函数的隐式解析表示法并不逊于显式.

n 个自变量 $x,y,z,\cdots,t$ 的隐函数 u 是由方程

$$f(x,y,z,\cdots,t,u)=0$$

所确定的函数,其中 $f(x,y,z,\cdots,t,u)$ 是 $n+1$ 个宗标 $x,y,z,\cdots,t,u$ 的函数.

以上所讲关于双变量隐函数的事实,都直接适用于单变量或任意个变量的隐函数,特别是它们的存在定理都成立.现在我们来讲单变量隐函数的存在定理:

若 $f(x,y)$ 在点 $M_0(x_0,y_0)$ 的某个完整邻域上有定义且连续,$f(x_0,y_0)=0$,且其偏导数 $\frac{\partial f}{\partial x},\frac{\partial f}{\partial y}$ 在该邻域上存在且连续,同时 $\frac{\partial f}{\partial y}$ 在点 M_0 处不等于 0,则方程

$$f(x,y)=0$$

在点 $P_0(x_0)$ 的某个邻域上把 y 定义为 x 的单值连续函数

$$y=\varphi(x)$$

使它在点 P_0 处等于 y_0,同时具有连续导数 $\varphi'(x)$.

读者也不难自己陈述任意个宗标的隐函数的存在定理.

以后我们总要假定隐函数存在定理中的条件是满足的.

---

① 例如 Г. М. Фихтенгольц 所著的《微积分教程(第一卷)》第 508 页及以后(1947 年 Гостехиздат 出版局,俄文版)及 R. Courant 所著的《微积分教程(第二卷)》第 99 页以后(1931 年 ГНТИ 出版局,俄文版).

Ⅱ. 隐函数微分法. 设方程

$$F(x,y)=0$$

把 y 定义为自变量 x 的某个单值函数

$$y=f(x)$$

若用函数 $f(x)$ 代替方程中的 y,则得恒等式

$$F(x,f(x))\equiv 0$$

所以,当 $y=f(x)$ 时,函数 $F(x,y)$ 对 x 的导数也应等于0. 用复合函数的微分法则(见165小节)来做时,可得

$$\frac{\partial F}{\partial x}+\frac{\partial F}{\partial y}\frac{\mathrm{d}y}{\mathrm{d}x}=0$$

由此得

$$\frac{\mathrm{d}y}{\mathrm{d}x}=y'=-\frac{\frac{\partial F}{\partial x}}{\frac{\partial F}{\partial y}}$$

这个公式是一个自变量的隐函数的一般导数式子. 实际上我们在第三章中讲微分法的具体问题时正好得到过这个公式.

举例(见57小节):

(1) $F(x,y)\equiv\frac{x^2}{a^2}+\frac{y^2}{b^2}-1=0.$

得

$$\frac{\partial F}{\partial x}=\frac{2x}{a^2},\frac{\partial F}{\partial y}=\frac{2y}{b^2}$$

由此可得

$$y'=-\frac{\frac{2x}{a^2}}{\frac{2y}{b^2}}=-\frac{b^2}{a^2}\frac{x}{y}$$

(2) $F(x,y)\equiv xy-\mathrm{e}^x+\mathrm{e}^y=0.$

这里

$$\frac{\partial F}{\partial x}=y-\mathrm{e}^x,\frac{\partial F}{\partial y}=x+\mathrm{e}^y$$

所以

$$y'=-\frac{y-\mathrm{e}^x}{x+\mathrm{e}^y}$$

现在设方程

$$F(x,y,z)=0$$

把 z 规定为自变量 x 及 y 的一个单值函数

$$z=f(x,y)$$

若用函数 $f(x,y)$ 代替方程中的 z,则得恒等式

$$F(x,y,f(x,y))\equiv 0$$

故当 $z=f(x,y)$ 时,函数 $F(x,y,z)$ 对 x 及对 y 的偏导数也应该等于 0. 微分后,得

$$\frac{\partial F}{\partial x}+\frac{\partial F}{\partial z}\frac{\partial z}{\partial x}=0$$

及

$$\frac{\partial F}{\partial y}+\frac{\partial F}{\partial z}\frac{\partial z}{\partial y}=0$$

由此得

$$z'_x=\frac{\partial z}{\partial x}=-\frac{\frac{\partial F}{\partial x}}{\frac{\partial F}{\partial z}},z'_y=\frac{\partial z}{\partial y}=-\frac{\frac{\partial F}{\partial y}}{\frac{\partial F}{\partial z}}$$

这个公式给出了双变量隐函数偏导数的一般式子.

举例:

(1) 设函数 z 用方程

$$F(x,y,z)\equiv x^2+y^2+z^2-R^2=0$$

给出(球面方程),要求 z 的偏导数. 这时得

$$\frac{\partial F}{\partial x}=2x,\frac{\partial F}{\partial y}=2y,\frac{\partial F}{\partial z}=2z$$

由此得

$$z'_x=-\frac{x}{z},z'_y=-\frac{y}{z}$$

在这个例子中,我们不难求出函数的显式,并可借此验证所求得的偏导数是否正确.

(2) $F(x,y,z)\equiv \mathrm{e}^{-xy}-2z+\mathrm{e}^z=0.$

得

$$\frac{\partial F}{\partial x}=-y\mathrm{e}^{-xy},\frac{\partial F}{\partial y}=-x\mathrm{e}^{-xy},\frac{\partial F}{\partial z}=-2+\mathrm{e}^z$$

故

$$z'_x=\frac{y\mathrm{e}^{-xy}}{-2+\mathrm{e}^z},z'_y=\frac{x\mathrm{e}^{-xy}}{\mathrm{e}^z-2}$$

这里我们就不可能求出 z 的显式,但可从自变量 x 及 y 的值及函数 z 本身的值定出偏导数的值.

（3）我们不难证明在热力学中重要而又常用的下列定理：

若对三个变量 x,y,z 而言，其间联结着依从关系

$$f(x,y,z)=0$$

它使隐函数存在定理对每个变量是成立的，则

$$\frac{\partial x}{\partial y}\frac{\partial y}{\partial z}\frac{\partial z}{\partial x}=-1$$

求证时只要写出式子左边的三个偏导数

$$\frac{\partial x}{\partial y}=-\frac{f'_y(x,y,z)}{f'_x(x,y,z)},\frac{\partial y}{\partial z}=-\frac{f'_z(x,y,z)}{f'_y(x,y,z)},\frac{\partial z}{\partial x}=-\frac{f'_x(x,y,z)}{f'_z(x,y,z)}$$

就可立即看出关系式$\frac{\partial x}{\partial y}\frac{\partial y}{\partial z}\frac{\partial z}{\partial x}=-1$ 成立.

当 f 为任意函数，而 x,y,z 为任意特定值时，只要存在定理中的一般条件能满足，就总可以有上面这个关系式. 在

$$f(x,y,z)\equiv xy-Rz$$

的特殊情形下（克拉佩隆方程）的上述关系式，我们已在 160 小节中讲过.

在一般情形下，当方程

$$F(x,y,\cdots,u)=0$$

把 u 定义为 $x,y,\cdots$ 的一个单值函数时，可以仿照上面所讲那样求出

$$u'_x=-\frac{F'_x}{F'_u},u'_y=-\frac{F'_y}{F'_u},\cdots$$

167. 函数的参数表示法及其微分法

Ⅰ. 函数的参数表示法. 多变量函数也可用参数表示法. 现在只就双变量函数来讲. 当单变量函数用参数表示时，其中两个变量（自变量及函数）都可以写成一个公共参数的函数，但双变量函数的参数表示法必须用两个参数.

设把 z 通过中间变量 u 及 v 给出为 x 及 y 的复合函数

$$z=f(u,v)$$

其中 u 及 v 两者是 x 及 y 的函数

$$u=F(x,y),v=\Phi(x,y)$$

从这两个联立方程解出 x 及 y，得

$$x=\varphi(u,v),y=\psi(u,v)$$

其中 φ 及 ψ 代表 u 及 v 的某两个函数.

用三个等式相串联的函数表达式

$$z=f(u,v),u=F(x,y),v=\Phi(x,y)$$

可以换成下列相应的方程组

$$x=\varphi(u,v),y=\psi(u,v),z=f(u,v)$$

由此可见三个变量都可以表示成两个公共参数的函数. 双变量函数的这种表示

法叫作参数表示法.

如同在单变量函数时的情形一样,双变量函数的参数表示法也常是极方便的事.这是因为直接含三个变量的表达式的多值性,可能在改用参数表示法时除去.

举例来说,用方程

$$x^2+y^2+z^2-R^2=0$$

或用显式

$$z=\pm\sqrt{R^2-x^2-y^2}$$

(中心在原点处,半径为 R 的球面方程)所确定的两个变量 x 及 y 的函数 z 是双值的.我们容易验证,这个函数可用某两个参数 φ 及 θ 表示成

$$x=R\sin\theta\cos\varphi,y=R\sin\theta\sin\varphi,z=R\cos\theta\quad(0\leqslant\varphi<2\pi,0\leqslant\theta\leqslant\pi)$$

或用另外某两个参数 u 及 v 表示成

$$x=R^2\frac{2u}{u^2+v^2+R^2},y=R^2\frac{2v}{u^2+v^2+R^2},z=R\frac{u^2+v^2-R^2}{u^2+v^2+R^2}$$

这两种表示法在许多地方比第一种表示法好,因为这里所表示的变量 x,y,z 所代表的双变量函数是单值的.

参数 φ 及 θ 的几何意义是球面上点的极坐标(球面坐标).

一般来说,在极(球面)坐标系中,点 M 在空间中的位置用其与原点的距离 ρ(点 M 的矢径),矢径在 xOy 平面上的直射影与 x 轴所成的角 φ(点的经度)及矢径与 z 轴间之角 θ($\frac{\pi}{2}-\theta$ 是点的纬度)来决定(图16).其中 φ 可从0变到 2π,θ 可从0变到 π(或从 $-\frac{\pi}{2}$ 变到$\frac{\pi}{2}$).

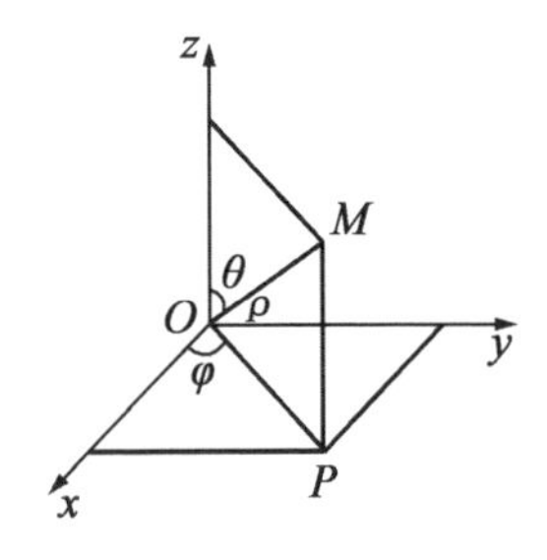

图16

在极坐标系中,以原点为中心的球面方程显然是

$$\rho=R=\text{const}$$

Ⅱ.函数用参数表示时的微分法.设方程

$$x=\varphi(u,v),y=\psi(u,v),z=f(u,v)$$

把 x,y,z 中的一个变量(例如 z)确定为其他两个变量(x 及 y)的函数.求 z'_x 及 z'_y.为此我们要把方程 $z=f(u,v)$ 微分,并记住其中的参数 u 及 v 是由联立方程

$$x=\varphi(u,v),y=\psi(u,v)$$

所定出的 x 及 y 的函数.

于是得

$$z'_x=\frac{\partial z}{\partial u}\frac{\partial u}{\partial x}+\frac{\partial z}{\partial v}\frac{\partial v}{\partial x},z'_y=\frac{\partial z}{\partial u}\frac{\partial u}{\partial y}+\frac{\partial z}{\partial v}\frac{\partial v}{\partial y}$$

求偏导数 $\frac{\partial u}{\partial x},\frac{\partial v}{\partial x},\frac{\partial u}{\partial y},\frac{\partial v}{\partial y}$ 时,可把方程 $x=\varphi(u,v),y=\psi(u,v)$ 对 x 及 y 微分,然后从所得的方程组求出这些偏导数.先对 x 微分,得

$$1=\frac{\partial x}{\partial u}\frac{\partial u}{\partial x}+\frac{\partial x}{\partial v}\frac{\partial v}{\partial x}$$

$$0=\frac{\partial y}{\partial u}\frac{\partial u}{\partial x}+\frac{\partial y}{\partial v}\frac{\partial v}{\partial x}$$

(由于 y 不取决于 x,故 $\frac{\partial y}{\partial x}=0$).从这组方程可求出 $\frac{\partial u}{\partial x}$ 及 $\frac{\partial v}{\partial x}$ 的式子.同样对 y 微分可得两个方程

$$0=\frac{\partial x}{\partial u}\frac{\partial u}{\partial y}+\frac{\partial x}{\partial v}\frac{\partial v}{\partial y}$$

$$1=\frac{\partial y}{\partial u}\frac{\partial u}{\partial y}+\frac{\partial y}{\partial v}\frac{\partial v}{\partial y}$$

并可由此求出 $\frac{\partial u}{\partial y}$ 及 $\frac{\partial v}{\partial y}$.

以上所讲对于参数表示的双变量函数的微分法,所根据的理由与参数表示的单变量函数的微分法一样(见 63 小节).

举例:

取函数

$$z=\sqrt{R^2-x^2-y^2}$$

的参数表示法如下

$$x=R\sin\theta\cos\varphi,y=R\sin\theta\sin\varphi,z=R\cos\theta$$

得

$$z'_x=-R\sin\theta\cdot\theta'_x,z'_y=-R\sin\theta\cdot\theta'_y$$

把前两个方程分别对 x 及 y 微分,得两组联立方程

$$\begin{cases}1=R\cos\theta\cos\varphi\cdot\theta'_x-R\sin\theta\sin\varphi\cdot\varphi'_x\\0=R\cos\theta\sin\varphi\cdot\theta'_x+R\sin\theta\cos\varphi\cdot\varphi'_x\end{cases}$$

$$\begin{cases}0=R\cos\theta\cos\varphi\cdot\theta'_y-R\sin\theta\sin\varphi\cdot\varphi'_y\\1=R\cos\theta\sin\varphi\cdot\theta'_y+R\sin\theta\cos\varphi\cdot\varphi'_y\end{cases}$$

从第一组方程可得

$$\theta'_x=\frac{\cos\varphi}{R\cos\theta}$$

从第二组方程可得

$$\theta'_y=\frac{\sin\varphi}{R\cos\theta}$$

代入 z'_x 及 z'_y 的式子中,得

$$z'_x=-\tan\theta\cos\varphi, z'_y=-\tan\theta\sin\varphi$$

我们容易验证这两个值 z'_x 及 z'_y 与以前所求得的值(见166小节)是一样的.

利用 z'_x 及 z'_y 便可写出球面在点 $M_0(x_0,y_0,z_0)$ 处的切平面方程

$$z-z_0=-\tan\theta\cos\varphi\cdot(x-x_0)-\tan\theta\sin\varphi\cdot(y-y_0)$$

或

$$\sin\theta\cos\varphi\cdot(x-x_0)+\sin\theta\sin\varphi\cdot(y-y_0)+\cos\theta\cdot(z-z_0)=0$$

由于这个方程中 x,y,z 的诸系数依次等于点 M_0 处的矢径的方向余弦,故根据解析几何中的条件可知球的切平面与过切点的矢径互相垂直.

§5 累次微分法

168. 高阶导数

设函数 $z=f(x,y)$ 具有偏导数

$$\frac{\partial z}{\partial x}=f'_x(x,y),\frac{\partial z}{\partial y}=f'_y(x,y)$$

且两者是自变量 x 及 y 在某个域上的连续函数. 这两个函数的偏导数(如果存在)叫作已给函数的二阶偏导数. 由于从每个一阶偏导数$\left(\frac{\partial z}{\partial x},\frac{\partial z}{\partial y}\right)$可以求出两个偏导数,所以可求出四个二阶偏导数,其记号为

$$\frac{\partial}{\partial x}\left(\frac{\partial z}{\partial x}\right)=\frac{\partial^2 z}{\partial x^2}=f''_{x^2}=z''_{x^2},\frac{\partial}{\partial y}\left(\frac{\partial z}{\partial x}\right)=\frac{\partial^2 z}{\partial x\partial y}=f''_{xy}=z''_{xy}$$

$$\frac{\partial}{\partial x}\left(\frac{\partial z}{\partial y}\right)=\frac{\partial^2 z}{\partial y\partial x}=f''_{yx}=z''_{yx},\frac{\partial}{\partial y}\left(\frac{\partial z}{\partial y}\right)=\frac{\partial^2 z}{\partial y^2}=f''_{y^2}=z''_{y^2}$$

导数 f''_{xy} 及 f''_{yx} 叫作混合偏导数:其中有一个是函数先对 x 微分,然后对 y 微分而求得的,另一个是先对 y 微分,然后对 x 微分而求得的.

例如

$$z=x^3y^2-3xy^3-xy+1$$

得

$$\frac{\partial z}{\partial x}=3x^2y^2-3y^3-y,\frac{\partial z}{\partial y}=2x^3y-9xy^2-x$$

$$\frac{\partial^2 z}{\partial x^2}=6xy^2,\frac{\partial^2 z}{\partial y^2}=2x^3-18xy$$

$$\frac{\partial^2 z}{\partial x\partial y}=6x^2y-9y^2-1,\frac{\partial^2 z}{\partial y\partial x}=6x^2y-9y^2-1$$

我们要注意,这两个混合偏导数是相等的. 这事并非偶然,它是常常在相当广泛的条件下成立的,而有:

函数 $z=f(x,y)$ 的两个二阶混合偏导数,当其在点 $P(x,y)$ 处连续时,在该点处相等.

求证时可考察式子

$$A=f(x+\Delta x,y+\Delta y)-f(x+\Delta x,y)-f(x,y+\Delta y)+f(x,y)$$

我们用两种不同方式来变换这个式子. 先按原来的次序把它的每两项归并起来,这样就把它写成

$$A=[f(x+h,y+k)-f(x+h,y)]-[f(x,y+k)-f(x,y)]$$

其中为书写简便起见,设

$$\Delta x=h,\Delta y=k$$

令

$$f(x,y+k)-f(x,y)=\varphi(x)$$

(我们不把 y 作为函数 φ 的宗标,因为现在我们不预备考虑 y 的变化). 不难知道,第一个方括号里面的式子等于 $\varphi(x+h)$,即

$$f(x+h,y+k)-f(x+h,y)=\varphi(x+h)$$

故应用拉格朗日公式可得

$$A=\varphi(x+h)-\varphi(x)=h\varphi'(x+\theta h)$$

其中 $0<\theta<1$. 但

$$\varphi'(x)=f'_x(x,y+k)-f'_x(x,y)$$

再把拉格朗日公式应用到这个差式上,把第二个宗标 y 看作可变的,得

$$\varphi'(x)=kf''_{xy}(x,y+\theta_1k)\quad(0<\theta_1<1)$$

由此得

$$\varphi'(x+\theta h)=kf''_{xy}(x+\theta h,y+\theta_1k)$$

故

$$A=hkf''_{xy}(x+\theta h,y+\theta_1k)\tag{1}$$

现在再把 A 的原式按另一次序每两项归并起来

$$A=[f(x+h,y+k)-f(x,y+k)]-[f(x+h,y)-f(x,y)]$$

令

$$f(x+h,y)-f(x,y)=\psi(y)$$

于是与以前一样可得

$$A=\psi(y+k)-\psi(y)=k\psi'(y+\theta' k)\quad(0<\theta'<1)$$

但

$$\psi'(y)=f'_y(x+h,y)-f'_y(x,y)=hf''_{yx}(x+\theta'_1 h,y)\quad(0<\theta'_1<1)$$

故

$$\psi'(y+\theta' k)=hf''_{yx}(x+\theta'_1 h,y+\theta' k)$$

最后得

$$A=khf''_{yx}(x+\theta'_1 h,y+\theta' k)\tag{2}$$

将所得的表示 A 的两个式子(1) 及(2) 比较一下

$$hkf''_{xy}(x+\theta h,y+\theta_1 k)=khf''_{yx}(x+\theta'_1 h,y+\theta' k)$$

可知

$$f''_{xy}(x+\theta h,y+\theta_1 k)=f''_{yx}(x+\theta'_1 h,y+\theta' k)$$

现在要让 h 及 k 趋于0,由于条件中规定二阶偏导数在点 $P(x,y)$ 处具有连续性,故得

$$\lim_{\substack{h\to 0\\ k\to 0}} f''_{xy}(x+\theta h,y+\theta_1 k)=f''_{xy}(x,y)$$

$$\lim_{\substack{h\to 0\\ k\to 0}} f''_{yx}(x+\theta'_1 h,y+\theta' k)=f''_{yx}(x,y)$$

故得所要证明的等式

$$f''_{xy}(x,y)=f''_{yx}(x,y)$$

所以,在上述条件下,双变量函数

$$z=f(x,y)$$

的二阶偏导数实际上只有三个而非四个

$$\frac{\partial^2 z}{\partial x^2},\frac{\partial^2 z}{\partial x\partial y}=\frac{\partial^2 z}{\partial y\partial x},\frac{\partial^2 z}{\partial y^2}$$

偏导数 $\frac{\partial^2 z}{\partial x\partial y}$ 及 $\frac{\partial^2 z}{\partial y\partial x}$ 的连续性条件是不可省略的. 如果这个条件不满足,定理可能不成立,例如以下列函数来说

$$\begin{cases}f(x,y)=xy\cdot\varphi(x,y) & (x\neq 0,y\neq 0,\text{也可说成 } x^2+y^2>0)\\ f(0,0)=0\end{cases}$$

其中 $\varphi(x,y)$ 在点 $P(0,0)$ 的邻域上可微分两次,但点 P 本身除外,在点 P 处函数间断,这里

$$\varphi(0,y)=-1$$

而

$$\varphi(x,0)=1$$

且 $\varphi'_x(0,y)$ 及 $\varphi'_y(x,0)$ 各在点 $x=0$ 及 $y=0$ 的邻域上有界.

得

$$f'_x(x,y)=y\varphi(x,y)+xy\varphi'_x(x,y)\quad(x^2+y^2>0)$$
$$f'_x(0,0)=0$$

所以

$$f'_x(0,y)=-y\quad(y^2>0)$$

因此

$$f''_{xy}(0,0)=-1$$

同样

$$f'_y(x,y)=x\varphi(x,y)+xy\varphi'_y(x,y)\quad(x^2+y^2>0)$$
$$f'_y(0,0)=0$$

所以

$$f'_y(x,0)=x\quad(x^2>0)$$

因此

$$f''_{yx}(0,0)=1$$

于是得

$$f''_{xy}(0,0)\neq f''_{yx}(0,0)$$

我们不难验证,$f''_{xy}(x,y)$ 及 $f''_{yx}(x,y)$ 这两个二阶混合导数在点 $P(0,0)$ 处间断.

这个例子中的函数 $\varphi(x,y)$ 可以取作$\frac{x^2-y^2}{x^2+y^2}$.

二阶偏导数的偏导数叫作三阶偏导数. 一般来说,n 阶偏导数是 $n-1$ 阶偏导数的偏导数.

函数 $z=f(x,y)$ 对 x 微分 k 次,对 y 微分 $n-k$ 次的 n 阶偏导数(n 阶混合导数),记为

$$\frac{\partial^n z}{\partial x^k\partial y^{n-k}}=f^{(n)}_{x^k y^{n-k}}(x,y)$$

或

$$\frac{\partial^n z}{\partial y^{n-k}\partial x^k}=f^{(n)}_{y^{n-k}x^k}(x,y)$$

或者是按对应于不同微分次序写出的其他类似形式. 二阶混合偏导数相等的定理可以用来证明一般命题:

双变量函数累次微分的结果并不取决于微分法的次序(假定所论偏导数是连续的).

例如我们来证明

$$\frac{\partial^3 z}{\partial x \partial y^2}=\frac{\partial^3 z}{\partial y \partial x \partial y}$$

左边的三阶偏导数是函数先对 x 微分,然后再对 y 微分两次所得的结果;右边的偏导数是先对 y,再对 x,然后再对 y 微分所得的结果.

应用二阶混合偏导数相等的定理,可得

$$\frac{\partial^3 z}{\partial x \partial y^2}=\frac{\partial}{\partial y}\left(\frac{\partial^2 z}{\partial x \partial y}\right)=\frac{\partial}{\partial y}\left(\frac{\partial^2 z}{\partial y \partial x}\right)=\frac{\partial^3 z}{\partial y \partial x \partial y}$$

同样可证明其他一切可能情形下的一般命题.

如果把已给函数 $z=f(x,y)$ 总共对 x 微分 k 次,对 y 微分 $n-k$ 次而得 n 阶偏导数,那么不管对 x 及对 y 的微分次序如何变动,这个 n 阶偏导数都可写成 $\frac{\partial^n z}{\partial x^k \partial y^{n-k}}\left(\text{或}\frac{\partial^n z}{\partial y^{n-k} \partial x^k}\right)$.

所以函数 $z=f(x,y)$ 实际上只有 $n+1$ 个 n 阶偏导数,这些偏导数可以写成

$$\frac{\partial^n z}{\partial x^n},\frac{\partial^n z}{\partial x^{n-1} \partial y},\frac{\partial^n z}{\partial x^{n-2} \partial y^2},\cdots,\frac{\partial^n z}{\partial x^2 \partial y^{n-2}},\frac{\partial^n z}{\partial x \partial y^{n-1}},\frac{\partial^n z}{\partial y^n}$$

初等函数,一般来说(即个别的点或线处除外),在其定义域上具有任意阶偏导数.

对于任意个自变量的函数来说,其高阶偏导数概念的建立法也是很明显的事. 这时混合偏导数不取决于微分次序的定理也成立. 例如,若

$$u=f(x,y,z)$$

则

$$\frac{\partial^3 u}{\partial x \partial y \partial z}=\frac{\partial^3 u}{\partial x \partial z \partial y}=\frac{\partial^3 u}{\partial y \partial x \partial z}=\frac{\partial^3 u}{\partial y \partial z \partial x}=\frac{\partial^3 u}{\partial z \partial x \partial y}=\frac{\partial^3 u}{\partial z \partial y \partial x}$$

多变量函数的累次微分法实际上就是按普通的微分法接二连三地往下求导数的步骤.

例如,以空间一点的矢径的倒数

$$u=f(x,y,z)=\frac{1}{r}=\frac{1}{\sqrt{x^2+y^2+z^2}}$$

为例,求其偏导数 $\frac{\partial^2 u}{\partial x^2},\frac{\partial^2 u}{\partial y^2},\frac{\partial^2 u}{\partial z^2}$.

得

$$\frac{\partial u}{\partial x}=\frac{\partial\left(\frac{1}{r}\right)}{\partial x}=\frac{\partial\left(\frac{1}{r}\right)}{\partial r}\frac{\partial r}{\partial x}=-\frac{1}{r^2}\frac{x}{r}=-\frac{x}{r^3}$$

$$\frac{\partial u}{\partial y}=\frac{\partial\left(\frac{1}{r}\right)}{\partial y}=\frac{\partial\left(\frac{1}{r}\right)}{\partial r}\frac{\partial r}{\partial y}=-\frac{1}{r^2}\frac{y}{r}=-\frac{y}{r^3}$$

$$\frac{\partial u}{\partial z}=\frac{\partial\left(\frac{1}{r}\right)}{\partial z}=\frac{\partial\left(\frac{1}{r}\right)}{\partial r}\frac{\partial r}{\partial z}=-\frac{1}{r^2}\frac{z}{r}=-\frac{z}{r^3}$$

于是得

$$\frac{\partial^2 u}{\partial x^2}=-\frac{r^3-3r^2\frac{\partial r}{\partial x}x}{r^6}=-\frac{r^3-3rx^2}{r^6}=-\frac{r^2-3x^2}{r^5}$$

$$\frac{\partial^2 u}{\partial y^2}=-\frac{r^2-3y^2}{r^5}$$

$$\frac{\partial^2 u}{\partial z^2}=-\frac{r^2-3z^2}{r^5}$$

由此可见,矢径的倒数满足微分方程

$$\frac{\partial^2 u}{\partial x^2}+\frac{\partial^2 u}{\partial y^2}+\frac{\partial^2 u}{\partial z^2}=0$$

[即在解析及其应用中极为重要的拉普拉斯(Laplace)方程].

同样,容易验证定点 $P_0(\xi,\eta,\zeta)$ 及动点 $P(x,y,z)$ 间距离的倒数所代表的函数

$$u=\frac{1}{r}=\frac{1}{\sqrt{(\xi-x)^2+(\eta-y)^2+(\zeta-z)^2}}$$

也满足拉普拉斯方程. 值得指出的是:平面上的函数

$$u=\frac{1}{r}\quad\left(r=\sqrt{(\xi-x)^2+(\eta-y)^2}\right)$$

却不能满足双变量函数的拉普拉斯方程

$$\frac{\partial^2 u}{\partial x^2}+\frac{\partial^2 u}{\partial y^2}=0$$

但读者可以自己证明,例如下面这样的函数能满足上述方程

$$u=\ln\frac{1}{r}=\ln\frac{1}{\sqrt{(\xi-x)^2+(\eta-y)^2}}$$

169. 高阶微分

函数 $z=f(x,y)$ 的微分

$$\mathrm{d}z=\frac{\partial z}{\partial x}\mathrm{d}x+\frac{\partial z}{\partial y}\mathrm{d}y$$

是自变量 x 及 y 及其微分 $\mathrm{d}x$ 及 $\mathrm{d}y$ 四者的函数. 微分 $\mathrm{d}x$ 及 $\mathrm{d}y$ 是作为不取决于 x 及 y 的变量来看待的. 现在我们把 $\mathrm{d}z$ 看作像自变量 x 及 y 的函数那样来求它的微分

$$d(dz) = \frac{\partial}{\partial x}(dz)dx + \frac{\partial}{\partial y}(dz)dy$$
$$= \frac{\partial}{\partial x}\left(\frac{\partial z}{\partial x}dx + \frac{\partial z}{\partial y}dy\right)dx + \frac{\partial}{\partial y}\left(\frac{\partial z}{\partial x}dx + \frac{\partial z}{\partial y}dy\right)dy$$

且由于如上所讲,我们应把 dx 及 dy 看作对 x 及 y 是不变的,故得

$$d(dz) = \left(\frac{\partial^2 z}{\partial x^2}dx + \frac{\partial^2 z}{\partial y \partial x}dy\right)dx + \left(\frac{\partial^2 z}{\partial x \partial y}dx + \frac{\partial^2 z}{\partial y^2}dy\right)dy$$

或者,在混合导数为连续的条件下,上式即

$$d(dz) = \frac{\partial^2 z}{\partial x^2}dx^2 + 2\frac{\partial^2 z}{\partial x \partial y}dxdy + \frac{\partial^2 z}{\partial y^2}dy^2$$

这个式子叫作函数 $z=f(x,y)$ 的二阶微分,且记为 d^2z.

一般来说,函数 $z=f(x,y)$ 的 n 阶微分 d^nz 是其 $n-1$ 阶微分作为自变量 x 及 y 的函数看待时的微分.

现在要用函数 z 的偏导数及自变量的微分来确定出 d^nz 的式子. 对三阶微分来说可得

$$d(d^2z) = \frac{\partial}{\partial x}(d^2z)dx + \frac{\partial}{\partial y}(d^2z)dy$$

做出其中的微分运算,得

$$d^3z = \frac{\partial^3 z}{\partial x^3}dx^3 + 3\frac{\partial^3 z}{\partial x^2 \partial y}dx^2dy + 3\frac{\partial^3 z}{\partial x \partial y^2}dxdy^2 + \frac{\partial^3 z}{\partial y^3}dy^3$$

由此可见二阶及三阶微分中所含的各项,类似二项式 $\frac{\partial z}{\partial x}dx + \frac{\partial z}{\partial y}dy$ 的二次及三次乘方展开后的多项式.

从 n 推到 $n+1$,不难证明在一般情形下

$$d^nz = \frac{\partial^n z}{\partial x^n}dx^n + C_n^1\frac{\partial^n z}{\partial x^{n-1}\partial y}dx^{n-1}dy +$$
$$C_n^2\frac{\partial^n z}{\partial x^{n-2}\partial y^2}dx^{n-2}dy^2 + \cdots +$$
$$C_n^{n-1}\frac{\partial^n z}{\partial x \partial y^{n-1}}dxdy^{n-1} + \frac{\partial^n z}{\partial y^n}dy^n$$

其中 $C_n^1, C_n^2, \cdots$ 是二项系数(n 个元素中取一个,取两个,…… 所得的组合数). 因此 n 阶微分的公式可用记号法写成

$$d^nz = \left(\frac{\partial}{\partial x}dx + \frac{\partial}{\partial y}dy\right)^n z$$

如果用牛顿公式展开这个“二项式”并像分式那样来处理符号 $\frac{\partial}{\partial x}, \frac{\partial}{\partial y}$,然后在 ∂^k 后面加上字母 z,便可得到微分式子.

n 阶微分式子是 $\mathrm{d}x$ 及 $\mathrm{d}y$ 的 n 次齐次多项式(就是说,多项式中每项所含 $\mathrm{d}x$ 及 $\mathrm{d}y$ 的总次数是 n).

若 n 阶微分 $\mathrm{d}^n z \neq 0$,则它对

$$\rho = \sqrt{\mathrm{d}x^2 + \mathrm{d}y^2}$$

来说是 n 阶无穷小.

所以函数 $z = f(x, y)$ 的各阶微分

$$\mathrm{d}z, \mathrm{d}^2 z, \mathrm{d}^3 z, \cdots, \mathrm{d}^n z, \cdots$$

依次为更高阶的无穷小. 对

$$\rho = \sqrt{\mathrm{d}x^2 + \mathrm{d}y^2}$$

来说,这些微分各为一阶,二阶,三阶,……,n 阶,…… 的无穷小.

最后要注意,如果函数 z 的宗标 x 及 y 不是自变量,那么只有一阶微分的形式与 x 及 y 为自变量时的形式(见 165 小节)相同,其他一切高阶的微分都要改变形式. 因若假定了 x 及 y 为某些自变量的函数之后,我们就不可能把微分 $\mathrm{d}x$ 及 $\mathrm{d}y$ 看作是不取决于这些变量的,因此就必须对 $\mathrm{d}x$ 及 $\mathrm{d}y$ 做微分运算. 例如

$$\begin{aligned}
\mathrm{d}^2 z &= \mathrm{d}\left(\frac{\partial z}{\partial x}\mathrm{d}x + \frac{\partial z}{\partial y}\mathrm{d}y\right) \\
&= \mathrm{d}\left(\frac{\partial z}{\partial x}\right)\mathrm{d}x + \frac{\partial z}{\partial x}\mathrm{d}(\mathrm{d}x) + \mathrm{d}\left(\frac{\partial z}{\partial y}\right)\mathrm{d}y + \frac{\partial z}{\partial y}\mathrm{d}(\mathrm{d}y) \\
&= \frac{\partial^2 z}{\partial x^2}\mathrm{d}y^2 + \frac{\partial^2 z}{\partial x \partial y}\mathrm{d}x\mathrm{d}y + \frac{\partial z}{\partial x}\mathrm{d}^2 x + \\
&\quad \frac{\partial^2 z}{\partial y \partial x}\mathrm{d}y\mathrm{d}x + \frac{\partial^2 z}{\partial y^2}\mathrm{d}y^2 + \frac{\partial z}{\partial y}\mathrm{d}^2 y \\
&= \left(\frac{\partial}{\partial x}\mathrm{d}x + \frac{\partial}{\partial y}\mathrm{d}y\right)^2 z + \frac{\partial z}{\partial x}\mathrm{d}^2 x + \frac{\partial z}{\partial y}\mathrm{d}^2 y
\end{aligned}$$

由此可见,这时出现附加的两项,在 x 及 y 为自变量时,由于

$$\mathrm{d}^2 x = 0$$

及

$$\mathrm{d}^2 y = 0$$

这两项就成为 0.

第十一章 微分法的应用

与单变量函数时的情形一样,多变量函数的微分法可首先用来研究这类函数的性态. 为此我们要导出泰勒公式并确定出多变量函数的极值概念. 首先,我们讲极值的必要条件及求函数极大与极小值的实用方法,然后给出充分条件并讨论关于条件极值的问题.

§2 讲初等矢量解析. 首先要提到矢量代数中的一些基本定理.

对于单个纯数宗标矢性函数的微分法,我们特别加以研究,用来说明一般情形下运动的速度与加速度的概念.

从研究函数及研究物理学中几个关于场(纯量的或矢量的)的问题出发,引出矢量解析中最重要的几个概念:梯度、散度、旋度,并求出三者之间的关系.

在 §3 中,用前两节讲过的材料来考虑微分法在几何上的应用,考虑"微分几何"中最简单的问题. 在讲平面曲线论的地方定义出奇异点概念并把它们分类. 在研究最简单的空间曲线时,我们先只限于用坐标法来考虑切线及法平面概念,然后导出三个主方向,弗雷内(Frénet)三面形,并证明关于基本单位矢量变动率的弗雷内公式.

§1 泰勒公式、多变量函数的极值

170. 多变量函数的泰勒公式及泰勒级数

双变量函数与单变量函数一样(见87小节),在一定条件下,可以近似表达成宗标(且具有预先指定的任意准确度)的多项式,这种表达式可用双变量函数的泰勒公式给出.

设函数$z=f(x,y)$及其一直到$n+1$阶的偏导数都在点$P_0(x_0,y_0)$的某个邻域上连续.我们在这个邻域上取一点$P_1(x_1,y_1)$.与以前一样,令

$$x_1-x_0=\Delta x, y_1-y_0=\Delta y$$

于是

$$f(x_1,y_1)=f(x_0+\Delta x,y_0+\Delta y)$$

现在来看参变量t的函数

$$\varphi(t)=f(x_0+t\Delta x,y_0+t\Delta y)$$

当点P_0及P_1固定时(即当x_0,y_0,x_1,y_1为定值时),这是单变量t的函数.当t从0变到1时,函数$f(P)$的宗标(点$P(x,y)$)沿直线

$$x=x_0+t(x_1-x_0), y=y_0+t(y_1-y_0)$$

移动,即沿点P_0与P_1的连线移动.这时

$$\varphi(0)=f(x_0,y_0), \varphi(1)=f(x_1,y_1)$$

根据所设条件,函数$\varphi(t)$在$t=0$时具有一直到$n+1$阶的连续导数.故可把点$t=0$处的泰勒公式应用到$\varphi(t)$上

$$\varphi(t)=\varphi(0)+\varphi'(0)t+\frac{\varphi''(0)}{2!}t^2+\cdots+\frac{\varphi^{(n)}(0)}{n!}t^n+\frac{\varphi^{(n+1)}(\theta)}{(n+1)!}t^{n+1}$$

其中θ为介于0与t之间的数.

现在来求函数

$$\varphi(t)=f(x,y)$$

的导数,其中

$$x=x_0+t\Delta x, y=y_0+t\Delta y$$

用复合函数微分法则可以求得

$$\varphi'(t)=f'_x(x,y)\frac{\partial x}{\partial t}+f'_y(x,y)\frac{\partial y}{\partial t}=f'_x(x,y)\Delta x+f'_y(x,y)\Delta y$$

可求得二阶导数为

$$\varphi''(t)=f''_{x^2}(x,y)\Delta x^2+2f''_{xy}(x,y)\Delta x\Delta y+f''_{y^2}(x,y)\Delta y^2$$

从k推到$k+1$的情形,得到

$$\varphi^{(k)}(t)=f_{x^k}^{(k)}(x,y)\Delta x^k+C_k^1 f_{x^{k-1}y}^{(k)}(x,y)\Delta x^{k-1}\Delta y+$$
$$C_k^2 f_{x^{k-2}y^2}^{(k)}(x,y)\Delta x^{k-2}\Delta y^2+\cdots+$$
$$C_k^{k-1}f_{xy^{k-1}}^{(k)}(x,y)\Delta x\Delta y^{k-1}+$$
$$f_{y^k}^{(k)}(x,y)\Delta y^k$$

在这个一般公式中令 $t=0$,便得到所要求的 $\varphi^{(k)}(0)$ 的式子. 因为在 $t=0$ 时

$$x=x_0 \text{ 及 } y=y_0$$

故在函数 $f(x,y)$ 的偏导数中把 x 换成 x_0 且把 y 换成 y_0,便可从 $\varphi^{(k)}(t)$ 求出 $\varphi^{(k)}(0)$. 应用 169 小节中的记号,可以写成

$$\varphi^{(k)}(0)=\left(\frac{\partial}{\partial x}\Delta x+\frac{\partial}{\partial y}\Delta y\right)^k f_{\substack{x=x_0\\y=y_0}}\quad(k=0,1,\cdots,n)$$

右下方的小指标表示这是在 $x=x_0$ 及 $y=y_0$ 时所取的偏导数值.

关于导数 $\varphi^{(n+1)}(\theta)$,则其值可以用

$$\xi=x_0+\theta\Delta t$$

及

$$\eta=y_0+\theta\Delta t$$

分别代替 $\varphi^{(n+1)}(t)$ 中的 x 及 y 而求得. 点 $P(\xi,\eta)$ 位于点 $P_0(x_0,y_0)$ 及 $P_1(x_1,y_1)$ 的连线上.

这样

$$\varphi(t)=f(x_0,y_0)+\left(\frac{\partial}{\partial x}\Delta x+\frac{\partial}{\partial y}\Delta y\right)f_{\substack{x=x_0\\y=y_0}}t+$$
$$\frac{1}{2!}\left(\frac{\partial}{\partial x}\Delta x+\frac{\partial}{\partial y}\Delta y\right)^2 f_{\substack{x=x_0\\y=y_0}}t^2+\cdots+$$
$$\frac{1}{n!}\left(\frac{\partial}{\partial x}\Delta x+\frac{\partial}{\partial y}\Delta y\right)^n f_{\substack{x=x_0\\y=y_0}}t^n+$$
$$\frac{1}{(n+1)!}\left(\frac{\partial}{\partial x}\Delta x+\frac{\partial}{\partial y}\Delta y\right)^{n+1} f_{\substack{x=\xi\\y=\eta}}t^{n+1}$$

令上式中的 $t=1$,得

$$\varphi(1)=f(x_1,y_1)=f(x_0,y_0)+\left(\frac{\partial}{\partial x}\Delta x+\frac{\partial}{\partial y}\Delta y\right)f_{\substack{x=x_0\\y=y_0}}+$$
$$\frac{1}{2!}\left(\frac{\partial}{\partial x}\Delta x+\frac{\partial}{\partial y}\Delta y\right)^2 f_{\substack{x=x_0\\y=y_0}}+\cdots+$$
$$\frac{1}{n!}\left(\frac{\partial}{\partial x}\Delta x+\frac{\partial}{\partial y}\Delta y\right)^n f_{\substack{x=x_0\\y=y_0}}+$$
$$\frac{1}{(n+1)!}\left(\frac{\partial}{\partial x}\Delta x+\frac{\partial}{\partial y}\Delta y\right)^{n+1} f_{\substack{x=\xi\\y=\eta}}\tag{1}$$

把坐标(x_1,y_1)中的指标略去并用$x-x_0$及$y-y_0$分别代替Δx及Δy,便可写出

$$f(x,y)=f(x_0,y_0)+\left[\frac{\partial}{\partial x}(x-x_0)+\frac{\partial}{\partial y}(y-y_0)\right]f_{\substack{x=x_0\\y=y_0}}+$$

$$\frac{1}{2!}\left[\frac{\partial}{\partial x}(x-x_0)+\frac{\partial}{\partial y}(y-y_0)\right]^2 f_{\substack{x=x_0\\y=y_0}}+\cdots+$$

$$\frac{1}{n!}\left[\frac{\partial}{\partial x}(x-x_0)+\frac{\partial}{\partial y}(y-y_0)\right]^n f_{\substack{x=x_0\\y=y_0}}+$$

$$\frac{1}{(n+1)!}\left[\frac{\partial}{\partial x}(x-x_0)+\frac{\partial}{\partial y}(y-y_0)\right]^{n+1} f_{\substack{x=\xi\\y=\eta}}$$

这就是双变量函数$f(x,y)$的泰勒公式.

若略去其中的余项

$$R_n=\frac{1}{(n+1)!}\left[\frac{\partial}{\partial x}(x-x_0)+\frac{\partial}{\partial y}(y-y_0)\right]^{n+1} f_{\substack{x=\xi\\y=\eta}}$$

则得到所给函数的近似式,其形式为$x-x_0$及$y-y_0$的n次多项式

$$f(x,y)\approx f(x_0,y_0)+[f'_x(x_0,y_0)(x-x_0)+f'_y(x_0,y_0)(y-y_0)]+$$

$$\frac{1}{2!}[f''_{x^2}(x_0,y_0)(x-x_0)^2+2f''_{xy}(x_0,y_0)(x-x_0)(y-y_0)+$$

$$f''_{y^2}(x_0,y_0)(y-y_0)^2]+\cdots+\frac{1}{n!}[f^{(n)}_{x^n}(x_0,y_0)(x-x_0)^n+$$

$$C_n^1 f^{(n)}_{x^{n-1}y}(x_0,y_0)(x-x_0)^{n-1}(y-y_0)+\cdots+f^{(n)}_{y^n}(x_0,y_0)(y-y_0)^n]$$

余项R_n给出用上述n次多项式(泰勒多项式)代替已给函数时所致的误差.

若在点$P_0(x_0,y_0)$的某个邻域上的每点处,余项R_n当n无限增大时趋于0,即

$$\lim_{n\to\infty}R_n=0$$

则函数$f(x,y)$在该邻域上可表示为两个变量的无穷幂级数(见143小节)

$$f(x,y)=f(x_0,y_0)+[f'_x(x_0,y_0)(x-x_0)+$$

$$f'_y(x_0,y_0)(y-y_0)]+$$

$$\frac{1}{2!}[f''_{x^2}(x_0,y_0)(x-x_0)^2+$$

$$2f''_{xy}(x_0,y_0)(x-x_0)(y-y_0)+$$

$$f''_{y^2}(x_0,y_0)(y-y_0)^2]+\cdots$$

这个幂级数叫作函数$f(x,y)$的泰勒级数.

凡是可在某个域上用其收敛的泰勒级数来代表的函数,叫作该域上的解析函数.使函数为解析函数的条件如下:

(1)它必须是“无穷次可微分的”,也就是说,具有任意阶偏导数.

(2)在解析域的任一点处,其n阶泰勒公式的余项当n无限增大时趋于0.

现在我们注意,泰勒公式(1) 右边各个象征性二项式,正好依次是函数 $f(x,y)$ 的各阶微分. 所以把 $f(x_0,y_0)$ 移项到左边,公式(1) 可写成

$$\Delta f(P_0)=\mathrm{d}f(P_0)+\frac{1}{2!}\mathrm{d}^2f(P_0)+\cdots+\frac{1}{n!}\mathrm{d}^nf(P_0)+\frac{1}{(n+1)!}\mathrm{d}^{n+1}f(P_c)\tag{2}$$

其中

$$P_c=P_c(x_0+\theta\Delta x,y_0+\theta\Delta y)$$

表示位于点 $P_0(x_0,y_0)$ 及 $P_1(x_0+\Delta x,y_0+\Delta y)$ 连线上的点.

所以,若双变量函数具有一直到 $n+1$ 阶的连续偏导数,则其增量可用对应点处 $n+1$ 个相继的微分相加而成的"泰勒和式" 准确表达出来(但最高阶导数即 $n+1$ 阶导数的值取在始点与终点连线上的一点处).

如果用微分来表示,那么双变量函数的泰勒公式正好与单变量函数的泰勒公式具有同一形式(见 87 小节). 一般来说,等式(2) 是任意个自变量的函数的泰勒公式.

知道了在已给点 P_0 处的函数值及其 n 个先后相继的微分值,并且估出第 $n+1$ 阶微分 $\mathrm{d}^{n+1}f(P_c)$ 的值,我们就可以用近似公式算出函数增量

$$\Delta f(P_0)\approx\mathrm{d}f(P_0)+\frac{1}{2!}\mathrm{d}^2f(P_0)+\cdots+\frac{1}{n!}\mathrm{d}^nf(P_0)$$

从而算出在新点 P_1 处的函数值,同时也可估出所致误差.

这个公式把函数增量(近似)"分成" 先后相继的各阶微分. 若这时

$$\rho=P_0P_1\to0$$

则所致误差对 ρ 来说是不低于 $n+1$ 阶的无穷小. 特别地,近似等式

$$\Delta f(P_0)\approx\mathrm{d}f(P_0)$$

所致误差对 ρ 来说是不低于二阶的无穷小.

函数的微分与其增量的差为不低于二阶的无穷小.

若当 $n\to\infty$ 时

$$\frac{1}{(n+1)!}\mathrm{d}^{n+1}f(P_c)\to0$$

则函数的增量可用其相继各阶微分准确表达成无穷泰勒级数

$$\Delta f(P_0)=\mathrm{d}f(P_0)+\frac{1}{2!}\mathrm{d}^2f(P_0)+\cdots+\frac{1}{n!}\mathrm{d}^nf(P_0)+\cdots$$

而函数 $f(P)$ 本身可用幂级数(泰勒级数) 表达为

$$f(P)=f(P_0)+\mathrm{d}f(P_0)+\frac{1}{2!}\mathrm{d}^2f(P_0)+\cdots+\frac{1}{n!}\mathrm{d}^nf(P_0)+\cdots$$

或用象征性的微分记号写成展开形式

$$f(x,y,\cdots,t)=f(P_0)+\left(\frac{\partial}{\partial x}(x-x_0)+\frac{\partial}{\partial y}(y-y_0)+\cdots+\frac{\partial}{\partial t}(t-t_0)\right)f_{P_0}+\cdots+\frac{1}{n!}\left(\frac{\partial}{\partial x}(x-x_0)+\frac{\partial}{\partial y}(y-y_0)+\cdots+\frac{\partial}{\partial t}(t-t_0)\right)^n f_{P_0}+\cdots$$

凡多变量函数在其对应空间的某个域上能用其收敛泰勒级数表示的,叫作在该域上的解析函数.

当 $n=0$ 时可从公式(2) 求得

$$\Delta f(P_0)=\mathrm{d}f(P_c)$$

这就是说,当宗标(点 P) 从点 P_0 移到 P_1 时,函数增量准确地等于点 P_0 及 P_1 连线上一点 P_c 处的函数微分.

这便是多变量函数的拉格朗日定理(中值定理). 在点 P_0 及 P_1 位于 x 轴上的特殊情形下,它成为单变量(x) 函数的拉格朗日定理(见 73 小节).

171. 极值、必要条件

若函数

$$z=f(P)$$

在点 P_0 处的值大于或小于在该点某邻域上所取得的所有函数值,则点 P_0 叫作函数的极(大或小) 值点.

这时 $f(P_0)$ 叫作函数 z 的极值(分别为极大值或极小值). 也可以说,$f(P)$ 在点 $P=P_0$ 处具有或取得极值.

如同在单变量函数时的情形一样(见 71 小节),极值点是用"严格" 不等号来定义的:若点 P_0 有如下一个邻域,使其上任一点 P 处满足关系式

$$f(P)<f(P_0)\quad(\text{或} f(P)>f(P_0))$$

则点 P_0 是函数 $f(P)$ 的极大(或极小) 值点. 我们也可以在这个定义里考虑下面的可能情形:在点 P_0 的任意小邻域上有些点处的函数值等于 $f(P_0)$. 这时上述定义里所用不等式的"严格" 不等号必须换成"非严格" 不等号

$$f(P)\leqslant f(P_0)\quad(\text{或} f(P)\geqslant f(P_0))$$

如果确实有这种情形,那么点 P_0 叫作"非严格" 的极(大或小) 值点,以区别于在足够小邻域内不用等号的情形下的"严格" 的极值点.

但是,我们不预备更改这个定义,我们把不常见的有等式

$$f(P)=f(P_0)$$

出现的情形暂且不放在定义里面. 在每个这种特别情形下都不难做特殊的讨论.

如同在讨论单变量函数时一样,极大与极小值概念是有局部性的:它是根据只把已给函数值与足够靠近的一切点处的函数值比较而得的,因此函数的某个极大值可能小于其某个极小值.

注意,由极值点的定义可知函数的极值点必须位于函数定义域之内,才能使函数在该点的某个(即使很小的) 邻域上有定义.

图 1 所示是在极值点邻域上表示这个函数的曲面形状.

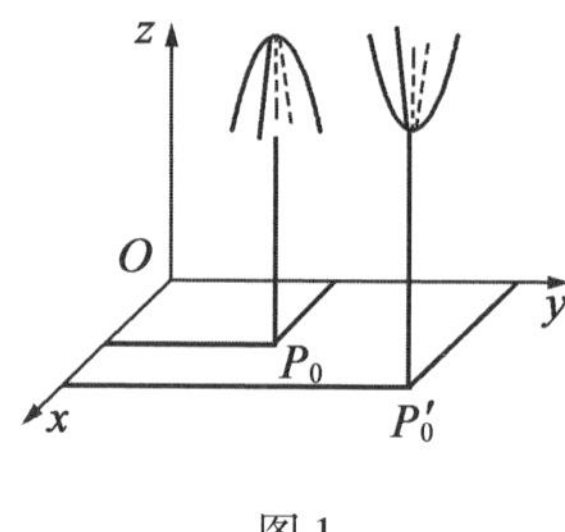

图 1

现在我们来找出函数 $z=f(x,y)$ 在点 $P_0(x_0,y_0)$ 处有极值存在的条件. 首先来找必要条件.

这里将假定所考虑的双变量函数都具有连续的一阶偏导数.

设 $z=f(x,y)$ 在点 $P_0(x_0,y_0)$ 处具有极值. 根据函数 $z=f(x,y)$ 的极值的定义,当 y 为常数值 y_0 时,函数作为单变量 x 的函数来看时,函数在 $x=x_0$ 处有极值. 像我们所已经知道的那样,这事的必要条件是函数 $f(x,y)$ 在 $x=x_0$ 处的导数等于 0,即

$$\frac{\partial f(x_0,y_0)}{\partial x}=0$$

或

$$\left(\frac{\partial z}{\partial x}\right)_{\substack{x=x_0\\y=y_0}}=0$$

同样,当 x 等于常数值 x_0 时,函数 $z=f(x,y)$ 作为单变量 y 的函数来看时,它在 $y=y_0$ 处有极值,于是

$$\frac{\partial f(x_0,y_0)}{\partial y}=0$$

或

$$\left(\frac{\partial z}{\partial y}\right)_{\substack{x=x_0\\y=y_0}}=0$$

所以可微分函数 $z=f(x,y)$ 在点 $P_0(x_0,y_0)$ 处有极值存在的必要条件是其偏导数在该点处等于 0,即

$$\left(\frac{\partial z}{\partial x}\right)_{P_0}=0$$

$$\left(\frac{\partial z}{\partial y}\right)_{P_0}=0$$

点 $P_0(x_0,y_0)$ 的坐标使函数 $z=f(x,y)$ 的两个偏导数都等于 0,因此可仿照单变量函数中对于这类点的名称,把点 P_0 叫作函数的驻点.

因此,如果点 P_0 为函数 $f(P)$ 的极值点,它必须是函数的驻点,但这还远不是充分条件,我们不难举出一些例子来说明有的函数在其驻点处无极值. 譬如拿函数

$$z = xy$$

来说,它的两个偏导数在原点处都等于 0,但函数 $z = xy$ 在

$$x = 0 \text{ 及 } y = 0$$

处并无极值. 因为函数在原点处等于 0,但它在原点的任意邻域上既有正值(第一及第三象限)也有负值(第二及第四象限),故可知在以 $P_0(0,0)$ 为中心的任何圆上,0 既不是函数 $z = xy$ 的极大值也不是其极小值.

由曲面 $z = f(x,y)$ 上点 $M_0(x_0,y_0,z_0)$(其中 $z_0 = f(x_0,y_0)$)处的切平面方程可以看出,如果 $P_0(x_0,y_0)$ 是函数的驻点,那么该切平面就平行于 xOy 平面

$$z = z_0$$

所以,可微分函数 $z = f(x,y)$ 在点 $P_0(x_0,y_0)$ 处有极值存在的必要条件从几何上讲就是曲面(函数在其对应点处的图形)的切平面平行于自变量平面.

如果 P_0 确实是极值点,那么在切点的某个邻域上的切平面显然不会与曲面相交,而是位于曲面上侧(极大值点时的情形)或下侧(极小值点时的情形). 如果 P_0 是驻点而不是极值点,那么切点邻域上的切平面与曲面相交. 例如,双曲抛物面 $z = xy$ 在原点处的切平面平行于 xOy 平面(两者合二为一),但在切点 $M_0(0,0,0)$ 的邻域上的曲面并不位于切平面的一侧(在极值点的情形下应该如此),而位于其两侧. 这个平面与曲面相切于点 $M_0(0,0,0)$ 处且在该点处穿过曲面.

曲面 $z = f(x,y)$ 上对应于驻点 $P_0(x_0,y_0)$ 的点并非极值点,它的性质在某方面来说与平面曲线中拐点的性质相仿.

若 P_0 是函数 $z = f(x,y)$ 的"非严格"极值点,则曲面上对应点 M_0 处的切平面 $z = z_0$ 在点 M_0 的小邻域上不仅在点 M_0 处而且在无穷多的其他点处(这些点通常形成平面 $z = z_0$ 上的一条曲线)穿过(同时切于)曲面.

根据极值点的必要条件可以推出,可微分函数 $z = f(x,y)$ 的极值点只可能是 xOy 平面上的坐标能满足方程

$$f'_x(x,y) = 0, f'_y(x,y) = 0 \tag{3}$$

的那些点. 这样,要求出使可微分函数 $z = f(x,y)$ 能取得极值的那些自变量值,必须使函数对 x 及对 y 的偏导数等于 0,然后从二元联立方程(3)求出实数根. 所得的一对值 x 及 y 即为驻点(它可能是函数的极值点)的坐标. 根据 173 小节中所要讲的关于极值点的充分条件,我们就可以确定出函数的哪些驻点是极值点及其所属情形(极大或极小),并且确定出在哪些驻点处函数实际上没有极值. 但有时我们不用那个相当复杂的充分条件也可以说明函数驻点的性质. 例

如若我们从问题的性质知道某处有极大值或极小值而同时也只有一点(即只有一对 x 及 y 值)能满足联立方程(3),则显然可知该点便是所要求的函数极值点. 此外,也可以利用已给函数的固有特性并根据那些特性来推断驻点的性质.

举例:

确定出函数

$$z = 2 + 2x + 4y - x^2 - y^2$$

的极值. 首先令它的两个偏导数等于 0,即

$$\frac{\partial z}{\partial x} = 2 - 2x = 0, \frac{\partial z}{\partial y} = 4 - 2y = 0$$

由此得出

$$x = 1, y = 2$$

所以已给函数只有一个驻点 $P(1,2)$,对应于该驻点的函数值是 $z = 7$. 现在要证明这是函数的极大值. 把已给函数变换为

$$z = -(x - 1)^2 - (y - 2)^2 + 7$$

由此得

$$z - 7 = -[(x - 1)^2 + (y - 2)^2]$$

从这个等式可以看出 $z - 7$ 不可能是正数,就是说,z 不能超过 7,即

$$z - 7 \leqslant 0$$

$$z \leqslant 7$$

由此可见,$z = 7$ 不仅是函数的极大值,而且是其在全部 xOy 平面上的最大值. 所以,$P(1,2)$ 是函数的极大值点. 这事从几何上看极为明显,因为函数

$$z = 2 + 2x + 4y - x^2 - y^2$$

的图形是个旋转抛物面,其轴平行于 z 轴,而方向与 z 轴相反,其顶点在 $M(1,2,7)$ 处.

最后要注意,双变量函数的极值点可能是使函数不能微分的点[这些点相当于曲面(函数图形)上的"尖"点]. 例如,函数

$$z = \sqrt{x^2 + y^2}$$

在原点处显然有等于 0 的极小值,但函数在该点处不能微分. 所以,如果所要考虑的不限于可微分函数,而是一般连续函数,那么可以说,可能为极值点的不仅有函数的驻点,也有使函数不可微分的那些点.

对于 n 个变量的可微分函数

$$u = f(x, y, \cdots, t)$$

来说,具有极值的必要条件也可用完全类似的方式找出. 这就是说,若 n 个自变量的函数具有可微分性,则可能为其极值点的只有函数的驻点,即是其坐标能使函数的 n 个偏导数都等于 0 的点,使已给函数 $u = f(x, y, \cdots, t)$ 得极值的这一

组值 $x,y,\cdots,t$ 可从 n 元联立方程

$$f'_x(x,y,\cdots,t)=0, f'_y(x,y,\cdots,t)=0,\cdots, f'_t(x,y,\cdots,t)=0$$

的解中找出来.

172. 关于最大值及最小值问题

设要求出函数

$$z=f(x,y)$$

在某个闭域上的最大(最小)值,如果这个数值是函数在域内所取的,那么它显然是极值.但函数也可能在域的边界上某一点处取得最大(最小)值.设函数在所论域外靠近那个边界点处无定义,这时这个最大(最小)值不可能是极值,因在极值点的定义里需要函数在包含极值点的某个域上有定义,但甚至当函数在取得极大(极小)值的边界点的邻域上有定义时,该点也可能不是极值点.要说明这事可在第一象限上来考虑函数

$$z=xy$$

这个函数在域内处处为正,而在域的边界上(即在半轴 $y=0,x\geqslant 0$ 及 $x=0,y\geqslant 0$ 上)等于0.所以这个函数在域的边界上取得最小值,但边界上没有一点是极值点,因为函数 $z=xy$ 在第二及第四象限上取得负值.

由以上所讲可知:

求函数 $z=f(x,y)$ 在闭域上的最大值或最小值时,必须求出函数在域内的一切极大值或极小值以及在域的边界上的最大值或最小值.这些值之中最大(最小)的一个便是所要求的最大(最小)值.

我们来解下面的问题作为例子:在 xOy 平面上找出一点,使其到三点 $P_1(0,0),P_2(1,0),P_3(0,1)$ 的距离的平方和有最小值,又在以 P_1,P_2,P_3 为顶点的三角形内找出一点,使其到三个顶点的距离的平方和有最大值(图2).

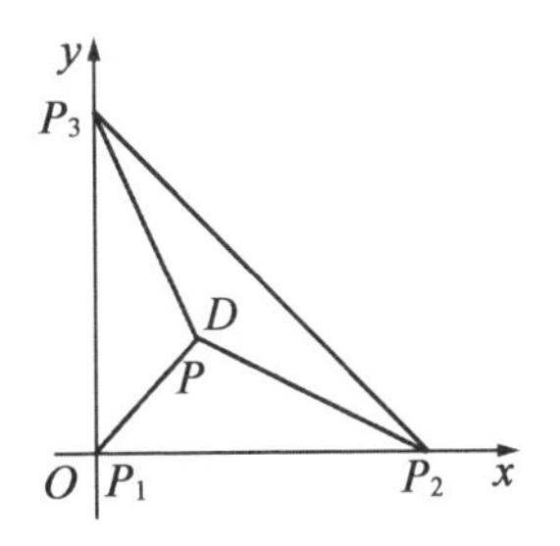

图2

在平面上取一点 $P(x,y)$,它与已给点 P_1,P_2,P_3 的距离的平方和可表示为

$$z=x^2+y^2+(x-1)^2+y^2+x^2+(y-1)^2$$

或

$$z=3x^2+3y^2-2x-2y+2$$

这个问题的第一部分可以化为求函数 z 在全部平面上的最小值；第二部分问题可化为求函数 z 在 $\triangle P_1P_2P_3$ 所围成的闭域 D 上的最大值.

我们来求函数

$$z = 3x^2 + 3y^2 - 2x - 2y + 2$$

的极值. 从方程

$$\frac{\partial z}{\partial x} = 6x - 2 = 0$$

及

$$\frac{\partial z}{\partial y} = 6y - 2 = 0$$

可得

$$x = \frac{1}{3}, y = \frac{1}{3}$$

由此可知函数有一个驻点 $P\left(\frac{1}{3}, \frac{1}{3}\right)$. 函数在全部平面上没有最大值,因为总存在一些点 P,在那些地方的函数值显然会大于预先指定的任意值,但另一方面,又由于这个和数应该取得最小值,故上述驻点 $P\left(\frac{1}{3}, \frac{1}{3}\right)$ 只可能是使函数取得最小值 $\left(1\frac{1}{3}\right)$ 的点(同时,与前一小节中的例子一样,我们不难说明点 $P\left(\frac{1}{3}, \frac{1}{3}\right)$ 确实是函数在全部平面上的极小值点,因而它是题中所要求的点).顺便可知,点 $P\left(\frac{1}{3}, \frac{1}{3}\right)$ 是 $\triangle P_1P_2P_3$ 的重心.

由于函数

$$z = 3x^2 + 3y^2 - 2x - 2y + 2$$

无极大值,所以它在域 D 上的最大值是在域边界上(即三角形的边上)各函数值中的最大值.

在边 P_1P_2 上 $y = 0$,因而

$$z = 3x^2 - 2x + 2$$

这个函数在区间[0,1]的 $x = 1$ 处即点 P_2 处取得最大值 3.

在另一边 P_1P_3 上 $x = 0$,因而

$$z = 3y^2 - 2y + 2$$

这个函数在区间[0,1]的 $y = 1$ 处即点 P_3 处取得最大值且也等于 3.

最后,在第三边 P_2P_3 上

$$x + y = 1$$

因而

$$z=3x^2+3(1-x)^2-2x-2(1-x)+2=6x^2-6x+3$$

这个函数在区间$[0,1]$的$x=0$及$x=1$(即仍是点P_2及P_3)处取得最大值3. 所以第二部分问题中满足所求的点有两个:P_2及P_3. 在三角形上的一切点中,以P_2及P_3这两点与顶点P_1,P_2,P_3的距离的平方和为最大.

173. 极值的充分条件

推出极值的必要条件时,我们仅从下列一事出发:若函数

$$z=f(x,y)$$

在点$P_0(x_0,y_0)$处有极值,则它在x轴及y轴方向上也有极值,也就是说,当y固定为$y=y_0$时把函数作为只是x的函数,以及当x固定为$x=x_0$时把函数作为只是y的函数时都有极值. 要推出极值的充分条件,我们显然必须研究函数在点P_0的全部邻域上的性态,而并不只限于x轴及y轴的方向上.

若函数$f(x,y)$在点$P_0(x_0,y_0)$处有极值,则存在点P_0的一个ρ-邻域(即以P_0为中心,以ρ为半径的圆),使属于该邻域的任一点$P(x,y)$能满足不等式

$$f(P)<f(P_0)\quad(P_0\text{ 为极大值点时})$$

或

$$f(P)>f(P_0)\quad(P_0\text{ 为极小值点时})$$

令

$$x-x_0=h,y-y_0=k$$

可把以上不等式改写为

$$f(x_0+h,y_0+k)<f(x_0,y_0)$$

或

$$f(x_0+h,y_0+k)>f(x_0,y_0)$$

其中h及k为满足条件

$$0<\sqrt{h^2+k^2}<\rho$$

的任意值.

反过来说,如果存在一数$\rho>0$,使满足不等式

$$\sqrt{h^2+k^2}<\rho$$

的任意值h及k满足上面两个不等式之一,那么函数$f(x,y)$必定在点$P_0(x_0,y_0)$处取得极值(满足第一个不等式时得极大值,满足第二个不等式时得极小值).

但如果不管ρ取什么数,对某些h及k(即对点P_0的ρ-邻域内的某些点)来说,不等式

$$f(x_0+h,y_0+k)<f(x_0,y_0)$$

成立,而对某些h及k来说,不等式

$$f(x_0+h,y_0+k)>f(x_0,y_0)$$

成立,那么函数$f(x,y)$在点$P_0(x_0,y_0)$处无极值,因这时$f(x,y)$在点P_0的任何邻域上可取得大于及小于$f(x_0,y_0)$的值.

这样,函数$f(x,y)$在已给点$P_0(x_0,y_0)$处有无极值的问题可看差数

$$\Delta=f(x_0+h,y_0+k)-f(x_0,y_0)$$

在点P_0的邻域上(即当h及k满足条件$\sqrt{h^2+k^2}<\rho$时)的正负号如何而得到解决.

设$f(x,y)$在点P_0处具有到二阶的连续偏导数. 这时可用泰勒公式(见170小节)把差数Δ表示为

$$\begin{aligned}&f(x_0+h,y_0+k)-f(x_0,y_0)\\&=\mathrm{d}f(P_0)+\frac{1}{2}\mathrm{d}^2f(P_c)\\&=\left(\frac{\partial f}{\partial x}\right)_{P_0}h+\left(\frac{\partial f}{\partial y}\right)_{P_0}k+\frac{1}{2}\left[\left(\frac{\partial^2 f}{\partial x^2}\right)_{P_c}h^2+\right.\\&\qquad\left.2\left(\frac{\partial^2 f}{\partial x\partial y}\right)_{P_c}hk+\left(\frac{\partial^2 f}{\partial y^2}\right)_{P_c}k^2\right]\end{aligned}$$

点P_c有坐标

$$x=x_0+\theta h,y=y_0+\theta k$$

其中$0<\theta<1$.

因为只有函数的驻点才可能是极值点,所以可先认定

$$\left(\frac{\partial f}{\partial x}\right)_{P_0}=\left(\frac{\partial f}{\partial y}\right)_{P_0}=0$$

此外,我们假定所有的二阶偏导数并不都在点P_0处等于0,也就是说,函数的二阶微分在点P_0处并不恒等于0. 于是得

$$\left(\frac{\partial^2 f}{\partial x^2}\right)_{P_c}=\frac{\partial^2 f(x_0+\theta h,y_0+\theta k)}{\partial x^2}=\frac{\partial^2 f(x_0,y_0)}{\partial x^2}+\varepsilon_1$$

$$\left(\frac{\partial^2 f}{\partial x\partial y}\right)_{P_c}=\frac{\partial^2 f(x_0+\theta h,y_0+\theta k)}{\partial x\partial y}=\frac{\partial^2 f(x_0,y_0)}{\partial x\partial y}+\varepsilon_2$$

$$\left(\frac{\partial^2 f}{\partial y^2}\right)_{P_c}=\frac{\partial^2 f(x_0+\theta h,y_0+\theta k)}{\partial y^2}=\frac{\partial^2 f(x_0,y_0)}{\partial y^2}+\varepsilon_3$$

由于条件中假定了二阶偏导数的连续性,故当

$$h\to 0,k\to 0$$

也就是$\rho\to 0$时,$\varepsilon_1,\varepsilon_2$及$\varepsilon_3$趋于0.

为书写简便起见,再引用以下记号

$$\frac{\partial^2 f(x_0,y_0)}{\partial x^2}=A,\frac{\partial^2 f(x_0,y_0)}{\partial x\partial y}=B,\frac{\partial^2 f(x_0,y_0)}{\partial y^2}=C$$

于是

$$\Delta = f(x_0+h,y_0+k)-f(x_0,y_0)=\frac{1}{2}(Ah^2+2Bhk+Ck^2+\varepsilon)$$

其中

$$\varepsilon=\varepsilon_1 h^2+2\varepsilon_2 hk+\varepsilon_3 k^2$$

当$\rho\to 0$时,ε是比三项式$Ah^2+2Bhk+Ck^2$更高阶的无穷小,只要这个三项式在h及k为实数值时不等于0. 因所论三项式对$\sqrt{h^2+k^2}$来说是二阶无穷小,又由于$\varepsilon_1,\varepsilon_2,\varepsilon_3$是无穷小,所以$\varepsilon$是高于二阶的无穷小,但两个异阶的无穷小的和(在绝对值足够小时)与较低阶的无穷小同号. 所以,在ρ足够小时,差数Δ的正负号可用三项式$Ah^2+2Bhk+Ck^2$的正负号来定出.

注意,在$A\neq 0$时,三项式$Ah^2+2Bhk+Ck^2$可以写成

$$\begin{aligned}Ah^2+2Bhk+Ck^2&=\frac{1}{A}(A^2h^2+2ABhk+B^2k^2-B^2k^2+ACk^2)\\&=\frac{1}{A}[(Ah+Bk)^2+k^2(AC-B^2)]\end{aligned}\tag{4}$$

现在我们可以根据上式来陈述下列两个充分条件:

Ⅰ. 函数极值存在的充分条件:

若P_0是函数$f(x,y)$的驻点,且

$$B^2-AC<0$$

也就是

$$\left(\frac{\partial^2 f}{\partial x\partial y}\right)^2_{P_0}-\left(\frac{\partial^2 f}{\partial x^2}\right)_{P_0}\left(\frac{\partial^2 f}{\partial y^2}\right)_{P_0}<0$$

则$f(x,y)$在点P_0处有极值:在$A<0(C<0)$时为极大值,在$A>0(C>0)$时为极小值.

因为,如果这个条件满足,那么A及C异于0且同号,否则,B^2-AC就会是正的. 从公式(4)可以看出,这时不管h及k是什么值,三项式$Ah^2+2Bhk+Ck^2$有定号,而且与A同号. 所以若$A<0$,则对于任意的足够小的h及k来说$\Delta<0$,于是函数在点P_0处取得极大值;若$A>0$,则对于任意的足够小的h及k来说$\Delta>0$,于是函数在点P_0处取得极小值.

Ⅱ. 函数极值不存在的充分条件:

若P_0是函数$f(x_0,y_0)$的驻点且

$$B^2-AC>0$$

也就是

$$\left(\frac{\partial^2 f}{\partial x\partial y}\right)^2_{P_0}-\left(\frac{\partial^2 f}{\partial x^2}\right)_{P_0}\left(\frac{\partial^2 f}{\partial y^2}\right)_{P_0}>0$$

则$f(x,y)$在点P_0处无极值.

因若上述条件满足且 $A \neq 0$,则由公式(4)可以看出,在 h 及 k 为任意小值时,三项式 $Ah^2+2Bhk+Ck^2$ 可能取得正值及负值. 所以,在点 P_0 的任何邻域上存在一些点 P,使该处的差数 $\Delta>0$,也就是,使该处的函数值大于 P_0 处的函数值,并且也存在一些点 P,使该处的差数 $\Delta<0$,也就是,使该处的函数值小于 P_0 处的函数值,而这就表明在点 P_0 处没有极值. 又若 $A=0$,则 $B \neq 0$(因为,否则会得到 $B^2-AC=0$),且不难说明,式子

$$Ah^2+2Bhk+Ck^2=k(2Bh+Ck)$$

在 h 及 k 为任意小值时可能取得正值及负值,只从这件事实便知在点 P_0 处无极值.

若

$$B^2-AC=0$$

则需做更进一步的考察(这方面在本书内不预备讲),否则就不能断言所论函数驻点的性质如何. 这时该驻点可能是也可能不是极值点.

总结起来,我们可把求双变量函数极值时所应遵循的法则陈述于下:

求两次可微分函数 $z=f(x,y)$ 在已给域上的极值点及极值时必须:

(1) 使偏导数等于0,即

$$\frac{\partial z}{\partial x}=0, \frac{\partial z}{\partial y}=0$$

并求出这组二元联立方程的实数根. 每一对实数根确定出函数的一个驻点. 在所有的驻点中必须取位于已给域上的那些驻点.

(2) 算出驻点处式子

$$B^2-AC$$

的值,其中

$$A=\frac{\partial^2 z}{\partial x^2}, B=\frac{\partial^2 z}{\partial x \partial y}, C=\frac{\partial^2 z}{\partial y^2}$$

由此:

(i) 若

$$B^2-AC<0$$

则得极值:当 $A<0$($C<0$)时为极大值,当 $A>0$($C>0$)时为极小值.

(ii) 若

$$B^2-AC>0$$

则无极值.

(iii) 若

$$B^2-AC=0$$

则得未定情形,尚待进一步做特殊的考察.

(iv) 算出函数的极值,为此只要把极值点的坐标代到函数式子里面去即可.

举例:

(1) 就函数

$$z = 2 + 2x + 4y - x^2 - y^2$$

(即 171 小节中的例子) 来说可得

$$A = \frac{\partial^2 z}{\partial x^2} = -2$$

$$B = \frac{\partial^2 z}{\partial x \partial y} = 0$$

$$C = \frac{\partial^2 z}{\partial y^2} = -2$$

可知

$$B^2 - AC = -4 < 0$$

且由于

$$A = C = -2 < 0$$

故函数的驻点(1,2) 是极大值点.

(2) 对函数

$$z = xy$$

来说可得

$$A = 0, B = 1, C = 0$$

则

$$B^2 - AC = 1 > 0$$

故函数在驻点(0,0) 处无极值.

(3) 函数

$$z = x^3 y^3$$

在驻点(0,0) 处有

$$B^2 - AC = 0$$

同样函数

$$z = x^4 y^4$$

在其驻点(0,0) 处也有

$$B^2 - AC = 0$$

由直接考察的结果可知函数

$$z = x^4 y^3$$

无极值,而函数 $z = x^4 y^3$ 在坐标原点处有极小值.

174. 条件极值

到现在为止,我们所提出的双变量函数的极值问题是这样的:已给函数,要求在其定义域的全部或某部分上的极值点. 在极值问题的这种提法之下,对于函数宗标(自变量平面上的点)的变动情形,除不许它越出定义域之外,别无任何限制. 这种极值叫作无条件的或自由的.

然而常有另外一些函数值的求法问题,那时函数宗标要受某个附加条件的限制,而该附加条件是以自变量间的方程表示的. 这种极值叫作条件的或不自由的.

设已给函数$z=f(x,y)$及其定义域D. 假定在域D上给了一条曲线L且只要从函数$f(x,y)$在L上各点的对应值中求极值. 这种极值便是函数$z=f(x,y)$在曲线L上的条件极值.

若函数$f(x,y)$在曲线L上某点$P(x,y)$处的值大于或小于该点某邻域内曲线上各点所对应的一切函数值,则点P处的函数值叫作函数$f(x,y)$在曲线L上的条件(不自由)极值.

这时函数宗标点$P(x,y)$的移动为曲线L所限,且函数极值只是与曲线L上各点所对应的“邻”值相比较(也就是说,不与极值点全部邻域上各点所对应的函数值而只与该邻域上位于曲线L上的各点的对应函数值相比较).

若曲线L的方程是

$$\varphi(x,y)=0$$

则求函数$z=f(x,y)$在曲线L上的条件极值的问题在解析上可以陈述为:求函数$z=f(x,y)$在域D上带有条件$\varphi(x,y)=0$的极值.

所以,在求函数$f(x,y)$的条件极值时,x及y已经不能看作自变量,它们之间是由关系式$\varphi(x,y)=0$联系着的. 这个关系式的左边(函数$\varphi(x,y)$)叫作变量x及y的联系函数,整个方程叫作联系方程.

我们举下面两个简单的例子来说明双变量函数的无条件极值与条件极值间的差别. 函数$z=\sqrt{1-x^2-y^2}$(上半个球面方程,图3)的无条件极大值等于1,这个极大值是在点(0,0)及该点所对应的球顶点M(北极)处得到的,但同时这个函数

$$z=\sqrt{1-x^2-y^2}$$

在直线

$$y-a=0 \quad (0<a<1)$$

上的条件极大值显然等于$\sqrt{1-a^2}$,这个极大值是在点$(0,a)$及该点所对应的平面$y=a$与球面所截半圆的顶点M_1处得到的.

现在要指出,已给函数的条件极值的求法可以化为另一函数的无条件极值

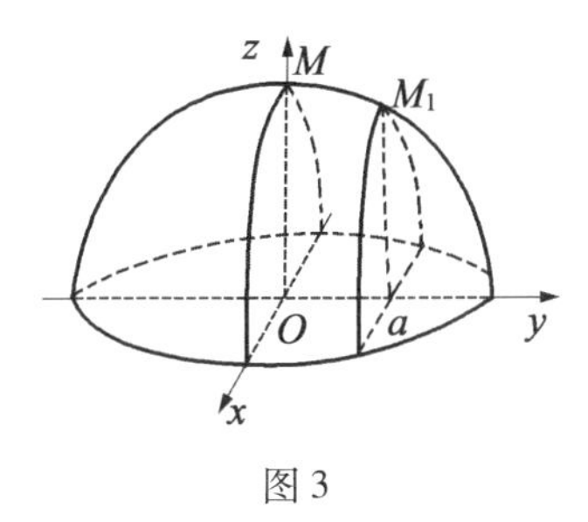

图 3

的求法.

假设对于所考虑的 x 及 y 值来说,方程

$$\varphi(x,y)=0$$

把 y 定义为 x 的单值可微分函数

$$y=\psi(x)$$

把函数式子

$$z=f(x,y)$$

中的 y 换成函数 $\psi(x)$ 之后,得到单变量 x 的函数

$$z=f[x,\psi(x)]=\Phi(x)$$

这个函数的极值显然就是已给函数 $z=f(x,y)$ 在联系方程 $\varphi(x,y)=0$ 限制下的条件极值. 函数

$$z=\Phi(x)$$

的极值可按以前讲过的法则来求.

把条件极值问题化为无条件极值问题的做法在实际上并不是处处方便,因为这种做法需要我们从方程 $\varphi(x,y)=0$ 中切实解出某一个变量来. 现在要讲另一个方法,不需要把隐函数化成显函数,同时也易于推广到任意个变量的函数上.

设 $P_0(x_0,y_0)$ 是函数 $z=f(x,y)$ 的条件极值点. 如果把 y 看作由联系方程所确定的函数 $\psi(x)$,便可看出在点 P_0 处 $f(x,y)$ 对 x 的导数应等于 0,或者,与这同是一回事,可以说,$f(x,y)$ 的微分在点 P_0 处应等于 0. 由于函数一阶微分的形式不变,故可写出

$$\mathrm{d}f=f'_x\mathrm{d}x+f'_y\mathrm{d}y=0$$

又从联系方程可得

$$\mathrm{d}\varphi=\varphi'_x\mathrm{d}x+\varphi'_y\mathrm{d}y=0$$

用待定因子 λ(不取决于 x 及 y) 乘第二个等式,然后把它与第一个等式逐项相加,得

$$(f'_x+\lambda\varphi'_x)\mathrm{d}x+(f'_y+\lambda\varphi'_y)\mathrm{d}y=0$$

假设我们能选择适当的 λ 使

$$f'_x + \lambda\varphi'_x = 0$$

那么也可得

$$f'_y + \lambda\varphi'_y = 0$$

但我们知道这两个等式所表示的是函数

$$f(x,y) + \lambda\varphi(x,y)$$

在点 $P_0(x_0,y_0)$ 处具有(无条件性)极值的必要条件.

由此可知,在附加条件

$$\varphi(x,y) = 0$$

下,函数 $f(x,y)$ 的条件极值点必然是函数

$$F(x,y) = f(x,y) + \lambda\varphi(x,y)$$

的驻点,其中 λ 是某个系数.

因此,若要求函数 $z = f(x,y)$ 带附加条件 $\varphi(x,y) = 0$ 时可能有的条件极值点,可用一常系数乘联系函数 $\varphi(x,y)$ 后与所考察的函数相加,形成辅助函数 $F(x,y)$,即

$$F(x,y) = f(x,y) + \lambda\varphi(x,y)$$

然后写出函数 $F(x,y)$ 具有无条件极值的必要条件

$$F'_x(x,y) = f'_x(x,y) + \lambda\varphi'_x(x,y) = 0$$

$$F'_y(x,y) = f'_y(x,y) + \lambda\varphi'_y(x,y) = 0$$

这两个方程与联系方程 $\varphi(x,y)$ 三者形成一组联立方程,由此可以确定出 λ 值及可能为极值点的点的坐标(x,y).

以上所讲把条件极值问题化为无条件极值问题的方法,叫作拉格朗日乘数法.

关于应该用什么方法来最后解决问题,也就是说,如何能知道用拉格朗日法求出的点是否确实为极(大或小)值点的问题,我们不预备再讲. 通常可根据171 小节中指出过的辅助性质的讨论来解决这个问题.

拉格朗日法可以推广到任意个自变量的函数上.

设要求 n 个自变量的函数

$$n = f(x,y,z,\cdots,t)$$

的(条件)极值,其条件为:变量 $x,y,z,\cdots,t$ 并非自变量,而其间由 $m(m < n)$ 个方程

$$\varphi_1(x,y,z,\cdots,t) = 0$$

$$\varphi_2(x,y,z,\cdots,t) = 0$$

$$\vdots$$

$$\varphi_m(x,y,z,\cdots,t) = 0$$

联系着. 我们可以完全仿照双变量函数时所讲的推理得出求极值的法则:

要求出可能有的条件极值点时,需用一些常系数乘各联系函数,然后把所

得结果与所考察的函数相加,形成辅助函数 $F(x,y,z,\cdots,t)$,即

$$F(x,y,z,\cdots,t)=f(x,y,z,\cdots,t)+\lambda_1\varphi_1(x,y,z,\cdots,t)+\cdots+\lambda_m\varphi_m(x,y,z,\cdots,t)$$

且写出函数 $F(x,y,z,\cdots,t)$ 有自由极值的必要条件

$$F'_x=f'_x+\lambda_1\varphi'_{1x}+\lambda_2\varphi'_{2x}+\cdots+\lambda_m\varphi'_{mx}=0$$
$$F'_y=f'_y+\lambda_1\varphi'_{1y}+\lambda_2\varphi'_{2y}+\cdots+\lambda_m\varphi'_{my}=0$$
$$\vdots$$
$$F'_t=f'_t+\lambda_1\varphi'_{1t}+\lambda_2\varphi'_{2t}+\cdots+\lambda_m\varphi'_{mt}=0$$

这 m 个方程与 m 个联系方程

$$\varphi_1=0,\varphi_2=0,\cdots,\varphi_m=0$$

一起形成 $n+m$ 个联立方程,由此可求出 m 个参数值及可能有的极值点的坐标 $(x,y,\cdots,t)$.

我们来看下面的例子:

(1) 求(平面上)从已给直线到已给点的最短距离. 这是典型的条件极值问题. 为了简便起见,以已给点作为坐标原点(借坐标系的平行移动便可做到). 设直线方程为

$$Ax+By+C=0$$

xOy 平面上一点 $P(x,y)$ 与点 $P_0(0,0)$ 的距离 z 可用公式

$$z=\sqrt{x^2+y^2}$$

表示. 现在要在点 $P(x,y)$ 需位于直线 $Ax+By+C=0$ 上的条件下求函数 z 的最小值,这个最小值显然是函数的极小值. 这样我们就碰到一个在联系方程为 $Ax+By+C=0$ 时求函数 $z=\sqrt{x^2+y^2}$ 的条件极小值的问题.

作辅助函数

$$F(x,y)=\sqrt{x^2+y^2}+\lambda(Ax+By+C)$$

并求其驻点得

$$F'_x=\frac{x}{\sqrt{x^2+y^2}}+\lambda A=0,F'_y=\frac{y}{\sqrt{x^2+y^2}}+\lambda B=0$$

这两个方程再加上联系方程

$$Ax+By+C=0$$

之后,就得到三个联立方程以便求出 λ,x,y 三个量.

用 B 乘第一个方程,用 A 乘第二个方程,然后相减得

$$Ay-Bx=0$$

我们可以看出这是过原点且垂直于已给直线的直线方程.

从所得方程及联系方程可求出 x 及 y 的唯一的一组数值,把这组数值代入

函数式子中,便得到解析几何中的一个公式

$$z=\frac{|C|}{\sqrt{A^2+B^2}}$$

至于求出的 z 值确实为所要求的条件极小值这件事可从下列理由明显地看出:所论函数无其他极值且满足方程

$$F'_x=0$$

及

$$F'_y=0$$

的 x 及 y 值是唯一的.

(2) 周长为 $2p$ 的一切三角形中,求面积最大的那个三角形.

用 x,y,z 表示三角形的三边长,则其面积 s 可用公式表示为

$$s=\sqrt{p(p-x)(p-y)(p-z)} \tag{5}$$

变量 x,y,z 作为三角形的边长来看时,应满足下列条件

$$x\geqslant 0,y\geqslant 0,z\geqslant 0,x+y\geqslant z,y+z\geqslant x,z+x\geqslant y \tag{6}$$

此外,根据题中的条件,还有

$$x+y+z-2p=0 \tag{7}$$

上面写出的关系式(6) 确定出 $Oxyz$ 空间内的一个闭域,规定函数(5) 的最大值要在这个域上去找. 在这个域的边界上(即当式(6) 中某个关系式的等号成立时),面积 s 显然等于 0,故所求最大值就是函数(5) 在域(6) 内最大的那个极大值.

这样,我们的问题是在条件(7) 下求函数在域(6) 内的条件极大值. 为计算便利起见,可取面积的平方 s^2 代替 s(这不会使极值点改变).

作辅助函数

$$F(x,y,z)=p(p-x)(p-y)(p-z)+\lambda(x+y+z-2p)$$

得

$$F'_x=-p(p-y)(p-z)+\lambda=0$$
$$F'_y=-p(p-x)(p-z)+\lambda=0$$
$$F'_z=-p(p-x)(p-y)+\lambda=0$$

故知

$$(p-x)(p-y)=(p-x)(p-z)=(p-y)(p-z)$$

由此得

$$x=y=z$$

故从联系方程(7) 求出

$$x=y=z=\frac{2p}{3}$$

由于函数 $F(x,y,z)$ 的驻点只有一个,且根据题意,可知上述 x,y,z 值便是所要求的.

这样,周长为已给值$(2p)$ 的诸三角形中具有最大面积$\left(\frac{\sqrt{3}}{9}p^2\right)$ 的是等边三角形. 所以,关系式

$$s \leqslant \frac{\sqrt{3}}{36}(2p)^2$$

对于任何三角形都成立(任何三角形的面积不超过其周长平方与$\frac{\sqrt{3}}{36}$ 的乘积,而唯有在等边三角形时面积才与这个乘积相等).

(3) 当 n 个正数 $x,y,\cdots,t$ 的和等于已给数 A 时,求其乘积的 n 次方根的最大值.

这个问题可化为在条件

$$x+y+\cdots+t=A$$

下求函数

$$u=\sqrt[n]{xy\cdots t}$$

在域

$$x>0,y>0,\cdots,t>0$$

上的极大值.

取函数

$$F(x,y,\cdots,t)=\sqrt[n]{xy\cdots t}+\lambda(x+y+\cdots+t-A)$$

得其有极值的必要条件

$$F'_x=\frac{1}{n}\frac{\sqrt[n]{xy\cdots t}y\cdots t}{xy\cdots t}+\lambda=\frac{1}{n}\frac{u}{x}+\lambda=0 \text{ 或 } u=-n\lambda x$$

$$F'_y=\frac{1}{n}\frac{u}{y}+\lambda=0 \text{ 或 } u=-n\lambda y$$

$$\vdots$$

$$F'_t=\frac{1}{n}\frac{u}{t}+\lambda=0 \text{ 或 } u=-n\lambda t$$

把这几个等式比较一下之后,可知

$$x=y=\cdots=t$$

且从联系方程可得 $x,y,\cdots,t$ 的公共值为$\frac{A}{n}$.

与上面所讲的一样,根据函数 F 所具驻点的唯一性及题意,可知数

$$x=\frac{A}{n},y=\frac{A}{n},\cdots,t=\frac{A}{n}$$

给

$$u = \sqrt[n]{xy\cdots t}$$

以最大值. 这个值等于$\frac{A}{n}$,也就是

$$\sqrt[n]{xy\cdots t} \leqslant \frac{x + y + \cdots + t}{n}$$

上式左边的量叫作$x, y, \cdots, t$诸数的几何平均值,而右边的量叫作这些数的算术平均值.

由此可知,一些正数的几何平均值总小于其算术平均值,而唯有当这些数彼此全相等时,其几何平均值才等于其算术平均值.

在$n = 2$的特殊情形下,关系式

$$\sqrt{xy} \leqslant \frac{x + y}{2}$$

易于用初等数学方法证明,它在几何上可解释为自半圆周上任一点向直径所作的垂线不超过半径的长.

§2　矢量解析初阶

175. 矢量、矢量代数

Ⅰ. 定义. 读者一定早已知道,在各门科学中,除那些仅由其大小来确定的量之外,还要碰到另一种量,要把它们完全确定出来,必须指出它们在空间的方向. 前一种量叫作纯数性的量(简称纯量,比如长度、面积、体积、质量、温度等),后一种量叫作矢量(比如速度、加速度、力等). 如果抽去矢量的具体性质,我们总可以把矢量表示为位于相应空间内的有向线段. 这种有向线段叫作矢,其长度叫作模. 在三维(具体的) 空间内给出矢的方向时要用两个数(例如表示该方向与两坐标轴所成两个角的度数),而在二维空间(平面) 内要用一个数. 所以,在三维空间内确定出矢量时需要有三个数来确定出矢的模及方向,在二维空间内用两个数就够了.

所以,纯数性的量可用一个通常的数 —— 纯数来确定出,而矢量要用矢来确定出,矢的表示法是需要用几个数的.

从物理学与工程上一系列重要的问题中逐渐产生了一门特殊的数学课程 —— 矢算法,矢算法的基本对象是作为自存的特种量来看待的矢. 有了矢的定义之后就接着确定出矢的运算法则,首先是类似于普通代数中的运算法则,然后有解析运算法则. 这些运算法则由考虑各种具体问题时所应施行于矢量的

运算来决定,同时它们在某些方面是纯量运算法则的推广.

矢可用一个粗体字母例如$\boldsymbol{a}$,$\boldsymbol{A}$等来表示,或用两个表示矢的起点及终点的字母上面加一箭头如$\overrightarrow{AB}$,$\overrightarrow{OM}$等来表示. 表示矢的模时,在这个矢的记号两旁加竖线:$|\boldsymbol{a}|$,$|\boldsymbol{A}|$,$|\overrightarrow{AB}|$,$|\overrightarrow{OM}|$,….

我们假定读者已学过矢量代数,所以这里只陈述(而不证明)其中的基本命题.

若矢的终点与起点相重合,则该矢叫作零矢. 零矢的模等于0,而方向不定.

具有等模及同方向的矢可以看作是相等的,所以仅是起点不同的矢,我们将不加区别. 这种矢叫作自由矢.

我们所要讲的矢算法初阶,主要是对三维空间的情形来说的,因为这种情形在应用上最为自然且又重要(同时也注意到二维空间情形下的特点).

Ⅱ. 矢量运算法则及其属性. 矢量的运算按照下列法则来做:

(1) 以已给两矢量$\boldsymbol{A}_1$及$\boldsymbol{A}_2$为边的平行四边形的对角线所代表的矢量叫作两矢量$\boldsymbol{A}_1$及$\boldsymbol{A}_2$的和$\boldsymbol{A}$,即

$$\boldsymbol{A}=\boldsymbol{A}_1+\boldsymbol{A}_2$$

也就是,以第一矢量的终点作为第二矢量的起点时,所成折线的闭合线段所代表的矢量.

后面那种定义可推广到任意个矢量的情形上:在矢量

$$\boldsymbol{A}_1,\boldsymbol{A}_2,\cdots,\boldsymbol{A}_n$$

中依次以一矢量的终点作为后来矢量的起点时,所成折线的闭合线段所代表的矢量叫作这些矢量的和$\boldsymbol{A}$,即

$$\boldsymbol{A}=\boldsymbol{A}_1+\boldsymbol{A}_2+\cdots+\boldsymbol{A}_n$$

第一个矢量的起点是$\boldsymbol{A}$的起点,最末一个矢量的终点是$\boldsymbol{A}$的终点.

若两矢量的和等于$\boldsymbol{0}$,则这两矢量叫作相反的. 相反的矢量显然具有相等的模,而其所夹角等于180°.

(2) 减法可定义为加法的逆运算:以所减矢量$\boldsymbol{A}_2$的终点为起点且以被减矢量$\boldsymbol{A}_1$的终点为终点的一个矢量叫作两矢量$\boldsymbol{A}_1$及$\boldsymbol{A}_2$的差$\boldsymbol{A}$,即

$$\boldsymbol{A}=\boldsymbol{A}_1-\boldsymbol{A}_2$$

(3) 一个矢量,它的模等于已给矢量的模$|\boldsymbol{A}_1|$与纯数c的绝对值$|c|$的乘积,它的方向在$c>0$时与已给矢量相同,在$c<0$时与已给矢量相反,那么这个矢量叫作纯数c与矢量$\boldsymbol{A}_1$的乘积$\boldsymbol{A}$,即

$$\boldsymbol{A}=c\cdot\boldsymbol{A}_1$$

位于同一直线或平行直线上的两个矢量叫作共线的. 若$\boldsymbol{A}_1$与$\boldsymbol{A}_2$共线,则

$$\boldsymbol{A}_2=c\cdot\boldsymbol{A}_1$$

其中 c 为一个纯数；反之，若

$$A_2 = c \cdot A_1$$

则 A_1 及 A_2 两个矢量为共线的. 又位于同一平面或平行平面上的两个矢量叫作共面的.

若用矢量表示复数（见 150 小节），则上述三条运算法则与复数的对应运算法则相同.

(4) 两个矢量 A_1 及 A_2 的模与其夹角余弦的乘积

$$c = |A_1||A_2| \cdot \cos(A_1, A_2)$$

叫作两个矢量 A_1 及 A_2 的纯（或内）积

$$c = A_1 \cdot A_2$$

由此可见，两矢量的纯积是一个数，它不但在其一个因子为 $\mathbf{0}$ 时等于 0，而且在两个矢量因子都非 $\mathbf{0}$ 但互相垂直时也等于 0. 若

$$A_1 = A_2 = A$$

则

$$A \cdot A = |A|^2$$

矢量自身相乘的纯积，也就是说矢量的纯数平方，等于这个矢量的模的平方. 纯积也可用 (A_1, A_2) 来表示.

(5) 一个矢量 A_1，它的模等于以已给两矢量 A_2, A_3 为边的平行四边形的面积，它垂直于该平行四边形的平面且它的方向使 A_1, A_2, A_3 形成“右手三线系”，也就是说所形成的方向系统与所取坐标系 $Oxyz$ 的三线系相同，这个矢量 A_3 叫作两矢量 A_1 及 A_2 的矢（或外）积

$$A_3 = A_1 \times A_2$$

图 4 表示两种可能情形下的矢积.

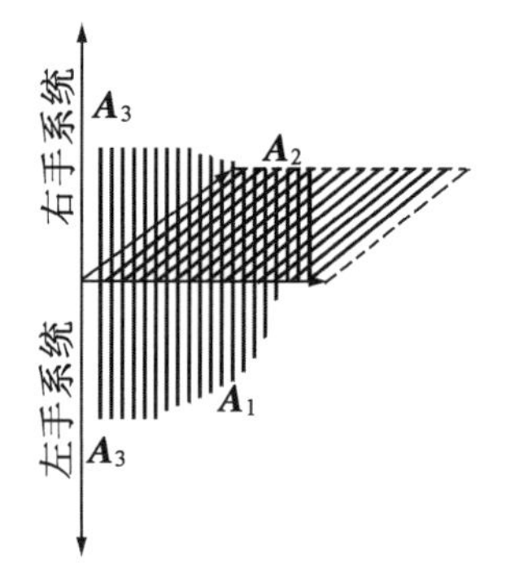

图 4

这样，矢积与其他的运算不同，要取决于预先规定的空间指向.

矢积的模等于

$$|\boldsymbol{A}_3|=|\boldsymbol{A}_1||\boldsymbol{A}_2||\sin(\boldsymbol{A}_1,\boldsymbol{A}_2)|$$

由此显然可见,共线矢量的矢积等于$\mathbf{0}$,特别是

$$\boldsymbol{A}\times\boldsymbol{A}=\mathbf{0}$$

也就是,“矢量平方”等于$\mathbf{0}$. 矢积的记号还可以写成$[\boldsymbol{A}_1,\boldsymbol{A}_2]$.

需要用上述矢量运算来求解的简单物理问题可以下面几个问题作为例子:

(1) 求几个力的合力(加法).

(2) 求不变的力在直线位移时所做的功(纯积).

(3) 求力对于点的力矩(矢积).

这里还要讲一个在以后有用的例子. 设物体Ω以某一(瞬时)角速度ω绕OO'轴旋转(图5). 物体上的点M具有角速度ω及线性速度$\boldsymbol{v}$,$\boldsymbol{v}$是一个矢量,它的模等于M到旋转轴OO'的距离与角速度ω的乘积

$$|\boldsymbol{v}|=\omega\cdot MN$$

它的方向垂直于点M与旋转轴OO'所确定的平面. 在旋转轴上任取一点Q并自Q起沿轴取一矢量$\boldsymbol{\omega}$使其模等于ω,而其方向则使物体对这个矢量的旋转方向是逆时针(正)方向的. 于是就容易看出

$$\boldsymbol{v}=\boldsymbol{\omega}\times\boldsymbol{r}$$

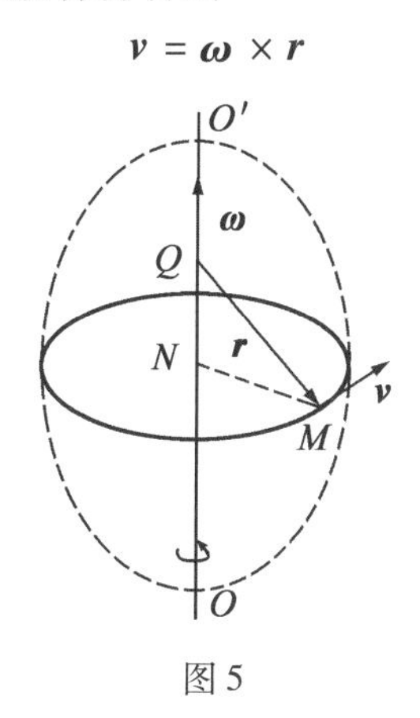

图5

其中$\boldsymbol{r}$是点M对点Q的矢径QM. 因为

$$|\boldsymbol{v}|=\omega\cdot QM\cdot\sin(\boldsymbol{\omega},\boldsymbol{r})=\omega\cdot QM\cdot\sin\angle MQN=\omega\cdot MN$$

而$\boldsymbol{v}$的方向也正是垂直于$\boldsymbol{\omega}$及$\boldsymbol{r}$两矢量所确定的平面的.

$\boldsymbol{\omega}$叫作角速度矢量,所以,在绕轴旋转的物体上一点的线性速度等于角速度矢量与该点矢径两者的矢积.

现在我们把矢量运算的基本属性列举于下:

(i) 加法与纯数乘法具有交换性

$$\boldsymbol{A}_1+\boldsymbol{A}_2=\boldsymbol{A}_2+\boldsymbol{A}_1$$
$$\boldsymbol{A}_1\cdot\boldsymbol{A}_2=\boldsymbol{A}_2\cdot\boldsymbol{A}_1$$

但矢乘法无此属性

$$\boldsymbol{A}_1 \times \boldsymbol{A}_2 = -\boldsymbol{A}_2 \times \boldsymbol{A}_1$$

(ii) 加法有可结合性

$$\boldsymbol{A}_1 + \boldsymbol{A}_2 + \boldsymbol{A}_3 = \boldsymbol{A}_1 + (\boldsymbol{A}_2 + \boldsymbol{A}_3)$$

同样可得

$$c_1(c_2\boldsymbol{A}) = (c_1c_2)\boldsymbol{A}$$

其中 c_1 及 c_2 是纯数.

(iii) 纯数乘法与矢乘法都具有可分配性

$$\boldsymbol{A}_1 \cdot (\boldsymbol{A}_2 + \boldsymbol{A}_3) = \boldsymbol{A}_1 \cdot \boldsymbol{A}_2 + \boldsymbol{A}_1 \cdot \boldsymbol{A}_3$$

$$\boldsymbol{A}_1 \times (\boldsymbol{A}_2 + \boldsymbol{A}_3) = \boldsymbol{A}_1 \times \boldsymbol{A}_2 + \boldsymbol{A}_1 \times \boldsymbol{A}_3$$

由于上面所讲的最后的性质,所以用一量逐项乘矢量多项式时可按照乘代数多项式的普通法则来做.

此外还有一种极重要的特殊运算:矢量在轴上的投影法.

矢量在轴上的投影是轴上的一条有向线段,其起点是矢量起点的投影,其终点是矢量终点的投影. 矢量的投影可用一个数表示,其绝对值是投影的长度,而其正负号则指出其方向与轴的方向相合(+)或不相合(-).

在任何情形下可得

$$\text{пр.}\,\boldsymbol{A} = |\boldsymbol{A}|\cos(\boldsymbol{A},L)$$

其中 L 是投影轴. 因此两矢量的纯积等于其中一个矢量的模(长度)与第二矢量在第一矢量上投影的乘积.

还有一种性质也是常要用到的:几个矢量的和在一轴上的投影,等于每个矢量在同一轴上的投影的(代数)和.

Ⅲ. 矢量分解法、矢量代数. 现在要讲,在笛卡儿坐标系中研究矢量时,可把对于矢量的运算化为对于实数与(不变的)基本矢量的线性组合上的代数运算.

空间每个矢量可以表示为位于三个已给坐标轴上三个不共面矢量的和. 平面上每个矢量可表示为位于两个已给坐标轴上两个不共线矢量的和. 这些矢量叫作所给矢量在已给轴上的支量或分量,而这种表示法叫作矢量分解法.

对以 $O(0,0,0)$ 为起点的矢量 $\boldsymbol{A} = \overrightarrow{OM}$(图6)来说,它在坐标轴上的三个支量显然是由其在 x 轴、y 轴、z 轴上的投影所确定的三个矢量

$$\boldsymbol{A}_x = \overrightarrow{OM_1}, \boldsymbol{A}_y = \overrightarrow{OM_2}, \boldsymbol{A}_z = \overrightarrow{OM_3}$$

我们又可用矢量终点 M 的坐标 X,Y,Z 作为上述的三个投影. 这样

$$\boldsymbol{A} = \boldsymbol{A}_x + \boldsymbol{A}_y + \boldsymbol{A}_z$$

数 X,Y,Z 给出唯一的矢量 $\boldsymbol{A}$,所以它们有时叫作矢量的坐标,这时可把矢量写成 $\boldsymbol{A}(X,Y,Z)$. 由此可见,我们可拿矢量的坐标(代替情形 Ⅰ 中所讲的那三个

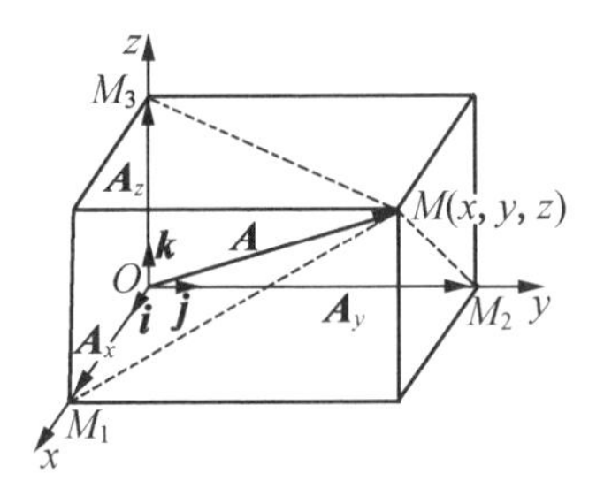

图 6

数）来作为确定出空间矢量的三个数（同样平面矢量可用它的两个坐标确定出来）.

矢量 $\boldsymbol{A}$ 的直角坐标 X,Y,Z 与其模 $|\boldsymbol{A}|$ 及矢量分别与 x 轴、y 轴、z 轴所成的角 α,β,γ 间有极简单的关系如下

$$|\boldsymbol{A}| = \sqrt{X^2 + Y^2 + Z^2}$$

$$\cos\alpha = \frac{X}{\sqrt{X^2 + Y^2 + Z^2}}$$

$$\cos\beta = \frac{Y}{\sqrt{X^2 + Y^2 + Z^2}}$$

$$\cos\gamma = \frac{Z}{\sqrt{X^2 + Y^2 + Z^2}}$$

同时

$$\cos^2\alpha + \cos^2\beta + \cos^2\gamma = 1$$

现在要引用三个单位矢量（模等于单位长度的矢量），它们都以原点为起点，而以 x 轴、y 轴、z 轴的正方向为方向. 这些矢量分别记为 $\boldsymbol{i},\boldsymbol{j},\boldsymbol{k}$，且叫作基本矢量或基本单位矢量. 于是显然可见

$$\boldsymbol{A}_x = X\boldsymbol{i}, \boldsymbol{A}_y = Y\boldsymbol{j}, \boldsymbol{A}_z = Z\boldsymbol{k}$$

所以

$$\boldsymbol{A} = X\boldsymbol{i} + Y\boldsymbol{j} + Z\boldsymbol{k}$$

这就是把矢量分解成基本矢量的普通形式（平面矢量可分解成 $\boldsymbol{A} = X\boldsymbol{i} + Y\boldsymbol{j}$）.

我们来看每两个基本矢量的纯积与矢积的结果

$$\boldsymbol{i}\cdot\boldsymbol{i} = \boldsymbol{j}\cdot\boldsymbol{j} = \boldsymbol{k}\cdot\boldsymbol{k} = 1, \boldsymbol{i}\cdot\boldsymbol{j} = \boldsymbol{i}\cdot\boldsymbol{k} = \boldsymbol{j}\cdot\boldsymbol{k} = 0 \tag{1}$$

$$\boldsymbol{i}\times\boldsymbol{i} = \boldsymbol{j}\times\boldsymbol{j} = \boldsymbol{k}\times\boldsymbol{k} = \boldsymbol{0}, \boldsymbol{i}\times\boldsymbol{j} = \boldsymbol{k}, \boldsymbol{j}\times\boldsymbol{k} = \boldsymbol{i}, \boldsymbol{k}\times\boldsymbol{i} = \boldsymbol{j} \tag{2}$$

由此可知

$$\boldsymbol{j}\times\boldsymbol{i} = -\boldsymbol{k}, \boldsymbol{k}\times\boldsymbol{j} = -\boldsymbol{i}, \boldsymbol{i}\times\boldsymbol{k} = -\boldsymbol{j}$$

如果把矢量分解成基本矢量，那么根据以前所讲的法则就可用下面的公式来做矢量运算：

(1) $$\boldsymbol{A}_1+\boldsymbol{A}_2=(X_1\boldsymbol{i}+Y_1\boldsymbol{j}+Z_1\boldsymbol{k})+(X_2\boldsymbol{i}+Y_2\boldsymbol{j}+Z_2\boldsymbol{k})$$
$$=(X_1+X_2)\boldsymbol{i}+(Y_1+Y_2)\boldsymbol{j}+(Z_1+Z_2)\boldsymbol{k}$$

(2) $$\boldsymbol{A}_1-\boldsymbol{A}_2=(X_1\boldsymbol{i}+Y_1\boldsymbol{j}+Z_1\boldsymbol{k})-(X_2\boldsymbol{i}+Y_2\boldsymbol{j}+Z_2\boldsymbol{k})$$
$$=(X_1-X_2)\boldsymbol{i}+(Y_1-Y_2)\boldsymbol{j}+(Z_1-Z_2)\boldsymbol{k}$$

(3) $$c\boldsymbol{A}_1=c(X_1\boldsymbol{i}+Y_1\boldsymbol{j}+Z_1\boldsymbol{k})=cX_1\boldsymbol{i}+cY_1\boldsymbol{j}+cZ_1\boldsymbol{k}$$

(4) $$\boldsymbol{A}_1\cdot\boldsymbol{A}_2=(X_1\boldsymbol{i}+Y_1\boldsymbol{j}+Z_1\boldsymbol{k})\cdot(X_2\boldsymbol{i}+Y_2\boldsymbol{j}+Z_2\boldsymbol{k})$$
$$=X_1X_2\boldsymbol{i}^2+X_1Y_2\boldsymbol{ij}+X_1Z_2\boldsymbol{ik}+$$
$$Y_1X_2\boldsymbol{ji}+Y_1Y_2\boldsymbol{j}^2+Y_1Z_2\boldsymbol{jk}+$$
$$Z_1X_2\boldsymbol{ki}+Z_1Y_2\boldsymbol{kj}+Z_1Z_2\boldsymbol{k}^2$$
$$=X_1X_2+Y_1Y_2+Z_1Z_2$$

最后这个公式可以设想是由下列方法得出来的:把其中一个矢量分解式中的因子 $\boldsymbol{i},\boldsymbol{j},\boldsymbol{k}$ 依次换成另一个矢量的对应的投影.

如果应用关系式

$$\boldsymbol{A}_1\cdot\boldsymbol{A}_2=|\boldsymbol{A}_1||\boldsymbol{A}_2|\cos(\boldsymbol{A}_1,\boldsymbol{A}_2)$$

便容易求出

$$\cos(\boldsymbol{A}_1,\boldsymbol{A}_2)=\cos\alpha_1\cos\alpha_2+\cos\beta_1\cos\beta_2+\cos\gamma_1\cos\gamma_2$$

其中 $\cos\alpha_1,\cos\beta_1,\cos\gamma_1$ 是矢量 $\boldsymbol{A}_1$ 的方向余弦;$\cos\alpha_2,\cos\beta_2,\cos\gamma_2$ 是矢量 $\boldsymbol{A}_2$ 的方向余弦.

(5) $$\boldsymbol{A}_1\times\boldsymbol{A}_2=(X_1\boldsymbol{i}+Y_1\boldsymbol{j}+Z_1\boldsymbol{k})\times(X_2\boldsymbol{i}+Y_2\boldsymbol{j}+Z_2\boldsymbol{k})$$
$$=X_1X_2\boldsymbol{i}\times\boldsymbol{i}+X_1Y_2\boldsymbol{i}\times\boldsymbol{j}+X_1Z_2\boldsymbol{i}\times\boldsymbol{k}+$$
$$Y_1X_2\boldsymbol{j}\times\boldsymbol{i}+Y_1Y_2\boldsymbol{j}\times\boldsymbol{j}+Y_1Z_2\boldsymbol{j}\times\boldsymbol{k}+$$
$$Z_1X_2\boldsymbol{k}\times\boldsymbol{i}+Z_1Y_2\boldsymbol{k}\times\boldsymbol{j}+Z_1Z_2\boldsymbol{k}\times\boldsymbol{k}$$
$$=X_1Y_2\boldsymbol{k}-X_1Z_2\boldsymbol{j}-Y_1X_2\boldsymbol{k}+$$
$$Y_1Z_2\boldsymbol{i}+Z_1X_2\boldsymbol{j}-Z_1Y_2\boldsymbol{i}$$
$$=(Y_1Z_2-Z_1Y_2)\boldsymbol{i}+(Z_1X_2-X_1Z_2)\boldsymbol{j}+$$
$$(X_1Y_2-Y_1X_2)\boldsymbol{k}$$

我们不难看出,这个式子可以写成便于记忆的三阶行列式记号的形式

$$\boldsymbol{A}_1\times\boldsymbol{A}_2=\begin{vmatrix}\boldsymbol{i} & \boldsymbol{j} & \boldsymbol{k}\\ X_1 & Y_1 & Z_1\\ X_2 & Y_2 & Z_2\end{vmatrix}$$

这个式子可用行列式展开法只按第一列元素展开.

最后要注意,除了纯数乘矢量、矢量乘矢量的纯积以及矢量乘矢量的矢积等三种形式的"乘积",还有三个矢量 $\boldsymbol{A}_1,\boldsymbol{A}_2,\boldsymbol{A}_3$ 的"重积":成纯三重积(或混积)$\boldsymbol{A}_1\cdot(\boldsymbol{A}_2\times\boldsymbol{A}_3)$ 及成矢三重积 $\boldsymbol{A}_1\times(\boldsymbol{A}_2\times\boldsymbol{A}_3)$. 这里我们只讲成纯三重积. 根据纯积的性质可得

$$\boldsymbol{A}_1 \cdot (\boldsymbol{A}_2 \times \boldsymbol{A}_3) = |\boldsymbol{A}_2 \times \boldsymbol{A}_3| \ \text{пр}._{(\boldsymbol{A}_2 \times \boldsymbol{A}_3)} \boldsymbol{A}_1$$

右边第一个因子表示以矢量$\boldsymbol{A}_2$及$\boldsymbol{A}_3$为边的平行四边形的面积,第二个因子表示矢量$\boldsymbol{A}_1$在该平行四边形的垂直线上的投影,也就是,以已给三矢量$\boldsymbol{A}_1,\boldsymbol{A}_2,\boldsymbol{A}_3$所作平行六面体的高(就绝对值来说). 由此可知,成纯三重积可用上述平行六面体的体积(就绝对值说) 来表示.

成纯三重积可用其各因子

$$\boldsymbol{A}_n = X_n\boldsymbol{i} + Y_n\boldsymbol{j} + Z_n\boldsymbol{k} \quad (n = 1,2,3)$$

的投影表示如下

$$\boldsymbol{A}_1 \cdot (\boldsymbol{A}_2 \times \boldsymbol{A}_3) = \boldsymbol{A}_1 \cdot \begin{vmatrix} \boldsymbol{i} & \boldsymbol{j} & \boldsymbol{k} \\ X_2 & Y_2 & Z_2 \\ X_3 & Y_3 & Z_3 \end{vmatrix} = \begin{vmatrix} X_1 & X_2 & X_3 \\ Y_1 & Y_2 & Y_3 \\ Z_1 & Z_2 & Z_3 \end{vmatrix}$$

根据以上所讲的一切,我们可以形式地干脆把矢量看作是由三个实数以线性方式所构成的数组(系),这些实数是特种单位的系数,而这些单位把这三个实数彼此隔开.

因为任意一组三个数决定唯一的一个矢量,而且反过来,从任一矢量可得出与其相对应的唯一的一组三个数,所以可以说,空间所有矢量所构成的集就是所有可能的三个实数的组所构成的集,对这些数组有一定的运算规则,这些运算(规则) 可以合并成一个概括而简单的命题:对矢量做四则运算时可按一般运算规则来做,把$X\boldsymbol{i} + Y\boldsymbol{j} + Z\boldsymbol{k}$看作普通三项式,不过在运算结果中需把特种基本单位矢量$\boldsymbol{i},\boldsymbol{j},\boldsymbol{k}$中每一对相乘的乘积(纯积或矢积) 换成公式(1) 或公式(2) 中所示的结果.

(对在平面上的情形也一样:矢量集就是以$X\boldsymbol{i} + Y\boldsymbol{j}$这种形式写出的实数对的集,它们的四则运算可按一般规则来做,把$X\boldsymbol{i} + Y\boldsymbol{j}$看成像普通的二项式,不过要把运算结果中所有的$\boldsymbol{i}^2$及$\boldsymbol{j}^2$换成1,把$\boldsymbol{i}\cdot\boldsymbol{j}$换成0. 但在原则上讲,当我们考虑复数时,已经碰到过这种情形,所不同的只是那里的"特种单位" 满足:$\boldsymbol{i}^2 = 1$, $\boldsymbol{j}^2 = -1, \boldsymbol{i}\cdot\boldsymbol{j} = \boldsymbol{j}$.)

我们以后会知道,表示某个量的三个实数可以换成一个特殊的"数"(矢量) 这件事,在解析里面用得很广泛并且很方便[在平面的情形下按照不同的需要引用不同的常用的两组"数"(复数及矢量) 来代替一对实数].

我们要知道,由于近世物理学与工程上的需要,数学里还要研究比矢量更加复杂的数系,其中每一组由有限个甚至无穷个实数确定出来,它们各按照一定的次序排列,而且遵守一定的运算规则(张量,矩阵).

176. 纯数宗标的矢性函数、微分法

Ⅰ. 矢性函数、矢端曲线. 矢量与纯量一样都可能是常量或是变量. 凡取得不同矢"值" 的矢量叫作变矢量;凡保持同一矢"值" 的矢量叫作常矢量. 变矢量在空间的位置是变动的,而常矢量则保持不动.也可以说,变动的矢量可用模及方向都变动的变矢量来表示.变矢量在坐标轴上的投影是变量,常矢量在坐标轴上的投影是常量.变矢量的典型例子是非等速及非直线运动中的速度.

若在空间某域D上的点P的每个位置对应着矢量$\boldsymbol{A}$的一个确定"值",也就是,对应着$\boldsymbol{A}$的模及其方向(或其一切投影)的确定值,那么矢量$\boldsymbol{A}$就叫作在该域D上点P的(单值)函数.

要表明矢量$\boldsymbol{A}$是点P的函数时,可用下面的记号

$$\boldsymbol{A}=\boldsymbol{A}(P)$$

且把$\boldsymbol{A}$叫作点P的矢性函数.当点P用其坐标x,y,z确定出时,这个记号可写作

$$\boldsymbol{A}=\boldsymbol{A}(x,y,z)$$

这时我们说,$\boldsymbol{A}$是纯数宗标x,y,z的矢性函数.

同样,矢性函数可能取决于两个或一个纯数宗标.

现在只限于讲一个纯数宗标(通常是时间)的矢性函数,并用t来代表这个宗标.这样,某个区间上的每一t值对应着确定的矢量

$$\boldsymbol{A}(t)=x(t)\boldsymbol{i}+y(t)\boldsymbol{j}+z(t)\boldsymbol{k}$$

这里我们就用小写字母来表示该矢量在坐标轴上的投影(它们当然也是t的函数).

我们以后要设想矢量$\boldsymbol{A}(t)$总是从原点出发的,因此当t在所给区间上变动时,矢量$\boldsymbol{A}(t)$的终点(其坐标为$x(t),y(t),z(t)$)就指出一条曲线L,它的方程就是下面三个(在平面曲线时为两个)参数方程①

$$x=x(t),y=y(t),z=z(t)$$

但由于矢量$\boldsymbol{A}(t)$无非是曲线L上点M的矢径$\boldsymbol{r}$,故这条曲线可用像下面那样的一个矢量方程给出

$$\boldsymbol{r}=x(t)\boldsymbol{i}+y(t)\boldsymbol{j}+z(t)\boldsymbol{k}$$

(当L为平面曲线时,方程为$\boldsymbol{r}=x(t)\boldsymbol{i}+y(t)\boldsymbol{j}$).

从原点O出发的矢量$\boldsymbol{A}$取决于参数,当参数变动时,$\boldsymbol{A}$的终点所描出的曲线L叫作矢性函数$\boldsymbol{r}=\boldsymbol{A}(t)$的矢端曲线,而原点叫作矢端曲线的极.若把动点看作时间的函数,则动点的轨道线就是其矢径的矢端曲线.一般来说,如果把曲线上的点看作对应参数的函数,那么任何曲线都是其上点的矢径的矢端曲线.

若矢量$\boldsymbol{A}(t)$仅改变它的模,则矢端曲线是通过极的一条直线;如果矢量仅改变其方向,那么如果以极为中心,以矢量$\boldsymbol{A}(t)$的不变的模为半径作一球面,矢端曲线便是位于球面上的一条曲线.

---

① 读者不要误认为函数及其对于(一个或多个)宗标的依从关系是用同一个记号来表示的.以后我们还会常常碰到这种写法.

对于纯数宗标 t 的矢性函数 $\boldsymbol{A}(t)$ 也可以完全像纯数函数一样确定出它的极限、连续性及其他解析概念. 为了举例说明,我们只讲矢性函数的极限概念(在一种情形下)及连续性概念.

如果每个正数 ε 对应着一个适当的正数 δ,使满足条件

$$|t - t_0| < \delta \quad (t \neq t_0)$$

的一切 t,都能满足不等式

$$|\boldsymbol{A} - \boldsymbol{A}(t)| < \varepsilon$$

那么矢量 $\boldsymbol{A}$ 叫作当 $t \to t_0$ 时矢量 $\boldsymbol{A}(t)$ 的极限

$$\lim_{t \to t_0} \boldsymbol{A}(t) = \boldsymbol{A}$$

若函数 $\boldsymbol{A}(t)$ 定义于点 t_0 的完整邻域上且

$$\lim_{t \to t_0} \boldsymbol{A}(t) = \boldsymbol{A}(t_0)$$

则函数 $\boldsymbol{A}(t)$ 叫作在 $t = t_0$ 处连续.

与纯数函数时的情形一样,我们也可以根据增量概念给出形式上不同的其他的定义. 给宗标 t 以增量 Δt 且求其对应的函数增量

$$\Delta \boldsymbol{A}(t_0) = \boldsymbol{A}(t_0 + \Delta t) - \boldsymbol{A}(t_0)$$

我们来解释这个函数增量的几何意义. 设宗标值对应着函数 $\boldsymbol{A}(t)$ 的矢端曲线 L 上的点 M_0,而 $t_0 + \Delta t$ 值在 $\Delta t > 0$ 时对应着点 M',在 $\Delta t < 0$ 时对应着点 M''(图 7). 于是 $\Delta \boldsymbol{A}(t_0)$ 便是矢量 $\overrightarrow{M_0M'}$ 或 $\overrightarrow{M_0M''}$. 若在 $\Delta t \to 0$ 时

$$\Delta \boldsymbol{A}(t) \to \boldsymbol{0}$$

(或者 $|\Delta \boldsymbol{A}(t)| \to 0$ 也一样),则矢性函数 $\boldsymbol{A}(t)$ 叫作在所给点 t_0 处连续.

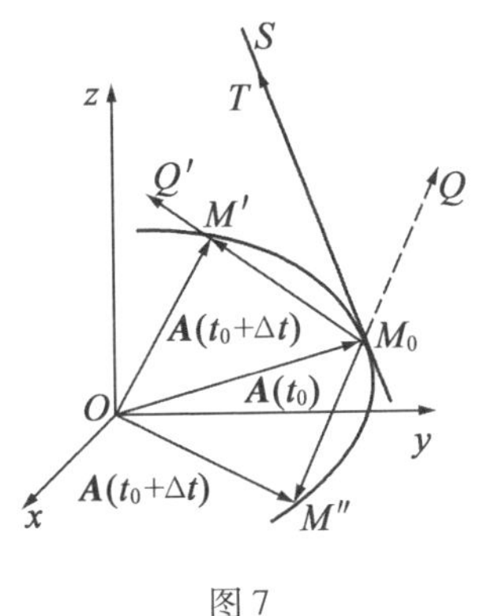

图 7

由矢量 $\boldsymbol{A}(t)$ 的连续性显然可以推出其矢端曲线的连续性,反之,由矢端曲线的连续性也可以推出其对应矢量的连续性. 以后我们要假定,矢端曲线不仅是连续曲线,而且在其上任何点处还具有切线.

Ⅱ. 矢性导函数. 现在我们来讲矢性函数 $\boldsymbol{A}(t)$ 在所给点 t_0 处的变化率概念.

取商式$\dfrac{\Delta \boldsymbol{A}(t_0)}{\Delta t}$,它叫作矢量$\boldsymbol{A}(t)$在区间$(t_0, t_0+\Delta t)$上的平均变化率. 这个商在几何上可用矢量$\overrightarrow{M_0Q'}$(或$\overrightarrow{M_0Q''}$)来表示,其方向对应于$t$的增大方向. 因在$\Delta t<0$时,矢量

$$\Delta \boldsymbol{A}(t_0)=\overrightarrow{M_0M''}$$

的方向与t的增大方向相反,但用负数Δt除过后所得矢量$\overrightarrow{M_0Q''}$的方向便与$\Delta t>0$时所得的矢量

$$\overrightarrow{M_0Q'}=\frac{\Delta \boldsymbol{A}(t_0)}{\Delta t}$$

同方向,而两者都对应于矢端曲线上参数t的增大方向. 设当$\Delta t\to 0$时,曲线L上的弦M_0M'(或M_0M'')趋于直线M_0S的位置,这个位置叫作L在点M_0处的切线.

由此可知,$\lim\limits_{\Delta\to 0}\dfrac{\Delta \boldsymbol{A}(t_0)}{\Delta t}$是矢量$\overrightarrow{M_0T}$,它与矢量$\boldsymbol{A}(t)$的矢端曲线相切于其对应点处,它的方向对应于$t$的增大方向.

这个极限就叫作矢性函数$\boldsymbol{A}(t)$对于纯数宗标t的导函数,且记为$\boldsymbol{A}'(t_0)$或$\dfrac{\mathrm{d}\boldsymbol{A}(t_0)}{\mathrm{d}t}$,即

$$\boldsymbol{A}'(t_0)=\overrightarrow{M_0T}$$

并认为它表示矢性函数$\boldsymbol{A}(t)$在点t_0处的变化率.

现在特别来考察曲线L为点M的运动轨道线,而t为时间时的情形,这时方程

$$\boldsymbol{r}=\boldsymbol{A}(t)$$

叫作运动方程,曲线L叫作运动的矢端曲线,矢性导函数

$$\boldsymbol{v}=\frac{\mathrm{d}\boldsymbol{r}}{\mathrm{d}t}$$

叫作运动速度. 这样,运动速度是与运动轨道线切于其相应点处的一个确定的矢量. 在平面轨道线时的运动速度问题与我们在第三章(65 小节)中讲过的完全相仿.

若函数$\boldsymbol{A}(t)$具有不变的模,比如说,等于1,即

$$|\boldsymbol{A}(t)|=1$$

则其导函数$\boldsymbol{A}'(t)$是垂直于矢量$\boldsymbol{A}(t)$的一个矢量. 因这时矢端曲线位于球面上,而导函数$\boldsymbol{A}'(t)$是切于矢端曲线的矢量,故必垂直于球面上对应点的矢径,即垂直于所给的矢量$\boldsymbol{A}(t)$. 这个命题也可以陈述为:单位矢量的导函数垂直于矢量本身.

Ⅲ. 微分法. 速度及加速度的分解法. 如同在纯数函数时所做的情形一样，我们可以从矢量的四则运算规则出发，进而讲纯数宗标的矢性函数的微分法. 由于微分法中所用的普通四则运算规则对于矢量也保持不变，因此普通的微分运算法则自然也对矢性函数保持不变. 特别是我们可以利用矢性函数的微分运算法则来验证刚才(Ⅱ 的末尾) 所证明过的命题. 取单位矢量 $\boldsymbol{A}(t)$ 的纯数乘方，由于

$$|\boldsymbol{A}(t)|=1$$

所以这个纯数乘方常等于1，即

$$\boldsymbol{A}(t)\cdot\boldsymbol{A}(t)=1$$

对其微分，得

$$2\boldsymbol{A}(t)\cdot\boldsymbol{A}'(t)=0$$

这就是说，矢量 $\boldsymbol{A}(t)$ 及 $\boldsymbol{A}'(t)$ 的纯积等于0，而这唯有在两者垂直时才有可能. 同样，容易证明

$$\frac{\mathrm{d}}{\mathrm{d}t}(\boldsymbol{A}_1(t)\times\boldsymbol{A}_2(t))=\boldsymbol{A}_1(t)\times\frac{\mathrm{d}\boldsymbol{A}_2(t)}{\mathrm{d}t}+\frac{\mathrm{d}\boldsymbol{A}_1(t)}{\mathrm{d}t}\times\boldsymbol{A}_2(t)$$

(不过，这个公式里面因子的次序不可颠倒) 及

$$\frac{\mathrm{d}\boldsymbol{A}}{\mathrm{d}s}=\frac{\mathrm{d}\boldsymbol{A}}{\mathrm{d}s'}\frac{\mathrm{d}s'}{\mathrm{d}s}$$

(复合函数的微分法则).

通常我们不必像上述那样把解析方法推广到矢性函数上，因为如果用矢量分解法，我们就不难把矢性函数的微分运算化为纯数函数的微分运算. 设

$$\boldsymbol{A}(t)=x(t)\boldsymbol{i}+y(t)\boldsymbol{j}+z(t)\boldsymbol{k}$$

根据上文中的法则，可得

$$\Delta\boldsymbol{A}(t)=\Delta x(t)\boldsymbol{i}+\Delta y(t)\boldsymbol{j}+\Delta z(t)\boldsymbol{k}$$

$$\frac{\Delta\boldsymbol{A}(t)}{\Delta t}=\frac{\Delta x(t)}{\Delta t}\boldsymbol{i}+\frac{\Delta y(t)}{\Delta t}\boldsymbol{j}+\frac{\Delta z(t)}{\Delta t}\boldsymbol{k}$$

当 $\Delta t\to 0$ 时，取极限，得

$$\boldsymbol{A}'(t)=x'(t)\boldsymbol{i}+y'(t)\boldsymbol{j}+z'(t)\boldsymbol{k}\tag{3}$$

这便是 $\boldsymbol{A}(t)$ 的矢性导函数用基本单位矢量表示的分解式子. 我们可以看出，这个导函数分解式子的形式，好像把函数 $\boldsymbol{A}(t)$ 看作是以 $\boldsymbol{i},\boldsymbol{j},\boldsymbol{k}$ 为常系数的三项式而施行普通微分法得出的结果. 由此可知，对矢量做微分运算时，只要对矢量分解式子中该矢量在坐标轴上的投影做微分运算就够了.

现在我们来讲分解式(3) 的几何意义. 首先要说明的是，平面曲线上切线及曲线长度的定义可以毫无保留地用在空间曲线上(见181 小节)，其中的切线定义我们在前面已经用过. 若曲线 L 的方程是

$$\boldsymbol{r}=x(t)\boldsymbol{i}+y(t)\boldsymbol{j}+z(t)\boldsymbol{k}$$

其中 x,y,z 是 L 上的流动坐标,并用 s 表示曲线 L 的长度,则

$$\mathrm{d}s=\sqrt{\mathrm{d}x^2+\mathrm{d}y^2+\mathrm{d}z^2}=\sqrt{x'^2(t)+y'^2(t)+z'^2(t)}\,\mathrm{d}t$$

这里 $\mathrm{d}s$ 是曲线上切线的对应线段长度. 切线的方向余弦 $\cos\alpha,\cos\beta,\cos\gamma$ 可求得为

$$\cos\alpha=\frac{\mathrm{d}x}{\mathrm{d}s},\cos\beta=\frac{\mathrm{d}y}{\mathrm{d}s},\cos\gamma=\frac{\mathrm{d}z}{\mathrm{d}s}$$

(见 181 小节). 从这几个公式可以看出矢量(3) 的方向余弦与切线的方向余弦相同,也就是说,式(3) 与切线同方向. 这件事我们在前面已用其他的方法推出过了.

因为根据分解式(3) 有

$$|\boldsymbol{A}'(t)|=\sqrt{x'^2(t)+y'^2(t)+z'^2(t)}$$

$$|\boldsymbol{A}'(t)|=\frac{\mathrm{d}s}{\mathrm{d}t}$$

所以现在我们可以说出导函数的全部特性:

纯数宗标的矢性函数的导函数是一个矢量,它与所给矢量的矢端曲线相切,它的模等于矢端曲线的长度对于宗标的导函数.

特别是,当

$$\boldsymbol{r}=\boldsymbol{A}(t)$$

是运动方程时,便可得下列结论:速度矢量的模等于路程对于时间的导函数

$$|\boldsymbol{v}|=\frac{\mathrm{d}s}{\mathrm{d}t}$$

在直线运动的情形下,速度矢量可用纯量表示,我们已在第三章的开头把它叫作运动速度,且已求得为导函数$\frac{\mathrm{d}s}{\mathrm{d}t}$.

如果用矢端曲线的长度 s 作为宗标 t,那么矢性导函数的模总等于 1,也就是,曲线上点的矢径对于曲线长度的导函数是与曲线相切且长度等于 1 的矢量. 这时曲线的参数方程

$$x=x(s),y=y(s),z=z(s)$$

或

$$\boldsymbol{r}=x(s)\boldsymbol{i}+y(s)\boldsymbol{j}+z(s)\boldsymbol{k}$$

叫作自然方程.

我们要知道所给矢量

$$\boldsymbol{r}=\boldsymbol{A}(t)$$

像每一个矢量一样,可表示为其模与同方向的单位矢量两者的乘积

$$\boldsymbol{A}(t)=|\boldsymbol{A}(t)|\,\boldsymbol{r}_1$$

由此得

$$\frac{\mathrm{d}\boldsymbol{A}(t)}{\mathrm{d}t}=\frac{\mathrm{d}|\boldsymbol{A}(t)|}{\mathrm{d}t}\boldsymbol{r}_1+|\boldsymbol{A}(t)|\frac{\mathrm{d}\boldsymbol{r}_1}{\mathrm{d}t}$$

右边第一项是一个矢量,它的方向与 $\boldsymbol{r}_1$ 相同(也就是与所给矢量 $\boldsymbol{A}(t)$ 相同),它的模等于所给矢量的模的导函数;第二项也是一个矢量,它与垂直于矢量 $\boldsymbol{A}(t)$ 的矢量$\frac{\mathrm{d}\boldsymbol{r}_1}{\mathrm{d}t}$同方向. 因此所得的公式给出矢性导函数在矢端曲线的矢径方向上及其矢径垂线方向上的分解式子.

重复施行微分法的结果就得出纯数宗标的矢性函数的高阶导数概念.

矢性函数 $\boldsymbol{A}(t)$ 的二阶导数 $\boldsymbol{A}''(t)$ 可从矢量 $\boldsymbol{A}(t)$ 的分解式经两次施用微分法而求得

$$\boldsymbol{A}''(t)=x''(t)\boldsymbol{i}+y''(t)\boldsymbol{j}+z''(t)\boldsymbol{k}$$

但若从式子

$$\boldsymbol{A}'(t)=|\boldsymbol{A}'(t)|\boldsymbol{\tau}_1$$

出发,其中 $\boldsymbol{\tau}_1$ 是矢端曲线

$$\boldsymbol{r}=\boldsymbol{A}(t)$$

上的单位矢量,则还可把二阶导数表示成另一种形式.

微分它,得

$$\boldsymbol{A}''(t)=\frac{\mathrm{d}\boldsymbol{A}'(t)}{\mathrm{d}t}=\frac{\mathrm{d}|\boldsymbol{A}'(t)|}{\mathrm{d}t}\boldsymbol{\tau}_1+|\boldsymbol{A}'(t)|\frac{\mathrm{d}\boldsymbol{\tau}_1}{\mathrm{d}t}$$

这是二阶导数沿矢端曲线的切线方向与某一法线方向的分解式子.

在运动方程为

$$\boldsymbol{r}=\boldsymbol{A}(t)$$

的情形下,矢量

$$\boldsymbol{w}=\boldsymbol{A}''(t)=\boldsymbol{v}'$$

叫作运动加速度,其第一个支量

$$\boldsymbol{w}_t=\frac{\mathrm{d}|\boldsymbol{A}'(t)|}{\mathrm{d}t}\boldsymbol{\tau}_1$$

叫作切线加速度;第二个支量

$$\boldsymbol{w}_n=|\boldsymbol{A}'(t)|\frac{\mathrm{d}\boldsymbol{\tau}_1}{\mathrm{d}t}$$

叫作法线加速度. 我们可以看出,切线加速度式子中切线单位矢量的系数就是$\frac{\mathrm{d}^2s}{\mathrm{d}t^2}$,也就是运动轨道线长度对于时间的二阶导数.

至于法线加速度 $\boldsymbol{w}_n$ 的式子,也可改写为

$$\boldsymbol{A}_n=|\boldsymbol{A}'(t)|\frac{\mathrm{d}\boldsymbol{\tau}_1}{\mathrm{d}t}=\frac{\mathrm{d}s}{\mathrm{d}t}\frac{\mathrm{d}\boldsymbol{\tau}_1}{\mathrm{d}s}\frac{\mathrm{d}s}{\mathrm{d}t}=\left(\frac{\mathrm{d}s}{\mathrm{d}t}\right)^2\left|\frac{\mathrm{d}\boldsymbol{\tau}_1}{\mathrm{d}s}\right|\boldsymbol{\nu}_1$$

其中 $\boldsymbol{\nu}_1$ 是与轨道线

$$\boldsymbol{r}=\boldsymbol{A}(t)$$

正交的矢量$\dfrac{\mathrm{d}\boldsymbol{\tau}_1}{\mathrm{d}s}$方向上的单位矢量. 我们还可得

$$\left|\frac{\mathrm{d}\boldsymbol{\tau}_1}{\mathrm{d}s}\right|=\left|\frac{\mathrm{d}\boldsymbol{\tau}_1}{\mathrm{d}s'}\right|\ \left|\frac{\mathrm{d}s'}{\mathrm{d}s}\right|$$

其中 s' 表示矢量

$$\boldsymbol{r}=\boldsymbol{\tau}_1$$

的矢端曲线的长度,故

$$\left|\frac{\mathrm{d}\boldsymbol{\tau}_1}{\mathrm{d}s'}\right|=1$$

但由于 $\boldsymbol{\tau}_1$ 是轨道线上切线的单位矢量,故 $\mathrm{d}s'$ 表示轨道线 $\boldsymbol{r}=\boldsymbol{A}(t)$ 的无穷小毗连角 $\mathrm{d}\varphi$(见91小节). 对空间曲线来说,也与平面曲线一样,$\left|\dfrac{\mathrm{d}\varphi}{\mathrm{d}s}\right|$这个量说明曲线的一种特性,即其曲率

$$\left|\frac{\mathrm{d}\varphi}{\mathrm{d}s}\right|=\frac{1}{R}$$

其中 R 是曲率半径.

因此

$$\boldsymbol{w}_n=\frac{|\boldsymbol{v}|^2}{R}\boldsymbol{\nu}_1$$

也就是说,法线加速度的模等于$\dfrac{|\boldsymbol{v}|^2}{R}$,其中

$$|\boldsymbol{v}|^2=\left(\frac{\mathrm{d}s}{\mathrm{d}t}\right)^2$$

是运动轨道线长度对于时间的一阶导数的平方,而 R 是轨道线在对应点处的曲率半径.

加速度矢量 $\boldsymbol{w}$ 可以写成下面的形式

$$\begin{aligned}\boldsymbol{w}&=\boldsymbol{w}_t+\boldsymbol{w}_n\\&=\frac{\mathrm{d}|\boldsymbol{v}|}{\mathrm{d}t}\boldsymbol{\tau}_1+\frac{|\boldsymbol{v}|^2}{R}\boldsymbol{\nu}_1\\&=\frac{\mathrm{d}^2s}{\mathrm{d}t^2}\boldsymbol{\tau}_1+\frac{\left(\dfrac{\mathrm{d}s}{\mathrm{d}t}\right)^2}{R}\boldsymbol{\nu}_1\end{aligned}$$

在直线运动的情形下,加速度矢量没有法线支量,这时它变为纯量$\dfrac{\mathrm{d}^2s}{\mathrm{d}t^2}$,我们在第三章(67小节)中把它叫作直线运动的加速度.

在一般情形下,我们可以把矢量$\boldsymbol{A}''(t)$的意义看作矢性函数$\boldsymbol{A}(t)$在点t处的变化加速度.

177. 纯量场及矢量场、梯度

若在空间一域D上发生某种现象,且域D的每一点P与有关现象的纯量$f(P)$或矢量$\boldsymbol{A}(P)$的确定值相对应,则域D在第一种情形下叫作纯量场,在第二种情形下叫作矢量场. 换句话说,若域D上确定出具有物理意义的纯数函数$f(P)$或矢性函数$\boldsymbol{A}(P)$,则域D叫作纯量场或矢量场. 例如,物体所占的空间域是物体温度的纯量场,河身所占的域是河流速度的矢量场.

矢量解析中与场的概念有密切关系的几个重要概念是:梯度、散度、旋度. 所有这些概念在数学的各门课程中都有重要的意义.

现在我们先讲纯量场及梯度概念,并且为了使讲解明显且易懂,这里要着重讲平面域的情形.

设已给具有笛卡儿坐标的xOy平面上的域D及域上的纯量场f,也就是,在域D上给出纯数函数

$$z=f(P)=f(x,y)$$

并且假定这个函数是可微分的. 若点P在单位矢量

$$\boldsymbol{e}_\alpha=\cos\alpha\boldsymbol{i}+\cos\beta\boldsymbol{j}\quad(\cos\beta=\sin\alpha)$$

(α是所取方向与x轴所成的角)所确定的方向上移动,则函数在点P处的变化率可用下列方向导数确定出

$$\frac{\partial z}{\partial\alpha}=\frac{\partial z}{\partial x}\cos\alpha+\frac{\partial z}{\partial y}\cos\beta$$

这里容易看出,若在所给点P处取投影为$\frac{\partial z}{\partial x}$及$\frac{\partial z}{\partial y}$的矢量$\boldsymbol{A}(P)$,则点$P$处的方向导数等于这个矢量与已给方向上单位矢量$\boldsymbol{e}_\alpha$的纯积

$$\frac{\partial z}{\partial\alpha}=\boldsymbol{A}(P)\cdot\boldsymbol{e}_\alpha$$

方向导数的这种表示法是极为有利的事:它可以使我们明显地看出微分法的方向对于导函数大小的影响.

点$P(x,y)$处所确定的矢量$\frac{\partial z}{\partial x}\boldsymbol{i}+\frac{\partial z}{\partial y}\boldsymbol{j}$叫作函数

$$z=f(P)$$

(或纯量场f)在点P处的梯度,并用$\operatorname{grad} z(\operatorname{grad} f(P))$表示

$$\operatorname{grad} z=\frac{\partial z}{\partial x}\boldsymbol{i}+\frac{\partial z}{\partial y}\boldsymbol{j}$$

这样,纯量场的每一点就对应着确定的矢量,于是域D上的纯数函数$f(P)$在该域上产生矢性函数$\operatorname{grad} f(P)$——纯数函数$f(P)$的梯度.

现在只考虑将函数的梯度应用在函数局部性态的探讨上,我们知道

$$\frac{\partial z}{\partial \alpha} = \operatorname{grad} z \cdot \boldsymbol{e}_{\alpha}$$

也就是说,函数在所给方向上的导函数等于其梯度与该方向上单位矢量的纯积.

但两个矢量的纯积等于其中一个矢量的模乘以第二矢量在第一矢量方向上的投影(见 175 小节),因此也可以说:

函数在所给方向上的导函数等于所给点处的函数梯度在微分法所循的方向上的投影.

这里讲一下所给点处函数梯度的方向是很有趣的. 我们要证明:函数梯度的方向与通过该点的等高线正交.

过点 P_0 作等高线,在等高线上的函数值不变

$$f(P) = f(P_0) = z_0$$

在点 P_0 处取函数在等高线方向上的导数$\frac{\partial z}{\partial s}$,我们知道(见 163 小节) 这个导数等于 0,即

$$\frac{\partial z}{\partial s} = \operatorname{grad} z \cdot \boldsymbol{e}_s = 0$$

但矢积唯有(若 $\operatorname{grad} z \neq \mathbf{0}$) 当其中两个矢量因子彼此垂直时才等于 $\mathbf{0}$,故知 $\operatorname{grad} z$ 垂直于 $\boldsymbol{e}_s$,也就是与等高线正交. 梯度的模等于$\sqrt{z_x'^2 + z_y'^2}$,而其方向余弦等于

$$\cos \alpha = \frac{z_x'}{\sqrt{z_x'^2 + z_y'^2}}, \cos \beta = \sin \alpha = \frac{z_y'}{\sqrt{z_x'^2 + z_y'^2}}$$

知道了梯度的方向,我们就容易确定出过已给点的函数等高线的方向.

由上述把方向导数表示成纯积的式子,立即可以看出在所给点处当方向 α(矢量 $\boldsymbol{e}$ 的方向或微分法所循的方向) 与 $\operatorname{grad} z$ 的方向相同或相反时,该导函数在所给点处取得最大值(就绝对值而言). 所以,梯度的方向是导函数$\frac{\partial z}{\partial \alpha}$取得其最大值(绝对值) $\sqrt{z_x'^2 + z_y'^2}$ 时的方向. 根据梯度方向与等高线法线方向相同的事实,可得结论:函数$z = f(x,y)$ 在某点$P(x,y)$ 处的方向导数,当所取方向与通过该点 $P(x,y)$ 的函数 $f(x,y)$ 的等高线法线方向相同时,取得最大值 $\sqrt{z_x'^2 + z_y'^2}$,即

$$\left|\frac{\partial z}{\partial \alpha}\right| \leqslant \left|\frac{\partial z}{\partial n}\right| = \sqrt{z_x'^2 + z_y'^2}$$

其中$\frac{\partial z}{\partial n}$表示等高线法线方向上的导函数.

换句话说,点 $P(x,y)$ 处函数$f(x,y)$ 的变化率不能大于$\sqrt{z_x'^2 + z_y'^2}$,而它在等高线法线方向上的变化率则等于这个值(注意,若函数在法线的一个方向上

以变化率$\sqrt{z_x'^2+z_y'^2}$ 而增大,则它在另一个方向上以同样的变化率而减小). 从几何观点来说,梯度方向是曲面

$$z=f(x,y)$$

在对应点处上升(或下降) 得最陡的那个方向.

梯度概念可以用到任意个自变量的函数上,我们只限于讲三变量函数的情形. 设

$$u=f(P)=f(x,y,z)$$

在 x 轴、y 轴、z 轴上的投影各为$\frac{\partial u}{\partial x}$, $\frac{\partial u}{\partial y}$, $\frac{\partial u}{\partial z}$ 的矢量,就叫作函数 $f(P)$ 的梯度grad $f(P)$.

与上面一样,在某方向 PN 上的导函数为

$$f'_{PN}(P)=\mathrm{grad}\,f(P)\cdot\boldsymbol{e}_{PN}$$

其中$\boldsymbol{e}_{PN}$是PN方向上的单位矢量(它在坐标轴上的投影是直线PN的方向余弦$\cos\alpha,\cos\beta,\cos\gamma$).

由此可知,当我们在函数的梯度方向上微分时,所得方向导数的数值最大.

因为函数在与等高面相切的任意方向上的导数等于0(见163 小节),所以函数梯度的方向垂直于等高面的任一条切线,因而垂直于等高面的切平面.

故三变量函数在每一点处的梯度方向正交于过该点的等高面.

我们知道,正交于等高面的方向是函数变动得最大的方向.

在某种意义上讲,多变量函数

$$u=f(P)$$

的梯度相当于单变量函数的(普通) 导函数概念.

在点 $P(x,y,z)$ 处取在 x 轴、y 轴、z 轴上的投影各为 $\mathrm{d}x,\mathrm{d}y,\mathrm{d}z$ 的矢量(点 P 的位移矢量),我们用记号$\overrightarrow{\mathrm{d}P}$ 来表示它. 这种表示法是很自然的:矢量$\overrightarrow{\mathrm{d}P}$ 也正如自变量的微分一样,能完全决定点P的位移,该矢量的模$\sqrt{\mathrm{d}x^2+\mathrm{d}y^2+\mathrm{d}z^2}$ 确定出了点 P 所移动的距离,它的方向确定出了位移的方向. 这时函数

$$z=f(P)=f(x,y,z)$$

的微分显然可以写成纯积的形式

$$\mathrm{d}u=\mathrm{d}f(P)=\frac{\partial u}{\partial x}\mathrm{d}x+\frac{\partial u}{\partial y}\mathrm{d}y+\frac{\partial u}{\partial z}\mathrm{d}z=\mathrm{grad}\,f(P)\cdot\overrightarrow{\mathrm{d}P}$$

如果用象征性的记号$\overrightarrow{f'(P)}$ 来代表 grad $f(P)$,那么函数

$$u=f(P)$$

的微分就可用统一的公式来表示

$$\mathrm{d}u=\overrightarrow{f'(P)}\cdot\overrightarrow{\mathrm{d}P}$$

这样,如果把函数

$$u = f(x, y, z)$$
看作一个宗标(点 $P(x,y,z)$) 的函数,那么单变量函数的基本微分法公式在多变量函数时仍保持原形,但我们自然应该记住,在这个公式右边的是两个矢量的纯积.

若点 P 仅在 x 轴上变动,则矢量 $\overrightarrow{\mathrm{d}P}$ 变为纯量 $\mathrm{d}x$,矢量 $\overrightarrow{f'(P)}$ 变为纯量 $f'(x)$,整个公式也就变为表示函数 $f(x)$ 的微分的普通公式.

178. 散度及旋度

现在我们来讲与矢量场有关的散度概念及旋度概念.

设在域 Ω 上给出由矢性函数
$$\boldsymbol{A}(P) = X(P)\boldsymbol{i} + Y(P)\boldsymbol{j} + Z(P)\boldsymbol{k}$$
所确定的矢量场,且其各个投影 $X(P)$,$Y(P)$,$Z(P)$ 具有连续偏导数. 我们可以拿一部分流动液体中的速度场作为矢量场的浅显模型. 某一体积的液体在流动时会改变其大小、形状及位置. 我们给出对于这些变化的观念,不打算进一步细讲并给出其中相当烦琐的证明. 我们来看液体状态的瞬时景象,分出点 P 的一个任意小的邻域 Δ(例如,一块平行六面体,图 8),然后描写(对于单位时间来说) 这块好像看作是硬化了的域 Δ 在无穷小的一段时间内所发生的变化,我们可以证明①:由矢量 $\boldsymbol{A}(P)$ 所确定出的变形可以看作是两种简单变形所合成的结果:"纯粹应变" 及"旋转". 第一种变形用矢量 $\boldsymbol{A}_1(P)$ 表示,第二种变形用矢量 $\boldsymbol{A}_2(P)$ 表示,于是
$$\boldsymbol{A}(P) = \boldsymbol{A}_1(P) + \boldsymbol{A}_2(P)$$
"纯粹应变" 是指域 Δ 能在三个固定方向上伸缩. "旋转" 是指域 Δ 能绕点 P 转动而不改变形状. 计算的结果可以证明:应变时域 Δ 的"体积相对变化率",域 Δ 的体积膨胀率,可用下式表示
$$\frac{\partial X}{\partial x} + \frac{\partial Y}{\partial y} + \frac{\partial Z}{\partial z}$$

这个式子叫作矢量
$$\boldsymbol{A}(P) = X\boldsymbol{i} + Y\boldsymbol{j} + Z\boldsymbol{k}$$
(或矢量场) 的散度且记为 div $\boldsymbol{A}$,即
$$\operatorname{div} \boldsymbol{A} = \frac{\partial X}{\partial x} + \frac{\partial Y}{\partial y} + \frac{\partial Z}{\partial z}$$

散度表明在域的相应点处,单位体积液体(在单位时间内) 所得的增(或减) 量,也就是表明液体在该点处的流源强度.

---

① 见 А. Вебстер 和 Г. Сеге 所著的《Дифференциальные в частных производных математической физики》第一章 §6(1933 年版).

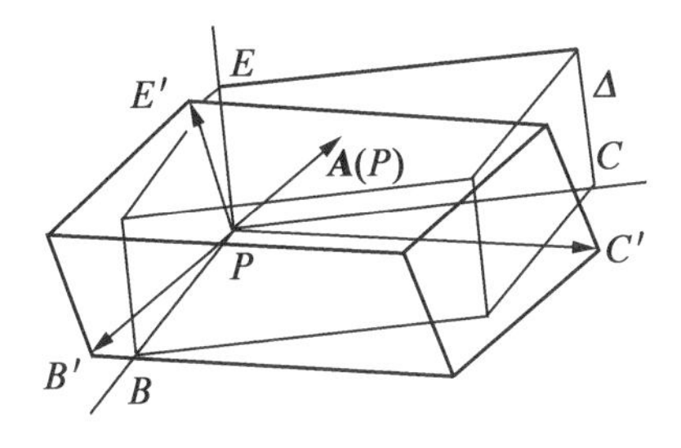

图 8

在旋转时变形的体积膨胀率等于 0，而角速度（见 175 小节）等于 $\frac{1}{2}\boldsymbol{\omega}$，其中

$$\boldsymbol{\omega}=\left(\frac{\partial Z}{\partial y}-\frac{\partial Y}{\partial z}\right)\boldsymbol{i}+\left(\frac{\partial X}{\partial z}-\frac{\partial Z}{\partial x}\right)\boldsymbol{j}+\left(\frac{\partial Y}{\partial x}-\frac{\partial X}{\partial y}\right)\boldsymbol{k}$$

矢量 $\boldsymbol{\omega}$ 叫作矢量

$$\boldsymbol{A}(P)=X\boldsymbol{i}+Y\boldsymbol{j}+Z\boldsymbol{k}$$

（或矢量场）的旋度且记为 rot $\boldsymbol{A}$（或 curl $\boldsymbol{A}$）①，即

$$\operatorname{rot}\boldsymbol{A}=\left(\frac{\partial Z}{\partial y}-\frac{\partial Y}{\partial z}\right)\boldsymbol{i}+\left(\frac{\partial X}{\partial z}-\frac{\partial Z}{\partial x}\right)\boldsymbol{j}+\left(\frac{\partial Y}{\partial x}-\frac{\partial X}{\partial y}\right)\boldsymbol{k}$$

若过点 P 作任何曲面，则 rot $\boldsymbol{A}$ 在曲面的点 P 处法线 n 上的投影

$$\text{пр.}_n\operatorname{rot}\boldsymbol{A}$$

所确定的值是液体在点 P 的无穷小邻域上绕点 P 流动时，在单位面积（及单位时间）内流过的量.

这样，矢量场中的每点对应着一个纯量 div $\boldsymbol{A}(P)$——已给场的散度，以及一个矢量 rot $\boldsymbol{A}$——场的旋度.

这些“局部”概念（“散度”及“旋度”）的物理意义，等我们在第十三章里学到曲线积分的概念时，定义了与其相对应的“整体”概念（“流”及“环流”）（见 215，216 小节）之后，就可以显得更加明白.

以上所讲矢量解析中的几个基本概念：梯度、散度、旋度，不妨用一个象征性的矢量

---

① 为了便于记忆旋度的式子起见，只要记住分子里各字母的次序是 $ZYXZYX$，每一括号中的分母也是同样的几个字母（不过是小写的），但是次序相反.

旋度式子也可写成行列式形式的记号

$$\operatorname{rot}\boldsymbol{A}=\begin{vmatrix}\boldsymbol{i} & \boldsymbol{j} & \boldsymbol{k}\\ \frac{\partial}{\partial x} & \frac{\partial}{\partial y} & \frac{\partial}{\partial z}\\ X & Y & Z\end{vmatrix}$$

$$\nabla=\frac{\partial}{\partial x}\boldsymbol{i}+\frac{\partial}{\partial y}\boldsymbol{j}+\frac{\partial}{\partial z}\boldsymbol{k}$$

$\left(在平面上用\nabla=\frac{\partial}{\partial x}\boldsymbol{i}+\frac{\partial}{\partial y}\boldsymbol{j}\right)$来表示. ∇读作:“矢量拿勃拉”.

这个象征性的矢量拿勃拉本身并无任何意义,但当它与纯量或矢量相乘时,便会得出矢量解析中的上述几个概念.

从“矢量”∇与纯量u的乘积可得梯度

$$\operatorname{grad} u=\nabla u=\left(\frac{\partial}{\partial x}\boldsymbol{i}+\frac{\partial}{\partial y}\boldsymbol{j}+\frac{\partial}{\partial z}\boldsymbol{k}\right)u=\frac{\partial u}{\partial x}\boldsymbol{i}+\frac{\partial u}{\partial y}\boldsymbol{j}+\frac{\partial u}{\partial z}\boldsymbol{k}$$

从“矢量”∇与矢量

$$\boldsymbol{A}=X\boldsymbol{i}+Y\boldsymbol{j}+Z\boldsymbol{k}$$

的纯积可得散度

$$\operatorname{div}\boldsymbol{A}=\nabla\cdot\boldsymbol{A}=\left(\frac{\partial}{\partial x}\boldsymbol{i}+\frac{\partial}{\partial y}\boldsymbol{j}+\frac{\partial}{\partial z}\boldsymbol{k}\right)\cdot(X\boldsymbol{i}+Y\boldsymbol{j}+Z\boldsymbol{k})=\frac{\partial X}{\partial x}+\frac{\partial Y}{\partial y}+\frac{\partial Z}{\partial z}$$

从“矢量”∇与矢量

$$\boldsymbol{A}=X\boldsymbol{i}+Y\boldsymbol{j}+Z\boldsymbol{k}$$

的矢积可得旋度

$$\begin{aligned}\operatorname{rot}\boldsymbol{A}=\nabla\times\boldsymbol{A}&=\left(\frac{\partial}{\partial x}\boldsymbol{i}+\frac{\partial}{\partial y}\boldsymbol{j}+\frac{\partial}{\partial z}\boldsymbol{k}\right)\times(X\boldsymbol{i}+Y\boldsymbol{j}+Z\boldsymbol{k})\\&=\begin{vmatrix}\boldsymbol{i}&\boldsymbol{j}&\boldsymbol{k}\\\frac{\partial}{\partial x}&\frac{\partial}{\partial y}&\frac{\partial}{\partial z}\\X&Y&Z\end{vmatrix}\\&=\left(\frac{\partial Z}{\partial y}-\frac{\partial Y}{\partial z}\right)\boldsymbol{i}+\left(\frac{\partial X}{\partial z}-\frac{\partial Z}{\partial x}\right)\boldsymbol{j}+\left(\frac{\partial Y}{\partial x}-\frac{\partial X}{\partial y}\right)\boldsymbol{k}\end{aligned}$$

我们也说,矢量拿勃拉是“一阶的矢性微分算子”或“哈密尔顿(Hamilton)算子”. 像微分学中所有的算子一样,把该算子用到一个函数(纯数性的或矢性的)上时,就确定出了对该函数的一系列微分运算步骤.

下面是几个有用的关系式:

(1) $\operatorname{div}\operatorname{grad}u=\frac{\partial^2 u}{\partial x^2}+\frac{\partial^2 u}{\partial y^2}+\frac{\partial^2 u}{\partial z^2}$.

(在平面上是 $\operatorname{div}\operatorname{grad}u=\frac{\partial^2 u}{\partial x^2}+\frac{\partial^2 u}{\partial y^2}$.)等号右边这个式子叫作函数$u$的“拉普拉斯式”,而记号$\frac{\partial^2}{\partial x^2}+\frac{\partial^2}{\partial y^2}+\frac{\partial^2}{\partial z^2}$叫作“二阶的纯数微分算子”或“拉普拉斯算子”,这个算子用Δ表示,所以

$$\Delta u=\left(\frac{\partial^2}{\partial x^2}+\frac{\partial^2}{\partial y^2}+\frac{\partial^2}{\partial z^2}\right)u=\frac{\partial^2 u}{\partial x^2}+\frac{\partial^2 u}{\partial y^2}+\frac{\partial^2 u}{\partial z^2}=\operatorname{div}\operatorname{grad}u$$

(2) rot grad $u = \mathbf{0}$.

这可以简单地直接验证,但也可用矢量拿勒拉及矢积的属性来证

$$\nabla\times(\nabla u)=u(\nabla\times\nabla)$$

右边因为是“矢量平方”,故等于 $\mathbf{0}$.

(3) div rot $\boldsymbol{A}=0$.

这也可直接证明,此外还可证明如下

$$\nabla\cdot(\nabla\times\boldsymbol{A})=\boldsymbol{A}\cdot(\nabla\times\nabla)=0$$

(4) $\operatorname{div}(\boldsymbol{A}_1\times\boldsymbol{A}_2)=\boldsymbol{A}_2\operatorname{rot}\boldsymbol{A}_1-\boldsymbol{A}_1\operatorname{rot}\boldsymbol{A}_2$.

如果用矢量 $\boldsymbol{A}_1$ 及 $\boldsymbol{A}_2$ 在坐标轴上的投影分别写出等式的左右两边,这个式子就容易证明. 像这种关系式有很多,不过我们不必在这里把它们全写出来.

以下几种类型的矢量场 $\boldsymbol{A}$ 具有特别重要的意义:

第一类型

$$\operatorname{div}\boldsymbol{A}=0$$

从上述浅显的物理观点来讲,这个式子表示足够小的一块流动液体是不变形的:液体的某一小部分流动时犹如刚体一样,它流动时形成流管. 这种矢量场(液体的流动)叫作管状的,也叫无源的. 若

$$\operatorname{div}\boldsymbol{A}=0$$

则可证明必有矢量场 $\boldsymbol{A}_1$ 存在,使

$$\boldsymbol{A}=\operatorname{rot}\boldsymbol{A}_1$$ [①]

反过来说,从关系式(3)可知,若

$$\boldsymbol{A}=\operatorname{rot}\boldsymbol{A}_1$$

则

$$\operatorname{div}\boldsymbol{A}=0$$

第二类型

$$\operatorname{rot}\boldsymbol{A}=\mathbf{0}$$

用同一观点来讲,这个式子表示液体只“向前”流而不形成漩涡,也就是说液体只受到纯粹应变. 这种矢量场(及液体的流动)叫作有势的,也叫无旋的. 在第十三章中要证明:若

$$\operatorname{rot}\boldsymbol{A}=\mathbf{0}$$

则必有一纯量场 u 使

$$\boldsymbol{A}=\operatorname{grad}u$$

而 u 叫作场 $\boldsymbol{A}$ 的势. 反过来说,从上述关系式(2)显然可知,若

$$\boldsymbol{A}=\operatorname{grad}u$$

---

① 见 R. Courant 所著的《微积分教程》,第二卷,第五章,附录,§2.

则

$$\mathrm{rot}\,\boldsymbol{A}=\mathbf{0}$$

若矢量场 $\boldsymbol{A}$ 是有势的,换句话说,若

$$\mathrm{rot}\,\boldsymbol{A}=\mathbf{0}$$

则

$$\boldsymbol{A}=\mathrm{grad}\,u$$

而 u 为这个场的势,且

$$\mathrm{div}\,\boldsymbol{A}=\mathrm{div}\,\mathrm{grad}\,u=\frac{\partial^2 u}{\partial x^2}+\frac{\partial^2 u}{\partial y^2}+\frac{\partial^2 u}{\partial z^2}$$

从另一方面讲

$$\mathrm{div}\,\boldsymbol{A}=4\pi\mu$$

其中 $4\pi\mu(x,y,z)$ 表示源的密度(分出因子 4π 是为了使以后变换式子时方便).

这里要声明,平常叫作势的,不是使

$$\mathrm{grad}\,u=\boldsymbol{A}$$

的那个函数 u,而是与 u 相差一个负号的函数,所以要这样,是为了使势值自然“下降”的结果得出正的而非负的值. 因为矢量总是朝着势的下降方向的(例如电从高势流向低势),这样就得到无旋场的势 u 的方程

$$\frac{\partial^2 u}{\partial x^2}+\frac{\partial^2 u}{\partial y^2}+\frac{\partial^2 u}{\partial z^2}=-4\pi\mu$$

上式就是泊松(Poisson)方程. 若矢量场又是管状的,即 $\mu=0$,则方程改为形式

$$\frac{\partial^2 u}{\partial x^2}+\frac{\partial^2 u}{\partial y^2}+\frac{\partial^2 u}{\partial z^2}=0$$

这种方程叫作拉普拉斯方程(或势方程),凡是满足这个方程的函数 u 叫作谐函数.

在平面上也可用同样的概念和记号. 不过平面矢量场的旋度 $\mathrm{rot}\,\boldsymbol{A}(P)$ 不是矢量而是纯量,它等于空间矢量场的旋度在该平面上的投影,例如 $\frac{\partial Y}{\partial x}-\frac{\partial X}{\partial y}$, 就物理意义讲,平面矢量场表示当液体在点 P 的无穷小邻域上绕 P 流动时,在单位面积(及单位时间)内流过的量.

§3 曲线、曲面

179. 平面曲线、奇异点

设有平面曲线,用未经对任何坐标解出的一般方程

$$F(x,y)=0$$

表示. 现在讲过了双变量函数的微分法,我们可以用它来研究一般情形下的平面曲线,以补充第三章及第四章中对于平面曲线

$$y=f(x)$$

的研究.

假定在曲线 $L:F(x,y)=0$ 上点 $M_0(x_0,y_0)$ 的邻域上,函数 $F(x,y)$ 满足隐函数存在定理中的条件(见 166 小节):$F(x,y),F'_x(x,y),F'_y(x,y)$ 是连续函数且

$$F'_y(x_0,y_0)\neq 0$$

于是点 x_0 的邻域上存在着可微分函数 $y=f(x)$,使

$$F(x,f(x))\equiv 0$$

且

$$f(x_0)=y_0$$

同时

$$f'(x_0)=-\frac{F'_x(x_0,y_0)}{F'_y(x_0,y_0)}$$

满足这些条件的点 M_0 叫作曲线 L 的平常点. 曲线 L 在其上点 $M_0(x_0,y_0)$ 处的切线方程是

$$y-y_0=-\frac{F'_x(x_0,y_0)}{F'_y(x_0,y_0)}(x-x_0)$$

或

$$F'_x(x_0,y_0)(x-x_0)+F'_y(x_0,y_0)(y-y_0)=0$$

这可简写为

$$F'_x(x-x_0)+F'_y(y-y_0)=0$$

或

$$\frac{\partial F}{\partial x}(x-x_0)+\frac{\partial F}{\partial y}(y-y_0)=0$$

但写成这种形式时应记住,所取偏导数是在切点 $M_0(x_0,y_0)$ 处,即在

$$x=x_0,y=y_0$$

时的数值.

曲线上同一点处的法线方程显然是

$$F'_y(x-x_0)-F'_x(y-y_0)=0$$

表示弧长微分 $\mathrm{d}s$ 的公式是

$$\mathrm{d}s=\sqrt{1+\frac{F_x'^2}{F_y'^2}}\mathrm{d}x=\frac{\sqrt{F_x'^2+F_y'^2}}{F'_y}\mathrm{d}x$$

及

$$\mathrm{d}s=\frac{\sqrt{F_x'^2+F_y'^2}}{F_x'}\mathrm{d}y$$

所以切线方向余弦 $\cos\alpha$ 及 $\cos\beta(=\sin\alpha)$ 的式子是

$$\cos\alpha=\frac{\mathrm{d}x}{\mathrm{d}s}=\frac{F_y'}{\sqrt{F_x'^2+F_y'^2}},\cos\beta=\frac{\mathrm{d}y}{\mathrm{d}s}=\frac{F_x'}{\sqrt{F_x'^2+F_y'^2}}$$

当曲线方程没有对任何一个坐标解出时,曲线的曲率式子及两条曲线交角的余弦也可用同样方式求出.

设在曲线 L 上点 $M_0(x_0,y_0)$ 处的两个偏导数都等于0,即

$$F_x'(x_0,y_0)=0,F_y'(x_0,y_0)=0$$

这时就不能用隐函数定理,也不能用上面的一般公式来确定出曲线的方向(即切线方向),因那时这个公式失去意义.

若在曲线上某点的邻域上不能把曲线上点的任何一个坐标表示为另一坐标的单值连续可微分函数,则该点叫作曲线的奇异点.

根据这个定义,在曲线 $L:F(x,y)=0$ 的奇异点 $M_0(x_0,y_0)$ 处的偏导数 $\frac{\partial F}{\partial x}$ 及 $\frac{\partial F}{\partial y}$ 必定都等于0. 由此可知曲线 L 的奇异点坐标 x_0,y_0 必须从三个方程

$$F(x,y)=0,F_x'(x,y)=0,F_y'(x,y)=0$$

的公共实根中去找.

然而这三个方程的公共实根却不一定是奇异点的坐标. 例如,点(0,0)位于曲线

$$y^3-x^5=0$$

上,且其上两个偏导数

$$\frac{\partial F}{\partial x}=-5x^4,\frac{\partial F}{\partial y}=3y^2$$

都等于0. 同时,该点却是曲线的平常点. 因曲线方程可以写成

$$y=x^{\frac{5}{3}}$$

而点(0,0)是曲线的拐点,在该处的切线与 x 轴重合.

现在把曲线具有奇异点的几个充分条件及其最简单的分类法大略讲一下.

首先,我们可以假定点(0,0)是所要考察的一点,因为只要把坐标轴平移就总可做到这样. 其次,我们假定函数 $F(x,y)$ 在点(0,0)的邻域上可用某阶的泰勒公式(或泰勒级数)来表示

$$F(x,y)=\frac{1}{2}\left[\left(\frac{\partial^2F}{\partial x^2}\right)_0x^2+2\left(\frac{\partial^2F}{\partial x\partial y}\right)_0xy+\left(\frac{\partial^2F}{\partial y^2}\right)_0y^2\right]+\cdots$$

右下角的指标表示偏导数是在点(0,0)处取的. 展开式一开头就是二阶项,因为根据条件

$$\left(\frac{\partial F}{\partial x}\right)_0=0,\left(\frac{\partial F}{\partial y}\right)_0=0$$

(而由于假设了点(0,0)在曲线 $F(x,y)=0$ 上,故 $F(0,0)=0$).

设

$$\frac{1}{2}\frac{\partial^2 F(0,0)}{\partial x^2}=A,\frac{1}{2}\frac{\partial^2 F(0,0)}{\partial x\partial y}=B,\frac{1}{2}\frac{\partial^2 F(0,0)}{\partial y^2}=C$$

(173 小节中已用过这种记号来写二阶导数,不过那里没有因子$\frac{1}{2}$).

于是曲线方程取得形式

$$(Ax^2+2Bxy+Cy^2)+(A_1x^3+\cdots)=0 \tag{1}$$

若系数A,B,C中至少有一数不等于0,则点(0,0)叫作曲线的二重点. 过该点的任一直线与曲线好比有两个公共点(交点)叠合在该点处. 因若取直线

$$y=kx$$

则该直线与曲线 L 交点的横坐标可从下列方程求得

$$x^2(A+2Bk+Ck^2)+x^3(A_1+\cdots)=0 \tag{2}$$

这是从曲线方程(1)中用kx代替y所得的结果. 我们知道$x=0$是这个方程的二重根,因此可以把点(0,0)看作是直线与曲线 L 的两个交点相叠合的地方. 二重点常是曲线的奇异点,但并非总是奇异点. 例如,曲线

$$x^2+2xy+y^2=0$$

根据定义可知点(0,0)是其二重点,但这条曲线同时可用方程

$$y=-x$$

表示,因而知道点(0,0)不是奇异点.

若方程(1)中

$$A=B=C=0$$

而三阶项中至少有一个系数不等于0,这时点(0,0)叫作曲线的三重点. 曲线上 n 重点的定义也相仿.

我们只预备讲在点(0,0)是二重点时的情形. 在所有的直线

$$y=kx$$

中,可能有些直线叠合在点(0,0)处的交点数不止两个,而有更多个. 这些直线显然是曲线 L 在点(0,0)处的切线. 不过若在点(0,0)处的交点数不止两个,而有更多个,则确定出直线$y=kx$与曲线L交点横坐标的那个方程(2),必须以$x=0$为其更高重的根,而非其二重根,那就只有在满足条件

$$A+2Bk+Ck^2=0 \tag{3}$$

时才可能.

从上面这个方程可以求出使直线$y=kx$与曲线L相切于点(0,0)处的那些 k 值. 这里可能有三种情形:

(1)$B^2-AC<0$,即

$$\left(\frac{\partial^2 F}{\partial x\partial y}\right)_0^2-\left(\frac{\partial^2 F}{\partial x^2}\right)_0\left(\frac{\partial^2 F}{\partial y^2}\right)_0<0$$

这时方程(3)无实根. 函数 $F(x,y)$ 在点$(0,0)$处有极值,在该点处足够小的邻域上的函数值大于或小于

$$F(0,0)=0$$

也就是说,在这种邻域上

$$F(x,y)\neq 0$$

这样就在点$(0,0)$处存在着它的邻域,在该邻域上只有点$(0,0)$是在曲线 L 上的. 这种情形下的二重点叫作孤立点.

例如:点$(0,0)$是曲线

$$x^2+y^2-x^2y-y^3=0$$

的孤立点.

这里

$$F(x,y)=(1-y)(x^2+y^2)$$

曲线由直线 $y=1$ 及点$(0,0)$所组成.

(2)$B^2-AC>0$,也就是

$$\left(\frac{\partial^2 F}{\partial x\partial y}\right)_0^2-\left(\frac{\partial^2 F}{\partial x^2}\right)_0\left(\frac{\partial^2 F}{\partial y^2}\right)_0>0$$

方程(3)具有两个不同的实根,由此可知曲线 L 在点$(0,0)$处具有两条不同的切线,也就是两个不同的方向. 这种情形下的二重点叫作歧点. 我们通常说曲线在歧点处自行相交. 如要看出在歧点的邻域上曲线的形状,我们必须切实求出曲线在该点处的切线. 求切线方程时,可从下列方程消去 k,即

$$y=kx,A+2Bk+Ck^2=0$$

结果得

$$Ax^2+2Bxy+Cy^2=0$$

这便是所求的切线方程. 在所给条件下,方程左边可以分解成两个线性因子,令每个线性因子等于0,结果便得到两个切线方程,在第一种情形下(就是当 $B^2-AC<0$ 时),这个方程的左边不能分解成两个线性实因子.

例如:点$(0,0)$是曲线

$$x^3+y^3-3axy=0$$

的歧点,这条曲线叫笛卡儿叶线,如图9. 这时

$$B^2-AC>0$$

可从方程

$$3axy=0$$

求得两个切线方程为

$$x=0 \text{ 及 } y=0$$

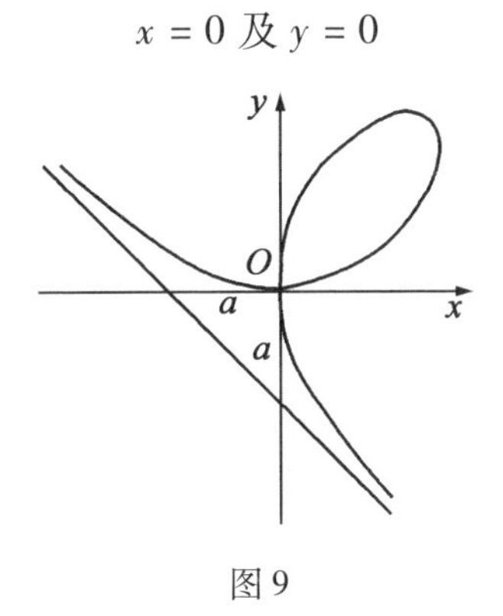

图 9

(3) $B^2-AC=0$,也就是

$$\left(\frac{\partial^2 F}{\partial x \partial y}\right)_0^2-\left(\frac{\partial^2 F}{\partial x^2}\right)_0\left(\frac{\partial^2 F}{\partial y^2}\right)_0=0$$

方程(3)具有一个三重根,由此可知曲线 L 在点(0,0)处具有两条彼此相重合的切线,也就是,具有单独一个方向.切线方程可从下式求得

$$Ax^2+2Bxy+Cy^2=0$$

这时会得出各种不同的可能情形:

① 点(0,0)通常不是奇异点,如同在

$$x^2+2xy+y^2=0$$

中所见的情形一样.

② 如同在(1)时的情形一样,点(0,0)是曲线的孤立点.例如点(0,0)是曲线

$$x^2-x^2y+y^4-y^5=0$$

的孤立点,因

$$F(x,y)=(x^2+y^4)(1-y)$$

且曲线由点(0,0)及直线 $y=1$ 所组成.

③ 曲线的两支在点(0,0)处具有公共切线,且该切线的正反两个方向上都有曲线上的点,这种情形下的二重点叫作自切点.例如,点(0,0)是曲线

$$y^2-x^4=0$$

的自切点.曲线由相切于 x 轴上点(0,0)处的两条抛物线

$$y=x^2$$

及

$$y=-x^2$$

所组成.

④ 曲线的两支在点(0,0)处具有公共切线,且只在切线的一个方向上有曲线上的点,这种情形下的二重点叫作回头点(或尖点).回头点可分为第一类回头点及第二类回头点.在第一类回头点的邻域上,曲线位于切线的两侧,在第二

类回头点的邻域上,曲线位于切线的一侧. 例如半立方抛物线

$$y^2 - x^3 = 0$$

(图 10) 的二重点(0,0) 是第一类回头点;曲线

$$y^2 - 2x^2y + x^4 - x^5 = 0$$

(即 $y = x^2 \pm x^2\sqrt{x}$)(图 11) 的二重点(0,0) 是第二类回头点.

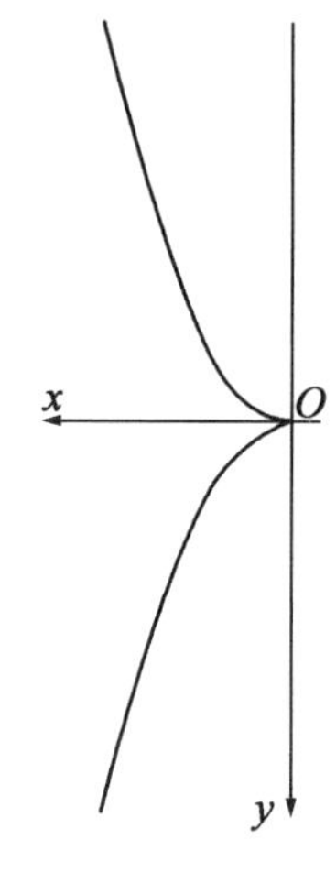

图 10

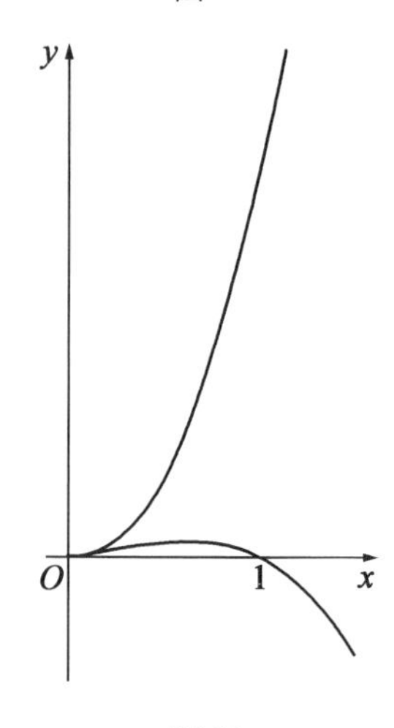

图 11

若(0,0) 不是重点而是曲线

$$F(x,y) = 0$$

的单点,则使函数 $F(x,y)$ 的泰勒展开式

$$F(x,y) = \left(\frac{\partial F}{\partial x}\right)_0 x + \left(\frac{\partial F}{\partial y}\right)_0 y + \cdots$$

中两个一阶项的和等于0,便可得曲线在点(0,0) 处的切线方程,也就是说,切线方程将为

$$\left(\frac{\partial F}{\partial x}\right)_0 x + \left(\frac{\partial F}{\partial y}\right)_0 y = 0$$

即

$$y = -\frac{\left(\frac{\partial F}{\partial x}\right)_0}{\left(\frac{\partial F}{\partial y}\right)_0} x$$

这与本节开头所讲的内容相符合.

总之,若曲线用方程

$$F(x,y) = 0$$

来表示,则考察其上一点处邻域上的曲线时,需弄清通过该点处曲线分支的位置,而要知道分支的位置可以考察这些分支在所给点(x_0,y_0)处的切线. 如果我们使函数 $F(x,y)$ 在该点邻域上的泰勒展开式中的所有最低次项的和等于0,便可得到那些切线的方程. 曲线的奇异点必然是其重点,这时上述展开式中开头的几项是不低于二次的.

180. 平面曲线族的包络

现在要讲一个特殊的几何问题,是我们在个别例子中已经碰到过的,并且以后在微分方程理论(见第十四章) 中具有重要的意义.

设已给一族平面曲线,用取决于某些任意参数的流动坐标间的同一方程表示. 当参数取得一定数值时,这个方程就变成曲线族中一条确定的曲线的方程. 当参数为任意值时,这个方程叫作曲线族方程. 当曲线族方程中参数的个数是一个、两个、三个等时,我们就把该曲线族分别叫作单参数的、双参数的、三参数的等.

单参数曲线族方程的形式是

$$f(x,y,C) = 0$$

其中 C 是任意参数;双参数曲线族方程的形式是

$$f(x,y,C,D) = 0$$

其中 C,D 是各自独立的任意参数,其他类推.

选取了参数值之后,我们就从曲线族中选出了确定的曲线. 如果参数值改变,我们就得到曲线族中其他的曲线.

如方程

$$(x - C)^2 + y^2 = a^2 \quad (a \text{ 是常数})$$

是半径为 a、中心在 x 轴上的单参数圆族方程;方程

$$(x - C)^2 + (y - D)^2 = a^2 \quad (a \text{ 是常数})$$

是半径等于 a 的一切圆的双参数圆族方程;取决于三个参数的方程

$$(x-C)^2+(y-D)^2=E^2$$

是三参数圆族方程,这些圆的半径和中心都是任意的,也就是包括平面上一切圆的曲线族.

函数 $f(x)$ 的积分曲线可以作为单参数曲线族的一个例子. 该曲线族的方程可以写作

$$y=\int f(x)\,\mathrm{d}x=F(x)+C$$

其中

$$F'(x)=f(x)$$

我们只预备讲单参数的平面曲线族.

有时,曲线族中的所有曲线可能与同一曲线相切,若这条曲线在其上每一点处与曲线族中的某一曲线相切①,则该曲线叫作所给曲线族的包络. 反过来说,包络好像是包裹了曲线族中所有的曲线一样,而曲线族中的全体曲线则构成包络的形状. 通常来说情形就是这样的,但并不总是这样.

例如,半径为 a、中心在 x 轴上的圆族

$$(x-C)^2+y^2=a^2$$

中,所有的圆显然都与两条平行直线

$$y=\pm a$$

相切(图 12). 若在通过一点的所有直线与已给直线的交点处各作前者的垂线,则垂线所构成的直线族以抛物线为其包络(见 53 小节). 某一条曲线的渐屈线是其法线族的包络(见 93 小节). 一般来说,每条曲线都是其切线族(曲线的所有切线)的包络,然而我们不难指出有的单参数曲线族是没有包络的. 例如平行直线族

$$y=kx+C\quad(k\text{ 是常数})$$

或积分曲线族

$$y=\int f(x)\,\mathrm{d}x$$

就显然没有包络.

现在提出一个问题:用什么方法可从曲线族的已知单参数方程确定出其包络(如果它是存在的).

设已给曲线族

---

① 之所以要限定说每一点,是因为可能有这种情形,例如曲线族中的每条曲线都与某一曲线相切于同一点. 像所有的圆

$$x^2+(y-b)^2=b^2$$

与 x 轴只相切于原点处一样,这时 x 轴就不是包络了.

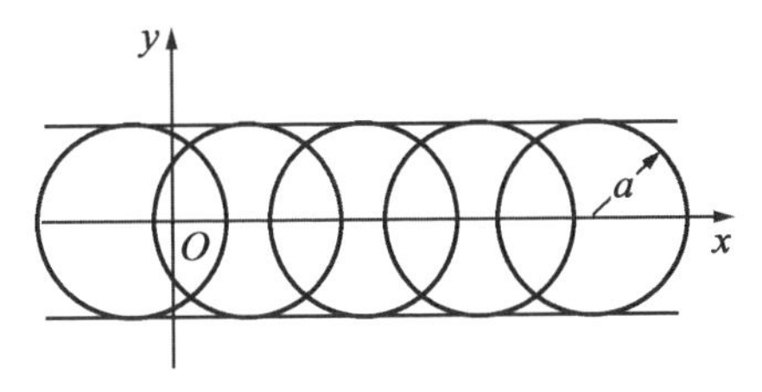

图 12

$$f(x,y,C)=0 \tag{4}$$

我们假定它有包络,并适当选取包络的参数方程

$$x=\varphi(C), y=\psi(C) \tag{5}$$

使对应于包络上一点 $M(x,y)$ 的参数值作为曲线族方程的参数值时,得到曲线族中与包络正好相切于点 M 处的那条曲线. 我们还要假定函数 f,φ,ψ 是可微分的,且曲线族(4) 及曲线(5) 上没有奇异点. 因为包络及曲线族中的曲线在其公共点 M 处具有公共切线,所以从方程(4) 及(5) 所求得的切线角系数应彼此相等. 从方程(4) 得

$$y'=-\frac{f'_x(x,y,C)}{f'_y(x,y,C)}$$

而从方程(5) 得

$$y'=\frac{\psi'(C)}{\varphi'(C)}$$

于是

$$f'_x(x,y,C)\varphi'(C)+f'_y(x,y,C)\psi'(C)=0 \tag{6}$$

假设 x 及 y 是曲线族中各曲线与包络的切点,也就是假设

$$x=\varphi(C), y=\psi(C)$$

这时,取函数 f 对于 C 的全导数. 我们得到

$$f'_x(x,y,C)\varphi'(C)+f'_y(x,y,C)\psi'(C)+f'_C(x,y,C)=0 \tag{7}$$

把等式(6) 与(7) 相比较,得方程

$$f'_C(x,y,C)=0$$

这个方程应当为各切点的坐标所满足,换句话说,应当为包络上点的坐标所满足.

于是方程组

$$\begin{cases} f(x,y,C)=0 \\ f'_C(x,y,C)=0 \end{cases} \tag{8}$$

决定包络的流动坐标,其形式为参数 C 的函数,也就是方程(5).

现在反过来讲这个问题. 假设可从方程组(8) 把 x 及 y 表示为参数 C 的两

个函数(如果这事不可能①,那么曲线族(4) 当然没有包络). 我们不难证明,若曲线族(4) 中的曲线没有奇异点(于是,$f'_x(x,y,C)$ 及 $f'_y(x,y,C)$ 不同时等于0),且曲线(5) 也没有奇异点(于是 $\varphi'(C)$ 及 $\psi'(C)$ 不同时等于0),那么所得曲线便是曲线族(4) 的包络. 证明:因这时得恒等式

$$f[\varphi(C),\psi(C),C]=0$$

所以,对 C 微分得等式(7),再应用方程组(8) 中的第二式便得等式(6),而等式(6) 则表示曲线(5) 在坐标为

$$x=\varphi(C),y=\psi(C)$$

的点处与对应曲线

$$f(x,y,C)=0$$

在同样坐标的一点处具有公共切线,也就是说曲线(5) 是曲线族(4) 的包络.

若曲线族(4) 中的曲线具有奇异点,而奇异点的几何轨迹是曲线(5),则函数 $\varphi(C)$ 及 $\psi(C)$ 满足方程组(8). 因当 x 及 y 为奇异点的对应值时

$$f'_x(x,y,C)=0,f'_y(x,y,C)=0$$

又由于等式(7) 成立,所以

$$f'_C(x,y,C)=0$$

由此得知,从方程组(8) 求出的方程(5) 所确定的曲线,不但可能是曲线族(4) 的包络,而且也可能是曲线族(4) 中各曲线上奇异点的几何轨迹.

从(8) 的两个方程中消去 C,便得到流动坐标 x 及 y 间的直接关系式

$$\Phi(x,y)=0$$

这是个曲线的方程,所表示的曲线叫作曲线族(4) 的判别曲线. 如上所讲,可知包络、奇异点的几何轨迹以及曲线族中的个别曲线都可能作为判别曲线,所以如果求出了判别曲线,还必须直接查验它与所给曲线族的关系②.

最后我们把求判别曲线的简单法则陈述如下:把曲线族方程对参数微分,再从所得方程及曲线族方程中消去参数,便求得判别曲线的方程.

---

① 例如,就直线族

$$(C-1)x-C^2y=0$$

来说,可得

$$x-2Cy=0$$

从这两个方程不可能把 x 及 y 表示为参数 C 的函数. 所给直线族没有包络. 然而从这两个方程消去 C 得

$$x\left(\frac{x}{2}-2y\right)=0$$

即所给直线族中的(当 $C=0$ 及 $C=2$ 时) 两条直线

$$x=0 \text{ 及 } y=\frac{1}{4}x$$

② 若并不化为坐标之间的直接关系式,而是把方程组(8) 表示为方程(5) 的形式,则所得曲线只可能包括包络及奇异点的几何轨迹,而不会包括曲线族(4) 中的个别曲线.

我们拿以下的例子来说明上面所讲的一切:

(1) 就圆族

$$(x-C)^2+y^2=a^2$$

(图 12) 来说,对 C 微分得

$$-2(x-C)=0$$

把上式代入原方程,得出包络的方程为

$$y=\pm a$$

(2) 过点 $F\left(\frac{p}{2},0\right)$ 的诸直线在其与 y 轴的交点处所作的垂线形成直线族,该直线族的方程容易求出为

$$y=-\frac{1}{C}x-\frac{1}{2}Cp$$

其中 C 是过点 F 的直线的角系数. 对 C 微分得

$$\frac{1}{C^2}x-\frac{1}{2}p=0$$

即

$$2x=C^2p$$

代入直线族方程得

$$y=\frac{-4x}{2\sqrt{\frac{2x}{p}}}$$

由此得

$$y^2=2px$$

我们得到了抛物线的方程. 这样,我们就证明了 53 小节中所讲抛物线作图法所根据的原理.

(3) 炮弹以初速度 v_0 与水平面成各种不同的角度 α 射出,我们要考察其轨道线所构成的曲线族. 我们先来求出曲线族的方程.

首先,取水平方向及垂直方向为坐标轴方向并使原点位于发射点处(图 13). 其次,假定炮弹是质点,且略去空气阻力的作用.

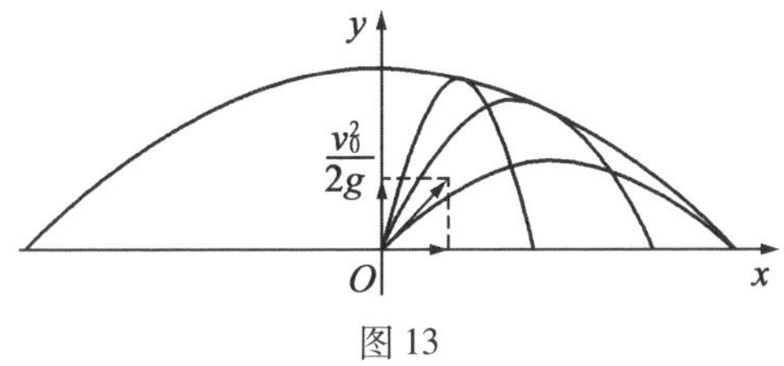

图 13

若取初速度 v_0 在坐标轴上的投影 v_{0x} 及 y_{0y},即

$$v_{0x}=v_0\cos\alpha, v_{0y}=v_0\sin\alpha$$

则可把炮弹的运动看作两种运动的结果:以等速度 v_{0x} 在水平方向上的运动,及以等速度 v_{0y} 与重力作用所致的速度 gt 两者的差作为速度在垂直方向上的运动. 这样可把 t 时炮弹速度的投影写为

$$v_x=a_0\cos\alpha, v_y=a_0\sin\alpha-gt$$

由此得

$$\mathrm{d}x=v_0\cos\alpha\mathrm{d}t$$

及

$$\mathrm{d}y=(v_0\sin\alpha-gt)\mathrm{d}t$$

于是

$$x=v_0\cos\alpha\cdot t$$

及

$$y=v_0\sin\alpha\cdot t-\frac{gt^2}{2}$$

这便是炮弹轨道线的参数方程. 消去 t 得方程

$$y=\tan\alpha\cdot x-\frac{g}{2v_0^2\cos^2\alpha}x^2$$

这个方程表示炮弹轨道是一个抛物线.

因此,可把曲线族方程写成形式

$$y=Cx-\frac{g}{2v_0^2}(1+C^2)x^2$$

其中的参数 $C=\tan\alpha$ 是轨道线在发射点 O 处的角系数.

对 C 微分得

$$x-\frac{g}{v_0^2}Cx^2=0$$

由此得

$$C=\frac{v_0^2}{gx}$$

包络方程为

$$y=\frac{v_0^2}{g}-\frac{g}{2v_0^2}x^2-\frac{v_0^2}{2g}=\frac{v_0^2}{2g}-\frac{g}{2v_0^2}x^2$$

所以,弹道的包络也是抛物线(图 13),它叫作保安抛物线. 保安抛物线绕轴旋转所得的旋转抛物面把空间划分为两部分,位于抛物面与地面间的空间各点,可能遭受在所给初速度 v_0 下的炮弹射击,而位于抛物面以外的空间各点,在所给初速度 v_0 下,不管炮筒与水平方向成什么角度 α,都不会遭受到射击.

(4) 设直线族中每条直线介于两个坐标轴之间的线段等于常量 a.

这个直线族的方程显然可写成

$$\frac{x}{m}+\frac{y}{\sqrt{a^2-m^2}}=1$$

其中 m 是从 x 轴上截出的线段. 令

$$\frac{\sqrt{a^2-m^2}}{m}=-C$$

把直线族方程改写为形式

$$y=Cx+\frac{aC}{\sqrt{1+C^2}}$$

对 C 微分得

$$x+\frac{a}{(1+C^2)^{\frac{3}{2}}}=0$$

即

$$x=\frac{-a}{(1+C^2)^{\frac{3}{2}}}$$

把上式代入直线族方程中,得

$$y=-\frac{aC}{(1+C^2)^{\frac{3}{2}}}+\frac{aC}{(1+C^2)^{\frac{1}{2}}}=\frac{aC^3}{(1+C^2)^{\frac{3}{2}}}$$

于是得包络的参数方程

$$x=-\frac{a}{(1+C^2)^{\frac{3}{2}}},y=\frac{aC^3}{(1+C^2)^{\frac{3}{2}}}$$

取两式的$\frac{2}{3}$次乘幂,然后相加,得

$$x^{\frac{2}{3}}+y^{\frac{2}{3}}=a^{\frac{2}{3}}$$

这是星状线的方程(见 93 小节).

(5) 以上所讲的一切例子中,判别曲线都只是包络,现在讲判别曲线同时为奇异点轨迹及曲线族包络的例子. 取半立方抛物线族

$$y^2=(x-a)^3$$

对 a 微分得

$$-3(x-a)^2=0$$

消去参数,得判别曲线的方程

$$y=0$$

这里的判别曲线(x 轴) 显然是半立方抛物线族上回头点的几何轨迹(图 14),并且它虽与一般包络的情形不同,根本没有“包裹” 曲线族,却仍是曲线族的包络.

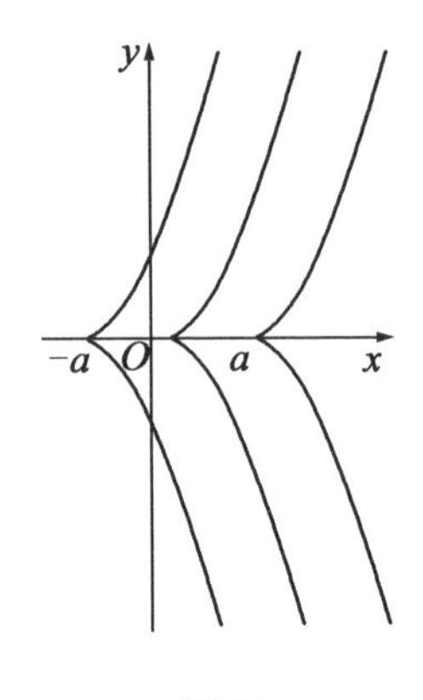

图 14

半立方抛物线(图 15)

$$(y-b)^2=x^3$$

的判别曲线是 $x=0$,即 y 轴,它仅仅是回头点的几何轨迹,而不是包络,所给曲线族没有包络.

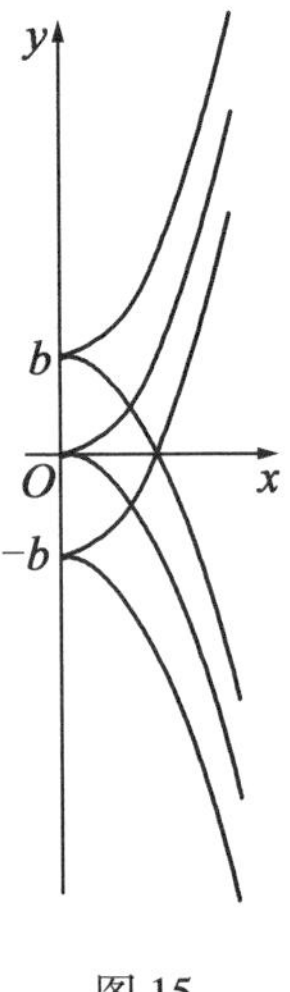

图 15

181. 空间曲线、螺旋线

以前讲矢量对于纯数宗标的微分法时,我们已经涉及过关于空间曲线的问题.

Ⅰ. 切线及法平面. 现在我们讲切线及法平面的坐标方程,并以一种重要的空间曲线(螺旋线)为例,加以分析.

空间曲线 L 可用三个坐标的参数方程

$$x=x(t),y=y(t),z=z(t)$$

或用一个矢量方程

$$\boldsymbol{r}=x(t)\boldsymbol{i}+y(t)\boldsymbol{j}+z(t)\boldsymbol{k}$$

来决定(我们要假定函数 $x(t),y(t),z(t)$ 是可微分的).

当参数在某一区间上变动时,以 x,y,z 为坐标(投影)的矢径 $\boldsymbol{r}$ 的终点描出曲线 L.

与平面曲线的情形一样,过曲线上所给点 M_0 及其上其他的点 M' 的割线,当点 M' 趋于与所给点 M_0 相重合的位置时,则过点 M_0 且取得"极限位置"①M_0T 的直线叫作曲线 L 在其上点 $M_0(x_0,y_0,z_0)$ 处的切线. 这个切线定义,事实上我们在 176 小节中已经用过,在那里我们找出了矢性导函数

$$\frac{\mathrm{d}\boldsymbol{r}}{\mathrm{d}t}=x'(t)\boldsymbol{i}+y'(t)\boldsymbol{j}+z'(t)\boldsymbol{k}$$

位于切线上,所以切线的角系数正好各等于 $x'(t),y'(t),z'(t)$,切线方程可以写作

$$\frac{x-x_0}{x'(t_0)}=\frac{y-y_0}{y'(t_0)}=\frac{z-z_0}{z'(t_0)}$$

其中

$$x_0=x(t_0),y_0=y(t_0),z_0=z(t_0)$$

(这几个方程也不难直接推出来,过曲线 L 上点 $M_0(x_0,y_0,z_0)$ 及点 $M'(x_0+\Delta x,y_0+\Delta y,z_0+\Delta z)$ 的割线方程是

$$\frac{x-x_0}{\Delta x}=\frac{y-y_0}{\Delta y}=\frac{z-z_0}{\Delta z}$$

用参数的对应增量 Δt 除等式各项的分母,且取 $\Delta t\to 0$ 时的极限,即得上面的方程).

以前已经找出,点 $M_0(x_0,y_0,z_0)$ 处切线的方向余弦可以表示为

$$\cos\alpha=\frac{x'(t_0)}{\sqrt{x'^2(t_0)+y'^2(t_0)+z'^2(t_0)}}$$

$$\cos\beta=\frac{y'(t_0)}{\sqrt{x'^2(t_0)+y'^2(t_0)+z'^2(t_0)}}$$

$$\cos\gamma=\frac{z'(t_0)}{\sqrt{x'^2(t_0)+y'^2(t_0)+z'^2(t_0)}}$$

或者

$$\cos\alpha=\frac{\mathrm{d}x}{\sqrt{\mathrm{d}x^2+\mathrm{d}y^2+\mathrm{d}z^2}}$$

① 当点 M' 趋于点 M_0 时,$\angle TM_0M'$ 趋于 $0°$.

$$\cos\beta = \frac{\mathrm{d}y}{\sqrt{\mathrm{d}x^2 + \mathrm{d}y^2 + \mathrm{d}z^2}}$$

$$\cos\gamma = \frac{\mathrm{d}z}{\sqrt{\mathrm{d}x^2 + \mathrm{d}y^2 + \mathrm{d}z^2}}$$

过切点且垂直于切线的直线,叫作曲线在点 $M_0(x_0,y_0,z_0)$ 处的法线. 曲线上每点处显然具有任意多条法线,所有这些法线位于过切点且垂直于切线的平面上,这个平面叫作曲线在所给点处的法平面.

根据解析几何中已知的条件,过点 $M_0(x_0,y_0,z_0)$ 且垂直于直线

$$\frac{x - x_0}{x'} = \frac{y - y_0}{y'} = \frac{z - z_0}{z'}$$

的平面方程是

$$x'(x - x_0) + y'(y - y_0) + z'(z - z_0) = 0$$

或者,写得更详细一点,是

$$x'(t_0)(x - x_0) + y'(t_0)(y - y_0) + z'(t_0)(z - z_0) = 0$$

其中 t_0 是对应于点 M_0 的参数值.

现在假定曲线用两个一般形式的方程表示

$$F_1(x,y,z) = 0,F_2(x,y,z) = 0$$

把曲线规定为两个对应曲面的交线,我们就以横坐标 x 作为参数,于是其他两个坐标 y 及 z 将为 x 的函数. 取函数 F_1 及 F_2 对 x 的全导数

$$\frac{\partial F_1}{\partial x} + \frac{\partial F_1}{\partial y}y' + \frac{\partial F_1}{\partial z}z' = 0$$

$$\frac{\partial F_2}{\partial x} + \frac{\partial F_2}{\partial y}y' + \frac{\partial F_2}{\partial z}z' = 0$$

从这两个方程求出 y' 及 z' 且把它们代入切线方程及法平面方程,经过简单的整理后,得

$$\frac{x - x_0}{\frac{\partial F_1}{\partial y}\frac{\partial F_2}{\partial z} - \frac{\partial F_1}{\partial z}\frac{\partial F_2}{\partial y}} = \frac{y - y_0}{\frac{\partial F_1}{\partial z}\frac{\partial F_2}{\partial x} - \frac{\partial F_1}{\partial x}\frac{\partial F_2}{\partial z}} = \frac{z - z_0}{\frac{\partial F_1}{\partial x}\frac{\partial F_2}{\partial y} - \frac{\partial F_1}{\partial y}\frac{\partial F_2}{\partial x}}$$

$$\left(\frac{\partial F_1}{\partial y}\frac{\partial F_2}{\partial z}-\frac{\partial F_1}{\partial z}\frac{\partial F_2}{\partial y}\right)(x-x_0)+$$
$$\left(\frac{\partial F_1}{\partial z}\frac{\partial F_2}{\partial x}-\frac{\partial F_1}{\partial x}\frac{\partial F_2}{\partial z}\right)(y-y_0)+$$
$$\left(\frac{\partial F_1}{\partial x}\frac{\partial F_2}{\partial y}-\frac{\partial F_1}{\partial y}\frac{\partial F_2}{\partial x}\right)(z-z_0)=0$$

这几个方程可用行列式记号改写为

$$\frac{x-x_0}{\begin{vmatrix}\frac{\partial F_1}{\partial y} & \frac{\partial F_2}{\partial y}\\ \frac{\partial F_1}{\partial z} & \frac{\partial F_2}{\partial z}\end{vmatrix}}=\frac{y-y_0}{\begin{vmatrix}\frac{\partial F_1}{\partial z} & \frac{\partial F_2}{\partial z}\\ \frac{\partial F_1}{\partial x} & \frac{\partial F_2}{\partial x}\end{vmatrix}}=\frac{z-z_0}{\begin{vmatrix}\frac{\partial F_1}{\partial x} & \frac{\partial F_2}{\partial x}\\ \frac{\partial F_1}{\partial y} & \frac{\partial F_2}{\partial y}\end{vmatrix}}$$

$$\begin{vmatrix}\frac{\partial F_1}{\partial y} & \frac{\partial F_2}{\partial y}\\ \frac{\partial F_1}{\partial z} & \frac{\partial F_2}{\partial z}\end{vmatrix}(x-x_0)+\begin{vmatrix}\frac{\partial F_1}{\partial z} & \frac{\partial F_2}{\partial z}\\ \frac{\partial F_1}{\partial x} & \frac{\partial F_2}{\partial x}\end{vmatrix}(y-y_0)+\begin{vmatrix}\frac{\partial F_1}{\partial x} & \frac{\partial F_2}{\partial x}\\ \frac{\partial F_1}{\partial y} & \frac{\partial F_2}{\partial y}\end{vmatrix}(z-z_0)=0$$

这里当然应该记住，函数 F_1 及 F_2 的一切偏导数都是取在点 $M_0(x_0,y_0,z_0)$ 处的（即 $x=x_0,y=y_0,z=z_0$ 时的偏导数）.

Ⅱ. 曲线长度. 空间曲线的长度概念可以完全按照平面曲线的长度概念（见 65 及 131 小节）来规定.

在曲线上取点 $M(x,y,z)$ 及 $M'(x+\Delta x,y+\Delta y,z+\Delta z)$. 我们取与点 M 及 M' 间的弦长相当（当 $\Delta x\to 0,\Delta y\to 0,\Delta z\to 0$ 时）的量作为两点间的弧长 Δs. 因弦的长度等于 $\sqrt{\Delta x^2+\Delta y^2+\Delta z^2}$，故

$$\frac{\Delta s}{\sqrt{\Delta x^2+\Delta y^2+\Delta z^2}}\to 1$$

由此可以得出曲线长度的微分 $\mathrm{d}s$. 因从上式有

$$\frac{\frac{\Delta s}{\Delta t}}{\sqrt{\left(\frac{\Delta x}{\Delta t}\right)^2+\left(\frac{\Delta y}{\Delta t}\right)^2+\left(\frac{\Delta z}{\Delta t}\right)^2}}\to 1$$

其中 Δt 是对应于坐标增量 $\Delta x,\Delta y,\Delta z$ 的参数增量. 取 $\Delta t\to 0$ 时的极限，得

$$\frac{\frac{\mathrm{d}s}{\mathrm{d}t}}{\sqrt{x'^2+y'^2+z'^2}}=1$$

也就是

$$\mathrm{d}s=\sqrt{x'^2+y'^2+z'^2}\,\mathrm{d}t$$

或

$$ds = \sqrt{dx^2 + dy^2 + dz^2}$$

但这表示过曲线上点 $M(x,y,z)$ 处的无穷小段切线,可作为该点处曲线长度的微分. 这样,与在平面时的情形一样,把空间曲线的无穷小弧段换成其切线的对应线段时,产生无穷小的相对误差.

用曲线长度的微分,我们又可得到 176 小节中讲过的切线的方向余弦公式

$$\cos\alpha = \frac{dx}{ds}, \cos\beta = \frac{dy}{ds}, \cos\gamma = \frac{dz}{ds}$$

这些公式说明一件极浅显的事实,切线段 ds 在坐标轴上的投影各为坐标的对应增量 dx, dy, dz.

确定出了曲线长度的微分式子之后,便可用积分法求出全部曲线长度①

$$L = \int_{t_1}^{t_2} \sqrt{x'^2 + y'^2 + z'^2}\, dt$$

其中 t_1 及 t_2 是对应于所量弧段起点及终点的参数 t 值.

曲线长度的公式可用记号写成

$$L = \int_{(A)}^{(B)} ds = \int_{(A)}^{(B)} \sqrt{dx^2 + dy^2 + dz^2}$$

其中(A) 及(B) 按惯例代表曲线的起点及终点.

假设空间曲线上分布着质量. 用

$$\mu(M) = \mu(x,y,z)$$

代表曲线上点 $M(x,y,z)$ 处的物质密度. 密度这个量规定为曲线弧段所含的质量与弧长的比当弧段缩短于点 M 处时的极限(平均密度的极限). 按照完全与平面曲线时(见 95 小节) 相同的推理,可以求出位于曲线弧上的质量 m 的公式

$$m = \int_{(A)}^{(B)} \mu(M)\, ds = \int_{t_1}^{t_2} \mu(x(t), y(t), z(t)) \sqrt{x'^2(t) + y'^2(t) + z'^2(t)}\, dt$$

Ⅲ. 螺旋线. 我们考虑常遇到的空间曲线,以圆柱形螺旋曲线作为例子. 该曲线可以用运动学中的条件规定如下:有半径为 a 的直圆柱面,垂直于圆柱轴的平面与柱面截成圆周. 设点 M 以不变的线性速度 v_1 循上述圆周运动,而同时圆周本身又以不变的速度 v_2 循柱面逐渐移动,于是点 M 就描出绕在柱面上的螺旋线(图 16). 在这种情形下,如果我们顺着圆周移动的方向看去时,点 M 在圆周上是顺时针方向运动的,那么该螺旋线叫作右螺旋线或右旋螺线(图 16).

① 对曲线长度的这种定义相当于把曲线长度看作如下的极限:作曲线的内接多角形(由曲线的弦组成),则当边数无限增多且最大边的长度趋于 0 时,多角形周边的长度便是曲线的长度.

在逆时针方向情形下则叫作左螺旋线或左旋螺线.

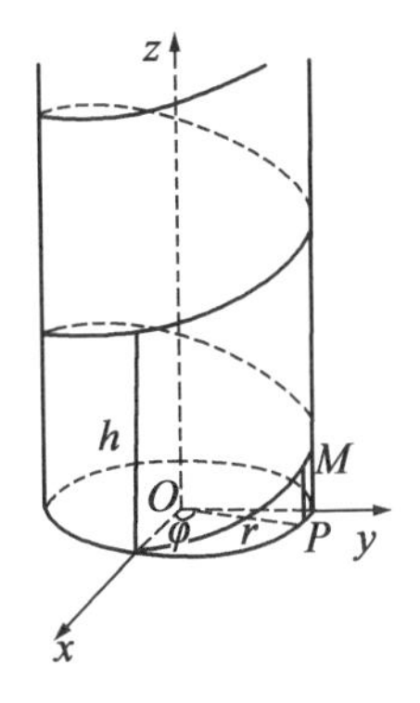

图 16

假定取柱面的轴作为 z 轴,且圆周移动的方向是 z 轴正半轴的方向,又在 $t=0$ 瞬时点 M 位于点$(a,0,0)$处(图 16),我们来求该螺旋线的方程.

点 M 绕轴转动的角速度是$\frac{v_1}{a}$,所以它在瞬时 t 的横坐标及纵坐标显然分别等于

$$x=a\cos\frac{v_1}{a}t,y=a\sin\frac{v_1}{a}t$$

而竖坐标 z 则等于 t 时点 M 所上升的高度,即

$$z=v_2t$$

如果我们不用时间 t,而用点 M 在 xOy 平面上投影 P 的极角 φ 作为参数,那么螺旋线方程可以写作

$$x=a\cos\varphi,y=a\sin\varphi,z=c\varphi\quad\left(c=\frac{v_2}{v_1}a\right)$$

这便是右螺旋线的方程. 左螺旋线的方程与这只相差系数 c 前面的正负号. 其之所以相差正负号,是由于我们所用的坐标系是右手系(如前所讲,如果把坐标系按照从 x 轴正半轴到 y 轴正半轴的方向转动,同时又把它循 z 轴正半轴的方向平移,那么所得结果为右螺旋运动,见 153 小节).

消去参数 φ,便可把螺旋线方程写成形式

$$x=a\cos\frac{z}{c},y=a\sin\frac{z}{c}$$

第一个方程表示一柱面,它在 xOz 平面上的截线就是螺旋线在该面上的投影,第二个方程是螺旋线在 yOz 平面上投影所成的柱面. 螺旋线在 xOy 平面上投影所成的柱面就是该螺旋线所绕着的圆柱面

$$x^2+y^2=a^2$$

由此可知,螺旋线在坐标面 xOy,xOz,yOz 上的投影各为圆、余弦曲线及正弦曲线.

当角 φ 变过 2π 之后，点 M 转回到圆柱面的同一条母线上，其上升的高度 $h=2\pi c$. 这个量叫作螺距. 如果把螺距 h 写到方程里面，得到形式上便于实用的螺旋线方程

$$x=a\cos\varphi, y=a\sin\varphi, z=\frac{h}{2\pi}\varphi$$

这时方程中的两个参数(a 及 h) 都具有简单的几何意义.

螺旋线具有一系列显著的属性，现在讲其中的两项属性.

(1) 写出螺旋线在点 $M_0(x_0,y_0,z_0)$ 处的切线方程

$$\frac{x-x_0}{-a\sin\varphi_0}=\frac{y-y_0}{a\cos\varphi_0}=\frac{z-z_0}{\frac{h}{2\pi}}$$

其中 φ_0 是对应于点 M_0 的角度 φ 值，由此得

$$\cos\gamma=\frac{h}{2\pi\sqrt{a^2+\left(\frac{h}{2\pi}\right)^2}}=\frac{h}{\sqrt{(2\pi a)^2+h^2}}$$

所以，切线对 z 轴的方向余弦在螺旋线上各点处都是不变的，因而可知对切线与 z 轴所成的角 γ 来说也一样. 但柱面上的母线平行于 z 轴，所以螺旋线与柱面上的母线相交成等角(它只取决于圆柱的半径及螺距)，也就是说，若把柱面上的母线看作经线，则柱面上的螺旋线是斜航曲线(见64小节). 螺旋线的这个属性可以根据它的几何定义得到.

(2) 设柱面上绘有螺旋线，把高度等于螺距的一段柱面沿其母线展成平面(在该段柱面上正好有一圈螺旋线)(图17). 这时柱面的底及平行于底的截线变成两条长度等于 $2\pi a$ 的平行线段，而母线则变为垂直于前者且长度等于 h 的线段. 按照这种方式展开之后，各线条的长度及其间的角度显然都不会改变，所以由螺旋线所展成的平面曲线应当与平行线段相交成等角，而唯有直线才能是这样的. 所以按照我们的作法来说，该螺旋线应变为以 $2\pi a$ 及 h 为边的矩形的对角线. 上面所求出的螺旋线与柱面母线交角 γ 的余弦，可从图17中明显地看出.

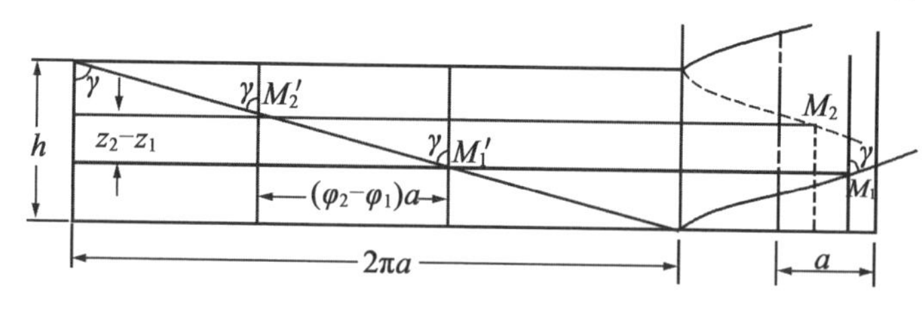

图 17

取螺旋线上的任何两点 M_1 及 M_2. 这两点间沿螺旋线所量的距离等于该弧段展开后所成的直线段 $M_1'M_2'$. 由此可知柱面上两点间的最短距离是一段螺旋

线. 过曲面上已给两点且给出其间最短距离的曲线叫作测地线. 例如,平面上的测地线是直线,球面上的测地线是大圆弧,柱面上的螺旋线则不仅是斜航曲线,而且又是测地线.

设对于点 M_1 有

$$\varphi = \varphi_1, z = z_1$$

而对于点 M_2 有

$$\varphi = \varphi_2, z = z_2$$

于是容易从图 17 求得这两点间沿螺旋线的距离等于

$$\sqrt{(z_2 - z_1)^2 + (\varphi_2 - \varphi_1)^2 a^2} = \sqrt{\left(\frac{z_2 - z_1}{\varphi_2 - \varphi_1}\right)^2 + a^2}\,(\varphi_2 - \varphi_1)$$

$$= \sqrt{\left(\frac{h}{2\pi}\right)^2 + a^2}\,(\varphi_2 - \varphi_1)$$

直接计算弧长也可得到同样结果

$$\int_{\varphi_1}^{\varphi_2} \sqrt{(-a\sin\varphi)^2 + (a\cos\varphi)^2 + \left(\frac{h}{2\pi}\right)^2}\,\mathrm{d}\varphi = \sqrt{\left(\frac{h}{2\pi}\right)^2 + a^2}\int_{\varphi_1}^{\varphi_2}\mathrm{d}\varphi$$

$$= \sqrt{\left(\frac{h}{2\pi}\right)^2 + a^2}\,(\varphi_2 - \varphi_1)$$

用 s 表示螺旋线上从对应于 $\varphi = 0$ 的点起到对应于变量 φ 那一点为止的弧长,于是

$$s = \varphi m$$

其中

$$m = \sqrt{\left(\frac{h}{2\pi}\right)^2 + a^2}$$

把所得方程中的 φ 换成$\frac{s}{m}$,便得螺旋线的自然方程

$$x = a\cos\frac{s}{m}, y = a\sin\frac{s}{m}, z = \frac{h}{2\pi m}s$$

182. 弗雷内三面形及弗雷内公式

这一小节里我们要对空间曲线加以更详细的研究,仅仅知道切线及法平面有时是不够的.

以前,平面曲线只有一个(如果不计方向)基本的微分性质——曲率,空间曲线则具有两个这种性质:曲率——用来确定出所给点处曲线与直线偏离的程度,挠率——用来确定出所给点处曲线与平面偏离的程度. 所以空间曲线(不在一平面上的曲线)也叫作双曲率曲线. 要引述这两个概念,我们将借助于矢量解析,可使所有这一类几何问题的讲法非常简单明白.

取空间曲线 L 的自然方程

$$\boldsymbol{r}(s)=x(s)\boldsymbol{i}+y(s)\boldsymbol{j}+z(s)\boldsymbol{k}$$

其中函数

$$x=x(t),y=y(t),z=z(t)$$

的参数 t 取作曲线的弧长 s,即

$$t=s$$

如前所讲,当 $s=s_0$ 时的单位矢量

$$\boldsymbol{\tau}_1=\frac{\mathrm{d}\boldsymbol{r}}{\mathrm{d}s}=x'(s)\boldsymbol{i}+y'(s)\boldsymbol{j}+z'(x)\boldsymbol{k}$$

是曲线 L 在点 $M_0(x_0,y_0,z_0)$ 处切线上的单位矢量,其中

$$x_0=x(s_0),y_0=y(s_0),z_0=z(s_0)$$

该矢量的方向对应于 s 增大的方向. 矢量 $\boldsymbol{\tau}_1$ 也叫切线单位矢量.

矢量

$$\boldsymbol{\nu}=\frac{\mathrm{d}\boldsymbol{\tau}_1}{\mathrm{d}s}=\frac{\mathrm{d}^2\boldsymbol{r}}{\mathrm{d}s^2}=x''(s_0)\boldsymbol{i}+y''(s_0)\boldsymbol{j}+z''(s_0)\boldsymbol{k}$$

是单位矢量 $\boldsymbol{\tau}_1$ 的导函数,因而垂直于 $\boldsymbol{\tau}_1$,也就是说,它在点 M_0 处与曲线正交. 矢量 $\boldsymbol{\nu}$ 所在的直线叫作曲线的主法线.

若在矢量 $\boldsymbol{\nu}$ 的方向取单位矢量 $\boldsymbol{\nu}_1$,叫作主法线单位矢量,则可把矢量 $\boldsymbol{\nu}$ 写作

$$\boldsymbol{\nu}=|\boldsymbol{\nu}|\boldsymbol{\nu}_1$$

模 $|\boldsymbol{\nu}|$ 的式子可以改写为

$$|\boldsymbol{\nu}|=\left|\frac{\mathrm{d}\boldsymbol{\tau}_1}{\mathrm{d}s}\right|=\left|\frac{\mathrm{d}\boldsymbol{\tau}_1}{\mathrm{d}s'}\right|\left|\frac{\mathrm{d}s'}{\mathrm{d}s}\right|$$

其中 s' 是矢量 $\boldsymbol{\tau}_1$ 的矢端曲线的长度. 所以

$$\left|\frac{\mathrm{d}\boldsymbol{\tau}_1}{\mathrm{d}s'}\right|=1$$

而因为 $\boldsymbol{\tau}_1$ 是切线单位矢量,所以 $\mathrm{d}s'$ 等于曲线 L 在点 M_0 处的无穷小毗连角 $\mathrm{d}\varphi$. 因此

$$|\boldsymbol{\nu}|=\left|\frac{\mathrm{d}\varphi}{\mathrm{d}s}\right|$$

及

$$\boldsymbol{\nu}=\left|\frac{\mathrm{d}\varphi}{\mathrm{d}s}\right|\boldsymbol{\nu}_1$$

与平面曲线时的情形类似,我们可取切线方向对于弧长的变化率的绝对值,即 $\left|\frac{\mathrm{d}\varphi}{\mathrm{d}s}\right|$,表示曲线在对应点处弯曲的程度,且叫作曲线在该点处的曲率,把它记作 K,即

$$K=\left|\frac{\mathrm{d}\boldsymbol{\tau}_1}{\mathrm{d}s}\right|=\left|\frac{\mathrm{d}\varphi}{\mathrm{d}s}\right|=|\boldsymbol{\nu}|$$

用坐标记号来写,就是

$$K=\sqrt{x''^2(s_0)+y''^2(s_0)+z''^2(s_0)}$$

曲率标志出曲线在其上一点处偏离直线方向的程度,也就是偏离对应切线方向的程度. 曲率的倒数

$$R=\frac{1}{K}$$

叫作曲线 L 在点 M_0 处的曲率半径. 这样可得

$$\boldsymbol{\nu}_1=R\frac{\mathrm{d}^2\boldsymbol{r}}{\mathrm{d}s^2}$$

及

$$\boldsymbol{\nu}=K|\boldsymbol{\nu}_1|$$

从几何上讲,曲率半径可以看作以曲线上对应点为起点,长度等于 R 的一段主法线.

在曲线 L 上每点 M_0 处取切线单位矢量 $\boldsymbol{\tau}_1$,主法线单位矢量 $\boldsymbol{\nu}_1$ 及等于两者矢积的单位矢量 $\boldsymbol{\beta}_1$,即

$$\boldsymbol{\beta}_1=\boldsymbol{\tau}_1\times\boldsymbol{\nu}_1$$

单位矢量 $\boldsymbol{\beta}_1$ 叫作曲线 L 在点 M 处的副法线单位矢量,它位于叫作副法线的直线上.

副法线垂直于矢量 $\boldsymbol{\tau}_1$ 及 $\boldsymbol{\nu}_1$,故知它位于曲线 L 在点 M_0 处的法平面上,也就是说,它和“主法线”一样与曲线正交.

矢量 $\boldsymbol{\tau}_1,\boldsymbol{\nu}_1,\boldsymbol{\beta}_1$ 形成指向与单位矢量 $\boldsymbol{i},\boldsymbol{j},\boldsymbol{k}$ 相同的一组矢量,它们确定出了空间曲线的三个主要方向. 在我们的右手坐标系内,单位矢量 $\boldsymbol{\tau}_1,\boldsymbol{\nu}_1,\boldsymbol{\beta}_1$ 形成如图 18 所示的三个矢量. 过这些矢量作三个互相垂直的平面,所成三面形叫作弗雷内三面形,当动点 M 沿曲线 L 运动时,与该点相联系的弗雷内三面形就变动它本身在空间的位置,每次都确定出曲线在对应点处的基本微分性质.

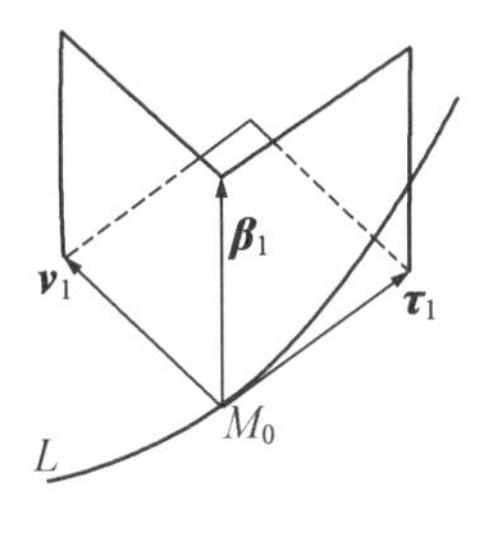

图 18

通过切线及主法线(即过 $\boldsymbol{\tau}_1$ 及 $\boldsymbol{\nu}_1$) 的平面叫作密切平面;通过切线及副法线(即过 $\boldsymbol{\tau}_1$ 及 $\boldsymbol{\beta}_1$) 的平面叫作准切平面;通过主法线及副法线(即过 $\boldsymbol{\nu}_1$ 及 $\boldsymbol{\beta}_1$) 的平面,我们已把它叫作法平面.

点 M_0 处的密切平面也可用其他的方法来定义:过点 M_0 及曲线上的另外两点作一平面,当这两点以任意方式趋于点 M_0 时,所作平面的"极限位置" 便是曲线在点 M_0 处的密切平面,证明从略.

矢量$\dfrac{\mathrm{d}\boldsymbol{\beta}_1}{\mathrm{d}s}$是单位矢量$\boldsymbol{\beta}_1$ 的导函数,因而垂直于$\boldsymbol{\beta}_1$,也就是说,$\dfrac{\mathrm{d}\boldsymbol{\beta}_1}{\mathrm{d}s}$位于密切平面上. 由于

$$\boldsymbol{\beta}_1 = \boldsymbol{\tau}_1 \times \boldsymbol{\nu}_1$$

故得(见 176 小节)

$$\frac{\mathrm{d}\boldsymbol{\beta}_1}{\mathrm{d}s} = \boldsymbol{\tau}_1 \times \frac{\mathrm{d}\boldsymbol{\nu}_1}{\mathrm{d}s} + \frac{\mathrm{d}\boldsymbol{\tau}_1}{\mathrm{d}s} \times \boldsymbol{\nu}_1$$

但因

$$\frac{\mathrm{d}\boldsymbol{\tau}_1}{\mathrm{d}s} = \boldsymbol{\nu}$$

故第二项是两个平行矢量的矢积,因而等于 $\mathbf{0}$,所以

$$\frac{\mathrm{d}\boldsymbol{\beta}_1}{\mathrm{d}s} = \boldsymbol{\tau}_1 \times \frac{\mathrm{d}\boldsymbol{\nu}_1}{\mathrm{d}s}$$

且$\dfrac{\mathrm{d}\boldsymbol{\beta}_1}{\mathrm{d}s}$垂直于矢量$\boldsymbol{\tau}_1$. 于是矢量$\dfrac{\mathrm{d}\boldsymbol{\beta}_1}{\mathrm{d}s}$既位于密切平面上又垂直于切线,它是循着主法线方向的. 这个矢量的几何意义可根据讨论矢量$\dfrac{\mathrm{d}\boldsymbol{\tau}_1}{\mathrm{d}s}$时所用的同样道理来讲. 我们知道

$$\frac{\mathrm{d}\boldsymbol{\beta}_1}{\mathrm{d}s} = \frac{\mathrm{d}\boldsymbol{\beta}_1}{\mathrm{d}s''} \frac{\mathrm{d}s''}{\mathrm{d}s}$$

其中 s'' 是矢量$\boldsymbol{\beta}_1$ 的矢端曲线的长度,因此

$$\left|\frac{\mathrm{d}\boldsymbol{\beta}_1}{\mathrm{d}s''}\right| = 1$$

但由于$\boldsymbol{\beta}_1$ 是副法线单位矢量,故 $\mathrm{d}s''$ 等于副法线的无穷小旋转角度 $\mathrm{d}\psi$. 这个角度等于点 M_0 处的密切平面与曲线上无限近点处的密切平面之间的角. $\left|\dfrac{\mathrm{d}\psi}{\mathrm{d}s}\right|$的大小给出副法线(或密切平面) 方向对于曲线 L 的长度的变化率,这个量具有"+" 或"-",可用来表示曲线 L 在对应点处"扭转" 的程度,且叫作曲线在对应点处的挠率,我们用记号 T 来表示它

$$T = \pm\left|\frac{\mathrm{d}\boldsymbol{\beta}_1}{\mathrm{d}s}\right| = \pm\left|\frac{\mathrm{d}\psi}{\mathrm{d}s}\right|$$

若矢量$\frac{\mathrm{d}\boldsymbol{\beta}_1}{\mathrm{d}s}$的方向与单位矢量$\boldsymbol{\nu}_1$的方向相同,则挠率取“+”,否则取“-”.

挠率表明曲线在其上一点处偏离平面的程度,也就是与对应的密切平面偏离的程度.

若曲线是平面曲线,则其所有切线都在同一平面上,且主法线也在该平面上,这时主法线变为曲线的法线,密切平面与曲线所在的平面相合.平面曲线的挠率等于0.挠率越大,则曲线在已给点处与平面偏离越大.

挠率的倒数所成的量

$$R_1=\frac{1}{T}$$

叫作曲线L在点M_0处的挠率半径.挠率半径的几何意义可以看作副法线上的线段,以曲线上对应点为起点,长度等于$|R_1|$.

由于矢量$\frac{\mathrm{d}\boldsymbol{\beta}_1}{\mathrm{d}s}$与主法线单位矢量同方向(或反方向),故可写出

$$\frac{\mathrm{d}\boldsymbol{\beta}_1}{\mathrm{d}s}=\pm\left|\frac{\mathrm{d}\boldsymbol{\beta}_1}{\mathrm{d}s}\right|\boldsymbol{\nu}_1=T\boldsymbol{\nu}_1$$

以上我们求出了单位矢量$\boldsymbol{\tau}_1$及$\boldsymbol{\beta}_1$对于弧长s的变化率,现在还要求单位矢量$\boldsymbol{\nu}_1$的变化率$\frac{\mathrm{d}\boldsymbol{\nu}_1}{\mathrm{d}s}$,有

$$\boldsymbol{\nu}_1=-(\boldsymbol{\tau}_1\times\boldsymbol{\beta}_1)$$

由此得

$$\begin{aligned}\frac{\mathrm{d}\boldsymbol{\nu}_1}{\mathrm{d}s}&=-\frac{\mathrm{d}(\boldsymbol{\tau}_1\times\boldsymbol{\beta}_1)}{\mathrm{d}s}\\&=-\left(\boldsymbol{\tau}_1\times\frac{\mathrm{d}\boldsymbol{\beta}_1}{\mathrm{d}s}+\frac{\mathrm{d}\boldsymbol{\tau}_1}{\mathrm{d}s}\times\boldsymbol{\beta}_1\right)\\&=-(\boldsymbol{\tau}_1\times T\boldsymbol{\nu}_1+K\boldsymbol{\nu}_1\times\boldsymbol{\beta}_1)\\&=-(T\boldsymbol{\beta}_1+K\boldsymbol{\tau}_1)=-\frac{\boldsymbol{\tau}_1}{R}-\frac{\boldsymbol{\beta}_1}{R_1}\end{aligned}$$

我们得到三个公式

$$\frac{\mathrm{d}\boldsymbol{\tau}_1}{\mathrm{d}s}=\frac{\boldsymbol{\nu}_1}{R}$$

$$\frac{\mathrm{d}\boldsymbol{\nu}_1}{\mathrm{d}s}=-\frac{\boldsymbol{\tau}_1}{R}-\frac{\boldsymbol{\beta}_1}{R_1}$$

$$\frac{\mathrm{d}\boldsymbol{\beta}_1}{\mathrm{d}s}=\frac{\boldsymbol{\nu}_1}{R_1}$$

叫作弗雷内公式.它们在空间曲线理论中有很重要的地位.弗雷内公式给出曲

线的基本单位矢量的变化率与它的曲率半径及挠率半径之间的关系. 现在还要求出挠率 T 的坐标表达式.

我们从第二个弗雷内公式出发

$$T\boldsymbol{\beta}_1 = -K\boldsymbol{\tau}_1 - \frac{\mathrm{d}\boldsymbol{\nu}_1}{\mathrm{d}s}$$

由于

$$K\boldsymbol{\nu}_1 = \boldsymbol{\nu}$$

及

$$KR = 1$$

故可把这个公式改写为

$$T\boldsymbol{\beta}_1 = -K\boldsymbol{\tau}_1 - R\frac{\mathrm{d}\boldsymbol{\nu}}{\mathrm{d}s} - \boldsymbol{\nu}\frac{\mathrm{d}R}{\mathrm{d}s}$$

取 $\boldsymbol{\beta}_1$ 与这个等式的纯积,得

$$T = -R\left(\boldsymbol{\beta}_1 \cdot \frac{\mathrm{d}\boldsymbol{\nu}}{\mathrm{d}s}\right)$$

这是因为

$$\boldsymbol{\beta}_1 \cdot \boldsymbol{\beta}_1 = 1$$

$$\boldsymbol{\beta}_1 \cdot \boldsymbol{\tau}_1 = \boldsymbol{\beta}_1 \cdot \boldsymbol{\nu} = 0$$

又由于

$$\boldsymbol{\beta}_1 = \boldsymbol{\tau}_1 \times \boldsymbol{\nu}_1 = (x'\boldsymbol{i} + y'\boldsymbol{j} + z'\boldsymbol{k}) \times (Rx''\boldsymbol{i} + Ry''\boldsymbol{j} + Rz''\boldsymbol{k})$$

及

$$\frac{\mathrm{d}\boldsymbol{\nu}}{\mathrm{d}s} = x'''\boldsymbol{i} + y'''\boldsymbol{j} + z'''\boldsymbol{k}$$

求得

$$T = -R\left(\begin{vmatrix} \boldsymbol{i} & \boldsymbol{j} & \boldsymbol{k} \\ x' & y' & z' \\ Rx'' & Ry'' & Rz'' \end{vmatrix} \cdot (x'''\boldsymbol{i} + y'''\boldsymbol{j} + z'''\boldsymbol{k})\right)$$

把 R 拿到括号外面,把行列式中的 $\boldsymbol{i},\boldsymbol{j},\boldsymbol{k}$ 各换成 x''',y''',z''' 并换列,最后把 T 表示为三阶行列式的形式

$$T = -R^2\begin{vmatrix} x'(s_0) & y'(s_0) & z'(s_0) \\ x''(s_0) & y''(s_0) & z''(s_0) \\ x'''(s_0) & y'''(s_0) & z'''(s_0) \end{vmatrix}$$

其中

$$R = \frac{1}{\sqrt{x''^2(s_0) + y''^2(s_0) + z''^2(s_0)}}$$

曲线 $L: \boldsymbol{r}=x(s)\boldsymbol{i}+y(s)\boldsymbol{j}+z(s)\boldsymbol{k}$ 在其点 $M_0(x_0,y_0,z_0)$ 处(其中 $x_0=x(s_0)$, $y_0=y(s_0)$, $z_0=z(s_0)$)有三面形,我们要写出该三面形中三条棱(切线、主法线及副法线)的方程及三个平面(密切平面、准切平面及法平面)的方程作为总结. 设

$$x_0'=x'(s_0), y_0'=y'(s_0), z_0'=z'(s_0), x_0''=x''(s_0), y_0''=y''(s_0), z_0''=z''(s_0)$$

Ⅰ′. 切线

$$\frac{x-x_0}{x_0'}=\frac{y-y_0}{y_0'}=\frac{z-z_0}{z_0'}$$

因为 $\boldsymbol{\tau}_1$ 的投影是 $x'(s_0), y'(s_0), z'(s_0)$.

Ⅱ′. 主法线

$$\frac{x-x_0}{x_0''}=\frac{y-y_0}{y_0''}=\frac{z-z_0}{z_0''}$$

因为 $\boldsymbol{\nu}_1$ 的投影是 $Rx''(s_0), Ry''(s_0), Rz''(s_0)$.

Ⅲ′. 副法线

$$\frac{x-x_0}{y_0'z_0''-y_0''z_0'}=\frac{y-y_0}{z_0'x_0''-z_0''x_0'}=\frac{z-z_0}{x_0'y_0''-x_0''y_0'}$$

因为 $\boldsymbol{\beta}_1$ 的投影是

$$R[y'(s_0)z''(s_0)-y''(s_0)z'(s_0)]$$
$$R[z'(s_0)x''(s_0)-z''(s_0)x'(s_0)]$$
$$R[x'(s_0)y''(s_0)-x''(s_0)y'(s_0)]$$

Ⅰ″. 密切平面

$$(y_0'z_0''-y_0''z_0')(x-x_0)+(z_0'x_0''-z_0''x_0')(y-y_0)+(x_0'y_0''-x_0''y_0')(z-z_0)=0$$

因为它通过点 M_0 且垂直于副法线.

Ⅱ″. 准切平面

$$x_0''(x-x_0)+y_0''(y-y_0)+z_0''(z-z_0)=0$$

因为它通过点 M_0 且垂直于主法线.

Ⅲ″. 法平面

$$x_0'(x-x_0)+y_0'(y-y_0)+z_0'(z-z_0)=0$$

因为它通过点 M_0 且垂直于切线.

举例:

我们以螺旋线(见 181 小节)为例来说明

$$\boldsymbol{r}=a\cos\frac{s}{m}\boldsymbol{i}+a\sin\frac{s}{m}\boldsymbol{j}+\frac{h}{2\pi m}s\boldsymbol{k}$$

切线及螺旋线上与其切线有关的属性已在 181 小节中得出过.

点 $M_0(x_0,y_0,z_0)$ 处主法线方程具有形式

$$\frac{x-x_0}{-\frac{a}{m^2}\cos\frac{s_0}{m}}=\frac{y-y_0}{-\frac{a}{m^2}\sin\frac{s_0}{m}}=\frac{z-z_0}{0}$$

也就是

$$\frac{x-x_0}{x_0}=\frac{y-y_0}{y_0}$$

及

$$z=z_0$$

或者,写成最后的简化形式

$$\frac{x}{x_0}=\frac{y}{y_0},z=z_0$$

所以,螺旋线在其任一点处的主法线与柱面的轴相交且垂直于柱面的轴.

同样求出副法线方程

$$\frac{x-x_0}{y_0}=\frac{y-y_0}{-x_0}=\frac{z-z_0}{\frac{2\pi}{h}a^2}$$

由此可知,螺旋线在其上任一点处的副法线与柱面成一定不变的角度,其余弦等于$\frac{a}{m}$.

曲率半径 R 是

$$R=\frac{1}{\sqrt{\frac{a^2}{m^4}\cos^2\frac{s_0}{m}+\frac{a^2}{m^4}\sin^2\frac{s_0}{m}+0}}=\frac{m^2}{a}$$

也就是说曲率半径是一个常量.

挠率半径 R_1 是

$$R_1=\frac{-1}{R^2\begin{vmatrix}-\frac{a}{m}\sin\frac{s_0}{m} & \frac{a}{m}\cos\frac{s_0}{m} & \frac{h}{2\pi m}\\ -\frac{a}{m^2}\cos\frac{s_0}{m} & -\frac{a}{m^2}\sin\frac{s_0}{m} & 0\\ \frac{a}{m^3}\sin\frac{s_0}{m} & -\frac{a}{m^3}\cos\frac{s_0}{m} & 0\end{vmatrix}}=\frac{-1}{\frac{m^4}{a^2}\cdot\frac{h}{2\pi m}\cdot\frac{a^2}{m^5}}=-\frac{2\pi}{h}m^2$$

也就是说挠率半径也是一个常量. 螺旋线是唯一的具有两种不变曲率的空间曲线.

183. 曲面

我们在 161 小节中把曲面

$$z=f(x,y)$$

的切平面定义为:在曲面上平行于坐标面 xOz 及 yOz 的两条平面截线上作两条

切线，过这两条切线的平面便是曲面的切平面. 现在我们要更详细地讲切平面的属性.

设曲面用下列方程表示

$$F(x,y,z)=0$$

假定函数 F 在其宗标为所考虑的值时可微分. 在曲面上取点 $M_0(x_0,y_0,z_0)$ 且设该点处的三个偏导数$\frac{\partial F}{\partial x},\frac{\partial F}{\partial y},\frac{\partial F}{\partial z}$ 并不全等于 0，也就是说，该点绝不是曲面上的奇异点(曲面 $F(x,y,z)=0$ 上奇异点的定义与曲线 $F(x,y)=0$ 上奇异点的定义相类似，见 179 小节).

在曲面上点 M_0 处(图 19) 作任一曲线(不一定是平面曲线)，该曲线在点 M_0 处具有切线. 这条直线叫作曲面的切线. 现在要证明曲面在点 M_0 处的所有切线都位于该点处曲面的切平面上.

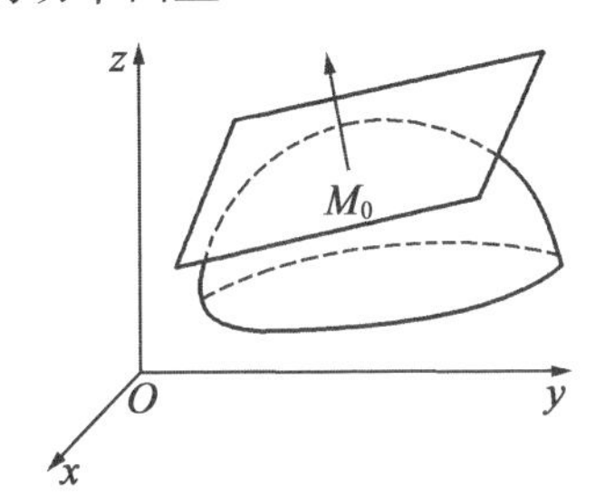

图 19

如果曲面上所作曲线的方程是

$$x=x(t),y=y(t),z=z(t)$$

则点 M_0 处的切线方程是(见 181 小节)

$$\frac{x-x_0}{x'_0}=\frac{y-y_0}{y'_0}=\frac{z-z_0}{z'_0} \tag{9}$$

其中

$$x'_0=x'(t_0),y'_0=y'(t_0),z'_0=z'(t_0)$$

由于曲线在曲面上，故函数 $x(t),y(t),z(t)$ 应满足曲面方程

$$F(x,y,z)=0$$

把函数 F 中的 x,y,z 看作 t 的上述三个函数，将 F 对 t 微分，得

$$\frac{\partial F}{\partial x}x'+\frac{\partial F}{\partial y}y'+\frac{\partial F}{\partial z}z'=0$$

这个等式在曲线上各点处都成立，特别是在点 M_0 处也成立

$$\left(\frac{\partial F}{\partial x}\right)_0 x'_0+\left(\frac{\partial F}{\partial y}\right)_0 y'_0+\left(\frac{\partial F}{\partial z}\right)_0 z'_0=0 \tag{10}$$

右下角的指标 0 表示偏导数是在点 $M_0(x_0,y_0,z_0)$ 处取的. 写出过点 $M_0(x_0,y_0,$

z_0）且方向余弦与$\left(\frac{\partial F}{\partial x}\right)_0$，$\left(\frac{\partial F}{\partial y}\right)_0$，$\left(\frac{\partial F}{\partial z}\right)_0$成比例的直线的方程

$$\frac{x-x_0}{\left(\frac{\partial F}{\partial x}\right)_0}=\frac{y-y_0}{\left(\frac{\partial F}{\partial y}\right)_0}=\frac{z-z_0}{\left(\frac{\partial F}{\partial z}\right)_0} \tag{11}$$

从解析几何可知等式(10)表明直线(9)垂直于直线(11)，但从方程(11)可知直线(11)只取决于曲面及其上的点M_0，而根本不取决于曲面上所取的是哪一条曲线. 所以，曲面在点M处的任意切线垂直于同一条直线(11)，且可知，所有切线都位于与直线(11)垂直的平面上.

我们再根据解析几何学中直线与平面相垂直的条件，可写出过点M_0且垂直于直线(11)的平面的方程

$$\left(\frac{\partial F}{\partial x}\right)_0(x-x_0)+\left(\frac{\partial F}{\partial y}\right)_0(y-y_0)+\left(\frac{\partial F}{\partial z}\right)_0(z-z_0)=0$$

这便是曲面$F(x,y,z)=0$在点$M_0(x_0,y_0,z_0)$处的切平面的方程.

写出这个方程时常省去偏导数底下的指标

$$\frac{\partial F}{\partial x}(x-x_0)+\frac{\partial F}{\partial y}(y-y_0)+\frac{\partial F}{\partial z}(z-z_0)=0$$

但应该记住它们是在切点处(即在$x=x_0,y=y_0,z=z_0$时)所取的.

如果曲面方程写成把某一坐标(例如把z)解出后的形式

$$z=f(x,y)$$

那么

$$\frac{\partial F}{\partial x}=-\frac{\partial f}{\partial x},\frac{\partial F}{\partial y}=-\frac{\partial f}{\partial y},\frac{\partial F}{\partial z}=1$$

于是便得到161小节中求出过的切平面方程

$$z-z_0=\frac{\partial f}{\partial x}(x-x_0)+\frac{\partial f}{\partial y}(y-y_0)$$

在切点处垂直于切平面的直线(11)叫作曲面在该点处的法线.

若曲面方程是解出的，例如把z解出

$$z=f(x,y)$$

则曲面在点

$$M_0(x_0,y_0,z_0)\quad (z_0=f(x_0,y_0))$$

处的法线方程可写成形式

$$\frac{x-x_0}{-f'_x(x_0,y_0)}=\frac{y-y_0}{-f'_y(x_0,y_0)}=\frac{z-z_0}{1}$$

法线的方向余弦$\cos\alpha,\cos\beta,\cos\gamma$(即法线与$x$轴、$y$轴、$z$轴所成角的余弦)具有式子

$$\cos\alpha = \frac{-f'_x(x_0,y_0)}{\sqrt{1+f'^2_x(x_0,y_0)+f'^2_y(x_0,y_0)}}$$

$$\cos\beta = \frac{-f'_y(x_0,y_0)}{\sqrt{1+f'^2_x(x_0,y_0)+f'^2_y(x_0,y_0)}}$$

$$\cos\gamma = \frac{1}{\sqrt{1+f'^2_x(x_0,y_0)+f'^2_y(x_0,y_0)}}$$

例如,求球面

$$x^2+y^2+z^2=R^2$$

在其上点 $M_0(x_0,y_0,z_0)$ 处的切平面及法线的方程.

我们有

$$\left(\frac{\partial F}{\partial x}\right)_0=2x_0,\left(\frac{\partial F}{\partial y}\right)_0=2y_0,\left(\frac{\partial F}{\partial z}\right)_0=2z_0$$

且可知,切平面方程为

$$x_0(x-x_0)+y_0(y-y_0)+z_0(z-z_0)=0$$

或

$$x_0x+y_0y+z_0z=x_0^2+y_0^2+z_0^2=R^2$$

法线方程具有形式

$$\frac{x-x_0}{x_0}=\frac{y-y_0}{y_0}=\frac{z-z_0}{z_0}$$

或

$$\frac{x}{x_0}=\frac{y}{y_0}=\frac{z}{z_0}$$

由此可知,球面的法线通过原点. 也就是说,球的半径便是球面的法线.

重积分及累次积分法

第十二章

讲解多变量函数的积分法时,我们首先(§1) 要建立二重积分(接着是三重积分) 的概念,并且与通常的情形一样,我们要从具体的几何问题(决定体积的问题) 出发. 在这以后就研究二重积分及三重积分的基本属性.

依据重积分存在定理,我们把重积分的计算法化为累次施行的单变量函数普通积分法(§2). 其次在 §3 中给出积分变量的置换法. 重积分在具体问题上的应用原理是根据重积分的牛顿 - 莱布尼茨公式(§4),我们把这种用法归纳为便于实用的程序,这是前文所讲普通积分应用程序的推广.

此外本章还要讲(§5) 与积分法有关的补充问题(广义积分及取决于参数的积分,以及它们的一些应用).

§1　二重积分及三重积分

184. 体积问题、二重积分

设已给以某一曲面为界的形体. 现在要提出决定该形体体积的问题. 先把已给曲面放在空间笛卡儿坐标系 $Oxyz$ 内,我们不难看出所论形体可以分割成一系列同一类型的有界形体,我们将把这些形体叫作“柱体”.

柱体(柱) 是以下列诸面为界的形体:xOy 平面;被任一竖坐标线所交不多于一点的曲面;以柱面(它的母线平行于 z 轴,它的导线是 xOy 平面上的闭曲线) 为侧面. 以上述柱面的导线(闭曲线) 为界的域 D 叫作柱体的底(图 1).

柱体的底是其顶面在 xOy 平面上的正投影,我们也可以用任何其他的坐标平面 xOz 或 yOz 来代替这里的 xOy 平面.

通常每个形体都可由上述这种柱体所组成,因此所求体积可以按照组成该形体的柱体体积的和确定出来. 由此可知要解决所提出的求体积的问题,只要能说出决定柱体体积的方法就够了.

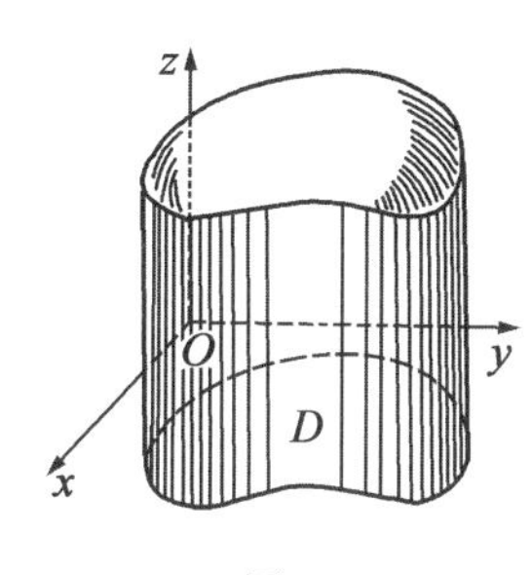

图 1

这个方法所根据的理念与决定曲边梯形面积时所根据的理念相同,这就是无限趋近法,就柱体的情形来说,这就是要借助于能用初等方法算出其体积的柱体来无限趋近于所给的柱体.

首先要提起以前(见 132 小节) 定义体积时作为出发点的两个原理:

(1) 若把形体分成若干部分,则其体积等于所有各部分体积的和(可加性).

(2) 若柱体的顶面是平行于 xOy 平面的平面,则该柱体的体积等于其底面积与高的乘积①.

设

$$z = f(x,y)$$

是柱体顶面的方程. 首先假定这个面全部位于 xOy 平面之上,也就是在域 D 上处处有

$$f(x,y) > 0$$

其次假定

$$f(x,y) = f(P)$$

① 这个原理可以从下述更简单的命题推出来:直角平行六面体的体积等于底面积与高的乘积.

是域 D 上点$P(x,y)$ 的连续函数.

用 V 表示所求的柱体体积.

把柱体的底(域D) 分割成任意形状的不相遮盖的n个域,我们把这些域叫作子域. 如果按某一次序来清点这些子域,我们就把它们记作

$$\sigma_1,\sigma_2,\cdots,\sigma_n$$

并用

$$\Delta\sigma_1,\Delta\sigma_2,\cdots,\Delta\sigma_n$$

来表示它们的面积. 过每个子域的边线作一柱面(其母线平行于 z 轴). 这些柱面把顶面分割成对应于 n 个子域 $\sigma_1,\sigma_2,\cdots,\sigma_n$ 的 n 个小块. 这样柱体就被分割为 n 个子柱体(图 2). 这一步工作本身还没有什么用处,因为要准确确定出每个子柱体体积的问题与原来那个问题是同样困难的. 这里重要的一点是分割之后柱体的底面积变小了. 下面我们不但要使子柱体的底面积趋于 0,而且还需要使那些底的直径趋于 0①. 这里所讲有限域的直径是指其边线上两点间的最大距离. 假若域的直径趋于 0,则域缩为一点.

现在做第二步. 把每个子柱体换成底相同而高等于其顶面上任何一个竖坐标的平顶柱体;换句话说,我们把第 i 个子柱体上的原有顶面换成一小块平行于 xOy 坐标面的平面,且其高等于顶面上任何一个竖坐标(随便哪一个竖坐标都没有关系). 这样就得到 n 台阶体,它的体积 V_n 是容易计算的.

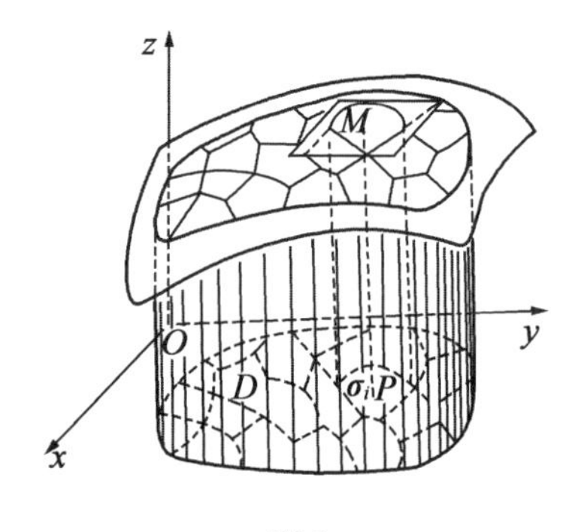

图 2

我们来求第 i 个柱体的体积. 它的高等于顶面的某个竖坐标,也就是域 σ_i 内某点处的函数值

$$z=f(x,y)$$

我们用 $P_i(\xi_i,\eta_i)$ 来表示该点. 于是第 i 个柱体的体积可以表示为

---

① 换句话说,应使子域收缩成点. 我们不难想象出域的变形过程可能是:“缩”成一条曲线,这时它的面积等于 0,而直径仍然是有限的,不等于 0.

$$f(\xi_i,\eta_i)\Delta\sigma_i = f(P_i)\Delta\sigma_i$$

所以

$$V_n = f(\xi_1,\eta_1)\Delta\sigma_1 + f(\xi_2,\eta_2)\Delta\sigma_2 + \cdots + f(\xi_n,\eta_n)\Delta\sigma_n = \sum_{i=1}^{n} f(\xi_i,\eta_i)\Delta\sigma_i$$

或简写为

$$V_n = \sum_{i=1}^{n} f(P_i)\Delta\sigma_i \tag{1}$$

如果承认已给柱体的体积与所作 n 台阶体的体积近乎相等,那么一般来说当各子域中的最大直径越小时,也就是当 n 越大时,V_n 就越能准确表达 V.

因此我们根据定义,取和式(1) 在 $n\to\infty$ 及各子域的最大直径趋于0时的极限作为所求的体积 V.

和式(1) 叫作函数 $f(x,y)$ 在域 D 上对应于将该域分成 n 个子域时所用分割法的第 n 积分和式.

第 n 积分和式(1) 在上述条件下的极限叫作函数 $f(x,y)$ 在域 D 上的二重积分.

这句话可写成

$$\lim_{n\to\infty}\sum_{i=1}^{n} f(P_i)\Delta\sigma_i = \iint_D f(P)\,\mathrm{d}\sigma$$

即

$$\lim_{n\to\infty}\sum_{i=1}^{n} f(\xi_i,\eta_i)\Delta\sigma_i = \iint_D f(x,y)\,\mathrm{d}\sigma$$

二重积分也不妨采用单独一个记号“$\int$”来作标记,但为求明显及以后便于变换起见,我们通常用两个这样的记号“$\iint$”来表示.

二重积分的记号读作:“二重积分,在域 D 上,$f(x,y)\mathrm{d}\sigma$”. $\mathrm{d}\sigma$ 是无穷缩小的子域面积(面积的微分或元素)的记号;式子 $f(P)\mathrm{d}\sigma$ 表示出各被加项的形式,叫作被积式或积分元素;函数 $f(P)$ 叫作被积函数;二重积分记号底下的字母 D 表明在 xOy 平面上进行求和的那个域;域 D 叫作积分域;最后,变量 x,y 及点 $P(x,y)$ 各叫作积分变量及积分变点.

于是可以说:若柱体以 xOy 平面、曲面 $z=f(x,y)$ $(f(x,y)>0)$ 及母线平行于 z 轴的柱面为界,则该柱体的体积是用竖坐标(函数 $f(x,y)$)在柱体底域上的二重积分

$$V = \iint_D f(x,y)\,\mathrm{d}\sigma$$

定出的.

许多种不同的问题,而不仅限于体积问题,都要使我们作出双变量函数的积分和式(1) 并施行其后的极限运算步骤. 因此我们必须把上述二重积分的定义推广到在域 D 上的任意连续函数,而不计较变量 x,y 及其函数 $f(x,y)$ 的具体物理意义,也不限定

$$f(x,y) > 0$$

关于这个定义我们自然要像讲普通积分定义时(见 96 小节) 那样加以一番说明,这些说明使我们要引述下面的二重积分存在定理:

二重积分存在定理 在 $n \to \infty$ 及各子域的最大直径趋于 0 时,对应于点 $P(x,y)$ 的有限变动域 D 及该域上连续函数

$$f(P) = f(x,y)$$

的第 n 积分和式,趋于确定的极限,并且不论域 D 分成子域的方法如何,也不论我们取子域内的哪一点 P 作为点 P_i,这个极限是不变的.

现在我们不预备证明这个定理,留待读者去参考更详尽的数学解析教程①.

二重积分当然是一个数,这个数只取决于被积函数及积分域而完全与积分变量的记号无关,所以

$$\iint_D f(x,y)\,\mathrm{d}\sigma = \iint_D f(u,v)\,\mathrm{d}\sigma$$

以后(§2) 我们要证明二重积分的计算可以用普通积分法来做.

185. 一般定义、三重积分

读者无疑已注意到普通积分与二重积分在结构方面的完全类似性. 如果把单变量函数与双变量函数都看作点的函数,而各点分别在自变量轴或自变量平面上变动,那么这个类似性可以变得更加显著. 于是单变量函数

$$f(P) = f(x)$$

的积分和式可以写成

$$I_n = \sum_{i=1}^{n} f(P_i)\Delta l_i$$

其中 Δl_i 是第 i 个子区间的长度,而 P_i 是该区间上的任意点. 但要注意的是,这里 Δl_i 是一个具有确定正负号的数,也就是说所取的是子区间的“有向” 长度,而并不像二重积分里面那样是子域的单纯几何度量(长度、面积、体积等). $f(P)$ 在已给区间 L 上的积分可用记号写成

$$I = \int_L f(P)\,\mathrm{d}l$$

---

① Г. М. Фихтенгольц 所著的《微积分教程》第三卷第 150 ~ 169 页. R. Courant 所著的《微积分教程》第二卷第四章附录 §1.

其中 $\mathrm{d}l(=\mathrm{d}x)$ 是区间 L 上的长度元素(微分). 区间 L 叫作积分域.

把单变量函数的积分和式及积分式子与双变量函数的对应式子比较一下,就可以看出它们是完全相同的. 这两种积分之间的差别不在于其记号与结构上,而在于点 P 的变动域的特性及由此而引起的求和法的特性上. 在普通积分的情形下,积分变点 P 沿自变量轴移动,而积分元素由函数值与积分域(是数轴的一段) 的长度元素相乘而求得. 积分和式中的所有被加元素都位于一条直线上. 因此普通积分叫作一维积分或直线积分. 在二重积分的情形下,积分变点 P 在自变量平面上移动,而积分元素则由函数值与积分域(是平面的一部分) 的面积元素相乘而求得. 这时积分和式中的所有被加元素都位于平面上. 因此这种积分叫作二重(或二维) 积分. 从以上所讲便可以明白为什么普通积分有时还叫作在直线区间 L 上的积分,以及为什么二重积分也叫作平面面积(或域)D 上的积分.

所以我们可以给出对普通积分以及对二重积分的一个总定义:

设函数 $f(P)$ 在有限域 W 上是连续的,则当 $n\to\infty$ 及各子域 w_i 的最大直径趋于 0 时,第 n 积分和式

$$I_n=\sum_{i=1}^{n}f(P_i)\Delta w_i$$

的极限叫作函数 $f(P)$ 在域 W 上的积分 I,这里 I_n 是把域 W 任意分成 n 个子域时所作的积分和式,P_i 是第 i 个子域内的任意点,而 Δw_i 表示该域的度量.

由此可见从求体积的几何问题而产生的二重积分概念,是以前所知的积分概念在双变量函数上完全自然的推广.

刚才所讲关于普通积分及二重积分的总定义,显然可以推广到任意个变量的函数及任意维域的情形上. 这样推广之后定义出来的积分叫作重积分. 如果 W 是三个自变量空间的域 Ω,且积分变点 $P(x,y,z)$ 就在域 Ω 上变动,那么 Δw_i 便成为子域 $w_i=v_i$ 的体积 Δv_i,$\mathrm{d}w$ 便成为该体积的微分 $\mathrm{d}v$,于是我们就得到以空间域 Ω 为积分域的积分.

这个积分通常用三个"$\int$" 记号来表示

$$I=\iiint\limits_{\Omega}f(P)\,\mathrm{d}v=\iiint\limits_{\Omega}f(x,y,z)\,\mathrm{d}v$$

并叫作三重或三维空间积分,还可以叫作在空间体积(或域)Ω 上的积分.

三重积分"存在定理" 的陈述法与二重积分完全相同. 讲普通积分及二重积分时所用的术语都可袭用到三重积分上.

以上我们从普通积分及二重积分概念用纯粹形式上的推广得出三重积分,但不久(§4) 我们便会碰到需要引用三重积分来求解的具体问题.

186. 二重积分及三重积分的基本属性

因为二重积分与三重积分是从相仿于普通积分定义的一个总定义得出来的,所以第五章中所讲普通积分的诸属性(与积分区间方向有关的那些属性除外)显然也为二重积分、三重积分及一般的多重积分所具有,并且重积分这些属性的证法也几乎完全是第五章中的重复.我们这里要对二重积分来讲,同时要假定所论积分都存在.

Ⅰ.关于和式积分的定理.

和式积分定理 有限个函数的和的二重积分等于每个函数的二重积分的和

$$\iint\limits_D [f(P)+\varphi(P)+\cdots+\psi(P)]\mathrm{d}\sigma$$
$$=\iint\limits_D f(P)\mathrm{d}\sigma+\iint\limits_D \varphi(P)\mathrm{d}\sigma+\cdots+\iint\limits_D \psi(P)\mathrm{d}\sigma$$

Ⅱ.关于常数因子取出法的定理.

常数因子取出法定理 被积函数的常数因子可以拿到二重积分记号外面来

$$\iint\limits_D cf(P)\mathrm{d}\sigma=c\iint\limits_D f(P)\mathrm{d}\sigma$$

我们只要把极限运算的法则应用到对应于上述两式的积分和式上,这两个定理便立即可以证明.

Ⅲ.关于积分正负号的定理.

积分正负号定理 要若被积函数在积分域上不变号,则二重积分是与函数同号的一个数.

设在域 D 上

$$f(P)\geqslant 0$$

于是积分和式

$$I_n=\sum_{i=1}^{n} f(P_i)\Delta\sigma_i$$

中所有各项都不是负数,故知

$$I_n\geqslant 0$$

而非负的变量的极限不可能是负的.若$f(P)$是连续的而且是不变号的函数,则仅有在函数$f(P)$恒等于0的一种情形下,$f(P)$的积分才可能等于0.这与单变量函数时的证法(见98小节)一样.

若被积函数在积分域上变号,则它的积分可能是正数、负数或等于0.

在这里我们要谈到二重积分的几何解释.我们给位于xOy平面以上的柱体体积以正号,给xOy平面以下的柱体体积以负号.于是,把函数$f(P)$看成某块有界曲面的竖坐标时,$f(P)$ 的二重积分显然是对应于正值的柱体“体积” 及对应于其负值的柱体“体积” 的代数和(见属性 Ⅳ).

因此,以后不管积分变量 x 及 y 以及函数 $f(x,y)$ 的具体意义是什么,我们把二重积分

$$\iint_D f(x,y)\,\mathrm{d}\sigma$$

解释为:以 D 为底,以曲面

$$z=f(x,y)$$

为顶的柱体“体积”(是代数上的,而不是几何上的).

如果我们要想求出柱体的真实(几何上的) 体积,那就必须分别把表示位于 xOy 平面以上的那几部分形体体积的积分算出来,再分别把表示 xOy 平面以下的那几部分形体体积的积分算出来,然后再求两个积分的绝对值的和,也就是从第一个积分减去第二个积分.

虽然如此,与表示曲边梯形的真实面积时一样,我们可以在一切情形下用一般公式

$$V=\iint_D |f(x,y)|\,\mathrm{d}\sigma$$

来表明柱体的真实体积,其中 $z=f(x,y)$ 是柱体顶面的方程.

Ⅳ. 关于积分域分割法的定理.

积分域分割法定理　若把积分域 D 分割成 D_1 及 D_2 两部分,则

$$\iint_D f(P)\,\mathrm{d}\sigma=\iint_{D_1} f(P)\,\mathrm{d}\sigma+\iint_{D_2} f(P)\,\mathrm{d}\sigma$$

由于积分和式的极限不取决于域 D 的分割方式,故可适当分割域 D,使每个子域 σ_i 或者全部在 D_1 内或者全部在 D_2 内,于是可把积分和式写成

$$\sum f(P_i)\Delta\sigma_i=\sum{}_1 f(P_i)\Delta\sigma_i+\sum{}_2 f(P_i)\Delta\sigma_i$$

其中右边第一个和式里集合了属于 D_1 内各子域的一切元素,在第二个和式里集合了属于 D_2 内各子域的一切元素. 在使整个域 D 内各子域的最大直径趋于 0 的条件下取极限,便可得到所要证明的等式.

由此直接可知:若域 D 分成 k 个子域 $D_1,D_2,\cdots,D_k$,则

$$\iint_D f(P)\,\mathrm{d}\sigma=\iint_{D_1} f(P)\,\mathrm{d}\sigma+\iint_{D_2} f(P)\,\mathrm{d}\sigma+\cdots+\iint_{D_k} f(P)\,\mathrm{d}\sigma$$

Ⅴ. 关于积分估值法的定理.

积分估值法定理　二重积分的值界于被积函数的最大值及最小值两者各与积分域面积相乘所得的两个乘积之间

$$mS\leqslant\iint_D f(P)\,\mathrm{d}\sigma\leqslant MS$$

其中 m 及 M 各为 $f(P)$ 在域 D 上的最大值与最小值,S 为域 D 的面积.

拿函数 $M-f(P)$ 及 $m-f(P)$ 来说,第一个函数在域 D 上不是负数,第二个函数不是正数. 由此可知(见属性 Ⅲ)

$$\iint_D [M-f(P)]\,\mathrm{d}\sigma \geqslant 0$$

及

$$\iint_D [m-f(P)]\,\mathrm{d}\sigma \leqslant 0$$

即

$$\iint_D M\,\mathrm{d}\sigma \geqslant \iint_D f(P)\,\mathrm{d}\sigma$$

及

$$\iint_D m\,\mathrm{d}\sigma \leqslant \iint_D f(P)\,\mathrm{d}\sigma$$

由此得

$$m\iint_D \mathrm{d}\sigma \leqslant \iint_D f(P)\,\mathrm{d}\sigma \leqslant M\iint_D \mathrm{d}\sigma$$

但由于积分 $\iint_D \mathrm{d}\sigma$ 等于域 D 的面积 S,即

$$\iint_D \mathrm{d}\sigma = \lim \sum \Delta\sigma_i = \lim S = S$$

故所得便是所要证明的不等式.

这样,如果知道被积函数的最大值与最小值,那么不计算二重积分也能估出它的大小.

属性 Ⅴ 可用极浅显的几何事实来表明:已给柱体体积大于底相同而高等于顶面最小竖坐标的平顶柱体体积,小于底相同而高等于顶面最大竖坐标的平顶柱体体积.

注意 (1) 下述较普遍的定理成立:

定理 1 从几个函数之间的不等式可以得出其二重积分间的同义不等式,简单来说,不等式可以积分:若域 D 上任一点 P 处有

$$\varphi(P) \leqslant f(P) \leqslant \Phi(P)$$

则也可得

$$\iint_D \varphi(P)\,\mathrm{d}\sigma \leqslant \iint_D f(P)\,\mathrm{d}\sigma \leqslant \iint_D \Phi(P)\,\mathrm{d}\sigma$$

(2) 二重积分绝对值的下列估值式成立

$$\left|\iint_D f(P)\,\mathrm{d}\sigma\right| \leqslant \iint_D |f(P)|\,\mathrm{d}\sigma$$

由此可知,若域 D 上

$$|f(P)| \leqslant M$$

则

$$\left|\iint_D f(P)\,\mathrm{d}\sigma\right| \leqslant MS$$

这两段注释留给读者自己证明.

187. 二重积分及三重积分的基本属性(续)、牛顿 - 莱布尼茨公式

Ⅵ. 中值定理.

中值定理 连续函数的二重积分等于积分域上某一中间点处的函数值与积分域面积的乘积.

根据积分估值法定理(属性 Ⅴ)

$$mS \leqslant \iint_D f(P)\,\mathrm{d}\sigma \leqslant MS$$

即

$$m \leqslant \frac{1}{S}\iint_D f(P)\,\mathrm{d}\sigma \leqslant M$$

这就是说,以积分域 D 的面积 S 除二重积分所得的商介于被积函数在域 D 上的最大值与最小值之间. 但由于函数 $f(P)$ 必能在域 D 上某点 (ξ,η) 处取得等于上述商数的值(见 157 小节),故

$$\frac{1}{S}\iint_D f(P)\,\mathrm{d}\sigma = f(P_c) \tag{2}$$

故知

$$\iint_D f(P)\,\mathrm{d}\sigma = f(P_c)S = f(\xi,\eta)S$$

即所欲证.

按照公式(2) 所得的值 $f(P_c)$ 叫作函数 $f(P)$ 在域 D 上的中(平均) 值.

因此双变量函数在域上的中值,是以域面积除函数在域上的积分所得的商.

这个概念与单变量函数的中值概念(见 102 小节) 相仿.

二重积分中值定理的几何意义可解释为:有如下的一个平顶柱体存在,它的底与已给柱体的底 D 相同,它的高等于曲面

$$z = f(x,y)$$

在底上某个"中间" 点处的竖坐标,而它的体积等于已给柱体的体积. 上述"中间" 点处的竖坐标便表示函数 $f(x,y)$ 在域 D 上的中值.

注意 把域 D 分割成子域

$$\sigma_1,\sigma_2,\cdots,\sigma_n$$

于是(属性 Ⅵ)

$$\iint_D f(P)\,\mathrm{d}\sigma=\iint_{\sigma_1} f(P)\,\mathrm{d}\sigma+\iint_{\sigma_2} f(P)\,\mathrm{d}\sigma+\cdots+\iint_{\sigma_n} f(P)\,\mathrm{d}\sigma$$

对右边每个积分应用中值定理,得

$$\iint_D f(P)\,\mathrm{d}\sigma=f(P_1)\Delta\sigma_1+f(P_2)\Delta\sigma_2+\cdots+f(P_n)\Delta\sigma_n$$

其中 P_i 是子域 σ_i 上的点,$\Delta\sigma_i$ 是子域 σ_i 的面积($i=1,2,\cdots,n$).

由此可知各子域内存在着像 P_i 那样的点,能使对应的积分和式恰好等于积分. 但一般我们并不知道这些点在何处,任意取 P_i 之后,我们确定出积分时就产生误差,但这个误差在取极限时又趋于消失.

Ⅶ. 积分对于域的导函数的定理.

普通积分最重要的属性是:它对上限的导函数等于被积函数. 在 103 小节中,如果确定出了从已给点 $P(x)$ 起长度等于 $\Delta l(=\Delta x)$ 的区间上的积分对于长度 Δl 的比在 $\Delta l\to 0$ 时的极限,我们就得积分的导函数. 由此可以简短地说:把积分对积分区间微分,结果便得被积函数.

二重积分也具有相仿的属性.

设已给连续于平面域 D 上的双变量函数

$$z=f(P)$$

取 $f(P)$ 在域 σ(它全部在 D 内)上的二重积分. 这时每个域 σ 显然对应着一个确定的积分值,也就是说,积分是积分域 σ 的函数,我们用 $I(\sigma)$ 来表示这个函数

$$I(\sigma)=\iint_\sigma f(P)\,\mathrm{d}\sigma$$

可变积分域的二重积分相当于可变积分上限的普通积分. 后者也可以看作可变积分域(区间)的函数.

从属性 Ⅳ 可知,若把域 σ 分为(不相遮盖的)子域 $\sigma_1,\sigma_2,\cdots,\sigma_n$,则

$$I(\sigma)=I(\sigma_1)+I(\sigma_2)+\cdots+I(\sigma_n)$$

这个属性我们用以下的文字来表达:积分 $I(\sigma)$ 是域的可加函数.

一般来说,若变域 σ 的每个位置对应着函数值 u,即

$$u=F(\sigma)$$

同时如果域 D 分割成不相遮盖的 n 个子域 $\sigma_1,\sigma_2,\cdots,\sigma_n$(即 $\sigma=\sigma_1+\sigma_2+\cdots+\sigma_n$)时有

$$F(\sigma)=F(\sigma_1)+F(\sigma_2)+\cdots+F(\sigma_n)$$

那么这样的一个量 u 就叫作变域 σ 的可加函数.

域的可加函数是一个极重要的概念. 这些函数的常见例子是长度、面积、质量、功等. 而物体的温度(所有点处都一样)或导体的电势(所有点处都一样)

却不是其对应域的可加函数.

对于域的可加函数,我们可以完全按照单变量函数时那样做出无穷小解析法.

现在我们把二重积分看作积分变域在该域上的可加函数来确定出二重积分的导函数(对域的其他任意种可加函数来说,其导函数的确定法也相仿).

在域 σ 边线上某点 P 的近旁给域 σ 增加一块域 $\Delta\sigma$(使域 σ 得"增量"$\Delta\sigma$). 根据函数 $I(\sigma)$ 的可加性

$$\Delta I(\sigma)=I(\Delta\sigma)=\iint_{\Delta\sigma}f(P)\,\mathrm{d}\sigma$$

根据中值定理

$$\frac{\Delta I(\sigma)}{\Delta\sigma}=\frac{\iint_{\Delta\sigma}f(P)\,\mathrm{d}\sigma}{\Delta\sigma}=f(P_c)$$

其中 $\Delta\sigma$ 既表示域的增量又表示该增量的面积,而 P_c 是域 $\Delta\sigma$ 的"中间"点. 现在令域 $\Delta\sigma$ 收缩为点 P. 这时

$$\Delta\sigma\to 0$$

而

$$P_c\to P$$

所以

$$\lim_{\Delta\sigma\to 0}\frac{I(\sigma)}{\Delta\sigma}=f(P)$$

于是我们很自然地把等式左边的极限叫作二重积分在点 P 处对于域的导函数,并用记号 $I'(\sigma)$ 或

$$\frac{\mathrm{d}}{\mathrm{d}\sigma}\iint_{\sigma}f(P)\,\mathrm{d}\sigma$$

来表示它. 这样我们就证明了

$$I'(\sigma)=\frac{\mathrm{d}}{\mathrm{d}\sigma}\iint_{\sigma}f(P)\,\mathrm{d}\sigma=f(P)$$

我们可以简短地说:积分对于积分域微分的结果,得出被积函数(在域 σ 所缩成的点处).

从几何观点来说,这表示:把柱体体积看成其底的函数时,柱体体积的导函数是用其顶面竖坐标来表示的.

Ⅷ. 牛顿 – 莱布尼茨公式.

现在从域的可加函数 $F(\sigma)$ 来建立它的微分概念. 令域 σ 得增量 $\Delta\sigma$,这时函数

$$u=F(\sigma)$$

得一增量 Δu,即

$$\Delta u = F(\Delta\sigma)$$

与面积 $\Delta\sigma$ 成正比例的增量 Δu 的主部(在域 Δu 的直径趋于0时与 Δu 为等价无穷小的一个量)叫作域的函数 $F(\sigma)$ 的微分,并用 $\mathrm{d}F(\sigma)$ 作它的记号.

读者不难证明这与普通函数的情形一样:若 $F(\sigma)$ 有微分,则该微分等于函数 $F(\sigma)$ 对域的导函数与域 σ 的微分(面积增量 $\Delta\sigma = \mathrm{d}\sigma$)两者的乘积

$$\mathrm{d}F(\sigma) = F'(\sigma)\mathrm{d}\sigma$$

这时导函数 $F'(\sigma)$ 是点 P 的函数

$$F'(\sigma) = f(P)$$

所以

$$\mathrm{d}F(\sigma) = f(P)\mathrm{d}\sigma$$

对二重积分来说,从属性 Ⅶ 中最后的公式得

$$\mathrm{d}I(\sigma) = \mathrm{d}\iint_{\sigma} f(P)\mathrm{d}\sigma = f(P)\mathrm{d}\sigma$$

这就是说,二重积分的元素(被积分式)是二重积分的微分. 我们可以用记号写出

$$I(D) = \iint_{D} \mathrm{d}I(\sigma)$$

反过来说,若先给出域 σ 的可加函数 u,即

$$u = F(\sigma)$$

且 $F(\sigma)$ 具有连续导函数

$$F'(\sigma) = f(P)$$

于是与一维函数时的情形一样,在域为 D 时,函数 $F(\sigma)$ 的值等于 $F(\sigma)$ 的微分在该域上的二重积分

$$F(D) = \iint_{D} \mathrm{d}F(\sigma) = \iint_{D} f(P)\mathrm{d}\sigma \tag{3}$$

换句话说,当域的函数具有连续导函数时,该函数就是其导函数在域上的二重积分(证明从略).

公式(3)与普通积分的牛顿 - 莱布尼茨公式完全相仿,因此我们把它叫作二重积分的牛顿 - 莱布尼茨公式.

从牛顿 - 莱布尼茨公式及积分中值定理(属性 Ⅵ)不难推出域的可加函数的中值定理(见 105 小节).

设 $F(\sigma)$ 是域 σ 的连续函数,具有对于域的连续导函数 $f(P)$. 于是根据牛顿 - 莱布尼茨公式有

$$\Delta F(\sigma) = \iint_{\Delta\sigma} f(P)\mathrm{d}\sigma$$

又根据中值定理有

$$\Delta F(\sigma)=f(P_c)\Delta\sigma$$

其中 P_c 是域 $\Delta\sigma$ 上的点,$\Delta\sigma$ 表示域的"增量"本身,同时也表示其面积.

由此得

$$\frac{\Delta F(\sigma)}{\Delta\sigma}=f(P_c)$$

也就是

$$\frac{\Delta F(\sigma)}{\Delta\sigma}=\left(\frac{\mathrm{d}F(\sigma)}{\mathrm{d}\sigma}\right)_{P=P_c}$$

以上两小节中的结果可直接适用于三重积分.证明时除了仅仅在用语方面加以改变,其他无须任何改变.

§2 累次积分法

188. 二重积分(矩形域)计算法

现在我们来讲二重积分的计算法.

用笛卡儿坐标系来确定出积分域 D 在平面上的位置.用两组坐标线

$$x=\text{const},y=\text{const}\quad(x=x_0,x_1,\cdots,x_n;y=y_0,y_1,\cdots,y_n)$$

把域 D 分割成子域.这些坐标线是各自平行于 y 轴及 x 轴的直线,所分的域是各边平行于坐标轴的矩形.于是显然可知

$$\Delta\sigma=\Delta x\Delta y$$

而面积元素 $\mathrm{d}\sigma$ 的式子是

$$\mathrm{d}\sigma=\mathrm{d}x\mathrm{d}y$$

这就是说,在直角坐标系中,面积的微分等于各个自变量微分的乘积.所以有①

$$I=\iint_D f(P)\mathrm{d}\sigma=\iint_D f(x,y)\mathrm{d}x\mathrm{d}y=\lim_{\substack{m\to\infty\\ n\to\infty}}\sum_{i=0}^{n-1}\sum_{j=0}^{m-1}f(P_{ij})\Delta x_i\Delta y_j$$

计算二重积分时,我们要依靠以下的事实:每个二重积分

$$I=\iint_D f(P)\mathrm{d}x\mathrm{d}y$$

---

① 这里所用的"二重和式"的记号 $\sum\limits_{i=0}^{n-1}\sum\limits_{j=0}^{m-1}$ 表示:先取 i 为任意数时对应于 $j=1,2,\cdots,m-1$ 的一切项的和,然后再取所得和式在 $i=0,1,2,\cdots,n-1$ 时各个和式的和.

可以看作一个柱体的(代数)“体积”,该柱体以 D 为底,以曲面

$$z=f(P)=f(x,y)$$

为顶.

现在我们要用第八章(132 小节) 所讲的方法来计算这个体积.

先假定积分域是各边平行于坐标轴的矩形 $\overline{D}$,即

$$a \leqslant x \leqslant b, c \leqslant y \leqslant d$$

取域上的对应柱体(图 3 所示是该柱体位于第一卦限内时的情形,但这并不影响所得结论的普遍性). 在与 yOz 平面任意距离

$$x=\text{const} \quad (a \leqslant x \leqslant b)$$

处作平行于 yOz 平面的平面. 这个平面与柱体截于以平面曲线 $L(z=f(x,y), x=\text{const})$ 为顶线的曲边梯形 $ABB'A'$ 处. 梯形 $ABB'A'$ 的面积可用曲线 L 的标高在梯形底边上($c \leqslant y \leqslant d$) 的积分

$$\int_c^d f(x,y)\,\mathrm{d}y$$

求出.

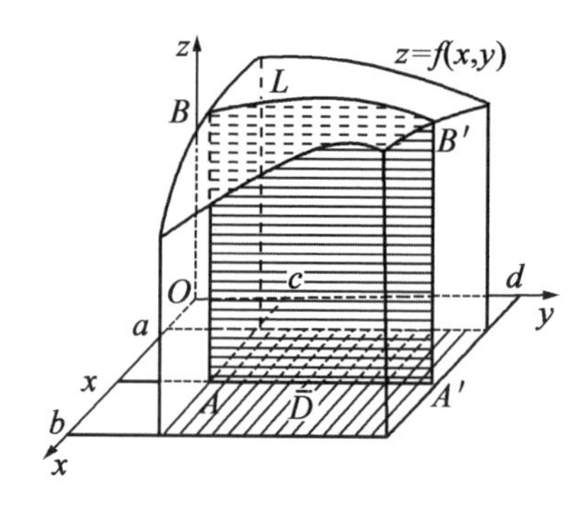

图 3

这里我们是对 y 积分的,而被积函数的第二个宗标 x 则当作常量来看待.

上面所写出的积分值取决于 x 所得的常量值(也就是取决于所论平面与 yOz 平面的距离);换句话说,这个积分是 x 的函数,我们用 $F(x)$ 来作它的记号

$$F(x)=\int_c^d f(x,y)\,\mathrm{d}y$$

求所论形体的体积时,可把表示截面面积的式子 $F(x)$ 在 x 的变化区间 $(a \leqslant x \leqslant b)$ 上取积分(见 132 小节)

$$V=\int_a^b F(x)\,\mathrm{d}x$$

这等于已给的二重积分

$$\iint_{\overline{D}} f(x,y)\,\mathrm{d}x\mathrm{d}y = \int_a^b F(x)\,\mathrm{d}x$$

把 $F(x)$ 换成它原来的表达式,得

$$\iint_{\overline{D}} f(x,y)\,\mathrm{d}x\mathrm{d}y = \int_a^b\left(\int_c^d f(x,y)\,\mathrm{d}y\right)\,\mathrm{d}x$$

或者写成通常的形式

$$\iint_{D} f(x,y)\,\mathrm{d}x\mathrm{d}y = \int_a^b \mathrm{d}x\int_c^d f(x,y)\,\mathrm{d}y \text{①} \tag{1}$$

从另一方面来看,我们也可以就平行于 xOz 平面(而不是 yOz 平面)的平截面 $ABB'A'$(图 4)来求"体积". 截面

---

① 如果从二重积分的存在定理出发,也不难把公式(1)所示的二重积分计算法建立在严格的解析基础上. 用平行于坐标轴的直线

$$x = x_i, y = y_j \quad (i = 0,1,2,\cdots,n;\ j = 0,1,2,\cdots,m)$$

其中

$$a = x_0 < x_1 < x_2 < \cdots < x_{n-1} < x_n = b$$
$$c = y_0 < y_1 < y_2 < \cdots < y_{m-1} < y_m = d$$

把域 D 分成 nm 个子域.

各子域 σ_{ij} 是矩形,其面积为

$$\Delta\sigma_{ij} = \Delta x_i \Delta y_i \quad (\Delta x_i = x_{i+1} - x_i, \Delta y_j = y_{j+1} - y_j)$$

我们可得

$$m_{ij} \leqslant f(P) \leqslant M_{ij}$$

m_{ij} 及 M_{ij} 各表示矩形 σ_{ij} 上函数的最小值与最大值,而 P 是该矩形内的任一点. 把这个不等式在区间$[y_j, y_{j+1}]$上积分,得

$$m_{ij}\Delta y_j \leqslant \int_{y_j}^{y_{j+1}} f(P)\,\mathrm{d}y \leqslant M_{ij}\Delta y_j$$

把对应于所有子区间$[y_j, y_{j+1}]$的这种不等式都加起来,得

$$\sum_{j=0}^{m-1} m_{ij}\Delta y_j \leqslant \int_c^d f(P)\,\mathrm{d}y \leqslant \sum_{j=0}^{m-1} M_{ij}\Delta y_j$$

再把上面的不等式在区间$[x_i, x_{i+1}]$上积分

$$\sum_{j=0}^{m-1} m_{ij}\Delta y_j\Delta x_i \leqslant \int_{x_i}^{x_{i+1}} \mathrm{d}x\int_c^d f(P)\,\mathrm{d}y \leqslant \sum_{j=0}^{m-1} M_{ij}\Delta y_j\Delta x_i$$

并把对应于所有子区间$[x_i, x_{i+1}]$的这种不等式都加起来,得

$$\sum_{i=0}^{n-1}\sum_{j=0}^{m-1} m_{ij}\Delta x_i\Delta y_j \leqslant \int_a^b \mathrm{d}x\int_c^d f(x,y)\,\mathrm{d}y \leqslant \sum_{i=0}^{n-1}\sum_{j=0}^{m-1} M_{ij}\Delta x_i\Delta y_j$$

现在若让子区间的个数无限增多,使其最大的直径趋于 0,则根据存在定理可知不等式左右两边的和式趋于同一极限 —— 函数 $f(x,y)$ 在域 $\overline{D}$ 上的二重积分. 所以

$$\iint_{D} f(x,y)\,\mathrm{d}x\mathrm{d}y = \int_a^b \mathrm{d}x\int_c^d f(x,y)\,\mathrm{d}y$$

便得到所要证明的事.

$$y = \text{const}$$

的体积可用积分

$$\Phi(y) = \int_a^b f(x,y)\,\mathrm{d}x$$

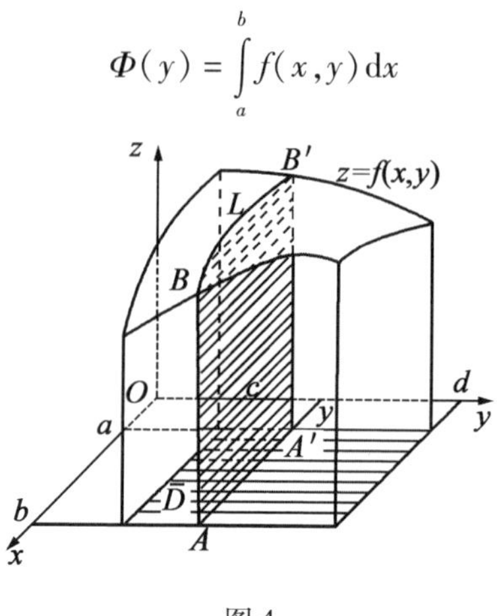

图 4

表达,而全部“体积” 可用函数 $\Phi(y)$ 在 y 的变化区间($c \leqslant y \leqslant d$) 上的积分求得. 这样就得出公式

$$\iint_{\overline{D}} f(x,y)\,\mathrm{d}x\mathrm{d}y = \int_c^d \Phi(y)\,\mathrm{d}y$$

与以前相仿可写出

$$\iint_{\overline{D}} f(x,y)\,\mathrm{d}x\mathrm{d}y = \int_c^d \left(\int_a^b f(x,y)\,\mathrm{d}x\right)\mathrm{d}y$$

即

$$\iint_{\overline{D}} f(x,y)\,\mathrm{d}x\mathrm{d}y = \int_c^d \mathrm{d}y \int_a^b f(x,y)\,\mathrm{d}x \text{①} \qquad (2)$$

把两种情形总括起来,可得结论如下:

求矩形域 $\overline{D}$ 上的二重积分时,需把函数在一个变量的变化范围上对该变量积分,然后把所得结果在另一变量的变化范围上对另一变量积分.

这证明在积分域 $\overline{D}$ 为矩形时,二重积分可以用普通积分法来计算.

公式(1) 及(2) 的右边都含有对函数 $f(x,y)$ 接连施行两次普通积分法的式子,这种式子叫作函数 $f(x,y)$ 在域 $\overline{D}(a \leqslant x \leqslant d, c \leqslant y \leqslant b)$ 上的二次积分式.

---

① 公式(2) 也可以像公式(1) 那样用存在定理建立在严格的解析基础上.

按照这个命名法,普通积分还可以叫作一次积分式.

把公式(1) 及(2) 互相比较,得

$$\int_{c}^{d}\mathrm{d}y\int_{a}^{b}f(x,y)\,\mathrm{d}x=\int_{a}^{b}\mathrm{d}x\int_{c}^{d}f(x,y)\,\mathrm{d}y \tag{3}$$

这就是说,积分限不变的二次积分式不取决于积分的先后次序.

这个命题的意思是:如果改变二次积分中积分的先后次序而不改变对于每个变量的积分限,那么积分值是不会改变的.

读者可根据二阶混合偏导数不取决于微分次序的定理来推出二次积分式不取决于积分次序的定理.

又若被积函数是两个函数的乘积,其中每个函数只取决于一个变量

$$f(x,y)=f_1(x)f_2(y)$$

则函数在矩形域 $\overline{D}$ 上的二重积分等于两个普通积分的乘积

$$\iint\limits_{\overline{D}}f(x,y)\,\mathrm{d}x\mathrm{d}y=\int_{a}^{b}f_1(x)\,\mathrm{d}x\int_{c}^{d}f_2(y)\,\mathrm{d}y$$

这是因为

$$\iint\limits_{\overline{D}}f(x,y)\,\mathrm{d}x\mathrm{d}y=\int_{c}^{d}\mathrm{d}y\int_{a}^{b}f_1(x)f_2(y)\,\mathrm{d}x$$

于是把 $f_2(y)$ 拿到内积分记号外面,然后再把积分 $\int_{a}^{b}f_1(x)\,\mathrm{d}x$(作为常量) 拿到外积分记号外面,便得到所要证明的等式.

举例:

(1) 求函数 $z=1-\frac{x}{3}-\frac{y}{4}$ 在矩形域

$$\overline{D}\quad(-1\leqslant x\leqslant 1,\ -2\leqslant y\leqslant 2)$$

上的二重积分

$$I=\iint\limits_{\overline{D}}\left(1-\frac{x}{3}-\frac{y}{4}\right)\mathrm{d}x\mathrm{d}y$$

从几何上说,I 确定出了以矩形 $\overline{D}$ 为底、顶面为平面

$$\frac{x}{3}+\frac{y}{4}+z=1$$

所截的四角棱柱体(图 5) 的体积. 先对 x 后对 y 取两次积分

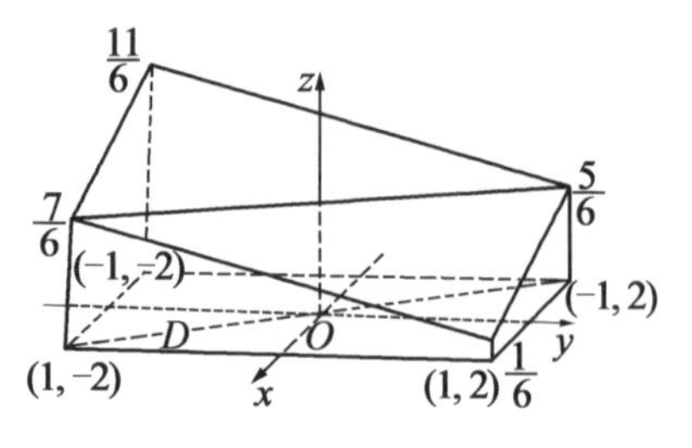

图 5

$$I = \int_{-2}^{2} \mathrm{d}y \int_{-1}^{1} \left(1 - \frac{x}{3} - \frac{y}{4}\right) \mathrm{d}x$$

$$= \int_{-2}^{2} \left(x - \frac{x^2}{6} - \frac{yx}{4}\right) \Bigg|_{-1}^{1} \mathrm{d}y$$

$$= \int_{-2}^{2} \left(2 - \frac{y}{2}\right) \mathrm{d}y$$

$$= \left(2y - \frac{y^2}{4}\right) \Bigg|_{-2}^{2} = 8$$

如果先对 y 后对 x 积分,也得到同样的结果

$$I = \int_{-1}^{1} \mathrm{d}x \int_{-2}^{2} \left(1 - \frac{x}{3} - \frac{y}{4}\right) \mathrm{d}y$$

$$= \int_{-1}^{1} \left(y - \frac{xy}{3} - \frac{y^2}{8}\right) \Bigg|_{-2}^{2} \mathrm{d}x$$

$$= \int_{-1}^{1} \left(4 - \frac{4}{3}x\right) \mathrm{d}x$$

$$= \left(4x - \frac{2}{3}x^2\right) \Bigg|_{-1}^{1} = 8$$

用初等方法算出斜截顶棱柱体(图 5)的体积

$$I = \frac{4}{3}\left(\frac{1}{6} + \frac{5}{6} + \frac{7}{6}\right) + \frac{4}{3}\left(\frac{5}{6} + \frac{7}{6} + \frac{11}{6}\right) = \frac{4}{3} \times \frac{36}{6} = 8$$

便可验证所得结果的正确性.

(2) 求函数

$$z = x^2 + y^2 - 2x - 2y + 4$$

在矩形域 $\overline{D}(0 \leqslant x \leqslant 2, 0 \leqslant y \leqslant 2)$ 上的二重积分

$$I = \iint_{\overline{D}} (x^2 + y^2 - 2x - 2y + 4)\,\mathrm{d}x\mathrm{d}y$$

从几何上讲,I 确定出了以 $\overline{D}$ 为底、以旋转抛物面

$$z-2=(x-1)^2+(y-1)^2$$

为顶面的柱体(图 6) 的体积.

先对 x 然后对 y 取二次积分,得

$$I=\int_0^2 dy\int_0^2 (x^2+y^2-2x-2y+4)dx$$

$$=\int_0^2\left(\frac{x^3}{3}+y^2x-x^2-2yx+4x\right)\Bigg|_0^2 dy$$

$$=\int_0^2\left(\frac{20}{3}-4y+2y^2\right)dy$$

$$=\left(\frac{20}{3}y-2y^2+\frac{2}{3}y^3\right)\Bigg|_0^2=10\ \frac{2}{3}$$

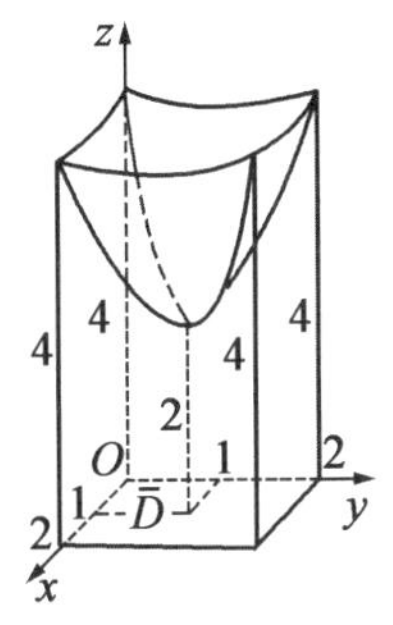

图 6

由于 x 及 y 在计算式子中完全对称,所以我们不必去验证先对 y 后对 x 的二次积分是否会得出同一结果.

189. 二重积分(任意域)计算法

现在假定积分域是平面上的任意有限域,我们要证明这时的二重积分也可用二次积分式表达出来.

先设积分域满足下列条件:平行于 x 轴或 y 轴的任意直线与域的边界相交不多于两点. 这种域我们也要用 $\overline{D}$ 来作记号. 以后我们可以知道,一般情形的域可以化成这种域.

域 $\overline{D}$ 可以包含在四边($a\leqslant x\leqslant b,c\leqslant x\leqslant d$) 各与域的边界相切于点 A,B,C,D 处的矩形内(图 7). 区间$[a,b]$ 是域 $\overline{D}$ 在 x 轴上的正投影,区间$[c,d]$ 是域 $\overline{D}$ 在 y 轴上的正投影. 这里要注意域的一部分边界可能是直线段(其中也有坐标轴的平行线).

域的边界被点 A 及 C 分割成 ABC 及 ADC 两条曲线,每条曲线与平行于 y 轴的任一直线的交点不多于一个. 因此这两条曲线的方程可以写成对 y 解出后的形式

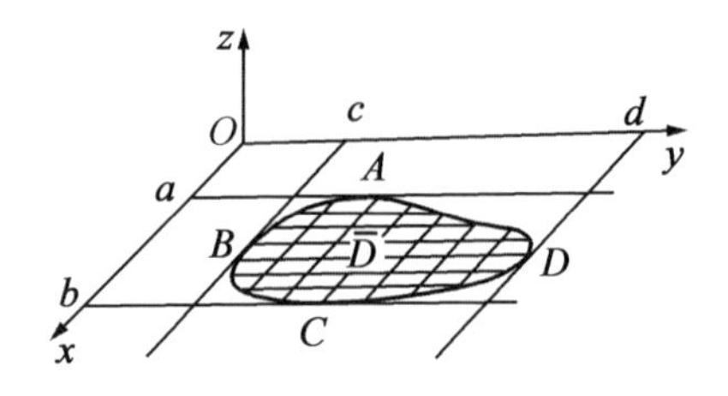

图 7

$$\begin{cases} y = \varphi_1(x) & (ABC) \\ y = \varphi_2(x) & (ADC) \end{cases}$$

其中 φ_1 及 φ_2 是 x 在区间 $[a,b]$ 上的单值函数.

同样,域的边界被点 B 及 D 分成两条曲线 BAD 及 BCD,其方程可写作

$$\begin{cases} x = \psi_1(y) & (BAD) \\ x = \psi_2(y) & (BCD) \end{cases}$$

其中 ψ_1 及 ψ_2 是 y 在区间 $[c,d]$ 上的单值函数.

如同在矩形域 $\overline{D}$ 时的情形(见 188 小节)一样,我们要证明在任意域 $\overline{D}$ 上的二重积分可以表示为二次积分的形式.

为此,可用 yOz 平面的任一平行平面

$$x = \text{const} \quad (a \leqslant x \leqslant 1)$$

来割截所论柱体(图 8). 所得截面是一个曲边梯形 $MNPR$. 如果把 $f(x,y)$ 看作单变量 y(从点 P 的纵坐标变到点 R 的纵坐标时)的函数,那么梯形 $MNPR$ 的面积可从函数 $f(x,y)$ 的普通积分求得. 点 P 是(xOy 平面内的)直线

$$x = \text{const}$$

进入域 $\overline{D}$ 处的"入口"点,点 R 是穿出该域处的"出口"点. 由于曲线 ABC 及 ADC 的方程各为

$$y = \varphi_1(x)$$

及

$$y = \varphi_2(x)$$

所以点 P 及点 R 的纵坐标各等于与所取

$$x = \text{const}$$

相对应的 $\varphi_1(x)$ 及 $\varphi_2(x)$. 因此积分

$$\int_{\varphi_1(x)}^{\varphi_2(x)} f(x,y)\,\mathrm{d}y$$

把平行截面 $MNPR$ 的面积表示为该截面与 yOz 平面间的距离 x 的函数式子. 与矩形域 $\overline{D}$ 的情形相仿,整个柱体的体积将等于这个函数式子在 x 的变化区间

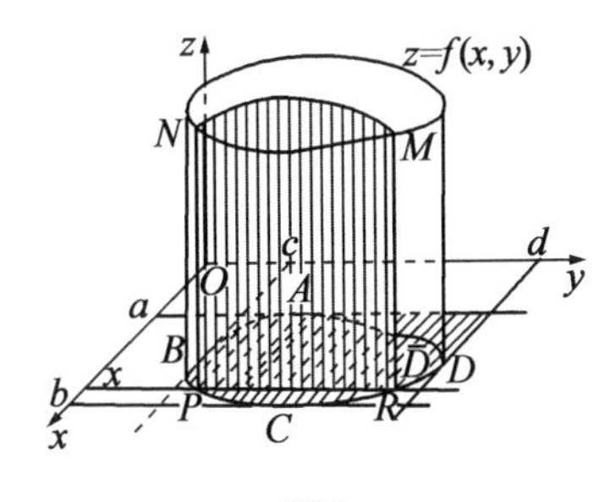

图 8

$(a \leqslant x \leqslant b)$ 上对 x 的积分. 于是

$$\iint_{\bar{D}} f(x,y)\,\mathrm{d}x\mathrm{d}y = \int_a^b \mathrm{d}x \int_{\varphi_1(x)}^{\varphi_2(x)} f(x,y)\,\mathrm{d}y \tag{4}$$

这里与矩形域不同的地方是:内积分(对 y 的积分)的积分限不是常量而是变量,但积分限的意义仍然一样——它们指出在第二个宗标(x)为常数值时积分变量(y)的变化范围. 外积分的积分限是常量,它们指出函数的第二个宗标 x(在第一次积分时当作常量看待的那个宗标)可能变化的范围①.

把 x 及 y 的地位换一下,便得到表示二重积分的第二个式子

$$\iint_{\bar{D}} f(x,y)\,\mathrm{d}x\mathrm{d}y = \int_c^d \mathrm{d}y \int_{\varphi_1(y)}^{\varphi_2(y)} f(x,y)\,\mathrm{d}x \tag{5}$$

其中

$$x = \psi_1(y)$$

及

$$x = \psi_2(y)$$

各为曲线 BAD 及 BCD 的方程. 这里的积分步骤是先对 x 后对 y 来做的,而内积分的可变积分限指出当第二个宗标(y)为常数值时积分变量(x)的变化范围,外积分(对 y)的积分限是常量,它们指出函数的第二个宗标 y(在第一次积分时当作常量看待的那个宗标)的可能变化范围②.

所以,计算域 $\bar{D}$ 上的二重积分时,需把函数对其中一个变量施行积分,而以另一变量为任意固定值时第一个变量的变化范围为积分范围,然后在积分域里

① 从上述讨论的情形看来显然可知,用二次积分表示二重积分的式子(4)不仅对域 $\bar{D}$ 成立,而且对下列形式的一切域 D 也都成立:D 的边界与任一 y 轴的平行线的交点不多于两个,而与 x 轴的平行线的交点可以有两个以上.

② 附注①在这里也适用.

第二个变量的最大变化范围上,把所得结果对第二个变量积分①.

在已给域 $\overline{D}$ 为矩形的特殊情形下,内积分的积分限是常量,于是我们重新得到 188 小节中所讨论过的情形.

最后假定积分域是形状完全任意的一块有限平面域. 如图 9 所示,这种域可以分割成一系列的 $\overline{D}$ 型域. 于是可根据属性 Ⅳ(见 186 小节) 把整个域上的二重积分拆成每个子域上的二重积分的和. 但每个子域上的二重积分可以化为二次积分,所以在最一般的情形下,二重积分也可用一系列的普通积分法来做.

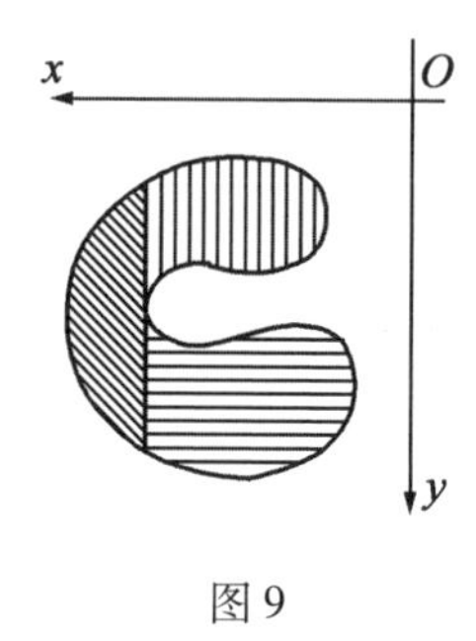

图 9

但尽管如此,二重积分的概念还是非常重要的. 因为当平面域为任意形状时,它使我们能用一个二重积分来代替若干二次积分的和,而代替了之后主要的好处是:二重积分具有普通积分所具有的一切基本属性.

注意 Ⅰ. 图形面积. 数 1 在某个域 D 上的二重积分

$$\iint_D \mathrm{d}\sigma = \iint_D \mathrm{d}x\mathrm{d}y$$

在数值上显然等于域 D 的面积,所以每个域(图形) 的面积可以用一个积分(二重积分) 来表示.

若 D 是 $\overline{D}$ 型域,则其面积 S 可用二次积分

$$S = \int_a^b \mathrm{d}x \int_{\varphi_1(x)}^{\varphi_2(x)} \mathrm{d}y$$

或

$$S = \int_c^d \mathrm{d}y \int_{\psi_1(y)}^{\psi_2(y)} \mathrm{d}x$$

来求,其中所用记号的意义与以前的相同. 由此得

① 二重积分的这个计算法则完全可以仿照 188 小节中的公式(1) 及(2) 那样,建立在严格的解析基础上.

$$S=\int_a^b[\varphi_2(x)-\varphi_1(x)]\,dx$$

或

$$S=\int_c^d[\psi_2(y)-\psi_1(y)]\,dy$$

域 $\overline{D}$ 的这两个面积公式也可以直接从一次积分的几何意义推出来.

Ⅱ. 狄利克雷公式. 由于域 $\overline{D}$ 上的同一个二重积分可以表达成两个不同的二次积分,因此我们可以推出二次积分的变换法则. 从等式(4) 及(5) 得

$$\int_a^b dx\int_{\varphi_1(x)}^{\varphi_2(x)}f(x,y)\,dy=\int_c^d dy\int_{\psi_1(y)}^{\psi_2(y)}f(x,y)\,dx$$

这时与矩形域 $\overline{D}$ 的情形不同,改变积分次序的结果常会涉及积分限的根本改变. 因此对于每个具体的域 D 来说,二次积分都有特殊的变换公式. 其中有几个公式在对积分做各种运算时往往是有用的.

现在我们来讲其中一个公式. 这是在等腰直角三角形上积分时的变换公式. 设域用条件

$$a\leqslant x\leqslant b,a\leqslant y\leqslant x$$

(图10) 确定出来,我们取函数 $f(x,y)$ 在该域上的二重积分. 先对 y 后对 x 施行二次积分法,并把所得结果与先对 x 后对 y 的二次积分用等号相连,不难得出

$$\int_a^b dx\int_a^x f(x,y)\,dy=\int_a^b dy\int_y^b f(x,y)\,dx$$

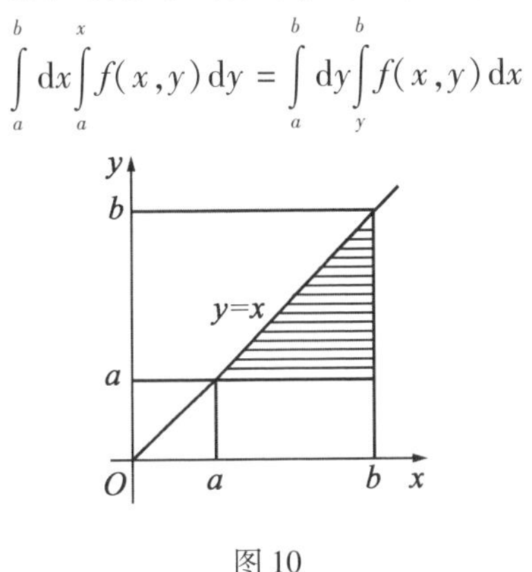

图 10

这个二次积分变换公式叫作狄利克雷公式. 它在 199 小节中有用处.

举例:

(1) 域 $\overline{D}$ 用不等式

$$x^2+4y^2\leqslant 4$$

规定,计算函数

$$z = 12 - 3x - 4y$$

在 $\overline{D}$ 上的二重积分

$$I = \iint_{\overline{D}} (12 - 3x - 4y)\,dx\,dy$$

从几何上讲,I 表示以椭圆

$$\frac{x^2}{4} + y^2 = 1$$

为底,以平面

$$\frac{x}{4} + \frac{y}{3} + \frac{z}{12} = 1$$

为顶的柱体的体积. 这个柱体的形状如图 11.

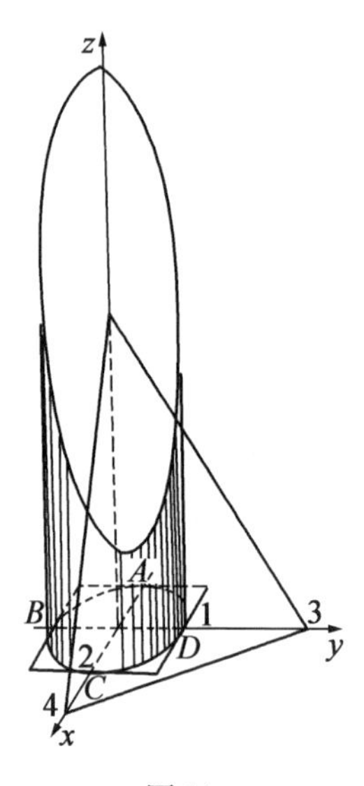

图 11

我们要先对 x 然后对 y 积分. 由于曲线 BAD 及 BCD 的方程分别是

$$x = -2\sqrt{1 - y^2}$$

$$x = 2\sqrt{1 - y^2}$$

故当 y 为常数时,x 从 $-2\sqrt{1 - y^2}$ 变到 $2\sqrt{1 - y^2}$,而 y 则可能从 -1 变到1. 于是

$$I = \int_{-1}^{1} dy \int_{-2\sqrt{1-y^2}}^{2\sqrt{1-y^2}} (12 - 3x - 4y)\,dx$$

根据积分的属性(见 119 小节) 可得

$$I = 8\int_{-1}^{1} dy \int_{0}^{2\sqrt{1-y^2}} (3 - y)\,dx = 16\int_{-1}^{1} (3 - y)\sqrt{1 - y^2}\,dy$$

再利用同一属性,得

$$I = 96\int_0^1 \sqrt{1 - y^2}\,dy = 96 \cdot \frac{\pi}{4} = 24\pi$$

现在要先对 y 后对 x 积分来验证所得结果. 曲线 ABC 及 ADC 的方程分别是

$$y = -\sqrt{1 - \frac{x^2}{4}}$$

及

$$y = \sqrt{1 - \frac{x^2}{4}}$$

而 x 可能从 -2 变到 2. 因此

$$I = \int_{-2}^{2} dx \int_{-\sqrt{1-\frac{x^2}{4}}}^{\sqrt{1-\frac{x^2}{4}}} (12 - 3x - 4y)\,dy$$

$$= 2\int_{-2}^{2} (12 - 3x) y \Big|_0^{\sqrt{1-\frac{x^2}{4}}} dx$$

$$= 48\int_0^2 \sqrt{1 - \frac{x^2}{4}}\,dx = 96\int_0^1 \sqrt{1 - t^2}\,dt$$

$$= 96 \cdot \frac{\pi}{4} = 24\pi$$

(2) 顶与底不平行的三角棱柱体的体积 V 的公式是我们在初等几何中已经知道的,现在要用解析法推出来. 我们只限于讲底为直角三角形的一种棱柱体. 令三角形的三边分别在 x 轴、y 轴及直线 $\frac{x}{m} + \frac{y}{n} = 1$ 上(图 12).

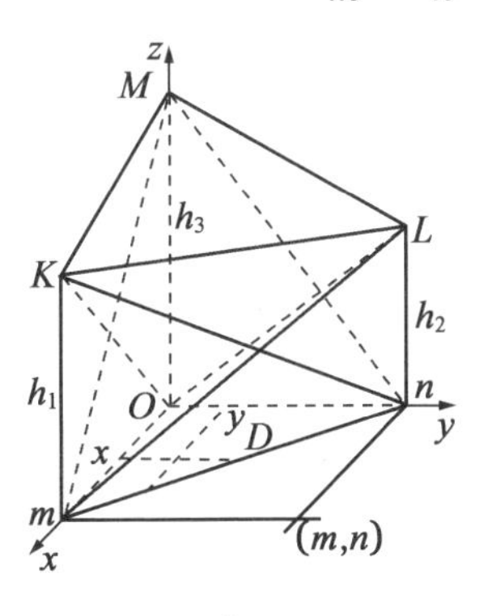

图 12

用 h_1, h_2, h_3 分别作为棱柱顶面上三顶点 K, L, M 对应的高,于是顶面所在的过三点 $(m, 0, h_1)$, $(0, n, h_2)$, $(0, 0, h_3)$ 的平面方程是

$$z = Ax + By + C$$

其中

$$A = \frac{h_1 - h_3}{m}, B = \frac{h_2 - h_3}{n}, C = h_3$$

这个问题的解显然可借计算函数

$$z = Ax + By + C$$

在域 $D\left(\frac{x}{m} + \frac{y}{n} \leqslant 1, x \geqslant 0, y \geqslant 0\right)$ 上的二重积分而求得. 积分时先对 x 后对 y 积分. 当 y 为常数时, x 从 0 变到直线

$$\frac{x}{m} + \frac{y}{n} = 1$$

上对应点的横坐标, 即是从 0 变到 $m\left(1 - \frac{y}{n}\right)$. 做第二次积分时应注意 y 可能从 0 变到 n(图 12).

所以

$$\begin{aligned} V &= \int_0^n \mathrm{d}y \int_0^{m\left(1-\frac{y}{n}\right)} (Ax + By + C)\,\mathrm{d}x \\ &= \int_0^n \left(\frac{A}{2}x^2 + Byx + Cx\right)\Bigg|_0^{m\left(1-\frac{y}{n}\right)} \mathrm{d}y \\ &= \int_0^n \left[\frac{A}{2}m^2\left(1 - \frac{y}{n}\right)^2 + Bmy\left(1 - \frac{y}{n}\right) + Cm\left(1 - \frac{y}{n}\right)\right] \mathrm{d}y \\ &= \frac{A}{6}m^2 n + \frac{B}{6}mn^2 + \frac{C}{2}mn \end{aligned}$$

即

$$V = \frac{mn}{6}(Am + Bn + 3C)$$

把 A, B, C 的值代入后, 得

$$\begin{aligned} V &= \frac{mn}{6}(h_1 - h_3 + h_2 - h_3 + 3h_3) \\ &= \frac{mn}{6}(h_1 + h_2 + h_3) \\ &= \frac{mn}{2}\frac{h_1}{3} + \frac{mn}{2}\frac{h_2}{3} + \frac{mn}{2}\frac{h_3}{3} \end{aligned}$$

也就是, 所求体积等于三个棱锥的体积的和, 其中各棱锥以棱柱的底为底, 各棱锥的高各等于棱柱顶面上各顶点对应的高.

在积分次序相反时也能得同一结果, 读者可自己验证.

（3）有物体以曲面

$$z = 1 - 4x^2 - y^2$$

及 xOy 平面为界，计算其体积 V. 所论物体是位于 xOy 平面上的一段椭球抛物体（图 13）.

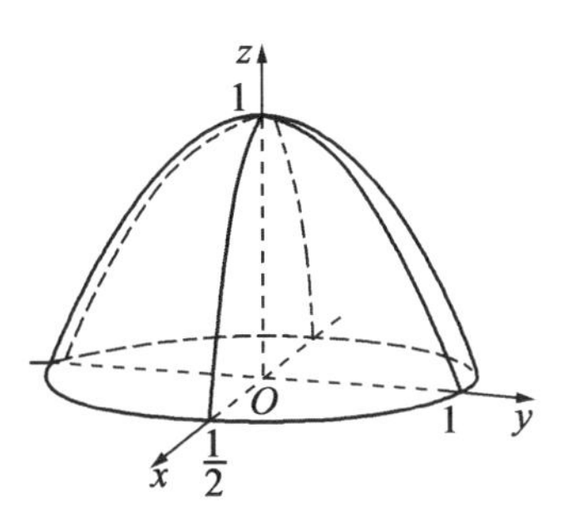

图 13

抛物体与 xOy 平面相截于椭圆

$$4x^2 + y^2 = 1$$

所以这个问题在于求一柱体的体积，它的底就是上述椭圆，它的顶面就是抛物面

$$z = 1 - 4x^2 - y^2$$

（这个柱体实际上没有侧面，如同区间 $(0,\pi)$ 上的正弦曲线所围成的曲边梯形没有侧边一样）.

由于这个物体对称于 xOz 及 yOz 平面，所以我们可以只计算在第一卦限内它的 $\frac{1}{4}$ 体积. 这部分体积等于由下列不等式

$$4x^2 + y^2 \leqslant 1 \quad (x \geqslant 0, y \geqslant 0)$$

所规定的域上的二重积分.

先对 y 然后对 x 积分，得

$$\frac{V}{4} = \int_0^{\frac{1}{2}} \mathrm{d}x \int_0^{\sqrt{1-4x^2}} (1 - 4x^2 - y^2)\,\mathrm{d}y = \frac{2}{3}\int_0^{\frac{1}{2}} (1 - 4x^2)^{\frac{3}{2}}\,\mathrm{d}x$$

利用置换式

$$2x = \sin t$$

得

$$\frac{V}{4} = \frac{2}{3} \times \frac{1}{2}\int_0^{\frac{\pi}{2}} \cos^4 t\,\mathrm{d}t = \frac{2}{3} \times \frac{1}{2} \times \frac{3}{16}\pi$$

（见 118 小节），由此得

$$V = \frac{\pi}{4}$$

颠倒积分次序时,计算还可以简短一些(读者自己去试一下,便会知道).因二次积分的积分次序有任意选择的可能,我们通常就选择一种适当的积分次序,以便使计算尽可能简单.

190. 三重积分计算法

三重积分的计算也可用一系列的一次积分法来做. 这里我们只限于叙述所用的法则.

设已给函数

$$f(P)=f(x,y,z)$$

在某个有限空间域 Ω 上的三重积分

$$J=\iiint\limits_{\Omega} f(P)\,\mathrm{d}v$$

作积分和式时,我们要用平行于坐标面的平面来分割积分域 Ω. 于是各子域是一些直角平行六面体,其分界面各平行于 xOy,xOz 及 yOz 平面,因而域 Ω 内的体积元素等于各积分变量的微分的乘积

$$\mathrm{d}v=\mathrm{d}x\mathrm{d}y\mathrm{d}z$$

这样我们就写出

$$J=\iiint\limits_{\Omega} f(x,y,z)\,\mathrm{d}x\mathrm{d}y\mathrm{d}z$$

假定平行于某一坐标轴的任何直线与域 Ω 边界的交点不超过两个. 这种域我们以后用 $\overline{\Omega}$ 作为记号. 如果所假定的事不成立,那么可把域 Ω 分割成若干子域,使每个子域是 $\overline{\Omega}$ 型域,并把所给积分表示为在各子域上的积分的和.

在域 $\overline{\Omega}$(物体) 四周包上一块垂直于 xOy 平面的柱面(图 14),这个柱面与域 $\overline{\Omega}$ 相切于某条曲线 L 处,于是 L 把包围域 $\overline{\Omega}$ 的表面分割成两部分:上半面及下半面. 设下半面的方程是

$$z=\chi_1(x,y)$$

上半面的方程是

$$z=\chi_2(x,y)$$

(χ_1 及 χ_2 是单值函数).

所作柱面在 xOy 平面上割出一块平面域 $\overline{D}$,它是域 $\overline{\Omega}$ 在 xOy 平面上的正投影,这时曲线 L 投影成域 $\overline{D}$ 的边界.

我们要先在 z 轴方向上取积分. 这时函数 $f(x,y,z)$ 在含于域 $\overline{\Omega}$ 内的线段 $\alpha\beta$(图 14) 上积分,其中 $\alpha\beta$ 位于通过域 $\overline{D}$ 内某点 $P(x,y)$ 且与 z 轴平行的直线

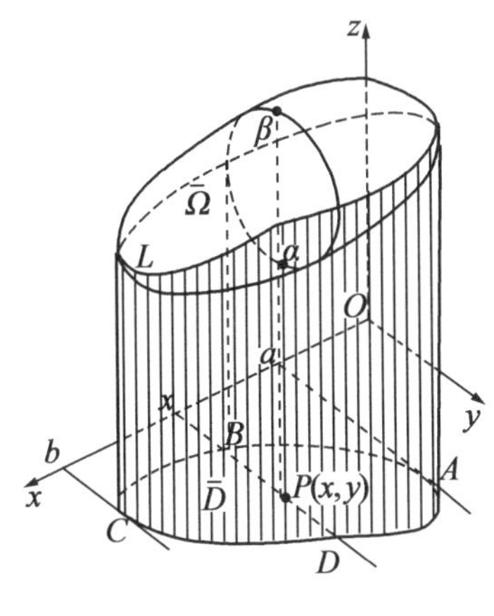

图 14

上. 这时就已给的 x 及 y 来说,积分变量 z 将从 $\chi_1(x,y)$ 变到 $\chi_2(x,y)$. $\chi_1(x,y)$ 是直线进入域 $\overline{\Omega}$ 处的"入口"点 α 的竖坐标, $\chi_2(x,y)$ 是直线穿出域 $\overline{\Omega}$ 处的"出口"点 β 的竖坐标. 积分的结果显然是取决于点 $P(x,y)$ 的一个量,我们用 $F(x,y)$ 作为它的记号

$$F(x,y)=\int_{\chi_1(x,y)}^{\chi_2(x,y)} f(x,y,z)\,\mathrm{d}z$$

求上式所表示的积分时,把其中的 x 及 y 看作常数.

要继续计算所求的三重积分时,需在这一步以后取函数 $F(x,y)$ 当点 $P(x,y)$ 在域 $\overline{D}$ 上变动时的积分,也就是需求得二重积分

$$\iint_{\overline{D}} F(x,y)\,\mathrm{d}x\mathrm{d}y$$

这样,可把三重积分 J 表示为①

$$J=\iint_{\overline{D}}\mathrm{d}x\mathrm{d}y\int_{\chi_1(x,y)}^{\chi_2(x,y)} f(x,y,z)\,\mathrm{d}z$$

其次,用先对 y 然后对 x 的二次积分来表示域 $\overline{D}$ 上的二重积分,得

$$J=\int_a^b\mathrm{d}x\int_{\varphi_1(x)}^{\varphi_2(x)}\mathrm{d}y\int_{\chi_1(x,y)}^{\chi_2(x,y)} f(x,y,z)\,\mathrm{d}z \tag{6}$$

其中 $\varphi_1(x)$ 及 $\varphi_2(x)$ 各为直线

---

① 用普通积分及二重积分表示的这个三重积分式子,不仅适用于 $\overline{\Omega}$ 型域,而且只要域的边界面与平行于 z 轴的任一直线的交点不超过两个时,这个式子也同样适用.

$$x = \text{const}$$

(在 xOy 平面内)进入域 $\overline{D}$ 处的"入口"点及穿出域 $\overline{D}$ 处的"出口"点的纵坐标,而 a 及 b 是域 $\overline{D}$ 投影在 x 轴上的区间两端点的横坐标.

由此可见域 $\overline{\Omega}$ 上的三重积分可用三个一次积分来做.

等式(6)右边的式子确立了对函数 $f(x,y,z)$ 的接连三个一次积分运算,这个式子叫作函数 $f(x,y,z)$ 在域 $\overline{\Omega}$ 上的三次积分.

施行积分运算时也可以按照其他的次序. 例如我们可以先在 y 轴方向上积分,然后在 xOz 平面的域(积分域 $\overline{\Omega}$ 在 xOz 平面上的投影)上积分. 这样就改变了三次积分中的积分次序,而且一般来说还会改变对于每个变量的积分范围.

所以,计算域 Ω 上的三重积分时必须:

(1)取函数对其中一个变量的积分,积分限是当另外两个变量为任意固定值时该变量的变化范围.

(2)把所得结果在域 D 上(其中 D 是已给域 Ω 在其余两个变量平面上的投影)对第二个变量积分,积分限是当第三个变量为任意固定值时第二个变量的变化范围.

(3)最后,把所得结果对第三个变量积分,积分限是该变量在平面域 D(投影)内的最大变化范围.

如果积分域 $\overline{\Omega}$ 是各面平行于坐标面的平行六面体(图 15),那么所有三个积分的积分限都是常量并且在积分次序变更时保持不变

$$\begin{aligned}
J &= \iiint\limits_{\overline{\Omega}} f(P)\,\mathrm{d}x\mathrm{d}y\mathrm{d}z = \int_a^b \mathrm{d}x\int_c^d \mathrm{d}y\int_k^l f(P)\,\mathrm{d}z \\
&= \int_c^d \mathrm{d}y\int_k^l \mathrm{d}z\int_a^b f(P)\,\mathrm{d}x = \int_k^l \mathrm{d}z\int_c^d \mathrm{d}y\int_a^b f(P)\,\mathrm{d}x \\
&= \int_k^l \mathrm{d}z\int_a^b \mathrm{d}x\int_c^d f(P)\,\mathrm{d}y = \int_a^b \mathrm{d}x\int_k^l \mathrm{d}z\int_c^d f(P)\,\mathrm{d}y
\end{aligned}$$

注意 数 1 在空间域 Ω 上的三重积分

$$J = \iiint\limits_{\Omega} \mathrm{d}V = \iiint\limits_{\Omega} \mathrm{d}x\mathrm{d}y\mathrm{d}z$$

在数值上等于域 Ω 的体积 V. 因为

$$J = \lim \sum_{i=1}^{n} \Delta v_i = \lim V = V$$

所以任何空间域的体积可用一个三重积分来表示.

举例:

计算下列椭球的体积 V

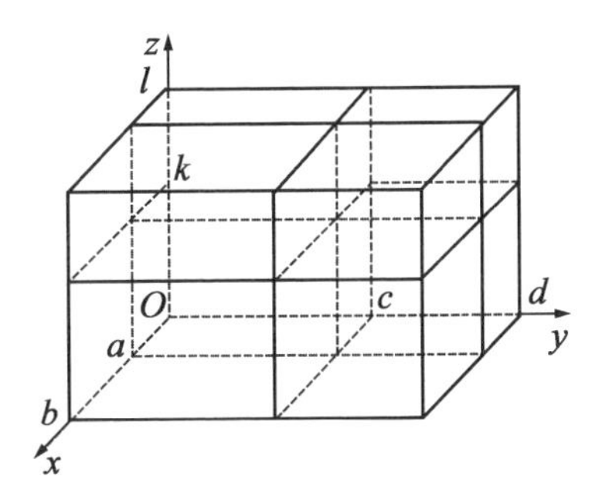

图 15

$$\frac{x^2}{a^2}+\frac{y^2}{b^2}+\frac{z^2}{c^2}=1$$

得

$$V=\iiint\limits_{\Omega}\mathrm{d}x\mathrm{d}y\mathrm{d}z$$

其中 Ω 是已给椭球面所包围的空间域.

用三次积分来表示这个三重积分,先对 z、再对 y、然后对 x 积分. 于是当 x 及 y 为固定值(然而是任意取的)时,z 显然从 $-c\sqrt{1-\frac{x^2}{a^2}-\frac{y^2}{b^2}}$ 变到 $c\sqrt{1-\frac{x^2}{a^2}-\frac{y^2}{b^2}}$,又由于 Ω 在 xOy 平面上的投影是椭圆

$$\frac{x^2}{a^2}+\frac{y^2}{b^2}=1$$

的内部域,故当 x 为固定值时,y 从 $-b\sqrt{1-\frac{x^2}{a^2}}$ 变到 $b\sqrt{1-\frac{x^2}{a^2}}$,最后 x 可能从 $-a$ 变到 a.

所以

$$V=\int_{-a}^{a}\mathrm{d}x\int_{-b\sqrt{1-\frac{x^2}{a^2}}}^{b\sqrt{1-\frac{x^2}{a^2}}}\mathrm{d}y\int_{-c\sqrt{1-\frac{x^2}{a^2}-\frac{y^2}{b^2}}}^{c\sqrt{1-\frac{x^2}{a^2}-\frac{y^2}{b^2}}}\mathrm{d}z$$

由此得

$$V=\int_{-a}^{a}\mathrm{d}x\int_{-b\sqrt{1-\frac{x^2}{a^2}}}^{b\sqrt{1-\frac{x^2}{a^2}}}2c\sqrt{1-\frac{x^2}{a^2}-\frac{y^2}{b^2}}\,\mathrm{d}y$$

$$y = b\sqrt{1 - \frac{x^2}{a^2}}\sin t$$

得

$$V = \int_{-a}^{a} 4bc\left(1 - \frac{x^2}{a^2}\right) \mathrm{d}x\int_{0}^{\frac{\pi}{2}} \cos^2 t \ \mathrm{d}t$$

$$= \pi bc\int_{-a}^{a}\left(1 - \frac{x^2}{a^2}\right) \mathrm{d}x = \frac{4}{3}\pi abc$$

§3　变量置换法

191. 极坐标二重积分

求连续于域 D 上函数的二重积分时,我们在前几节中采用笛卡儿坐标系. 现在要用极坐标系(ρ,φ) 来确定平面上的位置,并用两组坐标曲线

$$\rho = \text{const},\varphi = \text{const} \quad (\rho = \rho_1,\rho_2,\cdots,\rho_n;\varphi = \varphi_1,\varphi_2,\cdots,\varphi_m)$$

把域 D 分割成子域 σ_i,其中的坐标曲线分别是以极点为中心的同心圆与从极点射出的直线(图 16). 子域 σ_i 是由各同心圆弧段及其半径所围成的曲线四边形. 域 σ_i 的面积式子是

$$\Delta\sigma_i = \frac{1}{2}(\rho_i + \Delta\rho_i)^2\Delta\varphi_i - \frac{1}{2}\rho_i^2\Delta\varphi_i = \left(\rho_i + \frac{\Delta\rho_i}{2}\right)\Delta\rho_i\Delta\varphi_i$$

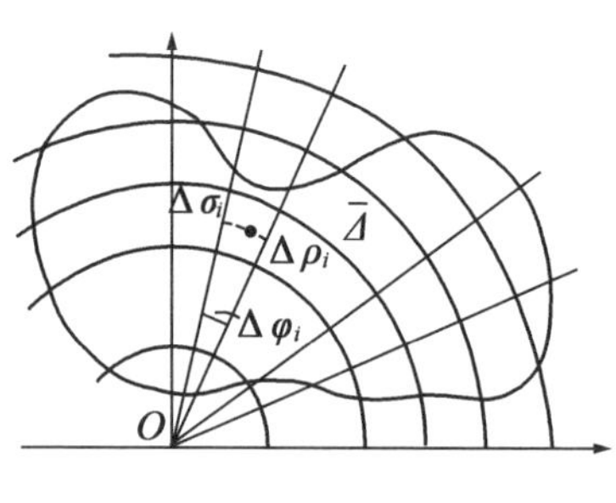

图 16

即

$$\Delta\sigma_i = \rho'_i\Delta\rho_i\Delta\varphi_i$$

其中

$$\rho'_i = \frac{\rho_i + (\rho_i + \Delta\rho_i)}{2}$$

是 ρ_i 与 $\rho_i + \Delta\rho_i$ 间的平均半径.

取连续于域 D 上的函数 $f(x,y)$. 现在把平面上点的笛卡儿坐标换成极坐标

$$x=\rho\cos\varphi, y=\rho\sin\varphi$$

设

$$f(x,y)=f(\rho\cos\varphi,\rho\sin\varphi)=F(\rho,\varphi)$$

在积分和式

$$I_n=\sum_{i=1}^{n}F(P_i)\Delta\sigma_i$$

中取域 σ_i 里位于中间圆周 $\rho=\rho'_i$ 上的任一点作为点 P_i,得

$$I_n=\sum_{i=1}^{n}F(\rho'_i,\varphi'_i)\rho'_i\Delta\rho_i\Delta\varphi_i$$

但右边是函数 $F(\rho,\varphi)\rho$ 对变量 ρ,φ 的积分和式(见 185 小节). 取极限,得

$$I=\iint_D F(P)\mathrm{d}\sigma=\iint_D F(\rho,\varphi)\rho\mathrm{d}\rho\mathrm{d}\varphi$$

用极坐标时的面积元素(微分)是

$$\mathrm{d}\sigma=\rho\mathrm{d}\rho\mathrm{d}\varphi$$

如果我们略去较高阶的无穷小,把 σ_i 看作以 $\rho_i\Delta\varphi_i$ 及 $\Delta\rho_i$ 为边的矩形,那就可以得到 $\mathrm{d}\sigma$ 的式子.

但从另一方面来看,由于所论二重积分等于 $\iint_D f(x,y)\mathrm{d}x\mathrm{d}y$,故得等式

$$\begin{aligned}I&=\iint_D f(x,y)\mathrm{d}x\mathrm{d}y\\&=\iint_D f(\rho\cos\varphi,\rho\sin\varphi)\rho\mathrm{d}\rho\mathrm{d}\varphi\\&=\iint_D F(\rho,\varphi)\rho\mathrm{d}\rho\mathrm{d}\varphi\end{aligned}$$

这个等式是二重积分从直角坐标变到极坐标的变换公式.

所以,要把直角坐标的二重积分变换成极坐标的二重积分,必须把被积函数中的 x 及 y 各换成 $\rho\cos\varphi$ 及 $\rho\sin\varphi$,再用 ρ 乘所得结果,并把微分乘积 $\mathrm{d}x\mathrm{d}y$ 换成 $\mathrm{d}\rho\mathrm{d}\varphi$.

现在自然要产生下面的问题:如何借助对 ρ 及 φ 的一次积分来计算极坐标的二重积分?

Ⅰ. 如果极点(坐标原点)不在积分域内,且坐标曲线

$$\rho=\text{const},\varphi=\text{const}$$

与域的边界相交于不超过两点(这种域以后叫作 $\overline{\Delta}$ 型域),那么极坐标的二重积分可化为两个不同的二次积分,其情形与直角坐标时一样.

把域 $\overline{\Delta}$ 包在曲线

$$\rho=\rho_1,\rho=\rho_2,\varphi=\varphi_1,\varphi=\varphi_2$$

所形成的曲线四边形内(图17).这个四边形与域$\overline{\Delta}$相切于点A,B,C,D处.我们要先在矢径

$$\varphi=\mathrm{const}$$

的方向上“收集”积分“元素”,然后再把所得结果在极角的变化范围上加起来;换句话说,我们要先把函数$F(\rho,\varphi)\rho$在ρ的变化范围上(当φ为任意固定值时)对ρ积分,然后把所得结果在φ的最大变化范围φ_1到φ_2上对φ积分①

$$I=\int_{\varphi_1}^{\varphi_2}\mathrm{d}\varphi\int_{\nu_1(\varphi)}^{\nu_2(\varphi)}F(\rho,\varphi)\rho\mathrm{d}\rho \tag{1}$$

其中

$$\rho=\nu_1(\varphi)$$

及

$$\rho=\nu_2(\varphi)$$

各为曲线ABC及ADC的极坐标方程($\nu_1(\varphi)$及$\nu_2(\varphi)$是φ的单值函数).$\nu_1(\varphi)$是点α(直线$\varphi=\mathrm{const}$进入域$\overline{\Delta}$处的“入口”点)的矢径,$\nu_2(\varphi)$是点β(直线穿出域$\overline{\Delta}$处的“出口”点)的矢径.

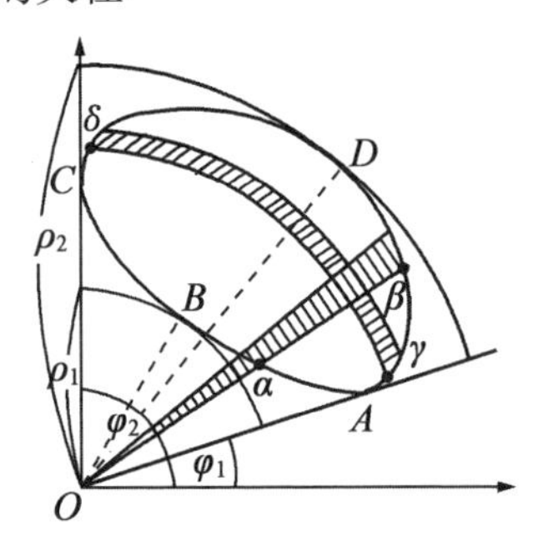

图17

把诸元素按另一次序——先循圆周

$$\rho=\mathrm{const}$$

方向,再循矢径方向——求和的步骤用得较少,这时得公式

$$I=\int_{\rho_1}^{\rho_2}\rho\mathrm{d}\rho\int_{\mu_1(\rho)}^{\mu_2(\rho)}F(\rho,\varphi)\mathrm{d}\varphi$$

① 用二次积分表示的这个二重积分式子,在下列形式的任何域上都适用:域的边界与从极点出发的射线的交点不超过两个.

其中

$$\varphi=\mu_1(\rho)$$

及

$$\varphi=\mu_2(\rho)$$

各为曲线 BAD 及 BCD 的极坐标方程($\mu_1(\rho)$ 及 $\mu_2(\rho)$ 是 ρ 的单值函数). $\mu_1(\rho)$ 是点 γ(圆周 $\rho=\text{const}$ 进入域 $\overline{\Delta}$ 处的"入口"点)的极角, $\mu_2(\rho)$ 是圆周穿出域 $\overline{\Delta}$ 处的"出口"点 δ 的极角.

在积分域为四边形的内部

$$\rho_1\leqslant\rho\leqslant\rho_2,\varphi_1\leqslant\varphi\leqslant\varphi_2$$

时,积分限是常量,积分次序变换时,积分限不变

$$I=\int_{\varphi_1}^{\varphi_2}\mathrm{d}\varphi\int_{\rho_1}^{\rho_2}F(\rho,\varphi)\rho\mathrm{d}\rho=\int_{\rho_1}^{\rho_2}\mathrm{d}\rho\int_{\varphi_1}^{\varphi_2}F(\rho,\varphi)\rho\mathrm{d}\varphi$$

Ⅱ. 若极点在积分域内而任一矢径与域的边界的交点不超过一个(对极呈星形域),则先对 ρ 然后对 φ 积分,得

$$I=\int_0^{2\pi}\mathrm{d}\varphi\int_0^{\nu(\varphi)}F(\rho,\varphi)\rho\mathrm{d}\rho$$

其中

$$\rho=\nu(\varphi)$$

是域边界的极坐标方程.

在 $\rho=\nu(\varphi)=R$ 的特殊情形下,即是当积分域是以极点为中心的圆时,可得

$$I=\int_0^{2\pi}\mathrm{d}\varphi\int_0^{R}F(\rho,\varphi)\rho\mathrm{d}\rho$$

若积分域不满足上述条件,则用对 ρ 及对 φ 的一次积分计算二重积分时,必须先把域分割为具备上述条件的若干子域.

最后我们要注意:当

$$F(\rho,\varphi)=1$$

时,极坐标二重积分在数值上等于域 Δ 的面积 S,即

$$S=\iint_{\Delta}\rho\mathrm{d}\rho\mathrm{d}\varphi$$

从式(1)得域 Δ 的面积公式为

$$S=\int_{\varphi_1}^{\varphi_2}\mathrm{d}\varphi\int_{\nu_1(\varphi)}^{\nu_2(\varphi)}\rho\mathrm{d}\rho=\frac{1}{2}\int_{\varphi_1}^{\varphi_2}[\nu_2^2(\varphi)-\nu_1^2(\varphi)]\mathrm{d}\varphi$$

在

$$\nu_1(\varphi)=0,\nu_2(\varphi)=\nu(\varphi)$$

的特殊情形下,可得曲线扇形的面积为

$$S = \frac{1}{2}\int_{\varphi_1}^{\varphi_2} \nu^2(\varphi)\,\mathrm{d}\varphi$$

这便是第八章中所求得的公式(见 129 小节).

就对极呈星状的域来说($\varphi_1 = 0, \varphi_2 = 2\pi$),其面积为

$$S = \frac{1}{2}\int_{0}^{2\pi} \nu^2(\varphi)\,\mathrm{d}\varphi$$

举例:

计算这样一个形体的体积 V:它是以 a 为半径的球及以 $\frac{a}{2}$ 为半径且穿过球心的柱体两者的共有部分[费凡那(1622 — 1703) 难题],取坐标系的位置如图 18. 由于所论形体对称于 xOy 及 xOz 平面,故可只计算位于第一卦限内的 $\frac{1}{4}$ 体积.

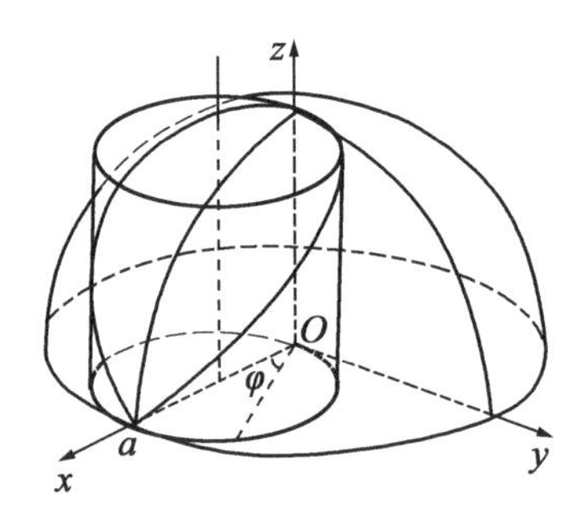

图 18

得

$$\frac{1}{4}V = \iint_D \sqrt{a^2 - x^2 - y^2}\,\mathrm{d}x\mathrm{d}y$$

其中 D 表示圆柱底面的一半.

这里把二重积分变换成极坐标来计算就很方便,根据变换法则得

$$\frac{1}{4}V = \iint_D \sqrt{a^2 - \rho^2}\,\rho\,\mathrm{d}\rho\,\mathrm{d}\varphi$$

由于包围域 D 的半圆周的极坐标方程是

$$\rho = a\cos\varphi$$

故先对 ρ 然后对 φ 积分,得

$$\frac{1}{4}V = \int_0^{\frac{\pi}{2}} \mathrm{d}\varphi \int_0^{a\cos\varphi} \sqrt{a^2 - \rho^2}\,\rho\,\mathrm{d}\rho$$

求出内积分后,得

$$\frac{1}{4}V=\frac{a^3}{3}\int_0^{\frac{\pi}{2}}(1-\sin^3\varphi)\mathrm{d}\varphi=\frac{a^3}{3}\left(\frac{\pi}{2}-\frac{2}{3}\right)$$

由此得

$$V=\frac{4}{3}a^3\left(\frac{\pi}{2}-\frac{2}{3}\right)$$

值得注意的是,割去所论形体后的半球体积可用球半径 a 的有理式子表示,该部分所余体积等于

$$\frac{2}{3}\pi a^3-\frac{4}{3}a^3\left(\frac{\pi}{2}-\frac{2}{3}\right)=\frac{8}{9}a^3$$

192. 二重积分的变量置换法

上述新变量 ρ 及 φ 是平面上点的极坐标,现在要抽去变量 ρ 及 φ 的这个几何意义,为了着重指明这件事,我们要用 u 及 v 来作为新变量的记号.

191 小节所得出的二重积分从直角坐标变到极坐标的变换公式,可以看作积分变量 x 及 y 换成新变量 u 及 v 时的变换公式. 新变量与旧变量间的关系是

$$x=u\cos v, y=u\sin v \tag{2}$$

这时我们不把 u 及 v 看作直角坐标 xOy 平面的极坐标,而把它们看作另一平面 (uOv) 上的直角坐标,其中

$$u\geqslant 0, 0\leqslant v<2\pi$$

若坐标原点不在 D 内,则由等式(2)可知每一对数值 x 及 y(即域 D 内点 P 的每一处位置)对应着一对确定的数值 u 及 v(即 uOv 平面内点 P' 的某个位置),反过来说也一样. 所以当点 P 在 xOy 平面的域 D 上变动时,其在 uOv 平面的对应点 P' 在某个域 D' 上变动. 这时我们说:关系式(2)把 xOy 平面的域 D 变换为 uOv 平面的域 D',还可以说,关系式(2)把域 D 映像在域 D' 上(反过来说也一样).

当我们按照上述的意义来看变量 u 及 v 时,变换后的二重积分的积分域是原域 D 所映像的新域 D'(在 uOv 平面上). 变换公式的形式是

$$\iint_D f(x,y)\mathrm{d}x\mathrm{d}y=\iint_{D'}F(u,v)u\mathrm{d}u\mathrm{d}v \tag{3}$$

其中

$$F(u,v)=f(u\cos v,u\sin v)$$

举一个用公式(2)来作映像的例子如下:xOy 平面上被下列曲线所围成的域

$$x^2+y^2=a^2, x^2+y^2=b^2, y=\tan c\cdot x, y=\tan d\cdot x$$

(曲线四边形)变换成 uOv 平面上被下列曲线所围成的域

$$u=a, u=b, v=c, v=d$$

(矩形)(图 19).

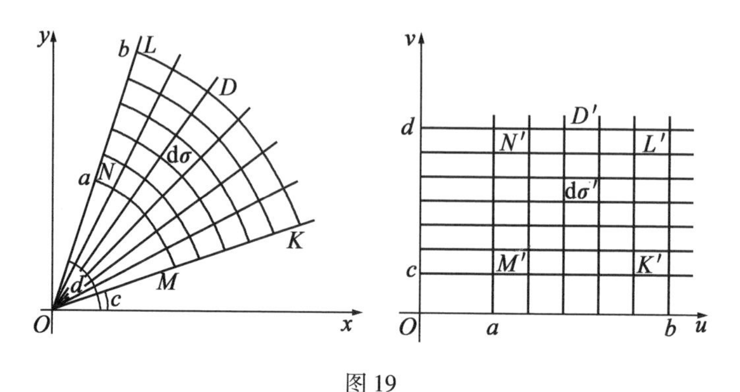

图 19

因当点 $P(x,y)$ 描绘曲线 MN,NL,LK,KM 时,根据公式(2)而与它相对应的点 $P'(u,v)$ 就描绘出直线 $M'N',N'L',L'K',K'M'$. 这时四边形 $MNLK$ 内部的每一点对应于四边形 $M'N'L'K'$ 内部的一点,反过来说也一样.

我们用记号 $\mathrm{d}\sigma'$ 来表示变换域 D' 的面积元素

$$\mathrm{d}\sigma'=\mathrm{d}u\mathrm{d}v$$

在上节中已经指出

$$\mathrm{d}\sigma=\rho\mathrm{d}\rho\mathrm{d}\varphi$$

即

$$\mathrm{d}\sigma=u\mathrm{d}u\mathrm{d}v=u\mathrm{d}\sigma'$$

由此可知,变换后积分的被积式中,外加的因子 $u(=\rho)$ 是域 D 的面积元素(微分)与域 D' 的对应面积元素(微分)两者的比

$$u=\frac{\mathrm{d}\sigma}{\mathrm{d}\sigma'}$$

于是可知 $u(=\rho=\sqrt{x^2+y^2})$ 表示用式(2)变换时面积变化的程度,u 也叫作施行上述变换时的畸变系数.

现在可把二重积分的变换公式(3)写作

$$\iint_D f(P)\mathrm{d}\sigma=\iint_{D'}F(P')\frac{\mathrm{d}\sigma}{\mathrm{d}\sigma'}\mathrm{d}\sigma'$$

其中

$$F(P')=f(P)$$

P 是域 D 的积分变点,P' 是域 D' 的对应[用公式(2)]积分变点.

这个二重积分变量的变换公式不仅在用式子(2)做变换时成立,而且对变量 x,y 换成其他变量 u,v(在一定条件下)的任何变换都成立. 现在我们来证明这事.

设关系式

$$x=\varphi(u,v),y=\psi(u,v) \tag{4}$$

使 xOy 平面内域 D 的每一点对应着 uOv 平面内某个域 D' 的一点 $P'(u,v)$，并且反过来也一样，于是我们说函数(4) 把域 D 一对一地映像在域 D' 上(或把域 D' 映像在域 D 上)，此外还要假定函数 $\varphi(u,v)$ 及 $\psi(u,v)$ 在域 D' 上可以连续微分.

用任意方式把域 D 分割成 n 个子域，这种分割方式对应着域 D' 分割成 n 个子域的某一种分割方式.

我们可得

$$\sum_{i=1}^{n} f(P_i)\Delta\sigma_i=\sum_{i=1}^{n} F(P')\frac{\Delta\sigma_i}{\Delta\sigma'_i}\Delta\sigma'_i$$

其中 P_i 是 D 内子域 σ_i 上的一点，P'_i 是 D' 内子域 $\Delta\sigma'_i$ 上的对应点. 如果把 D 内域 σ 的面积 $\Delta\sigma$ 看作 D' 内对应域 σ' 的可加兼可微分函数，则根据中值定理可写出(见 187 小节)

$$\frac{\Delta\sigma_i}{\Delta\sigma'_i}=\left(\frac{\mathrm{d}\sigma}{\mathrm{d}\sigma'}\right)_{P'=P'_i} \tag{5}$$

由此可知

$$\sum_{i=1}^{n} f(P_i)\Delta\sigma_i=\sum_{i=1}^{n} F(P'_i)\left(\frac{\mathrm{d}\sigma}{\mathrm{d}\sigma'}\right)_{P'=P'_i}\Delta\sigma'_i$$

这是由于等式左边积分和式内的点 P_i 可以凭我们任意选择，故可取合适的那些点 P_i，使其对应点 P'_i 正好是由中值公式(5) 所确定出的那些点 P'_i. 这时等式右边是第 n 积分和式，取 $n\to\infty$ 时的极限，得

$$\iint_D f(P)\mathrm{d}\sigma=\iint_{D'} F(P')\frac{\mathrm{d}\sigma}{\mathrm{d}\sigma'}\mathrm{d}\sigma'$$

也就是

$$\iint_D f(x,y)\mathrm{d}x\mathrm{d}y=\iint_{D'} F(u,v)\frac{\mathrm{d}\sigma}{\mathrm{d}\sigma'}\mathrm{d}u\mathrm{d}v$$

其中

$$F(u,v)=f(\varphi(u,v),\psi(u,v))$$

故若函数(4) 把积分域 D 一对一地映像为 uOv 平面的积分域 D'，则要用函数(4) 来变换二重积分的变量，必须把被积函数中的 x 及 y 换成用 u 及 v 表示的式子，再用面积的“畸变系数” $\frac{\mathrm{d}\sigma}{\mathrm{d}\sigma'}$ 乘所得结果，然后取这个乘积在域 D' 上的二重积分.

现在求“畸变系数”用新积分变量 u 及 v 表达的显式.

用平行于 u 轴及 v 轴的直线把域 D' 分割成子域. 取顶点在 $P'(u,v)$, $P_1'(u+\Delta u,v)$, $P_2'(u,v+\Delta v)$, $P_3'(u+\Delta u,v+\Delta v)$ 四点处的一个矩形子域 σ'(面积为 $\Delta\sigma'$)(图20). 根据关系式(4),包围上述矩形子域的诸直线变换成 xOy 平面上包围曲线四边形 σ(面积为 $\Delta\sigma$) 的一些曲线. 曲线四边形的诸顶点位于 P', P_1', P_2', P_3' 的对应点 $P(x,y)$, $P_1(x,y)$, $P_2(x,y)$, $P_3(x,y)$ 处,而点 P, P_1, P_2, P_3 的坐标显然是

$$x=\varphi(u,v),\ y=\psi(u,v)$$
$$x_1=\varphi(u+\Delta u,v),\ y_1=\psi(u+\Delta u,v)$$
$$x_2=\varphi(u,v+\Delta v),\ y_2=\psi(u,v+\Delta v)$$
$$x_3=\varphi(u+\Delta u,v+\Delta v),\ y_3=\psi(u+\Delta u,v+\Delta v)$$

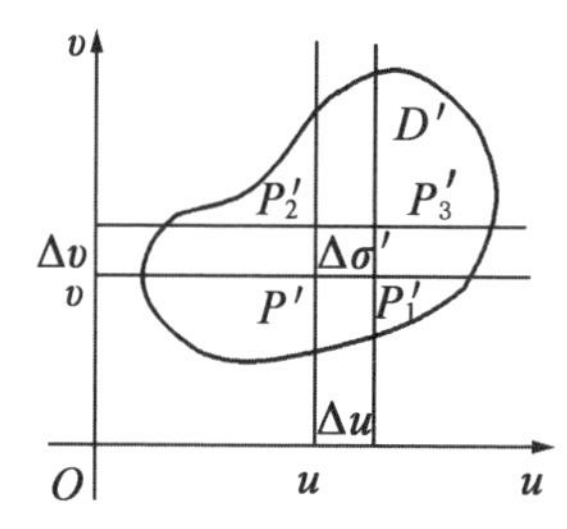

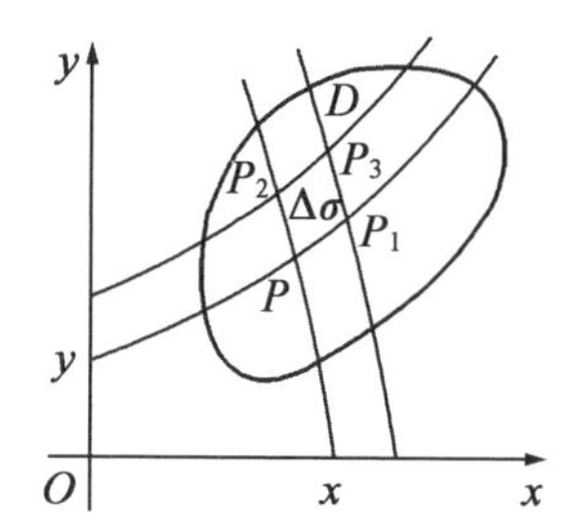

图 20

略去较高阶的无穷小后,就可使面积 $\Delta\sigma$ 等于以 P, P_1, P_3 为顶点的三角形面积的两倍(也就是把曲线四边形 $PP_1P_3P_2$ 换成一个平行四边形). 从解析几何中可知 $\triangle PP_1P_3$ 面积的两倍可用其顶点的坐标表示为

$$\Delta\sigma=|(x_1-x)(y_3-y)-(x_3-x)(y_1-y)|$$

也就是

$$\Delta\sigma=|[\varphi(u+\Delta u,v)-\varphi(u,v)][\psi(u+\Delta u,v+\Delta v)-\psi(u,v)]-\\ [\varphi(u+\Delta u,v+\Delta v)-\varphi(u,v)][\psi(u+\Delta u,v)-\psi(u,v)]|$$

用微分来表示方括号里面的增量,得

$$\Delta\sigma=\left|\left(\frac{\partial\varphi}{\partial u}\Delta u+\varepsilon_1\right)\left(\frac{\partial\psi}{\partial u}\Delta u+\frac{\partial\psi}{\partial v}\Delta v+\varepsilon_2\right)-\left(\frac{\partial\varphi}{\partial u}\Delta u+\frac{\partial\varphi}{\partial v}\Delta v+\varepsilon_3\right)\left(\frac{\partial\psi}{\partial u}\Delta u+\varepsilon_4\right)\right|$$

其中 ε_1, ε_2, ε_3, ε_4 对于域 D' 内点的对应位移来说是较高阶的无穷小,由此得

$$\Delta\sigma=\left|\frac{\partial\varphi}{\partial u}\frac{\partial\psi}{\partial v}\Delta u\Delta v-\frac{\partial\varphi}{\partial v}\frac{\partial\psi}{\partial u}\Delta u\Delta v+\varepsilon\right|$$

我们不难指出 ε 是比乘积 $\Delta u\Delta v$ 更为高阶的无穷小. 于是

$$\frac{\Delta\sigma}{\Delta\sigma'}=\frac{\Delta\sigma}{\Delta u\Delta v}=\left|\frac{\partial\varphi}{\partial u}\frac{\partial\psi}{\partial v}-\frac{\partial\varphi}{\partial v}\frac{\partial\psi}{\partial u}+\frac{\varepsilon}{\Delta u\Delta v}\right|$$

$$\frac{d\sigma}{d\sigma'}=\lim\frac{\Delta\sigma}{\Delta\sigma'}=\left|\frac{\partial\varphi}{\partial u}\frac{\partial\psi}{\partial v}-\frac{\partial\varphi}{\partial v}\frac{\partial\psi}{\partial u}\right|$$

$\frac{\partial \varphi}{\partial u}\frac{\partial \psi}{\partial v}-\frac{\partial \varphi}{\partial v}\frac{\partial \psi}{\partial u}$ 这个式子可写成便于记忆的行列式形式

$$\begin{vmatrix} \frac{\partial \varphi}{\partial u} & \frac{\partial \varphi}{\partial v} \\ \frac{\partial \psi}{\partial u} & \frac{\partial \psi}{\partial v} \end{vmatrix} \text{或} \begin{vmatrix} \frac{\partial x}{\partial u} & \frac{\partial x}{\partial v} \\ \frac{\partial y}{\partial u} & \frac{\partial y}{\partial v} \end{vmatrix}$$

叫作函数组

$$x=\varphi(u,v),y=\psi(u,v)$$

(或域 D' 到域 D 的变换) 的函数行列式(或雅可比式),它的记号是$\frac{\partial(x,y)}{\partial(u,v)}$,即

$$\frac{\partial(x,y)}{\partial(u,v)}=\begin{vmatrix} \frac{\partial x}{\partial u} & \frac{\partial x}{\partial v} \\ \frac{\partial y}{\partial u} & \frac{\partial y}{\partial v} \end{vmatrix}$$

之所以要采用这个记号,是因为函数行列式对于函数组的作用有许多方面类似于普通导函数对于单独一个函数的作用.

所以做域 D' 到域 D 的变换(4) 时,面积的畸变系数等于函数行列式的绝对值

$$\frac{\mathrm{d}\sigma}{\mathrm{d}\sigma'}=\left|\frac{\partial(x,y)}{\partial(u,v)}\right|$$

这个数值表示:当我们把域 D' 内点 $P'(u,v)$ 的邻域变换为域 D 内点 $P(x,y)$ 的对应邻域时,前者的面积元素要放大或缩小("畸变") 多少倍.

在

$$x=\rho\cos\varphi,y=\rho\sin\varphi$$

的特殊情形下

$$\frac{\partial(x,y)}{\partial(\rho,\varphi)}=\begin{vmatrix} \cos\varphi & -\rho\sin\varphi \\ \sin\varphi & \rho\cos\varphi \end{vmatrix}=\rho\cos^2\varphi+\rho\sin^2\varphi=\rho$$

于是我们就得到前面讲极坐标时直接求出的畸变系数值

$$\frac{\mathrm{d}\sigma}{\mathrm{d}\sigma'}=\rho$$

要使以上所讨论的事都成立,需假定函数

$$x=\varphi(u,v)$$

及

$$y=\psi(u,v)$$

满足:

(1) 在域 D' 内可以连续微分.

(2) 确定出域 D 与 D' 间一对一的连续映像(域 D' 内每一点 P' 对应着域 D 内

的一点 P,反过来也一样,又这时点 P' 的无穷小位移对应着点 P 的无穷小位移①).

第二个要求可由下列条件保证满足:函数行列式在域 D' 内不变号,只可能在个别点处等于 0.

现在把最后结果陈述于下(二重积分的变量置换法则):

若用变换

$$x=\varphi(u,v),y=\psi(u,v)$$

把域 D 变换到域 D',其中连续函数组具有连续偏导数,但其函数行列式在域 D' 上不变号(不过可能在个别点处等于 0),则下列公式成立

$$\iint_D f(x,y)\mathrm{d}x\mathrm{d}y=\iint_{D'} f(\varphi(u,v),\psi(u,v))\left|\frac{\partial(x,y)}{\partial(u,v)}\right|\mathrm{d}u\mathrm{d}v$$

注意 我们应注意这个公式与普通积分的变量置换公式完全相似(见 119 小节). 因设

$$x=\varphi(u)$$

则

$$\int_{x_1}^{x_2} f(x)\mathrm{d}x=\int_{u_1}^{u_2} f(\varphi(u))\varphi'(u)\mathrm{d}u$$

其中

$$\varphi(u_1)=x_1,\varphi(u_2)=x_2$$

我们可把关系式

$$x=\varphi(u)$$

看作从积分域(区间)$[x_1,x_2]$ 变到 u 轴上新积分域(区间)$[u_1,u_2]$ 的变换公式. 这时 $\varphi'(u)$(若 $\varphi'(u)>0$)表示从区间 $[u_1,u_2]$ 变到区间 $[x_1,x_2]$ 时长度的"畸变系数". 条件

$$\varphi'(u)>0$$

(但在各个点处 $\varphi'(u)$ 可能变为0)保证映像变换是一对一的($\varphi'(u)<0$ 时只要改变区间 $[u_1,u_2]$ 的方向,就可化为上述 $\varphi'(u)>0$ 的情形).

193. 三重积分的变量置换法

我们要考虑三重积分最常见的两种变换法:从直角坐标变到柱坐标及极坐标(球坐标),而三重积分在一般情形下的变量置换法只能在这里顺便提一下.

以连续于域 Ω 上的函数 $F(P)$ 的三重积分来说

---

① 例如可参阅 R. Courant 所著的《微积分教程》第二卷第三章 §3, n°6 及 Г. М. Фихтенгольц 所著的《微积分教程》第三卷第十六章 §4.

$$I = \iiint_{\Omega} F(P)\,\mathrm{d}v$$

Ⅰ. 柱坐标. 用柱坐标系(ρ,φ,z)(见167小节)来确定域Ω的位置,这时空间内一点P的位置由其在xOy平面上投影点的极坐标(ρ,φ)及其竖坐标(z)来确定. 用三组坐标面

$$\rho = \text{const},\varphi = \text{const},z = \text{const}$$

(各相当于以z轴为轴的柱面,过z轴的半平面及平行于xOy平面的平面)把域Ω分割成若干子域v_i,所得子域v_i是直棱柱MN(图21). 由于柱MN的体积等于其底面积与高的乘积,故得体积元素的式子为

$$\mathrm{d}v = \rho\,\mathrm{d}\rho\,\mathrm{d}\varphi\,\mathrm{d}z$$

及

$$I = \iiint_{\Omega} F(P)\,\mathrm{d}v = \iiint_{\Omega} F(\rho,\varphi,z)\rho\,\mathrm{d}\rho\,\mathrm{d}\varphi\,\mathrm{d}z$$

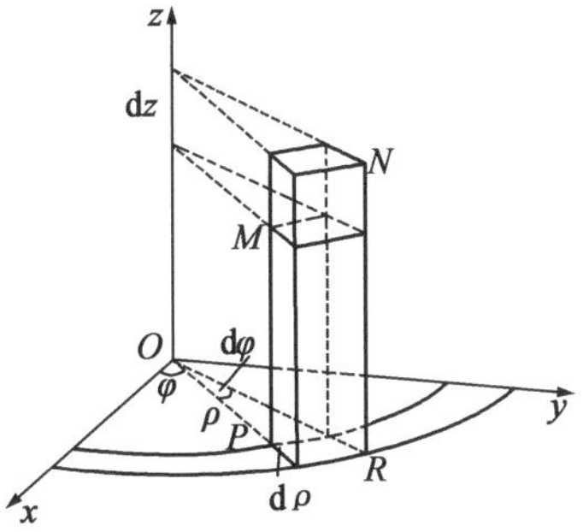

图21

当坐标系的位置如图21所示时,只要注意空间内一点P的直角坐标与柱坐标间有方程

$$x = \rho\cos\varphi,y = \rho\sin\varphi,z = z$$

所规定的关系,就不难把直角坐标的三重积分化为柱坐标的三重积分

$$I = \iiint_{\Omega} f(x,y,z)\,\mathrm{d}x\mathrm{d}y\mathrm{d}z = \iiint_{\Omega} F(\rho,\varphi,z)\rho\,\mathrm{d}\rho\,\mathrm{d}\varphi\,\mathrm{d}z$$

其中

$$F(\rho,\varphi,z) = f(\rho\cos\varphi,\rho\sin\varphi,z)$$

要计算柱坐标三重积分,可根据计算直角坐标三重积分时所用的原理,把所论三重积分化为对ρ、对φ及对z的三次积分.

若积分域Ω是一个柱体

$$\rho \leqslant r,0 \leqslant z \leqslant h$$

则三次积分中的积分限是常量,所以积分次序变更时,积分限不变

$$I=\int_0^h \mathrm{d}z\int_0^{2\pi}\mathrm{d}\varphi\int_0^r F(\rho,\varphi,z)\rho\,\mathrm{d}\rho$$

当

$$F(\rho,\varphi,z)=1$$

时,得域 Ω 的体积 V 的式子是一个柱坐标三重积分

$$V=\iiint_\Omega \rho\,\mathrm{d}\rho\,\mathrm{d}\varphi\,\mathrm{d}z$$

例如柱体的体积是

$$V=\int_0^h \mathrm{d}z\int_0^{2\pi}\mathrm{d}\varphi\int_0^r \rho\,\mathrm{d}\rho=2\pi h\frac{r^2}{2}=\pi r^2 h$$

Ⅱ. 极坐标. 现在用极(球)坐标系(ρ,φ,θ)(见167小节)来确定积分域 Ω 的位置. 用三组坐标面

$$\rho=\text{const},\varphi=\text{const},\theta=\text{const}$$

(各相当于以原点为中心的球面,过 z 轴的半平面,以及以原点为顶点、以半段 z 轴为轴的圆锥)把域 Ω 分割为若干子域 v_i. 这些子域 v_i 是如图22所示的“六面体”. 如果略去较高阶的无穷小,可把六面体 MN 看作矩体,其矢径方向的长为 $\mathrm{d}\rho$,经线方向的宽为 $\rho\mathrm{d}\theta$,纬线方向的高为 $\rho\sin\theta\mathrm{d}\varphi$. 于是得体积元素的式子

$$\mathrm{d}v=\rho^2\sin\theta\,\mathrm{d}\rho\,\mathrm{d}\varphi\,\mathrm{d}\theta$$

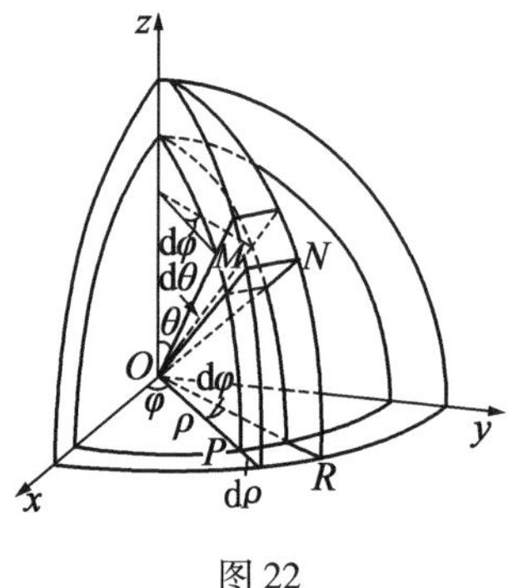

图22

因此

$$I=\iiint_\Omega F(P)\mathrm{d}v=\iiint_\Omega F(\rho,\varphi,\theta)\rho^2\sin\theta\,\mathrm{d}\rho\,\mathrm{d}\varphi\,\mathrm{d}\theta$$

当直角坐标系与极坐标系的相对位置如图22所示时,得

$$x=\rho\sin\theta\cos\varphi,y=\rho\sin\theta\sin\varphi,z=\rho\cos\theta$$

因此三重积分从直角坐标变换到极坐标的公式是

$$I=\iiint_\Omega f(x,y,z)\mathrm{d}x\mathrm{d}y\mathrm{d}z=\iiint_\Omega F(\rho,\varphi,\theta)\rho^2\sin\theta\,\mathrm{d}\rho\,\mathrm{d}\varphi\,\mathrm{d}\theta$$

其中

$$F(\rho,\varphi,\theta)=f(\rho\sin\theta\cos\varphi,\rho\sin\theta\sin\varphi,\rho\cos\theta)$$

与以前的情形一样，极坐标三重积分可以化为对 ρ、对 φ 及对 θ 的三次积分.

若域 Ω 对原点呈星状(即域面与从原点出发的任一直线的交点不超过一个)，则

$$\begin{aligned} I&=\iiint_{\Omega}F(\rho,\varphi,\theta)\rho^{2}\sin\theta\mathrm{d}\rho\mathrm{d}\varphi\mathrm{d}\theta\\ &=\int_{0}^{\pi}\sin\theta\mathrm{d}\theta\int_{0}^{2\pi}\mathrm{d}\varphi\int_{0}^{\alpha(\varphi,\theta)}F(\rho,\varphi,\theta)\rho^{2}\mathrm{d}\rho \end{aligned}$$

其中

$$\rho=\alpha(\varphi,\theta)$$

是包围域 Ω 的曲面的极(球) 坐标方程. 在上述曲面

$$\rho=R$$

为球面的特殊情形下，变更积分次序时，三个一次积分的积分限都不变，这时得

$$I=\int_{0}^{\pi}\sin\theta\mathrm{d}\theta\int_{0}^{2\pi}\mathrm{d}\varphi\int_{0}^{R}F(\rho,\varphi,\theta)\rho^{2}\mathrm{d}\rho$$

当积分域是球体时，用极坐标来算三重积分显然特别方便.

当

$$F(\rho,\varphi,\theta)=1$$

时，得域 Ω 的体积 V 用极坐标三重积分表示的式子

$$V=\iiint_{\Omega}\rho^{2}\sin\theta\mathrm{d}\rho\mathrm{d}\varphi\mathrm{d}\theta$$

例如球体积的式子是

$$V=\int_{0}^{\pi}\sin\theta\mathrm{d}\theta\int_{0}^{2\pi}\mathrm{d}\varphi\int_{0}^{R}\rho^{2}\mathrm{d}\rho=2\cdot2\pi\cdot\frac{R^{3}}{3}=\frac{4}{3}\pi R^{3}$$

假设原点不在域 Ω 内且设坐标曲线与域面的交点不超过两个. 现在讲这时如何把三重积分化为三次积分.

以原点为顶点作一锥面罩住域 Ω. 锥面与域 Ω 相切于一曲线 L，L 把域面分割成两部分. 设接近原点的那部分域面方程是

$$\rho=\alpha_{1}(\varphi,\theta)$$

另一部分域面方程是

$$\rho=\alpha_{2}(\varphi,\theta)$$

所作锥面在单位球面(中心在原点处，半径等于单位长度的球面) 上“割出” 的域 K 是域 Ω 在单位球面上的有心投影(从原点). 我们要先在矢径方向上积分.

为此可过原点及域 K 上的一点 $P(\varphi,\theta)$ 作直线，把函数 $F(\rho,\varphi,\theta)\rho^2\sin\theta$ 在该直线介于 Ω 内的线段上积分. 这时对于已给的 φ 及 θ 来说，积分变量 ρ 从 $\alpha_1(\varphi,\theta)$ 变到 $\alpha_2(\varphi,\theta)$. $\alpha_1(\varphi,\theta)$ 是直线进入域 Ω 处的"入口"点的矢径，$\alpha_2(\varphi,\theta)$ 是直线穿出 Ω 处的"出口"点的矢径. 积分的结果显然是取决于点 $P(\varphi,\theta)$ 的一个量，我们用记号 $\Phi(\varphi,\theta)$ 来表示它

$$\Phi(\varphi,\theta)=\int_{\alpha_1(\varphi,\theta)}^{\alpha_2(\varphi,\theta)}F(\rho,\varphi,\theta)\rho^2\sin\theta\mathrm{d}\rho$$

做上述积分运算时，φ 及 θ 是当作常量看待的.

下面计算所求三重积分时需求出二重积分

$$\iint_K\Phi(\varphi,\theta)\mathrm{d}\varphi\mathrm{d}\theta$$

即

$$\iint_K\sin\theta\mathrm{d}\varphi\mathrm{d}\theta\int_{\alpha_1(\varphi,\theta)}^{\alpha_2(\varphi,\theta)}F(\rho,\varphi,\theta)\rho^2\,\mathrm{d}\rho$$

从图22不难看出 $\sin\theta\mathrm{d}\theta\mathrm{d}\varphi$ 是单位球面的面积元素 $\mathrm{d}q$. 用这个面积元素可把极坐标三重积分写作

$$\iint_K\mathrm{d}q\int_{\alpha_1(\varphi,\theta)}^{\alpha_2(\varphi,\theta)}F(\rho,\varphi,\theta)\rho^2\mathrm{d}\rho$$

这里我们说二重积分是在单位球面的 K 上（域 Ω 在单位球面上的投影）取的（见第十三章）.

若单位球面上的一部分为某一曲面（从原点）的中心投影，该部分面积叫作所论曲面的立体角.

因此可以说，用极（球）坐标时，形体的体积元素 $\mathrm{d}v$ 是 $\rho^2\mathrm{d}\rho$ 与其表面面积元素的立体角 $\mathrm{d}q$ 两者的乘积. 我们知道用极坐标时，平面域的面积元素 $\mathrm{d}\sigma$ 等于 $\rho\mathrm{d}\rho$ 与单位圆的弧长（角）$\mathrm{d}\varphi$（域边界上的曲线元素在单位圆周上的中心投影）两者的乘积，所以极坐标体积元素与面积元素的结构完全类似.

继续对 φ 积分时，用 θ 在任意固定值时，纬线进入 K 处的"入口"点与穿出 K 处的"出口"点两者的 φ 坐标来确定出积分限，这些积分限一般要取决于 θ：假定

$$\beta_1(\theta)\leqslant\varphi\leqslant\beta_2(\theta)$$

最后，对 θ 积分时，取 θ 坐标在球面域 K 上的最大变动范围作为积分限

$$\theta_1\leqslant\theta\leqslant\theta_2$$

这样就得到三次积分如下

$$I=\iiint_\Omega F(\rho,\varphi,\theta)\rho^2\sin\theta\mathrm{d}\rho\mathrm{d}\varphi\mathrm{d}\theta=\int_{\theta_1}^{\theta_2}\sin\theta\mathrm{d}\theta\int_{\beta_1(\theta)}^{\beta_2(\theta)}\mathrm{d}\varphi\int_{\alpha_1(\varphi,\theta)}^{\alpha_2(\varphi,\theta)}F(\rho,\varphi,\theta)\rho^2\,\mathrm{d}\rho$$

Ⅲ. 一般情形. 现在讲一般情形,这时三重积分中的积分变量 x,y,z 要换成新变量 u,t,w,两者间的关系为

$$x=\varphi(u,t,w), y=\psi(u,t,w), z=\chi(u,t,w) \tag{6}$$

假设这些关系有如下的性质:空间直角坐标系 $Oxyz$ 内域 Ω 的每一点 $P(x,y,z)$ 对应着空间直角坐标系 $Outw$ 内域 Ω' 的一个点 $P'(u,t,w)$;换句话说,我们假设函数(6) 把域 Ω 一对一地相互映像到域 Ω' 上(或者把 Ω' 映像到域 Ω 上).

用 $\mathrm{d}v'$ 作为域 Ω' 内面积元素的记号. 如果我们完全按照二重积分时那样来推理,可得

$$\iiint\limits_{\Omega} f(P)\,\mathrm{d}v=\iiint\limits_{\Omega} F(P')\frac{\mathrm{d}v}{\mathrm{d}v'}\mathrm{d}v'$$

(其中 $F(P')=f(P)$),即

$$\iiint\limits_{\Omega} f(x,y,z)\,\mathrm{d}x\mathrm{d}y\mathrm{d}z=\iiint\limits_{\Omega'} F(u,t,w)\frac{\mathrm{d}v}{\mathrm{d}v'}\mathrm{d}u\mathrm{d}t\mathrm{d}w$$

其中

$$F(u,t,w)=f(\varphi(u,t,w),\psi(u,t,w),\chi(u,t,w))$$

比值$\frac{\mathrm{d}v}{\mathrm{d}v'}$是用公式(6) 把域 Ω' 变换成域 Ω 时的体积“畸变系数”. 与平面域时的情形一样,在域 Ω' 上每点处的这个畸变系数等于变换式(6) 的函数行列式(雅可比式) 的绝对值

$$\frac{\mathrm{d}v}{\mathrm{d}v'}=\left|\frac{\partial(x,y,z)}{\partial(u,t,w)}\right|$$

其中

$$\frac{\partial(x,y,z)}{\partial(u,t,w)}=\begin{vmatrix}\frac{\partial x}{\partial u} & \frac{\partial x}{\partial t} & \frac{\partial x}{\partial w}\\ \frac{\partial y}{\partial u} & \frac{\partial y}{\partial t} & \frac{\partial y}{\partial w}\\ \frac{\partial z}{\partial u} & \frac{\partial z}{\partial t} & \frac{\partial z}{\partial w}\end{vmatrix}$$

若连续于域 Ω' 上的函数 φ,ψ,χ 具有连续偏导数,且这三个函数的函数行列式在域 Ω' 上不变号(不过可能在个别点处等于0),则三重积分的下列变量置换公式成立

$$\begin{aligned}&\iiint\limits_{\Omega} f(x,y,z)\,\mathrm{d}x\mathrm{d}y\mathrm{d}z\\ =&\iiint\limits_{\Omega} f(\varphi(u,t,w),\psi(u,t,w),\chi(u,t,w))\left|\frac{\partial(x,y,z)}{\partial(u,t,w)}\right|\mathrm{d}u\mathrm{d}t\mathrm{d}w\end{aligned}$$

在

$$x=\rho\cos\varphi, y=\rho\sin\varphi, z=z$$

及

$$x=\rho\sin\theta\cos\varphi, y=\rho\sin\theta\sin\varphi, z=\rho\cos\theta$$

的两种特殊情形下,由此所得的变换公式已经直接在情形 Ⅰ 及 Ⅱ 中找出,不过这时变换的意义并非把同一域上的三重积分从直角坐标换成柱坐标及球坐标,而是把一个域上的直角坐标三重积分变换为另一个对应域上的直角坐标三重积分的特殊变换公式.

§4 二重积分及三重积分的应用

194. 解题程序、举例

现在要用最一般的方式来描述需要用二重积分做计算的那一类问题,并列出解题的程序. 这个程序是普通积分解题程序的自然推广(见 127 小节),它使我们用问题中已给的条件按一定方法去做便能得出二重积分作为所求的解,而把每次从已给条件推到二重积分时所必须经过的一连串推理步骤省略掉. 我们这里所要讲的事与用普通积分时的解题程序完全一样. 列出这个解题程序时,我们要用 187 小节中所讲的牛顿 - 莱布尼茨公式.

假设已给某变量 u 可以看作变域 σ 的函数

$$u=F(\sigma)$$

再假设当域 σ 分成子域时,该变量可由对应于各子域的同类量相加而成(可加性①). 又假定函数 $F(\sigma)$ 可以对域微分. 设所要求的是对应于某个域 D 的变量 u 的值

$$u=f(D)$$

这时根据牛顿 - 莱布尼茨公式可得

$$F(D)=\iint_D \mathrm{d}F(\sigma)=\iint_D \frac{\mathrm{d}F}{\mathrm{d}\sigma}\mathrm{d}\sigma$$

因此在上述条件下,所求量 $F(D)$ 可用函数 $F(\sigma)$ 的微分在域 D 上的二重积分来表示.

如果我们像讨论柱体体积的问题时一样,把已给域 D 分成若干子域,并把所求量 $F(D)$ 表示为其对应于一切子域的各部分量的和,然后把这各部分未知

---

① 为了便于理解起见,读者可设想本段每一步的一般讲解是用在计算柱体体积这个浅显的问题上的. 例如由已给曲面所覆盖的柱体的可变体积是其底上可变域的函数. 把柱体的底分为若干个子域,相当于把整个体积看成若干个子柱体的体积的和.

量换成已知量 —— 未知量的等价无穷小(微分),并在得出代替准确等式的近似等式之后,让子域个数无限增多且使其直径趋于 0 而取极限,就可用函数 $F(\sigma)$ 的微分在域 D 上的二重积分来表示所求量 $F(D)$. 在做取极限这一步时,我们已把第一步(用微分代替未知量)里所取的近似等式恢复到准确等式,但这时的准确等式已经不是个毫无用处的一些未知量的和式,而是所求量(作为域的函数看待时)的微分的积分,同时这个微分通常不难从问题中的条件确定出来.

但在解决任何上述类型的具体问题时,用二重积分的理论(牛顿 - 莱布尼茨公式)便可使我们省略所有这些推理步骤,我们只要利用二重积分理论中的最后结论:所求量等于其微分的积分,便可以直接写出所求量的式子.

所以问题的解法自然可以分成下列三步:

Ⅰ. 列出"微分方程",也就是把所求量 u 作为域 σ 的函数

$$u = F(\sigma)$$

看待,而用已给的函数及域面积的微分 $\mathrm{d}\sigma$ 找出 u 的微分式子

$$\mathrm{d}u = \mathrm{d}F(\sigma) = f(P)\mathrm{d}\sigma \tag{1}$$

其中 $f(P)$ 是点 P 的函数,它等于 $F'(\sigma)$.

为此可在域上任一点 P 处取一无穷小域 $\mathrm{d}\sigma$,于是根据所求微分 $\mathrm{d}F(\sigma)$ 应与 $\mathrm{d}\sigma$ 成比例且与对应于域 $\mathrm{d}\sigma$ 的那部分 $F(\sigma)$ 为等价无穷小的条件,可求出微分 $\mathrm{d}F(\sigma)$. 在具体问题中,我们通常拿对应于域 $\mathrm{d}\sigma$ 的那部分 $F(\sigma)$ 值(且假设确定出 $F(\sigma)$ 的那个量在域 $\mathrm{d}\sigma$ 上的值保持不变 —— 都等于点 P 处的值)作为 $\mathrm{d}F(\sigma)$. 例如柱体体积在点 P 处的微分是以 $\mathrm{d}\sigma$ 为底且以已给曲面在点 P 处的竖坐标为高的平顶柱体体积.

我们只要设法知道这样写出的式子是否具有微分定义中的两个性质,就总可以验证它是否确实是所需要的微分.

Ⅱ. 从方程(1)取二重积分

$$F(D) = \iint_D f(P)\mathrm{d}\sigma$$

这一步可以直接做出,不必重复考虑它所根据的推理步骤. 微分

$$\mathrm{d}F(\sigma) = f(P)\mathrm{d}\sigma$$

给出 $F(\sigma)$ 的"元素"($F(\sigma)$ 的真实部分值是它准确地对应于域 $\mathrm{d}\sigma$ 的那一部分值). 上述取二重积分的步骤实施了"一切元素的相加" 而得出准确结果.

Ⅲ. 计算二重积分. 要做这事,我们具备足够有效的方法 —— 把二重积分化为二次积分的方法,也就是化为连续两次的普通积分计算法.

如果未知函数的微分式子定得确实可靠,那么根据这个程序而求出的最后结果便保证不会错.

上述解题程序显然完全可以应用到三重积分上.

为说明用上述程序来解题的方法，我们来考虑从物质的密度确定出质量的问题以及密度与质量这两个重要物理概念之间的关系. 关于平面曲线的这个问题，我们已在50，95 小节中讲过，关于空间曲线的这个问题也已在181 小节中讲过. 现在我们要考虑平面域 D 的这个问题. 设在平面域 D 上有连续分布的质量. 在 D 内的每一块域 σ 上对应着一定的质量 m，因此 m 是 σ 的函数

$$m = F(\sigma)$$

若域 D 内任何两块面积相等的子域含有相同的质量，我们便说质量是均匀分布的. 这时域 D 内任一小块子域上的质量与该子域面积的比值是一个常量，在数值上等于域内任何部分单位面积上所含的质量. 这个比值叫作域 D 上的表面物质密度. 但若物质分布得不均匀，我们就必须确定出某一处（即域内已给点 P 处）的密度概念.

在域 D 内点 P 近旁取面积等于 $\Delta\sigma$ 的一部分，用面积 $\Delta\sigma$ 除 $\Delta\sigma$ 上所含的质量

$$\Delta m = \Delta F$$

所得的数等于 $\Delta\sigma$ 上质量均匀分布时，其中每块单位面积上所应含有的质量. $\dfrac{\Delta F(\sigma)}{\Delta\sigma}$ 这个量叫作已给域 $\Delta\sigma$ 上的平均表面物质密度.

为了引入点 P 处的密度概念，我们让域 $\Delta\sigma$ 的直径无穷缩小（把它缩成点 P）. 于是对应于域 $\Delta\sigma$ 的平均表面密度在 $\Delta\sigma$ 的直径趋于0 时的极限值，便规定为点 P 处的表面密度.

因此可知，点 P 处的表面物质密度 δ 可用质量对面积的导函数表示

$$\delta = F'(\sigma) = \lim_{\Delta\sigma\to 0}\frac{\Delta F(\sigma)}{\Delta\sigma}$$

密度是域 D 上点 P 的函数

$$\delta = \mu(P) = \mu(x,y)$$

现在倒过来假定已给域 σ 上的物质密度 δ 是点 P 的函数. 于是根据以前所讲可得质量的微分为

$$\mathrm{d}m = \mathrm{d}F(\sigma) = \mu(P)\,\mathrm{d}\sigma$$

（这是假定无穷小域 $\mathrm{d}\sigma$ 上的物质密度不变而等于点 P 处的密度时，域 $\mathrm{d}\sigma$ 上所含的质量）.

把域 D 上的一切质量元素“加”起来，得

$$m = F(D) = \iint_D \mu(P)\,\mathrm{d}\sigma$$

域 D 上的物质的量可用表面密度在域上的二重积分来表示.

质量与密度这两个物理概念彼此相逆的意义，表现在对于域的导函数与在域上的积分这两个概念彼此相逆的解析定理上.

我们要知道这里所讲的“质量”与“密度”不仅可以理解为物质的量与密度,而且也可以理解为电及其他的量与密度(“电量”及“电荷”). 上面所讲关于平面域 D 的质量与密度的论证,只要在用语及记号上加以改变,显然也适用于空间域 Ω 的质量与密度.

举例:

有半径为 R 的球 Ω,若已给体积密度为函数

$$\mu(P)=\frac{1}{\sqrt{R^2-\rho^2}}$$

其中

$$\rho=\sqrt{x^2+y^2+z^2}$$

是点 P 的矢径,求该球的质量.

得

$$m=\iiint_{\Omega}\frac{\mathrm{d}v}{\sqrt{R^2-\rho^2}}$$

这个积分用极(球)坐标(见 193 小节)来计算很方便

$$m=\int_0^{\pi}\sin\theta\mathrm{d}\theta\int_0^{2\pi}\mathrm{d}\varphi\int_0^{R}\frac{\rho^2\mathrm{d}\rho}{\sqrt{R^2-\rho^2}}=4\pi\int_0^{R}\frac{\rho^2\mathrm{d}\rho}{\sqrt{R^2-\rho^2}}$$

代入

$$\rho=R\sin t$$

后得

$$m=4\pi R^2\int_0^{\frac{\pi}{2}}\sin^2t\mathrm{d}t=\pi^2R^2$$

这个例子不用三重积分也容易算出. 因根据题中条件,在同心球面 $\rho=\text{const}(<R)$ 上的表面密度是常数,所以我们只要把分布在同心球面上的质量当 $0\leqslant\rho\leqslant R$ 时在半径方向上“加起来”(也就是用一次积分法)就可以得到整个球的质量.

195. 几个几何问题

首先我们要提到计算物体的体积问题. 但由于我们讲解二重积分的理论时常拿这个问题来做示范说明,因此无须再多讲. 我们要注意的只是在有些情形下,计算体积时可以不必用二重积分,免得把计算搞得复杂,因为有时用普通积分也容易求得结果. 例如当物体的平行截面的面积为已知时,特别是当物体为旋转体时(见 133 小节),情形就是如此.

现在讲计算曲面的面积问题. 设曲面用方程

$$z=f(x,y)$$

给出,其中$f(x,y)$是具有连续偏导数的可微分函数. 现在假设曲面的一部分K对应于xOy平面上的一个域D,使D成为K的投影,我们要计算K这部分曲面的面积Q. 首先必须给出关于曲面面积的定义,然后再根据定义研究出计算曲面面积的方法. 定义一般曲面面积的方式与我们以前定义曲线弧长(见131小节)及旋转曲面面积(见133小节)时的方式完全一样.

我们很易于接受的曲面面积的定义如下:在曲面内部作内接多面形,当面数无限增多且最大面的直径趋于0时,该多面形面积的极限就表示曲面面积.(特别是可以从这个定义推出133小节中所给关于旋转曲面的面积定义). 如同在其他相仿的情形下一样(见131,133小节),这个定义与另一个更为方便的定义是相当的,而后者所根据的是下列两项原理:

(1) 曲面面积具有可加性.

(2) 曲面面积的微分等于与无穷小块曲面所对应的一小块切平面的面积.

我们应记得曲线的情形也与这相似,即曲线长度的微分是对应于无限小所论弧段的一段切线的长.

由上述原理(2)可知确定曲面面积时把无穷小块曲面换成其对应的一块切平面时,所致的相对误差为无穷小. 把这与以前所得的结果(见161小节)结合起来,便可以这么说:当域$d\sigma$足够小时,曲面无论就其位置与面积来说,都可换成对应的切平面,而使所致的相对误差为任意小.

上述原理可使我们求出曲面面积的微分式子dq,然后再依照积分用法的程序求出全部面积Q.

取域D内的一点$P_0(x_0,y_0)$及其某个邻域$d\sigma$(这里$d\sigma$既是邻域本身的记号,又是邻域面积的记号). 在曲面的点$M_0(x_0,y_0,z_0=f(x_0,y_0))$处作切平面$T$(图23)

$$z-z_0=f'_x(x_0,y_0)(x-x_0)+f'_y(x_0,y_0)(y-y_0)$$

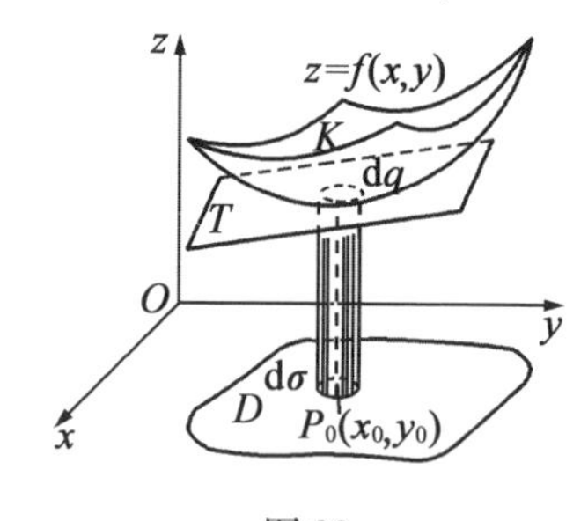

图23

这时切平面T上对应于域$d\sigma$的一块面积便是所要求的微分dq,由于$d\sigma$是所论这块切平面在xOy平面上的正投影,故

$$d\sigma=dq\cos\gamma$$

其中 γ 是切平面 T 与 xOy 平面所成的角. 这个角等于 T 的法线与 z 轴所成的角. 因此得 $\cos\gamma$ 的式子为(见 183 小节)

$$\cos\gamma=\frac{1}{\sqrt{1+f_x'^2(x_0,y_0)+f_y'^2(x_0,y_0)}}$$

于是可知

$$\mathrm{d}q=\sqrt{1+f_x'^2(x_0,y_0)+f_y'^2(x_0,y_0)}\,\mathrm{d}\sigma$$

这便是曲面

$$z=f(x,y)$$

在点 $M_0(x_0,y_0,z_0)$ 处的面积元素(或简称元素)式子.

把所有的曲面元素在域 D 上"加起来",得所求面积 Q 的公式为

$$Q=\iint_D\sqrt{1+z_x'^2+z_y'^2}\,\mathrm{d}\sigma=\iint_D\sqrt{1+z_x'^2+z_y'^2}\,\mathrm{d}x\mathrm{d}y \tag{2}$$

读者可从公式(2)推出 133 小节所讲的旋转曲面的面积公式.

为了使曲面面积公式的形式不随着所选择的积分变量而改变,假定曲面用下列参数方程给出

$$x=\varphi(u,v),y=\psi(u,v),z=\chi(u,v)$$

求出了偏导数 z_x' 及 z_y'(见 167 小节),并经过初等运算之后,可得

$$\sqrt{1+z_x'^2+z_y'^2}=\frac{1}{\left|\dfrac{\partial(x,y)}{\partial(u,v)}\right|}\sqrt{(x_u'y_v'-y_u'x_v')^2+(y_u'z_v'-z_u'y_v')^2+(z_u'x_v'-x_u'z_v')^2}$$

所以若用公式

$$x=\varphi(u,v),y=\psi(u,v)$$

置换二重积分(2)中的变量,并依照二重积分的变量置换法则来做,可得

$$Q=\iint_{D'}\sqrt{(x_u'y_v'-y_u'x_v')^2+(y_u'z_v'-z_u'y_v')^2+(z_u'x_v'-x_u'z_v')^2}\,\mathrm{d}u\mathrm{d}v$$

其中 D' 是 uOv 平面上根据参数方程而对应于所量那部分曲面的一块域.

如果引用以下的记号

$$E=x_u'^2+y_u'^2+z_u'^2$$
$$F=x_u'x_v'+y_u'y_v'+z_u'z_v'$$
$$G=x_v'^2+y_v'^2+z_v'^2$$

那就可以把最后这个面积公式写得简短些. 这时我们不难验证根号里面的式子等于 $EG-F^2$,于是

$$Q=\iint_{D'}\sqrt{EG-F^2}\,\mathrm{d}u\mathrm{d}v$$

这便是曲面面积公式最普遍的形式. 在

$$u=x$$

及

$$v = y$$

的特殊情形下,这个公式便变成公式(2).

曲面元素 $\mathrm{d}q$ 的一般形式如下

$$\mathrm{d}q = \sqrt{EG - F^2}\,\mathrm{d}u\mathrm{d}v$$

举例:

(1) 计算半径为 R 的球面积. 我们用下列参数方程给出球面

$$x = R\sin\theta\cos\varphi, y = R\sin\theta\sin\varphi, z = R\cos\theta$$

这里的参数是极(球)坐标 $\varphi(=u)$ 及 $\theta(=v)$,由计算的结果可知

$$E = R^2\sin^2\theta, F = 0, G = R^2$$

故可求出半个球面的面积为

$$\frac{1}{2}Q = \iint_{D'} R^2\sin\theta\mathrm{d}\varphi\mathrm{d}\theta$$

其中 D' 是当点 $P(x,y)$ 在圆

$$x^2 + y^2 \leqslant R^2$$

内变动时点 $P'(\varphi,\theta)$ 的对应变动域. 这个域用下列不等式确定出来

$$0 \leqslant \varphi \leqslant 2\pi, 0 \leqslant \theta \leqslant \frac{\pi}{2}$$

(因这时点 $M(x,y,z)$ 绘出半球面).

于是

$$\frac{1}{2}Q = R^2\int_0^{\frac{\pi}{2}} \sin\theta\mathrm{d}\theta\int_0^{2\pi} \mathrm{d}\varphi = 2\pi R^2$$

由此得

$$Q = 4\pi R^2$$

从以上所讲可见用极坐标时,单位球的曲面元素 $\mathrm{d}q = \sin\theta\mathrm{d}\theta\mathrm{d}\varphi$,这与以前(见 193 小节)求出这个元素的式子完全相符.

(2) 现在我们来考虑分布在一块曲面上的质量问题,作为第二个例子.

关于曲面上一点处的表面密度概念,与曲线、平面域及空间域时的密度概念一样,都用完全相同的方法确定出来,即含点 M 的一块曲面上的质量 Δm 与那块曲面面积 Δq 的比值在 Δq 的直径趋于0时的极限,叫作曲面上点 M 处的密度 δ,即

$$\delta = \lim_{\Delta q \to 0}\frac{\Delta m}{\Delta q} = \frac{\mathrm{d}m}{\mathrm{d}q}$$

也就是说,这时的密度是质量对于曲面的导函数. 这个密度是曲面上点 M 的函数

$$\delta = \mu(M)$$

反过来说,如果先知道密度是曲面上点的函数

$$\delta = \mu(M)$$

那么

$$\mathrm{d}m = \mu(M)\mathrm{d}q$$

于是得

$$m = \iint_K \mu(M)\mathrm{d}q$$

也就是

$$m = \iint_{D'} \mu(u,v)\sqrt{EG - F^2}\,\mathrm{d}u\mathrm{d}v$$

其中 D' 是 uOv 平面上根据曲面参数方程而与 K 相对应的一个域.

196. 静力学中的几个问题

在第八章(134 小节)中所确定出的平面上质点组的重心是如下的一点:如果把质点组的全部质量都集中在该点处,那么它对坐标轴的静力矩将等于整个质点组的对应静力矩. 同样可确定出空间质点组的重心,不过这时的矩是对坐标面来取的(点对平面的静力矩等于点的质量与该点到平面的距离相乘).

这样,求重心坐标的问题可以化为计算质点组的静力矩及其质量的问题.

确定连续体而非个别点所构成质点组的重心的坐标时,可用积分概念并根据同样的原理来做:整体的静力矩等于其各部分的静力矩的和(可加性).

Ⅰ. 平板. 设平面域 D 上分布有质量(平板形物质),求其重心. 物质的分布状况用已给密度

$$\delta = \mu(P)$$

表示.

我们计算平板对 x 轴及 y 轴(与该平板在同一平面上)的静力矩 M_x 及 M_y.

首先取点 $P(x,y)$ 的任一无穷小邻域 $\mathrm{d}\sigma$,使该邻域的质量等于 $\mu(P)\mathrm{d}\sigma$ 时所致的误差是更高阶的无穷小. 如果我们假定 $\mathrm{d}\sigma$ 上的质量集中在点 P 处且在这时取点 P 对 x 轴的静力矩,便可求得对 x 轴的静力矩的元素 $\mathrm{d}m_x$. 于是

$$\mathrm{d}m_x = y\mu(P)\mathrm{d}\sigma$$

同样可得

$$\mathrm{d}m_y = x\mu(P)\mathrm{d}\sigma$$

在域 D 上积分,得下列公式

$$M_x = \iint_D y\mu(P)\mathrm{d}\sigma, M_y = \iint_D x\mu(P)\mathrm{d}\sigma$$

其次根据重心定义可得

$$\xi M = M_y, \eta M = M_x$$

这里 ξ,η 是重心的坐标，而 M 是平板的质量. 由此得

$$\xi=\frac{\iint\limits_D x\mu(P)\,\mathrm{d}\sigma}{\iint\limits_D \mu(P)\,\mathrm{d}\sigma},\eta=\frac{\iint\limits_D y\mu(P)\,\mathrm{d}\sigma}{\iint\limits_D \mu(P)\,\mathrm{d}\sigma}$$

这是因为域 D 的质量 M 可用分母中的积分表示.

当平板质料均匀时($\mu(P)=\text{const}$)，μ 可以消去，公式就变得简单.

假定域 D 是以 x 轴为底的曲边梯形，那么从这两个公式先后对 y 及对 x 积分所得的公式，便是第八章(134 小节) 中所得出的.

Ⅱ. 物体. 以体积密度

$$\delta=\mu(P)$$

分布着物质的空间域 Ω(物体)，其重心的求法也与上面所讲的相仿.

我们来计算物体对于坐标平面 xOy,xOz,yOz 的静力矩 M_{xy},M_{xz},M_{yz}.

取点 $P(x,y,z)$ 的任一无穷小邻域 $\mathrm{d}v$，使该邻域的质量等于 $\mu(P)\,\mathrm{d}v$ 时所致的误差是更高阶的无穷小. 如果假定 $\mathrm{d}v$ 的质量集中在点 M 处且在这时取该点对 xOy 平面的静力矩，便可求得对 xOy 平面的静力矩的元素 $\mathrm{d}m_{xy}$，即

$$\mathrm{d}m_{xy}=z\mu(P)\,\mathrm{d}v$$

同样可得

$$\mathrm{d}m_{xz}=y\mu(P)\,\mathrm{d}v,\mathrm{d}m_{yz}=x\mu(P)\,\mathrm{d}v$$

在域 Ω 上积分，得

$$M_{xy}=\iiint\limits_\Omega z\mu(P)\,\mathrm{d}v,M_{xz}=\iiint\limits_\Omega y\mu(P)\,\mathrm{d}v,M_{yz}=\iiint\limits_\Omega x\mu(P)\,\mathrm{d}v$$

根据重心定义应有

$$\xi M=M_{yz},\eta M=M_{xz},\zeta M=M_{xy}$$

其中 ξ,η,ζ 是重心的坐标，M 是物体的质量. 由此得

$$\xi=\frac{\iiint\limits_\Omega x\mu(P)\,\mathrm{d}v}{\iiint\limits_\Omega \mu(P)\,\mathrm{d}v},\eta=\frac{\iiint\limits_\Omega y\mu(P)\,\mathrm{d}v}{\iiint\limits_\Omega \mu(P)\,\mathrm{d}v},\zeta=\frac{\iiint\limits_\Omega z\mu(P)\,\mathrm{d}v}{\iiint\limits_\Omega \mu(P)\,\mathrm{d}v}$$

这是因为域 Ω 的质量 M 可用分母中的积分来表示.

如果假定域 Ω 是旋转体(绕某一坐标轴)，那么从上面的公式可以求出第八章(134 小节) 中讲过的对应坐标式子，重心的其他两个坐标则等于 0.

例如，求质料均匀的半球 $\Omega:x^2+y^2+z^2\leqslant R^2,z\geqslant 0$ 的重心，已知密度 $\delta=\text{const}$.

矩 M_{xy} 应为

$$M_{xy}=\delta\iiint_{\Omega} z\mathrm{d}v$$

化成极坐标后很容易计算积分

$$\begin{aligned}M_{xy}&=\delta\iiint_{\Omega}\rho\cos\theta\rho^{2}\sin\theta\mathrm{d}\rho\mathrm{d}\varphi\mathrm{d}\theta\\&=\delta\int_{0}^{\frac{\pi}{2}}\sin\theta\cos\theta\mathrm{d}\theta\int_{0}^{2\pi}\mathrm{d}\varphi\int_{0}^{R}\rho^{3}\mathrm{d}\rho\\&=\delta\cdot\frac{1}{2}\cdot2\pi\cdot\frac{R^{4}}{4}=\frac{1}{4}\delta\pi R^{4}\end{aligned}$$

因 Ω 的质量显然等于$\frac{2}{3}\delta\pi R^{3}$,故

$$\zeta=\frac{M_{xy}}{M}=\frac{\frac{1}{4}\delta\pi R^{4}}{\frac{2}{3}\delta\pi R^{3}}=\frac{3}{8}R$$

重心的其他两个坐标(ξ 及 η) 由直接计算的结果表明等于 0,这是非常显而易见的事,因为半球是对称于 z 轴的(以 z 轴为轴的旋转体).

Ⅲ. 曲板. 当一部分曲面 K 上以表面密度

$$\delta=\mu(P)$$

分布着质量时,其重心的求法与以上所讲的完全相仿.

我们不必再重复上面已经说过两遍的推理,便可立即写出曲板对各坐标平面的静力矩 M_{xy},M_{xz},M_{yz},即

$$M_{xy}=\iint_{K} z\mu(M)\mathrm{d}q,M_{xz}=\iint_{K} y\mu(M)\mathrm{d}q,M_{yz}=\iint_{K} x\mu(M)\mathrm{d}q$$

其中 $\mathrm{d}q$ 是曲面元素.

于是求得重心的坐标为

$$\xi=\frac{\iint_{K} x\mu(M)\mathrm{d}q}{\iint_{K}\mu(M)\mathrm{d}q},\eta=\frac{\iint_{K} y\mu(M)\mathrm{d}q}{\iint_{K}\mu(M)\mathrm{d}q},\zeta=\frac{\iint_{K} z\mu(M)\mathrm{d}q}{\iint_{K}\mu(M)\mathrm{d}q}$$

当 K 是旋转曲面(绕某一坐标轴) 时,从这几个公式可得出第八章(134 小节) 所讲的对应坐标式子:这时重心的其他两个坐标是 0.

例如,求密度为 $\rho=\text{const}$ 的均匀半球面 $K:x^{2}+y^{2}+z^{2}=R^{2},z\geqslant0$ 的重心.

矩 M_{xy} 应为

$$M_{xy}=\delta\iint_{K} z\mathrm{d}q$$

如果化成极坐标(见 195 小节的举例)就容易计算积分

$$M_{xy}=\delta\iint\limits_{D'}R\cos\theta R^2\sin\theta\mathrm{d}\varphi\mathrm{d}\theta$$

$$=\delta R^3\int_0^{\frac{\pi}{2}}\sin\theta\cos\theta\mathrm{d}\theta\int_0^{2\pi}\mathrm{d}\varphi$$

$$=\delta R^3\cdot\frac{1}{2}\cdot 2\pi=\delta\pi R^3$$

由于半球面的质量显然等于 $2\delta\pi R^2$,故

$$\zeta=\frac{M_{xy}}{M}=\frac{\delta\pi R^3}{2\delta\pi R^2}=\frac{1}{2}R$$

重心的其他两个坐标(ξ 及 η)当然等于 0.

在以上所考虑的各种情形里,重心坐标公式的结构是完全一样的. 要想很快地写出其中任何一个公式,我们只需要熟记构造这些公式的一般原理就够了.

最后要注意,当物质均匀分布时,重心的坐标并不取决于所论物体的密度,而完全取决于该物体的形状及位置.

Ⅳ. 转动惯量. 质量为 m 的点 $M(x,y,z)$ 对于平面(例如 yOz 平面)、对于轴(例如 z 轴)、对于点(例如原点)的转动惯量,分别为质量 m 与点 M 到平面的距离平方的乘积(mx^2)、与点 M 到轴的距离平方的乘积($m(x^2+y^2)$),以及与点 M 到点的距离平方的乘积($m(x^2+y^2+z^2)$).

从点的转动惯量引到连续体(平板及曲板)的转动惯量时所经的步骤,与静力矩时完全一样. 平板对于坐标轴以及曲面与立体对于坐标面的转动惯量式子,与对应静力矩(见 Ⅰ,Ⅱ,Ⅲ)式子的不同点显然只在于:前者在积分里面所含的不是坐标的一次式,而是坐标的平方.

在空间情形下对于坐标轴及原点的转动惯量式子的求法,也根据解以前那些问题时所用过的积分应用原理. 例如我们可求得物体 Ω 对 z 轴的转动惯量 I_z 为

$$I_z=\iiint\limits_{\Omega}(x^2+y^2)\mu(P)\mathrm{d}v$$

我们要知道,在力学中物体对于轴的转动惯量之所以重要,是由于物体绕该轴旋转时,该惯量与物体的动能之间有简单的关系. 设物体 Ω 以不变的角速度 ω 绕 z 轴旋转,要求出物体的动能 J_z. 我们知道一点的动能用量 $\frac{1}{2}mv^2$ 来表示,其中 m 是该点的质量,v 是其速度的大小. 质点组的动能由其个别点动能的和决定,整个物体的动能由其所分各部分动能的和决定.

这个性质使我们可以在计算动能时应用积分概念.

取物体 Ω 内点 $P(x,y,z)$ 的一个邻域 $\mathrm{d}v$. 当点 P 绕 z 轴旋转时,线性速度 v 的

大小显然等于 $\omega\sqrt{x^2+y^2}$,由此可知物体 Ω 中 $\mathrm{d}v$ 这一部分的动能,在误差为更高阶无穷小的范围内,可表示为

$$\frac{1}{2}\mu(P)\mathrm{d}v\cdot\omega^2(x^2+y^2)$$

其中 $\mu(P)$ 是物体在点 P 处的密度. 由此可得整个物体 Ω 的动能为

$$J_z=\iiint_{\Omega}\frac{1}{2}\omega^2(x^2+y^2)\mu(P)\mathrm{d}v=\frac{1}{2}\omega^2\iiint_{\Omega}(x^2+y^2)\mu(P)\mathrm{d}v$$

也就是

$$J_z=\frac{1}{2}\omega^2 I_z$$

当物体以不变的角速度绕一轴旋转时,其动能等于角速度的平方与物体对该轴转动惯量两者乘积的一半.

§5　积分法的其他问题

197. 广义二重及三重积分

正如普通积分概念可以扩展到无穷积分区间及不连续被积函数上的情形一样(见第六章 §4),二重积分及三重积分的概念也可以扩展到无穷积分域及不连续被积函数的情形上.

Ⅰ. 在无穷域上的积分. 设函数

$$z=f(x,y)$$

连续于伸向无穷远处的域 D 上.

我们来考察完全位于 D 内的有限域 B 上的二重积分

$$I(B)=\iint_B f(x,y)\mathrm{d}x\mathrm{d}y$$

现在要把积分域 B 按任意规律扩展,使所论域 D 上的任何已给点位于且保持在域 B 内,我们把它写为

$$B\to D$$

(域 B 趋于域 D). 如果这时积分值 $I(B)$ 趋于一定极限 I,即

$$\lim_{B\to D}I(B)=I$$

那么这个极限就叫作函数 $f(x,y)$ 在域 D 上的广义二重积分.

于是根据定义

$$\iint_D f(x,y)\mathrm{d}x\mathrm{d}y=\lim_{B\to D}\iint_B f(x,y)\mathrm{d}x\mathrm{d}y$$

在这种情形下我们还可以说:左边的广义积分存在或收敛. 如果 $I(B)$ 没有极限或极限为无穷大,那就说广义积分不存在或发散.

从几何观点来说,广义积分存在的意义表示:底为无穷大的柱体可以给予一定的体积.

我们要知道,取广义积分的那个无穷域 D 可能是全部 xOy 平面.

举例来说,设有整个 xOy 平面上的积分

$$\iint_D e^{-x^2-y^2}dxdy$$

现在要证明这个广义二重积分存在并求其值.

取以原点为中心,以 ν 为半径的圆 B_ν,在 B_ν 上取被积函数的(常义)积分

$$I(B_\nu)=\iint_{x^2+y^2\leqslant\nu^2}e^{-x^2-y^2}dxdy$$

计算时把积分换成极坐标,于是

$$I(B_\nu)=\iint_{B_\nu}e^{-\rho^2}\rho d\rho d\varphi=\int_0^{2\pi}d\varphi\int_0^{\nu}e^{-\rho^2}\rho d\rho=\pi(1-e^{-\nu^2})$$

当 $\nu\to\infty$ 时得

$$\lim_{\nu\to\infty}I(B_\nu)=\lim_{\nu\to\infty}\pi(1-e^{-\nu^2})=\pi$$

现在我们在包含原点的任意域 B 上取(常义)积分

$$I(B)=\iint_B e^{-x^2-y^2}\ dxdy$$

由于

$$e^{-x^2-y^2}\geqslant 0$$

故

$$I(B_r)\leqslant I(B)\leqslant I(B_R)$$

其中 B_r 表示与域 B 相内接的圆,B_R 表示与域 B 相外接的圆. 当域 B 扩大而趋于占满全部 xOy 平面时,则

$$r\to\infty$$

同时

$$R\to\infty$$

于是根据刚才所证明的结果可知

$$I(B_r)\to\pi,I(B_R)\to\pi$$

于是当域 B 任意扩大到全部 xOy 平面时

$$I(B)\to\pi$$

所以

$$\iint_D e^{-x^2-y^2}dxdy=\pi$$

这个积分表示一个延伸到无穷远处的形体体积,该形体的分界面是 xOy 平面及曲线

$$z = e^{-x^2}$$

绕 z 轴旋转而形成的旋转曲面(图 24).

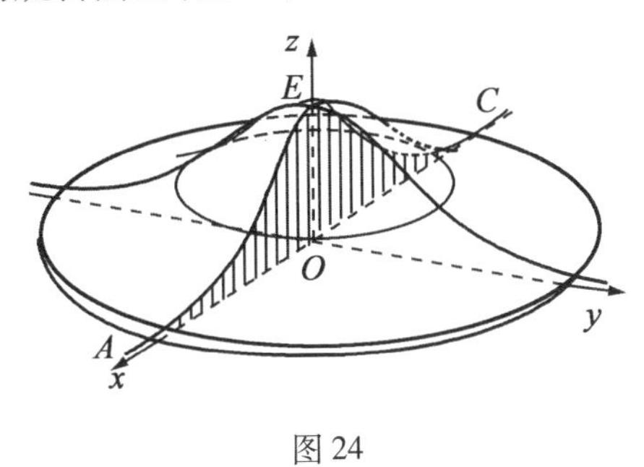

图 24

若取正方形

$$-a \leqslant x \leqslant a, -a \leqslant y \leqslant a$$

作为域 B,则得

$$\iint_B e^{-x^2-y^2}\mathrm{d}x\mathrm{d}y = \int_{-a}^{a} e^{-x^2}\mathrm{d}x\int_{-a}^{a} e^{-y^2}\mathrm{d}y = \left(\int_{-a}^{a} e^{-x^2}\mathrm{d}x\right)^2$$

取 $B \to D$ 也就是 $a \to \infty$ 时的极限,得

$$\left(\int_{-\infty}^{\infty} e^{-x^2}\mathrm{d}x\right)^2 = \iint_D e^{-x^2-y^2}\mathrm{d}x\mathrm{d}y = \pi$$

由此得

$$\int_{-\infty}^{\infty} e^{-x^2}\mathrm{d}x = \sqrt{\pi}$$

这样我们求得了泊松积分的值(见 122 小节). 这个积分表示图 24 所示形体中通过 z 轴的任一截面(例如截面 AEC) 的面积.

积分域在点(0,0) 的邻域以外全部 xOy 平面上的广义积分

$$\iint \frac{\mathrm{d}x\mathrm{d}y}{(\sqrt{x^2 + y^2})^m}$$

化为柱坐标后,我们就不难知道它的存在与否,要依

$$m > 2 \text{ 或 } m \leqslant 2$$

而定.

三重积分的概念也可同样推广到无穷空间域上.

变换到空间极坐标之后,我们便知道在点(0,0,0) 的邻域以外全部空间上的广义积分

$$\iiint \frac{dxdydz}{(\sqrt{x^2+y^2+z^2})^m}$$

的存在与否,要依

$$m > 3 \text{ 或 } m \leqslant 3$$

而定.

Ⅱ. 具有无穷型间断性的函数的积分. 设函数 $z=f(x,y)$ 连续于有限域 D 上的其他一切点,但在点 $P_0(x_0,y_0)$ 处例外,在那里函数有无穷型间断性.

我们来考察二重积分

$$I(B)=\iint_B f(x,y)dxdy$$

其中积分域 B 是从域 D 中去掉含点 P_0 的任意域后所得的域. 现在我们要按任意规律缩小这个去掉的域,使它缩小到直径趋于 0 为止,这时域 B 就无限趋于域 D(点 P_0 除外). 如果这时积分值 $I(B)$ 具有一定极限 I,即

$$\lim_{B\to D} I(B)=I$$

那么这个极限就叫作间断函数 $f(x,y)$ 在域 D 上的广义二重积分.

于是根据定义可知

$$\iint_D f(x,y)dxdy=\lim_{B\to D}\iint_B f(x,y)dxdy$$

在这种情形下我们还可以说:左边的广义积分存在或收敛. 若 $I(B)$ 不趋于极限或趋于无穷大,那么我们说广义积分不存在或发散.

从几何观点来说,无穷型间断函数的广义二重积分存在的事实,表明具有无穷高"尖顶"的柱体可以给予确定的体积.

例如,我们来看间断于原点处的函数 $\ln\frac{1}{\sqrt{x^2+y^2}}$ 在圆 D:$x^2+y^2\leqslant 1$ 上的积分

$$\iint_D \ln\frac{1}{\sqrt{x^2+y^2}}dxdy$$

现在要说明这个广义积分存在并求出它的值.

从圆 D 内去掉圆

$$x^2+y^2\leqslant \nu^2 \quad (\nu<1)$$

然后在所余的域 B_ν 上取(常义)积分

$$I(B_\nu)=\iint_{B_\nu}\ln\frac{1}{\sqrt{x^2+y^2}}dxdy$$

换成极坐标

$$I(B_\nu)=-\iint\limits_{B_\nu}\ln\rho\cdot\rho\mathrm{d}\rho\mathrm{d}\varphi=-\int_0^{2\pi}\mathrm{d}\varphi\int_\nu^1\rho\ln\rho\mathrm{d}\rho=2\pi\left(\frac{1}{4}+\frac{1}{2}\nu^2\ln\nu-\frac{\nu^2}{4}\right)$$

当 $\nu\to 0$ 时得

$$\lim_{\nu\to 0}I(B_\nu)=\lim_{\nu\to 0}\left[2\pi\left(\frac{1}{4}+\frac{1}{2}\nu^2\ln\nu-\frac{\nu^2}{4}\right)\right]=\frac{\pi}{2}$$

与情形 I 一样,我们不难证明若从圆 D 中去掉的点(0,0)的邻域为任意形状,则当该邻域的直径趋于 0 时,在域 $I(B)$ 上的二重积分趋于同一极限

$$\lim_{B\to D}I(B)=\frac{\pi}{2}$$

所以

$$\iint\limits_D\ln\frac{1}{\sqrt{x^2+y^2}}\mathrm{d}x\mathrm{d}y=\frac{\pi}{2}$$

这便是我们所要说明的事.

这个积分表示一柱体的体积,它的底是圆

$$x^2+y^2\leqslant 1$$

它的顶面是曲线

$$z=\ln\frac{1}{x}$$

绕 z 轴旋转而成的曲面(图 25).

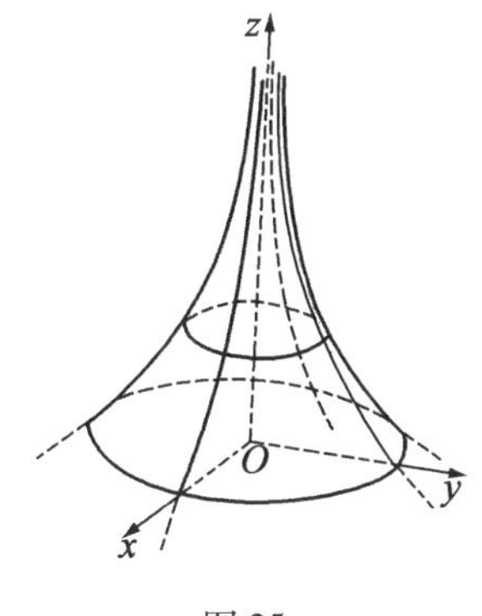

图 25

以点 $P(x,y)$ 为极点而化成极坐标后,我们不难知道含点 $P(x,y)$ 的有限域上的二重积分

$$\iint\frac{\mathrm{d}\xi\mathrm{d}\eta}{\left[\sqrt{(\xi-x)^2+(\eta-y)^2}\right]^m}$$

的存在与否,要依

$$m<2 \text{ 或 } m\geqslant 2$$

而定.

同样可把三重积分概念推广到在积分域内含有无穷型间断点的函数上.

以点 $P(x,y,z)$ 为极点而化成空间极(球)坐标后,就可知道在含点 $P(x,y,z)$ 的有限域上的广义积分

$$\iiint \frac{\mathrm{d}\xi\mathrm{d}\eta\mathrm{d}\zeta}{\left[\sqrt{(\xi-x)^2+(\eta-y)^2+(\zeta-z)^2}\right]^m}$$

的存在与否,要依

$$m<3 \text{ 或 } m\geqslant 3$$

而定.

由此我们不难知道,当有限的或无限的积分域中含有被积函数的若干个无穷型间断点时,积分概念应该怎样定义.

常义积分的那些属性中,凡是经过上述广义积分的极限步骤后仍然适用的,自然也为广义二重或三重积分所具有.

关于广义重积分的其他事项,例如关于其收敛的准则问题等,我们不预备去讲它,因为这些事情我们很少碰到,而且对我们没有什么重要的意义.

198. 取决于参数的积分、莱布尼茨法则

我们已多次碰到过以取决于几个变量或参数的积分形式而表出的函数. 一般来说,凡决定被积函数或积分限的,而其本身并不取决于积分变量的变量,叫作积分参数. 拿最简单的例子来说,积分上限为变量的积分 $\int_a^x f(x)\mathrm{d}x$ 便是该积分上限的函数. 又如在施行累次积分法时,我们必须把其中的内积分看成一个或几个参数的函数.

说明这种函数的属性如何,是件极重要的事.

Ⅰ. 积分作为参数的函数看待时的连续性问题. 设两个变量 x 及 α 的函数 $f(x,\alpha)$ 连续于矩形域

$$a\leqslant x\leqslant b,\alpha_1\leqslant\alpha\leqslant\alpha_2$$

上,并取这个函数在固定区间 $[a,b]$ 上的普通积分. 于是这个积分便是参数 α 的函数

$$F(\alpha)=\int_a^b f(x,\alpha)\mathrm{d}x$$

现在要证明函数 $F(\alpha)$ 连续于区间 $[\alpha_1,\alpha_2]$ 上. 令 α 趋于极限 $\alpha_0,\alpha_1\leqslant\alpha_0\leqslant\alpha_2$,我们来看这时函数 $F(\alpha)$ 的性态. 我们知道

$$F(\alpha_0)=\int_a^b f(x,\alpha_0)\mathrm{d}x$$

$$F(\alpha)-F(\alpha_0)=\int_a^b[f(x,\alpha)-f(x,\alpha_0)]\mathrm{d}x \tag{1}$$

若给出正数 ε，则由于 $f(x,\alpha)$ 的连续性，可找出足够小的这样一个正数 δ，使 $|\alpha-\alpha_0|<\delta$ 时

$$|f(x,\alpha)-f(x,\alpha_0)|$$

小于正数

$$\varepsilon_1=\frac{\varepsilon}{b-a}$$

同时又由于 $f(x,\alpha)$ 有均匀连续性（见157小节），故可在取了一个合适的 δ 之后使以上的关系式在任何 $x(a\leqslant x\leqslant b)$ 值时都成立.

从积分估值法定理可知

$$|F(\alpha)-F(\alpha_0)|\leqslant\varepsilon_1(b-a)=\frac{\varepsilon}{b-a}(b-a)=\varepsilon$$

由此可知

$$\lim_{\alpha\to\alpha_0}F(\alpha)=F(\alpha_0)$$

也就是 $F(\alpha)$ 是 α 在区间 $[\alpha_1,\alpha_2]$ 上的连续函数.

我们把上面所得的结果写成

$$\lim_{\alpha\to\alpha_0}\int_a^b f(x,\alpha)\,\mathrm{d}x=\int_a^b f(x,\alpha_0)\,\mathrm{d}x=\int_a^b\lim_{\alpha\to\alpha_0}f(x,\alpha)\,\mathrm{d}x$$

由此可知，若被积函数连续，则极限记号与积分记号可以交换位置.

Ⅱ. 积分限为常量时，积分对其参数的微分法. 我们自然要提出函数 $F(\alpha)$ 的微分法问题. 这里函数 $f(x,\alpha)$ 除具有上面所讲的几项属性以外，我们再假定它具有对 α 的连续偏导数.

设

$$\alpha-\alpha_0=h$$

于是把等式(1)中的 α_0 换成 α，α 换成 $\alpha+h$ 之后，并应用拉格朗日公式，得

$$\begin{aligned}&F(\alpha+h)-F(\alpha)\\&=\int_a^b[f(x,\alpha+h)-f(x,\alpha)]\,\mathrm{d}x\\&=h\int_a^b f'_\alpha(x,\alpha+\theta h)\,\mathrm{d}x\quad(0<\theta<1)\end{aligned}$$

由此得

$$\frac{F(\alpha+h)-F(\alpha)}{h}=\int_a^b f'_\alpha(x,\alpha+\theta h)\,\mathrm{d}x$$

取 $h\to0$ 时的极限，由于假定 f'_α 为连续的，故从上面所得极限记号与积分记号可以交换的法则求得

$$\lim_{h\to 0}\frac{F(\alpha+h)-F(\alpha)}{h}=\int_a^b \lim_{h\to 0} f'_\alpha(x,\alpha+\theta h)\,\mathrm{d}x$$

也就是

$$F'(\alpha)=\int_a^b f'_\alpha(x,\alpha)\,\mathrm{d}x$$

当积分限为常数时,积分对参数的导函数等于被积函数对参数的导函数(如果这个导函数是连续的)的积分.

这个定理说明积分法与微分法两种运算在所述条件下有交换次序的可能,叫作莱布尼茨法则.

我们要知道,当积分限为不取决于参数的变量时,对于这种积分也适用莱布尼茨法则,而且只要积分域是不取决于参数的,那么二重积分及三重积分对该参数微分时也都可用莱布尼茨法则.

对于取决于参数的广义积分来说,要应用莱布尼茨法则,通常必须再添加条件. 这个条件就是广义积分的均匀收敛性. 这就是,对取决于参数 $\alpha(\alpha_1\leqslant\alpha\leqslant\alpha_2)$ 的积分

$$I(\alpha)=\int_a^\infty f(x,\alpha)\,\mathrm{d}x$$

来说,如果可给每一个正数 ε 指出这样一个正数 N,使一切 $\eta>N$ 及一切 $\alpha(\alpha_1\leqslant\alpha\leqslant\alpha_2)$ 能让关系式

$$\left|\int_a^\infty f(x,\alpha)\,\mathrm{d}x-\int_a^\eta f(x,\alpha)\,\mathrm{d}x\right|=\left|\int_\eta^\infty f(x,\alpha)\,\mathrm{d}x\right|<\varepsilon$$

成立,那么我们便说积分 $I(\alpha)$ 对 α 均匀收敛.

如果广义积分 $I(\alpha)$ 均匀收敛,那么它是 α 在区间 $[\alpha_1,\alpha_2]$ 上的连续函数.

莱布尼茨法则对广义积分同样成立,即

$$\frac{\mathrm{d}}{\mathrm{d}\alpha}\int_a^\infty f(x,\alpha)\,\mathrm{d}x=\int_a^\infty f'_\alpha(x,\alpha)\,\mathrm{d}x\quad(\alpha_1\leqslant\alpha\leqslant\alpha_2)$$

如果右边的广义积分是均匀收敛的①.

现在举例说明这个法则对于计算广义积分值的应用.

设有取决于参数 α 及 β 的积分

$$I(\alpha,\beta)=\int_0^\infty \mathrm{e}^{-\alpha x}\frac{\sin\beta x}{x}\,\mathrm{d}x\quad(\alpha>0)$$

这个积分对 α 及 β 均匀收敛,因为

① 参考 Г. М. Фихтенгольц 所著的《微积分教程》第二卷第 730 ~ 731 页(1948 年版).

$$\left|\int_{\eta}^{\infty} e^{-\alpha x}\frac{\sin \beta x}{x}\mathrm{d}x\right| < \int_{\eta}^{\infty}\frac{e^{-\alpha x}}{\eta}\mathrm{d}x = \frac{1}{\alpha\eta e^{\alpha\eta}}$$

而在合适的 N 值时,对于一切

$$\eta > N$$

及任何

$$\alpha \geqslant \alpha_1 > 0$$

来说,可使右边的式子小于任何预先指定的 $\varepsilon(\varepsilon > 0)$. 根据莱布尼茨定理

$$I'_{\beta}(\alpha,\beta) = \int_{0}^{\infty} e^{-\alpha x}\cos \beta x\mathrm{d}x$$

这个积分也是均匀收敛的,因为

$$\left|\int_{\eta}^{\infty} e^{-\alpha x}\cos \beta x\mathrm{d}x\right| < \int_{\eta}^{\infty} e^{-\alpha x}\mathrm{d}x = \frac{e^{-\alpha\eta}}{\alpha}$$

而在 $\alpha \geqslant \alpha_1 > 0$ 及取合适的 N 值时,对一切 $\eta > N$ 可使上式小于 $\varepsilon(\varepsilon > 0)$. 积分 $I'_{\beta}(\alpha,\beta)$ 可用初等方法算出(见第六章)

$$I'_{\beta}(\alpha,\beta) = e^{-\alpha x}\frac{-\alpha\cos \beta x + \beta\sin \beta x}{\alpha^2 + \beta^2}\Bigg|_{0}^{\infty} = \frac{\alpha}{\alpha^2 + \beta^2}$$

对 α 取不定积分就恢复到函数 $I(\alpha,\beta)$,得

$$I(\alpha,\beta) = \int \frac{\alpha}{\alpha^2 + \beta^2}\mathrm{d}\beta = \arctan \frac{\beta}{\alpha} + C$$

其中 C 是不取决于 β 的. 由于 $\beta = 0$ 时原有积分的被积函数等于 0,故

$$I(\alpha,0) = 0$$

因而

$$C = 0$$

所以

$$I(\alpha,\beta) = \arctan \frac{\beta}{\alpha}$$

现在让 α 保持正数而趋于 0. 这时反正切函数的宗标趋于无穷大且与 β 同号. 我们可以证明这时

$$I(0,\beta) = \int_{0}^{\infty}\frac{\sin \beta x}{x}\mathrm{d}x$$

存在且等于 $\lim\limits_{\alpha\to 0} I(\alpha,\beta)$. 因此 $I(0,\beta) = \frac{\pi}{2}$ 或 $-\frac{\pi}{2}$,要依

$$\beta > 0 \text{ 或 } \beta < 0$$

而定,$I(0,0) = 0$.

这样

$$I(\beta)=\int_0^{\infty}\frac{\sin\beta x}{x}\mathrm{d}x=\begin{cases}\dfrac{\pi}{2} & (\beta>0)\\ 0 & (\beta=0)\\ -\dfrac{\pi}{2} & (\beta<0)\end{cases}$$

在 $\beta=1$ 的特殊情形下,便得到以前所指出的狄利克雷积分(见 122 小节).

函数 $I(\beta)$ 是用一个解析式子给出的宗标 β 的间断函数,并且是这类间断函数的一个值得注意的例子.

这个函数叫作狄利克雷间断因子.

Ⅲ. 当积分限为变量时,积分对参数的微分法. 假定被积函数所具有的条件与以前一样,但积分限不是常数而是取决于参数的

$$F(\alpha)=\int_{a(\alpha)}^{b(\alpha)}f(x,\alpha)\mathrm{d}x$$

这时若函数 $a(\alpha)$ 及 $b(\alpha)$ 连续于区间 $[\alpha_1,\alpha_2]$ 上,便立即可知函数 $F(\alpha)$ 也连续于同一区间 $[\alpha_1,\alpha_2]$ 上①.

现在来求导函数 $F'(\alpha)$. 函数 F 与 α 的依从关系是双重的:被积函数取决于 α,而积分限 a 及 b 也是 α 的函数.

我们用 $\varphi(a,b,\alpha)$ 来作这个积分的记号,其中我们把函数式子 F 里面被 α 的表达式所代替的宗标 a 及 b 也明显指出. 根据复合函数的微分法则得

$$F'(\alpha)=\frac{\partial\varphi}{\partial a}\frac{\partial a}{\partial\alpha}+\frac{\partial\varphi}{\partial b}\frac{\partial b}{\partial\alpha}+\frac{\partial\varphi}{\partial\alpha}$$

由莱布尼茨法则得

$$\frac{\partial\varphi}{\partial\alpha}=\int_{a(\alpha)}^{b(\alpha)}f'_{\alpha}(x,\alpha)\mathrm{d}x$$

根据积分对其上限的微分法则得

$$\frac{\partial\varphi}{\partial b}=f(b(\alpha),\alpha)$$

同样得

$$\frac{\partial\varphi}{\partial a}=-f(a(\alpha),\alpha)$$

所以当积分限取决于参数时,积分对参数的导函数等于

---

① 又若做置换

$$x=a(\alpha)+[b(\alpha)-a(\alpha)]t$$

把已给积分化为常数积分限 0 及 1 的积分之后,也可以看出这一点.

$$F'(\alpha)=\frac{\mathrm{d}}{\mathrm{d}\alpha}\int_{a(\alpha)}^{b(\alpha)}f(x,\alpha)\mathrm{d}x$$

$$=\int_{a(\alpha)}^{b(\alpha)}f'_{\alpha}(x,\alpha)\mathrm{d}x+f(b(\alpha),\alpha)b'(\alpha)-f(a(\alpha),\alpha)a'(\alpha)$$

199. 积分对其参数的积分法

取连续于区间$[\alpha_1,\alpha_2]$上的函数

$$F(\alpha)=\int_{a(\alpha)}^{b(\alpha)}f(x,\alpha)\mathrm{d}x$$

对α的积分

$$\int_{\alpha_1}^{\alpha_2}F(\alpha)\mathrm{d}\alpha=\int_{\alpha_1}^{\alpha_2}\mathrm{d}\alpha\int_{a(\alpha)}^{b(\alpha)}f(x,\alpha)\mathrm{d}x$$

结果便得αOx平面内为所给积分限所定的一个域上的二次积分. 应用二次积分的已知属性(§2),我们可以改变积分次序,也就是说,可以先对参数积分,然后对已给的积分变量积分.

在积分限a及b为常数(即不取决于参数α)的特殊情形下,得

$$\int_{\alpha_1}^{\alpha_2}F(\alpha)\mathrm{d}\alpha=\int_{\alpha_1}^{\alpha_2}\mathrm{d}\alpha\int_a^b f(x,\alpha)\mathrm{d}x=\int_a^b\mathrm{d}x\int_{\alpha_1}^{\alpha_2}f(x,\alpha)\mathrm{d}\alpha$$

从这个公式推出的积分法则与前述莱布尼茨法则相仿. 这两个法则可以合并陈述为一个总的法则:

当积分限为常数时,如果要对积分施行微分或积分运算,我们只要对被积函数做相应的运算即可.

现在举例说明对参数积分法的应用:

Ⅰ. 柯西公式. 设已给连续函数

$$y=f(x)$$

以a为下限,以变量x为上限接连取$f(x)$的n次积分

$$\underbrace{\int_a^x\mathrm{d}x\int_a^x\mathrm{d}x\cdots\int_a^x}_{n次}f(x)\mathrm{d}x$$

这n次积分可用一普通积分简单表出.

因在$n=2$时从狄利克雷公式(见189小节)可得(改变第一个积分中的积分变量记号)

$$\int_a^x\mathrm{d}x\int_a^x f(x)\mathrm{d}x=\int_a^x\mathrm{d}x\int_a^x f(t)\mathrm{d}t$$

$$= \int_a^x f(t)\,\mathrm{d}t\int_t^x \mathrm{d}x$$

$$= \int_a^x (x-t)f(t)\,\mathrm{d}t$$

可知当 $n=3$ 时

$$\int_a^x \mathrm{d}x\int_a^x \mathrm{d}x\int_a^x f(x)\,\mathrm{d}x = \int_a^x \mathrm{d}x\int_a^x (x-t)f(t)\,\mathrm{d}t$$

$$= \int_a^x f(t)\,\mathrm{d}t\int_t^x (x-t)\,\mathrm{d}x$$

$$= \int_a^x f(t)\ \frac{1}{2}(x-t)^2\bigg|_t^x \mathrm{d}t$$

$$= \frac{1}{2}\int_a^x (x-t)^2 f(t)\,\mathrm{d}t$$

继续这样做下去,得

$$\underbrace{\int_a^x \mathrm{d}x\int_a^x \mathrm{d}x\cdots\int_a^x}_{n\text{次}} f(x)\,\mathrm{d}x = \frac{1}{(n-1)!}\int_a^x (x-t)^{n-1}f(t)\,\mathrm{d}t$$

这便是柯西公式. 又验证这个公式的正确性时可把左右两边对 x 接连微分 n 次(对右边微分时需用对其参数的微分法则).

Ⅱ. 对于广义积分的积分法. 如果广义积分对其参数为均匀收敛的,那么上述积分对其参数的积分法则也适用于广义积分,这个法则有时可用来计算广义积分的值.

我们在 198 小节中求得

$$\int_0^\infty \frac{\sin \beta x}{x}\mathrm{d}x = \frac{\pi}{2} \quad (\beta > 0)$$

由于这个积分对 β 为均匀收敛的,故将其对 β 从 a 积分到 $b(b>a>0)$,得

$$\int_a^b \mathrm{d}\beta\int_0^\infty \frac{\sin \beta x}{x}\mathrm{d}x = \frac{\pi}{2}(b-a)$$

根据上述法则也就是

$$\int_0^\infty \frac{\mathrm{d}x}{x}\int_a^b \sin \beta x\,\mathrm{d}\beta = \frac{\pi}{2}(b-a)$$

于是得

$$\int_0^\infty \frac{\cos ax - \cos bx}{x^2}\mathrm{d}x = \frac{\pi}{2}(b-a)$$

Ⅲ. 阿贝尔问题. 确定出一平面曲线,使受重力作用的质点沿该线落至最低点时,不论运动在何处开始,所经的时间都一样(这里假定质点以初速度 0 开始下落).

取曲线与坐标轴的位置如图 26 所示. 曲线的最低点是 O. 设动点自曲线上与 O 相差高度为 h 的点 M_0 处开始下落. 用

$$x = f(y)$$

表示所求曲线的方程.

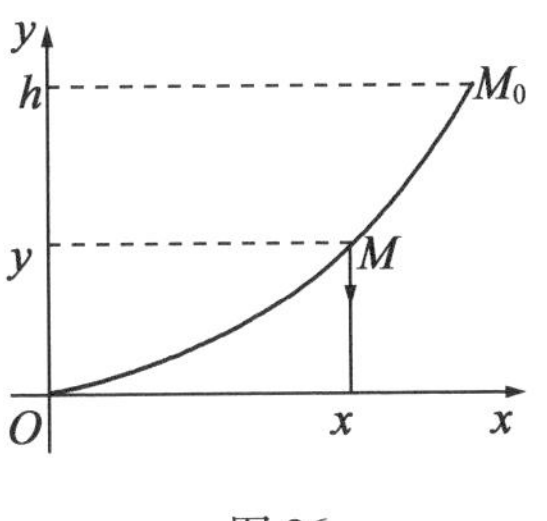

图 26

现在要写出这个问题的微分方程. 为此可取从运动开始算起经过 t 单位时间后动点在曲线上的任一位置 $M(x,y)$.

首先,根据力学定律,t 这一段时间内动能的增量等于所做的功,就本题的情形来说,所做的功便是质点从高度 h 落到高度 y 时重力所做的功. 所以

$$\frac{1}{2}mv^2 = mg(h-y) \tag{2}$$

这里 m 是点的质量,g 是重力加速度,v 是质点在位置 M 处的速度值.

其次我们应有

$$v = \frac{\mathrm{d}s}{\mathrm{d}t} = \frac{\sqrt{\mathrm{d}x^2 + \mathrm{d}y^2}}{\mathrm{d}t} = \sqrt{\left(\frac{\mathrm{d}x}{\mathrm{d}y}\right)^2 + 1}\ \frac{\mathrm{d}y}{\mathrm{d}t}$$

设

$$\sqrt{\left(\frac{\mathrm{d}x}{\mathrm{d}y}\right)^2 + 1} = \sqrt{f'^2(y) + 1} = \varphi(y)$$

这个函数 $\varphi(y)$ 也与 $f(y)$ 一样是未知的. 我们要先求出 $\varphi(y)$,然后再从 $\varphi(y)$ 求出 $f(y)$.

这样

$$v = \varphi(y)\ \frac{\mathrm{d}y}{\mathrm{d}t}$$

从方程(2) 得

$$\left(\varphi(y)\ \frac{\mathrm{d}y}{\mathrm{d}t}\right)^2 = 2g(h-y)$$

由此求得时间元素 $\mathrm{d}t$,即

$$dt=-\frac{\varphi(y)\,dy}{\sqrt{2g}\sqrt{h-y}}$$

这里之所以要用负号,是因为 t 的增大对应于 y 的减小.

取积分得

$$\int_0^{t_0}dt=-\int_h^0\frac{\varphi(y)\,dy}{\sqrt{2g}\sqrt{h-y}}$$

或

$$\sqrt{2g}\,t_0=\int_0^h\frac{\varphi(y)}{\sqrt{h-y}}dy \tag{3}$$

这里 t_0 是所给下落运动所经的时间.

于是我们得到一个方程,其中未知函数在积分号里面,这个方程叫作所论问题的积分方程.

现在要从积分方程(3) 求出函数 $\varphi(y)$. 为此我们可用积分对于参数(h)的积分法来做.

用$\dfrac{1}{\sqrt{\alpha-h}}$乘方程(3) 的两边,并对 h 从 0 积分到 α,有

$$\sqrt{2g}\,t_0\int_0^\alpha\frac{dh}{\sqrt{\alpha-h}}=\int_0^\alpha\frac{dh}{\sqrt{\alpha-h}}\int_0^h\frac{\varphi(y)}{\sqrt{h-y}}dy$$

算出等式左边的积分并对等式右边的二次积分应用狄利克雷变换公式(见 189 小节),得

$$2\sqrt{2g\alpha}\,t_0=\int_0^\alpha\varphi(y)\,dy\int_y^\alpha\frac{dh}{\sqrt{\alpha-h}\sqrt{h-y}}$$

右边的内积分不难求出,例如可用置换

$$h=y+(\alpha-y)t$$

得

$$\int_y^\alpha\frac{dh}{\sqrt{\alpha-h}\sqrt{h-y}}=\int_0^1\frac{dt}{\sqrt{t(1-t)}}=\pi$$

所以

$$2\sqrt{2g\alpha}\,t_0=\pi\int_0^\alpha\varphi(y)\,dy$$

把上式对 α 微分,便得所要求的函数

$$\varphi(\alpha)=\frac{\sqrt{2g}\,t_0}{\pi}\frac{1}{\sqrt{\alpha}}$$

这样我们就得到可以确定出$f(y)$的方程

$$\sqrt{\left(\frac{\mathrm{d}x}{\mathrm{d}y}\right)^2+1}=\frac{\sqrt{2g}\,t_0}{\pi}\frac{1}{\sqrt{y}}$$

由此得

$$\mathrm{d}x=\sqrt{\frac{2gt_0^2}{\pi^2}\frac{1}{y}-1}\,\mathrm{d}y=\sqrt{\frac{2a}{y}-1}\,\mathrm{d}y$$

其中

$$a=\frac{gt_0^2}{\pi^2}$$

实际上我们到这时才得到所求曲线的微分方程.

取积分得

$$x=\int_0^y\sqrt{\frac{2a}{y}-1}\,\mathrm{d}y$$

我们不算出对y的积分,而设

$$y=a(1+\cos u)$$

于是

$$\begin{aligned}x&=-a\int_\pi^u\sqrt{\frac{1-\cos u}{1+\cos u}}\sin u\mathrm{d}u\\&=-2a\int_\pi^u\sin^2\frac{u}{2}\mathrm{d}u\\&=-a\int_\pi^u(1-\cos u)\mathrm{d}u\\&=a\pi-a(u-\sin u)\end{aligned}$$

这样得出的并非形式为

$$x=f(y)$$

的曲线方程,而是参数方程

$$x=a\pi-a(u-\sin u),y=a(1+\cos u)$$

读者不难用93小节中用过的方法找出这个方程所确定的是圆滚线(摆线).

具有阿贝尔问题中所述那种特殊属性的曲线,叫作等时降落轨迹或简称等时落迹,由此可知重力的等时落迹就是普通圆滚线.

如果直接研究点沿圆滚线下落的情形,就不难指出(见228小节)振荡周期(即动点以同一方向连续两次经过最低点所隔的时间)并不取决于动点离开点O的最大偏差.惠更斯(Huygens,1629—1695)在其设计制作绝对准确的时钟时,就已发现了圆滚线的这个属性.

阿贝尔提出并且解出了刚才所讨论的这个反面的问题,因此他证明了重力的等时落迹确实是而且仅限于圆滚线.

第十三章 曲线积分及曲面积分

曲线积分及曲面积分这两个概念,特别是在与矢量解析上的概念结合起来时,是对物理及工程问题做理论研究时最重要的工具. 因此读者在本章中不但会找到曲线积分及曲面积分在理论方面的详细讲解,而且也会学到这两者在物理问题上的应用例子. 我们先讲对曲线长度的曲线积分(§1),这是直接与普通积分有关的概念,然后讲对坐标的曲线积分概念(§2),同时要对这类积分在什么条件下才不取决于积分路线的问题加以充分注意.

我们在 §3 中要讲曲面积分,在 §4 中讲各类积分之间的关系,这种关系是由具有重要意义的格林公式、斯托克斯公式及奥氏①公式所表达出来的.

最后在 §5 中要考虑场论初阶. 这里要引入矢量解析中的几个概念(势、流、环流). 以前所讲的那几个矢量解析概念(梯度、散度、旋度)具有“微分”性质,而本章要讲的这几个矢量解析概念则具有“积分”性质.

① 俄国著名数学家奥斯特罗格拉德斯基,我们简称为奥氏.

§1 对长度的曲线积分

200. 关于功的问题、对曲线长度的积分

到现在为止,我们所用的积分域或是数轴上的一段,或是平面域,或是空间域. 现在我们要用平面或空间的曲线来作为积分域.

我们先从功的问题讲起.

设点 P 在一条曲线 $L(AB)$(为简便起见,把它算作平面曲线)上运动且有力 $\boldsymbol{A}(P)$ 施于该点上,而所施的力一般来说是沿路改变大小与方向的(图 1). 力的大小 $|\boldsymbol{A}(P)|$ 用 $\varphi(P)$ 来表示. 力 $\boldsymbol{A}(P)$ 与运动方向(切线 PT)之间的角度用 $\tau(P)$ 来表示.

现在要求力 $\boldsymbol{A}(P)$ 在全段路线 L 上所做的功. 求法与95 小节中所讲的最简单情形完全相同.

首先要记得我们定义功时作为出发点的几个前提:

(1) 在整段路程上所做的功,等于其各分段路程上所做功的和(可加性).

(2) 力不变时,所做的功等于力与路线长度的乘积,并且做功的只是与运动方向相合的那一部分力(力的切线支量).

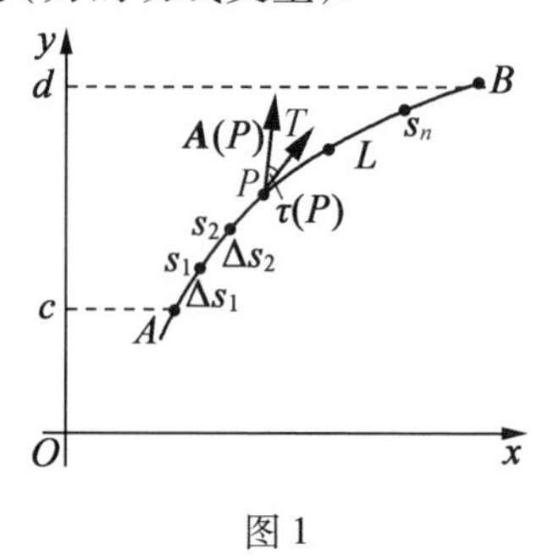

图 1

把曲线 L 分成 n 段(n 个子弧段)$s_1, s_2, \cdots, s_n$,其长度各用 $\Delta s_1, \Delta s_2, \cdots, \Delta s_n$ 表示.

取子弧段 s_i 并设力(矢量 $\boldsymbol{A}(P)$)在整个子弧段上保持不变,等于它在弧 s_i 上某点 P_i 处的值. $\boldsymbol{A}(P_i)$ 的切线支量等于 $\boldsymbol{A}(P_i)$ 在切线 P_iT_i 方向上的投影,即等于 $\varphi(P_i)\cos\tau(P_i)$. 这时在 s_i 这一段路线上的功显然是

$$\varphi(P_i)\cos\tau(P_i)\Delta s_i \text{ 或 } f(P_i)\Delta s_i$$

其中

$$\varphi(P_i)\cos\tau(P_i)=f(P_i)$$

如果把作用于所有子弧段上的力都简化成像 s_i 上的力那样,那么把对应于所有子弧段 $s_1, s_2, \cdots, s_n$ 的功都加起来之后,可得

$$A_n = f(P_1)\Delta s_1 + f(P_2)\Delta s_2 + \cdots + f(P_n)\Delta s_n = \sum_{i=1}^{n} f(P_i)\Delta s_i \tag{1}$$

A_n 这个量我们当然只拿来作为所求功 A 的近似值,但我们从题中的条件可知,各子弧段 s_i 中的最大弧段越小时,这个近似值就越加准确. 因此我们自然可把 A 定义为 $\max \Delta s_i \to 0$ 时 A_n 的极限,即

$$A = \lim_{\max \Delta s_i \to 0} A_n$$

和式(1)叫作函数 $f(P)$ 在曲线 L 上对长度的第 n 积分和式. 这个积分和式当最大子弧段的长度趋于0时的极限,叫作函数 $f(P)$ 在曲线 L 上对长度的曲线积分.

这可写作

$$I = \lim \sum_{i=1}^{n} f(P_i)\Delta s_i = \int_L f(P)\,\mathrm{d}s$$

如果要注明曲线 L 的始点及终点,可把积分写作

$$I = \int_{(A)}^{(B)} f(P)\,\mathrm{d}s$$

其中 (A) 及 (B) 是该始点及终点的某种记号.

曲线 $L(AB)$ 叫作积分路线或积分回线;积分路线上的变点 P 叫作积分变点;可变长度 s 叫作积分变量;函数 $f(P)$ 叫作被积函数;式子 $f(P)\mathrm{d}s$ 叫作被积分式或积分元素. 在积分路线 L 是一段数轴的特殊情形下,我们便得到对直线长度的积分,这与185小节中所给积分的一般定义完全相合.

所以,用了上述新的积分概念之后,我们便可以说:变力在某一路线上所做的功,可用该力在运动方向上的投影对路线长度的曲线积分来表示

$$A = \int_L \varphi(P)\cos\tau(P)\,\mathrm{d}s$$

这里重要的一点是,路线(曲线 L)在相当大的范围内是可以任意取的,同时它可以是开曲线也可以是闭曲线.

现在还要注意,本章所讲到的一切曲线总假定是"逐段光滑"的,也就是由有限个具有连续转动切线的连续弧段所组成的. 以后我们不再特别指出这个条件.

当运动沿空间曲线进行时,功的定义以及对长度的曲线积分的定义,与平面曲线时的情形完全相仿,即

$$I = \int_L f(P)\,\mathrm{d}s = \lim_{\max \Delta s_i \to 0} \sum_{i=1}^{n} f(P_i)\Delta s_i$$

这里 P_i 是子弧段 s_i 上的任意一点.

当被积函数 $f(P)$ 为已给时,不管曲线 L 上的两个端点中取哪一点作为始点,哪一点作为终点,也就是说不管曲线长度依照哪一个方向计算,在对长度的曲线积分的情形下,这是没有区别的.

我们要知道,当 $f(P)\equiv 1$ 时,曲线积分

$$I=\int_{(A)}^{(B)}\mathrm{d}s$$

只表示曲线 $L(AB)$ 的全长 l. 曲线长度的这种表示法,我们已在 131 小节及 181 小节的记号写法中用过.

201. 对长度的曲线积分的属性、计算法及用法

我们可以看出,185 小节中对于积分的一般定义完全适用于对长度的曲线积分. 就这种积分的情形来说,一般定义中的积分域 W 是曲线 L,子域的量度 Δw_i 是子弧段的长度 Δs_i. 曲线积分中的积分元素 $f(P)\mathrm{d}s$ 则由积分域 L 上变点 P 处的函数值与积分变量的微分(或元素) $\mathrm{d}s$ 相乘而得.

根据上面所讲,可知普通积分所具有的属性自然仍为对长度的曲线积分所具有. 特别是当积分路线(曲线 L) 分成 n 段弧 $s_1,s_2,\cdots,s_n$ 时,在全部曲线 L 上的积分等于在各弧段上的积分的和

$$\int_L f(P)\mathrm{d}s=\int_{s_1}f(P)\mathrm{d}s+\int_{s_2}f(P)\mathrm{d}s+\cdots+\int_{s_n}f(P)\mathrm{d}s$$

(建议读者把这种曲线积分的主要属性列举出来并加以证明).

现在我们来讲对长度的曲线积分的计算方法. 我们要指出这种曲线积分可以化为普通(直线) 积分.

当曲线 $L(AB)$ 上的变点 P 从始点 A 向终点 B 移动时,$\widehat{AP}$ 的长度 s 从 0 不断增大到曲线 AB 的全长 l. 这时点 P 的每一位置对应着一个 s 值,反过来说,在其变化区间内的每个 s 值对应着一定的点 P——使 $\widehat{AP}$ 具有长度 s 的那一点. 于是 $f(P)$ 可以看作 s 的函数:$\varphi(s)$. 若函数 $f(P)$ 用点 P 的坐标所确定的表达式 $f(x,y)$ 给出,那么把这个表达式中的 x 及 y 各换成 $x(s)$ 及 $y(s)$ 之后(这里

$$x=x(s)\text{ 及 }y=y(s)$$

是曲线 L 的自然方程),即得单变量(参数 s) 的函数

$$f(P)=f(x(s),y(s))=\varphi(s)$$

于是

$$I_n=\sum_{i=1}^{n}f(P_i)\Delta s_i=\sum_{i=1}^{n}\varphi(s_i)\Delta s_i$$

上式右边是以 s 为变量的普通积分和式. 取极限,即得 I 的式子,其形式如同普

通积分

$$I=\int_{0}^{l}\varphi(s)\,\mathrm{d}l \tag{2}$$

但通常用参数方程

$$x=x(t),y=y(t)$$

给出曲线L时,其中的参数t不是弧长s. 现在我们与以往一样假定点$P(x,y)$在L上沿一个方向移动时,参数t作对应的单调变化:从t_1变到t_2. 于是我们可以把s看作t的函数

$$s=s(t)$$

并且假定它是连续可微分的(即具有连续导函数). 因此,如果在积分(2)中做置换$s=s(t)$,便得

$$I=\int_{t_1}^{t_2}\psi(t)\,\frac{\mathrm{d}s}{\mathrm{d}t}\mathrm{d}t$$

其中

$$\psi(t)=\varphi(s(t))=f(x(t),y(t))$$

又由于

$$\frac{\mathrm{d}s}{\mathrm{d}t}=\sqrt{x'^2(t)+y'^2(t)}$$

故可写出

$$\int_L f(P)\,\mathrm{d}s=\int_{t_1}^{t_2}f(x(t),y(t))\,\sqrt{x'^2(t)+y'^2(t)}\,\mathrm{d}t$$

根号前面取 + 或是取 - 的问题,要看t的增大对应于s的增大还是减小而决定.

所以,若曲线的参数式为

$$x=x(t),y=y(t)$$

(其中$x=x(t)$及$y=y(t)$是具有连续导函数的单值函数),则要把对长度的曲线积分化为直线(普通)积分,只需把积分元素中的x,y及$\mathrm{d}s$换成用t及$\mathrm{d}t$表示的式子,然后在对应于积分路线的、t轴的区间上取积分(假设点P在积分路线上移动时,t的变化是单调的).

依据上述命题及普通积分的存在定理,就不难建立对长度的曲线积分的存在定理:如果取连续函数在(具有连续转动切线的)曲线L上的第n积分和式,则当$n\to\infty$及最大子弧段的长度趋于0时,不管曲线L是用什么方式分成子弧段的,也不管这些子弧段上的哪些点作为点P,所取积分和式具有极限.

若积分路线上不同部分的参数方程各不相同,则应把积分路线分成几部

分,并把整个积分当作各部分上的积分的和来计算.

就空间曲线

$$x = x(t), y = y(t), z = z(t)$$

上对长度的曲线积分来说,同样可得

$$\int_L f(P)\,\mathrm{d}s = \int_{t_1}^{t_2} f(x(t), y(t), z(t))\sqrt{x'^2(t) + y'^2(t) + z'^2(t)}\,\mathrm{d}t$$

根据上述把对长度的曲线积分化为直线积分的一般法则,可以得出在 $t = x$ 或 $t = y$ 时的特殊情形下,把这种曲线积分化为直线积分的法则. 例如当曲线 AB(图 2) 上的积分用对 x 的直线积分来计算时,需把曲线 AB 分作 AC, CD, DB 三段. 这样每段曲线就具有形如 $y = y(x)$(其中 $y(x)$ 为单值函数) 的方程,于是 AB 上的积分可用三个普通积分的和来表示.

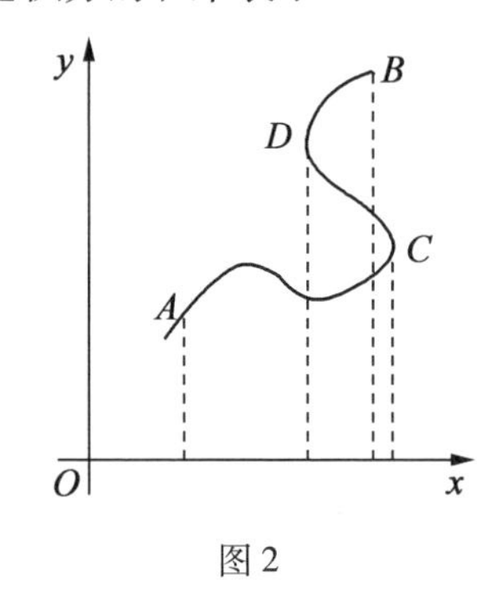

图 2

对长度的曲线积分这个概念的用意,可从下面所讲的事看出来:求对应于曲线 L 的某个量(例如力在路线 L 上所做的功) 的值时,若用普通积分概念来做,就必须把整个量分成对应于该曲线上个别弧段的几个普通积分才能算出,但若用曲线积分概念来做,却只要取全部曲线上的一个曲线积分就可以算出,而且其中重要的一点是:这种曲线积分仍具有普通积分所具有的一切主要属性.

上述这类积分用在具体问题上的方法与普通积分一样,这便是先确定出所求量的微分式子,然后把它在已给曲线的长度上"加起来". 除了在 200 小节中所讲关于功的问题,本书中讲过的其他问题如关于旋转曲面的面积、关于曲线形物质的质量、关于曲线的矩等,也可用这种曲线积分来解. 这时所得的解答是对长度的曲线积分,而这我们已在讲那些问题的地方分别指出过. 同时我们现在可以看出,以上所推出的一些公式不仅适用于以方程

$$y = y(x) \text{ 或 } x = x(y)$$

(其中 $y(x)$ 或 $x(y)$ 与以前一样都假定是单值函数) 给出的曲线,而且也适用于任何其他的曲线.

我们还要讲一个问题,它用对长度的曲线积分来解时特别简单. 设已给柱

面 G 以 xOy 平面上的曲线 L 为其导线而其母线垂直于 xOy 平面. 现在要计算介于曲线 L 及该柱面上某一曲线 L_1 之间的一部分柱面面积(图 3).

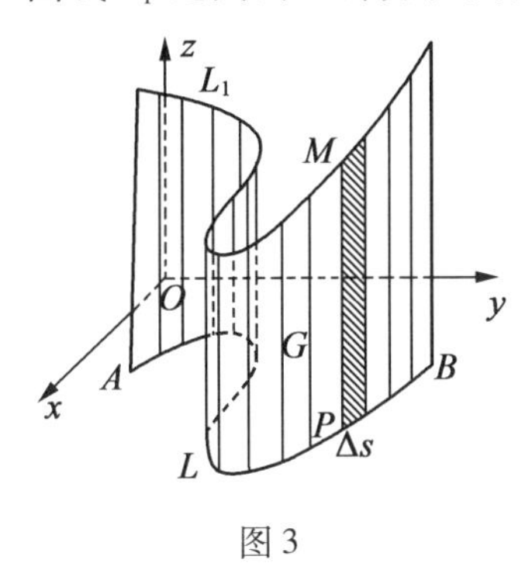

图 3

导线 L 上点 P 所对应的柱面“高度”(也就是曲线 L_1 上点 M 的竖坐标)是曲线 L 上点 P 的函数

$$z=f(P)=f(x,y)$$

在导线上任一点 P 处取无穷小弧元素 $\mathrm{d}s$. 它对应着曲面面积 Δq, Δq 中与 $\mathrm{d}s$ 成正比的主部,是以 $\mathrm{d}s$ 为底而以点 P 处的柱面高度为高的矩形面积. 故所求量的微分 $\mathrm{d}q$ 等于

$$\mathrm{d}q=f(P)\mathrm{d}s$$

把这个面积“元素”在曲线 L 上加起来,得

$$Q=\int_L f(P)\mathrm{d}s$$

这个问题同时也表明:在平面曲线的情形下,对长度的曲线积分在几何上应怎样解释. 如果把积分路线看作柱面在 xOy 平面上的导线,把被积函数的值看作柱面的高(柱面的母线平行于 z 轴),那么在平面曲线的情形下,我们可以把对长度的曲线积分看作上述那样一个柱面的面积(面积 Q 当然也可用195 小节中所推出的一般曲面面积公式来算).

例 1 设有半段椭圆柱面 $\frac{x^2}{5}+\frac{y^2}{9}=1, y\geqslant 0, z\geqslant 0$,其上部被平面 $z=y$ 所截(图 4),求其侧面积 Q.

解 这时可得

$$Q=\int_L z\mathrm{d}s=\int_L y\mathrm{d}s$$

其中 L 是椭圆 $\frac{x^2}{5}+\frac{y^2}{9}=1$ 的一半.

现在来计算积分. 从积分路线的参数方程

$$x=\sqrt{5}\cos t, y=3\sin t$$

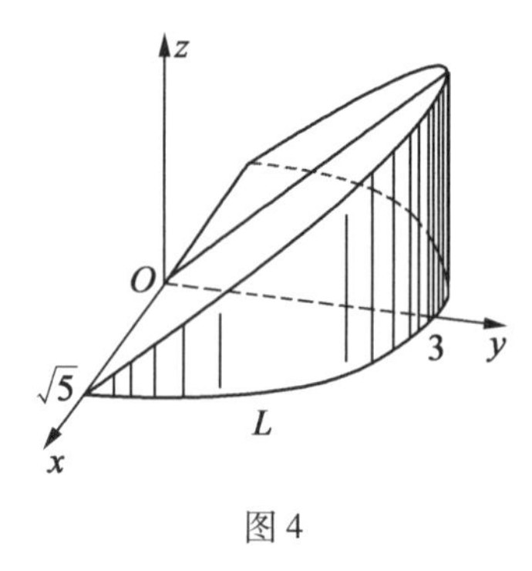

图 4

可得

$$Q=\int_0^{\pi}3\sin t\sqrt{9\cos^2 t+5\sin^2 t}\,\mathrm{d}t=3\int_0^{\pi}\sin t\sqrt{4\cos^2 t+5}\,\mathrm{d}t$$

设 $\cos t=\alpha$,得

$$Q=6\int_0^1\sqrt{4\alpha^2+5}\,\mathrm{d}\alpha=12\left[\frac{\alpha}{2}\sqrt{\alpha^2+\frac{5}{4}}+\frac{5}{8}\ln\left(\alpha+\sqrt{\alpha^2+\frac{5}{4}}\right)\right]\Bigg|_0^1$$

$$=9+\frac{15}{4}\ln 5$$

值得注意的是,当这同一柱面被平行于底面的平面 $z=c$ 所截时,侧面积便不可能用有限形式准确算出,因那时公式所给出的是一个不能用初等函数表示的椭圆积分(见 121 小节).

§2　对坐标的曲线积分

202. 对坐标的曲线积分的定义、属性及计算法

对曲线上点的某个坐标的曲线积分,比对长度的曲线积分要用得多一些.这种曲线积分与对长度的曲线积分两者间的差别只是:在做出积分的过程中,与曲线上点 P 处函数值相乘的,不是曲线的长度元素 $\mathrm{d}s$,而是坐标轴上对应于该曲线元素的区间元素($\mathrm{d}x$ 或 $\mathrm{d}y$)(图 5).

于是积分和式的形式为

$$I_n=\sum_{i=1}^{n}f(P_i)\Delta x_i$$

当

$$\max|\Delta x_i|\to 0$$

时,其极限

$$I=\lim_{\max|\Delta x_i|\to 0}\sum_{i=1}^{n}f(P_i)\Delta x_i$$

可写作

$$I=\int_L f(P)\,\mathrm{d}x=\int_L f(x,y)\,\mathrm{d}x \tag{1}$$

同样有

$$I=\lim_{\max|\Delta y_i|\to 0}\sum_{i=1}^{n}f(P_i)\Delta y_i=\int_L f(P)\,\mathrm{d}y=\int_L f(x,y)\,\mathrm{d}y \tag{2}$$

这种积分里所用的术语仍与以前一样,不过这时的积分变量不是弧长 s 而是坐标 x 或 y.

动点在曲线 L 上移动的方向,对长度的曲线积分来说固然没有关系,但对坐标的曲线积分来说,它却有极重要的意义.

在每条曲线上可以选取两种相反的方向(两种指向),例如曲线 L(图 5) 的指向可以定作 x 从点 A 向点 B 的方向,或相反地定作 x 从点 B 向点 A 的方向. 当我们确定出已给函数对坐标的曲线积分时,我们不仅需要指出积分域(L),而且还要规定它的曲线指向,也就是取积分的方向.

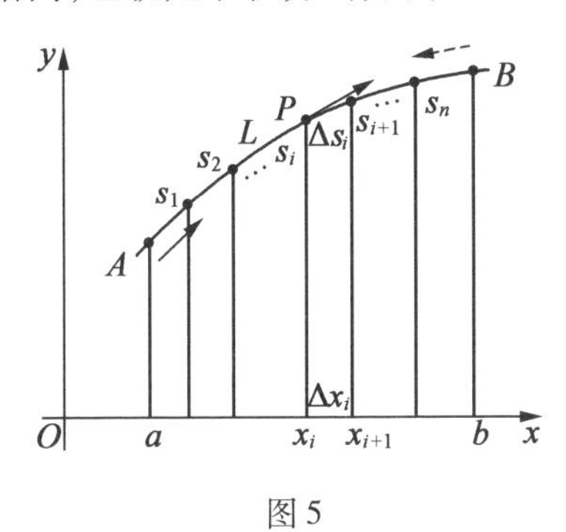

图 5

如果积分方向改变,那么对坐标的曲线积分要变号.

因当动点在曲线 L 上的移动方向改变时,积分和式中的一切元素 Δx(Δy)要变号,因此,与直线积分的对应属性相仿,可得

$$\int_L f(P)\,\mathrm{d}x=-\int_{-L} f(P)\,\mathrm{d}x$$

及

$$\int_L f(P)\,\mathrm{d}y=-\int_{-L} f(P)\,\mathrm{d}y$$

其中 L 及 $-L$ 表示具有两种相反指向的曲线 L.

当曲线为平面闭曲线时,逆时针的移动方向(在右手坐标系中) 叫作正方

向. 当点依正方向在曲线上移动时,被曲线所围的域总在点的左边. 我们要知道,这个方向与正的半段 x 轴循最短路线转到正的半段 y 轴上时的转动方向相同.

普通(直线)积分是对坐标的曲线积分当其积分路线为坐标轴的一段区间时的特殊情形.

对坐标的曲线积分与对长度的曲线积分(对同一积分路线来说)之间有密切关系.

这就是,由于

$$\frac{\mathrm{d}x}{\mathrm{d}s}=\cos\alpha(P),\frac{\mathrm{d}y}{\mathrm{d}s}=\sin\alpha(P)$$

其中 $\alpha(P)$ 是点 P 处的有向曲线 L 与 x 轴所成的角,故有

$$\int_L f(P)\mathrm{d}x=\int_L f(P)\cos\alpha(P)\mathrm{d}s$$

及

$$\int_L f(P)\mathrm{d}y=\int_L f(P)\sin\alpha(P)\mathrm{d}s=\int_L f(P)\cos\beta(P)\mathrm{d}s$$

这里

$$\beta(P)=\frac{\pi}{2}-\alpha(P)$$

是点 P 处的曲线 L 与 y 轴所成的角.

反过来有

$$\int_L f(P)\mathrm{d}s=\int_L f(P)\frac{1}{\cos\alpha(P)}\mathrm{d}x$$

$$\int_L f(P)\mathrm{d}s=\int_L f(P)\frac{1}{\cos\beta(P)}\mathrm{d}y$$

对坐标的曲线积分当然具有直线积分的一切主要属性.

现在要讲对坐标的曲线积分的一个特殊属性:

若把闭曲线 L 所围的域 D 分成 D_1 及 D_2 两部分,则在整个曲线 L 上的曲线积分,可以表示为在域 D_1 及 D_2 的围线 L_1 及 L_2 上、以同一方向(例如正方向)所取的两个积分的和,这里我们假定被积函数在整个域 D 上有定义且连续.

例如

$$\int_L f(P)\mathrm{d}x=\int_{L_1} f(P)\mathrm{d}x+\int_{L_2} f(P)\mathrm{d}x$$

其中 L 是闭曲线 $AECBA$, L_1 是闭曲线 $AECA$, L_2 是闭曲线 $ACBA$(图 6). 因

$$\int_{L_1} f(P)\mathrm{d}x=\int_{AEC} f(P)\mathrm{d}x+\int_{CA} f(P)\mathrm{d}x$$

$$\int_{L_2} f(P)\,\mathrm{d}x = \int_{AC} f(P)\,\mathrm{d}x + \int_{CBA} f(P)\,\mathrm{d}x$$

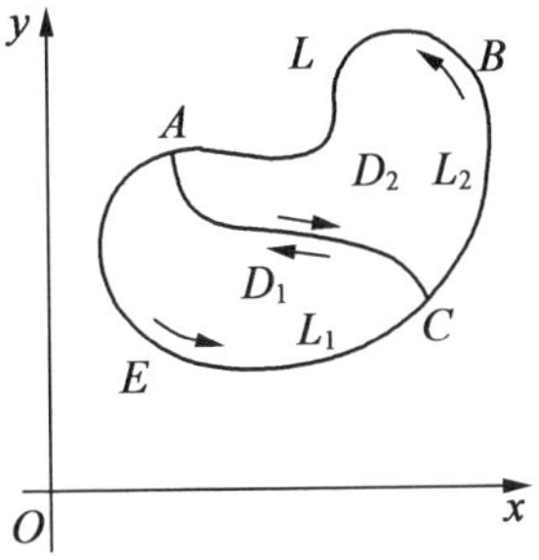

图 6

而在 CA 及 AC 上的两个积分是在同一曲线上以相反方向取的，因此它们的和等于 0. 于是我们知道所要证明的关系式的右边等于在 AEC 及 CBA 上的积分的和，也就是等于在整个曲线 L 上的积分.

当域 D 分割成任意个域时，这个定理显然成立

$$\int_{L} f(P)\,\mathrm{d}x = \int_{L_1} f(P)\,\mathrm{d}x + \int_{L_2} f(P)\,\mathrm{d}x + \cdots + \int_{L_n} f(P)\,\mathrm{d}x$$

其中所有这些闭积分路线 L 及 $L_1, L_2, \cdots, L_n$ 对于其所围的域来说指向都一样. 其原因是取积分时，域 D 里面的每条曲线到最后都要以相反的方向积分两次（图 7），所以结果只剩下在域 D 的各部分边界上的那几个积分，而其和就给出在整个曲线 L 上的积分.

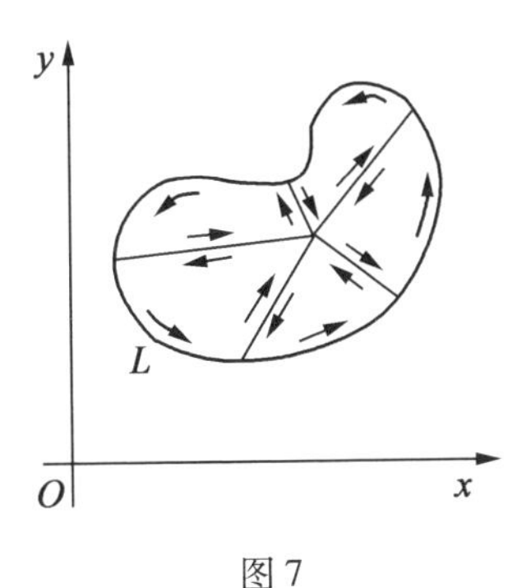

图 7

至于对坐标的曲线积分的计算法，也是根据把它们化为普通积分的原则来做的.

我们不再重复讲推出计算法的步骤，而把一般计算法则直接写出如下：

要把曲线 $x = x(t)$，$y = y(t)$（其中 $x(t)$ 及 $y(t)$ 是具有连续导函数的单值函数）上对坐标的曲线积分化为普通积分，只需把积分元素中的 x，y 及 $\mathrm{d}x$（或 $\mathrm{d}y$）换成用 t 及 $\mathrm{d}t$ 表示的式子，然后在对应于积分路线的、t 轴的区间 $[t_1, t_2]$ 上取

积分

$$\int_{(A)}^{(B)} f(x,y)\,\mathrm{d}x = \int_{t_1}^{t_2} f(x(t),y(t))x'(t)\,\mathrm{d}t$$

$$\int_{(A)}^{(B)} f(x,y)\,\mathrm{d}y = \int_{t_1}^{t_2} f(x(t),y(t))y'(t)\,\mathrm{d}t$$

这里 t_1 及 t_2 是 t(对应于曲线上点 A 及 B) 的特定值.

特别是我们可以由此推出 $t=x$ 及 $t=y$ 时的计算法则. 在必要时,我们需把积分路线分成几段,并按个别线段来计算积分.

例如当 L 是如图 8 所示的曲线时,我们来变换 L 上方向从 A 到 B 的积分 $\int_L y\mathrm{d}x$. 假设构成积分路线的曲线 AC 及 CB 的方程已知为

$$y=y_1(x) \text{ 及 } y=y_2(x)$$

把积分路线分成 AC 及 CB 两段后写出

$$\int_L y\mathrm{d}x = \int_{(A)}^{(C)} y\mathrm{d}x + \int_{(C)}^{(B)} y\mathrm{d}x$$

等式右边每个积分可用曲线 AC 及 CB 的已给方程表示为普通积分. 这样可得

$$\int_L y\mathrm{d}x = \int_a^c y_1(x)\,\mathrm{d}x + \int_c^b y_2(x)\,\mathrm{d}x = \int_a^c y_1(x)\,\mathrm{d}x - \int_b^c y_2(x)\,\mathrm{d}x$$

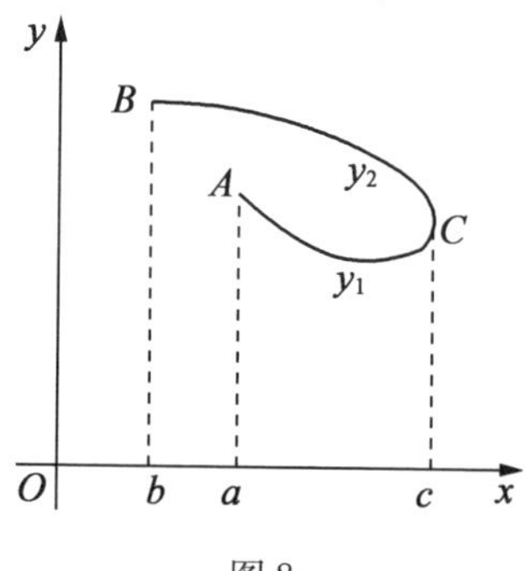

图 8

这里整个积分路线 AB 与某些直线 $x=\text{const}$ 相交于两点,因此不能用单值函数把它的方程写成就 y 解出的形式.

如同对长度的曲线积分的情形一样,我们只要根据以上所讲的法则,便可从普通积分的存在定理推出对坐标的曲线积分的存在定理. 但由于这个定理的陈述无关紧要,且它与对长度的曲线积分存在定理的陈述法完全一样,所以我们无须再特别讲这个问题.

例 1 计算积分

$$I=\int_L xy\mathrm{d}x$$

其中 L 是抛物线

$$y^2=x$$

上从点(1，-1) 到点(1,1) 的弧段(图9).

解 由于在整个积分路线的方程(就 y 解出的形式) $y=\pm\sqrt{x}$ 中,函数 $y(x)$ 不是单值函数,所以要把 L 分为 AO 及 OB 两部分,其方程各为

$$y=-\sqrt{x}\ 及\ y=\sqrt{x}$$

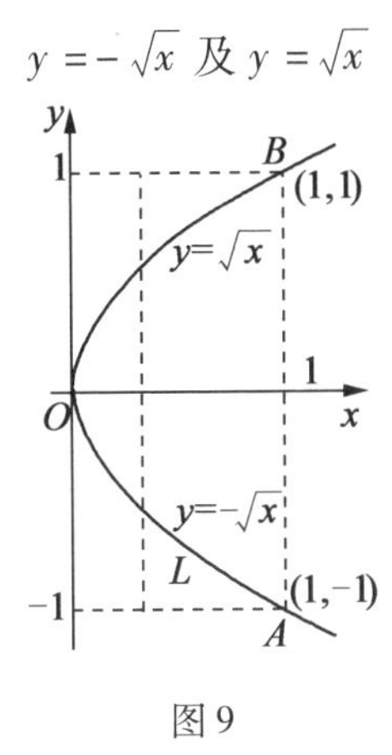

图 9

于是

$$I=\int_{(A)}^{(O)} xy\mathrm{d}x+\int_{(O)}^{(B)} xy\mathrm{d}x=-\int_1^0 x^{\frac{1}{2}}x\mathrm{d}x+\int_0^1 x^{\frac{1}{2}}x\mathrm{d}x=2\int_0^1 x^{\frac{3}{2}}\mathrm{d}x=\frac{4}{5}$$

xy 在同一曲线上对坐标 y 的积分等于0,即

$$\int_L xy\mathrm{d}y=\int_{-1}^1 y^2y\mathrm{d}y=0$$

在空间曲线的情形下,对坐标的曲线积分的概念与属性,可用完全类似的方式确定出来. 这时已给函数

$$f(P)=f(x,y,z)$$

可在已给曲线 $L(A,B)$ 上取三个积分

$$\int_L f(P)\mathrm{d}x,\int_L f(P)\mathrm{d}y,\int_L f(P)\mathrm{d}z$$

用

$$\alpha=\alpha(P),\beta=\beta(P),\gamma=\gamma(P)$$

分别表示点 P 处的有向曲线 L 与 x 轴、y 轴、z 轴所成的角,于是

$$\int_L f(P)\mathrm{d}x=\int_L f(P)\cos\alpha(P)\mathrm{d}s$$

$$\int_L f(P)\,\mathrm{d}y = \int_L f(P)\cos\beta(P)\,\mathrm{d}s$$

$$\int_L f(P)\,\mathrm{d}z = \int_L f(P)\cos\gamma(P)\,\mathrm{d}s$$

设

$$x = x(t),y = y(t),z = z(t)$$

是曲线 L 的参数方程,且 $x(t),y(t),z(t)$ 是具有连续导函数的单值函数. 这时在 L 上的曲线积分可用下列公式化为普通积分

$$\int_L f(x,y,z)\,\mathrm{d}x = \int_{t_1}^{t_2} f(x(t),y(t),z(t))x'(t)\,\mathrm{d}t$$

(及其他两式). 这里 t_1 及 t_2 是对应于 L 的始点及终点的 t 值.

注意 如果被积函数$f(P)$只定义于某一曲线L上(或我们把它看作这样),那么在 L 上的(对长度的或是对坐标的)曲线积分,在实际上不过是把一个或几个普通积分简写成一个单独的积分形式罢了. 但是如果我们把问题这样来看:曲线积分中的被积函数$f(P)$定义于包含各种不同积分路线的整个域上,那么情形就完全不同,这时随着积分路线的不同,曲线积分(对长度的或是对坐标的)

$$\int_L f(P)\,\mathrm{d}s \text{ 或} \int_L f(P)\,\mathrm{d}x$$

等就有不同的值. 每条积分路线对应着一定的积分值,我们说曲线积分是相应域上的泛函数.

一般来说,当每条所论曲线(也就是一个函数或一组函数)对应着一个变量的确定值时,该变量就叫作泛函数.

例如在已给力作用下,若质点在一固定的曲线上运动,这时所做的功就便于用一个曲线积分表示出来. 不过与普通积分比较起来,它还没有告诉我们什么新的内容,但如果我们设想有个力场,质点可在场内任何可能的曲线上运动,那么这时力场所做的功也可用一个曲线积分表示,不过这时的曲线积分已经要取决于做功的路线. 所以我们可把功看作已给场内的泛函数.

所以把曲线积分看作泛函数而来研究它的性质,也就是研究曲线积分随着积分路线而改变的情形,自然是件极有意义的事. 我们在本章里面也可做这种研究.

203. 组合曲线积分①

像下面这种合并起来的曲线积分式子(和式)

---

① “对长度的曲线积分”“对坐标的曲线积分”以及“组合曲线积分”这三个名称,在许多其他的解析教本上都一律叫作“曲线积分”或“线积分”. —— 译者注

$$\int_L X\mathrm{d}x+\int_L Y\mathrm{d}y$$

在数学解析及其应用上有重要意义(其中 $X=X(x,y)$,$Y=Y(x,y)$),这种合并式子可用一个积分号写出

$$\int_L X\mathrm{d}x+Y\mathrm{d}y$$

在空间坐标的情形下同样也常要考虑类似的和式

$$\int_L X\mathrm{d}x+Y\mathrm{d}y+Z\mathrm{d}z$$

其中

$$X=X(x,y,z),Y=Y(x,y,z),Z=Z(x,y,z)$$

以前所讲曲线积分的各种属性及计算法,显然也适用于这种曲线积分.

现在要讲"组合" 曲线积分在两类问题(功及面积) 上的最简单应用. 其他的用法要在 206 小节及 §5 中再讲.

Ⅰ. 功. 现在回到 200 小节中所考虑过的问题. 我们不难看出,在那里表示功的积分元素 $\varphi(P)\cos\tau(P)\mathrm{d}s$ 正好是点 P 处力矢量 $\boldsymbol{A}(P)$ 与无穷小位移矢量 $\overrightarrow{\mathrm{d}P}$ 两者的纯积.

因此可写出

$$A=\int_L \boldsymbol{A}(P)\cdot\overrightarrow{\mathrm{d}P}$$

但点 P 处的力 —— 矢量 $\boldsymbol{A}(P)$,也可以不用其大小 $\varphi(P)$ 及其与运动方向所成的角 $\tau(P)$ 来表示,而用它在 x 轴及 y 轴上的投影

$$X=X(x,y),Y=Y(x,y)$$

来表示. 又由于矢量 $\overrightarrow{\mathrm{d}P}$ 在 x 轴及 y 轴上的投影分别是 $\mathrm{d}x$ 及 $\mathrm{d}y$,故根据纯积式子的写法得

$$\mathrm{d}A=\boldsymbol{A}(P)\cdot\overrightarrow{\mathrm{d}P}=X(x,y)\mathrm{d}x+Y(x,y)\mathrm{d}y$$

所以

$$A=\int_L X(x,y)\mathrm{d}x+Y(x,y)\mathrm{d}y$$

而且这里以运动方向作为积分方向.

同样可得到力在空间曲线上所做的功为

$$A=\int_L X(x,y,z)\mathrm{d}x+Y(x,y,z)\mathrm{d}y+Z(x,y,z)\mathrm{d}z$$

其中 X,Y,Z 是曲线 L 上点 P 处的力在 x 轴、y 轴、z 轴上的投影.

表示力所做功的组合曲线积分式子, 在解析的应用问题上用得很多

(见 §5).

Ⅱ. 面积. 设 xOy 平面上包围域 D 的曲线与坐标线的交点不超过两个(图 10). 于是二重积分

$$\iint_D \mathrm{d}x\mathrm{d}y$$

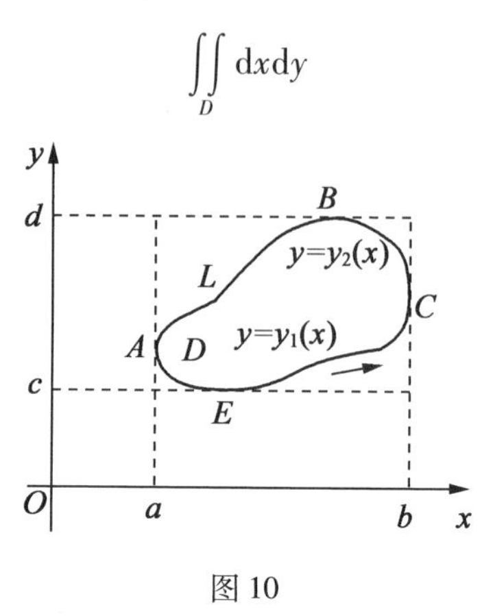

图 10

表示域 D 的面积 S. 把这个二重积分化为先对 y 后对 x 的二次积分,得

$$S = \int_a^b \mathrm{d}x \int_{y_1(x)}^{y_2(x)} \mathrm{d}y = \int_a^b [y_2(x) - y_1(x)]\mathrm{d}x$$

其中 $y = y_1(x)$ 是曲线 AEC 的方程,$y = y_2(x)$ 是曲线 ABC 的方程. 由此得

$$S = \int_a^b y_2(x)\mathrm{d}x - \int_a^b y_1(x)\mathrm{d}x = \int_a^b y_2(x)\mathrm{d}x + \int_b^a y_1(x)\mathrm{d}x$$

但是按照从曲线积分化为直线积分的变换法则来看,上式右边是纵坐标 y 在积分路线 L 上依 $ABCE$ 方向(负方向)所取的曲线积分值.

所以

$$S = \int_{-L} y\mathrm{d}x$$

同样可证明

$$S = -\int_{-L} x\mathrm{d}y$$

这里积分方向仍然是 $ABCE$.

把所得两个等式逐项相加并用 2 除两边,得

$$S = \frac{1}{2}\int_{-L} y\mathrm{d}x - x\mathrm{d}y \tag{3}$$

如果改变积分方向,便得表示平面图形面积的常用简便公式

$$S = \frac{1}{2}\int_L x\mathrm{d}y - y\mathrm{d}x \tag{4}$$

这时在域边界上依正方向取积分.

我们这里所假定的曲线 L,也可能含有平行于坐标轴的直线段. 读者可以看出这时对于公式的证法并没有不同,因为对应于直线段

$$x = \text{const}, y = \text{const}$$

上的那几部分曲线积分$\int_L y\mathrm{d}x$或$\int_L x\mathrm{d}y$,由于该处的 $\mathrm{d}x = 0$ 或 $\mathrm{d}y = 0$ 而等于0. 特别是公式(4) 对于曲边梯形也适用.

对于被任何闭曲线 L 所围的面积来说,公式(4) 也适用. 因若该曲线不满足最初所讲的条件(即与坐标线的交点不超过两个) 时,可把域 D 分成 D_1, $D_2,\cdots,D_n$ 等各部分,使这些部分的边界 $L_1, L_2,\cdots,L_n$ 满足这个条件(图 11).

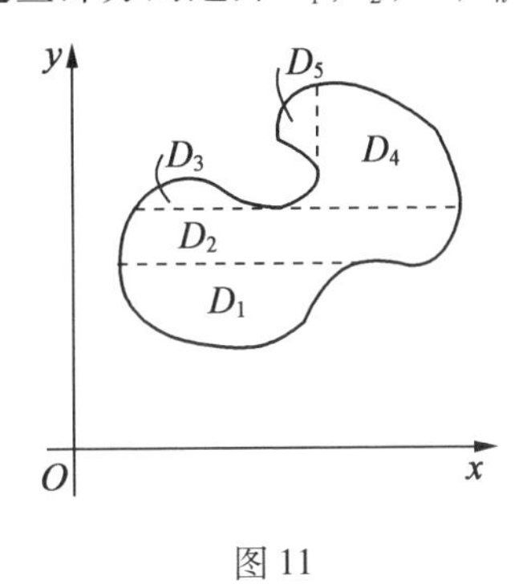

图 11

于是

$$\begin{aligned} S &= S_{D_1} + S_{D_2} + \cdots + S_{D_n} \\ &= \frac{1}{2}\int_{L_1} x\mathrm{d}y - y\mathrm{d}x + \frac{1}{2}\int_{L_2} x\mathrm{d}y - y\mathrm{d}x + \cdots + \frac{1}{2}\int_{L_n} x\mathrm{d}y - y\mathrm{d}x \end{aligned}$$

但根据 202 小节中所讲曲线积分的属性,可知等式右边各积分的和等于在整个边界 L 上的积分,于是便得所要证明的结论.

例 2 求笛卡儿叶线

$$x^3 - y^3 - 3axy = 0$$

叶瓣中所包的面积.

解 取方程

$$x = \frac{3at}{1 + t^3}, y = \frac{3at^2}{1 + t^3} = xt$$

作为笛卡儿叶线的参数方程. 我们知道这里的参数 $t\left(= \frac{y}{x}\right)$ 等于曲线上对应点的矢径与 x 轴间所成角的正切 $t = \tan\alpha$. 于是当 t 从 $t = 0$ 移向 $t = \infty$ 时,点 $P(x,y)$ 以正方向(逆时针方向) 走遍整个叶瓣的边界.

把表示所求面积的曲线积分化为直线积分. 在定 $\mathrm{d}x$ 及 $\mathrm{d}y$ 时,我们并不都用

t 直接表示出来,这样可使计算简单些.

$$S = \frac{1}{2}\int_L x\mathrm{d}y - y\mathrm{d}x = \frac{1}{2}\int_0^{\infty}[x(x + tx') - xtx']\mathrm{d}t = \frac{1}{2}\int_0^{\infty} x^2\mathrm{d}t$$

也就是

$$S = \frac{9a^2}{2}\int_0^{\infty}\frac{t^2\mathrm{d}t}{(1 + t^3)^2} = \frac{3a^2}{2}\int_0^{\infty}\frac{\mathrm{d}(t^3)}{(1 + t^3)^2} = \frac{3a^2}{2}\cdot\left(-\frac{1}{1 + t^3}\right)\Bigg|_0^{\infty} = \frac{3a^2}{2}$$

204. 曲线积分不取决于积分路线时应满足的条件

取联结点 $P_0(x_0,y_0)$ 及 $P(x,y)$ 的曲线 L 上的曲线积分

$$I_{P_0P} = \int_{(P_0)}^{(P)} X(x,y)\mathrm{d}x + Y(x,y)\mathrm{d}y \tag{5}$$

以后我们总假定函数 $X(x,y)$ 及 $Y(x,y)$ 连续于所论域上.

积分 I_{P_0P} 是一个泛函数,其值取决于积分路线 P_0P. 例如积分

$$\int_{(0,0)}^{(1,1)} x\mathrm{d}y - y\mathrm{d}x \quad (X = -y, Y = x)$$

在抛物线 $y = x^2$ 上所取的值等于$\frac{1}{3}$,而在三次抛物线 $y = x^3$ 上所取的值等于$\frac{1}{2}$.

我们现在要问:$X(x,y)$ 及 $Y(x,y)$ 满足什么条件时,可使积分(5) 不取决于积分路线,而只取决于路线的终点 $P(x,y)$(当始点 $P_0(x_0,y_0)$ 固定时)?

从下面所讲的事可以明显看出这个问题的用意. 函数 X 及 Y 确定出一个矢量场,如果我们把这个矢量场看成一个力场,那么积分(5) 表示从点 P_0 积分到点 P 时所做的功. 因此,如果积分不取决于积分路线,那就表明在力场内不管从点 P_0 移到点 P 时走什么路线,所做的功总是一样的,而这当然是力场的重要特性.

刚才所提出的问题可用下面的定理来解决.

定理 1 使曲线积分不取决于积分路线的必要且充分条件是:被积分式须为某个双变量函数 $u(x,y)$ 的全微分

$$X(x,y)\mathrm{d}x + Y(x,y)\mathrm{d}y = \mathrm{d}u(x,y) \tag{6}$$

也就是,函数 X 及 Y 须各为函数 $u(x,y)$ 对 x 及对 y 的偏导数

$$X = \frac{\partial u}{\partial x}, Y = \frac{\partial u}{\partial y} \tag{7}$$

我们先证明这个条件的充分性. 这就是,若条件(6) 或者条件(7) 满足,求证积分不取决于联结点 P_0 及 P 的积分路线. 设

$$x = x(t), y = y(t)$$

是过 P_0 及 P 的一条曲线 L 的参数方程. 于是

$$I_{P_0P} = \int_{t_0}^{t}[X(x(t),y(t))x'(t) + Y(x(t),y(t))y'(t)]\mathrm{d}t$$

这里t_0及t是对应于点P_0及P的参数值,但在曲线L上的函数$u(x,y)$可以看作参数t的函数

$$u(x,y)=u(x(t),y(t))=v(t)$$

于是用复合函数的微分法可得其导函数$v'(t)$为

$$v'(t)=\frac{\partial u}{\partial x}x'(t)+\frac{\partial u}{\partial y}y'(t)$$

而根据等式(7),这便是

$$v'(t)=Xx'(t)+Yy'(t)$$

由此可见化成直线积分后的被积函数正好是$v'(t)$. 所以

$$I_{P_0P}=\int_{t_0}^{t}v'(t)\mathrm{d}t=v(t)-v(t_0)$$

于是这个积分等于函数$u(x,y)$在点P及P_0处的两个值的差

$$I_{P_0P}=u(P)-u(P_0)=u(x,y)-u(x_0,y_0)$$

由此可知当条件(7)满足时,积分不取决于积分路线. 因若取另外一条曲线L作为积分路线,我们也将得到同一个I_{PP_0}值.

现在我们来证明所述条件的必要性. 这就是,若积分(5)的值不取决于积分路线,求证等式(7)一定成立.

在所设条件下(同时设点P_0固定),积分只是点$P(x,y)$的函数

$$u(P)=\int_{(P_0)}^{(P)}X\mathrm{d}x+Y\mathrm{d}y$$

现在我们断言这个函数便是条件(7)中所指的函数.

要验证所做断言的正确性,我们自然该求出$u(x,y)$对x及对y的偏导数,并证明这两个偏导数确实各等于$X(x,y)$及$Y(x,y)$. 把积分路线的终点在x轴方向上移动一段距离h之后,该终点所处的新位置是$P_1(x+h,y)$.

这时

$$u(P_1)=\int_{(P_0)}^{(P_1)}X\mathrm{d}x+Y\mathrm{d}y$$

又

$$\begin{aligned}u(P_1)-u(P)&=\int_{(P_0)}^{(P_1)}X\mathrm{d}x+Y\mathrm{d}y-\int_{(P_0)}^{(P)}X\mathrm{d}x+Y\mathrm{d}y\\&=\int_{(P)}^{(P_1)}X\mathrm{d}x+Y\mathrm{d}y\end{aligned}$$

根据假定,最后这个积分可以取在联结点$P(x,y)$及$P_1(x+h,y)$的任何一条曲线上,特别是可以取在直线段PP_1上. 在这条线段上

$$y = \text{const}$$

因而

$$\mathrm{d}y = 0$$

所以

$$u(P_1) - u(P) = u(x+h,y) - u(x,y) = \int_x^{x+h} X(x,y)\,\mathrm{d}x$$

按照普通积分对上限取导函数的方式来做

$$\frac{u(x+h,y) - u(x,y)}{h} = \frac{1}{h}\int_x^{x+h} X(x,y)\,\mathrm{d}x = X(x+\theta h,y)$$

$0 < \theta < 1$(中值定理). 令 h 趋于 0,得

$$\frac{\partial u}{\partial x} = X(x,y)$$

同样可得

$$\frac{\partial u}{\partial y} = Y(x,y)$$

故若积分(5) 不取决于积分路线,则被积分式是某一函数的微分,而该函数即由终点为任意点时的积分(5) 本身(除了相差一个常数) 来表示.

现在要知道,积分不取决于积分路线这件事,就相当于在任何闭曲线上的该积分等于0. 因若已给一闭曲线(图 12),则在其上取两点 P_0 及 P 后,由于曲线 P_0MP 上的积分与曲线 P_0NP 上的积分相等

$$I_{P_0MP} = I_{P_0NP}$$

也就是

$$I_{P_0MP} - I_{P_0NP} = 0$$

所以

$$I_{P_0MP} + I_{PNP_0} = 0$$

这就是

$$I_{P_0MPNP_0} = 0$$

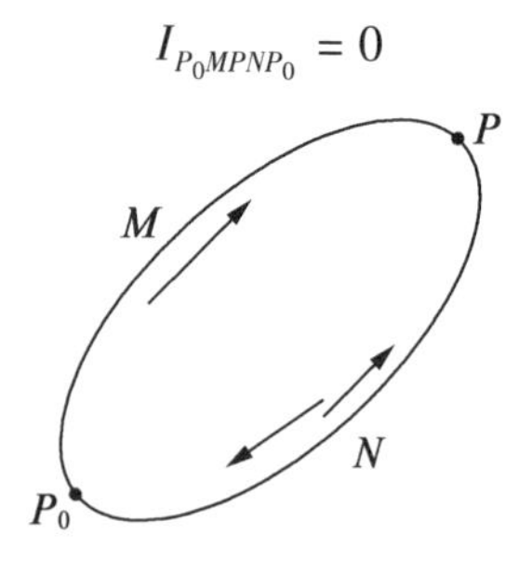

图 12

反过来说,如果在每一条闭曲线上的积分等于0,那么过已给两点 P_0 及 P 作一闭曲线 P_0MPNP_0 时可得

$$I_{P_0MPNP_0}=0$$

也就是

$$I_{P_0MP}+I_{PNP_0}=0$$

由此得

$$I_{P_0MP}=-I_{PNP_0}=I_{P_0NP}$$

故知积分不取决于积分路线.

所以上面所证明的定理也可以陈述如下:

定理 2 当且仅当被积分式为某个双变量函数的全微分时,在任何闭曲线上的积分(5)才等于0.

从以上所讲,可知对于全微分的曲线积分来说,积分记号里面不必指出积分路线,而只要指出始点及终点即可.

我们应明确认清以上所证重要定理能成立时的全部条件. 必须特别着重指出的是:要确实知道全微分 $X\mathrm{d}x+Y\mathrm{d}y$ 在一闭曲线上的积分一定能等于0,函数 $X(x,y)$ 及 $Y(x,y)$ 必须连续于该闭曲线所包围的全部有限域内. 换句话说,只有当闭曲线内部没有使定理中条件(例如函数 X 及 Y 的连续性)不能成立的任何域或点时,这个定理才能成立. 我们说这时在已给闭曲线所围的域中,不应该有以域的形式或个别点的形式而存在的“窟窿”.

为表明以上所讲的事起见,我们以微分式子

$$\frac{-y}{x^2+y^2}\mathrm{d}x+\frac{x}{x^2+y^2}\mathrm{d}y$$

为例,并在以坐标原点为中心的圆上除圆心以外的各点处来考虑它. 由于点 $(0,0)$ 已从圆内移去,故函数

$$X=-\frac{y}{x^2+y^2}$$

及

$$Y=\frac{x}{x^2+y^2}$$

连续于所余的域(点形“窟窿”在中心处的圆)上,于是不难看出在该域上的微分式 $X\mathrm{d}x+Y\mathrm{d}y$ 是某个函数的全微分. 事实上,我们有

$$\mathrm{d}\arctan\frac{y}{x}=-\frac{y}{x^2+y^2}\mathrm{d}x+\frac{x}{x^2+y^2}\mathrm{d}y$$

但对于围绕原点的任何闭曲线(例如圆 $x^2+y^2=1$)来说,上述定理不能成立,即

$$I=\int_{x^2+y^2=1}-\frac{y}{x^2+y^2}\mathrm{d}x+\frac{x}{x^2+y^2}\mathrm{d}y\neq 0$$

因若令

$$x=\cos\varphi, y=\sin\varphi$$

可得

$$I=\int_0^{2\pi}(\sin^2\varphi+\cos^2\varphi)\mathrm{d}\varphi=2\pi$$

函数

$$u=\arctan\frac{y}{x}$$

是极角 φ,所以每逢积分路线绕过原点(极点)一圈时,这个角度会增加 2π.

所以当域内含有“窟窿”时,若域内的积分路线 L 绕过那些“窟窿”,则函数

$$u(x,y)=\int_L X\mathrm{d}x+Y\mathrm{d}y$$

(其中 $X\mathrm{d}x+Y\mathrm{d}y$ 为全微分)要取决于积分路线. 每绕过整整一圈之后,$u(x,y)$ 的值增加一个常数项. 这样在所述条件下,函数 $u(x,y)$ 不是单值而是多值的.

以后我们处处假定所论的域不含“窟窿”.

在空间域的情形下,也有下面的定理:

定理 3 要使空间曲线上的积分

$$\int_{(P_0)}^{(P)} X(x,y,z)\mathrm{d}x+Y(x,y,z)\mathrm{d}y+Z(x,y,z)\mathrm{d}z$$

不取决于积分路线(或要使它在任何闭曲线上等于 0),必须且只需满足条件

$$X\mathrm{d}x+Y\mathrm{d}y+Z\mathrm{d}z=\mathrm{d}u(x,y,z)$$

也就是

$$X=\frac{\partial u}{\partial x}, Y=\frac{\partial u}{\partial y}, Z=\frac{\partial u}{\partial z}$$

我们不预备做证明,因为它基本上与平面域时的证法相同.

注意 若微分式 $X\mathrm{d}x+Y\mathrm{d}y$ 不是双变量函数的全微分,则积分值

$$u=\int_L X\mathrm{d}x+Y\mathrm{d}y$$

不仅是点 $P(x,y)$(积分路线 L 的终点)的函数,而且是联结定点 P_0 及 P 的整个积分路线 L 的函数. $X\mathrm{d}x+Y\mathrm{d}y$ 这个式子仍与以前一样叫作变量 u 的微分

$$\mathrm{d}u=X\mathrm{d}x+Y\mathrm{d}y$$

不过这个微分所指的意思只是:当点 P 在已给曲线 L 上移动时,它是增量 Δu 中与 $\mathrm{d}x$ 及 $\mathrm{d}y$ 有线性关系的那个主部. 这时 $\mathrm{d}x$ 及 $\mathrm{d}y$ 不是变量 x 及 y 的那些任意无

穷小增量,而是能使点 $P(x+\mathrm{d}x,y+\mathrm{d}y)$ 仍位于曲线 L 上的那种无穷小增量,这时函数 u 实际上是一个单变量函数.

对空间域来说也可做相仿的补充说明.

205. 全微分的准则、原函数的求法

与单变量函数时的情形相仿,凡以所给表达式 $X\mathrm{d}x+Y\mathrm{d}y$ 为全微分的函数 $u(x,y)$,叫作该表达式的原函数. 如果表达式 $X\mathrm{d}x+Y\mathrm{d}y$ 是一个全微分,那么它就具有无穷多个原函数,而每个原函数彼此只差一个常数项. 因若

$$\mathrm{d}u_1(x,y)=X\mathrm{d}x+Y\mathrm{d}y$$

及

$$\mathrm{d}u_2(x,y)=X\mathrm{d}x+Y\mathrm{d}y$$

则

$$\mathrm{d}[u_1(x,y)-u_2(x,y)]=0$$

由此可知

$$u_1(x,y)-u_2(x,y)=\mathrm{const}$$

因若一个函数的全微分等于0,则它的两个偏导数也都等于0,于是该函数不取决于任何一个自变量,也就是说该函数是常量.

设 $X\mathrm{d}x+Y\mathrm{d}y$ 是全微分且

$$I(x,y)=\int_{(x_0,y_0)}^{(x,y)}X\mathrm{d}x+Y\mathrm{d}y$$

用 $u(x,y)$ 表示被积分式的某一原函数. 由于根据以上所证明的事实可知 $I(x,y)$ 也是一个原函数,故

$$I(x,y)=u(x,y)+C$$

从

$$I(x_0,y_0)=0$$

可得

$$C=-u(x_0,y_0)$$

所以

$$I(x,y)=u(x,y)-u(x_0,y_0)$$

因此

$$\int_{(x_0,y_0)}^{(x,y)}X\mathrm{d}x+Y\mathrm{d}y=u(x,y)-u(x_0,y_0)$$

或

$$\int_{(x_0,y_0)}^{(x,y)}\mathrm{d}u(x,y)=u(x,y)-u(x_0,y_0)$$

以上的积分取在联结点 $P_0(x_0,y_0)$ 及 $P(x,y)$ 的任一条路线上.

上面我们得到了曲线积分的牛顿 - 莱布尼茨公式.

但这里自然会产生两个问题:

(1) 根据什么准则来判定已给式子是否为任意变点的一个函数的全微分?

(2) 怎样从函数的全微分来实际求出函数本身?

现在我们来讲这两个问题的解决方法.

Ⅰ. 平面域的情形.

(i) 除了假定函数 X 及 Y 的连续性,我们还假定两者的偏导数连续于所论域上.

设

$$Xdx + Ydy = du(x,y)$$

或

$$X = \frac{\partial u}{\partial x}, Y = \frac{\partial u}{\partial y}$$

于是

$$\frac{\partial X}{\partial y} = \frac{\partial^2 u}{\partial y \partial x}, \frac{\partial Y}{\partial x} = \frac{\partial^2 u}{\partial x \partial y}$$

根据二阶混合偏导数为相等的定理可知

$$\frac{\partial X}{\partial y} = \frac{\partial Y}{\partial x} \tag{8}$$

所以这个等式是 $Xdx + Ydy$ 为全微分的必要准则. 现在要证明它也是充分准则. 这就是,若等式(8)恒能满足,求证有以 $Xdx + Ydy$ 为其全微分的一个函数 $u(x, y)$ 存在. 为了避免把讲解拖得很长,我们暂且把这个证明搁置一下,等讲到格林公式时就可把它简单地推出来.

于是我们就得到以下的准则:若 X 及 Y 为具有连续导函数的函数,则表达式 $Xdx + Ydy$ 为全微分的必要且充分条件是满足等式(8).

根据这个准则可把上节所讲的基本定理陈述成如下形式:等式 $X'_y = Y'_x$ 是使积分

$$\int Xdx + Ydy$$

不取决于积分路线(或在任何闭曲线上等于0)的必要且充分条件.

例如表达式 $xdy - ydx$ 不能作为任何一个函数的全微分,因为

$$\frac{\partial X}{\partial y} = \frac{\partial}{\partial y}(-y) = -1$$

且

$$\frac{\partial Y}{\partial x}=\frac{\partial}{\partial x}(x)=1$$

这是不难理解的,因为我们知道在闭曲线上取的积分$\int x\mathrm{d}y-y\mathrm{d}x$的结果,是(就绝对值来说)该闭曲线所围面积的两倍,所以它不会等于0.

同样可知,偏导数等于

$$X=3xy-2y^2+4y, Y=2x^2-3xy+4x$$

的函数是不存在的. 因

$$\frac{\partial X}{\partial y}=3x-4y+4$$

且

$$\frac{\partial Y}{\partial x}=4x-3y+4$$

但表达式

$$(4x+2y)\mathrm{d}x+(2x-6y)\mathrm{d}y$$

却是某个函数的全微分,因为

$$\frac{\partial X}{\partial y}=\frac{\partial}{\partial y}(4x+2y)=2$$

$$\frac{\partial Y}{\partial x}=\frac{\partial}{\partial x}(2x-6y)=2$$

(ii) 现在讲已给函数$X(x,y)$,$Y(x,y)$满足条件(8)时,怎样从它们实际求出$u(x,y)$的方法. 我们可在各种不同的路线上取积分,不管联结始点$P_0(x_0, y_0)$及终点$P(x,y)$的积分路线是哪一条曲线,积分结果不变. 最简单的积分路线是取各段与坐标轴平行的折线(只要折线位于X,Y及其偏导数的连续域内).

设以折线P_0P_1P(图13)作为积分路线. 于是在P_0P_1上$y=y_0$,因而$\mathrm{d}y=0$,而在P_1P上$\mathrm{d}x=0$. 故

$$\begin{aligned}u(x,y)-u(x_0,y_0)&=\int_{(P_0)}^{(P)}X(x,y)\mathrm{d}x+Y(x,y)\mathrm{d}y\\&=\int_{x_0}^{x}X(x,y_0)\mathrm{d}x+\int_{y_0}^{y}Y(x,y)\mathrm{d}y\end{aligned}$$

同样,在P_0P_2P上积分,可得

$$\begin{aligned}u(x,y)-u(x_0,y_0)&=\int_{(P_0)}^{P}X(x,y)\mathrm{d}x+Y(x,y)\mathrm{d}y\\&=\int_{x_0}^{x}X(x,y)\mathrm{d}x+\int_{y_0}^{y}Y(x_0,y)\mathrm{d}y\end{aligned}$$

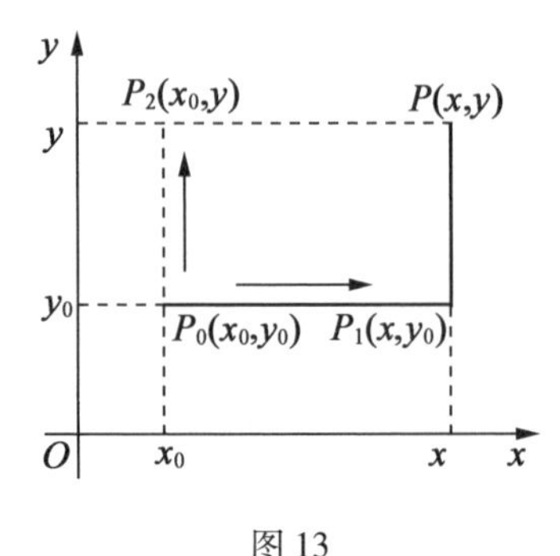

图 13

从函数的全微分来确定出函数时,通常就用这两个公式.

对上面一道例题中的全微分

$$(4x+2y)\mathrm{d}x+(2x-6y)\mathrm{d}y$$

来说,可用公式求得(若取点(0,0)为始点)

$$\int_{(0,0)}^{(x,y)}(4x+2y)\mathrm{d}x+(2x-6y)\mathrm{d}y=\int_0^x 4x\mathrm{d}x+\int_0^y(2x-6y)\mathrm{d}y$$
$$=2x^2+2xy-3y^2$$

或

$$\int_{(0,0)}^{(x,y)}(4x+2y)\mathrm{d}x+(2x-6y)\mathrm{d}y=\int_0^x(4x+2y)\mathrm{d}x+\int_0^y-6y\mathrm{d}y$$
$$=2x^2+2xy-3y^2$$

若把始点 P_0 改成 P'_0,则得另一个原函数,它与第一次求得的原函数相差一个常数项. 因为

$$\int_{P'_0}^{P}X\mathrm{d}x+Y\mathrm{d}y=\int_{P_0}^{P}X\mathrm{d}x+Y\mathrm{d}y+\int_{P'_0}^{P_0}X\mathrm{d}x+Y\mathrm{d}y$$

右边第二个积分的值是常数.

原函数表达式的一般形式是

$$\int_{(P_0)}^{(P)}X\mathrm{d}x+Y\mathrm{d}y+C=\begin{cases}\displaystyle\int_{x_0}^{x}X(x,y_0)\mathrm{d}x+\int_{y_0}^{y}Y(x,y)\mathrm{d}y+C\\ \displaystyle\int_{x_0}^{x}X(x,y)\mathrm{d}x+\int_{y_0}^{y}Y(x_0,y)\mathrm{d}y+C\end{cases}$$

其中 $P_0(x_0,y_0)$ 是某一点,C 是任意常数.

这个公式与普通不定积分的公式相仿.

Ⅱ. 空间域的情形.

(i) 若

$$X(x,y,z)\mathrm{d}x+Y(x,y,z)\mathrm{d}y+Z(x,y,z)\mathrm{d}z$$

是某个函数 $u(x,y,z)$ 的全微分,则

$$X=\frac{\partial u}{\partial x},Y=\frac{\partial u}{\partial y},Z=\frac{\partial u}{\partial z}$$

如果假定 X,Y,Z 的偏导数连续,同时应用二阶混合导数相等的定理,便可得

$$\frac{\partial X}{\partial y}=\frac{\partial Y}{\partial x},\frac{\partial Y}{\partial z}=\frac{\partial Z}{\partial y},\frac{\partial Z}{\partial x}=\frac{\partial X}{\partial z} \tag{9}$$

这些等式不仅是 $X\mathrm{d}x+Y\mathrm{d}y+Z\mathrm{d}z$ 为全微分的必要条件,而且以后还可从斯托克斯公式推出它们也是充分条件. 所以,当且仅当条件(9) 满足时,积分

$$\int_L X\mathrm{d}x+Y\mathrm{d}y+Z\mathrm{d}z$$

(其中 X,Y,Z 有连续偏导数) 才不取决于积分路线(或在任何闭曲线上等于0).

这时可用从定点 $P_0(x_0,y_0,z_0)$ 起到变点 $P(x,y,z)$ 为止的任一积分路线上的积分本身求出原函数 $u(x,y,z)$(相差为一常数)

$$\begin{aligned}\int_{(x_0,y_0,z_0)}^{(x,y,z)} X\mathrm{d}x+Y\mathrm{d}y+Z\mathrm{d}z&=\int_{(x_0,y_0,z_0)}^{(x,y,z)}\mathrm{d}u(x,y,z)\\&=u(x,y,z)-u(x_0,y_0,z_0)\end{aligned}$$

(牛顿 - 莱布尼茨公式).

(ii) 从函数的全微分实际求函数的方法与平面时的情形一样. 若用各段平行于坐标轴的折线联结始点 $P_0(x_0,y_0,z_0)$ 及终点 $P(x,y,z)$,且该折线位于函数 X,Y,Z 及其偏导数的连续域内,则取此折线为积分路线时便可得到最简单的公式.

例如我们取折线 $P_0P_1P_2P$(图 14) 作为积分路线. 在 P_0P_1 上

$$y=y_0,z=z_0$$

因而

$$\mathrm{d}y=0,\mathrm{d}z=0$$

在 P_1P_2 上 $z=z_0$,因而

$$\mathrm{d}x=0,\mathrm{d}z=0$$

最后,在 P_2P 上

$$\mathrm{d}x=0,\mathrm{d}y=0$$

由此可得

$$\begin{aligned}u(x,y,z)-u(x_0,y_0,z_0)&=\int_{(P_0)}^{(P)} X\mathrm{d}x+Y\mathrm{d}y+Z\mathrm{d}z\\&=\int_{x_0}^{x}X(x,y_0,z_0)\mathrm{d}x+\int_{y_0}^{y}Y(x,y,z_0)\mathrm{d}y+\int_{z_0}^{z}Z(x,y,z)\mathrm{d}z\end{aligned}$$

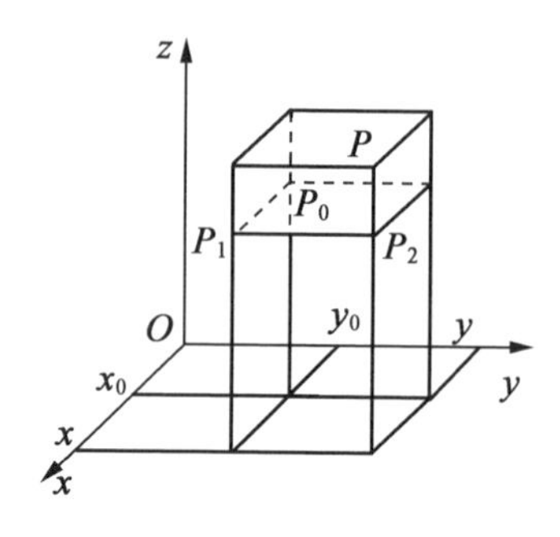

图 14

如果用直平行六面体 P_0P 上从点 P_0 联结到点 P 的其他各棱作为积分路线,可以得到与这相仿的公式.

原函数的一般式子可写作如下形式

$$u(x,y,z)=\int_{(P_0)}^{(P)} X\mathrm{d}x+Y\mathrm{d}y+Z\mathrm{d}z+C$$

$$=\int_{x_0}^{x} X(x,y_0,z_0)\,\mathrm{d}x+\int_{y_0}^{y} Y(x,y,z_0)\,\mathrm{d}y+\int_{z_0}^{z} Z(x,y,z)\,\mathrm{d}z+C$$

其中 $P_0(x_0,y_0,z_0)$ 是域上一点,C 是任意常数.

注意 对长度的曲线积分也能具有不取决于积分路线的这种重要属性.如果把这种积分化成对坐标的积分,那么要解决它是否取决于积分路线的问题时,就可用以上所讲的准则.

拿解析中常见的积分

$$I=\int_L \frac{\partial u}{\partial n}\mathrm{d}s$$

作为例子,其中 $\frac{\partial u}{\partial n}$ 表示函数 $u(x,y)$ 在积分曲线 L 的法线方向上的导函数(“法线导数”). 这是一个对长度的曲线积分.

我们知道(见 163 小节) $\frac{\partial u}{\partial n}$ 的式子是

$$\frac{\partial u}{\partial n}=\frac{\partial u}{\partial x}\cos(n,x)+\frac{\partial u}{\partial y}\sin(n,x)$$

这里 (n,x) 表示法线与 x 轴间的夹角. 我们不难看出

$$\cos(n,x)=\sin(s,x),\sin(n,x)=-\cos(s,x)$$

其中 (s,x) 表示对应点处的曲线 L 与 x 轴所成的角. 正负号的取法可能与所写的相反,那要看曲线的指向与法线的方向而定,不过这事对于最后的结果不产生影响.

于是

$$I=\int_L \frac{\partial u}{\partial n}\mathrm{d}s=\int_L\left(\frac{\partial u}{\partial x}\sin(s,x)-\frac{\partial u}{\partial y}\cos(s,x)\right)\mathrm{d}s$$

因而

$$I=\int_L -\frac{\partial u}{\partial y}\mathrm{d}x+\frac{\partial u}{\partial x}\mathrm{d}y$$

由此可知,若

$$\frac{\partial}{\partial y}\left(-\frac{\partial u}{\partial y}\right)=\frac{\partial}{\partial x}\left(\frac{\partial u}{\partial x}\right)$$

即

$$-\frac{\partial^2 u}{\partial y^2}=\frac{\partial^2 u}{\partial x^2}$$

也就是函数 $u(x,y)$ 满足拉普拉斯方程

$$\frac{\partial^2 u}{\partial x^2}+\frac{\partial^2 u}{\partial y^2}=0$$

换句话说,$u(x,y)$ 是谐函数,则积分 I 不取决于积分路线.

所以,当且仅当 $u(x,y)$ 为谐函数时,积分 $\int_L \frac{\partial u}{\partial n}\mathrm{d}s$ 才不取决于积分路线(或在任何闭曲线上等于 0).

206. 使用曲线积分的程序、热力学问题

假定某个量 u 可以看作已给平面曲线 L 的弧长的函数:$u=u(s)$,且具有可加性,也就是,若把 s 分成 $s_1,s_2,\cdots,s_n$,且

$$s=s_1+s_2+\cdots+s_n$$

则

$$u(s)=u(s_1)+u(s_2)+\cdots+u(s_n)$$

在曲线 L 上任意点 $P(x,y)$ 处取任意小的一段弧,以增量 $\mathrm{d}x$ 及 $\mathrm{d}y$ 作为其标志,并确定出对应于该段弧的量 u 的元素 $\mathrm{d}u$.

在最常见的情形下,该元素可表示为

$$\mathrm{d}u=X\mathrm{d}x+Y\mathrm{d}y \tag{10}$$

其中 X 及 Y 是点 P 的已知函数

$$X=X(P),Y=Y(P)$$

于是把曲线 L 上的所有这种元素全部加起来之后,得量 u 的值为

$$u=\int_L X\mathrm{d}x+Y\mathrm{d}y$$

元素 $\mathrm{d}u$ 是 u 在曲线 L 上从点 $P(x,y)$ 到点 $P(x+\mathrm{d}x,y+\mathrm{d}y)$ 的一段弧上的微分. 若 $\mathrm{d}u$ 的式子(10) 是某个函数的全微分,也就是说,$\mathrm{d}u$ 不仅是曲线 L 上而

且也是平面上任意变动点的函数的微分,则我们便有以上两小节里所证定理中的条件:积分可取在任何曲线上,而 u 将只是点(积分路线的终点)的函数. 否则我们就不能得出这样的结论,那时量 u 必须要取决于积分路线.

我们拿热力学里的重要问题来作为例子.

物体的状态,是标志其物理特征的一批量. 在热力学中通常拿压力 p,体积 v 及绝对温度 T 作为上述这些量. 所以只要指出 p,v,T 三个量,物体的状态就算给出. 但这三个量之间还有个关系式 —— 状态方程. 因此物体的状态实际上可用两个量 p 及 v 确定出来(第三个量 T 是 p 及 v 的函数).

从几何上讲,每个状态对应着 pOv 平面上的一点 $P(p,v)$,由此可知每个过程(由物体状态的连续变化造成)对应着 pOv 平面上的一条曲线. 该曲线叫作过程图. 在物体重新回到其初始状态的场合下,这种过程叫作循环,循环过程图是条闭曲线.

如果用这种几何观念来看热力学中的过程,我们就可以明显指出曲线积分在研究热力学过程时的应用.

拿最简单的情形来讲,设物体是理想气体,也就是满足克拉佩龙状态方程

$$pv = RT \quad (R = \text{const})$$

的那种气体.

若过程用已给图线 L 表示,我们来求产生该过程时气体所吸收的热量 Q. 在曲线 L 上取出从点 $P(p,v)$ 到点 $P(p+\mathrm{d}p, v+\mathrm{d}v)$ 的一段弧来表示一"无穷小过程",我们用 ΔQ 表示对应于该过程的热量. 这个热量要化为气体分子的机械能增量,也就是说,它最后要化为使温度得到增量 $\mathrm{d}T$ 及使体积改变 $\mathrm{d}v$ 时所做的功. 如果根据"微小作用相加原理",假定所吸收的热量等于两个热量的和:

(1) 体积 v 不变而温度升高 $\mathrm{d}T$ 时所耗的热量.

(2) 温度 T 不变而体积膨胀 $\mathrm{d}v$ 时做功所耗的热量.

第一个热量显然等于 $c_v\mathrm{d}T$,其中 c_v 是气体的定容比热容. 第二个热量也显然可用压力 p 与体积增量 $\mathrm{d}v$ 的乘积来表示. 所以

$$\mathrm{d}Q = c_v\mathrm{d}T + ap\mathrm{d}v$$

其中 $a = \dfrac{1}{427}$ kcal/kg 是热功当量.(用 a 乘之后就把机械功 $p\mathrm{d}v$ 的单位化为功的热量单位.)

根据克拉佩龙方程有

$$\mathrm{d}T = \frac{v}{R}\mathrm{d}p + \frac{p}{R}\mathrm{d}v$$

代入 $\mathrm{d}Q$ 的式子中,得

$$\mathrm{d}Q = \frac{c_v}{R}v\mathrm{d}p + \frac{c_v + aR}{R}p\mathrm{d}v$$

在 p 为定压时,$\mathrm{d}p=0$,从最后两个公式可得

$$\mathrm{d}T=\frac{p}{R}\mathrm{d}v,\mathrm{d}Q=\frac{c_v+aR}{R}p\mathrm{d}v$$

也就是

$$\mathrm{d}Q=(c_v+aR)\mathrm{d}T$$

由此可见 $\mathrm{d}T$ 的系数是定压比热容 c_p,即

$$c_v+aR=c_p \tag{11}$$

(c_v 及 c_p 都看作常量).

所以最后得

$$\mathrm{d}Q=\frac{c_v}{R}v\mathrm{d}p+\frac{c_p}{R}p\mathrm{d}v$$

要确定出所求的热量 Q 时,只要把 $\mathrm{d}Q$ 的式子在过程图 L 上取积分即可

$$Q=\int_L\frac{c_v}{R}v\mathrm{d}p+\frac{c_p}{R}p\mathrm{d}v$$

这里的积分显然不能满足不取决于积分路线的条件. 因为

$$\frac{\partial}{\partial v}\left(\frac{c_v}{R}v\right)=\frac{c_v}{R},\frac{\partial}{\partial p}\left(\frac{c_p}{R}p\right)=\frac{c_p}{R}$$

而从关系式(11)可以看出 $c_v\neq c_p$. 这样热量 Q 就不能只用积分路线的终点(当始点固定时)确定出来,而必须取决于积分路线本身,也就是说 Q 并非点 $P(p,v)$ 的函数. 从以上所讨论的事可知,气体吸收的热量并非其状态的函数,该热量不仅要取决于气体的最终状态,而且要取决于气体达到最终状态以前所经过的变化方式,换句话说,气体吸收的热量要取决于一切中间状态的总和. 特别是在循环中一般总要吸收或放出热量,该热量就需要从外功得来或消耗在外功上.

在热力学中要引入一个具有重要意义的量来标志过程的特征,这就是熵. 确定熵时,我们把对应于点 $P(p,v)$ 到 $P(p+\mathrm{d}p,v+\mathrm{d}v)$ 的一段过程图线的热量元素 $\mathrm{d}Q$ 与温度值 T 的商作为对应于该段过程图的熵元素 $\mathrm{d}S$,即

$$\mathrm{d}S=\frac{\mathrm{d}Q}{T}$$

理想气体的熵也可用过程图线 L 上的曲线积分来求出它的式子

$$S=\int_L\frac{\mathrm{d}Q}{T}=\int_L\frac{c_v}{RT}v\mathrm{d}p+\frac{c_p}{RT}p\mathrm{d}v$$

由于

$$RT=pv$$

故

$$S=\int_L \frac{c_v}{p}\mathrm{d}p+\frac{c_p}{v}\mathrm{d}v$$

这时被积分式是个全微分$\left(\frac{\partial}{\partial v}\left(\frac{c_v}{p}\right)=\frac{\partial}{\partial p}\left(\frac{c_p}{v}\right)=0\right)$,所以,熵是气体的状态的函数,它的值并不取决于气体从始态变到终态时所经的变化方式,特别是任何循环中的熵都等于0.

实际求出积分后,得

$$S=\ln Cp^{c_v}v^{c_p}$$

现在来讲两种特殊情形:

(1) 在等温过程($T=\mathrm{const}, \mathrm{d}T=0$) 中

$$\mathrm{d}Q=ap\mathrm{d}v$$

于是

$$Q=a\int_L p\mathrm{d}v$$

由此可知当L为闭曲线时,所吸收的热量正比于图线所围的面积.(等温过程的图线叫作等温图.)

(2) 在绝热过程中($Q=\mathrm{const}, \mathrm{d}Q=0$,因而$\mathrm{d}S=0$,也就是$S=\mathrm{const}$),得$S$的式子是

$$p^{c_v}v^{c_p}=\mathrm{const}$$

由此得

$$pv^k=\mathrm{const}$$

其中$k=\frac{c_p}{c_v}>1$. 这是理想气体绝热过程图线(绝热线) 的方程. 绝热线是复热线的一种.

这里读者需注意一件事情:表达式$\left(\mathrm{d}Q=\frac{c_v}{R}v\mathrm{d}p+\frac{c_p}{R}p\mathrm{d}v\right)$原来并非全微分,但用一个函数$\left(\frac{1}{T}=\frac{R}{pv}\right)$乘了之后便变成全微分. 我们以后要在221 小节中从一般观点来研究这事.

§3 曲面积分

207. 对面积的曲面积分

正如对长度的曲线积分与普通(直线) 积分概念之间的关系一样,对面积

的曲面积分也是重积分概念的推广.

设已给:

(1) 满足可求面积条件的连续曲面 S.

(2) 曲面 S 上点 P 的连续函数 $f(P)$.

把曲面 S 分成 n 小块子面 $q_1,q_2,\cdots,q_n$,其面积各为 $\Delta q_1,\Delta q_2,\cdots,\Delta q_n$,从每小块上各任取一点 $P_1,P_2,\cdots,P_n$,并取已给函数在那些点处的值 $f(P_1)$, $f(P_2),\cdots,f(P_n)$.

作和式

$$I_n=\sum_{i=1}^{n}f(P_i)\Delta q_i$$

叫作函数 $f(P)$ 在曲面 S 上对面积的第 n 积分和式.

当各子面直径中的最大直径趋于 0 时,这个积分和式的极限 I 叫作函数 $f(P)$ 在曲面 S 上对面积的曲面积分,其记号为

$$I=\iint_S f(P)\,\mathrm{d}q$$

其中 $\mathrm{d}q$ 是曲面 S 的面积元素(或简称曲面元素).

我们无须细讲这里所用的各种记号及术语,因为那与以前用过的都相仿.

在 $f(P)\equiv 1$ 时,曲面积分

$$Q=\iint_S \mathrm{d}q$$

仅表示全部曲面 S 的面积 Q.

重积分的一般属性自然也同样为对面积的曲面积分所具有. 特别是当曲面 S 分成 $q_1,q_2,\cdots,q_n$ 几部分时,则

$$\iint_S f(P)\,\mathrm{d}q=\iint_{q_1} f(P)\,\mathrm{d}q+\iint_{q_2} f(P)\,\mathrm{d}q+\cdots+\iint_{q_n} f(P)\,\mathrm{d}q$$

现在讲对面积的曲面积分的计算法.

设曲面 S 被平行于 z 轴的任一直线所交不超过一点. 这时曲面方程可写作

$$z=z(x,y)$$

这里如果曲面 S 在 xOy 平面上的正投影是 D,那么 $z(x,y)$ 是域 D 内变点 $P_1(x,y)$ 的单值函数.

如果函数 $f(P)$ 用点 P 的坐标所确定的式子 $f(x,y,z)$ 给出,那么把这个式子里的宗标 z(曲面 S 上点 $P(x,y,z)$ 的竖坐标)换成 $z(x,y)$ 之后,便得到两个变量 x 及 y 的函数

$$f(x,y,z)=f(x,y,z(x,y))$$

又

$$\mathrm{d}q=\sqrt{1+z_x'^2(x,y)+z_y'^2(x,y)}\,\mathrm{d}\sigma$$

所以

$$\iint_S f(x,y,z)\,\mathrm{d}q=\iint_D f(x,y,z(x,y))\sqrt{1+z_x'^2(x,y)+z_y'^2(x,y)}\,\mathrm{d}x\mathrm{d}y$$

当积分域(曲面S)不能满足上述条件时,也就是当曲面方程不能用单值函数写成就某一个坐标解出来的式子时,我们应把曲面分成几部分,使每部分曲面都满足这个条件.这样就可把对面积的曲面积分化成坐标平面域上的几个二重积分的和.

当曲面用参数方程给出时,对面积的曲面积分的计算法,完全与上面所讲的相仿,读者不难自己推出.

这样,在任何曲面上对面积的曲面积分的计算,可化为二重积分的计算.

这就使我们无须陈述对面积的曲面积分的存在定理,因为它可以直接化为二重积分的存在定理.

208. 对坐标的曲面积分

对坐标的曲面积分比对面积的曲面积分用处多.

在讲这种积分的定义以前,先要讲曲面的指向问题.光滑曲线的指向可用其切线定出①,而曲面的指向则可用其法线定出.

即若在曲面的法线上指定两个可能方向之一,且该方向与曲面上引出法线的点在曲面上都是连续变动的,那就说该曲面是有指向的.

在曲面S上取一点P及该处的有向法线.现在我们把点P与它的法线从点P_0起在曲面上沿着任意路线一起移动,并使移动时的法线方向连续变化,也就是说移动时使无限接近两点处的法线方向无限接近.

如果在点P回到出发点P_0时,法线方向与原来在点P_0处所取的方向相合,那么我们说曲面S是双侧的.否则它便是单侧的.我们可以拿麦比乌斯带来作单侧曲面的例子.麦比乌斯带的模型可用一长方形纸条来做.做的时候就好像把纸条粘成圆箍的情形一样,不过在粘住以前先得把纸条扭过来(图15).如果在麦比乌斯带上一点处取一定的法线方向,那么在麦比乌斯带上从该点出发不越过边线而连续移动的结果,回到出发点时的法线方向,会与原来的法线方向相反.

我们以后只考虑双侧曲面.

选取了双侧曲面上任一点处的法线方向之后,也就是选定了曲面的一侧之后,我们就确定出了曲面的指向.有向双侧曲面是选定了某一侧的曲面.

当曲面为闭面时,其外侧(对曲面所包的域来说也就是朝外的一侧)通常叫作曲面的正侧.

---

① 当切线与曲线上的切点一起连续变动时,则指出切线的两种方向之一就可以定出曲线的指向.

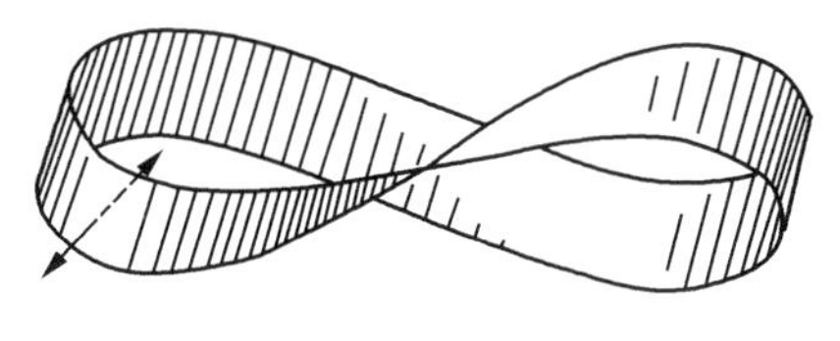

图 15

如果把曲面元素 dq 投影到坐标平面(例如 xOy 平面)上,便得到对应于该曲面元素的平面元素 $d\sigma$. 除了上述关于曲面指向的规定,再补充以下的规定:我们要按照曲面所确定正侧上的法线与平面垂线(例如 z 轴)所成的角是锐角或是钝角来决定曲面元素 dq 在平面上的投影 $d\sigma$ 应取得正号或负号.

以上的规定看起来好像完全是随意做的,但读者不久便可以看出它的用处. 而且现在也可以看出,这样规定了之后,连坐标平面(xOy 平面)上的面积元素也成为有指向的,因而就使二维域里也有相仿于一维域里的那种情况. [曲线元素 ds 的投影(dx 或 dy),原是自己有指向的:当曲线的切线(平面上的指向者)与投影轴成锐角时,投影为正,成钝角时,则为负.]

应用上述关于曲面指向的规定,我们就可以讲对坐标的曲面积分的定义. 对坐标的曲面积分这个概念,是曲线积分概念在曲面情形下的仿照.

对坐标的曲面积分与对面积的曲面积分两者间的不同之处是:在前者中,与曲面 S 上一点处函数值相乘的,不是曲面元素 dq,而是坐标平面 xOy(或 xOz 或 yOz)上对应于该曲面元素的有向元素 $d\sigma$.

所以这时积分和式的形式是

$$I_n = \sum_{i=1}^{n} f(P_i)\Delta\sigma_i$$

它的极限就是对坐标的曲面积分

$$I = \iint_S f(P)\,d\sigma = \iint_S f(P)\,dx\,dy$$

同时元素

$$d\sigma = dx\,dy$$

应按照上述规定而带有正负号.

同样可确定出积分

$$I = \iint_S f(P)\,dx\,dz, \iint_S f(P)\,dy\,dz$$

对坐标的曲面积分的记号里,还应该附带指明积分方向,也就是指明曲面 S 的哪一侧取作正侧.

我们用 $\alpha(P),\beta(P),\gamma(P)$ 分别表示曲面 S 上点 P 处的有向法线与 x 轴、y 轴、z 轴所成的角. 于是不难看出对于任何曲面可得

$$\iint_S f(P)\,\mathrm{d}x\mathrm{d}y=\iint_S f(P)\cos\gamma(P)\,\mathrm{d}q$$

$$\iint_S f(P)\,\mathrm{d}x\mathrm{d}z=\iint_S f(P)\cos\beta(P)\,\mathrm{d}q$$

$$\iint_S f(P)\,\mathrm{d}y\mathrm{d}z=\iint_S f(P)\cos\alpha(P)\,\mathrm{d}q$$

由此可知,对坐标的曲面积分显然具有对面积的曲面积分的那些主要属性,并且一般来讲还具有重积分的主要属性. 特别是当曲面 S 分成 $q_1,q_2,\cdots,q_n$ 各部分(指向都一样) 时,则

$$\iint_S f(P)\,\mathrm{d}\sigma=\iint_{q_1} f(P)\,\mathrm{d}\sigma+\iint_{q_2} f(P)\,\mathrm{d}\sigma+\cdots+\iint_{q_n} f(P)\,\mathrm{d}\sigma$$

此外还有与有向曲面相关的下列属性:若改变曲面的指向(侧),则积分变号

$$\iint_{+S} f(P)\,\mathrm{d}\sigma=-\iint_{-S} f(P)\,\mathrm{d}\sigma$$

这里 $+S$ 及 $-S$ 各表示曲面 S 的两侧.

因若改变曲面的侧,则结果就会把法线方向变成相反的方向,于是积分和式中的所有 $\Delta\sigma$ 都要变号.

这个属性与曲线积分的对应属性完全相仿,并且像后者一样会产生出新的重要属性.

如果用闭曲线 $S_1,S_2,\cdots,S_n$ 把闭曲面 S 所包的空间域 Ω 分成若干部分,那么整个曲面 S 上(例如在正侧上) 的曲面积分等于各有向曲面 $S_1,S_2,\cdots,S_n$ 对应(正) 侧上的积分的和

$$\iint_S f(P)\,\mathrm{d}\sigma=\iint_{S_1} f(P)\,\mathrm{d}\sigma+\iint_{S_2} f(P)\,\mathrm{d}\sigma+\cdots+\iint_{S_n} f(P)\,\mathrm{d}\sigma$$

这里我们当然要假定被积函数在整个域 Ω 上有定义且为连续的.

与讲曲线积分时的情形一样,我们之所以相信有这个属性,是基于以下的理由:域 Ω 内部的每个曲面,到最后都要在两侧上积分一遍,所以结果只剩域 Ω 表面各部分上的积分,于是所得的和便是整个曲面 S 上的积分.

对坐标的曲面积分可以化成二重(平面) 积分来算. 例如拿积分

$$\iint_S f(x,y,z)\,\mathrm{d}x\mathrm{d}y$$

来说,假设曲面 S 被平行于 z 轴的任一直线所交不超过一点. 这时元素

$$\mathrm{d}\sigma=\mathrm{d}x\mathrm{d}y$$

的正负号不变[在曲面的上侧(z 增大方向的一侧) 积分时为正,在下侧积分时为负]. 设曲面方程是

$$z=z(x,y)$$

其中 $z(x,y)$ 是单值函数,且设我们在曲面的上侧积分. 于是

$$\iint_S f(x,y,z)\mathrm{d}x\mathrm{d}y=\iint_D f(x,y,z(x,y))\mathrm{d}x\mathrm{d}y$$

其中 D 是曲面 S 在 xOy 平面上的投影. 在一般情形下曲面应分成若干部分,使每一部分上的积分可能用上述方法来算.

对其他坐标的曲面积分,也可用完全相同的方法来算.

由于对坐标的曲面积分可以化为二重积分,故可从二重积分的存在定理推出曲面积分的存在定理,但我们不再陈述这个定理.

例 1 求积分

$$I=\iint_S xyz\mathrm{d}x\mathrm{d}y$$

积分域为位于第一及第八卦限 $x\geqslant 0, y\geqslant 0$ 内的球面 $x^2+y^2+z^2=1$ 的外侧.

解 全部积分曲面 S 上的竖坐标 z 不可能用 x 及 y 的单值函数来表示. 我们把它分成两部分:位于 xOy 平面以上的 S_2,以及位于其下的 S_1. 这两部分曲面的方程各为

$$z_2=\sqrt{1-x^2-y^2}$$

及

$$z_1=-\sqrt{1-x^2-y^2}$$

于是得

$$I=\iint_S xyz\mathrm{d}x\mathrm{d}y=\iint_{S_2} xyz\mathrm{d}x\mathrm{d}y+\iint_{S_1} xyz\mathrm{d}x\mathrm{d}y$$

但因右边第二个积分是要在 S_1(位于第八卦限内的那部分球面)的下侧取的,所以

$$I=\iint_{S_2} xyz\mathrm{d}x\mathrm{d}y-\iint_{-S_1} xyz\mathrm{d}x\mathrm{d}y$$

其中 $-S_1$ 是刚才所说那部分球面的上侧.

把曲面积分化为平面积分之后,得

$$\begin{aligned}I&=\iint_D xy\sqrt{1-x^2-y^2}\mathrm{d}x\mathrm{d}y-\iint_D -xy\sqrt{1-x^2-y^2}\mathrm{d}x\mathrm{d}y\\&=2\iint_D xy\sqrt{1-x^2-y^2}\mathrm{d}x\mathrm{d}y\end{aligned}$$

其中 D 是 S_1 及 S_2 的投影,也就是位于 xOy 平面第一象限内的那部分圆 $x^2+y^2\leqslant 1$.

二重积分可以在直角坐标换成极坐标之后来计算

$$I = 2\iint_D \rho^2 \sin\varphi\cos\varphi\sqrt{1-\rho^2}\,\rho\,d\rho\,d\varphi$$

$$= \int_0^{\frac{\pi}{2}} \sin 2\varphi\,d\varphi \int_0^1 \rho^3\sqrt{1-\rho^2}\,d\rho$$

$$= 1 \times \frac{2}{15} = \frac{2}{15}$$

若函数不仅在一个曲面上,而且在整个域上都有定义且是连续的,则域内任一曲面上所取的曲面积分(对面积的或是对坐标的曲面积分都一样)便是取决于曲面的"泛函数".

在解析及其应用上,常碰到曲面积分的下列组合(和)式

$$\iint_S X\,dy\,dz + \iint_S Y\,dx\,dz + \iint_S Z\,dx\,dy$$

其中

$$X = X(x,y,z),\ Y = Y(x,y,z),\ Z = Z(x,y,z)$$

这个式子可用一个曲面积分的记号写出

$$\iint_S X\,dy\,dz + Y\,dx\,dz + Z\,dx\,dy$$

与讨论组合曲线积分时所详细研究过的问题相仿,我们也可对这个"组合"曲面积分提出如下的重要问题:函数 X,Y,Z 应满足什么样的条件后,才可使任何闭曲面上的曲面积分等于0(也就是使曲面积分只取决于积分曲面的边线).

这个问题要等到推出奥氏公式之后才能解决,从那里我们就能很方便地推出这个问题的解答.

209. 曲面积分在计算物体体积时的应用

设包围空间域 Ω 的闭曲面 S 与坐标线的交点不超过两个(图16),则域 Ω 的体积 V 可用三重积分 $\iiint_\Omega dx\,dy\,dz$ 来表示. 现在我们要把这个积分变换一下. 为此可作一柱面,使它能裹住曲面 S 且把域 Ω 正投影到 xOy 平面上,这个柱面与曲面 S 相切于曲线 L 上,由该线把 S 分为 S_2 及 S_1 两部分,每部分被平行于 z 轴的任一曲线所交不超过一点. 设域 D 是曲面 S_2 及 S_1(及域 Ω) 在 xOy 平面上的投影,而

$$z = z_2(x,y) \text{ 及 } z = z_1(x,y)$$

是曲面 S_2 及 S_1 的方程.

先对 z 积分,然后对域 D 上的 x 及 y 积分,得

$$V = \iint_D dx\,dy \int_{z_1(x,y)}^{z_2(x,y)} dz = \iint_D z_2(x,y)\,dx\,dy - \iint_D z_1(x,y)\,dx\,dy$$

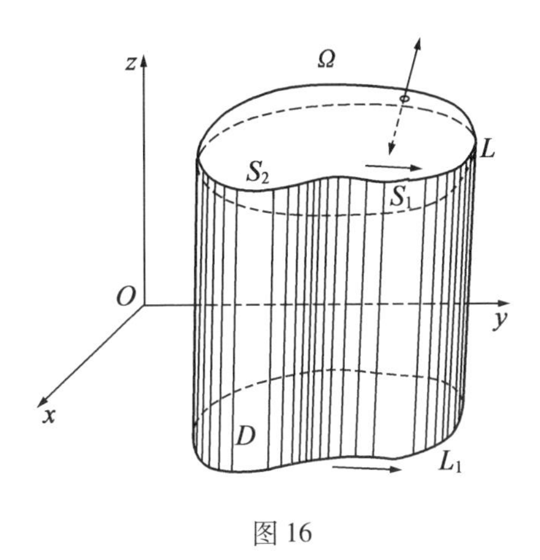

图 16

但根据前一小节所讲的变换法则，可把右边的积分表示为曲面积分. 这就是

$$V=\iint_{+S_2} z\mathrm{d}x\mathrm{d}y-\iint_{+S_1} z\mathrm{d}x\mathrm{d}y$$

或

$$V=\iint_{+S_2} z\mathrm{d}x\mathrm{d}y+\iint_{-S_1} z\mathrm{d}x\mathrm{d}y$$

上式中有正号的积分域表示对应曲面的上侧，有负号的表示下侧. 由此可知

$$V=\iint_S z\mathrm{d}x\mathrm{d}y$$

且曲面积分取在曲面 S 的正（外）侧. 同样可得

$$V=\iint_S x\mathrm{d}y\mathrm{d}z, V=\iint_S y\mathrm{d}x\mathrm{d}z$$

这两个积分都取在曲面的同一侧.

把所得的三个等式加起来，并用 3 除两边，得

$$V=\frac{1}{3}\iint_S x\mathrm{d}y\mathrm{d}z+y\mathrm{d}x\mathrm{d}z+z\mathrm{d}x\mathrm{d}y \tag{1}$$

这个公式与表示平面域面积的曲线积分式子（见 203 小节）相仿.

上述所假设的曲面 S 也可能含有几块柱面，各个柱面的母线垂直于坐标面. 这时证明上面的公式时无须做任何更改，因为积分 $\iint_S x\mathrm{d}y\mathrm{d}z$，$\iint_S y\mathrm{d}x\mathrm{d}z$，$\iint_S z\mathrm{d}x\mathrm{d}y$ 中，与垂直于坐标面

$$x=0, y=0, z=0$$

的那几块柱面相对应的那几部分积分等于 0.

公式(1) 在闭曲面为任何形状时也成立. 因若这个曲面不满足前述条件,则可把域 Ω 分成子域 $\Omega_1,\Omega_2,\cdots,\Omega_n$,使其边界面 $S_1,S_2,\cdots,S_n$ 为满足所述条件的闭曲面. 这样

$$V=\frac{1}{3}\iint_{S_1}x\mathrm{d}y\mathrm{d}z+y\mathrm{d}x\mathrm{d}z+z\mathrm{d}x\mathrm{d}y+$$

$$\frac{1}{3}\iint_{S_2}x\mathrm{d}y\mathrm{d}z+y\mathrm{d}x\mathrm{d}z+z\mathrm{d}x\mathrm{d}y+\cdots+$$

$$\frac{1}{3}\iint_{S_n}x\mathrm{d}y\mathrm{d}z+y\mathrm{d}x\mathrm{d}z+z\mathrm{d}x\mathrm{d}y$$

但根据曲面积分的属性,我们知道等式右边的几个积分的和等于整个曲面 S 上的积分,于是所说的事已证.

§4 各类积分间的关系

210. 格林公式及其推论

在本节中我们要讲不同维数的域上各类积分间几个很重要的关系式. 我们先建立把二重积分与曲线积分联系起来的格林①公式. 我们之所以会想到这种联系有一般存在的可能,是由于平面图形的面积可用曲线积分来表示. 而推出格林公式时所用的论证,实际上就是以一般形式重复讲一遍上述面积公式的推出法.

在 xOy 平面上取域 D,并设包围它的闭曲线 L 与坐标线的交点不超过两个(图 10). 现在来变换下列二重积分

$$I=\iint_D\frac{\partial X}{\partial y}\mathrm{d}x\mathrm{d}y$$

其中 $X=X(x,y)$ 是在域 D 上具有连续一阶偏导数的连续函数.

先对 y,然后对 x 积分,得

$$I=\int_a^b\mathrm{d}x\int_{y_1(x)}^{y_2(x)}\frac{\partial X}{\partial y}\mathrm{d}y$$

其中 $y=y_2(x)$ 是曲线 ABC 的方程,$y=y_1(x)$ 是曲线 AEC 的方程.

① 格林(Green,1793—1841),英国著名数学物理学家. 这里格林公式是奥斯特罗格拉德斯基所得一般公式的一种特殊情形.

算出内积分后显然可得

$$I=\int_a^b[X(x,y_2(x))-X(x,y_1(x))]\mathrm{d}x$$

$$=\int_a^b X(x,y_2(x))\mathrm{d}x+\int_b^a X(x,y_1(x))\mathrm{d}x$$

但上式右边是函数 $X(x,y)$ 在曲线 L 上沿方向 $ABCE$ 的曲线积分式子. 所以

$$\iint_D\frac{\partial X}{\partial y}\mathrm{d}x\mathrm{d}y=\int_{-L}X\mathrm{d}x$$

这时在曲线 L 上的积分方向是负方向(顺时针转动方向).

同样可知有等式

$$\iint_D\frac{\partial Y}{\partial x}\mathrm{d}x\mathrm{d}y=-\int_{-L}Y\mathrm{d}y$$

其中 $Y=Y(x,y)$ 是在域 D 上具有连续偏导数的连续函数,且在曲线 L 上的积分方向取负方向.

从上面所得的第二式减去第一式,并改变积分方向,得

$$\iint_D\left(\frac{\partial Y}{\partial x}-\frac{\partial X}{\partial y}\right)\mathrm{d}x\mathrm{d}y=\int_{+L}X\mathrm{d}x+Y\mathrm{d}y \tag{1}$$

这时曲线积分已取在曲线 L 的正方向上.

与以前的情形一样,我们也可以指出:公式(1) 不但对于满足前述条件的闭曲线所围的域成立,而且对于任何闭曲线所围的域都成立.

关系式(1) 叫作格林公式,各类的积分之间的关系式,可以拿它作为第一个例子.

格林公式使我们可把二重积分(也就是平面域上的积分) 换成域边界上的曲线积分,并且也可以倒过来换.

在

$$X=-y,Y=x$$

的特殊情形下,则

$$\frac{\partial Y}{\partial x}=1,\frac{\partial X}{\partial y}=-1$$

由此可知

$$S=\iint_D\mathrm{d}x\mathrm{d}y=\frac{1}{2}\int_L-y\mathrm{d}x+x\mathrm{d}y$$

于是我们得到 203 小节中的公式(4).

注意 Ⅰ. 用格林公式就不难来研讨(见 204,205 小节) 以前所讲关于曲线积分在什么条件下不取决于积分路线的问题.

若已给域 D 由一条闭曲线所围成,则要使域上任一闭曲线上的积分

$$\int_L X\mathrm{d}x + Y\mathrm{d}y$$

变为0,其必要且充分条件是等式

$$\frac{\partial X}{\partial y} = \frac{\partial Y}{\partial x}$$

恒成立,且其中的偏导数连续于域 D 上.

因若这个等式成立,则根据格林公式可知,不管 L 是怎样的一条闭曲线,积分 $\int_L X\mathrm{d}x + Y\mathrm{d}y$ 总等于0.

反过来,假设这个积分在任一闭曲线上等于0,但在域 D 的一点 P 处有

$$\frac{\partial Y}{\partial x} - \frac{\partial X}{\partial y} = \mu \neq 0$$

为确定起见,设 $\mu > 0$. 由于偏导数具有连续性,故可在点 P 处指出一邻域 δ,使其上每点处有

$$\frac{\partial Y}{\partial x} - \frac{\partial X}{\partial y} \geqslant \mu - \varepsilon > 0$$

如果应用二重积分的估值定理,那么可从格林公式求得

$$\int_l X\mathrm{d}x + Y\mathrm{d}y = \iint_\delta \left(\frac{\partial Y}{\partial x} - \frac{\partial X}{\partial y}\right)\mathrm{d}x\mathrm{d}y \geqslant (\mu - \varepsilon)\cdot \text{пл.}\,\delta > 0$$

其中 l 及 пл. δ 各为域 δ 的边界及面积. 但这个结果与所论积分在任何闭曲线上等于0 的假定相矛盾,故 $\frac{\partial Y}{\partial x} - \frac{\partial X}{\partial y}$ 应在域 D 上恒等于0.

把刚才所得的结果与204 小节中的结果比较之后可得下列结论:等式

$$\frac{\partial X}{\partial y} = \frac{\partial Y}{\partial x}$$

恒成立是 $X\mathrm{d}x + Y\mathrm{d}y$ 为全微分的必要且充分条件.

这样我们就补足了205 小节中讨论这个问题时尚未证明的一件事,即所论条件的充分性.

Ⅱ. 我们要讲一讲格林公式的几个推论,它们在数学解析的特殊学科中有重要作用.

把等式(1) 里的函数 $X(x,y)$ 换成 $-X(x,y)$,得

$$\iint_L \left(\frac{\partial Y}{\partial x} + \frac{\partial X}{\partial y}\right)\mathrm{d}x\mathrm{d}y = \int_L -X\mathrm{d}x + Y\mathrm{d}y$$

为了使形式对称起见,把记号改变如下:把 X 换成 Y,或 Y 换成 X,得出另一形式的格林公式

$$\iint_D \left(\frac{\partial X}{\partial x} + \frac{\partial Y}{\partial y}\right) \mathrm{d}x\mathrm{d}y = \int_L - Y\mathrm{d}x + X\mathrm{d}y \tag{2}$$

把右边的曲线积分化成曲线 L 上对长度的积分,得

$$\iint_D \left(\frac{\partial X}{\partial x} + \frac{\partial Y}{\partial y}\right) \mathrm{d}x\mathrm{d}y = \int_L [- Y\cos(s,x) + X\sin(s,x)]\mathrm{d}s$$

但由于

$$(s,x) = (n,x) + \frac{\pi}{2}$$

其中 n 是闭曲线 L 的朝外法线,故

$$\iint_D \left(\frac{\partial X}{\partial x} + \frac{\partial Y}{\partial y}\right) \mathrm{d}x\mathrm{d}y = \int_L [X\cos(n,x) + Y\sin(n,x)]\mathrm{d}s \tag{3}$$

特别是在

$$X = \frac{\partial u}{\partial x}, Y = \frac{\partial u}{\partial y}$$

时,从公式可得

$$\iint_D \left(\frac{\partial^2 u}{\partial x^2} + \frac{\partial^2 u}{\partial y^2}\right) \mathrm{d}x\mathrm{d}y = \int_L \frac{\partial u}{\partial n}\mathrm{d}s$$

即

$$\iint_D \Delta u\mathrm{d}x\mathrm{d}y = \int_L \frac{\partial u}{\partial n}\mathrm{d}s \tag{4}$$

其中

$$\Delta u = \frac{\partial^2 u}{\partial x^2} + \frac{\partial^2 u}{\partial y^2}$$

是 u 的拉普拉斯式.

u 的拉普拉斯式在一平面域上的二重积分等于 u 在朝外法线方向上的导函数对域边界长度的曲线积分.

当 $u(x,y)$ 为谐函数时,其拉普拉斯式等于 0,$\Delta u = 0$,于是又得到 205 小节的注意中所讲过的结果.

若在公式(3) 中设

$$X = v\frac{\partial u}{\partial x}, Y = v\frac{\partial u}{\partial y}$$

我们还可以得到性质比式(4) 还要普通的关系式. 用初等方法计算可得

$$\frac{\partial X}{\partial x} + \frac{\partial Y}{\partial y} = v'_x u'_x + v'_y u'_y + v\Delta u$$

$$X\cos(n,x) + Y\sin(n,x) = v\frac{\partial u}{\partial n}$$

由此得

$$\iint_D (v'_x u'_x + v'_y u'_y + v\Delta u)\,\mathrm{d}x\mathrm{d}y = \int_L v\frac{\partial u}{\partial n}\mathrm{d}s \tag{A}$$

把 u 及 v 的位置交换,得类似的等式

$$\iint_D (u'_x v'_x + u'_y v'_y + u\Delta v)\,\mathrm{d}x\mathrm{d}y = \int_L u\frac{\partial v}{\partial n}\mathrm{d}s$$

从第二个等式中减去第一个等式,得

$$\iint_D (u\Delta v - v\Delta u)\,\mathrm{d}x\mathrm{d}y = \int_L \left(u\frac{\partial v}{\partial n} - v\frac{\partial u}{\partial n}\right)\mathrm{d}s \tag{B}$$

其中法线导数是在曲线 L 的朝外方向上取的. 这个公式表示平面域格林定理. 当 $v \equiv 1$ 时,从这个公式可得公式(4).

令公式(A) 中的 $v \equiv u$,则还可以得出一个特殊的公式

$$\iint_D (u'^2_x + u'^2_y + u\Delta u)\,\mathrm{d}x\mathrm{d}y = \int_L u\frac{\partial u}{\partial n}\mathrm{d}s$$

当 u 为谐函数时,这个公式的形式变为

$$\iint_D (u'^2_x + u'^2_y)\,\mathrm{d}x\mathrm{d}y = \int_L u\frac{\partial u}{\partial n}\mathrm{d}s$$

211. 斯托克斯①公式及其推论

斯托克斯公式是格林公式的直接推广. 格林公式把平面域上的积分化为平面曲线上的积分,而斯托克斯公式则把曲面积分化为空间曲线上的积分.

设曲面 S 与平行于 z 轴的直线的交点不多于一个,并用 L 表示其边界曲线. 设 $z = z(x,y)$ 是曲面 S 的方程.

我们要变换以下的组合曲面积分

$$I = \iint_S \frac{\partial X}{\partial y}\mathrm{d}x\mathrm{d}y - \frac{\partial X}{\partial z}\mathrm{d}x\mathrm{d}z$$

若含曲面 S 的域为 Ω,则上式中的 $X = X(x,y,z)$ 是在域 Ω 上具有连续偏导数的连续函数. 积分取在曲面的上侧.

如果把曲面元素 $\mathrm{d}q$ 在 xOy 平面及 xOz 平面上的投影各记作 $\mathrm{d}\sigma_{xy}$ 及 $\mathrm{d}\sigma_{xz}$,则

$$\mathrm{d}\sigma_{xy} = \cos\gamma\,\mathrm{d}q,\ \mathrm{d}\sigma_{xz} = \cos\beta\,\mathrm{d}q$$

其中 γ 及 β 各为曲面 S 的法线与 z 轴及 y 轴所成的角. 由此可知

$$\mathrm{d}\sigma_{xz} = \frac{\cos\beta}{\cos\gamma}\mathrm{d}\sigma_{xy}$$

但由于

$$\frac{\cos\beta}{\cos\gamma} = -z'_y$$

① 斯托克斯(Stokes,1819—1903).

故

$$d\sigma_{xz} = -z'_y d\sigma_{xy}$$

也就是

$$dxdz = -z'_y dxdy$$

于是

$$I = \iint_S \left(\frac{\partial X}{\partial y} + \frac{\partial X}{\partial z}z'_y\right) dxdy$$

现在要把这个曲面积分化为平面积分. 为此需根据曲面的方程 $z = z(x,y)$ 把被积函数中的变量 z 换成用 x 及 y 表示的式子. 但这里的被积函数等于用 $z(x,y)$ 代替 $X(x,y,z)$ 中的 z 之后所得叠函数对 y 的偏导数,因为

$$\frac{\partial}{\partial y}X(x,y,z(x,y)) = \frac{\partial X}{\partial y} + \frac{\partial X}{\partial z}z'_y$$

故若设

$$X(x,y,z(x,y)) = X_1(x,y)$$

则

$$I = \iint_D \frac{\partial X_1}{\partial y} dxdy$$

这里 D 是曲面 S 在 xOy 平面上的投影(图 16). 应用格林公式,得

$$I = \iint_D \frac{\partial X_1}{\partial y} dxdy = -\int_{L_1} X_1 dx$$

上式中域 D 的边界 L_1 显然是空间曲线 L 在 xOy 平面上的投影,并且积分取在 L_1 的正方向上.

不难看出,最后这个公式右边的曲线积分等于 $X(x,y,z)$ 在空间曲线 L 上的积分,在 L 上的积分方向则与其投影 L_1 的正方向相对应(这两个积分方向在图 16 中都用箭头指出).

所以

$$I = \iint_S \frac{\partial X}{\partial y} dxdy - \frac{\partial X}{\partial z} dxdz = -\int_L X dx \tag{C}$$

把曲面 S 上取积分的一侧换成另一侧时(上侧换成下侧),要使上面的公式仍然成立,就得把曲线 L 上的积分方向改变.

这样,公式(C) 中曲面积分与曲线积分两者的方向是互相配合的. 该配合法可用下述法则来规定:设在曲面 S 取积分的一侧转动的法线方向是从下到上的方向,那么我们在曲面的边界线 L 上移动时,所取的正方向就应使曲面始终在我们的左边(在左手坐标系中应使曲面始终在我们的右边).

应注意,公式(C) 不仅在所取曲面与任一平行于 z 轴的直线的交点不多于一个时成立,而且是对于任何曲面也成立的. 这事的证法与以前同类情形下的

证法完全相同.

同样还可以得到两个关系式

$$\iint_S \frac{\partial Y}{\partial z}\mathrm{d}y\mathrm{d}z - \frac{\partial Y}{\partial x}\mathrm{d}y\mathrm{d}x = -\int_L Y\mathrm{d}y \tag{C'}$$

$$\iint_S \frac{\partial Z}{\partial x}\mathrm{d}z\mathrm{d}x - \frac{\partial Z}{\partial y}\mathrm{d}z\mathrm{d}y = -\int_L Z\mathrm{d}z \tag{C''}$$

上式中的函数 $Y = Y(x, y, z)$, $Z = Z(x, y, z)$ 及其一阶偏导数连续于含有曲面 S 的一个域上.

把公式(C)(C′)(C″)加起来,得到总的斯托克斯公式

$$\iint_S \left(\frac{\partial Z}{\partial y} - \frac{\partial Y}{\partial z}\right)\mathrm{d}y\mathrm{d}z + \left(\frac{\partial X}{\partial z} - \frac{\partial Z}{\partial x}\right)\mathrm{d}z\mathrm{d}x + \left(\frac{\partial Y}{\partial x} - \frac{\partial X}{\partial y}\right)\mathrm{d}x\mathrm{d}y = \int_L X\mathrm{d}x + Y\mathrm{d}y + Z\mathrm{d}z \tag{5}$$

注意曲面积分记号里面的第三项 $\left(\frac{\partial Y}{\partial x} - \frac{\partial X}{\partial y}\right)\mathrm{d}x\mathrm{d}y$ 与格林公式中二重积分的被积分式相同,其余两项可把该被积分式中的字母按 x, y, z 及 X, Y, Z 的次序轮换而得出.

在这里也可以用记旋度式子时所用的方法来帮助记忆. 在曲面积分记号里面的大写字母(在分子中)依 $ZYXZYX$ 的次序出现,每个括号里面的两个小写字母(在分母里)与该括号中的大写字母一样,不过出现的次序相反.

在 $z=$ const 时(即当曲面 S 为平面时),斯托克斯公式显然就变为格林公式.

斯托克斯公式把任一曲面积分(积分域取在有向曲面上的积分)化为该曲面的对应有向边界上的曲线积分,而且反过来说也行.

若 S 是闭曲面,则当取位于该曲面上且把该曲面分成两部分的任一曲线作为积分路线 L 时,就可以看出在 S 上积分一次时等于在 L 上以相反的方向积分两次. 由此可知公式(5)左边的积分取在任一闭曲面上时等于0. 这个结果我们也不难从奥氏公式(见下一小节)得出.

注意 正如用格林公式研究过平面上的曲线积分不取决于积分路线的问题一样,我们同样可用斯托克斯公式来说明空间曲线上的曲线积分不取决于积分路线的问题.

我们要证明以下的定理:

定理 1 要使任一闭曲线 L(L 位于一个闭曲面所围的已给域 Ω 内)上的积分

$$\int_L X\mathrm{d}x + Y\mathrm{d}y + Z\mathrm{d}z \tag{6}$$

等于0,其必要且充分条件是等式

$$\frac{\partial X}{\partial y}=\frac{\partial Y}{\partial x},\frac{\partial Y}{\partial z}=\frac{\partial Z}{\partial y},\frac{\partial Z}{\partial x}=\frac{\partial X}{\partial z}$$

恒能满足,同时假定这些偏导数连续于整个域 Ω 上.

因当这些等式成立时,以曲线 L 为边界作位于域 Ω 内的曲面 S 后,可根据斯托克斯公式推出积分(6) 等于 0,不管 L 是怎么样的一条闭曲线.

反之,设在任一闭曲线上的积分(6) 等于 0,而在域 Ω 的某一点 $P_0(x_0,y_0,z_0)$ 处,上述几个等式不成立,比如说该处

$$\frac{\partial Y}{\partial x}-\frac{\partial X}{\partial y}=\mu>0$$

过点 P_0 作平面平行于 xOy 平面:$z=z_0$. 于是可在所作平面上取点 P_0 的一个邻域 δ,使其上每一点处有

$$\frac{\partial Y}{\partial x}-\frac{\partial X}{\partial y}\geqslant\mu-\varepsilon>0$$

由于在域 δ 上 $\mathrm{d}z=0$,结果便会得出像 210 小节中那样的矛盾结论:域 Ω 上有这样的闭曲线,使其上的积分(6) 不等于 0. 于是定理完全证明. 把这个定理与 204 小节 及 205 小节中的结果相比较,又得下述定理:

定理 2　等式

$$\frac{\partial X}{\partial y}=\frac{\partial Y}{\partial x},\frac{\partial Y}{\partial z}=\frac{\partial Z}{\partial y},\frac{\partial Z}{\partial x}=\frac{\partial X}{\partial z}$$

恒能满足,是使 $X\mathrm{d}x+Y\mathrm{d}y+Z\mathrm{d}z$ 成为全微分的必要且充分条件.

这个条件的充分性是在 205 小节中所未曾证明的.

212. 奥氏公式及其推论

现在讲各类积分间的最后一个关系式,即把三重积分与曲面积分联系起来的奥氏公式. 这种关系式的特殊情形我们已在前面用曲面积分表示体积时得到过. 奥氏公式的推出只是以一般的形式来重复我们在 209 小节中所讲过的事.

奥氏公式好比是格林公式在空间域上的推广.

取空间域 Ω,设其边界闭曲面 S 与任一坐标线的交点不多于两个.

我们来变换三重积分

$$I=\iiint_{\Omega}\frac{\partial Z}{\partial z}\mathrm{d}x\mathrm{d}y\mathrm{d}z$$

其中函数 $Z=Z(x,y,z)$ 及其一阶偏导数连续于域 Ω 上.

像 209 小节中那样作一柱面,并先对 z 积分,得

$$I=\iiint_{\Omega}\frac{\partial Z}{\partial z}\mathrm{d}x\mathrm{d}y\mathrm{d}z=\iint_{D}\mathrm{d}x\mathrm{d}y\int_{z_1(x,y)}^{z_2(x,y)}\frac{\partial Z}{\partial z}\mathrm{d}z$$

式中 D 是域 Ω 在 xOy 平面上的正投影,$z=z_2(x,y)$ 及 $z=z_1(x,y)$ 各为曲面 S 被上述柱面所分成的两部分曲面 S_2 及 S_1 的方程.

算出内积分,得

$$I=\iint_D Z(x,y,z_2(x,y))\mathrm{d}x\mathrm{d}y-\iint_D Z(x,y,z_1(x,y))\mathrm{d}x\mathrm{d}y$$

由于平面域 D 是曲面 S_2 及 S_1 在 xOy 平面上的投影,所以右边两个二重积分是函数 $Z(x,y,z)$ 在曲面 S_2 及 S_1 上侧取曲面积分时的表达式.

由此可知

$$\begin{aligned}I&=\iint_{+S_2} Z(x,y,z)\mathrm{d}x\mathrm{d}y-\iint_{+S_1} Z(x,y,z)\mathrm{d}x\mathrm{d}y\\&=\iint_{+S_2} Z(x,y,z)\mathrm{d}x\mathrm{d}y+\iint_{-S_1} Z(x,y,z)\mathrm{d}x\mathrm{d}y\end{aligned}$$

也就是

$$I=\iiint_\Omega \frac{\partial Z}{\partial z}\mathrm{d}x\mathrm{d}y\mathrm{d}z=\iint_S Z\mathrm{d}x\mathrm{d}y$$

这时积分取在整个曲面 S 的外侧.

域 Ω 的边界面(曲面 S) 中,可能含有几块母线垂直于 xOy 平面的柱面,这时上面的公式仍然成立.

同样可证明公式

$$\iiint_\Omega \frac{\partial Y}{\partial y}\mathrm{d}x\mathrm{d}y\mathrm{d}z=\iint_S Y\mathrm{d}x\mathrm{d}z$$

$$\iiint_\Omega \frac{\partial X}{\partial x}\mathrm{d}x\mathrm{d}y\mathrm{d}z=\iint_S X\mathrm{d}y\mathrm{d}z$$

其中函数 $Y=Y(x,y,z)$, $X=X(x,y,z)$ 及其一阶偏导数连续于域 Ω 上.

把所得三个公式相加,得到总的奥氏公式

$$\iiint_\Omega\left(\frac{\partial X}{\partial x}+\frac{\partial Y}{\partial y}+\frac{\partial Z}{\partial z}\right)\mathrm{d}x\mathrm{d}y\mathrm{d}z=\iint_S X\mathrm{d}y\mathrm{d}z+Y\mathrm{d}x\mathrm{d}z+Z\mathrm{d}x\mathrm{d}y \tag{7}$$

曲面积分取在曲面 S 的外侧.

与以前各种情形都一样,只要把域 Ω 分成子域并依据三重积分及曲面积分的属性便可把曲面 S 与任一坐标线的交点不超过两个这一条件取消. 这样关系式(7) 对于具有任意边界面 S 的域 Ω 也成立.

奥氏公式把三重积分(取在空间域上的积分) 化为取在其边界面上的曲面积分,并且反过来也一样.

在

$$X=x,Y=y,Z=z$$

的特殊情形下,得

$$\frac{\partial X}{\partial x}=\frac{\partial Y}{\partial y}=\frac{\partial Z}{\partial z}=1$$

于是

$$V=\iiint_{\Omega}\mathrm{d}x\mathrm{d}y\mathrm{d}z=\frac{1}{3}\iint_{S}x\mathrm{d}y\mathrm{d}z+y\mathrm{d}x\mathrm{d}z+z\mathrm{d}x\mathrm{d}y$$

这就得到209小节中的公式.

注意 Ⅰ. 现在来讲208小节中所提出的问题在曲面积分的情形下的解法. 这就是:函数 X,Y,Z 应满足什么条件,可使曲面积分

$$\iint_{S}X\mathrm{d}y\mathrm{d}z+Y\mathrm{d}x\mathrm{d}z+Z\mathrm{d}x\mathrm{d}y \tag{8}$$

只取决于积分域的边界——曲面 S 的边界曲线 L;换句话说,当张在曲线 L 上的曲面为任意形状时,怎样可使该曲面上的积分不变? 如同在208小节中所指出的,这个要求与下列要求完全相当:怎样可使任一闭曲面上的积分(8)等于0. 解决这个问题的准则可以直接从奥氏公式推出来. 这就是需要等式

$$\frac{\partial X}{\partial x}+\frac{\partial Y}{\partial y}+\frac{\partial Z}{\partial z}=0$$

恒能满足. 这个条件的充分性是很明显的;它的必要性可以像210小节及211小节中类似的情形那样用归谬法证明.

所以,当且仅当等式

$$\frac{\partial X}{\partial x}+\frac{\partial Y}{\partial y}+\frac{\partial Z}{\partial z}=0$$

恒能满足时,积分(8)才不取决于作为积分域的曲面. 这时积分(8)的值可用积分域的边线 L 完全定出.

由验算的结果我们不难看出,就斯托克斯公式里面的曲面积分来说,等式

$$X'_x+Y'_y+Z'_z=0$$

满足. 由此可知 S 为闭曲面时,那个曲面积分等于0,而这事我们也已经从斯托克斯公式那里看出来了.

Ⅱ. 现在讲奥氏公式(7)的几个推论,这是与格林公式的推论完全类似的(见210小节).

把曲面积分(8)化为 S 上对面积的曲面积分,得

$$\iiint_{\Omega}\left(\frac{\partial X}{\partial x}+\frac{\partial Y}{\partial y}+\frac{\partial Z}{\partial z}\right)\mathrm{d}x\mathrm{d}y\mathrm{d}z=\iint_{S}[X\cos(n,x)+Y\cos(n,y)+Z(\cos n,z)]\mathrm{d}q \tag{9}$$

这里 $\cos(n,x),\cos(n,y),\cos(n,z)$ 是曲面 S 的朝外法线的方向余弦(参阅210小节中的公式(3)). 设

$$X=\frac{\partial u}{\partial x},Y=\frac{\partial u}{\partial y},Z=\frac{\partial u}{\partial z}$$

得

$$\iiint_{\Omega}\left(\frac{\partial^2 u}{\partial x^2}+\frac{\partial^2 u}{\partial y^2}+\frac{\partial^2 u}{\partial z^2}\right)\mathrm{d}x\mathrm{d}y\mathrm{d}z=\iint_{S}\frac{\partial u}{\partial n}\mathrm{d}q$$

即

$$\iiint_{\Omega}\Delta u\mathrm{d}x\mathrm{d}y\mathrm{d}z=\iint_{S}\frac{\partial u}{\partial n}\mathrm{d}q \tag{10}$$

其中 Δu 是 u 的拉普拉斯式，$\frac{\partial u}{\partial n}$ 是曲面朝外法线方向上的导函数.

u 的拉普拉斯式在空间域上的三重积分等于 u 在域边界面朝外法线方向上的导函数对该边界的面积的积分.

对于谐函数 $u(x,y,z)$，也就是满足拉普拉斯方程

$$\Delta u=\frac{\partial^2 u}{\partial x^2}+\frac{\partial^2 u}{\partial y^2}+\frac{\partial^2 u}{\partial z^2}=0$$

的函数来说，可得如下结论：当且仅当 $u(x,y,z)$ 为谐函数时，积分 $\iint_{S}\frac{\partial u}{\partial n}\mathrm{d}q$ 不取决于张在已给闭曲线上的曲面 S.

把公式(9)按照210小节中的公式(3)那样做变换后，得

$$\iiint_{\Omega}(u\Delta v-v\Delta u)\mathrm{d}x\mathrm{d}y\mathrm{d}z=\iint_{S}\left(u\frac{\partial v}{\partial n}-v\frac{\partial u}{\partial n}\right)\mathrm{d}q$$

其中的法线导数是对 S 上法线的朝外方向取的. 这个公式所表示的就是空间域格林定理. 当 $v=1$ 时，从这个公式可得式(10).

与平面域时的情形相似，这里还可以推出一个公式

$$\iiint_{\Omega}(u_x'^2+u_y'^2+u_z'^2+u\Delta u)\mathrm{d}x\mathrm{d}y\mathrm{d}z=\iint_{S}u\frac{\partial u}{\partial n}\mathrm{d}q$$

当 u 为谐函数时，上式变为

$$\iiint_{\Omega}(u_x'^2+u_y'^2+u_z'^2)\mathrm{d}x\mathrm{d}y\mathrm{d}z=\iint_{S}u\frac{\partial u}{\partial n}\mathrm{d}q$$

把各类积分间的关系问题讲到这里为止时，我们必须知道把 n 维空间域上的重积分化为该域边界上的积分的普遍公式，是首先由俄国著名数学家奥斯特罗格拉德斯基推导出来的. 我们所讲过的格林公式(见210小节)以及当 $n=3$ 时的上述奥氏公式，都是那个普遍公式的特殊情形.

§5 场论初阶

213. 势、守恒力场

在第十一章(§2)中，我们引入纯量场与矢量场概念，以及矢量解析上与

此有关的"微分性质"概念,即梯度、散度、旋度(以及纯数宗标矢性函数的各阶导数概念). 现在我们要讲矢量解析中的"积分性质"的概念,即势、流、环流这三个概念.

关于纯标矢性函数的积分概念,只要把纯数函数的积分概念简单地推到矢性函数上,就不难建立起来. 如同我们在讲微分法时所已经说过的一样,这种推广步骤是不必要的,因为只要利用矢量在坐标轴上的支量式子,就可把矢性函数的积分运算化为一些纯数函数的对应运算. 例如若

$$\boldsymbol{A}(t)=X(t)\boldsymbol{i}+Y(t)\boldsymbol{j}+Z(t)\boldsymbol{k}$$

则

$$\int_{t_1}^{t_2}\boldsymbol{A}(t)\,\mathrm{d}t=\left(\int_{t_1}^{t_2}X(t)\,\mathrm{d}t\right)\boldsymbol{i}+\left(\int_{t_1}^{t_2}Y(t)\,\mathrm{d}t\right)\boldsymbol{j}+\left(\int_{t_1}^{t_2}Z(t)\,\mathrm{d}t\right)\boldsymbol{k}$$

因此我们可以直接开始讲势的概念. 设 $Oxyz$ 空间的矢量场

$$\boldsymbol{A}(P)=X(x,y,z)\boldsymbol{i}+Y(x,y,z)\boldsymbol{j}+Z(x,y,z)\boldsymbol{k}$$

是某个纯数函数 $u(x,y,z)$ 的梯度场,即

$$X=\frac{\partial u}{\partial x},Y=\frac{\partial u}{\partial y},Z=\frac{\partial u}{\partial z}$$

这时函数 $u(x,y,z)$ 本身叫作已给矢量场 $\boldsymbol{A}(P)$ 的势函数(或简称势),而 $\boldsymbol{A}(P)$ 则叫作有势场. 这个定义我们已经在 178 小节中讲过,并且我们知道这时 $\operatorname{rot}\boldsymbol{A}=\boldsymbol{0}$.

就一般所知的意义来讲,梯度与势是两个互逆的概念,犹如导函数与原函数两者是互逆的概念一样. 事实上,若采用第十一章中的象征性记号,我们可以写出

$$\overrightarrow{u'(P)}=\boldsymbol{A}(P)$$

这里可变矢量(梯度 $\boldsymbol{A}(P)$)具有微分性质(用微分法从势函数定出);可变纯量(势 $u(P)$)具有积分性质. 下面要说明怎样用积分法从梯度来求出势.

不过梯度与势以及导函数与原函数这两种关系之间的类比,自然是有条件的,并且受下列事实的限制:任一连续函数具有原函数,换句话说,任一连续函数是某个函数的导函数,但每个可变矢量却不一定具有势,也就是说不一定可以拿它作为某个函数的梯度.

已给矢量场

$$\boldsymbol{A}(P)=X\boldsymbol{i}+Y\boldsymbol{j}+Z\boldsymbol{k}\tag{1}$$

具有势时所需的条件,显然就是微分表达式

$$X\mathrm{d}x+Y\mathrm{d}y+Z\mathrm{d}z$$

为某个函数 $u(x,y,z)$(即所论场的势)的全微分时所需的条件.

由此可知,若要场(1)(或矢量 $\boldsymbol{A}(P)$)具有势,则必须且只需满足下列等式

$$\frac{\partial X}{\partial y}=\frac{\partial Y}{\partial x},\frac{\partial Y}{\partial z}=\frac{\partial Z}{\partial y},\frac{\partial Z}{\partial x}=\frac{\partial X}{\partial z}$$

也就是矢量 $\boldsymbol{A}(P)$ 的旋度恒等于 $\mathbf{0}$,即

$$\operatorname{rot}\boldsymbol{A}(P)=\mathbf{0}$$

如果这个条件成立,那么

$$u(P)=\int_{(P_0)}^{(P)}X\mathrm{d}x+Y\mathrm{d}y+Z\mathrm{d}z+C$$

上式还可以写成

$$u(P)=\int_{(P_0)}^{(P)}\operatorname{grad}u\cdot\overrightarrow{\mathrm{d}P}+C=\int_{(P_0)}^{(P)}\boldsymbol{A}(P)\cdot\overrightarrow{\mathrm{d}P}+C \tag{2}$$

这时积分号里面是一个纯积,且积分不取决于积分路线.实际求积分的方法可以按照如下的公式来做

$$u(x,y,z)=\int_{x_0}^{x}X(x,y_0,z_0)\mathrm{d}x+\int_{y_0}^{y}Y(x,y,z_0)\mathrm{d}y+\int_{z_0}^{z}Z(x,y,z)\mathrm{d}z+C$$

所以现在可看出,如果 $\operatorname{rot}\boldsymbol{A}(P)=\mathbf{0}$,那么就存在如下的一个纯量场 $u(P)$,使

$$\boldsymbol{A}(P)=\operatorname{grad}u(P)$$

在平面域的情形下,场

$$\boldsymbol{A}(P)=X\boldsymbol{i}+Y\boldsymbol{j}$$

具有势时所需的条件是满足等式

$$\frac{\partial X}{\partial y}=\frac{\partial Y}{\partial x}$$

这个条件也就是表达式 $X\mathrm{d}x+Y\mathrm{d}y$ 为某个函数 $u(x,y)$ 的全微分时所需的条件,而函数 $u(x,y)$ 是矢量 $\boldsymbol{A}(P)$ 的势.这时公式(2)也成立,且实际计算 $u(x,y)$ 时可用公式

$$u(x,y)=\int_{x_0}^{x}X(x,y_0)\mathrm{d}x+\int_{y_0}^{y}Y(x,y)\mathrm{d}y+C$$

势的概念是格林在研究电量间的相互作用时引入的.不过在他以前的拉格朗日(1773 年)及其他学者,也在引力论中用过势函数的一个属性,即势的偏导数可以给出力在坐标轴上的投影.以后势的概念就得到更广的解释,而开始被应用到各种不同的问题上.

引用势概念的好处是:它使我们可以把对于三个(或两个)函数的研究换成对于一个相应函数的研究,换句话说,就是可以把矢量的研究化为纯量的

研究.

势 $u=f(x,y,z)$ 的等高面

$$f(x,y,z)=u_0=\text{const}$$

还可以叫作等势面. 与所有等势面都相正交的曲线叫作力线. 由于梯度与等势面相正交,故梯度与力线相切. 由此可知力线是梯度场中诸矢量的包络线. 这些矢量通常多半是力的矢量,因此力所在的曲线叫"力"线.

若已给场是个力场且具有势,则叫作守恒力场. 力场的矢量 $\boldsymbol{A}(P)$ 与位移矢量 $\overrightarrow{\mathrm{d}P}$ 的纯积给出功元素,所以公式(2) 右边的积分表示从积分路线上的点 P_0 移到 P 时力场所做功的大小.

所以,当且仅当力场为守恒力场时,力场所做的功才不取决于运动路线(或在任何闭曲线上运动时所做的功等于0). 这时所做的功等于从始点按任意方式移向终点时力场所具势的增量.

我们来看以下的例子:

Ⅰ. 我们讲一个极简单的、常见的有势矢量场. 这就是质点在空间所产生的力场.

设在点 $P_0(\xi,\eta,\zeta)$ 处有质量 m,且设在任一其他点处有等于1的质量. 于是在全部空间内就有一个矢量场 —— 引向点 P_0 的力场. 根据牛顿定律,点 P_0 及 P 间的引力等于 $k\frac{m}{r^2}$,其中 k 是引力常数,而

$$r=\sqrt{(\xi-x)^2+(\eta-y)^2+(\zeta-z)^2}$$

是距离 PP_0. 直线 PP_0 的方向余弦各等于

$$\frac{\xi-x}{r},\frac{\eta-y}{r},\frac{\zeta-z}{r}$$

由此可知引力 $\boldsymbol{A}(P)$ 在坐标轴上的投影 X,Y,Z 分别是

$$X=k\frac{m(\xi-x)}{r^3},Y=k\frac{m(\eta-y)}{r^3},Z=k\frac{m(\zeta-z)}{r^3}$$

我们不难看出这几个函数是函数

$$u(x,y,z)=k\frac{m}{r}$$

对 x、对 y、对 z 的偏导数,因为

$$\frac{\partial}{\partial x}\left(k\frac{m}{r}\right)=km\frac{\partial}{\partial r}\left(\frac{1}{r}\right)\frac{\partial r}{\partial x}=-k\frac{m}{r^2}\cdot\left(-\frac{\xi-x}{r}\right)=k\frac{m(\xi-x)}{r^3}$$

以及其他相似的两式.

所以

$$\boldsymbol{A}(P)=\operatorname{grad}k\frac{m}{r}=km\operatorname{grad}\frac{1}{r}=km\operatorname{grad}\frac{1}{\sqrt{(\xi-x)^2+(\eta-y)^2+(\zeta-z)^2}}$$

因此我们得出结论:质点引力场的势(或简称质点的势)是函数

$$u(x,y,z)=\frac{km}{r}$$

或者说,质点的引力场是函数 $k\frac{m}{r}$ 的梯度场.

就本例来说,场的等势面是以点 $P_0(\xi,\eta,\zeta)$ 为中心的球面

$$k\frac{m}{r}=C=\text{const}\quad(\text{或}(\xi-x)^2+(\eta-y)^2+(\zeta-z)^2=k^2\frac{m^2}{C^2})$$

而场的力线是从点 P_0 发出的直线.

我们来计算当点 P 从位置 $P_1(x_1,y_1,z_1)(P_0P_1=r_1)$ 移到位置 $P_2(x_2,y_2,z_2)(P_2P_0=r_2)$ 时引力场所做的功. 这个功不取决于路线并可用下面的公式来求

$$-\int_{r_1}^{r_2}k\frac{m}{r^2}\mathrm{d}r=km\frac{1}{r}\bigg|_{r_1}^{r_2}=k\frac{m}{r_2}-k\frac{m}{r_1}=u(x_2,y_2,z_2)-u(x_1,y_1,z_1)$$

取了负号的这个功,表示点 P 从 P_1 到 P_2 的路程上所蓄的势能. 但上面所得的式子,正好是以引力场为其梯度的那个函数的增量. 因此该函数叫作势函数(势).

当 $r_1\to\infty$ 时,力场在点 P_2 处的势$\left(=\frac{km}{r_2}\right)$,正好表示 P 从无穷远移动到点 P_2 处时所蓄势能的大小.

除质点以外还可以拿电荷作为产生力场的源. 这时所有的算式都保持不变,因为确定出两个电荷间作用力的库仑定律与牛顿定律是一样的. 在这种情形下,我们可从中学里面学过的散布在纸板上的铁屑图纹得出对于力线及等势线的明显观念.

弹性力(力的大小与距离成比例)场也可以作为守恒力场的一个例子.

Ⅱ. 我们再略讲一个重要的力学定律. 写出动力学中从一般方程

$$m\frac{\mathrm{d}\boldsymbol{v}}{\mathrm{d}t}=\boldsymbol{F}$$

得出的几个基本方程

$$m\frac{\mathrm{d}v_x}{\mathrm{d}t}=X,m\frac{\mathrm{d}v_y}{\mathrm{d}t}=Y,m\frac{\mathrm{d}v_z}{\mathrm{d}t}=Z$$

其中 $\boldsymbol{v}$ 是速度矢量,$\boldsymbol{F}$ 是力矢量,m 是质量;v_x,v_y,v_z 是速度在坐标轴上的投影,X,Y,Z 是力的投影. 用 $v_x\mathrm{d}t(=\mathrm{d}x)$,$v_y\mathrm{d}t(=\mathrm{d}y)$,$v_z\mathrm{d}t(=\mathrm{d}z)$ 分别乘三个方程后再逐项相加,得

$$m(v_x\mathrm{d}v_x+v_y\mathrm{d}v_y+v_z\mathrm{d}v_z)=X\mathrm{d}x+Y\mathrm{d}y+Z\mathrm{d}z$$

或

$$m\frac{1}{2}\mathrm{d}(v_x^2+v_y^2+v_z^2)=X\mathrm{d}x+Y\mathrm{d}y+Z\mathrm{d}z$$

但

$$v_x^2+v_y^2+v_z^2=v^2$$

v 是速度的大小,故

$$\mathrm{d}\left(\frac{1}{2}mv^2\right)=X\mathrm{d}x+Y\mathrm{d}y+Z\mathrm{d}z$$

在联结点 P_1 及 P_2 的某一条曲线上取积分,得

$$\frac{1}{2}mv_2^2-\frac{1}{2}mv_1^2=\int_{(P_1)}^{(P_2)}X\mathrm{d}x+Y\mathrm{d}y+Z\mathrm{d}z \tag{3}$$

其中 v_1 及 v_2 各为点 P_1 及 P_2 处的速度.

$\frac{1}{2}mv^2$ 这个量叫作动能,用

$$K(P)=K(x,y,z)$$

作它的记号.我们上面所得的等式表明了普通动能定理.

动能增量等于所做的功.

若力场为守恒力场,则根据以前所讲,可知公式(3)右边的积分等于势 $u(x,y,z)$ 的增量.于是

$$K(x_2,y_2,z_2)-K(x_1,y_1,z_1)=u(x_2,y_2,z_2)-u(x_1,y_1,z_1)$$

场的势 u 取负号后,在力学中叫作势能(或位能)U,即

$$U(x,y,z)=-u(x,y,z)$$

这时

$$K(P_2)-K(P_1)=U(P_1)-U(P_2)$$

由此得

$$K(P_2)+U(P_2)=K(P_1)+U(P_1)$$

动点所具动能与势能的和叫作机械总能(或简称能)

$$E(P)=K(P)+U(P)$$

于是

$$E(P_2)=E(P_1)$$

受守恒力场作用的点的能,在任何运动中保持不变.

这个命题叫作能量守恒原理,它是力学上的基本定律之一.

对于非守恒的力场(例如摩擦力)来说,机械能不能保持不变.不过由于能量守恒原理的普遍性,我们知道有摩擦力的过程并非单纯力学过程,这时过程中所产生的非机械能(例如热)的量,仍使总能量保持不变.

214. 引力势

设产生空间场的并非质点,而是以函数

$$\delta=\mu(P_0)=\mu(\xi,\eta,\zeta)$$

所确定的规律分布于物体Ω内的质量M,其中μ是物体内点$P_0(\xi,\eta,\zeta)$处的物质密度. 物体Ω内变点P_0(致引点)的坐标用ξ,η,ζ来表示,而空间任一被引点的坐标用x,y,z来表示. 我们假定在每一被引点$P(x,y,z)$处都有单位质量.

现在要证明这时的力场是个梯度场并要求出它的势函数. 我们要知道,这种力场叫作牛顿力场.

一般来说,当两点间相互作用的力遵守牛顿定律:力的大小与两点间距离的平方成反比例时,由这种力所形成的场叫作牛顿力场. 其对应的势也叫牛顿势.

质点引力场在被引点$P(x,y,z)$处的势,在物理意义上表示该点"势能"的大小,由此出发,我们可把点$P_0^{(1)},P_0^{(2)},\cdots,P_0^{(n)}$处的一组质量$m_1,m_2,\cdots,m_n$所具有的势定义为个别质点所具有势的和,即质点组在点$P(x,y,z)$处的势$u(x,y,z)$等于

$$u(x,y,z)=k\left(\frac{m_1}{r_1}+\frac{m_2}{r_2}+\cdots+\frac{m_n}{r_n}\right)$$

其中

$$r_1=PP_0^{(1)},r_2=PP_0^{(2)},\cdots,r_n=PP_0^{(n)}$$

k是引力常数. 这里力场有n个点源(极). 如果力场的源不是集中于个别点处的一组质量,而是连续分布于物体Ω内的质量,那么我们把该物体依任意方式分割后的各部分所具有势的和作为该物体的势,而把无穷小域的势看作该域的量度(大小)与集中在域上一点处的质量所具有势两者的乘积. 这样就把问题引入解题程序的格式中,使我们可把解答表示为一个相应的积分.

取物体Ω内点$P_0(\xi,\eta,\zeta)$的一个邻域$\mathrm{d}v$. 假定域$\mathrm{d}v$上的质量以密度

$$\delta=\mu(\xi,\eta,\zeta)$$

均匀分布,并设该域上的质量集中于点$P_0(\xi,\eta,\zeta)$处,我们把质点P_0产生在点$P(x,y,z)$处的势作为点$P(x,y,z)$处的势元素$\mathrm{d}u$. 于是

$$\mathrm{d}u=k\,\frac{\delta}{r}\mathrm{d}v$$

其中$r=PP_0$. 要确定出全部致引质量M所产生的势$u(x,y,z)$时,我们只要把元素$\mathrm{d}u$在域Ω上"加起来"即可

$$\begin{aligned}u(x,y,z)&=k\iiint\limits_{\Omega}\frac{\delta}{r}\mathrm{d}v\\&=k\iiint\limits_{\Omega}\frac{\mu(\xi,\eta,\zeta)}{\sqrt{(\xi-x)^2+(\eta-y)^2+(\zeta-z)^2}}\mathrm{d}\xi\mathrm{d}\eta\mathrm{d}\zeta\end{aligned}\qquad(4)$$

积分变量是物体Ω上点P_0的坐标ξ,η,ζ,而在被积函数中的这些变量是通过密度δ及距离r而引入的. 确定出势的那一点P的坐标x,y,z是积分参数.

我们要知道,如果点 P 在物体 Ω 外,那么积分(4) 是一个常义积分,这时积分变点 $P_0(\xi,\eta,\zeta)$ 不可能与点 $P(x,y,z)$ 相合,因而被积函数连续于积分域上. 如果点 P 在物体 Ω 内,那么被积函数在该点处就有无穷型不连续性,这时积分是一个广义积分. 根据197 小节中所讲,可知这个广义积分收敛(存在),故公式(4) 确定出质量 Ω 在全部空间内的势.

质量 M 对点 $P(x,y,z)$ 的引力 $\boldsymbol{A}(P)$ 是势 $u(x,y,z)$ 的梯度

$$\boldsymbol{A}(P)=\operatorname{grad}u(x,y,z)$$

力 $\boldsymbol{A}(P)$ 在坐标轴上的投影 X,Y,Z 等于势的偏导数

$$X=\text{пр}_x\boldsymbol{A}(P)=\frac{\partial u}{\partial x},Y=\text{пр}_y\boldsymbol{A}(P)=\frac{\partial u}{\partial y},Z=\text{пр}_z\boldsymbol{A}(P)=\frac{\partial u}{\partial z}$$

这些偏导数可以拿三重积分(4) 对参数 x,y,z 施行微分法而求得

$$X=\frac{\partial u}{\partial x}=k\iiint_{\Omega}\frac{\partial}{\partial x}\left(\frac{1}{r}\right)\delta\mathrm{d}v$$

$$Y=\frac{\partial u}{\partial y}=k\iiint_{\Omega}\frac{\partial}{\partial y}\left(\frac{1}{r}\right)\delta\mathrm{d}v$$

$$Z=\frac{\partial u}{\partial z}=k\iiint_{\Omega}\frac{\partial}{\partial z}\left(\frac{1}{r}\right)\delta\mathrm{d}v$$

也就是

$$\begin{cases}X=k\iiint\limits_{\Omega}\dfrac{\xi-x}{r^3}\delta\mathrm{d}v\\ \quad=k\iiint\limits_{\Omega}\dfrac{\xi-x}{\left[\sqrt{(\xi-x)^2+(\eta-y)^2+(\zeta-z)^2}\right]^3}\mu(\xi,\eta,\zeta)\mathrm{d}\xi\mathrm{d}\eta\mathrm{d}\zeta\\ Y=k\iiint\limits_{\Omega}\dfrac{\eta-y}{r^3}\delta\mathrm{d}v\\ \quad=k\iiint\limits_{\Omega}\dfrac{\eta-y}{\left[\sqrt{(\xi-x)^2+(\eta-y)^2+(\zeta-z)^2}\right]^3}\mu(\xi,\eta,\zeta)\mathrm{d}\xi\mathrm{d}\eta\mathrm{d}\zeta\\ Z=k\iiint\limits_{\Omega}\dfrac{\zeta-z}{r^3}\delta\mathrm{d}v\\ \quad=k\iiint\limits_{\Omega}\dfrac{\zeta-z}{\left[\sqrt{(\xi-x)^2+(\eta-y)^2+(\zeta-z)^2}\right]^3}\mu(\xi,\eta,\zeta)\mathrm{d}\xi\mathrm{d}\eta\mathrm{d}\zeta\end{cases}\tag{5}$$

当点 P 位于域 Ω 上时,上面所得的积分是广义积分,但我们可指出这些广义积分是存在的,于是积分对其参数的微分法则这时仍适用,所以公式(5) 确定出质量 M 在全部空间内点 $P(x,y,z)$ 处的引力支量 X,Y,Z.

我们也可以按相反的次序来思考:先按照一般解题程序求出质量 M 在点 $P(x,y,z)$ 处的引力支量 X,Y,Z 的公式(5),以此给出空间矢量场,然后证明公

式(5)右边的积分各为积分(4)对 x、对 y、对 z 的偏导数. 于是这便说明积分(4)表示引力场的势.

如果质量分布在某个曲面 K 上,那么同样可得出这时所产生的空间引力场的势是

$$u(x,y,z)=k\iint_K\frac{\mu(\xi,\eta,\zeta)}{r}\mathrm{d}q$$

其中积分取在曲面 K 上,$\mu(\xi,\eta,\zeta)$ 是曲面上点 $P_0(\xi,\eta,\zeta)$ 处的密度

$$r=\sqrt{(\xi-x)^2+(\eta-y)^2+(\zeta-z)^2}$$

是空间一点 $P(x,y,z)$ 到曲面 K 上变点 $P_0(\xi,\eta,\zeta)$ 的距离,$\mathrm{d}q$ 是曲面元素.

同样,积分

$$u(x,y,z)=k\int_L\frac{\mu(\xi,\eta,\zeta)}{r}\mathrm{d}s$$

确定出分布于曲线弧 L($\mathrm{d}s$ 是弧元素)上的致引质量在点 $P(x,y,z)$ 处的势. 同样可以不必详细说明而知 xOy 平面内分布于域 D 或曲线 L 上的质量所产生的平面引力场各具有下列积分所表示的势

$$u(x,y)=k\iint_D\frac{\mu(\xi,\eta)}{r}\mathrm{d}\sigma,u(x,y)=k\int_L\frac{\mu(\xi,\eta)}{r}\mathrm{d}s$$

其中 $\mu(\xi,\eta)$ 是积分域上点 $P_0(\xi,\eta)$ 处的面密度或线密度,且

$$r=\sqrt{(\xi-x)^2+(\eta-y)^2}$$

是点 $P_0(\xi,\eta)$ 到平面上点 $P(x,y)$ 的距离.

例 1 设有质量均匀分布在半径为 a 的球面上,求其势.

解 我们可以设 $\delta=1$,取坐标系时使原点位于球心上,使 z 轴的正半轴通过已给被引点 P. 于是点 P 的坐标是$(0,0,z)$,且 $z>0$.

得

$$u=k\iint_K\frac{\mathrm{d}q}{\sqrt{\xi^2+\eta^2+(\zeta-z)^2}}$$

这里 K 表示球面

$$\xi^2+\eta^2+\zeta^2=a^2$$

如果取

$$\xi=a\sin\theta\cos\varphi,\eta=a\sin\theta\sin\varphi,\zeta=a\cos\theta$$

作为球的参数方程,那么

$$\mathrm{d}q=a^2\sin\theta\mathrm{d}\theta\mathrm{d}\varphi$$

所以

$$u=ka^2\int_0^\pi\frac{\sin\theta\mathrm{d}\theta}{\sqrt{a^2\sin^2\theta+(a\cos\theta-z)^2}}\int_0^{2\pi}\mathrm{d}\varphi$$

$$= 2\pi k a^2 \int_0^\pi \frac{\sin\theta}{\sqrt{a^2 + z^2 - 2az\cos\theta}} d\theta$$

$$= 2\pi k a^2 \frac{1}{az}\sqrt{a^2 + z^2 - 2az\cos\theta}\Big|_0^\pi$$

$$= k\frac{2\pi a}{z}(\sqrt{a^2 + z^2 + 2az} - \sqrt{a^2 + z^2 - 2az})$$

由于根式是取正号的,故在 $z > a$ 时

$$u = k\frac{2\pi a}{z}[(z+a) - (z-a)] = k\frac{4\pi a^2}{z}$$

在 $z \leqslant a$ 时

$$u = k\frac{2\pi a}{z}[(z+a) - (a-z)] = k4\pi a$$

由此可见,当点在球面外时,该处的势犹如球面上全部质量($4\pi a^2$)都集中在球心时的势一样,而在球面或球面内的势则等于常量.

从以上所得的式子,显然可见球面上均匀质量的势是全部空间内的一个连续函数.

例 2 计算半径为 a 的球体内的均匀质量的势,其中我们仍可假定$\delta = 1$.

解 设点 $P(0,0,z)$ 位于球外:$z > a$. 取球心为原点并用ρ 表示球体内的可变半径:$0 < \rho \leqslant a$. 如果我们取半径为ρ 的球面质量在点 $P(0,0,z)$ 处的势并把它对ρ 积分,便可得出球体质量在点 $P(0,0,z)$ 处的势

$$u = k\int_0^a \frac{4\pi\rho^2}{z} d\rho = k\frac{4}{3}\frac{\pi a^3}{z}$$

均匀球体质量在球外一点处的势,犹如球体的全部质量$\left(\frac{4}{3}\pi a^3\right)$集中在球心时的势一样.

如果点 $P(0,0,z)$ 位于球内或球面上:$z \leqslant a$,那么在积分时必须考虑到,在ρ 从0到z的变化区间上,球面质量的势等于$k\frac{4\pi\rho^2}{z}$,在ρ 从z到a的变化区间上,球面质量的势等于 $k4\pi\rho$. 由此可知当 $z \leqslant a$ 时

$$u = k\int_0^z \frac{4\pi\rho^2}{z} d\rho + k\int_z^a 4\pi\rho\, d\rho = k2\pi\left(a^2 - \frac{1}{3}z^2\right)$$

由于所得两式在球面上(即$z = a$时)给出的值相同$\left(= k\frac{4}{3}\pi a^2\right)$,故均匀质量球体的势是连续于全部空间内的函数.

知道了势函数之后,就不难确定出点 $P(0,0,z)$ 处的引力. 由于均匀球体及均匀球面对称于被引点所在的 z 轴,故知引力方向在 z 轴上,也就是说,引力的

大小等于偏导数$\frac{\partial u}{\partial z}\left(\frac{\partial u}{\partial x}=0,\frac{\partial u}{\partial y}=0\right)$.

若 $z>a$,则

$$\frac{\partial u}{\partial z}=-k\frac{4\pi a^3}{z^2}(\text{球面}),\frac{\partial u}{\partial z}=-k\frac{4}{3}\frac{\pi a^3}{z^2}(\text{球体})$$

均匀球面或均匀球体在球外一点处的引力,犹如全部球面或球体上的质量集中在球心时一样.

若 $z<a$,则

$$\frac{\partial u}{\partial z}=0(\text{球面}),\frac{\partial u}{\partial z}=-k\frac{4}{3}\pi z(\text{球体})$$

均匀球面在球面内一点处所产生的引力等于0,而均匀球体在其内部一点处的引力正比于该点到中心的距离.

注意 Ⅰ. 质量(物质质量、电量、磁量)所产生的空间牛顿力场的势满足拉普拉斯微分方程

$$\frac{\partial^2 u}{\partial x^2}+\frac{\partial^2 u}{\partial y^2}+\frac{\partial^2 u}{\partial z^2}=0$$

事实上我们可取势(4)的二阶偏导数$\frac{\partial^2 u}{\partial x^2},\frac{\partial^2 u}{\partial y^2},\frac{\partial^2 u}{\partial z^2}$来加以验证. 当点 $P(x,y,z)$ 位于物体 Ω 外时,表示势的积分是一个常义积分,因此可把它对参数微分两次,得

$$\frac{\partial^2 u}{\partial x^2}=k\iiint_{\Omega}\frac{\partial^2}{\partial x^2}\left(\frac{1}{r}\right)\delta\mathrm{d}v$$

$$\frac{\partial^2 u}{\partial y^2}=k\iiint_{\Omega}\frac{\partial}{\partial y^2}\left(\frac{1}{r}\right)\delta\mathrm{d}v$$

$$\frac{\partial^2 u}{\partial z^2}=k\iiint_{\Omega}\frac{\partial^2}{\partial z^2}\left(\frac{1}{r}\right)\delta\mathrm{d}v$$

把这几个公式加起来,并要记得函数$\frac{1}{r}$能满足拉普拉斯方程,得

$$\frac{\partial^2 u}{\partial x^2}+\frac{\partial^2 u}{\partial y^2}+\frac{\partial^2 u}{\partial z^2}=0$$

即得所断言的结果.

当质量分布于曲面或曲线上时,也有同样的结果.

所以对于空间牛顿势的研究,可以放到满足拉普拉斯方程的三变量函数,也就是谐函数的一般理论中.

近百年来(直至今日)数学解析的进展,在相当大的程度上是由于物理学

及力学上关于势及谐函数①的理论而来的,如果读者知道了这一点,那他们就会认识到与势概念及拉普拉斯方程有关的这一类问题的重要性.

Ⅱ. 我们还要知道,如果点 $P(x,y,z)$ 在物体 Ω 内,那么积分(4) 不可能对参数微分两次,因所得结果将是一个发散的广义积分. 不过我们可以证明函数具有二阶导数,且这时的势满足泊松方程

$$\frac{\partial^2 u}{\partial x^2}+\frac{\partial^2 u}{\partial y^2}+\frac{\partial^2 u}{\partial z^2}=-4\pi\mu(x,y,z)$$

其中 $\mu(x,y,z)$ 是物体 Ω 上点 $P(x,y,z)$ 处的密度.

Ⅲ. 平面牛顿力场的势不满足拉普拉斯方程

$$\frac{\partial^2 u}{\partial x^2}+\frac{\partial^2 u}{\partial y^2}=0$$

因为函数$\frac{1}{r}$不能满足这个方程. 在两个变量的情形下,我们可以把 $\ln\frac{1}{r}$ 看作最简单的谐函数.

215. 流及环流(平面情形)

矢量解析中的那些概念以及刚才所学关于曲线积分与曲面积分的概念,可在流体力学里面最简单的基本问题中显出它们的物理意义.

设已给一部分流动液体中的速度场. 如果该部分液体中一点处的速度不随着时间而改变,我们就说流动是稳定的. 流动液体的不可压缩性表现在其密度处处一样这件事上. 从数学上讲,这事表明液体的量可用其所占容积确定出来. 在液体的稳定流动域中每一点 $P(x,y,z)$ 处作一矢量 $\boldsymbol{V}(P)$,表示该处一小部分液体的流动速度,用

$$X=X(P),Y=Y(P),Z=Z(P)$$

分别表示该矢量在 x 轴、y 轴、z 轴上的投影,并且我们以后要假定这些函数及其导函数处处连续. 但现在我们只考虑液体的平面流动. 平面流动是指所有各部分液体都平行于同一平面而流动,且垂直于该平面的同一直线上的各小部分液体具有同一速度. 由于这时所有平行平面上的流动完全相似,所以只要研究其中一个平面(如 xOy 平面) 上的流动即可.

Ⅰ. 流. 求单位时间内流过已给曲线 L 的液体量 K_1(图 17). 在曲线 L 上任一点 P 处取任意小弧段 $\mathrm{d}s$,且设单位时间内过 $\mathrm{d}s$ 流往曲线一侧(在图 17 中是流往法线 n 方向的一侧) 的液体量是 ΔK_1.

如果假定 $\mathrm{d}s$ 是一段切线 t 而速度矢量 $\boldsymbol{V}$ 在弧 $\mathrm{d}s$ 的全长上不变,我们就可确

① 关于这些理论的透彻知识,读者可自 В. И. Смирнов 所著的《高等数学教程》第二卷及第三卷中找到.

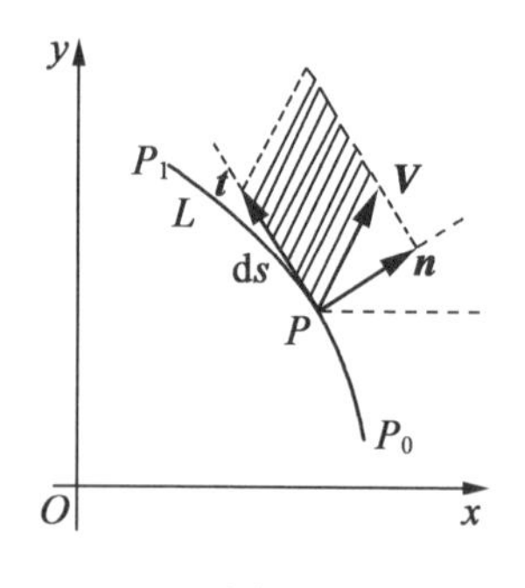

图 17

定出 ΔK_1 的主部——液体量的元素 $\mathrm{d}K_1$. 由于流动是稳定的,故矢量 $\boldsymbol{V}$ 指出一小部分液体在单位时间内所走的路线,因而在上述条件下,液体量 $\mathrm{d}K_1$ 的多少显然可用矢量 $\boldsymbol{V}$ 及 $\boldsymbol{t}$ 的平行四边形面积来表示. 而这个面积等于 $\mathrm{d}s$ 与平行四边形的高($\boldsymbol{V}$ 在法线 n 上的投影) 两者的乘积

$$\mathrm{d}K_1 = \text{пр}_n\boldsymbol{V}\mathrm{d}s = |\boldsymbol{V}|\cos(\boldsymbol{V},n)\mathrm{d}z$$

其中$(\boldsymbol{V},n)$ 是 $\boldsymbol{V}$ 及 n 间的角.

我们知道矢量 $\boldsymbol{V}$ 及 n 间所成角度的余弦等于

$$\cos(\boldsymbol{V},n) = \cos(\boldsymbol{V},x)\cos(n,x) + \cos(\boldsymbol{V},y)\cos(n,y)$$

但由于

$$\cos(n,x) = \cos(s,y), \cos(n,y) = -\cos(s,x)$$

故

$$\cos(\boldsymbol{V},n) = \cos(\boldsymbol{V},x)\cos(s,y) - \cos(\boldsymbol{V},y)\cos(s,x)$$

因此

$$\mathrm{d}K_1 = |\boldsymbol{V}|\cos(\boldsymbol{V},x)\cos(s,y)\mathrm{d}s - |\boldsymbol{V}|\cos(\boldsymbol{V},y)\cos(s,x)\mathrm{d}s$$

也就是①

$$\mathrm{d}K_1 = X(x,y)\mathrm{d}y - Y(x,y)\mathrm{d}x$$

在全部曲线 L 上取积分,得

$$K_1 = \int_L V_n\mathrm{d}s = \int_L X\mathrm{d}y - Y\mathrm{d}x \tag{6}$$

其中 V_n 是 $\boldsymbol{V}$ 在曲线 L 的法线 n 上的投影.

如果求得的 K_1 是负值,那么就表示与 n 反方向而流过 L 的液体量多于与 n 同方向的. K_1 这个量叫通过曲线 L 的流,它等于单位时间内通过曲线 L 的液体量.

设 L 是闭曲线. 这时积分(6) 给出单位时间内从朝外法线方向(如果积分

① 如果从矢量 $\boldsymbol{V}$ 及 $\boldsymbol{t}$ 的平行四边形的面积等于矢积 $\boldsymbol{V}\times\boldsymbol{t}$ 的值(绝对值) 这事出发,我们也不难用矢量来推出这个公式.

方向是与时针运动相反的正方向）流过曲线L的液体总量；换句话说，流是流出曲线L所围域D的液体量. 因此与以前一样，在积分为负时，表示总起来说液体是流入域D内的，其数量等于积分的绝对值.

现在我们要假设域内没有正的或负的源（也就是没有涌入或排出液体的点）. 从物理观点来说，这时有多少液体流入域D内就必定有同样多的液体流出. 因此域D内的液体量保持不变，而给出所增加的或减少的液体量的那个积分(6)等于0.

所以，不可压缩液体的无源平面稳定流可拿任何闭曲线L上的

$$\int_L X\mathrm{d}y - Y\mathrm{d}x = 0$$

作为标志，但我们知道这个条件相当于条件

$$\frac{\partial X}{\partial x} = -\frac{\partial Y}{\partial y}$$

也就是

$$\frac{\partial X}{\partial x} + \frac{\partial Y}{\partial y} = 0$$

或

$$\mathrm{div}\ \boldsymbol{V} = 0$$

但若$\mathrm{div}\ \boldsymbol{V} = 0$，则矢量场为管形场（或无源场）. 现在我们从物理方面来把这个术语的意义讲清楚.

当速度场为管形场时，从点P_0到P_1的任何曲线上的积分(6)的值不变，换句话说，流过两点间任意连线的液体量不变.

积分(6)不取决于积分路线，且当

$$P_1 = P(x,y)$$

为变点时，式(6)表示“原函数”（所差只是常数项），函数

$$v(P) = v(x,y) = \int_{(P_0)}^{(P)} X\mathrm{d}y - Y\mathrm{d}x$$

叫作流函数. 这时

$$\frac{\partial v}{\partial x} = -Y, \frac{\partial v}{\partial y} = X$$

流函数具有简单的物理意义如下：它在P_1及P_0两点处的数值的差$v(P_1) - v(P_2)$给出流过两点间任意曲线的液体量.

如果把已给速度场旋转$\frac{\pi}{2}$（把$\boldsymbol{V}$的所有矢量都依正方向转过一直角），我们不难看出$v(x,y)$是所得矢量场的势. 流函数的等高线（$v(x,y)$在其上保持不变的曲线）$v(x,y) = \mathrm{const}$. 因此，不论在等高线上考察哪一段，该段上不会有液

体流过. 于是可知液体顺着等高线流动,因而等高线叫流线. 速度矢量 $\boldsymbol{V}$ 与流线相切. 我们还可以说,流可用穿过已给曲线的流线数表示.

根据格林公式得

$$\int_L X\mathrm{d}y - Y\mathrm{d}x = \iint_D \left(\frac{\partial X}{\partial x} + \frac{\partial Y}{\partial y}\right)\mathrm{d}x\mathrm{d}y$$

也就是

$$\int_L V_n \mathrm{d}s = \iint_D \mathrm{div}\ \boldsymbol{V}\mathrm{d}\boldsymbol{\sigma}$$

其中 L 是包围域 D 的闭曲线

$$\mathrm{d}\boldsymbol{\sigma} = \mathrm{d}x\mathrm{d}y$$

这个等式是矢量形式的格林公式:平面矢量场的散度的二重积分等于矢量场的法线投影在积分域边界上对长度的积分.

如果我们记住上述等式左边曲线积分的物理意义,那么就可以说:速度矢量场的散度的二重积分,表示流出包围积分域 D 的闭曲线 L 以外的液体量,还可以说,这个积分表示域 D 内流源的强度,或者说它决定流出域外及流入域内的流线差数.

由于二重积分对于域的导函数等于被积函数,故 $\mathrm{div}\ \boldsymbol{V}(P)$ 表示已给点 C 处的单比源强(或源密度).

Ⅱ. 环流. 除积分(6) 以外,我们再讲不可压缩液体做平面稳定流动时的另一个重要标志. 这时我们不取 $\mathrm{d}s$ 与 $\boldsymbol{V}$ 在法线 n 上投影的乘积,而取 $\mathrm{d}s$ 与 $\boldsymbol{V}$ 在切线 t 上投影的乘积(图 17),来作为曲线 L 上的积分元素 $\mathrm{d}K_2$,即

$$\mathrm{d}K_2 = |\ \boldsymbol{V}\ |\ \cos(\boldsymbol{V},s)\mathrm{d}z = X\mathrm{d}x + Y\mathrm{d}y$$

得

$$K_2 = \int_L V_t \mathrm{d}s = \int_L X\mathrm{d}x + Y\mathrm{d}y \tag{7}$$

其中 V_t 是 $\boldsymbol{V}$ 在曲线 L 的切线 t 上的投影. K_2 这个量等于单位时间内沿曲线 L 流动的液体量,叫作沿曲线 L 的环流.

假定沿着任一闭曲线的环流等于 0,也就是假定积分(7) 不取决于积分路线,这时我们说液体的流动是无环流的 —— 无旋的(无旋度).

所以不可压缩液体的平面稳定无旋流动状态的标志是:在任何闭曲线 L 上的

$$\int_L X\mathrm{d}x + Y\mathrm{d}y = 0$$

但我们知道这个条件相当于

$$\frac{\partial X}{\partial y} = \frac{\partial Y}{\partial x}$$

即

$$\frac{\partial Y}{\partial x}-\frac{\partial X}{\partial y}=0$$

亦即

$$\text{rot } \boldsymbol{V}=\mathbf{0}$$

而在 rot $\boldsymbol{V}=\mathbf{0}$ 时的矢量场是有势场(无旋场).

在速度场为有势场时,积分(7) 不取决于积分路线,故当曲线终点$P(x,y)$为变点时,积分(7) 表示一“原函数”(相差仅为一常数项). 函数

$$u(P)=u(x,y)=\int_{(P_0)}^{(P)} X\mathrm{d}x+Y\mathrm{d}y$$

叫作速度的势. 这时

$$\frac{\partial u}{\partial x}=X,\frac{\partial u}{\partial y}=Y$$

因而使函数 $u(x,y)$ 成为已给速度场

$$X=X(x,y),Y=Y(x,y)$$

的势. 这时等高线 $u(x,y)=\text{const}$ 具有如下属性:液体没有沿这些线上流动(任意一段曲线上的环流等于0),而是穿过势的等高线,循着法线方向流动的. 于是势 $u(x,y)$ 的力线就是流线. 这些流线形成液体的“一股喷泉”,其全体便形成整个流. 速度矢量 $\boldsymbol{V}$ 与这些力线相切,$\boldsymbol{V}$ 是在流线方向上的.

根据格林公式得

$$\int_L X\mathrm{d}y+Y\mathrm{d}x=\iint_D\left(\frac{\partial Y}{\partial x}-\frac{\partial X}{\partial y}\right)\mathrm{d}x\mathrm{d}y$$

也就是

$$\int_L V_t\mathrm{d}s=\iint_D \text{rot } \boldsymbol{V}\mathrm{d}\sigma$$

其中 L 是包围域 D 的闭曲线

$$\mathrm{d}\sigma=\mathrm{d}x\mathrm{d}y$$

这个等式也是矢量形式的格林公式:平面矢量场的旋度的二重积分等于矢量场的切线投影在积分域边界上对长度的积分.

如果我们记住上述等式左边那个曲线积分的物理意义,便可以这样说:对速度场的旋度取二重积分时,该积分便表示沿积分域 D 的边界闭曲线 L 上流动的液体量,也就是曲线 L 上的环流.

由于二重积分对积分域的导函数等于被积函数,故 $\boldsymbol{V}(P)$ 表示单比环流(旋度强) 或已给点 P 处的环流.

最后设不可压缩液体的平面稳定流是无源且又无旋的. 这时流函数 $v(x,y)$ 及速度势 $u(x,y)$ 之间有密切关系. 把这两种情形加以比较,得(柯西 - 黎曼

条件)

$$\frac{\partial u}{\partial x}=\frac{\partial v}{\partial y}(=X),\frac{\partial u}{\partial y}=-\frac{\partial v}{\partial x}(=Y)$$

从这两个方程不难推知函数 $u(x,y)$ 及函数 $v(x,y)$ 满足拉普拉斯方程,因而知它们是谐函数①,从函数 u 及 v 可作出一个复变函数 $u+\mathrm{i}v$,叫特征函数. 有了特征函数的帮助,就可以完全描述所研究的流,并解决流体及气体动力学中一系列重要的问题. 不过这事我们不可能在这里讲②.

从几何观点来说,流线是势函数的力线以及流函数的等高线.

如果用势论中的术语,我们可以这样说,平面矢量场无源及无旋的必要且充分条件为:已给场及与其相垂直的矢量场都是有势场.

现在我们要把函数 $u(x,y)$ 及 $v(x,y)$ 互相表达出来. 流函数 $v(x,y)$ 的微分是

$$\mathrm{d}v(x,y)=[|\boldsymbol{V}|\cos(\boldsymbol{V},x)\cos(n,x)+|\boldsymbol{V}|\cos(\boldsymbol{V},y)\cos(n,y)]\mathrm{d}s$$

或

$$\mathrm{d}v(x,y)=[X\cos(n,x)+Y\sin(n,x)]\mathrm{d}s$$

但

$$X=\frac{\partial u}{\partial x},Y=\frac{\partial u}{\partial y}$$

由此知

$$\mathrm{d}v(x,y)=\left(\frac{\partial u}{\partial x}\cos(n,x)+\frac{\partial u}{\partial y}\sin(n,x)\right)\mathrm{d}s$$

也就是

$$\mathrm{d}v(x,y)=\frac{\partial u}{\partial n}\mathrm{d}s$$

这里$\frac{\partial u}{\partial n}$是速度的势 $u(x,y)$ 在积分路线的法线 n 上的导函数(图 17). 这样

$$v(x,y)=\int_{(P_0)}^{(P)}\frac{\partial u}{\partial n}\mathrm{d}s$$

函数 $u(x,y)$ 本身显然可用其方向导数表示如下

$$u(x,y)=\int_{(P_0)}^{(P)}\frac{\partial u}{\partial s}\mathrm{d}s$$

同样可得

---

① 此外速度 $\boldsymbol{V}$ 的投影 $X(x,y)$ 及 $Y(x,y)$ 也是谐函数. 读者可自行证明.

② 例如可参阅 Б. А. Фукс 和 Б. В. Шабат 所著的《复变函数及其若干应用》(Гостехиздат,1949).

$$u(x,y)=-\int_{(P_0)}^{(P)}\frac{\partial v}{\partial n}\mathrm{d}s, v(x,y)=\int_{(P_0)}^{(P)}\frac{\partial v}{\partial s}\mathrm{d}s$$

u 及 v 在微分形式上的关系可写作

$$\frac{\partial u}{\partial n}=\frac{\partial v}{\partial s},\frac{\partial u}{\partial s}=-\frac{\partial v}{\partial n}\quad (\text{柯西 - 黎曼条件})$$

216. 流及环流(空间情形)

设在域 D 上用矢性函数

$$\boldsymbol{A}(P)=X(P)\boldsymbol{i}+Y(P)\boldsymbol{j}+Z(P)\boldsymbol{k}$$

给出一矢量场,且其投影 X,Y,Z 具有连续偏导数. 为求说明浅显起见,我们把这个矢量场看作一部分不可压缩液体做稳定流动时的速度场.

现在要给出"力线"的一般定义.

若曲线上每点处的切线与对应于该点的矢量相合,则此曲线通常称为矢量场的力(或矢)线. 力线包络了矢量场中的矢量. 在液体的空间流动中,与在平面流动中的情形一样,力线是液体的流线.

由于力线上点 $P(x,y,z)$ 处切线的方向余弦正比于 $\mathrm{d}x,\mathrm{d}y,\mathrm{d}z$,而矢量 $\boldsymbol{A}(P)$ 的方向余弦正比于其投影 X,Y,Z,故得等式

$$\frac{\partial x}{X}=\frac{\partial y}{Y}=\frac{\partial z}{Z}$$

这几个方程可以看作矢量场力线的微分方程.

Ⅰ. 流. 在域 D 上取曲面 S(图 18),并求出单位时间内流过曲面的液体量 K_1. 取出曲面上点 P 的一块无穷小邻域并用 $\mathrm{d}q$ 表示其面积. 如果我们假定 $\mathrm{d}q$ 是切平面上对应邻域的面积,并设在所论邻域上速度矢量 $\boldsymbol{A}(P)$ 不变,我们就可得出液体量的元素 $\mathrm{d}K_1$. 由于流动是稳定的,故矢量 $\boldsymbol{A}$ 指出小块液体在单位时间内走过的路线,且在所述条件下,液体的流量 $\mathrm{d}K_1$ 可用以 $\mathrm{d}q$ 为底而母线平行于 $\boldsymbol{A}$ 的柱体的体积表示. 但这个体积等于 $\mathrm{d}q$ 与柱体高(即 $\boldsymbol{A}$ 在曲面上点 P 处朝外法线 n 上的投影)两者的乘积

$$\mathrm{d}K_1=A_n\mathrm{d}q$$

其中

$$A_n=\text{пр}_n\boldsymbol{A}$$

由于

$$A_n=X\cos(n,x)+Y\cos(n,y)+Z\cos(n,z)$$

其中 $\cos(n,x),\cos(n,y),\cos(n,z)$ 是法线 n 的方向余弦,故

$$\begin{aligned}\mathrm{d}K_1&=X\cos(n,x)\mathrm{d}q+Y\cos(n,y)\mathrm{d}q+Z\cos(n,z)\mathrm{d}q\\&=X\mathrm{d}y\mathrm{d}z+Y\mathrm{d}z\mathrm{d}x+Z\mathrm{d}x\mathrm{d}y\end{aligned}$$

所以

$$K_1=\iint_S A_n\mathrm{d}q=\iint_S X\mathrm{d}y\mathrm{d}z+Y\mathrm{d}x\mathrm{d}z+Z\mathrm{d}x\mathrm{d}y \tag{8}$$

K_1 这个量叫矢量(或场)$\boldsymbol{A}$ 过曲面 S 的流. 它等于单位时间内过曲面 S 流向曲面上取积分那一侧的液体量(或穿过 S 的流线数).

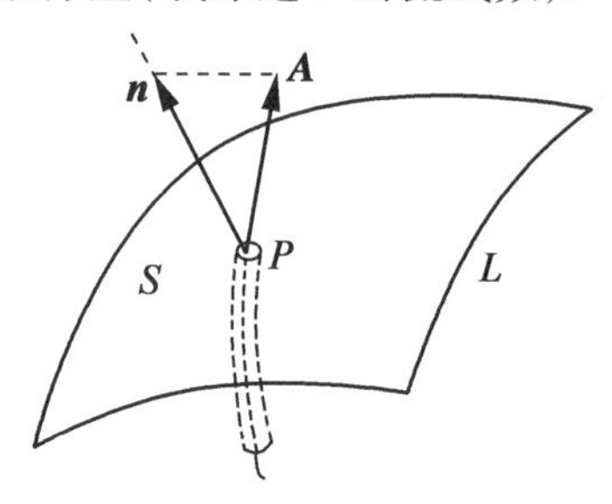

图 18

如果 S 是闭曲面,即流(8) 表示单位时间内依朝外法线方向(当积分取在正方向上 ——S 的外侧上时) 穿过 S 而流出去的液体总量. 我们也可以换另一种方式说:流(8) 确定出曲面 S 所围域 Ω 上的总源强.

当域 Ω 上既无正源也无负源时,流 $K_1=0$,因这时有多少液体流入域内,显然便有同样多的液体流出域外.

所以不可压缩液体的无源稳定流动的标志是:在任何闭曲面 S 上的

$$\iint_S X\mathrm{d}y\mathrm{d}z+Y\mathrm{d}x\mathrm{d}z+Z\mathrm{d}x\mathrm{d}y=0$$

但我们知道这个条件相当于

$$\frac{\partial X}{\partial x}+\frac{\partial Y}{\partial y}+\frac{\partial Z}{\partial z}=0$$

即 $\operatorname{div}\boldsymbol{A}=0$. 但 $\operatorname{div}\boldsymbol{A}=0$ 时矢量场是管形的. 这时公式(8) 右边的积分不取决于(开) 曲面 S 而可由 S 的边界线 L 完全定出. 由此可知当速度场为管形时,不管在已给曲线 L 上绷一个任何形式的曲面,穿过该曲面而流动的液体量(或流线数) 不变.

我们要知道,如果在某点处有个孤立的源,那么就包围该源的任何闭曲面来说,穿过这些闭曲面的矢量的流是一样的,也就是说这个流不取决于曲面. 证明时可取包围该源的两个闭曲面 S_1 及 S_2 之间的域 Ω,并设 S_1 位于 S_2 里面. 由于在域 Ω 上 $\operatorname{div}\boldsymbol{A}=0$,故流等于 0,即

$$\iint_{S_1+S_2} A_n\mathrm{d}q=0$$

其中 A_n 是速度矢量在域的朝外法线上的投影. 由此得

$$\iint_{S_2} A_n\mathrm{d}q-\iint_{S_1} A_n\mathrm{d}q=0$$

也就是

$$\iint_{S_2} A_n \mathrm{d}q = \iint_{S_1} A_n \mathrm{d}q$$

等式右边积分中的 A_n 是速度在域 Ω 的朝内法线(但对 S_1 所围的域来说是朝外法线)上的投影. 但这便是我们所要证明的事.

根据奥氏公式得

$$\iint_S X\mathrm{d}y\mathrm{d}z + Y\mathrm{d}x\mathrm{d}z + Z\mathrm{d}x\mathrm{d}y = \iiint_\Omega \left(\frac{\partial X}{\partial x} + \frac{\partial Y}{\partial y} + \frac{\partial Z}{\partial z}\right) \mathrm{d}x\mathrm{d}y\mathrm{d}z$$

也就是

$$\iint_S A_n \mathrm{d}q = \iiint_\Omega \mathrm{div}\, \boldsymbol{A} \mathrm{d}\sigma$$

这里 S 是包围域 Ω 的闭曲面

$$\mathrm{d}\sigma = \mathrm{d}x\mathrm{d}y\mathrm{d}z$$

上面的等式是矢量形式的奥氏公式:矢量场的散度的三重积分等于矢量场的法线投影在积分域边界面上对面积的积分.

如果记住奥氏公式左边那个曲面积分的物理意义,那就可以说:速度场的散度的三重积分表示从积分域 Ω 的边界闭曲面 S 上流出去的液体量(或域 Ω 上的源强,或穿出域外及进入域内的流线数的差).

由于三重积分对积分域的导函数等于被积函数,故 $\mathrm{div}\, \boldsymbol{V}(P)$ 表示单比液体量或已给点 P 处的源强,换句话说,它是点 P 处无穷小邻域的相对体积膨胀率(膨胀率). 这样我们就把178小节中所提过的矢量场散度概念的物理意义显示了出来. 我们也可以从相反的次序来推算:从 $\mathrm{div}\, \boldsymbol{V}(P)$ 为点 P 处液体的相对体积膨胀率出发,把 $\mathrm{div}\, \boldsymbol{V}(P)$ 在全部域上积分,求得流出域外的液体总量,这就给出上面的三重积分,而三重积分又可用奥氏公式化为公式(8)右边的曲面积分来表示穿过边界面的流.

例3 位于原点处的电荷 e 所确定电场的感应矢量为 $\boldsymbol{A} = \frac{e}{r^2}\boldsymbol{r}_1$,求这个感应矢量穿过任一闭曲面的流. 这里 $r = \sqrt{x^2 + y^2 + z^2}$ 是矢量场中的点到原点的距离,$\boldsymbol{r} = r\boldsymbol{r}_1$ 是该点的矢径.

解 得

$$\boldsymbol{A} = \frac{e}{r^3}(x\boldsymbol{i} + y\boldsymbol{j} + z\boldsymbol{k})$$

故知

$$X = \frac{ex}{r^3}, Y = \frac{ey}{r^3}, Z = \frac{ez}{r^3}$$

$$\frac{\partial X}{\partial x}=e\frac{r^3-x3r^2r'}{r^6}=e\frac{r^3-3xr^2\frac{x}{r}}{r^6}=e\frac{r^3-3x^2r}{r^6}=e\frac{r^2-3x^2}{r^5}$$

$$\frac{\partial Y}{\partial y}=e\frac{r^2-3y^2}{r^5},\frac{\partial Z}{\partial z}=e\frac{r^2-3z^2}{r^5}$$

求得散度为

$$\operatorname{div}\boldsymbol{A}=e\frac{r^2-3x^2+r^2-3y^2+r^2-3z^2}{r^5}=e\frac{3r^2-3(x^2+y^2+z^2)}{r^5}=0$$

所以除原点以外,在任一点处有 $\operatorname{div}\boldsymbol{A}=0$. 而在原点处有密度为 e 的源. 由于除原点以外矢量场处处是管形的,所以若曲面包围原点,则穿过曲面的流是不取决于曲面的. 因此可取以原点为中心,以 R 为半径的一个球面. 球面上各点的矢量 $\boldsymbol{A}$ 在球面法线上的投影显然等于$\frac{e}{R^2}$,由此可知

$$K_1=\iint_S\frac{e}{R^2}\mathrm{d}q=\frac{e}{R^2}4\pi R^2=4\pi e$$

这样,对于电荷 e 所激起的感应矢量来说,当闭曲面的内部不含电荷时,矢量穿过任何这类闭曲面的流等于 0,当闭曲面内部含有电荷时,矢量穿过任何这类闭曲面的流等于 $4\pi e$.

Ⅱ. 环流. 我们还要再讲矢量场的一个标志 —— 环流.

在域 Ω 内取曲线 L,并计算单位时间内沿着该曲线流动的液体量 K_2.

元素 $\mathrm{d}K_2$ 等于矢量 $\boldsymbol{A}$ 在曲线 L 的切线 t 上的投影与弧元素 $\mathrm{d}s$ 两者的乘积

$$\mathrm{d}K_2=A_t\mathrm{d}s$$

其中 $A_t=\mathrm{np}_t\boldsymbol{A}$. 由于 $A_t\mathrm{d}s$ 是矢量 $\boldsymbol{A}$ 与$\overrightarrow{\mathrm{d}P}$ 的纯积,故

$$\mathrm{d}K_2=X\mathrm{d}x+Y\mathrm{d}y+Z\mathrm{d}z$$

因此

$$K_2=\int_L A_t\mathrm{d}s=\int_L X\mathrm{d}x+Y\mathrm{d}y+Z\mathrm{d}z \tag{9}$$

K_2 叫作矢量(或场)$\boldsymbol{A}$ 在曲线 L 上的环流. 它等于单位时间内沿曲线 L 流动的液体量.

我们要假定沿任一闭曲线的环流等于 0,也就是假定积分(9) 不取决于积分路线. 这时我们说液体的流动(矢量场) 是无环流(无旋) 的.

所以,不可压缩液体的稳定无旋流动的标志是:在任何闭曲线 L 上的

$$\int_L X\mathrm{d}x+Y\mathrm{d}y+Z\mathrm{d}z=0$$

我们知道这个条件相当于条件

$$\frac{\partial Z}{\partial y}-\frac{\partial Y}{\partial z}=0,\frac{\partial X}{\partial z}-\frac{\partial Z}{\partial x}=0,\frac{\partial Y}{\partial x}-\frac{\partial X}{\partial y}=0$$

或 rot $\boldsymbol{A}=\boldsymbol{0}$. 但若 rot $\boldsymbol{A}=\boldsymbol{0}$,则矢量场是个有势场. 这时公式(9)右边的积分不取决于(开)曲线 L,而完全由其端点 P_0 及 P 决定. 当始点 P_0 固定时,函数

$$u(x,y,z)=\int_{(P_0)}^{(P)} X\mathrm{d}x+Y\mathrm{d}y+Z\mathrm{d}z=\int_{(P_0)}^{(P)} A_t\mathrm{d}s$$

叫作速度势,是已给矢量场 $\boldsymbol{A}$($\boldsymbol{A}=\operatorname{grad} u$)的势.

根据斯托克斯公式有

$$\begin{aligned}&\int_L X\mathrm{d}x+Y\mathrm{d}y+Z\mathrm{d}z\\&=\iint_S\left(\frac{\partial Z}{\partial y}-\frac{\partial Y}{\partial z}\right)\mathrm{d}y\mathrm{d}z+\left(\frac{\partial X}{\partial z}-\frac{\partial Z}{\partial x}\right)\mathrm{d}x\mathrm{d}z+\left(\frac{\partial Y}{\partial x}-\frac{\partial X}{\partial y}\right)\mathrm{d}x\mathrm{d}y\end{aligned}$$

其中 S 是绷在闭曲线 L 上的曲面. 由于

$$\mathrm{d}y\mathrm{d}z=\cos(n,x)\mathrm{d}q,\mathrm{d}x\mathrm{d}z=\cos(n,y)\mathrm{d}q,\mathrm{d}x\mathrm{d}y=\cos(n,z)\mathrm{d}q$$

(这里 $\cos(n,x)$,$\cos(n,y)$,$\cos(n,z)$ 是曲面 S 的法线 n 的方向余弦,$\mathrm{d}q$ 是曲面 S 的面积元素),故

$$\int_L X\mathrm{d}x+Y\mathrm{d}y+Z\mathrm{d}z=\iint_S \operatorname{rot}\boldsymbol{A}\cdot\boldsymbol{e}_n\,\mathrm{d}q$$

这里 rot $\boldsymbol{A}\cdot\boldsymbol{e}_n$ 是旋度 rot $\boldsymbol{A}$ 与法线 n 上单位矢量 $\boldsymbol{e}_n$ 的纯积,它可以写作

$$B_n=\text{пр}_n\boldsymbol{B}$$

其中 $\boldsymbol{B}=\operatorname{rot}\boldsymbol{A}$. 所以

$$\int_L A_t\mathrm{d}z=\iint_S B_n\mathrm{d}q$$

这个等式是矢量形式的斯托克斯公式:矢量场旋度的法线投影对面积的曲面积分等于矢量场的切线投影在曲面边界上对其长度的曲线积分.

曲线 L 的切线方向与曲面 S 的法线方向之间的配合法,对应于斯托克斯基本公式中的积分方向的配合法.

由于在斯托克斯基本公式中,曲面积分不取决于绷在闭曲线 L 上的曲面 S,而只取决于 L,所以在"矢量形式"的斯托克斯公式中,情形也是如此.

我们要知道右边的积分表示矢量 $\boldsymbol{B}$(也就是矢量 $\boldsymbol{A}$ 的旋度)的流. 因此旋度的流通过绷在一曲线上的曲面时,不取决于曲面,而等于已给矢量沿曲线的环流. 旋度的流不取决于曲面的事是可以理解的,因为任何旋度都是管形矢量场:div rot $\boldsymbol{A}=0$.

如果考虑到斯托克斯公式左边那个曲线积分的物理意义,那么就可以说:速度场旋度的法线投影在曲面上对面积的积分,表示沿积分域 S 的边界闭曲线 L 上流动的液体量,也就是沿曲线 L 的环流.

若把积分对曲面微分,则可知 rot $\boldsymbol{A}(P)$ 的法线投影给出曲面上点 P 周围的单比环流(旋度强). 这样我们就把 178 小节中所讲矢量场旋度概念的物理意义

说明白了.

若按相反的次序来思考,即先从矢量旋度(准确些说是其法线投影)的物理意义出发,则把 B_n 在整个曲面上积分后,便可求出沿曲面边界流动的液体总量. 这样就给出上述对曲面面积的积分,这个积分又可用斯托克斯公式化为公式(9)右边的曲线积分来表示沿边界曲线的环流.

若已给场是管形的($\operatorname{div} \boldsymbol{A} = 0$),则穿过曲面 S 的流 K_1,即

$$K_1 = \iint_S A_n \mathrm{d}q$$

并不取决于曲面,而只取决于其边界 L. 根据斯托克斯公式得

$$K_1 = \iint_S A_n \mathrm{d}q = \int_L C_t \mathrm{d}s$$

其中 C_t 是矢量 $\boldsymbol{C}$ 的切线投影,而 $\boldsymbol{C}$ 的旋度即为已给矢量 $\boldsymbol{A}$:$\operatorname{rot} \boldsymbol{C} = \boldsymbol{A}$(如在 178 小节中所讲,若 $\operatorname{div} \boldsymbol{A} = 0$,则必存在一矢量场使其旋度为已给矢量 $\boldsymbol{A}$).

微分方程

第十四章

解自然科学与技术科学上的具体问题时，微分方程是最有效而又最常用的工具. 我们在本书里已熟悉了最简单微分方程的概念以及把各类问题化为这种方程的方式.

本章开头所研究的是上述那类最简单微分方程的直接推广，以及关于一阶微分方程的一般定理. 在 §1 里，同时还要考虑到这些微分方程中特别有用的几个类型的解法. 在 §2 中要讲关于一阶微分方程的补充问题，还有求近似解的各种方法.

在以后两节中要讲二阶及高阶微分方程. 首先(§3) 要给出关于高阶微分方程的一些必要的一般定理以及几类特殊方程的解法. 在 §4 中要根据一般线性微分方程的定理来讲常系数线性微分方程的解法.

本章中所有的讲解都附有许多例子和说明，希望读者特别注意. 这是因为应用科学中用微分方程这种数学方法时几乎都要涉及下面两个问题：

(1) 如何按照已给问题中的条件列出微分方程.

(2) 关于解微分方程的步骤.

第二个问题是要在本章中做系统讲解的数学理论的对象. 第一个问题介于数学及有关的应用科学之间，而列出微分方程的能力可在解决具体问题的实践中养成.

§1 一阶微分方程

217. 可分离变量的微分方程

到这里为止,我们所碰到的问题里面的那些微分方程,具有极简单的形式如下

$$du = f(x)\,dx \tag{1}$$

这里,一个变量的微分用另一变量及其微分的显式表示出来. 把所有的"元素"都加起来,也就是说,把两边积分

$$\int_{u_0}^{u} du = \int_{x_0}^{x} f(x)\,dx$$

便得到把一个变量(u)表示为另一变量(x)的函数的显式

$$u = u_0 + \int_{x_0}^{x} f(x)\,dx (= F(x))$$

其中 $u_0 = F(x_0)$ 是初始值,也就是对应于已给初始值 $x = x_0$ 的值.

用题中条件求得了两个变量 x 及 u 的微分间的关系之后,往往可以得到下列形式的微分方程

$$f_1(u)\,du = f_2(x)\,dx \tag{2}$$

其中 $f_1(u)$ 及 $f_2(x)$ 各为其宗标的已给函数.

这种微分方程叫作变量已分离的微分方程. 由于方程中每个变量只出现在与其微分在一起的那一边,所以有这个名称. 方程(1)是方程(2)的特殊情形($f_1(u) \equiv 1$).

用同一式子乘其两边后便可化为形式(2)的那种微分方程,叫作可分离变量的微分方程. 例如方程

$$\frac{f_1(u)}{f_2(x)} = \frac{dx}{du}$$

其中的变量虽尚未分离,但若用 $f_2(x)\,du$ 乘两边之后,便可得变量已分离的微分方程.

在一般情形下求未知函数 $u = F(x)$ 时,我们不能像特殊情形(1)中那样直接从"元素相加"的观念出发来做,因为方程(2)的两边都不是所讨论变量之一的"元素". 但是我们可以从较为形式化的观点出发来做. 那便是,只要一个微分式($f_1(u)\,du$)完全等于第二个微分式($f_2(x)\,dx$),则两者在变量 u 及 x 的对

应区间上的积分也应相等

$$\int_{u_0}^{u} f_1(u)\,\mathrm{d}u = \int_{x_0}^{x} f_2(x)\,\mathrm{d}x$$

这时要得到问题的确定解答,必须先知道初始条件,也就是变量 x 及 u 的一对对应数值(x_0 及 u_0).

实际施行积分法,便得出变量 x 及 u 之间的、去掉了各微分之后的关系式

$$F_1(u) - F_1(u_0) = F_2(x) - F_2(x_0) \quad (F'_1 = f_1, F'_2 = f_2)$$

这个方程把 u 定为 x 的隐函数. 函数 u 叫作原有微分方程(2) 在已给初始条件下的解. 用这个函数代替微分方程中的 u,就能使微分方程变为恒等式. 用这种置换同时还可以验证所得解答的正确性.

举例来说,容器内有 100 L 溶液,其中含 10 kg 盐. 如果以 3 L/min 的均匀速度把水注入容器内使溶液冲淡,同时以 2 L/min 的均匀速度使溶液流出. 求过程开始 1 h 后溶液内还含有多少盐.

我们来考察任一瞬时 t(第 t min) 的过程. 设在该瞬时容器内尚有 x kg 盐. 由于在 t min 内液体增加 $3t$ L 而减少 $2t$ L,故在 t 那一瞬时的溶液量是$(100 + t)$ L,含盐的浓度是$\frac{x}{100+t}$(溶液在每一瞬时都保持均匀浓度). 令变量 t 得增量 $\mathrm{d}t$,于是 x 得增量 Δx,它表示从 t 到 $t + \mathrm{d}t$ 这段时间内所减少的盐量.

假定在无穷小的一段时间$[t, t + \mathrm{d}t]$ 内溶液的浓度不变,我们取出增量 Δx 的主部 $\mathrm{d}x$ 来加以考虑. 如果在单位时间(1 min) 内溶液的浓度不变,那么减少的盐量是$\frac{2x}{100+t}$ kg(因在 1 min 内要减少 2 L 溶液,而每升里面含$\frac{x}{100+t}$ kg 盐). 但我们假定的是 $\mathrm{d}t$ min 内溶液的浓度不变,故

$$\frac{2x}{100+t}\mathrm{d}t = -\mathrm{d}x$$

(取负号是因为 $\mathrm{d}x < 0$). 由此得

$$\frac{2\mathrm{d}t}{100+t} = -\frac{\mathrm{d}x}{x}$$

这个变量已分离的方程是所讨论问题的微分方程.

这里要注意的是在列出微分方程时并没有用到问题中的一个条件,即在过程开始($t=0$) 时有 10 kg 盐的条件——初始条件. 因此所求的微分规律不仅在所讨论过程中成立,而且对于具有任意初始盐量的任一个相仿过程都成立. 以后从问题的一切可能解中来找出对应于题中全部条件的确定解答时,要用到初始条件.

就本题的情形来说,显然有

$$\int_0^t \frac{2}{100+t}\mathrm{d}t = -\int_{10}^x \frac{\mathrm{d}x}{x}$$

积分出来,得

$$2\ln\frac{100+t}{100} = \ln\frac{10}{x}$$

由此得

$$x = \frac{10\times 100^2}{(100+t)^2}$$

这个函数便是已给微分方程在已给初始条件下的解. 在其他的初始条件下,只要改变积分的下限即可.

令 $t = 60$ min 便得所求解答

$$X = \frac{10\times 100^2}{160^2} \approx 3.9(\mathrm{kg})$$

这个解可以从下面的等式直接求出

$$\int_0^{60} \frac{2}{100+t}\mathrm{d}t = -\int_{10}^X \frac{\mathrm{d}x}{x}$$

在许多情形下用不定积分来做很方便. 引出微分方程的那种问题在本质上常是这样的:解它的对应微分方程时不依据“元素相加”原理,而依据从微分法与积分法互为逆运算这个观念出发的“还原”原理.

从方程

$$f_1(u)\mathrm{d}u = f_2(x)\mathrm{d}x$$

得

$$\int f_1(u)\mathrm{d}u = \int f_2(x)\mathrm{d}x$$

施行积分法,得变量 x 及 u 之间的关系式

$$F_1(u) = F_2(x) + C$$

($F_1'=f_1, F_2'=f_2$, C 是任意常数),它把 u 定作 x 的(而又取决于任意常数 C 的)隐函数. 这个函数叫作原有微分方程的一般解. 不管 C 是什么值,这个一般解满足微分方程(也就是使微分方程成为恒等式). 给 C 以确定数值后,从一般解所得的函数叫作特定解. 所以用这个新的术语来讲时,不定积分 $\int f(x)\mathrm{d}x$ 可以叫作方程 $\mathrm{d}u = f(x)\mathrm{d}x$ 的一般解,定积分 $\int_{x_0}^x f(x)\mathrm{d}x$ 叫作初始条件(当 $x = x_0$ 时, $u = 0$)下的特定解.

凡是用“元素相加法”按以前所讲的解题程序而解出的问题,都可以把方程 $\mathrm{d}u = f(x)\mathrm{d}x$ 还原并求出任意常数值而得到解答. 这两种方法在本质上是一

样的.

回到我们所讲的例子. 对方程

$$\frac{2\mathrm{d}t}{100+t}=-\frac{\mathrm{d}x}{x}$$

积分,得

$$2\ln(100+t)=\ln\frac{C}{x}$$

由此得

$$x=\frac{C}{(100+t)^2}$$

以上我们得到已给方程的一般解. 它把初始盐量为任意值时的过程描述了出来. 根据 $t=0$ 时 $x=10$ 的已给条件,得出 C 的数值

$$10=\frac{C}{(100+0)^2}$$

即

$$C=10\times 100^2$$

故知

$$x=\frac{10\times 100^2}{(100+t)^2}$$

是满足所论问题中全部条件的特定解.

我们再来看一个例子.

盛有液体的圆柱形容器以角速度 ω 绕圆柱轴匀速旋转. 求液体自由表面的形状.

我们一看就知道,这里问题的内容并不带有什么"元素相加"的性质.

过旋转轴作一平面,要求出液体自由表面为这个平面所截的曲线的形状. 不论通过旋转轴的平面是哪一个,这条曲线的形状显然是一样的.

取坐标系如图 1 所示. 作用于曲线上点 $M(x,z)$ 处的有两个力:重力

$$MP_1=mg$$

及离心力

$$MP_2=\frac{mv^2}{x}=m\omega^2x$$

由于该点对全部液体来说是处于静止状态,所以这两个力的合力应与垂直于自由表面的液体压力相平衡. 由此可知,曲线上点 M 处的法线与 x 轴所成角 α 应能使

$$\tan\alpha=-\tan\angle P_2MQ=-\frac{P_2Q}{P_2M}=-\frac{mg}{m\omega^2x}=-\frac{g}{\omega^2x}$$

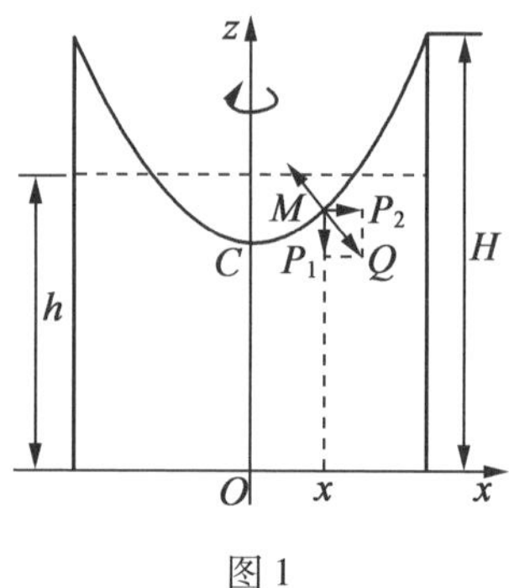

图 1

但从另一方面来说

$$\tan\alpha = -\frac{1}{z'}$$

由此可知

$$\frac{1}{z'} = \frac{g}{\omega^2 x}$$

由此得

$$x\mathrm{d}x = \frac{g}{\omega^2}\mathrm{d}z$$

于是我们把问题化为:根据上述微分方程所表示的曲线的某个微分性质来确定出曲线方程的问题. 解出这个方程,得

$$z = \frac{\omega^2}{2g}x^2 + C$$

这是对称于 x 轴的抛物线的方程.

这样,液体表面是一个旋转抛物面. 这个解用以下的原理来求可以快很多. 作用于液体表面上一点处的合力,显然具有以下的投影

$$X = px, Y = py, Z = mg$$

其中

$$p = m\omega^2$$

又力场显然具有势 u,即

$$u = \frac{1}{2}p(x^2 + y^2) + mgz$$

等势面是旋转抛物面

$$\frac{1}{2}p(x^2 + y^2) + mgz = C_1$$

液体的自由表面是等势面,因为力场中的力应与它正交. 于是我们立即得到以前用比较繁长的推算法所得出的结果.

但我们所得的解答并不是确定的——方程里面有一个任意常数 C(自由表面上最低点离开容器底面的高度). 要求 C 值时必须给出附加条件. 这可以按照许多不同的方式给出. 例如可根据实验结果指出自由表面上的一点,比如说最高点(在容器壁上)的高度. 但若我们知道柱体不动时液体的高度 h,也就可以不必用任何实验而求出 C 值. 这是因为液体的体积不会因旋转而改变,故

$$\pi r^2 h = \pi r^2 H - V$$

其中 r 是圆柱的半径,H 是自由表面上最高点离开底面的高度,V 是抛物线绕 z 轴旋转所成形体的体积. 但

$$H = \frac{\omega^2 r^2}{2g} + C$$

而

$$V = \pi\int_C^H x^2 \mathrm{d}z = \frac{2g\pi}{\omega^2}\int_C^{\frac{\omega^2r^2}{2g}+C}(z - C)\mathrm{d}z = \frac{\pi}{2}r^2\left(\frac{\omega^2}{2g}r^2 + 2C\right) - \pi r^2 C = \frac{\pi\omega^2}{4g}r^4$$

所以

$$\pi r^2 h = \pi r^2\left(\frac{\omega^2}{2g}r^2 + C\right) - \frac{\pi\omega^2}{4g}r^4 = \frac{\pi\omega^4}{4g}r^4 + \pi r^2 C$$

也就是

$$h = \frac{\omega^2}{4g}r^2 + C$$

由此得

$$C = h - \frac{\omega^2}{4g}r^2$$

所以当柱体以不变的角速度旋转时,便可从柱体的半径及液体的高度预先算出液体表面要凹到什么地方. 当 $h < \frac{\omega^2 r^2}{4g}$ 时,底面上有一部分地方会没有液体,从几何观点来说,这时抛物线的顶点位于底面之下.

工程上有许多仪器是根据旋转液体的上述性质来制造的.

218. 一般概念

通常当应用科学中变量间的依从关系不能直接定出,而根据已知数据可定出这些变量的微分(无穷小元素)之间的关系时,我们就会碰到微分方程. 于是得出所研究的过程的微分规律,然后可用纯粹数学方法推出所要求的依从关系,也就是所论过程的积分规律. 在上一小节里,我们所考察过的几种情形,会得出一阶微分(或导函数)之间的极简单关系——可分离变量的微分方程. 但在物理学、几何学以及其他科学上,甚至最简单的问题中,也会引出含有各阶微分及导函数的各种微分方程.

拿落体问题这种简单的问题来作例子. 物体自由坠落时要遇到空气的阻力. 这个阻力可以看作作用于物体上而与运动方向相反的力. 至于它的大小,则通常做如下两种假定之一:阻力正比于速度,或是正比于速度的平方. 根据运动的基本方程,在第一种假定下得

$$ms'' = mg - ks' \text{ 或 } m\mathrm{d}^2s = mg\mathrm{d}t^2 - k\mathrm{d}s\mathrm{d}t$$

在第二种假定下得

$$ms'' = mg - ks'^2 \text{ 或 } m\mathrm{d}^2s = mg\mathrm{d}t^2 - k\mathrm{d}s^2$$

其中m是质量,g是重力加速度,k是比例系数,$s=s(t)$是在t时物体与地面间的距离(右边第二项取负号,是因为该项所表示的阻力与运动方向相反). 于是在所得的方程中含有未知函数的一阶与二阶导函数(或微分). 我们必须从这些方程来确定出描述整个运动的函数 $s=s(t)$.

如前面所说,我们的目的是要研究实用上最重要的几类微分方程的解法. 但首先我们必须大略讲几个必要的一般概念.

凡把(一个或几个)自变量及未知函数及其导函数或微分连在一起的关系式,一律叫作微分方程.

仅有一个自变量的微分方程叫作常微分方程. 我们这里只预备讲常微分方程.

方程里面导函数(或微分)的最高阶是微分方程的阶.

例如,方程

$$x^2y'' + xy' + (x^2 - n^2)y = 0$$

是二阶的;

方程

$$3y^2\mathrm{d}y - 2x\mathrm{d}x = 0$$

是一阶的.

一阶微分方程的一般形式写作

$$f(x,y,y') = 0$$

其中f是以自变量x、未知函数y及其导函数y'三者为宗标的已给函数.

若方程已把导函数

$$y' = \frac{\mathrm{d}y}{\mathrm{d}x}$$

解出,则该方程显然可写成如下的形式

$$\frac{\mathrm{d}y}{\mathrm{d}x} = y' = f(x,y) \text{ 或 } \mathrm{d}y = f(x,y)\mathrm{d}x \tag{3}$$

或者写成更加对称的形式

$$X(x,y)\mathrm{d}x + Y(x,y)\mathrm{d}y = 0 \tag{4}$$

其中X及Y是宗标x及y的已知函数.

如果

$$X=\varphi_1(x)\psi_1(y)$$

及

$$Y=\varphi_2(x)\psi_2(y)$$

那么方程(4) 是可分离变量的方程. 这种方程的最简单类型

$$\mathrm{d}y=f(x)\mathrm{d}x \tag{5}$$

我们已碰到过许多次.

凡满足微分方程的任何函数,也就是代入后能使微分方程变为恒等式的任何函数,叫作微分方程的解. 常微分方程的解的形式是 $y=y(x)$. 把自变量与所求函数连在一起的方程,叫作微分方程的积分. 常微分方程的积分的形式是

$$u(x,y)=0$$

例如方程[1] $3y^2\mathrm{d}y-2x\mathrm{d}x=0$ 的一个解是函数 $y=\sqrt[3]{x^2}$,而它的一个积分是方程

$$y^3-x^2=0$$

微分方程的积分确定出以隐式表示的所求函数. 微分方程的解是从积分里面解出所求函数而得到的.

微分方程的每个确定的解或积分对应着一条曲线 —— 解或积分的图形,这条曲线叫作该微分方程的积分曲线.

就解出了导函数的一般一阶微分方程(3) 来说,我们有定理说明它的解是存在的. 这个定理的陈述方式如下:

定理 1 若函数 $f(x,y)$ 连续于含点 (x_0,y_0) 的域上,则存在满足方程(3) 的函数 $y=y(x)$,并且它在 $x=x_0$ 时等于 y_0.

所求函数 $y=y(x)$ 在 $x=x_0$ 时等于 y_0 的条件,叫作微分方程的初始条件,这个条件可写作

$$y\Big|_{x=x_0}=y_0$$

根据上述定理而确定其存在的那个函数,叫作微分方程的对应于初始条件 $y\Big|_{x=x_0}=y_0$ 的特定解. 从几何上讲,这个定理使我们知道通过点 $P(x_0,y_0)$ 的微分方程的积分曲线是存在的.

如果除函数 $f(x,y)$ 的连续性之外还假定它对 y 的偏导数 $\frac{\partial f}{\partial y}$ 连续,那就可以保证[2]由已给初始条件所确定的解只存在一个,也就是说,通过已给点的只

---

① 以后凡是不致引起混淆的地方,我们把微分方程简称为“方程”.

② 可参阅 B. B. Степанов 所著的《微分方程教程》(1950 年版,第 58 页).

有一条积分曲线. 在应用上通常所碰到的正是这种“凑巧”的函数$f(x,y)$,所以在所要讨论的问题中,这个条件是否满足的事无须常常提到.

假定对应于已给初始值$x=x_0$的初始值$y=y_0$是可变的,这时微分方程的解要取决于所选择的初始值y_0,因而它显然是一个任意参数C的函数

$$y=y(x,C)$$

这时的解叫作一般解.

当一阶微分方程(3)的解取决于一个任意常数,且这个常数为一个适当的确定值时,能使任何一个可能的初始条件满足,那么这个解叫作方程(3)的一般解;换句话说,如果利用任何一个可能给出的初始条件$y\Big|_{x=x_0}=y_0$便可从解$y(x,C)$确定出满足

$$y(x_0,C_0)=y_0$$

的唯一值$C=C_0$,那么解$y(x,C)$叫作一阶微分方程(3)的一般解.

从几何上讲,一般解是单参数积分曲线族,并且通过xOy平面上每一点的(曲线族中的)曲线不超过一条.

解的存在定理不成立的那种微分方程,可举一简单的例子如下

$$y\mathrm{d}x-x\mathrm{d}y=0$$

也就是

$$y'=\frac{y}{x}$$

假设我们要求初始条件

$$y\Big|_{x=0}=0$$

时的解,这种解便有无数多个. 因为分离变量并取积分之后可得

$$y=Cx$$

通过原点的任何直线都是微分方程的积分曲线. 解的唯一性之所以不成立,是由于这里

$$\frac{\partial f(x,y)}{\partial y}=\frac{1}{x}$$

在$x=0$处不连续.

在

$$f(x,y)=f(x)$$

的情形下,也就是在最简单微分方程(5)的情形下,解的存在定理就变为连续函数的积分的存在定理,这时积分存在定理就保证方程(5)有解.

这时

$$y=\int_{x_0}^{x} f(x)\,\mathrm{d}x+y_0$$

是特定解($y\big|_{x=x_0}=y_0$),且

$$y=\int f(x)\,\mathrm{d}x=\int_{x_0}^{x} f(x)\,\mathrm{d}x+C$$

是一般解. 这里根据任何初始条件$y\big|_{x=x_0}=y_0$来选择C的步骤非常简单:$C=y_0$.

把自变量x、所求函数y及任意常数C连在一起的方程$u(x,y,C)=0$叫作微分方程(3)的一般积分,当C为确定值时,方程$u(x,y,C)=0$叫作方程(3)的特定积分.

确定出一阶微分方程的一般解(积分)的问题,是通常微分方程的积分法问题. 这个问题常可用各种积分法来解出. 反面的问题——从一般解(积分)确定出微分方程的问题,可用微分法来解决. 这便是列出已给单参数曲线族的微分方程的问题. 设已给取决于任意常数的函数

$$y=y(x,C)\tag{6}$$

也就是给出单参数曲线族的有限(非微分的)方程. 把这个函数对x微分

$$y'=y'_x(x,C)\tag{7}$$

从等式(6)及(7)消去参数C,便得到所求的微分方程.

例如,若$y=Cx^2$(具有公共轴的抛物线族),则

$$y'=2Cx$$

从这两个方程消去C,即得具有公共轴的抛物线族的微分方程为

$$y'=2\frac{y}{x}$$

如果已经求出微分方程的解的有限形式,或求解时只要从有限(非微分的)方程解出由该方程所确定的隐函数(也就是如果已经得出微分方程的积分),或求解时只要取已知函数的积分,而不管这个积分是否可用初等函数写成有限形式. 在这三种情形下,我们都认为微分方程已经是积分出来了.

在最后一种情形下,我们说微分方程的积分法已化为不定积分法的问题.

219. 能够化为可分离变量的微分方程

现在我们来讲一阶微分方程中一种简单的类型,即能够化为可分离变量的微分方程.

Ⅰ. 齐次方程(或零次齐次方程——译者注). 若方程

$$y'=f(x,y)$$

中的函数$f(x,y)$可写成其宗标的商的函数

$$f(x,y)=\varphi\left(\frac{y}{x}\right)$$

这时方程叫作齐次方程.

例如

$$(xy-y^2)\mathrm{d}x-(x^2-2xy)\mathrm{d}y=0$$

是齐次方程,因为

$$f(x,y)=\frac{xy-y^2}{x^2-2xy}=\frac{\frac{y}{x}-\left(\frac{y}{x}\right)^2}{1-2\frac{y}{x}}$$

在一般情形下,齐次方程中的变量是不可分离的. 不过我们用简单的公式

$$\frac{y}{x}=u \text{ 或 } y=xu$$

把未知函数 y 换成新函数 u,就可以把齐次方程化为可分离变量的方程. 因这时

$$y'=u+xu'$$

于是方程

$$y'=\varphi\left(\frac{y}{x}\right)$$

的形式变为

$$u+xu'=\varphi(u)$$

也就是

$$x\frac{\mathrm{d}u}{\mathrm{d}x}=\varphi(u)-u$$

由此得

$$\frac{\mathrm{d}u}{\varphi(u)-u}=\frac{\mathrm{d}x}{x}$$

(变量已经分离),经积分后得

$$\int\frac{\mathrm{d}u}{\varphi(u)-u}=\ln x$$

这个公式给出微分方程的一般积分,因为不定积分中含有任意常数. 从所得积分求出 u 是 x 的某一个函数式子之后再化回到原来的变量

$$y=xu$$

便得到齐次方程的所求解.

u 的显式通常不能简单地求出来. 这时我们在左边积分之后用 $\frac{y}{x}$ 代替 u,便得到已给微分方程的积分.

这里我们当然假定 $\varphi(u)-u$ 不恒等于0. 若

$$\varphi(u) \equiv u$$

则

$$\varphi\left(\frac{y}{x}\right) = \frac{y}{x}$$

这时根本不必做任何变换,因已给方程就是可分离变量的方程.

上面所得的几个公式无须记住,在每个具体情形下,我们都不难推出这些公式来.

拿上面例子中的齐次方程

$$y' = \frac{xy - y^2}{x^2 - 2xy}$$

来说. 做置换 $y = xu$ 后得方程

$$u + xu' = \frac{u - u^2}{1 - 2u}$$

或

$$\frac{\mathrm{d}u}{\mathrm{d}x} = \frac{1}{x}\left(\frac{u - u^2}{1 - 2u} - u\right) = \frac{1}{x} \frac{u^2}{1 - 2u}$$

分离变量后,得

$$\frac{1 - 2u}{u^2}\mathrm{d}u = \frac{\mathrm{d}x}{x}$$

由此得

$$\frac{1}{u} + 2\ln u = \ln \frac{C}{x}$$

或

$$\ln(\mathrm{e}^{\frac{1}{u}}u^2) = \ln \frac{C}{x}$$

故

$$\mathrm{e}^{\frac{1}{u}}u^2 = \frac{C}{x}$$

还原到变量 y 之后,得所求积分为

$$\frac{y^2}{x}\mathrm{e}^{\frac{x}{y}} = C$$

许多几何性质与物理性质的问题都可用齐次方程来解出.

Ⅱ. 线性方程. 能够化为可分离变量的一阶微分方程中,第二种常见的类型是线性方程. 这便是对于所求函数及其导函数有线性关系的方程

$$y' + py = q \tag{8}$$

其中

$$p = p(x), q = q(x)$$

都是自变量 x 的已知函数.

方程(8) 能用下述的巧妙方法化为可分离变量的方程. 把函数 y 写成两个函数的乘积

$$y = uv$$

这两个函数之中的一个当然可以任意取,但取第二个函数时应使两者的乘积满足已给线性方程. 由于函数 u 及 v 之中的一个可以自由选择,我们就可利用这种选择使置换后所得的方程尽可能简单化.

从方程 $y = uv$ 求出导函数 y',即

$$y' = u'v + v'u$$

代入方程(8) 得

$$u'v + v'u + puv = q$$

或

$$u'v + u(v' + pv) = q$$

取方程

$$v' + pv = 0 \tag{9}$$

的任一个特定解作为 v,于是便可从方程

$$u'v = q \tag{10}$$

确定出 u. 这样,方程(8) 可换成两个方程(9) 及(10),而这两个方程都是可以分离变量的. 我们先要从方程(9) 求出 v. 分离变量后,得

$$\frac{\mathrm{d}v}{v} = -p\mathrm{d}x$$

由此得

$$\ln v = -\int p\mathrm{d}x$$

及

$$v = \mathrm{e}^{-\int p\mathrm{d}x}$$

这里所写的不定积分可看作函数 $p(x)$ 的某一个原函数.

知道了 v 之后,再从方程(10) 求 u,有

$$\frac{\mathrm{d}u}{\mathrm{d}x} = \frac{q}{v} = q\mathrm{e}^{\int p\mathrm{d}x}$$

则

$$\mathrm{d}u = q\mathrm{e}^{\int p\mathrm{d}x}\mathrm{d}x$$

故

$$u = \int q\mathrm{e}^{\int p\mathrm{d}x}\mathrm{d}x$$

于是所求函数 y 可用 u 及 v 的乘积确定出来

$$y = uv = \mathrm{e}^{-\int p\mathrm{d}x}\int q\mathrm{e}^{\int p\mathrm{d}x}\mathrm{d}x$$

这个公式给出线性方程的一般解,因为积分$\int q\mathrm{e}^{\int p\mathrm{d}x}\mathrm{d}x$ 含有任意常数. 即使把指数里的积分看作全部原函数,情形还是一样. 指数里的那个积分所产生的第二个任意常数到最后会消掉,因为第二个任意常数含在其中一个因子的分母里而又含在另一个因子的分子里.

这个问题也可用具有可变上限的定积分来解. 这时

$$v = \mathrm{e}^{-\int_{x_0}^{x} p\mathrm{d}x}, u = \int_{x_0}^{x} q\mathrm{e}^{\int_{x_0}^{x} p\mathrm{d}x}\mathrm{d}x + C, y = \mathrm{e}^{-\int_{x_0}^{x} p\mathrm{d}x}\left(\int_{x_0}^{x} q\mathrm{e}^{\int_{x_0}^{x} p\mathrm{d}x}\mathrm{d}x + C\right)$$

我们不难看出在 $C = y_0$ 时,便可从上式得出对应于初始条件 $y|_{x=x_0} = y_0$的特定解.

例 1 求下列方程的一般解

$$y' + \frac{1}{x}y = \frac{\sin x}{x}$$

解 用一般公式得

$$y = \mathrm{e}^{-\int\frac{\mathrm{d}x}{x}}\int\frac{\sin x}{x}\mathrm{e}^{\int\frac{\mathrm{d}x}{x}}\mathrm{d}x = \mathrm{e}^{-\ln x}\int\frac{\sin x}{x}\mathrm{e}^{\ln x}\mathrm{d}x$$

也就是

$$y = \frac{1}{x}\int\sin x\mathrm{d}x = \frac{1}{x}(-\cos x + C)$$

直接代入原方程便可验证所得结果的正确性.

与以前一样,我们并不要求记住一般公式,所应记住的只是求解的方法,并要求能在每个适当的地方会应用它.

能碰到线性微分方程的地方有很多,例如交流电在有自感应的电路中的流动现象可用线性微分方程来描述. 设 $v = v(t)$ 是可变电压,$i = i(t)$ 是电流,R 是电路的电阻,L 是自感应系数(R 及 L 为常量). 从物理学可知全部电压由下列两部分电压合成:由自感应所致的电压 $L\frac{\mathrm{d}i}{\mathrm{d}t}$ 及由电路中的电阻所决定的电压 Ri. 于是

$$L\frac{\mathrm{d}i}{\mathrm{d}t} + Ri = v$$

知道了 $v(t)$,R,L 及电流的初始值 $i\Big|_{t=0} = i_0$之后,便可从这个线性方程求出电流为时间的函数. 例如可求出电路闭合时($i_0 = 0$)、电路割断时以及电压有各种不同变化性质时的电流变化规律. 读者请自己证明:若电压是正弦函数

$$v = A\sin\omega t$$

则可用具有同一频率 ω 的正弦量及另一个差不多可以忽略的"衰减" 量相加而

确定出电流.

Ⅲ. 其他例子. 把已给微分方程化为可分离变量的微分方程的问题(化为不定积分法的问题),与把已给不定积分化为基本积分表中的积分问题具有同样性质,一般来说,只有在个别的情形下才能讲出这种化法的一般方式. 我们在情形 Ⅰ 及 Ⅱ 中所考虑过的齐次的及线性的一阶方程便是这种情形的例子.

有时所提出的方程并不属于已知可积分(就以上所讲的意义来说)方程的类型之一,但用特殊的置换法(更换变量)后可把它化为已知解法的微分方程. 我们不可能给出求得合适置换的完善法则,这与我们讲函数积分法时的情形相仿,每次都要靠熟练与技巧来引导我们找出达到所求目标的最短路径(如果有的话).

我们来看几个能化为齐次方程或线性方程的一阶微分方程.

(1) 拿方程

$$y' = f\left(\frac{ax + by + c}{a_1 x_1 + b_1 y + c_1}\right)$$

来说. 设

$$x = x_1 + \alpha, y = y_1 + \beta$$

其中 α 及 β 是待定的数. 由于

$$\frac{\mathrm{d}y}{\mathrm{d}x} = \frac{\mathrm{d}y_1}{\mathrm{d}x_1}$$

故得

$$y_1' = f\left(\frac{ax_1 + by_1 + a\alpha + b\beta + c}{a_1 x_1 + b_1 y_1 + a_1\alpha + b_1\beta + c_1}\right)$$

适当选取 α 及 β 使

$$a\alpha + b\beta + c = 0$$

及

$$a_1\alpha + b_1\beta + c_1 = 0$$

当 $\frac{a}{a_1} \neq \frac{b}{b_1}$(或 $ab_1 - ba_1 \neq 0$)时,上面这一组方程是有解的. 于是

$$y_1' = f\left(\frac{ax_1 + by_1}{a_1 x_1 + b_1 y_1}\right) = f\left(\frac{a + b\frac{y_1}{x_1}}{a_1 + b_1\frac{y_1}{x_1}}\right) = \varphi\left(\frac{y_1}{x_1}\right)$$

得到齐次方程. 把它解出并还原到原来的变量便可得所求的解.

若

$$\frac{a}{a_1} = \frac{b}{b_1}(= k)$$

则可用置换

$$y_1 = a_1x + b_1y$$

立刻把已给方程的变量分离. 因这时

$$y' = \frac{1}{b_1}y_1' - \frac{a_1}{b_1} = f\left(\frac{ky_1 + c}{y_1 + c_1}\right) = \varphi(y_1)$$

由此得

$$\frac{\mathrm{d}y_1}{a_1 + b_1\varphi(y_1)} = \mathrm{d}x$$

(2) 设已给方程的形式为

$$y' = \frac{1}{\sqrt{x}}f\left(\frac{y^2}{x}\right)$$

这里我们用以下的特殊方法:用公式 $x = t^2$ 变换自变量. 由于

$$y' = \frac{\mathrm{d}y}{\mathrm{d}x} = \frac{\mathrm{d}y}{\mathrm{d}t}\frac{\mathrm{d}t}{\mathrm{d}x} = \frac{\mathrm{d}y}{\mathrm{d}t}\frac{1}{2t}$$

故得齐次方程

$$\frac{\mathrm{d}y}{\mathrm{d}t} = \frac{2t}{t}f\left(\frac{y^2}{t^2}\right) = \varphi\left(\frac{y}{t}\right)$$

用同样方法可积分出方程

$$y' = \frac{y}{y^3 + 3x}$$

令 $x = t^3$. 这时

$$y' = \frac{\mathrm{d}y}{\mathrm{d}t}\frac{\mathrm{d}t}{\mathrm{d}x} = \frac{\mathrm{d}y}{\mathrm{d}t}\frac{1}{3t^2}$$

故

$$\frac{\mathrm{d}y}{\mathrm{d}t} = \frac{3t^2y}{y^3 + 3t^3}$$

下面就用普通方法来解这个齐次方程. 设 $y = tu$,则

$$u + tu' = \frac{3t^3u}{t^3u^3 + 3t^3} = \frac{3u}{u^3 + 3}$$

也就是

$$tu' = \frac{-u^4}{u^3 + 3}$$

由此得

$$\frac{u^3 + 3}{u^4}\mathrm{d}u = -\frac{\mathrm{d}t}{t}$$

积分后给出

$$\ln u - \frac{1}{u^3} = \ln \frac{C}{t}$$

或

$$\ln(u e^{-\frac{1}{u^3}}) = \ln \frac{C}{t}$$

故知

$$t u e^{-\frac{1}{u^3}} = C$$

回到原来的变量后便得出所求积分

$$y e^{-\frac{x}{y^3}} = C$$

验证时可从这个方程求出导函数 y'. 微分后得

$$y' e^{-\frac{x}{y^3}} - y e^{-\frac{x}{y^3}} \frac{y^3 - 3y^2 y' x}{y^6} = 0$$

由此得

$$y' = \frac{y}{y^3 + 3x}$$

也就是得到原来的微分方程.

(3) 通常伯努利方程

$$y' + py = qy^m$$

与线性方程的不同之处在于其右边有所求函数 y 的一个任意乘幂($m \neq 1, m \neq 0$) 的因子.

用简单的置换法可把伯努利方程化为线性方程.

用 y^m 除原方程两边

$$y' y^{-m} + p y^{1-m} = q$$

做置换

$$y^{1-m} = u$$

于是

$$u' = (1 - m) y^{-m} y'$$

方程的形式变为

$$\frac{u'}{1 - m} + pu = q$$

把这个线性方程积分出来之后,再用公式 $y = u^{\frac{1}{1-m}}$ 便可得出伯努利方程的解.

(4) 以上所讲的几类方程,当然并没有把能化为可分离变量的那类微分方程都讲到. 我们再重复说一遍,用适当的置换(往往是极其简单的) 可把微分方程化为已知的并且是可积分的类型.

下面再举一个例子来说明这种情形. 设已给方程

$$y'=\frac{y^2}{4}+\frac{1}{x^2}$$

这与我们考察过的各类一阶微分方程都不同. 利用置换 $y=\frac{1}{z}$,于是这个方程变为

$$-\frac{1}{z^2}z'=\frac{1}{4z^2}+\frac{1}{x^2}$$

由此得

$$-z'=\frac{1}{4}+\left(\frac{z}{x}\right)^2$$

这就得到齐次方程. 设 $z=xu$,则

$$-u-xu'=\frac{1}{4}+u^2$$

或

$$-xu'=\left(u+\frac{1}{2}\right)^2$$

分离变量得

$$-\frac{\mathrm{d}u}{\left(u+\frac{1}{2}\right)^2}=\frac{\mathrm{d}x}{x}$$

所以

$$\frac{1}{u+\frac{1}{2}}=\ln Cx$$

所给方程的一般积分可写作

$$\frac{1}{x}\mathrm{e}^{\frac{2xy}{2+xy}}=C$$

220. 全微分方程

设有解出导函数的一阶微分方程,并设它以一般形式给出如下

$$X(x,y)\mathrm{d}x+Y(x,y)\mathrm{d}y=0 \tag{11}$$

如果左边的微分表达式是某个函数 $u(x,y)$ 的全微分,那么这个方程就可改写为 $\mathrm{d}u(x,y)=0$,于是显然可知其一般积分为

$$u(x,y)=C$$

我们知道(见 205 小节)表达式 $X\mathrm{d}x+Y\mathrm{d}y$ 在$\frac{\partial X}{\partial y}=\frac{\partial Y}{\partial x}$ 的情形下是全微分. 故当等式

$$\frac{\partial X}{\partial y}=\frac{\partial Y}{\partial x}$$

恒成立时,方程(11)(这时叫作全微分方程,也叫作恰当微分方程)的积分问题就化为求左边的“原函数”的问题.应用205小节中所求得的这个“原函数”的表达式之一,就得方程(11)的一般积分为

$$u(x,y)=\int_{x_0}^{x} X(x,y)\mathrm{d}x+\int_{y_0}^{y} Y(x_0,y)\mathrm{d}y=C \tag{12}$$

现在要给出全微分方程的积分公式的另一种推出法,而不用第十三章中求出公式(12)时所依据的曲线积分概念.我们还记得以前讲过,$X\mathrm{d}x+Y\mathrm{d}y$ 为全微分的充分(及必要)条件是$\frac{\partial X}{\partial y}=\frac{\partial Y}{\partial x}$,而现在的推出法同时也是对这件事做一个新的证明①.

我们来求出以 $X\mathrm{d}x+Y\mathrm{d}y$ 为其全微分的函数 $u(x,y)$,或者说,来求出满足下列方程

$$\frac{\partial u}{\partial x}=X(x,y),\frac{\partial u}{\partial y}=Y(x,y) \tag{13}$$

的函数 $u(x,y)$ 也完全一样.把第一个方程积分出来,得

$$u(x,y)=\int_{x_0}^{x} X(x,y)\mathrm{d}x+\varphi(y) \tag{14}$$

其中 x_0 是 x 的任意值,$\varphi(y)$ 是 y 的任意函数.我们的问题是要选择一个适当的函数 $\varphi(y)$,使这时从等式(14)所得的函数 $u(x,y)$ 同时还满足式(13)里面第二个方程$\frac{\partial u}{\partial y}=Y(x,y)$.现在我们要指出在条件

$$\frac{\partial X}{\partial y}=\frac{\partial Y}{\partial x}$$

满足时,这样的一个函数 $u(x,y)$ 确实存在,并且还要把它求出来.

把等式(14)对 y 微分,由莱布尼茨法则得

$$\frac{\partial u}{\partial y}=\int_{x_0}^{x}\frac{\partial X}{\partial y}\mathrm{d}x+\varphi'(y)$$

由于

$$\frac{\partial u}{\partial y}=Y(x,y)$$

而

$$\frac{\partial X}{\partial y}=\frac{\partial Y}{\partial x}$$

① 第一个证明是根据格林公式(见210小节)而来的.

故

$$Y(x,y)=\int_{x_0}^{x}\frac{\partial Y}{\partial x}\mathrm{d}x+\varphi'(y)=Y(x,y)-Y(x_0,y)+\varphi'(y)$$

由此得

$$\varphi'(y)=Y(x_0,y)$$

于是我们知道 $\varphi'(y)$ 确实只取决于 y. 取积分,得

$$\varphi(y)=\int_{y_0}^{y}Y(x_0,y)\mathrm{d}y$$

其中 y_0 是 y 的任意值.

把所得 $\varphi(y)$ 的表达式代入等式(14) 并使 $u(x,y)$ 等于任意常数便得公式(12).

若

$$\frac{\partial X}{\partial y}\neq\frac{\partial Y}{\partial x}$$

则 $y-\int_{x_0}^{x}\frac{\partial X}{\partial y}\mathrm{d}x$ 取决于 x,这便与 $\psi'(y)$ 不取决于 x 的事实相矛盾. 由此可知这时能满足式(13) 里面两个方程的函数 $u(x,y)$ 不存在,因此 $X\mathrm{d}x+Y\mathrm{d}y$ 不是全微分.

例 2　求下列方程的一般积分

$$(2x+y)\mathrm{d}x+(x-4y)\mathrm{d}y=0$$

解　由于

$$\frac{\partial}{\partial y}(2x+y)=\frac{\partial}{\partial x}(x-4y)=1$$

所以原方程左边是某个函数 $u(x,y)$ 的全微分. 于是

$$\frac{\partial u}{\partial x}=2x+y$$

由此得

$$u(x,y)=\int_{0}^{x}(2x+y)\mathrm{d}x+\varphi(y)=x^2+yx+\varphi(y)$$

因此

$$\frac{\partial u}{\partial y}=x+\varphi'(y)=x-4y$$

故知

$$\varphi'(y)=-4y$$

即

$$\varphi(y) = -2y^2$$

因此

$$u(x,y) = x^2 + xy - 2y^2 = C$$

这里所解出的方程是一个齐次方程,所以我们也可用219小节 I 中所讲的方法来解. 读者列出算式之后可以看出在本题的情形下,用全微分方程的积分法来解并不比用齐次方程的解法烦琐(甚至还要简单些).

现在从矢量观点来考虑这个问题.

给出微分表达式 $X\mathrm{d}x + Y\mathrm{d}y$ 之后就在 xOy 平面上确定出一可变矢量 $\boldsymbol{A}(P)$(或矢量场),它在坐标轴上的投影 X, Y 分别等于

$$X = X(x,y), Y = Y(x,y) \tag{15}$$

方程

$$X\mathrm{d}x + Y\mathrm{d}y = 0$$

是如下的一族曲线的微分方程:矢量场中在这族曲线上的矢量与无穷小位移矢量的纯积恒等于0.(力场在积分曲线的任一弧段上的功等于0.)

设 $\dfrac{\partial X}{\partial y} = \dfrac{\partial Y}{\partial x}$,这时矢量场是个有势场,于是我们看出:使矢量场的势函数 $u(x,y)$ 等于任意常数 C 时,所得的等式 $u(x,y) = C$ 便是方程(11)的一般积分. 但这个等式是矢量场 $\boldsymbol{A}(P)$ 的一族等势线(或函数 $u(x,y)$ 的等高线). 因此全微分方程(11)的一族积分曲线是矢量场(15)的势函数的一族等高线. 这个结果对我们来说并不会出乎意料,因我们知道函数的梯度在每一点垂直于等高线,所以梯度与位移矢量(等高线的切线)的纯积确实应等于0.

221. 积分因子

现在我们来讲方程

$$X\mathrm{d}x + Y\mathrm{d}y = 0 \tag{16}$$

在 $X'_y \neq Y'_x$ 时(也就是方程(16)非全微分方程时)的积分法.

我们可以证明,总有一个合适的函数 $M = M(x,y)$ 存在,用这个函数乘方程(16)的两边之后(方程的一般解不因此而改变)就可把方程(16)变为全微分方程. 具有这种属性的函数叫作方程(16)的积分因子.

用某个函数 $M(x,y)$ 乘方程(16)的两边

$$MX\mathrm{d}x + MY\mathrm{d}y = 0$$

要使所得结果是个全微分方程,则必须且只需满足下列条件

$$\frac{\partial(MX)}{\partial y} = \frac{\partial(MY)}{\partial x}$$

也就是

$$M\frac{\partial X}{\partial y} + X\frac{\partial M}{\partial y} = M\frac{\partial Y}{\partial x} + Y\frac{\partial M}{\partial x}$$

即

$$Y\frac{\partial M}{\partial x}-X\frac{\partial M}{\partial y}=M\left(\frac{\partial X}{\partial y}-\frac{\partial Y}{\partial x}\right)$$

用 M 除两边之后,得

$$Y\frac{\partial \ln M}{\partial x}-X\frac{\partial \ln M}{\partial y}=\frac{\partial X}{\partial y}-\frac{\partial Y}{\partial x} \tag{17}$$

满足等式(17)的每一个函数显然都可作为方程(16)的积分因子,等式(17)是方程(16)的积分因子的微分方程. 在"偏微分方程"理论中可以证明方程(17)具有无数多个解,因此方程(16)确实总具有积分因子①. 不过从实用观点来说,我们从来不需要深入讨论任何像(17)那种方程的积分法问题,因为解方程(17)的问题并不比原来的问题简单. 但我们常可根据方程(17)的特点找出(即使是凑出来的也行)能满足它的一个(多了也没有用)函数 $M(x,y)$,这样一来,方程(16)的求积分问题便可化为不定积分法问题.

例如

$$(3xy-2y^2+4y)\mathrm{d}x+(2x^2-3xy+4x)\mathrm{d}y=0$$

这不是全微分方程,因

$$\frac{\partial X}{\partial y}=3x-4y+4,\frac{\partial Y}{\partial x}=4x-3y+4$$

写出积分因子的微分方程

$$x(2x-3y+4)\frac{\partial \ln M}{\partial x}-y(3x-2y+4)\frac{\partial \ln M}{\partial y}=-(x+y)$$

这里我们不难凑出满足上述方程的函数 M. 因为我们可以看出如果

$$\frac{\partial \ln M}{\partial x}=\frac{1}{x},\frac{\partial \ln M}{\partial y}=\frac{1}{y}$$

那么方程就能满足,而上面两个等式在 $M=xy$ 时成立. 所以 xy 是一个积分因子,方程

$$xy(3xy-2y^2+4y)\mathrm{d}x+xy(2x^2-3xy+4x)\mathrm{d}y=0$$

就成为全微分方程. 像 220 小节所讲那样把它解出来之后,求得已给方程的一般积分为

---

① 由此可知在 206 小节中解热力学问题时,用一个函数$\left(=\frac{1}{T}=\frac{R}{pv}\right)$乘微分表达式$\left(\frac{c_p}{R}p\mathrm{d}v+\frac{c_v}{R}v\mathrm{d}p\right)$之后,把后者化为全微分的事并不是偶然的. 读者可用方程(17)验证$\frac{1}{T}$确实是方程$\frac{c_p}{R}p\mathrm{d}v+\frac{c_v}{R}v\mathrm{d}p=0$的积分因子.

从这里我们还可以看出,把平面矢量场中的每个矢量乘以一合适的纯量函数,就可以把任何平面矢量场"调整"为有势场.

$$x^3y^2 - x^2y^3 + 2x^2y^2 = C$$

当偏微分方程给出的积分因子 M 只取决于一个变量时,从这种偏微分方程里也是容易求出积分因子的.

设 M 是满足式(17) 且不取决于 y 的函数. 这时

$$\frac{\partial \ln M}{\partial y} = 0$$

于是求 M 时得出常微分方程

$$\frac{\mathrm{d}\ln M}{\mathrm{d}x} = \frac{\frac{\partial X}{\partial y} - \frac{\partial Y}{\partial x}}{Y} \tag{18}$$

把方程(18) 积分一次就可确定出 $\ln M$,因而便可确定出 M. 方程(18) 的右边显然应是不取决于 y 的. 反过来说,如果 $\frac{\frac{\partial X}{\partial y} - \frac{\partial Y}{\partial x}}{Y}$ 不取决于 y,那么就有满足方程(18) 且不取决于 y 的积分因子 M 存在. 当有不取决于 x 的积分因子存在时,情形也相仿. 这时必须且只需表达式

$$\frac{Y'_x - X'_y}{X}$$

不取决于 x,于是

$$\frac{\mathrm{d}\ln M}{\mathrm{d}y} = \frac{\frac{\partial Y}{\partial x} - \frac{\partial X}{\partial y}}{X}$$

(1) 我们来看方程

$$(2 + 2x - y^2)\mathrm{d}x - 2y\mathrm{d}y = 0$$

这里 $\frac{\partial X}{\partial y} - \frac{\partial Y}{\partial x}(= -2y - 0 = -2y) \neq 0$,故知方程非全微分方程. 但

$$\frac{\frac{\partial X}{\partial y} - \frac{\partial Y}{\partial x}}{Y}\left(= \frac{-2y}{-2y} = 1\right)$$

不取决于 y,所以积分因子可从方程(18) 求出,就本题来说,方程(18) 是

$$\frac{\mathrm{d}\ln M}{\mathrm{d}x} = 1$$

由此得

$$\ln M = x$$

即

$$M = \mathrm{e}^x$$

用 e^x 乘所给微分方程后得全微分方程

$$e^x(2+2x-y^2)\mathrm{d}x-e^x 2y\mathrm{d}y=0$$

所以

$$\frac{\partial u}{\partial x}=e^x(2+2x-y^2)$$

$$u(x,y)=\int_0^x e^x(2+2x-y^2)\mathrm{d}x+\varphi(y)=2xe^x-y^2e^x+\varphi(y)$$

因此

$$\frac{\partial u}{\partial y}=-2ye^x=-2ye^x+\varphi'(y)$$

于是

$$\varphi'(y)=0$$

由此得

$$\varphi(y)=C$$

故得一般积分为

$$2xe^x-y^2e^x=C$$

由此可确定出一般解

$$y=\pm\sqrt{2x-Ce^{-x}}$$

(2) 方程

$$xy\mathrm{d}x+(x^2-y^2+1)\mathrm{d}y=0$$

的$\frac{\partial X}{\partial y}-\frac{\partial Y}{\partial x}(=x-2x=-x)\neq 0$,但是我们看出

$$\frac{\frac{\partial Y}{\partial x}-\frac{\partial X}{\partial y}}{X}\left(=\frac{x}{xy}=\frac{1}{y}\right)$$

只取决于 y,故知道方程有不取决于 x 的积分因子. 从方程

$$\frac{\mathrm{d}\ln M}{\mathrm{d}y}=\frac{1}{y}$$

求出 $M=y$.

方程

$$xy^2\mathrm{d}x+y(x^2-y^2+1)\mathrm{d}y=0$$

是全微分方程,它的一般积分式子是

$$\int_0^x xy^2\mathrm{d}x+\int_0^y(-y^3+y)\mathrm{d}y=C$$

由此得

$$y^2\left(x^2-\frac{y^2}{2}+1\right)=C$$

§2 一阶微分方程(续)

222. 方向场、近似解

如果一阶微分方程

$$y' = f(x,y) \tag{1}$$

不能用任何一种(化为不定积分法的)特殊积分法或(用积分因子的)一般方法解出,或者解方程时需要做复杂计算,那就可以用近似解法. 我们在这里要讲欧拉图解法及由此推得的数值积分法、恰普雷金法、逐次近似算法以及用级数的积分法. 但在讲这些方法以前,我们先略讲一阶微分方程(1)的几何意义.

一阶微分方程(1)表示出单参数积分曲线族中一切曲线所共有的某种微分属性. 从解析上说,一阶微分方程(1)的意义在于:由平面上任何可能点 $P(x,y)$ 处的导函数 y' 所表示的曲线倾度(方向),可用该点的坐标及函数 f 本身确定出来. 微分方程的积分法问题,在于求出曲线的方程,使它具有微分方程所确定的属性.

在 xOy 平面上,使微分方程的解的存在及唯一性定理成立的那个域上每一点 $P(x,y)$ 处,方程(1)确定出通过点 P 处的积分曲线上切线的角系数值. 这个值在几何上可用通过点 P 且角系数等于 $f(x,y)$ 的直线箭头来表示,不过这里箭头的长短无关紧要. 这样给出方程(1)之后就在 xOy 平面上确定出一个方向场. 方向场与矢量场的不同之处是:对于方向场,我们所注意的只是箭头的方向.

方向场中具有同一方向的点的几何轨迹($y' = \text{const}$)叫作微分方程的等倾线. 如果我们把已给的倾度值 $y' = C$ 代入微分方程,那么显然可得等倾线的方程

$$C = f(x,y)$$

当 C 为任意常数值时,上面这个方程是微分方程(1)的等倾线族方程.

在对应于一个 C 值的一条等倾线上的全部点处,积分曲线的切线具有同一方向.

从以上所讲可以看出,微分方程的积分法问题在几何上可解释为:求出曲线,使其切线的方程与方向场在切点处的方向相合.

现在我们来讲近似积分法,同时这里处处假定解的存在及唯一性定理成立.

在 238 小节中,我们要描述求一阶及高阶常微分方程近似解时所用的

机器.

Ⅰ. 欧拉图解法. 从微分方程的上述几何意义出发,可用作图法近似地求出对应于已给初始条件 $y\Big|_{x=x_0}=y_0$ 及区间 $[x_0,x]$ 的微分方程的解.

这个问题可归纳为通过初始点 $M_0(x_0,y_0)$ 的积分曲线的作图法问题.

该曲线的近似图形可用(不必预先取方向场)简单的方法作出(与函数的"图解积分法"完全相似,也就是说,与式(1)在 $f(x,y)=f(x)$ 的特殊情形下的解法完全相似). 用点 $x_0,x_1,x_2,\cdots,x_{n-1},x_n=x$ 把区间 $[x_0,x]$ 分为 n 个部分(图 2). 过各分点作平行于 y 轴的直线,并接连施行下列每次都相同的运算和作图步骤:

首先算出点 $M_0(x_0,y_0)$ 处的 $f(x,y)$ 的值,根据方程(1)可知这个值 $f(x_0,y_0)$ 表示曲线在点 $M_0(x_0,y_0)$ 处的角系数. 作过点 M_0 的曲线方向时,取 x 轴上在原点左边与原点距离 $OP=1$(OP 所确定的单位尺度可以与坐标轴上所用的单位尺度不同)的点 P 作为图形的极点. 在 y 轴上取线段 ON_0,使以 OP 为单位时,其长度等于 $f(x_0,y_0)$,并用直线联结点 N_0 及 P. 线段 PN_0 的方向显然是曲线在点 M_0 处的所求的方向. 从点 M_0 起作平行于 PN_0 的线段一直到与直线 $x=x_1$ 相交处为止. 这样便得到点 M_1,作为积分曲线上对应于点 $x=x_1$ 的一点. 以上的做法表示我们把子区间 $[x_0,x_1]$ 上的弧段换成初始点处的对应切线段. 其次算出所得点 $M_1(x_1,y_1)$ 处的 $f(x,y)$ 的值. $f(x_1,y_1)$ 表示曲线在点 M_1 处的角系数. 在 y 轴上取线段 ON_1,使以 OP 为单位时,其长度等于 $f(x_1,y_1)$,并用直线联结点 N_1 及 P. 然后从点 M_1 作平行于 PN_1 的线段一直到与直线 $x=x_2$ 相交处为止. 所得的交点 M_2 就作为积分曲线上对应于 $x=x_2$ 的点.

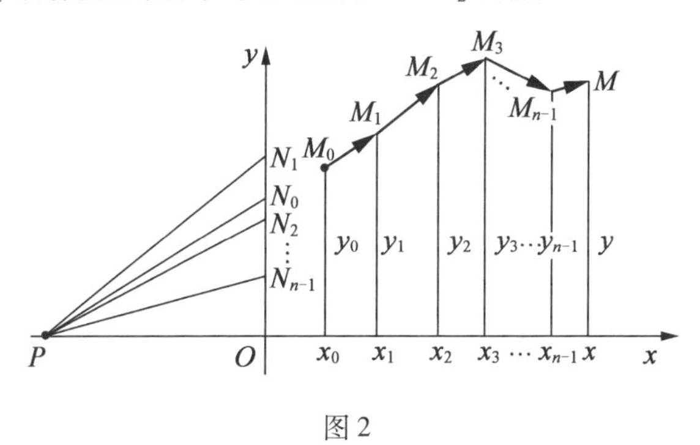

图 2

这样做下去可以相继求得曲线上对应于分点 $x_3,x_4,\cdots$ 的各点,直到指定的点 $M(x,y)$ 处为止. 所画出的折线 $M_0M_1M_2\cdots M_{n-1}M$ 就表示过点 $M_0(x_0,y_0)$ 的积分曲线的近似形状.

Ⅱ. 数值积分法. 现在要把微分方程(1)的欧拉近似积分法换成解析语言.

第一个作图步骤显然会给出点 M_0 及 M_1 的坐标之间的下列关系

$$y_1 - y_0 = f(x_0, y_0)(x_1 - x_0) \tag{2}$$

第二个作图步骤给出下列解析关系

$$y_2 - y_1 = f(x_1, y_1)(x_2 - x_1) \tag{3}$$

……

最后到第 n 步给出

$$y - y_{n-1} = f(x_{n-1}, y_{n-1})(x - x_{n-1}) \tag{4}$$

这 n 个等式可使我们相继算出未知函数在区间 $[x_0, x]$ 上各分点处的值. 因为从第一个等式可以用已知的 x_0, y_0 及所选的 x_1 确定出 y_1,从第二个等式用已知的 x_1, y_1 及所选的 x_2 确定出其对应的 y_2,这样下去一直到确定出所求的 y 为止.

把 n 个等式加起来,得出 y 的公式

$$y = y_0 + f(x_0, y_0)(x_1 - x_0) + f(x_1, y_1)(x_2 - x_1) + \cdots + f(x_{n-1}, y_{n-1})(x - x_{n-1})$$

当最大的子区间越小(也就是区间的数目越大),且 x 越接近 x_0 时,则所得的结果一般来说越加准确.

当 n 无限增大时,不难看出最后这个公式会取得极限形式

$$y = y_0 + \int_{M_0M} f(x, y)\,\mathrm{d}x \tag{5}$$

其中的曲线积分取在积分曲线 M_0M 上. 但是由于我们还不知道它究竟是怎样的一条积分曲线,所以这个 y 的表达式虽已是完全准确的式子,但我们却不能直接用它来计算 y,能直接用的只是在 $f(x, y) = f(x)$ 时,也就是在准确解可用下列公式表示时

$$y = y_0 + \int_{x_0}^{x} f(x)\,\mathrm{d}x$$

所以实际计算 y 的近似值时,可用以上递推等式来做. 这是方程(1) 的数值积分法中的一种方法. 之所以把它叫作“数值” 积分法,是因为它可以用自变量的几个值确定出特定解的数值,而没有确定出函数本身.

例 1 我们来看方程

$$y' = xy^2 + 1$$

以前所讲(化成不定积分法的) 各种解法都不能用来解这个方程. 我们用作图法来求这个方程在区间 $[0, 1]$ 上及初始条件 $y\Big|_{x=0} = 0$ 下的近似解,并要算出 $x = 1$ 时的 y 值.

解 用点 $x_0 = 0, x_1 = 0.25, x_2 = 0.5, x_3 = 0.75, x_4 = 1$ 把区间 $[0, 1]$ 分成四部分(图 3). 用 y'_0, y'_1, y'_2, y'_3 各表示点 x_0, x_1, x_2, x_3 处的 y' 值. 由于

$$x_0 = 0, y_0 = 0$$

故 $y_0' = 1$,因此

$$y_1 = 1 \cdot (x_1 - x_0) = 0.25; M_1(0.25, 0.25)$$

又

$$y_1' = 0.25 \times 0.25^2 + 1 \approx 1.016$$

所以

$$y_2 = 0.25 + 1.016 \times 0.25 = 0.504; M_2(0.5, 0.504)$$

又

$$y_2' = 0.5 \times 0.504^2 + 1 \approx 1.127$$

及

$$y_3 = 0.504 + 1.127 \times 0.25 \approx 0.786; M_3(0.75, 0.786)$$

最后

$$y_3' = 0.75 \times 0.786^2 + 1 \approx 1.463$$

及

$$y = y_4 = 0.786 + 1.463 \times 0.25 \approx 1.152$$

所以,已给方程为初始条件 $y\Big|_{x=0} = 0$ 所确定的特定解,在 $x = 1$ 时的近似值是$y = 1.152$.

图 3 是根据上述计算而作出的过原点(0,0) 的积分曲线.

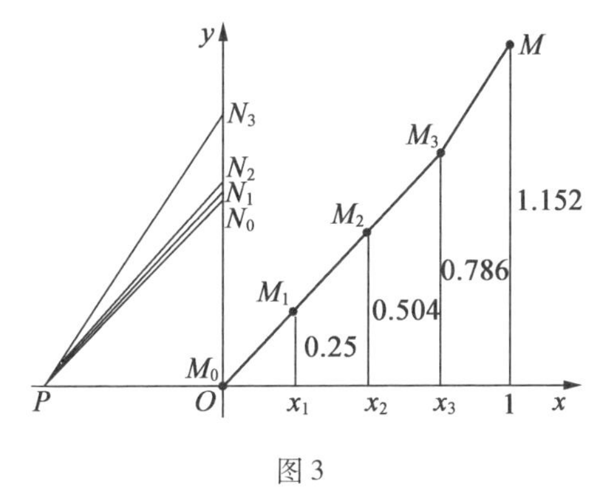

图 3

我们应该知道,要大致查验所得解的图形(积分曲线) 的正确性时,可以用二阶导函数 y'' 来做. 因为从方程里面不难求出用 x 及 y 表示 y'' 的式子,并因而可确定出 y'' 的正负号,再用这个正负号确定出积分曲线的凹凸性.

例如对所论方程来说,有

$$y'' = y^2 + 2xyy' = y^2 + 2xy(xy^2 + 1)$$

所以在 $x > 0$ 及 $y > 0$ 时,y'' 为正. 由此可知所求出的解在区间[0,1] 上的图形是凹的,这与我们所得的曲线形状相符.

用上述近似图解法作出的折线,在真实积分曲线的凹部地方,位于该曲线以下,在真实积分曲线的凸部地方,位于该曲线以上. 与此相对应的数值积分法所给的近似值,在第一种情形下是弱值,在第二种情形下是强值. 上例中由于 y'' 为正,故图3 中所作的折线位于积分曲线以下,而 $y = 1.152$ 是 $x = 1$ 时 y 的弱近似值.

Ⅲ. 恰普雷金法. 当微分方程具有对其最高阶导函数解出的形式时,恰普雷金提供给我们一种与众不同的近似解法. 我们这里讲这个方法应用在一阶方程上的大概原理.

求初始条件 $y\Big|_{x=x_0} = y_0$ 下,方程

$$y' = f(x,y)$$

在区间 $[x_0, x]$ 上的近似解 $y = y(x)$ 时,如果能指出如下的两个函数

$$y = y_1(x) \text{ 及 } y = y_2(x)$$

使该区间上不等式

$$y_1(x) \leqslant y(x) \leqslant y_2(x)$$

成立,且

$$y_1(x_0) = y_2(x_0) = y(x_0) = y_0$$

同时 $y_2(x) - y_1(x)$ 的值不超出所确定的误差范围,那么求近似解的问题可以说已经解决.

因此我们"只要画出一条尽可能窄的'带子'ABC(图4),使积分曲线 $y = y(x)$ 位于其内".

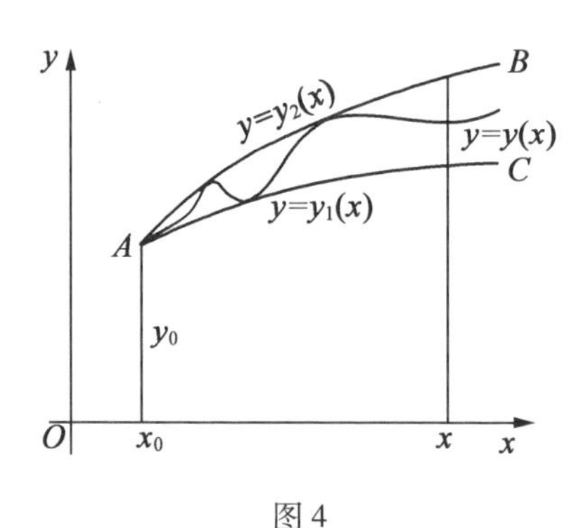

图4

恰普雷金曾得出一种正规的方法,用来确定出越来越相接近的函数 $y_1(x)$ 及 $y_2(x)$. 这种方法根据恰普雷金的下列"微分不等式" 定理而来:

定理1 如果函数 $y = y_1(x)$ 在区间 $[x_0, x_1]$ 上有

$$y_1'(x) < f(x, y_1)$$

且

$$y_1(x_0)=y_0$$

那么在该区间上

$$y_1(x)\leqslant y(x)$$

同样,若

$$y_2'(x)>f(x,y_2),y_2(x_0)=y_0$$

则

$$y_2(x)\geqslant y(x)$$

下面所讲关于这个定理的简单几何证法的可能性,是由茹科夫斯基指出来的. 设 $x>x_0$,由于

$$y_1(x_0)=y(x_0)$$

故

$$f[x_0,y_1(x_0)]=f[x_0,y(x_0)]=y'(x_0)$$

因此

$$y_1'(x_0)<y'(x_0)$$

这表示曲线 $y=y_1(x)$ 在点 $A(x_0,y_0)$ 处对 x 轴的倾角小于曲线 $y=y(x)$ 的倾角. 由此可知在点 A 的邻近处曲线 $y=y_1(x)$ 无论如何不会位于曲线 $y=y(x)$ 以上. 如果在区间 $[x_0,x]$ 上某处的曲线 $y=y_1(x)$ 位于曲线 $y=y(x)$ 以上,那么这两条曲线应相交于某几点. 用 A_1 表示与 A 最靠近的交点,并用 x_1 表示 A_1 的横坐标. 于是显然可见点 A_1 处曲线 $y=y_1(x)$ 的倾角要大于曲线 $y=y(x)$ 的倾角,也就是

$$y_1'(x_1)>y'(x_1)$$

而这就与定理 1 中的条件相矛盾,因为定理 1 中的条件是

$$y_1'(x_1)<f[x_1,y_1(x_1)]=f[x_1,y(x_1)]=y'(x_1)$$

所以在关系式

$$y_1'(x)<f(x,y_1)$$

成立的全部区间 $[x_0,x]$ 上,关系式

$$y_1(x)\leqslant y(x)$$

也成立. 在

$$y_2'(x)>f(x,y_2)$$

时定理的证法也完全相仿.

恰普雷金定理的好处是:仅用初始条件

$$Y(x_0)=y_0$$

确定出任意函数 $Y(x)$ 后,我们就可根据这个定理而从表达式 $Y'-f(x,Y)$ 的正负号立即知道方程

$$y'=f(x,y)$$

的积分曲线是在曲线

$$y = Y(x)$$

的上面还是下面.

假设已知"包裹"曲线 $y = y(x)$ 的两条曲线

$$y = y_1(x) \text{ 及 } y = y_2(x)$$

恰普雷金得出一种方法,可以逐次求出具有同一性质且彼此无限接近的其他两条曲线. 但对前两条曲线的求法却不可能给出任何一般性的规则. 要确定出这前两条曲线时,注意以下所讲的事可以得到帮助:设有满足下列关系的函数 $f_1(x,y)$ 及 $f_2(x,y)$,即

$$f_1(x,y) \leqslant f(x,y) \leqslant f_2(x,y)$$

且使方程

$$y' = f_1(x,y), y' = f_2(x,y)$$

有适合初始条件

$$y_1(x_0) = y_2(x_0) = y_0$$

的解 $y_1(x)$ 及 $y_2(x)$,则

$$y_1(x) \leqslant y(x) \leqslant y_2(x)$$

因为我们有

$$y_1' = f_1(x, y_1) \leqslant f(x, y_1)$$

及

$$y_2' = f_2(x, y_2) \geqslant f(x, y_2)$$

用恰普雷金法解高阶微分方程时有困难,因此它的功用比较小.

关于其他详情,我们建议读者去参考恰普雷金的著作(《恰普雷金全集》第三卷(1935),第一卷(1948))以及关于微分方程近似积分法的专著.

Ⅳ. 逐次近似算法. 求微分方程(1)的特定解时,还有一种简单而在许多地方极为重要的近似算法.

设

$$Y = Y(x)$$

是所求的解且

$$Y(x_0) = y_0$$

从等式(5)(或从方程(1)的积分)得

$$y(x) = y_0 + \int_{x_0}^{x} f[x, y(x)]\,\mathrm{d}x \tag{6}$$

把

$$y(x) = y_0$$

看作所求解 $y(x)$ 的零次近似式,并拿它代替等式(6)右边的 $y(x)$. 把 $f(x, y_0)$

积分出来之后与 y_0 相加,所得的函数通常与 $y(x)$ 不同. 我们用$y_1(x)$ 来表示该函数,然后拿 $y_1(x)$ 作为 $y(x)$ 的首次近似式. 这样

$$y_1(x) = y_0 + \int_{x_0}^{x} f(x, y_0)\mathrm{d}x$$

然后再把方程(6) 右边的 $y(x)$ 换成 $y_1(x)$,得出新函数 $y_2(x) - y(x)$ 的二次近似式

$$y_2(x) = y_0 + \int_{x_0}^{x} f[x, y_1(x)]\mathrm{d}x$$

照样做下去,用下列公式确定出三次近似式 $y_3(x)$,即

$$y_3(x) = y_0 + \int_{x_0}^{x} f[x, y_2(x)]\mathrm{d}x$$

一般来说,可用下列关系式从 $n - 1$ 次近似式得出 n 次近似式

$$y_n(x) = y_0 + \int_{x_0}^{x} f[x, y_{n-1}(x)]\mathrm{d}x$$

依次得出函数 $y_0, y_1, y_2, \cdots, y_n, \cdots$. 这种做法至少在理论上是可以永远无限做下去的. 初看时读者可能认为所有这些做法是随便得来的,与微分方程(1) 的积分法问题毫无关系. 不过我们有下述定理:

定理 2 当 $n \to \infty$ 时,函数 $y_n(x)$ 趋于初始条件 $y(x_0) = y_0$ 下的准确解 $y(x)$.

这表示不管正数 ε 多么小,总存在一个$N > 0$,使 $n \geqslant N$ 时,用上述第 n 步做法得出的函数 $y_n(x)$ 在包含 x_0 的某个固定区间上的任一点处,与微分方程的解 $y(x)$ 相差不大于ε(也就是可满足不等式$|y(x) - y_n(x)| < \varepsilon$). 这个值得注意的命题①我们不可能在这里细加证明. 知道有这个定理之后,我们便可以相信,只要把函数 $y_n(x)$ 继续求到足够多的次数,就可越来越接近于方程的真实解(因此上述做法叫作“逐次近似算法”).

我们拿上面讲过的例子来说

$$y' = xy^2 + 1$$

并求出初始条件 $y(0) = 0$ 时特定解的近似式.

得

$$y = \int_0^x (xy^2 + 1)\mathrm{d}x$$

---

① 可参阅 В. В. Степенов 所著的《微分方程教程》(Гостехиздат,1950 年版,第四章 §1).

令积分里面的 $y=y_0=0$. 于是

$$y_1=\int_0^x \mathrm{d}x=x$$

设 $y=y_1=x$,代入积分后得

$$y_2=\int_0^x (x\cdot x^2+1)\mathrm{d}x=\frac{x^4}{4}+x$$

这是所求解的二次近似式. 其三次近似式为

$$y_3=\int_0^x \left[x\left(\frac{x^4}{4}+x\right)^2+1\right]\mathrm{d}x=\frac{x^{10}}{16\times 10}+\frac{x^7}{2\times 7}+\frac{x^4}{4}+x$$

其他类推.

在 $x=1$ 的特殊情形下得

$$y_1=1,y_2=1.25,y_3=1.326\cdots$$

从 y_2 起,这些值就比以前所求得的 $y(1)$ 值大,但以前求得的 $y(1)$ 值是个弱值,所以用逐次近似法所得的值,从 y_2 起就比以前求得的更准确.

把逐次近似法加以必要的改进后,可用来顺利证明方程(1) 的特定解的存在及唯一性定理.

V. 用级数的积分法. 微分方程的积分法中应用幂级数的情形,完全与函数积分法中的情形一样.

假设方程的解可表示为一个幂级数,我们要从方程出发来确定出级数中各项的系数. 这以后要肯定所得级数是所求的解(如果解是唯一的) 时,只要证明它收敛即可.

设所求函数 $y=y(x)$ 是点 $x=x_0$ 的邻域上的解析函数

$$y=a_0+a_1(x-x_0)+a_2(x-x_0)^2+\cdots+a_n(x-x_0)^n+\cdots$$

把级数代入方程(1) 的左右两边,并施行必要的运算之后,便得一恒等式,在这个恒等式里应用初始条件可求出级数中各项的系数. 如果级数收敛,那么它确实表示作为所求解的函数,因为我们从其中各个系数的决定法就可以知道级数是满足方程的.

当方程的解用初等函数表示的形式为已知时,我们就借此通过积分法把那个函数展成泰勒级数. 当解的有限形式不知道时,级数便是表示所求解的无限形式. 在这两种情形下,我们都可用级数的有限且足够多的项写成泰勒多项式的形式而给出所求解的具有任意准确度的近似式.

拿 $y\big|_{x=0}=0$时的下列方程来说

$$y'=xy^2+1 \tag{7}$$

设

$$y = a_0 + a_1x + a_2x^2 + \cdots + a_nx^n + \cdots$$

从初始条件可得 $a_0 = 0$. 把级数代入式(7)得

$$\begin{aligned} & a_1 + 2a_2x + 3a_3x^2 + \cdots + na_nx^{n-1} + \cdots \\ = & x(a_1x + a_2x^2 + \cdots + a_nx^n + \cdots)^2 + 1 \\ = & x[a_1^2x^2 + 2a_1a_2x^3 + (a_2^2 + 2a_1a_3)x^4 + \\ & (2a_1a_4 + 2a_2a_3)x^5 + \cdots] + 1 \end{aligned}$$

比较同幂项的系数得

$$a_1 = 1, a_2 = a_3 = 0, a_4 = \frac{1}{4}, a_5 = a_6 = 0, a_7 = \frac{1}{14}, \cdots$$

于是解的级数开头几项是

$$y = x + \frac{x^4}{4} + \frac{x^7}{14} + \cdots$$

这与用逐次近似法所得的结果完全相符.

我们要知道,前几个系数比较易于用下面的方法从级数本身求出. 把方程连续微分几次

$$y'' = y^2 + 2xyy' \tag{8}$$

$$y''' = 4yy' + 2xy'^2 + 2xyy'' \tag{9}$$

$$y^{(4)} = 6y'^2 + 6yy'' + 6xy'y'' + 2xyy''' \tag{10}$$

在所有这些等式里令 $x = 0$ 并应用 $y(0) = 0$ 的条件,可先后求出:从式(7)得 $y'(0)=1$,从式(8)得 $y''(0)=0$,从式(9)得 $y'''(0)=0$,从式(10)得 $y^{(4)}(0)=6$,……

于是

$$y(x) = x + \frac{6}{4!}x^4 + \cdots = x + \frac{x^4}{4} + \cdots$$

223. 奇异解

具有 $y' = f(x,y)$ 形式的一阶微分方程,可能不满足解的唯一性定理,也就是说,可能存在这样的初始条件,使满足该条件的方程的解不止一个而有许多个. 换句话说,平面上可能有点 $P_0(x_0, y_0)$ 存在,通过该点的不仅有微分方程的一条积分曲线而有许多条在公共点 P_0 处有公共切线的积分曲线. 对于一般形式的一阶微分方程

$$f(x, y, y') = 0 \tag{11}$$

来说情形也相仿. 虽然这时每一点可能对应着几个值,但我们所注意的只是那些点,其上至少通过两条具有公共切线(即具有公共的 y' 值)的积分曲线.

当一阶微分方程的积分曲线上每一点处至少还通过另外一条具有同一切线的积分曲线时,该曲线叫作微分方程的奇异积分曲线,该奇异积分曲线的方程以及确定出它的那个函数,分别叫作微分方程的奇异积分及奇异解.

在通常的情形下，奇异积分曲线不是在一般积分曲线族里面的，也就是说奇异解并不是个特定解：不管任意常数取得什么数值，我们总不可能从一般解中得出奇异解来（奇异解通常是作为一般解以外的解而确定出来的）. 不过情形并不一定如此.

当微分方程的积分曲线族具有包络时，这种微分方程就一定有奇异解. 因为根据包络的属性，其上每一点的“元素”(x,y,y')，与跟包络相切于该点处的积分曲线的“元素”相同，因而数x,y,y'可使等式$f(x,y,y')=0$变为恒等式，于是以该包络作为图形的函数能满足已给微分方程，也就是说这个函数是方程的解，而且是个奇异解，因为其图形上每一点处除了有图形本身通过，还通过一般积分曲线族中与它具有公共切线的那条曲线. 由此可以推出求奇异积分的方法（它需要先确定出方程的一般积分）. 这个方法就在于求出一般积分曲线族的包络的方程. 根据 180 小节所讲，我们可得出结论：

如果已知一阶微分方程的一般积分

$$u(x,y,C)=0$$

那么从这个等式及等式$\frac{\partial u}{\partial C}=0$中消去任意常数$C$后，便得微分方程的奇异积分（当然要在下列条件下才行：C可以消得掉并且判别曲线确实是曲线族的包络而不是奇异点的几何轨迹）.

拿以下的问题作为例子：求出法线为定长$(=a)$的曲线. 不难看出这个问题会引出微分方程

$$|y|\sqrt{1+y'^2}=a \tag{12}$$

由此得

$$1+y'^2=\frac{a^2}{y^2}$$

则

$$y'=\frac{1}{y}\sqrt{a^2-y^2}$$

由此得

$$\frac{y\mathrm{d}y}{\sqrt{a^2-y^2}}=\mathrm{d}x$$

这就得到

$$-\sqrt{a^2-y^2}=x+C$$

故知微分方程的一般积分是

$$(x-C)^2+y^2=a^2$$

从几何上说，这就是半径为a、中心在x轴上的圆族. 但我们已在第十一章中求出该曲线族的包络是直线 $y=\pm a$. 于是求得方程(12) 的奇异解为 $y=\pm a$. 这个函数确实满足原来的方程,并且不管 C 取得什么值都不能从一般解中求出这个函数. 平行于 x 轴的直线 $y=a$, $y=-a$ 是奇异积分曲线(并且这两条直线确实满足题中的条件 —— 它们的法线长度都等于 a),而且它们不在一般积分曲线族之中.

现在要知道,在有些情形下不必实际知道一般积分也可以求出方程(11) 的奇异积分. 这便是当求出一般积分的必要运算步骤改变了原方程的等价性时,就应该用直接代入法去看出哪些被消掉的 y 的式子能满足微分方程. 在这些式子里面就可能有奇异解. 例如求方程(12) 的一般积分时,我们在变换过程中用 $\sqrt{a^2-y^2}$ 除方程的两边,这就使方程里面失去能满足方程的 y 的表达式 $y=\pm a$,而这个表达式正就是奇异解.

但在其他类似的情形下所去掉的 y 的式子并不是奇异解. 例如解方程

$$y\mathrm{d}x-x\mathrm{d}y=0$$

时用 y 除方程的两边,但 $y=0$ 却不是方程的奇异解,而是特定解.

224. 克莱罗方程

现在我们来讲尚未就 y' 解出的一阶微分方程中一个重要的类型,这便是克莱罗(Clairaut) 方程

$$y=xy'+\psi(y')$$

许多种几何性质的问题,常会引到解这个方程的问题上来.

例如设曲线上的每一条切线都满足下列条件:介于坐标轴之间的切线线段等于定长 a. 我们要列出这种曲线族的微分方程. 从切线方程

$$\eta-y=y'(\xi-x)$$

(其中 ξ,η 是切线上的流动坐标,x,y 是切点的坐标) 可求得坐标轴上所截的线段为

$$-\frac{y-y'x}{y'},y-y'x$$

故得

$$\frac{(y-y'x)^2}{y'^2}+(y-y'x)^2=a^2$$

即

$$(y-y'x)\frac{\sqrt{1+y'^2}}{y'}=a$$

于是得克莱罗方程

$$y=xy'+\frac{ay'}{\sqrt{1+y'^2}}$$

作为所论曲线族的微分方程.

解克莱罗方程时可用以下的巧妙方法来做. 为简便起见,用 p 代表 y',有

$$y = xp + \psi(p)$$

并把这个等式对 x 微分

$$y' = p = p + xp' + \psi'(p)p'$$

由此得

$$p'[x + \psi'(p)] = 0$$

使左边的每个因子等于0,即

$$p' = 0, x + \psi'(p) = 0$$

从第一个等式得 $p = C$,代入原微分方程,得一般积分

$$y = xC + \psi(C)$$

于是可见克莱罗方程的一般积分是单参数曲线族. 该一般积分可以从微分方程中把 y' 换成任意常数 C 之后求得. 由此可知克莱罗方程的一般积分曲线族是其等倾线族.

从第二个等式得

$$x = -\psi'(p)$$

这与原微分方程联立起来

$$y = xp + \psi(p) = -p\psi'(p) + \psi(p)$$

就确定出以参数 p 所表示的微分方程的积分. 从两个等式中消去 p,得 x 及 y 间的直接关系式. 这是个奇异积分.

证明时只要能知道它所确定的积分曲线是一般积分曲线族(即直线 $y = xC + \psi(C)$) 的包络即可. 把参数方程里的字母 p 换成 C(方程的意义并不因此而改变)

$$x + \psi'(C) = 0, y = xC + \psi(C)$$

从这两个方程消去 C 就得所论的奇异积分,但其中第一个方程可从第二个方程对 C 微分而求得,这便证明了我们所说的事,因为第二个方程正好就是一般积分.

克莱罗方程的奇异积分不在一般积分之中. 因若做相反的假设:令 $C = C_0$ 时得奇异积分,则

$$y = xC_0 + \psi(C) = xp + \psi(p)$$

且

$$x + \psi'(p) = 0$$

这样我们从一方面可得

$$\frac{\mathrm{d}y}{\mathrm{d}x} = C_0$$

而从另一方面得

$$\frac{\mathrm{d}y}{\mathrm{d}x}=p+xp'+\psi'(p)p'=p+[x+\psi'(p)]p'=p$$

因之 $p=C_0$,但这是不合理的,因为参数 p 不可能是常数. 当 $\psi(p)=\mathrm{const}$,也就是 $\psi(y')$ 是 y' 的线性函数时,克莱罗方程无奇异解. 这时的微分方程是可分离变量的.

对于引出微分方程 $f(x,y,y')=0$ 的具体问题来说,所要注意的常常不是一般积分而是奇异积分. 正如克莱罗方程的一般积分所对应的是直线族,而直线族在几何问题里面往往是无用的解,倒是该直线族的包络却可给出问题的主要解.

我们再回到上面讲过的几何问题. 它的一般解由下列等式给出

$$y=Cx+\frac{aC}{\sqrt{1+C^2}}$$

这是直线族的方程,其中每条直线介于坐标轴之间的线段长度等于已给数 a. 对于所提出的问题来说,这种解当然是无意义的. 有意义的解是奇异积分,从几何上说也就是所说直线族的包络,而该包络我们已经知道是星状线

$$x^{\frac{2}{3}}+y^{\frac{2}{3}}=a^{\frac{2}{3}}$$

克莱罗方程是更加普遍的一类方程(拉格朗日方程)的特殊情形. 凡是对于自变量 x 及函数 y 有线性关系的一阶微分方程,叫作拉格朗日方程

$$y=x\varphi(y')+\psi(y')$$

克莱罗方程是拉格朗日方程的特殊形式($\varphi(y')\equiv y'$ 时). 设 $\varphi(y')$ 不恒等于 y'. 用 p 表示 y' 并应用解克莱罗方程时的方法,得

$$p=\varphi(p)+x\varphi'(p)\frac{\mathrm{d}p}{\mathrm{d}x}+\psi'(p)\frac{\mathrm{d}p}{\mathrm{d}x}$$

由此得

$$p-\varphi(p)=[x\varphi'(p)+\psi'(p)]\frac{\mathrm{d}p}{\mathrm{d}x} \tag{13}$$

由于 $p-\varphi(p)$ 不恒等于 0,故可把上式改写为

$$\frac{\mathrm{d}x}{\mathrm{d}p}+x\frac{\varphi'(p)}{\varphi(p)-p}=\frac{\psi'(p)}{\varphi(p)-p}$$

把 x 看作 p 的函数,于是上面所得便是确定出该函数的线性方程. 用不定积分法求出以 p 表示 x 的式子

$$x=\omega(p,C)$$

并把它代入原来的微分方程

$$y=\omega(p,C)\varphi(p)+\psi(p)$$

就得到表示一般积分的两个参数(以 p 为参数)方程. 从这两式消去 p,便得到

以 x 及 y 间的直接关系式给出的一般积分.

拉格朗日方程除有一般积分以外,还可能存在奇异积分. 假设差式$\varphi(p)-p$在某个值$p=p_0$时变为0. 于是显然可知$p=p_0$满足方程(13). 把这个p值代入原来的微分方程,得线性函数

$$y=\varphi(p_0)x+\psi(p_0)$$

它是拉格朗日方程的解,并且是奇异解.

225. 正交轨道线及等交轨道线

我们来看单参数曲线族

$$F_1(x,y,C)=0$$

并要确定出如下的另一曲线族

$$F_2(x,y,C)=0$$

使其中任一曲线与已给曲线族相交成等角. 这类问题在力学中时常出现,叫作等交轨道线问题.

如果两个曲线族 $F_1(x,y,C)=0$ 及 $F_2(x,y,C)=0$ 具有下述属性:不属于同族的任意两条曲线相交成同一角度(α),那么这两个曲线族之一互相叫作另一曲线族的等交轨道线族,在相交角度为直角的特殊情形下($\alpha=\frac{\pi}{2}$),则叫作正交轨道线族. 现在我们先讲这种重要的特殊情形.

曲线族除用有限方程 $F_1(x,y,C)=0$ 给出以外,也可用微分方程给出,而对于微分方程来说,表示同一曲线族的那个有限方程是它的一般积分. 这个微分方程可由已给方程 $F_1(x,y,C)=0$ 及 F_1 对 x 微分后所得的方程

$$\frac{\partial}{\partial x}F_1(x,y,C)=0$$

两者消去参数 C 而求得. 设曲线族的微分方程的形式是

$$f_1(x,y,y')=0$$

导函数 y' 给出了曲线在点(x,y) 处切线的角系数. 由于过点(x,y) 的正交曲线与第一曲线相交成直角,故正交曲线上切线的角系数(用 y'_1表示) 应是 y' 的负倒数

$$y'=-\frac{1}{y'_1}$$

把它代入微分方程之后去掉下标(代入后这个下标就毫无用处),得

$$f_1\left(x,y,-\frac{1}{y'}\right)=f_2(x,y,y')=0$$

这便是正交轨道线族的微分方程. 它的一般积分 $F_2(x,y,C)=0$ 就给出所要求的该曲线族的有限方程.

例 2 设有通过原点的直线族 $y=Cx$,求其正交轨道线族.

解 这个直线族的微分方程显然是

$$y' = \frac{y}{x}$$

所以正交轨道线族的微分方程是

$$y' = -\frac{x}{y}$$

分离变量后并取积分,得

$$x^2 + y^2 = C^2$$

这便是以原点为中心的圆族的方程. 该结果是如此的明显,以至于无须再做补充解释.

拿焦点在$(-1,0)$及$(1,0)$处的共焦椭圆族来说,它的方程可写成

$$\frac{x^2}{1+C} + \frac{y^2}{C} = 1$$

其中$C > 0$.

我们来看它的微分方程. 对x微分后得

$$\frac{x}{1+C} + \frac{yy'}{C} = 0$$

由此求出C,代入原方程后便得所取共焦椭圆族的微分方程

$$(x + yy')(xy' - y) = y'$$

如果把y'换成$-\frac{1}{y'}$,便得正交轨道线的微分方程

$$\left(x - \frac{y}{y'}\right)\left(-\frac{x}{y'} - y\right) = -\frac{1}{y'}$$

即

$$(x + yy')(xy' - y) = y'$$

仍是原来的那个微分方程. 它的一般积分仍是方程

$$\frac{x^2}{1+C} + \frac{y^2}{C} = 1$$

积分曲线族由共焦椭圆$(C > 0)$及共焦双曲线$(C < 0)$组成. 由此可知所求的正交轨道线族是共焦双曲线族(其焦点也在那两点处)(图5).

设双变量函数$u(x,y)$是平面矢量场的势. 我们来求出矢量场的力线族的微分方程. 由于矢量场$(\operatorname{grad} u)$一方面与力线相切,而另一方面与函数$u(x,y)$的等高线相正交,因此可以说,矢量场的力线是一族等势线$u(x,y) = C$的正交轨道线. 根据这个原理就不难写出所求微分方程. 事实上,方程

$$\frac{\partial u}{\partial x} + y' \frac{\partial u}{\partial y} = 0$$

也就是

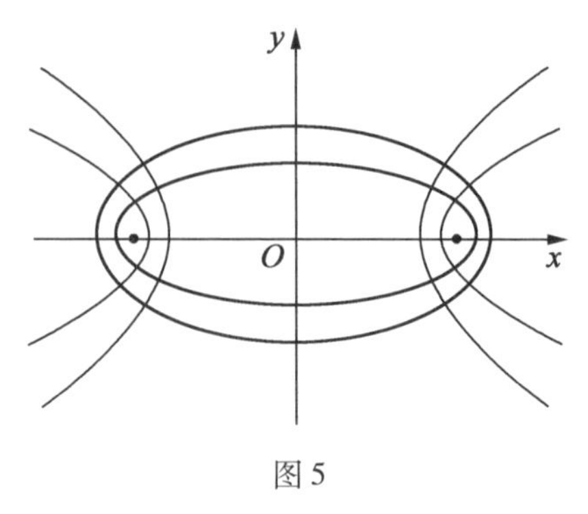

图 5

$$X\mathrm{d}x + Y\mathrm{d}y = 0$$

其中

$$X = u'_x, Y = u'_y$$

就是等势线的微分方程,因而方程

$$y' \frac{\partial u}{\partial x} - \frac{\partial u}{\partial y} = 0$$

即

$$\frac{\mathrm{d}x}{X} = \frac{\mathrm{d}y}{Y}$$

便是矢量场的力线的微分方程.(空间矢量场的力线的微分方程也用同样方式写出:$\frac{\mathrm{d}x}{u'_x} = \frac{\mathrm{d}y}{u'_y} = \frac{\mathrm{d}z}{u'_z}$.)

在第十三章里所讨论的流体力学问题中,流线及速度的等势线便是正交轨道线的例子.

现在讲一般的等交轨道线问题.如果第二个曲线族中的曲线与第一个曲线族中的切线相交成 α 角,那么两者的角系数之间应有如下关系

$$\frac{y'_1 - y'}{1 + y'y'_1} = \tan \alpha$$

从上式用 y'_1 及 $\tan \alpha$ 表达出 y',并把所得表达式代入第一个曲线族的微分方程中(代入后去掉导函数的下标),就得到一族等倾线的微分方程.

例如我们来确定出直线族 $y = Cx$(或用微分式表示为 $y' = \frac{y}{x}$)的等交轨道线.把这个导函数的表达式 $y' = \frac{y}{x}$ 代入角系数之间的关系式里,然后去掉下标,就得到等交轨道线的微分方程

$$\frac{y' - \frac{y}{x}}{1 + \frac{y}{x}y'} = \tan \alpha = k$$

由此得

$$y' = \frac{y + kx}{x - ky}$$

我们按照一般法则来解这个齐次方程. 设 $y = xu$. 于是

$$u + xu' = \frac{u + k}{1 - ku}$$

即

$$x\frac{\mathrm{d}u}{\mathrm{d}x} = \frac{k(1 + u^2)}{1 - ku}$$

由此得

$$\frac{1 - ku}{1 + u^2}\mathrm{d}u = k\frac{\mathrm{d}x}{x}$$

取积分,得

$$\arctan u - \frac{k}{2}\ln(1 + u^2) + \ln C = k\ln x$$

还原到函数 y,得

$$\arctan\frac{y}{x} - k\ln\sqrt{x^2 + y^2} + k\ln x + \ln C = k\ln x$$

由此得

$$\ln\sqrt{x^2 + y^2} = \frac{1}{k}\arctan\frac{y}{x} + \ln C$$

若换成极坐标 ρ,φ,则得

$$\rho = C\mathrm{e}^{m\varphi}$$

其中

$$m = \frac{1}{k} = \cot\alpha$$

因此所求得的等交轨道线是对数螺线;换句话说,与从原点出发的直线相交成同一角度的曲线,唯有螺线 $\rho = C\mathrm{e}^{m\varphi}$. 对数螺线的这个属性我们已在 65 小节中直接求出. 现在我们看出这个属性可以完全作为对数螺线的标志. 当 $\alpha = \frac{\pi}{2}$ 时,等交轨道线变为正交轨道线,而对数螺线族退化($m = 0$)为一族同心圆.

§3　二阶及高阶微分方程

226. 一般概念

我们现在所要讲的,主要是在应用上有特殊价值的二阶方程. 但我们先要引入阶数 n 为任意的微分方程这个一般概念.

以后所要讲的只是对最高阶导函数解出了的 n 阶微分方程

$$y^{(n)}=f(x,y,y',\cdots,y^{(n-1)}) \tag{1}$$

与在 $n=1$ 时的情形一样,这些方程都满足解的存在及唯一性定理:

定理 1　若在 $x=x_0$ 时,$y=y(x)$ 及其前 $n-1$ 阶导函数各取已给值

$$y(x_0)=y_0,y'(x_0)=y'_0,\cdots,y^{(n-1)}(x_0)=y_0^{(n-1)}$$

且在

$$x=x_0,y=y_0,y'=y'_0,\cdots,y^{(n-1)}=y_0^{(n-1)}$$

处方程(1) 的右边(函数f) 及其对于宗标 $y,y',\cdots,y^{(n-1)}$ 的各偏导数连续,则方程具有解

$$y=y(x)$$

并且这是唯一的解.

在 $x=x_0$ 时所求函数 y 及其导函数 $y',y'',\cdots,y^{(n-1)}$ 所应取得的那一组已给值,叫作 n 阶微分方程(或与其相对应的问题) 的初始条件. 这些条件可以简写为

$$y\Big|_{x=x_0}=y_0,y'\Big|_{x=x_0}=y'_0,\cdots,y^{(n-1)}\Big|_{x=x_0}=y_0^{(n-1)}$$

为这 n 个值所满足的 n 阶微分方程的解,叫作特定解. 在平面上点 $P(x_0,y_0)$ 处只通过如下的一条积分曲线,它的对应函数 $y(x)$ 在 $x=x_0$ 时具有预先指定的$n-1$ 个导数值:$y'(x_0),y''(x_0),\cdots,y^{(n-1)}(x_0)$. 特别是在$n=2$ 的情形下,平面上一点处只通过二阶微分方程的如下一条积分曲线 $y=y(x)$,它在该点处的斜率等于表达式 $y'(x_0)$ 所给的值.

现在要把对应于初始值 $x=x_0$ 的那些初始值

$$y=y_0,y'=y'_0,\cdots,y^{(n-1)}=y_0^{(n-1)}$$

看作变量. 于是方程的解显然要取决于 n 个任意参数 $C_1,C_2,\cdots,C_n$,即

$$y=y(x,C_1,C_2,\cdots,C_n)$$

这个解叫作一般解.

取决于 n 个任意常数的微分方程(1) 的解,且适当选择那些任意常数值时

可使任何可能的初始条件都满足那个解的,叫作微分方程(1)的一般解.

从几何上说,一般解是具有 n 个参数的积分曲线族.

把自变量 x、所求函数 y 及任意常数 $C_1, C_2, \cdots, C_n$ 连在一起的方程

$$u(x, y, C_1, C_2, \cdots, C_n) = 0$$

叫作微分方程(1)的一般积分,当 $C_1, C_2, \cdots, C_n$ 为确定值时,这个方程叫作特定积分.

求 n 阶微分方程的一般解(积分)的问题,通常叫作微分方程的积分法问题.

n 阶微分方程积分法的反面问题,是从取决于 n 个任意常数的一般解(积分)确定出微分方程的问题. 从几何观点来说,这就是写出具有 n 个参数的曲线族的微分方程的问题. 设 $n = 2$ 且设取决于两个任意常数的函数

$$y = y(x, C_1, C_2)$$

为已知. 把 y 对 x 微分两次

$$y' = y'_x(x, C_1, C_2), y'' = y''_{x^2}(x, C_1, C_2)$$

从这三个方程消去 C_1 及 C_2 便得到所求的微分方程.

一阶微分方程只表示出积分曲线上与其方向有关的属性,二阶微分方程则不仅表示积分曲线上关于方向的属性,而且还表示关于其曲率的属性.

我们解以下的问题作为第一个几何例子:设曲线的曲率半径等于常量 a,要确定出该曲线. 该题中的条件立即引出二阶微分方程

$$\frac{(1 + y'^2)^{\frac{3}{2}}}{y''} = a$$

曲率半径不用绝对值记号,因为它在这里没有任何意义. 为了取这个微分方程的积分,设 $y' = z$. 于是 $y'' = z'$,我们便得到可分离变量的一阶微分方程

$$\frac{(1 + z^2)^{\frac{3}{2}}}{z'} = a$$

或

$$\mathrm{d}x = a \frac{\mathrm{d}z}{(1 + z^2)^{\frac{3}{2}}}$$

取积分,得

$$x + C_1 = a \frac{z}{(1 + z^2)^{\frac{1}{2}}}$$

由此得

$$z = y' = \frac{x + C_1}{\sqrt{a^2 - (x + C_1)^2}}$$

再积分一次,得

$$y + C_2 = -\sqrt{a^2 - (x + C_1)^2}$$

也就是

$$(x+C_1)^2+(y+C_2)^2=a^2$$

以上我们得到取决于两个任意常数 C_1 及 C_2 的、x 及 y 之间的关系式——已给微分方程的一般积分. 它是以 a 为半径的全部圆族的方程. 从这个问题的解可以看出,曲率半径不变的唯一曲线是圆.

反过来,对方程

$$(x+C_1)^2+(y+C_2)^2=a^2$$

微分并消去 C_1 及 C_2 后,就还原到具有同一半径的圆族的原有微分方程.

227. 特殊情形、高阶微分方程的例子

我们来看高阶微分方程中可化为一阶微分方程并可取积分作为其解的那些最简单类型.

Ⅰ.

$$y^{(n)}=f(x) \tag{2}$$

型的微分方程.

我们要说明这种方程的解可用一个积分式子给出来.

由于

$$y^{(n)}=(y^{(n-1)})'$$

故

$$y^{(n-1)}=\int_{x_0}^{x}f(x)\,\mathrm{d}x+C_1$$

其中 x_0 是 x 的某一值,C_1 是任意常数. 再积分一次可得

$$y^{(n-2)}=\int_{x_0}^{x}\mathrm{d}x\int_{x_0}^{x}f(x)\,\mathrm{d}x+C_1(x-x_0)+C_2$$

这样做下去最后得

$$y=\underbrace{\int_{x_0}^{x}\mathrm{d}x\int_{x_0}^{x}\mathrm{d}x\cdots\int_{x_0}^{x}}_{n\text{次}}f(x)\,\mathrm{d}x+\frac{C_1}{(n-1)!}(x-x_0)^{n-1}+$$

$$\frac{C_2}{(n-2)!}(x-x_0)^{n-2}+\cdots+C_{n-1}(x-x_0)+C_n$$

这里一般解可用 n 次积分表示. 不难验证,在初始条件

$$y\Big|_{x=x_0}=y_0,y'\Big|_{x=x_0}=y'_0,\cdots,y^{(n-1)}\Big|_{x=x_0}=y_0^{(n-1)}$$

下的特定解,可从一般解中给常数 C_1 以值

$$C_1=y_0^{(n-1)},C_2=y_0^{(n-2)},\cdots,C_{n-1}=y'_0,C_n=y_0$$

而求得,因而使一般解中的积分项

$$\int_{x_0}^{x} dx \int_{x_0}^{x} dx \cdots \int_{x_0}^{x} f(x)\, dx \tag{3}$$

是如下的一个特定解,当 $x = x_0$ 时其本身及其前 $n-1$ 个导函数都等于 0,即

$$y(x_0) = y'(x_0) = \cdots = y^{(n-1)}(x_0) = 0$$

的一个特定解.

但我们知道 n 次积分(3) 可以写成取决于参数 x 的一次积分的形式

$$\int_{x_0}^{x} dx \int_{x_0}^{x} dx \cdots \int_{x_0}^{x} f(x)\, dx = \frac{1}{(n-1)!} \int_{x_0}^{x} (x-z)^{n-1} f(z)\, dz$$

所以方程(2) 的一般解可用只含一次积分的公式给出

$$y = \frac{1}{(n-1)!} \int_{x_0}^{x} (x-z)^{n-1} f(z)\, dz + \frac{C_1}{(n-1)!}(x-x_0)^{n-1} + \cdots +$$
$$C_{n-1}(x-x_0) + C_n$$

$y'' = f(x)$ 型的二阶微分方程是动力学中常要碰到的. 当作用力可用一个只取决于时间的函数给出时,这个方程确定出运动的规律.

例 1 设运动在 s 轴上进行,影响运动的力 p 是与运动反方向且取决于时间的周期性力

$$p = -A\omega^2 \sin \omega t$$

且

$$s\Big|_{t=0} = 0, s'\Big|_{t=0} = A\omega$$

求运动方程,也就是点的位置 s 与时间 t 的依从关系.

解 根据力学上的基本方程,有

$$s'' = -A\omega^2 \sin \omega t$$

(为简便起见把质量 m 算作等于单位质量).

求出解(这里不化成一次积分比较方便)

$$s = \int_0^t dt \int_0^t (-A\omega^2 \sin \omega t)\, dt + A\omega t = A \sin \omega t$$

由此可知这是个谐振动,其频率与振荡力的频率一样也是 ω. 该运动的微分方程可写成

$$s'' = -\omega^2 s$$

Ⅱ. $y'' = f(x, y')$ 型的二阶方程.

$$y'' = f(x, y') \tag{4}$$

这个方程的右边不含有所求的函数. 设 $y' = p$,于是 $y'' = p'$,方程(4) 变成一阶方程

$$p' = f(x, p)$$

由此求出用 x 表达 p 的式子后,可从公式 $y' = p$ 用积分运算得出所求的解.

$y^{(n)} = f(x, y^{(n-1)})$ 型的 n 阶微分方程也可用相似的方法来解. 设 $y^{(n-1)} = p$,便把问题化为一阶方程的积分问题及情形 Ⅰ 中所论型方程的累次积分问题.

例2 设有柔顺而无延性的均匀绳索(链),求其两端固定且仅受自身重量作用时的形状(图6).

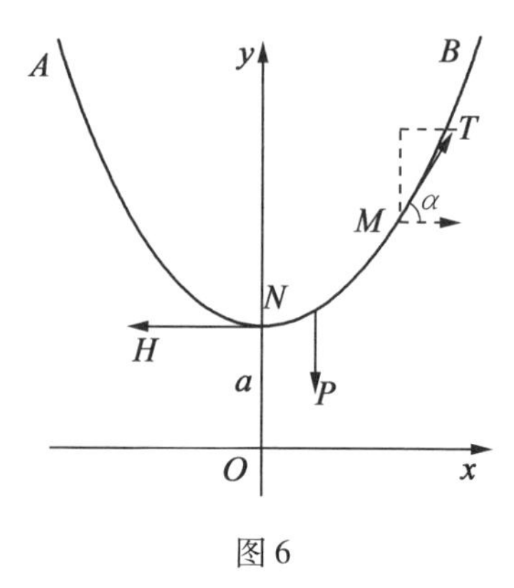

图6

解 取曲线上最低点 N 的铅直线作为 y 轴,取水平方向作为 x 轴,它与点 N 的距离暂时未定.

取曲线上任一点 M. 由于这时绳索在平衡状态,故可把 NM 这段绳索看作刚体. 这段绳索上受三个力的作用:水平张力、在点 M 处切线方向上的张力 T 及本身重量 $P = \delta s$,其中 s 是 $\overset{\frown}{NM}$ 的长度,δ 是绳索单位长度的重量.

把力 T 分解为水平支量及铅直支量并应用平衡的条件,显然可得如下两个等式

$$T\sin\alpha = \delta s, T\cos\alpha = H$$

用第二个等式的两边除第一个等式的两边,得

$$\tan\alpha = \frac{\delta}{H}s$$

故若 $y = y(x)$ 是曲线 ANB 的所求方程,则

$$y' = ks, k = \frac{\delta}{H} = \text{const}$$

把上式对 x 微分,得

$$y'' = ks' = k\sqrt{1 + y'^2}$$

于是我们得到(4)型的方程. 设 $y' = p$,于是 $y'' = p'$,故得

$$p' = k\sqrt{1 + p^2}$$

或

$$\frac{\mathrm{d}p}{\sqrt{1+p^2}}=k\mathrm{d}x$$

由此得

$$\ln(p+\sqrt{1+p^2})=kx+C_1$$

在点 N 处 $x=0$ 且应有 $p=y'=0$(N 是曲线的最低点). 由此可知 $C_1=0$,于是

$$p+\sqrt{1+p^2}=\mathrm{e}^{kx}$$

或

$$p=y'=\frac{1}{2}(\mathrm{e}^{kx}-\mathrm{e}^{-kx})$$

取积分,得

$$y+C_2=\frac{1}{2k}(\mathrm{e}^{kx}+\mathrm{e}^{-kx})$$

现在取距离 $ON=\frac{1}{k}$. 于是 $C_2=0$,得所求曲线(悬线)的方程为

$$y=\frac{1}{2k}(\mathrm{e}^{kx}+\mathrm{e}^{-kx})$$

把 $\frac{1}{k}$ 写成 a 时,即

$$y=\frac{a}{2}(\mathrm{e}^{\frac{x}{a}}+\mathrm{e}^{-\frac{x}{a}})$$

这便是熟知的悬链线的方程,因该曲线的形状是两端系住而自由下悬链索的形状,故得此名.

如果改变问题中的条件,设绳索受水平分布的均匀质量的作用并略去绳索本身的重量,而要确定出绳索所取得的曲线形状(吊桥问题),那么微分方程要比以前的简单得多. 这时所得的解答是抛物线,读者可以自己解这个问题.

自由落体问题会引出(4)型的微分方程

$$ms''=mg-ks',ms''=mg-ks'^2$$

读者自己把以上两式积分出来并考察所得解的性质.

Ⅲ. $y''=f(y,y')$ 型的微分方程.

$$y''=f(y,y') \tag{5}$$

这种方程的右边不含自变量. 再设 $y'=p$,不过要把 p 看作 y 的函数. 把这个等式微分,得

$$y''=\frac{\mathrm{d}p}{\mathrm{d}x}=\frac{\mathrm{d}p}{\mathrm{d}y}\frac{\mathrm{d}y}{\mathrm{d}x}=p'p$$

其中 p' 表示对 y 的导函数. 代入微分方程,得

$$p'p=f(y,p)$$

这是把 p 当作 y 的函数看待时对 p 的一阶微分方程. 求出用 y 表达 p 的式子之后,便可从变量已分离的方程$\frac{\mathrm{d}y}{\mathrm{d}x}=p$ 得出所求的解.

n 阶微分方程

$$y^{(n)}=f(y^{(n-2)},y^{(n-1)})$$

经过置换 $y^{n-2}=z$ 后可化为(5) 型的二阶微分方程.

有各种问题会引出(5) 型的微分方程,其中有力学中的一类重要问题. 假设影响运动的力是只取决于所经距离及运动速度(但不取决于时间) 的显函数. 这时的力学基本方程取得形式(5). 特别是当振荡运动中的力正比于距离及当阻力正比于速度时,该运动也属于上述的一类运动. 这种运动在工程及物理学上是极常见的.

设在 s 轴上运动的物体受下述力的作用:该力的方向总朝着原点(有心力),而大小与距离成比例. 由这些条件所确定的力是弹性力的最简单例子. 由于力等于 $-\omega^2 s$,其中 ω^2 是比例常数,故若不计阻力,则运动方程将为

$$s''=-\omega^2 s$$

设 $s'=p$,于是

$$s''=p'p$$

其中 p 是对 s 微分的. 故

$$p'p=-\omega^2 s$$

或

$$p\mathrm{d}p=-\omega^2 s\mathrm{d}s$$

由此得

$$p^2=C-\omega^2 s^2$$

设在开始的瞬时 $t=0$ 时得

$$s=0 \text{ 及 } s'=p=A\omega$$

这时

$$C=A^2\omega^2$$

而

$$p=\omega\sqrt{A^2-s^2}$$

所以

$$\frac{\mathrm{d}s}{\mathrm{d}t}=\omega\sqrt{A^2-s^2}$$

积分出来得

$$s=A\sin \omega t$$

所得的运动是谐振动(见情形 Ⅰ 中的例1).

228. 其他例子

Ⅰ. 数学摆. 数学摆问题的提法如下:质点 m 受重力作用在某曲线上运动,如果忽略阻力,要确定出运动方程,也就是 s(距离) 与 t(时间) 之间的关系式. 这时我们只要考虑重力的切线支量,因法线支量为曲线的反作用力所抵消.

(1) 设质点在半径为 l 的圆周上运动(普通摆),距离(圆弧的长度 s) 从圆周的最低点 N 算起(图 7). 重力 mg 的切线支量显然是

$$mg\cos\theta = mg\sin\alpha$$

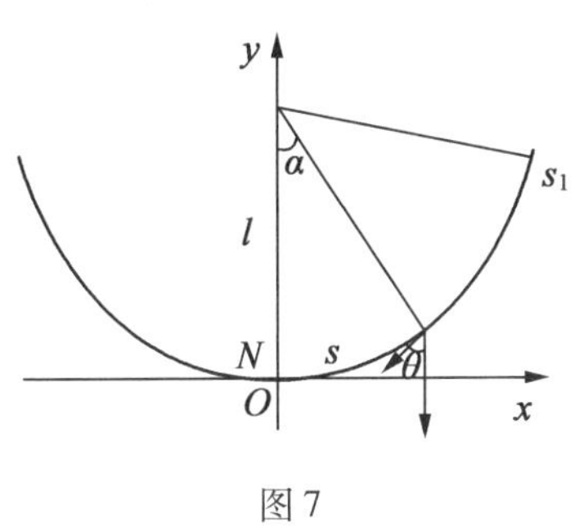

图 7

但对圆周来说

$$\alpha = \frac{s}{l}$$

故知

$$ms'' = -mg\sin\frac{s}{l}$$

或

$$s'' = -g\sin\frac{s}{l}$$

这表示普通摆运动情形的微分方程. 它可以像 227 小节中(5) 型微分方程那样积分出来. 我们有

$$s' = p, s'' = p'p \quad \left(p' = \frac{\mathrm{d}p}{\mathrm{d}s}\right)$$

所以

$$p\mathrm{d}p = -g\sin\frac{s}{l}\mathrm{d}s$$

及

$$p^2 = 2gl\cos\frac{s}{l} + C$$

用 s_0 表示质点离位置 N 的最大弧长. 于是当 $s = s_0$ 时速度等于 0,即

$$\frac{\mathrm{d}s}{\mathrm{d}t} = p = 0$$

因此

$$C=-2gl\cos\frac{s_0}{l}$$

而

$$p=\frac{\mathrm{d}s}{\mathrm{d}t}=\sqrt{2gl}\cdot\sqrt{\cos\frac{s}{l}-\cos\frac{s_0}{l}}$$

$$=2\sqrt{gl}\sqrt{\sin^2\frac{s_0}{2l}-\sin^2\frac{s}{2l}}$$

如果当 $t=0$ 时,$s=0$,那么

$$t=\frac{1}{2\sqrt{gl}}\int_0^s\frac{\mathrm{d}s}{\sqrt{\sin^2\frac{s_0}{2l}-\sin^2\frac{s}{2l}}}$$

这个积分不可能化为有限形式(椭圆积分).

摆的振荡周期 T(质点以同一方向连续两次通过 N 所隔的时间) 等于质点从平衡位置到最大距离所需的时间. 于是

$$T=\frac{2}{\sqrt{gl}}\int_0^s\frac{\mathrm{d}s}{\sqrt{\sin^2\frac{s_0}{2l}-\sin^2\frac{s}{2l}}}$$

右边的积分取决于 s_0,故知普通摆的振荡时间由振幅决定(沿圆周下落所需的时间取决于下落高度). 这就得出普通摆绝非完善计时仪器的结论.

但若假定最大距离(s_0) 足够小(与圆的直径 $2l$ 比较而言),则可取

$$\sin\frac{s_0}{2l}=\frac{s_0}{2l}$$

而不致有可觉察的误差. 于是我们更可以取

$$\sin\frac{s}{2l}=\frac{s}{2l}$$

结果得

$$t=\frac{l}{\sqrt{gl}}\int_0^s\frac{\mathrm{d}s}{\sqrt{s_0^2-s^2}}=\sqrt{\frac{l}{g}}\arcsin\frac{s}{s_0}$$

由此得

$$s=s_0\sin\sqrt{\frac{g}{l}}t$$

及

$$T=2\pi\sqrt{\frac{l}{g}}$$

(物理学中所熟知的关于振荡周期的公式).

因此,当振幅不大时可以近似地说:普通数学摆的运动是以$\sqrt{\frac{l}{g}}$为频率的谐振动,且振荡周期不取决于振幅,该周期等于$2\pi\sqrt{\frac{l}{g}}$.

(2)现在取圆滚线来代替圆周(惠更斯圆滚摆问题),并要直接证明这时振荡周期不取决于振幅,也就是不管从哪一点起沿着圆滚线开始下落,所需的时间不变(圆滚线是重力的等时线).

运动方程与以前一样

$$ms''=-mg\sin\alpha$$

(图8).但在圆滚线的情形下,角α与弧长s间的关系与圆周时不同.

图8所示的圆滚线可用下列方程给出

$$x=a(\tau+\sin\tau),y=a(1-\cos\tau)$$

当$\tau=0$时,得$x=y=0$及$s=0$.

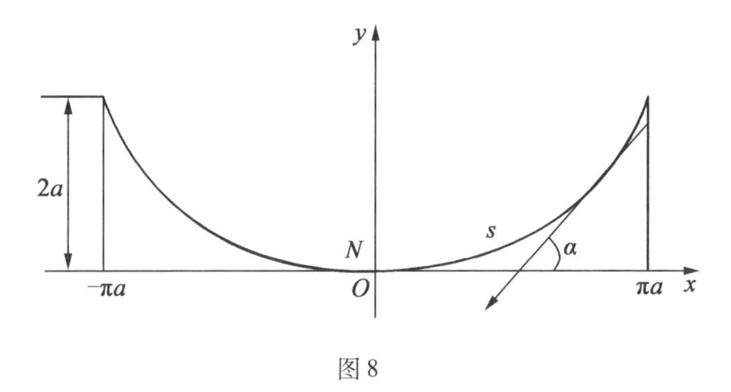

图8

我们知道

$$\sin\alpha=\frac{\mathrm{d}y}{\mathrm{d}s}=\frac{y'}{\sqrt{x'^2+y'^2}}=\frac{a\sin\tau}{a\sqrt{(1+\cos\tau)^2+\sin^2\tau}}=\frac{\sin\tau}{2\cos\frac{\tau}{2}}=\sin\frac{\tau}{2}$$

但由于

$$s=\int_0^\tau\mathrm{d}s=2a\int_0^\tau\cos\frac{\tau}{2}\mathrm{d}\tau=4a\sin\frac{\tau}{2}$$

故

$$\sin\alpha=\frac{s}{4a}$$

运动方程的形式为

$$s''=-\frac{g}{4a}s$$

(这就与227小节 Ⅲ 的情形一样).

与以前一样,做变换 $s'=p$ 后得

$$p\frac{\mathrm{d}p}{\mathrm{d}s}=-\frac{g}{4a}s$$

由此得

$$p^2=-\frac{g}{4a}s^2+C$$

设 s_0 是质点离位置 N 的最大弧(圆滚线)长,则

$$C=\frac{g}{4a}s_0^2$$

而

$$p=\frac{\mathrm{d}s}{\mathrm{d}t}=\sqrt{\frac{g}{4a}}\sqrt{s_0^2-s^2}$$

分离变量并积分后得

$$t=2\sqrt{\frac{a}{g}}\arcsin\frac{s}{s_0}$$

即

$$s=s_0\sin\frac{1}{2}\sqrt{\frac{g}{a}}t$$

不管所给的振幅 s_0 是多少,质点总是以频率 $\frac{1}{2}\sqrt{\frac{g}{a}}$ 做谐振动. 求得周期 T 为

$$T=4\cdot 2\sqrt{\frac{a}{g}}\cdot\frac{\pi}{2}=4\pi\sqrt{\frac{a}{g}}$$

所以,振幅为任意大小时,圆滚线的周期不变. 圆滚线的这个属性在我们讲反面问题时就已经指出过,在那里我们知道圆滚线是具有这种属性的唯一曲线.

Ⅱ. 追逐线. 我们来看引出227小节中(5)型微分方程的一个有趣的几何问题如下:有兔子(M)以等速 v_1 沿 x 轴奔跑,有狗(S)以等速 v_2 在一边追它,且在每一瞬时狗都以面朝着兔子的直线方向奔跑(图9). 如果 $v_2=kv_1$ 且在开始追逐时($t=0$)兔子在点(0,0)处而狗在 y 轴上点 N 处(为简便起见设 $ON=1$),要确定出狗所奔跑的路线 L、它追击兔子的时间 T,以及兔子在被追到前所能跑过的距离 $\overline{X}$.

曲线 L 叫作追逐线. 用 x 及 y 表示点 S 在瞬时 t 的坐标,用 $\overline{x}$ 表示点 M 的横坐标,用 ξ 及 η 表示曲线 L 上点 (x,y) 处切线上的流动坐标. 令切线方程

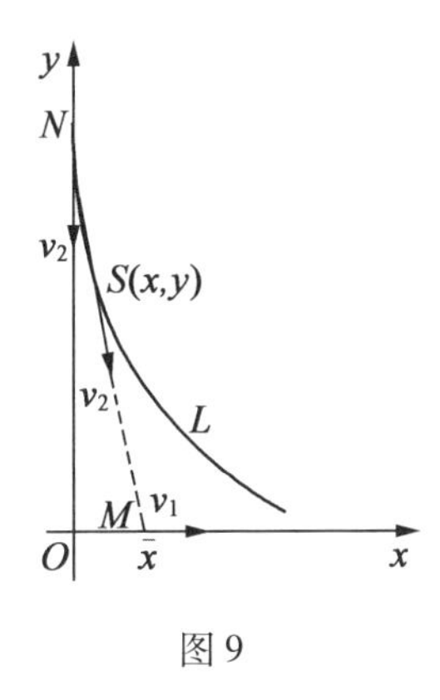

图 9

$$\eta - y = y'(\xi - x)$$

中的 $\eta = 0$,可求出切线与 x 轴交点的横坐标,而这个横坐标根据题中的条件应等于$\bar{x}$. 由此可知

$$\bar{x} = v_1 t = x - \frac{y}{y'} \tag{6}$$

现在把点 S 在 t 时的速度等于 v_2 的事实表达如下

$$\frac{\mathrm{d}s}{\mathrm{d}t} = \sqrt{1 + y'^2}\,\frac{\mathrm{d}x}{\mathrm{d}t} = v_2 \tag{7}$$

从式(6) 求出$\frac{\mathrm{d}x}{\mathrm{d}t}$的表达式

$$\frac{\mathrm{d}x}{\mathrm{d}t} = \frac{v_1 y'^2}{yy''}$$

后把它代入式(7),得追逐线的微分方程

$$\frac{\sqrt{1 + y'^2}\,y'^2}{yy''} = \frac{v_2}{v_1} = k$$

即

$$y'' = \frac{1}{k}\,\frac{y'^2}{y}\sqrt{1 + y'^2}$$

设 $y' = p$,得

$$p'p = \frac{1}{k}\,\frac{p^2}{y}\sqrt{1 + p^2}$$

由此得(消去 p 并不使解减少)

$$\frac{\mathrm{d}p}{p\sqrt{1 + p^2}} = \frac{1}{k}\,\frac{\mathrm{d}y}{y}$$

设$\frac{1}{p} = z$. 由于 $p = y'$ 是负的而平方根取正值,故

$$\sqrt{1+p^2}=-\frac{1}{z}\sqrt{1+z^2}$$

于是得微分方程

$$\frac{\mathrm{d}z}{\sqrt{1+z^2}}=\frac{1}{k}\frac{\mathrm{d}y}{y}$$

积分后得

$$z+\sqrt{1+z^2}=C_1\sqrt[k]{y}$$

但根据初始条件,当 $y=1$ 时曲线的切线在 y 轴方向,因此

$$z=\frac{1}{p}=\frac{\mathrm{d}x}{\mathrm{d}y}=0$$

由此确定出任意常数的值:$C_1=1$.

把方程对 $z=\frac{1}{p}$ 解出,得

$$\frac{1}{p}=\frac{\mathrm{d}x}{\mathrm{d}y}=\frac{1}{2}\left(\sqrt[k]{y}-\frac{1}{\sqrt[k]{y}}\right)$$

由此得

$$x=\frac{k}{2}y\left(\frac{\sqrt[k]{y}}{k+1}-\frac{1}{(k-1)\sqrt[k]{y}}\right)+C_2$$

同时有

$$C_2+\frac{k}{2}\left(\frac{1}{k+1}-\frac{1}{k-1}\right)=0$$

也就是

$$C_2=\frac{k}{k^2-1}$$

这样一来,最后就得到追逐线的方程

$$x=\frac{k}{2}y\left(\frac{\sqrt[k]{y}}{k+1}-\frac{1}{(k-1)\sqrt[k]{y}}\right)+\frac{k}{k^2-1}$$

兔子被狗追到以前所走的距离 $\overline{X}$ 可从上式中使 $y=0$ 而确定出来

$$\overline{X}=\frac{k}{k^2-1}$$

追逐时间是

$$T=\frac{k}{(k^2-1)v_1}$$

狗所走的距离也不难算出. 该距离显然等于 $\frac{k^2}{k^2-1}$,因为

$$v_2=kv_1$$

我们可以确定出追逐线上从点(0,1)到点$\left(\frac{k}{k^2-1},0\right)$的长度来验证这个结果.

229. 解的近似求法

一阶以上微分方程的近似解法有很多种,其中大部分的近似解法因只适用于一定类型的方程及一定类型的问题而具有个别的性质. 我们这里只略讲二阶微分方程的图解法(与222小节中所讲一阶微分方程的图解法完全相似),以及用得很广的用级数的积分法.

设已给解出二阶导函数的二阶微分方程

$$y''=f(x,y,y') \tag{8}$$

求在初始条件

$$y\Big|_{x=x_0}=y_0, y'\Big|_{x=x_0}=y'_0$$

下的特定解.

Ⅰ. 图解法. 从几何观点来说,微分方程的图解法问题就在于作出过点$M_0(x_0,y_0)$且在该点处方向角系数等于y'_0的一条积分曲线.

现在我们要用作图法来近似求出对应于区间$[x_0,x]$的积分曲线. 如前所说,二阶微分方程表示积分曲线上与其方向及曲率有关的那种属性,我们就要应用该属性来作积分曲线. 用点$x_0,x_1,x_2,\cdots,x_{n-1},x_n=x$把区间$[x_0,x]$分割成$n$个部分(图10). 过各分点作平行于$y$轴的直线,然后依次做出每次都相同的下列步骤:

用初始条件算出点$M_0(x_0,y_0)$处的$f(x,y,y')$的值,根据方程(8)可知$f(x,y,y')$给出$x=x_0$时的y''的值

$$y''(x_0)=y''_0$$

知道了这个值之后便可算出积分曲线在点M_0处的曲率半径R_0,即

$$R_0=\left|\frac{\sqrt{(1+y'^2_0)^3}}{y''_0}\right|$$

从点M_0(图10)起作一根带箭头的短直线M_0T_0,使其角系数等于y'_0,并在该直线一侧(在哪一侧需由y''_0的正负号决定)的垂线上取线段$M_0M'_0$等于曲率半径R_0. 以点M'_0为中心、R_0为半径作一圆弧,从点M_0起到与纵坐标线$x=x_1$相交的点M_1为止. 然后算出所得点$M_1(x_1,y_1)$处的$f(x,y,y')$的值(我们知道点M_1处的$y'=y'_1$是已知的. 因为切线M_1T_1垂直于M'_0M_1). $f(x_1,y_1,y'_1)$给出$x=x_1$时的y''的值

$$y''(x_1)=y''_1$$

用了所算出的y'及y''的值可得积分曲线在点M_1处的曲率半径R_1,即

$$R_1=\left|\frac{(\sqrt{1+y'^2_1})^3}{y''_1}\right|$$

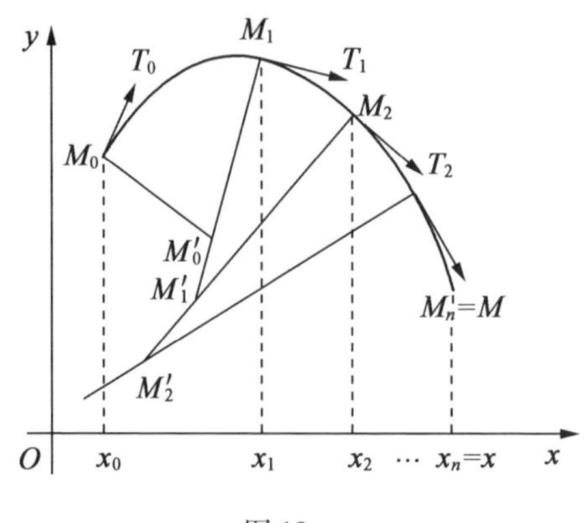

图 10

然后在半径 M_1M_0' 的方向上取线段 M_1M_1' 等于曲率半径 R_1. 在所得的点 M_1'(积分曲线上点 M_1 处的曲率中心) 处,以 R_1 为半径作一小段圆弧直到与次一个纵坐标线 $x = x_2$ 相交于点 M_2 处为止.

这样继续做下去,就可以一一求出积分曲线上对应于区间 $[x_0, x]$ 上分点 $x_3, x_4, \cdots$ 的点,一直到得出所求的点 $M(x, y)$ 为止. 这样用圆弧逐段画出的曲线 $M_0M_1M_2\cdots M_n$ 便是所求积分曲线的近似图形.

我们可以说,二阶微分方程的积分曲线由圆弧组成的情形,正如用欧拉法得出的一阶微分方程的积分曲线由切线组成的情形一样.

当 n 越大且最大的子区间 $[x_i, x_{i+1}]$ 越小时,一般来说,用图解积分法解方程(8) 的结果显然越加准确.

Ⅱ. 用级数的积分法. 应用幂级数去积分高阶微分方程的原理,与积分一阶微分方程时的相同. 这便是假定微分方程的解可用幂级数表示,并从方程出发来求出级数中的待定系数. 然后为了肯定所作级数确实能表示所求的解(如果解是唯一的),只要证明它收敛即可.

用级数的积分法是特别常用的方法,这确实是求微分方程近似解的极方便而又有效的方法,而且所取的形式极为简单 —— 自变量的多项式. 例如在研究具有可变系数的二阶线性方程(§4) 的下列类型

$$y'' + p_1(x)y' + p_2(x)y = 0$$

时,就常用幂级数的方法来做,还有在工程及物理学上有重要意义的下列类型的微分方程

$$p_0(x)y'' + p_1(x)y' + p_2(x)y = 0$$

也可用幂级数的某种推广形式来解. 但由于这些方法各有其特殊的一面,所以我们在这里不讲.

为说明起见,我们只讲一个简单的例子

$$y'' - xy = 0$$

我们来求这个方程在初始条件

$$y(0)=0, y'(0)=1$$

下的解. 显然我们要用级数

$$y=x+a_2x^2+a_3x^3+\cdots+a_nx^n+\cdots$$

的形式来求解. 由此得

$$y''=2a_2+3\cdot 2a_3x+\cdots+n(n-1)a_nx^{n-2}+\cdots$$

由此可知

$$2a_2+3\cdot 2a_3x+\cdots+n(n-1)a_nx^{n-2}+\cdots=x^2+a_2x^3+\cdots+a_{n-3}x^{n-2}+\cdots$$

比较两边的系数,得

$$a_2=0, a_3=0, \cdots, n(n-1)a_n=a_{n-3}$$

因此

$$a_4=\frac{1}{3\cdot 4}, a_5=0, a_6=0, a_7=\frac{1}{3\cdot 4\cdot 6\cdot 7}, a_8=0, a_9=0$$

$$a_{10}=\frac{1}{3\cdot 4\cdot 6\cdot 7\cdot 9\cdot 10}$$

而一般是

$$a_{3m-1}=a_{3m}=0, a_{3m+1}=\frac{1}{3\cdot 4\cdot 6\cdot 7\cdot\cdots\cdot 3m\cdot(3m+1)}$$

于是

$$y=x+\frac{x^4}{3\cdot 4}+\frac{x^7}{3\cdot 4\cdot 6\cdot 7}+\cdots+\frac{x^{3m+1}}{3\cdot 4\cdot 6\cdot 7\cdot\cdots\cdot 3m\cdot(3m+1)}+\cdots$$

用达朗贝尔准则不难判定这个级数在全部 x 轴上是收敛的,因此它确实表示所求的解.

最后我们要知道,微分方程的阶对于用级数的积分法并没有什么影响.

§4 线性微分方程

230. 齐次方程

凡是在可能用得到数学的各种地方,最常碰到的一类重要微分方程就是线性微分方程,现在我们来讲这类方程.

凡对于所求函数及其导函数两者有一次线性关系的微分方程,叫作线性微分方程.

n 阶线性方程的形式是

$$y^{(n)}+a_1y^{(n-1)}+a_2y^{(n-2)}+\cdots+a_{n-1}y'+a_ny=f \tag{1}$$

其中的系数 $a_1,a_2,\cdots,a_{n-1},a_n$ 及 f 是自变量 x 的函数或是常数(我们把最高阶导数的系数 a_0 取作 1①). 函数 f 叫作方程的右边或自由项. 若函数 f 恒等于 0,则方程(1) 叫作无右边部分的(无自由项的) 或齐次的. 反之,则方程(1) 叫作有右边部分的(有自由项的) 或非齐次的.

我们要知道,方程(1) 中各系数及自由项的连续性(在以后我们总假定都具有这个性质) 可保证关于解的存在及唯一性定理中所需的条件得到满足.

一阶线性方程($n=1$) 在219 小节中已经讲过. 当 $n>1$ 时的线性方程通常不可能积分为有限形式或积分形式. 但从应用上的观点来说,方程(1) 中有足够广泛的一类,其积分法是可用解代数方程及积分运算做出来的. 这个类型便是常系数线性微分方程. 但在讲这以前,我们先要讲关于线性微分方程的一般定理,该定理在研究一般情形下的以及具有常系数的方程(1) 的解法时都必须用到.

Ⅰ. 一般解的结构. 奥斯特罗格拉德斯基定理(以后简称奥氏定理).

定理 1 若 y_1 及 y_2 是二阶齐次线性方程

$$y''+a_1y'+a_2y=0 \tag{2}$$

的两个特定解,且其商不是常数$\left(\dfrac{y_2}{y_1}\neq \text{const}\right)$,则一般解是特定解 y_1 及 y_2 与任意常数 C_1 及 C_2 的线性式

$$y=C_1y_1+C_2y_2 \tag{3}$$

现在要证明这个函数在 C_1,C_2 为任意值时是方程(2) 的解. 为此要把它代入方程(2). 我们有

$$y'=C_1y_1'+C_2y_2',\ y''=C_1y_1''+C_2y_2''$$

于是方程(2) 的左边等于

$$\begin{aligned}&C_1y_1''+C_2y_2''+a_1(C_1y_1'+C_2y_2')+a_2(C_1y_1+C_2y_2)\\=&C_1(y_1''+a_1y_1'+a_2y_1)+C_2(y_2''+a_1y_2'+a_2y_2)\end{aligned}$$

两个括号里面的式子是用函数 y_1 及 y_2 分别代入方程(2) 左边所得的结果,且从已给条件我们知道它们是方程的解,所以这两式恒等于0,因此函数(3) 确实满足方程(2).

函数(3) 取决于两个任意常数 C_1 及 C_2. 现在要证明这是方程(2) 的一般解. 要使这事成立,定理中所说的下列条件是极重要的:特定解 y_1 及 y_2 的商不能等于常数,也就是

---

① 如果最高阶导数的系数不是1,那么对于使该系数异于0的那些 x 值来说,我们可用该系数来除方程的两边.

$$\frac{\mathrm{d}}{\mathrm{d}x}\left(\frac{y_2}{y_1}\right)=\frac{y_1y_2'-y_2y_1'}{y_1^2}$$

不能恒等于0. 要肯定表达式

$$V(y_1,y_2)=y_1y_2'-y_2y_1'$$

不恒等于0,我们就首先要证明它在某一点 $x=x_0$ 处不会是0. 为此我们要推出 $V(y_1,y_2)$ 与方程(2) 的系数 a_1 之间的下列关系

$$V(y_1,y_2)=V_0\mathrm{e}^{-\int_{x_0}^{x}a_1\mathrm{d}x}$$

其中

$$V_0=V(y_{10},y_{20})$$

是 $x=x_0$ 时 $V(y_1,y_2)$ 的值. 该关系式所表示的是奥氏定理①. 由于 y_1 及 y_2 是方程(2) 的解,故得

$$y_1''+a_1y_1'+a_2y_1=0$$

$$y_2''+a_1y_2'+a_2y_2=0$$

用 y_2 乘第一式,用 y_1 乘第二式,从所得第二式减去第一式,得

$$(y_1y_2''-y_2y_1'')+a_1(y_1y_2'-y_2y_1')=0$$

我们知道第二个括号里的式子就是 V,第一个括号里的式子是 V 的导函数

$$\frac{\mathrm{d}V}{\mathrm{d}x}=y_1'y_2'+y_1y_2''-y_2'y_1'-y_2y_1''=y_1y_2''-y_2y_1''$$

所以

$$\frac{\mathrm{d}V}{\mathrm{d}x}+a_1V=0$$

也就是

$$\frac{\mathrm{d}V}{V}=-a_1\mathrm{d}x$$

对 x 从 x_0 积分到 x,得

$$\ln\frac{V}{V_0}=-\int_{x_0}^{x}a_1\mathrm{d}x$$

由此得

$$V=V_0\mathrm{e}^{-\int_{x_0}^{x}a_1\mathrm{d}x}$$

这就是所要证明的.

这个关系式表示:若 $V_0=0$,则 V 恒等于0,或者,若 $V_0\neq0$,则 V 绝不会等于

① 到目前为止,该定理还叫作刘维尔(Liouville) 定理,虽然奥氏发现和发表该定理的时间都早于法国著名数学家刘维尔.

0,因第二个因子是指数函数,无论 x 是任何值,它都不会等于0.

设已给某一组初始条件

$$y\Big|_{x=x_0}=y_0,y'\Big|_{x=x_0}=y'_0$$

且方程中的各系数在 $x=x_0$ 处都连续. 现在要证明对 y_1 及 y_2 做如上的规定之后,可选择适当的 C_1 及 C_2,使函数(3) 满足所给的初始条件.

我们应有

$$y\Big|_{x=x_0}=C_1y_{10}+C_2y_{20}=y_0$$

$$y'\Big|_{x=x_0}=C_1y'_{10}+C_2y'_{20}=y'_0$$

其中

$$y_{10}=y_1(x_0),y'_{10}=y'_1(x_0),y_{20}=y_2(x_0),y'_{20}=y'_2(x_0)$$

从该联立方程求出 C_2 及 C_1,得

$$C_1=\frac{y_0y'_{20}-y'_0y_{20}}{y_{10}y'_{20}-y'_{10}y_{20}}=\frac{y_0y'_{20}-y'_0y_{20}}{V_0}$$

$$C_2=\frac{y_{10}y'_0-y'_{10}y_0}{y_{10}y'_{20}-y'_{10}y_{20}}=\frac{y_{10}y'_0-y'_{10}y_0}{V_0}$$

但根据条件

$$\frac{y_2}{y_1}\neq \text{const}$$

我们已证明 $V_0\neq 0$,故知确实有合适的 C_1 及 C_2 存在. 所以当任意常数 C_1 及 C_2 为合适的值时,可从解(3) 得出任一预先指定的特定解(也就是对应于任一初始条件的解). 但这就说明解(3) 是方程(2) 的一般解.

若

$$\frac{y_2}{y_1}\equiv k=\text{const}$$

或

$$y_2\equiv ky_1$$

则函数

$$y=C_1y_1+C_2y_2=(C_1+kC_2)y_1=Cy_1$$

实际上只取决于一个任意常数 C(由于 C_1 及 C_2 是任意的,故常数 C_1+kC_2 可以看作一个任意常数 C). 在这种情形下,函数(3) 并不给出一般解.

当 $\frac{y_2}{y_1}$ 不恒等于常数时,像 y_1 及 y_2 这样的解叫作有本质差别的解,它们两者构成方程(2) 的解的基本系统.

所以要完全解出二阶齐次线性方程,需要知道任意两个有本质差别的特

定解.

例 1 求微分方程

$$(x-1)y''-xy'+y=0$$

在初始条件

$$y\Big|_{x=0}=2, y'\Big|_{x=0}=1$$

下的解.

解 我们不难给这个方程直接选出两个解来. 用验算法可知函数 $y=x$ 及 $y=e^x$ 满足这个方程,并且这两个特定解是有本质差别的,因为$\frac{e^x}{x}$不是常数. 两者构成基本系统,但无论 x 及 e^x 都不满足已给初始条件.

写出一般解

$$y=C_1x+C_2e^x$$

由此得

$$y'=C_1+C_2e^x$$

把初始条件代入这两式,得 C_1 及 C_2 的两个联立方程

$$2=C_2, 1=C_1+C_2$$

由此得

$$C_2=2, C_1=-1$$

于是知道函数

$$y=-x+2e^x$$

是所求的解.

一般当两个函数 y_1 及 y_2 的比不是常数时,就说它们是线性独立的. 换句话说,我们不可能找出不全是 0 的两个常数 k_1 及 k_2,使线性式 k_1y+k_2y 恒等于 0.

反之,设在 k_1 及 k_2 为某两个不全是 0 的常数值时有

$$k_1y_1+k_2y_2=0$$

那么比值$\frac{y_2}{y_1}$恒等于常数,其中一个函数可拿另一函数与常数相乘而得出. 这时我们说函数 y_1 及 y_2 有线性关系.

现在可以这样说:如果方程(1) 的两个解是线性独立的,那么它们就是有本质差别的解(构成基本系统).

上述定义对于任意多个函数都适用:如果不能找出不全是 0 的一组常数 $k_1, k_2, \cdots, k_n$,使线性式

$$k_1y_1+k_2y_2+\cdots+k_ny_n$$

恒等于 0,我们便说 $y_1, y_2, \cdots, y_n$ 这 n 个函数是线性独立的.

如果存在一组不全是 0 的常数 $k_1, k_2, \cdots, k_n$,使恒有

$$k_1y_1 + k_2y_2 + \cdots + k_ny_n = 0$$

那么我们说函数 $y_1, y_2, \cdots, y_n$ 有线性关系,且其中任一函数(它的系数 k 异于0)可用其他函数与常系数的线性式表示. 例如,若 $k_n \neq 0$,则

$$y_n = -\frac{k_1}{k_n}y_1 - \frac{k_2}{k_n}y_2 - \cdots - \frac{k_{n-1}}{k_n}y_{n-1}$$

函数 $y_1, y_2, \cdots, y_n$ 为线性独立时有一个极简单的条件,那便是由函数 $y_1, y_2, \cdots, y_n$ 及其导函数所组成的朗斯基(Wronski)式(朗斯基行列式)不等于0,即

$$V(y_1, y_2, \cdots, y_n) = \begin{vmatrix} y_1 & y_2 & \cdots & y_n \\ y_1' & y_2' & \cdots & y_n' \\ \vdots & \vdots & & \vdots \\ y_1^{(n-1)} & y_2^{(n-1)} & \cdots & y_n^{(n-1)} \end{vmatrix} \neq 0$$

以前在 $n = 2$ 时所用的式子 $V(y_1, y_2)$ 显然就是二阶朗斯基式

$$V(y_1, y_2) = \begin{vmatrix} y_1 & y_2 \\ y_1' & y_2' \end{vmatrix}$$

一般情形下的奥氏定理与 $n = 2$ 时的陈述法相仿:若 $y_1, y_2, \cdots, y_n$ 是方程

$$y^{(n)} + a_1y^{(n-1)} + \cdots + a_{n-1}y' + a_ny = 0 \tag{4}$$

的特定解,则

$$V = V_0 e^{-\int_{x_0}^{x} a_1 dx}$$

其中 V 是函数 $y_1, y_2, \cdots, y_n$ 的朗斯基式,V_0 是该式在 $x = x_0$ 时的值.

应用该定理就不难把定理1推广到 n 阶齐次线性方程上:若 $y_1, y_2, \cdots, y_n$ 是方程(4)的 n 个线性独立的特定解,则这些特定解与任意常数 $C_1, C_2, \cdots, C_n$ 的线性式子

$$y = C_1y_1 + C_2y_2 + \cdots + C_ny_n \tag{5}$$

就是方程(4)的一般解.

若 $y_1, y_2, \cdots, y_n$ 有线性关系,则其中至少有一个特定解可用其他 $n-1$ 个特定解的线性式表示,因而函数(5)实际上不取决于 n 个而取决于少于 n 个的任意常数. 它就不是一般解.

n 阶线性方程的线性独立解也叫作有本质差别的解,或者说它们构成解的基本系统.

在一般情形下的上述定理的证法我们不预备在本书中讲①.

---

① 可参考 В. В. Степанов 所著的《微分方程教程》(1950年版,第七章 §2).

Ⅱ. 降阶法.

定理 2 若已知二阶齐次线性方程

$$y'' + a_1 y' + a_2 y = 0 \tag{6}$$

的一个特定解 y_1,则与 y_1 线性独立的特定解 y_2 可从一阶线性方程施行不定积分法而得出.

证明时用置换 $y = y_1 u$,其中 u 是未知函数,我们应确定出 u 使 $y_1 u$ 是方程(6)的解,得

$$y' = y_1' u + y_1 u'$$

$$y'' = y_1'' u + 2y_1' u' + y_1 u''$$

代入方程(6)得

$$y_1'' u + 2y_1' u' + y_1 u'' + a_1(y_1' u + y_1 u') + a_2 y_1 u = 0$$

或

$$(y_1'' + a_1 y_1' + a_2 y_1) u + [y_1 u'' + (2y_1' + a_1 y_1) u'] = 0$$

根据条件,y_1 是方程(6)的解,所以第一个括号里的式子等于 0. 要确定出 u 时得方程

$$y_1 u'' + (2y_1' + a_1 y_1) u' = 0$$

设 $u' = z$,得可分离变量的一阶微分方程

$$y_1 z' + (2y_1' + a_1 y_1) z = 0$$

由此求出 z(不恒等于0)之后,从公式 $u' = z$ 取一次积分求出 u,然后再拿 y_1 乘而求出

$$y_2 = y_1 u$$

这个解是与 y_1 线性独立的,因为

$$\frac{y_1}{y_2} = u$$

是个不恒等于常数的函数.

(1) 拿下面的方程来说

$$(1 + 2x - x^2) y'' + (-3 + x^2) y' + (2 - 2x) y = 0$$

不难看出 e^x 是它的一个解,设 $y = e^x u$. 于是 u 可从以下的方程确定出来

$$e^x u'' + \left(2e^x + \frac{-3 + x^2}{1 + 2x - x^2} e^x\right) u' = 0$$

消去 e^x 并把 u' 写成 z 后

$$z' + \left(2 + \frac{-3 + x^2}{1 + 2x - x^2}\right) z = 0$$

由此得

$$\frac{dz}{z} = \frac{x^2 - 4x + 1}{-x^2 + 2x + 1} dx$$

积分出来,得

$$\ln z = -x + \ln(-x^2 + 2x + 1)$$

(我们所要的是任何一个解,因此积分常数可以任意取). 于是

$$z = u' = e^{-x}(-x^2 + 2x + 1)$$

再积分一次得

$$u = \int e^{-x}(-x^2 + 2x + 1)dx = e^{-x}(x^2 - 1)$$

(取常数项等于0).

所以

$$y_2 = y_1 u = x^2 - 1$$

于是所给方程的一般解可写成

$$y = C_1 e^x + C_2(x^2 - 1)$$

(2) 下列贝塞尔方程在物理学的各部门中有重要用途

$$x^2 y'' - xy' + (x^2 - n^2)x = 0 \quad (n = \text{const})$$

在 $n = \frac{1}{2}$ 时有函数 $y = \frac{\sin x}{\sqrt{x}}$ 满足这个方程. 知道了这个解之后,读者不难求出贝塞尔方程在 $n = \frac{1}{2}$ 时的一般解.

这样,二阶齐次线性微分方程的积分法问题可简化为求其任何一个特定解的问题.

与二阶方程的情形一样,我们也可证明:知道了 n 阶齐次线性方程的一个特定解之后,可把该方程的积分问题简化为 $n-1$ 阶齐次线性方程的积分问题及取累次积分问题. 为此我们同样可用公式 $y = y_1 u$ 把所要求的函数 y 换成函数 u.

一般来说,如果 n 阶齐次线性微分方程的 $k(k < n)$ 个有本质差别的特定解 $y_1, y_2, \cdots, y_k$ 为已知,那么积分该方程的问题可化为积分 $n-k$ 阶齐次线性方程及 k 次不定积分法的问题. 要证明这事时可先把 y 换成 $y_1 u$,把 u' 换成 z,然后由于我们知道 $\left(\frac{y_2}{y_1}\right)'$ 是所得对于 z 的那个方程的特定解,于是把 z 换成 $\left(\frac{y_2}{y_1}\right)' v$,再把 v' 换成 t,并按照这样做下去.

231. 非齐次方程

现在我们来讲二阶非齐次线性方程

$$y'' + a_1 y' + a_2 y = f \tag{7}$$

若把 f 换成0,则得齐次方程

$$y'' + a_1 y' + a_2 y = 0 \tag{8}$$

这叫作已给非齐次方程的对应齐次方程.

现在要证明关于非齐次方程的基本定理如下：

定理 3 非齐次方程的一般解可用其特定解及其对应齐次方程的一般解两者的和来表示.

把方程(7)的任一特定解写作 $\bar{y}$,把方程(8)的一般解写作 Y,并设

$$y = \bar{y} + Y \tag{9}$$

把函数(9)代入方程(7)的左边.由于

$$y' = \bar{y}' + Y', y'' = \bar{y}'' + Y''$$

故得

$$\begin{aligned} & \bar{y}'' + Y'' + a_1(\bar{y}' + Y') + a_2(\bar{y} + Y) \\ = & (\bar{y}'' + a_1\bar{y}' + a_2\bar{y}) + (Y'' + a_1Y' + a_2Y) \end{aligned}$$

由于 $\bar{y}$ 是方程(7)的解,故 $\bar{y}'' + a_1\bar{y}' + a_2\bar{y}$ 恒等于函数 f,又由于 Y 是方程(8)的解,故表达式 $Y'' + a_1Y' + a_2Y$ 恒等于0.这样函数(9)能使方程(7)变为恒等式,因而它是方程(7)的解.但它取决于两个任意常数 C_1,C_2(第二项 Y 取决于 C_1 及 C_2),而我们总可以适当选取这两个常数,使其能满足任何初始条件.该结论的证法与证齐次方程时相同.于是函数(9)是方程(7)的一般解,这就是所要证明的.

所以,确定二阶非齐次线性方程的一般解时,只要知道该方程的一个特定解及其对应齐次方程的一般解,归根来说,也就是只要知道该方程的一个特定解及其对应齐次方程的一个特定解就够了.

例 2 设已给方程

$$(1 + 2x - x^2)y'' + (-3 + x^2)y' + (2 - 2x)y = -x^2 + 2x - 3$$

求其在初始条件

$$y\Big|_{x=0} = y'\Big|_{x=0} = 0$$

下的解.

解 用选试法找出一个特定解 $\bar{y} = x$,但它不能满足初始条件.其对应齐次方程的一般解是我们已经知道的,这就使我们能够写出非齐次方程的一般解如下

$$y = x + C_1e^x + C_2(x^2 - 1)$$

利用初始条件可确定出任意常数值

$$C_1 = C_2 = -1$$

故所求解为

$$y = 1 + x - x^2 - e^x$$

同样可证明 n 阶非齐次方程的类似定理：

若已知非齐次方程

$$y^{(n)}+a_1y^{(n-1)}+\cdots+a_{n-1}y'+a_ny=f$$

的特定解 $\overline{y}$ 及其对应齐次方程的一般解 Y,则非齐次方程的一般解 y 等于 $\overline{y}$ 及 Y 的和

$$y=\overline{y}+Y$$

我们可以证明,如果知道齐次方程的一般解 Y,那么就总能用不定积分法求出其所对应的任何非齐次方程的特定解. 这个结论可用各种方法来证. 我们要讲一种最实用的方法 —— 拉格朗日的变动任意常数法.

定理 4 要得到非齐次线性方程(7) 的特定解,只要把齐次方程(8) 的一般解

$$C_1y_1+C_2y_2$$

中的任意常数 C_1 及 C_2 换成自变量的函数,使其导函数 C_1' 及 C_2' 满足下列联立线性代数方程组

$$\begin{cases}C_1'y_1+C_2'y_2=0\\C_1'y_1'+C_2'y_2'=f\end{cases}$$

求证时可设法选择自变量 x 的两个函数作为 C_1 及 C_2,使得它们与齐次方程(8) 的特定解 y_1 及 y_2 的线性式能满足非齐次方程(7).

从等式

$$y=C_1y_1+C_2y_2$$

微分得

$$y'=C_1y_1'+C_2y_2'+(C_1'y_1+C_2'y_2)$$

由于 C_1 及 C_2 两个函数是待定的,所以两者之间的一个关系式可以任意指定. 设

$$C_1'y_1+C_2'y_2=0$$

于是

$$y'=C_1y_1'+C_2y_2'$$

由此再用一次微分法求得

$$y''=C_1y_1''+C_2y_2''+(C_1'y_1'+C_2'y_2')$$

把 y,y',y'' 代入方程(7) 的左边,得

$$\begin{aligned}&(C_1y_1''+C_2y_2'')+(C_1'y_1'+C_2'y_2')+a_1(C_1y_1'+C_2y_2')+a_2(C_1y_1+C_2y_2)\\&=C_1(y_1''+a_1y_1'+a_2y_1)+C_2(y_2''+a_1y_2'+a_2y_2)+(C_1'y_1'+C_2'y_2')\end{aligned}$$

由于 y_1 及 y_2 是齐次方程的特定解,所以右边第一、第二两个括号内的式子等于 0. 由此可知,要使满足

$$C_1'y_1+C_2'y_2=0$$

这一条件的函数 $C_1y_1+C_2y_2$ 为方程(7) 的解,必须且只需再满足一个条件

$$C_1'y_1'+C_2'y_2'=f$$

这样,我们就得到两个关系式

$$\begin{cases} C_1'y_1 + C_2'y_2 = 0 \\ C_1'y_1' + C_2'y_2' = f \end{cases} \tag{10}$$

由于

$$V(y_1, y_2) = y_1y_2' - y_1'y_2 \neq 0$$

故可从式(10)确定出唯一的 C_1' 及 C_2',然后用不定积分法确定出 C_1 及 C_2. 如果在取导函数 C_1' 及 C_2' 的积分时引入任意常数,那么立即可得非齐次方程的一般解.

例 3 求解下列非齐次方程

$$x^2y'' - 2xy' + 2y = 2x^3$$

解 为此可考虑其对应齐次方程

$$x^2y'' - 2xy' + 2y = 0$$

我们显然可看出 $y = x$ 是上式的解. 把 y 换成 xu,得

$$(x^3u'' + 2x^2u') - (2xu + 2x^2u') + 2xu = 0$$

也就是

$$x^3u'' = 0$$

由此可知我们可取 $u = x$. 因此

$$y = x \cdot x = x^2$$

是第二个特定解. 齐次方程的一般解的形式是

$$Y = C_1x + C_2x^2$$

要确定出非齐次方程的特定解,可用变动任意常数法来做. 我们要把 C_1 及 C_2 看作能使 $C_1x + C_2x^2$ 满足已给方程的两个(x 的)函数,于是根据以上所讲可得 C_1' 及 C_2' 的两个线性代数方程

$$C_1'x + C_2'x^2 = 0$$
$$C_1' + 2C_2'x = 2x$$

(第二个方程右边取 $2x$ 而不取 $2x^3$,是因为方程(10)是在 y'' 的系数等于 1 时推出来的).

求得

$$C_1' = -2x, C_2' = 2$$

由此得

$$C_1 = -x^2, C_2 = 2x$$

所以函数

$$y = -x^2 \cdot x + 2x \cdot x^2 = x^3$$

应是非齐次方程的解. 直接验算之后便可证实所得的结果正确. 于是得到已给非齐次方程的一般解是

$$y = x^3 + C_1x + C_2x^2$$

如取

$$C_1=-x^2+D_1$$

及

$$C_2=2x+D_2$$

其中 D_1 及 D_2 是任意常数,便立即可得一般解

$$y=(-x^2+D_1)x+(2x+D_2)x^2=x^3+D_1x+D_2x^2$$

总结起来可以这么说:

要积分二阶非齐次线性方程,只要求出对应齐次方程的一个特定解就够了. 知道了这一个特定解之后便可找出另一个与它无线性关系(线性独立)的特定解(见 230 小节,定理 2)而写出一般解(见 230 小节,定理 1),再用变动任意常数法从这个一般解求出非齐次方程的特定解,最后把该特定解与对应齐次方程的一般解相加而写出一般解(最后两步可并作一步).

变动任意常数法也可用到一般 n 阶线性方程的情形. 用完全相同的推理可得下列定理:

若方程

$$y^{(n)}+a_1y^{(n-1)}+\cdots+a_ny=0$$

的解以 $y_1,y_2,\cdots,y_n$ 为其基本系统,则当函数

$$C_1y_1+C_2y_2+\cdots+C_ny_n$$

中的 $C_1,C_2,\cdots,C_n$ 为自变量的函数且其导函数 $C'_1,C'_2,\cdots,C'_n$满足下列 n 个线性代数方程

$$\begin{gathered}C'_1y_1+C'_2y_2+\cdots+C'_ny_n=0\\C'_1y'_1+C'_2y'_2+\cdots+C'_ny'_n=0\\\vdots\\C'_1y_1^{(n-1)}+C'_2y_2^{(n-1)}+\cdots+C'_ny_n^{(n-1)}=f\end{gathered}$$

时,函数 $C_1y_1+C_2y_2+\cdots+C_ny_n$ 是非齐次方程

$$y^{(n)}+a_1y^{(n-1)}+\cdots+a_ny=f$$

的解.

最后,我们要知道,解二阶线性方程时常采用级数的积分法(特别是当方程积分出来的结果不能写成有限形式时). 但由于其一般理论与 229 小节中所讲的毫无区别,而其特殊的地方(但在应用时常极重要)又具有独特的性质,因此我们不预备继续讲其中的细节.

232. 常系数齐次方程

现在要说明,常系数齐次线性方程的一般解可以不必用任何不定积分法而求得其有限形式.

设已给二阶齐次线性方程

$$y'' + a_1y' + a_2y = 0 \tag{11}$$

其中 a_1 及 a_2 是常数.

我们的问题在于至少先求出该方程的一个特定解. 我们试用具有形式

$$y = e^{rx} \quad (r = \text{const})$$

的函数来满足这个方程.

求出

$$y' = re^{rx}, y'' = r^2e^{rx}$$

所以下列恒等式应该成立

$$e^{rx}(r^2 + a_1r + a_2) = 0$$

即

$$r^2 + a_1r + a_2 = 0 \tag{12}$$

由此可知, 若 r 满足二次代数方程(12), 则函数 e^{rx} 确实满足微分方程(11). 方程(12) 叫作特征方程. 写已给微分方程(11) 的特征方程时只要把所求函数的每个导函数($y = y^0, y', y''$) 各换成 r 的乘幂,其幂数则各等于导函数的阶($1 = r^0, r, r^2$).

这样,常系数二阶齐次方程的特定解的求法,就简化为解二次方程的代数运算问题.

特征方程的根 r_1 及 r_2 有三种可能的情形,应加以区别(这里我们总假定系数 a_1 及 a_2 是实数):

(1)r_1 及 r_2 是不相等的实数,$r_1 \neq r_2$.

(2)r_1 及 r_2 是共轭复数,$r_1 = \alpha + \beta i, r_2 = \alpha - \beta i$.

(3)r_1 及 r_2 是相等的实数 $r_1 = r_2$(r_1 是方程(12) 的重根).

现在分别讨论各种情形:

Ⅰ. 特征方程的根是不相等的实数.

这时两个根(r_1 及 r_2) 都可作为函数 e^{rx} 的指数 r,于是我们立即得到方程(11) 的两个解 e^{r_1x} 及 e^{r_2x}. 由于商

$$\frac{e^{r_1x}}{e^{r_2x}} = e^{(r_1-r_2)x}$$

不是常数(因 $r_1 \neq r_2$),所以这两个解是线性独立的. 由此可知这时的一般解可用下面的公式给出

$$y = C_1e^{r_1x} + C_2e^{r_2x}$$

例 4　求解下列微分方程

$$y'' - y' - 2y = 0$$

解　写出特征方程

$$r^2 - r - 2 = 0$$

其根为

$$r_1 = 2, r_2 = -1$$

故一般解为

$$y = C_1 e^{2x} + C_2 e^{-x}$$

Ⅱ. 特征方程的根是共轭复数. 从形式上说,这种情形与以前的没有差别. 方程可为函数 $e^{(\alpha+\beta i)x}$ 及 $e^{(\alpha-\beta i)x}$ 所满足,且由于两者的商 $e^{2\beta ix}$ 不是常数,所以它们是线性独立的. 由此可知方程的一般解可写成

$$y = C_1 e^{(\alpha+\beta i)x} + C_2 e^{(\alpha-\beta i)x}$$

但是在实数域里给出方程之后,通常要把它的解保持在实数域内而不用复数.

现在要说明在所论情形下如何把解保持为实数的形式. 首先我们要知道,如果方程(11)(具有实系数但不一定是常系数)为某一复函数

$$y = y_1 + iy_2$$

所满足,其中 y_1 及 y_2 是自变量 x 的实函数,那么 y_1 及 y_2 也各自为方程(11)的解. 因为我们有

$$(y_1'' + iy_2'') + a_1(y_1' + iy_2') + a_2(y_1 + iy_2) = 0$$

即

$$(y_1'' + a_1 y_1' + a_2 y_1) + i(y_2'' + a_1 y_2' + a_2 y_2) = 0$$

但复数式唯有当其实部与虚部各等于 0 时才能等于 0,所以

$$y_1'' + a_1 y_1' + a_2 y_1 = 0$$

$$y_2'' + a_1 y_2' + a_2 y_2 = 0$$

这便表明 y_1 及 y_2 满足方程(11).

设特征方程有复数根

$$r_1 = \alpha + \beta i, r_2 = \alpha - \beta i$$

于是

$$e^{(\alpha+\beta i)x} = e^{\alpha x} e^{\beta ix}$$

是方程(11)的解. 根据欧拉公式得

$$e^{\alpha x} e^{i\beta x} = e^{\alpha x}(\cos \beta x + i\sin \beta x) = e^{\alpha x}\cos \beta x + ie^{\alpha x}\sin \beta x$$

于是根据刚才所证明的结论可证 $e^{\alpha x}\cos \beta x$ 及 $e^{\alpha x}\sin \beta x$ 两个函数都是方程的解. 两者无线性关系是很显然的. 我们就可以写出一般解

$$y = C_1 e^{\alpha x}\cos \beta x + C_2 e^{\alpha x}\sin \beta x = e^{\alpha x}(C_1\cos \beta x + C_2\sin \beta x)$$

如果不管正负号方面的差别,那么第二个根 $r_2 = \alpha - \beta i$ 也给出同样两个特定解

$$e^{\alpha x}\cos \beta x \text{ 及 } -e^{\alpha x}\sin \beta x$$

因此用这两个解写出来的一般解具有同一形式.

所以当特征方程具有复数根时,方程的一般解可用公式

$$y = e^{\alpha x}(C_1\cos\beta x + C_2\sin\beta x)$$

来表示,其中 α 是复数根的实部,β 是虚部.

例 5 求解下列微分方程:

(1)$y'' - 4y' + 13y = 0$.

(2)$y'' + \omega^2 y = 0(\omega = \text{const})$.

解 (1) 写出特征方程

$$r^2 - 4r + 13 = 0$$

它的根是

$$r_1 = 2 + 3\mathrm{i}, r_2 = 2 - 3\mathrm{i}$$

因此一般解是

$$y = e^{2x}(C_1\cos 3x + C_2\sin 3x)$$

(2) 这个方程我们已在 227 小节 Ⅲ 中见过,但那里是用特殊方法积分出来的. 现在要用这里所讲的方法来求它的一般解.

从特征方程

$$r^2 + \omega^2 = 0$$

得

$$r_1 = \omega\mathrm{i}, r_2 = -\omega\mathrm{i}$$

因此

$$y = C_1\cos\omega x + C_2\sin\omega x$$

如果取 227 小节例题中的初始条件

$$y\Big|_{x=0} = 0, y'\Big|_{x=0} = A\omega$$

那么

$$C_1 = 0, C_2 = A$$

便得到以前所得的结果

$$y = A\sin\omega x$$

现在要把一般解写成略为不同的形式. 设

$$C_1 = A\sin x_0, C_2 = A\cos x_0$$

其中 A 及 x_0 是任意常数. 于是

$$y = A\sin x_0\cos\omega x + A\cos x_0\sin\omega x = A\sin(\omega x + x_0)$$

这里一般解与任意常数(A 及 x_0)的依从关系虽然不是线性的,但它却可把这个方程的解的性质表现得很明显. 积分曲线族显然是正弦曲线族. 若把方程

$$y'' + \omega^2 y = 0$$

看作无阻力弹性振动("自由"振动)的方程,则可知在任意初始条件下,这种振动将是一个简谐振动,其振幅 A 及初相 x_0 由初始条件决定,其频率等于已给

系数 ω^2 的平方根.

Ⅲ. 特征方程的根是相等的实数.

当 $r_1=r_2$ 时,我们只能直接得出方程(11)的一个特定解 $y_1=e^{r_1x}$. 求与 y_1 线性独立的第二个解时可用230小节(定理2)中所讲的一般法则. 设 $y=y_1u$,得出方程

$$(2y_1'+ay_1)u'+y_1u''=0$$

但括号里的式子等于0. 这是因为

$$2y_1'+ay_1=2r_1e^{r_1x}+ae^{r_1x}=e^{r_1x}(2r_1+a)$$

根据二次方程的属性,它的两个根的和 $2r_1$ 应等于 r 的一次幂的系数取负号,即 -2,因而

$$2r_1+a=0$$

所以得到

$$y_1u''=0$$

也就是

$$u''=0$$

我们只要取满足这个方程的任何一个函数即可,因此我们取其中最简单的一个函数 $u=x_0$,这样便知道

$$y_2=xe^{r_1x}$$

是方程(11)的第二个特定解,而其一般解则可用下列公式表示

$$y=C_1e^{r_1x}+C_2xe^{r_1x}=e^{r_1x}(C_1+C_2x)$$

例6 求解下列微分方程

$$16y''-24y'+9y=0$$

解 特征方程

$$16r^2-24r+9=0$$

具有二重根

$$r_1=r_2=\frac{3}{4}$$

故可把方程的一般解写作

$$y=e^{\frac{3}{4}x}(C_1+C_2x)$$

从以上所讲可知,二阶常系数线性微分方程的积分法可以不必用任何不定积分法,而只要解出二次代数方程就能完成.

对于二阶以上的常系数线性方程

$$y^{(n)}+a_1y^{(n-1)}+\cdots+a_{n-1}y'+a_ny=0 \tag{13}$$

($a_1,a_2,\cdots,a_n$ 是常数)来说,情形也一样.

我们现在要讲对于这些方程解法的研究结果而不讲证法(读者如果要证

明,可以仿照 $n=2$ 时的情形而不难自己去做).

与二阶方程时的情形一样,如果 r 是特征方程

$$r^n+a_1r^{n-1}+\cdots+a_{n-1}r+a_n=0$$

的根,那么函数 e^{rx} 便是方程(13) 的特定解.

特征方程的每个根给出方程(13) 的一个特定解,但要求出形成一般解所需的 n 个线性独立的实数特定解(即基本系统),必须对特征方程的复数根及重根的情形另做讨论. 现在陈述最后所得的结果如下(这里所用的大写字母 C 及 D 表示任意常数):

(1) 特征方程的每个实数单根 r 对应着一般解中形式为 Ce^{rx} 的一项.

(2) 每一双共轭复数的单根 $r_1=\alpha+\beta i, r_2=\alpha-\beta i$ 对应着一般解中下列形式的一项

$$e^{\alpha x}(C_1\cos\beta x+C_2\sin\beta x)$$

(3) 每个 k 重实数根 r 对应着一般解中下列形式的一项

$$e^{rx}(C_1+C_2x+\cdots+C_kx^{k-1})$$

(4) 每一双 t 重共轭复数根 $r_1=\alpha+\beta i, r_2=\alpha-\beta i$ 对应着一般解中下列形式的一项

$$e^{\alpha x}[(C_1+C_2x+\cdots+C_tx^{t-1})\cos\beta x+(D_1+D_2x+\cdots+D_tx^{t-1})\sin\beta x]$$

总起来说,任意常数的个数等于微分方程的阶数,而上述各项的和就给出方程的一般解.

所以解常系数齐次线性微分方程时的关键只在于解代数方程.

例 7 求解下列微分方程

$$y^{(5)}+y^{(4)}+2y'''+2y''+y'+y=0$$

解 特征方程

$$r^5+r^4+2r^3+2r^2+r+1=0$$

的一个根不难看出是 $r=-1$,用 $r+1$ 除过之后方程变为

$$r^4+2r^2+1=0$$

也就是

$$(r^2+1)^2=0$$

于是得

$$r_1=-1, r_2=r_3=i, r_4=r_5=-i$$

所以已给微分方程的一般解可写作

$$y=C_1e^{-x}+(C_2+C_3x)\cos x+(C_4+C_5x)\sin x$$

233. 常系数非齐次方程

设已给二阶常系数非齐次线性方程

$$y''+a_1y'+a_2y=f(x) \tag{14}$$

其中 a_1 及 a_2 是常数,$f(x)$ 是自变量的已给函数. 从原理上讲,解这个方程的步骤是已知的:其对应齐次方程的一般解可以不必用不定积分法而求出来,然后用变动任意常数法(借助不定积分法)从这个一般解求出方程(14)的特定解,最后再写出一般解.

但实际上说,按照这个做法有时要用相当多的算式,并且在自由项 $f(x)$ 为某些特殊类型时,我们有非常简便的方法去求方程(14)的特定解,无须施行任何不定积分法.

现在要讲在下列各种情形下确定方程(14)的特定解的方法:

(1)$f(x)=P(x)e^{\alpha x}$,其中 $P(x)$ 是多项式,$\alpha=\text{const}$ 或 0.

(2)$f(x)=P(x)e^{\alpha x}\cos\beta x$(或$f(x)=P(x)e^{\alpha x}\sin\beta x$),其中 $P(x)$ 是多项式,α 及 β 是常数.

而在应用上最重要的,也正好就是这两种情形.

首先说明一件在实用上很重要的事:设方程(14)的自由项等于两个函数的和

$$f(x)=f_1(x)+f_2(x)$$

并设有两个方程,其左边都与式(14)的左边相同,而右边各等于 $f_1(x)$ 及 $f_2(x)$,则当 y_1 及 y_2 是这两个方程的解时,y_1+y_2 将是方程(14)的解,因为

$$\begin{aligned}&(y_1''+y_2'')+a_1(y_1'+y_2')+a_2(y_1+y_2)\\=&(y_1''+a_1y_1'+a_2y_1)+(y_2''+a_1y_2'+a_2y_2)\\=&f_1(x)+f_2(x)=f(x)\end{aligned}$$

这个属性对于具有任意系数的任何阶线性方程都适用.

Ⅰ. $f(x)=P(x)e^{\alpha x}$.

现在要证明:当 α 不是特征方程的根时,方程(14)可为与$f(x)$类型相同的函数

$$y=Q(x)e^{\alpha x}$$

所满足,其中 $Q(x)$ 是与 $P(x)$ 次数(用 m 代表)相同的一个多项式.

取系数待定(共 $m+1$ 个)的多项式 $Q(x)$ 并用函数 $Q(x)e^{\alpha x}$ 来代替方程(14)左边的 y,得方程

$$\begin{aligned}&Q''(x)e^{\alpha x}+2\alpha Q'(x)e^{\alpha x}+\alpha^2Q(x)e^{\alpha x}+\\&a_1[Q'(x)e^{\alpha x}+\alpha Q(x)e^{\alpha x}]+a_2Q(x)e^{\alpha x}\\=&e^{\alpha x}[Q''(x)+(2\alpha+a_1)Q'(x)+\\&(\alpha^2+a_1\alpha+a_2)Q(x)]\\=&P(x)e^{\alpha x}\end{aligned}$$

也就是

$$Q''(x)+(2\alpha+a_1)Q'(x)+(\alpha^2+a_1\alpha+a_2)Q(x)=P(x) \tag{15}$$

由此可知,如果能适当选取多项式 $Q(x)$ 的系数,使等式(15) 恒能满足,那么函数 $Q(x)\mathrm{e}^{\alpha x}$ 将为方程(14) 的解. 但由于左边的式子是个 m 次多项式(因 $\alpha^2 + a_1\alpha + a_2 \neq 0$),所以使等式(15) 左右两边 x 的同次幂的系数相等,便能做到这事,于是我们得到多项式 $Q(x)$ 的 $m+1$ 个未知系数的 $m+1$ 个联立方程,由此便可求出那些系数.

如果 α 是特征方程的根,那么方程(15) 的左边就不是 m 次而是 $m-1$ 次(当 α 为单根时) 或 $m-2$ 次(当 α 为二重根时,因那时不仅

$$\alpha^2 + a_1\alpha + a_2 = 0$$

而且还有 $2\alpha + a_1 = 0$) 的多项式.

这时要使 $Q(x)\mathrm{e}^{\alpha x}$ 型的函数满足方程,显然只要提高多项式 $Q(x)$ 的次数(一次或二次) 而不增加系数的个数. 那就只要看 α 是特征方程的单根还是二重根,然后再决定用 x 或 x^2 去乘 m 次多项式.

所以,右边等于 $P(x)\mathrm{e}^{\alpha x}$ 的方程(14) 具有特定解

$$y = x^k Q(x)\mathrm{e}^{\alpha x}$$

其中 $Q(x)$ 是与 $P(x)$ 同次数的多项式,k 是特征方程中含重根 α 的次数. 当 α 不是根时,k 算作等于 0.

我们立刻可以看出,这个命题可以不加丝毫变更而适用于任何阶的常系数线性方程.

预先知道解的形式之后,我们就可用待定系数法来实际求出多项式 $Q(x)$.

例 8　求解下列微分方程

$$y'' - 2y' + y = 1 + x + 2(3x^2 - 2)\mathrm{e}^x$$

解　把自由项分解为两项并取两个方程如下

$$y'' - 2y' + y = 1 + x$$

$$y'' - 2y' + y = 2(3x^2 - 2)\mathrm{e}^x$$

在第一个方程中

$$\alpha = 0, m = 1$$

且 α 不是特征方程

$$r^2 - 2r + 1 = 0$$

的根. 设

$$y = ax + b$$

把它代入方程,得

$$-2a + ax + b = 1 + x$$

由此得

$$a = 1, b = 3$$

故知

$$y = x + 3$$

是第一个方程的特定解.

在第二个方程中

$$\alpha = 1, m = 2$$

且 α 为特征方程的二重根. 所求解的形式为

$$y = x^2(ax^2 + bx + c)\mathrm{e}^x$$

我们求出

$$y' = [ax^4 + (4a + b)x^3 + (3b + c)x^2 + 2cx]\mathrm{e}^x$$

$$y'' = [ax^4 + (8a + b)x^3 + (12a + 6b + c)x^2 + (6b + 4c)x + 2c]\mathrm{e}^x$$

代入方程后得等式

$$12ax^2 + 6bx + 2c = 2(3x^2 - 2)$$

比较两边的系数后得

$$a = \frac{1}{2}, b = 0, c = -2$$

由此可知

$$y = x^2\left(\frac{1}{2}x^2 - 2\right)\mathrm{e}^x$$

是第二个方程的特定解.

这样我们求得已给方程的特定解是

$$y = x + 3 + x^2\left(\frac{1}{2}x^2 - 2\right)\mathrm{e}^x$$

其一般解显然是

$$y = x + 3 + x^2\left(\frac{1}{2}x^2 - 2\right)\mathrm{e}^x + (C_1 + C_2x)\mathrm{e}^x$$

Ⅱ. $f(x) = P(x)\mathrm{e}^{\alpha x}\cos\beta x$(或 $f(x) = P(x)\mathrm{e}^{\alpha x}\sin\beta x$).

如果我们引入复数并把三角函数化为指数函数,那么这个情形就与情形 Ⅰ 无异.

用欧拉公式变换自由项

$$P(x)\mathrm{e}^{\alpha x}\cos\beta x = \frac{1}{2}P(x)\mathrm{e}^{\alpha x}(\mathrm{e}^{\beta x\mathrm{i}} + \mathrm{e}^{-\beta x\mathrm{i}})$$

$$= \frac{1}{2}P(x)\mathrm{e}^{(\alpha+\beta\mathrm{i})x} + \frac{1}{2}P(x)\mathrm{e}^{(\alpha-\beta\mathrm{i})x}$$

我们也可以像情形 Ⅰ 那样用下列形式

$$Q_1(x)\mathrm{e}^{(\alpha+\beta\mathrm{i})x} + Q_2(x)\mathrm{e}^{(\alpha-\beta\mathrm{i})x}$$

去求出解来,其中 $Q_1(x)$ 及 $Q_2(x)$ 是与 $P(x)$ 同次的多项式,且当 $\alpha \pm\beta\mathrm{i}$ 是特征方程的根时,还应该用 x 去乘 $Q_1(x)$ 及 $Q_2(x)$. 还原为三角函数之后便可证明

(这里从略) 方程(14) 具有下列形式(已经不再含有复数) 的特定解

$$y = e^{\alpha x}[R_1(x)\cos\beta x + R_2(x)\sin\beta x]$$

其中 $R_1(x)$ 及 $R_2(x)$ 是与 $P(x)$ 同次且具有实系数的多项式.

$f(x) = P(x)e^{\alpha x}\sin\beta x$ 时的情形也一样.

在更普遍的情形下,即当

$$f(x) = e^{\alpha x}[P_1(x)\cos\beta x + P_2(x)\sin\beta x]$$

时,特定解的形式显然还是一样,只不过 $R_1(x)$ 及 $R_2(x)$ 的次数应与多项式 $P_1(x)$ 及 $P_2(x)$ 中较高的次数相同.

所以,当方程(14) 的右边等于 $e^{\alpha x}[P_1(x)\cos\beta x + P_2(x)\sin\beta x]$ 时,其特定解是函数

$$y = x^k e^{\alpha x}[R_1(x)\cos\beta x + R_2(x)\sin\beta x]$$

其中 $R_1(x)$,$R_2(x)$ 是多项式,它们的次数与 $P_1(x)$,$P_2(x)$ 中较高的次数相同,k 是在特征方程里面含重根 $\alpha \pm \beta i$ 的次数. 当 $\alpha \pm \beta i$ 不是特征方程的根时,k 算作等于 0.

这个命题对于任意阶的常系数线性方程都适用.

知道解的形式之后,我们就可用待定系数法来实际求出多项式 $R_1(x)$ 及$R_2(x)$.

例 9 求解下列微分方程

$$y'' + y = 4x\sin x$$

解 这里

$$\alpha = 0, \beta = 1$$

$\pm i$ 是特征方程

$$r^2 + 1 = 0$$

的根,所以我们要从下面的形式来求特定解

$$y = x[(ax + b)\cos x + (a_1 x + b_1)\sin x]$$

其中 a,b,a_1,b_1 是待定系数,在选取这些系数时应使上面所写 y 的式子满足方程.

求得

$$y'' = [-ax^2 + (4a_1 - b)x + (2a + 2b_1)]\cos x + [-a_1x^2 - (4a + b_1)x + (2a_1 - 2b)]\sin x$$

代入方程后得

$$[2a_1x + (a + b_1)]\cos x + [-2ax + (a_1 - b)]\sin x = 2x\sin x$$

这个等式只有在

$$2a_1 = 0, a + b_1 = 0, -2a = 2, a_1 - b = 0$$

时才能成为恒等式. 由此得

$$a=-1,b=0,a_1=0,b_1=1$$

故特定解为

$$y=x(\sin x-x\cos x)$$

一般解则用下面的公式给出

$$y=C_1\cos x+C_2\sin x+x(\sin x-x\cos x)$$
$$=(C_1-x^2)\cos x+(C_2+x)\sin x$$

234. 常系数非齐次方程的解的一般公式

如果自由项不是233 小节中情形 Ⅰ 及 Ⅱ 的那两种形式,那么确定非齐次方程

$$y''+a_1y'+a_2y=f(x) \tag{16}$$

的特定解时就应该采用变动任意常数法或其他一般方法. 现在要讲一种一般的方法,该方法在于用相当简单的公式,而使我们能从对应齐次方程的一个特定解来求出非齐次方程的一个特定解.

这就是用对应齐次方程的满足初始条件

$$\psi(0)=0,\psi'(0)=1$$

的特定解

$$y=\psi(x)$$

来确定出满足初始条件

$$y\Big|_{x=0}=y'\Big|_{x=0}=0$$

的特定解 $y(x)$. 我们用差数 $x-t$ 来代替函数 ψ 的宗标 x 而列出下式

$$I(x)=\int_0^x\psi(x-t)f(t)\,\mathrm{d}t$$

直接用函数 $I(x)$ 代替方程(16) 中的 y,便可知函数 $I(x)$ 是方程(16) 的所求特定解 $y(x)$.

根据积分对其参数的微分法则(这里的参数就是变量 x) 得

$$I'(x)=\psi(x-t)f(t)\Big|_{t=x}+\int_0^x\psi'(x-t)f(t)\,\mathrm{d}t$$
$$=\psi(0)f(x)+\int_0^x\psi'(x-t)f(t)\,\mathrm{d}t$$

根据条件 $\psi(0)=0$,故

$$I'(x)=\int_0^x\psi'(x-t)f(t)\,\mathrm{d}t$$

同样,求得

$$I''(x)=\psi'(x-t)f(t)\Big|_{t=x}+\int_0^x\psi''(x-t)f(t)\,\mathrm{d}t$$

$$=\psi'(0)f(x)+\int_0^x\psi''(x-t)f(t)\,\mathrm{d}t$$

由于 $\psi'(0)=1$,故

$$I''(x)=f(x)+\int_0^x\psi''(x-t)f(t)\,\mathrm{d}t$$

用 $I(x),I'(x),I''(x)$ 的式子分别代替方程(16) 左边的 y,y',y'',有

$$f(x)+\int_0^x\psi''(x-t)f(t)\,\mathrm{d}t+a_1\int_0^x\psi'(x-t)f(t)\,\mathrm{d}t+a_2\int_0^x\psi(x-t)f(t)\,\mathrm{d}t$$

把常系数 a_1 及 a_2 放到积分号里面并把三个积分合并成一个,得

$$f(x)+\int_0^x[\psi''(x-t)+a_1\psi'(x-t)+a_2\psi(x-t)]f(x)\,\mathrm{d}t$$

积分号里面方括号中的式子是把函数 $\psi(x-t)$ 代入方程(16) 左边后所得的结果,而根据条件,函数 $\psi(x-t)$ 是对应齐次方程的解(读者不要因函数 ψ 的宗标是差数 $x-t$ 而怀疑这一点:如果函数 $\psi(x)$ 满足齐次方程,那么函数 $\psi(x-t)$ 一定也满足它),因此方括号中的式子恒等于0,而积分本身也恒等于0.

所以把函数 $I(x)$ 代入方程(16) 左边,我们就得到 $f(x)$. 这便表明 $I(x)$ 是方程(16) 的解,并且从 $I(x)$ 的表达式可以看出

$$I(0)=0,I'(0)=0$$

这样我们便证明

$$y(x)=\int_0^x\psi(x-t)f(t)\,\mathrm{d}t \tag{17}$$

是方程(16) 的特定解.

公式(17) 对于 n(任意数) 阶的常系数线性方程

$$y^{(n)}+a_1y^{(n-1)}+\cdots+a_ny=f(x)$$

也适用,如果我们把 $\psi(x)$ 看作对应齐次方程的满足下列条件的特定解

$$\psi(0)=\psi'(0)=\cdots=\psi^{(n-2)}(0)=0,\psi^{(n-1)}(0)=1$$

这时公式(17) 给出满足条件

$$y(0)=y'(0)=\cdots=y^{(n-1)}(0)=0$$

的特定解.

还有一点要注意的是,公式(17) 里的积分不因函数 f 与 ψ 的宗标互换而改变. 若设 $x-t=\tau$,则

$$y=\int_0^x \psi(\tau)f(x-\tau)\mathrm{d}\tau$$

如果仍旧用 t 来作积分变量的记号,这便是

$$y=\int_0^x \psi(t)f(x-t)\mathrm{d}t$$

从 y 的两个表达式可以得出下面的公式

$$y=\frac{1}{2}\int_0^x [\psi(x-t)f(t)+\psi(t)f(x-t)]\mathrm{d}t \tag{18}$$

这个式子用在计算上常比较方便.

我们还要知道,公式(17)也可用变动任意常数法推出来.

我们拿 233 小节末所举的例子来加以说明

$$y''+y=4x\sin x$$

从对应齐次方程的一般解

$$y=C_1\cos x+C_2\sin x$$

不难求出

$$\psi(x)=\sin x$$

由公式(18)得

$$\begin{aligned} y&=2\int_0^x [t\sin t\sin(x-t)+(x-t)\sin t\sin(x-t)]\mathrm{d}t \\ &=2x\int_0^x \sin t\sin(x-t)\mathrm{d}t \end{aligned}$$

利用三角法公式变换被积分式后,得

$$\begin{aligned} y&=x\int_0^x [\cos(2t-x)-\cos x]\mathrm{d}t \\ &=x\left[\int_0^x \cos(2t-x)\mathrm{d}t-\cos x\int_0^x \mathrm{d}t\right] \end{aligned}$$

也就是

$$y=x(\sin x-x\cos x)$$

这便是以前所求得的解.

设已给一方程的左边与前述方程的一样而右边等于 $\tan x$. 这时情形 Ⅰ 及 Ⅱ(见 233 小节)中所讲的特殊方法不能应用. 由公式(17)给出

$$
\begin{aligned}
y &= \int_0^x \sin(x-t)\tan t\mathrm{d}t \\
&= \int_0^x (\sin x\cos t - \cos x\sin t)\tan t\mathrm{d}t \\
&= \sin x\int_0^x \sin t\mathrm{d}t - \cos x\int_0^x \frac{\sin^2 t}{\cos t}\mathrm{d}t \\
&= \sin x(1-\cos x) - \cos x\ln\frac{1+\sin x}{\cos x} + \sin x\cos x
\end{aligned}
$$

也就是

$$
y = \sin x + \cos x\ln\frac{\cos x}{1+\sin x}
$$

当我们要解出一系列类型相同而自由项各异的非齐次线性方程时,用公式(17)求解比起用变动任意常数法来,具有若干优点,并且公式(17)给出非齐次方程的特定解与自由项间的依从关系的显式,所以从理论方面来讲它也具有优点.

235. 振荡、共鸣

Ⅰ. 机械振动. 近代工程及物理学上许多重要问题里面,振动问题占相当重要的地位. 在大多数情形下的振动现象,可用二阶线性微分方程来描述(线性振动),而在最简单的情形下,这个方程具有常系数. 我们先来看机械振动.

首先设作用于运动物体或物体系统(为简便起见把它的质量算作1)上的力有使该系统回到平衡状态的趋势,而且力的大小正比于离平衡位置的偏差. 如果该系统在某一瞬间 t 时离开平衡位置的距离用 s 来作记号,而用 ω^2 表示比例系数,那么力的大小将等于 $\omega^2 s$. 该力通常由系统内部产生并叫作复原力,ω 叫作复原系数.

其次假定运动在有阻力(媒质、连接部分及其他的阻力)存在的情况下进行. 这时我们要假定所产生的力正比于运动速度:该力的方向与运动方向相反,它的大小等于 $2ks'$,其中 $2k$ 表示比例系数,该力叫作阻力,k 叫作阻力系数.

最后假定系统受已给外力 $f(t)$(表示成时间 t 的函数)的作用. 该力叫作激发力(准确些应叫作外来激发力).

现在来写出运动的微分方程. 求出力的合力时显然必须把复原力及阻力取负号,因为前者的方向与计算 s 的方向相反,而后者与速度的方向相反. 这样就得到方程

$$
s'' = -2ks' - \omega^2 s + f(t)
$$

即

$$s'' + 2ks' + \omega^2 s = f(t) \tag{19}$$

因此,上述机械振动的现象可用二阶常系数线性微分方程来描述.

如果没有外来激发力($f(t) \equiv 0$),所论振动便叫作自由振动,自由振动对应于方程(19)的齐次方程.有激发力时的振动叫作强迫振动,这种振动可用非齐次方程(19)来描述,它的右边$f(t)$有时叫作激发项.

下面我们讲机械振动的两个例子:

(1)设复原力是弹性力.讲得现实一点,这种振动是在下列情形下产生的.在铅直弹簧上吊一重物与弹簧的弹性力正好平衡.如果用铅直力把重物拉开而破坏它的平衡状态,那么这以后在没有外加力作用于重物或整个系统上时,重物就做自由振动,在有外加力时(例如当系住弹簧的那一点依着某种规律而上下移动时)就做强迫振动.根据胡克(Hooke)定律,弹簧的反作用力(复原力)确实是与偏差(变形)成比例的.复原系数是弹簧的"刚性".无阻尼的自由弹性振动我们已在227小节中讲过,同时在那里证明这种振动是简谐振动.下面我们要在更加一般化的提法下来研究这个问题.

(2)我们再回到摆(圆弧摆)的问题(见228小节).这时的复原力是重力(准确些说是它的切线支量).如果运动时有正比于速度的阻力并且有外来激发力,那么摆的振动方程是

$$s'' + 2ks' + g\sin\frac{s}{l} = f(t)$$

也就是个二阶非线性方程.但当离平衡位置的偏差不大(与圆半径相较)时可把$\sin\frac{s}{l}$换成$\frac{s}{l}$,这样便得到线性方程

$$s'' + 2ks' + \frac{g}{l}s = f(t)$$

这个方程在$k=0$及$f(t) \equiv 0$的特殊假定下是我们所已经考虑过的.

Ⅱ.自由振动的研究.现在我们要应用以前讲过的常系数线性方程的解法来研究振动问题.先研究自由振动

$$s'' + 2ks' + \omega^2 s = 0$$

特征方程的根是$-k \pm \sqrt{k^2-\omega^2}$.这时有三种可能的情形:

(1)阻尼系数大于复原系数:$k > \omega$.

这时的解是

$$s = C_1 e^{-\delta_1 t} + C_2 e^{-\delta_2 t}$$

其中

$$\delta_1 = k - \sqrt{k^2-\omega^2}, \delta_2 = k + \sqrt{k^2-\omega^2}$$

我们可以看出这时根本没有发生什么振动,当t增大时,偏差s减小,而且

当$t \to \infty$ 时,$s \to 0$. 系统是单调地趋于平衡位置(实际上这在有限时间内就已达到). 这是非周期性阻尼运动. 这种情形用浅显的话来解释便是:阻力(使运动停顿的力)的作用与复原力(引起振动的力)的作用大到这种程度,以致在系统达到平衡位置以前运动就停了下来.

(2) 阻尼系数等于复原系数:$k = \omega$.

这时的解是

$$s = e^{-kt}(C_1 + C_2 t)$$

由于从某一瞬时起s是个减函数并且在$t \to \infty$ 时$s \to 0$,所以从这个意义上说这种情形与前一种情形是一样的.

(3) 阻尼系数小于复原系数:$k < \omega$.

这时的解是

$$s = e^{-kt}(C_1 \cos k_1 t + C_2 \sin k_1 t) \quad (k_1 = \sqrt{\omega^2 - k^2})$$

即

$$s = Ae^{-kt}\sin(k_1 t + \varphi_0)$$

其中A及φ_0是任意常数.

这时系统确实振动起来——做阻尼谐振. 但与纯谐振不同,它的振幅Ae^{t-k}并非常量,而是取决于时间的变量. 当$t \to \infty$ 时,振幅趋于0. 所以系统要趋于平衡位置,但它不是单调地趋于平衡,而是以(按指数规律)逐渐减小的振幅在平衡位置左近振动的形式而趋于平衡. 振幅的对数 $\ln A - kt$ 以一定的速度k逐渐减小,而k叫作阻尼谐振的对数减缩. 与谐振里的情形一样,$k_1 = \sqrt{\omega^2 - k^2}$ 叫作频率,φ_0 叫作阻尼谐振的初相.

关于这种情形的研究我们不预备再讲,因为我们已在(当$A = 1, k = 1, k_1 = 1, \varphi_0 = 0$ 时)第四章中讲过(图 11).

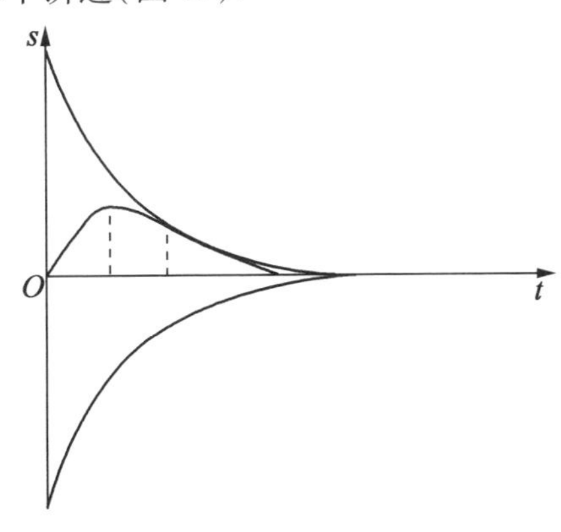

图 11

从浅显的物理观点来说,振动的产生是由于复原力大于阻力. 但因阻力总是存在的，所以振动总是阻尼振动．在假定阻尼根本不存在时（$k=0$），我们就得到以前所讲过的无阻尼谐振动（按正弦规律）．

Ⅲ．强迫振动的研究、共鸣．现在我们来讲强迫振动

$$s''+2ks'+\omega^2 s=f(t)$$

这时运动的性质自然要随着外来激发力的性质而大大改变．我们不难想象出绝对超过复原力与阻力且能引起任何运动的那种激发力．但在这里我们只考虑一种在实践上很重要的情形——激发力是正弦式的周期性力

$$f(t)=p\sin\omega_1 t$$

而且阻尼系数小于复原系数：$k<\omega$．

如果不去考虑系统的内力（阻力及复原力），那么在系统仅受到正弦式的外力 $p\sin\omega_1 t$ 作用时，它将以同一频率 ω_1 做简谐振动．但若除去外来激发力，则我们已经知道系统将以频率 $k_1=\sqrt{\omega^2-k^2}$ 而处于有阻尼（$k\neq 0$）或无阻尼的谐振状态．这种自由振动叫作系统的自然振动，而频率 $k_1=\sqrt{\omega^2-k^2}$ 叫作自然频率以别于“激发频率”ω_1．

现在来看外力及内力同时作用下系统的运动情形如何．

首先要注意，根据非齐次线性方程的属性，可知任何强迫振动是系统的自然振动与任一预先选定的强迫振动所合成的结果（见231小节定理3）．现在来求部分强迫振动，也就是下列非齐次方程的特定解

$$s''+2ks'+\omega^2 s=p\sin\omega_1 t$$

设 $k\neq 0$，于是 $\omega_1 \mathrm{i}$ 不是特征方程的根，因而可用 $a\cos\omega_1 t+b\sin\omega_1 t$ 的形式来求解．

把这个形式的解代入微分方程，可得

$$(-a\omega_1^2+2kb\omega_1+a\omega^2)\cos\omega_1 t+(-b\omega_1^2-2ka\omega_1+b\omega^2)\sin\omega_1 t=p\sin\omega_1 t$$

由此得

$$(\omega^2-\omega_1^2)a+2k\omega_1 b=0$$

$$-2k\omega_1 a+(\omega^2-\omega_1^2)b=p$$

从这组方程可以得出所求系数 a 及 b 的值

$$a=\frac{-2k\omega_1 p}{4k^2\omega_1^2+(\omega^2-\omega_1^2)^2},\quad b=\frac{(\omega^2-\omega_1^2)p}{4k^2\omega_1^2+(\omega^2-\omega_1^2)^2}$$

我们把解

$$s=a\cos\omega_1 t+b\sin\omega_1 t=a\sin\left(\omega_1 t+\frac{\pi}{2}\right)+b\sin\omega_1 t$$

化为一个正弦函数

$$s=A_1\sin(\omega_1 t+\varphi_1)$$

其中

$$A_1=\sqrt{a^2+b^2}=\frac{p}{\sqrt{4k^2\omega_1^2+(\omega^2-\omega_1^2)^2}},\tan\varphi_1=\frac{a}{b}=\frac{-2k\omega_1}{\omega^2-\omega_1^2}$$

所以强迫振动之中的一个振动,是以 A_1 为振幅、以 ω_1 为频率、以 φ_1 为初相的简谐振动. 所有其他的强迫振动都可用这个振动与系统的自然振动叠加而成

$$s=Ae^{-kt}\sin(k_1t+\varphi_0)+A_1\sin(\omega_1t+\varphi_1)$$

由于第一项随着 t 的增大而相当快地趋于 0,所以在经过若干时间之后运动就只由第二项来决定. 换句话说,在运动开始经过若干时间(实际上是不久的)之后,运动成为具有外来频率 ω_1 及振幅 A_1 的纯粹谐振. 强迫振动里面一种有趣的现象(共鸣现象)就与这事有关.

我们来考虑强迫振动的振幅 A_1,并假定系统的自然频率不变. A_1 的式子可写作

$$A_1=\frac{p}{\omega^2\sqrt{\frac{4k^2}{\omega^2}\left(\frac{\omega_1}{\omega}\right)^2+\left[1-\left(\frac{\omega_1}{\omega}\right)^2\right]^2}}=\frac{p}{\omega^2\sqrt{\alpha^2q^2+(1-q^2)^2}}$$

其中

$$\alpha=\frac{2k}{\omega},q=\frac{\omega_1}{\omega}①$$

振幅 A_1 与下面的量成正比

$$\lambda=\lambda(q)=\frac{1}{\sqrt{\alpha^2q^2+(1-q^2)^2}}$$

读者可用已知的方法完全研究出 λ 与 q 间的依从关系. 当 q 变动时,λ 的变动情形可从对应于各种 α 值的函数 $\lambda(q)$ 的图形看出来. 在图 12 中,我们给出函数 $a=a(q)$ 在 $\alpha=0.5,0.4,0.3,0.2,0.15,0.1,0$ 时的图形. α 照例是个不大的数值,因为阻尼系数 k 通常只是复原系数 ω 的一小部分.

研究的结果表明,当 q 增大时(也就是当激发频率 ω_1 增大时),λ 的值(同时所产生的强迫振动的振幅值也一样)很快地增到一个极大值,然后又很快地减小,而在 $p\to\infty$ ($\omega_1\to\infty$) 时减小到0. 当阻尼系数 k 小时,这个极大值可以有相当大. 当"激发频率"与系统的自然频率相近时(相等时更不必说了)且当系统的阻尼系数相对地小时,系统做谐振动,且其振幅与系统振动本身正弦力的振幅不可同日而语. 在很小的外力作用之下而也能使振幅急剧增大的这种现象,叫作共鸣. 图 12 里的曲线叫作共鸣曲线.

---

① 我们要知道,由于频率是周期的倒数,所以也可说 q 等于系统的自然周期 T 与"激发周期"T_1 的比值 $\frac{T}{T_1}$.

共鸣现象在工程及物理学上有重要的地位. 每个弹性体(例如任何建筑物)各自有只随着物性而决定的、一定的自然振动频率. 现在设想物体可受外力作用而失去平衡状态. 如果该外力是正弦式的(或者是一般的周期性力),且其频率接近于物体的自然频率,那么不管激发力有多么小,它对物体的作用可以显得很大并且足以毁坏物体. 在设计各种建筑物(机器、桥梁、船及飞机等)时特别要考虑到与共鸣现象有关的强度. 通过日常经验所熟知的弹性体(例如桥梁)受轻微"震荡"而折断的现象,可用共鸣的道理来解释.

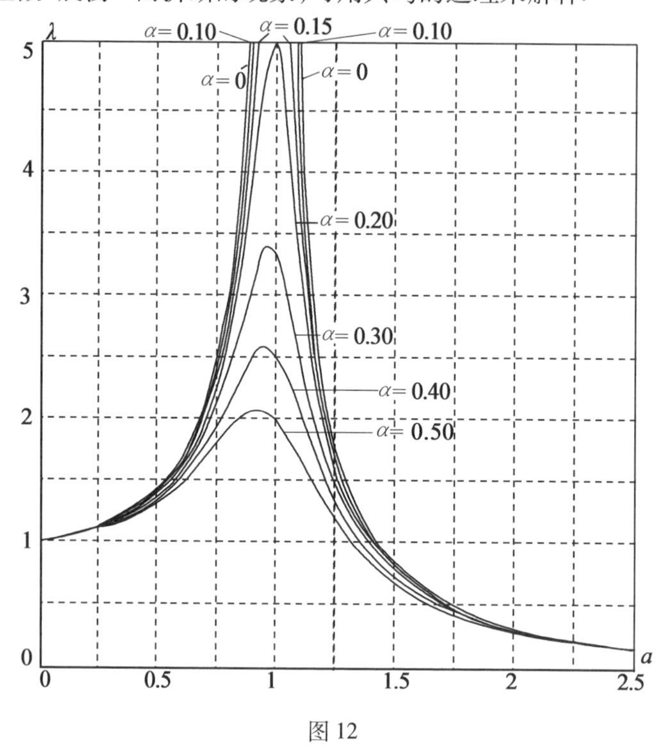

图 12

如果系统受若干个激发力的作用,那么根据线性方程的属性可得出如下结论:系统的振动是自然振动及对应于各激发力的那些强迫振动叠加而得的结果.

在没有阻力——$k=0$ 时(不过实际上不会碰到这种情形),强迫振动的振幅等于$\frac{p}{|\omega^2-\omega_1^2|}$且当激发频率与自然频率相等($\omega_1=\omega$)时变为无穷大(图 12 中 $\alpha=0$ 的曲线). 在 $\omega_1\neq\omega_0$ 时,振动微分方程

$$s''+\omega^2 s=p\sin\omega_1 t$$

的解可以由前面所得的一般解中使 $k=0$ 而得出. 但如果 $\omega_1=\omega$,那么一般解就不适用,因这时 $\omega\mathrm{i}$ 变为特征方程

$$r^2 + \omega^2 = 0$$

的根. 读者不难验证这时的解是

$$s = A\sin(\omega t + \varphi_0) - \frac{p}{2\omega} t\cos \omega t$$

第二项("永久项") 说明振幅会随着时间而无限增大,这便说明有共鸣现象.

用234 小节的公式(17) 可求得任意激发力$f(t)$时无阻尼强迫振动方程的一般解如下

$$s = A\sin(\omega t + \varphi_0) + \frac{1}{\omega}\int_0^t \sin \omega(t - z) f(z)\,\mathrm{d}z$$

Ⅳ. 电路的振荡. 在具有电阻 R、自感 L、电容 C 且受外来电压 $v = v(t)$ 作用的开电路中,电流的振荡情形与机械振动的情形完全相仿. 与这相似的问题,我们已在 219 小节中考虑过,不过那里并没有估计到电容. 在一般情形下,必须把一部分电压受电容影响的情形估计进去. 在物理学中证明受电容影响的这部分电压的大小是$\frac{1}{C}\int i\mathrm{d}t$,其中 i 是电流.

这样就得到方程

$$Li' + Ri + \frac{1}{C}\int i\mathrm{d}t = v(t)$$

对 t 微分后,得到常系数二阶线性方程

$$Li'' + Ri' + \frac{1}{C}i = v'(t)$$

这个描述电流现象的微分方程,相仿于描述机械振动的微分方程.

若外来的电动力不变(或根本不存在),则得齐次方程. 由于电阻不等于0($R \neq 0$),所以这个方程所对应的电流必然是阻尼电流. 在电机学上,这叫作瞬变电流. 如果再把与机械振动的比拟推广一下,那么就可以使这个电流(在$\frac{R}{2L} < \sqrt{\frac{1}{CL}}$ 的条件下) 给出电路的"自然" 振荡. 如果有外来"激发" 电压,且 $v'(t)$ 不恒等于0,那么非齐次方程有特定解,$i = i(t)$,它确定出的("强迫") 电流叫作稳定电流. 最后,方程的一般解,也就是在任何条件下电流与时间的依从关系,可由"瞬变" 电流与"稳定" 电流相加而得出. 由一般解所确定的电流叫作全部电流. 经过若干时间之后"瞬变" 电流对于电路内电流的影响在实际上显然会完全消失,那时的全部电流就与"稳定" 电流相同.

假定加在电路上的电压 $v(t)$ 是时间的正弦式函数,我们也可以像机械振动时的情形一样,证明"稳定" 电流是时间的正弦式函数. 这个函数给出强迫振荡,它的振幅基本上要取决于"激发" 电压与"瞬变" 阻尼电流两者的频率的

差. 这里我们又要碰到共鸣问题. 但我们不必做进一步的讲解,因为从数学方面看来,这些问题与讲机械振动时所描述的相同,而电机学上的特殊问题并不是本书中所要讨论的.

§5 补充说明

236. 可以化为常系数方程的几个线性方程

现在我们来讲几个简单的具有可变系数的线性方程,它们的积分问题可以化为解常系数线性方程的问题.

Ⅰ. 设有二阶线性方程

$$x^2y'' + a_1xy' + a_2y = f(x)$$

其中 a_1 及 a_2 是常数. 这个方程叫作欧拉方程. 用公式 $x = \mathrm{e}^t$ 或 $t = \ln x$ 置换自变量后把欧拉方程化为二阶常系数线性方程. 因为我们有

$$y' = \frac{\mathrm{d}y}{\mathrm{d}x} = \frac{\mathrm{d}y}{\mathrm{d}t}\frac{\mathrm{d}t}{\mathrm{d}x} = \frac{\mathrm{d}y}{\mathrm{d}t}\frac{1}{x}$$

$$y'' = \frac{\mathrm{d}y'}{\mathrm{d}x} = \frac{\mathrm{d}y'}{\mathrm{d}t}\frac{\mathrm{d}t}{\mathrm{d}x} = \left(\frac{\mathrm{d}^2y}{\mathrm{d}t^2}\frac{1}{x} - \frac{\mathrm{d}y}{\mathrm{d}t}\frac{1}{x^2}\frac{\mathrm{d}x}{\mathrm{d}t}\right)\frac{\mathrm{d}t}{\mathrm{d}x}$$

$$= \frac{\mathrm{d}^2y}{\mathrm{d}t^2}\frac{1}{x^2} - \frac{\mathrm{d}y}{\mathrm{d}t}\frac{1}{x^2}$$

代入微分方程,得

$$\frac{\mathrm{d}^2y}{\mathrm{d}t^2} - \frac{\mathrm{d}y}{\mathrm{d}t} + a_1\frac{\mathrm{d}y}{\mathrm{d}t} + a_2y = f(\mathrm{e}^t)$$

也就是

$$y'' + (a_1 - 1)y' + a_2y = f(\mathrm{e}^t)$$

其中 y 的导函数是对新变量 t 取的. 从这个方程求出 y 作为 t 的函数,再把 t 换成 $\ln x$,便得到欧拉方程的所求解.

例 1 求解下列微分方程

$$x^2y'' - 2y = 2x\ln x$$

解 用置换

$$x = \mathrm{e}^t, t = \ln x$$

得

$$y'' - y' - 2y = 2t\mathrm{e}^t$$

我们不难求出这个非齐次方程的特定解

$$y=-\left(t+\frac{1}{2}\right)e^t$$

对应齐次方程的一般解是

$$y=C_1e^{-t}+C_2e^{2t}$$

故知变换后的常系数方程的一般解是函数

$$y=C_1e^{-t}+C_2e^{2t}-\left(t+\frac{1}{2}\right)e^t$$

还原到变量 x 之后,就得到所给欧拉方程的一般解

$$y=C_1\frac{1}{x}+C_2x^2-\left(\ln x+\frac{1}{2}\right)x$$

同一置换 $x=e^t$ 可把 n 阶欧拉线性方程

$$x^ny^{(n)}+a_1x^{n-1}y^{(n-1)}+\cdots+a_{n-1}xy'+a_ny=f(x)$$

(其中 $a_1,a_2,\cdots,a_{n-1},a_n$ 是常数)化为 n 阶常系数线性方程.

Ⅱ. 贝塞尔方程

$$x^2y''+xy'+(x^2-n^2)y=0\quad(n\text{ 是常数})$$

在 $n=\frac{1}{2}$ 时,这个方程可化为常系数线性方程. 我们要用公式

$$y=\frac{z}{\sqrt{x}}=zx^{-\frac{1}{2}}$$

置换所求函数 y,求得

$$y'=z'x^{-\frac{1}{2}}-\frac{1}{2}zx^{-\frac{3}{2}}$$

$$y''=z''x^{-\frac{1}{2}}-z'x^{-\frac{3}{2}}+\frac{3}{4}zx^{-\frac{5}{2}}$$

代入微分方程,得

$$z''x^{\frac{3}{2}}-z'x^{\frac{1}{2}}+\frac{3}{4}zx^{-\frac{1}{2}}+z'x^{\frac{1}{2}}-\frac{1}{2}zx^{-\frac{1}{2}}+\left(x^2-\frac{1}{4}\right)zx^{-\frac{1}{2}}=0$$

也就是

$$z''+z=0$$

这个方程的解的基本系统是

$$z_1=\cos x,z_2=\sin x$$

由此可知 $n=\frac{1}{2}$ 时的贝塞尔方程的基本系统是

$$y_1=\frac{\cos x}{\sqrt{x}},y_2=\frac{\sin x}{\sqrt{x}}$$

这是我们在 231 小节中已经知道的事实.

用各种变换法把具有可变系数的线性方程化为常系数线性方程的例子,当

然不只限于以上所讲的两个.

237. 微分方程组

如果有几个方程,其中每个方程含自变量、所求函数及其导函数,那么这些方程一起就叫作微分方程组. 两个未知函数 y 及 z 的两个一阶线性常(即只有一个自变量的)微分方程的形式是

$$a_0y' + b_0z' + a_1y + b_1z = f_1$$
$$\alpha_0y' + \beta_0z' + \alpha_1y + \beta_1z = f_2$$

其中 $a_0,b_0,a_1,b_1,\alpha_0,\alpha_1,\beta_0,\beta_1,f_1,f_2$ 是自变量 x 的已给函数.

我们的问题在于求出满足这两个方程的函数

$$y = y(x),z = z(x)$$

从这两个方程可以求出 z(比如说)为 x,y 及 y' 的函数. 然后把所得式子微分并把 z 及 z' 代入方程组中的任何一个方程,就得到 y 的二阶(一般来说)线性微分方程. 从这个方程求出 y 之后,再求第二个函数 z 就无须用任何不定积分法. 所以一阶线性方程组的一般解取决于两个任意常数.

例 2 求解如下微分方程组

$$\begin{cases} y' + z' - \dfrac{2}{x^2}y - z = x \\ xy' - z' + \dfrac{2}{x^2}y - xz = x^2 \end{cases}$$

解 两式相加得

$$(1 + x)y' - (1 + x)z = x(1 + x)$$

由此得

$$z = y' - x$$

及

$$z' = y'' - 1$$

代入第一个方程,得到欧拉方程

$$x^2y'' - 2y = x^2$$

把它积分后得出

$$y = \frac{x^2}{3}\ln x + \frac{C_1}{x} + C_2x^2$$

于是

$$z = y' - x = \frac{2}{3}x(\ln x - 1) - \frac{C_1}{x^2} + 2C_2x$$

如果已给方程组具有常系数,那么所得其中一个函数的二阶方程也是具有常系数的.

解两个函数的两个一阶非齐次线性方程时,也可用上面所讲的方法.

设已给方程组

$$\begin{cases}F_1(x,y,y',z,z')=0\\F_2(x,y,y',z,z')=0\end{cases}$$

由此确定出 z 为 x,y,y' 的函数

$$z=\varphi(x,y,y')$$

对 x 微分后求出 z' 为 x,y,y',y'' 的函数. 把所得 z 及 z' 的式子代入方程组的一个方程中,得出所求函数 y 的二阶方程. 求出 y 之后,另一个函数 z 就可以不必用不定积分法而得出.

在有些情形下,可以依照所给方程组的具体特点,使以上这些运算步骤简单化. 例如已给方程组

$$\begin{cases}y'=\dfrac{x}{yz}\\[2ex] z'=\dfrac{x}{y^2}\end{cases}$$

这时用第一式除第二式便可得

$$\frac{z'}{y'}=\frac{z}{y}$$

即

$$\frac{\mathrm{d}z}{z}=\frac{\mathrm{d}y}{y}$$

由此得

$$z=C_1y$$

把这个 z 的式子代入原有第一个方程,重新得出变量已分离的方程

$$y^2\mathrm{d}y=\frac{x}{C_1}\mathrm{d}x$$

由此可知

$$y=\sqrt[3]{\frac{3}{2C_1}x^2+C_2}$$

及

$$z=C_1\sqrt[3]{\frac{3}{2C_1}x^2+C_2}$$

在这个例子中,我们不必去解一阶以上的方程. 当方程组所含的方程高于一阶时,这种方程组的积分问题可化为二阶以上的微分方程的解法问题.

我们来看电机学上引出两个二阶常系数线性方程的例子.

首先,设有两个电路,其第一个电路及第二个电路中的电阻、自感及电容分别用 R_1,L_1,C_1 及 R_2,L_2,C_2 来表示. 其次,我们假定这两个电路是电磁耦合的:

每个电路能使另一电路发生感应电动力. 如果用 M 表示互感系数(常数),那么可证明第一个电路的感应电压等于 $M\frac{\mathrm{d}i_2}{\mathrm{d}t}$,而第二个电路的感应电压等于 $M\frac{\mathrm{d}i_1}{\mathrm{d}t}$,其中 $i_1=i_1(t)$ 及 $i_2=i_2(t)$ 各表示第一个电路及第二个电路中的电流.

假定在两个电路中都没有外来电力. 这时两个电路中的电流由下列微分方程组来确定

$$\begin{cases}L_1i_1'+R_1i_1+\dfrac{1}{C_1}\displaystyle\int i_1\mathrm{d}t+Mi_2'=0\\ L_2i_2'+R_2i_2+\dfrac{1}{C_2}\displaystyle\int i_2\mathrm{d}t+Mi_1'=0\end{cases}$$

对 t 微分之后,就是

$$\begin{cases}L_1i_1''+R_1i_1'+\dfrac{1}{C_1}i_1+Mi_2''=0\\ L_2i_2''+R_2i_2'+\dfrac{1}{C_2}i_2+Mi_1''=0\end{cases}$$

解这个方程组时的做法与解一阶方程组时相同. 这就是用消去法及微分法得出只含一个未知函数及其导函数的微分方程. 在所给例子中,我们从第二个方程求出 i_2''之后把它代入第一个方程

$$(L_1L_2-M^2)i_1''+L_2R_1i_1'+\frac{L_2}{C_1}i_1-MR_2i_2'-\frac{M}{C_2}i_2=0$$

把上式对 t 微分并用第一个方程里所确定的 Mi_2''的式子代替 Mi_2'',得

$$(L_1L_2-M^2)i_1'''+(L_1R_2+L_2R_1)i_1''+\left(\frac{L_2}{C_1}+R_1R_2\right)i_1'+\frac{R_2}{C_1}i_1-\frac{M}{C_2}i_2'=0$$

最后,再微分一次并再置换 Mi_2'',便得到未知函数 $i_1(t)$ 的四阶常系数线性微分方程

$$\begin{aligned}&(L_1L_2-M^2)i_1^{(4)}+(L_1R_2+L_2R_1)i_1'''+\\&\left(\frac{L_1}{C_2}+\frac{L_2}{C_1}+R_1R_2\right)i_1''+\left(\frac{R_1}{C_2}+\frac{R_2}{C_1}\right)i_1'+\frac{1}{C_1C_2}i_1=0\end{aligned}$$

由此确定出 i_1 后,函数 i_2 就可从简单的二阶方程求出,并且如果利用中间的几个方程,这还可以完全不用不定积分法而求出. 因从施行消去法及微分法的过程中所得的两个方程,可把 i_2'消去而直接得出用 i_1 及其导函数表示 i_2 的式子.

如果不把电容计算在内,那么两个电磁耦合电路中的电流可用一阶线性方程组来描述.

最后要知道,含对应个未知函数的三个微分方程及四个微分方程等的方程组的解法,做起来实际上与含两个方程的方程组时一样. 我们可用累次消去法

及微分法把所论方程组化为另一方程组,使其中每个方程最后只含有一个未知函数及其导函数.

238. 积微分方程的机器

要自动积分出微分方程时可用各种不同类型的特殊机器来做. 其中用得最普遍的一种是能积分出任何常微分方程以及这类方程组的机器,这种机器叫作微分分析器. 在这种机器里面,所有变量的数值各用其对应滑轮所转过的角度记录下来. 各个变量的对应滑轮可以直接相连或借专门机构里的中间滑轮而互相联系. 这种机构的滑轮中有"进口滑轮"及"出口滑轮"之分. 凡是要在机构内施行某种运算的那些变量的数值,是用进口滑轮来记录的,而其所得结果的数值则用出口滑轮来记录. 每个机构做出下面三种运算之一:积分法、集合法及函数的表示法. 因此这些机构各叫作积分机构、集合机构及函数表示机构.

凡是直接相连的两个滑轮,始终是按同一规律转动的,但是用专门机构相连的两个滑轮,却要按着这些机构所指定的规律而彼此转动.

现在把上述三类机构的工作情况简短描述于下:

Ⅰ. 积分机构是我们在130小节中已经知道的函数的积分器,用来从已给函数 u 及 v 去计算函数

$$w-w_0=\int_{u_0}^{u} v\mathrm{d}u$$

它有记录 u 及 v 的两个进口滑轮以及记录 w 的一个出口滑轮.

Ⅱ. 集合机构可用来确定出和式

$$w=u+v$$

它有两个进口滑轮作为记录 u 及 v 之用,有一个出口滑轮作为记录 w 之用.

Ⅲ. 函数表示机构有一个进口滑轮作为记录自变量 x 之用,有一个出口滑轮用来记录某一函数 $f(x)$ 的值.

我们要知道,求乘积 uv 是无须专门机构的,因为这个乘积可以写成

$$uv=\int u\mathrm{d}v+\int v\mathrm{d}u$$

因此它可以用两个积分机构及一个集合机构做出.

要用机器来求已给微分方程

$$y^{(n)}=f(x,y,y',\cdots,y^{(n-1)})$$

的解,应把各个变量的滑轮适当联系起来,使自变量 x 的滑轮转动时,滑轮 y 的转动便能确定出所求的解. 在机器上给不同的方程做这类"调整"时各有其"特色",并且可按各种不同的步骤进行.

例如,解我们所已知的方程

$$y'=xy^2+1$$

时，机器上各个滑轮以及机构之间的连接法可以做出如下. 图 13 中的水平线表示记录变量 $x,y,y^2,y',\int x\mathrm{d}y^2,\int y^2\mathrm{d}x$ 及 xy^2 的滑轮. 我们把滑轮 y' 从零位转到对应于 1 的位置，然后把它与滑轮 x 分别连到积分机构 i 的进口滑轮上. 把这个积分机构上的出口滑轮连到滑轮 y 上. 上述这些滑轮直接相连的事实，说明这些滑轮总要按同一规律旋转，并在图上用一个方格子来表明. 要得出变量 y 的平方 y^2 时可用函数表示机构，我们把它的进口滑轮与滑轮 y 相连，把出口滑轮与滑轮 y^2 相连. 乘积 xy^2 可用积分机构 ii, iii 以及集合机构形成. 把滑轮 x 与积分机构 ii 的第一个进口滑轮相连，把滑轮 y 与第二个进口滑轮相连，然后把它的出口滑轮与变量 $\int x\mathrm{d}y^2$ 的滑轮相连，后者在图上同时也是集合机构里的进口滑轮. 同时又把滑轮 y^2 及 x 分别连到积分机构 iii 的第一个及第二个进口滑轮上，而把出口滑轮连到滑轮 $\int y^2\mathrm{d}x$（也是集合机构的进口滑轮）上. 把集合机构的出口滑轮（也就是滑轮 xy^2）与滑轮 y' 相连，这就做完了连接的步骤. 因为所给的方程需要使 $xy^2+1=y'$.

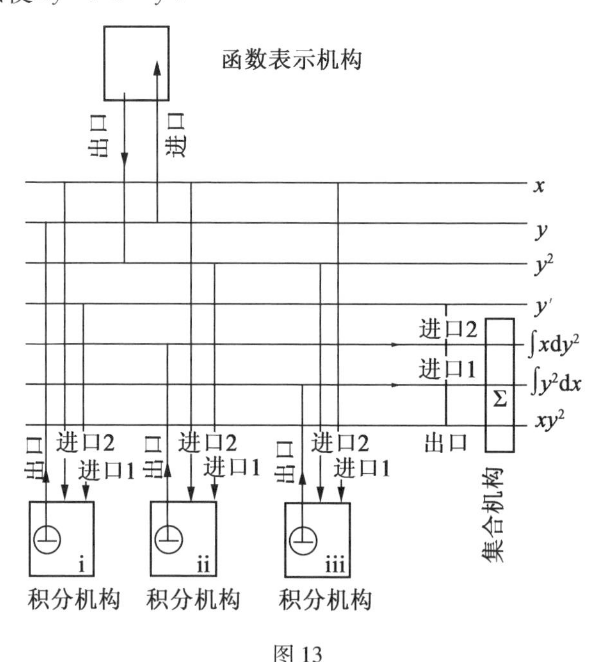

图 13

从上述各步骤可以明白下面几件事情：

（1）如果开始转动自变量 x 的滑轮，那么所有其他变量的滑轮都同时转动.

（2）不要使各滑轮有任何停转或“中断”的事发生，因为虽然其中某些滑轮可把转动传给若干个滑轮，但其中每个滑轮只在一个完全确定的滑轮转动时才转动.

(3) 对宗标 x 的每个数值来说,变量 $x, y, y', y^2, \int x\mathrm{d}y^2, \int y^2\mathrm{d}x, xy^2$ 间的数值关系正是已给微分方程所要求的关系.

如果用图形或特殊的转数装置记录滑轮的转动规律,那么就可以得出积分曲线 $y = y(x)$ 或解 $y(x)$ 的数值表格.

我们要知道,在机器上布置初始条件时,可以在各滑轮相连以前先把它们转到对应于初始条件的位置. 例如,若在上述情形下所有的滑轮(滑轮 y' 除外)都定在零位上,那么所得的解就满足初始条件 $y\Big|_{x=0} = 0$.

积比较复杂的微分方程时,从调整机器的步骤原理上讲与上述简单例子中的相同. 积常微分方程的第一架机器是在 1904—1911 年间由 A. H. 克雷洛夫(见"引论"5 小节)做出来的.

三角级数

第十五章

从既定的教学实践出发，而根据思想方法的观点来考虑，三角级数这一章是放在本书最后的. 从逻辑观点来讲，这一章应紧跟着讲一般级数的第九章后面. 三角级数是第二类最重要的函数项级数（第一类最重要的函数项级数就是第九章中所讲的幂级数）.

从三角多项式考虑起，我们很自然地得到（§1）表示其系数的欧拉－傅里叶[①]公式，以及用三角多项式来近似表达可积分函数的傅里叶公式. §2 中讲一些基本定理，说明要把已给函数表示为其傅里叶级数的形式时，需要哪些条件，再举几道例题，并根据在方均值意义上的收敛性这个重要概念，而给出把函数展成三角级数的另一种讲法. 因而我们推出重要的巴塞华尔－李雅普诺夫定理，而且还使我们能把可用幂级数来表示的一类函数与可用三角函数来表示的一类函数这两者之间的差别解释得更加清楚.

最后在 §3 中讲三角级数的实际应用问题. 在那里我们讲克雷洛夫改进这类级数收敛性的方法，并给出利用"样板"及"谐量分析器"来实际施行谐量分析法的大概情形.

---

① 傅里叶（Fourier，1768—1830），法国著名数学家及物理学家，他曾经系统地应用三角级数来解决许多数理物理上的问题.

§1　三角多项式

239. 前言

三角级数中的各项是自变量 x 的三角函数,这时我们取整数倍 x 值的余弦及正弦(具有常系数),即$a_k\cos kx$ 及 $b_k\sin kx$,作为这些三角函数,其中 k 是非负的整数. 这样,我们所说的三角级数通常即级数

$$a_0+a_1\cos x+a_2\cos 2x+\cdots+a_n\cos nx+\cdots=\sum_{n=0}^{\infty}a_n\cos nx$$

或级数

$$b_1\sin x+b_2\sin 2x+\cdots+b_n\sin nx+\cdots=\sum_{n=1}^{\infty}b_n\sin nx$$

或者更一般些,是级数

$$a_0+(a_1\cos x+b_1\sin x)+(a_2\cos 2x+b_2\sin 2x)+\cdots+$$

$$(a_n\cos nx+b_n\sin nx)+\cdots=\sum_{n=0}^{\infty}(a_n\cos nx+b_n\sin nx)$$

应用科学的以及数学本身的各式各样的问题,都会引出上述这类无穷级数.

需要把整数倍宗标的三角函数相加的问题,我们在前面已经遇到过. 例如当 x 表示时间时,我们知道函数

$$s=A\sin(\omega x+x_0)$$

确定出具有频率① ω 的简谐振荡. 函数 $A\sin(\omega x+x_0)$(及其图形) 叫作简谐量. 如果若干个力中的每个力都能引起简谐振荡,那么这些力同时作用在一点(物体) 上时所致的振荡,可由所对应的各个简谐量相加而确定出来. 例如有两个力作用时可得

$$s=A_1\sin(\omega_1x+x_1)+A_2\sin(\omega_2x+x_2)$$

这个函数叫作复合谐量.

假设相叠加的两个简谐振荡的频率 ω_1 与 ω_2 相等:$\omega_1=\omega_2$. 结果所产生的运动也是个简谐振荡,这时相加而成的“复合谐量” 仍然是个简谐量. 这事我们在第一章中已经讲过.

如果频率 ω_1 及 ω_2 不可通约,那么结果所产生的运动连周期运动也谈不上(还不仅不是简谐振荡而已). 如果 ω_1 及 ω_2 可通约

---

① 这是“圆” 频率,也就是在自变量(时间) 的 2π 单位内函数(振荡) 的周期数.

$$\omega_1 = r_1\omega, \omega_2 = r_2\omega$$

其中 r_1 及 r_2 是整数,那么由这种简谐振荡叠加而成的运动虽不是简谐振荡,但仍是具有周期$\frac{2\pi}{\omega}$的周期运动. 因这时的复合谐量

$$A_1\sin(r_1\omega x + x_1) + A_2\sin(r_2\omega x + x_2)$$

是一个函数,它对任何 x 值加上数$\frac{2\pi}{\omega}$后仍保持原值不变. 由于数$\frac{2\pi}{\omega}$是具有这种属性的最小正数,所以它就是周期. 如果我们认为 $\omega = 1$(用公式 $x' = \omega x$ 来置换自变量,就总可以使 $\omega = 1$),那么这个式子的一般性也不会受到影响.

我们来看具有周期 2π 的周期函数

$$y = A_1\sin(r_1x + x_1) + A_2\sin(r_2x + x_2) \quad (r_1 \text{ 及 } r_2 \text{ 是整数})$$

我们在第一章里已经知道(例如在那里 $A_1 = 2, r_1 = 2, x_1 = 0, A_2 = 1, r_2 = 3, x_2 = \frac{\pi}{2}$)这种函数可能是非常特殊而且与简谐量差别很大的. 我们又说过,具有公共周期 2π 的若干简谐量的和

$$y = A_1\sin(r_1x + x_1) + A_2\sin(r_2x + x_2) + \cdots + A_n\sin(r_nx + x_n)$$

在参数 A_k, r_k, x_k 及数 n 具有各种不同值时会形成极为多样性的周期函数. 用力学上的术语来说,这表示具有各种整数倍频率的简谐振荡叠加的结果,会产生丝毫不像简谐振荡的周期运动(具有周期 2π). 这样自然就产生一个相反的问题:可不可以选取若干合适的简谐振荡,使其叠加的结果能得出预先给定的周期运动? 也就是说,可不可以把任何周期运动表示为"复合谐振荡"? 从数学上讲这个问题就在于:是否可能选择各对应简谐量(以 x 的倍数为其宗标)的合适参数,而把预先给定的周期函数(具有周期 2π)表示为"复合谐量".

对于范围很广的一类函数来说,这个问题的答案是肯定的. 这种肯定的答案已在 19 世纪中建立在严格的理论基础上,曾是数学解析的伟大成就之一. 研究的结果表明,如果引用无穷多个简谐量,也就是说如果不取有限个简谐量的和而取无穷级数,那么属于上述那类函数的任何周期函数 $f(x)$ $(f(x + 2\pi) = f(x))$ 都可以展成简谐量,也就是把它表示为无穷级数

$$f(x) = \sum_{n=0}^{\infty} A_n\sin(nx + x_n) = A_0\sin x_0 + A_1\sin(x + x_1) + A_2\sin(2x + x_2) + \cdots + A_n\sin(nx + x_n) + \cdots$$

每个简谐量可写成

$$A_n\sin(nx + x_n) = A_n\sin x_n\cos nx + A_n\cos x_n\sin nx = a_n\cos nx + b_n\sin nx$$

其中

$$a_n = A_n\sin x_n, b_n = A_n\cos x_n$$

这时由简谐量形成的无穷级数变为三角级数

$$f(x) = a_0 + (a_1\cos x + b_1\sin x) + (a_2\cos 2x + b_2\sin 2x) + \cdots + (a_n\cos nx + b_n\sin nx) + \cdots = \sum_{n=0}^{\infty}(a_n\cos nx + b_n\sin nx) \qquad (1)$$

其中 a_n, b_n 是常数.

在下面各小节中,我们将建立已给函数可表示为收敛的无穷三角级数(1)时所需的条件. 级数首 n 项的和在 n 足够大时,将以任意精确度近似表达函数 $f(x)$. 有限和式

$$s_n = \sum_{k=0}^{n}(a_k\cos kx + b_k\sin kx)$$

叫作 n 阶三角多项式(式中假定最高项系数 a_n 及 b_n 不同时等于 0).

我们要知道,由于 $f(x)$ (及级数(1))具有周期 2π,所以只要研究在长度为 2π 的区间上——例如区间 $[-\pi,\pi]$ 上,级数(1)是否收敛为 $f(x)$ 的问题就够了. 函数 $f(x)$ (及级数)在 x 轴的其他各段上完全重复它在基本区间 $[-\pi,\pi]$ 上的数值及性质.

240. 三角多项式

设 $f(x)$ 是一个 n 阶三角多项式

$$f(x) = \frac{1}{2}a_0 + \sum_{k=1}^{n}(a_k\cos kx + b_k\sin kx) \qquad (2)$$

我们要求出这个多项式的系数 $a_0, a_1, \cdots, a_n, b_1, \cdots, b_n$ 用函数 $f(x)$ 来表示的式子.(自由系数写成 $\frac{1}{2}a_0$ 的形式而不写成 a_0,是为了使各系数的公式形式一致,这事我们下面就可以看出来.)

我们需要用下面的几个关系式(k 及 p 是非负的整数)

$$\int_{-\pi}^{\pi}\cos kx\cos px\,dx = \begin{cases}0 & (k \neq p)\\ \pi & (k = p \neq 0)\end{cases} \qquad (3)$$

$$\int_{-\pi}^{\pi}\sin kx\sin px\,dx = \begin{cases}0 & (k \neq p)\\ \pi & (k = p \neq 0)\end{cases} \qquad (4)$$

$$\int_{-\pi}^{\pi}\cos kx\sin px\,dx = 0 \quad (k\text{ 及 }p\text{ 为任意数}) \qquad (5)$$

先证明第一个关系式.

根据三角法中的公式

$$\cos kx\cos px = \frac{1}{2}[\cos(k+p)x + \cos(k-p)x]$$

若 $k \neq p$,则

$$\int_{-\pi}^{\pi} \cos kx\cos px\mathrm{d}x = \frac{1}{2}\int_{-\pi}^{\pi} \cos(k+p)x\mathrm{d}x + \frac{1}{2}\int_{-\pi}^{\pi} \cos(k-p)x\mathrm{d}x$$
$$= \frac{1}{2}\left.\frac{\sin(k+p)x}{k+p}\right|_{-\pi}^{\pi} + \frac{1}{2}\left.\frac{\sin(k-p)x}{k-p}\right|_{-\pi}^{\pi} = 0$$

因为 $k+p$ 及 $k-p$ 是不等于 0 的整数. 若 $k=p$,则

$$\int_{-\pi}^{\pi} \cos^2 px\mathrm{d}x = \frac{1}{2}\int_{-\pi}^{\pi}(1+\cos 2px)\mathrm{d}x = \left.\frac{x}{2}\right|_{-\pi}^{\pi} + \frac{1}{2}\left.\frac{\sin 2px}{2p}\right|_{-\pi}^{\pi} = \pi$$

于是关系式(3) 就得到证明. 公式(4) 及(5) 的证法完全相仿,所用的算式读者可以自己写出.

现在用 $\cos px$(p 是一个正整数) 乘等式(2) 的两边并取 $-\pi$ 到 π 的积分

$$\int_{-\pi}^{\pi} f(x)\cos px\mathrm{d}x = \frac{a_0}{2}\int_{-\pi}^{\pi}\cos px\mathrm{d}x + \sum_{k=1}^{n}\left(a_k\int_{-\pi}^{\pi}\cos kx\cos px\mathrm{d}x + b_k\int_{-\pi}^{\pi}\sin kx\cos px\mathrm{d}x\right)$$

根据公式(3) 及(4),记号 $\sum$ 后面除了以 a_p 为系数的那个积分,其他的积分都等于 0,而以 a_p 为系数的那个积分则等于 π. 于是

$$\int_{-\pi}^{\pi} f(x)\cos px\mathrm{d}x = \pi a_p$$

由此求得 a_p 为

$$a_p = \frac{1}{\pi}\int_{-\pi}^{\pi} f(x)\cos px\mathrm{d}x \tag{6}$$

若取 $p=0$,则得

$$\int_{-\pi}^{\pi} f(x)\mathrm{d}x = \frac{a_0}{2}\int_{-\pi}^{\pi}\mathrm{d}x = \pi a_0$$

于是得到表示系数 a_p 的那个一般式子在 $p=0$ 时的特殊情形

$$a_0 = \frac{1}{\pi}\int_{-\pi}^{\pi} f(x)\mathrm{d}x$$

现在用 $\sin px$ 乘等式(2) 的两边,并仍然把所得结果从 $-\pi$ 积分到 π,有

$$\int_{-\pi}^{\pi} f(x)\sin px\mathrm{d}x = \frac{a_0}{2}\int_{-\pi}^{\pi}\sin px\mathrm{d}x +$$
$$\sum_{k=1}^{n}\left(a_k\int_{-\pi}^{\pi}\cos kx\sin px\mathrm{d}x + b_k\int_{-\pi}^{\pi}\sin kx\sin px\mathrm{d}x\right)$$

根据公式(4) 及(5),上式右边除了以 b_p 为系数的那个积分等于 π,其他的积分都等于 0. 由此得

$$b_p = \frac{1}{\pi}\int_{-\pi}^{\pi} f(x)\sin px\mathrm{d}x \tag{7}$$

现在假设函数$f(x)$在区间$[-\pi,\pi]$上连续,并且不是n阶三角多项式.这时等式(2)不成立,但我们可以写出n阶三角多项式$\Phi_n(x)$,其中各系数用函数$f(x)$的公式(6)及(7)确定出来

$$\begin{cases} a_k = \dfrac{1}{\pi}\displaystyle\int_{-\pi}^{\pi} f(x)\cos kx\mathrm{d}x & (k=0,1,2,\cdots,n) \\ b_k = \dfrac{1}{\pi}\displaystyle\int_{-\pi}^{\pi} f(x)\sin kx\mathrm{d}x & (k=1,2,\cdots,n) \end{cases} \tag{8}$$

根据公式(8)求出的数a_k及b_k叫作函数$f(x)$的第k个傅里叶系数,具有这些系数的三角多项式$\Phi_n(x)$,即

$$\Phi_n(x) = \frac{1}{2}a_0 + \sum_{k=1}^{n}(a_k\cos kx + b_k\sin kx)$$

叫作函数$f(x)$的n阶傅里叶多项式.

公式(8)叫作欧拉-傅里叶公式.

以上所讲求出各系数的方法是欧拉早就指出过的,但到傅里叶时才广泛利用这些系数来作出近似三角多项式.

我们拿傅里叶多项式$\Phi_n(x)$作为已给函数$f(x)$的近似式,并用R_n表示这个近似式所致的误差.于是

$$f(x) = \Phi_n(x) + R_n \tag{9}$$

241.傅里叶公式

我们要按照建立泰勒公式时的方式来求出公式(9)中的余项R_n.

先把公式(8)中积分变量的记号x换成t,然后把各个系数的式子代入多项式$\Phi_n(x)$中

$$\begin{aligned}\Phi_n(x) &= \frac{1}{2}\frac{1}{\pi}\int_{-\pi}^{\pi} f(t)\mathrm{d}t + \sum_{k=1}^{n}\left[\frac{1}{\pi}\int_{-\pi}^{\pi} f(t)\cos kt\cos kx\mathrm{d}t + \frac{1}{\pi}\int_{-\pi}^{\pi} f(t)\sin kt\sin kx\mathrm{d}t\right] \\ &= \frac{1}{\pi}\int_{-\pi}^{\pi} f(t)\left[\frac{1}{2} + \sum_{k=1}^{n}(\cos kt\cos kx + \sin kt\sin kx)\right]\mathrm{d}t \\ &= \frac{1}{\pi}\int_{-\pi}^{\pi} f(t)\left[\frac{1}{2} + \sum_{k=1}^{n}\cos k(t-x)\right]\mathrm{d}t\end{aligned}$$

令$t-x=u$,于是

$$\Phi_n(x)=\frac{1}{\pi}\int_{-x-\pi}^{\pi-x} f(x+u)\left[\frac{1}{2}+\sum_{k=1}^{n}\cos ku\right]\mathrm{d}u$$

现在把方括号里面的式子记作 $C(u)$,并把它变换形式

$$\frac{1}{2}+\cos u+\cos 2u+\cdots+\cos nu=C(u) \tag{10}$$

用 $2\sin\frac{1}{2}u$ 乘上式两边,并应用公式

$$2\sin\frac{1}{2}u\cos ku=\sin\left(k+\frac{1}{2}\right)u-\sin\left(k-\frac{1}{2}\right)u$$

得

$$\begin{aligned}2\sin\frac{1}{2}u\cdot C(u)&=\sin\frac{1}{2}u+2\sin\frac{1}{2}u\cos u+\\&\quad 2\sin\frac{1}{2}u\cos 2u+\cdots+2\sin\frac{1}{2}u\cos nu\\&=\sin\frac{1}{2}u+\left[\sin\left(1+\frac{1}{2}\right)u-\sin\left(1-\frac{1}{2}\right)u\right]+\\&\quad\left[\sin\left(2+\frac{1}{2}\right)u-\sin\left(2-\frac{1}{2}\right)u\right]+\cdots+\\&\quad\left[\sin\left(n+\frac{1}{2}\right)u-\sin\left(n-\frac{1}{2}\right)u\right]\\&=\sin\left(n+\frac{1}{2}\right)u\end{aligned}$$

由此得①

$$C(u)=\frac{\sin\left(n+\frac{1}{2}\right)u}{2\sin\frac{1}{2}u}$$

这样得到

$$\Phi_n(x)=\frac{1}{\pi}\int_{-\pi-x}^{\pi-x} f(x+u)\frac{\sin\left(n+\frac{1}{2}\right)u}{2\sin\frac{1}{2}u}\mathrm{d}u \tag{11}$$

为了书写简便起见,把被积函数记作 $\varphi(u)$,即

---

① 这个等式也可用其他的方法推出来,这就是用欧拉公式把 $C(u)$ 的式子换成几何级数,把所得的几何级数相加,然后再用欧拉公式化回到三角函数,读者可按照这个方法自己求出 $C(u)$ 的式子.

$$\varphi(u)=f(x+u)\frac{\sin\left(n+\frac{1}{2}\right)u}{2\sin\frac{1}{2}u}$$

并假设所考虑的函数f具有周期2π,我们不难看出这时整个被积函数$\varphi(u)$也具有周期2π,因为

$$\varphi(u+2\pi)=f(x+u+2\pi)\frac{\sin\left[\left(n+\frac{1}{2}\right)(u+2\pi)\right]}{2\sin\frac{1}{2}(u+2\pi)}$$

$$=f(x+u)\frac{\sin\left[\left(n+\frac{1}{2}\right)u+2n\pi+\pi\right]}{2\sin\left(\frac{1}{2}u+\pi\right)}$$

$$=f(x+u)\frac{-\sin\left(n+\frac{1}{2}\right)u}{-2\sin\frac{1}{2}u}=\varphi(u)$$

我们应知道公式(11)里的积分可以取为从积分限$-\pi$到π的积分. 为此我们要证明:在一般情形下,周期函数在长度为一周期(设它等于2π)的区间上的积分不取决于该区间在轴上的位置,因此我们总可以把积分取在同一个区间上,例如取在区间$[-\pi,\pi]$上. 由此可知,若

$$\varphi(u+2\pi)=\varphi(u)$$

则

$$\int_a^{a+2\pi}\varphi(u)\mathrm{d}u=\int_{-\pi}^{\pi}\varphi(u)\mathrm{d}u$$

其中a是任意数. 事实上,根据积分区间分割法的定理可得

$$\int_a^{a+2\pi}\varphi(u)\mathrm{d}u=\int_a^{-\pi}\varphi(u)\mathrm{d}u+\int_{-\pi}^{\pi}\varphi(u)\mathrm{d}u+\int_{\pi}^{a+2\pi}\varphi(u)\mathrm{d}u$$

现在只要证明右边第一个积分及第三个积分的和等于0,也就是只要证明下式

$$\int_{-\pi}^{a}\varphi(u)\mathrm{d}u=\int_{\pi}^{a+2\pi}\varphi(u)\mathrm{d}u$$

根据公式

$$u=v-2\pi$$

置换左边的积分变量

$$\int_{-\pi}^{a}\varphi(u)\mathrm{d}u=\int_{\pi}^{a+2\pi}\varphi(v-2\pi)\mathrm{d}v$$

由于函数具有周期性

$$\varphi(v-2\pi)=\varphi(v)$$

且积分值并不随着积分变量的记号而改变,所以我们便得到所要证明的等式.

把上面所证明的定理应用到公式(11)右边的积分上,便得到函数$f(x)$的n阶傅里叶多项式$\Phi_n(x)$的最终的积分表达式

$$\Phi_n(x)=\frac{1}{\pi}\int_{-\pi}^{\pi}\varphi(u)\mathrm{d}u=\frac{1}{\pi}\int_{-\pi}^{\pi}f(x+u)\frac{\sin\left(n+\frac{1}{2}\right)u}{2\sin\frac{1}{2}u}\mathrm{d}u \tag{12}$$

现在我们的目标是要确定出

$$R_n=f(x)-\Phi_n(x)$$

的表达式. 由于多项式$\Phi_n(x)$用积分表示,所以也需要把$f(x)$表示为积分.

因此我们要算出积分

$$\frac{1}{\pi}\int_{-\pi}^{\pi}\frac{\sin\left(n+\frac{1}{2}\right)u}{2\sin\frac{1}{2}u}\mathrm{d}u$$

根据公式(10)得

$$\frac{1}{\pi}\int_{-\pi}^{\pi}\frac{\sin\left(n+\frac{1}{2}\right)u}{2\sin\frac{1}{2}u}\mathrm{d}u=\frac{1}{\pi}\int_{-\pi}^{\pi}\frac{1}{2}\mathrm{d}u+\frac{1}{\pi}\int_{-\pi}^{\pi}\cos u\mathrm{d}u+\cdots+\frac{1}{\pi}\int_{-\pi}^{\pi}\cos nu\mathrm{d}u$$

右边的所有积分除第一个积分以外都等于0,于是

$$\frac{1}{\pi}\int_{-\pi}^{\pi}\frac{\sin\left(n+\frac{1}{2}\right)u}{2\sin\frac{1}{2}u}\mathrm{d}u=1$$

用$f(x)$乘等式两边,得

$$f(x)=\frac{1}{\pi}\int_{-\pi}^{\pi}f(x)\frac{\sin\left(n+\frac{1}{2}\right)u}{2\sin\frac{1}{2}u}\mathrm{d}u \tag{13}$$

所以最后R_n也能表示为积分

$$R_n=f(x)-\Phi_n(x)=\frac{1}{\pi}\int_{-\pi}^{\pi}[f(x)-f(x+u)]\frac{\sin\left(n+\frac{1}{2}\right)u}{2\sin\frac{1}{2}u}\mathrm{d}u$$

即

$$R_n = \frac{1}{\pi}\int_{-\pi}^{\pi} -[f(x+u)-f(x)]\frac{\sin\left(n+\frac{1}{2}\right)u}{2\sin\frac{1}{2}u}\mathrm{d}u \tag{14}$$

这便是所要求的余项的式子. 如果我们能估出式(14) 右边积分的值,我们便能指出用已给函数的傅里叶多项式 $\Phi_n(x)$ 去近似于已给函数$f(x)$ 时所致的误差是多少. 具有余项(14) 的公式(9)(见 240 小节) 叫作 n 阶傅里叶公式.

我们要知道,傅里叶公式与泰勒公式比较起来有个极大的优点,这便是任何阶傅里叶公式所适用的函数范围要比某一阶泰勒公式所适用的函数范围广得多. 因为要使函数$f(x)$ 在一区间(a,b) 上的 n 阶泰勒公式存在,$f(x)$ 必须在该区间上具有直到 $n+1$ 阶的导函数,而要使函数$f(x)$ 在区间$[-\pi,\pi]$① 上的任何阶傅里叶公式成立,只要函数$f(x)$ 可积分就够了,也就是说只要积分

$$\int_{-\pi}^{\pi} f(x)\mathrm{d}x$$

存在就够了,因为那时我们便可证明傅里叶公式中的所有积分都存在. 但我们一开头就假定函数$f(x)$ 是连续的,而这个条件自然就能保证上述的所有积分都存在. 不过我们立即会知道,傅里叶公式所适用的函数范围还可以推广. 这便是只要$f(x)$ 在区间$[-\pi,\pi]$ 上具有有限个有限型间断点,就能毫不改变上述推理方式,而证明$f(x)$ 在所论区间上的傅里叶公式存在. 因这时傅里叶公式中所有积分的被积函数都具有与$f(x)$ 相同的属性,因而所有的积分都存在(见第七章 §3).

不过唯有当用三角多项式写出的傅里叶公式能给出好的近似式时,换句话说,唯有在能使傅里叶公式的余项变得足够小时,上面所指出的事实才能确实看作是傅里叶公式的重要优点.

在下面各小节中,我们要指出,对于范围很广的一类函数来说,上述条件确实成立.

§2 傅里叶级数

242. 傅里叶系数的属性

以后我们需要用到傅里叶系数的一个重要属性,而该属性是从下面的定理

① 在 244 小节里,我们要去掉这个限制,那样就不必一定要取区间$[-\pi,\pi]$,而可以取任意区间.

推出来的.

定理1 若$f(x)$是本身及其平方①都可积分的函数,则$f(x)$的傅里叶系数趋于0,即

$$\begin{cases}\lim\limits_{n\to\infty} a_n = \lim\limits_{n\to\infty}\dfrac{1}{\pi}\displaystyle\int_{-\pi}^{\pi} f(x)\cos nx\mathrm{d}x = 0\\ \lim\limits_{n\to\infty} b_n = \lim\limits_{n\to\infty}\dfrac{1}{\pi}\displaystyle\int_{-\pi}^{\pi} f(x)\sin nx\mathrm{d}x = 0\end{cases}\tag{1}$$

证明这个极普通的定理时,可考察傅里叶公式(见240小节中的公式(9))中余项平方的积分

$$\frac{1}{2\pi}\int_{-\pi}^{\pi} R_n^2\mathrm{d}x = \frac{1}{2\pi}\int_{-\pi}^{\pi}[f(x) - \Phi_n(x)]^2\mathrm{d}x$$

$$= \frac{1}{2\pi}\int_{-\pi}^{\pi} f^2(x)\mathrm{d}x - \frac{1}{\pi}\int_{-\pi}^{\pi} f(x)\Phi_n(x)\mathrm{d}x + \frac{1}{2\pi}\int_{-\pi}^{\pi}\Phi_n^2(x)\mathrm{d}x$$

用$f(x)$乘

$$\Phi_n(x) = \frac{1}{2}a_0 + \sum_{k=1}^{n}(a_k\cos kx + b_k\sin kx)$$

并把所得结果逐项积分

$$\frac{1}{\pi}\int_{-\pi}^{\pi} f(x)\Phi_n(x)\mathrm{d}x$$

$$= \frac{1}{2}a_0\,\frac{1}{\pi}\int_{-\pi}^{\pi} f(x)\mathrm{d}x + \sum_{k=1}^{n}\left(a_k\,\frac{1}{\pi}\int_{-\pi}^{\pi} f(x)\cos kx\mathrm{d}x + b_k\,\frac{1}{\pi}\int_{-\pi}^{\pi} f(x)\sin kx\mathrm{d}x\right)$$

根据240小节中的公式(8),得

$$\frac{1}{\pi}\int_{-\pi}^{\pi} f(x)\Phi_n(x)\mathrm{d}x = \frac{1}{2}a_0^2 + \sum_{k=1}^{n}(a_k^2 + b_k^2)$$

把$\Phi_n(x)$平方,然后也取积分

$$\frac{1}{2\pi}\int_{-\pi}^{\pi}\Phi_n^2(x)\mathrm{d}x$$

$$= \frac{1}{4}a_0^2 + \sum_{k=1}^{n}\left(a_k^2\,\frac{1}{2\pi}\int_{-\pi}^{\pi}\cos^2 kx\mathrm{d}x + b_k^2\,\frac{1}{2\pi}\int_{-\pi}^{\pi}\sin^2 kx\mathrm{d}x\right) + \frac{1}{2\pi}\cdot 2\int_{-\pi}^{\pi} P(x)\mathrm{d}x$$

---

① 这就是说,在所给区间上函数$f(x)$本身及其平方$[f(x)]^2$的积分都存在,之所以需要用这个条件,是因为要使证明过程中可以用到这两个函数的积分.

其中 $P(x)$ 表示 $\Phi_n(x)$ 的各项中每次取不同两项所能得出的一切乘积的和,根据240小节中的关系式(3) ~ (5),可知 $P(x)$ 中每项的积分都等于0,而 $\cos^2 kx$ 及 $\sin^2 kx$ 的每个积分等于 π. 结果得

$$\frac{1}{2\pi}\int_{-\pi}^{\pi}\Phi_n^2(x)\,dx=\frac{1}{2}\left[\frac{1}{2}a_0^2+\sum_{k=1}^{n}(a_k^2+b_k^2)\right]$$

因此

$$\frac{1}{2\pi}\int_{-\pi}^{\pi}R_n^2\,dx=\frac{1}{2\pi}\int_{-\pi}^{\pi}f^2(x)\,dx-\frac{1}{2}\left[\frac{1}{2}a_0^2+\sum_{k=1}^{n}(a_k^2+b_k^2)\right]$$

由于等式的左边不是负数,所以右边也不是负数,于是

$$\frac{1}{2}a_0^2+\sum_{k=1}^{n}(a_k^2+b_k^2)\leqslant\frac{1}{\pi}\int_{-\pi}^{\pi}f^2(x)\,dx$$

我们可以看出右边的值是不取决于 n 的,于是这个关系式对于任何 n 都成立,因而当 n 为任何值时所得的级数收敛. 由此可知

$$\frac{1}{2}a_0^2+\sum_{k=1}^{\infty}(a_k^2+b_k^2)\leqslant\frac{1}{\pi}\int_{-\pi}^{\pi}f^2(x)\,dx$$

这就是说,级数的和不大于右边的积分(下面可以知道,事实上左右两边是相等的). 但如果级数收敛,那么它的公项 $a_n^2+b_n^2$ 在 $n\to\infty$ 时应趋于0,而这个公项唯有在 $a_n\to 0$ 及 $b_n\to 0$ 时才可能趋于0. 于是定理证毕.

此外等式(1)还说明一个关于对积分施行极限步骤的极有趣的例子:在 $n\to\infty$ 时被积函数无极限,但是积分仍然趋于0.

推论1 (1)从不等式

$$AB\leqslant\frac{1}{2}(A^2+B^2)$$

出发,设

$$A=|a_n|,B=\frac{1}{n}$$

得

$$\frac{|a_n|}{n}\leqslant\frac{1}{2}\left(a_n^2+\frac{1}{n^2}\right)$$

由于级数 $\sum\limits_{n=1}^{\infty}a_n^2$ 及 $\sum\limits_{n=1}^{\infty}\frac{1}{n^2}$ 收敛(第一个级数之所以收敛,是因为刚才已证级数 $\sum\limits_{n=1}^{\infty}(a_n^2+b_n^2)$ 是收敛的,第二个级数之所以收敛,可根据熟知的准则来判定),故级数 $\sum\limits_{n=1}^{\infty}\frac{|a_n|}{n}$ 也收敛;同理可知级数 $\sum\limits_{n=1}^{\infty}\frac{|b_n|}{n}$ 收敛.

(2) 由于等式(1) 里的函数$f(x)$ 完全是任意的(只要满足所指出的可积分条件),因此我们可以在第一个积分里取乘积$f(x)\sin \frac{1}{2}x$ 作为$f(x)$,在第二个积分里取$f(x)\cos \frac{1}{2}x$ 作为$f(x)$,把所得的两个等式相加

$$\lim_{n\to\infty} \frac{1}{\pi}\int_{-\pi}^{\pi} f(x)\left[\sin \frac{1}{2}x\cos nx + \sin nx\cos \frac{1}{2}x\right] \mathrm{d}x = 0$$

也就是

$$\lim_{n\to\infty} \frac{1}{\pi}\int_{-\pi}^{\pi} f(x)\sin\left(n + \frac{1}{2}\right) x\mathrm{d}x = 0 \tag{2}$$

这个关系式中的$f(x)$ 仍然是一个任意函数,因此我们不难证明类似(2) 的关系式在区间$[-\pi,0]$,$[0,\pi]$ 上成立,这就是

$$\begin{cases} \lim\limits_{n\to\infty} \dfrac{1}{\pi}\displaystyle\int_{-\pi}^{0} f(x)\sin\left(n + \dfrac{1}{2}\right) x\mathrm{d}x = 0 \\ \lim\limits_{n\to\infty} \dfrac{1}{\pi}\displaystyle\int_{0}^{\pi} f(x)\sin\left(n + \dfrac{1}{2}\right) x\mathrm{d}x = 0 \end{cases} \tag{3}$$

我们先证明第一个等式. 在区间$[-\pi,\pi]$ 上确定出一个辅助函数$F(x)$ 如下:它在区间$[-\pi,0]$ 上与定义在该段区间上的函数$f(x)$ 相同,但它在区间$(0,\pi]$ 上恒等于0. 于是根据上面所证明的结论可得

$$\lim_{n\to\infty} \frac{1}{\pi}\int_{-\pi}^{\pi} F(x)\sin\left(n + \frac{1}{2}\right) x\mathrm{d}x = 0$$

即

$$\lim_{n\to\infty} \left[\frac{1}{\pi}\int_{-\pi}^{0} F(x)\sin\left(n + \frac{1}{2}\right) x\mathrm{d}x + \frac{1}{\pi}\int_{0}^{\pi} F(x)\sin\left(n + \frac{1}{2}\right) x\mathrm{d}x\right] = 0$$

第二个积分的被积函数在积分区间上恒等于0,所以第二个积分等于0,而在第一个积分的积分区间上$F(x)$ 恒等于$f(x)$,所以第一个积分里的函数$F(x)$ 可以换成$f(x)$,这样我们就得到关系式(3) 中的第一式. 第二式可用完全相似的方式得出.

我们在证明基本定理时需要用到关系式(2) 及(3).

243. 基本定理

现在要讲关于范围极广泛的一类函数展成三角级数的基本定理.

设在区间$[-\pi,\pi]$ 上给出可积分函数$f(x)$. 现在来求出$f(x)$ 的各个傅里叶系数,并用这些系数暂且单纯按公式作出三角级数

$$\frac{1}{2}a_0 + \sum_{n=1}^{\infty} (a_n\cos nx + b_n\sin nx)$$

其中

$$\begin{cases} a_n = \dfrac{1}{\pi}\displaystyle\int_{-\pi}^{\pi} f(x)\cos nx\mathrm{d}x \quad (n=0,1,2,\cdots) \\ b_n = \dfrac{1}{\pi}\displaystyle\int_{-\pi}^{\pi} f(x)\sin nx\mathrm{d}x \quad (n=1,2,\cdots) \end{cases} \tag{4}$$

这个级数叫作函数 $f(x)$ 的傅里叶级数,至于函数 $f(x)$,则说它是"产生"这个级数的母函数,我们把这个关系写成

$$f(x) \sim \frac{1}{2}a_0 + \sum_{n=1}^{\infty}(a_n\cos nx + b_n\sin nx)$$

在未证明右边收敛且正好收敛为函数 $f(x)$ 以前,暂时避免用等号.

三角级数理论的主要问题,是在说明函数 $f(x)$ 的傅里叶级数能"表示" $f(x)$,也就是能收敛为 $f(x)$ 时所需的那些条件. 解决这个问题的直接方法显然就在于研究傅里叶公式的余项 R_n,即

$$f(x) = \Phi_n(x) + R_n$$

多项式 $\Phi_n(x)$ 是傅里叶级数的第 n 部分和式,因此当 $n\to\infty$ 时,R_n 趋于 0 的事实就相当于傅里叶级数收敛为其母函数 $f(x)$ 的事实. 如果选定用这个直接方法来做,我们便要指出在哪些条件下能保证使 R_n 趋于 0.

首先我们要规定基本定理中所要讲到的一类范围广泛的函数,为此我们来引入第一类间断点的概念.

函数 $f(x)$ 的第一类间断点是像下述 x_0 那样的间断点,当自变量 x 趋于 x_0 时,只是从左边趋于它或只是从右边趋近它,函数才有确定的极限.

第一个极限记为 $f(x_0-0)$,第二个极限记为 $f(x_0+0)$,即

$$\lim_{\Delta x\to 0} f(x_0-\Delta x) = f(x_0-0) \quad (\Delta x>0)$$

$$\lim_{\Delta x\to 0} f(x_0+\Delta x) = f(x_0+0) \quad (\Delta x>0)$$

如果等式

$$f(x_0-0) = f(x_0+0) = f(x_0)$$

成立,那么 x_0 是函数 $f(x)$ 的连续点,但是如果

$$f(x_0-0) = f(x_0+0) \neq f(x_0)$$

或者

$$f(x_0-0) \neq f(x_0+0)$$

那么 x_0 便是第一类间断点,且在第二种情形下在点 x_0 处的函数值可以是任意的(特别是它可以等于极限值 $f(x_0-0)$ 或 $f(x_0+0)$).

例如,函数 $f(x)=\dfrac{1}{1+2^{\frac{1}{x}}}$,$x\neq 0$,$f(0)=0$(见 43 小节中的例 2)及函数

$f(x)=x, x\neq 1, f(1)=\dfrac{1}{2}$(见43小节中的例3)分别在点$x=0$及$x=1$处具有第一类间断点,而函数$f(x)=\sin\dfrac{1}{x}, x\neq 0, f(0)=$任意数在点$x=0$处的间断点却不是第一类间断点,因为$f(0-0)$及$f(0+0)$不存在(见43小节中的例1).

显然可知,函数在第一类间断点处出现有限间断性("突变"),不是第一类间断点的间断点,叫作第二类间断点.

我们提一下以前讲过的下列定义:

如果函数$f(x)$及其一阶导函数$f'(x)$在区间$[a,b]$上连续,我们便说函数$f(x)$在区间$[a,b]$上是光滑①的.$f'(x)$在端点$x=a$及$x=b$处的值,是指当自变量从区间内部趋于这两点时的极限值$f'(a+0)$及$f'(b-0)$.

如果可把区间$[a,b]$分成有限个子区间,使函数$f(x)$在每个子区间上是光滑的,我们便说函数$f(x)$在区间$[a,b]$上是逐段光滑的.

光滑函数的图形是具有"连续转动"切线的连续曲线,这种曲线叫作"光滑"曲线.逐段光滑函数的图形是由有限个光滑弧段组成的曲线,这种曲线叫作逐段光滑曲线.

根据以上所讲的定义可知,如果函数在区间$[a,b]$上逐段光滑,那么它的奇异点只可能是该区间上函数本身或其导函数的有限多个第一类间断点.

我们要知道:

(1) 若$f(x)$是逐段光滑函数,则$f^2(x)$也是逐段光滑函数.

(2) 在一区间上的逐段光滑函数可在该区间上积分.

Ⅰ. 第一定理.

定理 2 如果$f(x)$是区间$[-\pi,\pi]$上的逐段光滑函数,那么它的傅里叶级数在该区间上每点x处收敛为$\dfrac{f(x-0)+f(x+0)}{2}$(也就是,当点x为函数$f(x)$的连续点时,级数收敛为函数本身).在区间的两个端点处,级数的和也等于两个极限值的算术中值:$\dfrac{f(-\pi+0)+f(\pi-0)}{2}$,其中$f(-\pi+0)$及$f(\pi-0)$便是当自变量从区间内部趋于那两个端点时函数的两个极限值.

特别地,在区间$[-\pi,\pi]$上连续的函数,可在区间$(-\pi,\pi)$上展成它的傅里叶级数:如果在区间两个端点处的函数值相等,那么这种展开式在全部闭区间$[-\pi,\pi]$上都成立.

---

① 在有些解析问题里要引用某阶光滑度的概念.本书中所说的光滑度是一阶的.具有n阶光滑度的函数是它本身以及一直到第n阶的各阶导函数都连续的函数.函数具有n阶光滑度的属性比具有较低阶光滑度的属性更强且更有限制性.

我们把已给函数$f(x)$从区间$[-\pi,\pi]$“周期性地延续”到全部x轴上,也就是作出一个周期函数,它的周期等于2π,而它在区间$[-\pi,\pi]$上的一部分与$f(x)$相同.我们仍然用同一个记号$f(x)$来表示新函数,而这也就等于假定函数$f(x)$具有周期2π(图1).如果

$$f(-\pi)=f(\pi)=f(-\pi+0)=f(\pi-0)$$

那么在点$x=\pi+2k\pi(k=0,\pm1,\pm2,\cdots)$处函数将是连续的.

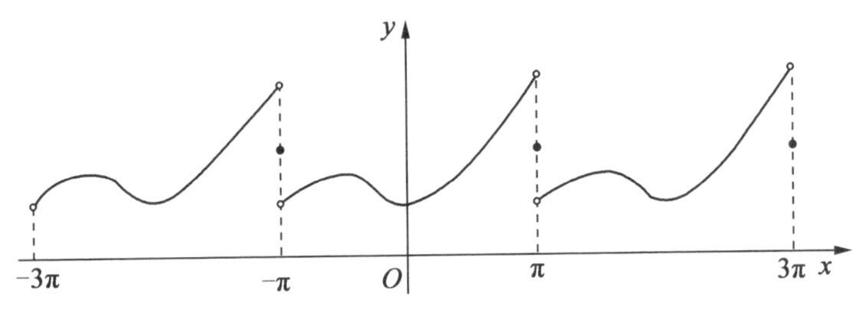

图1

为了使证明更加清楚起见,我们先证明函数为连续的点处的情形,然后再证明区间$[-\pi,\pi]$上任意点处的一般情形.

我们来看n阶傅里叶公式的余项R_n(见241小节),即

$$R_n=\frac{1}{\pi}\int_{-\pi}^{\pi}-[f(x+u)-f(x)]\frac{\sin\left(n+\frac{1}{2}\right)u}{2\sin\frac{1}{2}u}\mathrm{d}u$$

把这个等式改写为

$$R_n=\frac{1}{\pi}\int_{-\pi}^{\pi}-\frac{f(x+u)-f(x)}{u}\frac{\frac{1}{2}u}{\sin\frac{1}{2}u}\sin\left(n+\frac{1}{2}\right)u\mathrm{d}u$$

或

$$R_n=\frac{1}{\pi}\int_{-\pi}^{\pi}F(u)\sin\left(n+\frac{1}{2}\right)u\mathrm{d}u$$

其中

$$F(u)=-\frac{f(x+u)-f(x)}{u}\frac{\frac{1}{2}u}{\sin\frac{1}{2}u}$$

上面所得R_n的式子正好是242小节中式子(2)的形式,因此,如同已经证明过的,只要$F(u)$及$F^2(u)$可积分,便可知当$n\to\infty$时R_n趋于0.而这里$F(u)$及$F^2(u)$的可积分性是由函数$f(x)$的逐段光滑性所保证的.因为如果把x看作连

续函数 $f(x)$ 的固定点,便可知函数 $F(u)$ 在区间 $[-\pi,\pi]$ 上只可能具有有限个间断点,而且这些点就是函数 $f(x+u)$ 的间断点及点 $u=0$,同时所有的间断点都是第一类间断点. 最后这句话显然只需要对点 $u=0$ 加以证实.

但若 u 保持在 0 的一侧(它只是正的量或只是负的量)而趋于 0,则由于函数 $f(u)$ 具有逐段光滑性而知 $\dfrac{f(x+u)-f(x)}{u}$ 趋于确定的极限 $f'(x-0)$ 或 $f'(x+0)$(两者也可能相等),并且

$$\lim \frac{\frac{1}{2}u}{\sin \frac{1}{2}u}=1$$

所以 $F(u)$ 是逐段光滑函数,因而 $R_n \to 0$.

现在设 x 是区间 $[-\pi,\pi]$ 上的任意固定点. 这时上面的论证就不成立,而且不成立的正是最后的一部分论证,因为 x 既然可能是函数 $f(x)$ 的间断点,所以函数 $F(u)$ 在 $u\to 0$ 时可能没有确定值也可能趋于无穷大. 如果我们仔细查看前面的整个证明过程,就可发现论证里面应加以修改的那个出发点. 这便是 241 小节里面的公式(13). 由于 $\dfrac{\sin\left(n+\frac{1}{2}\right)u}{2\sin \frac{1}{2}u}$ 是个偶函数,得

$$\frac{1}{\pi}\int_{-\pi}^{0}\frac{\sin\left(n+\frac{1}{2}\right)u}{2\sin \frac{1}{2}u}\mathrm{d}u=\frac{1}{\pi}\int_{0}^{\pi}\frac{\sin\left(n+\frac{1}{2}\right)u}{2\sin \frac{1}{2}u}\mathrm{d}u=\frac{1}{2}$$

由此得

$$\frac{1}{2}f(x-0)=\frac{1}{\pi}\int_{-\pi}^{0}f(x-0)\frac{\sin\left(n+\frac{1}{2}\right)u}{\sin \frac{1}{2}u}\mathrm{d}u$$

$$\frac{1}{2}f(x+0)=\frac{1}{\pi}\int_{0}^{\pi}f(x+0)\frac{\sin\left(n+\frac{1}{2}\right)u}{\sin \frac{1}{2}u}\mathrm{d}u$$

于是

$$\frac{f(x-0)+f(x+0)}{2}$$

$$=\frac{1}{\pi}\int_{-\pi}^{0}f(x-0)\frac{\sin\left(n+\frac{1}{2}\right)u}{2\sin \frac{1}{2}u}\mathrm{d}u+\frac{1}{\pi}\int_{0}^{\pi}f(x+0)\frac{\sin\left(n+\frac{1}{2}\right)u}{\sin \frac{1}{2}u}\mathrm{d}u$$

我们把241小节中表示 $\Phi_n(x)$ 的式子(12)写成

$$\Phi_n(x)=\frac{1}{\pi}\int_{-\pi}^{0} f(x+u)\frac{\sin\left(n+\frac{1}{2}\right)u}{2\sin\frac{1}{2}u}\mathrm{d}u+\frac{1}{\pi}\int_{0}^{\pi} f(x+u)\frac{\sin\left(n+\frac{1}{2}\right)u}{2\sin\frac{1}{2}u}\mathrm{d}u$$

把 $f(x)$ 换成两个极限值的算术中值之后,取差式

$$R'_n=\frac{f(x-0)+f(x+0)}{2}-\Phi_n(x)$$

来代替 R_n. 把前面所指出的积分式子代入这个差式中,得

$$R'_n=\frac{1}{\pi}\int_{-\pi}^{0}-F_1(u)\sin\left(n+\frac{1}{2}\right)u\mathrm{d}u+\frac{1}{\pi}\int_{0}^{\pi}-F_2(u)\sin\left(n+\frac{1}{2}\right)u\mathrm{d}u$$

其中

$$F_1(u)=\frac{f(x+u)-f(x-0)}{u}\frac{\frac{1}{2}u}{\sin\frac{1}{2}u}$$

$$F_2(u)=\frac{f(x+u)-f(x+0)}{u}\frac{\frac{1}{2}u}{\sin\frac{1}{2}u}$$

下面只要重复以前的推理即可. 函数 $F_1(u)$ 及 $F_2(u)$ 是逐段光滑的:第一个函数在区间 $[-\pi,0]$ 上,第二个函数在区间 $[0,\pi]$ 上. 与以前一样,要证明这个结论,只要考察函数在点 $u=0$ 处的性质即可. 例如取定义在区间 $[-\pi,0]$ 上的函数 $F_1(u)$,由于 $f(x)$ 是逐段光滑的,故当 $u<0$ 且 $u\to0$ 时,$F_1(u)$ 趋于一定的极限 $f'(x-0)$. 同样当 $u>0$ 且 $u\to0$ 时,$F_2(u)\to f'(x+0)$. 但若 $F_1(u)$ 及 $F_2(u)$ 是逐段光滑的,则根据242小节中的公式(3)可知 R'_n 的表达式中每个积分在 $n\to\infty$ 时趋于0. 由此得

$$\lim_{n\to\infty}\Phi_n(x)=\frac{1}{2}[f(x-0)+f(x+0)]$$

即是所要证明的结论.

点 $x=-\pi$ 及点 $x=\pi$ 并非例外,因为我们已把函数 $f(x)$ 周期性地延续到基本区间 $[-\pi,\pi]$ 以外.

Ⅱ. 第二定理. 现在我们不加证明来陈述第二个基本定理,即狄利克雷[①]定理:

定理3 若函数 $f(x)$ 在区间 $[-\pi,\pi]$ 上具有有限个极值点,且除了可能

① 狄利克雷(Dirichlet,1805—1859),德国著名数学家.

有有限个第一类间断点,函数在其他地方是连续的,则$f(x)$的傅里叶级数在区间$[-\pi,\pi]$上每一点x处收敛为$\frac{f(x-0)+f(x+0)}{2}$(特别是在函数$f(x)$的连续点处收敛为$f(x)$本身),级数的和在区间两端点处的值也等于当自变量从区间内部趋于两端点时函数的两个极限值的算术中值

$$\frac{f(-\pi+0)+f(\pi-0)}{2}$$

我们要知道,如果间断函数$f(x)$可以展成傅里叶级数,那么把间断点处的函数$f(x)$换成式子

$$\frac{f(x-0)+f(x+0)}{2}$$

后,便可用"="来代替记号"~".

与第一个基本定理一样,狄利克雷定理也适用于很广泛的一类函数. 第一个定理虽然容许函数具有无穷多个极值点,但它需要函数有连续的一阶导函数存在(除了有限个点可能是例外),第二个定理虽然对极值点的个数有限制,但它对于导函数存在的事显然丝毫没有假定. 在数学解析及其应用上所碰到的任何函数,都满足第一个定理或第二个定理中的条件. 同时它们也包括了平常可能碰到的一切可能有的函数. 因此每个这种函数在区间$[-\pi,\pi]$上处处[间断点(可能还有点$x=\pm\pi$)除外]可用其傅里叶级数表示. 但值得注意的是,要使函数可展成傅里叶级数的定理成立,单单具有连续性是不够的,而且即使在这种情况下,还必须加上另外的条件.

有些连续函数的傅里叶级数在某几点处发散,这种函数的性质虽然过于"造作",但像这种函数的例子是存在的.

上述基本定理在理论与实用上的深刻意义,表现在傅里叶级数所能表示的那类函数的广泛性上. 首先是它揭露出数学解析方法的功效,它使数学上稍微有些用处的函数都能用解析式子表达出来.

由于"振荡无数次"的以及在无穷多点处都没有一定方向的曲线是不可能具体画出来的,因此若设想有一条"随手"画出来的任意曲线,那么至少从理论上讲,我们相信是有方法列出它的方程来的,并且在函数用图形或表格给出时,用三角级数来实际求出它的解析表达式是很方便的.

其次,三角级数在数学的许多分支上有很重要的应用,并且在解数理物理上的难题时是个特别便利的方法. 而三角级数的理论也正是由于要提出并研究力学及物理学上一系列具体问题的结果而产生出来的. 这门值得注意的解析学也与数理物理的发展有极密切的关系.

最后,如同在241小节最后所说的,我们应该知道幂级数所确定的一类函数,范围比三角级数所确定的那类函数窄得多. 事实上,若函数可用幂级数表

示,则我们知道它在级数的收敛区间上不仅是连续的,而且还是无穷次可微分的. 幂级数的各系数可用函数在一点处的各阶导数值算出来,因此知道了该点邻域上的函数之后便可作出全部幂级数,因而可作出收敛区间上的全部函数. 因此解析函数的"个别部分"是这样彼此联系着的,以致仅仅某一部分函数值的变动,便会使函数不能再用幂级数表示,也就是使函数变成非解析函数.

但是三角级数的系数却是由全部函数确定出的(见 240 小节中的公式(8)),因此任一处函数值的变动只会改变级数中系数的大小(这里所提到的变动,当然是不至于使函数越出可展成傅里叶级数的那一类函数范围的).

244. 任意区间、举例

Ⅰ. 区间$[-l,l]$. 设函数给出于区间$[-l,l]$上,其中l为任意数. 现在我们来讲怎样把这个函数展成傅里叶级数的问题. 如果函数$f(x)$在区间$[-l,l]$上满足第一个基本定理或第二个基本定理中的条件,那么函数可能展成傅里叶级数,并且用公式$x'=\frac{\pi}{l}x$置换变量后便不难得出展开式. 做上述置换后,我们把所论问题化为前述在区间$[-\pi,\pi]$上展成傅里叶级数的问题.

展开后,傅里叶级数的形式将是

$$f(x)=f\left(\frac{l}{\pi}x'\right)=\frac{a_0}{2}+\sum_{n=1}^{\infty}(a_n\cos nx'+b_n\sin nx')$$

或

$$f(x)=\frac{a_0}{2}+\sum_{n=1}^{\infty}\left(a_n\cos n\frac{\pi}{l}x+b_n\sin n\frac{\pi}{l}x\right)$$

其中

$$a_n=\frac{1}{\pi}\int_{-\pi}^{\pi}f\left(\frac{l}{\pi}x'\right)\cos nx'\mathrm{d}x'=\frac{1}{l}\int_{-l}^{l}f(x)\cos n\frac{\pi}{l}x\mathrm{d}x$$

$$b_n=\frac{1}{\pi}\int_{-\pi}^{\pi}f\left(\frac{l}{\pi}x'\right)\sin nx'\mathrm{d}x'=\frac{1}{l}\int_{-l}^{l}f(x)\sin n\frac{\pi}{l}x\mathrm{d}x$$

这时傅里叶级数的和是具有周期$2l$的周期函数.

所以,研究关于傅里叶级数的问题时,总可以限于考虑区间为$[-\pi,\pi]$的情形,因为任何区间$[-l,l]$都可以化为这种区间.

Ⅱ. 缺项级数. 假设展成傅里叶级数的函数$f(x)$是偶函数. 于是函数$f(x)\sin kx$是奇函数,因而所有的系数b_k都是0. 结果便知偶函数具有缺项的傅里叶级数,即单独由余弦项所构成的级数

$$a_0+\sum_{n=1}^{\infty}a_n\cos nx$$

其中

$$a_n = \frac{1}{\pi}\int_{-\pi}^{\pi} f(x)\cos nx\mathrm{d}x = \frac{2}{\pi}\int_{0}^{\pi} f(x)\cos nx\mathrm{d}x$$

因为$f(x)\cos nx$是偶函数.

现在假设$f(x)$是奇函数. 这时$f(x)\cos kx$是奇函数,于是所有的系数a_k都等于0. 结果知奇函数具有缺项的傅里叶级数,即单独由正弦项所构成的级数

$$\sum_{n=1}^{\infty} b_n\sin nx$$

其中

$$b_n = \frac{1}{\pi}\int_{-\pi}^{\pi} f(x)\sin nx\mathrm{d}x = \frac{2}{\pi}\int_{0}^{\pi} f(x)\sin nx\mathrm{d}x$$

因为$f(x)\sin nx$是偶函数.

Ⅲ. 任意区间. 设要把区间$[0,\pi]$(或可化为该区间的任何区间$[0,l]$)上的函数$f(x)$展成三角级数. 我们可以把函数$f(x)$任意"延续"到区间$[-\pi,0]$上,但应使延续后在区间$[-\pi,\pi]$上所得的函数$F(x)$(它在区间$[0,\pi]$上与函数$f(x)$相合)适合第一个基本定理或第二个基本定理中的条件. 把函数$F(x)$展成傅里叶级数以后,就得到在区间$[0,\pi]$上代表函数$f(x)$的所求级数(尽管它在区间$[-\pi,0]$上所代表的函数$f(x)$与已给函数根本无关).

特别地,$f(x)$可以"偶式延续"到区间$[-\pi,0]$上(意思就是把函数$f(x)$的图形"延续得对称"于y轴). 这时$F(x)$是偶函数,于是级数是缺项的(没有正弦项). 如果$f(x)$是"奇式延续"到区间$[-\pi,0]$上(意思就是把图形延续得对称于原点),那么$F(x)$是奇函数,级数也将是缺项的(只有正弦项).

于是我们得到结论:如果函数$f(x)$可以展成三角级数,那么在区间$[0,\pi]$上的这种展开式是有无穷多种的. 函数可用各种不同的(用全项的或缺项的)傅里叶级数来代表. 由此可知我们可以作出任意多个收敛的三角级数,使它们在区间$[0,\pi]$上代表同一个函数,而在区间$[-\pi,0]$上则代表样式极其纷繁的各种函数.

从这里可以再一次特别明显地看出,函数概念及其解析式子概念两者间的区别是有必要的.

Ⅳ. 复数形式的傅里叶级数. 利用复数及欧拉公式,可使函数$f(x)$在区间$[-\pi,\pi]$上的傅里叶级数具有简便而容易记忆的形式.

设

$$f(x) = \frac{1}{2}a_0 + \sum_{n=1}^{\infty}(a_n\cos nx + b_n\sin nx)$$

引入复数$a_n - \mathrm{i}b_n$,并用c_n来表示它

$$a_n - \mathrm{i}b_n = c_n$$

根据表示 a_n 及 b_n 的欧拉 - 傅里叶公式可得

$$c_n = \frac{1}{\pi}\int_{-\pi}^{\pi} f(x)(\cos nx - \mathrm{i}\sin nx)\mathrm{d}x$$

而根据欧拉公式,这就是

$$c_n = \frac{1}{\pi}\int_{-\pi}^{\pi} f(x)\mathrm{e}^{-\mathrm{i}nx}\mathrm{d}x \tag{5}$$

不难看出,$a_n\cos nx + b_n\sin nx$ 是乘积

$$(a_n - \mathrm{i}b_n)(\cos nx + \mathrm{i}\sin nx) = c_n\mathrm{e}^{\mathrm{i}nx}$$

的实部,而 $c_n\mathrm{e}^{\mathrm{i}nx}$ 又可以表示为$\frac{1}{2}(c_n\mathrm{e}^{\mathrm{i}nx} + \bar{c}_n\mathrm{e}^{-\mathrm{i}nx})$,其中$\bar{c}_n$ 是 c_n 的共轭复数

$$\bar{c}_n = a_n + \mathrm{i}b_n$$

于是

$$a_n\cos nx + b_n\sin nx = \frac{1}{2}(c_n\mathrm{e}^{\mathrm{i}nx} + \bar{c}_n\mathrm{e}^{-\mathrm{i}nx})$$

因此

$$f(x) = \frac{1}{2}a_0 + \frac{1}{2}\sum_{n=1}^{\infty} c_n\mathrm{e}^{\mathrm{i}nx} + \frac{1}{2}\sum_{n=1}^{\infty} \bar{c}_n\mathrm{e}^{-\mathrm{i}nx}$$

由于$\bar{c}_n$ 可以从公式(5) 中把 n 换成 $-n$ 而得出,因此上面的等式可改写为

$$f(x) = \frac{1}{2}\sum_{n=-\infty}^{+\infty} c_n\mathrm{e}^{\mathrm{i}nx}$$

其中

$$c_n = \frac{1}{\pi}\int_{-\pi}^{\pi} f(x)\mathrm{e}^{-\mathrm{i}nx}\mathrm{d}x$$

这里求和的指标 n 取遍从 $-\infty$ 到 $+\infty$ 的全部整数值. 如果把因子$\frac{1}{2}$ 与系数 c_n 并在一起,并且还把公式改变为任意区间$[-l,l]$ 上的情形,那么可把傅里叶展开式写成下列形式

$$f(x) = \sum_{n=-\infty}^{+\infty} d_n\mathrm{e}^{\mathrm{i}n\frac{\pi}{l}x}$$

其中

$$d_n = \frac{1}{2l}\int_{-l}^{l} f(x)\mathrm{e}^{-\mathrm{i}n\frac{\pi}{l}x}\mathrm{d}x$$

V. 例.

(1) 函数$f(x)$ 在区间$[-\pi,\pi]$ 上的定义如下:当$0 \leqslant x \leqslant \pi$ 时

$$f(x) = ax$$

当 $-\pi \leqslant x \leqslant 0$ 时

$$f(x) = bx$$

其中a及b是常数. 现在要把这个函数展成三角级数. 这个函数显然满足两个基本定理中的条件. $f(x)$ 的图形是由直线 $y = ax$ 及 $y = bx$ 中的两段所形成的折线(图2).

下面算出函数$f(x)$ 的傅里叶系数. 首先,当 $n \neq 0$ 时,得

$$\begin{aligned} a_n &= \frac{1}{\pi}\int_{-\pi}^{\pi} f(x)\cos nx\mathrm{d}x \\ &= \frac{1}{\pi}\int_{-\pi}^{0} bx\cos nx\mathrm{d}x + \frac{1}{\pi}\int_{0}^{\pi} ax\cos nx\mathrm{d}x \\ &= \frac{b}{\pi}\left(\frac{x\sin nx}{n}\bigg|_{-\pi}^{0} - \int_{-\pi}^{0}\frac{\sin nx}{n}\mathrm{d}x\right) + \frac{a}{\pi}\left(\frac{x\sin nx}{n}\bigg|_{0}^{\pi} - \int_{0}^{\pi}\frac{\sin nx}{n}\mathrm{d}x\right) \\ &= \frac{b}{\pi}\,\frac{\cos nx}{n^2}\bigg|_{-\pi}^{0} + \frac{a}{\pi}\,\frac{\cos nx}{n^2}\bigg|_{0}^{\pi} \\ &= \frac{b}{\pi n^2}[1-(-1)^n] + \frac{a}{\pi n^2}[(-1)^n - 1] \\ &= \frac{b-a}{\pi n^2}[1-(-1)^n] \end{aligned}$$

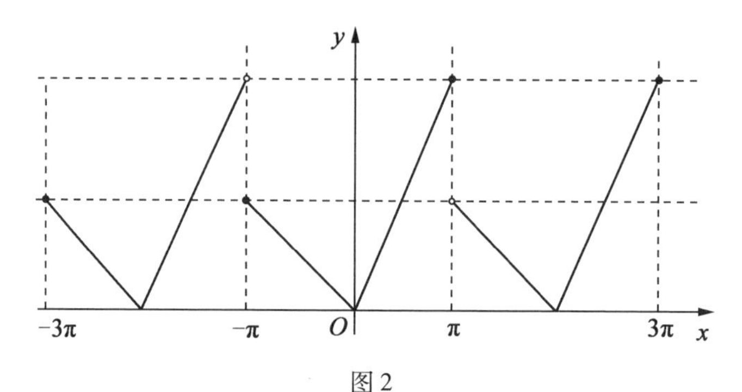

图2

也就是

$$a_1 = \frac{b-a}{\pi\cdot 1^2}\cdot 2, a_2 = 0, a_3 = \frac{b-a}{\pi\cdot 3^2}\cdot 2, a_4 = 0, \cdots$$

当 $n = 0$ 时,得

$$a_0 = \frac{1}{\pi}\int_{-\pi}^{0} bx\mathrm{d}x + \frac{1}{\pi}\int_{0}^{\pi} ax\mathrm{d}x = \frac{a-b}{2}\pi$$

其次

$$b_n=\frac{1}{\pi}\int_{-\pi}^{\pi}f(x)\sin nx\mathrm{d}x=\frac{1}{\pi}\int_{-\pi}^{0}bx\sin nx\mathrm{d}x+\frac{1}{\pi}\int_{0}^{\pi}ax\sin nx\mathrm{d}x$$

$$=\frac{b}{\pi}\left(-\frac{x\cos nx}{n}\Big|_{-\pi}^{0}+\int_{-\pi}^{0}\frac{\cos nx}{n}\mathrm{d}x\right)+\frac{a}{\pi}\left(-\frac{x\cos nx}{n}\Big|_{0}^{\pi}+\int_{0}^{\pi}\frac{\cos nx}{n}\mathrm{d}x\right)$$

$$=\frac{b}{\pi}\frac{-\pi}{n}(-1)^n-\frac{a}{\pi}\frac{\pi}{n}(-1)^n=\frac{a+b}{n}(-1)^{n+1}$$

也就是

$$b_1=\frac{a+b}{1},b_2=-\frac{a+b}{2},b_3=\frac{a+b}{3},b_4=-\frac{a+b}{4},\cdots$$

于是傅里叶级数的形式为

$$f(x)=\frac{a-b}{4}\pi+\left(\frac{b-a}{\pi}\cdot\frac{2}{1^2}\cos x+\frac{a+b}{1}\sin x\right)-\frac{a+b}{2}\sin 2x+$$

$$\left(\frac{b-a}{\pi}\cdot\frac{2}{3^2}\cos 3x+\frac{a+b}{3}\sin 3x\right)-\frac{a+b}{4}\sin 4x+\cdots$$

或

$$f(x)=\frac{a-b}{4}\pi+\frac{2(b-a)}{\pi}\left(\frac{1}{1^2}\cos x+\frac{1}{3^2}\cos 3x+\cdots\right)+$$

$$(a+b)\left(\sin x-\frac{1}{2}\sin 2x+\frac{1}{3}\sin 3x-\cdots\right)$$

级数在区间$(-\pi,\pi)$上代表函数$f(x)$，而在点$x=\pm\pi$处，它等于

$$\frac{f(-\pi+0)+f(\pi-0)}{2}=\frac{-b\pi+a\pi}{2}=\pi\frac{a-b}{2}$$

在$x=\pm\pi$时，便得到表示数π的一个有趣的数项级数. 我们有

$$\pi\frac{a-b}{2}=\frac{a-b}{4}\pi+\frac{2(a-b)}{\pi}\left(\frac{1}{1^2}+\frac{1}{3^2}+\frac{1}{5^2}+\cdots\right)$$

由此得

$$\frac{\pi^2}{8}=\frac{1}{1^2}+\frac{1}{3^2}+\frac{1}{5^2}+\cdots$$

从这个$\frac{\pi^2}{8}$的展开式，可得其他几个有趣的公式. 设

$$\sigma=\frac{1}{1^2}+\frac{1}{2^2}+\frac{1}{3^2}+\frac{1}{4^2}+\cdots$$

$$\sigma_1=\frac{1}{1^2}+\frac{1}{3^2}+\frac{1}{5^2}+\cdots\left(=\frac{\pi^2}{8}\right)$$

$$\sigma_2=\frac{1}{2^2}+\frac{1}{4^2}+\frac{1}{6^2}+\cdots$$

我们有

$$\sigma=\sigma_1+\sigma_2,\sigma_2=\frac{1}{4}\sigma=\frac{1}{4}(\sigma_1+\sigma_2)$$

或

$$3\sigma_2=\sigma_1$$

也就是

$$\sigma_2=\frac{\pi^2}{24}$$

由此可知

$$\sigma=\frac{\pi^2}{8}+\frac{\pi^2}{24}=\frac{\pi^2}{6}$$

也就是

$$\frac{\pi^2}{6}=\frac{1}{1^2}+\frac{1}{2^2}+\frac{1}{3^2}+\frac{1}{4^2}+\frac{1}{5^2}+\cdots$$

在区间$[-\pi,\pi]$上的函数$f(x)$不是初等函数,而有了傅里叶级数,我们便能用极简单的初等函数来表示它.

我们来看所得展开式的几种特殊情形.

设

$$a=1,b=-1$$

于是在区间上可得$f(x)=|x|$(图3).这时得展开式

$$f(x)=\frac{1}{2}\pi-\frac{4}{\pi}\left(\frac{1}{1^2}\cos x+\frac{1}{3^2}\cos 3x+\frac{1}{5^2}\cos 5x+\cdots\right)$$

这个展开式对任何x都成立,因函数$f(x)$(周期性地延续后)是在全部数轴上的连续函数,且其导函数在点$x=k\pi$ $(k=0,\pm1,\pm2,\cdots)$处具有有限的间断性.

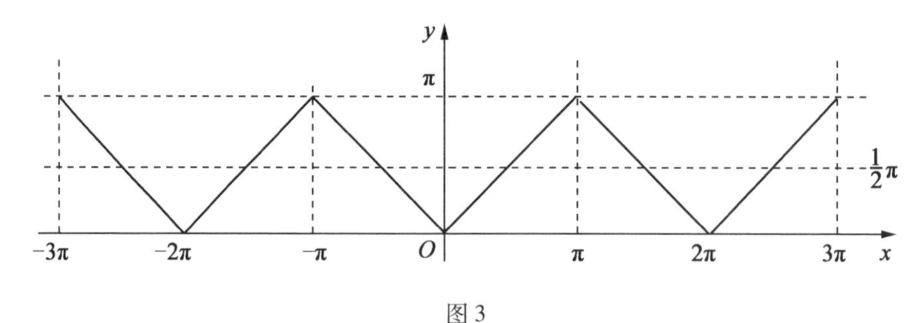

图3

$f(x)=|x|$是偶函数,并且我们也可以把它看作区间$[0,\pi]$上的函数$y=x$"偶式延续"到区间$[-\pi,0]$上时所得的结果.

设$b=a=1$,于是$f(x)=x$(图4),级数的形式为

$$f(x)=2\left(\sin x-\frac{1}{2}\sin 2x+\frac{1}{3}\sin 3x-\cdots\right)$$

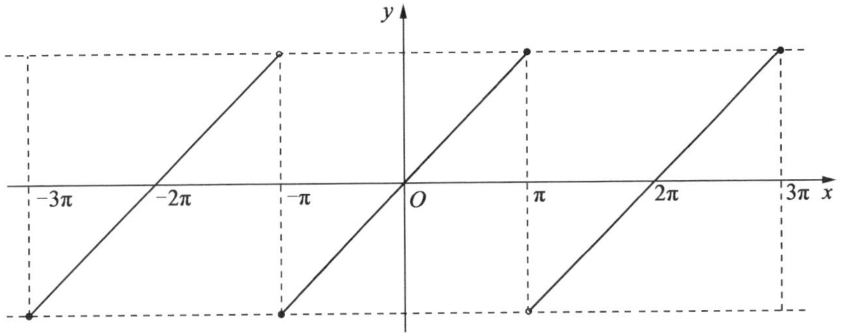

图 4

这个等式对于一切$x(-\pi<x<\pi)$都成立,而当$x=\pm\pi$时,级数的和等于0. 当$x=\frac{\pi}{2}$时得到已知的表示数π的级数(所得是 $\arctan x$ 的泰勒展开式)

$$\frac{\pi}{4}=1-\frac{1}{3}+\frac{1}{5}-\cdots$$

函数$f(x)=x$在区间$[-\pi,\pi]$上是一个奇函数,它可以看作在区间$[0,\pi]$上的已给函数$y=x$"奇式延续"到区间$[-\pi,0]$上所得的结果.

由此可见区间$[0,\pi]$上的函数$f(x)=x$既可用"偶式"三角级数表示,也可用"奇式"三角级数表示

$$x=\frac{\pi}{2}-\frac{4}{\pi}\left(\frac{1}{1^2}\cos x+\frac{1}{3^2}\cos 3x+\frac{1}{5^2}\cos 5x+\cdots\right)$$
$$=2\left(\sin x-\frac{1}{2}\sin 2x+\frac{1}{3}\sin 3x-\cdots\right)$$

设$a=0,b=1$,于是当$0\leqslant x\leqslant\pi$时,$f(x)=0$;当$-\pi\leqslant x\leqslant 0$时,$f(x)=x$(图5). 这时得级数

$$f(x)=-\frac{\pi}{4}+\frac{2}{\pi}\left(\frac{1}{1^2}\cos x+\frac{1}{3^2}\cos 3x+\frac{1}{5^2}\cos 5x+\cdots\right)+$$
$$\left(\sin x-\frac{1}{2}\sin 2x+\frac{1}{3}\sin 3x-\cdots\right)$$

这个级数在区间$[0,\pi]$上处处收敛为0,而在区间$[-\pi,0]$上则等于x. 当$x=\pm\pi$时,它的和等于$-\frac{\pi}{2}$.

(2) 有函数在区间$[0,\pi]$上等于常数1,$f(x)=1$. 我们把它展成三角级数时,可以用任意方式把它延续到区间$[-\pi,0]$上,特别是做"偶式"或"奇式"的延续(图6).

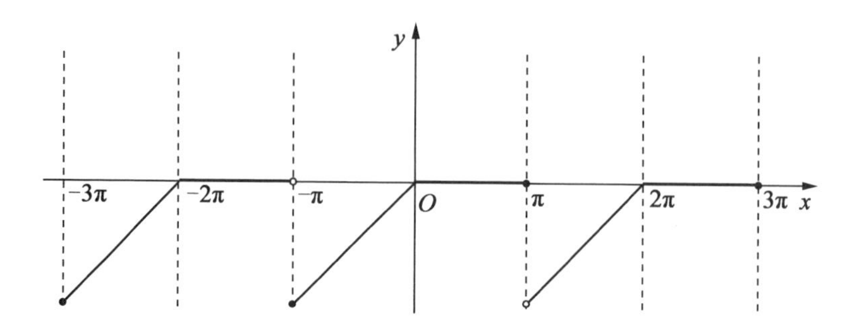

图 5

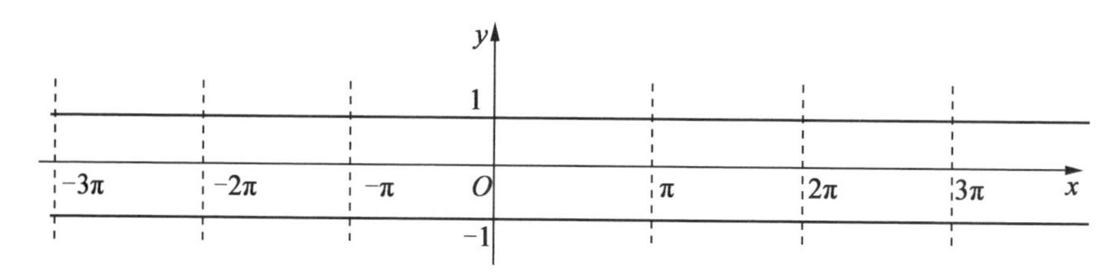

图 6

不难看出,在做“偶式”延续时,傅里叶级数只剩零次项,而所得的是一个恒等式 $1 = 1$.

我们做奇式延续,于是

$$b_n = \frac{2}{\pi}\int_0^{\pi} \sin nx\mathrm{d}x = \frac{2}{\pi} \cdot \left.\frac{-\cos nx}{n}\right|_0^{\pi} = \frac{2}{\pi n}[1 - (-1)^n]$$

也就是

$$b_1 = \frac{4}{\pi \cdot 1}, b_2 = 0, b_3 = \frac{4}{\pi \cdot 3}, \cdots$$

这样在 $0 < x < \pi$ 时,得

$$1 = \frac{4}{\pi}\left(\sin x + \frac{1}{3}\sin 3x + \frac{1}{5}\sin 5x + \cdots\right)$$

由此得

$$\frac{\pi}{4} = \sin x + \frac{1}{3}\sin 3x + \frac{1}{5}\sin 5x + \cdots \quad (0 < x < \pi)$$

在区间 $[-\pi, 0]$ 上右边的级数的和处处等于 $\frac{\pi}{4}$,而在点 $x = -\pi, x = 0, x = \pi$ 处,它等于 0. 在与基本区间 $[-\pi, \pi]$ 相差整数倍周期的任何区间上,级数的性质也与这类似.

特别是当 $x = \frac{\pi}{2}$ 时又得到熟知的级数

$$\frac{\pi}{4}=1-\frac{1}{3}+\frac{1}{5}-\cdots$$

(3) 求函数$f(x)=|\sin x|$（图7）的傅里叶级数. 这个函数可以由区间$[0,\pi]$上的函数$\sin x$“偶式延续”到区间$[-\pi,0]$上而得出. 因此

$$a_0=\frac{2}{\pi}\int_0^\pi \sin x\mathrm{d}x=\frac{4}{\pi}$$

$$\begin{aligned}a_n&=\frac{2}{\pi}\int_0^\pi \sin x\cos nx\mathrm{d}x\\&=\frac{1}{\pi}\int_0^\pi[\sin(n+1)x-\sin(n-1)x]\mathrm{d}x\\&=\begin{cases}0 & (n\text{ 为奇数时})\\ \dfrac{-4}{\pi(n^2-1)} & (n\text{ 为偶数时})\end{cases}\end{aligned}$$

所以

$$|\sin x|=\frac{2}{\pi}-\frac{4}{\pi}\left(\frac{1}{1\cdot 3}\cos 2x+\frac{1}{3\cdot 5}\cos 4x+\frac{1}{5\cdot 7}\cos 6x+\cdots+\frac{1}{(2n-1)(2n+1)}\cos 2nx+\cdots\right)$$

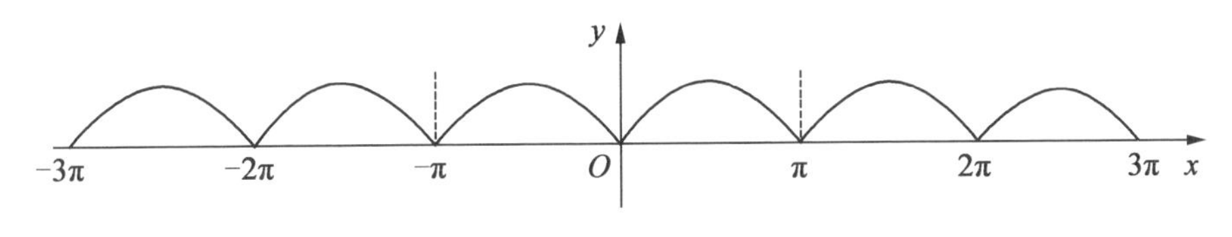

图 7

这个展开式对任何x都成立. 特别是当$x=0$时得到关系式

$$\frac{1}{2}=\frac{1}{1\cdot 3}+\frac{1}{3\cdot 5}+\frac{1}{5\cdot 7}+\cdots+\frac{1}{(2n-1)(2n+1)}+\cdots$$

这在初等数学上也极容易证明.

245. 傅里叶级数的均匀收敛性、“在方均值意义上”的收敛性

Ⅰ. 均匀收敛性. 在基本定理（见243小节）中，我们给出已知函数的傅里叶级数为收敛的充分条件. 但此外我们还应该知道在什么条件下级数的收敛性质是均匀的，因为唯有级数为均匀收敛时，才能保证同一个傅里叶多项式是函数在全部区间上具有同一误差的近似式. 在间断点的邻域上，傅里叶级数显然不可能是均匀收敛的，否则根据141小节中的一般定理，它的和将是一个连续函数.

现在我们来证明下面的定理：

定理4　若函数$f(x)$在区间$[-\pi,\pi]$上连续且具有逐段光滑的导函数，又在区间的两端点处具有相等的值

$$f(-\pi)=f(\pi)$$

则其傅里叶级数在全部区间$[-\pi,\pi]$上均匀收敛为$f(x)$.

写出傅里叶系数的表达式

$$a_n=\frac{1}{\pi}\int_{-\pi}^{\pi}f(x)\cos nx\mathrm{d}x,b_n=\frac{1}{\pi}\int_{-\pi}^{\pi}f(x)\sin nx\mathrm{d}x$$

并应用分部积分法

$$a_n=\frac{1}{\pi}f(x)\frac{\sin nx}{n}\Big|_{-\pi}^{\pi}-\frac{1}{\pi n}\int_{-\pi}^{\pi}f'(x)\sin nx\mathrm{d}x$$

$$=-\frac{1}{\pi n}\int_{-\pi}^{\pi}f'(x)\sin nx\mathrm{d}x=-\frac{b'_n}{n}$$

$$b_n=-\frac{1}{\pi}f(x)\frac{\cos nx}{n}\Big|_{-\pi}^{\pi}+\frac{1}{\pi n}\int_{-\pi}^{\pi}f'(x)\cos nx\mathrm{d}x$$

$$=\frac{1}{\pi n}\int_{-\pi}^{\pi}f'(x)\cos nx\mathrm{d}x=\frac{a'_n}{n}$$

因

$$f(-\pi)=f(\pi)$$

上式中a'_n及b'_n表示函数$f'(x)$的傅里叶系数. 由所设$f'(x)$具有逐段光滑性的条件,故可根据242小节所讲定理的推论1断定级数

$$\sum_{n=1}^{\infty}\frac{|a'_n|}{n}=\sum_{n=1}^{\infty}|b_n|$$

及

$$\sum_{n=1}^{\infty}\frac{|b'_n|}{n}=\sum_{n=1}^{\infty}|a_n|$$

为收敛的,但由于

$$|a_n\cos nx+b_n\sin nx|\leqslant|a_n|+|b_n|$$

故根据魏尔斯特拉斯准则(见141小节)可知傅里叶级数

$$\frac{1}{2}a_0+\sum_{n=1}^{\infty}(a_n\cos nx+b_n\sin nx)$$

为均匀(且绝对)收敛的.

特别地,级数

$$\frac{1}{2}\pi-\frac{4}{\pi}\left(\frac{1}{1^2}\cos x+\frac{1}{3^2}\cos 3x+\frac{1}{5^2}\cos 5x+\cdots\right)$$

（见244小节）均匀收敛①为“折线”函数（$y=|x|$），其图形如图3. 在图8及图9上可以明显看出傅里叶多项式接近于原有函数时的均匀性. 在图中用细线表示级数中先后相继的几个谐量图形，用粗线表示对应傅里叶多项式（那几个谐量的和）的图形.

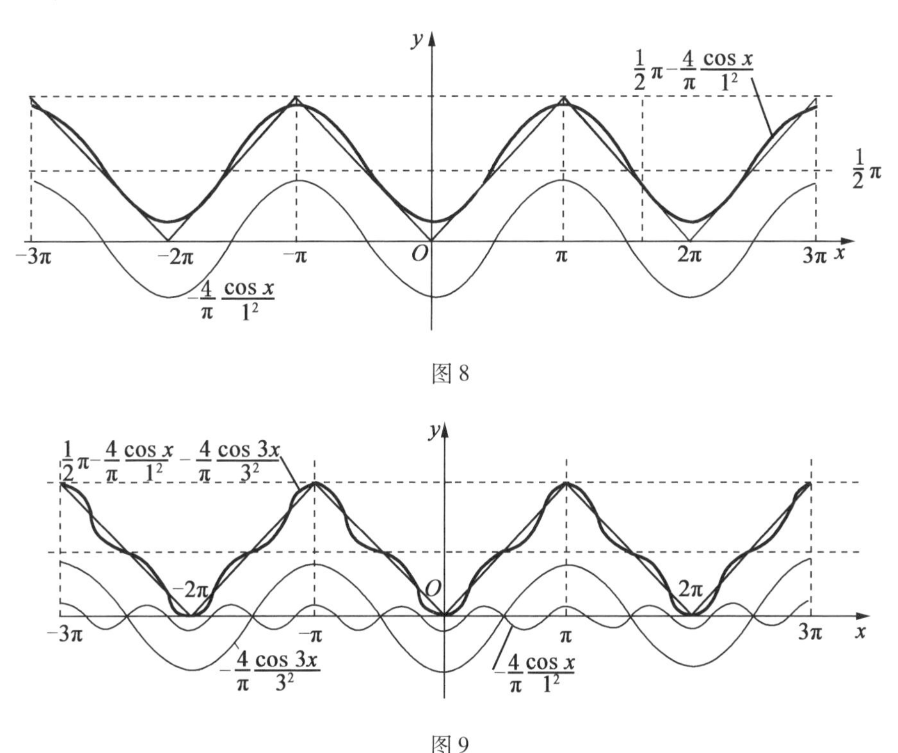

图 8

图 9

用一些补充的论证，可一般地证明：

若逐段光滑函数具有逐段光滑的导函数，则其傅里叶级数在不含有函数间断点的任何区间上均匀收敛为该函数②.

傅里叶多项式除了在适当的条件下可以均匀且任意精确地近似于已给函数，还具有一种值得注意的属性，也标志出它与所近似的那个函数的“接近程度”.

要讲这个属性，需要引入一个新的概念，这便是在解析学的各种问题及其

---

① 这个级数的均匀收敛性易于直接证明，因为事实上它的各系数形成一个收敛级数

$$\frac{1}{1^2}+\frac{1}{3^2}+\frac{1}{5^2}+\cdots$$

② 关于傅里叶级数的均匀收敛性还有更细致的定理，但我们不预备提到这些（见Г. М. Фихтенголвц 所著的《微积分教程》第三卷第586页）.

应用上有普遍重要意义的偏差的方均值概念.

Ⅱ."方均值意义上"的收敛性. 取两个函数 $F(x)$ 及 $F_1(x)$,两者本身及其平方在区间 $[a,b]$ 上是可积分的,此外不再需要对这两个函数加上任何条件. 如果把 $F_1(x)$ 看作函数 $F(x)$ 的"近似式",也就是把 $F(x)$ 换成 $F_1(x)$,那么就会产生差值,或者说,"偏差"

$$R = F(x) - F_1(x)$$

其大小可用各种的量(准则)来作为标志. 到现在为止,我们或者是用 R 在某点邻域上的无穷小的阶数(对于 Δx 来说)(如同泰勒多项式的情形),或者是用 $|R|$ 在区间上的最大值(如同切比雪夫多项式的情形)来作为标志. 但可用来标志偏差的,还有一个极富于说明性的量,这便是偏差的方均根值

$$\Delta = \sqrt{\frac{1}{b-a}\int_a^b R^2 \mathrm{d}x}$$

我们来考察这个量的意义. R 平方之后就把函数 $F_1(x)$ 离函数 $F(x)$ 的偏差在正负号上的区别除掉① —— 这个区别事实上在估计近似式时是没有什么影响的,而 R^2 的算术中值则给出偏差的总的标志,这在许多地方比用其他的量作为标志还要显得自然些. 有时知道一个函数与另一函数的"总的"(就平均值的意义上说)偏差小到什么程度,比知道(比如说)可能有的一切局部(点上的)偏差中的最大值还要重要. 图 10 中给出两个函数的图形 L_1(细线)及 L_2(虚线)以及它们所近似的函数的图形 L(粗线). 如果按最大偏差来估计近似度,那就应认为用第二个函数(它的图形是 L_2)来表示已给函数比用第一个函数来表示较好些,因为在区间 $[a,b]$ 上的个别部分,第一个函数离已给函数的偏差(与第二个函数相较)比较大. 甚至当第一个函数与已给函数在区间 $[a,b]$ 上其他一切部分完全相合时,这个结论还是不可能改变的. 但如果就整个区间来看函数之间的接近程度 —— 它可用 Δ 这个量充分确定出来,那么,无疑地,反而是第一个函数能把已给函数表示得较好些.

Δ 这个量叫作区间 $[a,b]$ 上函数 $F_1(x)$ 离函数 $F(x)$ 的偏差的方均值.

如果我们认为 Δ 越小时,区间 $[a,b]$ 上函数 $F_1(x)$ 向已给函数 $F(x)$ 趋近的程度越好,那么我们又得到近似问题的另一种提法,在这种提法之下,我们可从一切近似函数中确定出偏差的方均值 Δ 为最小值的那个函数,这种近似性叫作"方均值意义上的最好近似性",而求出这"最好"函数的方法常叫作"最小平方法"(或"最小二乘法").

---

① 不仅是 R^2,用 $|R|$ 也能起这个作用,但用绝对值不能引出像把 R 平方时所得的那样简便的关系式.

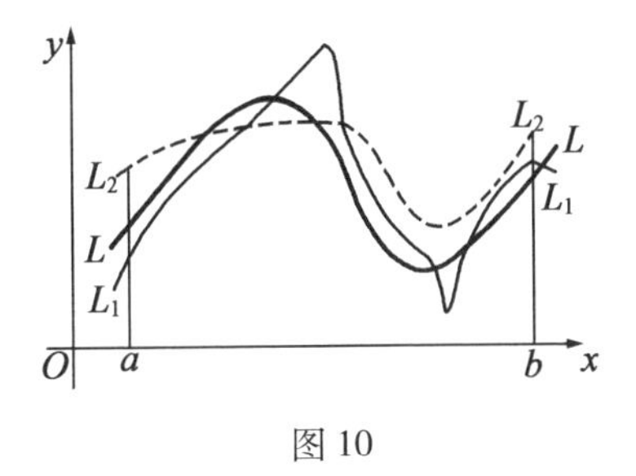

图 10

我们有下面的定理:

定理5 就方均值的意义来说,在一切 n 阶三角多项式中,以已给函数的 n 阶傅里叶多项式为该函数的最好近似式,换句话说,当 n 阶三角多项式为已给函数的傅里叶多项式时,该多项式与已给函数的偏差的方均值最小.

假设函数及其平方在所论区间上可积分,而所论区间总可以看作 $[-\pi,\pi]$.

取任一 n 阶多项式 $F_n(x)$,即

$$F_n(x)=\frac{1}{2}\alpha_0+\sum_{k=1}^{n}(\alpha_k\cos kx+\beta_k\sin kx)$$

及其离已给函数 $f(x)$ 的偏差的方均值 Δ'_n(但取 Δ'^2_n 比取 Δ'_n 更为方便)

$$\Delta'^2_n=\frac{1}{2\pi}\int_{-\pi}^{\pi}[f(x)-F_n(x)]^2\mathrm{d}x$$

以上 α_k 及 β_k 是任意数. 现在我们要证明:Δ'_n(或 Δ'^2_n 也完全一样)在

$$\alpha_k=a_k,\beta_k=b_k\quad(k=0,1,\cdots,n)$$

时取得其最大值,其中 a_k,b_k 是函数 $f(x)$ 的傅里叶系数.

把 242 小节中的那些计算再照样做一番,便得

$$\Delta'^2_n=\frac{1}{2\pi}\int_{-\pi}^{\pi}f^2(x)\mathrm{d}x-\left[\frac{1}{2}\alpha_0a_0+\sum_{k=1}^{n}(\alpha_ka_k+\beta_kb_k)\right]+\frac{1}{2}\left[\frac{1}{2}\alpha_0^2+\sum_{k=1}^{n}(\alpha_k^2+\beta_k^2)\right]$$

由此得

$$2\Delta'^2_n=\left\{\frac{1}{\pi}\int_{-\pi}^{\pi}f^2(x)\mathrm{d}x-\left[\frac{1}{2}a_0^2+\sum_{k=1}^{n}(a_k^2+b_k^2)\right]\right\}+\frac{1}{2}(\alpha_0-a_0)^2+\sum_{k=1}^{n}[(\alpha_k-a_k)^2+(\beta_k-b_k)^2]$$

当我们任意选取多项式 $F_n(x)$ 时,花括号里面的式子总是不变的. 设

$$M=\frac{1}{2}(\alpha_0-a_0)^2+\sum_{k=1}^{n}[(\alpha_k-a_k)^2+(\beta_k-b_k)^2]$$

由于 $M\geqslant 0$，故要使 Δ_n' 取得最小值，只有在 $M=0$ 时才可能，而这唯有在 $\alpha_k=a_k$ 及 $\beta_k=b_k(k=0,1,\cdots,n)$ 时才可能. 于是得到所要证明的结论.

由此可见，除了我们在开头所用的那种讲法，对三角级数问题还可以有其他一种讲法. 我们可以不从寻求偏差趋于0（$R_n\to 0$，见243小节）的 n 阶三角多项式问题出发，而从寻求"在方均值意义上"给出最好近似式的多项式出发，并且从第二个出发点来做时，我们又会重新得出傅里叶多项式.

246. 巴塞华尔 - 李雅普诺夫定理、总结

Ⅰ. 巴塞华尔 - 李雅普诺夫定理. 现在我们来看在区间 $[-\pi,\pi]$ 上连续且具有逐段光滑导函数的函数 $f(x)$，$f(\pi)=f(-\pi)$. 我们取它的 n 阶傅里叶多项式的偏差的方均值 Δ_n，得

$$\Delta_n^2=\frac{1}{2\pi}\int_{-\pi}^{\pi}R_n^2\mathrm{d}x$$

$$=\frac{1}{2}\left\{\frac{1}{\pi}\int_{-\pi}^{\pi}f^2(x)\mathrm{d}x-\left[\frac{1}{2}a_0^2+\sum_{k=1}^{n}(a_k^2+b_k^2)\right]\right\}$$

当 n 增大时，Δ_n^2 的表达式中添加新的负项，因此 Δ_n 减小. 不仅这样，我们还容易证明当 $n\to\infty$ 时，$\Delta_n\to 0$. 事实上，根据245小节中所证明的定理，当 $n\to\infty$ 时，R_n 均匀趋于0，也就是说，给出 ε 后，便可指出这样的一个 N，使在 $n>N$ 及 x 为满足 $-\pi\leqslant x\leqslant\pi$ 的任何值时将有 $|R_n|<\varepsilon$. 于是得

$$\Delta_n^2\geqslant\frac{1}{2\pi}\cdot 2\pi\varepsilon^2$$

或

$$|\Delta_n|<\varepsilon$$

而这就表示

$$\lim_{n\to\infty}\Delta_n=0$$

一般来说，如果函数数列 $\{F_n(x)\}$（例如一个级数的所有局部和式）有这种性质，它们在区间 $[a,b]$ 上离函数 $F(x)$ 的偏差的方均值当 $n\to\infty$ 时趋于0，即

$$\lim_{n\to\infty}\frac{1}{b-a}\int_a^b[F(x)-F_n(x)]^2\mathrm{d}x=0$$

我们就说：数列 $\{F_n(x)\}$ 在方均值意义上（或简单说"在均值意义上"）趋于函数 $F(x)$（级数收敛为函数 $F(x)$）.

应该知道，"在均值意义上"的收敛数列在普通意义上（"逐点的"）并不一

定会收敛为同一函数①. 但就我们所指出的一类函数的傅里叶级数来说,它也在普通“逐点”的意义上收敛为它的母函数,而且还是均匀收敛的,同时(如同刚才所证明的)它在“均值意义上”收敛.

在“均值意义上”收敛的级数式子可拿下面的等式为例

$$\frac{1}{2}a_0^2+\sum_{n=1}^{\infty}(a_n^2+b_n^2)=\frac{1}{\pi}\int_{-\pi}^{\pi}f^2(x)\mathrm{d}x$$

这个式子叫巴塞华尔公式.

对于具有逐段光滑导函数的连续函数来说,这个公式是我们已经证明过的. 不过这个公式对于范围广泛得多的一类函数也成立,即:

定理 6 若函数 $f(x)$ 及其平方在区间 $[-\pi,\pi]$ 上可积分,则其傅里叶级数“在均值意义上”收敛为该函数,即

$$\lim_{n\to\infty}\Delta_n=0$$

因此巴塞华尔公式对于这种函数成立.

这个定理是由李雅普诺夫(见引论)首先严格证明的,因此我们把它叫作巴塞华尔 - 李雅普诺夫定理.

从巴塞华尔 - 李雅普诺夫定理可以推出下面有趣的结论:两个不同的函数(其本身及其平方可积分)不可能具有同一傅里叶级数,也就是,函数可用其傅里叶系数来唯一地确定. 事实上,假定两个函数 $f_1(x)$ 及 $f_2(x)$ 具有相同的傅里叶系数,那么这两个函数的差

$$f(x)=f_1(x)-f_2(x)$$

的傅里叶级数显然将是 0,因而根据巴塞华尔公式将有

$$\int_{-\pi}^{\pi}f^2(x)\mathrm{d}x=0$$

由此可知 $f(x)\equiv 0$,也就是

$$f_1(x)\equiv f_2(x)$$

特别地,如果傅里叶级数收敛,那么它一定收敛为它的母函数.

最后这个属性又一次显示出傅里叶级数与泰勒级数的根本差别. 我们知道

① 例如有函数数列 $\{F_n(x)\}$,即

$$F_n(x)=\sqrt{\frac{1}{1+(nx)^2}}$$

这个数列在区间 $[-1,1]$ 上就“均值意义上”来说收敛为 0,因

$$\lim_{n\to\infty}\frac{1}{2}\int_{-1}^{1}\frac{1}{1+(nx)^2}\mathrm{d}x=0$$

但就普通意义上来说,函数数列 $\{F_n(x)\}$ 并不趋于 0,因 $F_n(0)=1$.

已给函数的泰勒级数可能收敛而不收敛为其“母”函数. 因此同一泰勒级数可能对应于两个不同的函数(但它可能不收敛为其中的任一个函数).

Ⅱ. 总结. 我们在本章里所讨论的每个不同的定理,是在函数满足定理中所述条件的情形之下来陈述的. 为了探究最低限度的这些条件是什么,数学家花过不少力气. 现今有许多文献专门深入研究三角级数论中的许多问题.

许多学者在发展这个理论及其实际应用方面有着杰出的贡献,但我们不可能也没有必要来讲解这些定理在近世科学上所获得的现代化的及精确的形式.

如果要把三角级数一般理论的研究做一总结,我们可以用最简单、易于记忆且在实用上最常见的条件来把上述的基本结果说明如下:

若函数$f(x)$在区间$[-\pi,\pi]$上连续且具有逐段光滑的导函数,同时$f(-\pi)=f(\pi)$(即周期性地延续到全部x轴上时,函数$f(x)$仍然是连续的),则它在区间$[-\pi,\pi]$上的傅里叶级数均匀收敛为$f(x)$,该级数“在方均值意义上”也同样收敛为$f(x)$. 这就是,对于任何$x(-\pi\leqslant x\leqslant\pi)$,有

$$\lim_{n\to\infty}\Phi_n(x)=f(x)$$

于是就$n>N$来说,其中N是对应于预先指定的$\varepsilon(\varepsilon<0)$的一个整数,可使区间$[-\pi,\pi]$上的任一个$x$满足

$$|f(x)-\Phi_n(x)|<\varepsilon$$

此外

$$\lim_{n\to\infty}\Delta_n^2=\lim_{n\to\infty}\frac{1}{2\pi}\int_{-\pi}^{\pi}[f(x)-\Phi_n(x)]^2\mathrm{d}x=0$$

这相当于巴塞华尔公式

$$\frac{1}{2}a_0^2+\sum_{n=1}^{\infty}(a_n^2+b_n^2)=\frac{1}{\pi}\int_{-\pi}^{\pi}f^2(x)\mathrm{d}x$$

[$\Phi_n(x)$是函数$f(x)$的n阶傅里叶多项式,$a_n,b_n(n=0,1,2,\cdots)$是它的傅里叶系数.]

如果函数$f(x)$在区间$[-\pi,\pi]$上具有有限个第一类间断点,那么只要在上述结果中做如下更改即可:在间断点处级数收敛为

$$\frac{f(x-0)+f(x+0)}{2}$$

而均匀收敛性在不含有间断点的任何区间上成立.

§3 克雷洛夫法、谐量分析法

247. 系数的阶

我们已经知道傅里叶级数的系数趋于0. 从计算法的观点来说,使这些系数尽可能"快" 地趋于0而使余项变小一些是有好处的,也就是,这样可使级数收敛得"较好". 如果系数不够小,那么级数就收敛得不好,就应该设法改进它的收敛性,做出一些变换而使系数减小.

在讲到傅里叶级数收敛性的改进法以前,我们先来证明下面的定理:

定理1 若区间$[-\pi,\pi]$上的连续函数$f(x)$,$f(-\pi)=f(\pi)$,处处具有导函数$f'(x),\cdots,f^{(p-1)}(x)$,且

$$f'(-\pi)=f'(\pi),\cdots,f^{(p-1)}(-\pi)=f^{(p-1)}(\pi)$$

而导函数$f^{(p)}(x)$及其平方可以积分,则$n\to\infty$时的傅里叶系数对$\frac{1}{n}$来说是高于p阶的无穷小,也就是

$$\frac{a_n}{\frac{1}{n^p}}=n^p a_n\to 0,\frac{b_n}{\frac{1}{n^p}}=n^p b_n\to 0$$

我们来看傅里叶系数a_n及b_n,即

$$a_n=\frac{1}{\pi}\int_{-\pi}^{\pi}f(x)\cos nx\mathrm{d}x,b_n=\frac{1}{\pi}\int_{-\pi}^{\pi}f(x)\sin nx\mathrm{d}x$$

应用分部积分法

$$a_n=\frac{1}{\pi}\left(\frac{f(x)\sin nx}{n}\right)\Big|_{-\pi}^{\pi}-\frac{1}{\pi n}\int_{-\pi}^{\pi}f'(x)\sin nx\mathrm{d}x=-\frac{b'_n}{n}$$

$$b_n=\frac{1}{\pi}\left(-\frac{f(x)\cos nx}{n}\right)\Big|_{-\pi}^{\pi}+\frac{1}{\pi n}\int_{-\pi}^{\pi}f'(x)\cos nx\mathrm{d}x=\frac{a'_n}{n}$$

其中a'_n,b'_n是函数$f'(x)$的第n个傅里叶系数. 同样可得

$$b'_n=\frac{a''_n}{n},a'_n=-\frac{b''_n}{n}$$

因此

$$a_n=-\frac{a''_n}{n^2},b_n=-\frac{b''_n}{n^2}$$

其中a''_n,b''_n是函数$f''(x)$的第n个傅里叶系数. 这样继续做下去,便得公式

$$a_n = \pm \frac{a_n^{(p)}}{n^p}\left(\text{或} \ \pm \frac{b_n^{(p)}}{n^p}\right), b_n = \pm \frac{b_n^{(p)}}{n^p}\left(\text{或} \ \pm \frac{a_n^{(p)}}{n^p}\right) \tag{1}$$

其中 $a_n^{(p)}, b_n^{(p)}$ 是函数 $f^{(p)}(x)$ 的第 n 个傅里叶系数. 由于(根据 242 小节的定理 1) 当 $n \to \infty$ 时

$$a_n^{(p)} \to 0, b_n^{(p)} \to 0$$

故可从公式(1) 证实定理成立.

设函数 $f(x)$ 在区间 $[-\pi, \pi]$ 上具有第一类间断点 $x_1(-\pi \leqslant x_1 \leqslant \pi)$. 于是

$$a_n = \frac{1}{\pi}\int_{-\pi}^{x_1} f(x)\cos nx\mathrm{d}x + \frac{1}{\pi}\int_{x_1}^{\pi} f(x)\cos nx\mathrm{d}x$$

$$= \frac{1}{\pi}\frac{f(x)\sin nx}{n}\Bigg|_{-\pi}^{x_1} - \frac{1}{\pi n}\int_{-\pi}^{x_1} f'(x)\sin nx\mathrm{d}x +$$

$$\frac{1}{\pi}\frac{f(x)\sin nx}{n}\Bigg|_{x_1}^{\pi} - \frac{1}{\pi n}\int_{x_1}^{\pi} f'(x)\sin nx\mathrm{d}x$$

$$= \frac{1}{\pi}\frac{f(x_1 - 0) - f(x_1 + 0)}{n}\sin nx_1 - \frac{1}{\pi n}\int_{-\pi}^{\pi} f'(x)\sin nx\mathrm{d}x$$

$$= -\frac{1}{\pi}\frac{\delta(x_1)}{n}\sin nx_1 - \frac{b_n'}{n}$$

其中 $\delta(x_1)$ 是函数 $f(x)$ 在点 x_1 处的跃量

$$\delta(x_1) = f(x_1 + 0) - f(x_1 - 0)$$

同样

$$b_n = \frac{1}{\pi}\frac{\delta(x_1)}{n}\cos nx_1 + \frac{a_n'}{n}$$

从这里显然可看出,如果函数 $f(x)$ 在区间 $[-\pi, \pi]$ 上具有 m 个第一类间断点:$x_1, x_2, \cdots, x_m$,那么傅里叶系数 a_n 及 b_n 的形式是

$$\begin{cases} a_n = -\dfrac{1}{\pi}\dfrac{\sum\limits_{k=1}^{n}\delta(x_k)\sin nx_k}{n} - \dfrac{b_n'}{n} \\ b_n = \dfrac{1}{\pi}\dfrac{\sum\limits_{k=1}^{n}\delta(x_k)\cos nx_k}{n} + \dfrac{a_n'}{n} \end{cases} \tag{2}$$

其中

$$\delta(x_k) = f(x_k + 0) - f(x_k - 0)$$

是函数在点 x_k 处的跃量.

所得 a_n 及 b_n 的表达式中,第一项(当 $n\to\infty$ 时)是与$\frac{1}{n}$同阶的无穷小,第二项是较高阶的无穷小. 由此可知 a_n 及 b_n 是与$\frac{1}{n}$同阶的. 这就使级数具有极其不好的收敛性. 因此即使函数只有一个间断点出现在区间的内部或端点处(即极限值 $f(-\pi+0)$ 及 $f(\pi-0)$ 不相同),这事对于它的傅里叶系数的阶数就有根本的影响. 函数可能除一个间断点之外处处具有"高到任何阶的光滑度",但该光滑度却并不能改变因间断点的存在而使系数降阶的作用. 如果系数与$\frac{1}{n}$同阶,那么级数在实际上就不便拿来做计算,因为若要使近似值的准确度总共达到 0.01,这时通常就需取级数中的几十项. 此外在实际问题中,常有对傅里叶级数施行微分法的必要,而每次施行微分法就会使系数的阶降低 1. 事实上,若

$$f(x)=\frac{1}{2}a_0+\sum_{n=1}^{\infty}(a_n\cos nx+b_n\sin nx)$$

则

$$f'(x)=\sum_{n=1}^{\infty}(-na_n\sin nx+nb_n\cos nx)$$

故若 a_n 及 b_n 是 p 阶无穷小,也就是

$$n^p a_n\to A\neq 0 \text{ 及 } n^p b_n\to B\neq 0$$

则"导"级数的系数 na_n 及 nb_n 将是 $p-1$ 阶无穷小. 特别是当函数有间断点时(因而就是当系数为 1 阶小时),傅里叶级数一般就不可能逐项微分,因为微分之后会得出发散级数(系数将不趋于0). (顺便要知道,关于傅里叶级数可否逐项微分的问题,也可根据 142 小节中所讲的一般法则来解决. 讲到积分法,那么可以证明:对收敛的傅里叶级数总是可以逐项积分的,而且逐项积分所得的级数收敛为已给级数所表示的那个函数的对应积分. 这个结论的证明,我们不预备讲,但读者若注意一件事实,便能使上述事项差不多成为明显的道理. 这件事实是,积分的结果能使系数趋小时的阶增加 1.) 一般来说,对傅里叶级数做任何微分运算会使收敛性变坏,而做任何积分运算则会改进收敛性.

我们来证实本小节中的定理. 假设直到取级数的 p 阶导数时,才出现第一类间断点. 那么就不难像上面所讲的那样,证明函数的系数 a_n 及 b_n 对$\frac{1}{n}$来说是 $p+1$ 阶无穷小. 事实上,根据刚才所证明的定理,可知函数 $f^{(p)}(x)$ 的傅里叶系数 $a_n^{(p)}$ 及 $b_n^{(p)}$ 是1 阶的,因而根据公式(1) 可知 a_n 及 b_n 对$\frac{1}{n}$来说是 $p+1$ 阶的.

我们写出系数的一般形式

$$a_n=-\frac{1}{\pi}\frac{\sum\delta^{(p)}(x_k)\sin nx_k}{n^{p+1}}-\frac{b_n^{(p+1)}}{n^{p+1}}$$

$$b_n=\frac{1}{\pi}\frac{\sum\delta^{(p)}(x_k)\cos nx_k}{n^{p+1}}+\frac{a_n^{(p+1)}}{n^{p+1}}$$

其中$x_1,x_2,\cdots,x_m$是函数$f^{(p)}(x)$的间断点;$\delta^{(p)}(x_k)$是该函数在点x_k处的跃量;$a_n^{(p+1)},b_n^{(p+1)}$是函数$f^{(p+1)}(x)$的第n个傅里叶系数.

反过来说,这个结论也是对的:如果a_n及b_n对$\frac{1}{n}$来说是$p+1$阶的,那么p阶导数$f^{(p)}(x)$在区间$[-\pi,\pi]$上有间断点.

这样就得到下面的定理:

定理2 函数$f^{(p)}(x)$在区间$[-\pi,\pi]$上有间断点的必要且充分条件是:当$n\to\infty$时,函数$f(x)$的傅里叶系数a_n及b_n对$\frac{1}{n}$来说是$p+1$阶无穷小.

由此可知,要使函数$f(x)$在区间$[-\pi,\pi]$上可微分无数次,则必须且只需满足下列条件:当p为任何数时,也就是当函数$f(x)$的傅里叶系数对$\frac{1}{n}$来说是"无穷"阶的无穷小时,有

$$\lim_{n\to\infty}n^p a_n=0,\lim_{n\to\infty}n^p b_n=0$$

248. 改进三角级数收敛性的克雷洛夫法

用三角级数来做计算,只有当其系数的阶不低于2时才是方便的. 如果情形不是如此,或者一般当系数的阶不满足所需的条件时,那就可以利用克雷洛夫(见"引论")在其名著《工程方面有应用的几个数理物理上的微分方程》中所提出的方法来改进级数的收敛性. 这个方法的实质在于,从已给函数可减去一个尽可能简单的函数,且后者具有已给函数中使傅里叶系数降阶的那些属性. 这样做了之后,我们就消除了使收敛性变坏的原因,且可证明就减去后所得的差来说,它的傅里叶系数是比较高阶的无穷小.

改进三角级数收敛性的要求,主要是在下列情况下产生的:已给一收敛缓慢的三角级数,而需要求出该级数所确定函数的近似式.

现在我们把这个问题简略讲一下,详细的理论可参考上述克雷洛夫的著作.

设已给收敛三角级数

$$\frac{1}{2}a_0+\sum_{n=1}^{\infty}(a_n\cos nx+b_n\sin nx)$$

且设其系数a_n及b_n对$\frac{1}{n}$来说是1阶的,我们从a_n及b_n减去正比于$\frac{1}{n}$的主部

$$a_n=\frac{A_n}{n}+r_n, b_n=\frac{B_n}{n}+\rho_n$$

其中 r_n 及 ρ_n 是阶数高于$\frac{1}{n}$ 的微小量.

上式右边的"主项"确定出级数所表示的函数$f(x)$ 在区间$[-\pi,\pi]$ 上的间断点,而这两个主项可用系数 A_n 及 B_n 的已知形式(见 247 小节中的公式(2))

$$A_n=-\frac{1}{\pi}\sum_{k=1}^{m}\delta(x_k)\sin nx_k, B_n=\frac{1}{\pi}\sum_{k=1}^{m}\delta(x_k)\cos nx_k \tag{3}$$

求出来.

假设x_k 及$\delta(x_k)$ 已经求得,这时我们取一个"逐段线性"函数$\varphi_1(x)$——它也在那些间断点 x_k 处具有相同的跃量 $\delta(x_k)$,并把它展成傅里叶级数. 函数 $\varphi_1(x)$ 的图形由个别的直线段所组成. 这个函数好比是"吸收了"函数$f(x)$ 的一切间断性,因而其差

$$f_1(x)=f(x)-\varphi_1(x)$$

已经是一个连续函数,而它的傅里叶系数对$\frac{1}{n}$ 来说是阶数不低于 2 的无穷小.

确定出函数 $\varphi_1(x)$ 这件事通常就是实际求出级数

$$\sum\left(\frac{A_n}{n}\cos nx+\frac{B_n}{n}\sin nx\right)$$

的和,也就是把它的和表示为初等函数的有限形式.

从已给三角级数中减去函数 $\varphi_1(x)$ 的傅里叶级数后,得

$$f_1(x)=f(x)-\varphi_1(x)=\sum_{n=1}^{\infty}(a_n^{(1)}\cos nx+b_n^{(1)}\sin nx)$$

其中

$$a_n^{(1)}=\frac{A_n^{(1)}}{n^2}+r_n^{(1)}, b_n^{(1)}=\frac{B_n^{(1)}}{n^2}+\rho_n^{(1)}$$

这里 $r_n^{(1)}$ 及 $\rho_n^{(1)}$ 是阶数高于$\frac{1}{n^2}$ 的无穷小.

所求函数$f(x)$ 可以表达成两项的和的形式

$$f(x)=\Phi_1(x)+F_1(x)$$

其中第一项 $\Phi_1(x)=\varphi_1(x)$ 是我们所已知的逐段线性函数,第二项 $F_1(x)=f_1(x)$ 是其系数的阶对$\frac{1}{n}$ 来说不低于 2 阶的三角级数. 这样,我们从一个收敛得慢(系数的阶为 1)的三角级数引到收敛得较快(系数的阶为 2)的另一个三角级数.

如果我们还不满足于 2 阶小的系数,那就应该继续施行改进级数收敛性的

运算步骤. 为此可对 $f_1(x)$ 的级数微分

$$f_1'(x)=\sum_{n=1}^{\infty}(-na_n^{(1)}\sin nx+nb_n^{(1)}\cos nx)$$

如果当 $n\to\infty$ 时, $A_n^{(1)}$ 及 $B_n^{(1)}$ 并不趋于0,那么这个级数与已给级数有同样性质:它的系数对 $\frac{1}{n}$ 来说是1阶的. 用以前对待函数 $f(x)$ 那样的做法来对待函数 $f_1'(x)$,从函数 $f_1'(x)$ 中减去一个逐段线性函数 $\varphi_2(x)$,使后者"吸收了" $f_1(x)$ 中的一切特性,而这我们不难看出便是 $f_1'(x)$ 的那些特性. 于是我们得到函数

$$f_2(x)=f_1'(x)-\varphi_2(x)$$

它的傅里叶系数对 $\frac{1}{n}$ 来说是不低于2阶的,因而可知函数 $\int f_2(x)\,\mathrm{d}x$ 的系数是不低于3阶的. 总的来说,我们可把函数 $f(x)$ 表示成三项的和

$$\begin{aligned}f(x)&=\Phi_1(x)+\int\varphi_2(x)\,\mathrm{d}x+\int f_2(x)\,\mathrm{d}x\\&=\Phi_1(x)+\Phi_2(x)+F_2(x)\end{aligned}$$

其中第一项 $\Phi_1(x)$ 是我们所已知的逐段线性函数,第二项

$$\Phi_2(x)=\int\varphi_2(x)\,\mathrm{d}x$$

是我们所已知的逐段二次①函数,第三项

$$F_2(x)=\int f_2(x)\,\mathrm{d}x$$

是一个三角级数,其系数对 $\frac{1}{n}$ 来说是不低于3阶的.

这样我们就进一步改进了级数的收敛性.

按照相同的方式继续做下去,就可从已给的三角级数逐步引到一个级数,使其系数对 $\frac{1}{n}$ 来说具有预先指定的阶. 做了 k 步之后可得

$$f(x)=\Phi_1(x)+\Phi_2(x)+\cdots+\Phi_k(x)+F_k(x)$$

其中 $\Phi_1(x)$ 是逐段线性函数, $\Phi_2(x)$ 是逐段二次连续函数,……, $\Phi_k(x)$ 是逐段(k 次)连续多项式函数②, $F_k(x)$ 是一个三角级数,其系数对 $\frac{1}{n}$ 来说是不低于 $k+1$ 阶的.

---

① 事实上,逐段线性函数积分的结果是个处处连续的逐段二次函数,它是这样的一个函数:如果把区间[$-\pi,\pi$]分成对应的几个子区间,那么它在每个子区间上将是二次函数.

② 它是这样的一个函数:如果把区间[$-\pi,\pi$]分成对应的几个子区间,那么它在每个子区间上将是 k 次多项式.

如果级数的系数原来就是 p 阶的,而我们还要把它的阶升高,那么这种改进级数收敛性的问题也可用完全类似的方法来解决. 这便是把级数接连微分 $p-1$ 次,然后对于具有一阶系数的所得级数施行上述方法.

因此可以说,克雷洛夫改进三角级数收敛性的方法,在于从已给的级数中去掉收敛得慢而和数为已知的一部分级数,使所余部分成为收敛得较快的级数.

在实际应用上所处理的常是区间$[0,\pi]$(或一般地是区间$[0,l]$)上的缺项傅里叶级数. 这时改进其收敛性的步骤还是与上面所讲的一样. 事实上,如果要证明这事,只要(当级数由正弦项构成时)将其所确定的函数奇式延续到区间$[-\pi,0]$(或在一般情形下的区间$[-l,0]$)上,或(当级数由余弦项构成时)将其所确定的函数偶式延续到$[-\pi,0]$(或在一般情形下的区间$[-l,0]$)上,然后在区间$[-\pi,\pi]$(或在一般情形下的区间$[-l,l]$)上来考察级数.

从下一小节所讲的各例题,读者可以十分清楚地理解克雷洛夫改进三角级数收敛性的方法.

249. 举例

Ⅰ. 改进下列级数的收敛性

$$f(x)=\sin x+\frac{1}{2}\sin 2x+\frac{1}{3}\sin 3x+\cdots+\frac{1}{n}\sin nx+\cdots$$

这里系数 $b_n=\dfrac{1}{n}$ 是 1 阶的,因此这个级数所表示的函数$f(x)$有间断点. 根据公式(3)(见 248 小节)得

$$\frac{1}{\pi}\sum_{k=1}^{m}\delta(x_k)\cos nx_k=1$$

这个关系式能被任何 n 所满足,如果假定

$$m=1,x_1=0,\delta(0)=\pi$$

这时辅助的逐段线性函数 $\Phi_1(x)$ 在区间$[-\pi,\pi]$上的点 $x=0$ 处具有唯一间断点,而跃量等于 π. 由于

$$\frac{f(0+0)+f(0-0)}{2}=0$$

故

$$f(0+0)=\frac{\pi}{2},f(0-0)=-\frac{\pi}{2}$$

再注意到$f(\pi)=0$便可确定出函数 $\Phi_1(x)$($\Phi_1(-x)=-\Phi_1(x)$)如下(图 11)

$$\Phi_1(x)=-\frac{\pi+x}{2}\quad(-\pi<x<0)$$

$$\Phi_1(x)=\frac{\pi-x}{2}\quad(0<x<\pi)$$

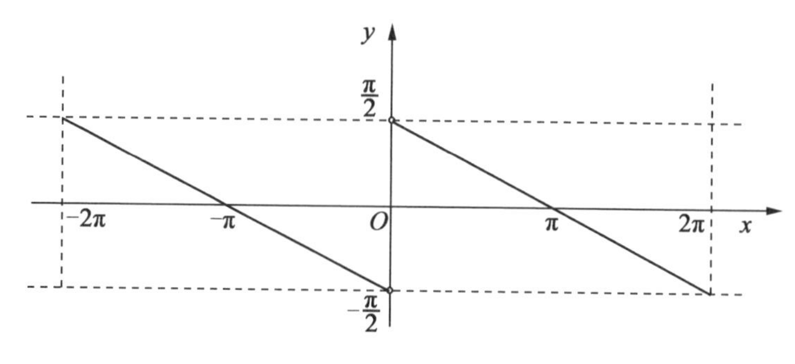

图 11

现在把函数 $\Phi_1(x)$ 展成傅里叶级数. 由于 $\Phi_1(x)$ 是一个奇函数,故得

$$b_n = \frac{2}{\pi}\int_0^{\pi}\frac{\pi - x}{2}\sin nx\mathrm{d}x = \frac{1}{n}$$

于是知

$$\Phi_1(x) = \sin x + \frac{1}{2}\sin 2x + \frac{1}{3}\sin 3x + \cdots + \frac{1}{n}\sin nx$$

(从 244 小节的 V 中的一个展开式出发,用简单的变量置换法也不难得出这个展开式).

以上我们求得全部的所给级数,又由于差式 $f(x) - \Phi_1(x)$ 的一切傅里叶系数等于 0,所以它恒等于 0,因而

$$f(x) = \Phi_1(x)$$

这样

$$f(x) \equiv \Phi_1(x) = \sum_{n=1}^{\infty} \frac{1}{n}\sin nx = \begin{cases} -\dfrac{\pi + x}{2} & (-\pi \leqslant x < 0) \\ \dfrac{\pi - x}{2} & (0 < x \leqslant \pi) \end{cases} \tag{4}$$

我们在本例中应用所讲的方法求出了级数的简单和式.

在解决改进三角级数收敛性的问题时,公式(4) 及其积分后所得的式子常是有用的.

把等式(4) 在 0 到 x 的积分限上积分并应用 244 小节中所得的等式

$$\frac{\pi^2}{6} = \sum_{k=1}^{\infty} \frac{1}{k^2}$$

求得(图 12)

$$\Phi_2(x) = \sum_{n=1}^{\infty} \frac{1}{n^2}\cos nx = \begin{cases} \dfrac{1}{12}(3x^2 + 6\pi x + 2\pi^2) & (-\pi \leqslant x \leqslant 0) \\ \dfrac{1}{12}(3x^2 - 6\pi x + 2\pi^2) & (0 \leqslant x \leqslant \pi) \end{cases} \tag{5}$$

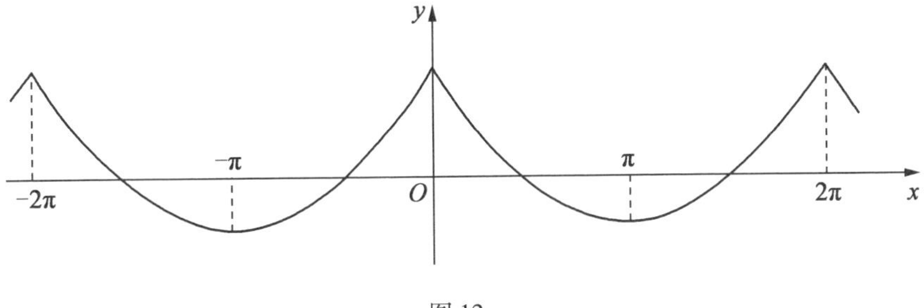

图 12

再积分一次，得(图 13)

$$\Phi_3(x)=\sum_{n=1}^{\infty}\frac{1}{n^3}\sin nx=\begin{cases}\frac{1}{12}(x^3+3\pi x^2+2\pi^2 x) & (-\pi\leqslant x\leqslant 0)\\ \frac{1}{12}(x^3-3\pi x^2+2\pi^2 x) & (0\leqslant x\leqslant \pi)\end{cases}\tag{6}$$

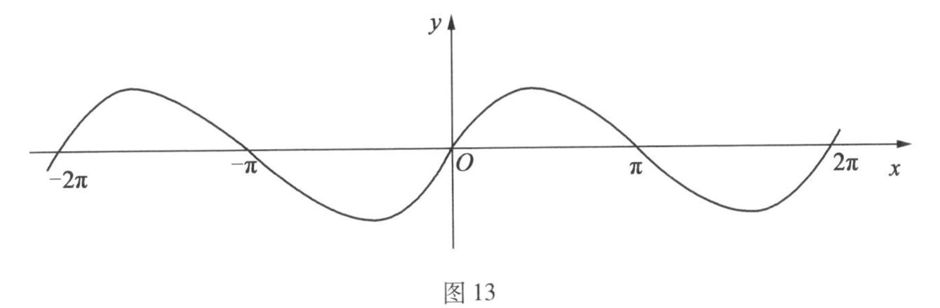

图 13

以上所展开的函数 $\Phi_1(x)$，$\Phi_2(x)$，$\Phi_3(x)$ 及其图形(图 11 ~ 13)清楚地说明了在改进函数 $f(x)$ 的三角级数的收敛性时，相继从 $f(x)$ 去掉的那些函数 $\Phi(x)$ 的固有特性是怎样的.

Ⅱ. 我们来看级数(克雷洛夫的例子)

$$f(x)=-\frac{2}{\pi}\sum_{n=2}^{\infty}\frac{n\cos\frac{1}{2}n\pi}{n^2-1}\sin nx\quad(0\leqslant x\leqslant\pi)$$

系数

$$b_n=-\frac{2}{\pi}\frac{n\cos\frac{1}{2}n\pi}{n^2-1}$$

对 $\frac{1}{n}$ 来说可以看作 1 阶的(由于当 $n\to\infty$ 时，$n^{1-\varepsilon}b_n\to 0$，不管 $\varepsilon>0$ 是多么小).所以函数 $f(x)$ 有间断点. 我们要改进级数的收敛性，把它化为系数不低于 5 阶的级数. 这时甚至微分三次后所得的级数也会在全部区间$[0,\pi]$上均匀收敛，而且收敛得足够快.

现在要从 b_n 减去“主部”,由于

$$\frac{n}{n^2-1}=\frac{1}{n}+\frac{1}{n(n^2-1)}$$

故

$$-\frac{2}{\pi}\frac{n\cos\frac{1}{2}n\pi}{n^2-1}=-\frac{2}{\pi}\frac{1}{n}\cos\frac{1}{2}n\pi-\frac{2}{\pi}\frac{1}{n(n^2-1)}\cos\frac{1}{2}n\pi$$

得

$$f(x)=-\frac{2}{\pi}\sum_{n=2}^{\infty}\frac{1}{n}\cos\frac{1}{2}n\pi\sin nx-\frac{2}{\pi}\sum_{n=2}^{\infty}\frac{1}{n(n^2-1)}\cos\frac{1}{2}n\pi\sin nx$$

现在来“消去”右边第一项——使函数“产生”间断点的那个级数.

根据248小节中的公式(3)得

$$\frac{1}{\pi}\sum_{k=1}^{m}\delta(x_k)\cos nx_k=-\frac{2}{\pi}\cos\frac{1}{2}n\pi$$

如果考虑到函数 $f(x)$ 及所给级数是奇式延续到区间 $[-\pi,0]$ 上的,那么只要假设

$$m=2,x_1=-\frac{\pi}{2},x_2=\frac{\pi}{2},\delta(x_1)=\delta(x_2)=-1$$

便可使上面的关系式对任何 n 都成立,这时辅助的逐段线性函数 $\Phi_1(x)$ 将在点

$$x=-\frac{\pi}{2},x=\frac{\pi}{2}$$

处具有间断点,而跃量为 -1. 由于

$$\frac{f\left(\frac{\pi}{2}+0\right)+f\left(\frac{\pi}{2}-0\right)}{2}=0$$

(这事是不难理解的:当 k 为偶数时,$\sin\frac{1}{2}k\pi=0$,当 k 为奇数时,$\cos\frac{1}{2}k\pi=0$),故

$$f\left(\frac{\pi}{2}+0\right)=-\frac{1}{2},f\left(\frac{\pi}{2}-0\right)=\frac{1}{2}$$

又注意

$$f(0)=0\text{ 及 }f(\pi)=0$$

便可把函数 $\Phi_1(x)(\Phi_1(-x)=-\Phi_1(x))$ 确定如下(图14)

$$\Phi_1(x)=\frac{x}{\pi}\quad\left(0\leqslant x<\frac{\pi}{2}\right)$$

$$\Phi_1(x)=\frac{x-\pi}{\pi}\quad\left(\frac{\pi}{2}<x\leqslant\pi\right)$$

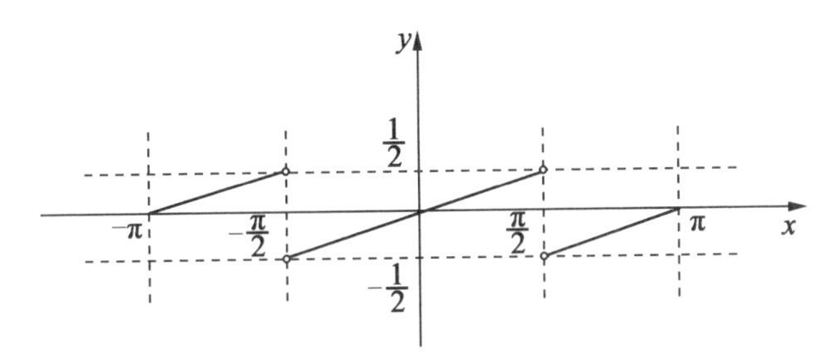

图 14

把函数 $\Phi_1(x)$ 展成傅里叶级数后，又得到原来的级数，所以

$$\Phi_1(x)=-\frac{2}{\pi}\sum_{n=2}^{\infty}\frac{1}{n}\cos\frac{1}{2}n\pi\sin nx$$

这样我们求得第一个所要消去的级数的和. 下面我们来看差式

$$F_1(x)=f(x)-\Phi_1(x)=-\frac{2}{\pi}\sum_{n=2}^{\infty}\frac{1}{n(n^2-1)}\cos\frac{1}{2}n\pi\sin nx$$

这个级数的系数 b_n 对$\dfrac{1}{n}$ 来说是 3 阶的. 如果我们还不满足于这个阶，那么仍可以按照上面的方法做下去. 把 $F_1(x)$ 接连微分两次，得

$$F_1''(x)=\frac{2}{\pi}\sum_{n=2}^{\infty}\frac{n}{n^2-1}\cos\frac{1}{2}n\pi\sin nx$$

在所论情形下，结果又得出已给的级数(变了正负号)

$$F_1''(x)=-f(x)=-\Phi_1(x)-F_1(x)$$

把这个等式从积分限 0 到 $x(0\leqslant x<\pi)$ 取积分，得

$$F_1'(x)-F_1'(0)=-\int_0^x\Phi_1(x)\mathrm{d}x-\int_0^x F_1(x)\mathrm{d}x$$

也就是

$$F_1'(x)+\frac{2}{\pi}\sum_{n=2}^{\infty}\frac{1}{n^2-1}\cos\frac{1}{2}n\pi$$

$$=-\Phi_2(x)-\frac{2}{\pi}\sum_{n=2}^{\infty}\frac{1}{n^2(n^2-1)}\cos\frac{1}{2}n\pi\cos nx+$$

$$\frac{2}{\pi}\sum_{n=2}^{\infty}\frac{1}{n^2(n^2-1)}\cos\frac{1}{2}n\pi$$

由此得

$$F_1'(x)=-\Phi_2(x)-\frac{2}{\pi}\sum_{n=2}^{\infty}\frac{1}{n^2(n^2-1)}\cos\frac{1}{2}n\pi\cos nx-\frac{2}{\pi}\sum_{n=2}^{\infty}\frac{1}{n^2}\cos\frac{1}{2}n\pi$$

其中

$$\Phi_2(x)=\int_0^x \Phi_1(x)\,\mathrm{d}x$$

但根据公式(5)(当 $x=\frac{\pi}{2}$ 时),右边最后的一个级数等于 $-\frac{1}{24}\pi$. 由此可知

$$F_1'(x)=-\Phi_2(x)-\frac{2}{\pi}\sum_{n=2}^{\infty}\frac{1}{n^2(n^2-1)}\cos\frac{1}{2}n\pi\cos nx+\frac{1}{24}\pi$$

再从积分限 0 到 $x(0\leqslant x<\pi)$ 取一次积分,得

$$F_1(x)-F_1(0)=-\Phi_3(x)-\frac{2}{\pi}\sum_{n=2}^{\infty}\frac{1}{n^3(n^2-1)}\cos\frac{1}{2}n\pi\sin nx+\frac{1}{24}\pi x$$

但

$$F_1(0)=0$$

而在区间 $\left[0,\frac{\pi}{2}\right]$ 上

$$\Phi_3(x)=\frac{x^3}{6\pi}$$

在区间 $\left[\frac{\pi}{2},\pi\right]$ 上

$$\Phi_3(x)=\frac{x^3}{6\pi}-\frac{x^2}{2}+\frac{\pi x}{2}-\frac{\pi^2}{8}$$

因此

$$F_1(x)=-\frac{2}{\pi}\sum_{n=2}^{\infty}\frac{1}{n^3(n^2-1)}\cos\frac{1}{2}n\pi\sin nx+\frac{1}{24}\pi x-\frac{1}{6\pi}x^3\quad\left(0\leqslant x<\frac{\pi}{2}\right)$$

$$F_1(x)=-\frac{2}{\pi}\sum_{n=2}^{\infty}\frac{1}{n^3(n^2-1)}\cos\frac{1}{2}n\pi\sin nx+\frac{1}{24}\pi x-\left(\frac{x^3}{6\pi}-\frac{x^2}{2}+\frac{\pi x}{2}-\frac{\pi^2}{8}\right)$$
$$\left(\frac{\pi}{2}<x\leqslant\pi\right)$$

最后便可用已知的初等函数及收敛得快的三角级数[它的系数 b_n 对 $\frac{1}{n}$ $(n\to\infty)$ 来说是 5 阶无穷小]来表示所给级数

$$f(x)=-\frac{2}{\pi}\sum_{n=2}^{\infty}\frac{1}{n^3(n^2-1)}\cos\frac{1}{2}n\pi\sin nx+\frac{1}{24}\pi x+\frac{1}{\pi}x-\frac{1}{6\pi}x^3\quad\left(0\leqslant x<\frac{\pi}{2}\right)$$

$$f(x)=-\frac{2}{\pi}\sum_{n=2}^{\infty}\frac{1}{n^3(n^2-1)}\cos\frac{1}{2}n\pi\sin nx+\frac{1}{24}\pi x+$$
$$\left(\frac{1}{\pi}x-1\right)-\left(\frac{x^3}{6\pi}-\frac{x^2}{2}+\frac{\pi}{2}x-\frac{\pi^2}{8}\right)\quad\left(\frac{\pi}{2}<x\leqslant\pi\right)$$

我们要知道,在所论问题中,$\Phi_1(x)$ 的级数也可以用其他的方法来求和,即先做简单的三角变换,然后按照公式(4)做两次. 同样,把 $F_1(x)$ 分成两个级

数:其中一个具有对$\frac{1}{n}$来说是3阶的系数,另一个具有5阶的系数.之后就可用公式(6)求出所消去的第一个级数的和.按照这种方法做,最后当然会得出同一结果.读者可能的话可按照这种方法自己去做一次.

250.谐量分析法、样板、谐量分析器

如果函数用解析式子给出,那就可用积分来算出它的傅里叶级数并作出对应的三角级数.但就实际上所碰到的情形来说,函数常常是用图形或表格给出的.例如实验的结果常可得出描述所论过程的这种函数.实验的数据是由表格或图形记录出来的,而且常是用自动记录仪器来记录的.研究者的任务在于根据由图形或表格所给出的函数而找出它的解析式子.只要确实知道这个函数能用其傅里叶级数的开头有限个项近似表达得足够准确,那么要求它的解析式时便可应用三角级数.于是全部问题就在于计算函数的傅里叶系数.而这个问题可用任何一种积分近似值计算法解决.关于把函数展成三角级数的知识,叫作"谐量分析法",而近似确定出图形或表格所示函数的三角级数的方法,即是"实用谐量分析法".这种分析法的理论基础已指出如上,但根据其中积分计算上(用来确定傅里叶系数)的特点,而有使计算简化的各种方法.这些方法把近似计算傅里叶系数的运算步骤规格化,它们在基本上可以分为两种类型:(1)利用"样板";(2)利用仪器——"谐量分析器".下面我们要简略讲一下这两种方法的大概情形.

Ⅰ."样板".设在区间$[0,2\pi]$上给出函数

$$y=f(x)$$

而且不管函数用什么方式给出,我们假定它的图形已经知道.这时,如果有必要,应把坐标系xOy平移,使全部图形位于x轴上面且尽量与x轴靠近(图15).这样做只会影响到傅里叶展开式中的自由项,但是可以避免出现负的以及过于大的正的函数值.

把函数近似表达为傅里叶多项式的形式时,需要确定出前几个傅里叶系数

$$a_k=\frac{1}{\pi}\int_0^{2\pi}f(x)\cos kx\mathrm{d}x,b_k=\frac{1}{\pi}\int_0^{2\pi}f(x)\sin kx\mathrm{d}x$$

求积分时可应用数值积分法中的任一个公式,而通常则应用其中最简单的一个公式——"矩形公式".用点$x_0=0,x_1,x_2,\cdots,x_{n-1},x_n=2\pi\left(x_i=i\frac{2\pi}{n}\right)$把区间$[0,2\pi]$分成$n$等段.于是

$$a_k\approx\frac{2}{n}\sum_{i=0}^{n-1}y_i\cos kx_i,b_k\approx\frac{2}{n}\sum_{i=0}^{n-1}y_i\sin kx_i\tag{7}$$

其中$y_i=f(x_i)$.

根据因子$\cos kx_i$及$\sin kx_i$的特性,我们常取$n=12$或20或24,或者在需要

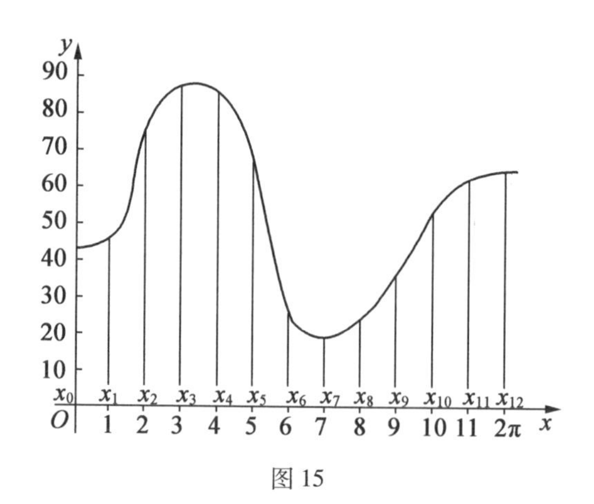

图 15

好的精确度时取 $n=48$. 现在我们取 $n=12$,这时公式(7) 中所要考虑到的 12 个函数值,每个值只与下面的一个数(取正号或取负号之后) 相乘

$$\cos 0=\sin\frac{\pi}{2}=1;\cos\frac{\pi}{6}=\sin\frac{\pi}{3}\approx 0.87$$

$$\cos\frac{\pi}{3}=\sin\frac{\pi}{6}=0.50;\cos\frac{\pi}{2}=\sin 0=0$$

现在指出利用样板来计算傅里叶系数的简便且实用的程序(“取 12 个纵坐标的程序”).

首先做含 12 行 4 列的表格. 在第 1 列里依次写上区间 $[0,2\pi]$ 的各分点的号码(图 15);第 2 列里写上这些点的对应纵坐标,它们是直接从图形上量出的(如果函数用图形给出),同时最好取尽量小的单位尺标,以便使纵坐标能用整数表示;第 3 列里填上对应纵坐标与 $\cos 30°\approx 0.87$ 的乘积;第 4 列里填上纵坐标与 $\cos 60°=0.50$ 的乘积(号码为 0,3,6,9 的各行除外,在那几行的格子里画一条横线,因为那几格对应于弧度为 0 或 $\frac{\pi}{2}$ 的倍数时的余弦与纵坐标的乘积).

表格填完之后(每个问题要专门填一次,见表 1),就可用样板来计算傅里叶系数. 不过计算系数 a_0 时可以不用样板,我们只要把第 2 列里的各数相加,然后用 6 除便可确定出它. 确定其他各系数($a_1,b_1,a_2,b_2,\cdots,a_6,b_6$) 时,可给每个系数备一透明材料做的样板,它的形状与上面做的表格完全相同(只不过格子里面没有填写数字). 一块样板上,对应于公式(7) 中正项的那些格子,与对应于公式(7) 中负项的那些格子,应分别用不同的形式标出(例如可用一种颜色的线条或粗线画出第一类格子,用另一种颜色的线条或细线画出第二类格子).

表 1

0	44	—	—
1	46	40	23
2	76	66	38
3	88	—	—
4	86	75	43
5	63	55	31.5
6	24	—	—
7	20	17	10
8	26	22	13
9	40	—	—
10	58	50	29
11	65	56	32.5

下页所印(图 16)是为计算前四个系数而用的样板.

把对应于系数 a_k 的样板放在表格上,取出在粗线格子里面的一批数以及在细线格子里面的一批数.把两批数各自相加,然后从第一个和数减去第二个和数而得 $6a_k$,于是只要把所得结果用 6 除便可算出 a_k.

在本例中可求出

$$a_0=\frac{44+46+76+88+86+63+24+20+26+40+58+65}{6}=\frac{636}{6}=106$$

$$a_1=\frac{(44+40+38+29+56)-(43+55+24+17+13)}{6}=\frac{55}{6}\approx 9.2$$

$$b_1=\frac{(23+66+88+31.5+75)-(10+22+40+50+32.5)}{6}=\frac{129}{6}=21.5$$

$$a_2=\frac{(44+23+31.5+24+10+32.5)-(38+88+43+13+40+29)}{6}$$

$$=-\frac{86}{6}\approx -14.3$$

$$b_2=\frac{(40+66+17+22)-(75+55+50+56)}{6}=-\frac{91}{6}\approx -15.2$$

这样我们就得到以二阶三角多项式表示的函数的近似式

$$f(x)\approx 53+(9.2\cos x+21.5\sin x)+(14.3\cos 2x+15.2\sin 2x)$$

关于其他详情读者可参阅相关专著.

Ⅱ.谐量分析器.谐量分析器是自动确定出所给函数 $f(x)$ 的傅里叶系数的仪器.这种仪器在构造上可以根据许多不同的原理.最有用的一种是根据机械原理的分析器.像这类分析器是由两个主要机构组成的:积分及“分析”机构.作为积分机构的是测面器、摩擦积分器或能算出定积分的其他机构.分析机构有一种特殊作用,用来描函数 $y=f(x)$ 的图形. 利用相应的机构,把这种描函数图形的动作变换之后,便会使积分机构中所算出的正是函数 $f(x)\cos kx$ 或 $f(x)\sin kx(k=0,1,2,\cdots)$ 的积分. 例如当仪器中应用测面器作积分机构时,该测面器的尖端应在方程

$$y=f(x)\cos kx$$

或

$$y=f(x)\sin kx$$

所确定的曲线上移动. 测面器尖端的运动规律由分析机构上的相应装置预先决定. 有些分析器上具有几个积分机构,这样使尖端在函数图形上描一次便能立即算出几个傅里叶系数.

a_1

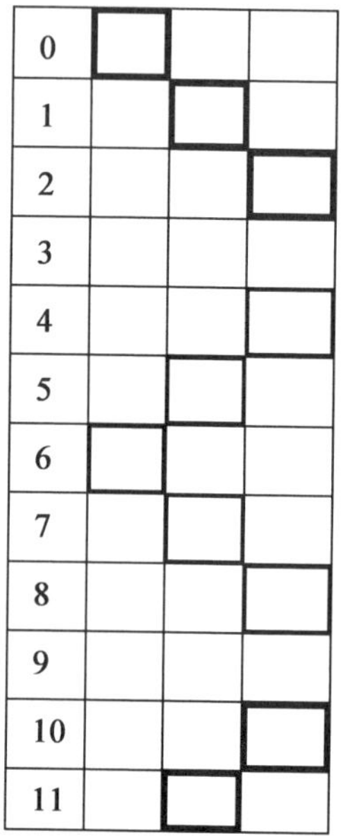

0			
1			
2			
3			
4			
5			
6			
7			
8			
9			
10			
11			

b_1

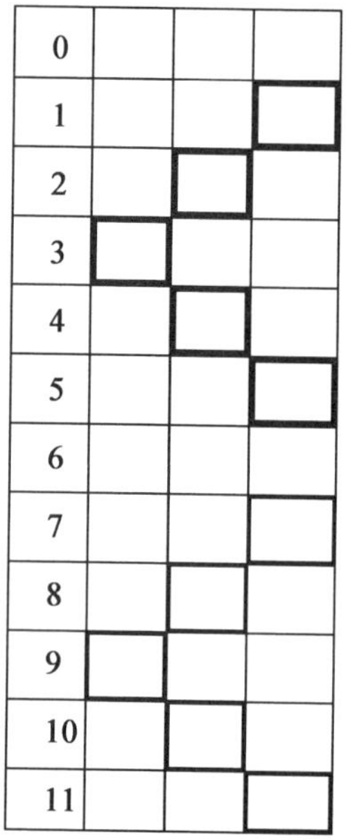

0			
1			
2			
3			
4			
5			
6			
7			
8			
9			
10			
11			

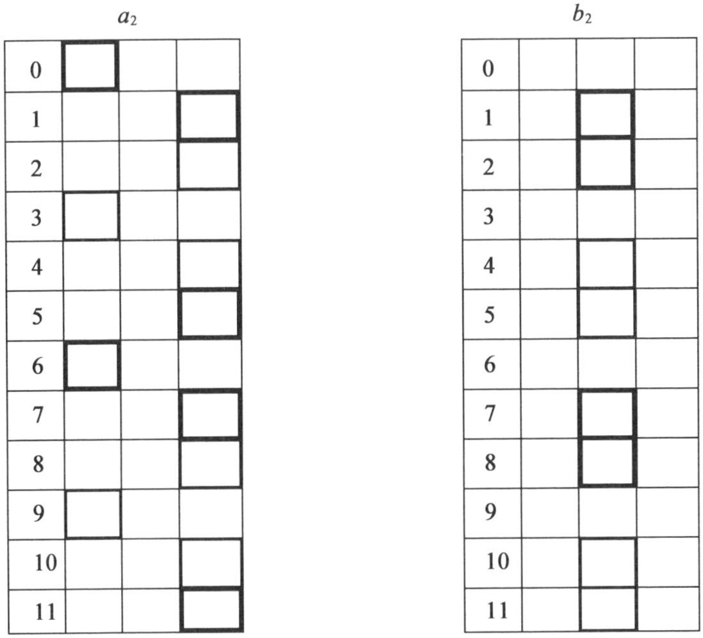

a_2

0			
1			
2			
3			
4			
5			
6			
7			
8			
9			
10			
11			

b_2

0			
1			
2			
3			
4			
5			
6			
7			
8			
9			
10			
11			

图 16　取 12 个纵坐标时,计算 a_1,b_1,a_2,b_2 的几个样板